AF557053

Robert Schmitt
Tilo Pfeifer

Qualitätsmanagement

Robert Schmitt
Tilo Pfeifer

Qualitätsmanagement

Strategien – Methoden – Techniken

5., überarbeitete Auflage

HANSER

Die Autoren:
Prof. Dr.-Ing. Robert Schmitt ist nach leitenden Funktionen in der Automobilindustrie seit 2004 Inhaber des Lehrstuhls Fertigungsmesstechnik und Qualitätsmanagement an der RWTH Aachen. Er ist in dieser Funktion Direktor am Werkzeugmaschinenlabor WZL und am Fraunhofer-Institut für Produktionstechnologie IPT. Seine Arbeitsschwerpunkte liegen auf den Gebieten des unternehmerischen Qualitätsmanagements, der Messtechnik für die Produktion und der sensorgestützten automatisierten Montage. Seit 2010 ist er Vorstandsmitglied der Deutschen Gesellschaft für Qualität (DGQ).

Prof. Dr.-Ing. Dr. h.c. Dr. h.c. Prof. h.c. Prof. h.c. Tilo Pfeifer war bis zu seiner Emeritierung im September 2004 Inhaber des Lehrstuhls Fertigungsmesstechnik und Qualitätsmanagement am Werkzeugmaschinenlabor WZL der RWTH Aachen und leitete im Fraunhofer-Institut für Produktionstechnologie IPT die Abteilung Mess- und Qualitätstechnik. Er ist Vorsitzender des wissenschaftlichen Beirates der Deutschen Gesellschaft für Qualität e.V. (DGQ) und war über viele Jahre Vorsitzender der Gesellschaft für Qualitätswissenschaft (GQW).

Bibliografische Information Der Deutschen Bibliothek:
Die Deutsche Bibliothek verzeichnet diese Publikation in der Deutschen Nationalbibliografie;
detaillierte bibliografische Daten sind im Internet über <http://dnb.ddb.de> abrufbar.

ISBN 978-3-446-43432-5
E-Book-ISBN 978-3-446-44082-1

www.hanser-fachbuch.de
Gesamtlektorat: Julia Stepp
Sprachlektorat: Kathrin Powik, Lassan
Herstellung und Seitenlayout: Der Buch*macher*, Arthur Lenner, München
Umschlagkonzept: Marc Müller-Bremer, www.rebranding.de, München
Umschlagrealisation: Stephan Rönigk
Titelillustration: Atelier Frank Wohlgemuth, Hamburg
Druck und Bindung: Firmengruppe Appl, aprinta druck, Wemding
Printed in Germany

Vorwort zur fünften Auflage

Qualität ist eines der herausragenden Differenzierungsmerkmale im Wettbewerb. Schon lange hat sich dabei der Begriff von der einem Produkt gleichsam eingeprägten Eigenschaft gewandelt zu einem das ganze Unternehmen selbst einbeziehenden, ganzheitlichen Rahmen. Entsprechend entwickelt sich auch das Qualitätsmanagement weiter und mit ihm die Kenntnis über die Gestaltung von Prozessen und Strukturen in Unternehmen.

Neue Technologien und die wachsende Vernetzung ermöglichen den Unternehmen die Bereitstellung aktuellster Daten in höchster Auflösung. Das Ziel besteht in deren bewusster und zielgerichteter Handhabung. Dabei spielt das Qualitätsmanagement eine zentrale, übergeordnete Rolle. Diese wird nicht zuletzt im Entwurf zur kommenden Revision der ISO 9000er Reihe deutlich, die dem Wissens- und Risikomanagement im Kontext des Qualitätsmanagements eine gesteigerte Bedeutung attestiert. Datensicherheit, Informationsqualität und Wissensschutz rücken in den Fokus des unternehmerischen Handelns. Um diesen Veränderungen gerecht zu werden und die notwendige Agilität zu schaffen, müssen Unternehmen ihre Organisation und ihre Prozesse entsprechend anpassen.

Neben den offensichtlichen Herausforderungen entstehen jedoch auch zahlreiche Möglichkeiten zur Steigerung von Produktivität und Wirtschaftlichkeit. Die Dichte an Daten befähigt Unternehmen zur Echtzeit-Bewertung und damit zur Echtzeit-Gestaltung von Produkt- und Prozessqualität. Dies ermöglicht neue Schritte hin zur energie- und ressourceneffizienten Produktion. Hierzu sind jedoch die Fähigkeiten der Systeme zielgerichtet zu verknüpfen und die Datenflüsse qualitätsgerecht zu organisieren.

Unter diesen „technokratischen" Entwicklungen scheint die Bedeutung des Menschen zu schwinden. Das Gegenteil ist jedoch der Fall. Der Mensch ist als Kunde nicht nur Anforderungsgeber und Leistungsempfänger, er ist als Mitarbeiter auch Initiator und Gestalter von Qualität und Produktivität. Die Entwicklung hin zur „Industrie 4.0" kann nur funktionieren, wenn der Mensch als deren Mittelpunkt verstanden wird.

Dieses veränderte Umfeld mit neuen Herausforderungen und Möglichkeiten für das Qualitätsmanagement hat eine Überarbeitung des vorliegenden Werkes notwendig gemacht. Die bisher bewährte Struktur wurde allerdings grundsätzlich beibehalten.

Teil A erläutert die Konzepte und grundlegenden Philosophien des Qualitätsmanagements. Neben den neuen Herausforderungen im Kontext von Industrie 4.0 kommt dabei den Stellhebeln des unternehmerischen Qualitätsmanagements die größte Bedeutung zu. Diese gilt es, mit dem Ziel nicht nur hoher realisierter, sondern vor allem auch als solcher „wahrgenommener" Qualität zu operationalisieren. Hierzu bietet das Aachener Qualitätsmanagement Modell den organisatorischen und gestalterischen Rahmen.

Teil B greift die Markt-, die Führungs- und die Betriebsperspektiven des Aachener Qualitätsmanagement Modells auf. Dabei wurden die Elemente auf die neuen Umgebungsbedingungen und Herausforderungen angepasst. Daten- und Informationsverarbeitung kommt hierbei ebenso erhöhte Aufmerksamkeit zu wie der konsequenten Orientierung am Produktentstehungsprozess. Der Bedeutung eines umfassenden und integrierten Energie- und Ressourcenmanagements wird mit einem eigenen Kapitel Rechnung getragen.

Rechtliche Fragen, die sich in Zusammenhang mit dem Qualitätsmanagement ergeben, werden nun in einem eigenen Teil C des Buches unter der Überschrift „Legal Quality Management" behandelt. Dabei wurde besonderer Wert darauf gelegt, diese Fragestellungen durchgängig im Aachener Qualitätsmanagement Modell zu verorten.

Teil D bietet mit den dort skizzierten Methoden einen systematischen Schnelleinstieg in den „Werkzeugkasten" des Qualitätsmanagements. Dabei werden einheitlich jeweils Ziel und Vorgehensweise der Methode sowie Probleme und Herausforderungen beim Einsatz erläutert.

Die neue Gliederung des Buches und die durch Erkenntnisse aus aktuellen Projekten erweiterten Inhalte tragen dazu bei, dass noch spezifischer und anwendungsorientierter sowohl auf die Belange von Einsteigern, als auch auf die Fragestellungen von Experten im Bereich des Qualitätsmanagements eingegangen wird. Begleitet wird dies durch die Integration des neuen ISO-Entwurfs über das gesamte Werk hinweg.

Wie bereits die vergangenen Auflagen, so wäre auch diese fünfte Auflage nicht ohne die Teilhabe an dem reichen Erfahrungsschatz der Mitarbeiterinnen und Mitarbeiter des Lehrstuhls für Fertigungsmesstechnik und Qualitätsmanagement am Werkzeugmaschinenlabor WZL, des Fraunhofer IPT und zahlreichen Partnern zustande gekommen. Ihnen, und hier insbesondere den Herren Dipl.-Ing. Dipl.-Wirt. Ing. Björn Falk und Dr.-Ing. Reinhard Freudenberg, gilt unser besonderer Dank für ihre stets engagierte Unterstützung bei der Überarbeitung des Buches.

Ein ganz spezieller Dank gebührt Herrn Philipp Reusch für die Neugestaltung des Kapitels 10, „Legal Quality Management" (Teil C).

Prof. Dr.-Ing. Robert Schmitt
Prof. Dr.-Ing. Dr. h.c. Dr. h.c. Prof. h.c. Prof. h.c. Tilo Pfeifer

Inhalt

1

Qualitätsmanagement – Grundlage erfolgreicher Unternehmensführung

„The quality endures when the price is long forgotten!“

In diesem Fredrick Henry Royce, dem Mitbegründer des englischen Traditionsunternehmens Rolls Royce, zugeschriebenen Zitat spiegelt sich das klassische Verständnis des Begriffs *Qualität* wider. In der Rolle als Kunde hat jeder Konsument von Produkten oder Dienstleistungen eine eigene Assoziation mit einem besonders hochwertigen, funktional perfekten, ästhetisch ansprechenden oder langlebigen Wirtschaftsgut, dessen herausragende Eigenschaften nicht modischen Trends unterliegen, sondern eine hohe Beständigkeit aufweisen. Diesen Eigenschaften wird zugeschrieben, Einzigartigkeit zu erzeugen und damit bei Endkunden zu einem wesentlichen Kaufgrund von Konsumgütern zu werden. Bei Zulieferfirmen, die für Geschäftskunden der Investitionsgüterindustrie produzieren, ist die Qualität ein wichtiges Argument zur Entscheidung für einen fähigen und geeigneten Anbieter komplexer Produkte der Investitionsgüterindustrie zu liefern und damit den eigenen Absatz zu sichern.

Perceived Quality

Qualität als einen Satz von Produkteigenschaften zu definieren, bietet zwar einen intuitiven Ansatz zur Annäherung an das Phänomen, greift allerdings in dieser Beschränkung nach heutigem Verständnis zu kurz. Denn danach ist Qualität scheinbar eine an ein Produkt oder eine Leistung gekoppelte unveränderliche Größe und die Auseinandersetzung mit Qualität lediglich darauf ausgerichtet, objektive, valide Skalen zu entwickeln, an denen diese Größe gemessen werden kann. Tatsächlich aber ist Qualität das eingelöste Versprechen, funktionale oder emotionale Bedürfnisse zu befriedigen, die von Unternehmen adressiert werden. So assoziiert der Konsument durch Erfahrung und Werbung menschliche Charaktereigenschaften mit der Marke des Unternehmens (z.B. „beständig", „verantwortungsvoll", „innovativ", „zuverlässig") [AAKE97; GEUE09] und rechnet damit, dass die Markenprodukte diesen Erwartungen entsprechen. Jede Diskrepanz zwischen Wahrnehmung der Markenpersönlichkeit und den auf den Markt gebrachten Produkten führt zu mindestens teilweiser Enttäuschung und letztendlich zu unzufriedenen Kunden. Qualität ist somit nicht mehr eine allein auf funktionale oder technische Parameter beschränkte Größe, sondern drückt sich in der umfassenden Zufriedenheit des Kunden aus. Qualität wird damit durch die Erwartungen des Kunden bestimmt und muss sich an ihnen messen lassen.

Wie hart der Kunde Qualitätsdefizite bestraft, belegte bereits eindrucksvoll die bekannte Studie des White House Office of Customer Affairs [DESA89]. Demnach werden 90 von 100 Kunden, die mit der Beschaffenheit eines Produktes unzufrieden sind, dieses fortan meiden. Demgegenüber stehen aber nur rund 4% der Kunden, die ihre Unzufriedenheit gegenüber dem Hersteller zum Ausdruck bringen. Jeder dieser unzufriedenen Kunden wird allerdings seinen Unmut über mangelnde Qualität mindestens 9 potenziellen Kunden mitteilen, 10–15% sogar über 20 weiteren Kunden (Abbildung 1-1).

Mit dem Aufkommen der Netztechnologien und der Etablierung virtueller sozialer Netzwerke sowie der Verfügbarkeit des einfachen Zugangs zu den Informationsmedien vergrößert sich diese Zahl erheblich. Zugleich nimmt die Geschwindigkeit der Verbreitung von Meinungen zu – ein Umstand, dem sich kein Hersteller verschließen kann. Gerade beim Auftreten von Problemen mit Produkten im Feld ist z.B. für Produktrückrufe die Information weltweiter Communities essentiell, um potenziell desaströse Rückrufaktionen zu vermeiden. Sinnvoll gestaltet und durch eine rechtzeitig aufgestellte Organisation unterstützt, bieten sich hier allerdings sogar Möglichkeiten, durch rasches und überlegtes Handeln die langfristige Kundenbindung zu steigern („Loyalitätsparadoxon") [SMBO98; TARP81].

Die Brisanz einer auf *Fehlerbeseitigung* in späten Phasen der Produktentstehung und Auftrags-

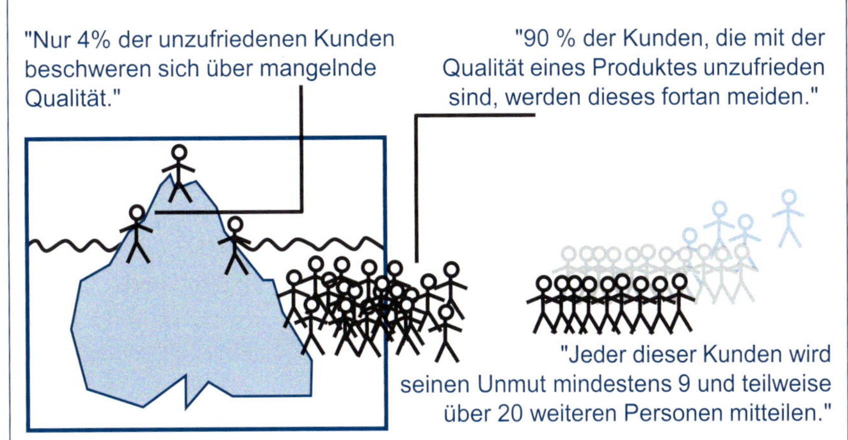

Abbildung 1-1
Das Eisberg-Prinzip: Die verdeckte Bedrohung durch mangelnde Qualität

abwicklung ausgerichteten Qualitätsstrategie wird vor dem Hintergrund der „empirischen Zehnerregel" deutlich. Sie spiegelt die Erfahrung wider, dass ein Fehler mit jeder Phase, in der er später in Bezug auf seinen Entstehungszeitpunkt entdeckt und beseitigt wird, in seinen Kosten verursachenden Auswirkungen um den Faktor 10 zunimmt (Abbildung 1-2).

Damit ist aber nicht der Fehler allein, sondern auch die Fehlerlebensdauer ein entscheidendes Kriterium. Diese Größe besteht aus drei Zeitabschnitten: 1. der Zeit, in der ein Fehler unerkannt besteht, 2. der Zeit, bis Aktivitäten ergriffen werden und 3. der Zeit, bis diese Maßnahmen erfolgreich umgesetzt werden. Die Fehlerlebensdauer wird durch zwei Maßnahmen verkürzt bzw. vermieden: Fehlervermeidung sowie rasche Fehlerentdeckung und -beseitigung. Auf der einen Seite helfen *präventive Methoden* und Verfahren, die Anzahl der Fehler zu reduzieren, während auf der anderen Seite *reaktive Methoden* und Verfahren eine rasche Entdeckung und Beseitigung von aufgetretenen oder potenziell möglichen Fehlern sicherstellen. Das Zusammenwirken beider Ansätze mit der Implementierung einer methodisch abgesicherten Lern- und Vermeidungsstrategie für Wiederholfehler hebt Kostenpotenziale spürbar.

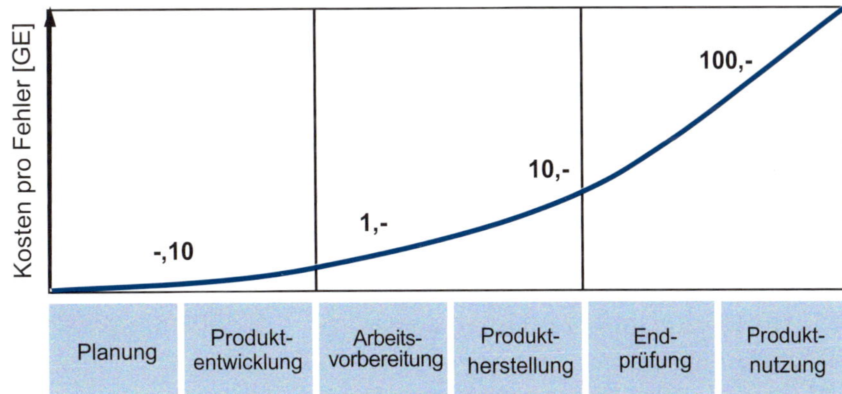

Abbildung 1-2
Die „empirische Zehnerregel"

1

Produkt- und Prozessqualität

Wirksam vorbeugende Maßnahmen sind aus einer derartigen Qualitätssicherung allerdings nur dann abzuleiten, wenn diese nicht mehr lediglich als Kontrollinstrument verstanden werden, sondern den Charakter einer gezielten Informationserhebung, -aufbereitung und -distribution erhalten. Diese Elemente ermöglichen den regelnden Eingriff in den Produktionsprozess, wenn Abweichungen vom geforderten Qualitätsniveau festgestellt werden. Statistikbasierte Methoden, wie die statistische Prozessregelung, erlangen dabei immer weitreichendere Bedeutung. Sie zielen zunehmend darauf ab, über den Bereich der Einhaltung der durch Produktentwicklung und Prozessplanung vorgegebenen maximal erreichbaren Produktionsqualität hinaus Entscheidungsgrundlagen für eine Veränderung der Prozessüberwachung oder sogar Produktgestaltung zu geben. Dies trägt der Erkenntnis Rechnung, dass die größte Beeinflussbarkeit der Produktqualität und damit auch der Wirtschaftlichkeit der Produktion in den frühen Phasen liegt, also im Produktentstehungsprozess und somit vor dem Auftragsabwicklungsprozess mit seinen Fertigungs- und Montageschritten. Die Erfassung und Einbeziehung der Kundenwünsche und Kundenforderungen bilden die Grundvoraussetzung für einen umfassenden, unternehmensweiten und unternehmerischen Qualitätsansatz, der methodisch-strategisch die qualitätsbestimmenden Parameter in allen Produktenstehungs-, Auftragsabwicklungs- und After-Sales-Phasen zu beherrschen trachtet.

Der Bereich der Produktqualität im Sinne einer funktionalen Wirksamkeit stellt jedoch nur einen kleinen Ausschnitt des Spektrums des modernen Qualitätsverständnisses dar. Hochwertige Erzeugnisse können heute rund um den Globus in vergleichbarer Güte produziert werden. Erfolgreiche Unternehmen zeichnen sich dadurch aus, dass sie die unterschiedlichen Faktoren, welche die Wirtschaftlichkeit eines Unternehmens begründen, sicher beherrschen („Effektivität"). Das oft leichtfertig verwendet Argument des Arbeitsfaktors Lohn ist dabei nur ein vordergründiges. Vielmehr steht die Fokussierung auf die Wertschöpfungsprozesse im Einklang mit den Wertesystemen des Unternehmens und der Gesellschaft sowie der Vermeidung von Fehlleistungen – oder allgemeiner: „Verschwendung" – als zentrale Tätigkeit unternehmerischen Handelns („Effizienz").

Dabei ist es Ziel jeder wirtschaftlichen Unternehmung, erfolgreich am Markt zu agieren, Gewinne zu erzielen und Wachstum zu generieren. Grundlage für ein erfolgreiches Agieren am Markt sind die abgesetzten Produkte oder Dienstleistungen. Dieser Sachverhalt kann zunächst durch wenige Einflussfaktoren, nämlich den erzielten Preis, die abgesetzte Stückzahl und die fixen sowie die variablen Kosten ausgedrückt werden (Abbildung 1-3). Je größer der Deckungsbeitrag auf der einen Seite – also die Differenz zwischen dem erzielten Preis und den variablen Kosten, multipliziert mit der abgesetzten Stückzahl – und je geringer die fixen Kosten auf der anderen Seite sind, desto höher ist der Gewinn.

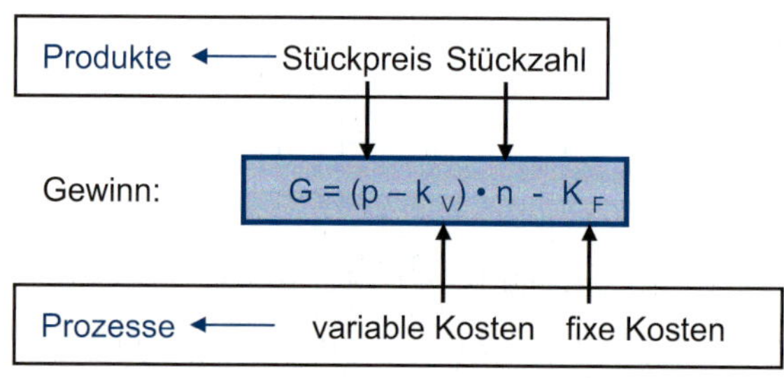

Abbildung 1-3 Qualitätsdimensionen des Unternehmenserfolgs

In einer Interpretation dieses einfachen Ansatzes bilden der am Markt erzielbare Preis und die abgesetzte Anzahl die Faktoren, die unmittelbar begeisterungsfähigen, hochwertigen und die Kundenwünsche erfüllenden Produkten zugeordnet werden können. Demgegenüber sind sowohl die fixen wie auch die variablen Kosten bestimmende Größen der Geschäftsprozesse, welche Produktentstehung, -herstellung und -vertrieb zugrunde liegen. Ein qualitätsorientiert handelndes Unternehmen wird daher sowohl den Produkten als auch den Geschäftsprozessen die gleiche Aufmerksamkeit widmen. Qualität manifestiert sich also nicht nur in den Eigenschaften von Produkten oder durch die Abwesenheit von „Fehlern", sondern ganz wesentlich in der Güte der Gestaltung und Durchführung von Unternehmensabläufen.

Es ist daher auch nicht verwunwderlich, wenn in den letzten Jahren die Wettbewerbskomponente Qualität zunehmend wieder an Bedeutung gewinnt. Die aus unternehmerischer Sicht grundsätzlich richtige Zielsetzung einer Prozessindustrialisierung mit dem Ziel, Abläufe besser, schneller oder billiger zu gestalten, führte zu dem bekannten, bereits klassischen Spannungsdreieck „Qualität – Kosten – Zeit". Der Begriff der Industrialisierung wird hier verwendet, um zwischen zwei Umfeldern unternehmerischen Handelns zu unterscheiden: 1. das Handeln in einem Umfeld, das dadurch geprägt ist, dass wiederholend Produkte oder Leistungen gleichbleibender Güte in vorab definierter Ausprägung in einer festgelegten Zeit erzeugt werden müssen und 2. dem Handeln in einem Umfeld der individuellen Fertigung. Während im Ersteren der Erfolg z. B. anhand der Größen Effektivität, Effizienz oder allgemeiner durch Prozessfähigkeit bewertet wird, gelten im Zweiten grundsätzlich andere Qualitätsbegriffe. Die verkürzte Betrachtung in der Vergangenheit sieht in dieser scheinbaren Wettbewerbsarena die Qualität als Kostentreiber an, den es in einem möglichst günstigen Kompromiss mit den anderen Größen auszubalancieren gilt. Dieser Ansatz nimmt jedoch Unternehmen die Möglichkeit, Gestaltungsspielräume zu erkennen und unternehmerisch zu nutzen. Erfolgreiche Unternehmen zeigen heute, dass die Fokussierung auf die Qualität als Leitgröße unternehmerische Handlungsoptionen eröffnet, um die wichtigen Wettbewerbsfaktoren in eine günstige Richtung zu beeinflussen, neue Märkte zu erschließen und so den Wettbewerbsvorsprung zu sichern. Konzepte eines modernen Technologie- und Innovationsmanagements nutzen daher die unterschiedlichen Facetten der Qualität als Ausgangs- und Zielpunkte für die Gestaltung eines leistungsfähigen Unternehmens, das in einem dynamischen Gleichgewicht am Markt agiert. Die Fokussierung auf Qualität als unternehmerische Leitgröße erhöht also nicht den Aufwand im betrieblichen Umfeld, sondern stellt im Gegenteil einen Hebel dar, um in intrinsisch und extrinsisch getriebenen Veränderungen Kosten zu senken, Entwicklungszeiten zu reduzieren und sich so unternehmerisch besser zu positionieren (Abbildung 1-4).

Unternehmerisches Qualitätsmanagement

Qualität ist daher als ein Kernelement im unternehmerischen Handlungs- und Gestaltungsrahmen der Treiber, der durch die Aktivitäten des Technologie- und des Innovationsmanagements ergänzt wird. Sie bilden die gleichberechtigten Säulen für das gemeinsame Dach des nachhaltigen Unternehmenserfolgs.

Doch wie haben sich in den vergangenen Jahren die Unternehmen auf die globalen Herausforderungen und die globalen Megatrends wie z. B. Globalisierung, Entstehen neuer Märkte oder Individualisierung eingestellt? Gerade in wichtigen Industrien haben sich die lange Zeit gültigen Paradigmen für eine erfolgreiche Produktion verschoben.

Die vormals weitverbreitete Meinung, durch erhöhten Prüfaufwand eine hohe Qualität gegenüber dem Kunden darstellen zu können, ist inzwischen in den meisten Industrien und Branchen einer neu-

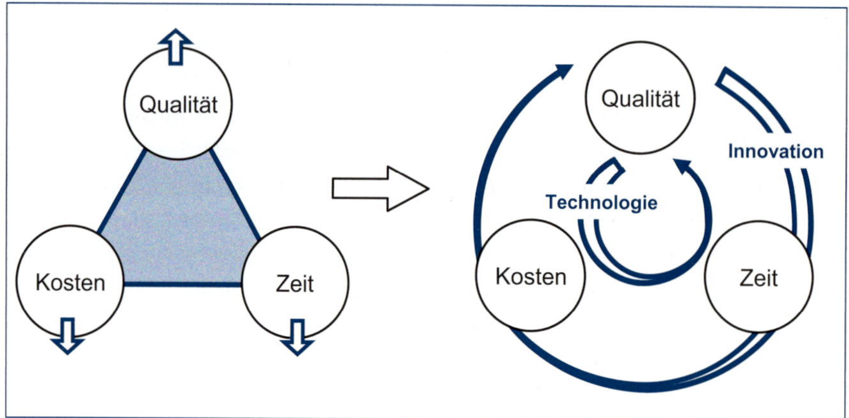

Abbildung 1-4 Entwicklung der Wettbewerbsarena hin zu unternehmerischen Handlungsoptionen

en Erkenntnis gewichen. Diese besagt, dass Qualität nur erzeugt, nicht aber erprüft werden kann. Im Zusammenspiel mit höherer Individualität der Produkte und entsprechend kurzen Anlaufzyklen stellt diese Erkenntnis Unternehmen jedoch vor neue Probleme. Diese äußern sich darin, dass Fehlerentstehung und Fehlerbehebung häufig noch immer zeitlich und räumlich voneinander entkoppelt sind. Fehler, deren Ursache in den frühen Phasen des Produktlebenszyklus im Produkt angelegt wurden, werden überwiegend von reaktiven Qualitätssensoren der Qualitätssicherung detektiert und z. B. in der Montage oder gar erst im Feld, also beim Kunden, beseitigt. Ein nachhaltiges Verbesserungsmanagement, also das Lernen aus Fehlern oder Störungen, bleibt nach wie vor ein weites und weitgehend unbesetztes Feld. Gerade Kosten treibende Qualitätsmängel zeichnen sich allerdings dadurch aus, dass ihre Ursachen häufig bereits in den planerisch-organisatorischen Tätigkeiten der Produktentstehung zu finden sind. Noch immer wird das Qualitätsmanagement, das in klassischer Aufteilung die vier Felder Qualitätsplanung, Qualitätslenkung, Qualitätssicherung und Qualitätsverbesserung abdeckt, häufig auf die Teilaufgabe der Qualitätssicherung reduziert. Die Chancen der anderen Teilaufgaben werden, teils aus Unkenntnis methodischer Ansätze, unterschätzt. Ein exzellentes Prüf- und Nacharbeitskonzept kann ursächlich immer nur einen Beitrag zur Beseitigung und bestenfalls einen kleinen Beitrag zur reaktiven Vermeidung der eigentlich vorgelagerten Fehlerquellen leisten. Diese Strategie ist allerdings grundsätzlich nicht wertschöpfend, sondern im Gegenteil werteverzehrend. Vielmehr sollte die Beherrschung von Qualität den geplanten und systematischen Umgang mit allen auf die Erzeugung von Qualität ausgerichteten Aktivitäten voraussetzen, also ganz wesentliche planerisch-organisatorische Elemente beinhalten.

Mehr denn je entscheidet die Qualität der Leistungserstellung, die einen ausgeprägten Wandel von der Produktorientierung hin zum unternehmensübergreifenden Denken in Wertschöpfungsnetzwerken erfahren hat, über Wachstum und Bestand der Unternehmen – und dies über ganze Produktionszweige, in Einzelfällen sogar über komplette Branchen hinweg.

Paradigmenwechsel und Qualitätsverständnis

Tatsächlich beschreiben einige Soziologen die wirtschaftliche Entwicklung der letzten vier Jahrzehnte durch krisenhafte Zuspitzungen, die sich in der Abfolge von Kosten-, Qualitäts-, Innovations- und Managementkrisen manifestieren. Schlüsselindustrien wie die Automobilindustrie und ihre spezifische Entwicklung auf den amerikanischen, europäischen und japanischen Leitmärkten können dazu als Beispiel dienen. Im Rückblick lassen sich vereinfacht drei verschiedene Typologien unterscheiden. So bezogen die europäischen, besonders die mitteleuropäischen, Hersteller ihr Selbstverständnis insbesondere aus der technischen Dimension, also fokussiert auf die technischen Parameter wie Fahrdynamik, Lebensdauer, Sicherheit usw., um das „beste Produkt" zu erzeugen. Demgegenüber stellte die kostenzentrierte amerikanische Industrie buchstäblich eine breite Masse „auf die Räder" und erzielte so Mobilität - ein Ansatz, aus dem letztlich hilfreiche Komfort- und Automatisierungsfunktionen hervorgingen. Beide Systeme unterschieden sich auch wesentlich in der Personalstruktur und dem Qualifikationsniveau, das sich in entsprechenden Unterschieden der Arbeitsorganisation ausdrückten - Facharbeiter auf der einen, ungelernte Kräfte auf der anderen Seite. Die Grenzen ihrer Leistungsfähigkeit schienen erreicht, als die Kunden den Produkten nicht mehr die gewünschte Höhe der technischen Entwicklung oder ein gutes Preis-Leistungs-Verhältnis zutrauten. Gleichzeitig wurden die auf der einen Seite durch „handwerkliche Meisterschaft", auf der anderen Seite durch parallele und serielle Differenzierung der Organisation nach den Prinzipien von H. Fayol, F. Taylor und H. Ford [TAYL13; FAYO29; FORD29] geprägten Produktionssysteme durch den „japanischen Weg" herausgefordert. Dieser lässt auf Produktionsprozesse fokussierte, Verschwendung vermeidende und Wertschöpfung erhöhende Prinzipien erkennen und bindet alle Mitarbeiter in einen Prozess der stetigen Verbesserung ein. In seiner Ausprägung wird ein neues Paradigma erdacht, das das bisherige überholt, welches durch einen hohen Grad der Zentralisierung von Entscheidungen und Kompetenzen und ein damit verbundenes Auseinanderfallen von operativen Tätigkeiten und Wissensständen über die Funktion und Steuerung von Prozessen in der Organisation charakterisiert ist. Die große Stärke des japanischen Ansatzes ist das Aufheben des Verlustes an Gesamtorientierung innerhalb der Organisation [EDGE90]. Dieses in der großen Krise der westlichen Automobilindustrie früh aus ursächlich qualitätsgetriebenen Überlegungen heraus beschriebene System erlangte unter dem Begriff Lean Management rasch Bekanntheit, wenn auch der Prozess der Umsetzung der darin erkannten Prinzipien bis jetzt in einer „zweiten Welle" andauert [WOMA91]. Seine Merkmale der Kunden- und Prozessorientierung, der Konzentration auf die eigenen Stärken und der Selbstorganisation auf der Grundlage von Eigenverantwortung, Information und Partizipation bewirken einen grundsätzliche Kulturwandel im Unternehmen, indem die Aufgaben und Verantwortlichkeiten an jene Personen übertragen werden, die tatsächliche Wertschöpfung am Produkt erbringen. Unterstützt werden diese Prinzipien durch ein installiertes System der Fehlerentdeckung, das jedes erkannte Problem schnell auf seine letzten Ursachen zurückführt.

Mit dieser Veränderung des Qualitätsbegriffs hin zu einem zentralen, dynamischen Wert, der alle Bereiche eines Unternehmens durchdringt und den es stetig zu verbessern gilt, verändern sich zwangsläufig auch die Ziel- und Entwicklungsrichtungen des Qualitätsmanagements. Gleichzeitig steigen die Herausforderungen, seine Aufgaben in unternehmerischen Kontext zu stellen. So lassen sich nach dem modernen Verständnis dem Qualitätsmanagement nicht mehr isoliert einzelne Tätigkeiten oder Bereiche zuordnen. Vielmehr ist sein Durchdringungsgrad auf alle relevanten Teile und Aktivitäten eines Unternehmens ausgelegt [SEGH07].

Wertschöpfungsintegration des Qualitätsmanagements

Damit erweitert sich der Kreis der Integration des Qualitätsmanagements in die unternehmerische Wertschöpfung (Abbildung 1-5). So waren die ersten qualitätsbezogenen Schritte der industriel-

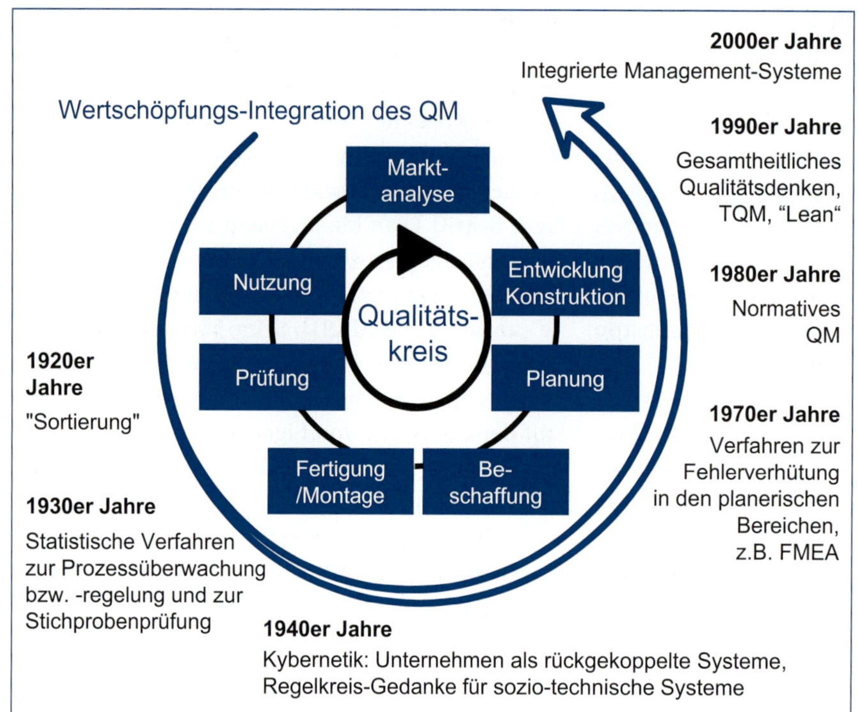

Abbildung 1-5 Zunehmende Integration des Qualitätsmanagements in die Wertschöpfungskette

len Produktion überwiegend durch prüfende und sortierende, später dann steuernde und regelnde Verfahren der dem Auftragsabwicklungsprozess zugeordneten fertigungstechnischen Abläufe geprägt [SHEW31; SHEW39]. Die bahnbrechenden Arbeiten zur Theorie der Regelung und Informationsverarbeitung eröffneten Ende der 1940er Jahre neue Beschreibung- und Handlungsräume für die Gestaltung betrieblicher Abläufe, indem ein Unternehmen als ein vernetztes soziotechnisches System verstanden wird [WIEN48; WARR49]. Dieser Ansatz lieferte wesentliche Impulse zur Entwicklung des modernen Qualitätsmanagements auch in die frühen Phasen der Wertschöpfung des Produktentstehungsprozesses hinein. Begleitet wurde diese Entwicklung durch die Ausgestaltung entsprechender Standards und Normen [DIN08]. Heute stehen mit dem zunehmenden Verbreitungsgrad des neuen, systemischen Produktionsparadigmas eines vom Kunden getriebenen, synchron getakteten Unternehmens zunehmend auch die geforderten Strukturen zur Verfügung, um das Qualitätsmanagement von einem methodisch-spezifischen zu einem unternehmerisch-ganzheitlichen, betrieblichen Führungselement weiterzuentwickeln. Damit eröffnet sich die Möglichkeit, die unternehmerischen Aktivitäten besser zu verstehen und aufeinander abzustimmen. Werden bis heute Störungen im betrieblichen Ablauf als ein Phänomen einer zeitlichen Abfolge von Ereignissen angesehen, bietet sich gerade für das Qualitätsmanagement der Begriff der Synchronizität an, um Abweichungen entweder im Sinne einer Verletzung der Taktfrequenz („Geschwindigkeit“, „first-time-right“) oder einer zeitlichen (Phasen-) Verschiebung aufeinander folgender Aktivitäten („Rechtzeitigkeit“) zu betrachten und mit entsprechenden

Maßnahmen zu korrigieren und Kohärenz herbeizuführen.

Aktivitäten im modernen Qualitätsmanagement

Dem Gedanken einer Zielerreichung hinsichtlich Effizienz und Effektivität der Gesamtheit aller Unternehmensaktivitäten entsprechend, fächert sich das Qualitätsmanagement in ein weites Spektrum von Aktivitäten auf, die z. B. den Umgang mit unternehmerischen Risiken, Sicherheit, Ressourcen, die Rückwirkung auf die Umwelt oder die Gestaltung des „Product Value", der Steigerung des Produktwertes für den Kunden, adressieren (Abbildung 1-6). Dem Qualitätsmanagement fällt dabei die Rolle zu, Ziele zu definieren, Fortschritte mess- und bewertbar zu machen, lösungskonforme Sätze von Methoden situationsgerecht bereitzustellen und neu gewonnene Erkenntnisse im Sinne einer Standardisierung zurückzuspielen. Diese dienen als Ausgangspunkt für weitere Verbesserungen im Unternehmen.

In diesem ganzheitlichen Ansatz ist das Qualitätsmanagement Treiber der Integrationstätigkeiten verschiedenartiger Managementsysteme. Dabei beziehen sich die Begriffe der Normung und Standardisierung nicht auf die einzelne Tätigkeit, sondern auf die Beschreibung einheitlicher Charakteristika und Eigenschaften. Der Qualitätsbegriff entwickelt sich diesem Verständnis folgend in drei Sichtweisen. Dabei ist die *Produktqualität*, also die Umsetzung von Kundenforderungen in Kundenzufriedenheit, eine am Markt orientierte Sichtweise. Betrachtungsgegenstand der *Prozessqualität* ist die Güte, mit der alle betrieblichen Aktivitäten darauf ausgerichtet sind und durchgeführt werden, dieses Ziel zu erreichen. Die *Systemqualität* bezieht sich damit auf die Gestaltung der Strukturen zur Definition und Erreichung der gesetzten Ziele.

Wie aber bilden sich diese Ziele? Wie werden die „richtigen" Märkte mit welchen Produkten adressiert? Welche Qualifikation benötigen die Mitarbeiter dazu? Wie reagiert ein Unternehmen angemessen, wann agiert es rechtzeitig? Diese Fragestellungen können nicht vom Unternehmen allein beantwortet oder definiert werden. Vielmehr müssen die Forderungen aus den Stimmen des Marktes, also unter Einbeziehung aller relevanten Gruppen wie die der Kunden, des Gesetzgebers oder aller an dem Unternehmen interessierten Personen, herausgearbeitet werden. Auf der anderen Seite ist jede Rückmeldung über das Verhalten des

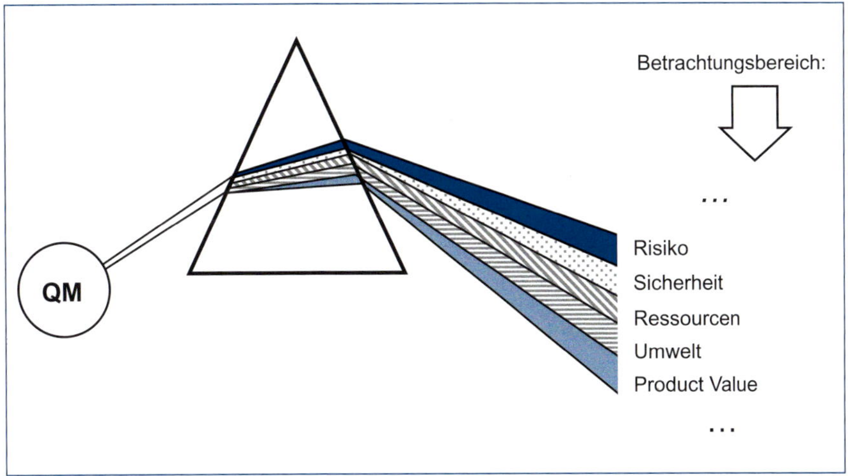

Abbildung 1-6
Ausschnitt des Spektrums des Qualitätsmanagements

Produktes am Markt, sei es in Form einer günstigen Kundenzufriedenheitsanalyse oder in Form einer Reklamation, ein wertvolles Gut, da auf der Grundlage einer nur vergleichsweise geringen Anzahl von Rückmeldungen konkrete Schlussfolgerungen getroffen werden müssen. Zugleich besteht aus unternehmerischer Sicht die Notwendigkeit, zusätzliche, insbesondere auch innerbetriebliche Informationsquellen zu identifizieren und zu nutzen. Dem Qualitätsmanagement obliegt es, hier technische und organisatorische Sensoren zu etablieren, deren objektive Daten von Störgrößen unterschieden und dem Unternehmen bereitgestellt werden. Sie dienen als Grundlage einer umfassenden Bewertung und zur Steuerung von Aktivitäten, die darauf ausgelegt sind, Abweichungen oder Ineffizienzen zu vermeiden (Abbildung 1-7). Eine solche Rückkopplung bietet dann die Gelegenheit, das dynamische Verhalten des Unternehmens hinsichtlich der Anpassung an sich ändernde Zielgrößen zu erhöhen. Entsprechend lässt sich Qualitätsmanagement in einer modernen Auslegung nicht allein als die Kombination und Anwendung von Methoden und Vorgehensweisen zur Erzielung von Kunden begeisternden Produkten und Leistungen verstehen. Es ist in Anlehnung an den kybernetischen Gedanken vielmehr der umfassende Satz aller Tätigkeiten zur Beherrschung rückgekoppelter Produktionssysteme mit dem Ziel, technische und organisatorische Prozesse bezüglich ihrer Spezifikation und zeitlichen Parameter zu beherrschen.

Ausblick auf die Struktur des Buches

Entsprechend der möglichen Sichtweisen auf und Annäherung an einen differenzierten Begriff der Qualität und der Ausgestaltung von Aktivitäten im Rahmen eines umfassenden Qualitätsmanagements gliedert sich das vorliegende Buch daher in vier Teile.

Der erste Teil dient der Darstellung der Entwicklung der grundlegenden Philosophien und der Einführung in die Konzepte, die dazu beigetragen haben, Qualitätsmanagement als Treiber der Industrialisierung – „besser“, „billiger“, „schneller“ – unternehmensweiter Abläufe zu etablieren. In diesem Abschnitt werden unterschiedliche Perspektiven entwickelt und der Handlungsrahmen aufgespannt, in dem sich Qualitätsmanagement als unternehmerische Aufgaben entfaltet.

Der zweite Teil widmet sich der Ausgestaltung der unternehmerischen Handlungsoptionen unter den Blickwinkeln der Kundenorientierung, der Führung und der betrieblichen Abläufe. Er trägt dem integrativen Charakter des Qualitätsmanagements mit seiner Zielsetzung der stufen- und phasenweise Verbesserung durch Perspektivwechsel und jeweilige Neufokussierung Rechnung.

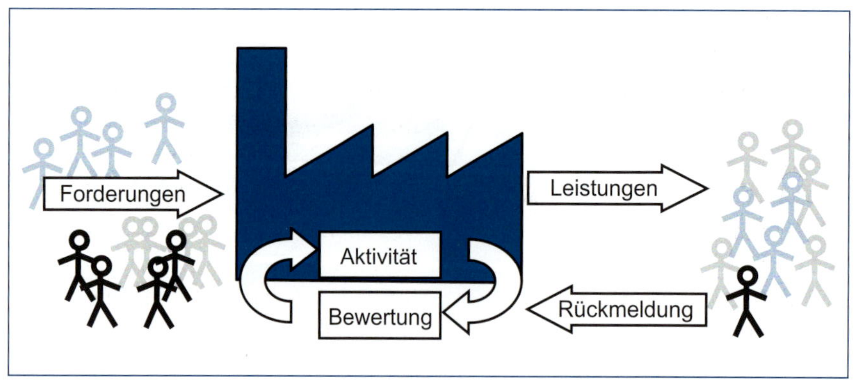

Abbildung 1-7
Qualitätsmanagement als Führungs- und Regelungsaufgabe in Unternehmen

Der dritte Teil stellt die rechtlichen Aspekte des Qualitätsmanagements dar. Mangelnde Qualität eines Produktes ist die häufigste Ursache für Beanstandungen und damit auch der Haftung eines Herstellers. Dieser Abschnitt enthält einen Überblick über die öffentlich-rechtlichen, aber auch zivilrechtlichen Folgen.

Jedes systematische Vorgehen stützt sich auf situativ angepasste Methoden ab. Sie gehören zum „Handwerkszeug" des Qualitätsmanagements. Der vierte Teil des Buches stellt daher einige dieser Methoden in ihrer grundsätzlichen Wirkungsweise vor und bündelt sie in Form eines elementaren Werkzeugkastens.

Literatur

[AAKE97] *Aaker, J. L.:* Dimensions of Brand Personality. In: Journal of Marketing Research (JMR), Jg. 34, Nr. 3., 1997. S. 347–356

[DESA89] *Desatnik, R.:* Long live the king, In: Quality Progress, Jg. 22, Nr. 4, 1989. S. 24–26

[DIN08] *Norm DIN EN ISO 9000:*2008: Qualitätsmanagementsysteme – Grundlagen und Begriffe

[EDGE90] *Edge, J.:* Quality Improvement: Lessons for Management. In: Lock, D./Smith, D. J.: Grower Handbook of Quality Management. Cooper Publishing Company, Aldershot/Brookfield 1990

[FAYO29] *Fayol, H.:* Allgemeine und industrielle Verwaltung. Oldenbourg, München 1929. S. 18–34/S. 43–52

[FORD29] *Ford, H.:* Philosophie der Arbeit. Autorisiertes Interview mit Faurote, P. Aretz Verlag, F. L. Dresden 1929

[GAIT94] *Gaitanides, M./Scholz, R./Vrohlings, A.:* Prozessmanagement – Grundlagen und Zielsetzungen. In: Gaitanides, M.: Prozessmanagement. Konzepte, Umsetzungen und Erfahrungen des Reengineering. Carl Hanser Verlag, München 1994. S. 1–20

[GEUE09] *Geuens, M./Brengman, M./S'Jegers, R.:* Food retailing, now and in the future. A consumer perspective. In: Journal of Retailing and Consumer Services, Jg. 10, Nr. 4, 2003. S. 241–251

[SEGH07] *Seghezzi, H. D./Fahrni, F./Herrmann, F.:* Integriertes Qualitätsmanagement – Der St. Galler Ansatz. 3., vollständig überarbeitete Auflage. Carl Hanser Verlag, München 2007

[SHEW31] *Shewhart, W. A.:* Economic Control of Quality of manufactured Product. D. Van Nostrand Company, New York 1931

[SHEW39] *Shewhart, W. A.:* Statistical Method from the Viewpoint of Quality Control. Graduate School of the Department of Agriculture, Washington, D.C. 1939

[SMBO98] *Smith, A.K.; Bolton, R. N.:* An Experimental Investigation of Costumer Reactions to Service Failure and Recovery Encounters: Paradox or Peril? (1998)

[TARP81] *TARP (Technical Assistance Research Program):* Measuring the Grapevine. Consumer response and word-of-mouth. The Coca-Cola Company, Atlanta 1981

[TAYL13] *Taylor, F. W.:* Principles of Scientific Management. 1911. Deutsche Übersetzung von R. Roeseler: Die Grundsätze wissenschaftlicher Betriebsführung. Oldenbourg, München 1913

[WARR49] *Warren W./Shannon, C. E.:* The Mathematical Theory of Communication. University of Illinois Press, Urbana 1949

[WIEN48] *Wiener, N.:* Cybernetics: or Control and Communication in the Animal and the Machine. The MIT Press, Cambridge (Massachusetts/USA) 1948.

[WOMA91] *Womack, J. P.; Jones, D. T.; Roos, D.:* The Machine that changed the World. Rowson Associated, New York 1991

TEIL A

Grundlegende Ansätze des Qualitätsmanagements

Die Auffassung, Qualitätsmanagement als einen motivierenden Treiber der Industrialisierung unternehmensweiter Abläufe zu verstehen, ist das Ergebnis der Erfahrungen mit grundlegenden Philosophien und Konzepten, die sich zeitgleich mit den Paradigmen der Produktionstechnik herausbildeten. Was aber sind die entsprechenden Herausforderungen, die eine Veränderung des Begriffs der Qualität bewirkten? Welche methodischen Ansätze werden verfolgt? Welche Antworten auf die Herausforderungen der betrieblichen Praxis werden gegeben? Gibt es Gemeinsamkeiten in den verschiedenen Ansätzen? Welches sind die Unterschiede? Wie ändert sich der unternehmerische Blickwinkel, wenn Qualität als Unternehmenswert zielgerichtet entwickelt wird?

Der mit dem Taylorismus aufgekommene und im industriellen Maßstab von Ford umgesetzte Weg der Massenproduktion fokussierte sich vorwiegend auf eine Prüfung und Sortierung der erzeugten Waren. Der zunächst zögerliche Wandel hin zu einer alle Unternehmensbereiche umfassenden Betrachtung wurde insbesondere durch die Arbeiten maßgeblicher Qualitätsexperten, wie beispielsweise Deming, Juran, Ishikawa oder Feigenbaum, vorangetrieben. So bilden mit der Entfaltung des Qualitätsmanagements über die Fertigungsprozesse der Auftragsabwicklung hinaus und in die planerisch-organisatorischen Bereiche der Produktentstehung hinein u. a. die Ansätze des Total Quality Control oder die Juran-Trilogie aus Qualitätsplanung, -regelung und -verbesserung die Grundlage der japanischen Qualitätsoffensive der 1970er und 1980er Jahre und ihres weltweit beachteten Erfolgs. Sie legten die Grundlage für ein neues Verständnis industrieller Produktion, dessen prominentester Vertreter der japanische Ansatz nach dem Toyota-Produktionssystem mit seinem Architekten Taiichi Ohno ist. Der nächste große Schritt und die damit verbundene Herausforderung für das Qualitätsmanagement zeichnen sich mit der zunehmenden Vernetzung der Systeme und der zu bewältigenden Datenflut im Rahmen der Industrie 4.0-Initiative ab.

Teil A des vorliegenden Buches befasst sich daher mit dem Fundament dieser Erfolge, auf dem allgemeine Grundsätze und Prinzipien für die Managementlehre aufbauen. Hier stehen die Grundzüge der qualitätsgetriebenen Managementphilosophien wie das Total Quality Management (TQM) und die daraus abgeleiteten qualitätsorientierten Managementparadigmen wie Kaizen oder Lean Management im Vordergrund. Maßgeblicher Bestandteil der TQM-Philosophie ist nicht nur die unternehmensweite Verankerung des Qualitätsgedankens, sondern die Einbeziehung aller Mitarbeiter und die Schaffung einer qualitätsgetriebenen Unternehmenskultur.

Aufgrund ihrer Entstehungsgeschichte sind den verwandten Ansätzen das kontinuierliche Streben nach Verbesserung und die konsequente Vermeidung jeglicher Art von Verschwendung ebenso gemein wie viele Prinzipien zur Erreichung dieser Ziele. Ein Schlüsselelement der Umsetzung der Grundüberzeugungen von Kaizen und Lean Management ist es, jegliche Arten von Verbesserungen z. B. statistisch fundiert messbar zu machen und so den direkten Wertschöpfungsbeitrag von Verbesserungen zu quantifizieren – ein Ansatz, der für das in den USA zunächst bei der Firma Motorola entwickelte Verbesserungsprogramm Six Sigma typisch ist.

Die genannten strategischen Qualitäts- und Verbesserungsprogramme haben dazu beigetragen, dass sich Qualitätsmanagement durch das Aufspannen eines unternehmerischen Handlungsrahmens als Treiber der Industrialisierung unternehmensweiter Abläufe entwickelt hat. In ihrer Umsetzung sind unterschiedliche Formen ausgeprägt, die dem jeweils speziellen Charakter eines Unternehmens Rechnung tragen. Hierbei kommt der Bestimmung eines einheitlichen, handlungsleitenden Bezugssystems, welches Ziele und Aufgaben, wesentliche Strukturen und Elemente von Managementsystemen definiert, eine wichtige Aufgabe zu. Dieser Aspekt wurde von der Normung übernommen, die zunächst Darlegungsmodelle, darauf aufbauend aber auch Bewertungs- und Verbesserungsmodelle wie das EFQM-Modell hervorbrachte. Die heutige Herausforderung besteht darin, ein gemeinsames unternehmerisches Verständnis von Qualität und Qualitätsmanagement zu entwickeln und in einen über den bisherigen Ansatz der Prozessorientierung hinaus zu entwickelnden Handlungsrahmen zu überführen – eine Entwicklungschance, die sich aufgrund der betrieblichen Entwicklungen der letzten Jahrzehnte und des Verständnisses der zugrunde liegenden, qualitätsgetriebenen Mechanismen eröffnet.

2 Entwicklung des Qualitätsmanagements

A

Die Begriffe „Qualität“ und „Qualitätsmanagement“ werden nach wie vor kontextabhängig interpretiert und verwendet. Das Qualitätsmanagement, verstanden als eine Grundhaltung oder besser noch als das ständige Bemühen aller Mitarbeiter in einer Organisation oder Unternehmung, die externen und internen Kundenerwartungen zu verstehen, zu erfüllen und zu übertreffen, stellt sowohl Philosophie als auch praktizierte Umsetzung von Führungsprinzipien und quantitativen Methoden sowie Techniken zur Optimierung dienstleistender als auch technischer Prozessabläufe dar. Aber wie ist diese Auffassung entstanden und was hat die heutige Darstellung von Qualität am Produkt und im Unternehmen beeinflusst und geprägt?

Um den verschiedenen Facetten der heutigen Auffassung gerecht zu werden, lohnt sich eine nähere Betrachtung des Begriffes *Qualität* unter der Berücksichtigung verschiedener Perspektiven sowie dessen Entwicklung im unternehmerischen Umfeld, des *Qualitätsmanagements*.

2.1 Zur Entwicklung des Begriffes Qualität

International ist Qualität als Fachbegriff für das Qualitätsmanagement seit 1972 genormt [EOQC72]. Die bis heute andauernde Diskussion um die Bedeutung und die Inhalte des Begriffes ist dabei wohl genauso alt wie der Begriff selbst und unterstreicht die gegenwärtig andauernde Unschärfe im Gebrauch [KAMI08]. Dabei gab es in der Regel zwei konkurrierende Betrachtungsweisen zur Qualität. Auf der einen Seite die philosophische *Beschaffenheitsvorstellung* und auf der anderen Seite der pragmatische *Abgleich der Beschaffenheit mit den bestehenden Forderungen* [GEIG96].

Garvin unterscheidet bei den vorliegenden Definitionen zur Qualität vier treibende Wissenschaften [GARV84]:

- Die *Philosophie* beschäftigt sich überwiegend mit der kritisch-rationalen Reflexion des Begriffes Qualität.
- Die *Betriebswirtschaft* untersucht die Qualität im Kontext der Gewinnmaximierung und des Marktgleichgewichts.
- Die *Marktforschung* setzt sich mit dem Einfluss der Qualität auf Kundenzufriedenheit und Kaufverhalten auseinander.
- Das *operative Controlling* behandelt vor allem Produktionsaspekte.

Ursprünglich ist das Wort „Qualität“ im 16. Jahrhundert dem lateinischen *qualitas* (Verhältnis, Beschaffenheit, Eigenschaft) entliehen worden, welches sich wiederum von *qualis* (wie beschaffen) ableitet [DROS97]. Der Begriff wurde bereits im Altertum von Aristoteles (4. Jahrhundert v. Chr.) als eine der zehn Kategorien seiner Erkenntnistheorie zur Beschreibung des empirisch gegebenen Seienden verwendet. Er unterscheidet bereits zwischen *subjektiven* und *objektiven* Qualitäten. Dabei geht es ihm jedoch in erster Linie um Beschaffenheiten und noch nicht um Forderungen an diese.

Die beschriebenen unterschiedlichen Sichtweisen überschneiden sich in der geschichtlichen Entwicklung, existieren nach- und auch nebeneinander und greifen auf teils unterschiedliche, teils identische Terminologien zurück. ■

In der römischen Antike wurden erstmals Produkte von besonderer Güte bzw. solche, die erhöhten Anforderungen entsprachen, mit dem Begriff *qualitas* belegt. Auch die im Mittelalter aufkommenden Handwerkszünfte wurden u. a. vor dem Hintergrund gebildet, qualitätsbewusste Handwerksmeister, die Produkte „guter" Qualität herzustellen wussten, zu einen und hervorzuheben. Damit wurde bereits der Gedanke der Qualität als Maßstab für „gute" oder „schlechte" Produkte berücksichtigt, wie er auch später im unternehmerischen Umfeld verwendet werden sollte [GEIG96].

Aus der philosophisch-historischen Perspektive war es der englische Philosoph John Locke, der zum Ende des 17. Jahrhunderts Qualität als die „...Fähigkeit eines Dinges eine Empfindung im Bewusstsein zu erzeugen" beschrieb. Er greift dabei die Ansätze von Aristoteles wieder auf und beschreibt die objektiven Qualitäten von Gegenständen als die *realen* und damit *primären* und die subjektiven Qualitäten als die *sekundären*, die jedoch Resultate der primären sind. Die Entwicklung und Auffassung des Qualitätsbegriffes aus philosophischer Sicht zieht sich weiter über die Epochen – vom Rationalismus über die Romantik bis hin zur Aufklärung – und findet Vertreter in vielen geistes- und naturwissenschaftlichen Repräsentanten der Zeitgeschichte (für eine Übersicht siehe „Qualität als philosophischer Begriff" in [ZOLL10]). Die Einflüsse auf bzw. die Abgrenzung von der betrieblichen Sichtweise der Qualität sind dabei stets mehr oder weniger präsent und setzten sich fort bis in die Neuzeit.

In der Entwicklung des „modernen", im technologischen und produktionstechnischen Umfeld verwendbaren, Qualitätsbegriffs zu Beginn des 20. Jahrhunderts im deutschsprachigen Raum stellt auch Buschmann fest, dass es sich um einen mehr als eindimensionalen Begriff handelt [BUSC11]. Er teilt Qualität in technische und geschmackliche Qualität auf. Technische Qualität beschreibt dabei die möglichst vollkommene Erfüllung des gesetzten Gebrauchszwecks, geschmackliche Qualität hingegen die ästhetisch einwandfreie Gestaltung. Wirz führt 1915 hingegen aus, dass Qualität durch den Zweck bzw. die „Gebrauchsidee" bedingt ist, und dass diese Gebrauchsidee durch die übereinstimmenden Interessen einer Gesellschaft, nicht aber eines einzelnen Individuums festgelegt wird. Er begründet damit den objektiven Qualitätsbegriff, der jedoch in gewissem Maße durch die Interessen der Gesellschaft subjektiviert wird [WIRZ15].

Lisowsky betrachtet 1928 den Qualitätsbegriff aus einer betriebswirtschaftlichen Perspektive und unterscheidet erstmalig zwischen objektiver und subjektiver Qualität. Die objektive Qualität resultiert demnach aus dem Vorhandensein erkennbarer Eigenschaften sowie dem direkten Vergleich dieser Eigenschaften mit Gütern gleicher Klasse. Da für eine betriebswirtschaftliche Betrachtung eine Werturteilsfreiheit jedoch seiner Meinung nach nicht gegeben ist, hat er den subjektiven Qualitätsbegriff ergänzend eingeführt. Die subjektive Qualität eines Gutes leitet sich aus der Eignung zur individuellen Bedürfnisbefriedigung ab [LISO28]. Lorentz hat diese beiden Komponenten in einem, später von Kawlath als „teleologische Qualität" definierten, Begriff vereint. Er beschreibt Qualität als „...den Grad der Eignung eines Produktes im Vergleich zu anderen Produkten hinsichtlich einer bestimmten [individuellen] Zweckerreichung" [WIMM87, LORE31].

Westerburger fügt der Qualität eine zeitliche Determinante hinzu („Was heute Qualität bedeutet, wird morgen schon vielleicht nicht mehr als Qualität angesprochen."), was von Meyer später in der Hinsicht aufgegriffen wird, dass er zwar die Zeit als Aspekt, aber den Wertewandel der Gesellschaft als ausschlaggebend für die Veränderung der Qualitätsauffassung anführt. Damit unterstreicht er die dynamische Facette der Qualität [WEST36, MEYE60]. Meyer spricht darüber hinaus in seiner Arbeit auch erstmals von (mehreren) unterschiedlichen Qualitätsmerkmalen, die ausschlaggebend für die Gesamtqualität seien. Dieser Ansatz der unterschiedlichen Qualitätsmerkmale zur Beschreibung von Qualität wird kurze Zeit später auch von Klatt und Rieger verfolgt [KLAT61, RIEG62]. Niedenhoff erweitert 1964 den Qualitätsbegriff um eine rationale und eine emotionale Komponente. Dabei beschreibt die rationale Komponente mechanisch-technische Daten hinsichtlich der Beschaffenheit des Produktes und die emotionale Komponente in der Regel psychologische Informationen bzw. Wertvorstellungen des Kunden [NIED64]. Zur Entwicklung des subjektiven und objektiven Qualitätsbegriffes siehe auch [STRA99].

Ein weiterer Ansatz zur Erläuterung des Qualitätsbegriffes basiert auf dem Einstellungsbegriff von Rosenberg. Weinberg/Behrens gehen darauf aufbauend davon aus, dass Konsumenten ihr Qualitätsurteil bezüglich eines Produktes einer bestimmten Marke auf einzelnen Produkteigenschaften, multipliziert mit den wahrgenommenen Ausprägungsgraden dieser Eigenschaften, aufbauen. Das Gesamturteil setzt sich dabei aus der Summe der Produkte (hier: die Ergebnisse der Multiplikation) zusammen. Der Konsument tritt somit mit einer bestimmten Anzahl an Bedürfnissen, die er zu befriedigen sucht, an Produkte unterschiedlicher Marken heran und vergleicht deren Produkteigenschaften dahingehend. Dabei nimmt er wahr, bis zu welchem Grad ein Produkt mit seinen Produkteigenschaften in der Lage ist, seine Bedürfnisse zu erfüllen [WEIN78].

In den 1980er Jahre wurde vermehrt versucht, den Qualitätsbegriff durch nationale und internationale Normen zu beschreiben, die vor allem auf die Einhaltung von technischen Spezifikationen ausgerichtet waren. Als immer noch „offizieller“ Stand dieser Entwicklung sei hier auf die DIN EN ISO 9000:2005 verwiesen, in der Qualität als die Erfüllung von Anforderungen durch inhärente Merkmale definiert wird [DIN05]. Damit beschreibt Qualität die Übereinstimmung des vorliegenden Ist-Zustandes (Beschaffenheit) mit dem gewünschten Soll-Zustand (Anforderungen). Prägnanter kommt dies noch bei Geiger/Kotte zum Ausdruck [GEIG08]: „Qualität = Relation zwischen realisierter Beschaffenheit und Qualitätsforderung.“ Diese Definitionen basiert auf dem Entflechtungsprinzip, nach dem sich die Qualität als Konstrukt der Beschaffenheit und Qualitätsforderung dargestellt zusammensetzt (Abbildung 2-1).

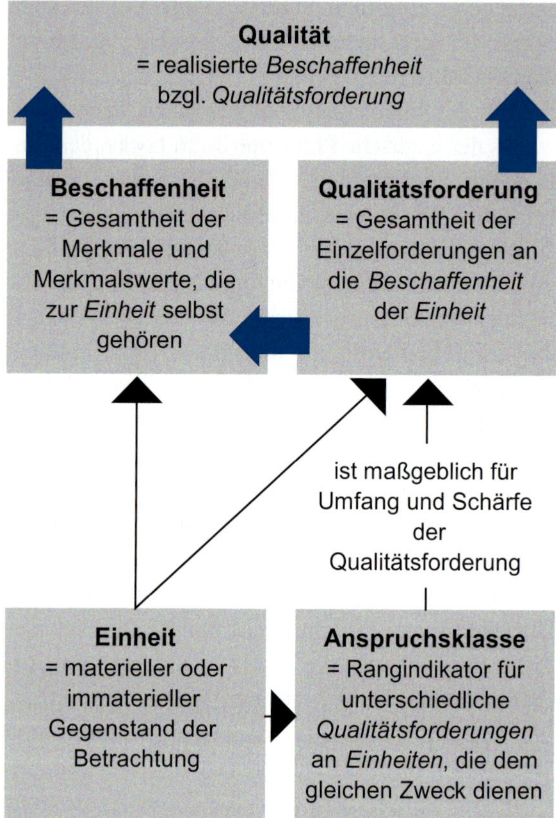

Abbildung 2-1 Der entflochtene Qualitätsbegriff nach Geiger/Kotte

Zu dieser Zeit entstand jedoch auch einer der bekanntesten Ansätze für eine ganzheitliche Betrachtung des Qualitätsbegriffes. Mitte der 80er Jahre versucht Garvin nicht *eine* Definition für Qualität zu finden, sondern fasst zunächst die existierenden Qualitätsdefinitionen zu fünf Ansätzen zusammen:

1. Der *transzendente Ansatz* beschreibt Qualität als immanente, absolute und erkennbare Größe. Dabei kann Qualität selbst nicht exakt de-

finiert, sondern nur durch Erfahrung im Umgang erkannt werden.

2. Der *produktbasierte Ansatz* beschreibt Qualität als präzise und messbare Variable. Demnach spiegeln Qualitätsunterschiede Differenzen in bestimmten Produktmerkmalen wider. Die Kunden können jedoch bezüglich der Produktmerkmale und der Präferenzen unterschiedlicher Meinung sein. Höhere Qualität bedingt aber in jedem Fall höhere Kosten. Qualität dagegen ist ein inhärentes Merkmal und kann nicht zugeschrieben werden.
3. Beim *kundenbasierten Ansatz* liegt die Qualität im „Auge des Betrachters". Resultierend aus individuellen und wechselnden Bedürfnissen ist Qualität ein subjektiver und dynamischer Begriff. Es besteht eine gewisse Abhängigkeit, aber immer noch ein erkennbarer Unterschied, zwischen Kundenzufriedenheit und Qualität.
4. Der *herstellungsbasierte Ansatz* fokussiert die Angebotsseite und stellt die Übereinstimmung von Anforderungen und Spezifikationen mit dem Ergebnis in den Vordergrund der Qualitätsdefinition.
5. Der *wertbasierte Ansatz* beschreibt einen mehrdimensionalen Ansatz aus Kosten und Preisfokussierung. Auf Kundenseite steht Qualität zu einem akzeptablen Preis, auf Herstellerseite Qualität bei akzeptablen Kosten.

Aus diesen Ansätzen leitet Garvin acht Dimensionen als Rahmen zur Beschreibung grundlegender Qualitätselemente ab:

- *Leistung* umfasst besondere Leistungscharakteristiken eines Produktes.
- *Ausstattung* beinhaltet „sekundäre" Produktcharakteristika, z.B. Zusatzausstattung.
- *Zuverlässigkeit* hängt von der Fehlerfreiheit innerhalb eines bestimmten Zeitraumes ab.
- *Konformität* beschreibt die Übereinstimmung z.B. mit Standards in Bezug auf interne und externe Merkmale.
- *Haltbarkeit* meint die Funktionsfähigkeit bis zum defekt- oder altersbedingten Ausfall des Produkts.
- *Serviceleistungen/-möglichkeiten* beschreiben vor allem die Servicezuverlässigkeit und -geschwindigkeit.
- *Ästhetik* umfasst Produktaussehen, -geruch, -geschmack, -haptik und -akustik (zusammen mit der wahrgenommenen Qualität bilden diese die subjektivsten Kriterien).
- *Wahrgenommene Qualität* stellt die Beurteilung der Qualität auf Basis von unvollständigem Wissen, beeinflusst durch die Umwelt, dar.

Jede der Dimensionen ist eindeutig und in sich abgeschlossen. Produkte können demnach in jeder Kategorie einzeln bewertet werden [GARV84, GARV87]. Dieser Ansatz ist in der Kundenperspektive insbesondere mit der Qualitätsanmutung und „wahrgenommener Qualität" verbunden (siehe Kapitel 5).

In der Folgezeit wurde über den Qualitätsbegriff vor allem in Normen und in Hinsicht auf Prozess- und Systemoptimierung diskutiert. Trotz diverser Bemühungen und Standards, nicht zuletzt aufgrund vieler subjektiver Umwelteinflüsse, konnte eine reine messbare und rationale Grundlage jedoch nicht endgültig geschaffen werden. In der DIN EN ISO 9000:2005 findet sich folgende aktuelle Definition:

> *„Qualität: Grad, in dem ein Satz inhärenter Merkmale Anforderungen erfüllt."*

Ein Merkmal ist dabei eine „kennzeichnende Eigenschaft" und eine Anforderung stellt eine „Erwartung" dar, die „...festgelegt, üblicherweise vorausgesetzt oder verpflichtend ist" [DIN05]. Davon weicht auch der bereits veröffentlichte Entwurf der 2015 erscheinenden Revision der Norm nicht ab. Dieser fügt jedoch zusätzlich das „Objekt" als Bezug ein und definiert dieses als etwas Wahrnehmbares oder Vorstellbares [DIN14]. Dies ist ein bewusster Schritt zur Verdeutlichung der Qualität

A

nicht nur für physikalisch messbare, sondern auch immaterielle und insbesondere informationstechnische Zusammenhänge.

Zu einer erweiterten Diskussion des Qualitätsbegriffes und dessen Entwicklung siehe auch [ZOLL10, JURA95].

2.2 Die historische Entwicklung des Qualitätsbegriffes im unternehmerischen Umfeld

Seitdem Produkte hergestellt und Dienstleistungen erbracht werden, ist deren Qualität ein Thema. Damit einhergehend ist auch stets eine Art Qualitäts*management* zu erkennen [INJA07].

Qualität und deren Kontrolle spielte wahrscheinlich bereits eine Rolle, bevor die ersten Austauschgeschäfte getätigt wurden, also bevor die Produkte der Tätigkeit zu Waren wurden. Ab dem Zeitpunkt von dem an Produkte gleicher Zweckbestimmung in ihren Leistungen und Merkmalen gegenübergestellt wurden, fand eindeutig ein Qualitätsvergleich statt.

Als Beispiel sei hier der babylonische Hammurabi-Kodex (1728 bis 1686 v. Chr.) genannt, in dem einem Baumeister, welcher unbefriedigende Arbeiten ablieferte, drakonische Strafen auferlegt wurden [GEIG96, ZOLL10].
Ebenso König Hieron II. von Syrakus, welcher den Gold- und Silbergehalt, und somit die Qualität ebenjenes Edelmetalls, durch Archimedes überprüfen ließ. Auch viele „Qualitäts"-Vorschriften zur Rezeptur von Medikamenten existierten schon mehr als 2000 Jahre v. Chr., genauso wie erste Qualitätskontrollsysteme in China seit ca. 1100 v. Chr. ■

Obwohl in verschiedenen Kulturkreisen unterschiedliche Philosophien und Grundlagen von Qualität und deren Erbringung vertreten wurden, so setzten sich doch überall Normen durch, die sich auf wesentliche Eigenschaften von Produkten bezogen [KETT99]. Aus solchen Normen entstanden offenbar die Voraussetzungen für Normen und Standards, die dann die Wirtschaft vor allem in den industrialisierten Staaten stark beeinflussten. Hieraus entwickelte sich das heute bekannte Bild des Qualitätsmanagements.

2.2.1 Qualitätsprüfung durch Inspektion

Die Geschichte des „modernen" Qualitätsmanagements fällt mit der Industrialisierung zusammen und beginnt mit der Verwendung von Spannvorrichtungen, Lehren und Eichmaßen zu Beginn des 19. Jahrhunderts. Das Einspannen von Werkzeugen und -stücken ermöglichte eine zuvor unerreichte Präzision und daher erstmals die exakte Reproduzierbarkeit und damit die Herstellung vergleichbarer Bauteile und Produkte (Grundlage des Austauschbaren). Das Messen mittels Lehren, die nach Musterbauteilen erstellt wurden, vereinfachte die *Inspektion* nach Fertigung und Montage und machte diesen Vorgang objektiver und verlässlicher [HOUN87]. Qualität war jedoch nicht allein auf Maßhaltigkeit beschränkt. Die Überprüfung von Qualitätsforderungen hinsichtlich Stoffeigenschaften scheiterte meist an unzureichenden naturwissenschaftlichen Kenntnissen. Erst mit dem Einsatz praktischer Materialprüfmaschinen am Franklin-Institut in Philadelphia, USA im Jahre 1832 und später mit firmeneigenen Prüflabors sowie Materialprüfanstalten gegen Ende des 19. Jahrhunderts gehörten Materialprüfungen zur unternehmerischen Praxis.

Beginnend mit der Versorgung der urbanen Zentren an den Küsten mit frischen Agrarprodukten über eine lange Distanz und durch die daraus abgeleitete industrielle Entwicklung und die Entstehung der Massen- und Fließfertigung in den Schlachthäusern von Chicago zur Jahrhundertwende wuchs der Druck auf die organisatorische Beherrschung. Es folgte ein Umschwung im Qualitätsdenken vom Einzelteil zur Produktionskette. Allen voran war es Ford, der die Fließfertigung mit der Herstellung seines T-Modells in den Jahren 1913/14 auf eine neue Entwicklungsstufe hob. Die durch die Reduktion der Varianten (Ford baute von da an lediglich ein einziges Modell) einhergehende Standardisierung der Teile führte auch zu einer ersten „Normung" von Qualitätsforderungen [KETT99].

Zeitgleich, und doch relativ unabhängig davon, entwickelte Taylor zu Beginn des 20. Jahrhunderts seinen Ansatz der *wissenschaftlichen Betriebsführung* („scientific management"), der, ausgelöst durch den damaligen Fachkräftemangel, die weitgehende Arbeitsteilung, -standardisierung und Effizienzsteigerung vorsah. Dabei setzte Taylor auch sogenannte *Funktionsmeister* (functional foreman), Spezialisten auf ihrem jeweiligen Gebiet, zur technischen Überwachung der Arbeiten sowie der Einweisung neuer Mitarbeiter, ein. Eine dieser Funktionsmeister-Stellen war nach Taylor der „Inspekteur". Damit wurde erstmals die Inspektion von Produkten als eigenständige Tätigkeit unterstrichen und ihr zusätzliche Bedeutung verliehen [TAYL19, TAYL77].

Die Einrichtung der funktionsorientierten Teilung galt dabei lange als „Patentlösung", setzte sich jedoch schlussendlich nicht durch, da die Funktionsmeister nicht hinreichend unterstützt wurden bzw. das harmonische Funktionieren der Ablauforganisation durch sie gestört wurde [GEIG08]. Abgesehen davon wurde Taylor – bis heute – für den mit der Fließfertigung einhergehenden „Qualitätsverfall" verantwortlich gemacht. Diese Aussage beruht vor allem auf dem gesunkenen Qualifikationsniveau der Arbeiter, was mit der Vereinfachung und Monotonie der Fließarbeit sowie den eingeführten Entlohnungssystemen auf Basis von „Stück pro Zeit" verbunden wird [KETT99].

Der Zusammenhang von Inspektion und Qualitätskontrolle wurde später durch Radford's *The Control of Quality in Manufacturing* hervorgehoben und Qualität erstmals eindeutig als unabhängige Verantwortung der Führung bzw. des Managements herausgestellt. Obwohl neun der 23 Kapitel des Buches sich mit der Inspektion beschäftigten, wurden bereits einige noch heute gültige, zentrale Eigenschaften der Qualitätskontrolle herausgestellt. So spricht Radford von der Notwendigkeit, Entwickler und Designer frühzeitig in Qualitätsthemen mit einzubeziehen und qualitätsrelevante Abteilungen eng zu verknüpfen [RADF22].

2.2.2 Statistisch gestützte Qualitätskontrolle

Lange Zeit war die Qualitätskontrolle begrenzt auf Inspektion, Zählen, Sortieren und Reparieren. Fehlerdiagnose und -behebung lagen fern jeder Qualitätstätigkeit [BICK58]. Dies änderte sich, als mit Shewarts *Economic Control of Quality of Manufactured Product* 1931 die statistische Qualitätskontrolle und damit eine wissenschaftliche Grundlage für die Betrachtung und Bewertung von Qualität entstand [SHEW31]. Shewart gab eine exakte und messbare Definition der Fertigungskontrolle, führte Methoden zur täglichen Überwachung und Bewertung der Produktion an und leitete Maßnahmen zur nachhaltigen Verbesserung der Qualität ab. Auf Shewart sowie seine Kollegen Dodge und Romig, die wie Shewart bei den Bell Telephone Laboratories forschten, sind vor allem die Entwicklung der *Qualitätsregelkarte* sowie die *Stichprobenprüfung* und das *average outgoing quality limit* (AOQL) zurückzuführen [SHEW31, DODG69, DODG98]. Diese Entwicklungen hatten zur Folge, dass die Inspektionskosten sowie Fehlerquoten in Unternehmen

A

gezielt gesenkt und die Qualität sowie die Mitarbeiterproduktivität systematisch gesteigert werden konnten [GARV88].

Es dauerte jedoch bis zum Beginn des zweiten Weltkrieges und dem stark ansteigenden Bedarf an qualitativ hochwertigem Kriegsgerät und Munition, bis auch der Einsatz und die Bedeutung der statistischen Qualitätskontrolle und des Stichprobenverfahrens wuchsen. Angestellte der Bell Laboratories in Diensten des amerikanischen Verteidigungsministeriums entwickelten in dieser Zeit ein neues Stichprobensystem basierend auf einer annehmbaren Qualitätsgrenzlage, einem *Acceptable Quality Level* (AQL). AQL wurde 1963 mit dem US-Militär-Standard MIL-STD-105 für verbindlich erklärt und in der Folge auch von anderen nationalen (DIN 40 080; 1973) und internationalen (ISO 2859; 1974) Normen übernommen.

2.2.3 Von der Überprüfung der Qualität zum Qualitätsmanagement

Nach dem Ende des zweiten Weltkriegs hatten sich Qualitätsmethoden etabliert, die über die reine Empirie hinaus gingen und bereits einen systematisch-theoretischen Bezug besaßen. Die reine Inspektion und Güteprüfung wich einer fertigungsprozessorientierten Qualitätssicherung. Dazu trug u. a. die fortwährende Entwicklung automatischer bzw. maschineller Prüfung von Produkten und Prozessen bei. Dies bezog sich zum einen auf die automatische Prüfung eines Produktes *durch* eine Maschine, aber auch auf die Prüfung eines gerade zu bearbeitenden Werkzeuges *in* der Maschine. Im Zuge dieses Fortschritts kam es zur Entwicklung der ersten numerisch gesteuerten Werkzeugmaschine und später, Mitte der 1970er Jahre, den ersten computergesteuerten Prozessüberwachungen mittels CNC-Steuerungen (Computer Numeric Control) [KETT99].

Neben diesen technischen Meilensteinen kam zu Beginn der 50er Jahre auch verstärkt die Frage nach den Kosten mangelnder Qualität und damit nach einem „Break-Even“ in der Qualitätskostengestaltung auf. Juran veröffentlichte 1951 sein Buch *Quality Control Handbook*, in dem er sich im einleitenden Kapitel ausgiebig diesem Thema widmete. Er vergleicht Fehlerkosten mit *Gold in der Mine* („gold in the mine“), das nur darauf wartet, zutage gebracht zu werden. Aus diesem Grund unterteilte Juran Fehlerkosten in vermeidbare und unvermeidbare Anteile. Unvermeidbar waren dabei Kosten, die mit Prävention, Prüfung, Stichproben, Sortierung und anderen Kontrollvorgehen verbunden waren. Vermeidbar dagegen waren Kosten aus Produktfehlern und -versagen, so z. B. beschädigtes Material, Nacharbeits- sowie Reparaturkosten, Beschwerdebearbeitung und Kundenabwanderung. Diese Kostenaufteilung unterstrich zugleich, dass die Fehlerverursachung zu Beginn der Produktentstehung, z. B. bei der Konstruktion, unverhältnismäßig hohe Kosten in der Produktion und der Nutzung nach sich zieht [JURA51].

Feigenbaum griff 1956 diesen Gedanken auf und deklarierte eine durchgängige Qualitätskontrolle und -regelung, *Total Quality Control* (TQC), und damit das erste umfassende Qualitätsmanagementmodell in der Geschichte des Qualitätsmanagements. Von der Skizze bis zum fertigen Produkt in Kundenhänden musste jeder Mitarbeiter sich um höchste Qualität bemühen. Dabei formulierte Feigenbaum drei bis ins heutige Qualitätsmanagement gültige Grundsätze [FEIG56]:

1. Qualität wird im Wesentlichen durch die Erwartungen des Kunden bestimmt.
2. Jeder Mitarbeiter ist für Qualität verantwortlich.
3. Qualität wird von allen Funktionen erzeugt.

Nach Feigenbaum ließ sich die Qualitätskontrolle dabei entlang der Produktentstehung für jedes Produkt in drei Bereiche unterteilen:

1. Die Überprüfung des neuen Designs hinsichtlich der Herstellbarkeit und der Robustheit neuer Technologien

2. Die Materialeingangskontrolle
3. Die Produkt- und Produktionskontrolle

Um hierbei erfolgreich zu sein, bedurfte es der ausnahmslos abteilungsübergreifenden Zusammenarbeit, was viele Unternehmen dazu veranlasste, Zuständigkeitsmatrizen zur Übersicht über die Qualitätsaufgaben der einzelnen Abteilungen zu erstellen [FEIG61].

Später sollte Feigenbaum seine Qualitätsgrundsätze noch einmal ergänzen [FEIG97]:

- Qualität ist keine technische Funktion, sondern ein systematischer, kundenorientierter Prozess, der im gesamten Unternehmen umgesetzt werden muss.
- Qualität ist das, was der Kunde (und nicht der Ingenieur) darunter versteht.
- Qualität und Kosten sind eine Summe und kein Differenz. Qualitätsverbesserung ermöglicht somit Kostenreduzierung.
- Qualität muss organisiert werden, da sich sonst keiner zuständig fühlt.
- Erst eine kundenorientierte TQC mit für Mitarbeiter verständlichen, strukturierten und qualitätsbezogenen Prozessen ermöglicht das Qualitätsverständnis.

Sowohl Juran als auch Feigenbaum unterstreichen ein besonders sorgfältiges Messen und Bewerten der entstehenden Qualitätskosten. Darüber hinaus sind sich beide einig, dass Statistikkenntnisse für einen Qualitätsexperten weiterhin wichtig, aber nicht mehr länger ausreichend sind. ▪

Durch die Erweiterung der Qualitätsaufgaben von der Prozessüberwachung mit Stichproben und Messungen hin zur Einbeziehung von Entwicklungs-, Vertriebs- und Serviceabteilungen in die Qualitätsplanung stiegen auch die Anforderungen an Qualitätsverantwortliche. Zur Qualitätsplanung, -koordination und -messung werden Führungs- und Managementfähigkeiten unerlässlich [JURA51, FEIG61].

Ungefähr zur gleichen Zeit beschäftigte sich die Luftfahrt- und Elektronikindustrie, unterstützt vom U.S.-Militär, mit eher statistischen Themen und dabei allen voran mit der geringen Zuverlässigkeit der Produkte über die geplante Lebensdauer. Wesentlicher Bestandteil der Forschungen auf diesem Gebiet war die Wahrscheinlichkeitstheorie zur Berechnung der Ausfallwahrscheinlichkeit bestimmter Produkte unter gegebenen Umständen. Dabei wurden unterschiedliche statistische Verteilungen (z.B. Weibull-Verteilung, Exponentialverteilung, Badewannenkurve) genutzt, um mithilfe spezieller Produkttests Zuverlässigkeitsprognosen für Produkte bereits möglichst früh im Produktlebenszyklus erstellen zu können.

Über die Lebensdauerprognose hinaus sollten jedoch auch Möglichkeiten und Methoden entwickelt werden, um die Zuverlässigkeit von Produkten zu verbessern und Fehlerraten nachhaltig zu senken. Eine dieser Methoden war die Fehlermöglichkeits- und Einflussanalyse (Failure Mode and Effects Analysis) oder kurz: FMEA. Diese gestattet das systematische Erkennen und Bewerten möglicher Fehler und Fehlerquellen. Daraus lassen sich im Anschluss notwendige Maßnahmen ableiten (für eine ausführliche Beschreibung der FMEA siehe Toolbox, Kapitel 11.12). In diesem Zusammenhang gewann auch das Sammeln von Informationen aus dem Feld und damit der Ausfallmeldungen von eingesetzten Produkten an Bedeutung, da ohne ein vollständiges Bild der möglichen Fehler eine Abschätzung und Vermeidung selbiger sich im Voraus schwierig gestaltet [GARV88].

Ein weiterer Ansatz aus den 60er Jahren ist der des *Null-Fehler-Programms*. Ursprung war die Martin Company, die in den 60er Jahren Raketen für das

U.S.-Militär herstellte. Im Zuge eines Rüstungsvertrages mit dem Militär versprach der General Manager des Unternehmens die Lieferung der ersten einsatzfähigen und *fehlerfreien* „Pershing"-Rakete einen Monat vor Stichtag. Zudem sollte die gesamte Peripherie innerhalb von zehn Tagen (üblicherweise 90 Tage) aufgesetzt und einsatzbereit sein. Aufgrund der enormen Zeitbegrenzung erfolgte der Aufruf an die Mitarbeiter, diesmal alles beim ersten Mal fehlerfrei zu machen, was dann kurze Zeit später zum überraschenden Erfolg führte. Aus diesem Vorfall zog das Management den Schluss, dass die Motivation der Mitarbeiter einer der entscheidenden Faktoren zur Fehlervermeidung ist. Darauf basierend wurde ein Programm erarbeitet, welches die Mitarbeiter motivieren sollte, ihre Arbeit von vornherein richtig zu machen. Dieses wurde als *Null-Fehler-Programm* bezeichnet [HALP66]. Dabei war man in erster Linie bemüht, eine Philosophie zu erarbeiten, und ein Bewusstsein bei den Arbeitern zu schaffen, dass der einzige akzeptable Qualitätsstandard „Null-Fehler" hieß. Hinsichtlich der Operationalisierbarkeit und der Methoden zur Problemlösung blieb das Programm zunächst in weiten Teilen sehr unspezifisch. Verfahren zur Identifikation der Ursprünge von Qualitätsproblemen und Fehlern sowie das Implementieren von entsprechenden Fehlervermeidungsmaßnahmen wurden erst später bei der Adaption der Null-Fehler-Philosophie durch General Electrics entwickelt. Einer der größten Verfechter des *Zero-Defects*-Gedankens und Gegner eines *Acceptable Quality Levels* war Philip B. Crosby, der seinerzeit bei Martins arbeitete. Crosby stellte heraus, dass Fehlerfreiheit (*perfect quality*) sowohl technisch möglich als auch wirtschaftlich erstrebenswert ist [CROS79].

In seinem Buch *Quality without Tears* veröffentlicht er erstmals seine Grundregeln zur Implementierung von Qualität, die auf Crosby's vier Qualitätsaxiome (The Asolutes of Quality Management) zurückzuführen sind [CROS84]:

1. Qualität ist definiert als *Erfüllung der (Kunden-)Forderungen*, nicht als „Güte" oder „Eleganz".
2. Qualität wird durch *Vorbeugung*, nicht durch Prüfung erreicht.
3. Der Leistungsstandard bei Qualität muss *„Null-Fehler"* und nicht „gut genug" lauten.
4. Qualität wird an den *Kosten der Nonkonformität* gemessen, nicht an Kennzahlen.

Während seiner Anstellung als Vice President und Quality Director bei der International Telephone and Telegraph Corporation entwickelte Crosby zudem ein 14-Phasen-Qualitätsprogramm zur Einführung eines Qualitätssystems:

1. Engagement der obersten Verwaltung
2. Bilden eines Projektteams
3. Qualitätsmessung
4. Schätzen der Qualitätskosten
5. Bilden eines Qualitätsbewusstseins
6. Einleiten von Aktivitäten zur Verbesserung
7. Aufstellen eines Ausschusses für die Vorbereitung des Null-Defekt-Tages
8. Schulen der mittleren Verwaltungsebene
9. Durchführung des Null-Defekt-Tages
10. Endgültiges Aufstellen von realen Zielen
11. Abschaffen verbliebener Mängel
12. Erteilen von Anerkennungen
13. Schaffen eines ständigen Qualitätsausschusses
14. Vorbereiten für einen neuen Kreislauf

Für Crosby spiegelte sich Qualität immer im Gewinn wider bzw. in den Kosten, die durch Nicht-Qualität entstehen.

2.2.4 Die japanische Qualitätsoffensive

Neben der bereits beschriebenen Entwicklung des Qualitätsverständnisses im amerikanischen Raum ergab sich auch in Japan aufgrund erheblicher Qualitätsdefizite in den 50er und 60er Jahren ein zunehmendes Interesse zur systematischen Verbesserung von Produkten und Herstellungsprozessen. In einem beispiellosen Umbruch schafften es die Japaner ihre Marktakzeptanz in den 70er und 80er Jahren durchweg zu verbessern [INJA07].

Die Wurzeln hierfür sind zum einen in der japanischen Kultur, zum anderen aber auch in einigen der vorgenannten amerikanischen Qualitätspioniere

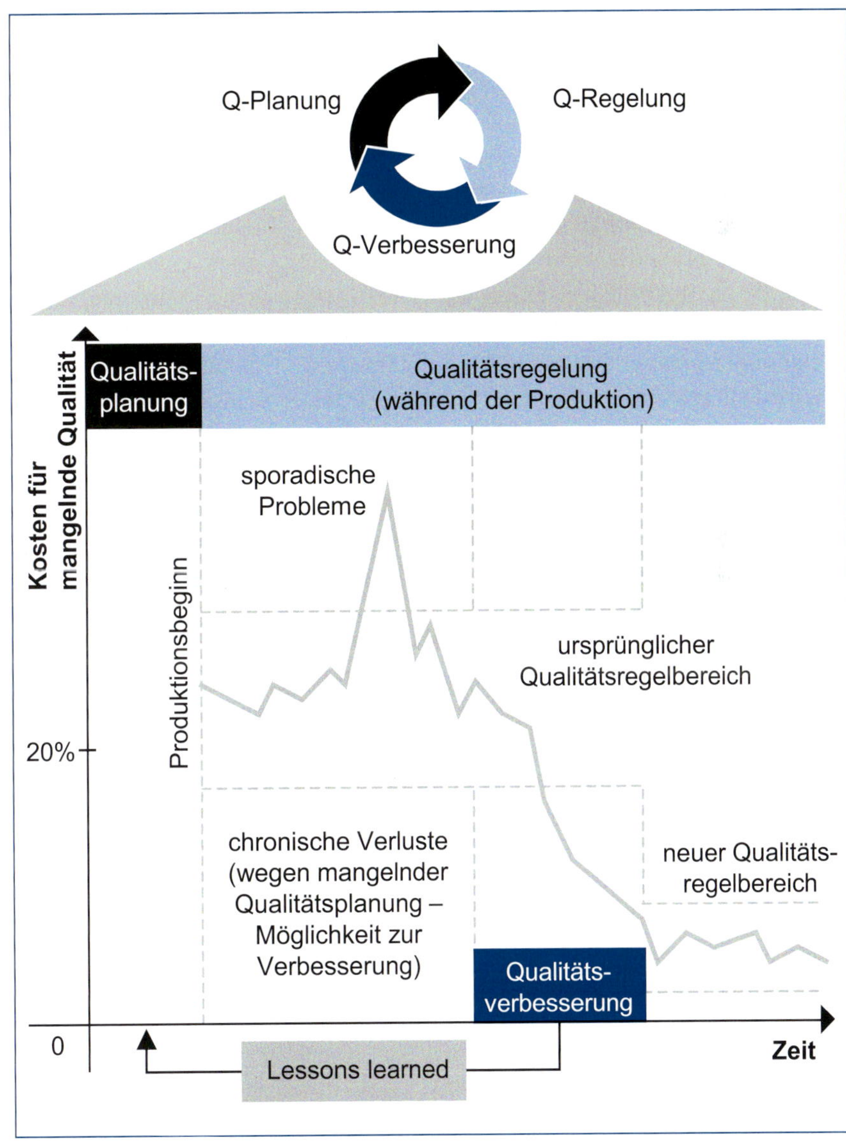

Abbildung 2-2
Juran-Triologie

A

zu sehen. So wurde Juran nach dem Erfolg seines Werkes *Quality Control Handbook* (1951) wenige Jahre später von der Japanese Union of Scientists and Engineers (JUSE) eingeladen, um für japanische Manager Seminare über Qualitätssicherung zu halten. Traditionell war Qualität in Japan bis dahin direkt auf den Produktionsprozess bezogen. Juran definierte nun Qualität als Managementphilosophie mit Fokus auf den Kunden. Aus seiner Qualitätsphilosophie leitete Juran im Folgenden drei Säulen, die sogenannte Juran-Triologie, ab (Abbildung 2-2) [JURA93]:

- *Qualitätsplanung:* Hier werden Qualitätsziele determiniert, Kundenbedürfnisse und die entsprechenden Produkteigenschaften bestimmt sowie darauf aufbauend Produktionsprozesse und deren Qualitätskontrollen entwickelt und festgelegt.
- *Qualitätsregelung:* Der aktuelle Qualitätsstand wird beurteilt und anhand der Ziele bewertet. Aus dem Ergebnis werden Maßnahmen abgeleitet.
- *Qualitätsverbesserung:* Identifikation des Verbesserungsbedarfs sowie Bereitstellung der entsprechenden Infrastruktur und Ressourcen

Des Weiteren definiert Juran ein Drei-Rollen-Konzept für jeden Betroffenen. Dieser füllt demnach immer gleichzeitig folgende Rollen aus:

- Als Kunde empfängt er Leistungen.
- Als Verarbeiter wandelt er Geliefertes in Produkte um.
- Als Lieferant versorgt er Kunden mit seinen Produkten.

Dieses Kunde-Lieferanten-Verhältnis lässt sich sowohl auf das Gesamtunternehmen, aber auch auf Abteilungen und sogar zwischen Mitarbeitern anwenden. Das Konzept gehört auch heute noch zum Standard im Qualitätsmanagement. Als Dank für seine Unterstützung und die Förderung der amerikanisch-japanischen Beziehungen wurde Juran durch den japanischen Kaiser die höchste Auszeichnung, die ein Ausländer bis dahin erhalten hatte, der *Second Class of the Order of the Sacred Treasure*, verliehen.

Zeitgleich, aber weitgehend unabhängig von Juran, unterstützte auch W. E. Deming den Wandel des japanischen Qualitätsmanagements. Deming, der zusammen mit Shewart (siehe Kapitel 2.2.2) seiner Zeit das Buch *Statistical Methods from the Viewpoint of Quality Control* [SHEW39] verfasste und in der Folgezeit Seminare zur industriellen Statistik für amerikanische Fachleute und Techniker abhielt, gehörte zu der Gruppe von Amerikanern, die nach Ende des zweiten Weltkriegs nach Japan entsandt wurde, um dort den wirtschaftlichen Wiederaufbau voranzutreiben. Dabei stieß Deming auf große Resonanz bei den japanischen Managern, denen er seine Theorie des Unternehmenserfolgs nahebrachte. Dabei rief er dazu auf, entgegen der Prinzipien der industriellen Massenfertigung, den Kunden und den Menschen wieder in den Mittelpunkt des unternehmerischen Handelns zu stellen. Seine Argumentation verdeutlichte er in der bis heute bekannten Deming-Kette (Abbildung 2-3) [DEMI88]. Innerhalb dieser Kette versuchte Deming auch die volkswirtschaftlichen Konsequenzen einer Qualitätsverbesserung durch gesicherte Arbeitsplätze abzubilden.

Bei aller Kritik am Modell des aufgrund seines Markterfolgs sich quasiautomatisch an der Sicherung der Arbeitsplätze messenden Unternehmens, ist bereits bei den Ansätzen von Deming eine Abhängigkeit des Unternehmenserfolges von einem umfassenden Qualitätsmanagement (Produkte, Prozesse, Mitarbeiter) als Schlüsselfunktion für den unternehmerischen Erfolg zu erkennen.

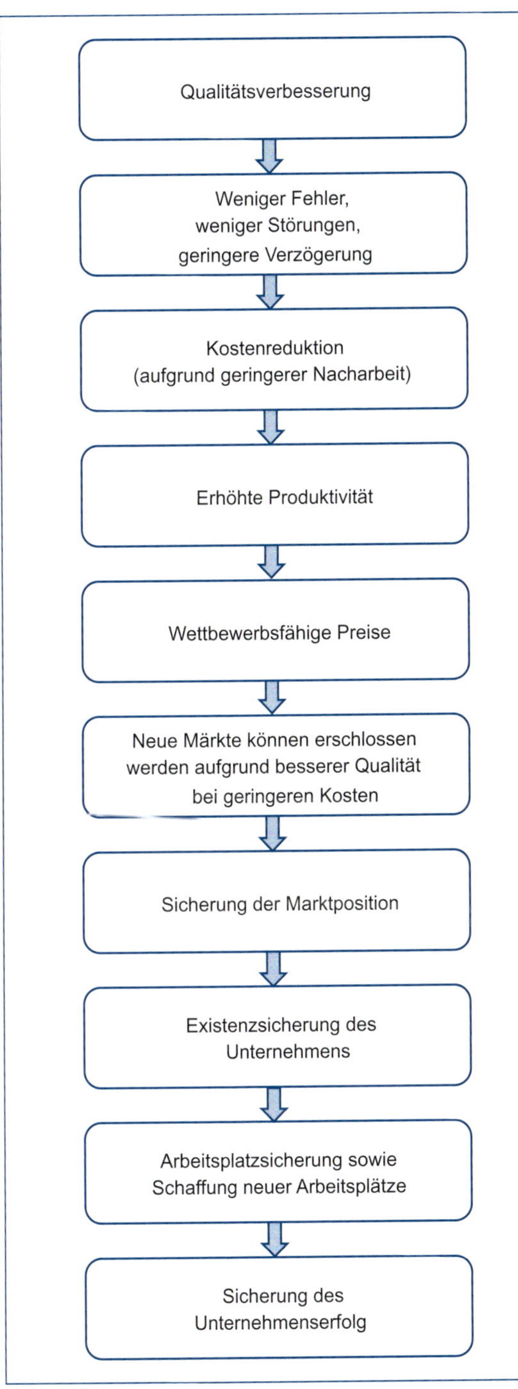

Abbildung 2-3 Deming-Kette

Demings Qualitätsverständnis stützt sich dabei, im Vergleich zu Juran, der einen managementfokussierten Ansatz vertrat, vor allem auf die Statistik. Dabei war er einer der ersten, der sich für eine kunden- und bedürfnisgeprägte Definition des Qualitätsbegriffes einsetzte, diese selbst jedoch nie ausformulierte. Die Kundenbedürfnisse, die zu einer Steigerung der Kundenzufriedenheit führen, müssen dafür in messbare Zahlen umgewandelt werden, die in der Produktentwicklung nachhaltig Berücksichtigung finden [ZOLL11]. Um die Nachhaltigkeit und Fortsetzung von Qualitätsverbesserungen im Bewusstsein und Verhalten zusätzlich zu schärfen, führte Deming, basierend auf einem Ansatz von Shewart, den PDCA-Zyklus (Plan-Do-Check-Act-Zyklus) als Werkzeug zur kontinuierlichen Qualitätsverbesserung ein (Abbildung 2-4) [DEMI88].

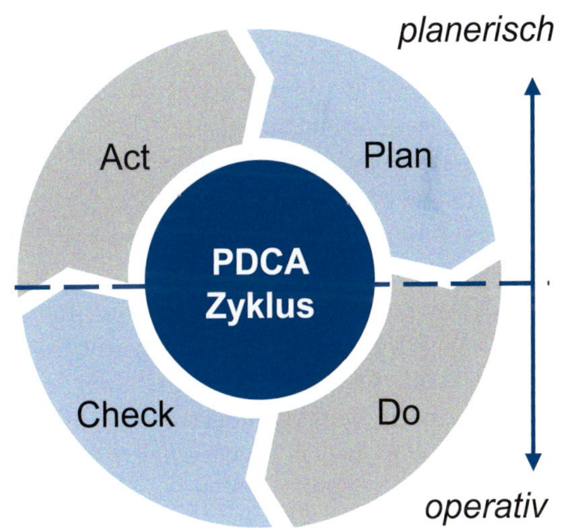

Abbildung 2-4 PDCA-Zyklus nach Deming

Die einzelnen Phasen stehen dabei für:

- Planen (Plan): Analyse der Ist-Situation; Datenerhebung und -analyse mithilfe von Qualitätstechniken; Festlegung von Verbesserungsmaßnahmen und Prüfpunkten

A

- Ausführen (Do): Durchführung der festgelegten Verbesserungsmaßnahmen, ggf. Qualifikation der Mitarbeiter
- Überprüfen (Check): Bewerten der neuen IST-Situation anhand der gesetzten Ziele aus der Planung an den festgelegten Prüfpunkten
- Verbessern (Act): Auf Basis der Daten aus der Überprüfung entscheiden: Verbesserung standardisieren und einführen oder die Phasen „Ausführen" und „Überprüfen" wiederholen, bis die Ergebnisse zufriedenstellend sind

Darüber hinaus fasste Deming schließlich seine Forderungen an ein qualitäts-, mitarbeiter- und kundenorientiertes Management in 14 Regeln zusammen (Abbildung 2-5).

Diesen wurden im weiteren Verlauf noch Zusammenfassungen zu möglichen Hindernissen, fehlerhaften Starts sowie die sieben Todsünden bei der Verbesserung des Qualitätsmanagements als Erweiterungen angefügt (Abbildung 2-6) [DEMI88].

Deming schuf mit diesem umfassenden Ansatz eine grundlegend neue Managementlehre, die aufzeigte, dass Qualität ohne zusätzliche Kosten möglich ist. Als Dank für seine Verdienste wurde zu seinen Ehren fortan der *Deming Prize*, der japanische Qualitätspreis, verliehen [ZOLL11].

Auch wenn Deming große Verdienste für das Schaffen von Grundlagen eines dynamischen Qualitätsverständnisses durch die Entwicklung eines Kontinuierlichen Verbesserungsprozesses (KVP), später im japanischen „Kaizen", zuteil werden, so waren es schlussendlich doch japanische Wissenschaftler und Manager, die den Erfolg japanischer Unternehmen durchsetzten.

Einer von ihnen war Taichi Ohno, der „Architekt" des Toyota Production System (TPS). Nach Ende des zweiten Weltkriegs besuchte der leitende Ingenieur die Ford-Werke in Detroit und sammelte Ideen, inwieweit sich das dortige Produktionssystem auf seinen Arbeitgeber, die Toyota-Werke,

14 Managementregeln nach Deming

1. Schaffe ein feststehendes Unternehmensziel: Ständige Verbesserung von Produkten und Dienstleistungen.
2. Qualitätsverbesserung erfordert eine neue Denkhaltung.
3. Beende die Notwendigkeit und Abhängigkeit von Vollkontrollen, um Qualität zu erreichen.
4. Beende die Praxis, Geschäfte auf der Basis des niedrigsten Preises zu machen.
5. Suche ständig nach den Ursachen von Problemen, um alle Systeme von Produktion und Dienstleistung sowie alle anderen Aktivitäten im Unternehmen ständig und immer wieder zu verbessern.
6. Mitarbeiter sind mit modernen Methoden ständig im Hinblick auf ihr Qualitätsbewusstsein zu trainieren.
7. Setze moderne Führungsmethoden ein, die sich darauf konzentrieren, dem Menschen zu helfen, seine Arbeit besser zu verrichten.
8. Fördere effektive, gegenseitige Kommunikation in horizontaler und vertikaler Richtung, um die Atmosphäre der Furcht innerhalb des gesamten Unternehmens zu beseitigen
9. Beseitige die Abgrenzung der einzelnen Bereiche voneinander.
10. Beseitige den Gebrauch von Aufrufen, Plakaten und Ermahnungen.
11. Ersetze quantitative Leistungsvorgaben durch Qualitätsprämien, persönliche Belobigungen oder Qualitätspreise für die Teams.
12. Beseitige alles, was dem Recht des Mitarbeiters im Wege steht, auf seine Arbeit stolz sein zu können.
13. Richte Weiterbildungsprogramme für alle Mitarbeiter ein. Dies stellt die grundsätzliche Voraussetzung für kontinuierliche Qualitätsverbesserung dar.
14. Definiere deutlich die dauerhafte Verpflichtung des gesamten Managements zur ständigen Verbesserung von Qualität und Produktivität.

Abbildung 2-5 Managementregeln nach Deming

2

Hindernisse

- Eine Unterschätzung des notwendigen Aufwandes bez. der erforderlichen Sorgfalt, um das Programm erfolgreich einzuführen
- Die Erwartung kurzfristiger Ergebnisse
- Die Annahme, dass Mechanisierung, Automatisierung, Computerisierung den Durchbruch erzwingen können

Falsche Starts

- Man versucht, schnell zu Ergebnissen zu kommen
- Beginnen mit einer falschen Maßnahme
- Nicht alle 14 Managementregeln nach Deming, die untereinander korrelieren, werden umgesetzt, sondern nur ein Teilprogramm

Die sieben Todsünden

1. Fehlen eines feststehenden Unternehmenszwecks
2. Betonung von kurzfristigen Gewinnen
3. Jährliche Bewertung, Leistungsbeurteilung, persönliches Beurteilungssystem
4. Hohe Fluktuation in der Unternehmensleitung, Springen von Firma zu Firma
5. Verwendung von Kenngrößen durch das Management, ohne Berücksichtigung von solchen Größen, die unbekannt oder nicht quantifizierbar sind
6. Überhöhte soziale Kosten
7. Überhöhte Kosten aus Produkthaftpflichturteilen

Abbildung 2-6
Hindernisse, falsche Starts und Todsünden bei der Einführung eines QM

übertragen ließ. Zwar adaptierte er das tayloristische System der Massenfertigung, entwickelte es aber gleichzeitig weiter. Zentrale Elemente waren dabei das Just-in-Time-Prinzip (JiT), welches zu einer umfangreichen Reduktion der Lagerbestände führte, und das selbsttätige Verhindern von Problemen durch einzelne Produktionseinheiten, die Autonomation (jap.: Jidoka).

Im Vordergrund stand die Orientierung an wertschöpfenden Tätigkeiten und damit die Vermeidung von Verschwendung (jap.: Muda). Zu Kaizen und Lean Management siehe auch Kapitel 4.1 und 4.2. Um dies zu gewährleisten müssen alle Mitarbeiter im Unternehmen das gleiche Qualitätsverständnis teilen und vorbehaltlos unterstützen. Die Qualität selbst wird durch den Kunden vorgegeben und im Unternehmen u.a. durch sogenannte Qualitätszirkel auf allen Hierarchieebenen sichergestellt [OHNO88, SHIN81]. Somit führt er die Idee der Synchronisation aller qualitätsrelevanten, d.h. sowohl technischen als auch planerisch-organisatorischen, Aktivitäten ein.

Grundlegenden Anteil an der Entwicklung dieser Qualitätszirkel sowie einiger weiterer Werkzeuge und Ansätze hatte der japanische Qualitätsexperte Kaoru Ishikawa. Er entwickelte darüber hinaus das Konzept der Company Wide Quality Control (CWQC), welches häufig auch als japanisches TQC bezeichnet wurde, nicht zuletzt aufgrund einer starken Anlehnung an den Arbeiten von Deming, Juran und vor allem Feigenbaum [KAMI08]. Den Unterschied zum amerikanischen TQC formuliert Ishikawa selbst aus und macht ihn an der Unterstützung sämtlicher Mitarbeiter bei Ein- und Ausführung des neuen Qualitätskonzepts fest. Des Weiteren ist hervorzuheben, dass für

CWQC nicht spezielle Abteilungen, sondern jeder Mitarbeiter innerhalb seiner Möglichkeiten für die Verrichtung der Qualitätsaufgaben verantwortlich ist [ISHI85, ISHI89].

Die Kernelemente des CWQC lassen sich wie folgt anführen:

1. Qualität ist wichtiger als kurzfristiger Gewinn.
2. Kundenorientierung im gesamten Produktentstehungsprozess
3. Kunden-Lieferanten-Beziehungen im gesamten Unternehmen
4. Management unter Einbeziehung aller Mitarbeiter jeglicher Ebenen
5. Kontinuierliche Verbesserung
6. Berücksichtigung von humanitären und sozialen Gesichtspunkten
7. Qualitätszirkel auf allen hierarchischen Ebenen
8. Verwendung von Daten und Fakten auf Basis statistischer Methoden

Die Funktionsweise des CQWC hat Ishikawa in grafischer Form verdeutlicht (Abbildung 2-7) [ISHI90].

Demnach bildet die Qualitätssicherung den Kern des CWQC mit Schwerpunkt auf der Neuproduktentwicklung. Die Qualitätskontrolle erfasst den erweiterten Qualitätsbegriff z. B. mit Schaffung intensiver Lieferantenbeziehungen und effektiven Verwaltungsprozessen. Der äußere Ring der Qualitätskontrolle bezieht sich auf den Fehlerabstell- und Verbesserungsprozess nach dem PDCA-Vorgehen.

Neben dem CWQC und der Verbreitung von Qualitätszirkeln geht auch die Zusammenfassung der sieben Qualitätsmethoden sowie die Entwicklung des darin enthaltenen Ursache-Wirkungsdiagramms (Ishikawa-Diagramm) auf Ishikawa zurück, der damit dem japanischen und später auch dem amerikanischen und europäischen Qualitätsmanagement nachhaltige Impulse lieferte [ZOLL11]. Zu den 7Q und dem Ishikawa-Diagramm siehe auch Kapitel 11.2.

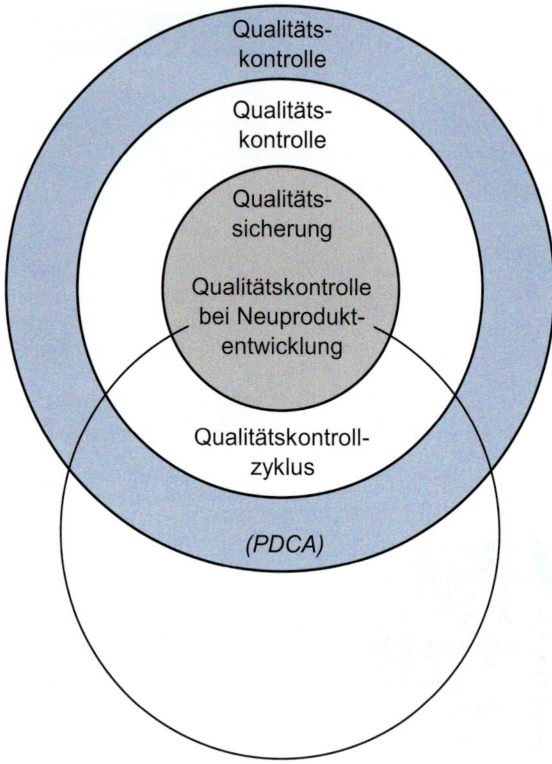

Abbildung 2-7 Abstrakte Darstellung des CWQC-Konzepts

Ein weiterer Pionier in der Geschichte der japanischen Qualitätsentwicklung ist Genichi Taguchi (1924-2012). Taguchi beschäftigte sich vor allem mit mathematisch-statistischen Verfahren. 1957 erschien erstmals sein Buch *Design of Experiments* (DoE, zu deutsch: Statistische Versuchsplanung). Siehe hierzu auch Kapitel 11.25. Darin beschreibt er den Gebrauch statistischer Methoden für die Planung der Fertigung. Der Begriff DoE wurde dabei vom Begründer der klassischen Statistik, Sir Ronald Aylmer Fisher, übernommen und weiterentwickelt. Neben der statistischen Versuchsplanung ist vor allem aber das von Taguchi vertretene Qualitätsverständnis hervorzuheben. Dabei beschränkt sich Qualität nicht auf das Produkt allein, sondern auch auf die schädlichen Nebeneffekte, die es bei Nichterfüllen seiner Funktion in der Gesellschaft verursacht. Nach Taguchi ist Qualität der kleinste Verlust, den ein Produkt nach seiner Auslieferung verursachen kann. Verlust definiert er dabei als die Kosten sowohl für den Hersteller und den Kunden als auch für die Gesellschaft. Die durch Taguchi formulierte *Qualitätsverlustfunktion* beschreibt dabei keine lineare, sondern eine quadratische Abhängigkeit. Nach Taguchi gilt es nicht allein vorgegebene Toleranzen einzuhalten, sondern verstärkt auch eine Streuungsreduktion um den Zielwert anzustreben (Abbildung 2.8).

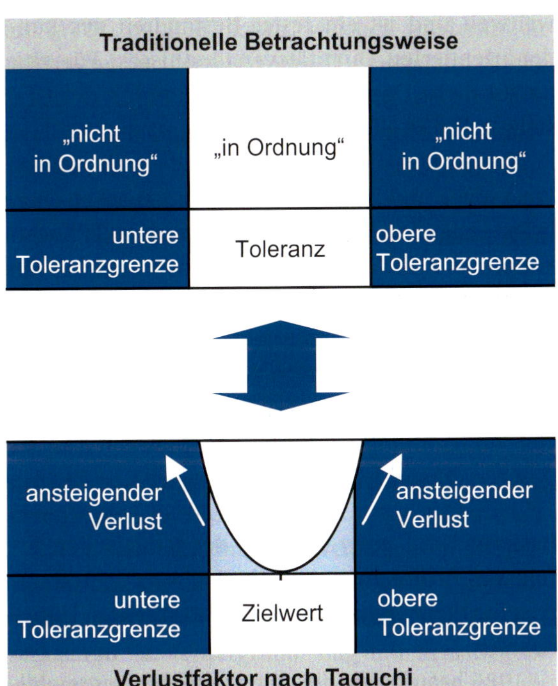

Abbildung 2-8 Qualitätsverlustfunktion nach Taguchi

Zum Erreichen einer verbesserten Qualität stellt Taguchi die frühzeitige Fehlererkennung in der Produktentwicklung und Prozessplanung in den Vordergrund, da hier die Fehlerbehebung die größten Effekte und geringsten Kosten verursacht. Dies definiert er als *Off-Line Quality Control*, die sich aus den folgenden drei Schritten zusammensetzt:

- *Systemdesign*: Konstrukteure und Entwickler müssen ein System und dessen Komponenten erarbeiten, welche es ermöglichen die vorgegebenen Ziele zu erreichen.
- *Parameterdesign*: Stör- und Steuergrößen müssen identifiziert und sowohl einzeln als auch hinsichtlich ihrer Korrelationen analysiert werden.
- *Toleranzdesign*: Die Toleranzen der Systemparameter (Stör- und Steuergrößen) müssen in Abhängigkeit von deren Einfluss auf das Produkt und den Fertigungskosten festgelegt werden.

Qualitätssicherung im laufenden Prozess (am effektivsten durch Fehlerfreiheit mittels Selbstkontrolle) beschreibt nach Taguchi entsprechend die *On-Line Quality Control*, die jedoch ohne die vorherige gewissenhafte (*Off-Line*-)Planung in ihrer Wirkung stark eingeschränkt ist. Es lässt sich festhalten, dass nach Taguchi jede Abweichung (auch innerhalb der Toleranzgrenzen) vom Zielwert einen Qualitätsverlust bedeutet und dies nur durch robuste Prozesse, die unempfindlich gegenüber Störgrößen ausgelegt sind, erfolgreich vermieden werden kann [TAGU86].

Auf Shigeo Shingo geht die Entwicklung des *Poka Yoke* (jap. für: Vermeidung unbeabsichtigter Fehler) zurück, welches er zusammen mit der Fehlerquelleninspektion (Source Inspection) im Rahmen des Toyota Production System entwickelte. Dabei handelt es sich um ein Prinzip, welches technische Vorkehrungen zur Fehlerverhütung bzw. zur sofortigen Fehleraufdeckung umfasst (siehe Kapitel 4.1.2) [KAMI08, SHIN69]. Darüber hinaus lassen sich die Kernelemente der Lehren und Methoden nach Shingo zusammenfassen zu [INJA07]:

Im westlichen Raum fand nicht nur eine nachhaltige Förderung, sondern auch die Initiierung dieser Entwicklungen durch die Luft- und Raumfahrt, stärker noch durch das Militär statt. Vorläufer der uns heute bekannten Qualitätsmanagementsysteme fanden sich dabei bereits vorher im militärischen Bereich [ZOLL11].

Eine wesentliche Methode ist hier das während des Zweiten Weltkrieges erstmals 1942 in den USA definierte AQL-Stichprobensystem (Acceptable Quality Level). Basierend auf Weiterentwicklungen dieser sowie weiterer Methoden, z.B. aus der Automobilindustrie, wurden später die DIN sowie der ISO-Standard entwickelt. Große Anstrengungen wurden dabei darauf verwendet, eine international gültige branchen- und unternehmensgrößenunabhängige Norm zu schaffen, die eine Konsolidierung der zahlreichen nebeneinander existierenden Qualitätsmanagementnormen und -standards bieten sollte. Die DIN EN ISO 9000ff., Ausgabe 1987, kam diesen Vereinheitlichungsforderungen erstmals nach. In diesem Zusammenhang löste nach der DIN ISO 8402, Ausgabe März 1992, der Begriff *Qualitätsmanagement* den bis dahin gültigen Oberbegriff *Qualitätssicherung* ab [DIN92].

Eine mit dieser Normung einsetzende und bis dato andauernde Zertifizierungswelle bei Firmen und Unternehmen sorgte dafür, dass die DIN EN ISO 9000ff. heute in ca. 170 Ländern als ein anerkanntes System für den Nachweis gilt, dass Qualität organisatorisch beherrscht wird. Parallel zu dieser Entwicklung erweiterten verschiedene Branchen, denen die Forderungen der DIN EN ISO 9000ff. noch nicht weit genug gingen, diese um zusätzliche branchenspezifische Forderungen [ISO07].

Nach der ersten Revision der Normenserie ISO 9000ff. trat in dieser dann auch der Begriff des Total Quality Management (TQM) auf. TQM beschreibt, wie die Qualitätsentwicklung als unternehmerische Verantwortung und Aufgabe der Geschäftsleitung angesehen werden muss. Der Qualitätssicherungsprozess geht also im Unternehmen zuerst von oben nach unten (Top-down-Ansatz), zielt auf verstärkte Kundenorientierung, bezieht die Lieferanten mit ein (Supply Chain), analysiert die gesamte Wertschöpfungskette vom Design zum fertigen Produkt (Schwachstellenbeseitigung), berücksichtigt ökologische und kulturelle Aspekte und begreift dies als kontinuierlichen Verbesserungsprozess in einem integrativen Gesamtkonzept [FEIG61].

Generell ist über die Jahre der Wechsel von Methoden der reinen Fehlerfreiheit in der Produktion allgemein hin zur Optimierung der Faktoren Kosten, Zeit und Qualität zunehmend erkennbar. Dennoch lassen sich weltweit teils gravierende Unterschiede in Qualitätsphilosophie, -strategie und -praxis ausmachen. Abhängig von Landeskultur und -politik, aber auch wissenschaftlichem Stand und Ausrichtung wird Qualitätsmanagement entsprechend interpretiert und gelebt. Im japanischen Raum wird vorrangig auf die Vermeidung von Verschwendung und eine ressourcenoptimierte Produktion wertgelegt, an der jeder Mitarbeiter ein eigenes Interesse haben muss. In westlichen Ländern liegt das Augenmerk mittlerweile auf verschlankten und flexiblen aber auch stabilen Prozessen. Der Gedanke des *einen* globalen Qualitätsverständnisses scheitert an der Diversifikation von Organisationen, Kulturen und gesellschaftlichen und politischen Rahmenbedingungen sowie an den unterschiedlichen Vorstellungen eines umfassenden Qualitätsmanagements.

Literatur

[BAUE14] *Bauerhansl, T./Hompel, M.T./Vogel-Heuser B.:* Industrie 4.0 in Produktion, Automatisierung und Logistik. Springer Verlag, Berlin 2014

[BICK58] *Bicking, C.A.:* The Technical Aspects of Quality Control. In: Industrial Quality Control, März 1958. S.7–12

[BMBF14] *Bundesministerium für Bildung Forschung (BMBF):* Industrie 4.0 – Innovationen für die Produktion von morgen. Berlin/Bonn, 2014

[BUSC11] *Buschmann, J.:* Das Qualitätsprinzip in der deutschen Volkswirtschaft. Bericht der Vereinigung für exakte Wirtschaftsforschung über ihre erste Hauptversammlung. Jena, 1911

[CROS79] *Crosby, P. B.:* Quality is Free. Mentor/New American Library, 1979

[CROS84] *Crosby, P. B.:* Quality without Tears: the art of hassle-free management. McGraw-Hill, New York u. a. 1984

[DEMI88] *Deming, W. E.:* Out of the Crisis. 5. Auflage. MIT, Cambridge (Massachusetts/USA), 1988

[DIN92] *Deutsches Institut für Normung (Hrsg.):* DIN ISO 8402: Qualitätsmanagement und Qualitätssicherung – Begriffe. Ausgabe: 1992-3. Beuth, Berlin 1992

[DIN05] *Deutsches Institut für Normung (Hrsg.):* DIN EN ISO 9000: Qualitätsmanagementsysteme – Grundlagen und Begriffe (ISO 9000:2005). Ausgabe: 2005-12. Beuth, Berlin 2005

[DIN14] *Deutsches Institut für Normung (Hrsg.):* DIN EN ISO 9000: Qualitätsmanagementsysteme – Grundlagen und Begriffe (prEN ISO 9000:2014). Normentwurf. Ausgabe: 2014-08. Beuth, Berlin 2014

[DODG69] *Dodge, H. F./Romig, H. G.:* Notes on the Evolution of Acceptance Sampling Plans (Part II). In: Journal of Quality Technology, Vol. 1, No. 3, Juli 1969. S. 155–162

[DODG98] *Dodge, H. F./Romig, H. G.:* Sampling Inspection Tables: single and double sampling. 2., überarbeitete und erweiterte Auflage. 3. Druck. Wiley, New York u. a. 1998

[DROS97] *Drosdowski, G. (Hrsg.):* Duden „Etymologie“. Herkunftswörterbuch der deutschen Sprachen. Nachdruck der 2. Auflage. Dudenverlag, Mannheim u. a. 1997

[EOQC72] *European Organization for Quality Control – EOQC (Hrsg.):* EOQC Glossary of Terms uses in Quality Control. 3. Auflage. EOQC, Bern 1972

[FEIG56] *Feigenbaum, A. V.:* Total Quality Control. In: Harvard Business Review, Nov./ Dez. 1956. S. 93–191

[FEIG61] *Feigenbaum, A. V.:* Total Quality Control; 1. Aufl. (4. Aufl. 2004); McGraw-Hill, New York, 1961.

[FEIG97] *Feigenbaum, A. V.:* Total Quality – Ein internationaler Imperativ. In: Christopher, W. F./Thor, C. H. (Hrsg.): Das große Handbuch für den Produktionsleiter. Verlag Moderne Industrie, Landsberg am Lech 1997

[GARV84] *Garvin, D. A.:* What does „Product Quality“ really mean? In: Sloan Management Review, Herbst 1984. S. 25–43

[GARV87] *Garvin, D. A.:* Competing on the Eight Dimensions of Quality. In: Harvard Business Review, Nov-Dec 1987. S. 101–109

[GARV88] *Garvin, D. A.:* Managing Quality. Free Press, New York 1988

[GEIG96] *Geiger, W.:* Qualität – Eine Begriffsentwicklung seit mehr als 2000 Jahren. In: QZ – Qualität und Zuverlässigkeit, Nr. 41, 1996. S.1142–1148

[GEIG08] *Geiger, W./Kotte, W.:* Handbuch Qualität. 5., vollständig überarbeitete und erweiterte Auflage. Vieweg, Braunschweig u. a. 2008

A

[HALP66] *Halpin, J. F.:* Zero Defects. McGraw-Hill, New York 1966

[HOUN87] *Hounshell, D. A.:* From the American system to mass production: 1800-1932. The development of manufacturing technology in the United States. 3. Auflage. Johns Hopkins Univ. Verlag, Baltimore u. a. 1987

[INJA07] *Injac, N.:* Die Entwicklung des Qualitätsmanagements im 20./ 21. Jahrhundert. In: Pfeifer, T./Schmitt, R. (Hrsg.): Masing – Handbuch Qualitätsmanagement. 5., vollständig neu bearbeitete Auflage. Carl Hanser Verlag, München 2007. S. 15–34

[ISHI85] *Ishikawa, K.:* What is Total Quality Control? The Japanese Way. Prentice Hall, Englewood Cliffs 1985

[ISHI89] *Ishikawa, K.:* How to apply Company-Wide Quality Control in foreign Countries. In: Quality Progress (QP), September 1989. S. 70–74

[ISHI90] *Ishikawa, K.:* Introduction to Quality Control. DreiA Corporation, Tokyo 1990

[ISO07] *International Standardization Organization – ISO (Hrsg.):* The ISO Survey – 2006. ISO, Genf 2007

[JURA51] *Juran, J. M.:* Quality Control Handbook. McGraw-Hill, New York 1951

[JURA91] *Juran, J. M.:* Handbuch der Qualitätsplanung. 3., durchgesehene Auflage. Verlag Moderne Industrie, Landsberg am Lech 1991

[JURA93] *Juran, J. M.:* Der neue Juran – Qualität von Anfang an. Verlag Moderne Industrie, Landsberg am Lech 1993

[JURA95] *Juran, J. M.:* A History of Managing for Quality: The Evolution, Trends, and Future Trends of Managing for Quality. ASQC Quality Press, Milwaukee (Wiscinsin/USA) 1995

[KAGE11] *Kagermann, H./Lukas, W.-D.:* Industrie 4.0 – Mit dem Internet der Dinge auf dem Weg zur 4. industriellen Revolution. In: VDI Nachrichten, Ausgabe 13, April 2011

[KAMI08] *Kamiske, G. F./Brauer, J.-P.:* Qualitätsmanagement von A bis Z. Erläuterungen moderner Begriffe des Qualitätsmanagements. 6. Auflage. Carl Hanser Verlag, München 2008

[KETT99] *Ketting, M.:* Geschichte des Qualitätsmanagements. In: Masing – Handbuch Qualitätsmanagement. 4. Auflage. Carl Hanser Verlag, München 1999. S.17–30.

[KING87] *King, B.:* Better Design in Half the Time: Implementing Qfd Quality Function Deployment in America. 3. Auflage. Goal/QPC, Methuen (Massachusetts/USA), 1989. Deutsche Übersetzung: Doppelt so schnell wie die Konkurrenz: qfd. 2., überarbeitete Auflage. gfmt-Verlagsgesellschaft, München u. a. 1994

[KLAT61] *Klatt, S.:* Die Qualität als Objekt der Wirtschaftswissenschaften. In: Jahrbuch für Sozialwissenschaft, 12. Jg., 1961. S. 19–57

[LISO28] *Lisowsky, A.:* Qualität und Betrieb – Ein Beitrag zum Problem des wirtschaftlichen Wertens. Poeschel, Stuttgart 1928

[LORE31] *Lorentz, S.:* Qualität und Kostengestaltung. In: Zeitschrift für Betriebswirtschaft, 8. Jg., Heft 7, 1931. S. 683–686

[MEYE60] *Meyer, P. W.:* Qualität als Absatzfaktor, In: Jahrbuch der Absatz und Verbrauchsforschung, Sonderheft, 1960. S. 23–41

[NIED64] *Niedenhoff, F.:* Eine Analyse des Qualitätsbegriffes durchgeführt am Beispiel Brot und Backwaren. Schrift zur Dissertation. Universität Köln, 1964

[OHNO88] *Ohno, T.:* Toyota Production System – Beyond Large-Scale Production. Productivity Press, Cambridge (Massachusetts/USA), 1988

[PFEI01] *Pfeifer, T.:* Qualitätsmanagement – Strategien, Methoden, Techniken. 3., vollständig überarbeitete und erweiterte Auflage. Carl Hanser Verlag, München 2001

[RADF22] *Radford, G. S.:* The Control of Quality in Manufacturing. Ronald Press, New York 1922

[RIEG62] *Rieger, H. R. W.:* Der Güterbegriff in der Theorie des Qualitätswettbewerbs: ein Beitrag zur Reduktion der subjektiven Qualität auf ihre psychologischen Grundlagen. Duncker & Humblot, Berlin 1962

[SAAT07] *Saatweber, J.:* Quality Function Deployment. Systematisches Entwickeln von Produkten und Dienstleistungen. 2., überarbeitete Auflage. Symposium Verlag, Düsseldorf 2007

[SCHM14a] *Schmitt, R./Köhler, M./Frank, D.:* Six Sigma. In: Pfeifer, T./Schmitt, R. (Hrsg.): Masing – Handbuch Qualitätsmanagement. 6., überarbeitete Auflage. Carl Hanser Verlag, München 2014. S. 254–289

[SCHM14b] *Schmitt, R./Große-Böckmann, M.:*Kollaborative Cyber-Physische Produktionssysteme: Ausbruch aus der Produktivitätsfalle. In: Brecher, C./Klocke, F./Schmitt, R./Schuh, G.: Integrative Produktion – Industrie 4.0 Aachener Perspektiven. Shaker, Aachen 2014

[SCHM14c] *Schmitt, R./Heinrichs, V./Laass, M. C.:* Die Meinung immer dabei – wie Beiträge aus sozialen Netzwerken Unternehmen nutzen können. In: QZ – Qualität und Zuverlässigkeit, Jahrgang 59, Juni 2014

[SCHU14] *Schuh, G.:* Enterprise-Integration. Springer, Berlin 2014

[SEND13] *Sendler, U.:* Industrie 4.0. Springer, Berlin 2013

[SHEW31] *Shewart, W. A.:* Economic Control of Quality of Manufactured Product. D. van Nostrand Company, New York 1931

[SHEW39] *Shewart, W. A./Deming, W. E.:* Statistical Methods form the Viewpoint of Quality Control. Lancaster Press, New York 1939

[SHIN69] *Shingo, S.:* Zero Quality Control: Source Inspection and the Poka Yoke System. Productivity Press, Cambridge (Massachusetts/USA), 1969

[SHIN81] *Shingo, S.:* Study of ‚Toyota' Production System from Industrial Engineering Viewpoint. Japan Management Association, Tokyo 1981

[STRA99] *Stratmann, M.:* Die Determinanten der Produktqualität aus Sicht von Konsumenten. Peter Lang Verlag, Frankfurt am Main u. a. 1999

[TAGU86] *Taguchi, G.:* Introduction to Quality Engineering – Designing Quality into Products and Processes. Asian Productivity Organization, Tokyo 1986

[TAYL19] *Taylor, F. W.:* Shop Management. Harper & Brothers, New York 1919

[TAYL77] *Taylor, F. W.:* Die Grundsätze wissenschaftlicher Betriebsführung; Neu

A

herausgegeben und eingeleitet von Walter Volpert und Richard Vahrenkamp. 1. Auflage. Nachdruck der autorisierten Ausgabe von 1913. Oldenbourg Verlag, München/Beltz, Weinheim u. a. 1977

[TIED14] *Tiedje, O./Strohbeck, U.:* Die Lackiertechnik auf dem Weg zur Industrie 4.0. In: JOT – Journal für Oberflächentechnik, Jahrgang 54, Ausgabe 9, September 2014. Vieweg Verlag, Wiesbaden

[UCKE11] *Uckelmann, D./Harrison, M./Michahelles, F.:* Architecting the Internet of Things. Springer, Berlin 2011

[WEIN78] *Weinberg, P./Behrens, G.:* Produktqualität. In: Wirtschaftswissenschaftliches Studium, 7. Jg., Heft 1, 1978. S. 15–18

[WEST36] *Westerburger, M.:* Das Qualitätsproblem. Schrift zur Dissertation. Universität Köln, 1936

[WIMM87] *Wimmer, F.:* Die Produktwahrnehmung und Qualitätsbeurteilung durch den Verbraucher. In: Lisson, A. (Hrsg.): Qualität. Die Herausforderung – Erfahrungen, Perspektiven. Springer, Berlin u. a. 1987. S. 503–523

[WIRZ15] *Wirz, W.:* Zur Logik des Qualitätsbegriffes. In: Jahrbücher für Nationalökonomie und Statistik, Band 104, Teil I, 1915. S. 1–11

[WOMA90] *Womack, J. P./Jones, D./Roos, D.:* The Machine that changed the World: The Story of Lean Production. Harper Collins, New York 1990

[WOM96] *Womack, J. P./Jones, D.:* Lean thinking: banish waste and create wealth in your corporation. Simon & Schuster, New York 1996

[ZOLL10] *Zollondz, H.-D. (Hrsg.):* Lexikon Qualitätsmanagement. Handbuch des Modernen Managements auf Basis des Qualitätsmanagements. Oldenbourg Verlag, München u. a. 2010

[ZOLL11] *Zollondz, H.-D.:* Grundlagen Qualitätsmanagement: Einführung in Geschichte, Begriffe, Systeme und Konzepte. 2., vollständig überarbeitete und erweiterte Auflage. Oldenbourg Verlag, München u. a. 2011

3

TQM als Philosophie des unternehmerischen QM

Das Total Quality Management (TQM) ist eine Weiterentwicklung der Company Wide Quality Control (CWQC) nach Ishikawa und basiert somit auf dem TQC-Ansatz von Feigenbaum (siehe Kapitel 2). Die Entwicklung von TQM war die Reaktion auf die Erfolge, die japanische Unternehmen mit dem CWQC-Ansatz erzielen konnten.

TQM beinhaltet die Bausteine des CWQC und erweitert sie um die Berücksichtigung des Unternehmensumfeldes (der Gesellschaft) und um die Ausrichtung der Unternehmensphilosophie auf das Qualitätsziel des Unternehmens. TQM ist folglich eine alle Bereiche der Organisation umfassende Qualitätsstrategie, die auch das Umfeld und die Philosophie des Unternehmens mit einbezieht [KAMI11, LINS11].

Der Erfolg von TQM bzw. seiner Umsetzung kann anhand zahlreicher Studien belegt werden. So konnten beispielsweise Unternehmen, die erfolgreich TQM umgesetzt haben, ihre operativen Gewinne in einem Zeitraum von fünf Jahren durchschnittlich um 91% steigern. Damit lagen sie um 48% höher als ausgewählte Vergleichsunternehmen. Die Umsatzrentabilität verbesserte sich bei diesen Unternehmen in diesem Zeitraum um 8%, während Vergleichsunternehmen keine Steigerung ihrer Umsatzrentabilität vorweisen konnten [SING00]. Weitere Untersuchungen und Studien aus verschiedenen Ländern stellen ebenfalls die Vorteile dar, die mit einer TQM-Umsetzung verbunden sind [z. B. CENT05, TANN05, WARW04].

Die Schaffung eines einheitlichen Verständnisses für diesen umfassenden Qualitätsbegriff ist allerdings mit erheblichen Herausforderungen verbunden. Der mittlerweile zurückgezogene Vorgänger der DIN EN ISO 9000, die DIN EN ISO 8402, definiert TQM als eine „auf die Mitwirkung aller ihrer Mitglieder gestützte Managementmethode einer Organisation, die Qualität in den Mittelpunkt stellt und durch Zufriedenstellung der Kunden auf langfristigen Geschäftserfolg sowie auf Nutzen für die Mitglieder der Organisation und für die Gesellschaft zielt." Mit Ablösung der DIN EN ISO 8402 verschwand auch die Definition von TQM aus der Norm. In der DIN EN ISO 9004 werden wesentliche Themen von TQM berücksichtigt, eine Definition enthält sie jedoch nicht [DIN09]. Die Auffassungen über den Begriff gehen, auch aufgrund der fehlenden internationalen Normung, stark auseinander [ZOLL11].

Die systematische Förderung eines unternehmensweiten Qualitätsdenkens und damit eines Wandels hin zu einer qualitätsgerechten Unternehmenskultur sind als zentrale Herausforderungen des Total Quality Managements zu sehen. TQM ist dementsprechend als eine grundsätzliche Philosophie zu verstehen, die durch entsprechende, konkretisierende Strategien umgesetzt wird.

3.1 Aspekte des TQM

Die drei Basiselemente des TQM sind der ganzheitliche Charakter („Total") sowie die Elemente Qualität und Management, die in einem kontinuierlichen Kreislauf verbunden sind (Abbildung 3-1).

„Total" beschreibt den umfassenden Charakter als übergeordnete Unternehmens- und Führungsphilosophie. Sowohl das gesamte Unternehmen als auch das Unternehmensumfeld sind in die Betrachtung einzubeziehen.

Wichtigstes Ziel stellt die optimale Erfüllung von internen und externen Kundenwünschen dar, entsprechend dem Prinzip: „Qualität ist, wenn der Kunde zurück kommt und nicht das Produkt." Daher ist die starke Orientierung des Unternehmens auf den Kunden und seine Zufriedenheit eine der TQM-Hauptzielsetzungen.

Eine TQM-Orientierung kann somit nicht auf einzelne Abteilungen im Unternehmen beschränkt werden, ebenso ist TQM nicht möglich, wenn der Gedanke nur den oberen Managementebenen na-

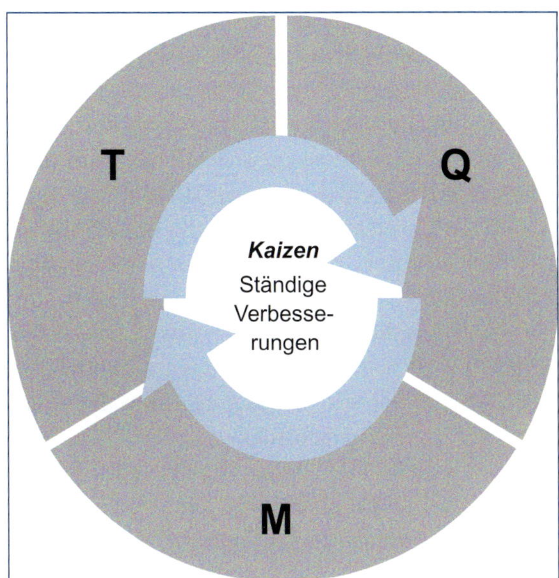

Abbildung 3-1 Total Quality Management [KAMI08]

hegebracht wird. Aus diesen Erkenntnissen resultieren zentrale Forderungen an die Gestaltung einer TQM-gerechten Unternehmensstrategie [SEGH14, ZOLL11]:

- Unternehmensweite Einführung entsprechender Umsetzungsprogramme,
- Beteiligung aller Mitarbeiter,
- Optimierung der Unternehmensprozesse,
- Partnerschaftliche Verhältnisse zu Kunden und Lieferanten sowie
- Orientierung des Unternehmens an den Interessen der Öffentlichkeit.

Fragestellungen der Qualität („*Quality*") werden ebenfalls aus verschiedenen Dimensionen betrachtet. Die Kundenzufriedenheit bildet nur eine Facette einer modernen Qualitätsinterpretation aus unternehmensexterner Sicht. Aus unternehmensinterner Sicht bezieht sich der Begriff auf Produkte, Prozesse und Potenzialfaktoren wie personelle Ressourcen oder technische Ausstattungen.

„*Management*" unterstreicht die Unternehmensführungsaufgaben, die sich aus der TQM-Orientierung ergeben. Der Begriff bezeichnet alle aktiven Führungs-, Planungs-, Steuerungs- und Überwachungsaktivitäten im Unternehmen.

Die Führungstätigkeit muss die Qualität als Unternehmensziel in den Vordergrund stellen und selbst durch Qualität überzeugen, um den Mitarbeitern als Vorbild zu dienen. In vielen Unternehmen wurde zudem erkannt, dass die erfolgreiche Umsetzung von TQM-gerechten Veränderungs- und Verbesserungsprogrammen in jedem Fall eine überzeugende und nachhaltige Führung durch das Top-Management erfordert [KAMI08]. TQM darf somit nicht den Eindruck erwecken, es handele sich hierbei um eine Methode. Vielmehr muss das Management die Rahmenbedingungen für TQM setzen und die Verfolgung geeigneter Umsetzungsprogramme auf allen Unternehmensebenen fördern.

Die Kausalzusammenhänge im TQM werden als Kette dargestellt (Abbildung 3-2). Deutlich zu erkennen sind die vorwärts und die rückwärts gerichteten Aktivitäten. Die vorwärts gerichteten, „liefernden" Aktivitäten sind wertschöpfend und erzeugen „überlegene Produkte" und damit „begeisterte Kunden". Die rückwärts gerichteten, „fordernden" Aktivitäten liefern Unternehmen Informationen, um sich und seine Produkte fortwährend zu verbessern. Außerdem können rückfließende Informationen über erreichte Ziele und gute Ergebnisse der Motivations- und Leistungssteigerung dienen.

Damit es einem Unternehmen gelingt, mithilfe seiner Ressourcen begeisterte Kunden zu erhalten, bedarf es einer konsequenten Ausrichtung am Kunden. Nur wenn die Forderungen des Kunden an ein Produkt bekannt sind und Berücksichtigung finden, können Kunden begeistert werden (Kundenorientierung). Dies setzt wiederum Prozesse voraus, die fähig genug sind, diese Forderungen mit minimalem Ressourcenaufwand in Produkte umzusetzen (Prozessorientierung). Fähige Prozesse unterstützen qualifizierte Mitarbeiter,

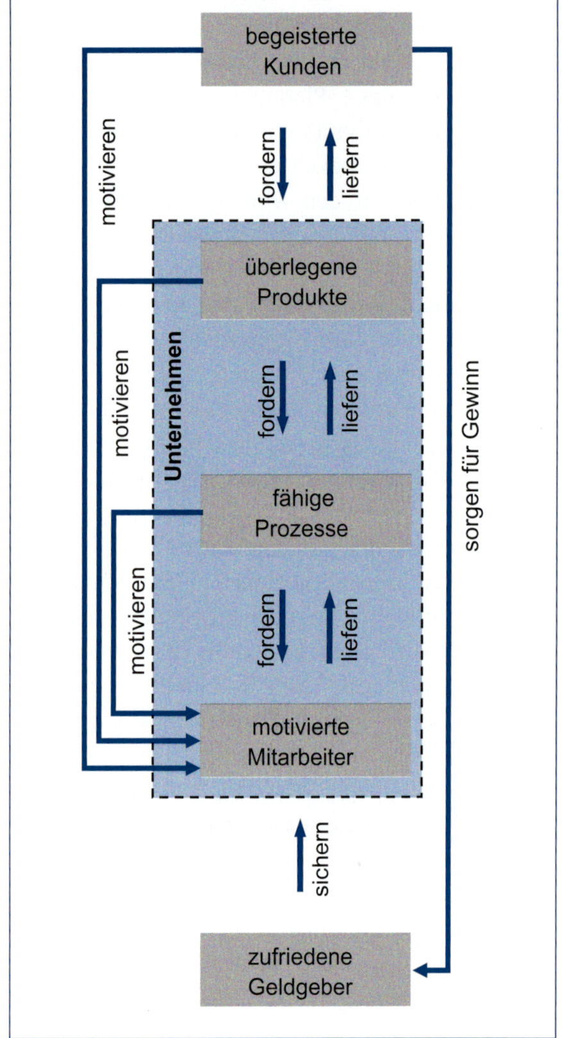

Abbildung 3-2 Kausalzusammenhänge im TQM

mit vorhandenen Ressourcen bestmögliche Ergebnisse zu erzielen. Hierzu sind Aktivitäten notwendig, die auf die Bedürfnisse der Mitarbeiter eingehen und motivierend wirken (Mitarbeiterorientierung). Um all diese Aspekte zielgerichtet durchführen zu können, wird ein Rahmen benötigt, an dem sich das Unternehmen ausrichten kann. Dieser Rahmen besteht aus der Unternehmenspolitik, der Unternehmensstrategie und den daraus abgeleiteten Zielen. Wichtig ist dabei, dass die Führung die TQM-Aktivitäten aktiv fordert und fördert. Nur eine intensive, übergreifende Abstimmung der Aspekte des TQM, deren Ausgestaltung und die Konsistenz zwischen ihnen ermöglicht eine erfolgreiche Umsetzung von TQM.

Die Einführung und erfolgreiche Umsetzung eines TQM-Ansatzes erstreckt sich in der Regel über mehrere Jahre. Zudem müssen die zu Beginn umgesetzten Aspekte stetig weiterentwickelt werden. Dieser Idee der ständigen Weiterentwicklung tragen Reifegradmodelle Rechnung. Eine Organisation kann in den verschiedenen Kriterien des TQM unterschiedliche Reifegradstufen erreichen (Tabelle 3-1). Ziel sollte es sein, in allen Aspekten die höchste Reifegradstufe zu erreichen.

3.1.1 Politik, Strategie und Ziele

Die Politik und die Strategie des Unternehmens sind zentrale Elemente eines TQM-Konzepts. Sie haben auf alle Aktivitäten im Unternehmen Einfluss. Durch die Formulierung der Politik und Strategie werden grundlegende Entscheidungen getroffen und der Weg in die Zukunft des Unternehmens in Form eines bindenden Handlungsrahmens festgelegt. Bei einer TQM-Umsetzung unterstützen Politik und Strategie im Speziellen:

- die Auswahl zwischen alternativen programmatischen Lösungen,
- die Abstimmung konträrer Teilziele (z.B. einzelner Unternehmensbereiche) und
- die Kontrolle der Zielerreichung und damit des Erfolgs der Unternehmensstrategie.

Die *Unternehmenspolitik* wird durch eine Vision und eine Mission beschrieben und in Leitbildern schriftlich fixiert (Abbildung 3-3). Im Sinne von TQM bildet die Qualitätspolitik einen integralen Bestandteil der Unternehmenspolitik und wird nicht separat von dieser formuliert.

Tabelle 3-1 TQM-Reifegradmodell (angelehnt an [EFQM06])

TQM-Aspekte	Reifegrade		
	Erste Schritte	Auf dem Weg	Reife Organisation
Unternehmenspolitik, -strategie und -ziele	Die Unternehmenspolitik ist formuliert. Strategische Ziele sind definiert.	Aus den strategischen Zielen sind operative Ziele abgeleitet. Es gibt eindeutige Messgrößen für die Zielerreichung.	Die Erreichung der strategischen und operativen Ziele wird überwacht und durch entsprechende Maßnahmen sichergestellt.
Führung	Führungskräfte vermitteln TQM-Ideen und -ansätze.	Führungskräfte unterstützen die Mitarbeiter bei Verbesserungen und würdigen ihre Leistungen.	Es existieren gemeinsame Werte. Alle Mitarbeiter sind sich ihres Beitrags zum TQM bewusst und agieren entsprechend.
Mitarbeiterorientierung	Die Mitarbeiter fühlen sich für die Lösung von Problemen verantwortlich.	Die Mitarbeiter arbeiten innovativ und kreativ daran, die Ziele der Organisation zu erreichen.	Die Mitarbeiter sind ermächtigt zu handeln und teilen offen Wissen und Erfahrung miteinander.
Prozessorientierung	Die Prozesse zum Erzielen der gewünschten Ergebnisse sind definiert.	Vergleichsdaten werden verwendet, um herausfordernde Ziele zu setzen.	Vergleichsmaßstäbe werden voll verstanden und verwendet, um Leistungsverbesserungen voranzutreiben.
Kundenorientierung	Die Kundenzufriedenheit wird bewertet.	Strategische und operative Ziele sind mit den Kundenbedürfnissen und -erwartungen verknüpft. Aspekte zur Loyalität werden untersucht.	Treibende Kräfte bezüglich Kundenforderungen und -zufriedenheit werden verstanden, gemessen und lösen Maßnahmen aus.
Ergebnisorientierung	Alle relevanten Interessengruppen sind identifiziert.	Die Erfüllung der Bedürfnisse und Forderungen der Interessengruppen wird systematisch bewertet.	Es gibt transparente Vorgehensweisen, um die Erwartungen der Interessengruppen auszubalancieren.

In der *Unternehmensstrategie* werden ausgehend von der festgelegten Vision übergeordnete und langfristige Ziele definiert. Für die Entwicklung einer erfolgreichen Strategie ist es erforderlich, eine Vielzahl von Informationen zu kennen. Im Sinne eines umfassenden Ansatzes („Total") müssen Informationen über alle Interessenspartner des Unternehmens (Stakeholder) sowie über ihre Erwartungen und Bedürfnisse gesammelt werden. Die Strategieentwicklung verläuft daher in zwei Phasen. Die erste Phase dient der Informationssammlung und -analyse. Erst in der zweiten Phase findet die Planung, also die Festlegung der Strategie, statt. Die Aufstellung der Strategie stellt einen erfolgsentscheidenden Faktor bei einer TQM-Umsetzung dar: Externe Ziele und interne Fähigkeiten müssen dahingehend aufeinander abgestimmt werden, dass die angestrebte Unternehmensentwicklung zielgerichtet und anspruchsvoll, aber auch realisierbar ist.

wertet. Finanzielle Messgrößen sind beispielsweise Wertschöpfung, Prozess- und Wartungskosten. Beispiele für nichtfinanzielle Messgrößen sind Fehlerraten, Durchlaufzeiten oder Wirkungsgrade.

Zur Beurteilung der Ergebnisse wird berücksichtigt, dass die Betrachtung und Bewertung des Erreichten alleine nicht ausreicht. Die Vorgehensweise zur Zielerreichung muss miteinbezogen werden. Die Betrachtung der Vorgehensweise erlaubt eine Aufwand-Nutzen-Bewertung, indem der benötigte Aufwand (Input) den erzielten Ergebnissen (Output) gegenübergestellt wird. Diese Form der Bewertung lässt Rückschlüsse auf die Nachhaltigkeit der Ergebnisse zu. Deshalb wird beispielsweise im TQM-Modell der European Foundation of Quality Management (EFQM-Modell) die Hälfte der Gewichtung auf die Vorgehensweisen gelegt (siehe Kapitel 3.2.1).

Zur internen Durchführung von Unternehmensbewertungen sind Systeme erforderlich, mit welchen auf Basis der dargestellten Kennzahlen sowohl die Wertschöpfung aus Sicht aller Interessengruppen als auch die Effektivität der Umsetzung von TQM-Programmen als Befähiger und damit die Nachhaltigkeit des Erfolges ermittelt werden kann. Als exemplarisches Beispiel, welches in der Praxis verbreitet ist, kann die Balanced Scorecard genannt werden, welche die differenzierte Bewertung im Sinne des Total Quality Managements ebenfalls unterstützt (siehe Toolbox, Kapitel 11.5).

Um neben der Qualität der Ergebnisse auch den kontinuierlichen Verbesserungsprozess des Unternehmens bewerten zu können, sind Vergleichsmaßstäbe erforderlich. Als Vergleichsgrundlage für die Bewertung können Daten von Wettbewerbern oder branchenbesten Unternehmen (Best Practice) herangezogen werden, welche die Unternehmensentwicklung über mehrere Jahre darstellen.

Eine Unterstützungsmöglichkeit bei der Durchführung von derartigen Vergleichen bietet z.B. die Bewerbung und Teilnahme an nationalen und internationalen Qualitätspreisen (siehe Kapitel 3.2.2). Weiterhin bietet sich ein systematischer Best-Practice-Austausch hinsichtlich der Erfahrungen bei der TQM-Umsetzung mit Unternehmen ähnlicher Branchen an, die in keinem direkten Konkurrenzverhältnis stehen.

3.2 Umsetzung des Total Quality Managements

TQM unterscheidet in der Umsetzung zwischen strategischen und operativen Aspekten. Während bei der strategischen Vorbereitung die Einbindung des Managements und die Definition von Zielen ausschlaggebend sind, ist bei der operativen Umsetzung darauf zu achten, dass Qualifizierungsmaßnahmen auf die individuellen Programmanforderungen abgestimmt sind und der Programmfortschritt regelmäßig bewertet wird.

Der Weg zum Total Quality Management beginnt mit der Überzeugung des Top-Managements. Die Führungskräfte müssen die Bedeutung, die Möglichkeiten und den Nutzen eines Total Quality Managements erkennen. Gleichzeitig müssen sie darüber entscheiden, ob sie bereit sind, das hierzu notwendige Engagement aufzubringen und die Einführung aktiv zu unterstützen (Abbildung 3-5).

Erfahrungsberichte von Managern und Beratern mit fundierten Kenntnissen in der Umsetzung von TQM-Projekten sind hierbei oft hilfreich. Um das Verständnis des Top-Managements zu vertiefen, ist zudem eine Schulung zur TQM-Philosophie und -Grundkonzeption ratsam. Die Initiative ist in jedem Fall organisatorisch im Top-Management verankert – beispielsweise in Form eines Lenkungsausschusses, der für den erfolgreichen Verlauf des

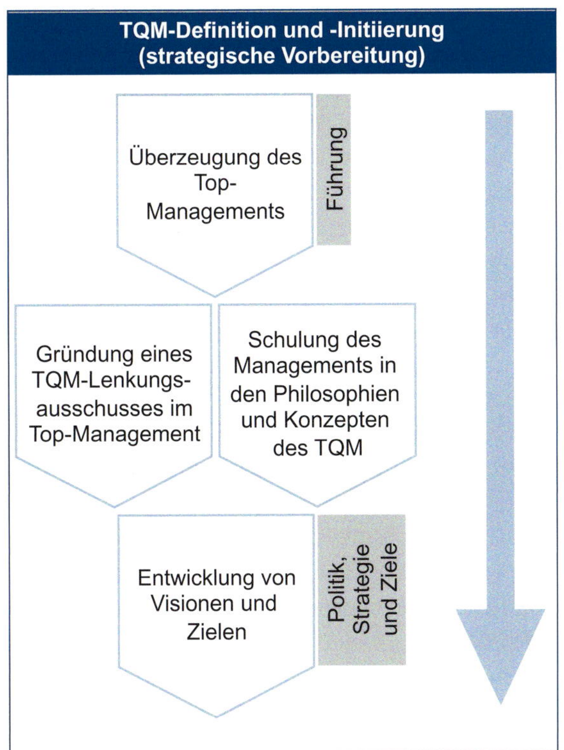

Abbildung 3-5 Der strategische Weg zu TQM

Projekts verantwortlich ist und bei Problemen eingreift.

Erste Aufgabe dieses Lenkungsausschusses ist es, sofern nicht vorhanden, die Vision und Strategie der Organisation und deren Bezug zu einem umfassendes Qualitätsmanagement zu definieren. Die formulierten strategischen Ziele werden in einem nächsten Schritt operationalisiert (Abbildung 3-6).

Prinzipiell ist der Zielplanungsprozess eine Führungsaufgabe und erfolgt nach dem Top-Down-Prinzip. Hierbei ist es trotzdem erforderlich, dass die Geschäftsleitung die Ziele ausführlich mit den Führungskräften auf allen über- und untergeordneten Ebenen diskutiert und abstimmt, da sie diese Ziele tragen und mit ihren Mitarbeitern umsetzen. Die Ziele müssen somit messbar und erreichbar sein [KAMI12].

In diesem Zusammenhang bestehen Risiken, dass einzelne Bereiche oder Mitarbeiter ihre Ziele und Aufgaben nicht als Beitrag zu übergeordneten Zielen verstehen. Das Zielsystem ist den betroffenen Mitarbeitern daher zwingend während des gesamten Zielplanungsprozesses transparent zu machen.

Die Ziele sowie die daraus resultierenden weiteren Schritte haben einen zentralen Einfluss auf die Priorisierung, Auswahl und Initiierung geeigneter TQM-Umsetzungsprogramme, durch deren geschickte Kombination ein unternehmensgerechtes Gesamtkonzept zu entwickeln ist.

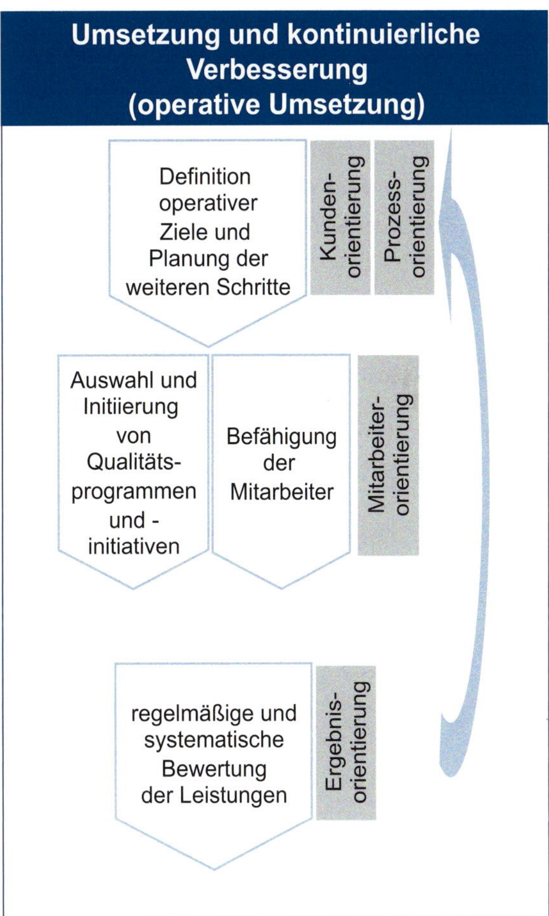

Abbildung 3-6 Der operative Weg zu TQM

Es existiert eine Vielzahl von Programmen und Initiativen, die bei der Umsetzung von TQM genutzt werden können. An dieser Stelle werden das Referenzmodell der European Foundation of Quality Management (EFQM) als bekanntestes Umsetzungsprogramm und die wichtigsten Qualitätspreise dargestellt. Eine Übersicht über Veränderungs- und Verbesserungsprogramme im Qualitätsmanagement liefert Kapitel 4.

A

3.2.1 EFQM-Excellence-Ansatz

Als Ansatz zur Umsetzung der TQM-Idee wird im Folgenden der Excellence-Ansatz der European Foundation of Quality Management (EFQM) betrachtet. Der EFQM-Ansatz enthält drei Bausteine: Die acht Grundkonzepte der Excellence, das EFQM-Excellence-Modell (Abbildung 3-7) und eine Reifegradbewertung (RADAR). Das Modell stellt eine international anerkannte Richtlinie dar und bietet eine Bewertungsgrundlage für die Vergabe von Qualitätspreisen, an der sich auch viele nationale Qualitätsorganisationen orientieren.

Grundkonzepte der Excellence

Zur Erklärung des EFQM-Ansatzes eignen sich die acht Grundkonzepte der Excellence, die dem Zweck dienen, Führungskräfte für das Thema Excellence zu gewinnen. Sie bilden die Basis, um in der Praxis ein Verständnis für Excellence aufzubauen und so innerhalb eines Unternehmens die eigenen Erfolgskriterien diskutieren zu können. Die acht Grundkonzepte lauten:

- Dauerhaft herausragende Ergebnisse erzielen
- Nutzen für Kunden schaffen
- Mit Vision, Inspiration und Integrität führen
- Veränderungen aktiv managen
- Durch Mitarbeiter/innen erfolgreich sein
- Kreativität und Innovation fördern
- Die Fähigkeiten der Organisation entwickeln
- Nachhaltig die Zukunft gestalten [EFQM12]

Die Grundkonzepte des EFQM-Ansatzes weisen eine große Ähnlichkeit zu den Grundsätzen des Qualitätsmanagements aus der DIN EN ISO 9004 auf [DGQ13].

Modellaufbau

Das EFQM-Excellence-Modell besteht aus neun Hauptkriterien und gliedert sich in die beiden Gruppen Befähiger und Ergebnisse. Die Ergebnis-Kriterien befassen sich damit, *was* das Unternehmen erreicht hat. *Wie* die Ergebnisse erzielt wur-

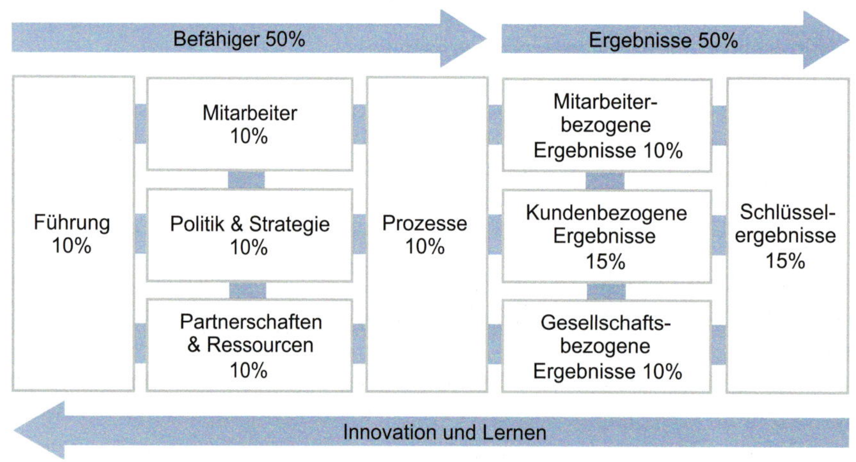

Abbildung 3-7 Excellence-Modell der EFQM [EFQM12]

den, ist Gegenstand der Befähiger-Kriterien. Beide Gruppen werden mit einer Bedeutung von 50% bewertet. Jedes Hauptkriterium ist entsprechend seiner Bedeutung prozentual gewichtet.

Das Referenzmodell beruht auf der Prämisse, dass exzellente Ergebnisse im Hinblick auf Leistung, Kunden, Mitarbeiter und Gesellschaft durch eine Führung erzielt werden, welche Politik und Strategie, Mitarbeiter, Partnerschaften und Ressourcen sowie Prozesse auf einem hohen Niveau vorantreibt. Es hat damit den Charakter eines allgemeinen Zielsystems, bezogen auf seine neun Kriterien, und trägt der Tatsache Rechnung, dass es viele Vorgehensweisen zum Erreichen einer nachhaltigen Exzellenz gibt. Betont wird die Forderung nach „Innovation und Lernen" durch die Prämisse, dass verbesserte „Befähiger" zu besseren „Ergebnissen" führen [EFQM12].

Zu den neun Hauptkriterien des EFQM-Modells werden Teilkriterien detailliert beschrieben. Sowohl Haupt- als auch Teilkriterien sind allgemein gefasst und sollten für eine bestmögliche Bewertung unternehmensspezifisch angepasst werden. In den einzelnen Teilkriterien sind wiederum Attribute formuliert, wie die einzelnen Forderungen im Unternehmen erfüllt werden können. Diese Attribute entsprechen in ihrer grundsätzlichen Orientierung den in diesem Kapitel beschriebenen TQM-Aspekten. Sie sind keine zwingenden Forderungen, sondern sollen als Anregung für den Bewertungs- und Verbesserungsprozess im Unternehmen dienen.

Durch die Verknüpfung der einzelnen Teilkriterien können Ursache-Wirkungs-Ketten erstellt werden (Abbildung 3-8). So beschreibt das Teilkriterium 1b aus dem Hauptkriterium *Führung*, dass die Führungskräfte zusammen mit den Mitarbeitern eine Kultur der Excellence in der Organisation verankern sollen. Dies kann z.B. die Unterstützung der Mitarbeiter oder deren Motivation beinhalten. Hieraus ergibt sich für das Hauptkriterium *Mitarbeiter* beispielsweise, dass

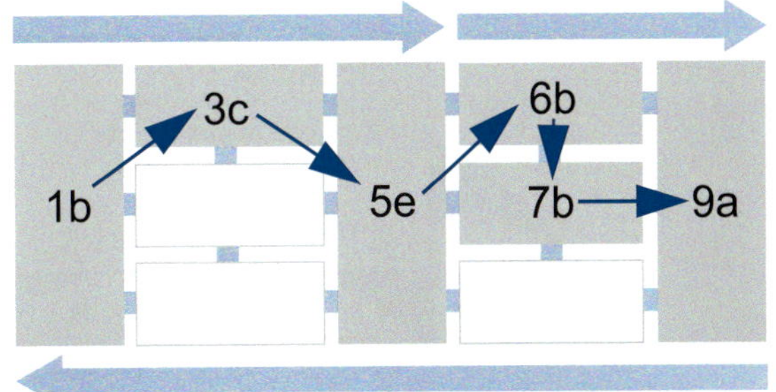

Abbildung 3-8 Zusammenhang der Kriterien im EFQM-Modell

im Teilkriterium 3c die Mitarbeiter beteiligt und zum selbständigen Handeln ermächtigt werden. Förderung der Teamarbeit oder Ermutigung zur aktiven Mitwirkung an Verbesserungsaktivitäten werden als Ansatzpunkte genannt. Durch die vermehrte Selbständigkeit sind die Mitarbeiter in der Lage, Kundenbeziehungen besser zu managen und zu vertiefen (Teilkriterium 5e im Hauptkriterium *Prozesse, Produkte, Dienstleistungen*), indem sie sich aktiv um die Erwartungen und Bedürfnisse der Kunden kümmern und so Partnerschaften mit den Kunden etablieren, welche die Wertschöpfung der Lieferkette verbessern. Ergebnis hiervon sind zum einen eine hohe Kundenloyalität und Auszeichnungen durch den Kunden (Teilkriterium 6b im Hauptkriterium *Kundenbezogene Ergebnisse*) und zum anderen zufriedene und motivierte Mitarbeiter (Teilkriterium 7b im Hauptkriterium *Mitarbeiterbezogene Ergebnisse*). Insgesamt können somit im Hauptkriterium *Schlüsselergebnisse* Rentabilitäts- oder Marktanteilsteigerungen erzielt werden (Teilkriterium 9a) [EFQM12].

Ansätze zur Selbstbewertung

Zur Umsetzung bzw. Implementierung von TQM schlägt die EFQM eine Bewertung nach der sogenannten RADAR-Logik vor (Abbildung 3-9). Das

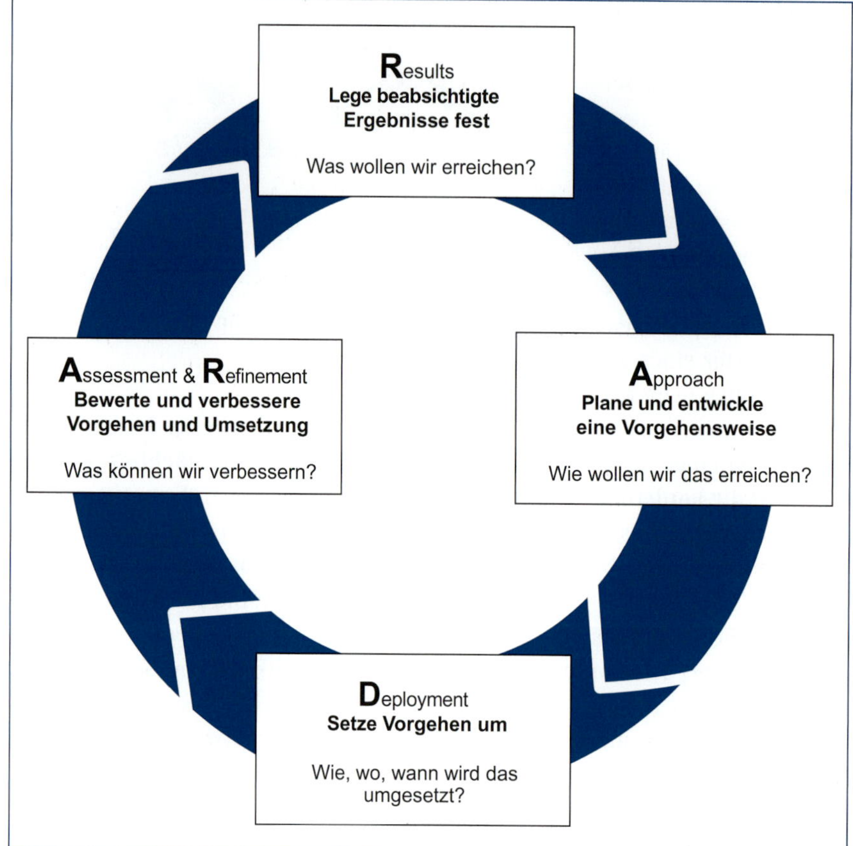

Abbildung 3-9
Modell der Radar-Logik [EFQM12]

Konzept folgt der Logik des Deming-Zyklus (siehe Kapitel 2.2.4) und entwickelt diesen weiter zu einer skalierten Bewertungsmethodik für den Reifegrad einer Organisation [DGQ13]. Neben den Aspekten Vorgehen (Approach), Umsetzung (Deployment) und Ergebnisse (Results), die in ähnlicher Form auch in anderen Modellen zu finden sind, enthält das Modell der EFQM noch die zwei Phasen Bewertung (Assessment) und Verbesserung (Refinement), die eines der grundlegenden Prinzipien des TQM, die kontinuierliche Verbesserung, noch stärker in den Mittelpunkt aller Bewertungsaktivitäten stellen.

Mithilfe von zwei Radar-Bewertungsmatrizen (Befähiger und Ergebnisse) des EFQM-Modells kann für jedes Teilkriterium ein prozentualer Grad der Erreichung ermittelt werden. Die Bewertungsmatrizen enthalten Attribute und Anhaltspunkte zur Bewertung. Die Ausgestaltung der Teilkriterien erfolgt dabei unternehmensspezifisch. Jedes Hauptkriterium ist gewichtet (Abbildung 3-7) und innerhalb eines Hauptkriteriums sind die Teilkriterien bis auf wenige Ausnahmen gleichwertig gewichtet. Die Einzelbewertungen werden in einem weiteren EFQM-Formblatt zusammengefasst, mit dessen Hilfe die erzielte Gesamtpunktzahl berechnet wird. [EFQM12]

Dieses Vorgehen ermöglicht eine langfristige Bewertung des Erfolges und bildet die Grundlage für eine Bewerbung für Qualitätspreise wie dem

EFQM Excellence Award oder dem Ludwig-Erhard-Preis (siehe Kapitel 3.2.2).

3.2.2 Qualitätspreise

Qualitätspreise werden in zahlreichen Ländern wie Japan und den Vereinigten Staaten vergeben. In Europa existieren Preise sowohl auf gesamteuropäischer als auch auf nationaler Ebene. In Deutschland haben sich ebenfalls Qualitätspreise in einzelnen Bundesländern etabliert.

Ziel dieser Preise ist es, besondere Leistungen auf dem Gebiet des Qualitätsmanagements auszuzeichnen und zudem den Qualitätsgedanken durch die Publikation der Preisverleihung weiterzuverbreiten. Über die Jahre ist die Anzahl der Qualitätspreise stetig angestiegen. Beginnend bei den Anfängen in Japan werden nachfolgend die wichtigsten Preise in chronologischer Reihenfolge vorgestellt (Tabelle 3-2).

Tabelle 3-2 Ausgewählte Qualitätspreise

Name des Qualitätspreises	Region der Verleihung	Erstmalige Verleihung
Deming Prize	Japan	1951
Malcolm Baldrige National Quality Award	USA	1988
EFQM Excellence Award	Europa	1992
Ludwig-Erhard-Preis	Deutschland	1997

Deming Prize

In Anerkennung von Dr. Demings (USA) Verdiensten für die japanische Industrie verleiht die Japanese Union of Scientists and Engineers (JUSE) seit 1951 den Deming Prize als ersten Qualitätspreis weltweit für besondere Leistungen auf dem Gebiet des Company Wide Quality Control für verschiedene Unternehmenskategorien.

Während der Deming Prize anfänglich stark auf den Einsatz statistischer Methoden ausgerichtet war, orientieren sich die Kriterienkataloge zur Auswahl von Preisträgern heute an den wesentlichen Elementen eines modernen Total Quality Managements. Zur Bewertung liegt kein formales Modell vor. Bewertet wird anhand einer Checkliste mit Hauptkriterien, die in ihrer Bedeutung erläutert werden.

Der Preis wird in zwei verschiedenen Bereichen vergeben. Es gibt den *Deming Prize for Individuals*. Dieser wird jährlich an Einzelpersonen vergeben, die außergewöhnliche Beiträge im Bereich Forschung oder statistische Methoden für TQM geleistet haben bzw. die Verbreitung von TQM vorangetrieben haben. Darüber hinaus gibt es den *Deming Application Prize*, der ebenfalls jährlich vergeben wird. Er zeichnet Unternehmen aus, die herausragende Leistungssteigerungen durch die Anwendung von TQM erzielen konnten.

Der Bewerbungsprozess für den Deming Prize und die Beurteilung können sich über mehrere Jahre hinziehen, wenn eine Mindestpunktzahl zur Auszeichnung im ersten Versuch nicht erreicht wird. In diesem Fall werden in den Folgejahren nur die kritischen Aspekte der Bewerbung durch das Komitee erneut überprüft. Dieser Prozess verläuft von den Schritten ähnlich wie bei den amerikanischen bzw. europäischen Qualitätspreisen [JUSE10].

Malcolm Baldrige National Quality Award

Der Malcolm Baldrige National Quality Award (MBNQA) ist seit 1988 die wichtigste staatlich und gesetzlich verankerte Fördermaßnahme des United States Department of Commerce und des National Institute of Standards and Technology. Er wird jährlich in verschiedenen Unternehmenskategorien durch den Präsidenten der USA an die Gewinner verliehen.

Ziel des Awards ist es, das Bewusstsein für Qualität als den entscheidenden Wettbewerbsfaktor sowie entsprechende Bemühungen zu fördern und die Bedeutung erfolgreicher Qualitätsmanagementkonzepte deutlich zu machen. Weiterhin dient der Preis mit seinen Bewertungsrichtlinien als wichtiges Instrument zur Beurteilung und Verbesserung des Standes von Qualitätsmanagement in jeder Art von Unternehmen. Der Preis wird wie der Deming Preis in unterschiedlichen Unternehmenskategorien verliehen [NIST13].

Die Kriterien des MBNQA orientieren sich ebenfalls an den beschriebenen TQM-Prinzipien, gliedern sich aber – anders als im EFQM-Modell – in sieben Hauptkriterien, die ebenfalls in Unterkriterien unterteilt sind. Die Bedeutung der Geschäftsergebnisse (d.h. der Kundenzufriedenheit, finanzieller und marktorientierter Geschäftsergebnisse sowie unternehmensspezifischer Leistungsergebnisse) wird in dem Modell besonders hervorgehoben.

Die Hauptkriterien Unternehmensführung, Strategische Planung, Kunden- und Marktorientierung, Information und Analyse, Mitarbeiterorientierung und Prozessmanagement werden vor dem Hintergrund zweier Aspekte bewertet:

- Eingesetzte Vorgehensweisen und Methoden (*Approach*), mit deren Hilfe die in den Bewertungskriterien genannten Forderungen erfüllt werden
- Umsetzungsgrad (*Deployment*), d.h. die tatsächliche Anwendung der genannten Methoden in der unternehmerischen Praxis

Die Geschäftsergebnisse werden unter dem Aspekt „Ergebnisse und Leistungen“ (*Results*) bewertet, die durch die getroffenen Maßnahmen erzielt werden [KAMI08].

Der Bewerbungsprozess um den MBNQA verläuft in mehreren Schritten. Die einzureichenden Bewerbungsunterlagen umfassen neben einer Reihe von formalen Dokumenten einen maximal 50 Seiten starken Teil, in dem die TQM-Praktiken und -Ergebnisse des Unternehmens als Antworten auf alle Unterpunkte der Bewertungskriterien dargestellt werden.

Diese Unterlagen werden in zwei Schritten von mindestens fünf externen Assessoren beurteilt. Die besten Bewerber werden vor Ort besucht, um die Angaben aus den Bewerbungsunterlagen in Unternehmen überprüfen zu können. Eine Jury (Panel of Judges), die sich aus Mitgliedern der Prüfungskommission zusammensetzt, entscheidet, welche Kandidaten die jeweils nächste Stufe des Beurteilungsprozesses erreichen und später, wer die Auszeichnungen in den einzelnen Kategorien des MBNQA erhält [NIST13].

EFQM Excellence Award (EEA)

Eine ähnliche Zielsetzung wie der Malcolm Baldrige National Quality Award verfolgt der EFQM Excellence Award. Mit diesem von der EFQM seit 1992 vergebenen Preis sollen Unternehmen ausgezeichnet werden, die besondere Leistungen auf dem Gebiet des Qualitätsmanagements vollbracht haben.

Der EEA wird ähnlich wie der MBNQA in den Kategorien Large Organizations & Business Units, Operational Units, Public Sector und Small and Medium-sized Organizations an die jeweils am besten eingeschätzte europäische Organisation vergeben [EFQM12, ZINK04].

In dem Bewerbungs- und Beurteilungsprozess werden Unternehmen zunächst einer Vorauswahl auf Basis einer maximal 15 Seiten umfassenden Teilnahmebeantragung unterzogen.

Für die eigentliche Bewerbung existieren zwei Alternativen [EFQM12]. So kann ähnlich wie beim MBNQA ein Dokument mit ca. 70 Seiten erstellt werden, welches von den Assessoren hinsichtlich seiner Stärken und Verbesserungspotenziale in einer Vorbewertung analysiert und im Rahmen eines Hausbesuches verifiziert wird.

Alternativ bietet EFQM eine von ihr unterstützte Bewerbungsprozedur an, die durch einen weitaus geringeren Dokumentationsaufwand gekennzeichnet ist. In den Bewerbungsunterlagen werden Schlüsselergebnisse der Organisation erfasst und durch eine sogenannte „Enabler Map“ ergänzt. Letztere dient lediglich als Referenz, um erfolgsentscheidende Ansätze und Prozesse in der unternehmerischen Praxis identifizieren zu können. Die Unterstützung der Ausarbeitung erfolgt im Rahmen eines Vorbesuches durch 1–2 Assessoren, bei dem die Anwesenheit der Geschäftsleitung erforderlich ist. Die Bewertung der Bewerbung erfolgt ausschließlich im Rahmen eines zweiten Hausbesuches, bei welchem die Unternehmensabläufe mithilfe der Enabler Map hinsichtlich ihrer „Exzellenz“ untersucht werden.

Die Ergebnisse der Beurteilungen werden von einer Expertenjury einem Review unterzogen. Hierbei werden Finalisten und im Folgenden die EEA-Gewinner und Preisträger ausgewählt. Neben der Möglichkeit, einen Preis zu gewinnen, ist ein wesentlicher Nutzen einer Teilnahme in dem umfassenden Feedbackbericht mit den detaillierten Bewertungsergebnissen zu sehen, den alle Teilnehmer erhalten.

Ludwig-Erhard-Preis

Der Ludwig-Erhard-Preis ist der deutsche Excellence-Preis. Er wird seit 1997 verliehen, um Unternehmen für Spitzenleistungen im Wettbewerb auszuzeichnen. Seit 2003 steht der Ludwig-Erhard-Preis unter der Schirmherrschaft des Bundesministeriums für Wirtschaft und Technologie.

Zielsetzung des Ludwig-Erhard-Preises ist es, die Auseinandersetzung mit den Ideen des Total Quality Managements sowie dessen Einführung als System zur Zukunftssicherung in deutschen Unternehmen zu fördern.

Als nationaler Qualitätspreis soll dieser Preis die Lücke zwischen einzelnen Landespreisen in Deutschland und dem EFQM Excellence Award schließen. Insbesondere bei kleinen und mittleren Unternehmen wird der erfolgreiche Durchlauf eines nationalen Qualitätspreises als Voraussetzung für die Teilnahme am EEA-Verfahren gesehen.

Bewertungsgrundlage ist ebenfalls das EFQM-Modell, die Bewertungskriterien sowie der Bewertungs- und Bewerbungsprozess entsprechen weitestgehend denen des EEA.

Fazit

Die EFQM bietet mit dem Excellence-Ansatz einen integrierten Gestaltungs- und Steuerungsansatz für die Unternehmensentwicklung. Qualitätspreise, die das EFQM-Modell als Basis für ihre Ausgestaltungen nutzen, bieten Anreize zur Umsetzung des Modells und der Konzepte. Die EFQM gibt mit ihrem Modell allerdings kein Prozessmodell oder systematisches Vorgehen zur methodischen Durchführung von Verbesserungen auf operativer Ebene vor, obwohl eine Prozessorganisation explizit gefordert wird. Die Aufbauorganisation eines Unternehmens wird in diesem Kontext ebenfalls nicht betrachtet [ZOLL11, STOC06].

Die Qualitätspreise weisen große Übereinstimmungen auf. Der Ludwig-Erhard-Preis basiert wie der EFQM Excellence Award auf dem EFQM-Modell und orientiert sich auch in der Art der Umsetzung am EFQM Excellence Award. Der MBNQA basiert auf einem eigenen Modell, das sich in sieben Hauptkriterien mit Unterkriterien gliedert. Ganz ohne ein formales Modell wird die Bewertung beim Deming-Preis anhand einer Checkliste vorgenommen. Allen Qualitätspreisen gemein ist die Verleihung der Preise in verschiedenen Unternehmenskategorien (z.B. Großunternehmen, öffentlicher Sektor, kleine und mittlere Unternehmen). Lediglich der Deming Prize hat mit dem Deming Prize for Individuals zusätzlich eine Auszeichnung für Einzelpersonen.

A

3.3 Zusammenfassung

Total Quality Management ist eine langfristig ausgerichtete Unternehmensphilosophie. Sie basiert auf dem Company Wide Quality Control-Ansatz von Ishikawa und erweitert diesen, indem das Unternehmensumfeld und die Unternehmensphilosophie mit berücksichtigt werden. Trotz fehlender einheitlicher Definition ist TQM eine Philosophie, die bereits von vielen Unternehmen erfolgreich umgesetzt worden ist [z.B. CENT05, TANN05, SING00]. Sie ruht auf den Säulen Ganzheitlichkeit (Total), Qualität und Management. Das wichtigste Merkmal dabei ist die Konsistenz aller TQM-Aspekte (Politik, Strategie und Ziele, Führung, Mitarbeiter-, Kunden-, Prozess- und Ergebnisorientierung) über alle Bereiche eines Unternehmens hinweg.

Die Umsetzung von TQM erfolgt in zwei Schritten. Nach der strategischen Vorbereitung mit Überzeugung des Managements und Entwicklung von strategischen Zielen erfolgt die operative Umsetzung mit Ableitung von operativen Zielen, Auswahl passender Programme und der Befähigung der Mitarbeiter. Dabei sind die Aspekte des TQM stets zu berücksichtigen. Ein anerkanntes Umsetzungsmodell existiert jedoch auf europäischer Ebene nicht [PYZD14].

Einer der bekanntesten Ansätze zur Bewertung von TQM-Umsetzungen ist der Excellence-Ansatz der EFQM. Qualitätspreise, die auf dem EFQM-Modell basieren, bieten gute Anreize zur Umsetzung des Modells.

Alle Aktivitäten im Rahmen einer TQM-Umsetzung werden mit dem Ziel der kontinuierlichen Verbesserung der Leistungen eines Unternehmens durchgeführt. TQM schafft somit die Voraussetzungen, um die Stakeholder des Unternehmens durch exzellente Leistungen und Ergebnisse zufriedenzustellen.

Literatur

[BREC11] *Brecher, C.:* Integrative Produktionstechnik für Hochlohnländer. Berlin, Springer 2011

[BÜHN95] *Bühner, R.:* Führungsaspekte im Rahmen des Total Quality Management. In: Preßmar, D. B. (Hrsg.): Total Quality Management I. Schriften zur Unternehmensführung (Band 54). Wiesbaden, Gabler 1995

[CENT05] *Centre of Quality Excellence, University of Leicester:* Short Report on EFQM and BQF Funded Study. Leicester, 2005

[DGQ13] *Deutsche Gesellschaft für Qualität:* Das EFQM Excellence Modell 2013 – Expertenwissen für DGQ-Mitglieder. Deutsche Gesellschaft für Qualität, 2013

[DIN08] *DIN EN ISO 9001:* Qualitätsmanagementsysteme – Anforderungen. Beuth, Berlin 2008

[DIN09] *DIN EN ISO 9004:* Leiten und Lenken für den nachhaltigen Erfolg einer Organisation – Ein Qualitätsmanagementansatz. Beuth, Berlin 2009

[EFQM06] *European Foundation for Quality Management (EFQM):* EFQM Excellence Award Information Brochure 2006. Version 2. European Foundation for Quality Management, Brüssel 2006

[EFQM12] *European Foundation for Quality Management (EFQM):* An Overview of the EFQM Excellence Model. European Foundation for Quality Management, Brüssel 2012

[FREH94] *Frehr, H. U.:* Total Quality Management – Unternehmensweite Qualitätsverbesserung. Carl Hanser Verlag, München 1994

[HAHN06] *Hahn, D./Taylor, B.:* Strategische Unternehmungsplanung – Strategische Unternehmungsführung. 9. Auflage. Springer, Berlin 2006

[HOMB11] *Homburg, C.:* Kundenzufriedenheit. Konzepte – Methoden – Erfahrungen. 8. Auflage. Gabler, Wiesbaden 2011

[JUSE10] *Union of Japanese Scientists and Engineers (JUSE):* The Deming Prize Guide. Tokyo, 2010

[KAMI08] *Kamiske, G./Brauer, J.:* Business Excellence als strategisches Ziel. In: Kamiske, G. (Hrsg.): Qualitätsmanagement. Digitale Fachbibliothek. Symposion, Düsseldorf 2008

[KAMI11] *Kamiske, G. F./Brauer, J.-P.:* Qualitätsmanagement von A – Z: Wichtige Begriffe des Qualitätsmanagements und ihre Bedeutung. 7. Auflage. Carl Hanser Verlag, München 2011

[KAMI12] *Kamiske, G.:* Qualitäts-Wissenschaft für Manager. 3. Auflage. Books on Demand, Norderstedt 2012

[KOLB10] *Kolb, M.:* Personalmanagement: Grundlagen und Praxis des Human Resources Management. 2. Auflage. Gabler, Wiesbaden 2010

[LINS11] *Linß, G.:* Qualitätsmanagement für Ingenieure. 3. Auflage. Carl Hanser Verlag, München 2011

[MALO08] *Malorny, C.:* Erfolgreiche Umsetzung des Total Quality Managements. In: Kamiske, G. (Hrsg.): Qualitätsmanagement. Digitale Fachbibliothek. Symposion, Düsseldorf 2008

[NIST13] *National Institute of Standards and Technology (NIST):* The 2013-2014 Baldrige Criteria for Performance Excellence. National Institute of Standards and Technology, Gaithersburg 2013

[PYZD14] *Pyzdek, T.:* The Six SIGMA Handbook: A Complete Guide for Greenbelts, Blackbelts, and Managers at All Levels. 4. Auflage. McGraw-Hill, London 2014

[REIS07] *Reißiger, W.:* Integration von Six Sigma in qualitätsgerechte Organisationsstrukturen. 1. Auflage. Shaker Verlag, Aachen 2007

[SEGH14] *Seghezzi, H. D.:* Konzepte – Modelle – Systeme. In: Schmitt, R./Pfeifer, T. (Hrsg.): Masing – Handbuch Qualitätsmanagement. 6. Auflage. Carl Hanser Verlag, München 2014. S. 160–176

[SING00] *Singhal, V./Hendricks, K.:* The Impact of Total Quality Management (TQM) on Financial Performance. Evidence from Quality Award Winners.

[STOC06] *Stockmann, R.:* Evaluation und Qualitätsentwicklung. Eine Grundlage für wirkungsorientiertes Qualitätsmanagement. Waxmann, Münster 2006

[TANN05] *Tanner, S. J.:* Is Business Excellence of any value? Oakland Consulting, West Yorkshire 2005

[WARW04] *Warwood, S. J./Roberts, P. A. B.:* A Survey of TQM Success Factors in the UK. In: Total Quality Management, 15. Jg., 2004, Nr. 8. S. 1109–1117

[ZINK04] *Zink, K. J.:* TQM als integratives Managementkonzept. 2. Auflage. Carl Hanser Verlag, München 2004

[ZOLL11] *Zollondz, H.-D.:* Grundlagen Qualitätsmanagement. Einführung in Geschichte, Begriffe, Systeme und Konzepte. 3. Auflage. Oldenbourg Verlag, München 2011

4 Qualitätsgetriebene Verbesserungsprogramme

Viele bekannte Verbesserungsprogramme basieren auf der Philosophie des Total Quality Managements (TQM) und sind daher für eine TQM-Umsetzung geeignet. Grundsätzlich lassen sich diese in strategische und normative Programme differenzieren. Normative Programme, wie die Normen-Familie DIN EN ISO 9000, legen Forderungen an ein umfassendes Qualitätsmanagementsystem dar, zeigen jedoch bewusst keinen spezifischen Weg der Umsetzung auf. Die strategischen qualitätsgetriebenen Verbesserungsprogramme hingegen bieten ein umfassendes Konzept zur Erreichung qualitätsbezogener Ziele bzw. der Umsetzung der Philosophie des TQM. Die Entwicklung und Umsetzung der Qualitätsprogramme folgte in der Vergangenheit in „Wellenbewegungen" verschiedenen Moden. Der Schwerpunkt dieser Programme pendelt hierbei zwischen vorwiegend strategischen und operativ orientierten Programmen (Abbildung 4-1).

In den 60er Jahren wurden in verschiedenen japanischen Unternehmen (u. a. Toyota und Nissan) Qualitätskonzepte entwickelt, welche die Grundlage für Kaizen und Lean Management bilden. Ausgangspunkt war die Übernahme des betrieblichen Vorschlagswesens aus den USA. Mitarbeiter wurden ermutigt, durch freiwillige Einreichung von Vorschlägen auf Verbesserungspotenziale hinzuweisen und erhielten hierfür eine finanzielle Vergütung. Durch die Arbeiten und Ideen amerikanischer Qualitätsexperten (z. B. W.E. Deming, J.M. Juran) wurden in Synthese mit der japanischen Kultur Ansätze geprägt, welche zur Philosophie des Kaizen bzw. seines Umsetzungsansatzes, des Total Quality Control (TQC), führten [OHNO93, ZOLL06]. Auch die Entwicklung des Toyota-Produktionssystems wurde hierdurch maßgeblich beeinflusst. So kann das TPS als der „Toyota-Weg" zur Umsetzung der Kaizen-Philosophie gesehen werden. Der Ansatz des Lean Management wiederum ist aus der Beobachtung und Analyse der Erfolgsfaktoren des Toyota-Produktionssystems entstanden. Durch die Arbeiten von J.P. Womack und D.T. Jones wurde ausgehend von diesen Betrachtungen ein Managementkonzept entwickelt [WOMA94b].

Unabhängig vom Toyota-Produktionssystem wurde 1986 Six Sigma bei Motorola in den USA entwickelt. Zunächst als Qualitätsmaß im Rahmen einer Verbesserungsinitiative eingeführt, wurde Six Sigma sukzessive mit Methoden zu einem „Toolset" angereichert und bis hin zu einem umfassenden Verbesserungskonzept entwickelt.

Aufgrund ihrer zum Teil eng verknüpften Entstehungsgeschichte weisen die angesprochenen Philosophien und Konzepte Gemeinsamkeiten auf. Diese sind insbesondere auf Ebene der angewandten Methoden und Tools vorzufinden. In der Praxis stellt sich daher die Frage: Welche Programme sind für die Anwendung in meinem Unternehmen geeignet und wie lassen sich die einzelne Elemente zielgerichtet kombinieren?

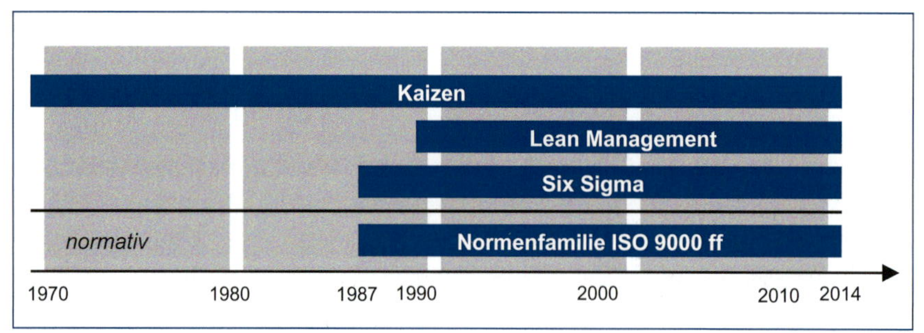

Abbildung 4-1
Fokus und Einsatz von Qualitätsprogrammen

4.1 Kaizen

Das Kaizen-Konzept (jap.: Kai = Veränderung bzw. Wandel; Zen = zum Besseren) wurde aus Erfahrungen von Arbeitsgruppen mit Qualitätskontrollen entwickelt, indem generische Ansätze zur Lösung von Problemen abgeleitet wurden (unter anderem auf Basis von Erfahrungen aus dem Toyota-Produktionssystem). Mitte der 80er Jahre wurde Kaizen als eigenständiges Qualitätskonzept von Imai vorgestellt und löste in Deutschland aufgrund seiner Popularität in Japan vielfältige Aktivitäten zur Adaptierung der Aufgaben des Qualitätsmanagements aus [IMAI92, ZOLL06].

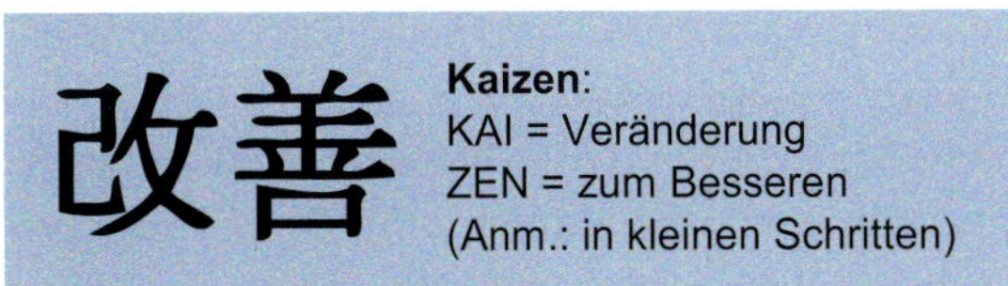

Abbildung 4-2 Kaizen

Kennzeichnend ist, dass Kaizen als Führungsphilosophie aufgefasst wird. Kaizen geht von der philosophischen Annahme aus, dass alle Tätigkeiten nie optimal sind und somit immer einer Verbesserung bedürfen. Ziel ist die kontinuierliche Verbesserung von Produkten, Prozessen und Arbeitshandgriffen in kleinsten Schritten durch Mitarbeiter auf allen Hierarchieebenen [IMAI92, LING97]. Die Abgrenzung der einzelnen Elemente des Kaizen gestaltet sich schwierig, da Imai dem Kaizen Ansätze, Strukturen und Konzepte zuordnet, welche zum Teil nur schwer voneinander zu trennen sind. Die wesentlichen Umsetzungsprinzipien bzw. Methoden nach Imai sind in Abbildung 4-3 dargestellt.

Total Quality Control (TQC) gilt als ein elementares Prinzip zur Erreichung von Kaizen. Das Hauptziel von TQC ist die Zufriedenheit der Mitarbeiter sowie aller weiteren Stakeholder eines Unternehmens; das Sekundärziel ist die Realisierung einer gewünschten Produktqualität bei angemessenen Preisen zu den gewünschten Lieferzeitpunkten [ISHI85].

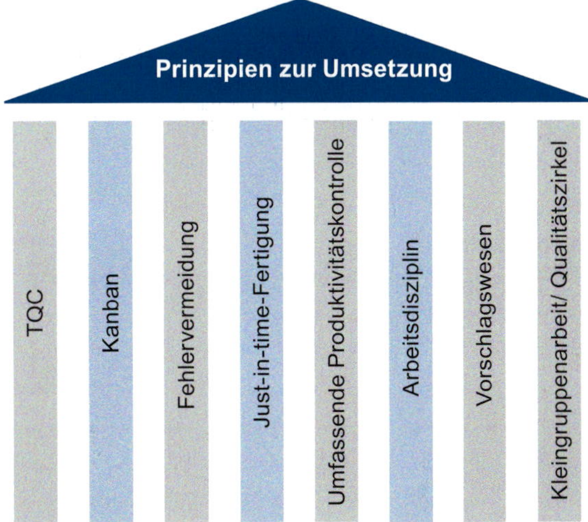

Abbildung 4-3 Prinzipien zur Umsetzung der KAIZEN Philosophie

Durch ein System strukturierter Zielvereinbarungen mit den einzelnen Mitarbeitern wird die Kultur eines homogenen Qualitätsverständnisses angestrebt, bei der Mitarbeiter Verbesserungen eigeninitiativ umsetzen. Die auf Shewart und Deming zurückgehende Methodik des PDCA-Zyklus als zentrales Element des TQC bildet die Basis für zahlreiche, heute existierende Varianten eines Kontinuierlichen Verbesserungsprozesses. Dies hat dazu geführt, dass Kaizen in Deutschland oftmals als Synonym für Kontinuierliche Verbesserungsprozesse verwendet wird (Abbildung 4-4).

Ein Ansatz zur Durchsetzung von kontinuierlichen Verbesserungen im Rahmen von TQC sind Qualitätszirkel. Dies sind kleine Gruppen von Mitarbeitern, die freiwillig Qualitätskontrollaktivitäten im eigenen Umfeld durchführen [ISHI85]. In japanischen Unternehmen machen deren Aktivi-

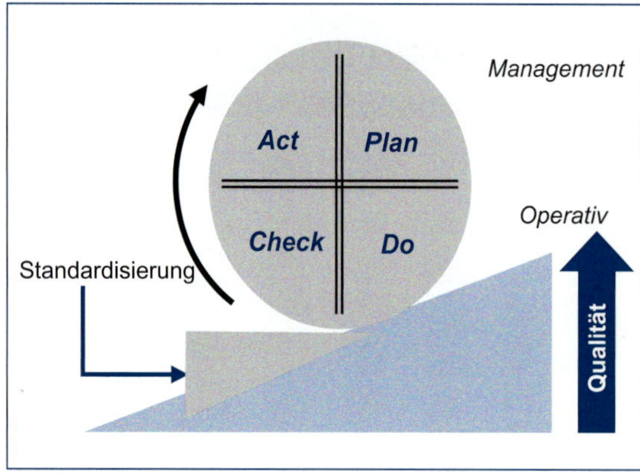

Abbildung 4-4 Der PDCA-Zyklus

täten 10 bis 30% der gesamten TQC-Aktivitäten aus [IMAI92]. Weitere Prinzipien sind im Rahmen der Ausführungen zum Toyota-Produktionssystem dargestellt, da sie im Wesentlichen auf die Arbeiten im Rahmen dieses Konzepts zurückzuführen sind (siehe Kapitel 2.2.5).

Der ursprünglich von Walter A. Shewart entwickelte Zyklus wurde von Walter E. Deming in Japan verbreitet und erhielt hierdurch den Namen Deming-Zyklus [DEMI88]. Er ist eine Blaupause für Problemlösungsprozesse verschiedenster Art. Er bietet einen strukturierten Ablauf der sowohl als Vorlage für das Vorgehen in Projekten als auch für Aktivitäten im Rahmen der kontinuierlichen Verbesserung dient. Die Phasen „Plan" und „Act" lassen sich dem Aufgabenbereich des Managements zuordnen, während „Do" und „Check" operative Aufgaben darstellen. So wohnt dem PDCA-Zyklus implizit eine Führungsstruktur inne. ▪

Kaizen als Prinzip der permanenten Verbesserung in kleinen Schritten steht im Gegensatz zu den im Westen verbreiteten Innovationsschüben. Hierbei geht man davon aus, dass ein Qualitätsniveau, welches durch einen Innovationsschub erreicht wurde, von allein nicht gehalten werden kann. Folgt man dieser Annahme, lassen sich mit Kaizen hingegen weitere kontinuierliche Verbesserungen erzielen. Schubweise Innovationen können somit gezielt durch Kaizen ergänzt werden (Abbildung 4-5) [TRAE94, ZINK04].

Der Unterschied in der organisatorischen Umsetzung von schubweisen Innovationen zur Verbesserung und Kaizen liegt in der Einbindung von Mitarbeitern. Kaizen strebt die Nutzung der Fähigkeiten aller Mitarbeiter zur ständigen Verbesserung der Geschäftsabläufe an, während bei sprunghaften Innovationen die Verbesserung unter Beteiligung weniger Spezialisten angestrebt wird (Tabelle 4-1).

Aber auch Kaizen selbst hat verschiedene Facetten in der Umsetzung. Eine organisatorische Differenzierung erfolgt zwischen einem vom Management organisierten Kaizen und „freiwilligem" Kaizen auf der Werkerebene. Letzteres wird in Gruppen bzw. Qualitätszirkeln oder durch Einzelpersonen im Rahmen des betrieblichen Vorschlagswesens durchgeführt. Die Einbeziehung und Gestaltung von Verbesserungsprozessen durch alle ausführenden Mitarbeiter ist hierbei kennzeichnend. Freiwillige Kaizen-Aktivitäten werden bei Toyota auch als Trainingsmaßnahme für zukünftige Vorgesetzte betrachtet. Nach Imai lassen sich die in Tabelle 4-2 dargestellten Varianten unterscheiden [IMAI92, SHIM04].

Die Tabelle macht deutlich, dass ein struktureller Rahmen für die Förderung einer Kultur der ständigen Verbesserungen auf verschiedenen Ebenen einer Organisation geschaffen wird. In dieser Gra-

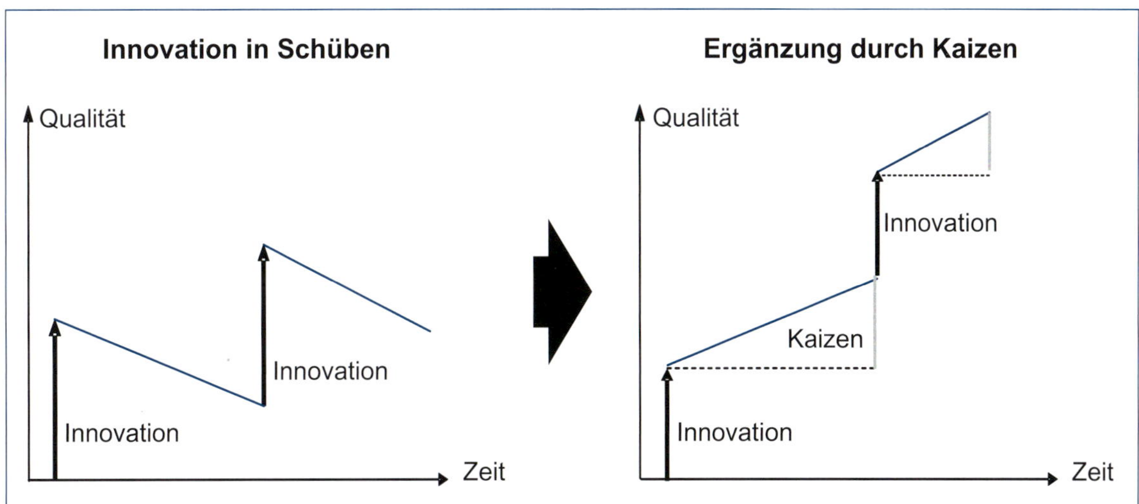

Abbildung 4-5 Innovation in Schüben und Ergänzung mit Kaizen

nularität ist dies beispielsweise im Six-Sigma-Konzept nicht gegeben [ZINK04].

Das Bild verdeutlicht den Mehrwert gegenüber dem traditionellen Qualitätsverständnis, dessen Fokus die konsequente Betrachtung der Produktqualität ist, indem Prozessqualität durch Vermeidung aller denkbaren Ineffizienzen zusätzlich gesteigert wird.

Tabelle 4-1
Merkmale von Kaizen und Innovationsschüben

Merkmal	Kaizen	Innovationen
Effekt	Langfristig, andauernd, undramatisch	Kurzfristig, dramatisch
Tempo	Kleine Schritte	Große Schritte
Zeitlicher Rahmen	Kontinuierlich, steigend	Unterbrochen, befristet
Erfolgschance	Gleich bleibend	Abrupt, unbeständig
Protagonisten	Alle Mitarbeiter	Wenige Mitarbeiter
Vorgehensweise	Kollektiv, Gruppenarbeit	Individuelle Ideen und Anstrengungen
Devise	Erhaltung, Verbesserung	Abbruch, Neuaufbau
Erfolgsrezept	Konventionelles Know-how, Stand der Technik	Technologische Errungenschaften, neue Erfindungen/ Theorien
Praktische Voraussetzungen	Kleines Investment, großer Einsatz zur Erhaltung	Großes Investment, geringer Einsatz zur Erhaltung
Erfolgsorientierung	Menschen	Technik

Tabelle 4-2 Die drei Segmente von KAIZEN [nach IMAI92]

Merkmal	Kaizen durch Manager	Kaizen durch Werker	
		Gruppenorientiert	Personenorientiert
Projektorganisation	Projektteam aus Linie und Stab	Kleingruppe (Qualitätszirkel)	Vorschlagswesen
Verbesserungen	Vom Management vorgegeben	2–3 pro Jahr	Viele
Einbeziehung	Manager, Spezialisten	Teilnehmer der Gruppe	Alle
Fokus	Systeme und Verfahren	Arbeitsbereich	Arbeitsplatz
Dauer	Projektdauer	Ca. 5 Monate	Immer
Richtung	Deutliche Steigerung	Stufenweise sichtbare Verbesserung	Stufenweise sichtbare Verbesserung
Umsetzungskosten	Kleine Investitionen	Meist gering	Gering
Werkzeuge (7Q, 7M)	Q7, M7, professionelle Fertigkeiten	Q7, M7	Q7, logisches Denken
Ergebnisse	Neue Systeme, verbesserte Anlagen, verbesserte Leistungsfähigkeit des Managements	Verbesserte Arbeitsverfahren und Arbeitsmoral, überarbeitete Standards, Lerneffekte	Verbesserung vor Ort, bessere Arbeitsmoral, Kaizen-Bewusstsein, Selbstentfaltung

Das Toyota-Produktionssystem – der Toyota-Weg zu KAIZEN

Die Vermeidung von Verschwendung ist das Grundprinzip des Toyota-Produktionssystems (TPS). Oberstes Ziel des Toyota-Produktionssystems und wesentlicher Zweck der zugehörigen Elemente ist daher die Eliminierung aller Arten von Verschwendung (jap.: muda). Die Bedeutung des Wortes „Verschwendung" ist hierbei sehr weit gefasst, wobei nach dem Erfinder des TPS, Taichi Ohno, sieben Arten unterschieden werden [IMAI92, BICH08]. Liker ergänzte diese um eine achte Art, welcher die Unterschätzung oder Nichtnutzung der Fähigkeiten von Mitarbeitern umfasst (Abbildung 4-6) [LIKE04, BELL10]. ■

Generell kann unter dem Verschwendungsbegriff auch die unterlassene Nutzung von vorhandenen Daten als Basis für die Generierung von Informationen und Mitarbeiterkompetenzen zur Realisierung von Effizienzsteigerungen subsumiert werden. Daher sind Verschwendungsarten in Entwicklungs- oder Dienstleistungsprozessen weiter zu differenzieren. So ist „Over-engineering" durch Erzeugung von Produktfeatures, welche der Kunde nicht erwartet und nicht für sie zu zahlen bereit ist, als Analogie zu der Verschwendungsart „Überproduktion" in der Fertigung zu sehen. Ebenso ist die Bereitstellung redundanter oder unnötiger Daten und Informationen in der „Verwaltung" analog zur Erzeugung hoher Bestände als Verschwendung zu verstehen. Bei lang laufenden Entwicklungsprojekten ermöglicht ein Vergleich des geplanten Entwicklungsaufwandes im Verhältnis zum entstandenen Änderungsaufwand während des Entwicklungsprozesses eine Abschätzung des Verschwendungsumfangs. Zur umfassenden Vermeidung von Verschwendungen hat Toyota im Laufe der Zeit verschiedene Prinzipien und Methoden entwickelt, die heute unter dem Schlagwort „Toyota-Produktionssystem" manchmal auch als „Lean"-Werkzeuge verstanden werden. Im Folgenden werden die wesentlichen Prinzipien und die zugehörigen Werkzeuge kurz dargestellt.

Abbildung 4-6 Arten der Verschwendung

4.1.1 Kontinuierlicher Materialfluss

Zur Vermeidung von Beständen oder Wartezeiten wird im TPS eine Herstellung und Lieferung von Teilen und Produkten im „Just in Time"-Prinzip (JIT) angestrebt, d.h., alle Produktionsprozesse müssen die notwendigen Mengen benötigter Teile zum richtigen Zeitpunkt am richtigen Ort zur Verfügung stellen. Die Herstellung erfolgt daher unter Anwendung des „Pull-Prinzips", d.h., die Produktion läuft im Takt der Kundenaufträge. Der letzte Prozessschritt einer Produktionskette erhält bei einem Auftragseingang die Anweisung zur Bereitstellung der Produkte, worauf die vorgelagerten Prozesse ihrerseits Anweisungen zur Herstellung der Produktkomponenten erhalten. Man sagt daher auch der Kunde „zieht" die Produkte durch die Produktion („Pull"). Verschwendungen durch Vorräte, Überproduktionen und Bestände werden so minimiert.

Zur Steuerung wird das sogenannte „Kanban-System" (jap.: Karte) verwendet. Hierbei werden Bedarfe an Materialien bzw. Zwischenprodukten über Karten vom nachgelagerten an die vorgelagerten Prozessschritte kommuniziert. Es ermöglicht so eine einfache, selbstregelnde Fertigungssteuerung. Bedingung für eine technische Umsetzbarkeit sind kurze Rüstzeiten als Voraussetzung einer geglätteten Produktion und kleiner Losgrößen. [JEZI94, NAVE02] Daher wurde von Toyota die Methodik Single Minute Exchange of Die (SMED) entwickelt. Die SMED-Methode (bzw. Werkzeugwechsel im Minutentakt) unterstützt die Entwicklung von Rüststrategien und -mechanismen, mit denen kleine Losgrößen wirtschaftlich gefertigt werden können und Lagerkosten minimiert werden [SHIN07]. Die Grundidee von SMED besteht darin, zum einen den Rüstvorgang durch die Nutzung von Vorrichtungen und Einstellhilfen zu vereinfachen, und zum anderen interne Rüstzeit in externe Rüstzeit umzuwandeln. Das heißt, Rüstzeit, die den wertschöpfenden Prozess unterbricht, zu minimieren und, soweit nicht ganz zu eliminieren, in Tätigkeiten umzuwandeln, die parallel zum wertschöpfenden Prozess ausgeübt werden können.

A

4.1.2 Fehlervermeidung (Jidoka-Prinzip und Poka Yoke)

Tritt ein Problem in der Produktion auf, welches nicht durch den Werker direkt behoben werden kann, wird die Produktionslinie nach dem Jidoka-Prinzip (jap.: autonome Automation) gestoppt. Die Weitergabe defekter Teile entlang der Linie wird so verhindert. Das Auffinden der Ursache und das Informieren aller betroffenen Mitarbeiter über diese bildet die Grundlage für die Vermeidung von Wiederholungsfehlern.

Als präventives Element beschreibt Poka Yoke (jap.: Fehlervermeidung) den konsequenten Einsatz einfacher Vorkehrungen und Einrichtungen in Prozessen oder Produkten, mit denen Produktfehler durch zufällige Fehlhandlungen vermieden werden. In Kombination mit einer systematischen Fehlerquelleninspektion können so wirksam Fehlerwiederholungen ausgeschlossen werden. Die Entwicklung der Einrichtungen wird durch den Einsatz eines betrieblichen Vorschlagswesens oder von Qualitätszirkeln gefördert. [SHIN86, BICH08] Als Beispiel für eine konstruktive Poka-Yoke-Maßnahme kann die Gestaltung des „SCART-Steckers“ genannt werden. Die spezielle, asymmetrische Form des Steckers verhindert hierbei ein funktionsschädigendes, falsches Einstecken des Steckers, beispielsweise an einem Fernsehgerät.

4.1.3 Umfassende Produktivitätskontrolle

Das TPS bietet verschiedene Ansätze, die kontinuierlichen, von Produktionsmitarbeitern durchgeführten Verbesserungen systematisch zu unterstützen. Hierzu gehört u. a. die „5-W-Methode“, bei der durch wiederholtes Hinterfragen von Störungen in vielen Fällen die Störungsursache gefunden werden kann („5 mal Warum“ fragen).

Ein weiteres wesentliches Element bildet die Total Productive Maintenance (TPM), welches in den 50er/60er Jahren umgesetzt wurde. Das primäre Ziel von TPM ist die kontinuierliche Erhöhung der Effizienz von Produktionseinrichtungen mithilfe optimierter Instandhaltungssysteme. Hierbei wird den Mitarbeitern die Verantwortung für die Maschinen in ihren Aufgabenbereichen übertragen [IMAI92, ROIS99].

Die Optimierung von Instandhaltungssystemen erfolgt in drei Schritten. Zuerst wird mithilfe einer Analyse das höchste benötigte Leistungs- und Verfügbarkeitsniveau ermittelt. Im zweiten Schritt werden Wartungs- und Reinigungskonzepte entwickelt, mit denen das geplante Niveau erreicht und gehalten wird. Im dritten Schritt werden geeignete neue Anlagen beschafft, sofern dies zum Erreichen der Ziele notwendig ist. Störungen in Prozessabläufen können so verringert werden [MATY97, HART95].

4.2 Lean Management

Mit dem Aufgreifen der beschriebenen japanischen Ansätze in amerikanischen Studien (siehe Kapitel 2.2.5) wurde der Begriff Lean Production geprägt. „Lean“ bedeutet hierbei verschwendungsfrei. Der Betrachtungsbereich geht jedoch über die Produktion hinaus und umfasst das ganze Unternehmen. Die Anwendung des „Lean-Gedankens“ ist daher sowohl in Produktions-, als auch in Dienstleistungsbereichen möglich. Der Begriff „Lean“ wird heute mit vielen anderen Substantiven zu Begriffen wie „Lean Selling“, „Lean Innovation“ oder „Lean Development“ kombiniert, die oft unter dem Begriff „Lean Management“ zusammengefasst werden [ZINK04, WERN98].

Der Lean Management-Ansatz dient als Konzeption für die Optimierung sämtlicher Geschäftsprozessketten, mit der die Schaffung eines verschwendungsarmen Unternehmens angestrebt wird. Als minimale Dauer der Umsetzung der zugrunde liegenden Organisationsprinzipien wird ein Zeitraum von fünf Jahren angesehen [WOMA96].

Grundprinzip ist die Vermeidung sämtlicher Arten von Verschwendung. Die Basis hierfür sind die Erkenntnisse und Ansätze bezüglich der Arten der Verschwendung von T. Ohno im Rahmen des TPS. Die Schritte zur Erreichung einer „Lean Production" werden in Abbildung 4-7 dargestellt. Der Ausgangspunkt von Verbesserungen stellt im „Lean Thinking" immer die Definition des „Wertes" (*Value*) aus Sicht des Endverbrauchers bzw. des Kunden dar. Der „Wert" im Verständnis des „Lean Thinking" ist hierbei ein Produkt, eine Dienstleistung bzw. ein Bündel, welches den Bedarf des Kunden zu einem bestimmten Preis zufrieden stellt [WOMA96]; denn die Bereitstellung der „falschen" Güter - seien sie noch so effizient gefertigt - ist im Kern auch Verschwendung.

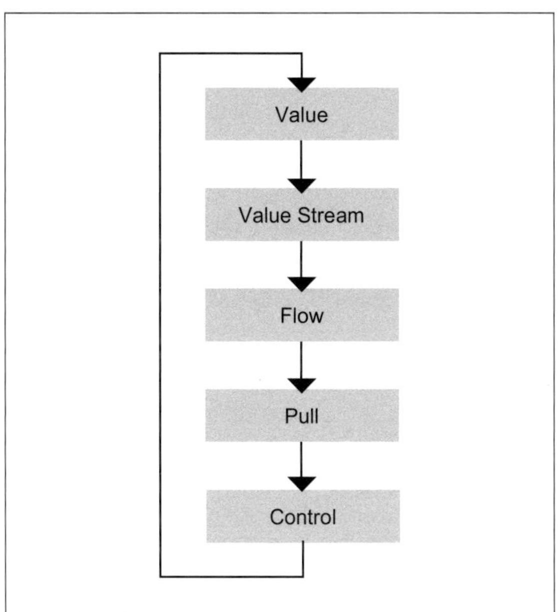

Abbildung 4-7 Gestaltungsansatz für die schlanke Produktion [WOMA96]

Die Identifikation des Wertschöpfungsstroms (oder häufig kürzer „Wertstrom" oder im Englischen „Value Stream" genannt) für jedes Produkt ist der nächste Schritt. In diesem Schritt ist das Hauptziel, Verschwendung aufzudecken. Hierzu wird zwischen Nutzleistung (= Wertschöpfung), Scheinleistung (gegenwärtig notwendig, aber nicht wertschöpfend) und Blindleistung (vermeidbar und nicht wertschöpfend) differenziert. Die wertschöpfenden Prozesse werden im zweiten Schritt zu einer logischen Kette verknüpft. Hierbei wird analysiert, inwiefern Scheinleistung eliminiert und die Entstehung von Blindleistung vermieden werden kann.

Ist der Wertstrom vollständig aufgezeichnet und Blindleistung soweit möglich eliminiert, erfolgt der Übergang zum dritten Schritt. Ziel des dritten Schrittes ist die Schaffung eines kontinuierlichen Flusses (*Flow*) bei kleinen Losgrößen. Dieser kontinuierliche Fluss wird idealerweise unternehmensübergreifend, die gesamte Wertschöpfungskette umfassend, realisiert. Hierdurch werden Durchlaufzeiten durch Vermeidung von Wartezeiten und in Konsequenz Bestände reduziert. Dies wird durch die Abkehr von großen Losen und der hiermit einhergehenden „Stapelverarbeitung" angestrebt. Ein weiteres Resultat ist die Senkung von Lagerbeständen zwischen Prozessschritten und damit die Minimierung der Kapitalbindung, was sich in niedrigeren Prozesskosten widerspiegelt. Voraussetzung für ein solches Vorgehen sind jedoch die Umsetzung kurzer Rüstzeiten und aufeinander abgestimmte Maschinenkapazitäten. Daher finden in diesem Schritt Methoden zur Reduzierung der internen Rüstzeit wie z. B. die von Toyota entwickelte Methodik „Single Minute Exchange of Die" (SMED) oder das „Value Stream Mapping (VSM)" (zu Deutsch: *Wertstromdesign*) Anwendung. Das Wertstromdesign stellt eine einfache, auf Symbolen beruhende Methodik dar, welche die Erfassung des wertschöpfenden

Prozesses und seiner Verkettung zu einem Wertstrom unterstützt. Bestände, Kapazitätsüberhänge oder -lücken sowie die Formen der Bereitstellung von Produkten und Halbzeugen können so strukturiert erfasst und analysiert werden (siehe Toolbox, Kapitel 11.31).

Im vierten Schritt wird sichergestellt, dass nur Leistungen erbracht werden, für die ein Auftrag bzw. eine Bestellung existiert. Das heißt, ein Produkt wird erst in dem Moment produziert, in dem es vom Kunden abgerufen wird (*Pull*). Die Fähigkeit, nach dem Pull-Prinzip zu produzieren, wird unter anderem dadurch ermöglicht, dass zuvor signifikant verkürzte Durchlaufzeiten erreicht wurden. Durch die Umsetzung des Pull-Prinzips wird vor allem Verschwendung durch Überproduktion vermieden, aber auch die schnelle Bereitstellung von Gütern selbst kann ein Qualitätsmerkmal darstellen.

Durch die ständige Wiederholung dieser Schritte werden weitere Verbesserungsmaßnahmen getroffen und die Prozessketten so kontinuierlich verbessert (*Perfection*). So werden iterativ Verbesserungspotentiale identifiziert und realisiert.

Tabelle 4-3 Elemente des Lean Managements

	LEAN MANAGEMENT
Grundsätzliche Strategien:	Kaizen bzw. Total Quality Management (je nach Darstellung)
Beschaffung	„Unternehmen als Familie" im Sinne des TQM: Übertragung von Verantwortung und Vermittlung eines Zugehörigkeitsgefühls bei Mitarbeitern und Systemlieferanten; gegenseitige Verpflichtung zur gemeinsamen Leistungssteigerung und fairem Austausch von Informationen und Gütern [BÖSE95]
Produktion	Orientierung an den Prinzipien des Toyota Produktionssystems
Entwicklung	Simultaneous Engineering in interdisziplinären Teams zur Reduzierung von Entwicklungszeiten [BÖSE95, BRUN08]
Absatz	Proaktives Marketing, wobei Kundenforderungen frühzeitig in den Entwicklungsprozess eingebunden werden; Bindung durch vertrauensvolle Zusammenarbeit [STEF08]
Finanzen	Strategischer Kapitaleinsatz, gezielte Reinvestition in strategisch relevante Handlungsfelder [BÖSE95]
Organisatorische Voraussetzungen:	Flache Hierarchieebenen, mit hoher horizontaler und vertikaler Integration (Verknüpfung von Abteilungen) [DAUM93, TRAE94]
Projekt-organisation:	In Anlehnung an Kaizen
PM-Ansätze:	Deming-Zyklus (vgl. TQC)
Gestaltungsansätze:	Ansätze für die schlanke Organisation [WOMA96]
Methoden:	In Anlehnung an das TPS
Qualifizierung:	Einarbeitung und Weiterbildung wird gruppenintern organisiert und durch Jobrotation gefördert [BÖSE95, TRAE94]

Dieses Prinzip ist dem Lean Management mit Kaizen gemein.

Es existieren keine einheitlichen Aussagen darüber, welche Elemente und Konzepte unter Lean Management zu subsumieren sind [WERN98]. Problematisch ist, dass Strategien und komplexe, umfassende Managementkonzepte wie TQM oder Kaizen als Bestandteile von Lean Management angesehen werden [SCHM05]. Bei der Einführung von Lean Management besteht daher in noch höherem Maße als bei Six Sigma die Gefahr, dass bereits bestehende Ansätze und Werkzeuge unter anderem Namen erneut Gegenstand einer Implementierung sind. Zur Abgrenzung ist ein Strukturierungsansatz in Tabelle 4-3 dargestellt.

Die weltweiten Erfolge von Kaizen, TPS- bzw. Lean-Prinzipien (Kanban, Jidoka, Poka Yoke etc.) sprechen für die Konzepte. Bei einer konzeptionellen Integration ist allerdings zu berücksichtigen, dass beispielsweise die differenzierten Bottom-Up-Ansätze des kontinuierlichen Verbesserungsmanagements für die japanische Kultur entworfen wurden. In dieser besteht von Natur aus eine stärkere Bindung der Mitarbeiter an ihr Unternehmen als in Deutschland. Die Eignung für deutsche Unternehmen muss daher vor dem Hintergrund der unterschiedlichen Kulturen in Asien und Europa hinterfragt werden. Hierin ist auch der Hauptnutzen aktueller Entwicklungen zum Thema Lean Management zu sehen.

Entscheidend für eine erfolgreiche Praxis-Umsetzung ist eine kritische Prüfung des Mehrwertes gegenüber in Unternehmen etablierten Praktiken des Veränderungs- und Verbesserungsmanagements. Erforderlich ist somit eine Abstimmung mit weiteren etablierten Konzepten wie TQM-Umsetzungsprogrammen oder Six Sigma, die in vielen Fällen Grundprinzipien der japanischen Ansätze übernommen haben.

4.3 Six Sigma

Bekannt geworden ist Six Sigma in Europa vor allem durch Jack Welch, der es seit 1995 als CEO bei General Electric als umfassendes Managementprogramm mit hohem wirtschaftlichem Nutzen eingeführt hat und damit den Grundstein des Erfolges von Six Sigma legte.

Ursprünglich entwickelt wurde Six Sigma jedoch von Motorola im Jahr 1986 als Instrument zur Messung von Fehlern. In diesem Zusammenhang war „Six Sigma“ als ein Maß für die Qualität bei Motorola im Rahmen einer Verbesserungsinitiative herangezogen worden. In dieser Betrachtung wurde das langfristige „Six-Sigma-Niveau“ mit 3,4 Fehler pro einer Millionen Fehlermöglichkeiten (defects per one million opportunities, DPMO) festgelegt. Diese Zielmarke wurde im Rahmen der Verbesserungsinitiative für eine Verbesserung der Qualität um das 10-fache innerhalb von 5 Jahren verwendet. So wurde aus der Forderung einer „maximalen“ Qualität – beinahe willkürlich verkörpert durch das Maß „Six Sigma“ – Schritt für Schritt eine Methodik bzw. ein Managementkonzept für Verbesserungsprojekte. Hierzu wurde Six Sigma kontinuierlich zu einem Konzept entwickelt, welches die Organisation auf die Grundprinzipien, Ausrichtung an den Kundenforderungen, angepasste Prozesse, streng analytische Vorgehensweisen und zeitnahe Umsetzung von Verbesserungen, ausrichtet. Ursprünglich entwickelt für die Anwendung in Produktionsprozessen werden Six-Sigma-Ansätze inzwischen umfassend in allen Geschäftsprozessen und Unternehmensbereichen angewandt und dienen so der Verbesserung von Entwicklungs-, Produktions-, Unterstützungs- und Managementprozessen [HARR05].

Ziel bei der Durchführung von Six-Sigma-Projekten ist die Erhöhung der Qualität in allen relevanten Prozessen durch konsequente Verringerung von Abweichungen und Fehlern, um so einen nachweisbaren monetären Nutzen in einem überschaubaren Zeitraum zu erzielen. Six Sigma leistet somit einen wichtigen Beitrag zur Lösung von Konflikten zwischen den Faktoren Qualität, Kosten und Zeit (Abbildung 4-8). Durch konsequente Orientierung an der „Stimme des Kunden" und der Reduktion von Produkt- und Prozessstreuungen werden Fehler bei funktionalen Produktanforderungen erfasst und abgestellt. Probleme bei der vom Kunden wahrgenommenen „Qualität" sowie Verschwendungen durch Prozessfehler („Kosten" und „Zeit") sind ebenso oft im Fokus von klassischen Six-Sigma-Projekten.

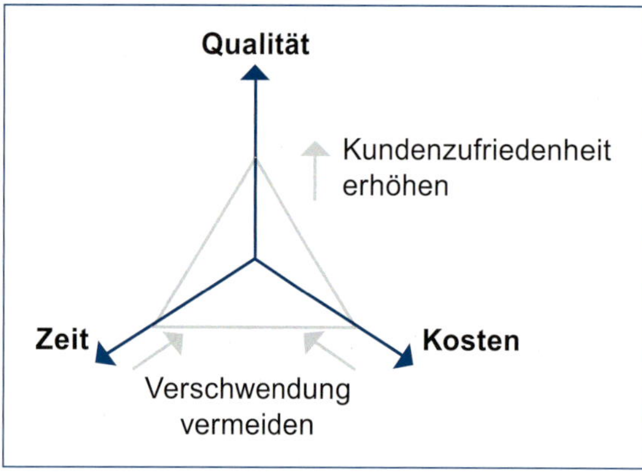

Abbildung 4-8 Six-Sigma-Strategie

Ausgehend von den oben genannten Hintergründen stellen die folgenden Prinzipien von Six Sigma einen wesentlichen Erfolgsfaktor dar (Abbildung 4-9):

- Schaffung einer **Organisation** mit qualifizierten Mitarbeitern zur konsequenten Projektverfolgung
- Systematisches, kundenorientiertes **Projektmanagement**
- **Werkzeuge** zur Ermittlung effizienter Lösungswege
- **Bewertungsmaßstäbe** zur Unterstützung strategischer und operativer Entscheidungen auf Basis von Zahlen, Daten und Fakten

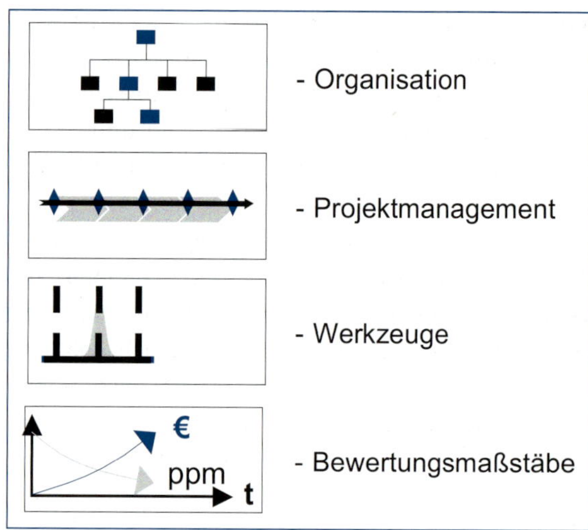

Abbildung 4-9 Prinzipien von Six Sigma

4.3.1 Organisation

Die Voraussetzung einer erfolgreichen Implementierung von Verbesserungen ist das Zusammentreffen von drei Faktoren. Neben einem definierten Zielzustand („sollen") und den notwendigen Fähigkeiten („können") muss ein Veränderungsprozess auf allen Unternehmensebenen auch „gewollt" sein, damit ein durchgängiges Problembewusstsein für die resultierenden Aufgaben entsteht.

Grundsätzlich gelten für ein Six-Sigma-Projekt die gleichen Regeln, Vorgehensweisen und Erfolgskriterien wie für jedes andere Veränderungsvorhaben auch. Darüber hinaus bietet Six Sigma ein spezifisches Konzept für die organisatorische Einbindung von Rollen und Verantwortlichkeiten für die Problemlösung. Dieses ist auf die konsequente Durchführung von Verbesserungsprojekten in Unternehmen ausgerichtet (Abbildung 4-10) [HARR05, PAND08, TÖPF07a].

Das Management legt die strategischen Ziele fest, welche durch Six Sigma erreicht werden sollen. Anhand des erwarteten Beitrages zu den strategischen Zielen werden Projekte priorisiert und ausgewählt. Des Weiteren sind die notwendigen finanziellen und personellen Ressourcen zur Verfügung zu stellen.

Im Rahmen von Six Sigma werden diese Aufgaben der Rolle eines „Champions“ oder „Sponsors“ zugewiesen. Wichtig ist, dass der Sponsor des Programms hierarchisch über allen Involvierten angesiedelt ist, um bei Zielkonflikten im Rahmen der Umsetzung neutrale Entscheidungen treffen zu können.

Seniorprojektleiter, sogenannte „Master-Black-Belts“, unterstützen das Management vor allem bei der Identifikation, Auswahl und Bewertung von Verbesserungsprojekten. Sie koordinieren die Qualifizierung von Mitarbeitern, welche die Projekte in den operativen Bereichen durchführen. Weiterhin unterstützen sie Projektleiter gezielt bei komplexen oder abteilungsübergreifenden Fragestellungen. Sie bilden damit eine wichtige Schnittstelle zwischen der Management- und operativen Ebene im Unternehmen.

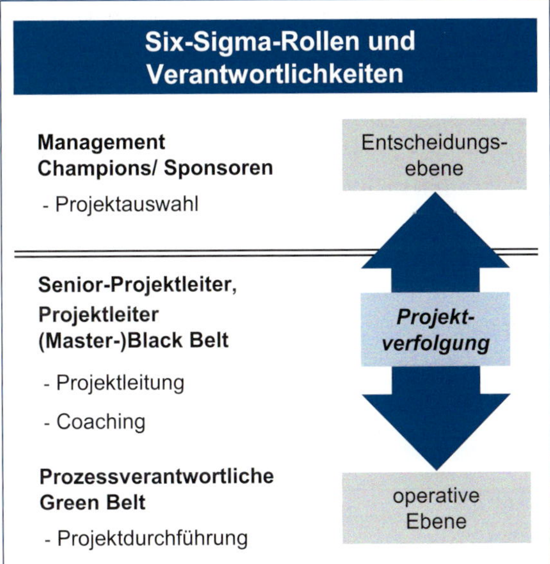

Abbildung 4-10 Six-Sigma-Rollen und -Verantwortlichkeiten

Projektleiter, d.h. „Black-Belts“, geben das methodische Vorgehen im Projekt vor und qualifizieren Teammitglieder bei gezielten Fragestellungen (die Teammitglieder verfügen in der Regel über eine „Six-Sigma-Grundausbildung“). Black-Belts müssen somit über ein großes Know-how an Six Sigma-relevanten Methoden und Techniken verfügen.

Prozessverantwortliche bzw. Teammitglieder („Green-Belts“) arbeiten in der Regel neben ihren operativen Tätigkeiten in Verbesserungsprojekten mit, welche die Optimierung von Prozessen in ihren Tätigkeitsfeldern betreffen. Als Prozessverantwortliche sind sie für die Umsetzung prozessbezogener Ziele und Maßnahmen in Projekten verantwortlich.

Zum Teil existieren weitere Rollendifferenzierungen in „Yellow-Belts“ oder „White-Belts“. Diese werden in begrenztem Umfang in die Projekte eingebunden, sofern diese ihre Aufgabenbereiche betreffen.

Die Rollendifferenzierung von Six Sigma in verschiedene „Belt-Grade“ bildet eine hierarchische Organisationsstruktur für Verbesserungsprojekte. Durch die Implementierung der Rollen und Verantwortlichkeiten über alle Unternehmensebenen hinweg wird eine konsequente Verfolgung der Projektziele sichergestellt. Das hiermit verbundene Führungskonzept ist als Top-Down-Ansatz zu verstehen, wobei die Ziele von der strategischen Ebene auf die operative Ebene abgeleitet werden. Zur Maximierung der Effektivität von Six Sigma muss allerdings abgewogen werden, in welchem Umfang bestehende Vorgehensweisen zur Zielbestimmung (z.B. betriebliches Vorschlagswesen oder Produkt- und Prozessaudits) „Bottom-Up“ in die Zieldefinition eingebunden werden sollen [SCHM05]. Bei einer Implementierung ist ebenso zu berücksichtigen, dass die Gefahr einer „Parallelorganisation“ für Verbesserungsprojekte besteht. Die verschiedenen Möglichkeiten zur Einbindung der Six-Sigma-Rollen in bestehende Strukturen sind daher zu betrachten.

Bei der Vergabe der Projektleitung und -verantwortung sind verschiedene Varianten möglich: Oft werden diese Aufgaben Black-Belts zugeordnet [HARR05, PAND08]. Erfahrungen deutscher Unternehmen zeigen aber, dass eine Verankerung bei den Prozessverantwortlichen aufgrund einer besseren operativen Einbindung vorteilhaft sein kann [SCHM05]. Es ist daher unternehmensspezifisch zu entscheiden, wie Projektleiter optimal in die Organisation eingebunden werden. In der Praxis verfügen viele Unternehmen sowohl über freigestellte Black-Belts als Projektleiter, die ausschließlich Six Sigma-relevante Aufgaben wahrnehmen, als auch über eingebundene Projektleiter, die sich in Six-Sigma-Projekten ergänzend zu ihren Kernaufgaben engagieren.

A

4.3.2 Projektmanagement – DMAIC-Zyklus

Für die Projektdurchführung bietet Six Sigma Projektmanagementansätze, die an den sogenannten Deming-Zyklus angelehnt sind (siehe Kapitel 2.2.4) [PYZD02, ROIS99].

Die Ansätze spiegeln drei Faktoren erfolgreicher Projektarbeit wider:

- Die Projektziele sind an allen internen und externen „Kunden" der Prozesse auszurichten.
- Die Ansätze müssen strukturiert genug sein, um eine systematische Projektarbeit zu gewährleisten.
- Die betrachteten Probleme müssen durch das Vorgehen nachhaltig gelöst werden.

Für die Verbesserung von bestehenden Prozessen wird bei Six Sigma der DMAIC-Zyklus (Define, Measure, Analyse, Improve, Control) angewendet. DMAIC ist hierbei das Akronym der einzelnen Projektphasen, die in einem Six-Sigma-Projekt durchlaufen werden (Abbildung 4-11).
Für Entwicklungsprojekte wurden ergänzende Ansätze entwickelt, da sich die Aufgaben in den einzelnen Projektphasen von denen in Verbesserungsprojekten unterscheiden. Man spricht in diesem Zusammenhang auch von Design for Six Sigma bzw. DfSS (siehe Kapitel 4.4) [SCHM14a]. Der DIDOV-Ansatz (Define, Identify, Design, Optimize, Verify) ist ein verbreitetes Phasenmodell, welches auch im VDA-Referenzband 4 genutzt wird. (Abbildung 4-12) [VDA11].

4.3.2.1 Define

In der Define-Phase werden Projektziele, Projektteams, der geplante monetäre Nutzen und die Laufzeit der Projekte definiert. Projekte sollten spätestens nach einem halben Jahr abgeschlossen sein, um eine konsequente Durchführung zu gewährleisten. Die Forderungen an die Prozessqualität werden aus den internen und externen Kundenforderungen ermittelt. Hierzu können verschiedene Methoden eingesetzt werden wie beispielsweise Elemente des Quality Function Deployment (siehe Toolbox,

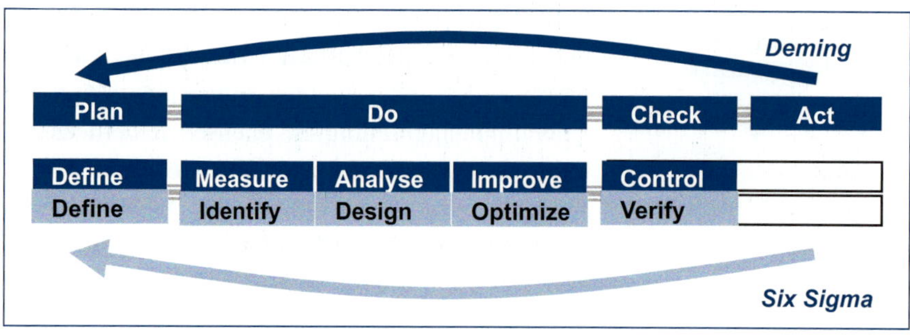

Abbildung 4-11 Projektmanagementansätze von Six Sigma – DMAIC und DIDOV Zyklus

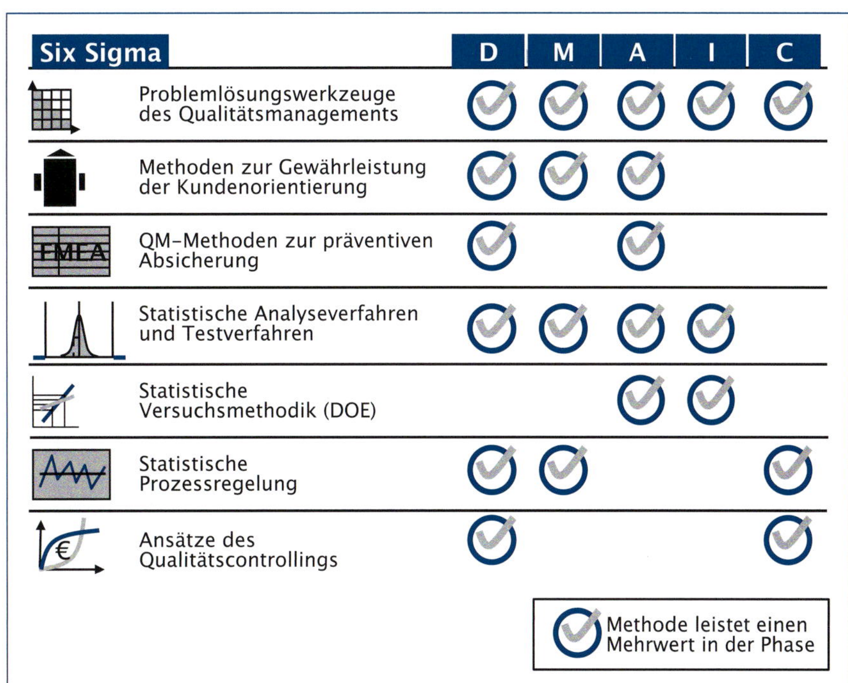

Abbildung 4-12
Six-Sigma-Methoden und -Gestaltungsansätze

Kapitel 11.22) (z. B. „Voice of the Customer" (VoC)) oder die antizipative Kundenbedarfsanalyse.

Als Instrument zur Ermittlung der zu betrachtenden Prozesse und der potenziellen Projektteilnehmer wird die sogenannte SIPOC-Analyse („Supplier, Input, Process, Output, Customer") eingesetzt. Diese Vorgehensweise stellt sicher, dass die Forderungen der Kunden, d. h. die Erwartungen aller Interessenten der Projektergebnisse, berücksichtigt werden (siehe Toolbox, Kapitel 11.24) [HAMM02].

4.3.2.2 Measure

In der Measure-Phase werden alle relevanten Merkmale der Prozessqualität und ihre Einflussgrößen bestimmt und gemessen. Die Merkmale (CTQ, Critical to Quality) identifizieren wesentliche Fehlermöglichkeiten bei der Erstellung der Produkte und Leistungen. Mithilfe der Methodik des CTQ-Flowdown (siehe Toolbox, Kapitel 11.8) werden aus den Kundenforderungen die Einflussgrößen auf die Prozessqualität (Prozessstellgrößen oder CTP, Critical to Process) abgeleitet. Sie zeigen die möglichen Ursachen für Prozessfehler auf. Das Verbesserungspotenzial kann nun durch Messung dieser Größen und ihrem Vergleich mit dem definierten Soll-Zustand ermittelt werden.

4.3.2.3 Analyse

In der Analyse-Phase werden die gemessenen Daten ausgewertet und analysiert, wodurch das Problem und dessen Ursachen charakterisiert werden. In dieser Phase kann auf vielfältige Methoden zurückgegriffen werden. Je nach Art und Ausprägung des Problems wird z. B. auf Basiswerkzeuge des Qualitätsmanagements (siehe Toolbox, Kapitel 11.2) oder auf statistische Methoden wie die Statistische Versuchsmethodik (SVM) zurückgegriffen (siehe Toolbox, Kapitel 11.25). Insbesondere der Einsatz statistischer Werkzeuge ist für Six Sigma kennzeichnend.

4.3.2.4 *Improve*

In der Improve-Phase werden durch Optimierung von Prozessstellgrößen Lösungen erarbeitet, die gegen Störgrößen robuste und beherrschte Prozesse ermöglichen. Ziel ist ein Produkt- bzw. Prozessdesign, welches die Kundenforderungen möglichst optimal erfüllt. Zur Lösungsfindung werden gezielt unterschiedliche Kreativitätstechniken eingesetzt, wie etwa der Morphologische Kasten oder die Methode 6-3-5 (siehe Toolbox, Kapitel 11.2).

4.3.2.5 *Control*

In der Control-Phase wird überwacht, ob die Prozessergebnisse dauerhaft erreicht werden, denn nur dann kann von einer nachhaltigen Zielerreichung ausgegangen werden. Bei der Entwicklung von neuen oder der Modifizierung von bestehenden Produkten kann eine endgültige Verifizierung der Ergebnisse oft erst nach einer erheblichen zeitlichen Verzögerung erfolgen; beispielsweise erst nach der Markteinführung [TENN02, SCHU02]. Der am Ende der Design-Phase prognostizierte Projekterfolg wird in der Control-Phase verifiziert. Wird der Erfolg der Maßnahmen bestätigt, ist mit der Dokumentation von relevanten Projektdaten und Ergebnissen sicherzustellen, dass die Informationen als Basis für weitere Verbesserungsprojekte zur Verfügung stehen.

4.3.2.6 *Nutzen und Grenzen des DMAIC-Ansatzes*

Die Six-Sigma-Projektmanagementansätze unterstützen eine erfolgreiche Projektarbeit und werden den beschriebenen Erfolgsfaktoren gerecht. Sie zeigen allerdings kein systematisches Vorgehen auf, wie aus den strategischen Unternehmenszielen operative Projektziele abgeleitet werden und umfangreiche Fragestellungen in zeitlich begrenzten Projekten beherrschbar gemacht werden.

4.3.3 Werkzeuge

Die beschriebenen Projektmanagementansätze zeigen ein generelles Vorgehen für eine systematische Problemlösung auf. Darüber hinaus sind die Erfassung von notwendigen, monetären und nichtmonetären Prozessdaten und die Findung spezifischer Wege der Problemlösung wesentlich.

Eine besondere Herausforderung besteht in der konsequenten Auswahl und Bewertung von Projekten auf Basis von Zahlen, Daten und Fakten, um den tatsächlichen wirtschaftlichen Nutzen zu kalkulieren [TÖPF07]. Der Erfolg von Six Sigma hängt entscheidend davon ab, ob das damit verbundene unternehmerische Engagement durch wirtschaftliche Erfolge motiviert werden kann [SCHM05].

Im Rahmen von Six Sigma werden daher verschiedene Methoden und Werkzeuge in den einzelnen Projektphasen angewendet. Hierbei handelt es sich um Methoden und Techniken des Qualitätsmanagements, Ansätze aus der Statistik und des Qualitätscontrollings. Sie werden ihrem Zweck sowie ihrer Herkunft nach gegliedert dargestellt (Abbildung 4-12, zur Erläuterung der Methoden siehe Toolbox, Kapitel 11).

1. Bei den *Problemlösewerkzeugen* des Qualitätsmanagements (auch „Q7“ bzw. „M7“) handelt es sich um Werkzeuge zur Kommunikation und Visualisierung von Problemen sowie zur Unterstützung von Problemlösungsprozessen. Der große Vorteil dieses „Methodenbündels“ ist die generelle und einfache Anwendbarkeit (siehe Toolbox, Kapitel 11.2).
2. Methoden zur *Gewährleistung der Kundenorientierung*, z.B. Benchmarking oder Quality Function Deployment, dienen der Ermittlung

der Forderungen an Produkte und der Identifizierung kritischer Qualitätsmerkmale bereits in den frühen Entwicklungsphasen. Hierzu zählen auch ausgewählte Werkzeuge aus dem Bereich Perceived Quality bzw. Engineer-to-Value (siehe Kapitel 5, Kapitel 11.22).

3. Qualitätsmanagement-Methoden zur *präventiven Absicherung* in den frühen Phasen der Entwicklung von Produkten und Prozessen wie etwa die FMEA (siehe Toolbox, Kapitel 11.12).
4. *Statistische Analyse- und Testverfahren* unterstützen die Analyse von Prozessen auf Basis von Stichproben. Mit ihnen werden Prozessmodelle gebildet, Probleme charakterisiert (z.B. Mittelwertabweichungen und Streuungen bzw. Ermittlung des Sigma-Niveaus) und die Signifikanz von Einflussgrößen auf die Prozessergebnisse bestimmt.
5. Die *Statistische Versuchsmethodik* unterstützt die Planung und Auswertung von Versuchen zur Optimierung von Zielgrößen oder zur robusteren Gestaltung von Prozessen (siehe Toolbox, Kapitel 11.25).
6. Die *Statistische Prozessregelung* bzw. Statistical Process Control (SPC) ermöglicht die Kontrolle und ggf. ein „Nachregeln" von Prozessen durch Regelkarten.
7. Ansätze des *Qualitätscontrollings* unterstützen die Projektauswahl, -definition, und -kontrolle, zum Beispiel durch die Ermittlung und Differenzierung qualitätsbezogener Kosten. Weiterhin unterstützen Kennzahlensysteme, z.B. „Projekt-Scorecards", die kontinuierliche Überwachung des Projektfortschritts.

4.3.4 Bewertungsmaßstäbe

Die grundlegende Kenngröße zur Beurteilung der Prozessleistung im Rahmen von Six Sigma ist die Messung der „defects per one million opportunities" (dpmo), also die Anzahl der Fehler pro eine Million Fehlermöglichkeiten. Verkörpert wird die Leistung bei dieser Betrachtung durch die Wahrscheinlichkeit, mit der ein Merkmal innerhalb seiner Spezifikationsgrenzen bleibt, d.h. mit welcher Wahrscheinlichkeit die Produkt- oder Prozessmerkmale (z.B. geometrische Maße oder Durchlaufzeiten) an sie gestellte Forderungen erfüllen.

Bei diskreten Merkmalen wird die Erfüllung attributiv (i.O. oder n.I.O.) gemessen, hier gilt der einfache Zusammenhang:

$$dpmo = \frac{\sum defects}{\sum opportunities} \cdot 1000000$$

Gibt es mehrere Merkmale bezüglich eines Produktes oder eines Prozesses, kann der dpmo-Wert durch Ermittlung des Durchschnitts der einzelnen dpmo-Werte konsolidiert werden:

$$dpmo_{konsolidiert} = \frac{dpmo_{Merkmal\ 1} + \ldots + dpmo_{Merkmal\ n}}{n}$$

Zur Berechnung eines dpmo Wertes wird ein gewisser Umfang an Messungen empfohlen, um die statistische Aussagekraft sicherzustellen. In der Literatur werden hierfür 300 Messungen für diskrete Merkmale (Hintergrund ist die Annahme einer Poissonverteilung) und 20–25 für kontinuierliche Merkmale empfohlen. Die Poissonverteilung basiert dabei auf einer zufälligen Verteilung von Ereignissen. Man sagt X ist poissonverteilt mit dem Parameter m. Geschrieben: X ist Po(m). Für große Stichprobengrößen und geringe Fehleranzahl gilt der Zusammenhang m=p x n. Hierbei ist m eine Konstante, die aus der Stichprobengröße n und der Fehlerquote p errechnet werden kann [MAGN04]. Für kontinuierliche Merkmale sind Berechnungen auf Basis der ermittelten Standardabweichung und des Mittelwertes durchzuführen, ebenso ist zwischen kurzfristigen und langfristigen Daten bei der Berechnung zu unterscheiden.

Aus der Kenngröße dpmo kann das namensgebende Sigma-Niveau (Abbildung 4-13) z. B. unter Anwendung von Konversionstabellen abgeleitet werden. Bei einem Niveau von sechs Sigma – also „Six Sigma" – entspricht dies einer Fehlerwahrscheinlichkeit von 3,4 dpmo („defects per one million opportunities") [HARR05].

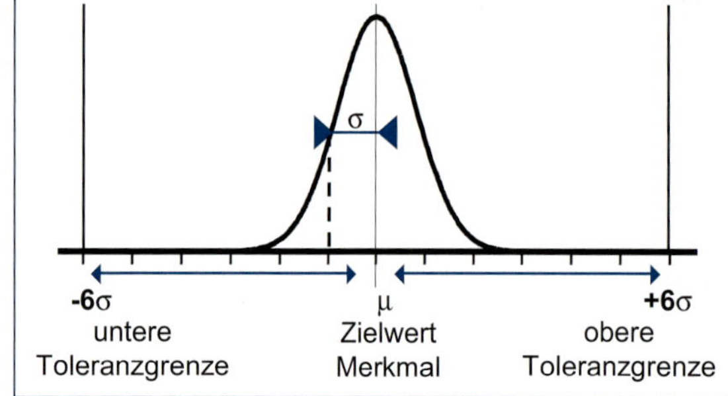

Abbildung 4-13 Standardnormalverteilung

An dieser Stelle tritt oftmals Verwirrung auf, denn unter Anwendung der Standardnormalverteilung entsprechen 6σ einem Wert von $9{,}9 \times 10^{-10}$, also 0,00099 dpmo und nicht den erwarteten 3,4 dpmo. Dies liegt in der Annahme begründet, dass 3,4 dpmo den Wert für eine langfristige Prozessleistung darstellen. Diese langfristige Prozessleistung erfährt empirischen Beobachtungen zufolge aufgrund von Einflüssen im Laufe der Zeit eine Mittelwertverschiebung um 1,5 σ (Abbildung 4-14) [MAGN04]. Dies wird im Rahmen von Six Sigma akzeptiert und entsprechend berücksichtigt. Hieraus folgt, dass der Wert der Standardnormalverteilung für 4,5 σ mit $3{,}4 \times 10^{-6}$ bzw. 3,4 dpmo dem Six Sigma-Niveau entspricht.

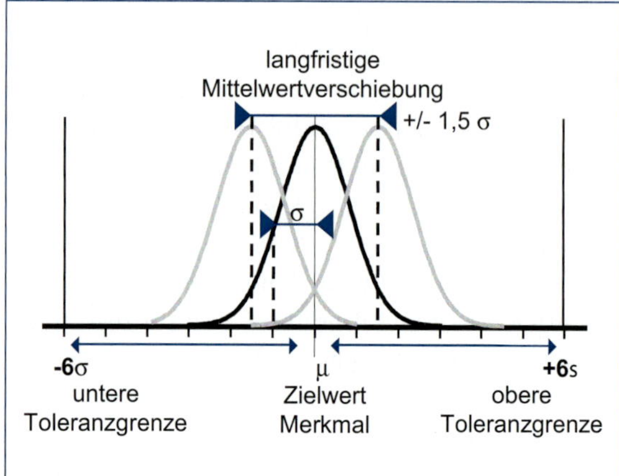

Abbildung 4-14 Mittelwertverschiebung der Messgröße um 1,5 Sigma

Der Vorteil des Sigma-Niveaus ist die Verfügbarkeit eines Standardbewertungsmaßstabes für die Qualität sämtlicher Unternehmensprozesse. Durch den Einbezug der Anzahl der Fehlermöglichkeiten lassen sich so auch Prozesse unterschiedlicher Komplexität vergleichen. Neben der Variation von Produkt- und Prozessparametern kann zudem die Qualität von Dienstleistungsprozessen bewertet werden, indem beispielsweise die Streuung von Lieferzeiten ermittelt und mit den Kundenforderungen abgeglichen wird.

Problematisch ist allerdings, dass die Bedeutung einzelner Fehler und ihre Wirkung auf die Produkt- bzw. Prozessqualität nicht berücksichtigt werden. Ebenfalls können nicht alle Prozesse durch die Gaußsche Normalverteilung modelliert werden. In diesem Fall gestaltet sich die Ermittlung eines Sigma-Niveaus als schwieriger oder unmöglich, falls die Stichprobe auch durch keine andere mathematische Verteilungsform beschrieben werden kann. Zur Bewertung der Prozessqualität werden daher ergänzende, individuelle Bewertungsmaßstäbe benötigt, die mit einem vertretbaren Aufwand anwendbar sind [SCHM05].

4.3.5 Zwischenfazit

Eine Stärke von Six Sigma ist in der zusammenhängenden Anwendung des Methodenspektrums zu sehen. Da in den Six-Sigma-Projektphasen alternative Methoden zur Verfügung stehen, ist es bei einem begrenzten Projektanspruch oft ausreichend, nur einen Teil der Methoden zu beherrschen. Eine fundierte Bestimmung des monetären Nutzens ist jedoch durch die Einbindung geeigneter Fachabteilungen (z. B. das Controlling) sicherzustellen.

Bei speziellen Problemstellungen können trotz der strukturierten Vorgabe von Methoden Schwierigkeiten bestehen, eine optimale bzw. effiziente Methodenkombination auszuwählen. Eng verbunden mit der Bestimmung der notwendigen Methodenkompetenz ist daher die Frage, in welchem Umfang Mitarbeiter qualifiziert werden müssen, um die Erarbeitung nachhaltiger Problemlösungen sicherzustellen. Als „Faustformel" geht man davon aus, dass in einem Unternehmen 1 bis 2% der Mitarbeiter als Black-Belts und ca. 10% als Six-Sigma-Akteure geschult sein sollten, um die Six-Sigma-Initiativen durchsetzen zu können. Da die Kosten für eine Black-Belt-Ausbildung bei € 10.000 bis € 25.000 liegen [TÖPF07c], ist der Nutzen der Mitarbeiterqualifizierung unbedingt sicherzustellen.

Six Sigma besticht durch die ganzheitliche Betrachtung aller Erfolgsfaktoren für systematische Verbesserungsprojekte. Oft wird kritisiert, dass Six Sigma wenig Neues bietet, da die meisten beschriebenen Erfolgsfaktoren bereits vor Six Sigma existierten und bekannt gewesen sind. Betrachtet man allerdings den Umstand, dass bereits die Vernachlässigung eines Erfolgsfaktors den gesamten Erfolg von Verbesserungsinitiativen ernsthaft gefährdet und die Hauptursache für das Scheitern von Projekten in Unternehmen ausmacht [SCHM05], so wird der Mehrwert dieser ganzheitlichen Betrachtung besonders deutlich.

4.4 Design for Six Sigma

Um hohe Kosten für reaktive Qualitätsmaßnahmen (wie etwa Six Sigma-Projekte) so weit wie möglich zu vermeiden, empfiehlt sich der Einsatz einer qualitätsfördernden Methodik bereits im Entwicklungsstadium von Prozessen und Produkten. Die Bedeutung der Entwicklungsphase für die qualitätsbezogenen Kosten wird anhand der „10-er Regel des Qualitätsmanagements" deutlich (Abbildung 1-2) [MUEL14]. Hiernach verursachen Fehler in Forschungs- & Entwicklungs-Prozessen (F&E) in späteren Wertschöpfungsphasen ca. das Zehnfache der notwendigen Kosten zur Verhütung der Fehler als in den vorangegangenen Wertschöpfungsphasen.

Design for Six Sigma (DfSS) bietet einen auf Entwicklungsprojekte ausgerichteten Projektmanagementansatz, mit dessen Hilfe eine qualitäts- und kostengerechte Entwicklung abgesichert werden soll. Das systematisch-methodische Vorgehen des DfSS soll dabei sicherstellen, dass sich die Entwicklung sehr nah an den tatsächlich relevanten Kundenforderungen orientiert. Insbesondere soll verhindert werden, dass wichtige Entscheidungen im Entwicklungsprozess auf Basis subjektiver Einflüsse wie z. B. der Präferenzen der Entwickler getroffen werden [TOUT09]. Der VDA sieht folgende Ziele mit der Anwendung der DfSS-Systematik in Entwicklungsprojekten verbunden [VDA11]:

- Zufriedenstellung des Kunden durch Erfüllung seiner expliziten und impliziten Anforderungen an das Produkt
- Vermeidung von Nachbesserungen in der Serienproduktion
- Robuste Gestaltung des Produktes gegenüber der Streuung in den Fertigungs-, Umgebungs-, Betriebs- und Gebrauchsbedingungen
- Bereitstellung fähiger Fertigungsprozesse zur Erfüllung der vorangehend genannten Ziele

A

Durch den mithilfe von DfSS stärker strukturierten und disziplinierten Entwicklungsprozess, die Projektorientierung und durch die bereits Six Sigma auszeichnende, sehr methodische Vorgehensweise soll DfSS die Einhaltung der genannten Ziele möglich machen [KONE04]. Zum Zweck des Projektmanagements und zur Einordnung der Methoden tritt an Stelle des DMAIC-Zyklus ein analoges Phasenmodell, wie z.B. *DIDOV* (Define, Identify, Design, Optimize, Verify) oder *DMADV* (Define, Measure, Analyze Design, Verify). Durch die veränderte Terminologie soll eine gezielte Abgrenzung zum Six-Sigma-Ansatz geschaffen werden. Je nach Fragestellung können DfSS-Projekte jedoch mit entsprechenden Six-Sigma-Projekten verwoben sein [TOUT09, LUNA07].

So ist wie in Abbildung 4-15 dargestellt, oft erst nach der Define-Phase ersichtlich, ob ggf. eine vollständige Neuentwicklung notwendig ist, um den konkreten Bedarf zu befriedigen. Während eines laufenden DfSS-Projektes (linke Seite der Grafik) kann in der Optimize-Phase die Durchführung von gesonderten Six-Sigma-Projekten sinnvoll sein, um eine systematische Verbesserung des bestehenden Prozess- bzw. Produktdesigns zu bewirken. Gleichzeitig kann auch während laufenden Six-Sigma-Projekten (rechte Seite der Grafik) die Erkenntnis entstehen, dass mit derzeit vorhandenen Prozessen bzw. Produkten die vom Kunden geforderte Verbesserung nicht zu realisieren ist. Vielmehr ist in diesem Fall eine systematische Neuentwicklung, beispielsweise über ein gesondertes DfSS-Projekt, notwendig.

Hinsichtlich der in der Literatur festzustellenden Uneinigkeit bezüglich des zu verwendenden Phasen-

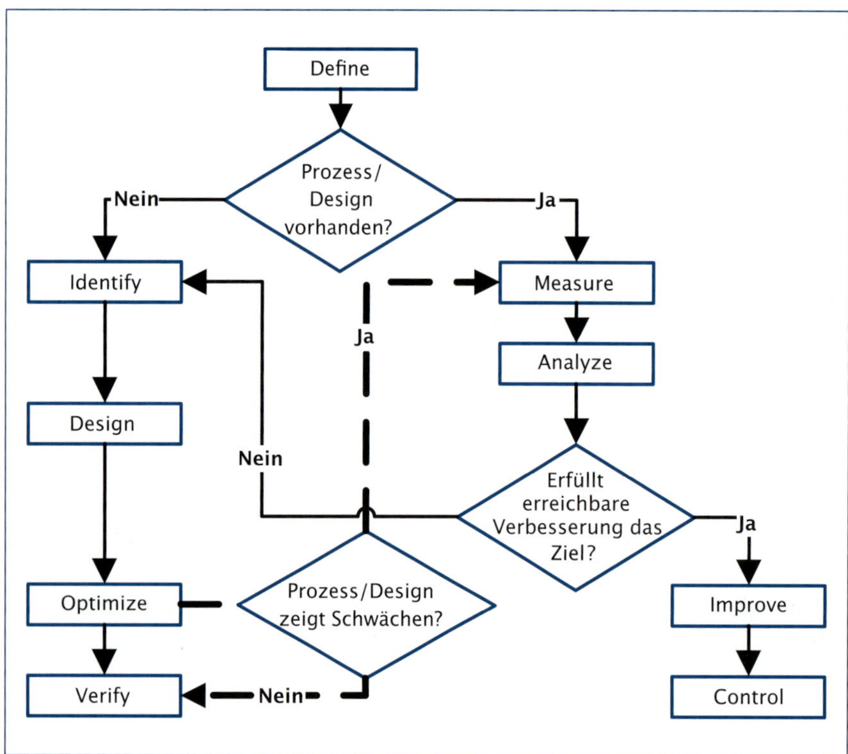

Abbildung 4-15
Zusammenspiel von Six Sigma und DfSS (in Anlehnung an [SCHM14a])

modells in DfSS-Projekten kann angemerkt werden, dass prinzipiell alle gängigen Phasenmodelle (DIDOV, DMADV etc.) eine Einordnung der vorhandenen Methoden sowie eine systematische Projektdurchführung ermöglichen [BERG08, WAPP13, CHOW06].

4.4.1 Phasenmodell des DIDOV

Die Ausrichtung von DfSS auf die effiziente Erfüllung von Kundenanforderungen verfolgt klassischerweise den Ansatz einer kostenseitigen Produktoptimierung in der Entwicklung. Vielversprechend in diesem Zusammenhang ist jedoch auch die gezielte Verwendung von Methoden zur stärker wertorientierten Produktentwicklung im Sinne eines „Engineer-to-Value“ [SCHM14b]. *Engineer-to-Value* bedeutet im Zusammenhang mit DfSS die Integration entsprechender Werkzeuge zur produktwertoptimalen Gestaltung des Produktes und zur Berücksichtigung der Qualitätsplanung im Entwicklungsprozess. Wesentliche Schritte in DfSS-Projekten werden im Folgenden anhand des DIDOV-Phasenmodells erläutert (Abbildung 4-16). Dieses stellt eine Erweiterung des durch den VDA vorgeschlagenen IDOV-Phasenmodells [VDA11] dar, mit dem Ziel, durch die separate Define-Phase ein fundierteres Projektverständnis, eine klare Abgrenzung der Projektziele und eine bessere Prognose des unternehmerischen Nutzens zu erreichen. Zur leichteren gedanklichen bzw. organisatorischen Einordnung werden zudem sinnvolle Anknüpfungspunkte innerhalb des DIDOV zu dem in der Automobilindustrie verbreiteten Modell der Reifegradabsicherung (RGA) aufgezeigt [VDA09].

Um das vorgestellte systematische Vorgehen zu unterstützen und den Entwicklungsprozess zu objektivieren, werden nachfolgend für die einzelnen Phasen die wesentlichen Werkzeuge bei der Anwendung von DfSS vorgestellt. Nicht aufgeführt sind grundlegende Methoden aus dem Bereich der Statistik wie Hypothesentests, die in allen Phasen zur Anwendung kommen können.

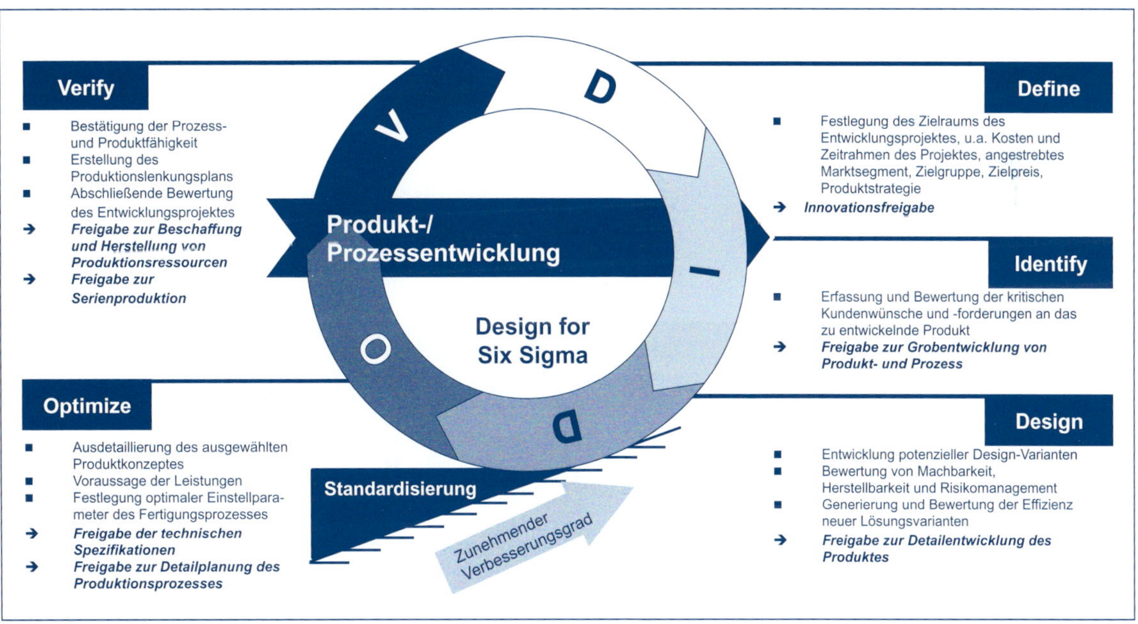

Abbildung 4-16 DIDOV-Phasenmodell

A

Define-Phase

Am Anfang eines DfSS-Projektes sind die Rahmenbedingungen des Projektes in der Define-Phase (Abbildung 4-17) zu klären. Projektziel und -umfang sind festzulegen und der termingerechte Abschluss des Projektes ist durch eine Projektvorplanung abzusichern. Wenn ein neuer Markt erschlossen werden soll und die Zielgruppe noch nicht genau bekannt ist, ist zunächst eine Marktuntersuchung durchzuführen. Aus dieser Untersuchung können mögliche Projektvarianten abgeleitet werden, die mit Methoden wie dem *Portfolio-Ansatz* hinsichtlich strategisch ausgewählter Kriterien wie Kundenzufriedenheit oder Nachhaltigkeit bewertet werden können. Neben der Projektvorbereitung und -planung ist die Ausarbeitung eines konkreten *Business-Plans* empfehlenswert, der eine ausgearbeitete Strategie für die Platzierung des zu entwickelnden bzw. weiterzuentwickelnden Produktes auf dem Markt enthält. Die in der Define-Phase gewonnenen relevanten Spezifikationen des Projektes sind in einem internen Vertrag, der sogenannten *Project Charter* (in Analogie zu Six Sigma), festzuhalten und von den Auftraggebern sowie dem Entwicklungsteam zu unterzeichnen.

Identify-Phase

In der Identify-Phase werden die kritischen Kundenforderungen „Critical-to-quality“ der relevanten Zielgruppen (Abbildung 4-18) an das zu entwickelnde Produkt erfasst und priorisiert. Als Werkzeuge zur Erfassung von Kundenanforderungen bieten sich aus dem Bereich der primären Erhebung sensorische bzw. deskriptive Studien (siehe Kapitel 7.2, Anforderungserhebung) zur Erfassung *wahrnehmungsrelevanter Qualitätsmerkmale* von Produkten an. Aus dem Bereich der sekundären Erhebung ist insbesondere der Einsatz von *Data Mining*-Verfahren (siehe Kapitel 11.9) zur Extraktion von Kundenwünschen aus sozialen Medien sinnvoll (siehe Kapitel 7.2 und Kapitel 7.6).

Zur Bewertung und Priorisierung von Kundenforderungen sind in DfSS-Projekten gezielt Methoden zur Ermittlung der Preisbereitschaft einzusetzen. Mittels *Conjoint-Analyse* oder des sogenannten *Price Sensitivity Measurements* werden Kundenanforderungen mit Werten versehen, mit deren Hilfe eine wertoptimale Produktgestaltung möglich wird (siehe Kapitel 7.2).

Ein umfangreicher Wettbewerbsvergleich schließt die Identify-Phase ab, um Differenzierungspotenziale von Wettbewerbern in Bezug auf die relevanten Kundenforderungen zu konkretisieren. Zur Ermitt-

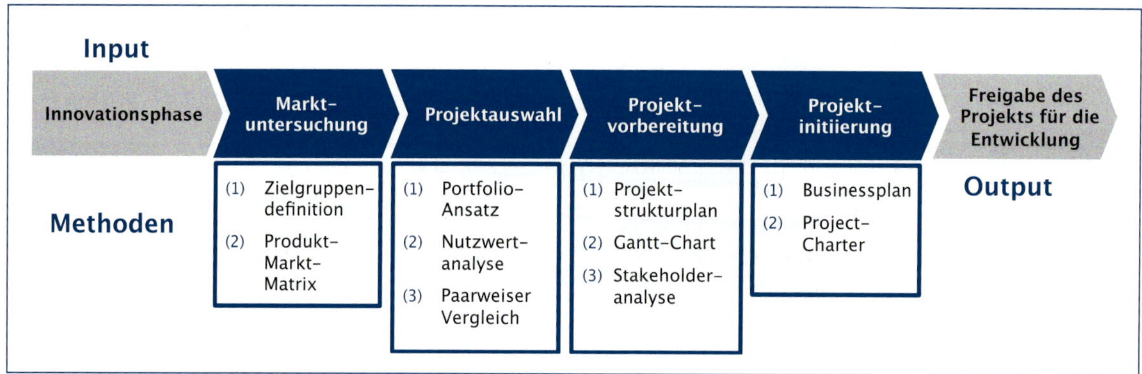

Abbildung 4-17 Wesentliche Werkzeuge/Methoden der Define-Phase des DfSS

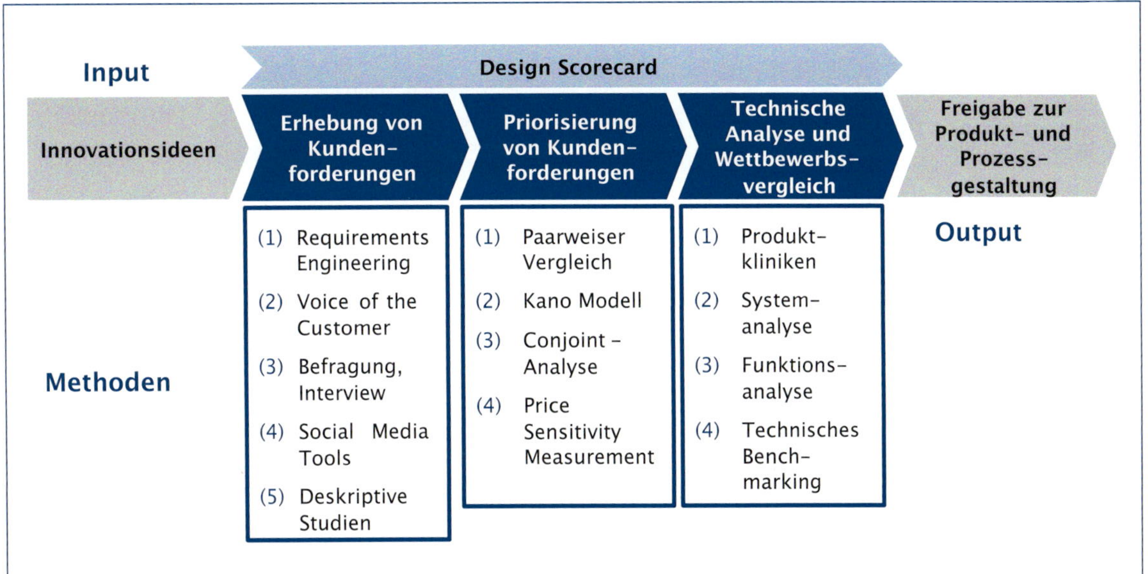

Abbildung 4-18 Wesentliche Werkzeuge der Identify-Phase des DfSS

lung von Differenzierungs- und Einsparpotenzialen gegenüber möglichen Wettbewerbsprodukten des zu entwickelnden Produktes sind Werkzeuge der technischen Analyse in DfSS zu verorten. Hier sind *Produktkliniken* im Zusammenhang mit umfassenden Benchmarkings geeignet, um ein fundiertes Wissen über die Merkmale einzelner Wettbewerbsprodukte zu erhalten. Die Ergebnisse der Identify-Phase werden in der *Design Scorecard* dokumentiert und mit der Freigabe wird schließlich die Produkt- und Prozessgestaltung initiiert.

Design-Phase

Durch ein iteratives Verfahren, bestehend aus der Erzeugung neuer Designalternativen und der Bewertung dieser, ist in der Design-Phase (Abbildung 4-19) ein möglichst kunden- und kostenoptimales Designkonzept herauszuarbeiten. Bei der Identifikation sinnvoller Design-Alternativen kommen gezielt Kreativitätsmethoden wie *TRIZ* (siehe Toolbox, Kapitel 11.29) oder *Brainwriting* zum Einsatz. Die Bewertung erfolgt anhand festgelegter Kriterien, z.B. mittels *Nutzwertanalyse*.

Die erfolgversprechendsten Konzepte werden bereits in der Design-Phase hinsichtlich ihrer Herstellungskosten, aber auch des Produktwertes analysiert und bewertet. Hierdurch werden frühzeitig die Grundlagen gelegt, die potenzielle Marge des zu entwickelnden Produktes zu optimieren. Beispielsweise kann das *Target Costing* (siehe Toolbox, Kapitel 11.28) als Methode zur Bestimmung der maximal vom Markt erlaubten Kosten für die Erfüllung der individuellen Kundenanforderungen verwendet werden. Durch eine Betrachtung der Herstellbarkeit und der Machbarkeit der ausgewählten Konzepte wird die Bewertung abgeschlossen.

Nach der Auswahl des zu verfolgenden Konzeptes sollte bereits in der Design-Phase die Risikoabsicherung und somit Qualitätsplanung für das Konzept initiiert werden. Gängige Methoden wie die *FMEA* (siehe Toolbox, Kapitel 11.12), die *Fehlerbaumanalyse* (siehe Toolbox, Kapitel 11.13) und *DRBFM* (siehe Toolbox, Kapitel 11.11) kommen zu

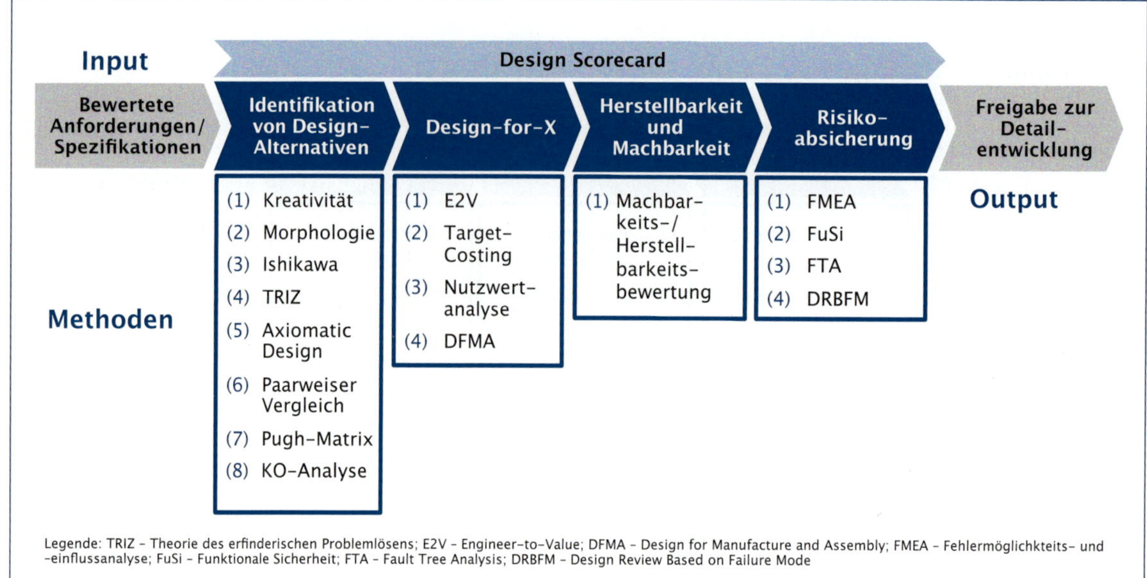

Abbildung 4-19 Wesentliche Werkzeuge der Design-Phase des DfSS

diesem Zweck zum Einsatz. Mit dem Abschluss der Design-Phase sollten die kritischen Konstruktionsparameter bekannt sein, sodass eine Freigabe zur Detailentwicklung des Produktes erfolgen kann.

Optimize-Phase

Die Detailentwicklung findet in der anschließenden Optimize-Phase (Abbildung 4-20) statt. Dabei werden sowohl funktionale als auch rein gestalterische Produktmerkmale ausdetailliert. Zur konstruktiven Vermeidung von Fehlern werden die Prinzipien des *Poka Yoke* eingesetzt (siehe Toolbox, Kapitel 11.19). Mittels computergestützter Simulationen und realer *Experimente* (siehe Toolbox, Kapitel 11.25) wird das Produktverhalten ermittelt, um mittels statistischer Verfahren Produkttransferfunktionen bestimmen zu können. Diese Funktionen beschreiben das Verhalten des Produktes im Einsatzfall in Abhängigkeit möglicher Einstellparameter (beispielsweise die Koffeinmenge eines gebrühten Kaffees als Funktion der gewählten Temperatur, des Vordrucks und der Wassermenge).

Die Festlegung der notwendigen Fertigungstoleranzen erfolgt etwa mittels *Monte-Carlo-Simulationen*. Bei Monte-Carlo-Simulationen werden mithilfe von Zufallszahlen Toleranzwerte auf Basis von Einzeltoleranzen generiert, die über eine Prozessfähigkeitsanalyse die Optimierung der Einzeltoleranzen und damit der gesamten Produkttoleranz ermöglichen [BOHN13]. In der Optimize-Phase werden zudem die zur Herstellung des Produktes notwendigen Prozesse genauer betrachtet und etwa mittels der Methode des *Wertstromdesigns* (siehe Toolbox, Kapitel 11.31) hinsichtlich möglichst hoher Prozessqualität optimiert. Folglich sind am Ende der Optimize-Phase kritische Prozessmerkmale bekannt und die Produktspezifikation vollständig. Die Spezifikation des Produktes kann freigegeben werden, um alle notwendigen Prozesse zur Bereitstellung des Produktes auf ihre Fähigkeit hin zu prüfen.

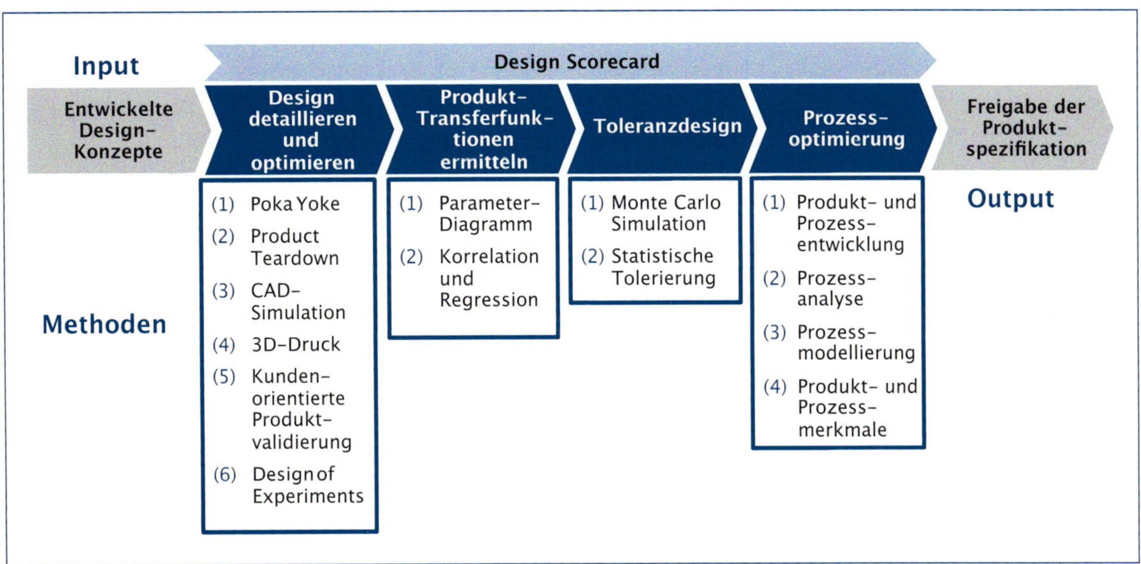

Abbildung 4-20 Wesentliche Werkzeuge der Optimize-Phase des DfSS

Verify-Phase

Zur Festlegung der finalen Prozessspezifikation erfolgt in der Verify-Phase (Abbildung 4-21) eine Reihe von Fähigkeitsuntersuchungen. Insbesondere gilt es, Nachweise darüber zu erbringen, dass das spezifizierte Produkt mit den entsprechenden Herstellungsprozessen und den ausgewählten Qualitätssicherungsmaßnahmen kundenfähig und mit möglichst geringer Ausschussquote zu fertigen ist (siehe Toolbox, Kapitel 11.21). Durch Lebensdauertests und statistische Prognoseverfahren wie der *Weibull-Analyse* (siehe Toolbox, Kapitel 11.30) wird die Lebensdauer des entwickelten Produktes bei den derzeitigen Herstellungsprozessen prognostiziert und ggf. weiter optimiert. Anhand der finalen Prozess- und Produktspezi-

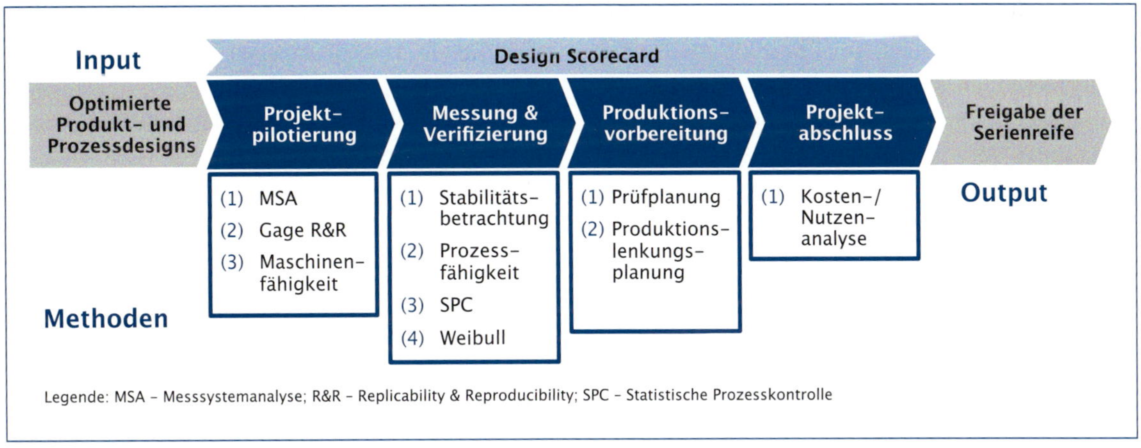

Abbildung 4-21 Wesentliche Werkzeuge der Verify-Phase des DfSS

fikation und der vollständigen Fähigkeitsbewertung, die in der Design Scorecard festgehalten ist, wird ein *Produktionslenkungsplan* (siehe Kapitel 7.5) erarbeitet, der die notwendigen Maßnahmen zur Absicherung der Prozess- und Produktqualität beschreibt. Die während des Projektes tatsächlich entstandenen Kosten werden mit dem zu erwartenden Unternehmensgewinn durch das Produkt im Rahmen des Projektabschlusses verglichen. Im Anschluss an die Freigabe zur Serienreife erfolgt die Übergabe der Entwicklung an die Serie. Im Nachhinein ist auch während des Produktionsanlaufes eine Beteiligung des Entwicklungsteams zu empfehlen, um die Ursachenfindung für mögliche Probleme zu beschleunigen. Gleichzeitig kann es bei komplexen Problemen sinnvoll sein, Six-Sigma-Projekte zur Lösung dieser Probleme zu initiieren.

4.4.2 Zwischenfazit

Die DfSS-Systematik bietet einen umfassenden Projektmanagementansatz in Form des DIDOV-Zyklus, der die verlustfreie Transformation von Kundenanforderungen in wertoptimale Produkte fördert. Dabei ergänzen die umfangreiche Toolbox des DfSS und das entsprechende Vorgehen den in Unternehmen bereits vorhandenen Erfahrungsschatz im Bereich der Produktentwicklung. Viele Methoden sind speziell darauf ausgerichtet, dieses Expertenwissen gezielt abzufragen und somit die vorhandenen Ressourcen bestmöglich einzusetzen. DfSS ist daher sinnvoll in bestehende Entwicklungsstrukturen einzubetten und sollte nicht als Programm zur radikalen Neuausrichtung aller Entwicklungsprozesse im Unternehmen verstanden werden. Durch dieses Vorgehen kann auch eine schnellere Akzeptanz und kulturelle Integration der DfSS-Systematik bei allen Beteiligten des Entwicklungsprozesses gefördert werden.

Die erfolgreiche Einführung von DfSS in die Entwicklungsorganisation ist dennoch mit einer Reihe von Herausforderungen verbunden. Dazu gehören unter anderem ([CHOW06]):

- Die Bereitstellung entsprechender Ressourcen für die intensivierte Planung und Entwicklung von Projekten, mit dem Ziel, dadurch die Kosten des Produktes über den Gesamtlebenszyklus zu verringern.
- Die effektive Ausbildung von Mitarbeitern in der DfSS-Systematik sowie der zielgerichteten Anwendung der Methoden. Hier besteht insbesondere auch die Herausforderung, einen geeigneten Schulungsanbieter zu wählen.
- Ein konsequentes Controlling der Ausgaben in der Entwicklung und der qualitätsbezogenen Kosten in Produktion und After-Sales ist notwendig. Nur so wird eine transparente Darstellung der für die Fehlerkosten relevanten Entwicklungsschritte möglich.
- Der Wandel von Marktanforderungen erfordert die kontinuierliche Verfolgung verschiedener Kundenforderungen und ihre Berücksichtigung in laufenden Entwicklungen. Die Erfüllung der Kundenforderungen ist in den Entwicklungsschritten kontinuierlich sicherzustellen. Dabei sind ggf. bisher ungenutzte Quellen zur Anforderungsaufnahme zu erschließen (beispielsweise über *Social-Media*, siehe Kapitel 5 sowie Kapitel 7.2).
- Wird die Entwicklungsarbeit gezielt durch DfSS-Projekte unterstützt, stellen die Abgrenzung einzelner Teilprojekte sowie die monetäre Bewertung des Projekterfolges wesentliche Herausforderungen dar. Die Bewältigung dieser Herausforderungen bedürfen ebenfalls eines konsequenten Controllings.([EHRE09])
- Neben der Anwendung optimaler Methodenkombinationen erfordert ein erfolgreiches DfSS vor allem eine effektive Organisation von Entwicklungsprojekten, eine kulturell verankerte

starke Kundenorientierung und eine stark parallelisierte Entwicklung von Produkten und Prozessen (Simultaneous Engineering, [RIBB00]).

Zur Bewältigung dieser Herausforderungen ist einerseits die Einbindung externer Partner bei der Planung und der Ausrollung des DfSS-Programms sinnvoll und andererseits eine starke Unterstützung durch das unternehmerische Management, d. h. ein Top-Down-Vorgehen, notwendig. Werden diese Herausforderungen erfolgreich bewältigt und die Bedeutung des DfSS-Programms kulturell über die gesamte Organisationshierarchie etabliert, bietet die DfSS-Systematik für alle entwickelnden Unternehmen große Potenziale, den Erfolg ihrer Produkte zu steigern [SCHM14a].

4.5 Lean Six Sigma

Zur Optimierung *komplexer Produktionsketten* werden in der Praxis häufig verschiedene Ansätze aus Six Sigma und Lean Management verknüpft. Der resultierende Begriff „Lean Six Sigma" wird in diesem Kontext hinsichtlich verschiedener Aspekte verstanden. Zum einen werden unter dieser Bezeichnung weniger anspruchsvolle Six-Sigma-Projekte mithilfe einer adäquaten Formalisierung, eines minimalen Personaleinsatzes und in einem sehr kurzen Zeitraum durchgeführt. Zum anderen wird hierunter die Kombination von Six Sigma mit den Prinzipien des Lean Management verstanden.

Der Schlüssel zum Erfolg bei der kombinierten Anwendung liegt weniger in der reinen Integration von Methoden und Werkzeugen, sondern in einem strukturierten Abgleich der Zielsetzungen. Voraussetzung dafür ist, dass alle Arten von Verschwendungen durch eine Analyse der Nutz-, Schein- und Blindleistungen sowohl auf der Mikroebene einzelner Prozesse als auch auf der Makroebene komplexer Prozessketten analysiert werden. Handlungsbedarfe werden dann sowohl in Bezug auf Prozessketten als auch auf der Betrachtungsebene von einzelnen Prozessen sichtbar. (Abbildung 4-22)

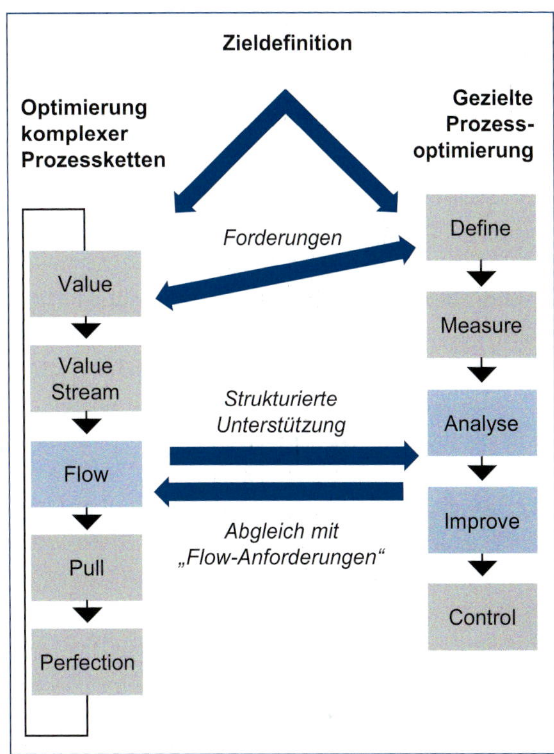

Abbildung 4-22 Abstimmung von Lean- und Six Sigma Zielen

Wird ein Handlungsbedarf zur Optimierung einer komplexen Prozesskette erkannt, spricht dies für die Anwendung von Prinzipien des Lean Managements. Eine Einbindung von Six Sigma ist hierbei hinsichtlich zweier Aspekte sinnvoll:

1. Im Rahmen einzelner Schritte des Lean Management, insbesondere in den Phasen „Value" bzw. „Value Stream", kann Six Sigma für fokussierte Projekte zur Elimination von Verschwendung durch Prozessoptimierungen eingesetzt werden. Denn nicht alle Ursachen

von Verschwendungen lassen sich mit Methoden des Lean Managements beseitigen. Die Definition des „Wertes" im Sinne des Lean Managements ist hierbei der wesentliche Input für die Define-Phase des Six-Sigma-Projekts. Innerhalb eines solchen Projektes finden dann sowohl Methoden aus dem Umfeld von Lean Management als auch von Six Sigma Anwendung.

2. In den Phasen „Flow" und „Pull" müssen die einzelnen Prozesse fehlerfrei arbeiten und Streuungen in einzelnen Prozessschritten minimiert werden, um einen kontinuierlichen Materialfluss konsequent umsetzen zu können. Mit Six Sigma können wesentliche Verbesserungen hinsichtlich dieser Zielgrößen erzielt und so die Anwendung von Lean Management-Prinzipien befähigt werden.

Für die Erzielung von Verbesserungen auf der Ebene einzelner Prozesse wird der Six-Sigma-Ansatz herangezogen. Eine abgegrenzte Optimierungsproblematik wird definiert und nach dem DMAIC-Zyklus in einem Verbesserungsprojekt bearbeitet. Hierfür kann auf umfassende Methoden zur Prozessverbesserung zurückgegriffen werden. Neben statistischen Methoden finden ebenso Methoden wie z. B. das Wertstromdesign, SMED oder die 7Q Anwendung. In der Analyse- und Improve-Phase des Six-Sigma-Projekts ist unbedingt sicherzustellen, dass angestrebte Prozessverbesserungen immer in Einklang mit bestehenden Forderungen an eine umfassende Prozesskettenoptimierung stehen.

Laufen Six-Sigma-Projekte zur Optimierung der Qualität einzelner Prozesse und Projekte zur Verbesserung von Prozessketten parallel ab, ist zu beachten, dass beide Projekte einen Einfluss auf relevante Prozessgrößen haben (z. B. die benötigten Durchlaufzeiten). Die Konsistenz der Vorgehensweisen und Verbesserungsansätze ist dann von entscheidender Bedeutung; denn die parallele Optimierung von sich beeinflussenden oder gar den gleichen Prozessen durch unterschiedliche Projekte ist in der Regel nicht zielführend und unbedingt zu vermeiden.

Während Six-Sigma-Verbesserungen in abgegrenzten Projekten anstrebt werden, erfolgt die Anwendung der Lean-Prinzipien kontinuierlich und iterativ. Bei der Umsetzung eines integrierten Ansatzes wie Lean Six Sigma muss daher differenziert werden, welche Aktivitäten projekthaft und welche kontinuierlich durchgeführt werden. Es ist zu entscheiden, ob die Umsetzung von Unternehmens- oder Bereichszielen z. B. durch Projekte mit einer strukturierten, aber in der Regel aufwändigen Six-Sigma-Projektorganisation, durch eigenverantwortliche Arbeit mit einem begrenztem Steuerungsaufwand auf „Shop-Floor-Ebene", oder durch kontinuierliche Prozesse erfolgen soll (Abbildung 4-23).

Die Entscheidungen über die Art der Problemlösung erfolgen anhand folgender Kriterien:

- Die Anzahl der *Einflussgrößen* sowie der betrachteten *Prozesse* gibt einen Aufschluss über die Komplexität des Problems sowie die notwendige Zusammensetzung des Projektteams.
- Ein absehbarer hoher *Ressourcenaufwand* zur Lösung des Problems und hohe absehbare *Einsparpotenziale* sprechen für eine Maximierung des Projektnutzens durch eine umfangreiche Form der Problemlösung.
- Wurde ein Problem bereits bearbeitet, aber nicht nachhaltig gelöst, ist eine fundierte Art der *Problemlösung* anzuwenden.

Bei *autonomen Problemlösungen* erfolgt die Erarbeitung selbständig durch die Mitarbeiter, die Vorschläge eingebracht haben. In diesem Kontext finden vorwiegend Prinzipien des Kaizens wie Arbeitsdisziplin, Vorschlagswesen und Fehlervermeidung sowie ihre Werkzeuge Anwendung.

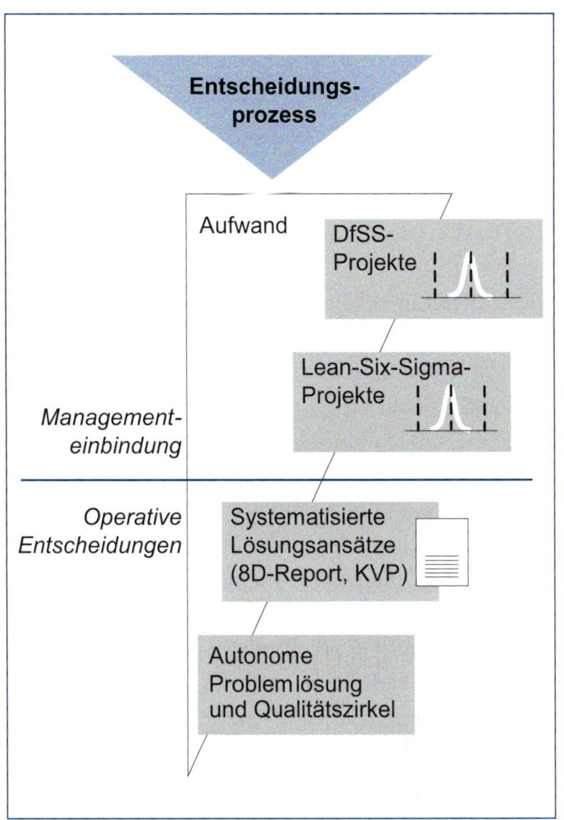

Abbildung 4-23 Stufen der Problemlösung

Weiterhin existieren einfache, systematische Ansätze für Problemlösungen, die ebenfalls von einzelnen Mitarbeitern oder autonomen Gruppen ohne Unterstützung eines Projektleiters z. B. in Qualitätszirkeln angewandt werden können. Sie sind für *komplexere Probleme* geeignet, die strukturierte Vorgaben für den Lösungsweg benötigen. Dieser Weg der Verbesserung durch kontinuierliche Teamarbeit auf Werkerebene entspricht ebenso der Kaizen-Philosophie, auch wenn Werkzeuge eingesetzt werden, welche ebenfalls in einfacheren Six-Sigma-Projekten Anwendung finden (z. B. die 7Q oder 7M, siehe Toolbox, Kapitel 11.2). Die Ergebnisse werden im Gegensatz zur autonomen Problemlösung nach Abschluss von einer Fach- oder Führungskraft kontrolliert.

Ein Beispiel für methodische Vorgehensweisen, welche eher *prozessual* denn projekthaft durchgeführt werden, sind 8D-Reports (siehe Toolbox, Kapitel 11.3). Bei diesem Report handelt es sich um Formblätter, auf denen in verschiedenen Phasen das Vorgehen sowie der Fortschritt der Problemlösung dokumentiert werden. Hierzu werden standardisierte Fragenkataloge und die Anwendung einfacher Werkzeuge vorgegeben (z. B. Bestandteile der Problemlösungswerkzeuge des Qualitätsmanagements).

Bei *umfangreicheren Problemstellungen*, welche auf diese Art nicht gelöst werden können, sind Lean-Six-Sigma-Projekte zur Optimierung von Prozessen bzw. Prozessketten geeignet oder Design-for-Six-Sigma-Projekte bei Entwicklungsprozessen.

Lean Six Sigma ist somit als ein *integraler Ansatz* zu verstehen, der über eine Kombination von Methoden hinaus darauf zielt, die wesentlichen Erfolgsfaktoren von Six Sigma und Lean Management zu vereinen.

4.6 Fazit: Qualitätsprogramme in der Praxis

Ein Vergleich der Beiträge zu den einzelnen Programmen zeigt große Ähnlichkeiten zwischen ihnen auf; alle Programme folgen der in Kapitel 3 beschriebenen Interpretation der TQM-Philosophie. Sie weisen jedoch im Detail unterschiedliche methodische oder programmatische Schwerpunkte auf. So bieten das Toyota-Produktionssystem, Kaizen oder Lean Management ein bewährtes Methodenportfolio zur ganzheitlichen Optimierung von Produktions- bzw. Geschäftsprozessketten sowie Ansätze zum Management weitgehend autonom agierender Verbesserungsteams.

Six Sigma bietet den strukturiertesten Ansatz für die Realisierung systematischer Produkt- und Prozessverbesserungen mit einem Fokus auf statistischen Methoden zur Prozessverbesserung. Es beschreibt aber lediglich eine sehr konzeptspezifische Projektorganisation und -strategie, was eine Abstimmung mit weiteren strategisch-orientierten Programmen erfordert.

Die Implementierung von Verbesserungsprogrammen im Unternehmensalltag darf keinesfalls einen Selbstzweck darstellen. Eine zentrale Herausforderung für die Gestaltung eines effektiven Verbesserungsmanagements ist daher die systematische Abstimmung strategischer Initiativen mit den Unternehmenszielen.

In Abbildung 4-23 sind Varianten des strategischen Handlungsbedarfes für Produkte und Leistungen dargestellt, die aus der Positionierung im Rahmen der Strategieentwicklung abgeleitet werden können. Betrachtet werden Extrempositionen des Handlungsbedarfes, wobei in den Positionen 1.–3. Jeweils zwei Kriterien über dem Branchendurchschnitt erfüllt werden und ein Kriterium unter dem Durchschnitt liegt:

1. *Das Produkt „zehrt" vom Image.* Trotz Schwächen bei der funktionalen Qualität (z. B. erhöhter Reklamationen) wird, in der Regel aufgrund emotionaler Aspekte, die Qualität durch den Kunden als hoch wahrgenommen. Ziel ist die Stärkung der Fähigkeit von Prozessen und damit der funktionalen Qualität durch die Reduktion von Produktfehlern.
2. *Das Produkt „lebt" vom Image und ist ggf. zu teuer.* Der Kunde ist aufgrund der hohen wahrgenommenen Qualität „noch" bereit, den erhöhten Preis zu bezahlen. Ziel ist die Preisreduktion durch die Schaffung effizienter Prozessketten.
3. *Das Produkt unterliegt Imageproblemen.* Trotz hoher funktionaler Qualität kann es den Kunden nicht begeistern. Ziel ist die Verbesserung der wahrgenommenen Qualität.
4. *Das Produkt liegt in allen Kriterien maximal im bzw. gar unter dem Durchschnitt.* Die Grenzen der Anwendung von Qualitätskonzepten werden erreicht und strategische Initiativen wie Änderungen der Produktstrategie oder die Reorganisation von Unternehmensbereichen sind erforderlich.

Die Notwendigkeit individueller Schwerpunkte für qualitätsgetriebene Verbesserungsprogramme zur Lösung der mit dem strategischen Handlungsbedarf verbundenen Problemstellungen wird anhand dieser Beispiele deutlich.

Während die Vermeidung von Produktfehlern durch Six Sigma unterstützt wird, kann eine Preisreduktion neben der Umsetzung von Six-Sigma und Lean Management-Elementen weitere Initiativen erfordern. Dies können beispielsweise Initiativen bezüglich der Produktstrukturierung und Variantenbeherrschung sein. In der Produktentwicklung können neben einer Unterstützung der Abläufe mit DfSS-Methoden gezielte Maßnahmen notwendig sein, um die wahrgenommene Qualität zu erhöhen und die Marktfähigkeit der Produkte oder innovativer Geschäftsfelder zu steigern. Der letztgenannte Aspekt wird weder durch Kaizen, Lean Management noch Six Sigma adäquat adressiert.

Eine zielgerichtete, unternehmensspezifische Gestaltung der Aufgaben des Verbesserungsmanagements und ihre Eingliederung in die Organisation erfordert eine umfassende Bewertung der Aspekte:

- Bestehende Markt- bzw. Kundenforderungen und Wettbewerbsposition
- Ausrichtung des Unternehmens, d. h. bestehende Ziele, Strategien und Managementprozesse
- Unternehmensfähigkeiten in Bezug auf verfügbare Technologien, Methoden, Fähigkeiten und Ressourcen

Hierfür bedarf es eines umfassenden Qualitätsverständnisses aus Unternehmenssicht sowie eines Ordnungsrahmens, der sowohl die spezifische Aufbau- als auch Ablauforganisation bei der Ausgestaltung qualitätsschöpfender Maßnahmen berücksichtigt und verknüpft. Aus dieser Erkenntnis heraus wurde der Begriff des unternehmerischen Qualitätsverständnisses geprägt und das Aachener Qualitätsmanagement Modell entwickelt (siehe Kapitel 6), welches einen Rahmen zur intuitiven Visualisierung, Ordnung und Gestaltung qualitätsbezogener Aufgaben bietet (siehe Kapitel 7, 8 und 9).

Literatur

[BANU03] *Banuelas, R./Antony, J.:* Going from Six Sigma to Design for Six Sigma. An exploratory study using analytical hierarchy process. In: The TQM-Magazine, Jg. 15, 2003, Nr. 5. S. 334–344

[BELL10] *Bellgran, M./Säfsten, K.:* Production Development. 1. Auflage. Springer, London 2010

[BERG08] *Bergbauer, A./Kleemann, B./Raake, D.:* Six Sigma in der Praxis. Das Programm für nachhaltige Prozessverbesserungen und Ertragssteigerungen. 3. Auflage. Expert, Renningen 2008

[BICH08] *Bicheno, J.:* The Lean Toolbox. Picsie Books, Buckingham 2008

[BOHN13] *Bohn, M./Hetsch, K.:* Toleranzmanagement im Automobilbau. Carl Hanser Verlag, München 2013

[BÖSE95] *Bösenberg, D./Metzen, H.:* Lean Management: Vorsprung durch schlanke Konzepte. 5. Auflage. Moderne Industrie, Landsberg am Lech 1995

[BRUN08] *Brunner, F./Wagner, K.:* Taschenbuch Qualitätsmanagement: Leitfaden für Studium und Praxis. 4. Auflage. Carl Hanser Verlag, München 2008

[CHOW06] *Chowdhury, S.:* Design for six sigma. The revolutionary process for achieving extraordinary profits. Kaplan, New York 2006

[DAUM93] *Daum, M.:* Lean Production. Philosophie und Realität. In: GFMT (Hrsg.): Lean Management. Der Weg zur schlanken Fabrik. 1. Auflage. GFMT, St. Gallen 1993. S. 155–175

[DEMI88] *Deming, W. E.:* Out of the Crisis. 5. Auflage. MIT, Cambridge (Massachusetts/USA) 1988

[EHRE09] *Ehrlenspiel, K:* Integrierte Produktentwicklung. Denkabläufe, Methodeneinsatz, Zusammenarbeit. 4. Auflage. Carl Hanser Verlag, München 2009

[HAMM02] *Hammer, M.:* Process Management and the future of Six Sigma. In: IEEE Engineering Management Review, Jg. 4, 2000, Nr. 4. S. 56ff.

[HARR05] *Harry, M./Schroeder, R.:* Six Sigma. The Breakthrough Management Strategy. Revolutionizing the world's top corporations. 1. Auflage. Currency, New York 2005

[HART95] *Hartmann, E.:* Erfolgreiche Einführung von TPM in nichtjapanischen Unternehmen. 1. Auflage. Moderne Industrie, Landsberg am Lech 1995

[IMAI92] *Imai, M.:* Kaizen. Der Schlüssel zum Erfolg der Japaner im Wettbewerb. 8. Auflage. Langen Müller Herbig, München 1992

[ISHI85] *Ishikawa, K.:* What is Total Quality Control? The Japanese Way. 1. Auflage. New York/Englewood Cliffs 1985

4

[JEZI94] *Jeziorek, O.:* Lean Production. Vergleich mit anderen Konzepten. In: Geitner, U. (Hrsg.): Fortschritte der CIM-Technik. 1. Auflage. Vieweg, Braunschweig 1994

[JOHN02] *Johnson, A.:* Six Sigma in R&D. In: Research Technology Management, Jg. 49, 2002, Nr. 2. S. 12–16

[KONE04] *Konert, T.:* Design for Six Sigma – Systematischer Ansatz zur robusten und innovative Entwicklung neuer Produkte und Prozesse. In: Tagungsband zum PTK04 – 11. Internationales Produktionstechnisches Kolloquium. TU Berlin, Institut für Werkzeugmaschinen und Fabrikbetrieb IWF, Berlin 2004

[LIKE04] *Likert, J.K.:* The Toyota Way – 14 Management Principles from the World's Greatest Manufacturer. 1.Auflage. McGraw-Hill, New York 2004

[LING97] *Lingscheid, A.:* Unternehmensübergreifendes Kaizen Costing. 1. Auflage. Vahlen, München 1997

[LUNA07] *Lunau, S. et al.:* Design for Six Sigma + Lean Toolset. Innovationen erfolgreich realisieren. Springer, Berlin/Heidelberg 2007

[MAGN04] *Magnusson, K./Kroslid, D./Bergman B.:* Six Sigma umsetzen. Die neue Qualitätsstrategie für Unternehmen. 2. Auflage. Carl Hanser Verlag, München 2004

[MATY97] *Matyas, K.:* Produktive, autonome Instandhaltung. In: Brunner, F./Wagner, K. (Hrsg.): Taschenbuch Qualitätsmanagement. 1. Auflage. Carl Hanser Verlag, München 1997

[MUEL14] *Müller, E.:* Qualitätsmanagement für Unternehmer und Führungskräfte: Was Entscheider wissen müssen. Springer, Berlin 2014

[NAVE02] *Nave, D.:* How to compare Six Sigma, Lean and the Theory of Constraints. In: Quality Progress, Jg. 35, 2002, Nr.3. S. 73–78

[OHNO93] *Ohno, T.:* Das Toyota-Produktionssystem. 1. Auflage. Campus, Frankfurt am Main 1993

[PAND08] *Pande, P.:* The Six Sigma Leader: Putting the Power of Business Excellence Into Everything You Do. 1. Auflage. Mc-Graw Hill, New York 2008

[POKS02] *Poksinska, B./Dahlgaard, J./Antoni, M.:* The state of ISO 9000 certification: A study of Swedish organizations. In: The TQM Magazine, Jg. 14, 2002, Nr. 5. S. 297–306

[PYZD02] *Pyzdek, T.:* Why Six Sigma is not TQM. Quelle: *https://www.sixsigmatraining.org/PDF/2001-02.pdf* [Stand: 02/2014]

[REIS07a] *Reißiger, W./Voigt, T./Schmitt, R.:* Six Sigma. In: Pfeifer, T./ Schmitt, R./Masing, W.: Masing – Handbuch Qualitätsmanagement. Carl Hanser Verlag, München 2007

[RIBB00] *Ribbens, J.:* Simultaneous engineering for new product development: Manufacturing applications. Wiley, New York 2000

[ROIS99] *Rois, A.:* Kaizen. Verbesserungsprozesse in der Automobilindustrie. 1. Auflage. Linde, Wien 1999

[SCHM05] *Schmitt, R./Pfeifer, T./Reißiger, W. u. a.:* Six Sigma – Qualität operativ verankern! In: Brecher, C./Schuh, G./ Schmitt, R./Klocke, F.: Wettbewerbsfaktor Produktionstechnik – Aachener Perspektiven. Tagungsband zum

A

Aachener Werkzeugmaschinenkolloquium 05. Shaker Verlag, Aachen 2005. S. 79–115

[SCHM14a] *Köhler, M./Frank, D./Schmitt, R.:* Six Sigma. In: Pfeifer, T./Schmitt, R. (Hrsg.): Masing – Handbuch Qualitätsmanagement. 6. Auflage. Carl Hanser Verlag, München 2014

[SCHM14b] *Schmitt, R./Köhler, M./Frank, D.:* Wertorientiertes Design for Six Sigma. Absicherung der kundengerechten Produktgestaltung. In: Management und Qualität, Jg. 44, Nr. 7–8, 2014. S. 33–35

[SCHU02] *Schurr, S.:* Magische 3,4 und mehr – Design for Six Sigma verwirklicht den integrierten Methodeneinsatz. In: QZ – Qualität und Zuverlässigkeit, Jg. 47, Nr. 2, 2002. S. 246f.

[SHIM04] *Shimizu, K.:* Transforming Kaizen at Toyota. Quelle: *http://www.e.okayama-u.ac.jp/~kshimizu/downloads/iir.pdf* [Stand: 26.11.14]

[SHIN86] *Shingo, S.:* Zero Quality Control: Source Inspection and the Poka Yoke System. Productivity Press, Cambridge (Massachusetts/USA) 1986

[SHIN07] *Shingo, S.:* Quick Changeover for Operators: Productivity Press, New York 2007

[STEF08] *Steffenhagen, H.:* Marketing. Eine Einführung. 6. Auflage. Kohlhammer, Stuttgart 2008

[TENN02] *Tennant, G.:* Design for Six Sigma: Launching new products and services without failure. 1. Auflage. Gower, Burlington (Vermont/USA) 2002

[TÖPF07a] *Töpfer, A./Günther, S.:* Steigerung des Unternehmenswertes durch Null Fehler Qualität. In: Töpfer, A. (Hrsg.): Six Sigma. Konzeption und Erfolgsbeispiele für praktizierte Null-Fehler-Qualität. 4. Auflage. Springer, Berlin/Heidelberg 2007. S. 3–40

[TÖPF07b] *Töpfer, A./Günther, S.:* Six Sigma im Entwicklungsprozess: Design for Six Sigma. In: Töpfer, A. (Hrsg.): Six Sigma. Konzeption und Erfolgsbeispiele für praktizierte Null-Fehler-Qualität. 4. Auflage. Springer, Berlin/Heidelberg 2007. S. 89–179

[TÖPF07c] *Töpfer, A./Gebhard, M./Günther, S.:* Konzeption und Umsetzung von Six Sigma. In: Töpfer, A. (Hrsg.): Six Sigma. Konzeption und Erfolgsbeispiele für praktizierte Null-Fehler-Qualität. 4. Auflage. Springer, Berlin/Heidelberg 2007. S. 244–271

[TOUT09] *Toutenburg, H./Knöpfel, P.:* Six Sigma. 2. Auflage. Springer, Dordrecht 2009

[TRAE94] *Traeger, D.:* Grundgedanken der Lean Production. 1. Auflage. Teubner, Stuttgart 1994

[VDA09] *Verband der Automobilindustrie – VDA (Hrsg.):* Das gemeinsame Qualitätsmanagement in der Lieferkette. Produktentstehung – Reifegradabsicherung für Neuteile. 2. Auflage. Henrich, Frankfurt am Main 2009

[VDA11] *Verband der Automobilindustrie – VDA (Hrsg.):* Sicherung der Qualität in der Prozesslandtschaft (VDA Band 4, Ringbuch). 2. Auflage. Henrich, . Frankfurt am Main 2011

[WAPP13] *Wappis, J./Jung, B.:*Taschenbuch Null-Fehler-Management. Umsetzung von Six Sigma. 4. Auflage. Carl Hanser Verlag, München 2013

[WERN98] *Werner, C.:* Unternehmenskultur und betriebliche Strukturen. Darstellung der Gestaltungsmöglichkeiten und Anwendung der Analyse auf die Lean Production. Dissertation, Universität Lüneburg. Eul, Lohmar 1998

[WOMA94a] *Womack, J./Jones, D./Roos, D.:* Die zweite Revolution in der Automobilindustrie. 8. Auflage. Campus, Frankfurt am Main 1994

[WOMA94b] *Womack, J./Jones, D.:* From Lean Production to Lean Enterprise. In: Harvard Business Review, 3, 1994. S. 93–103

[WOMA96] *Womack, J./Jones, D.:* Lean Thinking. 1. Auflage. Simon & Schuster, New York 1996

[ZINK04] *Zink, K. J.:* TQM als integratives Managementkonzept. 2. Auflage. Carl Hanser Verlag, München 2004

[ZOLL06] *Zollondz, H. D.:* Grundlagen Qualitätsmanagement. 2. Auflage. Oldenbourg Verlag, München/Wien 2006

5
Perceived Quality

Perceived Quality oder wahrgenommene Qualität beschreibt die vom Kunden bewusst und unbewusst erlebte Realisierung von Produkteigenschaften. Dazu gehört neben der klassisch technischen Funktionserfüllung die Produktbeschaffenheit, die Nutzbarkeit („Usability") sowie die Verarbeitung.

Eine Fokussierung auf diese Thematik ermöglicht die Entwicklung kundenbegeisternder Produkte und damit eine entscheidende Differenzierung am Markt. Zentrale Herausforderung ist die konsequente Ausrichtung der Produkte an den Forderungen und Erwartungen der Kunden. Hierzu ist ein Abgleich zwischen den „subjektiven" Erwartungen, die ein Kunde an ein Produkt stellt, und dessen realen, „objektiven" Beschaffenheiten erforderlich.

Zunächst wird in diesem Kapitel ein Überblick über die geschichtliche Entwicklung der Perceived Quality bzw. der subjektiven Qualität gegeben. Es folgt die Beschreibung wie die menschlichen Sinne zur Beurteilung eines Produkts beitragen und welche Möglichkeiten Unternehmen nutzen können, um Informationen über die Wahrnehmung des Produktes durch den Kunden zu erhalten. Den Abschluss bildet eine kurze Zusammenfassung der wesentlichen Inhalte des Kapitels. Weitere Informationen zur Operationalisierung der Perceived Quality sowie unterschiedliche Werkzeuge und Strategien finden sich in [SCHM14].

5.1 Die Entwicklung der subjektiven Qualität

Es wurde bereits beschrieben, wie schon Aristoteles den Qualitätsbegriff in verschiedenen Dimensionen unterschied und dabei die Wahrnehmung der Qualität als maßgeblich durch den Einsatzzweck sowie durch die in der Gesellschaft geltenden Werte beeinflusst sah. Abgerundet wurde die Differenzierung des Qualitätsbegriffs durch die acht Dimensionen der Qualität von David A. Garvin (siehe Kapitel 2.1) [GARV84].

Neben diesen Entwicklungen zum Qualitätsbegriff entstanden in der zweiten Hälfte des 20. Jahrhunderts unterschiedliche Modelle, die Erklärungsansätze für die Entstehung einer Qualitätswahrnehmung liefern [STEE89]. Hervorzuheben ist das „cue-Modell" nach Olson. Danach entscheidet sich der Kunde zuerst für bestimmte qualitätsspezifische Stimuli (von Olson als „cues" bezeichnet) aus einer Reihe von produktrelevanten Stimuli. In einem zweiten Schritt fasst der Kunde die ausgewählten „cues" zusammen, um die Produktqualität im Gesamten zu beurteilen. Dabei berücksichtigt der Konsument nach Olson zwei verschiedene „cue"-Dimensionen. An erster Stelle steht der sogenannte Vorhersagewert. Dieser beschreibt die Bedeutung, die einer bestimmten Qualitätsinformation beigemessen wird. An zweiter Stelle steht der Vertrauenswert, welcher die Selbsteinschätzung des Kunden bezüglich seiner Bewertungsmöglichkeiten einer Qualitätsinformation berücksichtigt. Zumeist unbewusst erfasst der Kunde demnach auf Erfahrung basierende „Hinweise" auf hohe Qualität (z. B. hochwertige Materialien, saubere Verarbeitung etc.) und schätzt seine eigenen Fähigkeiten hinsichtlich der Beurteilung ab. Anhand einer solchen Bewertung entscheidet der Kunde, welche Qualitätsmerkmale von Bedeutung sind und zum Vergleich von Produktalternativen herangezogen werden.

Neben diesem Modell hat Olson gemeinsam mit Jacobi 1972 die Begriffe der intrinsischen und der extrinsischen „cues" geprägt. Unter „intrinsic cues" sind wahrnehmbare physische Bestandteile eines Produktes, unter „extrinsic cues" produktbezogene Stimuli, die keine physischen Produktbestandteile darstellen, zu verstehen [OLSO72]. Die Produktwahrnehmung des Kunden hängt daher nicht allein von den im Produkt innewohnenden Bestandteilen ab, sondern auch von äußeren Einflüssen, die das Produkt begleiten (z. B. Preis, Image, Marke).

Ergänzt wird dieser Ansatz durch die Informationsökonomie, welche Elemente der Property-Rights- und Transaktionskostentheorie aus der Mikroökonomie aufgreift [DARB73]. Dabei wird davon ausgegangen, dass der Kunde Qualitätsinformationen (cues) heranzieht, um sein Kaufrisiko zu minimieren. Die Kaufsituationen werden hierbei von den zur Verfügung stehenden Qualitätsinformationskriterien abgleitet [DARB73]:

- Such-/Inspektionskauf – Informationen können vor dem Kauf gewonnen und bewertet werden (z. B. Auto, Fernseher).
- Erfahrungskauf – Informationen können erst nach dem Kauf, bei Gebrauch des Produktes oder einer Dienstleistung erworben werden (z. B. Flug mit Heißluftballon).
- Vertrauenskauf – Informationen über die Qualität der erworbenen Leistung können auch nach dem Kauf nicht überprüft werden (z. B. Wartung, Arztbesuch).

Produkte gehören jedoch nicht immer nur einer Produktklasse an, sondern enthalten in einem bestimmten Maße Merkmale aller Klassen. Interessant ist dabei, dass Produkte mit abnehmender Möglichkeit zur Beurteilung der „physischen Beschaffenheit" (intrinsic cues) weniger der Klasse des Inspektionskaufs als der Klasse des Vertrauenskaufs zugeordnet werden können. Daraus lassen sich für unterschiedliche Produktkategorien unterschiedliche Gewichtungen bei der Entwicklung und Gestaltung von Produktmerkmalen und -informationen ableiten; so z. B. die Fokussierung auf einerseits die Kaufsituation oder andererseits die Langzeitnutzung.

Die Herausforderung besteht in der Identifikation und Übersetzung ebensolcher Qualitätsinformationen oder -cues. Da die Wahrnehmung und Bewertung beim Kunden zumeist unterbewusst abläuft, bedarf es eines eingehenden Verständnisses der Abläufe sowie geeigneter Methoden und Werkzeuge zu deren Analyse. Die bisher vorgestellten Modelle verdeutlichen dies. Eine strukturierte Operationalisierung zur Bearbeitung der Thematik Perceived Quality stellen sie jedoch nicht bereit.

5.2 Sinneswahrnehmung

Die Wahrnehmung eines Produktes beginnt mit der Reizaufnahme durch die Sinnesorgane. Ein Sinneseindruck entsteht durch die Reizweiterleitung an das zuständige Areal im Gehirn, welches dann den Sinneseindruck moduliert. Das Zusammenspiel aller Sinneswahrnehmungen verkörpert die Gesamtwahrnehmung.

Der Mensch nimmt primär mit den folgenden fünf Sinnen wahr [BORT06, GOLD02]:

- **Sehen:** Menschen nehmen mit den Augen visuelle Reize, wie z. B. Farbe, Helligkeit oder Formgebung auf. Beim Sehen handelt es sich um einen „Fern-Sinn", der die Gesamtwahrnehmung bisweilen dominiert.
- **Hören:** Die meisten akustischen Sinneseindrücke werden durch das Ohr aufgenommen und durch die Aufnahme eines Schallereignisses charakterisiert. Bei extremen Schallereignissen (z. B. Donnerschlag) können diese auch durch weitere Sinne (z. B. Tastsinn) wahrgenommen werden.
- **Fühlen:** Beschaffenheit oder Temperatur werden durch die Kombination der Rezeptoren der taktilen Wahrnehmung aufgenommen. Als Hauptorgan kann die Haut genannt werden.
- **Riechen:** Das Riechen beschreibt die Aufnahme von Gerüchen. Die durch die Nase aufgenommenen Reize verbindet der Kunde zumeist mit Erfahrungen und Emotionen.

- **Schmecken:** Durch die Geschmacksknospen der Zunge können Menschen die geschmackliche Qualität von Stoffen differenzieren.

Die Wahrnehmung eines Produktes mittels der verschiedenen Sinnen erfolgt entlang einer Wahrnehmungskette. Die Wahrnehmungskette (Abbildung 5-1) besteht aus sechs Stufen – Reiz; Transduktion; Verarbeitung; Wahrnehmung; Assoziation; Handeln – die sich zirkulär immer wieder neu beeinflussen [BIRB06].

Die von Objekten ausgesandten Signale, z.B. Schallwellen, werden als (distale) *Reize* bezeichnet und benötigen zum Vorhandensein keinen Empfänger. Mit der Aufnahme durch einen ebensolchen startet jedoch die eigentliche Wahrnehmungskette. Im Allgemeinen stellen diese Reize messbare Größen dar. Die Objektreize werden von den menschli-

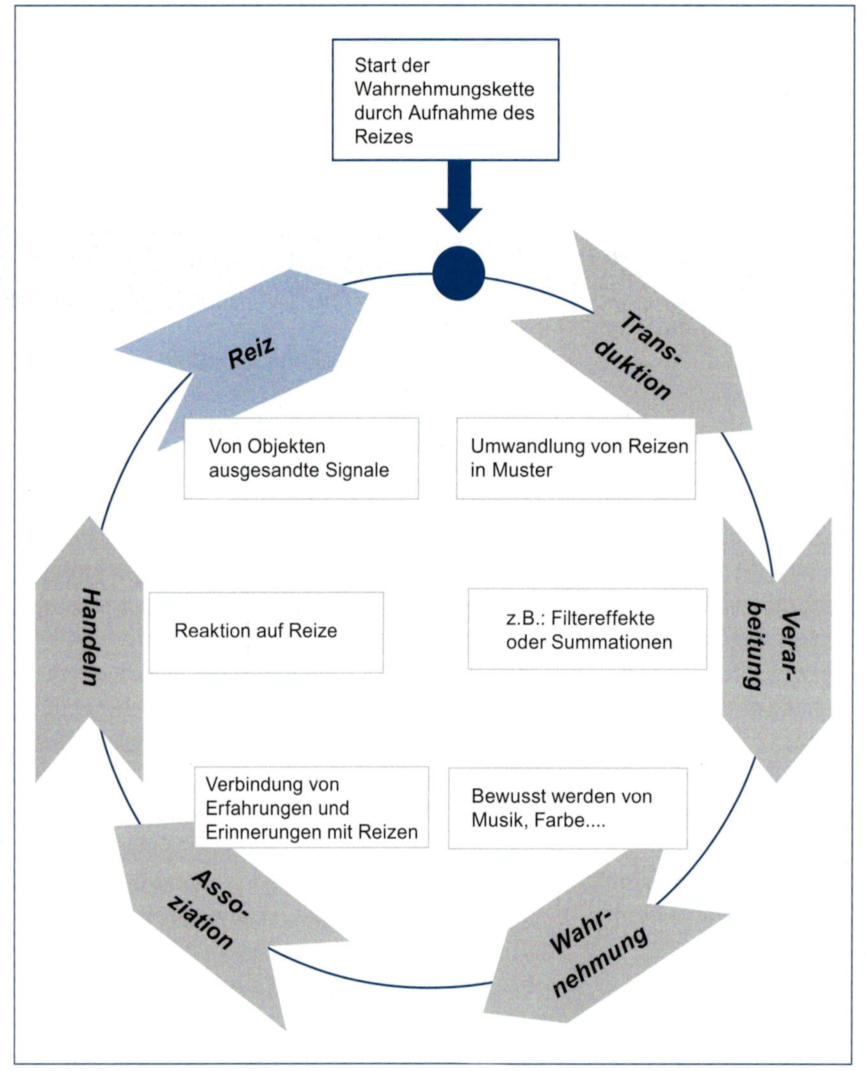

Abbildung 5-1
Wahrnehmungskette

chen Sinnesrezeptoren in individuelle Muster umgewandelt. Dieser Vorgang wird als *Transduktion* bezeichnet und ruft beim Beobachter eine physische Reaktion hervor. Im folgenden Schritt der *Verarbeitung* erfolgt eine frühzeitige Bearbeitung der Reaktionen, repräsentiert beispielsweise durch Filtereffekte oder Summationen. Die letztendlich im Gehirn angelangten Reize werden dem Beobachter durch die *Wahrnehmung* bewusst. Elektromagnetische Strahlung wird zur Farbe oder Schallwellen zu Musik. Dieses Bewusstwerden startet den Vorgang der *Assoziation*. Es werden Erfahrungen und Erinnerungen geweckt, welche der Kunde mit dem Reiz assoziiert. Dabei müssen keine konkreten Bilder/Situationen in Relation gesetzt werden, sondern zum Teil nur Emotionen wie z. B. Spaß oder Trauer. Auf Basis von Wiedererkennung reagiert der Beobachter auf Reize. Er beginnt mit dem *Handeln* auf Basis seines Urteils über den Reiz. Dieses Handeln wird den Beobachter bei der nächsten Reizaufnahme wiederum beeinflussen [BIRB06].

Wie bereits im Schritt der Verarbeitung der Wahrnehmungskette erläutert, existieren verschiedene Filtereffekte, welche eine Vorselektion der Reizwahrnehmung beeinflussen. Zur Planung neuer Produkte sind die Kenntnisse dieser Filtereffekte von Bedeutung. Das Wissen, wie sich verschiedene Reize untereinander beeinflussen, ermöglicht eine gezielte Steuerung der durch das Produkt hervorgerufenen Eindrücke. Aus der Vielzahl von Filtern werden im Folgenden die *Attributdominanz*, die *Irradiation* und der *Halo-Effekt* vorgestellt. Für weitere Filtereffekte wird die Literatur von Bortz und Döring [BORT06] empfohlen.

Attributdominanz

Mit der Attributdominanz wird ein psychologisches Beurteilungsprogramm umschrieben, bei dem der Konsument von einem Einzeleindruck auf die gesamte Produktqualität schließt. Dies dient dem Konsumenten zur Reduzierung seiner kognitiven Auslastung und zur Vereinfachung der Produktbeurteilung. Besonders in Situationen, in denen (1) der Konsument das wahrgenommene Risiko eines Kaufes reduzieren möchte, (2) der Konsument nicht über das zur Produktbeurteilung notwendige Fachwissen verfügt, (3) das Involvement des Konsumenten gering ist, (4) das Produkt für eine Beurteilung zu komplex ist oder (5) dem Konsumenten die nötigen Informationen zur Produktbeurteilung fehlen, neigt er dazu, von einem deutlich identifizierbaren und zwischen den Produktalternativen unterscheidenden Eindruck auf die gesamte Produktqualität zu schließen [DAWA94].

Irradiation

Das Schließen von einem Eindruck auf einen anderen Eindruck erfolgt aufgrund logischer Schlussfolgerungen. Subjektive Eindrucksverknüpfungen werden als Irradiation bezeichnet. So besteht beispielsweise subjektiv ein Zusammenhang zwischen der Art des Verpackungspapiers und der Frische von Brot. Irradiationen sind umso stärker, je mehr Eindrücke erlebnishaft miteinander werden konnten [KROE03].

Halo-Effekt

Der Halo-Effekt beschreibt den Sachverhalt, dass ein bereits gebildetes Qualitätsurteil die Wahrnehmung einzelner Produktattribute beeinflusst. Wurde ein Produkt vom Konsumenten positiv beurteilt, neigt er auch dazu, einzelne Eigenschaften positiv einzuschätzen. Nach psychologischer Ansicht steht hinter dem Halo-Effekt das Streben des Konsumenten nach Vermeidung kognitiver Dissonanzen (innere Konflikte durch miteinander unvereinbarer Kognitionen) [KROE03].

Dieser kurze Exkurs in die Grundlagen der Sinneswahrnehmung verdeutlicht, dass die Betrachtung der Produktwahrnehmung durch den Kunden ein komplexes Feld darstellt. Produkte werden durch den Kunden weder mit *einem* einzelnen Sinn noch rational (siehe Filtereffekte) wahrgenommen. Der Erfolg von Produkten hängt somit davon ab, Kundenassoziationen zu verstehen, Zusammenhänge zwischen den einzelnen sensorischen Wahrnehmungen aufzuzeigen und im Produkt umzusetzen. Zur Begegnung dieser Herausforderung sind Kunden, als die originäre Informationsquelle, in einem hohen Maße in den Produktentwicklungsprozess mit einzubeziehen.

5.3 Von der Gesamtwahrnehmung zum Attribut

Für einen erfolgreichen Produktentwicklungsprozess, der auch die Perceived Quality zielgerichtet adressiert, bedarf es eines systematischen Vorgehens zur Integration des Kunden in den Entwicklungsprozess sowie der Aufbereitung, Weiterleitung und Implementierung der vom Kunden gewonnenen Daten.

Im Folgenden wird auf die Gestaltung und operative Handhabung der wahrgenommenen Qualität von Produkten eingegangen. Abbildung 5-2 zeigt einen Ansatz zur sukzessiven Identifikation der qualitätsbestimmenden Produktfaktoren aus Sicht des Kunden.

Der *Gesamteindruck* des Kunden von einem Produkt bildet immer den Ausgangspunkt zur Informationsaufnahme. Dieser entsteht beim Erstkontakt mit dem Produkt und basiert auf einzelnen Produktdetails und -bestandteilen. Je mehr ein Kunde über ein Produkt „erfährt", desto mehr Gehalt bekommt der Gesamteindruck. Direkte Rückschlüsse auf die Ursächlichkeiten der Kundenbeurteilung lässt der Gesamteindruck jedoch nicht zu. Ausgehend vom Gesamteindruck als oberste Aggregationsebene lassen sich mittels freier oder teil-

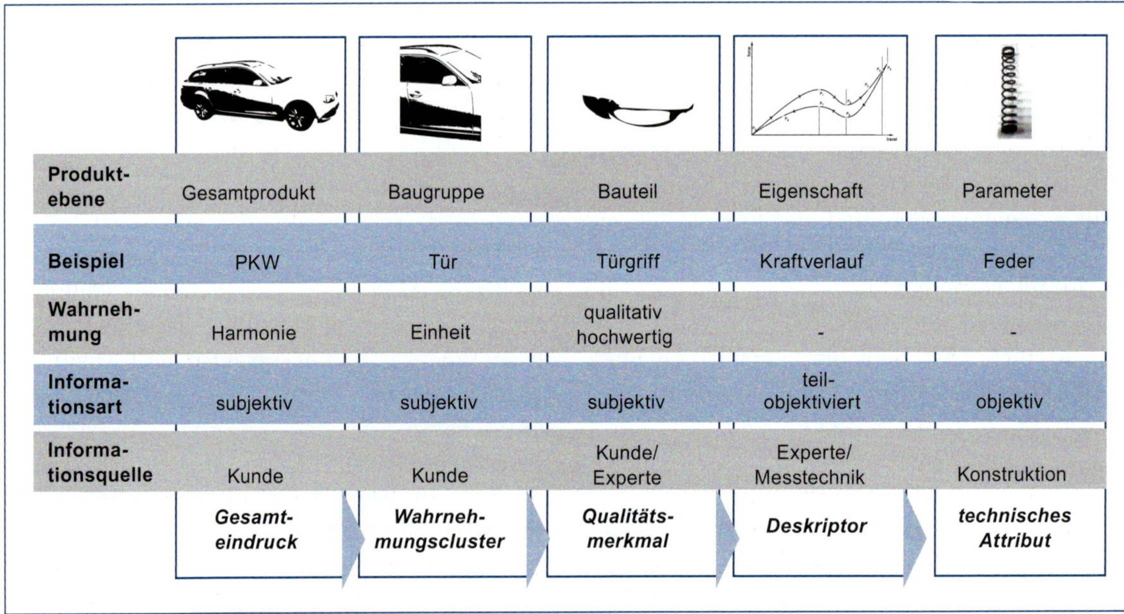

Abbildung 5-2 Von der Gesamtwahrnehmung zum Attribut

strukturierter Interviews mit Kunden zusammengehörige Produktmerkmale identifizieren und damit *Wahrnehmungscluster* festlegen. Der Kunde bildet Gruppen, z. B. für einzelne Sinneswahrnehmungen (z. B. Harmonie in Haptik) oder im Zusammenspiel von Sinnen (z. B. Kongruenz von Optik und Haptik). Der Schritt der Clusteridentifikation bietet sich besonders bei komplexen Produkten an, da sich Betrachtungsbereiche für weitere Untersuchungsschritte festlegen lassen. Disharmonien in der Qualitätswahrnehmung innerhalb eines Clusters führen zu negativen Kundenurteilen über diesen Produktbereich und damit auch über das Gesamtprodukt. Wahrnehmungscluster sind z. B. das Armaturenbrett im PKW, die Startvorrichtung eines Rasenmähers, aber auch das Bedienfeld einer Heizung.

Der Einsatz von freien oder teilstrukturierten Interviews an dieser Stelle liegt darin begründet, dass sich der Qualitätseindruck, wie zuvor beschrieben, aus bewusst, aber auch unbewusst, wahrgenommenen Faktoren zusammensetzt [SCHM08]. Dem Kunden ist es jedoch nicht möglich, diese unmittelbar zuzuordnen, geschweige denn zu artikulieren. Eine direkte Befragung ist daher nicht zielführend, und es sind u. a. folgende Erhebungsmöglichkeiten einzusetzen:

- die Beobachtung bei der Interaktion,
- die Methode des „Lauten Denkens“,
- die Means-End-Analyse,
- freie Interviews oder
- Workshops in Kleingruppen.

Eine detaillierte Beschreibung verschiedener Erhebungsmethoden und der zugehörigen Informationsquellen findet sich in Kapitel 7.2.

Der nächste Schritt bei der Integration des Kunden in den Produktentwicklungsprozess ist die Identifikation und Skalierung der durch ihn wahrgenommenen *Qualitätsmerkmale*, die als Grundlage für die Bewertung der Wahrnehmungscluster und damit des gesamten Produktes dienen. Qualitätsmerkmale können beispielsweise die Bedienung eines Drehknopfes oder die Oberfläche eines Produktes sein, welche in der Regel jedoch noch immer keine technische Größe darstellen.

Zur weiteren Differenzierung eines Qualitätsmerkmals bedarf es einer versierteren Informationsquelle. „Naive“ Kunden können zwar eine Veränderung in ihrer Sinneswahrnehmung feststellen, diese aber kaum beschreiben. Mittels „geschulter“ Probanden oder Experten und unter Einsatz „deskriptiver Methoden“ aus der Sensorik lassen sich für ein Qualitätsmerkmal ein oder mehrere *Deskriptoren* zur weiteren Identifikation und Gliederung der wahrnehmungsrelevanten Produkteigenschaften festlegen (siehe Kapitel 7.2) [PIPE06, BUSC07]. „Geschulte“ Probanden oder Experten zeichnen sich durch besonderes Fachwissen oder eine erhöhte Sensibilisierung für bestimmte Sinneswahrnehmungen aus. Durch Deskriptoren werden partielle Vergleiche mit bekannten technisch-physikalischen Sachverhalten gezogen und Zusammenhänge aufgezeigt. Mittels dieses deskriptiven Vorgehens entsteht eine standardisierte Beschreibung eines Qualitätsmerkmals in Kundensprache, die nahezu einem technischen Attribut entspricht. Deskriptoren eines Qualitätsmerkmals werden in Workshops erarbeitet und deren skalierbare Ausprägungen bestimmt [BUSC07]. Bezug nehmend auf das Qualitätsmerkmal „Oberfläche“ können Deskriptoren z. B. die Rauigkeit bzw. die Klebrigkeit sein. Zur methodischen Unterstützung der Bewertung von Qualitätsmerkmalen und Deskriptoren sowie deren Einflussanalyse auf die Gesamtwahrnehmung eines Produktes stehen des Weiteren die Conjoint-Analyse (siehe Toolbox, Kapitel 11.7), die Means-End-Analyse (siehe Kapitel 7.2) oder das Kano-Modell (siehe Toolbox, Kapitel 11.15) zur Verfügung.

Zur finalen Objektivierung der Kundenwahrnehmung für die Konstruktion, Fertigung oder Montage, lässt sich das *technische Attribut* durch den Abgleich der unterschiedlichen Ausprägungen eines Deskriptors mit entsprechenden Messwerten ermitteln. Im Hinblick auf für die Wahrnehmung relevante Messwerte existiert eine ganze Reihe von Untersuchungen bis hin zur Entwicklung eigenständiger Messinstrumente. Besonders hervorzuheben sind hierbei z. B. die Arbeiten von Spingler und van Laack, die sich eingehend mit der Verknüpfung von haptischen Sinneseindrücken mit reliablen Messgrößen auseinandersetzen [SPING11, VANL14].

5.4 Fazit

A

Die Thematik der Perceived Quality stellt für eine erfolgreiche Produktneu- bzw. -weiterentwicklung einen Schlüsselfaktor dar. Aufbauend auf der technisch messbaren Qualität, ist die durch den Kunden wahrgenommene Qualität das eigentliche Differenzierungsmerkmal von Produkten am Markt. Die Produktwahrnehmung durch den Kunden stellt ein multisensorisches und -dimensionales Betrachtungsfeld dar. Kunden überführen ihre Sinneswahrnehmungen durch einen Abgleich mit ihren Erwartungen und Erfahrungen in ein Produkturteil. Dieses Urteil gilt es für Unternehmen zu verstehen und in charakteristische Produktattribute zu transformieren. Zur optimalen Ausrichtung an den Forderungen und Bedürfnissen der Kunden stehen verschiedene Datenquellen und Methoden zur Erfassung und Analyse zur Verfügung. Erfolgreiche Unternehmen verknüpfen diese Daten zu einem ganzheitlichen Anforderungskatalog und realisieren die Kundenforderungen in ihren Produkten. Dieses Vorgehen bedingt jedoch immer die Befähigung und Unterstützung durch die Unternehmensführung.

Literatur

BIRB06 *Birbaumer, N./Schmidt, R. F.:* Biologische Psychologie. Springer, Heidelberg 2006

BORT06 *Bortz, J./Döring, N.:* Forschungsmethoden und Evaluation für Human- und Sozialwissenschaftler. Springer, Heidelberg 2006

BUSC07 *Buch-Stockfisch, M.:* Einrichten eines Sensoriklabors, Probenvorbereitung und -präsentation. In: Busch-Stockfisch, M. (Hrsg.): Praxishandbuch Sensorik in der Produktentwicklung und Qualitätssicherung. 16. Aktualisierungslieferung (Loseblattsammlung). 08/2007, Kapitel 1–3. Behr's, Hamburg 2007

CAST92 *Castleberry, S./McIntyre, F. S.:* Consumers Quality Evaluation Process. In: The Journal of Applied Business Research, Vol. 8, Nr. 3, 1992. S. 74–82

DARB73 *Darby, M. R./Karny, E.:* Free competition and the optimal amount of fraud. In: The Journal of Law & Economics, 16. Jg., 1973. S. 67–88

DAWA94 *Dawar, N./Parker, P.:* Marketing Universals: Consumers Use of Brand Name, Price, Physical Appeareance, and Retailer Reputation as Signals of Product Quality. In: Journal of Marketing, Vol. 58, No. 2, 1994

GARV84 *Garvin, D. A.:* What does „Product Quality" really mean? In: Sloan Management Review, Herbst 1984. S. 25–43

GOLD02 *Goldstein, E. B.:* Wahrnehmungspsychologie. Spektrum Akad. Vlg., Heidelberg 2002

KROE03 *Kroebel Riel, W./Weinberg, P.:* Konsumentenverhalten. Vahlen, München 2003

MASI07 *Pfeifer, T./Schmitt, R.:* Masing – Handbuch Qualitätsmanagement. Carl Hanser Verlag, München 2007

OLSO72 *Olson, J. C./Jacoby, J.:* Cue utilization in the quality perception process. Proceedings of the 2nd annual Convention of the Association for Consumer Research, Vol. 2, 1972. S. 167–179

PIPE06 *Piper, D./Scharf, A.:* Descriptive analysis – state of the art and recent developments. In: Scharf, A. (Hrsg.): Series Sensory Analysis No. 1. 2. Auflage. Forschungsforum, Göttingen 2006

SCHM08 *Schmitt, R./Hammers, C./Kohlmann, H. A.:* Lean Development mit DRBFM. Kunden begeistern durch Individualität. In: MQ Management und Qualität, 4. Jg., 2008, Nr. 1–2

SCHM14 *Schmitt, R. (Hrsg.):* Perceived Quality – Subjektive Kundenwahrnehmung in der Produktentwicklung nutzen. Symposion Publishing, Düsseldorf 2014

SCHU08a *Schuh, G./Gottschalk, S./Kupke, D.:* Individualisierte Produktion. Flexible Konfigurationslogik zur Gestaltung von integrativen Produktionssystemen. In: wt-online, 98. Jg., 2008, Nr. 4

SPIN11 *Spingler, M.R.:* Metrological System for Perceived Quality Parameters to Establish Transfer Functions to Human Perception. Apprimus Verlag, Aachen 2011

STEE89 *Steenkamp, J.-B. E. M.:* Product Quality. Von Gorcum, Maastricht u. a. 1989

[VANL14] *van Laack, A. W.:* Measurement of Sensory and Cultural Influences on Haptic Quality Perception of Vehicle Interiors. Van Laack Buchverlag, Aachen 2014

6 Unternehmerisches Qualitätsmanagement

Die Definition sowie das Verständnis von Qualität und damit auch des Qualitätsmanagements unterliegen einer Dynamik, welche durch den stetigen gesellschaftlichen und unternehmerischen Wandel bestimmt wird. Dabei wandelte sich der Begriff „Qualität“ von einer vermeintlich intrinsischen, dem Produkt „an sich“ zuzuordnenden Eigenschaft über die Jahre. Er spiegelt heute vielmehr die Erfüllung der Erwartungen unterschiedlicher Gruppen wider, die in die Herstellung, den Vertrieb oder den Verbrauch eines Produktes involviert sind, oder ein besonderes Interesse an dem Unternehmen und seiner Entwicklung haben. Ebenso wie die Definition und das Verständnis von Qualität einem Wandel unterworfen sind, bestimmen die sich ändernden Paradigmen der Produktion in den Unternehmen die Erwartungen an ein leistungsfähiges Qualitätsmanagement. Die in den vorangegangenen Kapiteln dargestellten Verbesserungs- und Veränderungsprogramme zielen darauf ab, den sich ändernden Qualitätsanforderungen gerecht zu werden, Qualitätsdefizite aufzudecken und diese zu beseitigen. Dabei bauen noch immer zahlreiche Programme auf einem tradierten Qualitätsverständnis auf, welches in erster Linie durch die einschlägigen Normen zum Qualitätsmanagement geprägt ist. Derartige Programme weisen zwar eine hohe Prozessorientierung auf, sind aber nicht in der Lage, die dynamische Entwicklung von Unternehmen bzw. ihrer Marktumfelder nachzuvollziehen.

6.1 Das unternehmerische Qualitätsverständnis

Akzeptiert man die normative Definition von Qualität als den „... *Grad, in dem ein Satz inhärenter Merkmale Anforderungen erfüllt*“ [DIN05], so beschreibt nach diesem Verständnis Qualität die Übereinstimmung der erbrachten, vorliegenden Ist-Leistung, die sich in den gelieferten Produkten oder Dienstleistungen des Unternehmens ausdrückt, mit einer von den Kunden erwarteten Soll-Leistung. Diese findet ihren Ausdruck in den Marktforderungen, in denen alle Forderungen potenzieller Kunden ebenso wie legislative oder normative Forderungen oder die Interessen anderer Stakeholder kumuliert erfasst werden (Abbildung 6-1).

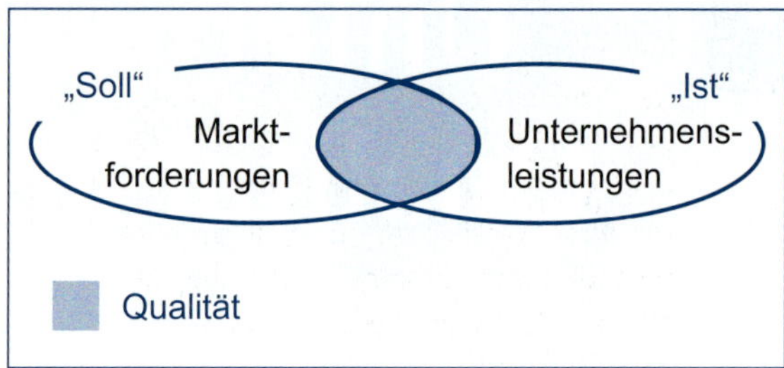

Abbildung 6-1 Das klassische Qualitätsverständnis

In der unternehmerischen Praxis ist damit zwar die Grundlage einer auf den Kunden ausgerichteten Bewertung von Qualität gelegt, Handlungsempfehlungen zur Erhöhung des Überdeckungsgrades werden jedoch keine gegeben.

Dieses Phänomen resultiert aus der in Abbildung 6-1 skizzierten, modellhaft dargestellten Verständnisgrundlage, nach der normativ geprägte Qualitätsmodelle in ihrem Wesen Bewertungs- bzw. Darlegungsmodellen entsprechen, die auf die Belange eines auf Qualität ausgerichteten Managementsystems ausgelegt sind. Gemäß ihrem Wesen postulieren diese Modelle zwar die Maximierung der Überdeckung von Marktforderungen und Unternehmensleistungen, ohne jedoch konkrete Anhaltspunkte zu geben oder Handlungsoptionen aufzuzeigen.

In der unternehmerischen Praxis erweist sich damit ein Qualitätsverständnis, das auf eine einzige Spannungsachse mit den Dimensionen Marktforderungen und Unternehmensleistungen reduziert

A

ist, als unzureichend. Zum einen drückt sich dieser Sachverhalt durch häufig mangelhafte Umsetzung der darauf aufbauenden Programme und in Problemen der industriellen Zielsetzung aus. Zum anderen zeigt die Realität, dass Unternehmen – speziell in Hochlohnländern – vom Markt verdrängt werden, obwohl sie nach klassischem Verständnis qualitativ hochwertige Produkte geliefert und effektive sowie effiziente Prozesse etabliert haben.

Ein Beispiel stellt die Fotografie in Deutschland dar. Bis in die 1960er und 1970er Jahre hinein galten die in Deutschland hergestellten Kameras mit ihren optischen Systemen als technologisch führend. Eine Abkehr der Kunden von diesen Geräten begann, als japanische Hersteller in ihre Kameras elektronische Funktionen integrierten, die eine drastische Vereinfachung in der Handhabung und eine höhere Ausbeute in Form einer größeren Anzahl gelungener Aufnahmen auf dem teuren Trägermedium des Silberchemie-basierten Films brachten. Offenbar lag es den Nutzern mehr am Herzen, spontaner und schneller Abbilder ihrer Erinnerungen zu schaffen und konservieren zu können, als mit einer Vielzahl von Einstellmöglichkeiten eine „technisch perfekte" Fotografie zu erhalten. Eine ähnliche Krise durchlebten bezeichnender Weise ab Ende der 1990er Jahre dann die Hersteller der „analogen" Filme mit dem Aufkommen der „digitalen" Fotografie. Nur eine Minderheit der Kunden interessierte sich offensichtlich für die Feinheiten der Chemie des Trägermaterials und seiner Bearbeitung in den Laboratorien, um ein hoch aufgelöstes und „farbneutrales" Bild zu erhalten. Vielmehr erfüllen für die Mehrheit der Nutzer digitaler Kameras, das unmittelbare Überprüfen der Aufnahme und die einfache und kostengünstige Speichermöglichkeit der Aufnahmen eher das Bedürfnis, jederzeit und unmittelbar Situationen dokumentieren und archivieren zu können. Die weitere Bearbeitung und „Individualisierung des Bildes" kann mit relativ einfachen Mitteln auf dem heimischen Rechner oder gar dem Smartphone erfolgen – mit weit mehr Möglichkeiten als es die klassischen Filme zuließen. Die Herausforderung für die Unternehmen bestand also darin, zu erkennen, dass ihre Kunden überwiegend keine besseren Fotografen werden wollten, die immer ausgefeiltere Geräte benötigen, sondern jede geeignete Technik nutzen wollten, um Lebenssituationen einzufangen, zu konservieren und für andere miterlebbar zu machen. Die dazu benötigten neuen Technologien erforderten zugleich neue Kernkompetenzen der Unternehmen wie z. B. die der Miniaturisierung mechatronischer Systeme – und diese waren nicht mit den bestehenden Strukturen vereinbar und überforderten manche, insbesondere mittelständische, Unternehmen in technologischer oder finanzieller Hinsicht. ■

Offensichtlich ist ein Handeln nach einem Bewertungs- und Darlegungsmodell, wie es in der Normung Eingang gefunden hat, in der unternehmerischen Praxis nicht ausreichend, um zwingend zu wirtschaftlichem und damit unternehmerischem Erfolg zu führen. Fragen nach der Marktrelevanz, den Erwartungen der Kunden und ihre Preisbereitschaft werden in den Normen und anderen Stan-

6

dards nur unzureichend abgebildet. Oder sie werden, insbesondere von technologisch führenden Unternehmen, im Sinne eines auszubalancierenden Verhältnisses des *„technology push"* gegenüber dem *„market pull"* systematisch unterschätzt.

In der unternehmerischen Praxis stellt sich also die Frage: Wie kann der oben skizzierte Qualitätsbegriff ausgestaltet werden, um bei der Festlegung der Balance von Unternehmensleistung und Marktforderungen als Entscheidungshilfe zu dienen?

Ein Grund für die scheinbare Widersprüchlichkeit bzw. Unvereinbarkeit zwischen der normativverallgemeinerten und der spezifischen Umsetzung in einem Unternehmen resultiert vor allem aus dem Fehlen eines Gestaltungsrahmens, der die Erbringung von Unternehmensleistungen beschreibt und dafür Handlungshinweise gibt. Es fehlt dazu eine Beschreibungsform, in der die tatsächlichen Unternehmensleistungen dargestellt, gemessen und mit den Forderungen des Marktes verglichen werden.

A

Für den hier verfolgten Ansatz sind zunächst die Unternehmen genauer zu betrachten. Jede Unternehmung ist darauf gegründet, bestimmte Ziele zu erreichen, die sich an den Anforderungen des spezifischen Zielmarktes orientieren. Diese Ziele sollen durch den ökonomischen Einsatz von entsprechenden Mitteln und Ressourcen erreicht werden. Die Ergebnisse dieser Aktivitäten werden im Kontext dieses Buches als Unternehmensleistung bezeichnet. Im Gegensatz zu dem bilanziell geprägten Verständnis von Unternehmensleistungen, werden sie hier als die Summe aller Produkte, Leistungen und Dienste verstanden, die am Markt angeboten und dort abgesetzt werden.

Unternehmensleistungen werden also immer im Spannungsfeld „Unternehmensausrichtung – Marktforderung – Unternehmensfähigkeiten" erbracht. Somit bedarf es im Unternehmen einer Berücksichtigung von Entwicklungen und Maßnahmen, welche die *Ausrichtung* des Unternehmens und damit unternehmerische Aspekte (z.B. Strategien, Ziele, Werte) betreffen, sowie solchen, die auf die *Fähigkeiten* des Unternehmens und daher auf ressourcenbezogene Faktoren – z.B. Betriebsmittel, Infrastruktur, Mitarbeiter – abzielen. Die Ausgestaltung dieser beiden Bereiche ist in der betrieblichen Praxis allerdings nicht zwangsläufig deckungsgleich, sondern kann sich erheblich unterscheiden. Die Unternehmensleistungen repräsentieren also weder allein die unternehmerische Absicht noch die potenziellen Fähigkeiten. Sie lassen sich besser als Überdeckungsgrad zwischen der Unternehmensausrichtung und den Unternehmensfähigkeiten verstehen (Abbildung 6-2).

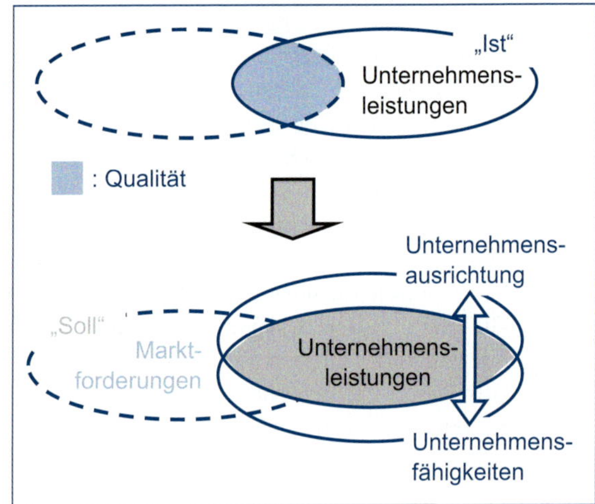

Abbildung 6-2 Das klassische Qualitätsverständnis – um die differenzierte Betrachtung von Unternehmensausrichtung und -fähigkeiten ergänzt ...

Je besser die Unternehmensfähigkeiten auf die Ausrichtung und das Markenversprechen des Unternehmens abgestimmt sind, desto effizienter und wirksamer können die Unternehmensleistungen erbracht werden. Damit wird es zu einer unternehmerischen Aufgabe, redundante oder sich zuwider laufende Entwicklungen zu vermeiden und eine auch zeitlich synchronisierte, möglichst große Übereinstimmung der Unternehmensfähigkeiten mit der vorgegebenen Unternehmensausrichtung zu erreichen. Erst die resultierende Unternehmensleistung aus der Überdeckung der strategischen Ausrichtung eines Unternehmens mit seinen Fähigkeiten definiert demnach den gegenüber dem Kunden dargestellten, marktbezogenen „Ist"-Zustand. Dieser wird an den Forderungen des Marktes, dem „Soll"-Zustand, gemessen, der einer zeitlichen Veränderung unterworfen ist. Die momentane Übereinstimmung der dargestellten Leistung mit den Markforderungen stellt in dieser Darstellung die hier so bezeichnete *unternehmerische* Qualität dar (Abbildung 6-3).

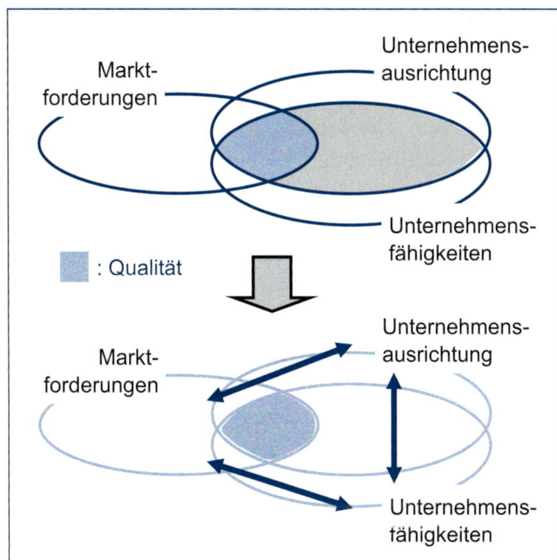

Abbildung 6-3 ... geht in dem Handlungsrahmen für das unternehmerische Qualitätsmanagement auf.

Unternehmerische Qualität kann somit definiert werden als *der momentane Überdeckungsgrad von Marktforderungen, Unternehmensausrichtung und Unternehmensfähigkeiten.*

Qualität im unternehmerischen Sinne bedeutet somit immer die ressourcenoptimale, vor allem profitable Leistungserstellung für eine nachhaltige Absicherung des Unternehmenserfolgs. Dieser von Toyota artikulierte Gedanke der „Vermeidung von Verschwendung" in allen unternehmerischen Bereichen ist somit eines der grundsätzlichen Elemente erfolgsorientierter Qualitätsbetrachtung, das schließlich auch im Lean Management seine Verankerung findet. Insgesamt führt die Abkehr von einer reduzierten Betrachtung der Qualitätsausprägung auf einer einzigen Spannungsachse, z.B. Unternehmensausrichtung vs. Marktforderungen, durch die differenzierte Betrachtung der Unternehmensleistung zu einem Gestaltungsfeld. Dieses Feld wird durch die Unternehmensausrichtung, die Unternehmensfähigkeiten und die Forderungen des Marktes aufgespannt. In diesem Entscheidungsraum ergeben sich neue unternehmerische Entscheidungsoptionen, die den verschiedenen Spannungsachsen Rechnung tragen.

Die Darstellung und Definition des unternehmerischen Qualitätsverständnisses ermöglichen eine ganzheitliche Betrachtung unternehmensinterner und -übergreifender, qualitätsbezogener Tätigkeiten im Sinne eines TQM. Diese Sichtweise erlaubt die Einnahme unterschiedlicher Perspektiven, die zu einer einfachen Identifikation und Verortung bestehender organisatorischer und betrieblicher Stellhebel und so zu einem Vorgehensmodell zur Ausgestaltung unternehmerischer Qualität führen.

6.2 Handlungsoptionen zur Gestaltung unternehmerischer Qualität

Lässt man sich auf das beschriebene, erweiterte Verständnis von Qualität aus Unternehmenssicht ein, bekommt die kontinuierliche Abstimmung, Organisation und Regelung unterschiedlicher Unternehmensbereiche eine zentrale Bedeutung für eine ganzheitliche Gestaltung. Im Spannungsdreieck der Unternehmensausrichtung, der Unternehmensfähigkeiten und der Marktforderungen existieren verschiedene Stellhebel zur Veränderung der unternehmerischen Qualität, deren zielgerichtete Beeinflussung die Aufgabe des Qualitätsmanagements darstellt. Diese lassen sich drei grundsätzlichen Stellhebeln zuordnen:

- Markt & Kundenorientierung
- Unternehmenspositionierung
- Kompetenzentwicklung

Mit ihnen lassen sich für das qualitätsorientierte unternehmerische Handeln im Wesentlichen drei Fälle unterscheiden, die sich auf die Anwendung dieser Stellhebel beziehen, dabei aber jeweils gleichzeitig mindestens zwei Bereiche des Spannungsdreiecks Marktforderungen – Unternehmensausrichtung – Unternehmensfähigkeiten adressieren.

Jedes Spannungsfeld bietet die Chance, Veränderungs- und Verbesserungspotenziale zu erkennen. Versteht man unternehmerisches Handeln als andauernden Problemlösungsprozess, der stetig darauf ausgerichtet wird, die quantifizierte Differenz zwischen einem bekannten Ist- und einem gewünschten Soll-Zustand zu überbrücken, gilt es zunächst, einen Maßstab zu entwickeln, in dem beide Zustände konsistent dargestellt werden können. Folgt man dieser Sichtweise, so ergeben sich für qualitätsorientiert handelnde Unternehmen auf den skizzierten Spannungsachsen drei grundlegende unternehmerische Handlungsoptionen, um den momentanen Überdeckungsgrad von Markforderungen, Unternehmensausrichtung und Unternehmensfähigkeiten zu maximieren. Die im Folgenden beschriebenen Stellhebel unterscheiden sich jeweils durch die Fixierung eines der drei Handlungsfelder (Marktforderung, Unternehmensausrichtung, Unternehmensfähigkeiten). Dieses vereinfachte Vorgehen dient hier lediglich der Verdeutlichung und modellhaften Herleitung der Handlungsalternativen. In der praktischen Anwendung kommt es zu Mischformen.

In Bezug auf die Kundenorientierung (pointiert: „Sollen") kann die Einführung eines völlig neuen Produkttypus seitens der Firma Apple mit dem elektronischen Organizer Newton gelten. Die Unternehmensfähigkeiten („Können") waren bei der Einführung des Produktes in guter Übereinstimmung mit der Unternehmensausrichtung („Wollen"). Und tatsächlich wartete das Produkt mit völlig neuen Eigenschaften auf, z.B. der Schriftenerkennung als Basis einer nachgebildeten natürlichen Kommunikation, aber auch der Möglichkeit der datentechnischen Synchronisation von Terminplaner und persönlichem Telefonbuch und anderer, bis dahin unbekannter Möglichkeiten. Apple war sehr wohl in der Lage, Newton entsprechend der Ankündigungen technisch zu entwickeln und zu fertigen. Allerdings war die überwiegende Anzahl der Anwender nicht bereit oder in der Lage, diese neuartigen, ungewohnten Eigenschaften auch tatsächlich zu nutzen, da die informationstechnische Infrastruktur aufgrund rivalisierender Betriebssysteme mit jeweils spezifischer Funktionalität und fehlender Standards nicht flächendeckend zur Verfügung stand. Das Unternehmensversprechen und die Fähigkeiten entsprachen also trotz ihres inhärenten guten Überdeckungsgrades nicht den Marktanforderungen und waren somit nur begrenzt kundenorientiert (Abbildung 6-4). Tatsächlich begründete der Newton jedoch letztendlich die neue Produktklasse der „personal digital assistants (PDA)", denen jedoch erst die einfachere Handhabung und der „Ein-Knopf"-Synchronisationsmechanismus des Mitbewerbers Palm zu einem Durchbruch verhalfen.

A

Abbildung 6-4 Herausforderung: Identifizierung und Wecken latenter Marktbedürfnisse

Die Funktionalität findet sich heute – zumindest in ganz wesentlicher Ausprägung – praktisch in jedem Smartphone.

Auch der Fokus der Unternehmensausrichtung kann in dem skizzierten Spannungsfeld dargestellt werden, da mit einem Wechsel der Unternehmensausrichtung im extremen Fall auch ein Wechsel der Markenidentität und des Markenversprechens verbunden sein kann. Dies war z. B. bei Mannesmann der Fall. Über viele Jahre war die Markenidentität als metallische Halbzeuge produzierendes Unternehmen auf einer der Kernkompetenzen, dem Herstellen von qualitativ hochwertigen, nahtlosen Rohren, gegründet. Mit Aufkommen der digitalen Telekommunikation baute im Zuge der Ausschreibungen zur Errichtung eines digitalen Kommunikationsnetzwerks das Unternehmen eine eigene Marke D2 als Betreiber auf.

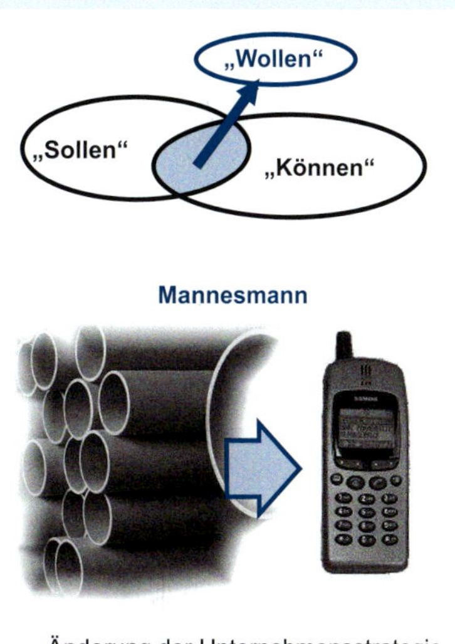

Abbildung 6-5 Herausforderung: Strategische Neuausrichtung

Nach dem Willen der damaligen Unternehmensführung wurde die Identität eines metallverarbeitenden Unternehmens der „old economy" in die eines, den sogenannten „neuen Technologien" zugewandten, Telekommunikationsdienstleisters transformiert. Diese bewusste Neuausrichtung führte kurzzeitig zu einem Gap zwischen der Unternehmensausrichtung auf der einen Seite und den Kundenforderungen des metallverarbeitenden Sektors und den an die Forderungen angepassten Unternehmensfähigkeiten auf der anderen Seite. Diese Situation bedeutete für Mannesmann, dass für diesen Typ von Kommunikationsleistungen sowohl ein neuer Markt gefunden und erschlossen, aber auch anschließend völlig neue, dem Unternehmen bislang unbekannte Fähigkeiten erworben werden mussten (Abbildung 6-5).

A

Es ist davon auszugehen, dass die Konzernführung von Mannesmann diese Ausrichtung auf einen neuen Markt erst nach intensiven Untersuchungen und Studien des Telekommunikationsmarktes beschlossen hat, sodass die Anpassung der Unternehmensausrichtung an den neuen Markt zumindest in den grundlegenden Fragestellung sehr schnell vollzogen werden konnte. Aus dieser Situation ergab sich ein neuer Gap zwischen den Marktforderungen des Telekommunikationssektors und der daran angepassten Unternehmensausrichtung auf der einen Seite und den Unternehmensfähigkeiten, die sich an den alten, metallverarbeitenden Märkten orientierten, auf der anderen Seite. Dieser Gap konnte durch verschiedene kompetenzstärkende Maßnahmen (Unternehmenszukäufe, Technologieimporte, Schulungen, Neueinstellungen, ...) geschlossen werden. Letztendlich war das Unternehmen im neuen Markt so erfolgreich, das es nach deutlicher Steigerung des Unternehmenswertes in einem dramatischen wirtschaftlichen Wettbewerb von einem konkurrierenden Unternehmen übernommen und in dessen Marke integriert wurde – der Markenname selbst ging dabei unter. Die ursprüngliche Kernkompetenz wurde von einem Mitbewerber übernommen und als Kernkompetenzfeld in dessen Produktportfolio integriert.

Der Fall des Transportluftschiffes Cargolifter soll die Herausforderungen des Stellhebels der Kompetenzentwicklung verdeutlichen. Der Transportbedarf für Güter durch ein Luftschiff „schwerer als Luft" war und ist aufgrund der besonderen Möglichkeiten, die ein derartiges Transportmittel verspricht, latent vorhanden und wurde auch realistisch eingeschätzt. Die Herausforderungen für das Unternehmens bestanden also weniger darin, die Markterwartungen mit den eigenen Versprechen in Übereinstimmung zu bringen, als vielmehr in der „Neuerfindung" einer seit mehr als sieben Jahrzehnten bekannten Konzeption eines starren Luftschiffs auf der Basis neuer Technologien und Adaption an die Transportaufgabe (Abbildung 6-6). Letztendlich scheiterte die Unternehmung trotz bereits aufgebauter Infrastruktur an der Umsetzung der vielversprechenden Pläne und somit an den Fähigkeiten des Unternehmens in finanziellen und technologischen Bereichen.

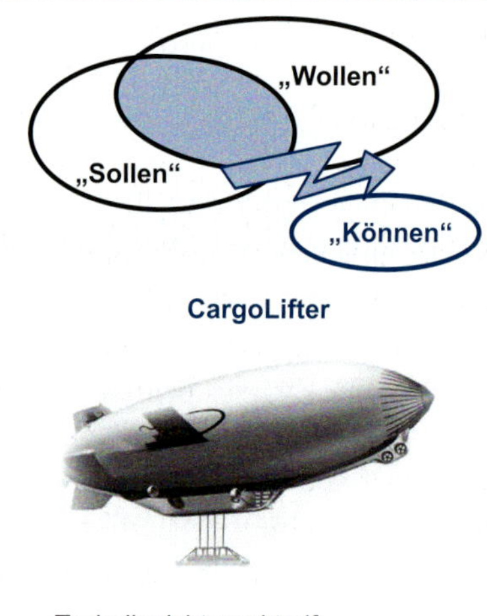

Abbildung 6-6 Herausforderung: Entwicklung der Unternehmensfähigkeiten

Die skizzierten Beispiele sind sicherlich in ihrer Gesamtheit jeweils wesentlich komplexer. An dieser Stelle seien die Vereinfachungen gestattet, um die Grundzüge des unternehmerischen Spannungsfeldes mit den entsprechenden Stellhebeln deutlich zu machen.

6.2.1 Stellhebel Markt- und Kundenorientierung

Aus Kundensicht bildet die „klassische“ Produktqualität – verstanden als Abgleich der Forderungen mit den gelieferten Eigenschaften – das Kernelement des unternehmerischen Handelns. Voraussetzungen für eine hoch bewertete Produktqualität sind die Identifikation des Marktes, auf dem das Unternehmen erfolgreich tätig sein will, und dort das Erkennen, die nachhaltige Verfolgung der Forderungen und Erwartungen der Kunden hinsichtlich der zu erbringenden Unternehmensleistung. Die Herausforderung aus Sicht eines Unternehmens besteht also darin, Wissen über Kundenbedürfnisse unternehmensweit anwendungs- und kundengruppenbezogen aufzubereiten und den relevanten Unternehmensbereichen bereitzustellen. Deswegen werden die Marktforderungen in diesem Szenario als fix angesehen.

Ein solcher kontinuierlicher Abgleich stellt sich im unternehmerischen Qualitätsverständnis als eine Anpassung der gesamten Unternehmensleistung, also der Schnittmenge von Unternehmensausrichtung und Unternehmensfähigkeiten, an die Marktforderungen dar (Abbildung 6-7). Aktivitäten der Kundenorientierung sind für Unternehmen genau dann Erfolgsfaktoren bzw. kaufentscheidende Alleinstellungsmerkmale, wenn sie zu einer besseren Ausrichtung des Unternehmens auf die Bedürfnisse des Marktes und dem gleichzeitigen Ausbau der Unternehmensfähigkeiten in Bezug auf das Erreichen der versprochenen Eigenschaften und Leistungsmerkmale führen. Dies ist z. B. dann der Fall, wenn *Markenversprechen* und *Unternehmenspersönlichkeit* als konsistent wahrgenommen werden und der Markt dem Unternehmen vertraut, geeignete Prozesse zu gestalten sowie die Organisation auf das Leistungsversprechen auszurichten.

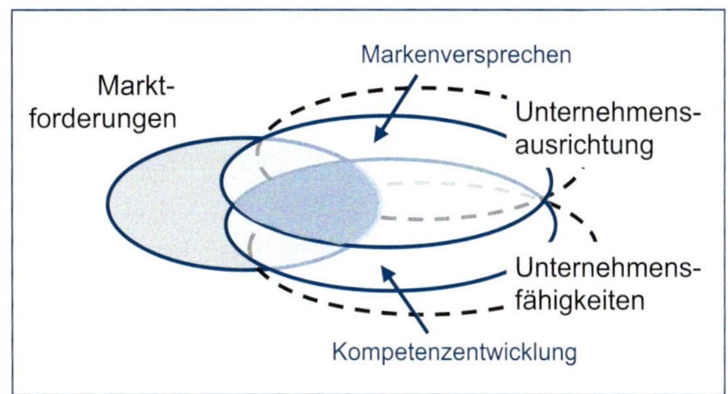

Abbildung 6-7 Stellhebel Markt- und Kundenorientierung

6.2.2 Stellhebel Unternehmenspositionierung

Eine wesentliche Voraussetzung für den langfristigen Erfolg von Unternehmen ist nicht nur die Flexibilität und Adaptionsfähigkeit der eigenen Organisation, sich an ändernde Rahmenbedingungen (z. B. in Wirtschaftskrisen) anzupassen, sondern auch die Unternehmens- und Produktpositionierung den dynamischen Veränderungen der Kundenforderungen anzupassen. In diesem Szenario werden deshalb die Unternehmensfähigkeiten als fix angenommen.

Eine genauso wichtige Aufgabe wie die stetige Positionierung an (scheinbar) stabilen Märkten ist es damit, Veränderungen rechtzeitig zu erkennen, neue Märkte zu schaffen oder neue Bedürfnisse zu wecken.

Um die effektive Unternehmensleistung und damit auch den Grad der Qualität nach unternehmerischem Verständnis zu beeinflussen, lässt sich die strategische Ausrichtung des Unternehmens verändern. Übergeordnetes Ziel ist die effektive Leistungserstellung zur Erreichung der adressierten Marktforderungen. Dies bedeutet sinnbildlich eine Verschiebung der Unternehmensausrichtung gegenüber den Marktforderungen und den Unternehmensfähigkeiten. Eine solche Veränderung kann z. B. über die Um- bzw. Neugestaltung von

Unternehmensvision, -mission und -ziel oder aber einer Veränderung der Aufbau- und Ablauforganisation erfolgen.

Grund hierfür kann eine Anpassung an die Marktforderungen („*market pull*") sein; das Unternehmen „folgt" also den Kundenwünschen. Eine weitere Strategie besteht darin, durch Marketingaktivitäten neue Bedürfnisse zu wecken und so die Marktforderungen im Sinne des Unternehmens zu beeinflussen. Dies geschieht typischerweise bei der Positionierung von technologiegetriebenen Eigenentwicklungen („*technology push*") (Abbildung 6-8).

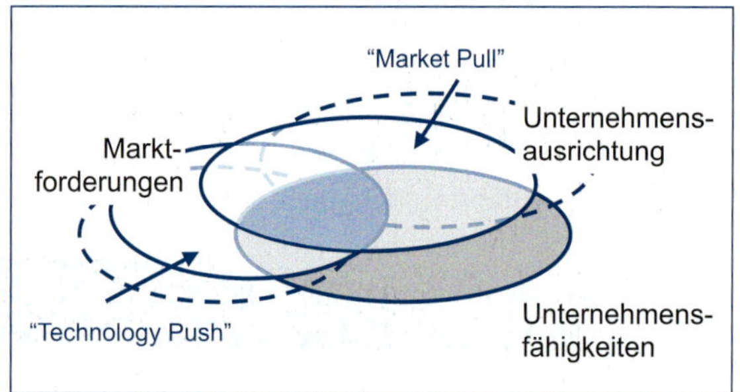

Abbildung 6-8 Stellhebel Unternehmenspositionierung

6.2.3 Stellhebel Kompetenzentwicklung

Im Sinne einer Befähigung können aus organisatorischer Sicht die Unternehmensfähigkeiten verbessert werden. Dies kann z. B. durch Mitarbeiterqualifizierung oder die Entwicklung und Verwendung neuer Technologien, Verfahren und Methoden geschehen. Im unternehmerischen Qualitätsverständnis entspricht dies einer gezielten Verschiebung der Unternehmensfähigkeiten in Richtung der Unternehmensausrichtung, die in diesem Szenario als fix angesehen wird (Abbildung 6-9).

Die gezielte Weiterentwicklung der Unternehmensfähigkeiten stellt eine der erfolgversprechensten Maßnahmen auf dem Weg zur Technologieführerschaft dar. Erreicht ein Unternehmen diesen Status, decken sich die Marktforderungen in starkem Maße mit den Unternehmensfähigkeiten bzw. orientieren sich an den Eigenschaften der mittels dieser Fähigkeiten produzierten Güter. Im Sinne des unternehmerischen Qualitätsverständnisses ist dies aus Unternehmenssicht eine äußerst erstrebenswerte Position.

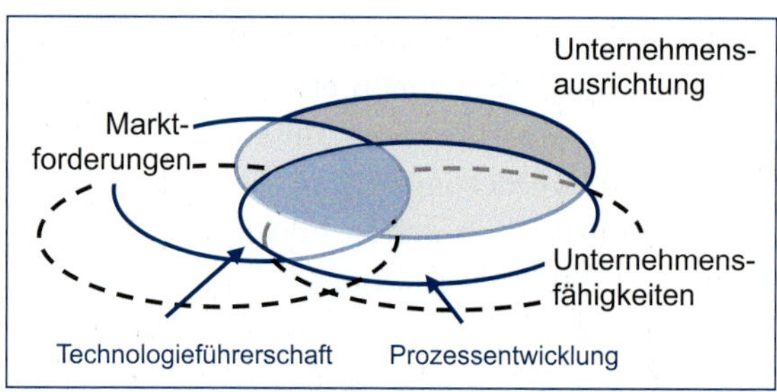

Abbildung 6-9 Stellhebel Kompetenzentwicklung

Wie lassen sich nun das unternehmerische Qualitätsverständnis und die beschriebenen Stellhebel in einen praxisorientierten Rahmen fügen und unternehmensspezifische, qualitätsschöpfende Tätigkeiten und Maßnahmen ableiten bzw. verorten?

6.3 Das Aachener Qualitätsmanagement Modell

Die Übertragung des unternehmerischen Qualitätsverständnisses und der geschilderten Stellhebel im Unternehmen bedarf eines Ordnungsrahmens, der die drei Elemente Forderung des Marktes, Unternehmensausrichtung und Unternehmensfähigkeiten adaptiert und deren Berücksichtigung bei der ganzheitlichen und qualitätsorientierten Gestaltung der zur Leistungserbringung notwendigen Prozesse ermöglicht. Bestehende Ansätze, wie z. B. DIN EN ISO 9000ff., EFQM-Modell, Lean Management oder Six Sigma, adressieren diesen Sachverhalt vor allem unter dem Aspekt der Bewertung aller (Geschäfts-)Prozesse und der dafür aufgesetzten Qualitätsmanagementsysteme. Diese

- liefern prozessbezogene Kennwerte und Anforderungen, lassen jedoch die Notwendigkeit eines gestalterischen Leitbilds vermissen (ISO, EFQM), vgl. [DIN05, DIN15, DIN09, EFQM13],
- adressieren die innerbetriebliche Verschwendung als Diskrepanz zwischen Ziel und Ausführung, unterbewerten jedoch die fehleranfällige Interpretation von Marktforderungen und über Wert- und Materialströme hinausgehende qualitätsrelevante Faktoren (Lean Management), vgl. [OHNO13, WOMA90]
  oder
- bieten projektartige Verbesserungsmaßnahmen, ohne ein Lernen durch Informationsrückfluss und Kontinuität zu ermöglichen (Six Sigma), vgl. [PAND00].

Somit erfüllen sie die Anforderungen eines ganzheitlichen, gestalterischen Ansatzes im Sinne eines unternehmerischen Qualitätsverständnisses nur eingeschränkt, da sie lediglich indirekt Hinweise zur Ausgestaltung für das Management von Qualität geben.

Aus dieser Erkenntnis heraus wurde das *Aachener Qualitätsmanagement Modell* entwickelt, um die qualitätsbezogenen Aufgaben eines Unternehmens in ihrer Einordnung in die unternehmensweiten Managementsysteme ganzheitlich darstellen, gestalten und hinsichtlich unternehmerischer Qualität optimieren zu können. Das Modell greift dabei bewusst etablierte und erfolgreiche Aspekte und Elemente bestehender (Qualitäts-) Managementmodelle auf, insbesondere den Gedanken der kontinuierlichen Verbesserung des Deming-Zyklus, die Erfordernisse einer prozessorientierten Betrachtungsweise der ISO 9000er-Reihe und die perspektivische Berücksichtigung interner und externer Einflussfaktoren des St. Galler Managementmodells [SEGH07]. In seiner Erweiterung verwendet es diese als fundamentale Elemente eines Handlungsrahmens, der Qualitätsmanagement als integralen Bestandteil in Systeme der Unternehmensführung einbettet. Der Aufbau und die konstituierenden Elemente des Modells werden im Folgenden vorgestellt.

6.3.1 Perspektiven auf die Qualitätsschöpfung im Unternehmen

Folgt man den vorangehend geschilderten Überlegungen, eröffnen erst unterschiedliche Perspektiven neue Gestaltungsräume für unternehmerisches Handeln. Das Aachener Qualitätsmanagement Modell verknüpft durch seine Darstellung sowohl unternehmerische, organisatorische als auch transformatorische Maßnahmen und Prozesse und erlaubt deren gegenseitige Abstimmung.

Ausgangspunkt aller qualitätsbezogenen Aktivitäten ist nach dem hier entwickelten Verständnis der *Markt*, der zugleich Ausgangs- und Endpunkt der Unternehmensleistungen ist (Abbildung 6-10). Unter dem Begriff des Marktes wird hier die Gesamtheit aller heterogenen, diversifizierten und temporär sich wechselnd zusammensetzenden Gruppierungen verstanden, die an einer erfolgreichen Leistungserbringung des Unternehmens interessiert sind. Somit umfasst ein Markt nicht nur externe Kunden, sondern auch unternehmensinterne Kunden, Zulieferer, Abnehmer oder Anteilseigner und andere Interessenspartner. Hier werden in mitunter widersprüchlichen Interessenslagen Forderungen an die Produkte oder Dienste eines Unternehmens und Vorstellungen über den zu erwartenden Erfüllungsgrad und Maßstäbe, die zu seiner Bewertung angelegt werden können, ausgehandelt und artikuliert.

Diese Forderungen an das Unternehmen und seine Produkte zu erkennen und entsprechend zu interpretieren, ist Grundlage der Erstellung erfolgreicher Unternehmensleistungen [NAGA10]. Dabei ist der Markt gleichzeitig auch Bestimmungs-

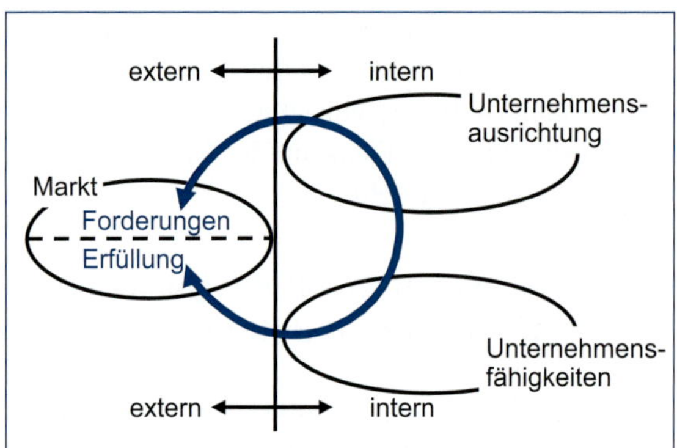

Abbildung 6-10 Der Markt als Ursprung und Bestimmungsort der Unternehmensleistung

ort der vom Unternehmen erbrachten Leistungen. Aus Sicht des Unternehmens bestehen somit zwei Schnittstellen zum Markt, die zum einen durch die Aufnahme von Forderungen, zum anderen durch die Erbringung von Leistungen gekennzeichnet sind. Dabei weisen diese Schnittstellen zwei Richtungen auf, denn das Attribut „Qualität" bemisst sich an den „marktüblichen" Maßstäben, hat somit auch eine Rückwirkung auf die Leistungserbringung des Unternehmens, während Forderungen an Produkte durch das Unternehmen selbst am Markt mitgestaltet werden können.

Unter diesem Blickwinkel sind somit die unternehmensinternen Abläufe darauf abzurichten, die externen Schnittstellen möglichst effektiv und effizient zu bedienen.

Diese Erkenntnis führt zu einem multiperspektivischen Ansatz, der es ermöglicht, je nach eingenommener Perspektive unterschiedliche Betrachtungsobjekte, Stakeholder-Interessen oder Zielsetzungen zu fokussieren.

Betrachtet man ein Unternehmen aus Sicht des Kunden, nimmt man eine *markt- bzw. kundenorientierte Perspektive* ein.

Aus dieser (externen) Perspektive lassen sich im Wesentlichen drei Aktivitäten beobachten. Das sind die Aktivitäten zur Aufnahme aller zur Leistungserstellung relevanten (Kunden-)Informationen, die Auslieferung der Unternehmensleistung sowie die Rückmeldung der leistungsrelevanten Informationen, wie z.B. Qualitätsbewertungen (Abbildung 6-11).

Die Unternehmensleistung wird in Form von materiellen oder immateriellen Produkten erbracht. Die Rückmeldung über diese erbrachten Leistungen erfolgt durch entsprechende Meldungen. Daher bilden die qualitätsschöpfenden Prozesse keinen Materialfluss ab und sind auch nicht, wie z.B. im Falle des *Wertstroms* („*Value Stream*") unmittelbar an ihn gekoppelt [ROTH99]. Wohl aber handelt es sich um einen Informationsfluss, bei dem auch die Produkte lediglich Träger bestimmter, vom Markt geforderter Merkmale und ihrer entsprechenden Ausprägungen darstellen.

Damit wird ein Regelkreis zwischen den Markforderungen und dem Qualitätsfeedback dargestellt, dessen Kristallisationspunkt durch den Kunden als

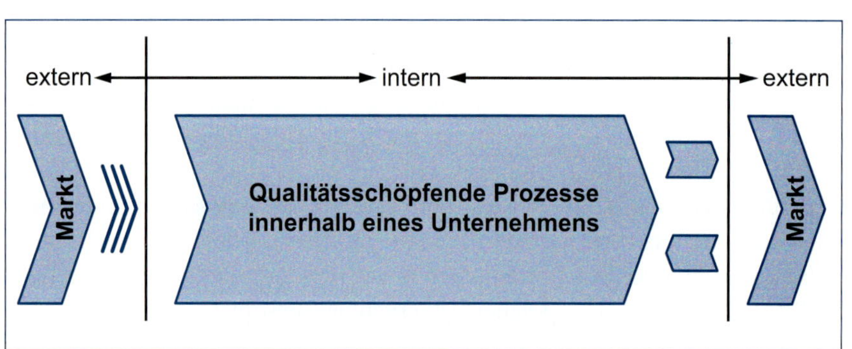

Abbildung 6-11 Die Marktperspektive im Aachener Qualitätsmanagement Modell

die übergeordnete Steuerungs- und Bewertungsinstanz verkörpert wird. Das Betrachtungsobjekt stellt dabei die Produktqualität dar.

Die unternehmensinternen Aktivitäten, Prozesse und Maßnahmen, die zur Transformation der Forderungen und des Kundenfeedbacks in Produkte ergriffen werden, sowie die dazugehörigen Effektivitäts- und Effizienzparameter erscheinen aus dieser Perspektive als Black Box. Sie werden im Folgenden unter dem Begriff der qualitätsschöpfenden Prozesse innerhalb eines Unternehmens zusammengefasst. Aus der Kundenperspektive werden insbesondere die Aktivitäten mit unmittelbarer Markt- bzw. Kundeninteraktion, wie z.B. die Erfassung der Kundenbedürfnisse oder das Beschwerdemanagement, betrachtet. Neben diesen Aktivitäten nimmt die Erfassung des Kundenurteils, also die vom Kunden bewertete Produktqualität, eine herausragende Position ein.

Jedem Unternehmen ist eine Unternehmensausrichtung mit Ausprägungen, wie z.B. Unternehmenszweck oder -organisation, zu eigen. Die Gestaltung und Weiterentwicklung dieser Aspekte erfordert die Einnahme der *Führungsperspektive*. Unter Berücksichtigung der Unternehmensausrichtung sowie der Unternehmensfähigkeiten und der Markt- bzw. Kundenforderungen können die qualitätsschöpfenden Prozesse aus Sicht der Unternehmensleitung gestaltet werden. Zu den damit einhergehenden Führungsleistungen werden

- die normative und strategische Ausrichtung,
- die Steuerung der Fähigkeiten des Unternehmens, sowie
- die aktive und verantwortliche Gestaltung der Rahmenbedingungen gezählt.

Damit fokussiert die Führungsperspektive auf die Systemqualität, d.h. es werden die qualitätsschöpfenden Prozesse hinsichtlich eines optimal funktionierenden Gesamtunternehmens bewertet und Maßnahmen zur Weiterentwicklung angestoßen (Abbildung 6-12). Dabei steht die Verfolgung und Abwägung unternehmerischer Interessen, die Ableitung von Vorgaben für die Unternehmensaktivitäten und damit die *Ausrichtung der qualitätsschöpfenden Prozesse* im Fokus der Führungs- bzw. Managementaktivitäten.

Führung ist die zentrale Aufgabe des Managements des Unternehmens. Hierzu gehören vor allem auch die Vorgabe und das Vorleben einer eigenen Identität und spezifischer Werte. Im Bereich des Managements sind daher alle Aufgaben, Kompetenzen und die Verantwortung der Unternehmensführung, die nach wie vor der Initiator und Treiber von Qualitätsinitiativen sind, verortet. Die Führungsperspektive adressiert Aktivitäten, die sich mit der grundsätzlichen Ausrichtung und Gestaltung der Unternehmensfähigkeiten auseinandersetzen. Dabei steht nicht nur die Wahrung der aktuellen Unternehmenssituation, sondern auch die Sicherung der zukünftigen Wettbewerbsfähigkeit im Fokus.

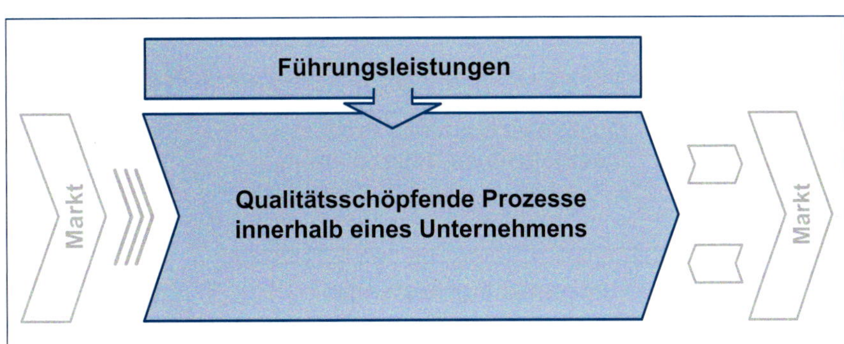

Abbildung 6-12
Die Führungsperspektive im Aachener Qualitätsmanagement Modell

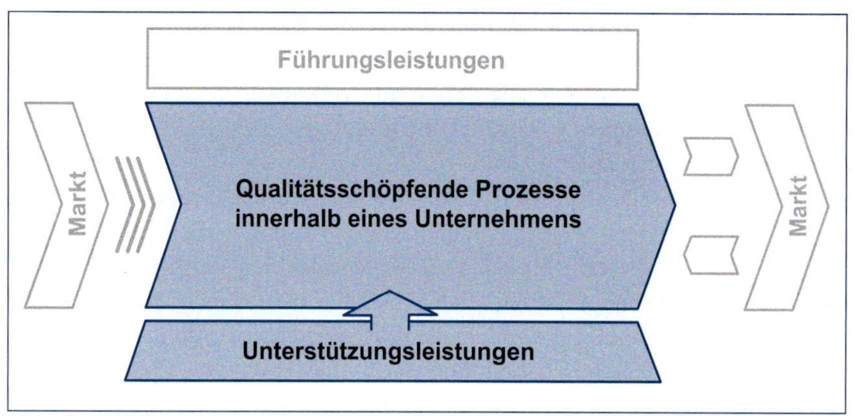

Abbildung 6-13
Die Betriebsperspektive im Aachener Qualitätsmanagement Modell

Zur Unterstützung und Umsetzung der qualitätsgeleiteten Prozesse und der Vorgaben aus der Führungsperspektive bedarf es sogenannter Unterstützungsleistungen in Form von spezifischen Ressourcen und Diensten. Mithilfe dieser Elemente werden die qualitätsschöpfenden Prozesse befähigt bzw. deren Effizienz sichergestellt.

Aus der *Betriebsperspektive* werden die Umsetzung der von der Führungsperspektive vorgegebenen Ziele und die dazu erforderlichen Prozesse adressiert (Abbildung 6-13). Dabei sind die Unternehmensfähigkeiten entsprechend der Unternehmensausrichtung so zu entwickeln, dass die erforderlichen Ressourcen und Dienste mit den operativen Erfordernissen, die aus der Führungs- und Kundenperspektive abgeleitet werden, in Einklang gebracht werden. Damit liegt der Fokus auf der Prozessqualität. Die Betriebsperspektive ist grundsätzlich Bottom-up ausgerichtet.

6.3.2 Ausgestaltung der Elemente des Modells

Das Aachener Qualitätsmanagement Modell greift in seiner Ausgestaltung die geschilderten Perspektiven auf und trägt dem Gedanken eines unternehmerischen Qualitätsverständnisses Rechnung (Abbildung 6-14).

Was aber verbirgt sich hinter den Elementen der qualitätsschöpfenden Prozesse, der Führungs-

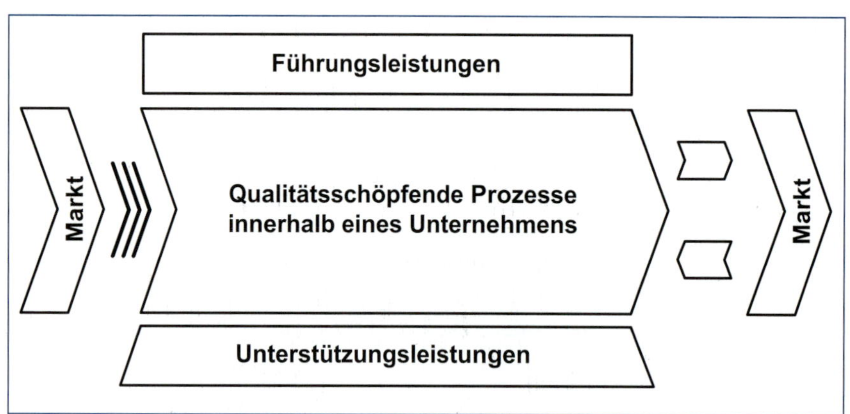

Abbildung 6-14
Zusammenwirken der qualitätsschöpfenden Prozesse und der Führungs- und Unterstützungsleistungen

A

leistungen und der Unterstützungsleistungen? Wie können sie ausgestaltet werden, damit die Sicht eines erfolgreichen, unternehmerisch ausgerichteten Qualitätsmanagements tatsächlich umgesetzt werden kann?

Im Verständnis des Aachener Qualitätsmanagement Modells wird die Transformation von Eingangs- in Ausgangsgrößen des Unternehmens, also die Aufnahme von am Markt gebildeten Forderungen in Kunden begeisternde Produkte oder Leistungen, durch alle qualitätsschöpfenden Prozesse und Aktivitäten der Leistungserbringung eines Unternehmens bewirkt. Dieses Element wird im Folgenden mit dem Begriff *Quality Stream*, in dem die Gesamtheit aller unmittelbar qualitätsschöpfenden Aktivitäten und Qualitätsbeiträge gebündelt werden, bezeichnet. Er ist vom Markt ausgehend durch das Unternehmen führend auf den Markt ausgerichtet.

Der Aufbau des Quality Stream orientiert sich strukturell am Lebenszyklus eines Produktes oder einer Dienstleistung. Ausgehend von den Phasen der Produktentstehung über die Auftragsabwicklung bis zum Vertrieb und die Produktbeobachtung verändern sich die Forderungen an die Ausgestaltung der qualitätsbezogenen Aufgaben, denen das Qualitätsmanagement Rechnung tragen muss. Stehen z.B. in den frühen Phasen Methoden des präventiven Qualitätsmanagements im Vordergrund, treten diese in späteren Phasen zugunsten von z.B. qualitätssichernden Aktivitäten oder solchen, die einer Effizienzsteigerung von Produktionsprozessen dienen, in den Hintergrund. In noch späteren Phasen überwiegen dann z.B. Methoden der Produktbeobachtung und Zuverlässigkeitsüberwachung im Feldeinsatz. Entsprechend ändern sich auch die Anforderungen an Fähigkeiten, Anzahl und Tätigkeiten z.B. der Mitarbeiter, die mit Aufgaben des Qualitätsmanagements betraut sind. Ein Satz solcher Lebenszyklusphasen, die ein Produkt oder eine Produktgruppe durchlaufen, mit den zugehörigen Aktivitäten des Qualitätsmanagements, wird innerhalb des Quality Stream als *Quality Forward Chain* bezeichnet, da sie in ihren Grundzügen die Weiterentwicklung eines Satzes aufeinander aufbauender Aktivitäten beschreibt (Abbildung 6-15).

Eine Quality Forward Chain umfasst sämtliche Tätigkeiten, Werkzeuge und Methoden zur präventiven und reaktiven Gestaltung der Qualität einer materiellen oder immateriellen Leistung und der zu ihrer Erbringung notwendigen, unmittelbar qualitätsschöpfenden Prozesse, die mit einem Produkt oder einer Produktgruppe verbunden sind. Die Phasen der Quality Forward Chain sind durch die unterschiedlichen Stufen des jeweiligen Produktlebenszyklus zeitlich und inhaltlich determiniert. Eingangsgrößen sind die Forderungen der Kunden, die in Produktmerkmale und -eigenschaften als Ausgangsgrößen transformiert werden. Die Produkte, die am Markt angeboten und abgesetzt werden, sind in diesem Modell somit nicht im Sinne eines Materialflusses zu verstehen, sondern sind als die Träger von Eigenschaften darauf ausgerichtet, Kundenzufriedenheit und damit Qualitätswahrnehmung zu erzeugen. Damit unterscheidet sie sich vom Wertstrom, der die Wertschöpfung innerhalb des Unternehmens, nicht aber die Bewertung am Markt als Maßstab hat.

Die Kopplung der Qualitätsschöpfung an die Lebenszyklusphasen ermöglicht eine Betrachtung, die über die „klassische" Prozessorientierung hinausgeht. Definiert man den Begriff des Prozesses als einen Satz geplanter und in ihrer Abfolge vorab festgelegter Tätigkeiten, die Eingangsgrößen (*Input*) in Ausgangsgrößen (*Output*) umwandeln, so bedeutet streng genommen jede Änderung, die sich innerhalb eines Lebenszyklus zwangsläufig ergibt, einen Verstoß gegen den Prozessgedanken. Vielmehr tritt hier der Charakter der nur im geringen Maße repetitiven Tätigkeiten in den Vordergrund. Im Falle der Orientierung am Lebenszyklus ist daher grundsätzlich die kontinuierliche Anpassung

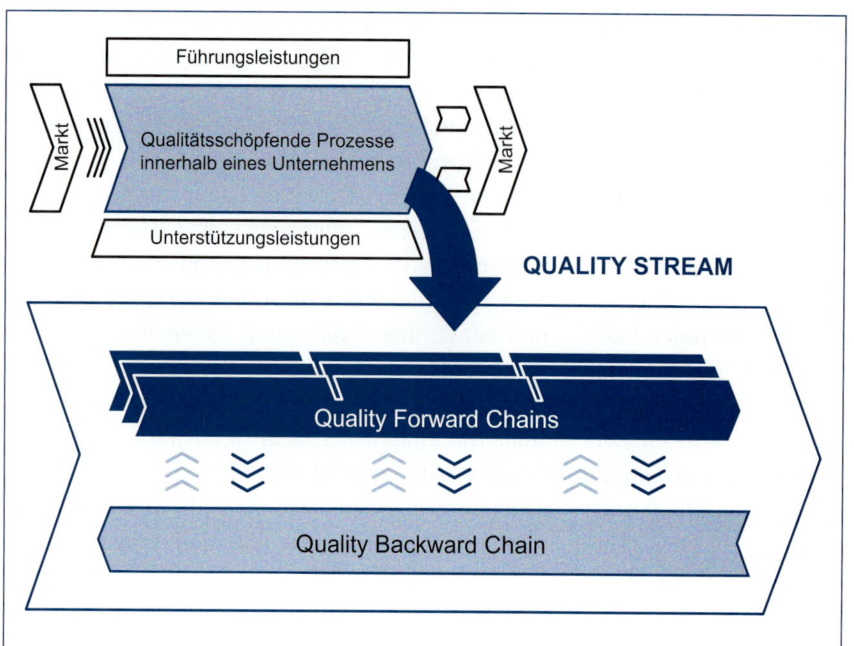

Abbildung 6-15 Organisation der qualitätsschöpfenden Prozesse im Quality Stream

und somit auch der Deming-Zyklus mitangelegt. Diese Idee der Einbeziehung von Veränderung wird zusätzlich dadurch betont, dass entsprechend der unternehmerischen Wirklichkeit die Akzeptanz mehrerer Quality Forward Chains im Quality Stream nicht nur einen, sondern mehrere Lebenszyklen abbildet, da sich in der Regel verschiedenartige Produkte sich in unterschiedlichen Phasen ihres Lebenszyklus befinden.

Die intrinsische Dynamik der Veränderungen in einem Unternehmen erfordert vom Qualitätsmanagement, die unterschiedlichen Quality Forward Chains zu koordinieren und miteinander zu verknüpfen. Dies erfolgt mit dem Ziel, mögliche Synergien zu nutzen und die Effizienz zu steigern. Dabei wird hier der Begriff der Dynamik in zwei Ausprägungen verstanden. Auf der einen Seite beschreibt er die Veränderungen, die sich entlang der Lebenszyklen ergeben, auf der anderen Seite Anforderungen an die Geschwindigkeit, mit der bestimmte unternehmerische Ziele, z.B. hinsichtlich des Erreichens von Anlauf-Kammlinien oder der Effizienz von Prozessen, erreicht werden. Da eine hohe Dynamik nach kybernetischem Verständnis nur durch rückgekoppelte Systeme, die eine stetige Überprüfung des aktuellen gegenüber einem gewünschten Zustand erlauben, wird als Element der Informationsrückkopplung im Quality Stream die *Quality Backward Chain* eingeführt.

Diese Quality Backward Chain beinhaltet rückwärtsgerichtete Qualitätsbeiträge vor allem durch Erkenntnisse über Bewertungen der am Markt abgesetzten Produkte oder Leistungen. Dies schließt ausdrücklich Erkenntnisse über Fehler bzw. Risiken in späteren Produktions- oder Nutzungsphasen ein. Über die Quality Backward Chain werden alle internen und externen qualitätsrelevanten Informationen an die Stellen des Lebenszyklus, an denen sie zur Produkt-, System- und Prozessverbesserung gebraucht und verarbeitet werden, zurückgeleitet. Sie bildet neben der produktübergreifenden, kontinuierlichen Nutzung externer und interner Daten die Ableitung korrektiver, absichernder Qualitätsmanagementaktivitäten für im Markt und in der Entstehung befindliche Produkte, Leistungen und Prozesse ab. Darunter sind zum einen die systematische Erhebung und Distribution von Felddaten, welche die am Markt gebildete Beurteilung der Produktanmutung und -funktionaliät ausdrücken, und zum anderen die Erkenntnisse interner Verbesserungsprozesse zu subsumieren. Über die Felddaten lassen sich neben latenten, nicht artikulierten Marktforderungen auch Methoden und Werkzeuge der Produktentwicklung und -realisierung bewerten bzw. Defizite aufdecken. Denn die Validität von Marktstudien oder Methoden lässt sich gesichert nur a posteriori auf Basis von Felddaten nach Produkteinführung beurteilen (vgl. [KANO84]).

Um eine unternehmensweite und ganzheitliche Nutzung aller unternehmensintern und -extern erhobenen Informationen zu gewährleisten, bedarf es einer zentralen Rückkopplungsstruktur, die sämtliche Informationen bündelt und adressatengerecht in die Prozesse der Leistungserbringung zurückspielt. Aus diesem Grund basiert die Gestaltung des Quality Streams auf nur einer zentralen Quality Backward Chain. Sie dient gleichberechtigt zur Verknüpfung der verschiedenen Phasen eines Lebenszyklus (*Lernen entlang einer Produktgruppe*) und der unterschiedlichen Lebenszyklen untereinander (*Lernen zwischen den Produktgruppen*). Die rückgekoppelte Struktur des Quality Stream ist ein weiteres Unterscheidungsmerkmal zum typischerweise stratifizierten Wertstrom.

In Bezug auf Rechtzeitigkeit und zeitliche Synchronität der notwendigen Aktivitäten bedarf es klar definierter Führungsleistungen zur Koordination der Quality Forward Chains und der zentralen Quality Backward Chain. Diese bilden mit ihren lebenszyklusbezogenen, vorwärts- und rückwärtsgerichteten Schnittstellen die Basis zum Aufbau von kleinen und großen Qualitätsregelkreisen.

Diese Führungsleistung dient dem Management des Quality Streams durch das Unternehmen (Abbildung 6-16). Die Leistung wird damit im Spannungsfeld erbracht, das sich zwischen der Identität und den Werten eines Unternehmens (der *Unternehmenspersönlichkeit*) und den daraus abgeleiteten Zielen und Strategien aufspannt. Während die Identität und die Werte von ihrem Grundverständnis her eher längerfristig ausge-

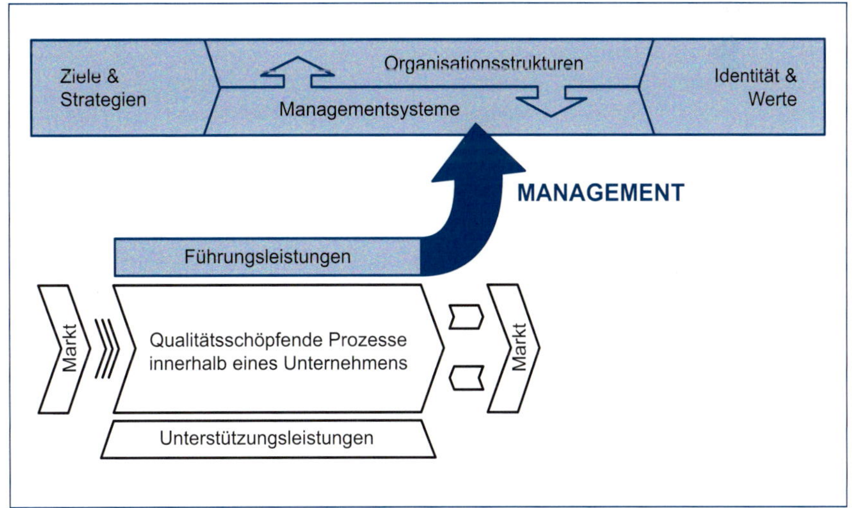

Abbildung 6-16
Erbringung der Führungsleistung durch das Management

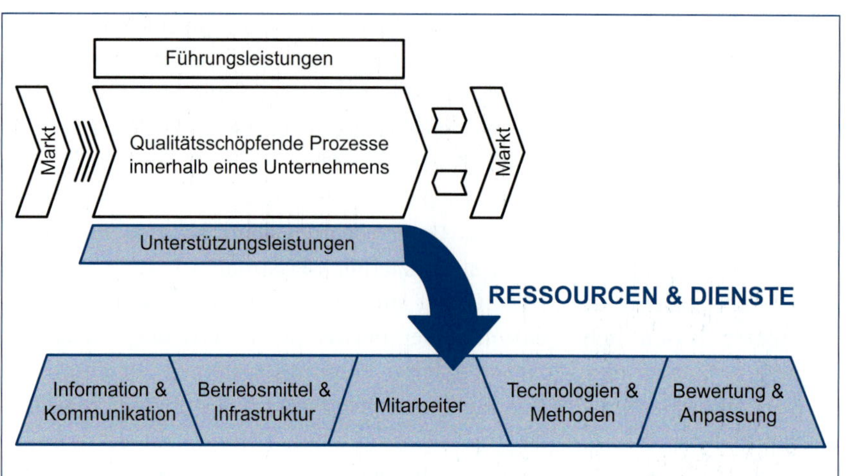

Abbildung 6-17
Erbringung der Unterstützungsleistung durch Ressourcen und Dienste

richtet sind, gilt es, Ziele und Strategien zu deren Erreichung, der Dynamik der sich verändernden Märkte, aber auch des eigenen Unternehmens anzupassen. Sie ergeben sich aus der Notwendigkeit der Synchronisierung der Aktivitäten im Quality Stream und beeinflussen und steuern diese. Dies bedingt die Gestaltung passender Managementsysteme zur Unterstützung der sich notwendigerweise zeitlich ändernden Organisationsstrukturen und gestattet so eine überzeugende und nachhaltige Führung durch das Management des Unternehmens.

Die vom Unternehmen bereitgestellten Ressourcen und Dienste bilden die Grundlage, die der Quality Stream zur Umsetzung benötigt (Abbildung 6-17). Zu diesen zählen im Besonderen die zentrale Ressource Mitarbeiter genauso wie Betriebsmittel, die bestehende Infrastruktur, vorhandenes Technologiewissen und Methodenkenntnisse. Durch das Zusammenspiel einer geregelten Kommunikation und Information mit einer kontinuierlichen Bewertung und Anpassung wird sichergestellt, dass die Forderungen des Marktes in Produkte und Leistungen umgesetzt werden können. Eine rein betriebswirtschaftliche Bewertung im Sinne des Controllings wird hier ergänzt um die operativen Elemente eines organisatorisch getriebenen Veränderungsmanagements bzw. eines produktorientierten Änderungsmanagement.

Letztlich führen die Ausgestaltung der einzelnen Leistungen sowie eine entsprechende Verortung der oben angeführten unternehmerischen Stellhebel durch eine perspektivische Betrachtung auf die qualitätsschöpfenden Prozesse zu den vier konstituierenden Elementen des Modells. Diese sind

- der Markt als Forderungs- und Bestimmungsort von Leistungen,
- der Quality Stream als Klammer aller qualitäts- und wertschöpfenden Tätigkeiten im Unternehmen,
- das Management als gestaltende Instanz des Quality Streams,
- die Ressourcen und Dienste als Grundlage qualitätsschöpfenden Handelns.

In dieser Form kann das Aachener Qualitätsmanagement Modell (Abbildung 6-18) sowohl abbildend-beschreibend als auch gestaltend verwendet werden. Dabei dienen die ausdetaillierten Elemente als Richtschnur zur Definition der unternehmensspezifischen Aktivitäten. Generell lassen sich in einer solchen Darstellung einzelne Tätigkeiten, Bereiche und Pro-

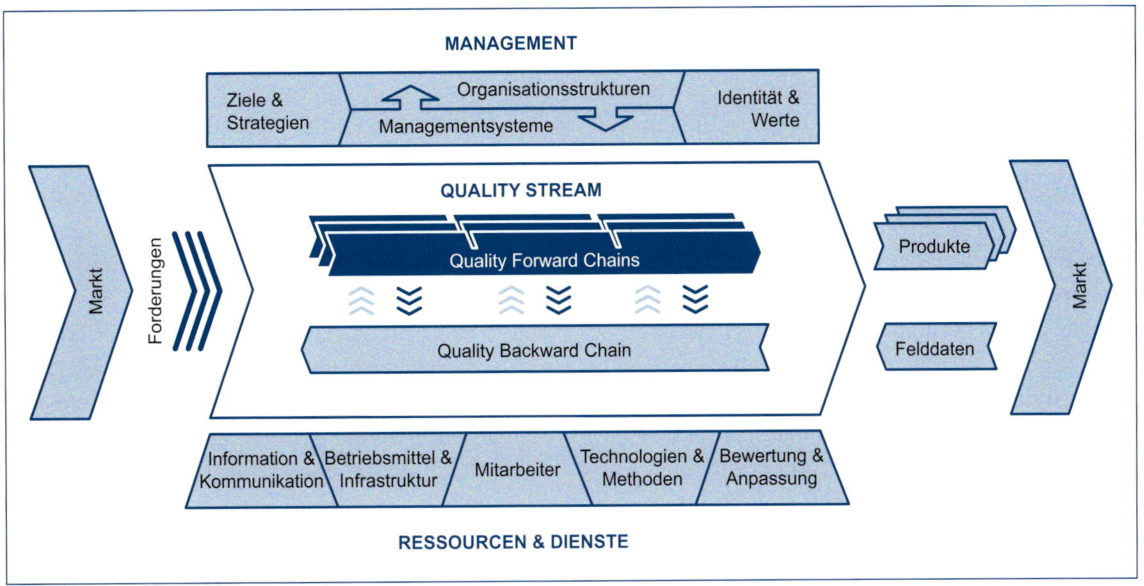

Abbildung 6-18 Das Aachener Qualitätsmanagement Modell

zesse eines Unternehmens verorten, inhaltlich verknüpfen sowie entsprechende Ursache-Wirkungszusammenhänge aufzeigen. Das Modell erzeugt so Transparenz über die Entstehung der Unternehmensleistung, identifiziert Handlungsbedarfe und unterstützt über die Stellhebel unternehmerischer Qualität deren Umsetzung. Die Informationsrückkopplung über Felddaten entlang der Quality Backward Chain dient dabei dem Aufbau von prozessspezifischen und übergreifenden Regelkreisen. Die Einnahme unterschiedlicher Perspektiven auf das zentrale Element des Quality Stream gestattet es, situativ angepasst Verbesserungen anzustoßen und zu verfolgen.

6.4 Fazit

Das auf den Marktforderungen, der Unternehmensausrichtung und den Unternehmensfähigkeiten basierende unternehmerische Qualitätsverständnis ermöglicht eine multiperspektivische Betrachtung der Leistungserbringung von Unternehmen. Dem entspricht das Aachener Qualitätsmanagement Modell durch die drei wesentlichen Merkmale:

- Perspektivenansatz,
- Lebenszyklusorientierung,
- Berücksichtigung der Unternehmensdynamik.

Die perspektivische Ausgestaltung ist der Ansatz, mit welchem den Herausforderungen der strategischen Zielbestimmung, der Ressourcenoptimierung sowie der Koordination unterschiedlicher Sichten auf das Thema Qualität begegnet wird. Perspektivisch bedeutet zum einen die Berücksichtigung unterschiedlicher Stellhebel auf den Ebenen von Marktforderungen, Unternehmensausrichtung und Unternehmensfähigkeiten im Modell. Zum anderen bedeutet es, dass die Elemente der Kunden-, Führungs- und Betriebsperspektive in ihrer gegenseitigen Abhängigkeit dargestellt und gestattet sind und mit dem Quality Stream ein gemeinsames Kernelement besitzen, welches es unter den drei Blickwinkeln auszugestalten gilt.

Da Unternehmen in der Regel diverse Produkte oder Produktfamilien in unterschiedlichen Phasen ihres jeweiligen Produktlebenszyklus besitzen, unterliegen Aufgaben und Potentiale für ein umfassendes Qualitätsmanagement einer stetigen Entwicklung. Die Lebenszyklusorientierung des Aachener Qualitätsmanagement Modells trägt diesen Herausforderungen der ganzheitlichen Zielausrichtung von Managementsystemen und der kontinuierlichen Verbesserung Rechnung und erweitert so den Gedanken der Prozessorientierung.

Zentrales Element ist die Bewertung der Produkte und Leistungen am Markt, der sich nicht allein auf den Verbraucher bezieht, sondern in einer Kaskadierung des Modells entlang einer Supply Chain auch Lieferanten, unternehmensinterne Kunden oder weiterverarbeitende Unternehmen umfassen kann. Lernen, begleitend zum Lebenszyklus eines Produktes oder zwischen den unterschiedlichen Phasen verschiedener Lebenszyklen mehrerer Produkte, und damit die stetige Verbesserung des Unternehmens geschieht über eine systematische Rückkopplung und Integration von Felddaten und der Gestaltung hierfür notwendiger Regelkreise. Diese Qualitätsregelkreise bilden die Grundlage zur Erhöhung der unternehmensinternen Dynamik hinsichtlich Anpassung an externe und interne Forderungen und damit verbunden Änderungen der Zielerreichung.

Die drei genannten wesentlichen Merkmale gestatten dem Aachener Qualitätsmanagement Modell, das in der Philosophie einer ganzheitlichen und kontinuierlichen Verbesserung im Sinne eines TQM begründet ist, zusätzlich unternehmerische Gesichtspunkte bei der Leistungserbringung und der Gestaltung eines integrierten Qualitätsmanagementsystems zu berücksichtigen. Damit stellt das Modell eine zunächst anwendungsbezogen-bewertende und planerisch-gestaltende Möglichkeit dar, Unternehmensprozesse und -aktivitäten abzubilden, zu koordinieren und zu gestalten.

Das in diesem Kapitel vorgestellte unternehmerische Qualitätsverständnis sowie das darauf aufbauende Aachener Qualitätsmanagement Modell bilden den Rahmen für Teil B dieses Buches. In den folgenden Kapiteln werden die Maßnahmen, Methoden und Strategien in die drei vorgestellten Perspektiven eingeordnet. Die systematische Ausgestaltung des Quality Streams, die Aufgaben des Managements und die Gestaltung der erforderlichen Ressourcen und Dienste in Form qualitätsorientierter Methoden und Werkzeuge werden im jeweiligen Abschnitt noch einmal im Aachener Qualitätsmanagement Modell verortet und ihr Beitrag zur unternehmerischen Qualität wird dargestellt.

Literatur

[DIN05] *Deutsches Institut für Normung (Hrsg.):* DIN EN ISO 9000:2005: Qualitätsmanagementsysteme – Grundlagen und Begriffe. Ausgabe 2005-12. Beuth, Berlin 2005

[DIN15] *Deutsches Institut für Normung (Hrsg.):* DIN EN ISO 9001:2015: Qualitätsmanagementsysteme – Anforderungen. Normentwurf. Ausgabe 2014-08, Beuth, Berlin 2014

[DIN09] *Deutsches Institut für Normung (Hrsg.):* DIN EN ISO 9004:2009: Leiten und Lenken für den nachhaltigen Erfolg einer Organisation – Ein Qualitätsmanagementansatz. Ausgabe 2009-12. Beuth, Berlin 2009

[EFQM13] *EFQM Excellence Model. Version 2013. European Foundation for Quality Management, Brüssel 2013*

[KANO84] *Kano, N./Seraku, N./Takahashi, F./Tsuji, S.:* Attractive quality and must-be quality. In: The Journal of the Japanese Society for Quality Control, Jg. 14 (2), 1984. S. 147–156

[NAGA10] *Nagamachi, M.:* Kansei/Affective Engineering. CRC Press, 2010

[OHNO13] *Ohno, T.:* Das Toyota-Produktionssystem. Campus, Frankfurt am Main 2013

[PANDOO] *Pande, P.:* The Six Sigma Way: How GE, Motorola, and Other Top Companies Are Honing Their Performance. McGraw-Hill, 2000

[ROTH99] *Rother, M./Shook, J.:* Learning to See: Value Stream Mapping to Add Value and Eliminate MUDA. Spi edition. Lean Enterprise Institute, 1999

[ROTH13] *Rother, M.:* Die Kata des Weltmarktführers. Campus, Frankfurt am Main 2013

[SEGH07] *Seghezzi, H.-D./Fahrni, F./Herrmann, F.:* Integriertes Qualitätsmanagement. Der St. Galler Ansatz. 3. Auflage. Carl Hanser Verlag, München 2007

[WOMA90] *Womack, J./Jones, D./Roos, D.:* The machine that changed the world: The story of lean production – Toyota‘s secret weapon in the global car wars that is revolutionizing world industry. Free Press, 1990

6

TEIL B

Vorgehensweisen zur Steigerung von Qualität – Ansätze aus den Perspektiven der Kunden, der Führung und des Betriebs

Unternehmen stehen vor der Herausforderung, sich ständig kontrolliert und gezielt verändern zu müssen, um Wirtschaftlichkeit zu erhalten und wettbewerbsfähig zu sein [EVER96]. Für jede Veränderung ist es wichtig zu wissen, welche Stellhebel genutzt werden können. Je nach Zielstellung oder aktueller Problemsituation sind unterschiedliche Perspektiven auf die Situation nützlich. Die Wahl der richtigen Perspektive eröffnet den Blick auf den Kern des Defizits und lässt geeignete Lösungsansätze erkennen.

Entsprechend des unternehmerischen Qualitätsverständnisses (siehe Kapitel 6) bedeutet dies, dass

- bei mangelhafter Übersetzung der Kundenforderungen in Produkte die Kundenperspektive eingenommen wird (Abbildung B-1, oben),
- bei mangelhafter Unternehmensausrichtung (Ziele, Strategien, Aufbaustruktur, Identität und Werte) die Führungsperspektive eingenommen wird (Abbildung B-1, Mitte) und
- bei mangelhaften Unternehmensfähigkeiten (Ressourcen, Infrastruktur, Mitarbeiter, Qualifikation etc.) die Betriebsperspektive eingenommen wird (Abbildung B-1, unten).

Das Einnehmen einer geeigneten Perspektive ist somit ein Befähiger für wirksames Handeln zur Verbesserung der unternehmerischen Qualität und führt zu einer systematischen Modifikation des Quality Streams.

Perspektivenwahl

Es ist oftmals nicht einfach herauszufinden, welche Perspektive für die gegebene Fragestellung die Richtige ist. In diesen Fällen ist es hilfreich, ein sogenanntes BigPicture von der betrachteten Organisationseinheit zu erarbeiten (siehe Toolbox, Kapitel 11.6). Ein BigPicture ist eine kombinierte, grafische und textliche Darstellung aller relevanten organisatorischen Entitäten. Sie werden gemäß des Aachener Qualitätsmanagement Modells angeordnet und bilden zusammen eine Kausalstruktur der Organisationseinheit. Mittels des BigPicture wird beispielsweise deutlich, ob die Inhalte der „Ressourcen und Dienste" und des Quality Streams kompatibel zu den Inhalten des „Managements" sind und damit die Ausrichtung des Unternehmens homogen ist.

Wird aus einer der drei Perspektiven auf den Quality Stream geschaut und der Kern des Defizits erkannt, eignen sich bestimmte Werkzeuge, Ansätze und Prinzipien besonders gut, um den Quality Stream zielgerichtet zu beeinflussen. In den folgenden Kapiteln werden Wirkzusammenhänge im Unternehmen mit Bezug zur unternehmerischen Qualität erläutert und praxisrelevante Ansätze und Werkzeuge zur Gestaltung vorgestellt.

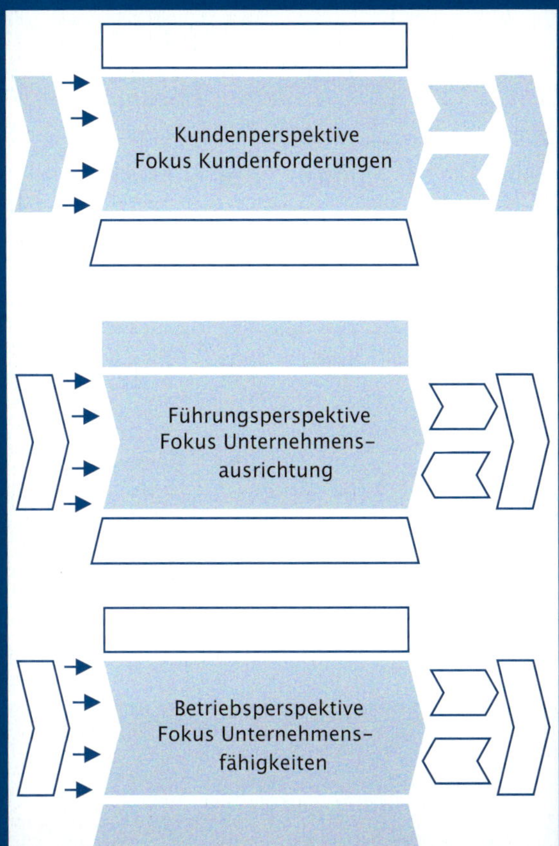

Abbildung B-1 Die Perspektiven des Aachener Qualitätsmanagement Modells

Ganzheitliche Ansätze identifizieren

Die Erfahrung zeigt, dass Teams beim Bearbeiten eines Problems oder einer Zielstellung aus einer Perspektive an Grenzen in der Planung oder Umsetzung stoßen. Dies ist damit zu begründen, dass nahezu jede Problemstellung nicht ausschließlich die Unternehmensausrichtung, die Kundenforderungen oder die Unternehmensfähigkeiten adressiert. Die Systemtheorie schlägt daher vor, ein zu veränderndes System stets ausgewogen an mehreren Angriffspunkten zu modifizieren. In einigen Situationen ist es folglich hilfreich, kurzfristig auch die anderen Perspektiven einzunehmen [BERT68]. Der Perspektivenwechsel eröffnet neue Ansätze, das jeweilige Veränderungsvorhaben erfolgreich durchzuführen bzw. das unternehmerische Problem zu lösen. Die Folge ist ein dynamisches Erreichen einer ganzheitlichen und guten Lösung, nicht nur im Sinne von Partialzielen oder -interessen. Im Sinne der Systemtheorie wird dann von einer Lösung gesprochen, wenn Wechselwirkungen zwischen Systembereichen berücksichtigt werden.

Erfolgsfaktoren zur Umsetzung einer Lösung

Ist ein Lösungsansatz identifiziert, erfordert die erfolgreiche Umsetzung die Berücksichtigung von fünf Erfolgsfaktoren: die richtige Ausrichtung, geeignete Prozesse, hohe Motivation, ausreichende Fähigkeiten und angemessene Mittel. Fehlt einer dieser Erfolgsfaktoren, ist die Realisierung gefährdet.

Eine schlechte oder inhomogene Ausrichtung im Handlungsfeld der Führungsperspektive führt zu Verwirrung.

Ein fehlender Aktionsplan bzw. fehlende oder mangelhaft definierte Prozesse, wie sie im Folgenden in der Kundenperspektive thematisiert werden, führen zu einem Fehlstart.

Die übrigen drei Erfolgsfaktoren werden in der Beschreibung der Betriebsperspektive

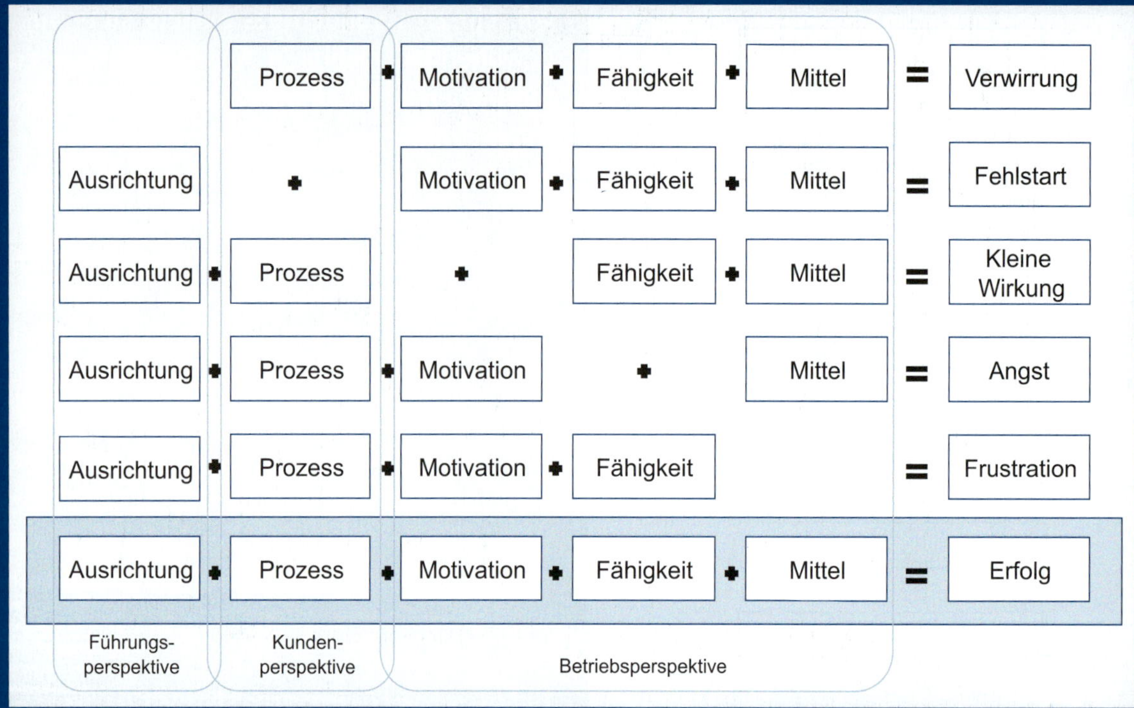

Abbildung B-2 Erfolgsfaktoren von Projekten und Prozessen

thematisiert. Dort gilt es gezielt zu vermeiden, dass fehlende Motivation nur zu einer geringen Wirkung des Aktionsplans führt, fehlende Fähigkeiten in Angst resultieren sowie fehlende Mittel und Ressourcen in Frustration münden (Abbildung B-2).

Die Kundenperspektive

Die Kundenperspektive zeigt Stellhebel auf, um formulierte oder latente Kundenforderungen so präzise wie möglich in Spezifikationen und anschließend in Produkte zu übersetzen. Der Produktentstehungsprozess entlang der Quality Forward Chain ist dabei ein Übersetzen von einem Produktreifegrad zu nächsthöheren Stufe des Reifegrads. Über die unterschiedlichen Phasen der Produktentstehung wird die Produktidee mit zunehmender Marktreife ausgearbeitet. Je mehr Schnittstellen zwischen den Reifegradphasen bestehen, desto mehr nimmt die Gefahr von Übersetzungsfehlern zu. So wird eine meist vage Beschreibung der Forderungen an das Produkt im Unternehmen zunehmend detailliert und konkretisiert, um in einem möglichst kontinuierlichen Prozess in einem „optimalen" Produkt zu münden. In frühen Phasen der Produktentstehung werden die Kundenforderungen in die Sprache des Unternehmens, meist in Form technischer Spezifikationen, überführt. Diese initiale Übersetzung ermöglicht erst die Entwicklung des Produktes, da der Produktentstehungsprozess ein Zyklus aus Spezifikation, Versuch und Freigabe ist, welcher mess- und bewertbare Kriterien zur Verifikation im Versuch erfordert. Die Kundenforderungen selbst eignen sich als Messgrößen nur bedingt, da sie oftmals nicht adäquat messbar oder aussagekräftig (z. B. aufgrund eines zu geringen Detaillierungsgrades) für die Entwicklung sind. Die Beschreibungssprache der Forderungen und Spezifikationen des Produktes sind abhängig von dessen Reifegrad. So wird in frühen Phasen die Sprache des Pflichtenheftes, in mittleren Phasen die Sprache des Lastenheftes und in späten Phasen von Produktcharakteristika gesprochen (siehe Kapitel 7.1 und Kapitel 7.3).

Stellhebel zur verschwendungs- und fehlerfreien Übersetzung von Kundenforderungen in Produkteigenschaften basieren auf geeignet gestalteten, kommunizierten und gesteuerten Prozessen (siehe Kapitel 7.3). Das Verständnis von Prozesssteuerungsmechanismen sowie der Einsatz von Methoden und Werkzeugen helfen, sich dem Ziel einer optimalen Übersetzung von Kundenwünschen zu nähern (siehe Kapitel 7.2). Das Resultat sind Produkte, welche materiell, immateriell oder hybrid als Kombination aus Sach- und Dienstleistungsbestandteilen ausgestaltet sein können, und dem Kunden so zur Verfügung gestellt werden, dass er eine positive Gesamtwahrnehmung erfährt. Da die Übersetzung über die Reifegrade hinweg häufig innerhalb einer unternehmensübergreifenden Wertschöpfungskette stattfindet, wird in der Industrie der Einbeziehung der Lieferanten in den Produktentstehungsprozess eine besondere Bedeutung bezüglich einer durchgängigen Produkt- und Prozessqualität beigemessen (siehe Kapitel 7.4).

Der Produktentstehungsprozess erfordert Eingangsinformationen als Initiierung des Prozesses, damit zielgerichtet marktgerechte Produkte entwickelt werden. Marktseitig gibt es prinzipiell zwei Eingangsdatenquellen im Sinne von Kundenforderungen für den Produktentstehungsprozess: Zum einen existieren Eingangsdaten entlang der Quality Forward Chain, beispielsweise anhand von Studien, Marktforschung, Befragungen oder Kundenkliniken (siehe Kapitel 7.2). Zum anderen werden Eingangsdaten entlang der Quality Backward Chain durch Kundenfeedback, Felddatenmanagement (siehe Kapitel 7.6) oder auch durch Kundenintegration in den Spezifikationsprozess gewonnen (siehe Kapitel 7.2)

Auf die Entwicklung folgt die Herstellung des Produktes, die von Qualitätssicherungsmaßnahmen bestimmt wird. Nur durch strukturiertes Planen und Umsetzen von Prüfungen bzw. Überwachungsprozessen kann eine Einhaltung definierter Qualitätskriterien gewährleistet werden (siehe Kapitel 7.5).

Nach Durchlaufen des Produktentstehungsprozesses findet die Erprobung des Produktes, im Falle einer Serienproduktion die Serienerprobung, d.h. eine unternehmensinterne Verifikation der Übersetzungsgüte der Kundenforderungen in Produkte statt (siehe Kapitel 7.3). Die unternehmensexterne Verifikation der Übersetzungsgüte findet durch die Nutzung des Produktes im Feld beim Kunden statt. Die Felddaten sind das Ergebnis dieser Verifikation durch den Kunden und generieren gemeinsam mit der Serienerprobung Lernpotenziale für den Quality Stream (siehe Kapitel 7.6).

Die Führungsperspektive

Das erfolgreiche Führen und Lenken eines Systems erfordert, dass das System stabil und veränderbar ist. Ohne Stabilität ist keine Aussage über die aktuelle Richtung zu treffen, ohne Veränderbarkeit kann die Richtung nicht modifiziert werden. Die Führungsperspektive eröffnet daher den Blick auf Stellhebel, welche die Unternehmensausrichtung stabilisieren und Stellhebel, die eine Veränderung des Quality Streams hinsichtlich seiner Ausrichtung auf definierte Ziele und Strategien bewirken. Der normative Rahmen im Sinne von Managementsystemen, Aufbau- und Ablaufstruktur stabilisiert die Ausrichtung. Die Stabilität und das Verständnis um die Wirkzusammenhänge des Managementsystems und der Organisation sind Grundbedingung für eine gezielte Veränderung der Unternehmensausrichtung (siehe Kapitel 8.5).

Eine wichtige Aufgabe des Managements ist es, die Unternehmensvision, -mission sowie die Unternehmensziele und -strategie so im Unternehmen zu kommunizieren, dass eine homogene und stabile Unternehmensausrichtung erzielt wird. Zum einen ermöglicht eine stabile Unternehmensausrichtung wirksame Führung, zum anderen hat sie eine Auswirkung auf den Markenwert des Unternehmens. Denn eine von allen Mitarbeitern verinnerlichte Unternehmensausrichtung ruft eine Identität des Unternehmens hervor, welche sich im Markenwert der Produkte und des Unternehmens widerspiegelt.

Qualitätsmanagement-Handbücher (QMH) stellen eine besondere Form des Wissensmanagements dar und fokussieren speziell auf den Wissenstransfer von organisatorischem Wissen. Sie sind daher zur Orientierung von Mitarbeitern von besonderer Bedeutung.

Den Kern von gleichzeitig stabilen und veränderbaren Unternehmen bilden das Risiko- und das Veränderungsmanagement (siehe Kapitel 8.4 und Kapitel 8.5). Diese werden hierbei als komplementär angesehen: Jede Veränderung ohne Absicherung wäre waghalsig. Einseitige Risikovermeidung würde zum Stillstand des Unternehmens führen. Das Verhältnis von stabilisierenden und verändernden Aktivitäten wird als Unternehmensdynamik bezeichnet, wobei jedes Unternehmen ein situativ individuelles Optimum auf dem Kontinuum von Veränderung und Stabilisierung hat.

Die Betriebsperspektive

Die Betriebsperspektive lässt die Stellhebel erkennen, welche die Unternehmensfähigkeiten entsprechend der Unternehmensausrichtung aufbauen und damit in engem Zusammenhang mit den Aspekten Motivation, Fähigkeit und Mittel stehen. Ohne hohe Motivation der Mitarbeiter ist jede Veränderung hin zu einer ausgebauten Unternehmensfähigkeit zum Scheitern verurteilt, da die Wirkung nur gering ausfallen würde (siehe Kapitel 9.1).

Ein kontinuierlicher Fortschritt ist nur dann beherrscht und zielgerichtet zu realisieren, wenn Strukturen beispielsweise im Sinne von Qualitätsregelkreisen zur systematischen Steuerung und Verbesserung der unternehmerischen Kompetenzen geschaffen sind (siehe Kapitel 9.2).

Die Verarbeitung von Qualitätsdaten und Informationsflüssen zur Aufrechterhaltung und Verbesserung der unternehmerischen Qualität im Unternehmen, speziell bei größeren Unternehmen, ist ohne IT-Unterstützung nicht überschaubar. Daher ist eine informatorische Abbildung dieser Strukturen erforderlich (siehe Kapitel 9.3). Das Wissensmanagement basiert auf diesen Daten und hat zum Ziel, sie unternehmensweit verfügbar zu machen und sinnvoll zu konservieren (siehe Kapitel 9.4). Es unterstützt, dass alle Mitarbeiter auf ein angemessenes Wissensniveau gehoben werden und bestmöglich für die Erfüllung ihrer Aufgaben befähigt werden.

Das wesentliche Stellglied der Betriebsperspektive, die Prozesskettenoptimierung, dient dem systematischen Verbessern der unternehmerischen Qualität im Sinne einer technischen Optimierung bei Qualitätsmängeln, welche auf komplexere Ursachen und deren Wechselwirkungen zurückzuführen sind. Diese kristallisieren sich besonders im Reklamations- und Beschwerdemanagement heraus (siehe Kapitel 9.5).

Eine immer präsentere Herausforderung, die sich nicht allein auf die Betriebsperspektive beschränken lässt, aber hier ihren operativen Anteil findet, ist die Energie- und Ressourceneffizienz (siehe Kapitel 9.6). Nicht nur vor dem Hintergrund wachsenden politischen Drucks, sondern vor allem zur Sicherung der eigenen Zukunfts- und Wettbewerbsfähigkeit sollten sich Unternehmen über ihren ökologischen Footprint Gedanken machen.

Literatur

BERT68 *Bertalanffy, L.:* General System Theory: Foundations, Development, Applications. George Braziller, New York 1968

EVER96 *Eversheim, W./Schuh, G.:* Produktion und Management. Betriebshütte (Teil 1). 7. Auflage. Springer, Berlin 1996

7 Kundenperspektive

Qualität ist das, was der Kunde als Qualität wahrnimmt. Dies ist nicht nur Grundlage der Perceived Quality (siehe Kapitel 5), sondern Leitbild erfolgreichen Unternehmertums. Sowohl materielle als auch immaterielle Merkmale von Sach- und Dienstleistungen determinieren die Qualitätswahrnehmung beim Kunden. Daher wird der Kunde schon frühzeitig in Konzepten (z. B. TQM, siehe Kapitel 3) und Methoden (z. B. QFD, siehe Kapitel 11.22) zur Qualitätssteigerung berücksichtigt und ist zentral in der Kundenperspektive des Aachener Qualitätsmanagement Modells verankert (Abbildung 7.0-1).

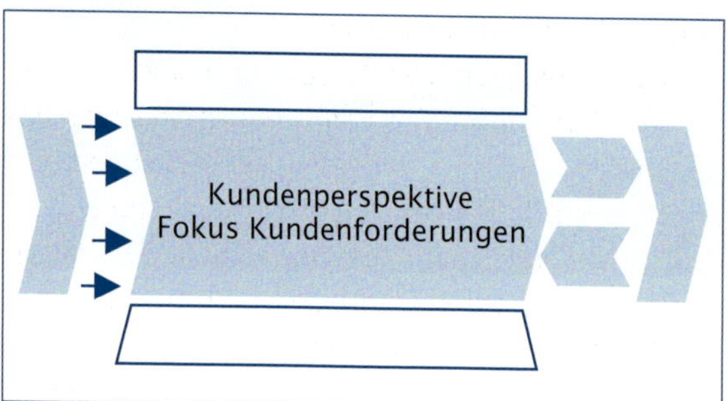

Abbildung 7.0-1 Kundenperspektive im Aachener Qualitätsmanagement Modell

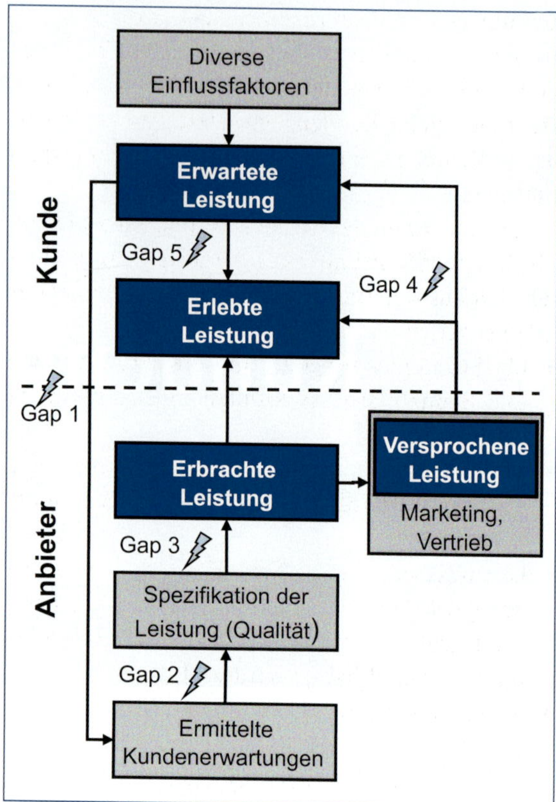

Abbildung 7.0-2 GAP-Modell

Die systematische Analyse der Einflussfaktoren der Kundenzufriedenheit bekam 1983 einen weiteren Schub, als ein umfangreiches Forschungsprogramm zum Thema „Dienstleistungsqualität" am Marketing Science Institute Cambridge (MA) startete. Das Ergebnis dieser Arbeiten ist das sogenannte GAP-Modell (Abbildung 7.0-2) [ZEIT92].

Das Modell wurde zunächst für Dienstleistungen entworfen, lässt aber auch Erkenntnisse über die Qualität von Sachleistungen zu. Da mittlerweile ohnehin von „hybriden Leistungsbündeln" gesprochen wird, wo die Sach- und Dienstleistungsanteile derart miteinander verschmelzen, dass eine Unterscheidung nicht mehr möglich ist, wird im Folgenden von „Leistungen" gesprochen.

Kern des GAP-Modells ist die Unterscheidung zwischen geforderter und akzeptabler Leistung, zwischen denen eine Toleranzzone liegt. Dieser Bereich der Kundenerwartungen ist dynamisch und verändert sich speziell im Bereich der akzeptablen Leistung in Abhängigkeit von

- dem Leistungsniveau,
- der Wettbewerbssituation und
- der Häufigkeit der Inanspruchnahme der Leistung,
- der Werbung und Außendarstellung des Unternehmens und dessen Leistungen sowie
- dem Preis, der für die jeweiligen Leistungen verlangt wird, und
- den Erfahrungen von bereits in Anspruch genommenen Leistungen und vom Erfahrungsaustausch im Bekanntenkreis hierüber.

Gelingt es dem Unternehmen, den Kunden positiv durch unerwartete Leistungen oder das Lösen von weiteren Kundenproblemen zu überraschen, so stellt sich beim Kunden Begeisterung ein, welche das Optimum der erreichbaren Dienstleistungsqualität darstellt.

Um die zuvor genannten Einflussfaktoren auf die Kundenerwartungen zu berücksichtigen, bieten sich aus unternehmerischer Sicht verschiedene Möglichkeiten an:

- Marktuntersuchungen, um die Erwartungen und Bedürfnisse des Kunden in Erfahrung zu bringen,
- Kundenbefragungen, um die Erfahrungen des Kunden mit ähnlichen Dienstleistungen zu erhalten,
- Leistungsgarantien aussprechen, die dem Kunden gewährleisten, dass die Qualität einer Leistung trotz unterschiedlicher Umgebungseinflüsse Bestand haben wird und
- Sicherstellung der Versorgung des Kunden mit der gewünschten Leistung auch bei großer Nachfrage und bei betrieblichen Problemen.

Das GAP-Modell erweitert die Betrachtung der Kundenerwartungen schließlich um den Kontakt zwischen Kunde und Anbieter sowie interne Prozesse des Anbieters. Ergebnis sind fünf Lücken, zwischen Aufnahme der Kundenerwartungen, Entwicklung der Leistung und anschließender Erbringung, wo Einbußen bezüglich der letztlich wahrgenommenen Qualität entstehen können [ZEIT06].

GAP 1 beschreibt die Lücke zwischen der Kundenerwartung in Bezug auf die Leistung und die durch das Management wahrgenommene Kundenerwartung. Ursache für diese Diskrepanz können einerseits unzureichende Marktforschungen und somit eine falsche Erfassung von Kundenwünschen sein, aber auch eine falsche Priorisierung bzw. Bewertung der Kundenwünsche durch das Unternehmen.

In GAP 2 geht es um die mangelhafte Übertragung der Kundenerwartungen in entsprechende Dienstleistungsspezifikationen. Ursache hierfür können unzureichend definierte Entwicklungsprozesse oder Kommunikationsschnittstellen im Unternehmen sein.

GAP 3 behandelt das Thema der mangelhaften Umsetzung der Leistung durch die Mitarbeiter und ist meist auf eine unzureichende Qualifikation des Personals bzw. der Personalführung zurückzuführen.

In GAP 4 wird der mangelhafte Abgleich zwischen der versprochenen und erbrachten bzw. erlebten Leistungsqualität beschrieben. Übertriebene Versprechungen des Marketings oder Vertriebs können hierfür Ursachen sein.

GAP 5 stellt schließlich die entscheidende Lücke dar, da sie das Maß der vom Kunden wahrgenommenen Qualität einer Leistung ist. Je kleiner die Lücke, desto höher die Qualität. Der Schlüssel zur Schließung des GAP 5 ist die Schließung der Lücken 1 bis 4. Das GAP-Modell dient als Rahmen für die gezielte Analyse von Qualitätsabweichungen, Ableitung von Maßnahmen und die folgende Beseitigung inner- und überbetrieblicher Schwachstellen anhand der aufgezeigten Lücken.

Die beschriebenen Lücken werden durch den Produktentstehungsprozess (PEP) adressiert. Der PEP erstreckt sich von der Aufnahme von Kundenanforderungen und -bedarfen im Markt bis hin zur Serienproduktion (Abbildung 7.0-3).

Zu Beginn eines jeden neuen Produktes steht die Idee. Diese kann entweder technologiegetrieben entstehen oder aus Marktbedarfen abgeleitet sein. Mit der Initiierung eines neuen Produktes entsteht auch der Planungsbedarf, der qualitäts- und reifebezogene Entwicklungsschritte definiert (siehe Kapitel 7.1).

Ausgangspunkt jeder qualitätsgerichteten Produktentstehung ist fortan die Kundenforderung. Diese gilt es möglichst genau zu erheben. Dabei spielt die Perceived Quality (siehe Kapitel 5) eine

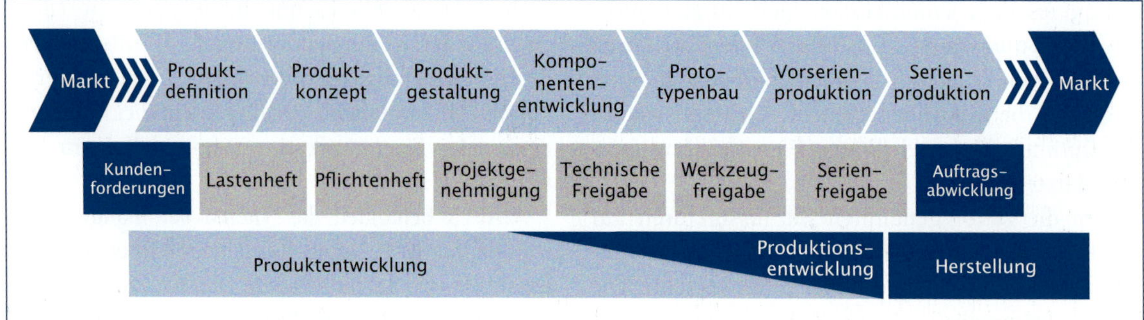

Abbildung 7.0-3 Produktentstehungsprozess (in Anlehnung an [SCHM11, AIGN09])

besondere Rolle. Oft ist der Kunde nicht in der Lage, seine Forderungen explizit zu äußern, sei es, weil sie ihm nicht bewusst sind, oder, weil er sie nicht spezifisch genug formulieren kann. Um dennoch eine möglichst genaue Aussage über die Bedürfnisse und Forderungen treffen zu können, existieren eine Reihe von Methoden und Werkzeugen, die bewusst und in sauberer Abstimmung einzusetzen sind (siehe Kapitel 7.2).

Nach der Aufnahme der Kundenforderungen gilt es, diese möglichst verlustfrei in das Produkt zu überführen. Hierzu sind Kommunikations- und Transformationsprozesse unter Berücksichtigung wirtschaftlicher Rahmenbedingungen abzustimmen. Risikobewertungen gehören ebenso zum Aufgabenfeld des Qualitätsmanagements in der Produktentwicklung wie die Vor- und Serienerprobung (siehe Kapitel 7.3).

Immer größere Netzwerke aus Partnern, Lieferanten und Kunden bedingen in diesem Zusammenhang einen bewussten Umgang und eine ständige Bewertung von Beziehungen. Kaum ein Unternehmen agiert dabei noch in nationalen Grenzen. Diese Tatsache fordert erhöhten Abstimmungsaufwand, der in Qualitätssicherungsvereinbarungen mündet und so die Leistungsvereinbarungen absichert (siehe Kapitel 7.4).

Bereits während der Entwicklung ist die Qualitätsvorausplanung für den Erfolg der späteren Serienproduktion entscheidend. Hier werden Merkmale identifiziert und Prüfungen definiert, die später eine Herstellung entsprechend der Kundenforderungen ermöglicht. Neben der Planung der Prüfungen ist die Überwachung der (Prüf-)Prozesse mittels Scorecards eine entscheidende Aufgabe des Qualitätsmanagements während der Herstellung (siehe Kapitel 7.5).

Nach der Produkteinführung auf dem Markt endet die Verantwortung des Qualitätsmanagements keineswegs. Neben der Fehlerbehebung auf Basis von Reklamationen und Beschwerden dienen Daten aus dem Feld als wichtige Basis für zukünftige Produkte (siehe Kapitel 7.6).

Die eingangs erwähnten Dienstleistungen sind ebenso immanenter Bestandteil vieler Leistungsbündel. Neben der charakteristischen „Immaterialität“ bedingen weitere Besonderheiten, wie z. B. der direkte Kundenkontakt, einen bewussten Umgang mit dem Thema „Service“. Dabei bietet die gezielte Ausgestaltung produktbegleitender Services viele Möglichkeiten zur Verbesserung des aktuellen, aber auch zukünftiger Produkte (siehe Kapitel 7.7).

Der Aufbau der Unterkapitel orientiert sich am Kapitel „Produktrealisierung“ der aktuellen DIN EN ISO 9001-2008. Neben dem Selbstzweck können die Ausführungen somit auch als Interpretation bzw. Anwenderleitfaden für die Norm verstanden werden.

7.1 Planung der Produktentstehung

Als Produktentstehungsprozess wird grundsätzlich die Gesamtheit der Prozesse von der Innovation, der Konzeptphase über die Entwicklung bis zum fertigen Produkt bezeichnet. Während des Produktentstehungsprozesses werden die Beschaffenheit und die wesentlichen Aspekte der Qualität des zukünftigen Produktes festgelegt. Somit beginnt die Qualität eines Produktes schon mit der Idee. An die Konzeptphase schließt sich der Produktentwicklungsprozess an, der alle Aktivitäten von der Definition einer technologisch oder marktgetriebenen Innovation bis zum Start der Produktion (SOP) und somit idealerweise auch die Produktionsplanung beinhaltet (Abbildung 7.0-3) [BROW07, HAMM12].

Der Produktentwicklungsprozess stellt die Weichen für ein erfolgreiches Produkt und dessen Umsetzung. Die Qualitätsplanung umfasst die Definition von Qualitätszielen und Anforderungen an das Produkt innerhalb der Organisation. Die Qualitätsziele müssen dabei messbar sein, einen definierten Zeitrahmen besitzen, sollten Kundenforderungen abbilden und mit der Qualitätspolitik der Organisation in Einklang stehen, vor dem Hintergrund der technischen Realisierbarkeit sowie der materiellen, personellen und finanziellen Ressourcen des Unternehmens vor Produktionsbeginn. Es sollten geeignete Bewertungskriterien zur Überwachung der Erfüllung der Qualitätsziele existieren [DIN14a].

Die wirtschaftliche Bedeutung des Produktentwicklungsprozesses lässt sich dadurch ermessen, dass bei der Entwicklung und der Konstruktion eines Produktes im Schnitt bereits 70% der späteren Herstellkosten festgelegt werden. Gleichzeitig resultieren ca. 70 bis 80% aller Fehler am Produkt aus Unzulänglichkeiten der planenden und konzipierenden Tätigkeiten vor Fertigungsbeginn. Demgegenüber setzt die Fehlerbehebung in 80% aller Fälle erst zu spät, im Bereich der Endprüfung bzw. in der Erprobungs- und Einsatzphase beim Kunden, ein [EVER90, JAHN88].

Dem Qualitätsmanagement kommt im Produktentwicklungsprozess eine essenzielle Rolle zu. Insbesondere die Fokussierung auf die Aufgaben

- Planen der Produkteigenschaften,
- Planen technischer Spezifikationen und
- Planen der Realisierungsbedingungen

leistet einen wesentlichen Beitrag zur Verbesserung der Qualität und zur Senkung der Herstellkosten.

Ein altes Sprichwort sagt: „Aus Fehlern wird man klug." Die industrielle Praxis zeigt jedoch das Gegenteil. Studien belegen, dass etwa 60% der auftretenden Fehler im Produktionsbetrieb in ähnlicher Form schon einmal aufgetreten sind. Eine wesentliche Ursache hierfür ist die starke räumliche und zeitliche Entkopplung von Fehlerentstehung in der Entwicklung und Fehlerentdeckung in den nachgelagerten Prozessen. Sie verhindert in der Praxis einen effektiven, kontinuierlichen Verbesserungsprozess [EHRL95].

Dem Sachverhalt, dass die Ursachen kostenintensiver Qualitätsmängel häufig in der planerisch administrativen Ebene eines Unternehmens liegen, kann durch eine klassische Qualitätssicherung der fertigungsbegleitenden Prüfungen nicht begegnet werden. Ein nahezu perfektes Prüf- und Nacharbeitskonzept leistet einen Beitrag zur Vermeidung der Weiterreichung fehlerhafter Produkte an den Kunden, aber keinen Beitrag zur unmittelbaren Vermeidung oder Beseitigung der vorgelagerten Fehlerquellen. Eine rein reaktive Strategie der Prüfung und Nacharbeit ist nicht wertschöpfend, sondern in sehr starkem Maße wertverzehrend. Zusätzlich muss berücksichtigt werden, dass ein Fehler mit jeder Prozessphase, in der er später in Bezug auf seinen Entstehungszeitpunkt aufgedeckt und behoben wird, Mehrkosten um den Faktor 10 verursacht (siehe Kapitel 1) [EHRL95].

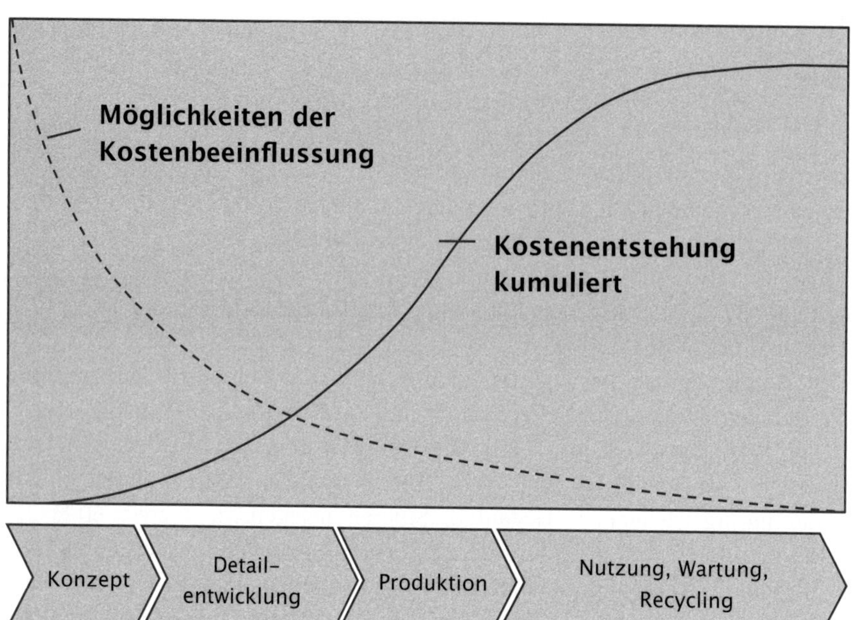

Abbildung 7.1-1 Kostenbeeinflussung und Kostenentstehung in verschiedenen Phasen des Produktentstehungsprozesses

Die Möglichkeit der Kostenbeeinflussung ist zu Beginn des Produktentstehungsprozesses hoch und fällt dann exponentiell ab. Entsprechend umgekehrt verhält es sich mit den kumulierten entstehenden Fehlerkosten (Abbildung 7.1-1).

Diese Betrachtungen zeigen deutlich das Kosteneinsparpotenzial für Unternehmen, welches durch ein ganzheitliches und präventives Qualitätsmanagement gehoben werden kann [MASI07]. Erfolgreiche Unternehmen beweisen, dass die Fehlerentstehungsquote in der Entwicklung durch gezielten Einsatz von präventiven Qualitätsmanagementmethoden reduziert und zusätzlich die Fehlerbehebung aus den kostenintensiven Phasen der Fertigung und Prüfung durch eine abgestimmte Prozessorganisation in die planerischen Bereiche vorgelagert werden kann.

Der Hebel zur Optimierung der Produktqualität und zur Minimierung der dafür aufzuwendenden Qualitätskosten setzt im Bereich der planenden und konzipierenden Tätigkeiten an. Eine sukzessiv angewandte und abgestimmte Methodenkette etabliert ein wirksames System des präventiven Qualitätsmanagements zum Serienanlauf. Diese Kette beinhaltet die adäquate Bewertung und Umsetzung von Kundenforderungen, die umfassende Strukturierung möglicher Fehler und deren Ursachen sowie eine Bewertungsmethodik der potenziellen Fehler und deren Folgen. Nach Durchlauf dieser Kette ist der Grundstein für spätere robuste Prozesse schon in der Planungsphase gelegt.

Ein reines Durchlaufen verschiedener Methodiken wird der komplexen Struktur von Entwicklungsprozessen jedoch nicht gerecht und ist für ein effektives Qualitätsmanagement in den frühen Phasen der Produktentstehung nicht hinreichend. Vielmehr muss der Entwicklungsprozess als solcher robust gestaltet werden. Hierzu bietet sich die Systematik der Synchronisation des Produktentstehungsprozesses an, die sich im vielfachen industriellen Einsatz in verschiedenen Branchen von der Automobil- über die Luft- und Raumfahrtindustrie bis hin zum Maschinen- und Anlagenbau bewährt hat. Die Synchronisationspunkte werden im Entwicklungsprozess standardisiert festgelegt. In der Projektplanung werden Terminvorgaben und der Entwicklungsprozess aufeinander abgestimmt, und die Aktivitäten des Prozesses werden auf das Projekt zugeschnitten. Synchronisationspunkte werden im Projekt genutzt, um die unterschiedlichen Aktivitäten aufeinander abzustimmen (Abbildung 7.1-2).

Mögliche Synchronisationspunkte können Meilensteine, Reifegrad(-bewertungen) oder Quality Gates sein.

Meilensteine dienen der Überprüfung der zu einem Zeitpunkt definierten Arbeitsergebnisse, der Erfüllung der im Entwicklungsprozess vorgegebenen Ziele und besitzen einen rückblickenden Charakter (Review). Ergebnisse eines Meilenstein-Meetings, bei dem eine verantwortliche Führungskraft zur Bewertung und Freigabe der Ergebnisse anwesend sein muss, sind definierte Maßnahmen zur Korrektur von Arbeitsergebnissen sowie freigegebene und eingefrorene Arbeitsstände als Grundlage für die weiteren Entwicklungen.

Reifegrade erfassen den aktuellen Projektstand als Basis für Eskalationen. Es besteht kein prinzipieller Unterschied zur Meilensteinbewertung, vielmehr handelt es sich um eine Erweiterung des Konzeptes. Das grundsätzliche Vorgehen beinhaltet eine Risikobewertung und Festlegung der Bewertungskriterien (Art und Umfang der Reifegradbewertungen), die Durchführung der Reifegradbewertung (Ampelbewertung) und die Eskalation und Kommunikation im Projekt bzw. in der Lieferkette (Maßnahmeninitiierung).

Quality Gates beschreiben eine aggregierte Bewertung der Ergebnisse von Meilensteinen, bilden die Grundlage zur Planung der weiteren Entwicklung des Projekts und besitzen somit einen vorausschauenden Charakter. Eine verantwortliche Führungskraft ist erforderlich, um Investitionsentscheidungen zur Initiierung der nächsten Phase treffen zu können. Die Ergebnisse eines Gates sind die Bestätigung/Anpassung der Projektziele und die Freigabe der weiteren Entwicklung. Ein Quali-

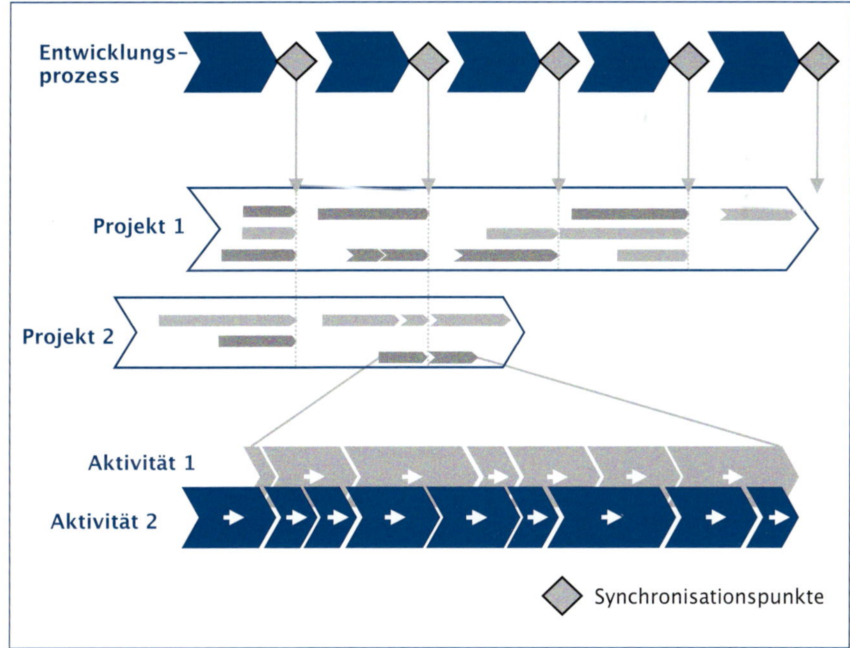

Abbildung 7.1-2
Synchronisationspunkte im Produktentstehungsprozess

ty Gate verbietet das Durchschreiten des Gates, bis alle Maßnahmen abgeschlossen sind (Vetorecht der Qualität) (siehe Toolbox, Kapitel 11.23).

Ein Werkzeug zur Qualitätsplanung ist das aus der Automobilindustrie stammende Reifegradabsicherungsmodell. Es beginnt in der Konzeptphase mit der Innovationsfreigabe für die Serienentwicklung. Anschließend folgen das Anforderungsmanagement für den Vergabeumfang, die Festlegung der Lieferkette und die Vergabe der Umfänge, bezogen auf die Beschaffung. Nachdem die technischen Spezifikationen freigegeben wurden, erfolgt die Produktionsplanung. Die ersten serienwerkzeugfallenden Teile und die Serienanlagen bilden den nächsten, die Produkt- und Prozessfreigabe den letzten Schritt im Produktentstehungsprozess vor dem SOP (Start of Production), auf den der Projektabschluss, die Verantwortungsübergabe an die Serie und der Start der Requalifikation folgen [VDA09].

Ein alternatives Modell bietet die APQP (Advanced Product Quality Planning), welche aus der amerikanischen Qualitätsmanagementnorm (QS 9000: Quality System Requirements – Qualitätsmanagement-System-Forderungen) stammt und ein weiteres Werkzeug zur Qualitätsplanung darstellt (siehe Toolbox, Kapitel 11.4). Es gliedert sich in die Phasen Planung, Produktdesign und -entwicklung, Produkt- und Prozessvalidierung sowie Rückmeldung, Bewertung und Korrekturmaßnahmen. Dabei werden In- und Outputs aller Prozessphasen definiert. Basierend auf einer von der amerikanischen Automobilindustrie geforderten Richtlinie erfolgt die Erstellung eines umfassenden Maßnahmenplans zur Qualitätslenkung und -sicherung bei der Neu- bzw. Weiterentwicklung von Produkten. Die Methode ist prinzipiell dafür vorgesehen, sämtliche durchzuführenden Maßnahmen zu definieren und zu planen, um ein hochwertiges Produkt bzw. eine hochwertige Dienstleistung garantieren zu können. Abbildung 7.1-3 zeigt eine zeitliche Einordnung der Phasen des APQP im Vergleich zu den verschiedenen Reifegraden des Reifegradabsiche-

B

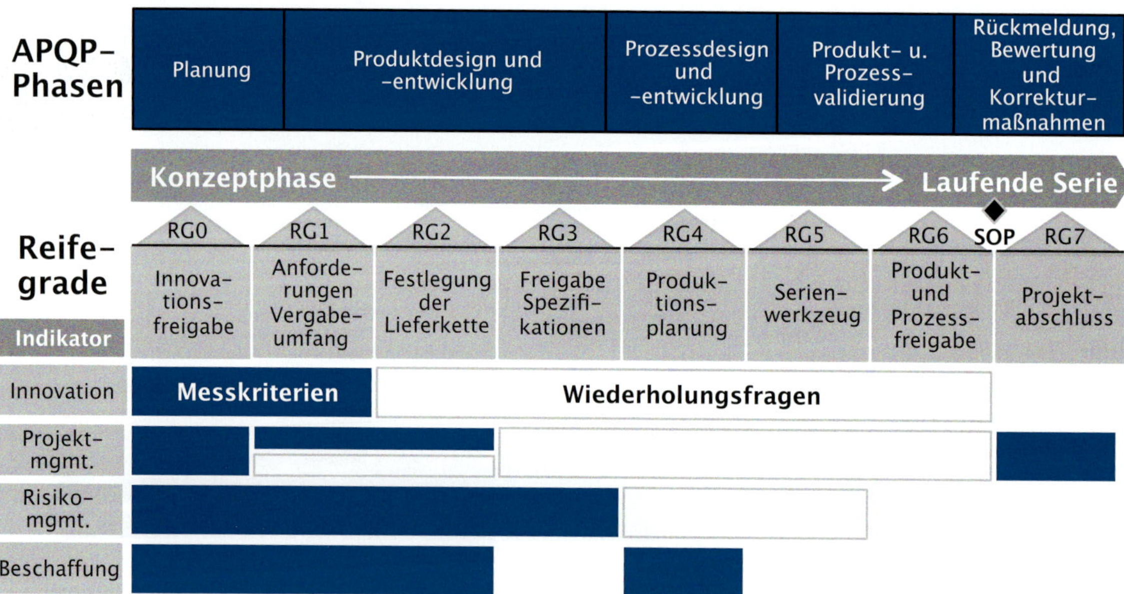

Abbildung 7.1-3 Reifegrade und APQP-Phasen im Produktentstehungsprozess [VDA09]

rungsmodells entlang des Produktentstehungsprozesses [AIAG08, VDI08].

Gemeinsames Ziel dieser Vorgehensweisen ist es, den Produktentstehungsprozess so abzusichern, dass Fehler frühzeitig entdeckt und Fehlerfortpflanzung sowie resultierende Nacharbeitsschleifen vermieden werden. Die Qualität von Prozess und Produkt wird so schon in frühen Phasen sukzessive abgesichert [PREF03].

Die genannten Aspekte verdeutlichen, welche entscheidende Rolle der Produktentstehungsprozess für die Qualität eines künftigen Produktes spielt. Aus diesem Grund werden im Folgenden die Faktoren erläutert, die während des Entwicklungsprozesses von Bedeutung sind.

7.2 Aufnahme von Kundenanforderungen

Den Ausgangspunkt eines umfassenden Produktentwicklungsprozesses bildet die Analyse und Spezifikation gegenwärtiger und zukünftiger Kundenwünsche und -anforderungen. Dabei stellen sich der Produktentwicklung Herausforderungen, denen durch eine systematische, methodengestützte Vorgehensweise zu begegnen ist. Das Methodenspektrum der Anforderungserhebung und -priorisierung umfasst zahlreiche, grundlegende Methoden und Werkzeuge der Marktforschung, des Qualitätsmanagements und der kundenorientierten Produktentwicklung. Neben der Kenntnis über die grundlegende Struktur von Anforderungen und der Anforderungsformulierung (siehe Kapitel 7.2.1), ist v. a. von Relevanz, welche Methoden dabei unterstützen, Anforderungen in Bezug auf das Produkt zu erheben (siehe Kapitel 7.2.2) und diese Anforderungen zu bewerten (siehe Kapitel 7.2.3). Dabei ist es elementar, die Erhebung von Kundenanforderungen auch auf Anforderungskategorien auszuweiten, die bisher keine Berücksichtigung fanden bzw. nicht explizit vom Kunden festgelegt und erwähnt werden, jedoch für den intendierten Gebrauch erforderlich sind oder vom Kunden implizit gefordert werden [DIN14a]. Zudem ist zu bedenken, dass sich die ermittelten Anforderungen im Zeitverlauf vor dem Kauf eines Produktes und im Verlaufe der Nutzungsphase, insbesondere bei langlebigen Gebrauchsgütern, ändern können.

7.2.1 Grundlagen der Anforderungen

Die Planung kundengerechter Produkte erfordert ein explizites Wissen über den Zielmarkt und die Zielkundengruppe. Will sich z. B. der Hersteller von Karosseriepressen für Automobile über die Größe seines zukünftigen Marktes informieren, so bedarf es der Kenntnis darüber, in welchem Zustand sich die installierten Pressen bei den Automobilproduzenten befinden, wie viele Fahrzeuge in den nächsten Jahren voraussichtlich produziert werden und, auf Basis dieser Informationen, wie hoch der künftige Bedarf sein wird.

Im Falle eines Reifenherstellers erweitert sich dieses Vorgehen um den Markt, der sich durch Ersatzbedarf bei Alt-Fahrzeugen ergibt. Um diesen Ersatzbedarf zu ermitteln, ist u. a. die Kenntnis darüber erforderlich, welche Qualitätsmerkmale von den Autonutzern bevorzugt und in welchem Rhythmus neue Reifen gekauft werden. Um der Gefahr von Customer Mismatch oder Over-Engineering (d. h. der Entwicklung eines Produktes, welches nicht auf den Kunden zugeschnitten ist oder eine für das Produkt zu hohe Anzahl an ungenutzten Leistungsmerkmalen aufweist) zu begegnen, wird für solche Fälle in der industriellen Praxis häufig die sogenannte Panelerhebung eingesetzt, in die eine *repräsentative* Auswahl der potenziellen Käufergruppe eingebunden wird (siehe Kapitel 7.2.2.1 und [GÜNT06]).

Welche negativen Folgen bei der Nichtbeachtung einer repräsentativen Auswahl an Testpersonen auftreten können, zeigt das Beispiel eines namhaften deutschen Automobilproduzenten: Dort ergab eine Panelerhebung im Rahmen der Produktentwicklung, dass die Kupplung des neuen Automobils zu leicht zu betätigen war und daher einen unsoliden Eindruck machte. Deshalb entschloss sich der Hersteller, das Kupplungspedal in der Serie mit einer stärkeren Rückholfeder zu versehen. Lange nach Serienanlauf erbrachte eine Felduntersuchung ein zunächst schwer verständliches Ergebnis. Nach Meinung der zusammengestellten Probandengruppe (hauptsächlich weiblich) war die modifizierte Kupplung deutlich zu schwer zu betätigen. Die Analyse zeigte, dass das erste Panel überwiegend mit kräftigen männlichen Testpersonen besetzt und daher nicht repräsentativ war.

B

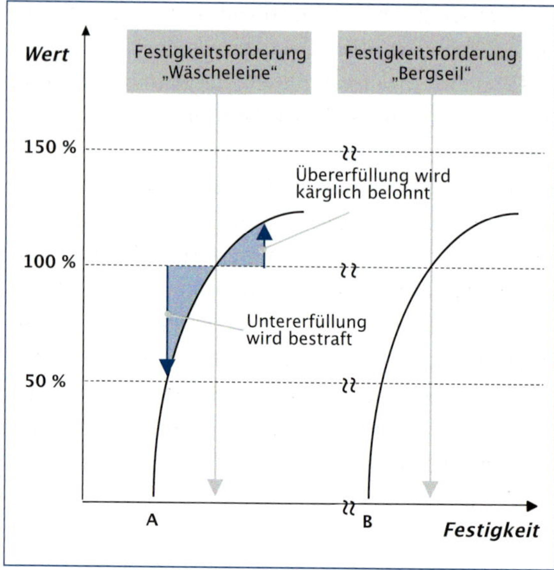

Abbildung 7.2-1 Wertfunktion [MASI14]

Integration des Kunden in den Produktentwicklungsprozess

Im Rahmen der kundenorientierten Produktentwicklung ist zu bedenken, dass der Kunde den Wert eines Produktes aufgrund des Nutzens, den es für ihn erbringt, beurteilt. Veranschaulichen lässt sich dieser Zusammenhang in Form der Wertfunktion nach Masing [MASI14] (Abbildung 7.2-1).

Dabei repräsentiert die Abszisse die Ausprägung eines Produktmerkmals, hier beispielhaft die Reißfestigkeit eines Seils; die Ordinate bezeichnet in einem normierten Maßstab den Wert, den eine bestimmte Ausprägung dieses Merkmals für den potenziellen Käufer hat. Kurve A beschreibt eine Wäscheleine, Kurve B ein Bergseil. In beiden Fällen ist eine für die gedachte Anwendung wesentlich zu geringe Festigkeit für den Kunden mit einem fehlenden Wertbeitrag verbunden. Den vollen Produktwert (100 %) erreichen beide Produkte bei durchaus verschiedenen Festigkeiten. Durch unterschiedliche Anspruchsklassen sind verschiedene Sorten von Seilen und nicht etwa verschiedene Qualitäten gekennzeichnet. Wird die Forderung des Kunden nicht erfüllt, so kauft er das Produkt nicht oder nur zu einem erheblich reduzierten Preis. Der Kunde „bestraft“ die Untererfüllung seiner Anforderungen hart. Dies ist durch das Absinken der Wertfunktion bei Festigkeitswerten unterhalb der Forderung repräsentiert. Eine Übererfüllung bedeutet für den Kunden jedoch keinen adäquaten Wertzuwachs. Nur wenige Kunden würden z.B. für eine Wäscheleine einen deutlich höheren Preis zahlen, nur weil diese die Festigkeitsforderungen eines Bergsteigerseils erfüllt. Der Kunde akzeptiert zwar ein „zu gutes“ Erzeugnis, ist aber nicht bereit, den Mehraufwand des Herstellers voll zu honorieren (siehe Zahlungsbereitschaft in Kapitel 7.2.3).

Die Wertfunktion verläuft oberhalb des Erfüllungspunktes entsprechend flacher [MASI14].

Effektive Produktentwicklung und -gestaltung stellen somit große Herausforderungen für Unternehmen dar. Sie erfordern einerseits die gezielte Erfüllung von Kundenbedürfnissen sowie -anforderungen und andererseits die konsequente Reduzierung der Herstellkosten. Als Ergebnis der Entwicklung müssen die Produkte auf die Kundenbedürfnisse zugeschnittene Eigenschaften und Funktionen besitzen, sodass die Kunden bereit sind, entsprechend dafür zu zahlen. Andererseits sind aus Unternehmensperspektive die Produkt- und Produktionskosten gering zu halten, um die Renditen zu steigern und auf dem Markt konkurrenzfähig zu bleiben. Die Aufgabe besteht dabei darin, genau die Produktqualität anzubieten, die der Kunde tatsächlich wünscht, zu einem Preis, den der Kunde zu zahlen bereit ist, und das zu minimalen Herstellungskosten. Daraus ergeben sich zwei wesentliche Stellhebel: Erhöhung der Zahlungsbereitschaft der Kunden sowie Senkung der Herstellkosten (Abbildung 7.2-2).

Im ersten Fall sind die Produktfunktionen und die Ausprägungen der Produktmerkmale hervorzuheben, die die Zielkundengruppe wünscht, die für sie relevant sind und für die sie bereit ist, zu bezahlen (kundenrelevante Anforderungen (CTQs) und deren Spezifikationsgrenzen). Dadurch entfallen Opportunitätskosten, die durch ein Nichterfüllen der geforderten Qualitätsmerkmale – und somit entgangenen Einnahmen – entstanden wären.

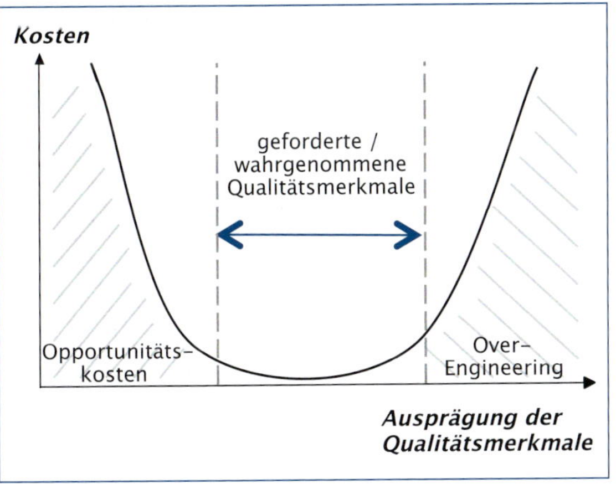

Abbildung 7.2-2 Kosten durch die Nichterfüllung relevanter Kundenanforderungen

Im zweiten Fall werden die Produkt- und Qualitätsmerkmale, die nicht erwünscht, nicht wahrgenommen werden oder gar störend sind, vernachlässigt, um ein Over-Engineering zu vermeiden. Der Produktnutzen bleibt für den Kunden damit weitgehend konstant, die Herstellungskosten sinken und die Rendite steigt.

Ziel der Anforderungserhebung ist es folglich, geforderte und wahrnehmbare Qualitäts- und Produktmerkmale zu ermitteln. Zudem sind durch den zielgerichteten Methodeneinsatz Anforderungsprofile an ein Produkt zu erstellen, die als Zielkorridore für die Realisierung der Produkt- und Qualitätsmerkmale dienen.

Herausforderungen bei der Formulierung von Anforderungen

Qualität beschreibt den Grad an Übereinstimmung zwischen Soll- und Istzustand (für eine ausführliche Diskussion zum Begriff Qualität, siehe Kapitel 2). Bezogen auf die Produktqualität wird dabei der Istzustand durch die Produktbeschaffenheit sowie -merkmale und der gewünschte Sollzustand über die Kundenanforderungen repräsentiert. Eine Anforderung ist ein „Erfordernis oder eine Erwartung, das oder die festgelegt, üblicherweise vorausgesetzt oder verpflichtend ist“ [DIN14a]. Die Erhebung von Anforderungen und die Anforderungsspezifikation stellt somit den Ausgangspunkt in der Produktentwicklung dar. Die Produktentwicklung hat sich daher bereits frühzeitig an den relevanten Kundenanforderungen zu orientieren, wodurch sich die Forderung nach einerseits umfangreich erhobenen, andererseits präzisen, messbaren Kundenanforderungen ergibt.

Wenngleich eine Anforderung per Norm definiert ist, gestaltet sich die korrekte Formulierung von Anforderungen unter Umständen schwierig. So lässt sich häufig bereits während der *Anforderungsermittlung/-aufnahme* feststellen, dass unterschiedliche Erwartungen und Vorstellungen vorliegen oder Anforderungen nicht klar formuliert werden. Im Verlaufe der *Anforderungsanalyse* liegen die Herausforderungen darin, dass ein uneinheitliches Begriffsverständnis, ungleiche Wissensstände oder kein einheitliches Produktverständnis vorherrschen. Die *Spezifikation* von Anforderungen zeigt, dass Anforderungen oft zu unspezifisch oder nicht grundlegend genug formuliert werden. Die *Verifikation* von Anforderungen offenbart oft unrealistische Erwartungen oder gar einschränkende Normen und Gesetze, die einer Realisierung der Anforderungen gegenüberstehen. Parallel zum Prozess des Anforderungsmanagements, also von der Anforderungsermittlung bis zur -verifikation, sollte der Status der Anforderungsbeschreibung dokumentiert werden.

Herausforderungen bei der schriftlichen *Dokumentation* der Anforderungen sind u. a. in einer nicht nachvollziehbaren Dokumentation oder in unpräzisen Formulierungen der Dokumentation begründet.

Basis einer verlustfreien Transformation von Anforderungen in Produktmerkmale im Rahmen der Produktentwicklung ist, dass die ermittelten Anforderungen realisierbar und verifizierbar sind.

Abbildung 7.2-3 Qualitätskriterien zur Formulierung von Anforderungen

Hierfür sollten aufgenommene Anforderungen einer gewissenhaften Analyse hinsichtlich verschiedener Kriterien unterzogen werden. Es ist u. a. zu prüfen, ob eine Anforderung eindeutig, relevant, umsetzbar, identifizierbar, unteilbar, geschlossen, verifizierbar, verständlich und nachverfolgbar ist (Abbildung 7.2-3).

Es ist auch darauf zu achten, dass Anforderungen klar und umsetzbar formuliert werden und für alle Stakeholder leicht verständlich und erfassbar sind. Bei der Anforderungsformulierung hilft dabei die Verwendung vollständiger Sätze mit kurzen und prägnanten Formulierungen, die sich u. a. dadurch kennzeichnet, dass Relativsätze vermieden werden, dass in Aktiv und in Normsprache formuliert wird und dass Satzschablonen Verwendung finden. Darüber hinaus sind Adjektive und Weak Words, wie z. B. soll, kann, muss, zu vermeiden.

Stimme des Kunden – Voice of the Customer

Exakt formulierte Anforderungen ermöglichen im Rahmen der Produktentwicklung eine Produktrealisierung, die alle Stakeholder zufriedenstellt. Die Herausforderung besteht darin, dass die Sprache und Äußerungen der Kundengruppen (engl.: Voice of Customer – VoC) einer Mehrdeutigkeit unterliegen und dass Begrifflichkeiten teils zu vage oder zu generell formuliert werden. In der Folge lassen sich perfekt bzw. exakt formulierte Anforderungen nur schwierig finden.

Teil eines jedweden Produktentwicklungsprozesses ist es daher, die zumeist ungefilterten Kundenäußerungen und -aussagen zielgerichtet in Kundenanforderungen zu überführen, die den oben genannten Qualitätskriterien entsprechen. Ziel ist es dabei, aus den Kundenbedürfnissen letztlich messbare Kriterien an Produktfunktionen und Qualitätsmerkmale abzuleiten, die aus Sicht des Kunden qualitätsbestimmend für das Produkt sind (Critical to Quality – CTQ) (Abbildung 7.2-4). Bei der Definition dieser messbaren Kriterien an Produktfunktionen und Qualitätsmerkmale ist neben der Stimme der externen und internen Kunden dabei vor allem auch der Einfluss von Gesetzen und Richtlinien zu beachten.

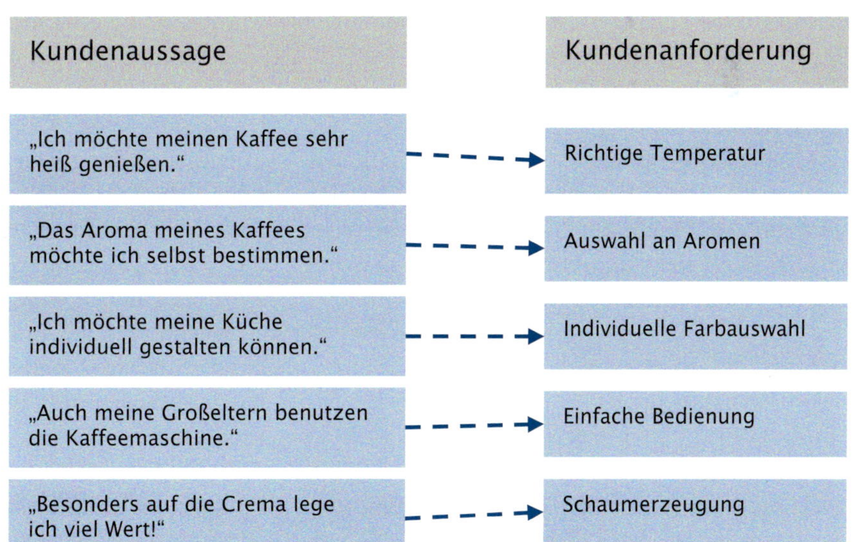

Abbildung 7.2-4 Zusammenhang zwischen VoC und CTQ am Beispiel einer Kaffeemaschine

Interaktive Wertschöpfung

Der Begriff der *interaktiven Wertschöpfung* beschreibt eine bewusste, arbeitsteilige Zusammenarbeit zwischen Anbieterunternehmen und Kunden im Sinne eines sozialen Austauschprozesses [TSEN01]. Die Kunden nehmen dabei an Aktivitäten teil, die zuvor allein in der Domäne des Anbieters lagen. Primäres Ziel der interaktiven Wertschöpfung ist es, den Kunden in die Produktentwicklung zu integrieren, um der Herausforderung zu begegnen, die unformulierten und latenten Kundenbedürfnisse bestmöglich zu identifizieren. Diese schwer zu erlangenden Informationen über Kundenbedürfnisse werden *„Sticky-Informationen"* genannt, da diese vom Kunden nur schwer direkt ermittelbar sind. Diese Sticky-Informationen können dabei sowohl der Gruppe der Bedürfnis- und Anforderungsinformationen als auch der Gruppe der Lösungsinformationen angehören [THOM03].

Bedürfnisinformationen sind Informationen über die Kunden- und Marktbedürfnisse, d. h. Informationen über die Präferenzen, Wünsche, Zufriedenheitsfaktoren und Kaufmotive der aktuellen und potenziellen Kunden und Nutzer einer Leistung. Der Zugang zu Bedürfnisinformationen beruht auf einem intensiven Verständnis der Nutzungs- und Anwendungsumgebung der Abnehmer (siehe Kapitel 7.2.2).

Lösungsinformationen sind Informationen, welche die technologischen Möglichkeiten und notwendigen Potenziale, um Kundenbedürfnisse möglichst effizient und effektiv in eine konkrete Leistung zu überführen, beschreiben.

7.2.2 Techniken der Anforderungserhebung

Für einen unternehmerisch effizienten Produktentwicklungsprozess kommt dem Detaillierungsgrad der Daten, die in den Prozess eingehen, eine entscheidende Rolle zu. Je präziser dieser bzgl. Kundenwünschen, technischen Spezifikationen und kundenwahrnehmungsrelevanten Informationen ist, desto gezielter und damit wirtschaftlicher kann die Produktentwicklung betrieben werden.

Quellen der Anforderungserhebung

Im Rahmen der Marktforschung werden gezielt unternehmensrelevante Produkt- und Kundendaten beschafft, aufbereitet und zweckoptimiert ausgewertet. Grundsätzlich wird in der Marktforschung zwischen Primär- und Sekundärforschung unterschieden.

Im Rahmen der Primärforschung werden Datenquellen eingesetzt, die ein direktes Abfragen der entsprechenden Daten ermöglichen. Die Daten werden speziell für die Zwecke einer bestimmten Untersuchung neu erhoben. Hierzu zählen sowohl direkte Interviews und Gruppendiskussionen als auch groß angelegte (z. B. internetbasierte) Befragungen von Nutzern und Experten aus dem Umfeld der jeweiligen Produkte [BERE04].

Die Sekundärforschung greift auf Daten zurück, die bereits selbst oder von Dritten erhoben wurden, und wertet diese gezielt entsprechend der Fragestellung aus. Zu diesen Daten der Sekundärforschung zählen interne Daten (z. B. Dokumente, Umsatzzahlen, Kundendaten, Vertriebszahlen), öffentlich zugängliche Daten (z. B. branchenwirtschaftliche Zahlen, Daten des statistischen Bundesamts, Veröffentlichungen von Fachverbänden) und die Neuanalyse von Daten, die bereits zu anderen Zwecken erhoben wurden [BERE04].

Sowohl für die Primär- als auch für die Sekundärforschung stehen verschiedene Datenerhebungsmethoden mit unterschiedlichem Detaillierungsgrad zur Verfügung (Abbildung 7.2-5). Auf diese Weise werden gezielt Studien zu Fragen der Produktentwicklung realisiert und damit Fehlentwicklungen vorgebeugt.

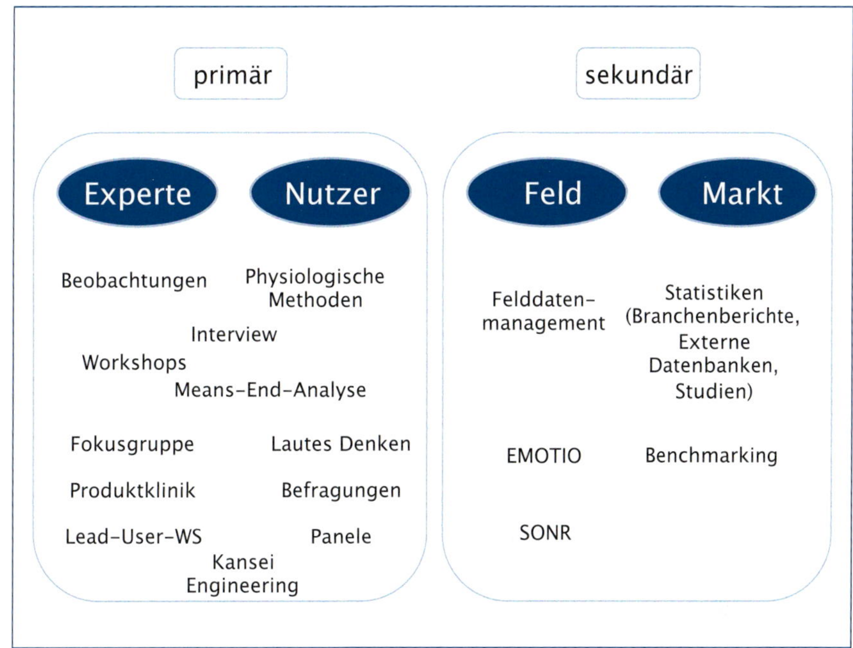

Abbildung 7.2-5 Methoden der Primär- und Sekundärforschung

Dabei haben die durch die Marktforschung gewonnenen Daten den Anforderungen der Entscheidungsträger zu genügen. Das Ziel der Datengewinnung ist nicht, alle möglichen Daten zu beschaffen, sondern vielmehr alle für die Entscheidung *relevanten Daten* vollständig zu erheben. Die *Zuverlässigkeit (Reliabilität)* beschreibt, dass die gewonnenen Daten bei wiederholter Messung stabil sind. Die *Gültigkeit (Validität)* von Daten bringt zum Ausdruck, inwiefern ein Messergebnis auch tatsächlich die Ergebnisse wiedergibt, die im Vorfeld beabsichtigt waren, erhoben zu werden. Die Daten sind aus einem möglichst *aktuellen* Zeitraum zu beschaffen. Die Realisierung dieses Kriteriums wird maßgeblich durch die Art und Komplexität der Erhebungsmethode determiniert. Für die Datenerhebungsmethode müssen die *Kosten und Nutzen* abgeschätzt und gegeneinander abgewogen werden.

Unter Berücksichtigung der spezifischen Situation im Unternehmen sind bei der Datengewinnung eine Reihe von Detailentscheidungen zu treffen. Zunächst sind die Zielgruppe und Untersuchungsobjekte festzulegen. Anschließend wird die Entscheidung über die einzusetzenden Datengewinnungsmethoden bzw. Methodenkombinationen getroffen.

Im Folgenden wird eine Auswahl dieser Methoden vorgestellt. Anfangs werden die primären und sekundären Datenquellen näher erläutert. Anschließend werden für die primären Datenquellen die Methoden und Techniken der Beobachtung und der Befragung behandelt, um im Anschluss detailliert auf ausgewählte Verfahren, wie Deskriptive Studien, Eye Tracking, Lead User Workshops und Produktkliniken, einzugehen.

Des Weiteren werden Methoden zu sekundären Informationsquellen vorgestellt. Hierbei werden im Besonderen Statistiken, Benchmarking und das Felddatenmanagement mit unterschiedlichen Werkzeugen und Prinzipien (insbesondere interaktive Wertschöpfung) behandelt.

7.2.2.1 *Methoden der Primärforschung*

Die nächsten Abschnitte stellen ein grundlegendes Methodenrepertoire für die Erhebung primärer Daten zur Verfügung. Dabei kann der Personenkreis zur Datengewinnung in die Kategorien **Experten** und **Nutzer** aufgeteilt werden.

Experten
Wichtige Informationsgeber sind interne und externe Experten. Ein Experte zeichnet sich dadurch aus, dass er über umfassendes Fachwissen verfügt und so dazu befähigt ist, Frage- und Problemstellungen profunder zu beurteilen, als Laien. Dadurch beurteilen Experten unter Beachtung anderer Schwerpunkte und berücksichtigen beim Beurteilungsvorgang tiefere Zusammenhänge und Implikationen. Hierdurch können Themen weitreichender erfasst und damit detailliertere Entscheidungsgrundlagen geschaffen werden [BERE04]. Von einer ausschließlich expertengestützten Einschätzung der Qualität ist allerdings abzuraten, da durch die Fokusunterschiede zwischen Laien und Experten starke Unterschiede in der Qualitätswahrnehmung und -beurteilung zu erwarten sind. Ohne Berücksichtigung dieser Unterschiede erhöht sich die Wahrscheinlichkeit des Customer Mismatch und Over-Engineering.

Nutzer
Nutzer von Produkten sind wichtige Informationsgeber für den Produktentwicklungsprozess. Sie bewerten die wahrgenommene Qualität durch ihren Umgang mit dem Produkt und beurteilen, ob sie mit einem Produkt zufrieden sind, wie sie die Produktqualität einschätzen und ob ein Folgekauf infrage kommt. Als Nutzer können sowohl Endkunden, Konsumenten und Zwischenhändler als auch Systemlieferanten auftreten, welche die erworbenen Produkte weiterverarbeiten.

Ferner können auch Menschen, die ein Produkt nicht kaufen und sich stattdessen für ein Wettbewerbsprodukt entscheiden, wertvolle Erkenntnisse zur Produktqualität beisteuern. Die Analyse der Gründe für den Vorzug eines Wettbewerbsangebots ermöglicht Rückschlüsse auf die Qualitätswahrnehmung und auf die subjektiv qualitätsrelevanten Produkteigenschaften [MATZ04]. Sowohl Nutzer als auch „Nicht-Käufer" sind daher wichtige Feedbackgeber zu bereits auf dem Markt befindlichen Produkten. Für die Antizipation künftiger Trends und Anforderungen hingegen, werden in der Regel weitere Informationsgeber hinzugezogen, z.B. Lead User oder Experten. Lead User sind Produktnutzer, die aufgrund ihrer Bedürfnisse und ihrer starken Interessenslage am Produkt den künftigen Anforderungen des Marktes voraus sind und dementsprechend eine detaillierte Kenntnis über das Produkt haben.

Die primären Datenquellen sind mit unterschiedlichen Vor- und Nachteilen verbunden:

Vorteile:
- Erhalt von authentischen Daten für eine konkrete Fragestellung
- Aktualität
- Exklusivität
- problemorientierte, genaue und entscheidungsrelevante Daten

Nachteile:
- Zeitaufwand
- Kostenaufwand
- eigenes Know-how und personelle Kapazität erforderlich
- häufig nur durch externe Berater möglich

In der Wissenschaft wird zunächst zwischen zwei grundsätzlichen Methoden der Erhebung von Anforderungen unterschieden: Die Befragung und die Beobachtung [ALBE09].

Befragung

Die Befragung ist eine in den empirischen Sozialwissenschaften etablierte Datenerhebungsmethode, die auch für die Erfassung entwicklungsrelevanter Daten geeignet ist. Für verschiedene Fragestellungen, Themenbereiche und Befragungssituationen existieren unterschiedliche Befragungsarten, die abhängig vom Einsatzgebiet entsprechend ausgewählt werden [BORT06, HÜTT02].

Bei einer Befragung können anders als bei der Beobachtung neben dem Verhalten auch Absichten, Einstellungen und Motive erforscht werden. Insbesondere sind bei der Befragung die Kaufabsichten der Konsumenten zu berücksichtigen. Hieraus lassen sich Rückschlüsse für die Produkt und Verkaufspolitik eines Unternehmens ableiten. Eine Hauptkategorie zur Einteilung von Befragungen ist die Form der Datenkollektion. Befragungen können mündlich (z.B. per Interview) oder schriftlich (z.B. per Fragebogen) durchgeführt werden. Der jeweils nötige Vorbereitungs- und Auswertungsaufwand und die Datenerhebungssituation variieren dementsprechend erheblich.

Beobachtung

Die Beobachtung ist eine fundamentale Art der Datenerhebung in der Wissenschaft. Ohne die Beobachtung eines Sachverhaltes kann dieser nicht beurteilt werden. Beobachtungen können sowohl durch menschliche Sinnesorgane als auch durch Messeinrichtungen realisiert werden [BORT06].

Verschiedene Beobachtungsmethoden fokussieren auf unterschiedliche Erhebungsaspekte und haben unterschiedliche Vor- und Nachteile (z.B. Kontrollierbarkeit von Störvariablen, Komplexität der Auswertung), sodass – abhängig von der zu beobachtenden Situation – die möglichst optimale Methode angewendet wird.

Im Hinblick auf die Beurteilung wahrgenommener Produkt- und Servicequalität werden Menschen während der Interaktion mit den jeweiligen Produkten bzw. beim Konsum einer Dienstleistung beobachtet. Im Nachfolgenden sowie in Kapitel 11 werden einige ausgewählte Beobachtungs- und Befragungsmethoden sowie Mischformen dieser grundsätzlichen Methoden detaillierter erläutert. Eine Herausforderung besteht zudem in der Erfassung von Daten über implizite oder latente Anforderungen, die der Kunde nicht explizit nennen kann, weil er diese entweder nicht kennt oder diese nicht formulieren kann. Hierzu stehen vielfältige Methoden zur Messung und Erfassung der Wahrnehmung zur Verfügung.

Deskriptive Studien

Eine spezifische Methode der kundenorientierten Produktentwicklung, die Elemente sowohl der Befragung als auch der Beobachtung umfasst, ist die deskriptive Studie. Ziel der Integration des Kunden in den Produktentwicklungsprozess ist die Identifikation und Skalierung der durch ihn wahrgenommenen *Qualitätsmerkmale*, die als Grundlage für die Qualitätsbewertung aus Kundensicht dienen (siehe Kapitel 5 zu den Grundlagen der wahrgenommenen Produktqualität, *Perceived Quality*). Dabei werden die jeweiligen Ausprägungen einer Skala durch die Kunden festgelegt. Qualitätsmerkmale können beispielsweise die Bedienung eines Drehknopfes oder die Oberfläche eines Produktes sein, welche in der Regel jedoch keine technische Größe darstellen [SCHM14a].

Zur weiteren Differenzierung eines Qualitätsmerkmals bedarf es einer versierteren Informationsquelle. Uninformierte Kunden können zwar eine Veränderung in ihrer Sinneswahrnehmung feststellen, diese aber kaum beschreiben. Mittels „geschulter" Probanden oder Experten und unter Einsatz „deskriptiver Methoden" aus der Sensorik lassen sich für ein Qualitätsmerkmal ein oder mehrere *Deskriptoren* zur weiteren Identifikation und Gliederung der wahrnehmungsrelevanten Produkteigenschaften festlegen [BUSC07]. „Geschulte" Probanden oder Experten zeichnen sich durch besonderes Fachwissen oder eine erhöhte Sensibilisierung für bestimmte Sinneswahrnehmungen aus. Durch Deskriptoren werden partielle Vergleiche mit bekannten technisch-physikalischen Sachverhalten gezogen und Zusammenhänge aufgezeigt. Mittels dieses deskriptiven Vorgehens entsteht eine standardisierte Beschreibung eines Qualitätsmerkmals in Kundensprache, die nahezu einem technischen Attribut entspricht. Die Deskriptoren eines Qualitätsmerkmals werden in Workshops erarbeitet und deren skalierbare Ausprägungen bestimmt [BUSC07]. Die gelieferten Informationen können als „teilobjektiviert" angesehen werden, da sie im Konsens einer Gruppe mit besonderen Produktkenntnissen entstanden sind. Eine Verifizierung kann anschließend durch eine standardisierte Studie erfolgen. Bezug nehmend auf das Qualitätsmerkmal „Oberfläche eines Produktes" können Deskriptoren z.B. die Rauheit bzw. der Bremseffekt sein. Zur methodischen Unterstützung der Bewertung sowohl von Qualitätsmerkmalen und Deskriptoren sowie deren Einflussanalyse auf die Gesamtwahrnehmung eines Produktes im Speziellen als auch von Funktionen und Anforderungen im Allgemeinen stehen die Conjoint-Analyse, die Means End-Methode oder das Kano-Modell zur Verfügung. Zur finalen Objektivierung der Kundenwahrnehmung für die Konstruktion, Fertigung oder Montage, lässt sich das *technische Attribut* durch den Abgleich der unterschiedlichen Ausprägungen eines Deskriptors mit entsprechenden Messwerten ermitteln.

B

Workshops

Um sich im Rahmen eines Arbeitstreffens mit einem konkreten Thema intensiv auseinanderzusetzen, werden Workshops eingesetzt. Hierbei sind die Anzahl und die Auswahl der Teilnehmer abhängig von dem Ziel des Workshops, welches sich im Allgemeinen durch die Identifizierung von Maßnahmen für die Zukunft auszeichnet. Workshops bieten daher ein großes Potenzial, um gemeinsam mit Betroffenen und Verantwortlichen Maßnahmen für die Lösung von anhaltenden Problemen, beispielsweise von sinkenden Verkaufszahlen eines bestimmten Produktes, zu erarbeiten. Des Weiteren kann ein Workshop aufgrund seiner implizierten Teambildung fördernden Wirkung die zuvor schwierige Zusammenarbeit einzelner Abteilungen eines Unternehmens oder gar die konfliktreiche Zusammenarbeit verschiedener Unternehmen nachhaltig verbessern. Im Allgemeinen eignen sich Workshops für die Entwicklung von Produktideen (Produkt-Workshop), Strategien (Strategie-Workshop) sowie Konzepten für die Problemlösung (Problemlösungs-Workshop) und der Teambildung (Teambildungs-Workshop) [BEER09].

Lead User-Workshops

Der Lead User-Workshop ist daher eine spezielle Form und Erweiterung des klassischen Workshops zur systematischen Erfassung von Kundenwünschen und -anforderungen. Zur Bedürfniserfüllung modifizieren Lead User beispielsweise Produkte in Eigeninitiative oder nutzen diese in nicht alltäglicher Weise. Die Erfassung und Analyse dieser Eigenschaften hilft dabei, künftige Marktanforderungen an Produkte zu einem gewissen Teil antizipierbar zu machen. Der Lead User-Ansatz systematisiert die Integration von Nutzern in die Produktentwicklung [FRAN06]. Zunächst werden für einen Lead User-Workshop wichtige Markttrends identifiziert. Anschließend werden aus vorhandenen Kundengruppen jene Nutzer identifiziert, welche die o.g. Lead User-Charakteristika aufweisen. Im Rahmen der Bedürfnisanalyse der Lead User kommen branchenübliche Marktforschungs- und Data Mining-Methoden zum Einsatz. Dabei stehen vor allem Nutzermodifikationen und der nicht alltägliche Produkteinsatz im Fokus der Aufmerksamkeit. Abschließend werden Lead User-Informationen auf den interessierenden Markt projiziert. Es wird untersucht, ob „Nicht-Lead User" aus den Produktkonzepten der vorigen Schritte ähnliche Nutzenbefriedigung erlangen wie Lead User.

Fokusgruppe

Um die spezifischen Anforderungen einer nach definierten Kriterien ausgewählten Gruppe an Teilnehmern zu erfassen, wird in der Produktentwicklung die Methode der Fokusgruppe angewendet. Die Fokusgruppe ist eine moderierte und offen gestaltete Erhebungsmethode, an der je nach Problemstellung sechs bis zwölf Personen teilnehmen. Diese Methode beinhaltet sowohl Elemente eines fokussierten Interviews als auch einer Gruppendiskussion, in dem die Teilnehmer unter der Leitung eines neutralen Moderators eine Thematik diskutieren und zusammen eine Lösung erarbeiten. Die besondere Qualität des Ergebnisses der Fokusgruppenmethode begründet sich darin, dass die Ergebnisse der Diskussionen nicht die Einzelmeinungen der Teilnehmer widerspiegeln, sondern auch die Austausch- und Diskussionsprozesse der Teilnehmer untereinander mit einbeziehen. In der Regel wird diese Methode dort eingesetzt, wo nur qualitative Ergebnisse bei Fragestellungen erzielt werden können, die schlecht strukturierbar und daher für eine standardisierte Befragung kaum zugänglich ist. Die Fokusgruppe eignet sich daher insbesondere zur Erhebung von Einstellungen, Gefühlen, Vorstellungen und Ideen der nach bestimmten Kriterien definierten Gruppe [LUET07].

Produktklinik

Ein Aspekt der Produktentwicklung besteht im Aufdecken von Verbesserungspotenzialen eines Produktes, basierend auf Kundenanforderungen und des Vergleichs zu Wettbewerberprodukten (siehe auch Benchmarking in Kapitel 7.2.2.2). Die Produktklinik bezeichnet in diesem Kontext eine umfassende Produktbetrachtung und -analyse, an der funktionsübergreifende Teams aus allen Bereichen beteiligt sind. Das Ergebnis einer Produktklinik ist eine Reduzierung der Kosten und Einzelteile bei gleichzeitiger Leistungssteigerung der Produktfunktionen. Die Potenziale der Produktklinik ergeben sich aus einigen konstituierenden Merkmalen. Anders als beim Lead User Workshop setzt sich das Team aus Mitgliedern aus allen Bereichen des Produktentwicklungsprozesses zusammen, teilweise inklusive der Lieferanten. Durch ein interdisziplinäres Team wird die Kreativität durch gemeinsames Lernen am Produkt gefördert.

Panel

Um die Entwicklung eines Produktes zielgerichtet auf die Wünsche und Anforderungen der Zielkundengruppe auszurichten, findet die Panelerhebung ihre Anwendung. Ein Panel ist dadurch charakterisiert, dass folgende Merkmale von Datenerhebungen unverändert bleiben: Sachverhalt, wiederkehrender Zeitpunkt, Stichprobe, Methode. Der große Vorteil einer regelmäßigen Panelbefragung ist darin zu sehen, dass Veränderungen in ihrer zeitlichen Entwicklung erfassbar sind und so Trends und Veränderungen besser identifiziert werden können. Gleichzeitig werden Ergebnisverzerrungen aufgrund eines variierenden Erhebungsdesigns ausgeschlossen. Voraussetzung für eine erfolgreiche Maßnahmenumsetzung nach einer Panelerhebung ist, dass die Stichprobe den Schluss auf die Grundgesamtheit zulässt, d.h. ein Personenkreis befragt wird, der repräsentativ für die Zielgruppe ist, die mit dem Produkt angesprochen werden soll [KOCH12, GÜNT06].

Interview

Während bei den bislang vorgestellten Workshop-Techniken (Lead User Workshop, Fokusgruppe, Panelerhebung und Produktklinik) vor allem die Diskussion und der Austausch in der Gruppe im Fokus steht, ist das konstituierende Merkmal eines Interviews die Befragung einer Person durch einen Fragesteller (sogenannter Interviewer). Ziel ist es, individuelle Meinungen, persönliche Informationen oder Sachverhalte zu ermitteln. Die Form eines Interviews lässt sich hierbei in drei verschiedene Arten unterscheiden:

- das standardisierte Interview, welches sich durch einen zuvor festgelegten standardisierten Fragebogen auszeichnet,
- das strukturierte bzw. halbstrukturierte Interview, welches sich wiederum durch die alleinige vorige Formulierung von offenen Primär- und Sekundärfragen auszeichnet, sowie
- das freie bzw. unstrukturierte Interview, welches insbesondere dadurch gekennzeichnet ist, dass seine Durchführung in aller Regel nicht zur späteren Auswertung dient, sondern allein die Gewinnung von Informationen zum Ziel hat.

B

In Abhängigkeit der Interessen des Interviewers muss er sich für eine der drei üblichen Typen des Interviews entscheiden. Sofern das Interview der Klärung eines Sachverhaltes dient, wird ein themenzentriertes Interview favorisiert. Im Gegensatz hierzu stehen in dem personenzentrierten Interview die persönlichen Antworten der interviewten Person im Vordergrund. Das verschränkte Interview kann wiederum als ein Zwitter der beiden vorigen Interviewtypen verstanden werden [LEHM04].

Lautes Denken

Eine Methode zur Erfassung aller Gedanken des Kunden bei der Interaktion mit einem Produkt oder bei der Validierung eines Produktkonzeptes stellt das „Laute Denken“ dar. Die Bandbreite der Anwendungssituationen des Lauten Denkens reicht von der Darbietung durch Bild oder Ton bis hin zur Interaktion eines Probanden mit einem fertigen Produkt.

Der Proband bzw. der potenzielle Kunde wird bei dieser Methode durch einen semistrukturierten Interviewleitfaden zur Interaktion mit einem Produkt aufgefordert und äußert währenddessen seine Assoziationen und Gedanken völlig frei und ungefiltert. Die Methode des Lauten Denkens lässt sich daher sowohl den Beobachtungs- als auch den Befragungsmethoden unterordnen. Die ungefilterten Probandenäußerungen geben neben allgemeinen Erkenntnissen zu Produkthandhabung und Nutzerfreundlichkeit auch Informationen zu begeisternden bzw. frustrierenden Produktmerkmalen. Auf diese Weise können zentrale Aspekte des Produktes identifiziert und für weitere Entwicklungen aufgegriffen werden. Die Methode bildet die geäußerten Denkprozesse des Probanden sequenziell ab und erleichtert es dadurch, dem Produktentwickler subjektive Kausalzusammenhänge im Beurteilungsvorgang offen zu legen [GOPF08].

Means End-Analyse

Damit der Zusammenhang zwischen den Triebkräften des Kauf- und Konsumverhaltens und den möglichen Optionen zur Gestaltung eines Gutes geklärt werden kann, wird oftmals als Erweiterung des Interviews eine Means End-Analyse durchgeführt. Im Rahmen von Means End-Ketten, welche den Zusammenhang zwischen Eigenschaften des Produktes, Nutzenkomponenten und die Werthaltung darstellen, kann herausgefunden werden, inwieweit eine Eigenschaft des Produktes zu dem Kauf geführt hat. Als ein Beispiel für eine solche Kette kann die Funktion „mobiles Internet“ im Rahmen des Handykaufs betrachtet werden. Hierzu beruht der Kauf durch den Kunden auf dessen Wahrnehmung der technischen Eigenschaft „mobiles Internet"; hierdurch wird sich der Kunde den Vorzügen der modernen Technologie bewusst. Neben dem funktionalen Nutzen liegt ebenso ein sozialer Nutzen vor, da die mobile Internetfunktion dem Käufer ein intensiveres und dauerhaftes Teilhaben am Leben seiner Freunde ermöglicht. Hierdurch verkettet er die Nutzenvorstellungen mit dem terminalen Wert einer gesteigerten Selbstachtung, welche sich für ihn persönlich aus dem Kauf des mobilen internetfähigen Handys ermöglicht [ALBE05, HERM13].

Methoden zur Messung und Erfassung der Wahrnehmung

Eine besondere Kategorie der Beobachtungsmethoden sind die Methoden und Werkzeuge zur Erfassung von physiologischen Signalen bei der Interaktion mit einem Produkt oder einem Produktkonzept. Physiologische Daten sind Daten, die die vom menschlichen Körper ausgesandten, bewussten sowie unbewussten Signale (u. a. Blickverhalten, Neurofeedback, Biofeedback) repräsentieren. Diese Daten können mittels spezieller Messapparaturen erhoben werden und ermöglichen Erkenntnisse zur Gefühls- und Erlebenswelt von Menschen – auch in Bereichen, die für den Probanden selbst nur schwer festzustellen und zu verbalisieren sind.

Eye-Tracking

Eye-Tracking bzw. Blickregistrierung bezeichnet das Aufzeichnen des Blickverlaufes eines Individuums durch diverse Kamerasysteme und liefert somit objektive Daten zu physiologischen Signalen, welche wiederum wertvolle Rückschlüsse auf die wahrgenommene Produktqualität ermöglichen. Die Kamerasysteme ermöglichen es, Blickverläufe und Augenbewegungen in Echtzeit zu erfassen und zu analysieren und somit quantifizierte Daten über die visuelle Wahrnehmung sowie auch die unbewusste Wahrnehmung abzuleiten. Blickverläufe sind im Wesentlichen durch Fixationen (Verharren des Blickes auf einem Objekt) und Sakkaden (sprunghafte Bewegung des Auges zwischen zwei Objekten) gekennzeichnet [DUCH07]. Die Reihenfolge und die Dauer, die ein Mensch auf bestimmte Merkmale von Produkten fokussiert, liefern Anhaltspunkte über die Aufmerksamkeit und auch über die subjektive Wichtigkeit bzw. über die Nutzerfreundlichkeit bestimmter Komponenten.

EEG und EDA

Elektroenzephalografie (EEG) ist eine Messmethode zur Erhebung der elektrischen Hirnaktivität und liefert somit quantitative Daten über u. a. die unbewussten Wahrnehmungsvorgänge eines Probanden während der haptischen oder visuellen Interaktion mit einem Produkt. Zum Beispiel kann die Aktivität verschiedener Hirnregionen wesentliche Aufschlüsse darüber geben, ob ein Qualitätsurteil im entsprechenden Fall auf rationalen oder emotionalen Eindrücken basiert [NEUR04]. Basis der EEG-Messungen ist die Erfassung der vom Gehirn verarbeiteten elektrischen Ströme. Über die Analyse von Abweichungen hinsichtlich der elektrischen Hirnaktivität lassen sich unterschiedliche Stimuli auf diverse kognitive Verarbeitungsvorgänge und Emotionen untersuchen (Neurofeedback).

Eine weitere Methode zur Erfassung der unbewussten Wahrnehmung ist die *Elektrodermale Aktivität* (EDA). Dabei werden Messgeräte eingesetzt, deren Elektroden die Hautleitfähigkeit messen und quantifizieren. Die Hautleitfähigkeit wird dabei maßgeblich von der Schweißsekretion der Hautschweißdrüsen beeinflusst. Eine Änderung der elektrodermalen Aktivität in der Wechselwirkung zwischen Produkt und Proband ist zugleich ein Hinweis auf Änderungen in der kognitiven Verarbeitung/Aktivierung bzw. in der emotionalen Erregung (Biofeedback).

Kansei-Engineering

Kansei-Engineering beschreibt eine methodische Vorgehensweise, um *implizite* Kundeneindrücke, -gefühle, -anforderungen und -emotionen an ein Produkt bereits in der Entwicklungsphase in Produktmerkmale zu überführen. Grundzüge der Methodologie wurden bereits in den 1970er-Jahren von Nagamachi entwickelt. Es konnte beobachtet werden, dass Unternehmen bestrebt waren, Kundeneindrücke zu den jeweils angebotenen Produkten zu messen und zu quantifizieren. Kansei-Engineering unterstützt die Aufnahme von Kundenwahrnehmungen sowie die Identifikation von Korrelationen dieser Wahrnehmungen zu bestimmten Produkteigenschaften (Design, Ästhetik, Ergonomie, Handhabbarkeit oder Alltagstauglichkeit). Der Ansatz des Kansei-Engineering bedient sich dabei verschiedenen, dargestellten Erhebungs- und Interpretationsansätzen, um z.B. die Assoziation, die ein Produkt beim Kunden auslöst oder die Messung physiologischer Reaktionen bei der Interaktion mit dem Produkt zu erfassen. Basierend sowohl auf Befragungen, Beobachtungen als auch auf der Messung physiologischer Signale finden neben explizit geäußerten somit auch implizit geforderte, gefühlte und erwartete Kundenanforderungen Eingang in die Produktentwicklung [NAGA95, NAGA11a, NAGA11b, SCHM14b]. Für weitere Informationen zur Vorgehensweise des Kansei-Engineering siehe Toolbox, Kapitel 11.16).

B

Zusammenführung der Informationsquellen am Beispiel der wahrgenommenen Produktqualität

Die Herausforderung in der Anwendung von Methoden zur Erhebung von Kundenanforderungen liegt sowohl in der Durchführung als auch im Abgleich und der Auswertung der Ergebnisse der einzelnen Methoden. Dazu sind mehrere Methoden miteinander zu kombinieren, um ein repräsentatives Anforderungsprofil des gewünschten Produktmerkmals zeichnen zu können (Abbildung 7.2-6)

Im Rahmen von Workshops gilt es, die technischen Parameter zu identifizieren, die einen Einfluss auf die Wahrnehmung des Kunden haben. Die erfassten Parameter werden anschließend mithilfe einer „standardisierten Kundensprache“ dokumentiert. Die Herangehensweise, die Wahrnehmung des Kunden nur mithilfe von sogenannten Produktexperten in *Expertenworkshops* zu erfassen, ist jedoch oft nicht zielführend. Eine Reihe von Studien zeigt, dass die Einschätzung der Experten nicht den Kundenanforderungen gerecht wird. Dies kann z.B. darin begründet liegen, dass die Experten die heterogene Kundschaft nicht vollumfänglich repräsentieren können. Aus diesem Grund werden gemäß der Vorgehensweise die mithilfe von Experten aufgenommenen standardisierten Beschreibungen im Rahmen von *Kundenstudien* bzw. Panels validiert oder falsifiziert. Durch die Validierung mithilfe von realen Kunden in kontrollierter Umgebung kann die unvoreingenommene Meinung des Kunden differenziert erfasst werden. Insbesondere für die spätere Validierung der Produkte und die Auslegung anforderungsgerechter Prüfprozesse in der Produktion wird der Einsatz einer geeigneten *Messtechnik* immer wichtiger. Durch geeignete Technologien, wie z.B. Schalldruckmessgeräte im Falle einer Geräuschanalyse, zur Objektivierung der subjektiven Eindrücke des Kunden wird die Erfassung und technische Beschreibung sämtlicher Produktmerkmale ermöglicht. Der Einsatz der Messtechnik schließt somit die Lücke von der subjektiv beschriebenen Wahrnehmung des Produkterlebnisses hin zur genauen technischen Spezifikation des Produktes. Durch eine statistische Verknüpfung der Kundenwahrnehmung und der messtechnischen Daten kann die vom Kunden wahrgenommene Qualität objektiviert werden. Des Weiteren können mithilfe der Messtechnik die Wahrnehmungsschwellen identifiziert werden.

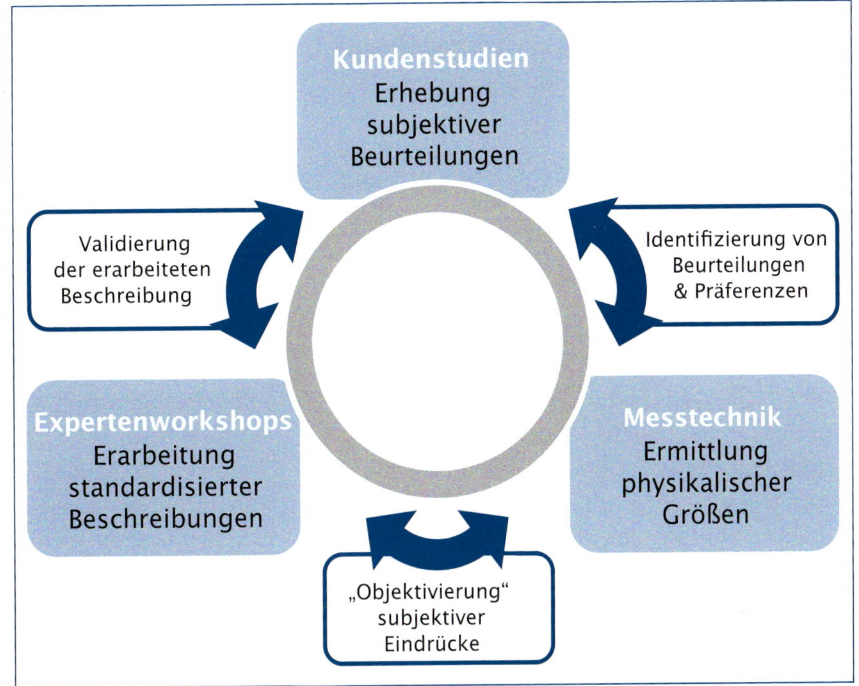

Abbildung 7.2-6 Informationsquellen der wahrgenommenen Produktqualität

7.2.2.2 Methoden der Sekundärforschung

Die nächsten Abschnitte geben einen Überblick über Methoden für die Erhebung von Daten aus sekundären Quellen. Im Vergleich zu primären Datenquellen werden hier Daten herangezogen, die bereits selbst oder von Dritten erhoben wurden und gezielt entsprechend der Fragestellung ausgewertet werden. Dabei kann bei den Datenquellen zwischen den Kategorien **Feld** und **Markt** unterschieden werden.

Feld
Produkte, die bereits auf dem Markt sind, liefern in Form von rückfließenden Felddaten wichtige Informationen zu nutzerrelevanten Qualitätsaspekten. Im Gegensatz zu den allgemeinen Marktdaten beziehen sich die Informationen nur auf das eigene Produktportfolio in den jeweils unterschiedlichen Phasen des Produktlebenszyklus. Die systematische Erfassung, Aufbereitung und Analyse dieser Daten ermöglicht die nachthaltige Integration der gewonnenen Erkenntnisse in künftige Entwicklungsprozesse und -entscheidungen.

Markt
Eine Quelle für allgemeine Informationen für den Produktentwicklungsprozess stellt der Markt dar. Beispielsweise werden branchenübliche Verkaufszahlen und Marktanteile des Wettbewerbs als Indikatoren für wahrgenommene Produktqualität hinzugezogen. Die Informationen aus dem Markt sollten jedoch nicht ohne die Berücksichtigung verschiedener Einflussfaktoren betrachtet werden. Solche Faktoren sind beispielsweise Features marktführender Produkte, Preisgestaltung des Wettbewerbs, Service- und Zubehörangebot des Wettbewerbs und die Verfügbarkeit des Produktes.

Die sekundären Datenquellen sind mit unterschiedlichen Vor- und Nachteilen verbunden:

Vorteile:

- relativ einfach und schnell zu beschaffende Informationen
- in der Regel relativ kostengünstig
- zum Teil einzige verfügbare Datenquelle (z.B. Bevölkerungsstatistik)
- besonders breites Potenzial an Informationsfeldern im Internet

Nachteile:

- nicht immer verfügbar
- geringfügig individuell/spezifisch
- teilweise mangelnde Aktualität
- ungeeignete Gliederungssystematik (Detaillierungsgrad)
- keine Exklusivität aufgrund allgemeiner Verfügbarkeit
- Vergleichbarkeitsprobleme bei Informationen aus unterschiedlichen Quellen

Statistische Erhebungen

Für die Ermittlung von Daten zur Produktentwicklung stehen zahlreiche Statistiken zur Verfügung. Diese können beispielsweise durch einen Wirtschaftsverband veröffentlicht worden sein oder aber in Form von externen Datenbanken und Studien zur Verfügung gestellt werden. Überdies steht eine große Auswahl von statistischen Erhebungen durch neutrale Instanzen, wie beispielsweise das Statistische Bundesamt, zur Verfügung, welche durch ihre Objektivität und qualitative Unabhängigkeit charakterisiert sind.

Im digitalen Zeitalter wird der einfache Zugang zu Statistiken zudem durch Onlineportale ermöglicht, welche erhobene Statistiken anforderungsgerecht kurzfristig zur Verfügung stellen können. Hierdurch wird die Suche nach und der Zugang zu hilfreichen Statistiken grundlegend vereinfacht.

Benchmarking

Im Bereich der Marktforschung ist das Benchmarking im Rahmen der Konkurrenzforschung eine sehr etablierte Methode. Hierbei werden Strategien, Produkte, Prozesse und Methoden über mehrere Unternehmen hinweg verglichen. Ziel ist es dabei, den führenden Wettbewerber ausfindig zu machen, um sich an ihm und insbesondere an dessen Produkten zu orientieren. Dabei kann auf bereits erhobene statistische Daten zurückgegriffen werden. Teilweise handelt es sich hierbei nicht um direkte Wettbewerber, sondern um Vorbilder aus anderen Branchen. In solchen Fällen erfolgt häufig ein partnerschaftlicher Austausch im Rahmen von Kooperationsprojekten, mit dem Ziel, durch die Analyse im Partnerunternehmen, Schwächen im eigenen Unternehmen bzw. hinsichtlich des eigenen Produktes aufzudecken und beim Partner aufgefundene gute Lösungen, sogenannte „Best Practices“, auf das eigene Unternehmen, respektive das eigene Produkt zu übertragen.

Felddatenmanagement

Die systematische Erfassung, Aufbereitung und Analyse der Felddaten in Form von Serviceanfragen, Reparaturaufträgen, Zubehörbestellungen etc. geben Aufschluss darüber, wie Nutzer sich mit einem Produkt zurechtfinden. Durch diese Daten ist es möglich, Aussagen darüber zu treffen, welche Komponenten bzw. Funktionen nicht durch den Nutzer verstanden werden bzw. dessen Anforderungen Stand halten und welche Funktionen auf starkes Interesse stoßen. Diese Informationen liegen häufig bereits vor, werden aber selten nachhaltig verarbeitet und in den Produktentwicklungsprozess zurückgeführt und kommuniziert (siehe Kapitel 7.6 und Kapitel 9.5).

Um diese Daten konsequent in die Produkt(weiter)entwicklung mit einfließen zu lassen, bedarf es gut strukturierter Datenverarbeitungsprozesse. Da Felddaten in unterschiedlicher Form (z.B. Reklamationen, Garantiefälle) und an unterschiedlichen Stellen des Unternehmens vorliegen, ist es nötig, sie so zu verarbeiten, dass die Kompatibilität dieser Daten gewährleistet ist.

Social Network Response – SONR
Die Stimme des Kunden aus sozialen Medien ist als Felddatum für die kundenorientierte Produktentwicklung von großer Bedeutung [SCHM14c]. In Form von Produktbewertungen kommunizieren Kunden mittels medialer Plattformen positive und negative Produkterfahrungen, äußern Wünsche oder regen zu Innovationen an. Für 81 % aller potenziellen Kunden ist die Bewertung eines Produktes durch Dritte für die eigene Kaufentscheidung ausschlaggebend [ETAI07].

Bedingt durch die unlimitierte Menge an zur Verfügung stehender Felddaten existiert eine Vielzahl an Text Mining Tools, die Bewertungen aus sozialen Medien nach vorgegebener Zielstellung extrahieren (Web Mining) und analysieren (Opinion Mining/Sentiment Analyse). SONR umfasst dabei ein System, welches die automatisierte Extraktion und Analyse von Kundenbewertungen aus sozialen Medien u.a. auf Basis des „linguistischen Codes" von Produktbewertungen gewährleistet [SCHM14d]. Gegenstand der Analyse sind dabei die generelle Wahrnehmung des Produktes durch den Kunden im Feld sowie die Ableitung konkreter Mängel, Wünsche und Anforderungen seitens der Kunden.

Prinzipien der interaktiven Wertschöpfung

Mittels der Prinzipien der interaktiven Wertschöpfung werden speziell solche Bedürfnisse identifiziert, welche über die klassischen Marktforschungsansätze nicht erarbeitet werden können. Während klassische Marktforschungsmethoden eher auf einer Trennung von Informationserhebung und Entwicklung basieren, lassen sich die Ansätze der interaktiven Wertschöpfung primär auf Beobachtung und Interaktion zwischen dem Nutzer und dem sich im Feld befindlichen Produkt zurückführen. Durch die Interaktion mit dem Kunden dienen die nachstehenden Prinzipien der interaktiven Wertschöpfung sowohl der Identifikation von Bedürfnisinformationen aufgrund der Erhebung von Sticky-Informationen als auch dem Ableiten von Lösungsinformationen durch die Nutzung von Know-how der Kunden.

Open Source
In der Entwicklung von Software hat sich mit Open Source ein Prinzip etabliert, bei dem der Kunde während der Nutzungsphase zu einem hohen Anteil an der Produktentwicklung partizipieren kann [HUET06]. Dabei werden den Anwendern eine Entwicklungsplattform und eine ausführbare Zusammenstellung von Software zur Verfügung gestellt, die auf einem offen gestalteten und frei veränderbaren Quellcode basieren. Charakteristisch für das Prinzip ist, dass die Anwender die Software nicht nur nutzen, sondern beliebig nach ihren Vorstellungen weiterentwickeln können [HUET06, PILL03]. Die Plattform dient außerdem dazu, die durch die Anwender weiterentwickelte Software zu anwenderfreundlichen Paketen zusammenzustellen.

Hinsichtlich des Entwicklungsprozesses sind die Vorteile minimale Entwicklungskosten bei einer großen potenziellen Entwicklerressource sowie kürzere Entwicklungszyklen [GASS06]. Das Prinzip ermöglicht zudem eine unmittelbare Übersetzung von Kundenbedürfnissen in Produktmerkmale durch den Anwender selbst und ist damit ein Erfolgskonzept im Bereich der marktgetriebenen und kundenorientierten Produktgestaltung [WILD08, SCHU07, STOT02, PILL06, SCHE06]. Durch die Entwicklungsleistung der Anwender setzen diese unmittelbar ihre Bedürfnisse in Form von Spezifikationen und Produkteigenschaften um, welche von anderen Anwendern aufgegriffen und wieder weiterentwickelt werden.

Nachteile des Open Source-Prinzips ergeben sich speziell für die produzierende Industrie. Erstens ist für Unternehmen bei einer reinen Open Source-Entwicklung eine gezielte Wettbewerbsdifferenzierung ebenso wenig möglich wie eine zielorientierte Entwicklung, da der gesamte Entwicklungsprozess rein bedarfsgetrieben ist [SCHU08b, KAMP08]. Zweitens sind nur wenige Anwender aufgrund der kryptischen Sprache in der Lage, den Quelltext einer Software entsprechend ihrer Vorstellungen zu modifizieren. Die Hemmschwelle der Modifikation zur Veränderung der Software ist daher recht hoch [REIC02]. Darüber hinaus ergibt sich die Herausforderung, dass nicht geklärt ist, wer die Verantwortung für die Maßnahmen trifft, um die Qualität der erbrachten Leistung nachhaltig abzusichern. Für kommerzielle Produktionsunternehmen ist das bisherige Open Source-Prinzip für ihre Produkte daher meist wenig interessant [SALE05]. Die nachfolgend beschriebenen Prinzipien der interaktiven Wertschöpfung zeigen jedoch, dass eine Anpassung des Open Source-Prinzips auf die Erfordernisse der Produktionstechnik zu Prinzipien der interaktiven Wertschöpfung führen, welche von großer Relevanz sind.

Open Innovation

Das Prinzip von Open Innovation verfolgt im Gegensatz zu dem klassischen Verständnis von Innovationsprozessen die Öffnung des Entwicklungsprozesses von Unternehmen und damit die aktive Nutzung der Außenwelt zur Vergrößerung des eigenen Innovationspotenzials [CHES06]. Open Innovation beschreibt die Zusammenarbeit zwischen Unternehmen und externen Personen (z. B. Lead Usern), die auf die Entwicklung neuer Produkte für einen größeren Abnehmerkreis abzielt [REIC05]. Hierbei stehen externe Personen einem offenen Lösungsraum gegenüber, innerhalb dessen sie Erweiterungen oder Modifizierungen vornehmen können. Im Open Innovation-Prozess drücken sie ihre Bedürfnis- oder auch Lösungsinformation mittels Beschreibungen, Skizzen o. Ä. aus, welche in den nächsten Produktentwicklungsprozess integriert werden [STEI06]. Die Kooperation im Rahmen von Open Innovation zwischen Unternehmen, die über die nötigen Ressourcen und Kompetenzen verfügen, und externen Personen, die die Bedürfnisse des Marktes und Lösungsvorschläge liefern, ohne zwangsläufig Problemlösungskompetenz zu besitzen, kann für eine erfolgreiche Vermarktung der Lösungen förderlich sein [REIC09]. Gleichzeitig wird auf diese Weise Sticky-Information auf interaktive Weise identifiziert.

Mass Customization

Das Konzept der Mass Customization (kundenindividuelle Massenproduktion) beschreibt ein Produktionskonzept, welches den Vorzügen der Massenproduktion und dem wachsenden Kundenwunsch nach Produktindividualisierung Rechnung trägt [PINE93, SCHM08, SCHU08a, WEST06]. Mithilfe flexibler Fertigungsabläufe können Unternehmen wenige Einheiten von Produkten oder gar Einzelstücke zu marktfähigen Preisen schnell fertigen [THOM02, HAAS05, SMAL05]. Im Gegensatz zur massenhaften Produktion standardisierter Güter kann eine individuelle Leistung nur dann erstellt werden, wenn der Hersteller mit dem Kunden vor der Leistungserstellung interagiert, um die Wünsche und Spezifikationen für das individuelle Produkt zu erfragen [REIC02]. Folglich ist auch hier die Integration der Kunden in einen gemeinsamen Wertschöpfungsprozess mit den Anbietern Fokus des Konzeptes [REIC09, POZN07].

Neben der Interaktion mit dem Kunden durch die Individualisierung des Produktes und der Massenproduktion wird Mass Customization durch ein weiteres Element definiert. Konstituierend für Mass Customization ist, dass die erstellten Konfigurationen und Designs anderen Kunden zur Verfügung gestellt werden [PILL03]. Darüber hinaus wird oftmals eine Bewertung der Konfigurationen durch die Community vorgeschlagen. Die Bewertungen und die Anzahl der jeweiligen verkauften Konfigurationen bieten eine Entscheidungshilfe für den Kunden [DOER01] und führen letztlich zum Aufdecken von Sticky-Informationen. Die präferierten Konfigurationen und Designs stellen Bedürfnis- und Lösungsinformationen der unterschiedlichen Kundengruppen dar.

Embedded Toolkits als ein Werkzeug der interaktiven Wertschöpfung

Zur Erhebung schwer zu identifizierender Bedürfnis- und Lösungsinformationen der Kunden aus der Nutzungsphase können Unternehmen zusätzlich zur traditionellen Marktforschung *Embedded Open Toolkits for User Innovation and Co-Design* einsetzen. Diese stellen ein Konzept der interaktiven Wertschöpfung dar, welches sich aus Merkmalen von Open Source, Open Innovation und Mass Customization zusammensetzt. Es basiert auf Embedded Toolkits, welche – eingebettet im Produkt – dem Kunden ausgeliefert werden. Diese Toolkits gestatten es dem Kunden, während der Nutzungsphase in einem begrenzten Lösungsraum Konfigurationen und Entwicklungen am Produkt vorzunehmen (z. B. Softwarekonfiguration in Mobiltelefonen). Das im Produkt eingebettete Toolkit bietet daher gestalterische Möglichkeiten gemäß des Open Source-Prinzips, jedoch innerhalb eines begrenzten Lösungsraumes. Die im Feld durch Nutzerkonfiguration entstandenen Daten und Lösungen werden in das Unternehmen zurückgekoppelt. Durch die Rückkopplung der vom Kunden erstellten Lösungen in den Innovations- und Entwicklungsprozess werden Unternehmen befähigt, zusätzliche Bedürfnis- und Lösungsinformationen zu gewinnen, um diese in neue Produkte zu integrieren. Der Kunde erbringt dadurch eigenmotiviert Wertschöpfung für das Unternehmen in Form interaktiver Wertschöpfung.

Ergänzend dazu bieten *Embedded Toolkits for User Configuration and Co-Design* Unternehmen die Möglichkeit, das Prinzip der interaktiven Wertschöpfung auf die Produktnutzungsphase durch Konfigurierbarkeit von Produkten auszuweiten. Dabei liegt der Unterschied zu den bisher vorgestellten Toolkits in der stärkeren Einschränkung des Lösungsraumes – von einem kontinuierlichen Lösungsraum zu einem diskreten Lösungsraum –, welcher durch Konfigurationsoptionen definiert wird. Basierend auf den statistischen Methoden der Marktforschung werden Felddaten, die mittels des Toolkits erhoben werden, ausgewertet, um Informationen über nutzungsrelevante Kundenwünsche und Bedürfnisse zu gewinnen. Sie fließen anschließend in Produktverbesserungen ein und ermöglichen es Unternehmen, im Auslieferungszustand exakt die Funktionen anzubieten, welche vom Kunden gewünscht und als relevant wahrgenommen werden [REIC02].

7.2.3 Priorisierung der Kundenanforderungen

Im vorherigen Abschnitt wurden vielfältige Methoden zur Aufnahme von Kundenanforderungen vorgestellt, aus dieser sich eine Vielzahl von Produktideen generieren lassen. Der nächste Schritt in der Produktentwicklung stellt die Strukturierung und Bewertung von Anforderungen dar. Eine Priorisierung zeigt, welche Kundenanforderungen in welchem Umfang umgesetzt werden sollen und welche von geringer Bedeutung sind. Besondere Betrachtung ist dabei der Zahlungsbereitschaft zu widmen, als eine wesentliche Anforderung an das Produkt.

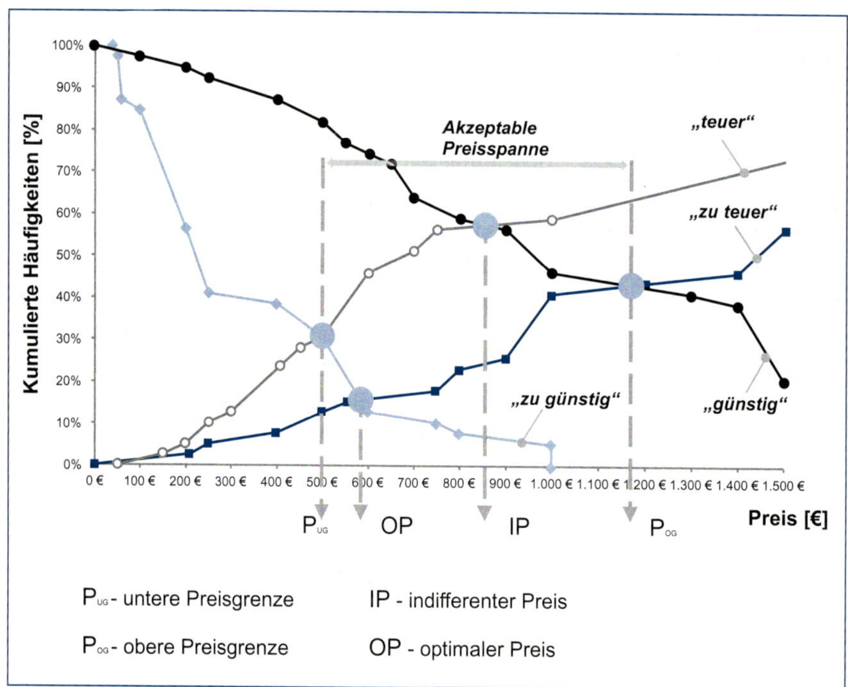

Abbildung 7.2-10
Price Sensitivity Measurement

Conjoint-Analyse

Die Conjoint-Analyse untersucht, wie viel einzelne Produktfunktionen einem Kunden wert sind. Mithilfe einer Conjoint-Analyse können Präferenzwerte von Konsumenten für gegebene Merkmale (Wichtigkeiten), für deren Ausprägungen (Teilnutzenwerte) sowie für Kombinationen bestimmter Merkmale bzw. Merkmalsausprägungen (Gesamtnutzen) für ein Produkt ermittelt werden. Die Conjoint-Analyse ermöglicht durch die Verknüpfung von Merkmalen zu nahezu beliebigen Merkmalskombinationen die Untersuchung von hypothetischen Angebotsleistungen.

Im Bereich der Preisbestimmung werden Conjoint-Analysen häufig eingesetzt, um die Datenbasis für die Berechnung der voraussichtlichen Preis-Absatz-Funktion für ein Produkt auf einem gegebenen Markt bzw. in einem Konkurrenzumfeld zu liefern. Mit den Daten der Conjoint-Analyse kann dabei eine sogenannte Marktsimulation durchgeführt werden, über die sich für ein gegebenes Produkt derjenige Preis errechnen lässt, der dem Hersteller das Gewinnoptimum einbringt. Häufiges Anwendungsgebiet ist der Konsumgüterbereich. Im Entwicklungsbereich wird die Methode relativ selten eingesetzt, da sie sehr kosten- und zeitintensiv ist sowie umfangreiche statistisch-mathematische Kenntnisse erfordert (für eine detaillierte Vorgehensweise siehe Toolbox, Kapitel 11.7).

7.2.4 Einordnung der Erhebungsmethoden

Der Produktentwicklungsprozess ist die Basis für erfolgreiche Produkte, da hier die konzeptionelle Umsetzung von Kundenanforderungen in Produkteigenschaften stattfindet. Die Qualität der Datenbasis für die Kundenanforderungen bildet den entscheidenden Erfolgsfaktor. Je genauer die Kundenanforderungen erhoben werden und je besser sie in technische Spezifikationen übersetzt werden, desto höher ist der potenzielle Überdeckungsgrad zwischen Kundenforderung und Produkteigenschaften. Ein breites Methodenrepertoire optimiert die hierfür erforderliche Anforderungserhebung. Werkzeuge, wie die physiologische Messung oder Workshops, leisten in diesem Zusammenhang einen erheblichen Beitrag. Die Methoden zur Kundenforderungserhebung lassen sich im Rahmen des Ebenenmodells der wahrgenommenen Produktqualität, wie in Abbildung 7.2-11 dargestellt, verorten. Dabei beschreiben die von links nach rechts gerichteten Pfeile eine Schärfung des Detaillierungsgrades von einer übergeordneten zu einer untergeordneten Produktebene. Pfeile, die von rechts nach links ausgerichtet sind, beinhalten die jeweiligen Methoden, die auf Basis eines hohen Detaillierungsgrades Rückschlüsse auf Informationen übergeordneter Ebenen ermöglichen.

7.3 Qualitätsmanagement in der Produktentwicklung

In der Marktforschungsabteilung eines Unternehmens wird das zu planende Produkt aus der Sicht und „in der Sprache" des Kunden beschrieben. In den Planungs-, Entwicklungs- und Konstruktionsphasen erfolgt dann die Übertragung der Kundenforderungen in die technischen Produktspezifikationen. Hierbei bedarf es einer möglichst genauen Quantifizierung der Kundenforderungen: Erhält beispielsweise die Entwicklungsabteilung eines Automobilherstellers von der Produktplanung die Information, dass der Kunde ein Automobil wünscht, das zügig beschleunigt, so ist es Aufgabe der Entwickler, Zielwerte (z. B. konkrete Beschleunigungs- und Nickwinkelwerte) zu definieren und technische Möglichkeiten zur Erreichung dieses Zielwertes zu

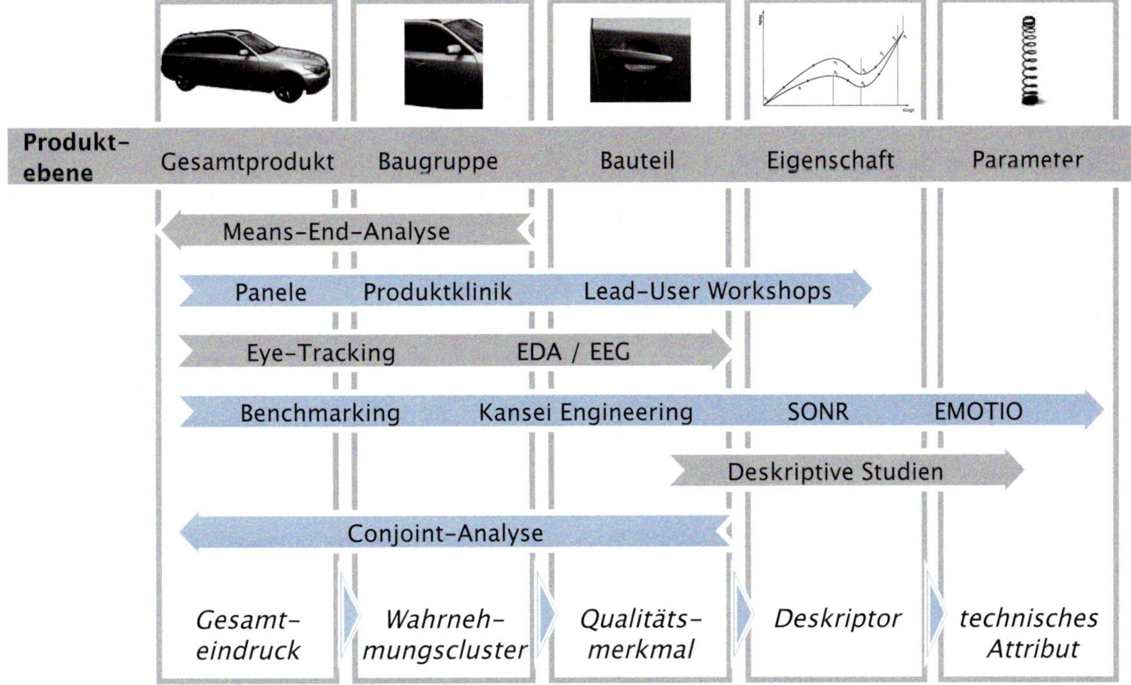

Abbildung 7.2-11 Einordnung der Methoden in das Perceived Quality-Ebenenmodell

finden (z. B. Motorleistung erhöhen, Fahrwerk entsprechend abstimmen). Diese Aufgabe gleicht dabei der Aufgabe eines Dolmetschers, der einen Text in eine andere Sprache übersetzt.

Nicht nur die Planung der Produkteigenschaften, sondern auch die Planung der Realisierungsbedingungen spielt im Produktentwicklungsprozess eine entscheidende Rolle. Die Bereitstellung von sicheren, fähigen, wirtschaftlichen und angemessenen Produktionssystemen, die in der Lage sind, Produkte mit einer reproduzierbaren hohen Qualität zu fertigen, steht dabei im Vordergrund. Die Qualität der Planung der Produktionssysteme beeinflusst massiv die zukünftige Produktqualität und entscheidet damit maßgeblich darüber, ob vorgegebene Qualitätsstandards eingehalten werden können bzw. über den Aufwand, der für ihre Einhaltung entsteht [PFEI01a].

Bereits in Kapitel 7.1 wurde auf die große Bedeutung der frühzeitigen Fehlerentdeckung und -beseitigung zur Reduzierung von Fehlerkosten im Entwicklungsprojekt eingegangen. Hierzu bieten sich im Entwicklungsprojekt verschiedene Methoden des präventiven Qualitätsmanagements an.

B

Transformation von Kundenforderungen in Spezifikationen

Eine etablierte Methode des Qualitätsmanagements zur Übersetzung der Kundenforderungen in technische Spezifikationen bis hin zur Ableitung von Produktionsparametern ist das Quality Function Deployment (QFD) (siehe Toolbox, Kapitel 11.22). Die Methode findet ihren Einsatz im gesamten Produktentwicklungsprozess, von der Aufnahme der Kundenforderungen bis hin zur Serienfreigabe. Das QFD ist ein Verfahren zur Entwicklung einer Entwurfsqualität, die sich an den Bedürfnissen der Kunden orientiert [AKAO92]. Schrittweise werden die Kundenforderungen in Entwurfsforderungen, wichtige Entwurfsziele und Qualitätssicherungspunkte übersetzt, die der Produktionsphase zugrunde gelegt werden. Das grundlegende Prinzip ist es, die ausgewiesene Kundenorientierung einer Unternehmenspolitik in den frühen Phasen der Produktentwicklung zu verankern. Die Forderungen und Wünsche des Kunden sind Grundparameter für die Realisierungsvorstellungen der Entwicklungsabteilungen und beeinflussen den gesamten Entwicklungsprozess. Ziel sind Produkte, die genau die vom Kunden gewünschten Merkmale aufweisen und sich durch höchste Gebrauchstauglichkeit („Fitness for use“) auszeichnen.

Neben der Gebrauchstauglichkeit sind die Kosten für ein Produkt bei der Produktentwicklung von hoher Bedeutung. Zur Kontrolle der Herstellkosten eines Produktes wird das Target Costing (siehe Toolbox, Kapitel 11.28) eingesetzt. Dabei werden zunächst die Zielkosten (Target Costs) anhand des erzielbaren Markpreises abzüglich einer definierten Gewinnmarge festgelegt. Im Anschluss werden, nachdem die notwendigen Kosteneinsparungen auf einzelne Produktfunktionen oder Komponenten „heruntergebrochen“ worden sind, alle erforderlichen Maßnahmen eingeleitet, um die Zielkosten zu erreichen [HORV93]. Da ein großer Anteil der Herstellungskosten bereits in den frühen Phasen der Produktentwicklung festgelegt wird, sollte diese Methode schwerpunktmäßig in diesen Phasen bis zur technischen Freigabe eingesetzt werden.

Um die Kundenwünsche zu realisieren, sind bereits während der Produktdefinition kreative Lösungen anzustreben. Techniken, die dies unterstützen, sind beispielsweise klassische Kreativitätstechniken oder die TRIZ. Bei Kreativitätstechniken (siehe Toolbox, Kapitel 11.2) handelt es sich um *Suchregeln oder Heuristiken, die individuelle Gedankengänge oder gruppenorientierte Suchprozesse stimulieren, um kreative Lösungen für Problemstellungen zu identifizieren* [GABL14]. Sie erleichtern das Finden von kreativen Lösungen und bilden damit häufig den ersten Schritt bei innovativen Neuentwicklungen. Durch diese Techniken wird die Wahrscheinlichkeit erhöht, eine innovative Lösung zu finden. Verbreitete Methoden sind beispielsweise das Brainstorming (siehe Toolbox, Kapitel 11.2.16), die 6-3-5-Methode (siehe Toolbox, Kapitel 11.2.21), das Affinitätsdiagramm (siehe Toolbox, Kapitel 11.2.9) oder der Morphologische Kasten (siehe Toolbox, Kapitel 11.2.17). Bei der TRIZ (siehe Toolbox, Kapitel 11.29) handelt es sich um die „Theorie des erfinderischen Problemlösens". Diese Theorie basiert auf der Annahme, dass Erfindungen gewissen Gesetzmäßigkeiten zugrunde liegen. Diese Erkenntnis resultiert aus der Analyse vieler hunderttausender Patentschriften. Aus diesen Gesetzmäßigkeiten lässt sich eine allgemein gültige, systematische Vorgehensweise ableiten, welche das Finden innovativer Lösungen unterstützt [HENT10]. Durch die Nutzung empirischer Grundsätze der technologischen Evolution erleichtert TRIZ damit die Suche nach kreativen Lösungen. Die Anwendung der TRIZ konzentriert sich auf die Phasen bis zur Werkzeugfreigabe.

Durch den Einsatz der Methodik Design for Manufacture and Assembly (DFMA) lässt sich diese Suche nach kreativen Lösungen mit sinnvollen Leitlinien zur Produktgestaltung flankieren. Unter der Bezeichnung DFMA werden mehrere Methoden zusammengefasst. Die am weitesten verbreiteten Methoden sind das Design for Manufacture (DFM), das Design for Assembly (DFA), das Design for Service (DFS) sowie das Design for Environment (DFE). Beim DFM geht es um eine fertigungsgerechte Produktgestaltung, welche auch eine Minimierung der Herstellungskosten beinhaltet. Das DFA beschäftigt sich mit der montagegerechten Produktgestaltung, um den gesamten Montageaufwand zu verringern. Das DFS widmet sich den Belangen des Kunden, indem die Kosten für Reparatur, Service, Ersatzteile etc. optimiert werden. Damit sinken für den Hersteller auch die Kosten für Garantieleistungen. Unter DFE ist eine recyclinggerechte Produktgestaltung zu verstehen. Diese bezieht sich insbesondere auf eine Reduktion des Entsorgungsaufwandes nach der Produktlebenszeit [VDA08]. Es ist das Ziel der DFMA durch die konsequente Anwendung der einzelnen Methoden, welche insbesondere auf Konstruktions- und Prozessverbesserungen in den frühen Phasen der Produktentstehung zielen, eine Minimierung der gesamten Produktkosten zu erreichen.

Risikoabsicherung

Mit zunehmendem Fortschritt des Entwicklungsprojektes liegt der Fokus der Absicherung auf der Bewertung der Serienreife und des potenziellen Fehlerrisikos des zu entwickelnden Produkts und Prozesses. Mögliche Methoden zur Risikobewertung im Produktentwicklungsprozess sind neben der Produkt-FMEA die Fehlerbaumanalyse und das Design Review Based on Failure Mode (DRBFM). Mögliche Methoden zur Gestaltung des Produktionsprozesses sind die Prozess-FMEA und das Wertstrom-Design. Die FMEA (siehe Toolbox, Kapitel 11.12) sichert ein Produkt während des Entwicklungsprozesses präventiv ab, indem sie potenzielle Fehler bei der Entwicklung eines Produktes bzw. bei (neuen) Fertigungsverfahren bereits während der Planung aufdeckt und durch geeignete Maßnahmen vermeidet [VDA12]. Mithilfe der FMEA ist es ferner möglich, das in einem Unternehmen vorliegende Erfahrungswissen über Fehlerzusammenhänge und Qualitätseinflüsse auf systematische Weise zu sammeln und damit verfügbar zu machen. Je nach Zeitpunkt des Entwicklungsprozesses und Zielrichtung des Einsatzes werden die Produkt-FMEA und die Prozess-FMEA unterschieden. Das Ziel der Produkt-FMEA ist es, einen aus konstruktiver Sicht einwandfreien Entwurf zu erhalten, der möglichst wenige Fehlermöglichkeiten aufweist und zu einem fehlerfreien Produkt führt. Die Fehlerbaumanalyse (siehe Toolbox, Kapitel 11.13) [VDA03] dient der systematischen Suche nach denkbaren Ursachen für einen vorgegebenen Fehler. Sie kann in die FMEA integriert, aber auch individuell angewendet werden. Das Ziel der Fehlerbaumanalyse ist es, eine abgesicherte Aussage über das Verhalten eines Systems hinsichtlich des Auftretens eines zu definierenden Fehlers zu machen, wobei insbesondere eine Abschätzung der Ausfallwahrscheinlichkeit angestrebt wird.

Das Design Review Based on Failure Mode (DRBFM) (siehe Toolbox, Kapitel 11.11) identifiziert systematisch potenzielle Risiken, die durch Änderungen an bereits existierenden Produkten hervorgerufen werden können und versucht, diese durch entsprechende Maßnahmen präventiv zu einem frühen Zeitpunkt in der Produktentwicklung zu beheben. DRBFM ist eine Methode, die auf einer bestehenden FMEA aufbaut, um frühzeitig bei der Entwicklung von Produktvarianten bzw. Applikationen potenzielle Fehler erkennen zu können. Sie wird normalerweise bei Applikations- und Variantenprojekten eingesetzt [NEUM07].

Im Laufe des Produktentstehungsprozesses wandelt sich die Produkt- in die Produktionsentwicklung, d.h. es treten zunehmend die Produktionsprozesse in den Fokus. Zur Absicherung dieser Prozesse ist die Prozess-FMEA sehr bedeutsam. Das Ziel der Prozess-FMEA ist es, die Schwachstellen in den Fertigungsplänen aufzudecken, die möglicherweise zu Fehlern führen werden, ihre Schwere zu bewerten und geeignete Abstellmaßnahmen vorzuschlagen. Neben der Bewertung der Risiken der Produktionsentwicklung ist eine wirtschaftliche Gestaltung der Produktionsprozesse erforderlich. An dieser Stelle knüpft das Wertstromdesign an. Der Wertstrom (siehe Toolbox, Kapitel 11.31) beschreibt alle wertschöpfenden und nicht wertschöpfenden Aktivitäten im Produktentstehungsprozess [MATY07]. Das Ziel des Wertstromdesigns ist es, ressourceneffiziente Prozesse mit kurzen Durchlaufzeiten und einer hohen Kundenorientierung zu gestalten. Diese Methode sollte ab der technischen Freigabe kontinuierlich angewendet werden.

In der späten Phase der Produktentwicklung findet die Serienerprobung statt. Vor der Serienerprobung sollte ein Design Review (siehe Toolbox, Kapitel 11.10) durchgeführt werden. Das Design Review ist eine formale und systematische Überprüfung eines Entwicklungsergebnisses zur Feststellung von Problembereichen und Unzulänglichkeiten. Außerdem werden Korrekturmaßnahmen festgelegt und eingeleitet, um Fehler und Risiken in der Entwurfsphase systematisch zu minimieren [VDA04].

Serienerprobung

Unter dem Begriff der Serienerprobung wird die Prüfung vollständiger, verkaufsfertiger Produkte hinsichtlich ihrer Funktionalität und Qualitätsforderungen, z.B. der Zuverlässigkeit verstanden. Die Serienerprobung verfolgt das Ziel, vor der Auslieferung des Produkts an den Kunden potenzielle Schwachstellen und Fehler von Produkten und Prozessen zu erkennen, die während des Entwicklungsprozesses nicht durch analytische Methoden gefunden und beseitigt werden konnten. Die Serienerprobung setzt häufig schon bei der Vorserie an und überbrückt durch die Überprüfung von Mustern aus der ersten Serie sowie der Erprobung von Produkten vor Serienfreigabe die Informationslücke zwischen Serienbeginn und den ersten Kundenbeanstandungen oder Garantiefällen. Anhand der Erprobungsergebnisse lässt sich der Erfüllungsgrad von Qualitätsforderungen bewerten und potenzielle Fehler noch vor der Phase der Serienproduktion abstellen.

Einer umfangreichen Serienerprobung sind durch den erforderlichen Zeitaufwand und Kosteneinsatz Grenzen gesetzt. Hinzu kommt, dass im Zuge des Entwicklungsprojektes nur ein begrenztes Wissen über die zukünftigen Anwendungsszenarien vorliegt, anhand derer die Testszenarien und Testfälle für die Erprobung festgelegt werden. Folglich zeigt sich erst in der Nutzungsphase durch den Kunden, ob die vom Hersteller festgelegten Erprobungsaktivitäten den realistischen Anwendungsszenarien entsprechen, in denen der Kunde das Produkt nutzt. Dennoch stellt die Serienerprobung ein wichtiges Instrument für entwickelnde und produzierende Un-

B

ternehmen dar, um vor Auslieferung der Produkte an den Kunden regelnd in seine Prozesse der Produktentstehung einzugreifen und die Qualität und Zuverlässigkeit seiner Produkte möglichst marktgerecht dem geforderten Niveau anzupassen.

Für die Serienerprobung von Produkten bieten sich prinzipiell folgende drei Varianten an:

- Simulation einzelner Beanspruchungen
- Umweltsimulation
- Feldversuche (Abbildung 7.3-1)

1. Zur Serienerprobung von Produkten mithilfe der Methode zur *Simulation einzelner Beanspruchungen* wird versucht, einzelne Belastungsfälle möglichst isoliert am Produkt zu erproben, um eine gezielte Aussage über das Produktverhalten für die Belastungssituation zu erhalten. Hierfür sind äußere Einflüsse bei der Erprobung zu minimieren bzw. konstant zu halten, um den Aufwand bei der Prüfung und Auswertung zu reduzieren. Die Prüfung startet mit der Simulation einzelner Prüfbedingungen, die möglichst den Einsatzbedingungen entsprechen, welche bei der späteren Nutzung des Produkts zu erwarten sind. Die Beanspruchung kann im weiteren Verlauf über die normale Betriebsbeanspruchung hinaus gesteigert werden. Hierdurch lassen sich die Ausfallmechanismen aktivieren und beschleunigen, was zur Reduzierung der Erprobungsdauer führt. Die Herausforderung dieser Erprobungsmethode besteht darin, anhand der Erprobungsresultate verlässliche Rückschlüsse auf das Produktverhalten im späteren Anwendungsfall zu ziehen, da die Simulation einzelner Beanspruchungen nicht die tatsächlichen kollektiven Belastungen bei der Nutzung der Einheit wiedergeben kann. Daher muss mit Sorgfalt untersucht werden, ob die im Versuch durchgeführte Isolierung einzelner Einflussfaktoren den Rückschluss von Erprobungsresultaten auf den antizipierten Anwendungsfall nicht unzulässig beeinträchtigt.
2. Grundgedanke der Erprobungsmethode ist es, durch eine umfangreiche *Umweltsimulation* die Alterung der Produkte künstlich und meistens beschleunigt herbeizuführen. Durch die Kombination der zu simulierenden Beanspruchungen sollen dabei gleichartige Ausfälle hervorgerufen werden, wie sie im späteren Gebrauch zu erwarten sind. Dies erfordert jedoch ein ausreichendes Verständnis der Umweltbedingung in den zukünftigen Anwendungsszenarien, um die tatsächlichen, im praktischen Gebrauch vorkommenden Belastungen möglichst realitätsgetreu nachbilden zu können.
3. Im Rahmen von *Feldversuchen* wird das zu erprobende Produkt im praktischen Einsatz unter

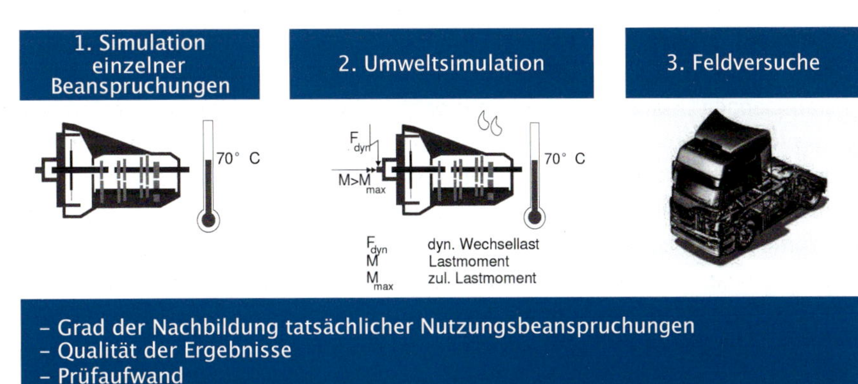

Abbildung 7.3-1 Varianten der Serienerprobung

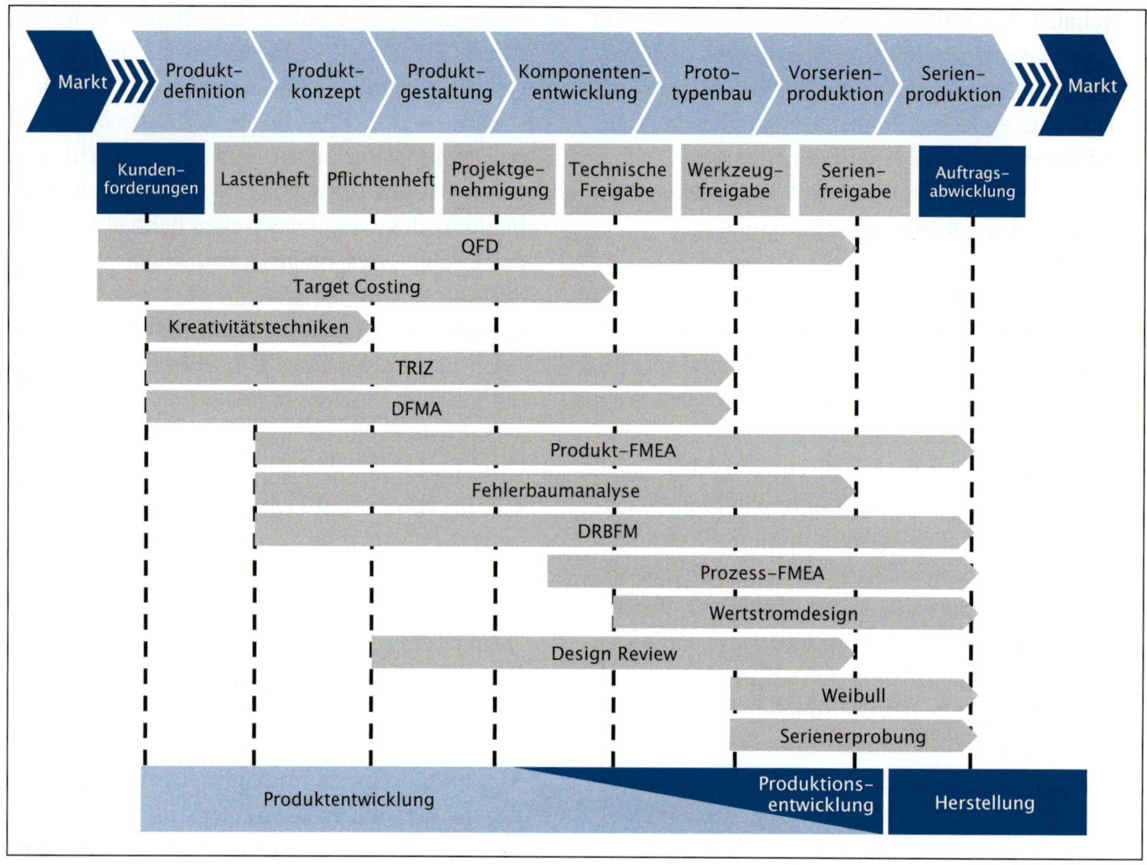

Abbildung 7.3-2 Einordnung der Qualitätsmanagementmethoden in den Produktentstehungsprozess (in Anlehnung an [SCHM11, AIGN09])

realen Umweltbedingungen getestet. Diese Erprobungsmethode liefert Ergebnisse, welche den späteren Anwendungsszenarien am nächsten kommen, da Umwelteinflüsse nicht nachgebildet werden müssen. Aufgrund des hohen Zeitaufwands für die Durchführung von Feldversuchen bleibt die Methode jedoch häufig aus Kostengründen auf wenige Prüfobjekte beschränkt. Bei der Planung von Feldversuchen ist zu berücksichtigen, dass die Erprobungsszenarien den späteren Anwendungsszenarien des Produktes in den vorgesehenen Zielmärkten entsprechen sollten. Wird das Produkt beispielsweise in verschiedenen Ländern mit unterschiedlichen Witterungsbedingungen (Temperatur, Luftfeuchtigkeit, Schmutzpartikel etc.) eingesetzt, so ist dies bei der Erprobungsplanung zu berücksichtigen und der Feldversuch entsprechend auszulegen. Bei der Auswertung der Felddaten kommt häufig die Weibull-Analyse (siehe Toolbox, Kapitel 11.30) zum Einsatz. Es handelt sich dabei um ein statistisches Verfahren, mit dem das Ausfallverhalten eines Produktes während der Nutzungsphase hinsichtlich eines bestimmten Ausfallmechanismus untersucht werden kann [PFEI01b]. Zudem ist es möglich, den weiteren Verlauf der

Schadenshäufigkeit in begrenztem Umfang zu prognostizieren. Durch Feldversuche vor dem Serieneinsatz lassen sich konstruktions- und produktionsbedingte Fehler entdecken und bereits vor der laufenden Serie beseitigen.

Zusammenfassend werden abschließend die beschriebenen Methoden des Qualitätsmanagements jeweils den einzelnen Phasen des Produktentstehungsprozesses zugeordnet (Abbildung 7.3-2).

Diese Einordnung von ausgewählten Methoden erhebt keinen Anspruch auf Vollständigkeit. Es sind die gebräuchlichsten Methoden den jeweiligen Phasen zugeordnet, in denen sie am häufigsten angewendet werden. Eine Einordnung weiterer Methoden wäre möglich. Generell kann eine bedarfsgerechte Ausdehnung der Anwendung der Methoden auf weitere Phasen unter besonderen Randbedingungen vorgenommen werden.

7.4 Lieferantenmanagement

Das produzierende Gewerbe ist maßgeblich durch vielschichtige Kunden-Lieferantenbeziehungen gekennzeichnet. Daher reicht es in der Regel nicht aus, ausschließlich den Quality Stream (siehe Aachener Qualitätsmanagement Modell, Abbildung 6-18) des eigenen Unternehmens abzusichern. Erst die Verkettung der einzelnen Quality Streams vom Unterlieferanten bis hin zum Endprodukthersteller und Kunden gewährleistet eine reibungsfreie Produktentstehung über die gesamte Wertschöpfungskette (Abbildung 7.4-1). Lieferanten effizient in die Wertschöpfungskette einzubinden und dabei das Risiko von Verzögerungen und Fehlern zu vermeiden, birgt mehrere Herausforderungen für die beschaffenden Unternehmen. Den Anteil nicht direkt wertschöpfender Tätigkeiten zu reduzieren, wie beispielsweise eine Wareneingangsprüfung oder eine aufwendige Lagerhaltung, erfordert vertrauensvolles Zusammenarbeiten und den Abbau von Informationsdefiziten innerhalb der Kunden-Lieferanten-Beziehung von Wertschöpfungsketten. Es werden leistungsfähige Methoden und Werkzeuge benötigt, um die entstehenden unternehmensübergreifenden Wertschöpfungsketten zu beherrschen und die Leistungserbringung in flexiblen Produktionsnetzwerken abzusichern.

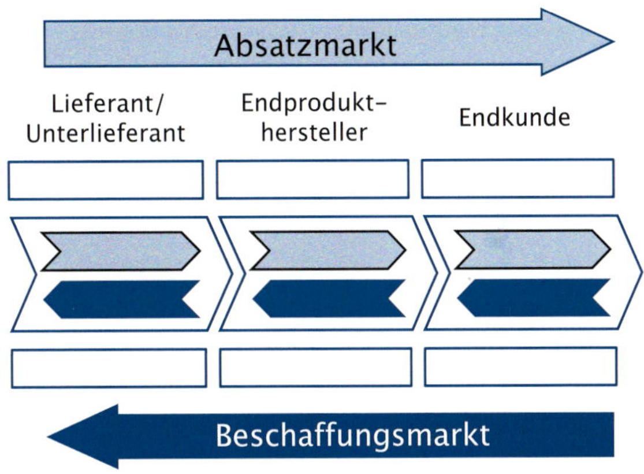

Abbildung 7.4-1 Verknüpfung der Quality Streams in Wertschöpfungsketten

Qualitätsmanagement in der Beschaffung bezieht sich daher nicht mehr ausschließlich auf die operative Qualitätssicherung der Zukaufteile am Wareneingang, sondern beinhaltet zudem den Aufbau strategischer Allianzen. Je nach Bedarf werden dabei sowohl das Entwicklungs- als auch das Fertigungs-Know-how des Partners beschafft.

Auf der Basis des gegenseitigen Vertrauens greifen die QM-Systeme der Partnerunternehmen ineinander und fördern eine Win-win-Situation für alle Beteiligten der Wertschöpfungskette. Das vorliegende Kapitel bietet eine Übersicht über die Vor- und Nachteile vorhandener Lösungen zur Optimierung der Auswahl von und Zusammenarbeit mit Lieferanten sowie einen Ausblick auf anzustrebende Absicherungsmechanismen in der Beschaffung. Ein Überblick der betrachteten Bereiche ist in Abbildung 7.4-2 dargestellt.

Aufgaben des QM	Beschaffungs-strategien
- Lieferanten-beurteilung - QM-Vereinbarungen - Wareneingangs-prüfung	- Just-in-Time - Global Sourcing - Single Sourcing - Local Sourcing

Zivilrechtliche Aspekte und Normen	TQM in der Beschaffung
- § 823 BGB - CE-Zeichen - DIN EN ISO 9001	- Lieferanten-qualifizierung - Unternehmens-übergreifende Kooperation

Abbildung 7.4-2 Einflussfaktoren auf den Beschaffungsprozess

7.4.1 Outsourcing zur Reduzierung der Fertigungstiefe

Zunehmend wird die Entscheidung zwischen Eigenfertigung und Fremdvergabe (Make or buy-Entscheidung) zugunsten der Fremdvergabe, also des Outsourcings, getroffen. Der Anteil von Zukaufteilen an Endprodukten beträgt heute oftmals mehr als 70% [SCHR04, JAHN04, ACHA11]. Aufgrund der zunehmenden ökonomischen Bedeutung der Beschaffung für Unternehmen steigt auch der Einfluss der Beschaffung auf den wirtschaftlichen Erfolg von Unternehmen [KURR04, SCHR04]. Mit dem zunehmenden Wertschöpfungsanteil der Zukaufteile am erzeugten Endprodukt wachsen die wirtschaftliche Bedeutung und damit einhergehend auch die Verantwortung des Lieferanten für das von ihm zu liefernde Produkt und dessen Einfluss auf das Endprodukt des Kunden.

In einer Vielzahl von Branchen (z.B. Automotive oder Luftfahrt), in denen es die Marktsituation hergibt, versuchen die Unternehmen durch entsprechende Vertragsklauseln das technische und wirtschaftliche Risiko, mit all seinen Konsequenzen, auf die Zulieferer zu übertragen (Lieferant trägt die Verantwortung, die vereinbarten Spezifikationen zu erfüllen). Unternehmen verlangen in verstärktem Maße Systemlösungen von ihren Zulieferern. Systemlösungen erhöhen die Wertschöpfungstiefe und zwingen dadurch den Lieferanten zu höheren Investitionen in seine eigene Forschung und Entwicklung. Steigende Kapitalbindung und neue logistische Sachzwänge setzen ihn zunehmend unter Druck. Darüber hinaus wächst der Druck auf das Qualitätsmanagement des Lieferanten, um die Beschaffungssicherheit für das abnehmende Unternehmen zu gewährleisten. Demgegenüber stehen die Vorteile stabiler Absatzplanung und Abnahmegarantien.

Die Bedeutung des Zulieferers muss daher neu definiert werden. Der eigene Unternehmenserfolg hängt zunehmend von der Leistungsfähigkeit und Zuverlässigkeit der Lieferanten ab. Demzufolge muss das unternehmerische Risiko angemessen in der Wertschöpfungskette verteilt werden. Ein Loslassen vom kurzfristigen Profitdenken ist notwendig. Lieferanten sind stärker und langfristig in die bestehende Wertschöpfungskette einzubinden und die Beziehung/Zusammenarbeit kontinuierlich zu optimieren, um auch zukünftig gegen konkurrierende Wertschöpfungsketten erfolgreich zu bestehen.

7.4.2 Wertschöpfungskette

Die Umsetzung der Strategie des Outsourcings hat vor einigen Jahren bei den Endproduktherstellern begonnen und überträgt sich seither kontinuierlich auf die großen Zulieferunternehmen und zukünftig auf deren Lieferanten und Unterlieferanten. Während 1989 noch zwischen 1000 und 2000 Zulieferer direkten Kontakt zum Autohersteller hatten, waren es 1994 zwischen 400 und 1100 [JETT94]. So hat sich in den letzten 30 Jahren die Zulieferstruktur hinsichtlich der Anzahl der direkten Kontakte auf

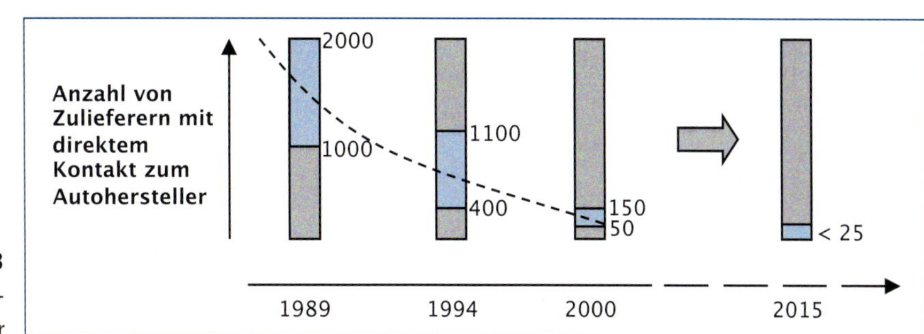

Abbildung 7.4-3 Tendenzen in der Zulieferstruktur

der ersten Zulieferebene von einer vierstelligen Größenordnung hin zu einer niedrigen zweistelligen Zulieferanzahl gewandelt (Abbildung 7.4-3).

Durch diese Entwicklung entsteht eine Zulieferstruktur mit einer geringen Anzahl von Lieferanten mit direktem Kontakt zum Endprodukthersteller, der eine zunehmende Anzahl von Lieferantenebenen innerhalb der gesamten Wertschöpfungskette gegenüber steht [PECH03]. Wenn keine geeigneten Absicherungsmechanismen eingesetzt werden, wird dieser Trend, durch die zwangsläufig hohe Intransparenz der Lieferkette, eine hohe Fehleranfälligkeit (z.B. durch Informationsverlust an den Schnittstellen) zur Folge haben. Mit jeder weiteren Ebene der Lieferkette werden die Forderungen des Unternehmens und des Endproduktherstellers erneuert und neu interpretiert (Abbildung 7.4-4).

Wenn ein Lieferant einen Unterlieferanten mit dem Bau einer Komponente beauftragt, und dieser Unterlieferant wiederum einen neuen Unterlieferanten für einen Teil der Komponente einbindet, steigt mit jeder neuen Ebene die Gefahr, dass das letzte Glied in der Lieferkette, in der Regel der Lieferant der Kleinteile, die Forderungen des Endkunden an das Gesamtprodukt nicht kennt. Dem Lieferanten sind im Normalfall nur die Spezifikationen für seine Teile bekannt. Zudem ergibt sich ein sogenannter Bullwhip-Effekt über die gesamte Wertschöpfungskette (Abbildung 7.4-5) [LEE97].

Der Bullwhip-Effekt (Peitscheneffekt) hat zur Folge, dass unterschiedliche Bedarfsverläufe von Endkunden und deren Lieferanten entlang der Lieferkette zu steigenden Bestellmengenschwankungen führen. Grund dafür ist das Bestreben eines jeden Unternehmens, die eigenen Aufträge zu bündeln. Dies resultiert wiederum darin, dass Unternehmen ad hoc eine Bestellung einer größeren Menge auslösen, d.h., eine Nachfrage wird übermäßig an den Lieferanten weitergegeben. Aufgrund der durch den Bullwhip-Effekt hervorgeru-

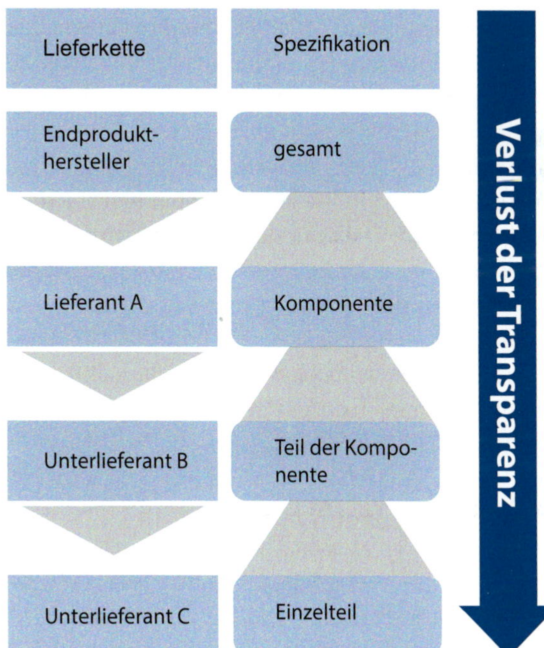

Abbildung 7.4-4 Verlust der Transparenz in den Ebenen der Lieferkette

7

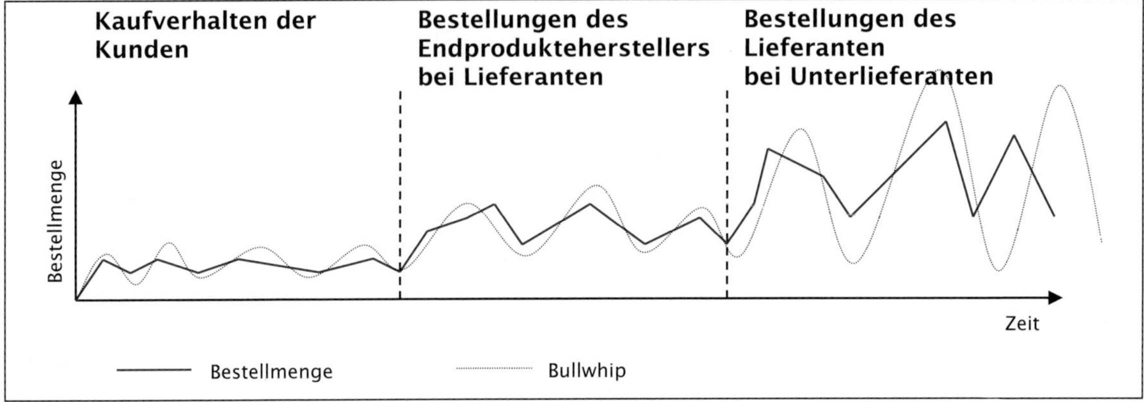

Abbildung 7.4-5 Bullwhip-Effekt in der Lieferkette

fenen Mengenschwankungen folgen letztlich u.a. steigende Lager- und Herstellungskosten und lange Wiederbeschaffungszeiten. Dieser Effekt wird durch lange Lieferzeiten verstärkt.

Die höhere Transparenz der Bedarfe entlang der Wertschöpfungskette für sämtliche Kunden-Lieferanten-Beziehungen befähigt Unterlieferanten, die Bedarfsschwankung bei ihren Kunden frühzeitig zu prognostizieren. Zudem sollten Dienstleister, sogenannte Netzwerkintegratoren, eingesetzt werden, die eine komplexe Wertschöpfungskette für den Endprodukthersteller koordinieren und absichern, sodass die notwendige Transparenz hergestellt wird. Alternativ übernimmt der Endprodukthersteller selbst die Koordination der Wertschöpfungskette. Dieser muss dann jedoch geeignete Konzepte einsetzen, um Fehler frühzeitig zu vermeiden und die Kommunikation mit den Lieferanten abzusichern. Derartige Konzepte werden im Folgenden vorgestellt.

7.4.3 Management der Wertschöpfungskette

Wie Einzelunternehmen müssen auch Wertschöpfungsketten sicherstellen, dass die Termin- und Mengenbedarfe der Endkunden erfüllt werden. Die transparente Abbildung von Bestellmengen, Transportbewegungen, Beständen oder Lieferzeiten fällt in einer Wertschöpfungskette jedoch ungleich schwerer. Die logistische Steuerung in unternehmensübergreifenden Prozessen mit vielen beteiligten Unternehmen stellt hohe Anforderungen an das Management von Wertschöpfungsketten.

Zur Steuerung dieser Prozesse wird das Supply Chain Management (SCM) eingesetzt. Unter dem Begriff SCM existieren zahlreiche informationstechnische Anwendungen, welche eine unternehmensübergreifende Prozessverbesserung unterstützen [COHE06, PILL99, BUSS99, BOTH99]. SCM liefert transparente Kennzahlen über die gesamte Wertschöpfungskette und bietet jedem Prozessbeteiligten einen aktuellen Überblick zu allen benötigten logistischen Informationen. SCM-Systeme liefern u.a. Bedarfs- und Bestandsdaten sowie -prognosen, zeigen Bestell- und Liefertermine an oder informieren über die aktuelle Produktionsleistung bei Unterlieferanten. Mittels der integrierten Planung und Steuerung der Material-, Informations- und Geldflüsse entlang der gesamten Wertschöpfungskette von den Lieferanten bis zu den Kunden im SCM werden folgende Ziele erreicht [WILD99]:

- Verbesserung der Kundenorientierung
- Synchronisation von Bedarf und Versorgung
- Abbau der Bestände entlang der Wertschöpfungskette

- flexible und bedarfsgerechte Produktion

Trotz der hohen Leistungsfähigkeit des SCM sind die Möglichkeiten, Informationen schnell, einfach und intelligent auszutauschen, unzureichend. Dieser Austausch ist jedoch erforderlich und setzt einen partnerschaftlichen Umgang zwischen Kunden und Lieferanten unbedingt voraus. Basis für SCM ist eine kooperative Haltung der Beteiligten [WELT99]. Bei komplexen Produkten ist daher eine langfristige und enge Zusammenarbeit mit dem Lieferanten, eine sogenannte Lieferantenintegration, anzustreben. Dabei wird nicht nur die Ware bei dem Lieferanten beschafft, es erfolgt zusätzlich eine Einbindung des Lieferanten in den Produktentwicklungsprozess. So kann der Lieferant sein Know-how bereits bei der Entwicklung einbringen und die eigenen Produkte auf die der Endprodukthersteller abstimmen. Diese Vorgehensweise führt zu erheblichen Einsparungen im Gesamtprozess, da die enge Zusammenarbeit zwar Ressourcen bindet, die Qualität der Zukaufteile jedoch steigt, sodass weniger Nachbesserungen getätigt werden müssen [SCHO99].

7.4.4 Beschaffungsstrategien

Nach wie vor stellt der Zukauf bestimmter Teile einen erheblichen Teil der Wertschöpfung dar. Allerdings verdeutlicht eine Studie des Fraunhofer IPT eine leicht rückläufige Tendenz der Auslagerung im letzten Jahrzehnt. Dies beruht u. a. auf schlechten Erfahrungen bei der globalen Beschaffung und führt dazu, dass bisher an Lieferanten vergebene Tätigkeiten wieder in das eigene Unternehmen integriert werden [HENS05, LUTZ11]. Vor allem werden jedoch verstärkt Absicherungs- und Beschaffungsstrategien genutzt, um den negativen Effekten einer globalen Beschaffung entgegenzuwirken und somit abgesichert Einsparpotenziale zu erschließen.

Global Sourcing vs. Local Sourcing

Die Beschaffung von Produkten und Dienstleistungen aus allen Teilen der Welt wird Global Sourcing genannt [EICH02]. Auftragsvergaben für Bauteile und Systemkomponenten für den deutschen Markt hängen zunehmend davon ab, ob der Lieferant grundsätzlich in der Lage ist, Werke auf verschiedenen Kontinenten zu beliefern.

Vorteil des Global Sourcing ist, dass die Beschaffung bei internationalen Qualitäts- und Preisführern möglich ist. So kann heutzutage für viele Produkte der weltweit herrschende Wettbewerb für eigene Zwecke genutzt werden. Der Abnehmer wird dabei unabhängiger von lokalen, politischen und finanzpolitischen Entwicklungen [EICH02, VDW94]. Als nachteilig können sich jedoch mehrere Faktoren erweisen. So erzeugt die räumliche Distanz zwischen Lieferant und Abnehmer eine hohe Reaktionszeit bei fehlerhaften Teilen, da fehlerhafte Produkte meist erst nach einem mehrwöchigen Transport in der Warenannahme des Abnehmers erkannt werden. Zudem führen die unterschiedlichen (Unternehmens-)Kulturen und Qualitätsverständnisse zu Missverständnissen, die einer schnellen und kostengünstigen Beschaffung entgegenwirken [EICH02, WANN10].

Zur Beseitigung dieser Nachteile müssen die beschaffenden Unternehmen Werkzeuge einsetzen, mit denen die Reaktionszeit bei Lieferproblemen reduziert werden kann. Dazu zählt u. a. der Einsatz von Zwischenlagern in der Nähe des Lieferanten, in denen wichtige Qualitätsmerkmale vor dem Weitertransport überprüft werden. Zudem ist es zwingend notwendig, besonders in der Anfangsphase der Zusammenarbeit, Lieferanten intensiv und regelmäßig zu auditieren, um bei allen Partnern ein gemeinsames Qualitätsverständnis aufzubauen. Zudem empfiehlt es sich, Absicherungsstrategien, wie z. B. Back-up-Lieferanten oder eine kurzfristige Eigenfertigung der sonst beschafften Teile, einzusetzen, um das Risiko möglicher Lieferverzögerungen zu reduzieren.

Im Gegensatz zum Global Sourcing beschafft das Unternehmen bei der Single- und Local Sourcing-Strategie bei einem bzw. wenigen Lieferanten im engen Umkreis des Unternehmens. Der Unterschied zwischen Local und Single Sourcing besteht darin, dass beim Local Sourcing nur Lieferanten in der geografischen Nähe des abnehmenden Unternehmens eingebunden werden, während dies beim Single Sourcing nicht unbedingt der Fall sein muss. Single Sourcing bedeutet, dass für ein bestimmtes Zukaufteil oder eine Teilegruppe nur ein einziger Lieferant eingesetzt wird. Wenn die Machtverhältnisse zwischen Lieferant und Abnehmer dies zulassen, wird dadurch eine enge Kooperation der Partner ermöglicht [ARN002, EICH02, WANN10].

Vorteile dieser Sourcing-Strategie für den Abnehmer sind die Risikoreduktion von Transportausfällen (nur bei Local Sourcing), die geringere Gefahr von Verständigungsschwierigkeiten und die Möglichkeit der Bildung langfristiger Geschäftsbeziehungen. Als nachteilig können sich die höhere Abhängigkeit von Lieferanten, die geringere Flexibilität bei Lieferantenwechsel und ein möglicher Verlust von Technologie-Know-how erweisen, wenn der Abnehmer seine eigenen Kompetenzen vollständig an Lieferanten abtritt [EICH02, WANN10]. Um mögliche Nachteile zu beherrschen, müssen die Abnehmer vor dem Outsourcing ihre Kernkompetenzen prüfen. Nur diejenigen Komponenten und Fertigungstechnologien, die keine Kernkompetenz des eigenen Unternehmens darstellen, sollten vollständig an Lieferanten abgegeben werden.

B

Forward Sourcing

Forward Sourcing beschreibt die frühzeitige Einbindung von Lieferanten in den Produktentwicklungsprozess. Dies ist vor allem bei der Beschaffung komplexer Systeme sinnvoll, um einen intensiven Austausch zwischen den Entwicklungsabteilungen des Lieferanten und des Abnehmers gewährleisten zu können. Die Nutzung des Know-hows des Lieferanten, die Verringerung von Kompatibilitätsproblemen mit Zukaufteilen durch frühe Abstimmung und die höhere Innovationsfähigkeit sind wesentliche Vorteile dieser Strategie. Die Transparenz der eigenen Kernkompetenzen gegenüber dem Lieferanten, die Ausbildung einer möglichen Konkurrenz und der hohe Planungsaufwand sind die Hauptnachteile des Forward Sourcing. Ebenso wie beim Local Sourcing gilt es, die eigenen Kernkompetenzen zu ermitteln und diese dem Lieferanten möglichst nicht zu offenbaren, um einem Verlust des eigenen Know-hows entgegenzuwirken.

Just-in-Time Sourcing

Eine weitere Art von Sourcing-Konzept bezieht sich weniger auf die Anzahl der Zulieferer, sondern viel mehr auf die Art der Anlieferung. Grundgedanke der Just-in-Time-Strategie nach der VDA-Empfehlung 4916 ist die Minimierung bestandsbedingter Kapitalbindung durch den Verzicht auf eigene Vorräte [VDA91, WANN10]. Der Lieferant soll seine Ware produktionssynchron bereitstellen, sodass diese unmittelbar in den Produktionsprozess des Abnehmers eingebunden werden kann. Die reduzierte Lagerkapazität des Wareneingangs und des Materiallagers sowie der Abbau der Prozessqualität führen zu weiteren Kostenvorteilen.

Die erfolgreiche Umsetzung dieser Strategie ist an wichtige Voraussetzungen geknüpft. Sowohl Lieferant als auch Abnehmer müssen über eine gleichermaßen flexible wie auch sichere und zuverlässige Produktion und Auftragsabwicklung verfügen. Null-Fehler-Lieferungen sind vor allem dann unabdingbar, wenn der Abnehmer über einen hohen Automatisierungsgrad in der Fertigung verfügt. Hierbei können Produktmerkmale an Bedeutung gewinnen, die vormals eine weniger wichtige Rolle spielten. Exakt spezifizierte Beschaffungsaufträge mit detaillierter Produktbeschreibung und ein reibungsloser Informationsaustausch zwischen den Partnern sind notwendig. Hohe Zuverlässigkeit und Pünktlichkeit sind Voraussetzung für die Realisierung eines Just-in-Time-Konzepts. Bei höherer Bestellfrequenz wird die Auslastung der logistischen Kapazitäten zunehmend herausfordernder [ARNO02, WANN10, KOET04].

Als nachteilig sind bei der Just-in-Time-Strategie die hohe Abhängigkeit von Zulieferern, der mögliche Produktionsausfall bei Versagen der Lieferkette und die lange Implementierungszeit anzusehen. Um diesen Herausforderungen zu begegnen, verlagern erfolgreiche Unternehmen einerseits die Verantwortung für die Beseitigung von Fehlern durch Fehllieferungen zunehmend auf die Lieferanten. Andererseits wird viel Aufwand betrieben, um bereits in der Planung einer derartigen Sourcing-Strategie Frühwarnsysteme zu installieren, die ein rechtzeitiges Gegensteuern ermöglichen sollen. Wenn beispielsweise ein Produkt verspätet verschickt wurde, kann der Abnehmer durch rechtzeitige Informationsbereitstellung ggf. seine Produktion derart anpassen, dass in der Zwischenzeit beispielsweise kurzfristig andere Produktreihen gefertigt werden, bei denen alle Zukaufteile vorhanden sind.

Just-in-Sequence Sourcing

Die Just-in-Sequence Sourcing-Strategie geht im Vergleich zur Just-in-Time Sourcing-Strategie einen Schritt weiter. Dabei werden die Zukaufteile nicht nur termingerecht, sondern auch in der richtigen Reihenfolge (Sequenz) geliefert. Somit können die Teile produktionssynchron in der Endmontage eingefügt werden. Eingesetzt wird dieses Prinzip vor allem in Unternehmen, die eine hohe Variantenvielfalt aufweisen, wie z.B. bei der Belieferung von verschiedenen Sitzen in Pkw [VDA91, WANN10]. Diese Strategie setzt voraus, dass sich die Lieferanten auf dem Werksgelände des Abnehmers befinden und über ein Fördersystem (Schienensysteme o. Ä.) an die Fertigungslinie ihres Kunden angebunden sind. Über diese Fördersysteme werden die Zukaufteile dann im Produktionstakt in der richtigen Reihenfolge an den Abnehmer weitergeleitet.

Vorteile der Just-in-Sequence-Strategie liegen in der sehr hohen Reaktionsgeschwindigkeit, der sehr geringen Wahrscheinlichkeit von Transportschäden und den stark reduzierten Lagerbeständen. Die Nachteile sind mit denen der Just-in-Time-Strategie vergleichbar: Sehr hohe Abhängigkeit von Zulieferern, Produktionsausfall bei Versagen der Lieferkette und eine sehr lange Implementierungszeit. Ebenso wie bei Just-in-Time gilt es, Frühwarnsysteme für ein proaktives Management der Beschaffung zu installieren.

7.4.5 Aufgaben des Qualitätsmanagements in der Beschaffung

Das Ziel des Qualitätsmanagements in der Beschaffung ist nach dem Aachener Qualitätsmanagement Modell (Abbildung 6-18) wie folgt zu definieren: Die beschafften Produkte und Leistungen sollen in ihrer Gesamtheit die festgelegten Qualitätsforderungen des Kunden unter Berücksichtigung der Unternehmensziele und -fähigkeiten erfüllen. Im Wandel des Zuliefermarktes haben sich die Methoden und Aufgaben zur Erreichung dieses Ziels maßgeblich verändert. Beschränkten sich die qualitätssichernden Maßnahmen in der Beschaffung zunächst nur auf die Qualitätsprüfung der Produkte am Wareneingang, wurde schnell deutlich, dass hierdurch die Qualität von Zulieferungen nicht wirksam und wirtschaftlich sichergestellt werden kann. Zum einen, weil statistische Methoden keine absolute Sicherheit über die Qualitätsfähigkeit der Ware geben, und zum anderen, weil Produktprüfungen oft einen wertmindernden Charakter vorweisen. Diese Erkenntnis führt zu der Überlegung, auf die Wareneingangsprüfung zu verzichten. Ein völliger Verzicht auf Wareneingangsprüfungen ist aus rechtlicher Sicht jedoch nicht möglich, weshalb eine Reihe zusätzlicher QM-Methoden entwickelt wurde. Die Einsicht,

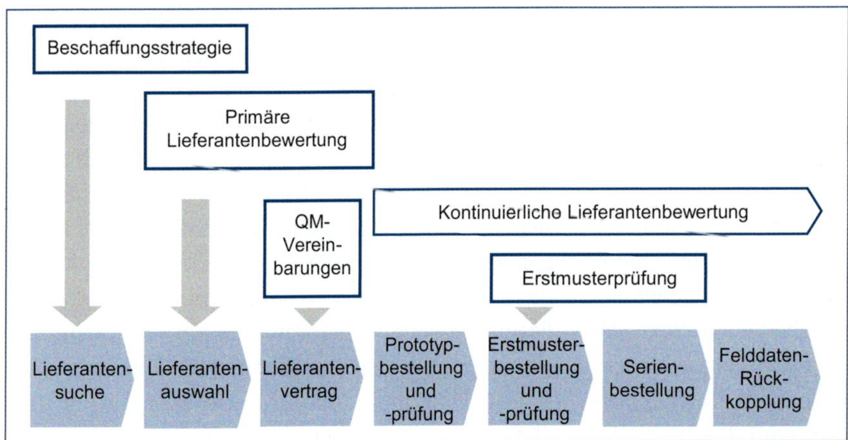

Abbildung 7.4-6 QM-Aufgaben in der Beschaffung im Quality Stream

Qualitätsprobleme nicht dort zu erkennen, wo sie wirken (beim Kunden), sondern dort zu beheben, wo sie entstehen (häufig beim Lieferanten), führt dazu, Lieferanten regelmäßig und eingehend zu auditieren und zu bewerten. Unternehmen müssen auf die Qualitätsfähigkeit ihrer Lieferanten vertrauen können und ihnen durch Lieferantenförderprogramme die wesentlichen QM-Techniken an die Hand geben.

Die im Folgenden erläuterten Methoden und Aufgaben haben daher keinesfalls an Bedeutung verloren. Im Gegenteil, sie helfen, unter der Berücksichtigung spezifischer Problemstellungen das eingangs dargelegte Ziel wirkungsvoll zu verfolgen. Die QM-Aufgaben der Beschaffung zeichnen sich durch ihre zeitbezogene Integration in die betriebliche Leistungserstellung aus (Abbildung 7.4-6).

Qualitätsprüfung am Wareneingang

Die Qualitätsprüfung am Wareneingang zählt zu den klassischen, reaktiven Instrumenten der Qualitätssicherung in der Beschaffung. Die Wareneingangsprüfung unterscheidet sich von der fertigungsbegleitenden Prüfung im Wesentlichen durch ihre spezifischen Bedingungen im Prüffeld. In der Regel werden im Wareneingang klar definierte Mengen (Lose) durch eine Stichprobenprüfung auf das Vorhandensein vertraglich festgelegter Eigenschaften geprüft. Die Wareneingangsprüfung dient der Reduzierung des Fehleranteils von Zulieferungen und der Vermeidung von Fehlern und Fehlerfolgekosten in nachgelagerten Bereichen, wie der Produktion.

Um die Ist-Situation der Beschaffung adäquat zu erfassen und geeignete Handlungsanweisungen ableiten zu können, kann eine ABC-XYZ-Analyse durchgeführt werden (Abbildung 7.4-7). Dabei wird die Wertigkeit des Produkts von hoch (A) bis niedrig (C) bewertet. Zudem wird die Vorhersagegenauigkeit

Vorhersagegenauigkeit \ Verbrauchswert	A (hoch)	B (mittel)	C (niedrig)
X (hoch)	Geeignet für Just-in-Time		Verbrauchs-gesteuert
Y (mittel)			
Z (niedrig)	Bedarfs-gesteuert		Programm- und Sorten-bereinigung

Abbildung 7.4-7 ABC-XYZ-Analysen am Wareneingang

von hoch (X) bis niedrig (Z) erfasst. Beide Dimensionen müssen individuell im Unternehmen bestimmt werden und hängen dabei stark von der Art der Produkte ab. In der sich daraus aufspannenden Matrix lassen sich die geeigneten Beschaffungsarten definieren, beispielsweise Just-in-Time für hohe Vorhersagegenauigkeit und hohen Verbrauchswert.

Die Idee der geplanten Prüfung und der Rückführung der Prüfergebnisse aus der Feldebene durch die Quality Backward Chain werden durch die Instrumente der Prüfplanung, Prüfbeauftragung, Prüfdurchführung, Auswertung und Urteilsfindung realisiert. Der Informationsfluss zwischen der Entwicklungsabteilung, der Wareneingangsprüfung, der Einkaufsabteilung und den Lieferanten muss im Vorfeld der Beschaffungsaktivitäten definiert werden. Im Detail bedeutet dies, dass für alle Beteiligten die Ansprechpartner und deren Aufgaben im Beschaffungsprozess transparent dargestellt werden. Als Werkzeug zur Visualisierung der Informationsflüsse bietet sich die Prozessstruktur-Matrix an (siehe Toolbox, Kapitel 11.20).

In der Prüfplanung gilt es, den Prüfaufwand und -umfang der aktuellen Qualitätslage anzupassen. Dabei wird bei gleicher Losgröße der Stichprobenumfang in Abhängigkeit der letzten Prüfergebnisse reduziert oder erweitert. Dieses Verfahren nennt man Prüfdynamisierung. Es kann bis zum Prüfverzicht (Skip Lot) führen. Das Verfahren ist in den Normen DIN ISO 3951 und DIN ISO 2859 beschrieben [DIN08a, DIN08b].

Die Fehlerdatenerfassung mit anschließender Fehleranalyse bildet die Grundlage für weitere Entscheidungen über die Lieferung, für kaufmännische Maßnahmen (Minderung des Kaufpreises, Ersatzlieferung etc.) und die allgemeine Beurteilung der Qualitätsfähigkeit des Lieferanten. Darüber hinaus beugt sie möglichen Fehlentwicklungen bei den Lieferanten vor.

Jede Fehlerbehebungsmaßnahme am Produkt sollte die Fehlerursache beim Herstellungsprozess erörtern, um diesen effektiv zu beheben. Da die Fehlerursache bei Zukaufteilen in der Regel beim Lieferanten liegt, ist zur Fehlerbehebung ein intensiver Informationsaustausch zwischen der Qualitätssicherung, dem Einkauf des Kunden und den jeweiligen Verantwortlichen des Lieferanten erforderlich. Hierbei ist auch die Konstruktions- und Entwicklungsabteilung im eigenen Unternehmen mit einzubeziehen, denn allzu häufig befindet sich die tatsächliche Fehlerursache in den Konstruktionsunterlagen oder Pflichtenheften.

Prüfstrategien am Wareneingang

Die Prüfstrategien am Wareneingang sind einerseits von der Art und dem Umfang der Lieferung und andererseits von den vertraglichen Vereinbarungen zwischen dem Kunden und seinem Lieferanten abhängig. Bei einer langfristigen Lieferung größerer Stückzahlen sind die dazugehörigen vertraglichen Vereinbarungen in der Regel sehr umfangreich. Sie sollten auf jeden Fall einen Passus enthalten, der die Vorgehensweise des Qualitätsmanagements für die Zulieferteile regelt. Bei strategisch wichtigen und risikobehafteten Teilen ist es von ausschlaggebender Bedeutung, dass sich das beschaffende Unternehmen von der Qualitätsfähigkeit des Lieferanten überzeugt. Damit ist die Fähigkeit beschrieben, inwieweit der Lieferant die Produkte in der gewünschten Qualität liefern kann. Je nach Beschaffungsmarkt reicht es nicht aus, lediglich die Zertifizierung des Lieferanten zu überprüfen. Es muss ferner sichergestellt werden, dass die Messsysteme des Lieferanten in der Lage sind, die geforderten Qualitätsmerkmale des Zukaufteils mit entsprechender Sicherheit zu prüfen. Selbst wenn beim beschaffenden Unternehmen eine Wareneingangsprüfung durchgeführt wird, muss der Lieferant bereits vor der Auslieferung in der Lage sein, die Qualität seiner Teile aus Sicht des beschaffenden Unternehmens zu bestimmen.

Aus haftungsrechtlichen Gründen ist das beschaffende Unternehmen jedoch gezwungen, eine Wareneingangsprüfung vorzunehmen. Hierbei werden neben den gelieferten Dokumenten vor allem die kritischen Produktmerkmale überprüft. Normalerweise wird bei Serienprüfungen an zwei bis fünf Teilen eine Vollprüfung vorgenommen, d.h. der Erfüllungsgrad aller wichtigen Qualitätsforderungen wird bestimmt. Die Überprüfung weiterer Lieferungen erfolgt dann durch eine Stichprobenprüfung der wichtigsten Merkmale. Bei der Auswahl der Prüfmerkmale und der Bestimmung des Prüfumfangs, d.h. der Bestimmung der Anzahl der zu prüfenden Teile innerhalb eines Loses, ist der Fehlereinfluss auf nachgelagerte Bereiche zu berücksichtigen. Ein Fehler ist nach DIN 55350 die Nichterfüllung einer Forderung [DIN08c].

Man unterscheidet grundsätzlich für den Wareneingangsbereich drei Fehlerarten:

- Kritischer Fehler: Fehler, von dem anzunehmen oder bekannt ist, dass er voraussichtlich für Personen, welche die betreffende Einheit benutzen, instand halten oder auf sie angewiesen sind, gefährliche oder unsichere Situationen schafft; oder Fehler, von dem anzunehmen oder bekannt ist, dass er voraussichtlich die Erfüllung der Funktion einer größeren Anlage gefährdet.
- Hauptfehler: Nicht kritischer Fehler, der voraussichtlich zu einem Ausfall führt oder die Brauchbarkeit für den Verwendungszweck wesentlich herabsetzt.
- Nebenfehler: Fehler, der die Brauchbarkeit für den vorgegebenen Verwendungszweck voraussichtlich nicht wesentlich herabsetzt bzw. ein Abweichen von geltenden Festlegungen darstellt, die den Gebrauch oder Betrieb der Einheit nur geringfügig beeinflussen.

Für die Entscheidung, welche Prüfstrategie zum Einsatz kommt, ist die Fehlerbewertung von entscheidender Bedeutung. Man unterscheidet generell zwischen der 100-%-Prüfung und der Stichprobenprüfung. Die 100-%-Prüfung wird meist nur bei kritischen Serienteilen oder in der Einzelteil- und Kleinserienfertigung für komplexe Produkte angewandt. Eine Stichprobenprüfung wird in der Regel bei großen Stückzahlen genutzt. Einzelnen Fehlerarten (Merkmalsarten) lassen sich typische Prüfumfänge zuordnen (Abbildung 7.4-8).

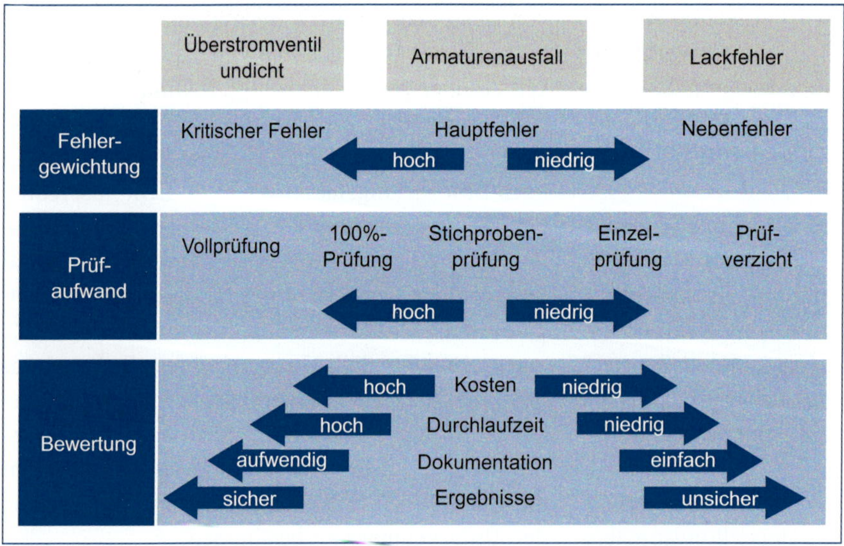

Abbildung 7.4-8
Prüfstrategie am Wareneingang

Stichprobenprüfungen sind durch niedrigere Gesamtkosten charakterisiert. Der Umfang kann derart festgelegt und berechnet werden, dass er den Ansprüchen des Lieferanten und Abnehmers gerecht wird. Die Vorteile der Stichprobenprüfung können wie folgt zusammengefasst werden:

- Die Prüfkosten sind relativ gering.
- Zerstörende Prüfungen sind in begrenztem Rahmen möglich, um detaillierte Informationen zum Bauteilverhalten zu erhalten.
- Prüflose sind schnell verfügbar.
- Es wird relativ wenig Prüfpersonal benötigt.
- Die höhere Mitarbeiterqualifikation und die weniger monotone Arbeit können motivierend auf das Prüfpersonal wirken, sodass der Restfehleranteil sinkt.

Bei Stichprobenprüfungen werden nicht nur fehlerhafte Einheiten (z.B. ein Bauteil oder einzelne Baugruppen), sondern direkt das gesamte Los zurückgewiesen. Dies kann eine Signalwirkung beim Lieferanten auslösen. Die Motivation zur Qualitätsverbesserung und Fehlerverhütung kann beim Lieferanten steigen. Bei der Auswahl geeigneter Stichprobenverfahren wird grundsätzlich zwischen qualitativen und quantitativen Stichprobenverfahren unterschieden. Alle Stichprobenprüfungen (qualitativ, quantitativ) beziehen sich auf bestimmte Prüflose. Die Stichproben aus dem Prüflos sind derart zu entnehmen, dass ihre Zusammensetzung repräsentativ für das Los ist. Die qualitativen Stichprobenverfahren sind in der Norm DIN ISO 2859 festgelegt. Bei diesen Stichprobenverfahren, früher auch attributive Stichprobenverfahren genannt, wird nach nicht quantifizierten Prüfmerkmalen, z.B. Gutteil/Ausschuss oder vorhanden/nicht vorhanden geprüft [DIN08a]. Die Methode der Accepted Quality Level (AQL) ist eine weitere Möglichkeit, Prüfstrategien abzuleiten, die jedoch mittlerweile in der industriellen Praxis kaum noch Beachtung findet.

Erstmusterprüfung

Als Erstmuster bezeichnet man Erzeugnisse, die erstmals unter serienmäßigen Fertigungsbedingungen entstehen. Diese Erstmuster werden einer Vollprüfung, d.h. Maß-, Werkstoff- und Funktionsprüfung unterzogen, um systematischen Fehlern vor

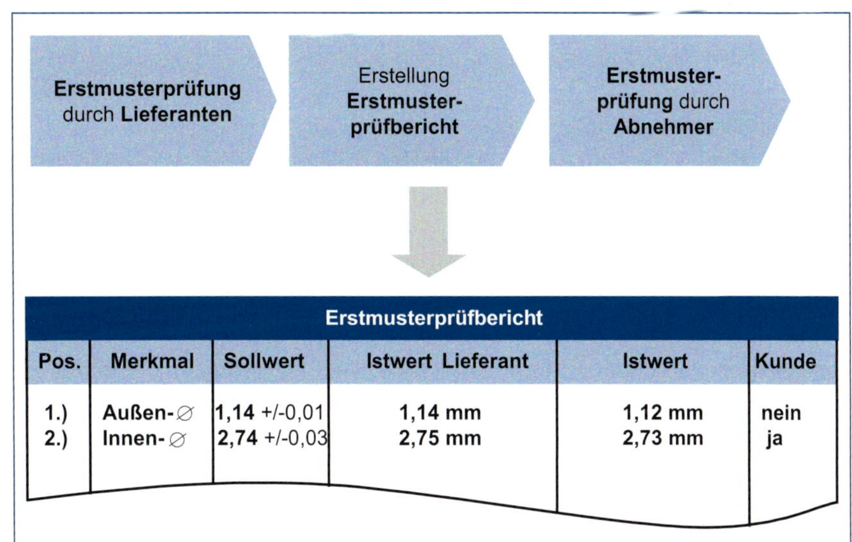

Pos.	Merkmal	Sollwert	Istwert Lieferant	Istwert	Kunde
1.)	Außen-∅	1,14 +/-0,01	1,14 mm	1,12 mm	nein
2.)	Innen-∅	2,74 +/-0,03	2,75 mm	2,73 mm	ja

Abbildung 7.4-9 Erstbemusterung von Zukaufteilen

Serienbeginn zu begegnen. Die Erstbemusterung von Zukaufteilen läuft in der Regel nach einem standardisierten Schema ab (Abbildung 7.4-9).

Diese Prüfung ist zumeist die erste Gelegenheit für den Abnehmer, die Qualität seiner bestellten Lieferung anhand eines Musters, das in der Regel von ihm noch nicht geprüft werden konnte, in Augenschein zu nehmen. Das Verfahren der Erstmusterprüfung ist mit dem Lieferanten in den QM-Vereinbarungen festzulegen. Dabei besteht die Möglichkeit, auf Formulare standardisierter Erstmusterprüfberichte zurückzugreifen, wie sie von verschiedenen Verbänden erarbeitet wurden [VDA98]. In diesem Berichtsformular teilt der Lieferant dem Abnehmer z.B. die Soll- und Istwerte, mit den Abweichungen der von ihm hergestellten und geprüften Teile, mit. Der Abnehmer hat dann die Möglichkeit, eine Nachprüfung dieser Ergebnisse bzw. weitere Prüfungen zu verlangen oder selbst vorzunehmen. Nach Abschluss der Erstmusterprüfung entscheidet der Abnehmer darüber, ob eine Freigabe nach Muster, eine Freigabe mit festgeschriebenen Auflagen oder keine Freigabe erfolgt.

Der wesentliche Vorteil der Erstmusterprüfung liegt darin, dass der Kunde unzulässige Abweichungen von vereinbarten Einzelforderungen noch vor der ersten Serienlieferung erkennen kann. Dem Lieferanten bietet sie die Sicherheit, vor Serienanlauf, ein vom Kunden akzeptiertes Baumuster zu erhalten. Erfolgt die Erstmusterprüfung durch den Abnehmer, sollten die gewonnenen Erfahrungen genutzt werden, um lieferantenseitig Fertigungsprüfpläne und Arbeitsanweisungen für die Qualitätsprüfung zu erstellen.

Eine Besonderheit stellt im Automobilbereich die Abnahme von Erstmustern nach den PPAP-Standards (Production Part Approval Process) dar [DAIM95]. Die Freigabe von Produktionsteilen gemäß diesen Standards ist eine verbindliche Anforderung an Zulieferer, die ihr QM-System gemäß QS 9000 zertifizieren lassen wollen [DAIM98]. PPAP regelt nicht nur die Prüfung von Erstmusterteilen, sondern sieht darüber hinaus den Austausch entscheidender Produkt- und Prozessplanungsdokumente vor. Der Kunde kann festlegen, ob er neben dem Erhalt von zwei Erstmusterteilen z.B. auch Einsicht in Konstruktionsunterlagen, Ergebnisse aus Prototypen- und Vorserientests, Design- und Prozess-FMEA oder Prozess- und Prüfmittelfähigkeitsstudien nehmen möchte. Damit kann der Kunde über die reinen Produktionsteile hinaus den gesamten Produktentstehungsprozess und die erfolgreiche Anwendung präventiver QM-Methoden beurteilen.

Fehlerdatenerfassung und Fehleranalyse

Während der Durchführung einer Wareneingangsprüfung sollte bei der Entdeckung fehlerhafter Teile oder Einheiten eine Fehlerdatenbeschreibung erfolgen. Diese Fehlerdatenbeschreibung dient der Unterstützung der weiteren Entscheidungsfindung bezüglich der fehlerhaften Einheiten im Betrieb. Diese Entscheidungsfindung erfolgt in der Regel in Übereinstimmung mit dem Einkauf, der Qualitätssicherung und den Verantwortlichen aus der Fertigung. Alternativen sind die Rücksendung zum Lieferanten, bei Nebenfehlern die vorgesehene Verwendung in der Fertigung sowie bei zeitkritischen Lieferungen die sofortige Nacharbeit und Fehlerbehebung beim Lieferanten bzw. in der eigenen Fertigung.

Des Weiteren dient die Fehlerdatenerfassung und Fehleranalyse als Basis für eine systematisierte Fehlerbehebung. Voraussetzung dafür ist die Nutzung von Standardkatalogen für Prüfmerkmale, Fehlermerkmalsklassen und Maßnahmenklassen. Über die Historie der Prüfergebnisse und die Fehlerhistorie können Fehlerursachen identifiziert werden. Die Fehlerbehebung wird durch die Möglichkeit des Einblicks in Standardmaßnahmenkataloge und in Maßnahmen, die in der Vergangenheit zur Fehlerbehebung ergriffen worden sind, unterstützt und dadurch erheblich erleichtert.

B

Technische Lieferbedingungen

Die von einem Lieferanten herzustellenden Produkte werden bereits in Zeichnungen und Normen beschrieben. Bei der heutigen Komplexität von Produkten und den häufig detaillierten Forderungen reichen diese einfachen Dokumente nicht mehr aus. So werden die technischen Angaben zu einem Produkt in der Regel in Form von Pflichten- und Lastenheften zusammengestellt. Der Abnehmer hat bei der Bestellung der Ware die Pflicht, den Lieferanten über die gestellten Forderungen aufzuklären. Gerade im Hinblick auf Haftungsfragen ist es äußerst wichtig, nicht nur den Liefergegenstand genau und umfassend zu beschreiben, sondern auch die sonstigen Lieferbedingungen zu spezifizieren. Im Lastenheft werden die Forderungen, in der Regel Produkt- und Qualitätsmerkmale, an den Liefergegenstand genau und umfassend beschrieben. Beispielsweise können die Türschlösser eines neuen Modells folgende Qualitätsmerkmale aufweisen:

- Schallemission beim Schließen: < 50 db (A)
- Haltekraft durch Gegendruck der Türdichtung: 60 N
- Haltekraft bei gewaltsamer Öffnung: > 15000 N
- Entriegelungskraft des Zugankers: < 5 N
- Korrosionsschutz nach DIN

Die benannten Betriebs- und Beanspruchungsmerkmale beschreiben die Wechselwirkung des Türschlosses mit seiner Umwelt (Tür, Türrahmen und Bediener). Sie sind in jedem Falle vertraglich zu vereinbaren. Sollen nicht nur diese Forderungen, sondern auch die technischen oder konstruktiven Ausführungen beschrieben werden, die zu ihrer Erfüllung notwendig sind, so werden diese im Pflichtenheft festgehalten. Es wird dann nicht nur vorgeschrieben, was für Forderungen zu erfüllen (Lastenheft), sondern auch wie diese technisch zu realisieren (Pflichtenheft) sind. Im obigen Beispiel kann dann etwa vorgeschrieben sein, den Zapfen, in den der Riegel fällt, zur Schalldämpfung mit einem Kunststoffring zu ummanteln oder zum Korrosionsschutz alle Teile zu lackieren.

Die Einbindung des Lieferanten hängt in starkem Maße von dessen strategischer Bedeutung für das beschaffende Unternehmen und dem Grad der Partnerschaft ab. Entwicklungspartner erarbeiten gemeinsam mit dem Hersteller ein Pflichtenheft. Teilefertigern wird in der Regel eine vollständige Konstruktion vorgeschrieben und damit der Zulieferer als verlängerte Werkbank der eigenen Fertigung betrachtet.

Damit Lieferanten zusätzlich zu den Spezifikationen einen Überblick über das Gesamtprodukt erhalten, sollte ihnen das Gesamtprodukt auch in physischer Form vorgestellt werden. Erfolgreiche Unternehmen veranstalten dazu einen Lieferantentag, zu dem sie alle Lieferanten einladen. Wichtig bei der Durchführung eines Lieferantentages ist, dass den Lieferanten die Forderungen der Kunden erläutert werden. Zudem sollte jeder Lieferant die Funktion seines Teils oder seiner Komponente im Gesamtsystem überprüfen können. Beispielsweise, wie eine Sonnenblende in einem Fahrzeug angebracht ist, wie weit sie von der Frontscheibe entfernt ist und welche Sitzposition der Fahrer im Verhältnis zur Blende hat. So kann der Lieferant bei der Weiterentwicklung seiner Komponente auf diese Rahmenbedingungen Rücksicht nehmen. Lieferantentage ersetzen zwar keine detaillierte Dokumentation der Beschaffung, führen letztendlich jedoch zu einer höheren Qualität des Gesamtproduktes, da die Einzelkomponenten besser aufeinander abgestimmt sind.

Die DIN EN ISO 9001:2014 fordert für die Beschaffung von materiellen und immateriellen Produkten und Dienstleistungen die Erstellung von Beschaffungsdokumenten, die das zu beschaffende Produkt eindeutig beschreiben (technische Lieferbedingungen) [DIN14a]. Solche Dokumente sollen

Angaben zum Produkt, zu vereinbarten Verfahren und Prozessen, zur eingesetzten Ausrüstung und zum Personal beinhalten. Sie beziehen sich also nicht nur auf reine Produktmerkmale, sondern können beispielsweise auch logistische, dokumentations- oder QM-System-bezogene Forderungen enthalten. Laut DIN EN ISO 9004 wird die Regelung folgender Aspekte empfohlen [DIN09]:

- Qualifizierungsniveau des Lieferanten (z.B. Zertifikate, Qualitätskennzahlen, Lieferantenhistorie etc.)
- logistische Forderungen
- Produktkennzeichnungen
- Produktkonservierung
- Rückverfolgbarkeit des Produkts
- erforderliche Dokumente und Aufzeichnungen
- Art der Kommunikation
- Annahmekriterien
- ggf. Zugangsrechte zum Betriebsgelände des Lieferanten

Qualitätssicherungsvereinbarung

Die Gesamtheit aller qualitätsbezogenen Maßnahmen beim Lieferanten und beim Kunden ist Gegenstand von Qualitätssicherungsvereinbarungen (QSV). In der Regel beinhalten QSV einzuhaltende organisatorische und technische Forderungen an die betriebliche Leistungserstellung, an das Kontrollsystem des Lieferanten und an die Regelung von Überwachungs- und Zustimmungsrechten des Abnehmers (Abbildung 7.4-10). Steht dabei weniger die Sicherstellung qualitätsfähiger Waren im Vordergrund als vielmehr die Vorgehensweise, wie die Qualität erreicht wird, besteht zunehmend die Gefahr, die Eigenverantwortung und wirtschaftliche Selbstständigkeit des Lieferanten massiv zu beschneiden. Dies kann die Grenzen eines gesunden Kunden-Lieferanten-Verhältnisses überschreiten. Details zum Zweck der QSV, deren Eigenheit als Individualvereinbarung im Vergleich zu allgemeinen Geschäftsbedingungen sowie mögliche Inhalte und Regelungsmöglichkeiten der QSV sind in Teil C (Rechtliche Aspekte des QM, Kapitel 10) ausgeführt.

Abbildung 7.4-10 QS-Vereinbarungen

7.4.6 Lieferantenbeurteilung

Zur Beurteilung von Lieferanten können verschiedene Methoden zum Einsatz kommen. Die Auswahl dieser Methoden hängt dabei einerseits von unternehmensspezifischen Randbedingungen (z.B. Kenntnis über den Lieferanten) und andererseits maßgeblich von dem Risiko des zu beschaffenden Produktes, dessen Komplexität, Sicherheitsbedeutung, Kosten und Fehlermöglichkeit und -einfluss ab. Basierend auf den Abhängigkeiten Risiko der Lieferung bzw. Kenntnis über den Lieferanten können die potenziellen Einsatzbereiche der einzusetzenden Methoden einer Portfolioanalyse entnommen werden.

Die wichtigsten Methoden zur Beurteilung der Qualitätsfähigkeit eines Zulieferers werden im Folgenden erläutert. Ihr Einsatz in der Praxis wird durch pragmatische Anwendungsrichtlinien in

Form verbindlicher Verfahrensanweisungen geregelt und dokumentiert. Zu unterscheiden sind

- die primäre Lieferantenbewertung: Beurteilungsverfahren vor Auftragsvergabe und
- die Lieferantenbeurteilung bei laufender Lieferung.

Eine Beurteilung vor Auftragsvergabe birgt – insbesondere bei Neulieferanten – große Unwägbarkeiten, da dem Unternehmen meist noch keine eigenen Erkenntnisse vorliegen. Je nach Kenntnisstand über den Lieferanten und über das Risiko der Lieferung können Qualitätsfähigkeitsnachweise durch ein Zertifikat (z.B. nach DIN EN ISO 9001) oder durch Referenzkunden zu einer ersten Beurteilung des Lieferanten führen. Lieferantenselbstauskünfte stellen – ein gewisses Maß an Vertrauenswürdigkeit vorausgesetzt – ein wichtiges Hilfsmittel zur Beurteilung dar. Dabei ist jedoch zu beachten, dass nur solche Informationen von Lieferanten erfragt werden, die vom beschaffenden Unternehmen auch überprüfbar sind. Erstmusterprüfungen ergeben vor Serienfreigabe einen ersten eigenen Indikator über die Qualitätsfähigkeit des Lieferanten bzw. über den Erfolg der gemeinsamen Zusammenarbeit. Beurteilungen, die sich auf laufende Lieferungen beziehen, stützen sich auf Erfahrungswissen einer Wareneingangsprüfung oder fertigungsbegleitenden Prüfung (Historienbeurteilung). Lieferantenaudits und -förderprogramme können gleichermaßen vor und nach der Auftragsvergabe eingesetzt werden.

Primäre Lieferantenbeurteilung

Die primäre Lieferantenbeurteilung hat ausschließlich zum Ziel, den oder die geeigneten Lieferanten zur Erfüllung der Unternehmensziele und der Qualitätspolitik auszuwählen und/oder gezielt zu för-

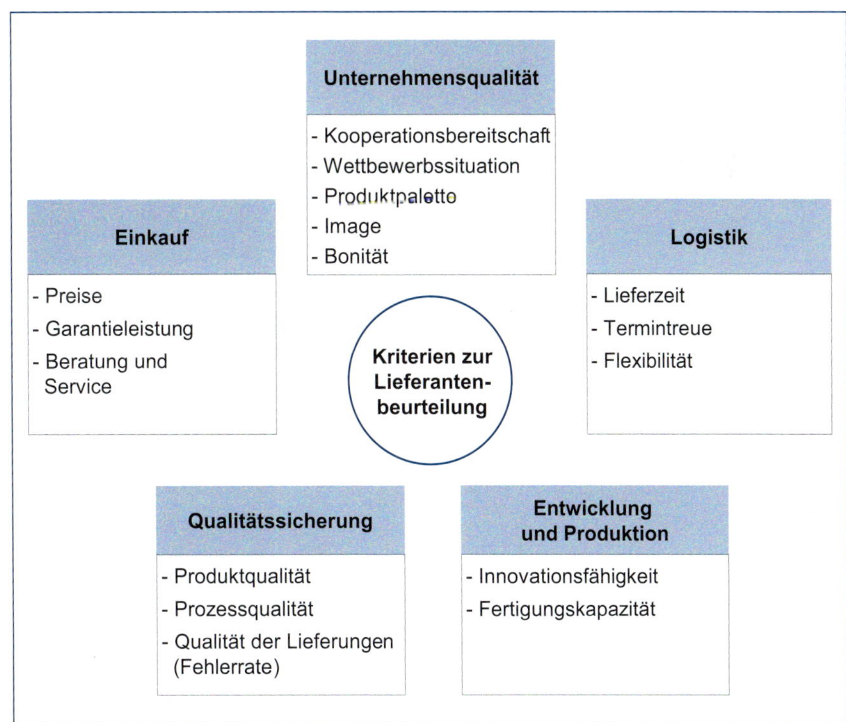

Abbildung 7.4-11 Kriterien zur primären Lieferantenbeurteilung

dern. Die Beurteilung der Lieferanten erfolgt daher anhand eines ganzheitlichen, firmenspezifischen Zielsystems (Abbildung 7.4-11).

Ursprünglich basieren Lieferantenbeurteilungen auf einer Beurteilung der Qualität der gelieferten Ware. Allzu oft werden daraus resultierend Lieferanten vom Qualitätswesen z.B. als den Ansprüchen nicht genügend eingestuft –, die Beurteilung als solche vom Einkauf aber ignoriert, weil dieser Lieferant seit Jahren durch seine positive Preisentwicklung und einen guten Service herausragt. Die Lieferantenbeurteilung muss daher immer ein möglichst objektives und ganzheitliches Bild des Lieferanten wiedergeben. Aus diesem Grund ist es notwendig, dass neben der Einkaufsabteilung mindestens auch das Qualitätsmanagement in die Lieferantenbeurteilung eingebunden ist. Bei komplexen Teilen sollten zudem die Vertreter der Konstruktion und Produktion hinzugezogen werden. Zur Quantifizierung und Gewichtung der Einflussfaktoren können die im Folgenden beschriebenen Verfahren eingesetzt werden:

- Checklistenverfahren
- ABC-XYZ-Analyse
- Punktbewertungsmethode (Nutzwertanalyse)
- Geldwertmethode (Wertanalyse)

Checklistenverfahren

Die Forderungen an das Beschaffungsobjekt werden in Fest- und Wunschforderungen unterteilt und im Lastenheft übersichtlich aufgelistet. Der Anbieter, der neben allen Festforderungen die maximale Anzahl von Wunschforderungen erfüllt, erhält den Zuschlag. Nachteilig sind hierbei die undifferenzierten Betrachtungen der einzelnen Forderungskriterien und die Art der Erfüllung dieser Merkmale.

ABC-XYZ-Analyse

Zur Einordnung der Lieferanten reicht es nicht aus, den Lieferanten, losgelöst von den Rahmenbedin-

Beschaffungs*güter*-Portfolio (ABC-XYZ Analyse)

hoch
Technische Komplexität (XYZ-Klassifizierung)
Engpassgüter
Strategische Güter
Standardgüter
Hebelgüter
gering
Einkaufsvolumen (ABC-Klassifizierung)
hoch

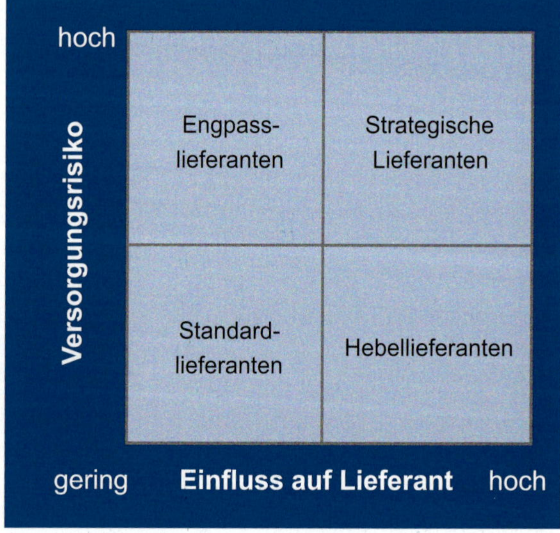

Abbildung 7.4-12 ABC-XYZ-Analyse für Beschaffungsgüter und -quellen, vgl. [WILD02]

gungen, zu betrachten. Daher sollten die komplementären Einflussfaktoren technische Komplexität und Einkaufsvolumen (im Beschaffungsgüterportfolio) sowie Versorgungsrisiko und Einfluss auf den Lieferanten (im Beschaffungsquellenportfolio) bei der Lieferantenbeurteilung berücksichtigt werden (Abbildung 7.4-12).

Das Beschaffungsgüterportfolio ist aus der ABC-XYZ-Analyse der Warenwirtschaft hergeleitet. In der Warenwirtschaft werden die Waren nach ihrer Häufigkeit oder Wertigkeit in ABC-Teile klassifiziert. Die XYZ-Klassifizierung bezieht sich in der Warenwirtschaft auf die Schwankungen der Bestellmenge der Teile. In der Beschaffung wird die XYZ-Analyse jedoch im Hinblick auf die technische Komplexität der Teile durchgeführt.

Die technische Komplexität beschreibt die innere (Komponenten) und äußere (Varianten) Vielfalt von Produkten und wirkt sich somit direkt auf die Komplexität der Produktionsprozesse aus. Das Einkaufsvolumen beschreibt die gesamten Kosten für die Beschaffung eines Zukaufteils. Das Kriterium Versorgungsrisiko berücksichtigt die Gefahr von Lieferengpässen oder Lieferantenabhängigkeiten. Das Versorgungsrisiko ist u. a. abhängig von der Anzahl der zur Verfügung stehenden Lieferanten oder der politischen Situation des Beschaffungslandes. Letztlich wird mit dem Einfluss auf den Lieferanten die Macht des beschaffenden Unternehmens auf den Lieferanten abgebildet. Je geringer beispielsweise der Anteil der gesamten Bestellungen eines Unternehmens am Umsatz eines Lieferanten ist, umso geringer ist normalerweise die Bereitschaft des Lieferanten, auf Forderungen des Unternehmens einzugehen.

In Abhängigkeit von der Ausprägung der Faktoren wird ein weiteres Portfolio erstellt werden, um daraus geeignete Strategien abzuleiten. Dazu werden die Portfolios zu Beschaffungsquellen und -gütern in einer Matrix zusammengelegt (Abbildung 7.4-13). Darauf aufbauend wird für jeden Bereich eine geeignete Lieferantenstrategie festgelegt. Werden beispielsweise strategische Güter (hohe technische Komplexität und hoher Anschaffungspreis) von einem Engpass-Lieferanten (hohes Versorgungsrisiko und geringer Einfluss von Abnehmer auf Lieferant) beschafft, so ist eine enge Zusammenarbeit unumgänglich. Gründe hierfür sind, dass bei der Entwicklung eines derart komplexen Produktes viele Schnittstellen abgestimmt werden müssen. Zudem stellen diese Güter oft ein zentrales Element des Endproduktes dar. Daher ist das Risiko für ein Unternehmen zu hoch, diese Teile von einem Engpass-Lieferanten zu beschaffen. Stattdessen werden möglichst strategische Lieferanten oder Hebel-Lieferanten ausgewählt.

Werden hingegen einfache und preiswerte Teile beschafft, so ist eine strategische Partnerschaft mit Lieferanten dafür zu aufwendig. Ein strategischer Lieferant erfordert durch die enge Zusammenarbeit eine ebenso enge Kommunikation und Koordination. Bei Standardgütern bietet diese Art von Zusammenarbeit jedoch kaum Vorteile, sondern verursacht hauptsächlich Kosten. Daher wird bei einfachen und preiswerten Teilen auf Standard-Lieferanten zurückgegriffen werden.

Punktebewertungsmethode (Nutzwertanalyse)

Die Punktebewertungsmethode erlaubt eine differenzierte Betrachtung des Angebots. Dazu wird jeweils ein Gewichtungsfaktor zu den einzelnen Einflussfaktoren zugeordnet und der Erfüllungsgrad jedes Kriteriums, durch den einzelnen Lieferanten, bewertet. Vergleichbar einer Nutzwertanalyse lassen sich so eindeutige Rangfolgen – in diesem Fall für die Eignung von Lieferanten – formulieren. Die Aussagekraft der zugeordneten Werte wird jedoch oft überschätzt. Nüchterne Zahlen täuschen zuweilen ein nicht vorhandenes Ausmaß an Objektivität und Messbarkeit vor. Im Fall der Punktebewer-

Zusammengeführtes Portfolio

Strategische Güter	Lieferantenentwicklung oder Verlagerung auf strategische oder Hebellieferanten		Partnerschaftliches Lieferantenmanagement	
Hebelgüter			Marktpotenzial nutzen, dann partnerschaftliche Zusammenarbeit	
Engpass-güter		Verfügbarkeit sicher stellen		
Standard-güter	Effizient beschaffen	Verlagerung		
	Standard-lieferant	**Engpass-lieferant**	**Hebellieferant**	**Strategischer Lieferant**

Abbildung 7.4-13
Portfolio der Beschaffungsstrategien

B

tungsmethode unterliegt vielfach die Gewichtung der Bestimmungsfaktoren und die Erfüllungsgrade willkürlichen Einflüssen oder Einschätzungen. Zudem finden Minimalvoraussetzungen bei der Methode, in ihrer allgemeinen Form, keine Berücksichtigung.

Geldwertmethode (Wertanalyse)

Basierend auf dem in der Praxis häufig anzutreffenden Verfahren der Wertanalyse werden bei der Geldwertmethode den Funktionen und Forderungen monetäre Größen zugeordnet, die sich an den eigenen Unternehmenszielen orientieren. Jeder angebotenen Funktion wird individuell, für jeden potenziellen Partner, ein Geldwert beigemessen. Unerwünschte Begleiterscheinungen werden durch Negativwerte berücksichtigt. Häufig wird die Alternative der Eigenfertigung von Teilen oder Baugruppen mit in die Betrachtungen einbezogen. Die Differenz aus angebotenen Preisen und der Summe der Geldwerte je Angebot zeigt den Nutzen der Lösung. Die Vorteile des Verfahrens basieren auf dem Einsatz eines universellen Wertemaßstabes, der die Gewichtung der Kriterien und die jeweilige Merkmalsausprägung berücksichtigt. Alle betrachteten Größen werden hierdurch vergleichbar. Der Zusammenhang zwischen Entscheidungsziel und Entscheidungsalternativen erscheint in metrischer, nachvollziehbarer Form. Wesentlicher Nachteil des Verfahrens ist die hohe Komplexität. Die Bewertung aller Funktionen, in Bezug auf ihren Grad der Erfüllung von unternehmerischen Vorgaben durch die Skalierung Geldwert, ist sehr aufwendig. Auch bei qualifizierten Anwendern ist die Gefahr der bewussten oder unbewussten subjektiven Einflussnahme oder Manipulation nie auszuschließen [VDW94].

Lieferantenbeurteilung bei laufender Lieferung

Die Lieferantenbeurteilung bei laufender Lieferung (kontinuierliche Lieferantenbewertung) bewertet einen Lieferanten aufgrund von umfassenden eigenen Informationen und langfristigen Erfahrungen mit dem Lieferanten. Die Bedingung hierfür ist, dass der beurteilte Lieferant über einen gewissen Zeitraum Zulieferer des Unternehmens war und damit eine ausreichende Lieferantenhistorie vorliegt (Abbildung 7.4-14).

Ziel ist es,

- dem Lieferanten aufzuzeigen, inwieweit er den Forderungen des Abnehmers entspricht und wo Verbesserungspotenziale liegen,
- dem Einkauf gesicherte Informationen für eine Lieferantenauswahl bereitzustellen sowie
- die Schwerpunkte der Wareneingangsprüfung aufgrund der begrenzten Prüfkapazität so zu legen, dass diese möglichst kosten-/nutzenoptimal eingesetzt wird.

Die Beurteilung liegt sowohl im Interesse des nachfragenden als auch des anbietenden Unternehmens, da die aus den Ergebnissen resultierenden Anpassungs- und Korrekturmaßnahmen eine Grundlage für die Intensivierung und vor allem Verbesserung der beiderseitigen Geschäftsbeziehungen bieten. Zur effektiven Ermittlung eines Lieferanten ist die Bestimmung eines Zielsystems, welches alle Entscheidungskriterien beinhaltet, erforderlich. Um zu einer kumulierten Aussage zu gelangen, können für jedes Kriterium Kennzahlen definiert und gegeneinander gewichtet werden (Abbildung 7.4-15).

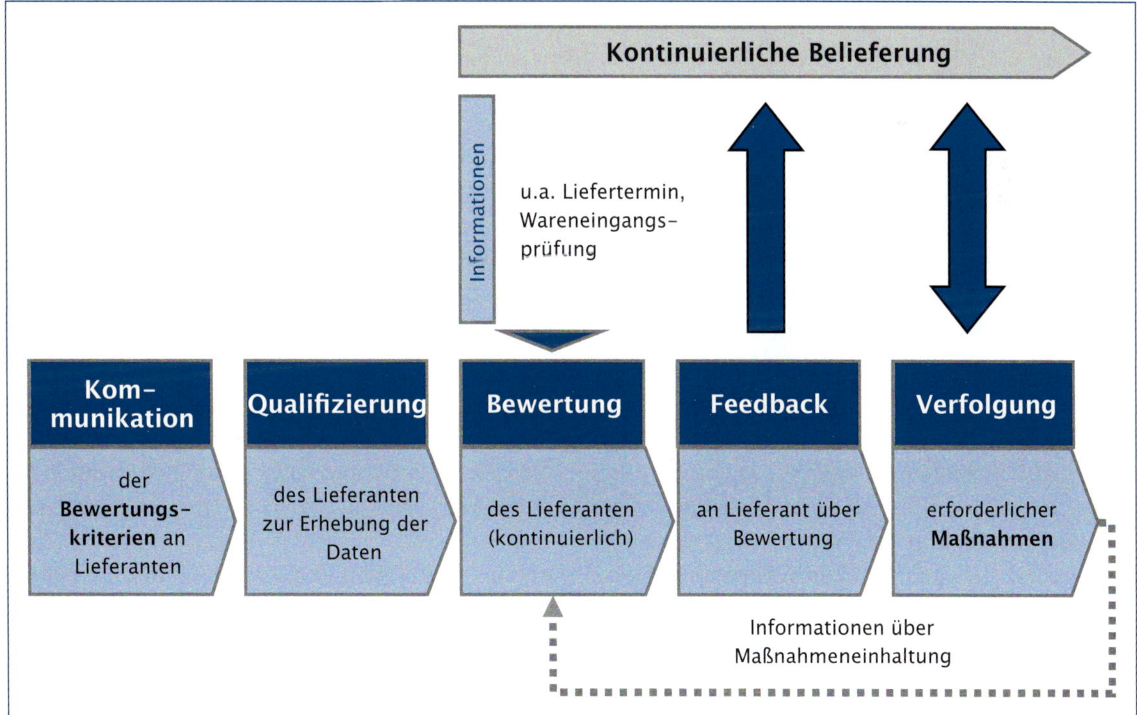

Abbildung 7.4-14 Prozess der kontinuierlichen Lieferantenbeurteilung

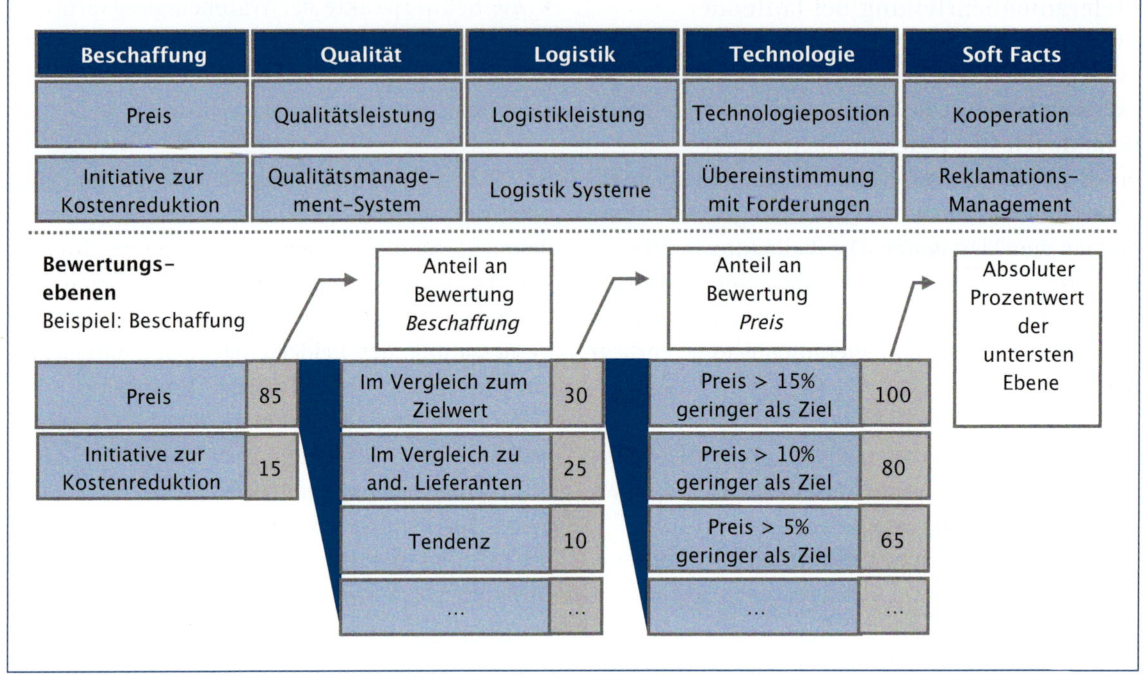

Abbildung 7.4-15 Kriterien der kontinuierlichen Lieferantenbeurteilung

Idealerweise sollte ein Bewertungssystem verschiedene Bewertungsebenen enthalten. Diese ermöglichen, eine Gewichtung der einzelnen Parameter vorzunehmen. Die Kategorien bestehen aus Beschaffung, Qualität, Logistik, Technologie und ggf. Soft Facts. Zudem gilt es, neben einer absoluten auch eine relative Bewertung einzuführen. So lassen sich beispielsweise die Werte eines Lieferanten mit denen seiner Konkurrenten in direkte Relation zueinander setzen. Damit wird nicht nur der alleinige Stand der Leistung eines Lieferanten dargestellt, sondern auch dessen Position im Umfeld. Verbessern z.B. einige Lieferanten die Qualität eines bestimmten Zukaufteils, so wird derjenige Lieferant automatisch abgewertet, der diese Qualitätsoptimierung nicht aufweisen kann. Ziel ist es, dabei immer permanent die geeigneten Lieferanten für das eigene Unternehmen ermitteln zu können. Es ist zudem vorteilhaft, dem Lieferanten bereits zu Beginn der Zusammenarbeit die Bewertungssystematik transparent darzulegen. Infolge hat jeder Lieferant eine bessere Übersicht über die Wichtigkeit der Einzelbewertungen für das beschaffende Unternehmen und kann dementsprechend seine Prioritäten auslegen.

7.4.7 Lieferantenaudit

Ziele der Auditierung eines Lieferanten sind,

- die Wirksamkeit seines QM-Systems zu überprüfen,
- die Qualitätsfähigkeit des Lieferanten sicherzustellen,
- Entscheidungskriterien für die Lieferantenauswahl abzuleiten und
- Verbesserungen beim Lieferanten einzuleiten, d.h. den Lieferanten zu fördern.

Bei den Audits wird hierbei zwischen den Produkt-, Verfahrens- und Systemaudits unterschieden, welche regelmäßig und außerplanmäßig und sowohl durch interne als auch externe Auditoren durchgeführt werden können. Die verschiedenen Auditarten unterscheiden sich in ihren verschiedenen Aufgaben sowie Betrachtungs- und Optimierungsobjekten. Details zu Audits sind in Kapitel 8.1 aufgeführt.

Die Durchführung eines Audits setzt ein hohes Maß gegenseitigen Vertrauens voraus, da bei der Vorortanalyse firmenspezifisches Know-how preisgegeben wird. Insbesondere, wenn der Abnehmer in einigen Geschäftsbereichen im Wettbewerb steht, ist die Angst des Lieferanten vor ungeschützter Know-how-Weitergabe häufig berechtigt. Die Transparenz, die dem (potenziellen) Abnehmer einen Einblick in die Qualitätslage des Lieferanten gewährt, führte in den vergangenen Jahren zu einem regelrechten Auditboom. Selbst Unternehmen, deren QM-Systeme von akkreditierten Institutionen zertifiziert waren, sind betroffen. Ein Indiz für die häufig noch falsch verstandene Zielsetzung der Normenreihe, Qualitätsstandards als Beweisvermutung zu akzeptieren.

Dennoch sind Lieferantenaudits unter dem Aspekt der Zusammenarbeit ein geeignetes Mittel, beiderseitig Qualitätsvertrauen aufzubauen und Qualitätsverbesserungen zu erzielen. So müssen sich Lieferantenaudits nicht ausschließlich auf Systemaudits nach DIN EN ISO 9001 beziehen, sondern können bestimmte Produkte oder Verfahren fokussieren. Insbesondere die (gemeinsame) Entwicklung neuer Produkte kann Anlass für die Auditierung des Lieferanten sein. Im Falle struktureller Neuerungen (z.B. Einsatz neuer Fertigungsverfahren) oder auftretender Qualitätsprobleme im Zuliefersortiment können außerplanmäßige Audits nötig werden. In jedem Fall sollte dem Lieferanten der Anlass des Audits offen dargelegt werden.

Vorgehensweise bei einem Lieferantenaudit

Um die Belange des auditierten Unternehmens angemessen zu berücksichtigen, ist die Absprache frühzeitig zu koordinieren. Das betrifft die Auswahl und Zusammensetzung des Auditteams und die Ausarbeitung des Auditplans (Umfang und Betrachtungsbereich des Audits, Audithäufigkeit, Zeitplanung etc.). Der Auditplan sollte vom Lieferanten genehmigt werden.

Die Durchführung des Audits beginnt mit einem Einführungsgespräch und ggf. einer Kurzführung durch den Betrieb. Abläufe sind anhand des Auditplans durch Befragungen und Stichproben auf ihre Wirksamkeit zu prüfen. Die Ergebnisse werden unmittelbar notiert und bewertet. Bei kritischen Problemen können Sofortmaßnahmen eingeleitet werden. Im Anschluss an die Aufnahme ist ein Abschlussgespräch mit den Vertretern des Lieferanten sinnvoll, in dem sie die Gelegenheit zur Darstellung des Sachverhaltes haben. Diese Darstellungen sollten im Auditbericht berücksichtigt werden, um zu einer übereinstimmenden Annahme des Auditergebnisses zu gelangen. Der Auditbericht umfasst festgestellte Mängel, Verbesserungsvorschläge und fließt dann in die Lieferantenbeurteilung mit ein. Der Status der Abhilfemaßnahmen muss kontrolliert werden. Bei einem bereits langjährig bestehenden Vertrauensverhältnis ist eine Auskunft über den Umsetzungsstand der Maßnahmen zu vorgegebenen Terminen ausreichend. Ist der Lieferant neu oder sind dessen interne Abläufe dem beschaffenden Unternehmen nicht ausreichend transparent, muss ein Wiederholungsaudit durchgeführt werden. Der Auditbericht wird dabei archiviert. Er dient als Erfüllungsnachweis von Aufsichts- und Zulieferererpflichten. Werden im Lieferantenaudit Defizite aufgezeigt, dient dies als Auslöser für ein Lieferantenqualifizierungsprogramm.

7.4.8 Lieferantenqualifizierung

Ziel der Lieferantenqualifizierung ist es, den Lieferanten zu befähigen, die geforderten Produkte und Informationen in der gewünschten Qualität zu liefern. Das kann z.B. durch Schulungen des Lieferantenpersonals oder auch durch den direkten Einsatz von Mitarbeitern des beschaffenden Unternehmens beim Lieferanten erfolgen. Ganzheitliche Lieferantenqualifizierungsprogramme umfassen technologische, organisatorische und methodische Inhalte. Durch den daraus folgenden hohen Aufwand werden sie oft nur von Großunternehmen durchgeführt. Schwerpunkte liegen in der Vermittlung von Wissen über den effektiven Einsatz von Qualitätsmanagementstrategien und -techniken. Ziel der Qualifizierung ist es, die Qualitätsfähigkeit des Lieferanten aktiv zu beeinflussen und die partnerschaftliche Zusammenarbeit zu verbessern. Hauptaspekte sind dabei die Schulung des Managements (neues Qualitätsbewusstsein, Kooperationsmöglichkeiten etc.) und aller Mitarbeiter (Gruppenarbeit, ständiger Verbesserungsprozess etc.) des Lieferanten. Im Automobilbereich wurde die Bedeutung der Lieferantenqualifizierung bereits frühzeitig erkannt. Deshalb sieht der QM-Systemstandard QS 9000 für Zulieferunternehmen vor, dass sie Maßnahmen zur Entwicklung ihrer Sublieferanten planen, durchführen und deren Wirksamkeit nachvollziehen [DAIM98].

Einige Großunternehmen ermöglichen im Zuge ihrer Total Quality-Strategie für Lieferanten das Benchmarking bei anderen Lieferanten (keine Wettbewerber). Der Lieferant X aus der Kunststoffindustrie erhält beispielsweise die Möglichkeit, sich das herausragende Logistikkonzept des Lieferanten Y aus der Metallverarbeitung anzusehen und für sich zu nutzen; das Einverständnis des Lieferanten Y vorausgesetzt. Die Lieferantenqualifizierung ist ein erster Schritt auf dem Weg zu TQM in der Beschaffung. Die bisherigen Ausführungen zeigten mehrfach die Bedeutung eines transparenten und zugleich partnerschaftlichen Umgangs zwischen Kunden und Lieferanten auf. Die zunehmende Vernetzung von Kunden und Lieferanten erfordert immer leistungsfähigere Konzepte, diesen Umgang miteinander wirkungsvoll zu unterstützen. Quality Chain Management stellt eine Lösung dar, welche moderne Informations- und Kommunikationstechnologien für eine qualitativ hochwertige, unternehmensübergreifende Wertschöpfung einsetzt.

7.4.9 Zusammenfassung

Die Absicherung der Produktentstehungsprozesse (Quality Streams) immer komplexerer Lieferketten erfordert Mechanismen, die einerseits die dabei entstehenden Risiken minimieren, andererseits den Aufwand für sowohl den Lieferanten als auch das beschaffende Unternehmen gering halten. Dies gilt im selben Maß für die Absicherung der Produktqualität entlang der Quality Forward Chains aller Lieferanten, wie für die Rückführung der Daten zu sämtlichen Unterlieferanten. Die in diesem Kapitel dargestellten Konzepte und Methoden bilden die Grundlage dafür, indem sie eine risikovariable Ausrichtung ermöglichen. Vor allem bei der Beschaffung von komplexen Produkten wird zudem eine immer stärkere Verzahnung zwischen Lieferanten und beschaffenden Unternehmen notwendig, um die Zusammenarbeit möglichst reibungsfrei zu gestalten. Klare Richtlinien und Vorgehensweisen müssen bereits in der Strategiefestlegung berücksichtigt werden und einen roten Faden durch sämtliche Beschaffungsaktivitäten bilden. Nur mit der dadurch gewonnenen Transparenz lässt sich erreichen, dass Fehler über die gesamte Lieferkette frühzeitig erkannt und vermieden werden. Letztendlich resultiert dies in qualitativ hochwertigen Produkten, die zur spezifizierten Zeit den Kunden erreichen und dadurch die Kundenzufriedenheit steigern.

7.5 Qualitätsplanung und -sicherung für die Produktherstellung

7.5.1 Einleitung

Im Rahmen des Produktentstehungsprozesses werden die qualitätsrelevanten Funktionen und Eigenschaften des Produktes geplant und deren Erfüllung durch geeignete Maßnahmen der Qualitätssicherung sowohl in der Entwicklung als auch in der Herstellung geprüft. Durch den gezielten Einsatz von präventiven Qualitätsmethoden in der Entwicklung (siehe Kapitel 7.3) lassen sich dabei konstruktions- und produktionsbedingte Fehler frühzeitig im Produktentstehungsprozess entdecken und beseitigen.

Jedoch können aus technischen oder wirtschaftlichen Gründen nicht alle Herstellungsrisiken im Rahmen der Produkt- und Prozessentwicklung vollständig abgestellt werden, sodass weiterhin qualitätssichernde Maßnahmen in der Serienphase erforderlich sind. Diese werden im Zuge der Qualitätsplanung für den Herstellprozess definiert und im Rahmen der Qualitätssicherung durchgeführt. Dabei umfasst die Qualitätsplanung und -sicherung für den Herstellprozess im Wesentlichen folgende Elemente:

- Prüfplanung
- Prüfbeauftragung
- Prüfausführung bzw. Prüfdatenerfassung
- Prüfdatenauswertung
- Kennzahlenbildung und Vergleich mit Vorgaben
- Prüfmittelmanagement

Die Qualitätsplanung für die Produktherstellung findet in verschiedenen Phasen des Produktentstehungsprozesses statt, hat jedoch ihren Aktivitätsschwerpunkt zum Ende der Entwicklungstätigkeiten (Abbildung 7.5-1). In den frühen Phasen werden die Rahmenbedingungen für die Qualitätssicherung in der Herstellung definiert. Exemplarisch seien im Lastenheft festgehaltene Anforderung an Prüfmaßnahmen oder Prozessfähigkeiten genannt. Sind die wesentlichen Merkmale der Produktkomponenten und der zugehörigen Herstellprozesse definiert, werden die erforderlichen Qualitätssicherungsaktivitäten geplant, die in der Herstellphase erforderlich sind.

Die Qualitätsphilosophie hat sich in den zurückliegenden Jahren dahin gehend gewandelt, die Qualität des Produktes nicht zu erprüfen, sondern von vorneherein herzustellen. Daher ist anzustre-

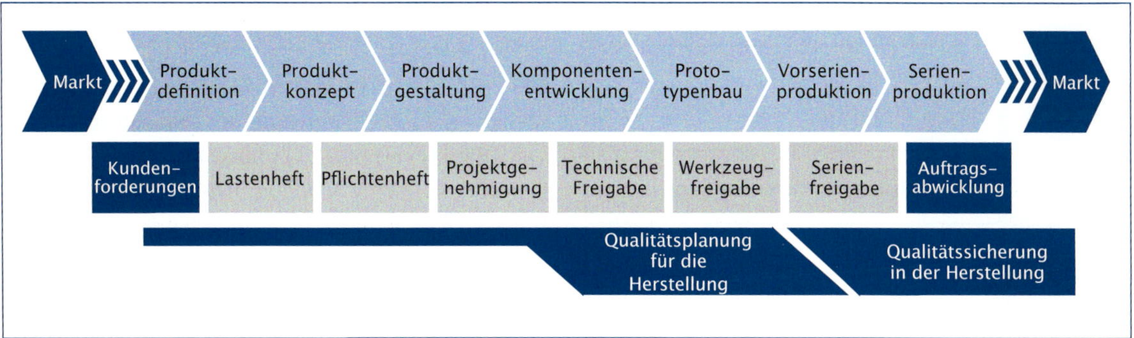

Abbildung 7.5-1 Einordnung der Qualitätsplanung und -sicherung für die Produktherstellung in den Produktentstehungsprozess

ben, durch die Anwendung präventiver Qualitätsmanagementmethoden, robuste Produkte und Prozesse zu entwickeln und damit den Prüfaufwand während und nach der Produktion zu minimieren. Sind Prüfungen nicht vermeidbar, so bietet es sich an, im Rahmen herstellungsbegleitender Qualitätsprüfungen Abweichungen frühzeitig im Prozess zu erkennen, sodass korrigierend in den Produktionsprozess eingegriffen werden kann, bevor fehlerhafte Produkte produziert werden.

Aus diesem Grund finden zunehmend statistische Verfahren wie die statistische Prozessregelung (engl.: Statistical Process Control, SPC) Anwendung bei der Sicherung der Produkt- und Prozessqualität in der Herstellungsphase. Weiterhin lässt sich durch Qualifikationsprüfungen in Form von Fähigkeitsuntersuchungen die Eignung eines Prozesses oder einer Maschine zur Gewährleistung einer stabilen und sicheren Produktion nachweisen. Darüber hinaus stellt die regelmäßige und systematische Überwachung der eingesetzten Prüfmittel im Rahmen einer Prüfmittelüberwachung (PMÜ) eine wesentliche Voraussetzung zur sinnvollen Durchführung von Qualitätsprüfungen dar.

	Planen	Erfassen	Auswerten
produkt-orientiert	„Klassische Qualitätsprüfung“ Prüf-planung	Prüfdaten-erfassung	Prüfdaten-auswertung
prozess-orientiert	SPC (Statistical Process Control)		
prozess-orientiert	Fähigkeitsuntersuchungen		
betriebs-mittel-orientiert	PMM (Prüfmittelmanagement)		

Abbildung 7.5-2 Qualitätsplanung und -sicherung für die Produktherstellung

Die Aktivitäten der Qualitätsplanung und -sicherung für die Produktherstellung lassen sich anhand Abbildung 7.5-2 gliedern, welche auch der nachfolgenden Kapitelaufteilung dient.

Zunächst werden die planerischen Aktivitäten in Form der Prüfplanung vorgestellt (Kapitel 7.5.2), welche begleitend zum Entwicklungsprojekt Qualitätsprüfungen für Produkt und Herstellprozess auf Basis qualitätsrelevanter Funktionen und Eigenschaften festlegt. Im Anschluss werden in Kapitel 7.5.3 die bei der Durchführung der Qualitätsprüfung relevanten Aspekte „Prüfdatenerfassung und -auswertung“ untersucht. In Kapitel 7.5.4 wird auf die Fähigkeitsuntersuchung als gängige Form der Qualifikationsprüfung, ob ein Herstellprozess ein definiertes Qualitätslevel erreichen kann, eingegangen. Um das in der Qualifikationsphase festgestellte Qualitätslevel kontinuierlich in der Herstellung mit sinnvollem Aufwand zu überwachen und zu lenken, wird in Kapitel 7.5.5 die Methode der statistischen Prozessregelung (SPC) vorgestellt. Das Prüfmittelmanagement, welches für die Qualität, Zuverlässigkeit, Einsatzfähigkeit und Einsatzbereitschaft der Prüfmittel im Unternehmen zuständig ist, wird in Kapitel 7.5.6 dargestellt.

7.5.2 Prüfplanung

7.5.2.1 Aufgaben der Prüfplanung

Die Prüfplanung ist als QM-Element Bestandteil aktueller, industriell anerkannter Normforderungen von DIN EN ISO 9001, QS 9000 und VDA Band 6.1 [DIN08d, CHRY98, VDA10a]. Die DIN EN ISO 9001 stellt hierbei immer den Mindeststandard dar, der im Wesentlichen Systemanforderungen aufführt, wie die Forderung nach der Durchführung einer Prüfplanung. Die jeweilige Umsetzung und die Methodenauswahl werden jedoch dem Unternehmen überlassen. In der QS 9000 und im VDA Band 6.1

werden darüber hinaus auch Forderungen nach der Anwendung spezieller Methoden gestellt, wie die Festlegung der Prüfschärfe und -frequenz (z.B. AQL) oder der Einsatz statistischer Methoden (z.B. SPC).

Die Prüfplanung hat zur Aufgabe, die „Planung der Qualitätsprüfung" im Produktionsablauf vorzunehmen [VDI85]. Ziel einer methodisch geplanten Prüfung ist die Sicherstellung einer ordnungsgemäßen Qualitätsprüfung und der optimalen Integration in den Fertigungs- und Montageablauf. Die Prüfplanung sollte unter Einbeziehung der betrieblichen Strukturen und der Qualitätsvorgaben für das Produkt vor allem auch Kostenaspekte berücksichtigen. Sie ist von entscheidender Bedeutung für spätere lang- und kurzfristige Prüfdatenanalysen, denn eine spätere Datenauswertung ist in der Regel umso aussagekräftiger, je detaillierter die Datenerfassung geplant wurde.

Zu den Aufgaben der Prüfplanung im klassischen Sinne, d.h. der Planung der Qualitätsprüfung von Produkten und Prozessen in der Herstellung, gehören in erster Linie folgende Punkte [MECK87]:

- Auswahl der zu prüfenden Merkmale
- Einordnung der durchzuführenden Prüfungen in den Produktionsprozess (Prüfzeitpunkt)
- Bestimmung der zu prüfenden Einheiten bzw. des mengen- oder zeitbezogenen Prüfintervalls
- Festlegung der Reihenfolge, in der die einzelnen Merkmale zu prüfen sind
- Ermittlung des anzuwendenden Prüfmittels
- Festlegung der Prüfmethode
- Ermittlung der Prüfzeitpunkte
- Ermittlung der notwendigen Prüfdokumentation
- Aufbereitung der Hinweise für die Prüfdurchführung

Die Planung erstreckt sich sowohl auf die herzustellenden Erzeugnisse als auch auf die einzusetzenden Prüfmittel (siehe Kapitel 7.5.6). Ausgehend von Planungsunterlagen, wie Zeichnungen und

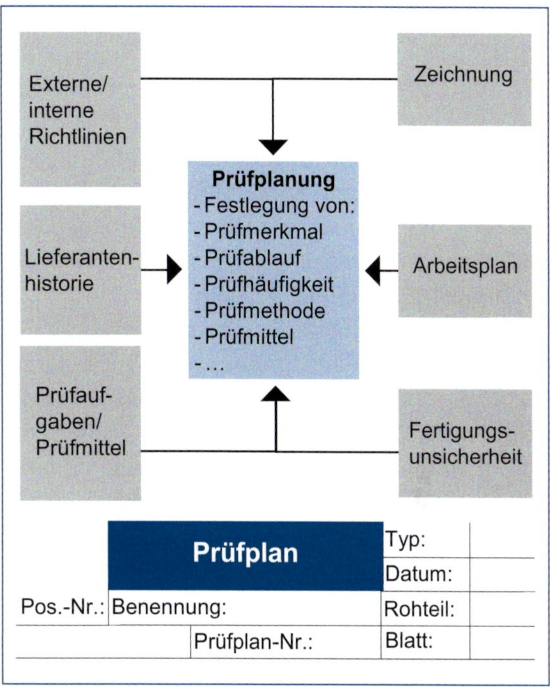

Abbildung 7.5-3 Eingangsinformationen für die Prüfplanung

Arbeitsplänen, wird unter Berücksichtigung von Vorschriften, Richtlinien, Auflagen und eventuell vorhandener Vergangenheitsdaten ein Prüfplan erstellt, der die Planungsbasis für durchzuführende Qualitätsprüfungen darstellt.

Bei der Durchführung der Prüfplanung ist eine Vielzahl von Informationen erforderlich, um die Aufgaben der Prüfplanung abzuarbeiten (Abbildung 7.5-3). Diese Informationen werden typischerweise von unterschiedlichen Unternehmensdisziplinen (z.B. Vertrieb, Konstruktion, Beschaffung) bereitgestellt. Voraussetzung zur Durchführung der Prüfplanung ist weiter die Kenntnis

- der Funktion der zu prüfenden Teile,
- des Fertigungsablaufs,
- der Fertigungsunterlagen,
- der technischen Unterlagen sowie
- der einsetzbaren und verfügbaren Prüfmittel.

Innerbetriebliche Einordnung der Prüfplanung

Die innerbetriebliche Organisation der Prüfplanung muss unternehmensspezifisch festgelegt werden. So kann je nach Unternehmensstruktur eine gemeinsame Arbeits- und Prüfplanung mit dem Nachteil der Überschneidung von Produktions- und Qualitätsinteressen oder eine personell strikt getrennte Durchführung sinnvoll sein.

Die Prüfplanung wird schwerpunktmäßig im Zuge der Arbeitsplanung durchgeführt. Die Informationen, die für die Prüfplanung relevant sind, werden jedoch in unterschiedlichen Phasen der Produktentstehung erzeugt, sodass eine Einordnung der Prüfplanungsaktivitäten in die verschiedenen Phasen des Produktentstehungsprozesses sinnvoll ist, um die Planungsqualität zu erhöhen. Bernards [BERN05] schlägt hierzu eine modulare Prüfplanung vor, welche Prozessmodule für die Durchführung der Prüfplanung passend zu den einzelnen Abschnitten der Entwicklung sowie der Herstellungsphase zuordnet (Abbildung 7.5-4). Zudem werden das Fachwissen einzelner Disziplinen sowie der gezielte Einsatz etablierter Methoden des Qualitätsmanagements mit der Durchführung der Prüfplanung verknüpft. Hierdurch wird eine Integration der Prüfplanungsaktivitäten in die Prozesskette der Produktentstehung ermöglicht [BERN05].

Richtlinien zur Prüfplanung

Weit verbreitet für die Durchführung der Prüfplanung ist die Richtlinie VDI/VDE/DGQ 2619 [VDI85]. Diese beschreibt die Vorgehensweise zur Durchfüh-

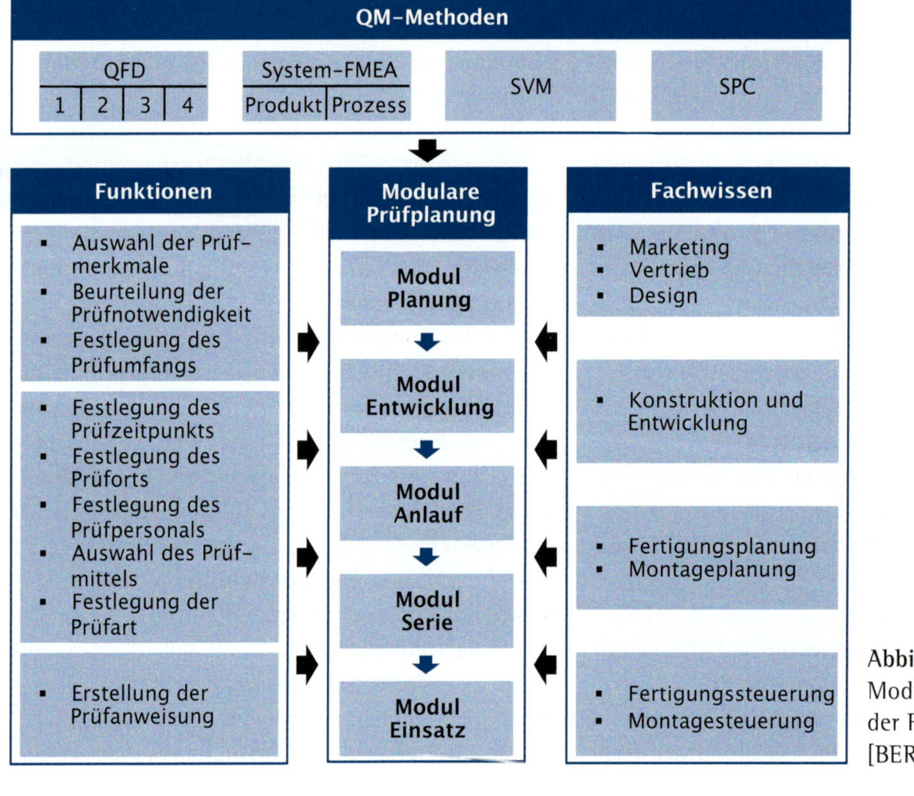

Abbildung 7.5-4 Modulare Prüfplanung in der Produktentstehung [BERN05]

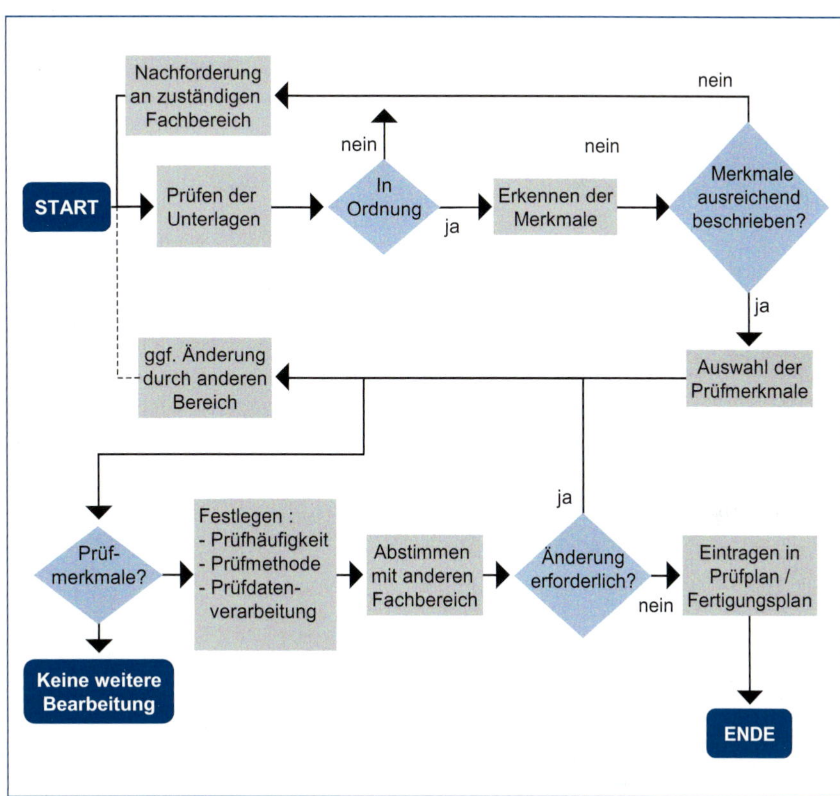

Abbildung 7.5-5
VDI/VDE/DGQ-Richtlinie 2619 zur Prüfplanung

rung der Prüfplanung, mit dem Ziel, den Prüfplan zu erstellen, welcher als Ausgangsbasis für die durchzuführenden Qualitätsprüfungen im Produktionsablauf fungiert. Die Richtlinie beschreibt in einer Vielzahl von Ablaufplänen die wesentlichen Tätigkeiten und Entscheidungsschritte, die zur Erstellung eines Prüfplans erforderlich sind (Abbildung 7.5-5). Einzelne Schritte werden in der Richtlinie durch ergänzende detailliertere Ablaufpläne dargestellt. In Kapitel 7.5.2.2 wird die in der Richtlinie beschriebene Vorgehensweise erläutert.

Innerbetriebliche Informationsbeziehungen bei der Prüfplanung

Die prüfplanerischen Aktivitäten erfordern einen umfangreichen Informationsaustausch (Abbildung 7.5-6). Mit der Produktentwicklung bzw. Konstruktion werden Informationen über kunden- bzw. funktionsrelevante Merkmale ausgetauscht. Die Abstimmung mit der Arbeitsplanung bzw. -vorbereitung stellt die reibungslose Integration von Prüfaktivitäten in den Produktionsablauf sicher.

Nur ein geringer Teil der in einem Prüfplan beschriebenen Daten ist originär den Qualitätsdaten zuzuordnen. Ein Großteil der zu ermittelnden Daten kommt aus Bereichen der heute schon lange etablierten EDV-Anwendungen, wie z.B. dem Konstruktionsbereich oder dem Bereich der Stammdatenverwaltung. Unter der Maßgabe einer redundanzfreien Datenhaltung kommt damit bei CAQ-Systemen (Computer Aided Quality) die Einbindung der Prüfplanungskomponente in das

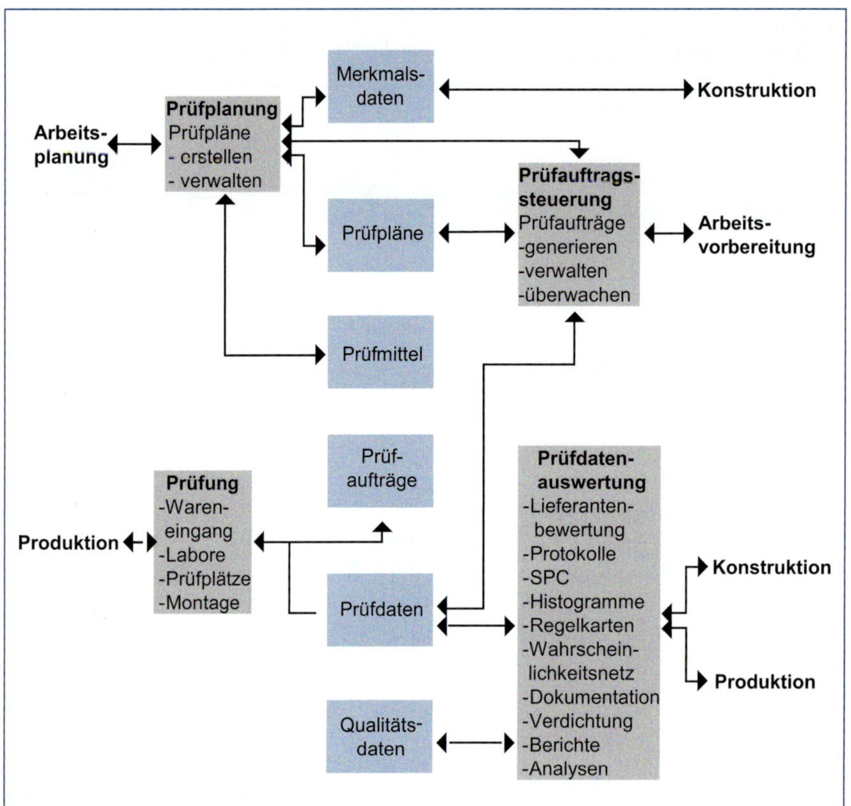

Abbildung 7.5-6
Innerbetriebliche Informationsbeziehungen der Prüfplanung

gesamte EDV-Umfeld eine besondere Bedeutung zu. Die heute am Markt verfügbaren CAQ-Systeme sind zurzeit meist so ausgelegt, dass der Prüfplanbestand autark im System verwaltet und gepflegt werden kann.

Aufbau und Inhalt des Prüfplans

Der Aufbau und die Inhalte von Prüfplänen unterscheiden sich teilweise erheblich. Ein Prüfplan kann z.B. eine arbeitsvorgangsbezogene Struktur aufweisen, d.h. , die Prüfschritte orientieren sich an einem Arbeitsplan (Abbildung 7.5-7). Alle Prüfpläne weisen organisatorische Daten im Prüfplankopf und prüfvorgangsbezogene Daten im Anweisungsteil auf. Ein Prüfschritt enthält alle Vorgaben für die Prüfung eines Merkmals, d.h. sowohl Anweisungen für die Prüfdatenerfassung als auch für die Prüfdatenauswertung und -dokumentation. Die Art der Dokumentation der Vorgaben für die Prüfdurchführung reicht von Prüfskizzen mit eingetragenen Prüfhinweisen bis hin zu detailliert ausgearbeiteten Prüfplänen [MECK87].

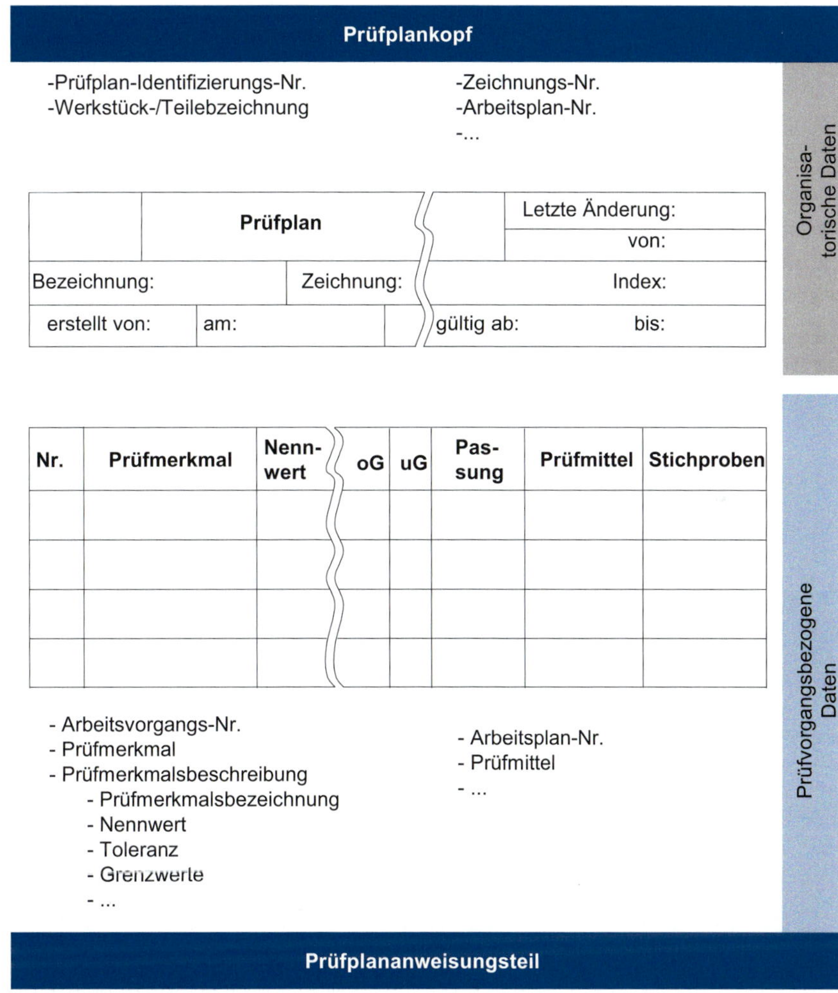

Abbildung 7.5-7
Aufbau und Inhalte von Prüfplänen [ZELL90]

7.5.2.2 Vorgehensweise der Prüfplanerstellung

Bei der Prüfplanung unterscheidet sich die Vorgehensweise zwischen Produkten, die von Grund auf neu konstruiert worden sind und solchen, die im Rahmen einer Varianten- oder Anpassungskonstruktion aus einer Grundkonstruktion abgeleitet worden sind. Der Aufwand der Prüfplanerstellung reicht somit von einer vollkommenen Neubestimmung über Anpassung und Änderung bis zur einfachen Wiederverwendung eines vorhandenen Prüfplans. Da die einzelnen Schritte der Prüfplanerstellung wechselseitige Abhängigkeiten aufweisen, existieren in der Literatur Ansätze zur Optimierung des Prüfplanerstellungsablaufs. Nachfolgend erfolgt eine Orientierung an der in der VDI/VDE/DGQ 2619, Richtlinie zur Prüfplanung [VDI85] vorgegebenen Reihenfolge der Arbeitsschritte. Die Richtlinie empfiehlt die Abarbeitung des folgenden Fragenkatalogs, der die Eigenschaften der zu planenden Prüfaufgaben festlegt (Abbildung 7.5-8).

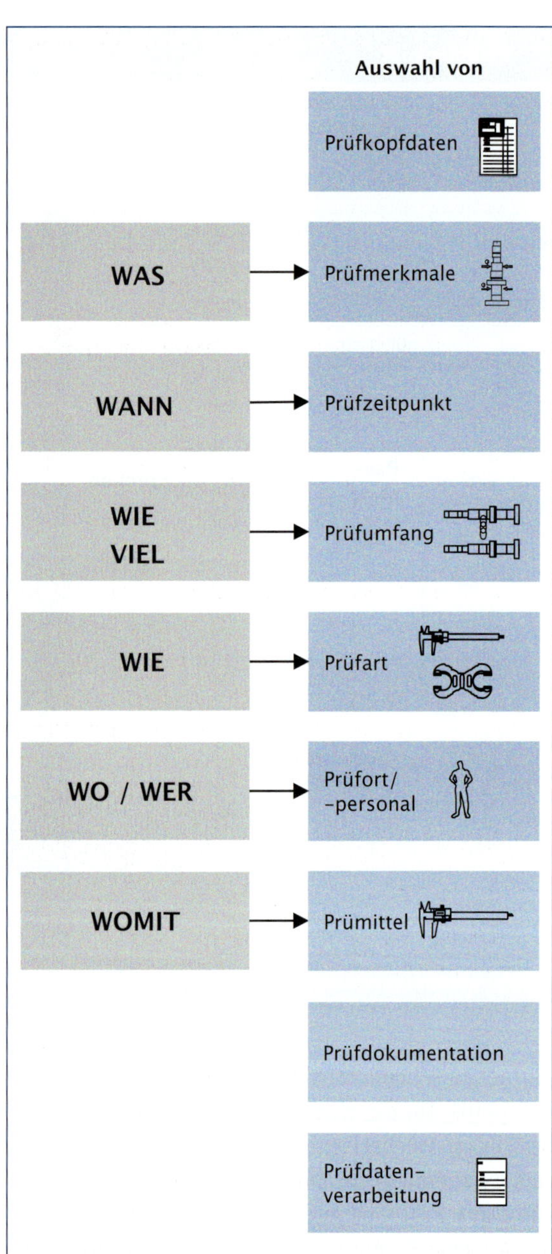

Abbildung 7.5-8 Aufgaben bei der Prüfplanerstellung

Im Folgenden werden die einzelnen Schritte der Prüfplanerstellung erläutert.

Bestimmung der Prüfplankopfdaten

Der Prüfplankopf enthält die organisatorischen Daten eines Prüfplans. Hierzu gehören beispielsweise die

- Prüfplan-Identifizierungsnummer,
- Teile- oder Werkstücknummer,
- Zeichnungsnummer oder die
- Arbeitsplannummer.

Die Prüfplankopfdaten sind nach Art und Umfang firmenspezifisch.

Auswahl der Prüfmerkmale

Die Auswahl und Beschreibung der Prüfmerkmale („was?") nimmt eine herausragende Stellung bei der Prüfplanung ein, da alle nachfolgenden Planungsschritte davon abhängen. In diesem Arbeitsschritt erfolgt die Festlegung der zu prüfenden Merkmale an einem Teil, einer Baugruppe, einem Prozessparameter, einem fertigen Endprodukt oder einem Betriebsmittel.

Nach Erkennen potenzieller Prüfmerkmale erfolgt eine Beurteilung der Prüfnotwendigkeit. Ziel der Festlegung der Prüfnotwendigkeit ist zum einen die Sicherung der Produktqualität und zum anderen die Minimierung der Kosten (Abbildung 7.5-9). Dabei wird die Entscheidung über die Prüfnotwendigkeit in Abhängigkeit von Kriterien, wie sie exemplarisch in Abbildung 7.5-9 dargestellt sind, getroffen.

Bei den Prüfmerkmalen kann es sich neben Geometriedaten oder physikalisch-chemischen Eigenschaften beispielsweise auch um Funktionseigenschaften und optische Merkmale handeln. Zur Bestimmung der Prüfnotwendigkeit eines Merkmals können u. a. folgende Unterlagen herangezogen werden:

- Konstruktionszeichnungen,
- Arbeitspläne,
- Unterlagen einer Produkt- oder Prozess-FMEA,
- Unterlagen über Fertigungsunsicherheiten,

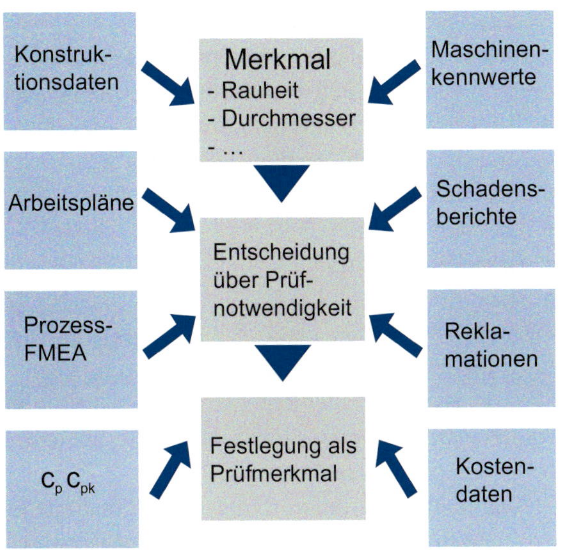

Abbildung 7.5-9 Auswahl und Festlegung der Prüfmerkmale

- Maschinen- und Prozessfähigkeitskennwerte,
- Schadensberichte,
- Reklamationen und
- Kostendaten.

Das Ergebnis dieses Schrittes ist die Prüfspezifikation, d. h. die Festlegung der Prüfmerkmale und der Merkmalswerte (Bezeichnung, Einheit, Sollwerte ...). Die Prüfspezifikation ist Grundlage für Prüfanweisungen zur Durchführung der Qualitätsprüfung. Die weiteren Festlegungen (Prüfhäufigkeit, Prüfumfang ...) werden in den nachfolgenden Arbeitsschritten vorgenommen.

Festlegung des Prüfzeitpunktes

In diesem Arbeitsschritt wird festgelegt, „wann" die Prüfung erfolgen soll. Es wird beispielsweise festgelegt, ob eine End- oder Zwischenprüfung oder auch beides erfolgen soll. Bei der Entscheidung für eine Zwischenprüfung muss festgelegt werden, nach welchen Arbeitsschritten die Prüfung erfolgt.

Dabei finden folgende Kriterien Berücksichtigung:

- Kosten der Prüfung,
- Wertzuwachs des Produktes,
- Schadensrisiko,
- Prozessfähigkeit,
- Kostenstellenwechsel,
- Arbeitsgänge, bei denen mit Produktveränderungen (z.B. Verformung durch Schweißen) zu rechnen ist,
- Zugänglichkeit der Prüfstelle am Teil und
- Totzeit zwischen Merkmalserzeugung und Merkmalsprüfung.

Durch zusätzliche Zwischenprüfungen wird sichergestellt, dass eine fehlerhafte Einheit nicht zum nächsten Arbeitsschritt gelangt und so weitere Produktionskosten verursacht. Die Entscheidung für eine Zwischenprüfung muss unter Beachtung der Prüf- und Ausschusskosten erfolgen. Bei mehr als einem Prüfmerkmal lassen sich die Merkmale in der Reihenfolge der höchsten Fehlerwahrscheinlichkeit prüfen, um unnötige Prüfkosten zu vermeiden.

Festlegung der Prüfart

Die Prüfart legt fest, ob die Prüfung in Form

- einer Variablenprüfung oder
- einer Attributprüfung

erfolgt.

Die Variablenprüfung dient zur Prüfung quantitativer Merkmale, d.h. ein Merkmal, wie z.B. ein Bohrungsdurchmesser, wird anhand einer kontinuierlichen Skala (Messwert) gemessen. Bei der Attributprüfung erfolgt eine Gut-Schlecht-Prüfung des Merkmals. Das Ergebnis einer Attributprüfung kann z.B. die Anzahl undichter Teile eines Prüfloses sein. Aufgrund der höheren statistischen Aussagekraft und der geringeren erforderlichen Stichprobenumfänge ist die Variablenprüfung in jedem Falle der Attributprüfung vorzuziehen.

7

Festlegung des Prüfumfangs

Der Prüfumfang („wie viel?") beeinflusst unmittelbar die Prüf- und Fehlerkosten. Es ergeben sich im Wesentlichen die folgenden Alternativen [MECK87]:

- 100-%-Prüfung,
- Stichprobenprüfung, z.B. mit genormten, veröffentlichten oder werksinternen Stichprobensystemen,
- Skip Lot und
- statistische Prozessregelung (SPC).

Bei der 100-%-Prüfung werden alle Einheiten eines Prüfloses geprüft. Wirtschaftlich ist eine 100-%-Prüfung nur bei Einzel- und Kleinserienfertigung oder in der Mittel- oder Großserienfertigung beim Einsatz von automatisierten Prüfmitteln. Die Stichprobenprüfung mit genormten, veröffentlichten oder werksinternen Stichprobensystemen verwendet Tabellen mit Stichprobenplänen und Regeln für die Anwendung der Pläne. Im Wesentlichen finden heute Stichprobensysteme nach DIN ISO 2859 [DIN93; DIN07a; DIN14] und DIN ISO 3951 [DIN08b] Anwendung. Eine Erweiterung der Stichprobenprüfung nach DIN ISO 2859 Teil 1 [DIN14] erfolgt durch das Skip Lot-Verfahren nach DIN ISO 2859 – Teil 3 [DIN07a]). Bei guten Prüfergebnissen erfolgt ein zeitweiliges Aussetzen der Losprüfung. Das Verfahren ist in Kapitel 7.5.3.1 ausführlich dargestellt.

Bei Fertigung größerer Stückzahlen wird heute häufig die statistische Prozessregelung (SPC) eingesetzt. Bei der statistischen Prozessregelung werden dem Prozess in festen Zeitintervallen Stichproben gleichen Umfangs entnommen und geprüft. Die Ergebnisse werden in Form einer Regelkarte dokumentiert. Voraussetzung zur Anwendung der statistischen Prozessregelung ist die Fähigkeit der eingesetzten Prozesse. Das Konzept der statistischen Prozessregelung ist in Kapitel 7.5.5 dargestellt.

Die Entscheidung, ob für ein Merkmal eine 100-%-Prüfung oder eine Stichprobenprüfung angewendet wird, hängt maßgeblich vom Risiko bei Auftreten eines Fehlers, der durch das Merkmal verursacht wird, ab. Bei den Fehlerarten wird meist unterschieden zwischen

- kritischen Fehlern,
- Hauptfehlern und
- Nebenfehlern.

Bei Merkmalen, die kritische Fehler verursachen können, erfolgt in aller Regel eine 100-%-Prüfung, während bei größeren Stückzahlen eine Stichprobenprüfung durchgeführt wird.

Die möglichen Auswirkungen fehlerbehafteter Prüfmerkmale auf die Eigenschaften eines Produktes oder die Umgebung beeinflussen wesentlich die Definition des Prüfumfanges und den zu betreibenden Dokumentationsumfang. So ist es für Unternehmen Stand der Technik, sich bei kritischen Merkmalen durch eine 100-%-Prüfung und Dokumentation gegen eventuelle Regressansprüche abzusichern, während ansonsten häufig zur Kostenreduzierung der Prüfumfang auf eine bestimmte Stichprobengröße reduziert wird.

Festlegung von Prüfort und Prüfpersonal

Die Festlegung des Prüfortes („wo?") hängt im Wesentlichen von den Prüfmerkmalen, den eingesetzten Prüfmitteln, dem Fertigungsfluss und den Teilegrößen ab. So kann der Prüfort z.B. durch ortsgebundene Prüfmittel, wie Koordinatenmessgeräte, festgelegt sein. Prüforte können z.B. Messräume, Labore und Prüfplätze in, an oder neben Fertigungs- oder Montageeinrichtungen sein.

Durch die Festlegung des Prüfortes ist häufig das Prüfpersonal („durch wen?") bereits bestimmt. Prüfungen in Messräumen und Laboren werden im Allgemeinen durch Qualitätsprüfungspersonal durchgeführt, während Prüfungen in, an oder neben Fertigungseinrichtungen entweder vom Qualitätsprüfungspersonal oder besser direkt durch das Fertigungspersonal ausgeführt werden. Letztere Art der Prüfung wird Werkerselbstprüfung genannt und erfolgt vor dem Hintergrund, dass Fehler durch das Fertigungspersonal selbst erkannt werden und unmittelbar behoben werden können. Damit wird dem Werker mit dem Ziel der besseren Identifikation mit dem Produkt und dem Prozess mehr Verantwortung übertragen.

Auswahl der Prüfmittel

Ziel der Prüfmittelauswahl ist die Ermittlung des für die Prüfung optimalen Prüfmittels („womit?"). Hierbei sind im Wesentlichen die folgenden Punkte von Bedeutung:

- organisatorische Gründe (Verfügbarkeit),
- prüftechnische Aspekte (Zugänglichkeit der Messstelle),
- Prüfmittelfähigkeit (c_g, c_{gk}) und
- wirtschaftliche Aspekte, mit dem Ziel minimaler Prüfkosten.

Die Auswahl eines geeigneten Prüfmittels kann manuell z.B. mithilfe einer Prüfmittelauswahlmatrix und einer Prüfmittelkartei erfolgen. Da jedoch häufig die Auswahlkriterien durch eine Vielzahl von Anforderungen bestimmt werden, ist insbesondere bei größeren Prüfmittelbeständen eine optimale Auswahl manuell kaum möglich. Hier bieten sich die rechnergestützte Durchführung der Prüfplanung und insbesondere eine Rechnerunterstützung bei der Prüfmittelauswahl an (Abbildung 7.5-10) [STEN07]. Nach Definition der Prüfaufgabe wird

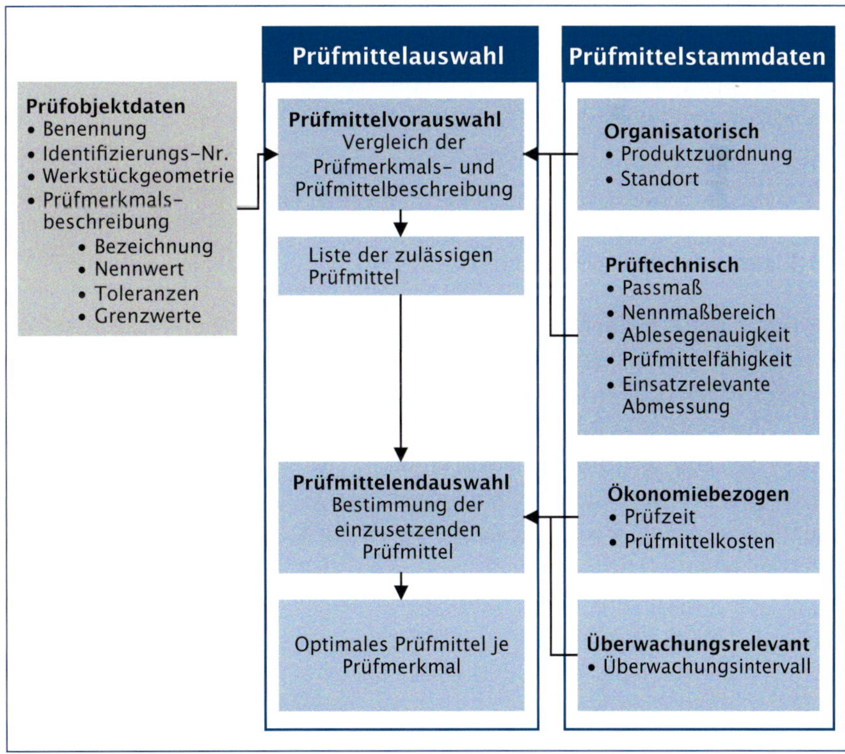

Abbildung 7.5-10
Prüfmittelauswahl

eine Anforderungsliste aufgestellt. Aus einer Prüfmitteldatenbank werden geeignete Prüfmittel, d.h. Prüfmittel, die den Kriterien der Anforderungsliste genügen, ausgewählt und in Form einer Auswahlliste zusammengestellt. Auf Grundlage der praktischen Anforderungen an das Prüfmittel wird die Entscheidung für ein in der Auswahlliste enthaltenes Prüfmittel getroffen. Im letzten Schritt erfolgt die Übernahme des Prüfmittels in den Prüfplan. Die Planung, Verwaltung und Überwachung der innerbetrieblichen Prüfmittel wird durch das Prüfmittelmanagement sichergestellt (siehe Kapitel 7.5.6).

Festlegung des Prüftextes

Der Prüftext enthält ergänzende Informationen zu den bereits festgelegten Prüfvorgaben. Dies kann z.B. erforderlich sein beim Einsatz von neuen oder komplexen Prüfmitteln oder der Prüfung komplexer Merkmale. Der Prüftext kann im Prüfplan selbst dokumentiert sein, bei größerem Textumfang aber auch in einer separaten Prüfanweisung. Der Prüftext oder auch der gesamte Prüfplan kann durch eine grafische Prüfzeichnung ergänzt werden.

Festlegung der Prüfdokumentation

Die Durchführung einer Qualitätsprüfung ist nur dann sinnvoll, wenn aus den resultierenden Ergebnissen auch Schlussfolgerungen gezogen werden. Voraussetzung für gezielte Datenauswertungen ist eine sorgfältige Dokumentation der Prüfergebnisse unter zusätzlicher Beachtung externer Forderungen sowohl vertraglicher als auch gesetzlicher Art.

Im Prüfplan werden Art und Umfang der Dokumentation, wie z.B. Erstmusterprüfprotokoll oder Fehlersammelkarte, vorgegeben. Die dokumentierten Daten bzw. Prüfergebnisse sind die Grundlage für Nachweise gegenüber dem Kunden und für unternehmensinterne Prüfdatenauswertungen. Im Sinne einer wirtschaftlichen Verarbeitung von Prüfdaten sollte der Grundsatz beachtet werden:

- „Prüfe nur, was du auch dokumentierst,
- dokumentiere nur, was du auch auswertest,
- werte nur aus, wenn du daraus auch Schlussfolgerungen ziehst!“

Festlegung der Prüfdatenverarbeitung

Die Festlegung der Prüfdatenverarbeitung stellt sicher, dass die erfassten Prüfdaten genutzt und Schlussfolgerungen gezogen werden. Es wird durch generelle Anweisungen festgelegt, ob und in welcher Form Prüfdaten gesammelt und weiterverarbeitet werden [VDI85].

Die Ergebnisse der Prüfdatenauswertungen werden von den der Produktion vorgelagerten Bereichen (z.B. der Qualitätsplanung) genutzt, sodass ein bereichs- und abteilungsübergreifender Regelkreis geschlossen wird. Der Prüfplan gelangt in Form eines Prüfauftrags in die verschiedenen Fertigungsbereiche und wird dort zur Prüfausführung herangezogen. Die Ergebnisse der Prüfung stehen sowohl für kurzfristige als auch für langfristige Prüfdatenauswertungen zur Verfügung. Kurzfristige Auswertungen werden zur Durchführung von Prozesseingriffen (kleiner Qualitätsregelkreis) verwendet, während langfristige Auswertungen (großer Qualitätsregelkreis) sowohl zur Qualitätslenkung dienen als auch eine Informationsquelle für die Prüfplanung darstellen. Die Prüfdatenauswertung wird in Kapitel 7.5.3 detailliert beschrieben.

Erstellung von Prüfaufträgen

Die Erstellung von Prüfaufträgen ist nicht Bestandteil der Prüfplanung. Der Prüfplan selbst ist in der Regel auftragsneutral, d.h. , er wird unabhängig von einem speziellen Fertigungsauftrag erstellt. Der Prüfauftrag beinhaltet den Prüfplan und ergänzt diesen um auftragsspezifische Daten. Ein Prüfauftrag ist nur in Ausnahmefällen eine 1:1-Kopie des Prüfplans. Solche Ausnahmen können z.B. die Erstmusterprüfung oder die 100-%-Prüfung, d.h. die Prüfung an allen Teilen eines Loses, wie z.B. in der Vorserie, oder die statistische Prozessregelung (SPC) sein.

Der Prüfauftrag ist Voraussetzung zur Durchführung der Prüfdatenerfassung. Einige der vorgenannten Schritte der Prüfplanerstellung, wie z.B. die dynamisierte Festlegung des Prüfumfangs (dynamische Stichprobenprüfung), können meist erst bei der Prüfauftragserstellung durchgeführt werden. Im Allgemeinen werden zur Bestimmung der erforderlichen Stichprobengröße drei zusätzliche Informationen benötigt.

- Die aktuelle Losgröße,
- eine aktuelle Bewertung aus der Qualitätshistorie zu dem Teil und dem Hersteller sowie
- eine Tabelle, aus der über einen Kennwert die Stichprobengröße bestimmt wird.

Die gebräuchlichsten Tabellen zur Bestimmung der Stichprobengröße liefern heute für die Attributprüfungen die DIN ISO 2859-, Teile 1 bis 3 [DIN93, DIN07a; DIN14] und für Prüfungen mit variablen Merkmalen die DIN ISO 3951 [DIN08b].

Dynamische Stichprobenverfahren werden besonders in der Wareneingangsprüfung angewandt, wobei, basierend auf der aktuellen Losgröße und der Lieferantenhistorie, der Prüfumfang aus Stichprobentabellen bestimmt wird (Abbildung 7.5-11). Prüfumfänge für Labor- oder Fertigungsprüfungen werden seltener dynamisch bestimmt, sondern lassen sich für verschiedene Prüfarten in Abhängigkeit der Merkmalsklassifikation als feste Regel vereinbaren (z.B. für die Anwendung von Q-Regelkarten). Bei der Neuanlage von Prüfaufträgen erfolgt für Prüfungen in der Fertigung und Montage eine Aufsplittung in einzelne Prüfaufträge je Prüfvorgang. Sie werden unterschiedlich terminiert und verschiedenen Maschinen, Bearbeitungs- oder Montageplätzen und damit auch verschiedenen Prüfplätzen zugeordnet.

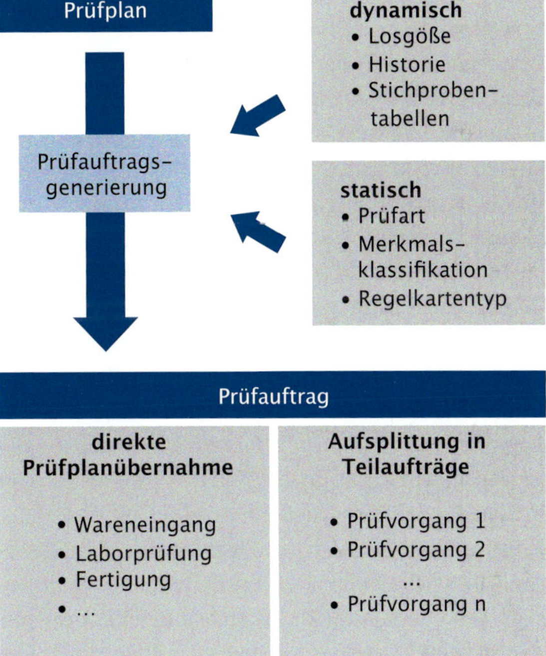

Abbildung 7.5-11 Generierung von Prüfaufträgen

7.5.3 Prüfdatenerfassung und -auswertung

Historisch gesehen stellt die Prüfdatenerfassung oder Prüfausführung die Keimzelle aller qualitätssichernden Aktivitäten dar. Im handwerklichen Betrieb des 18. Jahrhunderts wurde das Produkt unmittelbar im oder nach einem Herstellungsprozess durch den Erzeuger selbst kontrolliert, um eine mindere Qualität der Arbeit auszuschließen. Mit zunehmender Industrialisierung führte das Prinzip der Arbeitsteilung (Taylor) zu der Entwicklung einer Trennung zwischen Arbeitsausführung und Arbeitskontrolle (Qualitätskontrolle) [PFEI10]. Seit dieser Zeit war ein eigenständig arbeitender Personenkreis für die Qualität der Arbeit eines anderen Personenkreises zuständig.

Die Entwicklung der Fertigungstechnologien, neue Bearbeitungsverfahren, die Automatisierung des Produktionsprozesses und die zunehmende Komplexität der Produkte führten bei gleichzeitig steigenden Forderungen an die Produktqualität dazu, dass die Qualitätsprüfung systematisch geplant und in ihrer Ausführung reproduzierbar gestaltet werden musste. Hierzu wurden die Abläufe und Vorgehensweisen der Qualitätsprüfung in eine innerbetriebliche Ablauforganisation eingebunden.

Die Prüfdatenerfassung orientiert sich an Vorgaben der Prüfplanung. Die bei der Prüfdatenerfassung anfallenden Prüfergebnisse werden in Prüfprotokollen in Form von Istwerttabellen, Messwertprotokollen oder Fehleraufschreibungen dokumentiert. Aufgabe der Prüfdatenauswertung ist die Bewertung und Verdichtung der Prüfergebnisse zu Prüfaussagen. Diese wiederum werden einerseits der Prüfplanung als Entscheidungshilfe zur Aktualisierung des zu betreibenden Prüfaufwandes, andererseits der Qualitätslenkung zur Einleitung gezielter qualitätsverbessernder Maßnahmen übermittelt. Die Rationalisierungsanstrengungen in der Qualitätsprüfung zielen heute einerseits auf eine effektivere Durchführung der einzelnen Arbeiten in den verschiedenen Aufgabenbereichen (etwa durch Automatisierung einzelner Prüfschritte), andererseits auf eine durchgängige informationstechnische Kopplung der Arbeitsbereiche untereinander ab.

Im Bereich der Prüfung ist ein Trend von der Abnahmeprüfung zur Produktionsüberwachung zu beobachten. Durch die Verlagerung der Prüfung in die laufende Produktion können Fehlentwicklungen schneller erkannt und behoben werden. Ziel ist die „beherrschte Produktion", bei der im Idealfall kein Ausschuss mehr auftritt [RINN95].

7.5.3.1 Prüfarten und -methoden

Die Prüfarten und -methoden sind häufig branchenspezifisch. So ist zum Beispiel im Bereich der che-

	Einzelfertigung	Serienfertigung
Komponenten	Spezialwelle	Kurbelwelle
Geräte	Kraftwerkspumpe	KFZ-Motor

	Geometrie	Material	Funktion und Vollständigkeit
Manuell	Messschraube	Funkenprobe	Sichtprüfung
Teilautomatisiert	Messvorrichtung	Härteprüfung	Prüfvorrichtung
Vollautomatisiert	KMG	Zugprüf.	Prüfautomat

KMG: Koordinatenmessgerät

Abbildung 7.5-12 Spektrum von Qualitätsprüfungen im Maschinenbau

mischen Industrie ein vollkommen anderes Spektrum an Prüfmethoden vorzufinden als im Maschinenbau. Dies ist im Wesentlichen begründet durch das unterschiedliche Produktspektrum dieser Branchen. Für den Bereich des Maschinenbaus sind in Abbildung 7.5-12 Beispiele für das Produkt- bzw. Prüflingsspektrum sowie das Prüfmethodenspektrum gegeben.

Qualitätsprüfungen können anhand diverser Kriterien unterschieden werden. Eine Möglichkeit zur Differenzierung der Prüfarten folgt den Phasen des Produktlebenszyklus von der Entwurfs- und Prototypenprüfung im Bereich der Entwicklung und Konstruktion über die Erstmusterprüfung bei Produktionsanlauf bis hin zur Zuverlässigkeitsprüfung beim Produkteinsatz [DIN88]. Weiterhin können Qualitätsprüfungen nach den Kategorien Ausführungsart, Prüfobjekt oder Prüfumfang unterschieden werden (Abbildung 7.5-13).

Im Hinblick auf eine kostenoptimale Prüfung sind Methoden der Stichprobenprüfung, insbesondere bei Serienfertigung, von großer Bedeutung und sollen im Folgenden näher erläutert werden. Die Festlegung des Stichprobensystems und -umfangs der Stichprobenprüfung erfolgt als Arbeitsschritt der Prüfplanung oder bei dynamisierter Stichprobenprüfung bei der Prüfauftragserstellung (siehe Kapitel 7.5.2).

Bei der Stichprobenprüfung ist die annehmbare Qualitätsgrenzlage AQL (Acceptable Quality Level) die Beurteilungsgröße zur Annahme- oder Rückweiseentscheidung für ein Los. Ein AQL-Wert von 0,1 bedeutet beispielsweise, dass statistisch gesehen 1 Fehler pro 1000 Einheiten toleriert wird. Die Festlegung des AQL-Wertes richtet sich nach

- der Art des Merkmals (kritisches Merkmal, Haupt- oder Nebenmerkmal),
- den Gesamtkosten und
- der Vereinbarungen zwischen Lieferant und Abnehmer.

Bei der Stichprobenprüfung kann grundsätzlich zwischen Verfahren der qualitativen und der quantitativen Prüfung unterschieden werden. Im Bereich der qualitativen Verfahren werden diskrete bzw. zählbare Merkmale untersucht, wie z.B. Fehler pro Los. Dies wird auf der Grundlage der im Umfang erweiterten DIN ISO 2859 Teil 1 bis 3 [DIN93; DIN07a; DIN14] durchgeführt.

Alle Stichprobenprüfungen (qualitativ, quantitativ) beziehen sich auf bestimmte Prüflose. Diese sollten aus homogenen Einheiten bestehen, d.h. aus einer Fertigungscharge (gleiche Fertigungseinrichtung, gleicher Fertigungszeitraum, gleiche Materialcharge, gleiche Bedingungen) stammen.

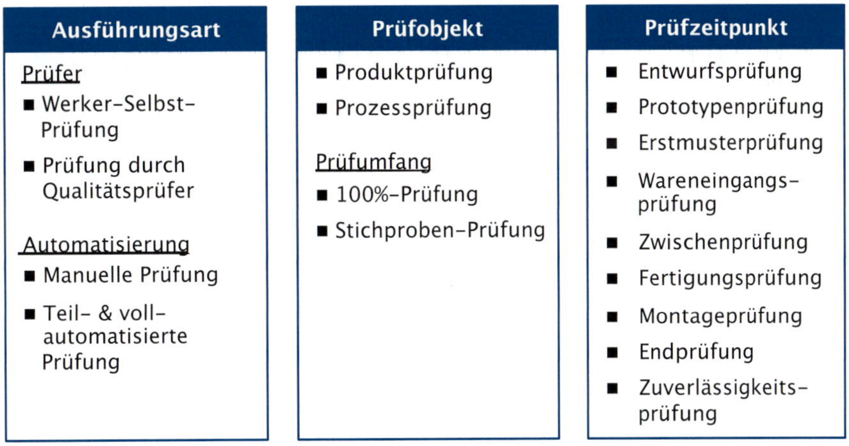

Ausführungsart	Prüfobjekt	Prüfzeitpunkt
<u>Prüfer</u> ■ Werker-Selbst-Prüfung ■ Prüfung durch Qualitätsprüfer <u>Automatisierung</u> ■ Manuelle Prüfung ■ Teil- & voll-automatisierte Prüfung	■ Produktprüfung ■ Prozessprüfung <u>Prüfumfang</u> ■ 100%-Prüfung ■ Stichproben-Prüfung	■ Entwurfsprüfung ■ Prototypenprüfung ■ Erstmusterprüfung ■ Wareneingangs-prüfung ■ Zwischenprüfung ■ Fertigungsprüfung ■ Montageprüfung ■ Endprüfung ■ Zuverlässigkeits-prüfung

Abbildung 7.5-13
Einteilung von Prüfarten und -methoden

Wurde das vorgestellte Prüflos z.B. auf drei parallel arbeitenden Werkzeugmaschinen gefertigt, so müssen bei der eingehenden Sendung im Wareneingang entsprechend drei Teillose gebildet werden (entsprechend der Einheiten pro Werkzeugmaschine). Nur so können Fehlurteile bei Stichprobenprüfungen vermieden werden. Diese sind häufig auf die unzulässige Auswahl von Losen bzw. falsche Stichprobenentnahme oder Bedienungsfehler zurückzuführen.

Die Stichproben aus dem Prüflos sind so zu entnehmen, dass ihre Zusammensetzung repräsentativ für das Los ist. Dies bedeutet, dass die Wahrscheinlichkeit, in die Stichprobe zu gelangen, für jede Einheit des homogenen Loses gleich groß ist. Derartige Stichproben werden auch als Zufallsstichproben bezeichnet. Die Bestimmung der Annahme oder Rückweisung eines Loses erfolgt unter Anwendung von in der Norm angegebenen Stichprobentabellen für die einzelnen Niveaus. In Abhängigkeit von AQL-Wert und Stichprobengröße wird die Annahmezahl c bestimmt, die die Annahme oder Rückweisung bzw. Sperrung eines Loses festlegt.

Je nach Ergebnis vorangegangener Prüfungen kann die Prüfung auf unterschiedlichen Niveaus erfolgen. Hier wird nach DIN ISO 2859 zwischen ausgesetzter, verschärfter, normaler, reduzierter und Skip Lot-Prüfung unterschieden (Abbildung 7.5-14). Beginnend bei der Prüfung auf normalem Prüfniveau erfolgt bei Erfüllung bestimmter Kriterien, die in der Norm ausführlich erläutert sind, ein Wechsel des Niveaus. Werden beispielsweise zwei von fünf aufeinanderfolgenden Losen zurückgewiesen, erfolgt ein Wechsel zu verschärfter Prüfung. Sind hingegen zehn aufeinanderfolgende Lose annehmbar, so wird von normaler zu reduzierter Prüfung gewechselt.

Bei Erreichen der Skip Lot-Stichprobenprüfung erfolgt eine Annahme einzelner Lose ohne Prüfung. Die Lose, die im Rahmen der Skip Lot-Prüfung geprüft werden, werden zufällig ausgewählt. Es muss sichergestellt sein, dass ein bestimmter festgelegter Anteil der Lose zur Prüfung gelangt. Dabei ist es auch von Interesse, die Historie einer Losprüfung zu verfolgen (Abbildung 7.5-15). Ausgehend von

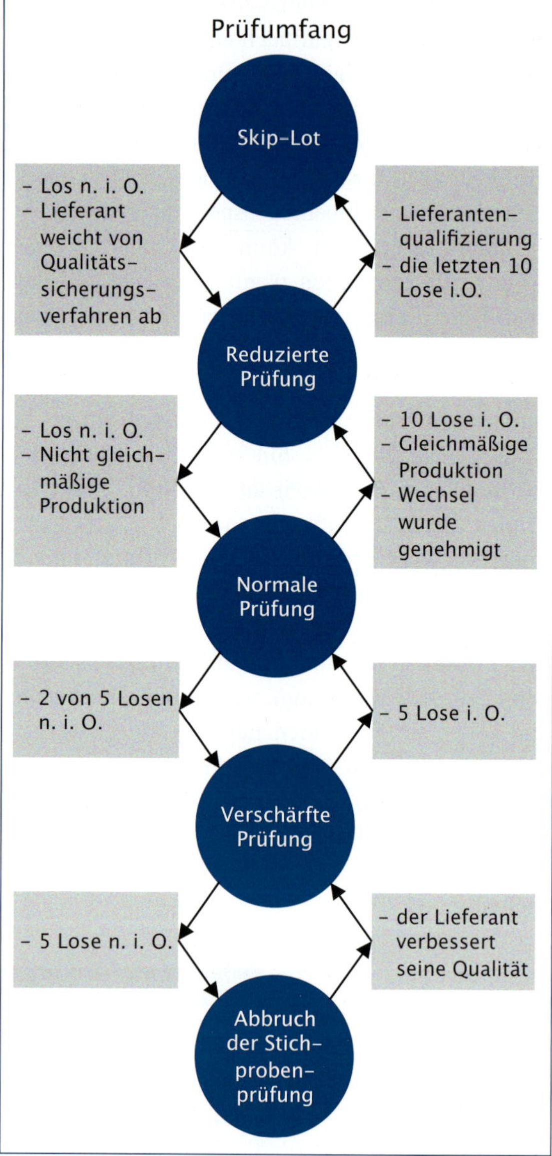

Abbildung 7.5-14 Losprüfung nach DIN ISO 2859

der normalen Prüfung erfolgt nach Annahme von zehn aufeinanderfolgenden Losen ein Wechsel auf das reduzierte Prüfniveau. Bei fünf angenommenen Losen auf dieser Stufe wird auf die Skip Lot-Stufe gewechselt. Bei Nichterfüllung der Skip Lot-Kriterien erfolgt eine Rückstufung.

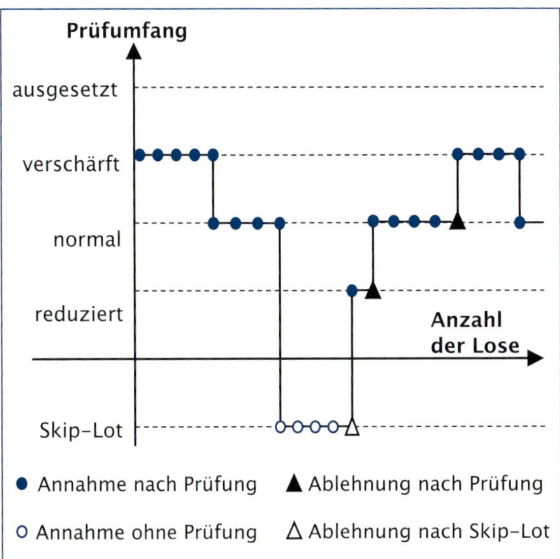

Abbildung 7.5-15 Beispiel des Verlaufs einer Losprüfung nach DIN ISO 2859

Im Bereich der quantitativen Stichprobenverfahren (Variablenprüfung) wird die DIN ISO 3951 [DIN08b] angewendet. Neben dem Wareneingangsbereich wird diese Norm auch im Bereich der Fertigung verwendet. Im Allgemeinen sind für die Anwendung dieses Verfahrens aufwendige Voruntersuchungen notwendig, bei denen die mittlere Streuung und die Normalverteilung der Stichprobe untersucht werden. Der Hauptvorteil der Variablenprüfung im Wareneingang, verglichen mit der Attributprüfung, liegt darin, dass der Stichprobenumfang erheblich kleiner gewählt werden kann. Über das Verteilungsgesetz kann ein Urteil bzgl. Normalität und Lage der Einzelwerte im Toleranzbereich getroffen werden. Durch die Erfassung der einzelnen Messwerte ist der Informationsgehalt pro geprüfte Einheit erheblich größer.

7.5.3.2 *Mess- und Prüftechnik*

Die Aufgabe der Mess- und Prüftechnik ist die Bereitstellung von Verfahren und Geräten zur Prüfausführung. Die Fertigungsmesstechnik ist ein Teilgebiet der Messtechnik und befasst sich mit dem Messen und Prüfen in allen Bereichen der Fertigungstechnik. Sie ist sehr eng mit dem Qualitätsmanagement und hier insbesondere der Qualitätsprüfung verzahnt. [PFEI10]

Im Bereich der Mess- und Prüftechnik existieren unterschiedliche Verfahren zur Ermittlung von Mess- und Prüfergebnissen. Einige elementare Grundbegriffe im Bereich der Mess- und Prüftechnik werden nachfolgend erläutert [DIN95]:

- *Messen* ist ein experimenteller Vorgang zur Ermittlung eines speziellen Wertes (Messwert) einer physikalischen Größe (Messgröße). Dieser Wert wird als Vielfaches einer Einheit bzw. eines Bezugswertes angegeben. Aus der Verknüpfung mehrerer Messwerte resultiert das Messergebnis. Das Messergebnis beinhaltet neben der Angabe der Bedingungen, unter denen die Messung durchgeführt wurde, auch die Angabe der Messunsicherheit.
- *Prüfen* heißt Feststellen, ob ein Prüfgegenstand eine oder mehrere vereinbarte, vorgeschriebene oder erwartete Bedingungen erfüllt, insbesondere, ob vorgegebene Fehlergrenzen oder Toleranzen eingehalten werden. Der Prüfvorgang kann sowohl subjektiver (Sinneswahrnehmung ohne Messgerät, z.B. durch Sichtprüfung) als auch objektiver Art (mittels Mess- oder Prüfgerät) sein.
- *Das Lehren* ist eine spezielle Art des Prüfens. Durch das Lehren wird festgestellt, ob bestimmte Merkmale (z.B. Längen oder Winkel) innerhalb vorgeschriebener Grenzen liegen. Der Betrag der Abweichung wird jedoch nicht

7

ermittelt. Ein vollständiges Lehren erfordert zwei Maßverkörperungen, die dem oberen und unteren Grenzmaß entsprechen.
- *Klassieren* heißt der Vorgang, durch den Elemente einer Menge aufgrund bestimmter gleichartiger Eigenschaften bestimmten Klassen zugeordnet werden. Die Darstellung von Messwerten in einem Häufigkeitsdiagramm und die Prüfung mittels einer Grenzlehre sind Beispiele für eine Klassierung.

Messverfahren lassen sich nach unterschiedlichen Gesichtspunkten einteilen. Wichtige Unterscheidungsmerkmale für Messverfahren können, wie nachfolgend aufgeführt, getroffen werden:
- direkte und indirekte Messverfahren
- analoge und digitale Verfahren
- zeitlich kontinuierliche und diskontinuierliche Verfahren
- Ausschlags- und Kompensationsverfahren

Bei einer Messung ist oftmals nicht der Messwert selbst, sondern dessen Abweichungen vom Sollwert besonders interessant. Verursachende Störeinflüsse auf die Messung werden nach ihrem Auftreten bzw. nach ihrer spezifischen Auswirkung auf das Messsystem klassifiziert. Zu nennen sind hier äußere und innere Störeinflüsse, Rückwirkungen vom Messobjekt bzw. vom Empfänger oder auch das Übertragungsverhalten der Messeinrichtung.

Messabweichungen

Ziel einer Messung ist die Ermittlung des wahren Wertes einer Messgröße. Jedes Messergebnis wird verfälscht durch die Unvollkommenheit des Messobjektes, der Messgeräte und der Messverfahren. Die Unsicherheit eines Messergebnisses basiert auf der Existenz zufälliger und systematischer Fehler bzw. Abweichungen (Abbildung 7.5-16). Ziel muss es sein, die Messabweichung möglichst gering zu halten. Dies verlangt wiederum einen erhöhten Aufwand für die Messung, die Messmittel und die Messumgebung. Somit ist abzuschätzen, welche Messunsicherheit gefordert werden muss, um einen optimalen Kosten-Nutzen-Effekt zu erzielen.

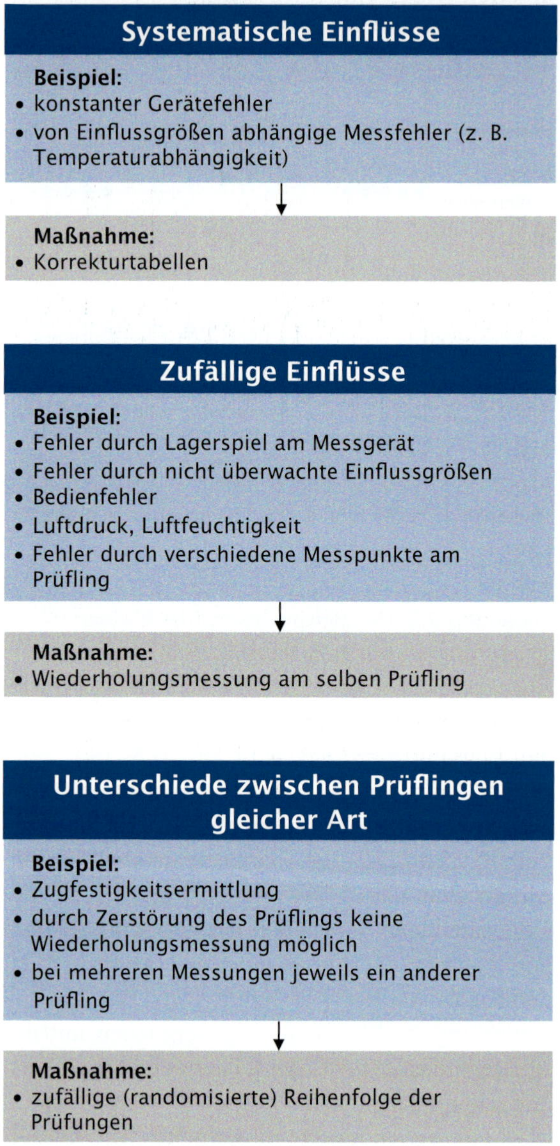

Systematische Einflüsse

Beispiel:
- konstanter Gerätefehler
- von Einflussgrößen abhängige Messfehler (z. B. Temperaturabhängigkeit)

↓

Maßnahme:
- Korrekturtabellen

Zufällige Einflüsse

Beispiel:
- Fehler durch Lagerspiel am Messgerät
- Fehler durch nicht überwachte Einflussgrößen
- Bedienfehler
- Luftdruck, Luftfeuchtigkeit
- Fehler durch verschiedene Messpunkte am Prüfling

↓

Maßnahme:
- Wiederholungsmessung am selben Prüfling

Unterschiede zwischen Prüflingen gleicher Art

Beispiel:
- Zugfestigkeitsermittlung
- durch Zerstörung des Prüflings keine Wiederholungsmessung möglich
- bei mehreren Messungen jeweils ein anderer Prüfling

↓

Maßnahme:
- zufällige (randomisierte) Reihenfolge der Prüfungen

Abbildung 7.5-16 Ursachen und Maßnahmen zur Beherrschung der Messunsicherheit

B

Gut beherrschbar sind systematische Messabweichungen, wie z.B. ein konstanter Gerätefehler. Hier kann über eine Korrekturtabelle der exakte Wert bestimmt werden. Häufig kann auf diese Korrektur verzichtet werden, wenn nur relative Änderungen interessieren, und die Abweichung des gemessenen Wertes vom tatsächlichen Wert im auftretenden Wertebereich konstant ist. Wird z.B. eine Temperaturerhöhung mit einem Thermometer gemessen, das jeweils bei zehn und zwanzig Grad Celsius einen um zwei Grad höheren Wert anzeigt, ergibt sich trotz des Messfehlers bei den Einzelwerten als Temperaturdifferenz der exakte Wert von zehn Grad. Werden jedoch die beiden Messungen mit unterschiedlichen Thermometern durchgeführt, kann auf eine Korrektur nicht verzichtet werden.

Schwer beherrschbar sind zufällige Einflüsse, wie z.B. Lagerspiel am Messgerät. Hier kann durch Wiederholungsmessungen am selben Prüfling festgestellt werden, ob eine Messabweichung vorliegt, und wie groß sie ist. Bei den Wiederholungsmessungen sollten sich alle Zufallsfaktoren auswirken können.

Kaum beherrschbar oder nur sehr schwer beherrschbar ist die Messunsicherheit bei zerstörenden Prüfungen, da keine Wiederholungsmessung mit demselben Prüfling und keine Messung eines Prüflings auf unterschiedlichen Prüfmaschinen durchgeführt werden kann. Bei mehreren Messungen liegt somit jeweils ein anderer Prüfling vor. Abhilfe kann hier eine randomisierte, d.h. in zufälliger Reihenfolge vorgenommene, Auswahl der Prüflinge bieten.

Fähigkeit von Mess- und Prüfverfahren

Bei der Erfassung von Messwerten ist es von entscheidender Bedeutung, dass die Werte mit ausreichender Genauigkeit erfasst werden. In der Vergangenheit wurde meist nur die Genauigkeit eines Prüfmittels unter idealen Bedingungen, d.h. im Messraum mit geschultem Personal, betrachtet. Die im Praxiseinsatz des Prüfmittels erreichte Genauigkeit ist jedoch häufig schlechter als unter Idealbedingungen. Aus diesem Grund sollte zur Beurteilung die Genauigkeit eines Prüfmittels bzw. Prüfverfahrens unter realen Einsatzbedingungen betrachtet werden. Neben der Genauigkeit unter idealen Bedingungen sind die im Folgenden erläuterten Größen, die auf die Gesamtstreuung Einfluss nehmen, von Bedeutung (Abbildung 7.5-17).

- Die *Wiederholbarkeit* (Wiederholpräzision) beschreibt die Streuung bei Wiederholungsmessungen in kurzen Zeitabständen an ein und demselben Teil aus der Serie durch einen Prüfer am selben Ort. Ein Maß für die Wiederholpräzision eines Messmittels ist die Standardabweichung einer Reihe von Wiederholungsmessungen.
- Die *Genauigkeit* ist die systembedingte Abweichung des beobachteten Mittelwertes einer Messreihe vom wahren Wert. Diese Untersuchung wird an ein und demselben Normal von einem Bediener an einem Ort vorgenommen.
- Die *Vergleichbarkeit* (Vergleichspräzision oder Nachvollziehbarkeit) gibt die Streuung eines Messverfahrens bei Prüfung durch verschiedene Bediener oder an verschiedenen Orten wieder. Ein Maß für die Vergleichspräzision ist der sich unter den jeweiligen Bedingungen (Prüfer und Ort) ergebende Mittelwert einer Messreihe.
- Die *Linearität* beschreibt Genauigkeitsunterschiede innerhalb des Messbereichs eines Messmittels. Zur Ermittlung der Linearität wird an unterschiedlichen Normalen, die den gesamten Messbereich des Messmittels abdecken, die Abweichung des Mittelwertes einer Messreihe vom wahren Wert bestimmt. Werden diese Abweichungen in einem Diagramm aufgetragen, ergibt sich die Kennlinie der Genauigkeit über dem Messbereich.

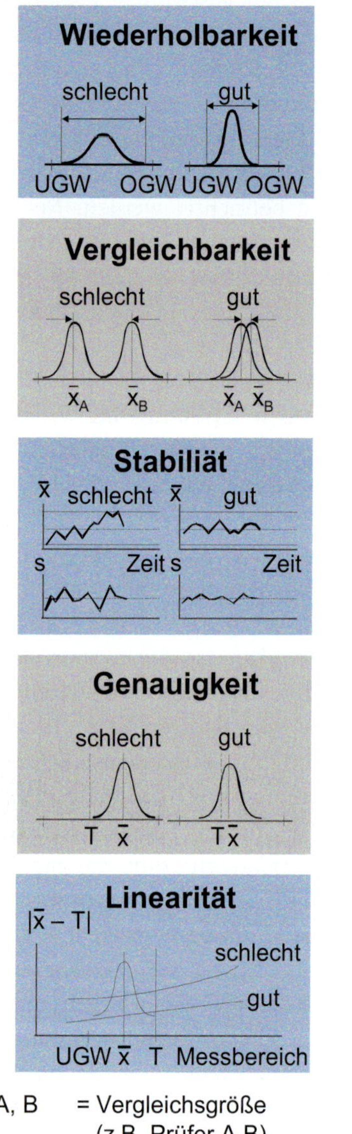

Abbildung 7.5-17 Fähigkeitsbeurteilung von Prüfverfahren [KANE89]

- Die *Stabilität* gibt Auskunft über die zeitliche Abweichung der Mittelwerte einzelner Messreihen. Hierzu werden zu unterschiedlichen Zeiten am selben Ort durch denselben Bediener an denselben Teilen Messungen durchgeführt. Die Ergebnisse können in Form einer Regelkarte dargestellt werden.

Je nach Anwender werden unterschiedliche Verfahren zur Ermittlung der Fähigkeit von Messsystemen und Messmitteln eingesetzt. Beispiel für ein Verfahren ist die in der englischsprachigen Literatur als „R&R Study“ (Repeatability and Reproducibility Study) bezeichnete Methode. Hier wird die durch die Wiederhol- und Vergleichspräzision verursachte Messunsicherheit bestimmt (siehe Kapitel 7.5.6.3).

Messen und Prüfen in der Fertigung

Die Prüfungen in der Fertigung dienen der Sicherstellung der Qualität der eigenen Produktion. Da sie Kosten verursachen, sind die Bestrebungen verständlich, Prüfungen zu minimieren, jedoch wächst gleichzeitig die Gefahr, Kosten für das Unternehmen auf andere Art und Weise, etwa durch Gefährdung der nachfolgenden Produktionsstufen oder gar durch Kundenreklamationen, zu verursachen. Eine Lösung für dieses Problem ist, direkt im Fertigungsprozess zu messen, um eine Beherrschung der einzelnen Prozessschritte sicherzustellen.

Ist der Fertigungsprozess beherrscht, besteht er nur aus wenigen oder nur einem einzigen Fertigungsschritt, oder ist der Wertzuwachs zwischen den einzelnen Fertigungsschritten gering, so reicht oftmals eine Prüfung nach mehreren Bearbeitungsfolgen oder gar nach Abschluss des Fertigungsprozesses aus. Es kann zwischen Messtechnik am Produkt und Messtechnik am Prozess unterschieden werden (Abbildung 7.5-18).

Messtechnik am Produkt

- Prüfung auf Erfüllung von Qualitätsforderungen (wie Geometrie, Vollständigkeit, Oberfläche, ...)
- statistische Prozessregelung
- Maschinenfähigkeit
- Produktqualitäts-dokumentation

Messtechnik am Prozess

- Positionsüberwachung und Lageregelung
- Werkzeugüberwachung
- Arbeitsraum-überwachung
- Prozessfähigkeit
- Überwachung des Materialflusses und der Lagerhaltung
- Teileidentifizierung und Lageerkennung

Abbildung 7.5-18 Einsatz der Messtechnik im Fertigungsumfeld

Um im Bereich der Großserien- und Massenfertigung, z. B. bei der Kurbelwellenherstellung, die Prüfzeit zu verkürzen, wird häufig Vielstellenmesstechnik eingesetzt. Durch die große Anzahl von gleichzeitig prüfbaren Merkmalen – bei einigen Messsystemen sind über 100 Taster im Einsatz – sind die Messzeiten in diesen Anlagen, selbst bei komplizierten Werkstücken, sehr gering. Vielstellenmessvorrichtungen sind in der Lage, die Produktion mehrerer Fertigungslinien schritthaltend zu prüfen oder auch dem Takt einer Transferstraße zu folgen. Vielstellenmessvorrichtungen sind jedoch nur sehr aufwendig auf andere Messaufgaben umzurüsten, und das auch nur dann, wenn sie modular aufgebaut sind. Sie werden daher als spezialisierte Prüfsysteme schwerpunktmäßig in der Serienfertigung eingesetzt.

In vielen Fällen werden aber aufgrund des Teilespektrums und der Fertigungsart (Einzel-, Losfertigung) flexible Systeme zur Prüfung komplexer Geometrien verlangt. War diese Anwendung früher das klassische Einsatzgebiet für Koordinatenmessgeräte im Feinmessraum, so können heute z. B. folgende Systeme für eine flexible, automatisierte Qualitätsprüfung eingesetzt werden:

- Koordinatenmessgeräte (maschinenfern im Messraum, maschinennah in den Fertigungsablauf integriert)
- Messroboter
- flexible Messstationen in Fertigungsmesszellen

7.5.3.3 *Prüfdatenauswertung*

Ein grundlegendes Ziel der Prüfdatenauswertung besteht darin, einen Beitrag zum Nachweis der Qualitätsforderungen zu leisten. Basis hierzu ist die Auswertung von Fehlern und Schwachstellen, die während des Produktionsprozesses und der Fertigungsprüfung aufgedeckt werden, bzw. solche, die erst später auf dem Markt auftreten. Eng verbunden damit ist aber auch die Gewinnung von Daten über die Zuverlässigkeit und Lebensdauer der Produkte aus marktanalytischen Informationen.

Durch die Auswertung von Prüfdaten und den daraus abgeleiteten Maßnahmen lassen sich Qualitätsregelkreise schließen, die das Ziel verfolgen, sowohl kurzfristig (prozessnah) als auch langfristig durch Korrekturdatenrückführung qualitätsverbessernd zu wirken (Abbildung 7.5-19).

Regelkreise der Qualitätsprüfung bestehen aus den Elementen Prüfplanerstellung, Prüfausführung und Prüfdatenauswertung. Die Prüfplanung definiert und spezifiziert die eigentlichen Prüfmerk-

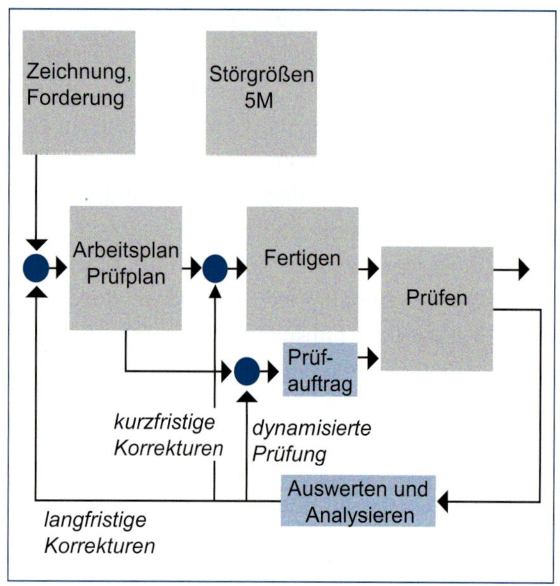

Abbildung 7.5-19 Qualitätsregelkreise

male, die bei der Prüfung in Form eines Prüfplans vorliegen. Die Prüfplanung bildet somit auch die Führungsgröße im Regelkreis. Im Rahmen der Prüfausführung erfolgt die Erfassung der Prüf-, Fehler- und Prozessdaten auf der Basis des Prüfplans. In der Prüfdatenauswertung und -analyse werden die Prüfergebnisse aufbereitet, verdichtet und visualisiert. Dies erfolgt mit zwei unterschiedlichen Zielsetzungen. Die kurzfristige Datenauswertung dient im Wesentlichen zur Findung des Prüfentscheids über Freigabe, Ausschuss oder Nacharbeit und zur kurzfristigen Rückkopplung von Prozessinformationen. In der Fertigung beispielsweise werden die Ergebnisse der Prüfdatenauswertung genutzt, um direkt und gezielt auf Fertigungsprozesse – auch im Sinne eines präventiven Qualitätsmanagements – abweichungskorrigierend einzuwirken. Die langfristige Datenauswertung verfolgt die Zielsetzung, Schwachstellen aufzudecken. Diese werden, neben der Prüfplanung, auch an andere Stellen weitergeleitet und bei künftigen Prüfplanungen berücksichtigt.

Im Folgenden werden methodische Ansätze, Algorithmen und Visualisierungstechniken für die Prüfdatenauswertung erläutert. Darüber hinaus wird ihre prinzipielle Anwendung im Hinblick auf das o. g. präventive Qualitätsmanagement beschrieben und mögliche Anwendungsgebiete im Unternehmen exemplarisch aufgezeigt.

Aufbereitung, Verdichtung und Darstellung von Prüfdaten

Grundlage für Aussagen über bestimmte Qualitätsmerkmale eines Produktes sind meist Aufzeichnungen aus Messungen oder Versuchen während der laufenden Fertigung oder auch im Feld. Die Nutzung der in diesen Prüfdaten enthaltenen Informationen wird oftmals nur ungenügend ausgeführt.

Eine wesentliche Voraussetzung zur Durchführung einer aussagekräftigen Prüfdatenauswertung sind fundamentale Kenntnisse im Bereich der Statistik und der Kennwertbildung. Aufgrund der Vielzahl der Einflussfaktoren kann angenommen werden, dass alle technischen Prozesse stochastisch ablaufen. Die Statistik liefert zur Bearbeitung dieser Problemstellung das notwendige Handwerkszeug, dessen wesentliche Grundlagen nachfolgend kurz dargestellt werden. Darüber hinaus werden prinzipielle Möglichkeiten der grafischen Darstellung von Prüfdatenauswertungen aufgezeigt.

Nach der Art der Ermittlung der Prüfergebnisse erfolgt eine Klassifizierung der Prüfungen in eine zählende und eine messende Prüfung. Bei der zählenden Prüfung, auch Attributprüfung genannt, erfolgt die Einteilung der Ergebnisse in die zwei Kategorien „gut“ und „schlecht“. Die messende Prüfung, auch als Variablenprüfung bezeichnet, basiert auf der direkten Aufzeichnung von Messergebnissen. Die Wahl des Prüfverfahrens hängt, sofern es der Merkmalstyp zulässt, von den personellen, technologischen und wirtschaftlichen Gegebenheiten im Unternehmen ab. Die statistische Aussagekraft variabler Prüfdaten ist gegenüber attributiven deutlich höher. Bei praktisch gleicher Operationscharakteristik kann der Prüfdatenumfang bei der messenden Prüfung wesentlich kleiner gewählt werden [PFEI10]. Daher sollen die nachfolgenden Beispiele anhand der Auswertung variabler Daten behandelt werden. Detailliertere Ausführungen sowohl zur Auswertung variabler als auch attributiver Daten können einschlägiger Fachliteratur entnommen werden [BAMB12, HART09, JOHN79]. Zunächst wird die Erläuterung einiger grundlegender statistischer Begriffe am Beispiel eines Wellendurchmessers aufgegriffen (Abbildung 7.5-20).

Das dargestellte Beispiel (Abbildung 7.5-20) zeigt ein Vorgehen zur Verdichtung von Prüfdaten. Es besteht aus den Teilen Datenaufnahme, erste Datenverdichtung in Form einer Klassierung der Daten, Visualisierung der Klassierung und dem Anpassen einer statistischen Verteilung – in diesem Falle der Normalverteilung – an die Messdaten.

Als Grundlagen dienen Stichproben aus dem Prozess. Dazu wurden in einem zeitlich konstanten Abstand von einer Stunde 20 Stichproben von jeweils fünf Teilen dem Fertigungsprozess entnommen und der Außendurchmesser gemessen.

Die reinen Zahlenwerte der Prüfergebnisse bieten in der Regel einen schlechten Überblick über den Fertigungsprozess, sodass sich eine grafische Darstellung der Prüfergebnisse häufig empfiehlt. Eine praxisnahe Form der Darstellung ist z.B. die Strichliste bzw. die Häufigkeitstabelle. Hierbei werden die gemessenen Werte über einem geeigneten

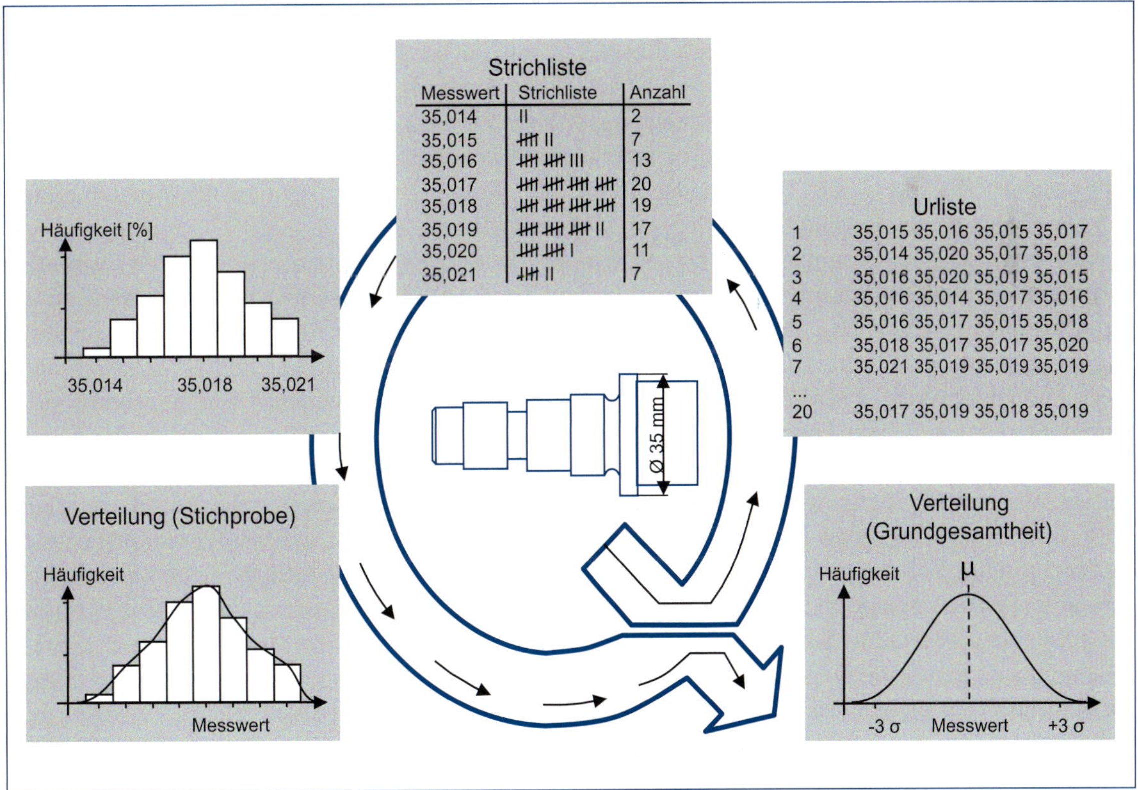

Abbildung 7.5-20 Statistische Prüfdatenverarbeitung

Maßstab derart aufgetragen, dass jeder Wert an der jeweiligen Stelle mit einem Strich festgehalten wird. Hierdurch kann ein anschauliches Bild über die Verteilung der streuenden Messwerte gewonnen werden. Als Ergänzung zu den festgehaltenen Messwerten wird häufig noch die Anzahl bzw. die Häufigkeit (in Prozent) einzelner Messwerte mit aufgetragen. Die Streuung der Messwerte lässt sich auch in Form eines Histogramms darstellen, in dem der prozentuale Anteil der einzelnen Messwerte aufgetragen wird.

Werden jeweils die Maximalwerte der einzelnen Balken im Histogramm verbunden, so ergibt sich eine Verteilungskurve der Messwerte. Diese Kurve hat im vorliegenden Beispiel der 20 Stichproben à fünf Teilen einen unstetigen Verlauf. Wird die Anzahl der Stichproben bzw. auch die der Teile weiter erhöht, so lässt sich die Häufigkeit der Messwerte immer besser durch eine stetige Verteilungskurve beschreiben (Abbildung 7.5-20).

In der Praxis treten verschiedene Verteilungskurven auf, die sich durch Form, Lage und Streuung unterscheiden. Im Allgemeinen liegen jedoch keine exakten Kenntnisse der Verteilungsfunktion vor, allenfalls kann auf einen bestimmten Verteilungstyp zurückgegriffen werden. In vielen praktischen Anwendungen kann zumindest näherungsweise davon ausgegangen werden, dass die Verteilungsform einer Normalverteilung vorliegt, die auch Gauß-Verteilung oder nach ihrer Form „Gauß'sche Glockenkurve" genannt wird [BAMB12]. Sie spielt in der statistischen Qualitätssicherung eine zentrale Rolle. Ihre Anwendungsbreite ist darauf zurückzuführen, dass eine Zufallsvariable schon unter recht schwachen Voraussetzungen approximativ dieser Verteilung gehorcht. Die Normalverteilung tritt z.B. dann auf, wenn eine Messung an einer festen Größe mehrfach hintereinander unter Einfluss zufälliger Messfehler durchgeführt wird.

Die Normalverteilungsform ist symmetrisch und wird durch den arithmetischen Mittelwert und Standardabweichung beschrieben. Eine Zufallsvariable x folgt genau dann einer Normalverteilung, wenn ihre Dichtefunktion $f(x) \sim N(x \mid \mu; \sigma^2)$ gegeben ist durch:

$$f(x) = No\left(x \middle| \mu;\sigma^2\right) = \frac{1}{\sigma\sqrt{2\pi}} exp\left[-\frac{(x-\mu)^2}{2\sigma^2}\right] \quad (7\text{-}1)$$

Der Graph der Verteilungsdichtefunktion (Abbildung 7.5-20) veranschaulicht die Lage der in obiger Formel verwendeten charakteristischen Größen.

Der Erwartungswert dieser Wahrscheinlichkeitsverteilung wird mit μ bezeichnet. Er ist der Lageparameter der Verteilung und beschreibt die Mittenlage der Normalverteilungskurve. Die Standardabweichung wird mit σ bezeichnet. Sie ist ein Maß für die Breite einer Normalverteilungskurve. Der Abstand zwischen dem Erwartungswert und dem Wendepunkt der Normalverteilungskurve gibt die Größe der Standardabweichung an und spiegelt die Streuung des Prozesses wider (Streuungsparameter).

Beide Werte μ und σ können durch Integration über die Dichtefunktion bestimmt werden. In der Regel ist die genaue Dichtefunktion aber nicht bekannt. Dann werden sogenannte *Schätzer* für μ und σ bestimmt, von denen man annehmen kann, dass sie Erwartungswert und Standardabweichung gut annähern. Dazu werden Beispieldaten $x_1, \ldots, x_n$, die z.B. Probemessungen eines Prozess sein können, verwendet. Der Schätzer für den Erwartungswert, der sogenannte *empirische Mittelwert* $\bar{x}$, berechnet sich durch

$$\bar{x} = \frac{1}{n}\sum_{i=1}^{n} x_i \quad (7\text{-}2)$$

Ein Schätzer für die Standardabweichung ist die *empirische Standardabweichung s*:

$$s=\sqrt{\frac{1}{n-1}\sum_{i=1}^{n}\left(x_i-\overline{x}\right)^2} \tag{7-3}$$

Als Lageparameter zur Beschreibung einer Messreihe kann alternativ zum Mittelwert auch der Median verwendet werden. Der Median ist der mittlere Wert der nach Größe geordneten Messwerte. Im Beispiel des Drehteildurchmessers (Abbildung 7.5-20) beträgt dieser Wert für das erste Los (35,015 mm; 35,015 mm; *35,016 mm*; 35,016 mm; 35,017 mm) χ_1 % = 35,016 mm. Entsprechend findet als Streuungsparameter neben der Standardabweichung s bzw. σ die Spannweite R Anwendung. Die Spannweite ist die Differenz zwischen dem größten und dem kleinsten Wert einer Messreihe (R_1 = 35,017 m m – 35,015 mm = 0,002 mm für das Beispiel gemäß Abbildung 7.5-20).

Viele Auswerteverfahren setzen voraus, dass die zu analysierenden Messwerte in der Grundgesamtheit normalverteilt sind, d.h. , dass sie einer Normalverteilung folgen. So existiert in der Statistik eine Reihe von rechnerischen und grafischen Testverfahren zur Überprüfung der Normalverteilung von Messwerten. Im Bereich der rechnerischen Verfahren wird für Stichprobengrößen $n \leq 50$ der *Kolmogorov-Smirnov*-Test angewendet. Bei Probengrößen $n \geq 50$ kommt der χ^2-Test zum Einsatz. Die Grundlage für den χ^2-Test besteht darin, dass die festgestellte Abweichung der tatsächlichen Beobachtungshäufigkeiten von den bei Vorliegen einer Normalverteilung zu erwartenden Häufigkeiten einen vorgegebenen Schwellenwert der χ^2-Verteilung nicht überschreitet. Im Bereich der grafischen Verfahren ist das Wahrscheinlichkeitsnetz zu nennen [HART09]. Eine Normalverteilung liegt dann vor, wenn im Wahrscheinlichkeitsnetz die dargestellte Summenhäufigkeit im Zentralbereich durch eine Gerade angenähert werden kann. Sollen Verfahren, die eine Normalverteilung voraussetzen, für nicht normalverteilte Messwerte angewendet werden, so ist eine Transformation der Werte erforderlich. Geeignete Transformationsverfahren werden beispielsweise in [JOHN79] beschrieben.

Unter der Annahme bzw. Voraussetzung annähernder Normalverteilung können durch die statistische Prozessregelung (SPC) systematische Prozesseinflüsse aufgedeckt werden. Hierzu werden einem Prozess in regelmäßigen Abständen Stichproben entnommen und die aktuellen Prozesskennwerte (repräsentiert durch einen Lage- und einen Streuungsparameter, z.B. $\overline{x}$ und s) ermittelt und grafisch in Form einer Regelkarte dargestellt (Abbildung 7.5-21).

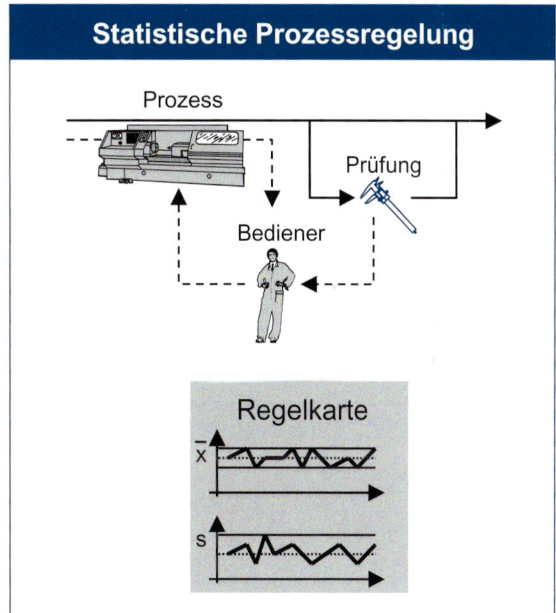

Abbildung 7.5-21 Statistische Prozessregelung (SPC)

Ein weiterer Anwendungsfall der Statistik stellt die Ermittlung des Prüfentscheids für ein Fertigungslos dar. Der Prüfer entnimmt zu diesem Zweck der laufenden Fertigung eine Teilestichprobe und beurteilt anhand der Kennwerte $\overline{x}$ und s oder aus der Histogrammdarstellung, ob das gefertigte Los (Grundgesamtheit) freigegeben werden kann. Diese Art der Prüfung wird auch statistische Qualitätsüberwachung (SQÜ) genannt (Abbildung 7.5-22).

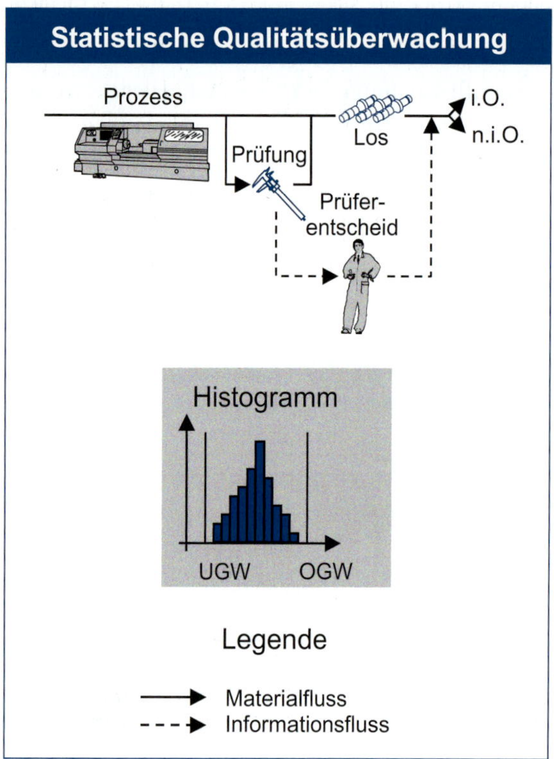

Abbildung 7.5-22 Statistische Qualitätsüberwachung

Zusätzlich zur direkten Nutzung der Prüfdaten im Rahmen der Fertigung können die Prüfergebnisse in weiter verdichteter Form auch durch die der Fertigung vorgelagerten Bereiche, wie z.B. die Arbeits- und Prüfplanung oder die Konstruktion, genutzt werden. So gestatten es Schätzverfahren, für Kennwerte von Grundgesamtheiten Schätzungen zu errechnen, indem Beobachtungswerte von Zufallsstichproben mittels spezieller Rechenverfahren verarbeitet werden. Die in der Statistik am weitesten verbreitete Methode ist die von *K. Pearson* entwickelte Momenten-Methode. Bei kontinuierlich messbaren Merkmalen interessieren Schätzungen sowohl über die Streuung und hier z.B. das Streuen der Merkmalswerte um die Mittenlage sowie die Streubreitenspannweite als auch die Größe des Überschreitungsanteils.

Für weitergehende Auswertungen und Datenverdichtungen, wie z.B. die Korrelationsanalyse oder die Kennzahlbildung [HART09], sind in der Regel komplexe Rechenverfahren erforderlich.

Kennzahlen und Kennzahlensysteme in der Prüfdatenauswertung

Basierend auf den erfassten Prüfdaten ist es für ein Unternehmen wichtig, durch miteinander vergleichbare Kennzahlen ein Instrumentarium zur Lenkung des Organisationsgeschehens zu besitzen. Durch geschickte Verdichtung werden aus Prüfdaten Qualitätskennzahlen, aus denen zusammenfassend Informationen über die aktuelle Qualitätslage abgeleitet werden können.

Die Kennzahlenerstellung aus Prüfdaten besteht aus dem Erfassen, Sortieren und Verdichten der Prüfdaten. Der Vergleich mit festgelegten Standards ist durchzuführen sowie die Vereinbarungen über vergleichbare Niveaus zu treffen.

Die Anwendung von Kennzahlensystemen erstreckt sich über alle Bereiche eines Unternehmens, von der Wareneingangsprüfung über die Fertigungsüberprüfung bis hin zum Kundendienst.

Für eine praxisnahe Kennzahlenermittlung wurden bereits geeignete Berechnungsalgorithmen und Formeln für die unterschiedlichsten Anwendungsfälle erarbeitet. Um das geeignetste Verfahren daraus auszuwählen, sind zuerst die Anfangsbedingungen zu ermitteln. Beurteilungskriterien, wie Beschaffungsart, Serienumfang etc., werden gewichtet, ebenso die vorhandenen Ausgangsgrößen. Weiterhin spielt die Maßzahl neben dem Vergleich der Qualitätsstandards eine Rolle.

Exemplarisch wird nun ein Qualitätskennzahlensystem mit Gewichtung der Fehler vorgestellt. Die Art und Anzahl der Fehler werden aus Fehlersammelkarten extrahiert, die selber schon eine Verdichtung der Prüfdaten darstellen.

Die Bewertung erfolgt nach dem Verhältnis der gefundenen Fehler zu den möglichen Fehlern unter Berücksichtigung der Fehlerklassen. Die gefundenen Fehler werden nach zugehöriger Fehlerklasse gemäß Tabelle 7.5-1 gewichtet.

Tabelle 7.5-1 Gewichtungsfaktoren bei unterschiedlichen Fehlerklassen

Fehlerklasse		Bewertungsfaktor	
Bezeichnung	Klassennummer	Formelzeichen	Wert
Nebenfehler B	1	B_{f1}	1
Nebenfehler A	2	B_{f2}	10
Hauptfehler B	3	B_{f3}	20
Hauptfehler A	4	B_{f4}	50
Kritischer Fehler	5	B_{f5}	100

Die Berechnungsformel für die Qualitätskennzahl lautet:

$$QKZ = 100 - \frac{\sum\left(F_{gi} \cdot B_{fi}\right)}{\sum\left(F_{mi} \cdot B_{fi}\right)} \cdot 100 \qquad (7\text{-}4)$$

Hierin bezeichnen:

F_{gi} die Anzahl der gefundenen Fehler in der Fehlerklasse i im Berichtszeitraum,

F_{mi} die Anzahl der möglichen Fehler in der Fehlerklasse i im Berichtszeitraum.

Die Extremwerte des Niveaus liegen bei QKZ = 100 für das beste und bei 0 für das schlechteste Qualitätsniveau.

Anwendung der Prüfdatenauswertung im Unternehmen

Im Bereich der operativen Ebene (Wareneingang, Fertigung, Montage etc.) werden Qualitätsdaten auf der Grundlage des Prüfauftrages bereits während oder unmittelbar nach der Fertigung erfasst. Dies beinhaltet die Aufnahme von Prüf- und Fehlerdaten sowie der ihnen zugehörigen Prozessdaten. Dabei kann die Prüfung produktionsbegleitend vom Wareneingang über die Fertigungszwischenprüfung bis hin zur Endprüfung erfolgen. Die Aussagekraft der Prüfdatenauswertung basiert auf den zur Verfügung stehenden Daten. Aus diesem Grunde muss sichergestellt sein, dass nur die Daten zur Auswertung herangezogen werden, von denen nachgewiesen ist, dass sie gewissenhaft und korrekt erfasst wurden und sich aus ihnen der Sachverhalt ableiten lässt, der durch die Auswertung bestimmt werden soll.

Die Prüfdatenauswertung und damit verbunden die Bereitstellung von Kennzahlen, ist als eigenständiger Vorgang zu sehen, der geplant und durchgeführt wird. Die Planung der Auswertung bedingt, dass die einzelnen Datenquellen festgelegt und wenn notwendig fehlende Informationen ergänzt werden, um eindeutige Analysen und Bewertungen der Prüfdaten durchführen zu können. Häufig ist z.B. eine Zusammenführung von Prüf- und Prozessdaten notwendig. Die Ergebnisse der Prüfdatenauswertung in Form von Kennzahlen werden insgesamt zur Beurteilung der aktuellen Qualitätslage in der Prozessebene (Beschaffung, Fertigung, Montage etc.) herangezogen.

Nutzungsmöglichkeiten der Ergebnisse der Prüfdatenauswertung im Unternehmen

Maßnahmen im Bereich des Qualitätsmanagements werden häufig in vielen Verantwortungsbereichen eines Unternehmens wirksam. Aus diesem Grund ist die Unternehmensleitung nicht nur gefordert, den Maßnahmen zuzustimmen, sondern sie muss auch selbst gestaltend aktiv werden. Eine wesentliche Voraussetzung zur gezielten Einflussnahme des Managements auf die Qualitätssituation sind verlässliche Informationen aus den verschiedenen Bereichen, die eine Aussage darüber treffen, inwieweit Prozesse oder Abläufe in der Lage sind, Qualitätsforderungen zu erfüllen. Hierzu kann die Prüfdatenauswertung grundlegend beitragen, da mit ihr Daten aus allen Unternehmensbereichen aufbereitet werden und in Form von verdichteten Informationen (Kennzahlen) den verschiedenen Ebenen des betrieblichen Managements zur Verfügung gestellt werden. Ein Beispiel für eine Auswertung im Bereich der Fertigung stellt die Langzeitanalyse über die von einer bestimmten Maschine oder Maschinengruppe eingehaltenen oder erreichten Qualitätsfähigkeitskennwerte dar. Die Auswertungen können wichtige Entscheidungshilfen für eine auf die Fähigkeit der Fertigung optimal abgestimmte Produktionsplanung liefern.

In gleicher Weise lässt sich die Prüfdatenauswertung für die Konstruktion nutzbringend einsetzen. Neben Aussagen zur qualitativen Leistungsfähigkeit des Produktionsprozesses lassen sich durch die Auswertung von Prüfdaten auch Möglichkeiten und Grenzen einer Realisierung von konstruktiven und funktionsrelevanten Merkmalen aufzeigen. Weiterhin können Aussagen darüber getroffen werden, ob Toleranzen für einzelne Merkmale fertigbar, nur mit sehr hohem Aufwand realisierbar (z. B. durch Nacharbeit) oder nur durch den Einsatz anderer Fertigungsverfahren bzw. -technologien erreichbar sind. Basis hierfür ist wiederum die Existenz ebenenübergreifender Regelkreise bzw. Informationsaustausch zwischen der Konstruktion und dem operativen Umfeld.

Die Prozessplanung und -überwachung kann in ähnlicher Form von einer Prüfdatenanalyse profitieren. Für die Prozessplanung sind Aussagen darüber relevant, inwieweit einzelne Fertigungsverfahren oder -einrichtungen in der Lage sind, Qualitätsforderungen zu erfüllen. Durch die Auswertung nach Maschinentypen, Maschinengruppen, Fertigungsverfahren o. Ä. lassen sich geeignete Prozesse für die Produktion auswählen und Schwachstellen im Prozess schnell ermitteln. Darüber hinaus lässt sich die Prüfdatenauswertung auch wirksam zur Überwachung der laufenden Produktion einsetzen.

Stehen für die Auswertung eine Vielzahl von Daten relevanter Einflussgrößen auf den Prozess zur Verfügung, so lassen sich diese Daten auch sinnvoll im Rahmen der Versuchsmethodik verwenden. Ebenso zielen viele Auswertungen der fertigungsbegleitenden Prüfung auf die Bewertung und Steuerung eines Fertigungsprozesses ab. Die Prüfergebnisse werden dann im Rahmen einer statistischen Prozessregelung (SPC) erfasst und genutzt (siehe Kapitel 7.5.5). Gleiches gilt für die Prüfdatenauswertung zur Festlegung der weiteren Verwendung des geprüften Produktes (Freigabe, Sperrungen, Nacharbeit, bedingte Freigabe).

Der Prüfplanung steht durch eine Prüfdatenauswertung unmittelbar die gesamte Historie eines Erzeugnisses zur Verfügung, aus der heraus z. B. die Prüfmerkmalsauswahl optimiert und der Prüfumfang dynamisiert werden kann.

7.5.4 Fähigkeitsuntersuchungen

7.5.4.1 Stabilität und Fähigkeit eines Prozesses

Die wichtigste Voraussetzung für eine sichere Produktion sind stabile Prozesse. Ein Prozess wird dabei als stabil oder synonym als *beherrscht* bezeichnet, wenn sich die Prozesseigenschaften über die Zeit nicht oder nur in fest definierten Grenzen ändern. Für die bisher betrachteten Prozesse, die einer Normalverteilung folgen, bedeutet dies, dass der Prozessmittelwert und die Prozessstandardabweichungen sich über die Zeit nicht ändern bzw. nur in einem fest definierten Rahmen streuen. Dieser Nachweis kann mit der oben gezeigten Regelkartentechnik geführt werden.

Bewegt sich der Prozess zufallsverteilt innerhalb seiner Eingriffsgrenzen, und liegen keine Hinweise auf spezielle oder systematische Störeinflüsse vor, so liegt ein stabiler Prozess vor. Ist diese Voraussetzung erfüllt, so kann das statistisch beschriebene Prozessbild mit vorgegebenen Toleranzen verglichen werden. Ein Prozess wird dann als *fähig* bezeichnet, wenn er sich zu einer sehr hohen (vorher definierten) Wahrscheinlichkeit innerhalb der Toleranzgrenzen bewegt. Im Hinblick auf Stabilität und Fähigkeit lassen sich verschiedene Situationen unterscheiden (Abbildung 7.5-23).
Der im oberen linken Quadranten der Abbildung 7.5-23 dargestellte Prozess zeigt ein unterschiedliches Verhalten über der Zeit hinsichtlich Mittelwert und Streuung – er ist *nicht beherrscht* und *nicht fähig*. Der rechts daneben dargestellte Prozess zeigt einen gleichmäßigen Verlauf von Mittelwert und Streuung – er ist vorhersagbar und gilt daher als *beherrscht*, allerdings ist die Streuung des Prozesses im Verhältnis zu den vorgegebenen Toleranzen zu hoch, sodass er als *nicht fähig* gilt. Im Gegensatz hierzu ist im Quadranten unten links ein Prozess dargestellt, der aufgrund seiner geringen Streuung die Prozesstoleranzen einhalten kann. Allerdings sind Schwankungen der Mittelwerte über der Zeit zu verzeichnen, sodass dieser Prozess zwar *fähig*, jedoch *nicht beherrscht* ist. Der im rechten unteren Quadranten der Abbildung 7.5-23 dargestellte Prozess hingegen ist *beherrscht und fähig*. Er weist einen stabilen, vorhersagbaren Verlauf auf, und die Prozessstreuung ist im Verhältnis zu den Prozesstoleranzen gering.

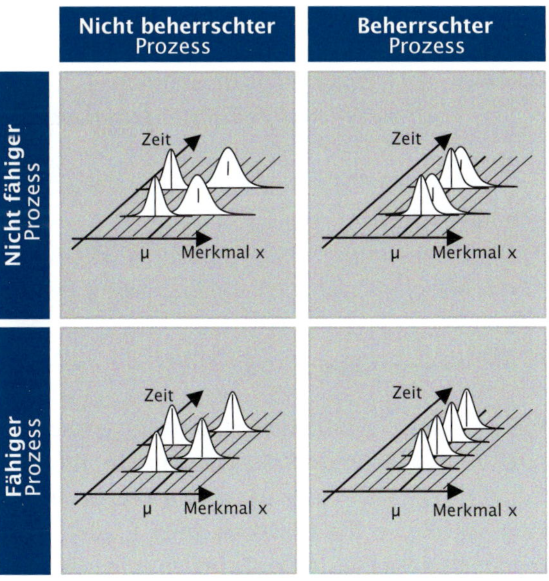

Abbildung 7.5-23 Stabilität und Fähigkeit eines Prozesses

Grundbegriffe und Kenngrößen zur Prozessfähigkeit sind in der DIN ISO 22514-2 beschrieben [DIN13]. Sehr häufig wird die Fähigkeit eines Prozesses über die sogenannten Fähigkeitsindizes c_p und c_{pk} beschrieben (Abbildung 7.5-24).

- Der Fähigkeitsindex c_p ist ein Maß für die Breite der Prozessstreuung im Verhältnis zur Toleranzbreite. Zur Beschreibung der Breite der Prozessstreuung wird üblicherweise die dreifache Standardabweichung nach oben oder unten um den Mittelwert verwendet. Innerhalb dieses Bereiches werden bei einem beherrschten Prozess mehr als 99 % aller Werte erwartet. Ist diese Prozessstreubreite gleich der Toleranzbreite (Oberer Grenzwert – Unterer Grenzwert), so ist der c_p-Wert gerade 1. Bei einseitig tolerierten Merkmalen (z. B. Rundlauf) kann der c_p-Wert nicht bestimmt werden, in diesem Fall wird nur mit dem c_{pk}-Wert gearbeitet.
- Der Index c_{pk} berücksichtigt zusätzlich die Lage der Verteilung. Hierzu wird der kritische Abstand zwischen Prozesslage und Toleranzgrenzen berechnet. Der c_{pk}-Wert ist so definiert, dass er gleich dem c_p-Wert ist, wenn der Prozess in Toleranzmitte zentriert ist. Jede Abweichung

7

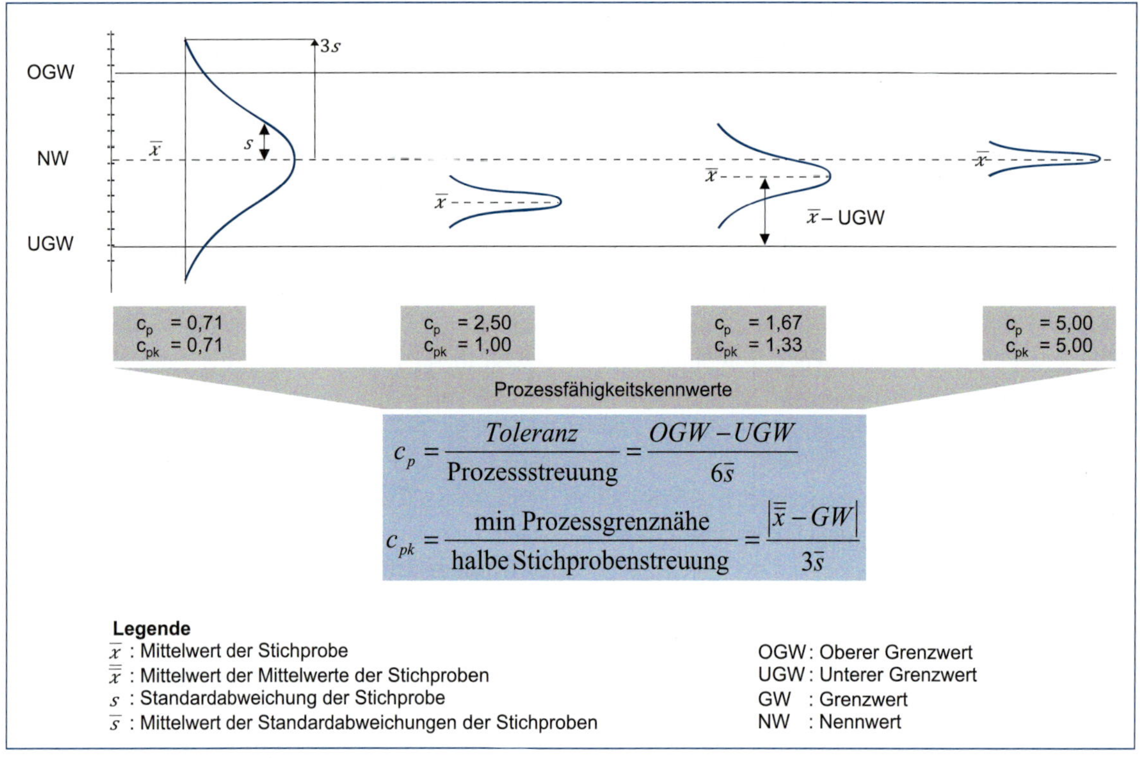

Abbildung 7.5-24 Fähigkeitskennwerte

B

von dieser zentralen Lage führt dazu, dass der c_{pk}-Wert kleiner ist als der c_p-Wert.

Der Prozess wird prinzipiell als fähig bezeichnet, wenn beide Indizes größer als 1 sind. Ist c_p größer als c_{pk}, so kann der Prozess durch eine Zentrierung fähig gemacht werden. Der Zusammenhang zwischen der Ausprägung der Verteilung und den Fähigkeitskennwerten ist an einigen Beispielen in Abbildung 7.5-24 dargestellt. In jedem Fall ist zu beachten, dass die Ermittlung der Fähigkeit *nur* bei einem beherrschten Prozess erfolgen darf.

Im Maschinenbau hat sich in vielen Bereichen die Forderung nach höheren Fähigkeitskennwerten als „1“ durchgesetzt. Häufig werden Prozessfähigkeitsindizes von c_p, $c_{pk} > 1,33$ o c_p, $c_{pk} > 1,67$ gefordert [VDA05].

7.5.4.2 Abgrenzung der Maschinen-, Prozess- und Prüfmittelfähigkeit

Es werden drei Fälle von Fähigkeitsuntersuchungen unterschieden:

- Die Prozessfähigkeitsuntersuchung (PFU),
- die Maschinenfähigkeitsuntersuchung (MFU), und
- die Untersuchung der Prüfmittelfähigkeit,

die im Kapitel Prüfmittelmanagement (siehe Kapitel 7.5.6) beschrieben ist. Während die Prozessfähigkeit ein Maß dafür ist, ob ein Prozess in der Lage ist, die an ihn bezüglich eines Produktionsmerkmals gestellten Anforderungen in der laufenden Produktion zu erfüllen, beschreibt die Maschinenfähigkeit die Qualitätsfähigkeit einer Maschine unter Idealbedingungen. Die Maschinenfähigkeitsuntersuchung wird deshalb z.B. bei Abnahmeuntersuchungen eingesetzt. Da in der betrieblichen Praxis solche Idealbedingungen in der Regel nicht vorliegen, wird innerhalb der Produktion überwiegend mit der Prozessfähigkeit gearbeitet.

Der erforderliche Stichprobenumfang zur Beurteilung der Prozessstabilität und Fähigkeit ist Abhängig von der Art des Produktes und des zu bewertenden Prozesses. Die Häufigkeit und der Umfang der Stichprobe sollten derart gewählt werden, dass wichtige Änderungen rechtzeitig entdeckt werden [DIN13]. In der Praxis orientieren sich viele Unternehmen an den Empfehlungen des Verbandes der Automobilindustrie zur wirtschaftlichen Prozessgestaltung [VDA05]. Diese sieht folgende Vorgaben vor:

- Zur Abnahme von Produktionsmaschinen werden zur Berechnung der Maschinenfähigkeit c_m, c_{mk} mindestens 50 Teile in ununterbrochener Reihe hergestellt. Dabei sind die Rahmenbedingungen der Produktion möglichst konstant zu halten, sodass die Variation maßgeblich von der Produktionsmaschine ausgeht.
- Zur Untersuchung der vorläufigen Prozessfähigkeit c_p, c_{pk} unter Serienbedingungen sollen mindestens 125 zu analysierende Teile, aufgeteilt in einzelne Stichproben, hergestellt werden.
- Bei der Analyse der Langzeitfähigkeit sollte der Beobachtungszeitraum etwa 20 Produktionstage umfassen.

7.5.4.3 Durchführung der Fähigkeitsuntersuchung – Vorgehensweise und Berechnungsgrundlagen

Die prinzipielle Vorgehensweise zur Durchführung einer Fähigkeitsuntersuchung soll am Beispiel der Ermittlung der Prozessfähigkeit dargestellt werden (Abbildung 7.5-25). Zu beachten ist, dass neben der

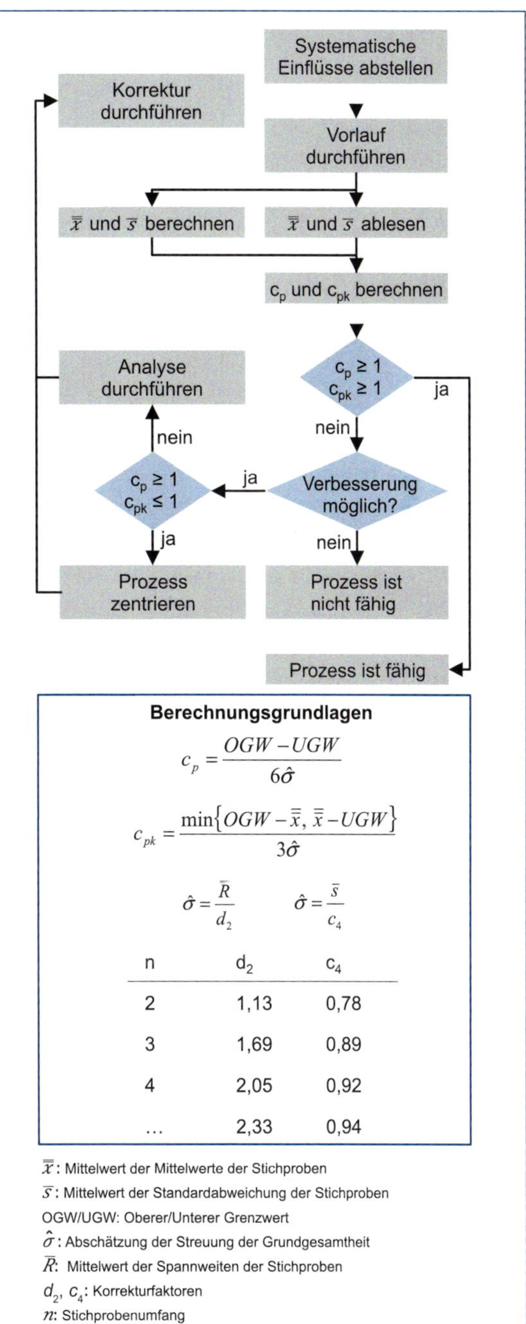

n	d_2	c_4
2	1,13	0,78
3	1,69	0,89
4	2,05	0,92
…	2,33	0,94

$\bar{\bar{x}}$: Mittelwert der Mittelwerte der Stichproben
$\bar{s}$: Mittelwert der Standardabweichung der Stichproben
OGW/UGW: Oberer/Unterer Grenzwert
$\hat{\sigma}$: Abschätzung der Streuung der Grundgesamtheit
$\bar{R}$: Mittelwert der Spannweiten der Stichproben
d_2, c_4: Korrekturfaktoren
n: Stichprobenumfang

Abbildung 7.5-25 Vorgehensweise zur Ermittlung der Prozessfähigkeit

Ermittlung der Daten durch einen speziellen Vorlauf (Prozesspotenzial), auch Daten aus laufenden Regelkarten zur Ermittlung der Fähigkeitskennwerte verwendet werden können.

Voraussetzung für die Ermittlung der Fähigkeit ist der Nachweis, dass der Prozess beherrscht ist. Dieser Nachweis erfolgt durch eine Prozessanalyse unter Anwendung der Regelkartentechnik. Sollten systematische Einflüsse vorhanden sein, so müssen diese abgestellt werden.

Die Daten werden bezüglich ihrer Verteilungsform getestet, wobei die in Abbildung 7.5-25 beschriebenen Formeln auf einer Normalverteilung beruhen. Liegen andere Verteilungsformen vor, so muss die Prozessstreuung auf geeignete Weise (z. B. über die Quantile der jeweiligen Verteilung) ermittelt werden. Danach werden die Fähigkeitsindizes nach den in Abbildung 7.5-25 dargestellten Formeln berechnet. Standardanforderung für die Prozessfähigkeit ist üblicherweise c_p, $c_{pk} > 1{,}33$ [VDA05].

B

7.5.5 Statistische Prozessregelung

Die statistische Prozessregelung (SPC) ist eine der bekanntesten Qualitätstechniken. Über sogenannte Qualitätsregelkarten (QRK) wird das statistische Verhalten eines Prozesses beschrieben. Diese Karten geben Hinweise auf Prozessstörungen und ermöglichen den Aufbau von Regelkreisen zur optimalen Prozessführung. Die SPC wurde in den 1930er-Jahren von Walter Shewhart entwickelt [SHEW80] und seitdem auf breiter Basis mit unterschiedlichem Erfolg eingesetzt [KÖPP89]. Der unterschiedliche Erfolg ist nicht zuletzt auf eine unsachgemäße Anwendung der einzelnen Verfahren sowie die falsche Auswahl eines für den Prozess geeigneten Regelkartentyps zurückzuführen.

In diesem Kapitel werden die Grundlagen und Randbedingungen der statistischen Prozessregelung im Hinblick auf einen erfolgreichen Einsatz beschrieben. Zusätzlich zu dieser Einführung in die SPC sei hier zur Vertiefung auf die einschlägige Literatur (z. B. [WHEE10]) verwiesen.

Das statistische Verhalten von Prozessen

Der erste Schritt zur Beherrschung eines Prozesses liegt darin, dass grundlegende Verhalten von Prozessen zu verstehen. Zu diesem Zweck schlägt Dr. Edwards Deming, einer der Pioniere des modernen Qualitätsmanagements (siehe Kapitel 2.2.4), das Trichterexperiment vor (Abbildung 7.5-26) [BOAR90, DEMI00, SHAI90].

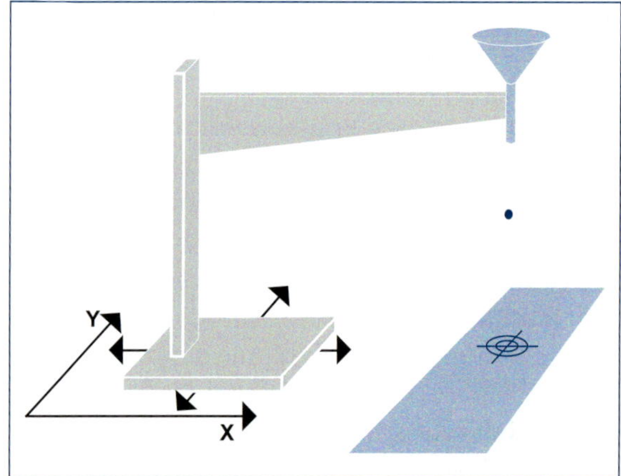

Abbildung 7.5-26 Das Trichterexperiment von Deming

Ein Trichter wird von einem Stativ gehalten, das in x- und y-Richtung bewegt werden kann. Durch den Trichter werden Kugeln (z. B. Murmeln) geworfen, die eine Markierung auf der Tischplatte treffen sollen (Sollwert). Der Prozess kann über die Verschiebung in x- und y-Richtung justiert werden. Die Aufgabe lautet, den Prozess auf den Sollwert einzustellen, wobei verschiedene Strategien verfolgt werden können. Eine typische Strategie zur Einstellung eines Prozesses besteht darin, die Abweichung zwischen Ist- und Sollwert zu ermitteln und den Prozess gemäß dieser Abweichung nachzustellen. Hierzu wird eine Kugel durch den Trichter geworfen, der Aufprallpunkt wird (z.B. durch Kohlepapier) gekennzeichnet. Die Abweichung in x- und y-Richtung zwischen diesem Punkt und dem Zielwert wird gemessen, das Stativ mit dem Trichter wird entsprechend diesen Werten verschoben. Es wird nun erwartet, dass die nächste Kugel das Ziel trifft.

Die Ergebnisse der Strategie der exakten Nachstellung des Trichters gemäß dem Abstand eines Wurfes vom Sollwert sind in Abbildung 7.5-27 dargestellt. Es handelt sich um reale Versuchsergebnisse, die Würfe sind durchnummeriert (z.B. 1 = erster Wurf, 2 = zweiter Wurf). Der erste Wurf (1) liegt rechts oberhalb des Zielwertes. Das Stativ mit dem Trichter wird entsprechend dieser Abweichung nach links unten verstellt. Der nächste Wurf sollte nun das Ziel treffen. Dies ist nicht der Fall – der zweite Wurf (2) liegt links oberhalb des Zieles. Auch alle weiteren Versuche führen nicht zu dem gewünschten Ergebnis.

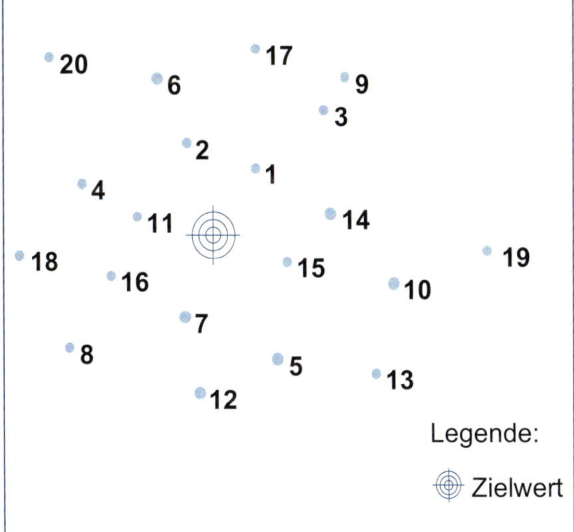

Abbildung 7.5-27 Ergebnisse der exakten Nachführung des Prozesses (Trichter)

Ein „ungestörter Prozess" liegt dann vor, wenn mehrere Würfe nacheinander ohne Bewegen des Trichters erfolgen (Abbildung 7.5-28). Dabei zeigt sich, dass das System sowohl in x- als auch in y-Richtung streut. Da diese Streuung nicht durch einen Eingriff in den Prozess hervorgerufen wird, sondern systemimmanent ist, liegt hier eine sogenannte natürliche Streuung des Systems vor. Sie beruht z.B. auf Unregelmäßigkeiten der Trichterlaufbahn oder auf Schwingungen innerhalb des Auslegers. All diese Streuungsursachen werden durch den Versuch, den Trichter in x- und y-Richtung zu zentrieren, nicht beseitigt. Sie überlagern vielmehr die zwecks Korrektur vorgenommene Verschiebung. Dadurch ergibt sich insgesamt eine größere Prozessstreuung.

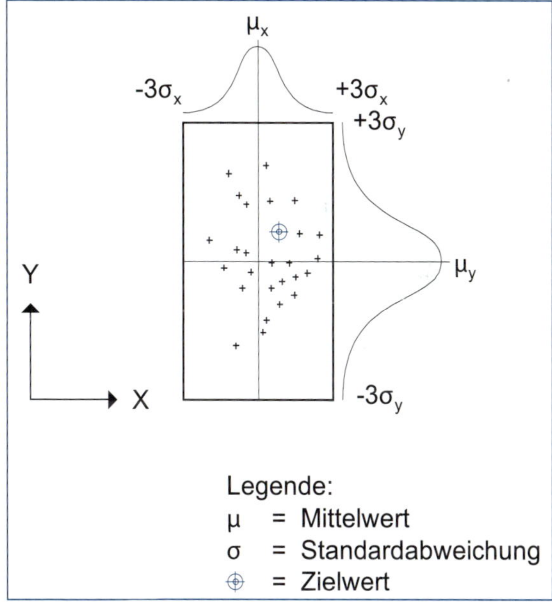

Abbildung 7.5-28 Natürliche Streuung des Prozesses (Trichter)

Die meisten natürlichen Prozesse lassen sich durch eine Normalverteilung modellieren. Dadurch lassen sich zur Beschreibung der Prozessstreuung die bereits eingeführten Techniken zur Datenauswertung nutzen: Die Lage des Prozesses lässt sich durch den Mittelwert μ beschreiben, die Streuung durch die Standardabweichung σ. Mit der Eigenschaft der Normalverteilung der Daten kann die Aussage getroffen werden, dass sich mehr als 99 % aller Würfe in einem Bereich von $\pm 3\ \sigma$ um den Mittelwert μ in x- und y-Richtung befinden. Eine sinnvolle Zentrierung besteht nun darin, den Mittelwert der Verteilungen auf den Sollwert zu justieren. Eine weitere Verbesserung des Systems ist nur durch eine Reduzierung der natürlichen Streuung möglich. Genügt das System in der jetzigen Form unseren Anforderungen, so muss sichergestellt werden, dass keine zusätzlichen (nicht natürliche oder spezielle) Störeinflüsse auftreten, die das bekannte Prozessbild verändern.

Das Bild eines Prozesses wird von verschiedenen Einflüssen geprägt, die sich durch verschiedene Streuungstypen charakterisieren lassen (Abbildung 7.5-29).

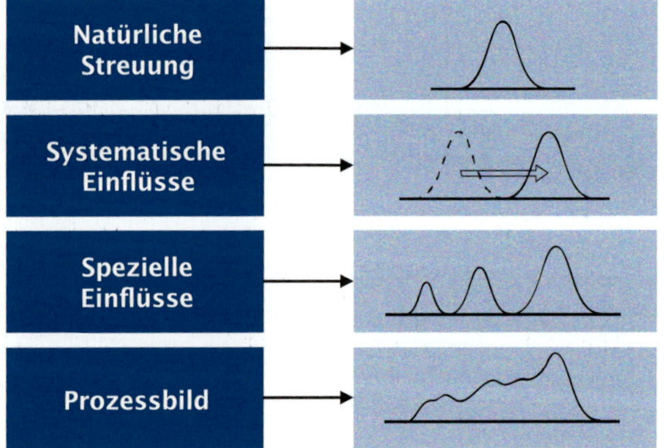

Abbildung 7.5-29 Zerlegung der Streueinflüsse eines Prozesses

Grundbestandteil der Prozessstreuung ist die bereits erwähnte natürliche Streuung. Sie spiegelt das Verhalten des Prozesses im ungestörten Zustand und ist das Ergebnis von vielen kleinen Einflussgrößen, die zufällig streuen und sich statistisch verhalten (z. B. kleine Temperaturschwankungen). Daneben können systematische Einflüsse auftreten, die zu einer mehr oder weniger festen Verschiebung der Prozesslage führen. So kann sich z. B. die Geschwindigkeitsanzeige am Tachometer eines Pkw durch die Montage von Reifen mit einem anderen Durchmesser verschieben. Daneben können spezielle Einflüsse auftreten, deren Verhalten nicht vorhersehbar ist (z. B. ein Klemmen innerhalb des Tachoantriebs infolge fehlender Schmierung). All diese Einflüsse ergeben in der Summe das Bild des Prozesses.

Ziel einer statistischen Prozessregelung ist es, die systematischen Einflüsse des Prozesses zu kompensieren und die speziellen Einflüsse frühzeitig zu erkennen und zu beseitigen. Um diese zu entdecken, ist die Kenntnis der natürlichen Streuung des Prozesses erforderlich. Dabei wird im Rahmen der Prozessregelung jeweils statistisch überprüft, ob die entnommene Stichprobe der zuvor spezifizierten Grundgesamtheit entstammt.

Anwendung der statistischen Prozessregelung

Die Anwendung der statistischen Prozessregelung erfolgt in der Praxis über Qualitätsregelkarten, mithilfe derer das zeitliche Verhalten von Prozessen überprüft werden kann. Die Überwachung eines Prozesses mit einer sogenannten Regelkarte setzt sich aus drei Komponenten zusammen.

- Die *grafische Darstellung* erhöht im Gegensatz zu tabellarischen Aufschreibungen die Transparenz des Prozessgeschehens [SEDE50].
- Der aus der natürlichen Streuung des Prozesses ermittelte Zufallsstreubereich wird in Form sogenannter *Eingriffsgrenzen* in die Grafik eingetragen. Das Überschreiten der Eingriffsgrenzen ist ein Zeichen für das Auftreten nicht natürlicher Einflüsse. Der ungestörte Prozess bewegt sich zufallsverteilt innerhalb der Eingriffsgrenzen.

- Neben dem Kriterium der Eingriffsgrenzen kann auf *spezielle Verläufe getestet* werden, die auf systematische oder spezielle Einflüsse zurückzuführen sind (Abbildung 7.5-32).

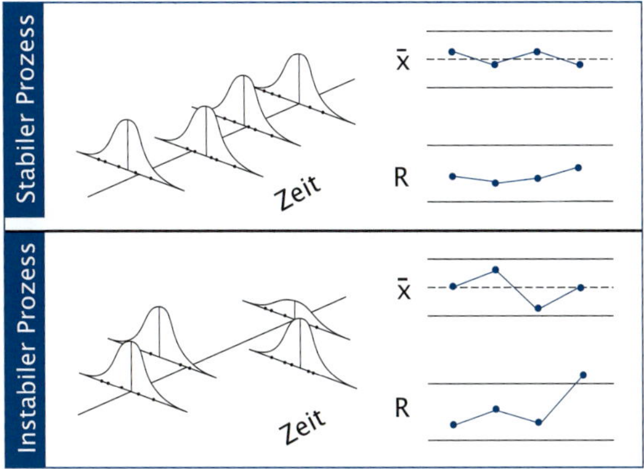

Abbildung 7.5-30 Stabiler und instabiler Prozess

Die im rechten Teil von Abbildung 7.5-30 dargestellten $\bar{x}$/R-Regelkarten spiegeln die Werte aus Stichproben von jeweils vier Teilen wider, die einem Prozess in stündlichen Abständen entnommen werden. Die eingezeichneten Grenzlinien stellen den Zufallsstreubereich des Prozesses dar, der in einer Voruntersuchung ermittelt wird. Die mittlere Linie ist der Mittelwert. Der obere Teil der Abbildung 7.5-30 zeigt einen stabilen (ungestörten) Prozess, der nur seiner natürlichen Streuung unterliegt. Der untere Teil zeigt das Auftreten von speziellen Einflüssen. Eine nicht natürliche Änderung der Prozesslage ist zum dritten Messzeitpunkt zu beobachten, am vierten Messzeitpunkt hat die Streuung des Prozesses über das normale Maß hinaus zugenommen.

Es existiert eine Vielzahl möglicher Regelkartentypen, die auszugsweise vorgestellt werden sollen (Abbildung 7.5-31). Die dargestellten Karten werden auf variable (messbare) Prüfmerkmale angewendet, darüber hinaus existieren verschiedene Regelkartentypen für attributive Prüfmerkmale (zählbar oder gut/schlecht).

Die gängigsten Regelkarten sind die Mittelwert-/Standardabweichungskarte und die Mittelwert-/Spannweitenkarte sowie die Median- (mittlerer Wert)/Spannweitenkarte. Diese Karten schätzen den Zufallsstreubereich aus der mittleren Streuung innerhalb der einzelnen Stichproben. Die Urwert-/gleitende Spannweitenkarte schätzt den Zufallsstreubereich aus der Streuung zwischen den einzelnen Stichproben. Diese vier Kartentypen führen jeweils eine getrennte Karte für den Streuungsparameter (z. B. Standardabweichung) und den Lageparameter (z. B. Mittelwert) des Prozesses.

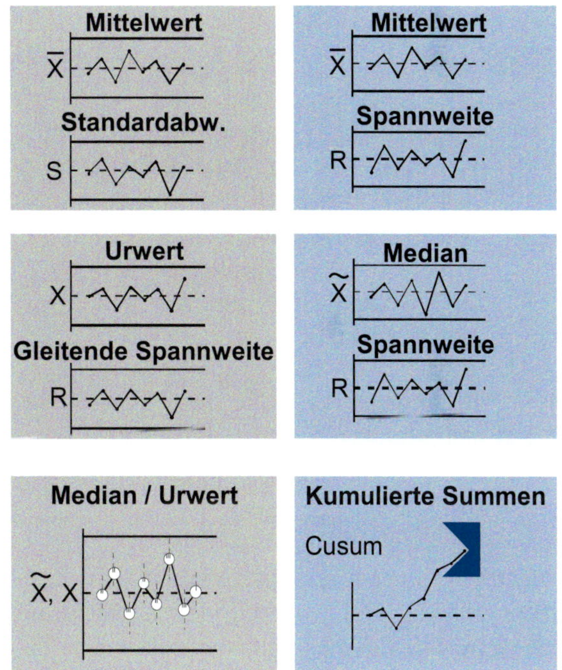

Abbildung 7.5-31 Beispiele für Typen verschiedener Regelkarten

Die Median-/Urwertkarte beinhaltet die einzelnen Messwerte der Stichprobe. Die mittleren Werte (Mediane) werden als Kurvenzug verbunden. Diese Karte gibt auf einen Blick eine Information über Lage und Streuung des Prozesses und kann ohne

Rechenaufwand manuell geführt werden. Neben den bisher betrachteten sogenannten Shewhart-Regelkarten werden spezielle Regelkarten, wie z. B. die Cusum-Karte, eingesetzt, die bereits kleine Änderungen der Prozesslage anzeigt.

Es existiert eine Vielzahl von Testkriterien, um das Auftreten nicht zufälliger Ereignisse in der Regelkarte zu erkennen (Abbildung 7.5-32). Neben der Überschreitung der Eingriffsgrenzen wird getestet, ob mehr als sieben aufeinanderfolgende Werte auf einer Seite der Mittellinie liegen (Run) oder in aufsteigender oder abfallender Reihenfolge auftreten (Trend).

Die Auswahl der Zahl „Sieben" für die Testkriterien entstammt der Kombinatorik. Die Wahrscheinlichkeit dafür, dass z. B. ein Wert oberhalb der Mittellinie liegt, beträgt $0{,}5^1$ (entspricht dem Werfen einer Münze). Die Wahrscheinlichkeit, dass zwei Werte oberhalb der Mittellinie liegen, beträgt $0{,}5^2 = 0{,}25$; die Wahrscheinlichkeit für sieben Werte ist $0{,}5^7 = 0{,}008$ also kleiner als 1 %. Damit wird angenommen, dass es sich nicht mehr um ein zufälliges Ereignis handelt.

Zusätzlich zu den o. g. Standardkriterien kann getestet werden, ob unnatürlich viele nachfolgende Werte in der Nähe der Mittellinie oder der Eingriffsgrenzen liegen. Hier wird zur Bestimmung der kritischen Anzahl der Werte das Modell einer Normalverteilung innerhalb der Eingriffsgrenzen herangezogen.

Die Prozessregelung und Prozessverbesserung mit Qualitätsregelkarten ist eine kontinuierliche Vorgehensweise (Abbildung 7.5-33). Die grundlegenden Phasen der Datenerfassung, Datenanalyse und Regelung werden fortlaufend wiederholt.

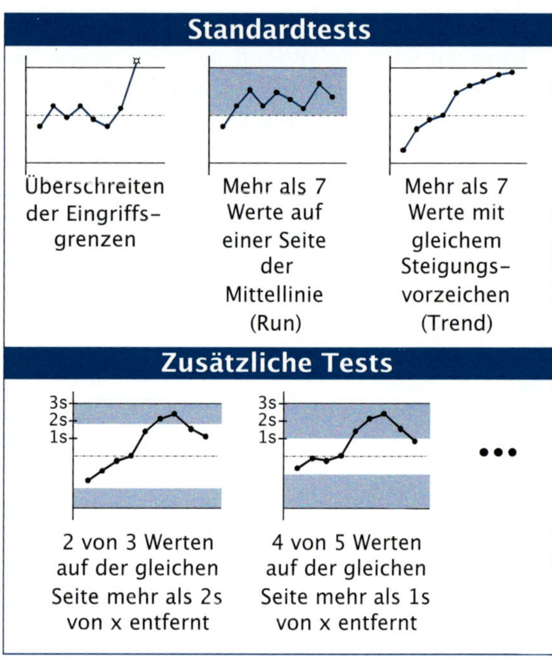

Abbildung 7.5-32 Testverfahren auf nicht zufällige Verläufe in der Regelkarte

Zu Beginn der Untersuchung wird der Prozess während des sogenannten Vorlaufs beobachtet. Während dieser Beobachtungsphase, in der keinerlei Eingriffe am Prozess vorgenommen werden dürfen, werden dem Prozess Stichproben entnommen. Es sind in der Regel zehn Stichproben à fünf Teile erforderlich, um ein vollständiges Bild des Streuverhaltens des Prozesses zu gewinnen. Da ein solch aufwendiger Vorlauf in der Praxis häufig nicht zu realisieren ist, wird auch mit geringeren Datenmengen gearbeitet. Dabei muss sich der Anwender darüber im Klaren sein, dass er die Prozessstreuung zu gering abschätzen kann, da sich nicht alle Einflüsse auswirken können.

Ziel der Vorlaufphase ist es, die Eignung des Prozesses für die SPC zu prüfen und die Prozessfähigkeit zu ermitteln. Anschaulich kann ein Prozess dann als fähig betrachtet werden, wenn nahezu alle Werte innerhalb der Toleranzgrenzen zu erwarten sind. Um eine quantifizierbare Aussage

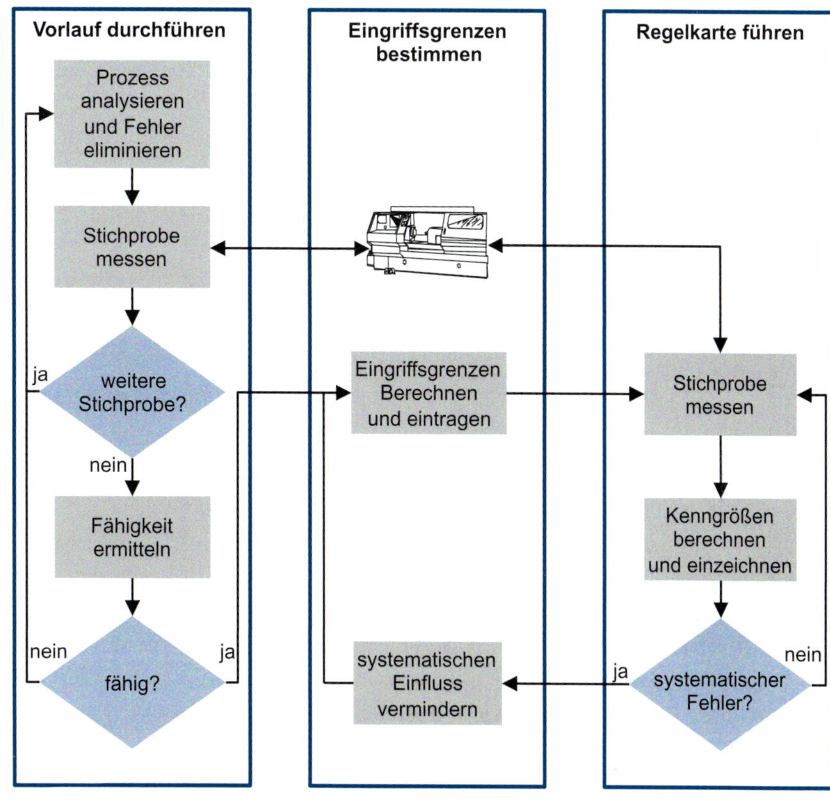

Abbildung 7.5-33
Ablauf einer statistischen Prozessregelung (SPC)

über die Fähigkeit machen zu können, werden standardisierte Fähigkeitsindizes berechnet. Ist der Prozess fähig, so werden aus den so ermittelten Daten Prozessmittelwerte und Eingriffsgrenzen berechnet und in die Regelkarte eingetragen.

In vorgegebenen Zeiträumen werden der laufenden Fertigung Stichproben entnommen. Die statistischen Kennwerte werden ermittelt und in die Karten für Lage und Streuung eingetragen. Danach werden die Kurvenverläufe analysiert. Die dabei verwendeten Interpretationskriterien geben Hinweise auf das Auftreten spezieller (Stör-)Einflüsse. Zu diesen Einflüssen zählen jedoch auch Eingriffe des Maschinenbedieners in den Prozess, da diese den im Vorlauf ermittelten Zustand ändern und eine erneute Bestimmung der Eingriffsgrenzen erforderlich machen können.

Zeigen sich spezielle Störeinflüsse in der Regelkarte, so muss der Prozess gestoppt und untersucht werden. Um „Ausreißer“ zu erkennen, die z. B. durch Fehlmessungen entstehen können, muss bei Überschreiten der Eingriffsgrenzen unmittelbar eine zusätzliche Stichprobe entnommen werden, bevor der Prozess gestoppt wird. Nach Beseitigung der Störeinflüsse werden die Eingriffsgrenzen neu berechnet. Punkte, die unter Störeinfluss standen, werden von der Berechnung ausgeschlossen. Diese würden die Lage der Eingriffsgrenzen verfälschen, da die spezielle Streuung als Bestandteil der natürlichen Streuung interpretiert würde. Die neuen Eingriffsgrenzen werden in die Karte eingetragen. Die Punkte „außer Kontrolle“ werden in der Karte gekennzeichnet. Die Ursachen und Abstellmaßnahmen werden vermerkt. Auf diese Art und Weise wird ein Prozessregelkreis aufgebaut, der zu einer fortlaufenden Eliminierung spezieller und systematischer Einflüsse aus dem Prozess führt [WECK90].

Das Führen von Qualitätsregelkarten wird häufig durch ein Modul innerhalb eines CAQ-Systems ermöglicht, sodass statistische Tests computergestützt erfolgen können.

Randbedingungen für den Einsatz der statistischen Prozessregelung

Bei Diskussionen über die Regelkartentechnik wird häufig die Frage gestellt, wie sich Abweichungen von der Normalverteilung auf die Anwendung der SPC auswirken [ANGH89, SCHA84]. Die Amerikaner Chambers und Wheeler sind dieser Frage in umfangreichen Simulationsstudien nachgegangen [WHEE10]. Die Untersuchungen wurden bei der Mittelwert-/Spannweitenkarte (Abbildung 7.5-34 und Abbildung 7.5-35) durchgeführt, weil diese ein sehr robustes Verhalten bezüglich der Verteilungsvoraussetzungen aufweist und deshalb von Chambers und Wheeler bevorzugt wird.

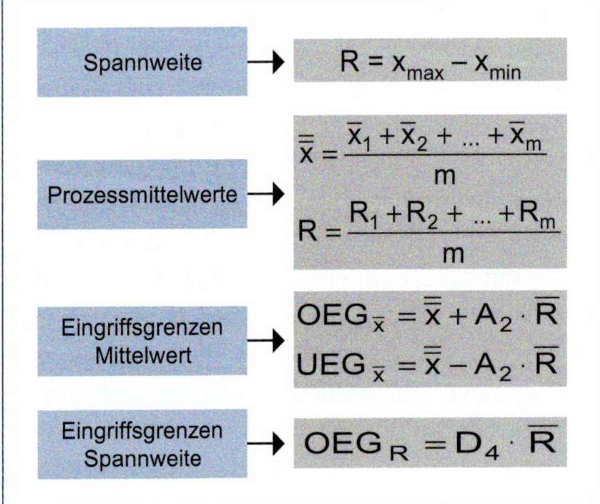

Abbildung 7.5-34 Berechnungsgrundlagen der Mittelwert-/Spannweitenkarte

n	A_2	D_3	D_4
2	1,88	–	3,27
3	1,02	–	2,57
4	0,73	–	2,28
5	0,58	–	2,11
6	0,48	0,08	2,00
7	0,42	0,14	1,92
...	...	...	...

Abbildung 7.5-35 Konstanten zur Berechnung der Mittelwert-/Spannweitenkarte

Es zeigte sich, dass mäßige Abweichungen von der Normalität keinen nennenswerten Einfluss auf die Funktion der Regelkarte haben. Nur bei extrem schiefen und lang auslaufenden Verteilungen kommt es zu einer erhöhten Anzahl von „Fehlalarmen", die sich jedoch in Grenzen hält. *Damit sind sowohl die Mittelwert- als auch die Spannweitenkarte robust gegenüber Abweichungen von der Normalität, wie sie in der Praxis auftreten.*

Die hier gezeigten Betrachtungen betreffen die Ermittlung des Zufallsstreubereichs des Prozesses und damit die Funktion der Eingriffsgrenzen der Regelkarte. Anders verhält es sich mit den zusätzlich eingesetzten *Testkriterien zur Aufdeckung nicht normaler Verläufe innerhalb der Eingriffsgrenzen* (z.B. Run oder Trend). Die hier eingesetzten Regeln gehen von einer normalen Verteilung der Werte innerhalb der Eingriffsgrenzen aus und testen auf Abweichungen vom zufälligen Verhalten nachfolgender Werte. Eine Betrachtung der Verteilungen der Spannweiten zeigt, dass diese insbesondere bei schiefen Verteilungen unsymmetrisch werden. Dadurch ist es wahrscheinlicher, Werte unterhalb des Mittelwertes zu finden, als oberhalb. Damit kann z.B. das Standardtestverfahren auf einen Run, d.h. eine unnatürlich lange Folge von mehr als sieben Werten oberhalb oder unterhalb der Mittellinie, nicht mehr angewendet werden. Die Testverfahren müssen entsprechend modifiziert werden, sodass z.B. sieben Werte oberhalb, aber zwölf Werte unterhalb der Mittellinie als Kriterium verwendet werden.

Von erheblich größerer Bedeutung für die Funktion der Regelkarte, als die Verteilung der Grundgesamtheit, ist der Typ des Prozesses, der zu dieser Grundgesamtheit geführt hat. Hier muss man sich vor Augen halten, dass die Eingriffsgrenzen aus Stichprobendaten bestimmt werden, die wesentlich vom Verhalten des Prozesses abhängen. Abbildung 7.5-36 zeigt zwei typische Prozessmodelle [HELM88], die insgesamt zu der gleichen Grundgesamtheit führen, aber ein gänzlich unterschiedliches Verhalten aufweisen.

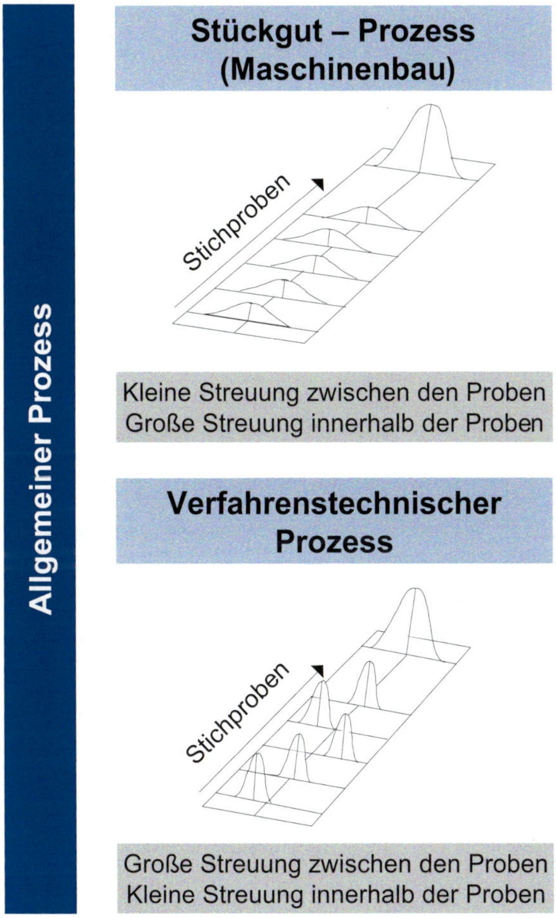

Abbildung 7.5-36 Vergleich verschiedener Prozessmodelle

Der im oberen Teil der Abbildung 7.5-36 dargestellte Stückgutprozess entspricht dem Prozessmodell, das die Basis für die von *Shewhart* [SHEW80] entwickelten Regelkartentypen (z.B. Mittelwert-/Standardabweichung oder Mittelwert-/Spannweite) bildet. Hier liegen eine relativ große Streuung innerhalb der Stichproben und eine kleine zwischen den Stichproben vor. Aus der inneren Streuung wird der Zufallsstreubereich bestimmt, und es werden mittels der Regelkarte Abweichungen zwischen den Stichproben ermittelt.

Der im unterem Teil der Abbildung 7.5-36 dargestellte Prozess weist ein gänzlich anderes Verhalten auf, wie es z.B. bei verfahrenstechnischen oder chemischen Prozessen zu finden ist. Hier sind die Stichproben homogen, Abweichungen treten z.B. zwischen den einzelnen Chargen auf. Wird aus der Streuung innerhalb der Stichproben der Zufallsstreubereich berechnet, so ergeben sich Eingriffsgrenzen, die im Wesentlichen den Messfehler beinhalten und viel zu eng sind. Bei solchen Prozessen müssen deshalb Strategien verwendet werden, die die Streuung zwischen den Stichproben zur Bestimmung der Eingriffsgrenzen verwenden, wie z.B. die Mittelwert-/gleitende Spannweitenkarte. Darüber hinaus können z.B. Cusum-Karten eingesetzt werden, die sehr empfindlich auf Schwankungen der Mittelwerte reagieren.

In der Praxis treten neben diesen beiden Prozesstypen auch Mischformen auf, die ein dem Prozessverhalten individuell angepasstes Verfahren zur Bestimmung der Eingriffsgrenzen erforderlich machen. In diesem Zusammenhang sei auf die von Stark entwickelten Berechnungsverfahren zur Bestimmung der Eingriffsgrenzen für Prozesse mit gemischten Streuungsursachen verwiesen [HELM88, STAR91].

Die Qualitätsregelkarte gibt Antworten auf die Frage, ob spezielle Störeinflüsse bei einem Prozess auftreten. Sie kann die Frage jedoch nur dann beantworten, wenn sie entsprechend formuliert ist. Diese Formulierung hängt im hohen Maße von der verwendeten Strategie zur Bildung der Stichprobe ab – ein Sachverhalt, den viele Anwender nicht berücksichtigen und deshalb zu unbefriedigenden Ergebnissen gelangen.

Der Sachverhalt soll am Beispiel eines Spritzgussprozesses dargestellt werden (Abbildung 7.5-37). Dieser Prozess verfügt über fünf Nester, sodass je Schuss fünf Unterlegscheiben erzeugt werden. Soll für diesen Prozess eine Mittelwert-/Spannweitenkarte mit einem Stichprobenumfang von n = 5 geführt werden, so sind u.a. die folgenden drei Strategien zur Bildung der Stichprobe möglich, die dem Prozess stündlich entnommen werden soll.

- Es wird eine Stichprobe aus den fünf Teilen eines Schusses gebildet. Damit befindet sich die Streuung zwischen den Nestern innerhalb der Stichprobe und wird zur Bestimmung der Eingriffsgrenzen verwendet. Die Regelkarte testet, ob die Streuung zwischen den Stichproben, die die Streuung zwischen den Schüssen und die zeitliche Streuung beinhaltet, den so ermittelten Zufallsstreubereich überschreitet.
- Die Stichprobe wird aus fünf nachfolgenden Teilen eines Nestes gebildet. Damit ist eine Aussage über dieses Nest möglich, indem die Kurzzeitstreuung (Stichprobe) mit der Langzeitstreuung (stündlicher Abstand) verglichen wird.
- Es wird je Schuss über eine Zufallsauswahl ein Teil aus unterschiedlichen Nestern entnommen. Damit wird die Streuung zwischen den Schüssen und den Nestern gegen die zeitliche Streuung getestet.

Die Auswahl der Stichprobenstrategie erfolgt auf Basis der Einschätzung, welche Störeinflüsse am wahrscheinlichsten sind.

Vor der Analyse eines Prozesses mittels SPC muss die Auswahl eines geeigneten Prüfmerkmals stehen. Hier sind unterschiedliche Kriterien zu berücksichtigen (Abbildung 7.5-38).

B

Spritzgießen von Scheiben — Nest — Schuss

Strategien zur Bildung einer 5er Stichprobe	Streuung		
	Stunde zu Stunde	Schuss zu Schuss	Nest zu Nest
5 Teile aus einem Schuss	Zwischen den Stichproben	Zwischen den Stichproben	Innerhalb der Stichproben
5 nachfolgende Teile aus einem Nest	Zwischen den Stichproben	Innerhalb der Stichproben	-----
Je 1 Teil pro Schuss aus unterschiedlichen Nestern	Zwischen den Stichproben	Innerhalb der Stichproben	Innerhalb der Stichproben

Abbildung 7.5-37 Bildung von Stichproben

	Problem	Lösung
Korrelation zu anderen Merkmalen	• Regelung eines Merkmals beeinflusst andere Merkmale • Merkmal wird durch vorhergehende Merkmale beeinflusst • …	Führungsmerkmale ermitteln und regeln
Messbarkeit	• Messverfahren löst nicht genug auf, Eingriffsgrenzen werden falsch bestimmt • …	Geeignete Messverfahren bereitstellen
Materialeigenschaften	• Die Messgröße ist zeitabhängig z.B. Schrumpfung • …	Reproduzierbaren Standardablauf definieren

Abbildung 7.5-38
Kriterien für die SPC-Eignung eines Merkmals

Es ist zu untersuchen, ob das Merkmal mit anderen Merkmalen korreliert, d.h. entweder andere Merkmale beeinflusst oder von anderen beeinflusst wird. Dies gilt z.B. bei mehreren Durchmessern, die gleichzeitig mit einer Profilschleifscheibe bearbeitet werden. Der Versuch, mehrere dieser Durchmesser zu regeln, wird scheitern, da Korrekturen des einen Durchmessers auf den anderen wirken. Hier müssen Führungsmerkmale definiert werden, die mit einer SPC geregelt werden.

Das Prüfmerkmal muss mit hinreichender Genauigkeit und Reproduzierbarkeit gemessen werden. So kann z.B. eine nicht ausreichende Auflösung des Messmittels zu einer falschen Bestimmung der Eingriffsgrenzen führen, da keine kontinuierliche Verteilung der Werte vorliegt. Eine zu ungenaue Messtechnik kann gut durch eine Betrachtung der Spannweitenkarte erkannt werden, wenn diese weniger als fünf unterschiedliche Werte aufweist.

Die Materialeigenschaften müssen bei der Ermittlung des Messwertes berücksichtigt werden. Dies gilt insbesondere für Warmbearbeitungen, wie Schmieden oder Extrusionsprozesse von Elastomeren. Hier müssen Standardprüfabläufe definiert werden, die eine zeitliche Veränderung des Messwertes, z.B. durch Schrumpfung, berücksichtigen.

Die Auswahl eines geeigneten Regelkartentyps kann mittels einer Entscheidungsmatrix erfolgen (Abbildung 7.5-39). Als wesentliches Kriterium muss der Haupttyp der natürlichen Streuung berücksichtigt werden. Liegt die Streuung innerhalb der Stichprobe, so können die gängigen Typen von Shewhart-Karten verwendet werden. Liegt die natürliche Streuung zwischen den Stichproben, so kommen Gleitwert- oder Cusum-Karten zum Einsatz. Die Median-/Urwertkarte weist eine hohe Anschaulichkeit auf, ist einfach manuell zu führen und kann auch in kritischen Situationen eingesetzt werden, wenn die Eingriffsgrenzen intuitiv festgelegt werden müssen, weil kein passendes Prozessmodell ermittelt werden kann.

Die Karten weisen unterschiedliche Empfindlichkeiten auf. Die hochempfindlichen Karten (Mittelwert-/Standardabweichung- oder Cusum-Karte) müssen mit Bedacht eingesetzt werden, um zu häufigen Eingriffen in den Prozess vorzubeugen, die diesen destabilisieren können.

	Regelkartentyp	$\bar{X}/S$	$\bar{X}/R$	$\tilde{X}/R$	X/R_1	Cusum	X, X_1	Individuell
Natürliche Streuung	Innerhalb der Proben	●	●	●	●	○	●	Je nach Situation
	Zwischen den Proben	○	○	○	●	●	●	
	Nicht beherrscht	○	○	○	○	○	◑	
Empfind-lichkeit	normal	○	●	●	●	◑	●	
	hoch	●	◑	○	○	●	○	
Stichproben-umfang	n = 1	○	○	○	●	◑	●	
	n > 1	●	●	●	○	●	●	
Losgröße	N < 30	○	○	○	●	○	●	
	N > 30	●	●	●	●	●	●	
Auswertung	manuell	○	◑	●	◑	○	●	
	rechnergestützt	●	●	●	●	●	●	
Anschaulichkeit		◑	◑	◑	◑	○	●	

Legende: ● = geeignet; ◑ = bedingt geeignet; ○ = nicht geeignet

Abbildung 7.5-39 Entscheidungsmatrix für die Auswahl eines geeigneten Regelkartentyps

Eine wesentliche Randbedingung für den Einsatz der Regelkartentechnik liegt in den möglichen Stichprobenumfängen und der Losgröße. Daneben ist zu beachten, ob die Karte rechnergestützt eingesetzt oder manuell geführt wird. Bei manuellem Einsatz empfiehlt sich insbesondere die Median-/Urwertkarte, weil sie ohne Rechenaufwand geführt werden kann. Darüber hinaus weist diese Karte die höchste Anschaulichkeit auf.

7.5.6 Prüfmittelmanagement

Das Prüfmittelmanagement ist für die Qualität, Zuverlässigkeit, Einsatzfähigkeit und Einsatzbereitschaft der Prüfmittel in einem Unternehmen verantwortlich. Ziel des Prüfmittelmanagements ist es, eine möglichst exakte Merkmalseinhaltung mittels Prüfmitteleinsatz sicherzustellen [PFEI96, KLON98].

Alle Geräte und Hilfsmittel, die während der Qualitätsprüfung eingesetzt werden, werden ganz allgemein als Prüfmittel bezeichnet. Als Beispiel sei hier eine Unterteilung einiger gebräuchlicher Prüfmittel des Maschinenbaus angegeben (Abbildung 7.5-40).

Allgemein werden die qualitativ bewertenden Prüfmittel „Lehren“ und die quantitativ untersuchenden Prüfmittel „Messmittel“ genannt. Qualitative Prüfung bedeutet hier, dass die Prüfung zu einem wertenden Ergebnis, z.B. der Einhaltung bzw. Nichteinhaltung einer Toleranz, führt, nicht aber in welchem Maße die vorgegebenen Toleranzen überschritten bzw. eingehalten werden. Quantitative Prüfungen erhalten als Prüfergebnis einen Zahlenwert und eine Einheit (z.B. Meter, Ampere).

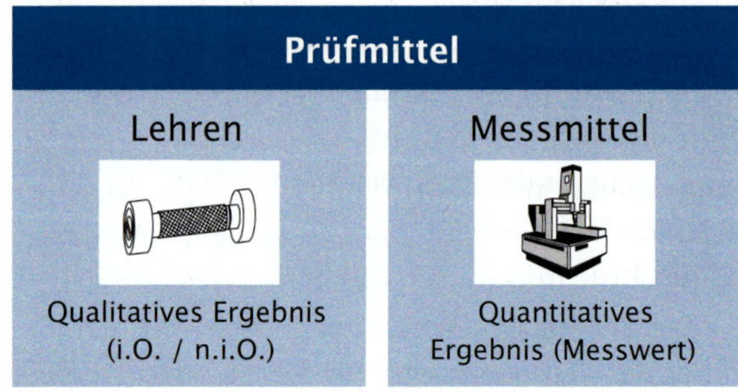

Abbildung 7.5-40 Typische Prüfmittel des Maschinenbaus

Damit Prüfmittel ihre Aufgabe erfüllen können, muss sichergestellt sein, dass

- das Prüfmittel dem Anwendungsfall entsprechend ausgewählt wird,
- das Prüfmittel zum benötigten Zeitpunkt auch verfügbar ist und
- seine tatsächlichen Eigenschaften mit den geplanten auch übereinstimmen [PFEI87, PFEI10].

Aus dieser Aufgabenstellung ergibt sich eine Dreiteilung der Tätigkeiten innerhalb des Prüfmittelmanagements in die Bereiche

- Prüfmittelplanung und -beschaffung,
- Prüfmittelverwaltung und
- Prüfmittelüberwachung.

Ein Grund für die Einführung eines systematischen Prüfmittelmanagements sind Kundenforderungen und hier insbesondere die Forderungen an Zulieferfirmen (z.B. in der Automobilindustrie). Eine von den Herstellern angestrebte Verringerung der Anzahl ihrer Zulieferer und eine Verantwortungsverlagerung zum Zulieferer hin führen zu einer Überprüfung nicht nur der gelieferten Produkte, sondern auch der Produktionsbedingungen einer Zulieferfirma. Vor diesem Hintergrund ist die Überprüfung des Prüfmittelmanagements innerhalb eines Qualitätsaudits zu verstehen.

Auch durch Gesetze, Normen und Richtlinien werden Unternehmen veranlasst, sich mit dem Prüfmittelmanagement zu befassen. Zu nennen sind das Eichgesetz, das Einheitengesetz, die deliktische Haftung nach § 823 BGB und vertragliche Haftung nach § 459ff. BGB [PFEI90]. Aus normativer Sicht fordert die DIN EN ISO 9001 [DIN08d], dass der Lieferant u.a. dazu verpflichtet ist

- die Prüfmittel zu überwachen, zu kalibrieren und instand zu halten,
- die durchzuführenden Messungen und die zulässigen Messunsicherheiten festzulegen sowie die geeigneten Prüfmittel auszuwählen und
- alle Prüfmittel und -vorrichtungen zu kennzeichnen und in festgelegten Prüfintervallen zu kalibrieren und zu justieren.

Im Vergleich zur DIN EN ISO 9001 beinhalten die QS 9000 und die VDA 6.1, die von der Automobilindustrie vertraglich vereinbart werden können, weitergehende Forderungen. So wird beispielsweise im Rahmen der Prüfmittelüberwachung zusätzlich eine Aufzeichnungspflicht aller Prüfmittel und deren Kalibrierwerte gefordert [VDA10a, CHRY98].

7.5.6.1 Prüfmittelplanung und -beschaffung, Eignungsprüfung

Die Prüfmittelplanung ist verantwortlich für die anforderungsgerechte Auswahl und die fristgerechte Beschaffung (Anschaffung bzw. Fertigung) benötigter Prüfmittel. Prüfmittelplanung und -beschaffung beinhalten die Planung der Verwendung, Eigenschaften, Anforderungen, Spezifikationen und des Einsatzfeldes von Prüfmitteln als Teil der Fertigungsplanung und deren Beschaffung bzw. Eigenfertigung. Sie sind der Einsatzplanung und -steuerung vorgelagert und vom eigentlichen Fertigungsgeschehen abgekoppelt.

Während der Planungs- und Beschaffungsphase sind sukzessive folgende Teilaufgaben zu lösen (Abbildung 7.5-41):

- Ermittlung des Prüfmittelbedarfs,
- Einsatzplanung,
- Beschaffung standardisierter Prüfmittel,
- Konstruktion und Fertigung nicht standardisierter Prüfmittel,
- Erstellen von Prüfanweisungen,
- Durchführung von Eignungsprüfungen und
- Verwendungsentscheide.

Aus der Art des zu prüfenden Qualitätsmerkmals lassen sich sowohl qualitative als auch quantitative Anforderungen an ein Prüfmittel ableiten.

Diese Forderungen werden in einem Pflichtenheft oder einer Anforderungsliste zusammengefasst. Des Weiteren müssen die Anzahl, der Einsatzort und der Einsatztermin der benötigten Prüfmittel bestimmt werden. Aus der Differenz zwischen der Anzahl benötigter und verfügbarer Prüfmittel ergibt sich die Anzahl der zu beschaffenden Prüfmittel. Für die Prüfmittel ist somit ebenso wie für andere Betriebsmittel eine genaue Einsatzplanung durchzuführen.

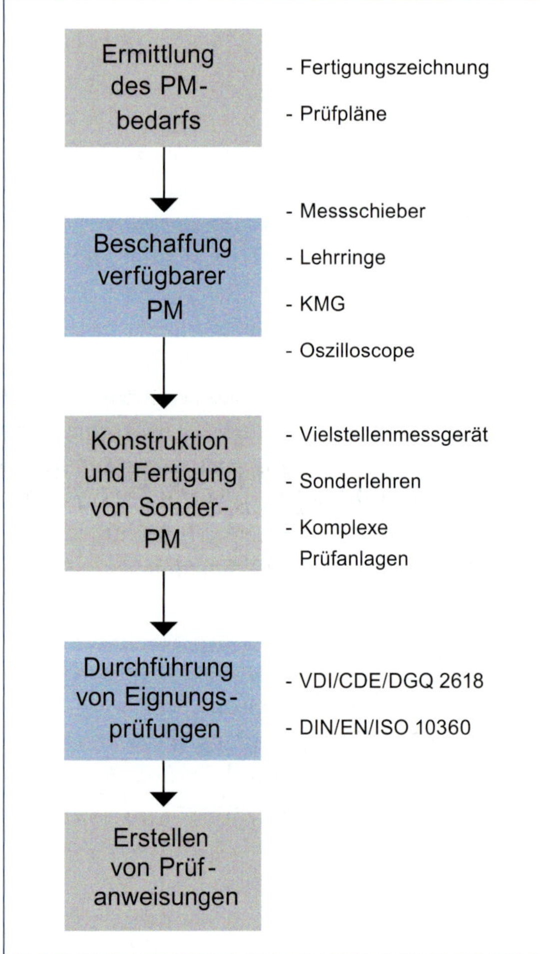

Abbildung 7.5-41 Prüfmittelplanung und -beschaffung [PFEI10]

Die Beschaffung der erforderlichen Prüfmittel besteht entweder im Kauf von Standardprüfmitteln, die anhand von Katalogen von Prüfmittelherstellern ausgewählt werden können, oder in der Konstruktion und Fertigung spezieller Prüfvorrichtungen (z.B. Vielstellenmessgeräte) für Sonderprüfaufgaben, die für die Prüfung eines oder mehrerer Qualitätsmerkmale konstruiert und gefertigt werden müssen. Hierbei muss je nach wirtschaftlichen Randbedingungen entschieden werden, ob ein Prüfmittel in Eigenfertigung oder Fremdfertigung herzustellen ist.

Da die Prüfmittelüberwachung und die Instandhaltung eines Prüfmittels sehr eng miteinander verknüpft sind, sind weitere Fragen in diesem Zusammenhang zu beantworten, wie

- die Frage der Instandhaltungskosten in Abhängigkeit von der zu erwartenden Häufigkeit einer Instandhaltungsmaßnahme und
- die Lagerhaltung und Beschaffung von Ersatz und Verschleißteilen (z.B. Griffe, Messeinsätze).

Nachdem die Planung und Beschaffung eines Prüfmittels abgeschlossen ist, muss vor einer Übernahme in betriebliche Abläufe nachgewiesen werden, dass es fähig ist, ein bestimmtes Qualitätsmerkmal zu überprüfen, bzw. ob die vom Hersteller angegebene Prüfmittelgenauigkeit auch eingehalten wird. Im Rahmen einer solchen Eignungsprüfung, auch Abnahme- oder Eingangsprüfung genannt, wird ermittelt, ob alle vorgegebenen Forderungen an das Prüfmittel erfüllt werden, das Prüfmittel also den Spezifikationen, die dem geplanten Einsatz des Prüfmittels zugrunde liegen, entspricht (Pflichtenheft, Zeichnungen, Normen, Vorschriften). Die Prüfmittel werden sowohl unter idealen Umgebungsbedingungen (Feinmessraum) als auch unter realen Produktionsbedingungen an ihrem späteren Einsatzort untersucht. Die hier üblicherweise angewendeten Methoden einer prüfmittelbezogenen bzw. einer prüfaufgabenbezogenen Überwachung werden in Kapitel 7.5.6.3, Prüfmittelüberwachung, näher erläutert. Bei einer Veränderung des Prüfmittels, d.h. einer Instandsetzungsmaßnahme oder Änderung der Prüfmittelanforderungen (neue Einstufung der Genauigkeitsklasse), ist eine erneute Eignungs- bzw. Abnahmeprüfung durchzuführen.

Während der Planungs- und Beschaffungsphase werden Prüfanweisungen für die periodische Überwachung der Prüfmittel erstellt. Hierbei kann für Standardprüfmittel zumeist auf standardisierte Prüfanweisungen zurückgegriffen werden, siehe hierzu auch die Richtlinie VDI/VDE/DGQ 2618 [VDI01]. Nicht standardisierte Prüfsysteme (z.B. Vielstellenmessgeräte) sind zumeist aus Standardprüfmitteln (z.B. Messtastern) aufgebaut, sodass die Prüfeigenschaften dieser Einzelkomponenten wiederum überwacht werden können. Für Sonderprüfmittel müssen Prüfanweisungen erstellt werden, die die Rückführung des Prüfmittels auf nationale oder internationale Normale erlauben.

Am Ende der Prüfmittelplanungs- und -beschaffungsphase steht nach einer erfolgreichen Eignungsprüfung die Freigabe eines Prüfmittels für die Verwendung im Betrieb. Die Prüfmittel werden nach der Erfassung der Prüfmitteldaten dem Lager zugeführt und für den Einsatz freigegeben. Instandgesetzte oder geänderte Prüfmittel gelangen nur über eine erneute Eignungsprüfung wieder in den Prüfmitteleinsatz. Ausgemusterte Prüfmittel werden im Rahmen einer erneuten Prüfmittelplanung ersetzt. Neben den schon genannten Aufgaben sind für ein lückenloses und sicheres Prüfmittelmanagement verwaltende Tätigkeiten erforderlich, die sich über die beiden Phasen der Planung und Beschaffung und des Einsatzes sowie der Überwachung eines Prüfmittels bis zu seiner Ausmusterung erstrecken.

7.5.6.2 *Prüfmittelverwaltung*

Die Prüfmittelverwaltung (PMV) umfasst sämtliche verwaltungstechnische Aufgaben, die zur Verwaltung eines Prüfmittels erforderlich sind. Im Rahmen der individuellen betrieblichen Situation variieren diese Aufgaben zum Teil stark (Abbildung 7.5-42) [PFEI10].

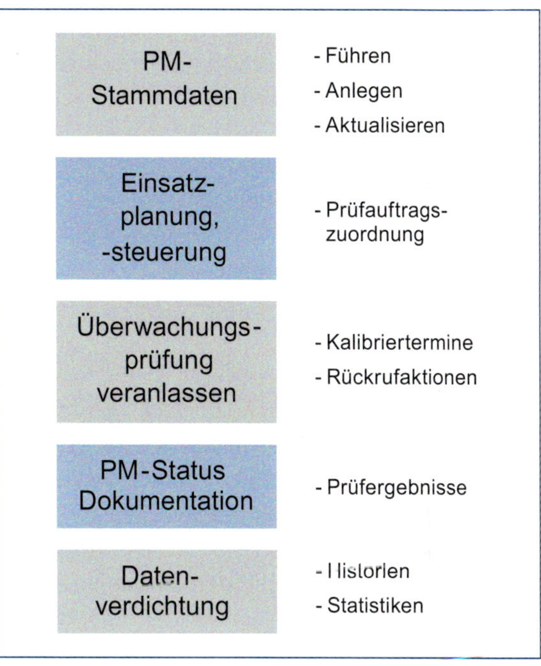

Abbildung 7.5-42 Aufgaben der Prüfmittelverwaltung

Eine Aufgabe des Prüfmittelmanagements betrifft die Verwaltung der Prüfmittelstammdaten. Diese umfassen Informationen, wie z.B. Prüfmittelart, Beschaffungskosten oder Bezugsquelle. Diese Daten werden während der Lebensdauer eines Prüfmittels geführt und ggf. aktualisiert. Zu den logistischen Aufgaben der Prüfmittelverwaltung gehören die Einsatzplanung und -steuerung des Prüfmittels im Unternehmen, d.h., die Planung, wann ein Prüfmittel für welchen Auftrag an welchem Ort eingesetzt wird. Insbesondere sind die Veranlassung von Überwachungsprüfungen und Kalibrierterminen sowie die hiermit verbundenen Rückrufaktionen Teil der logistischen Aufgaben. Um die Eignung eines Prüfmittels zu einem späteren Zeitpunkt nachweisen zu können, ist es erforderlich, die Ergebnisse der Prüfmittelüberwachung eines Prüfmittels zu dokumentieren. Nach der Freigabe eines Prüfmittels in der Planungs- und Beschaffungsphase wird es zunächst datentechnisch erfasst. Hierzu sind einige beschreibende Prüfmitteldaten festzulegen:

- Identnummern,
- Klassifizierungsnummern,
- augenblicklicher Standort,
- Termin der nächsten Überprüfung,
- Überprüfungsanweisungen und
- Status.

Die Prüfmittelverwaltung erfolgt heute fast ausschließlich rechnergestützt. Ebenso werden die durchzuführenden Aufgaben und die zu verarbeitenden prüfmittelspezifischen Daten heutzutage weitestgehend durch entsprechende Software- und Datenbanksysteme unterstützt. Das Prüfmittelmanagement oder die Prüfmittelverwaltung werden dabei in der Regel durch ein Modul innerhalb eines CAQ-Systems (Computer-Aided Quality) abgebildet. Ein Datenaustausch zwischen den verschiedenen Modulen wird so möglich. Ein Beispiel für die Kommunikation zwischen den unterschiedlichen Bereichen eines Unternehmens ist die Produktionsplanung und -steuerung (PPS), die mit dem Qualitätsmanagementsystem CAQ oder einzelnen Modulen des CAQ-Systems, wie der Prüfmittelverwaltung (PMV), Informationen austauschen muss. Parallel zum Fertigungsauftrag wird durch das CAQ-System ein Prüfauftrag erstellt. Während der Prüfdurchführung wird ein kalibriertes Prüfmittel eingesetzt, über dessen aktuellen Standort und Nutzungsgrad die Prüfmittelverwaltung informiert sein muss.

Für die Einführung eines Prüfmittelmanagements ist die Gesamtheit der Prüfmittel zu analysieren, mit dem Ziel, sie zu identifizieren, ihre Merkmale zu beschreiben und sie ggf. zu klassifizieren. Die Prüfmittelanalyse ist einer der vier wesentlichen Schritte zur Einführung eines rechnerunterstützten Prüfmittelmanagements (Abbildung 7.5-43).

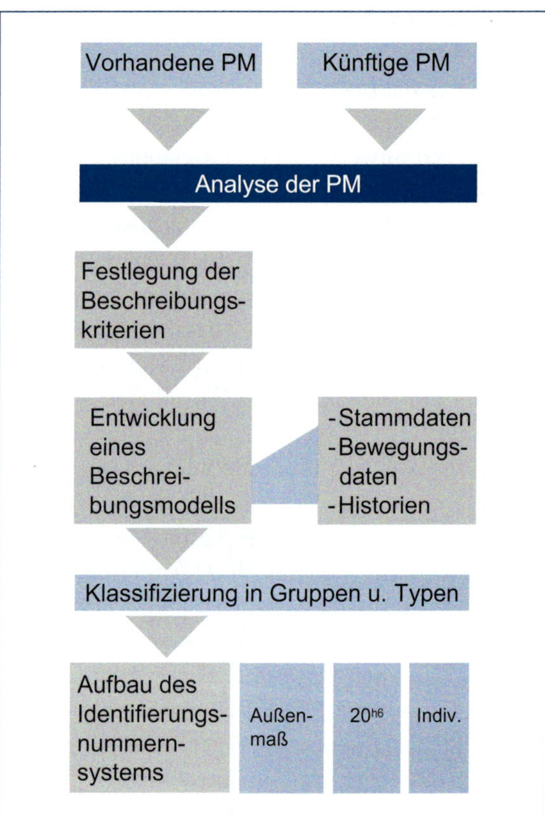

Abbildung 7.5-43 Einführung eines Prüfmittelmanagements

Zu Beginn werden alle vorhandenen und in näherer Zukunft geplanten Prüfmittel in einem Katalog zusammengetragen. Um eine Beschreibung aller relevanten Merkmale eines Prüfmittels zu gewährleisten, müssen die dafür erforderlichen Beschreibungskriterien vor der eigentlichen Beschreibung definiert werden. Die zu diesem Zweck benötigten Beschreibungskriterien sind zum Teil in der einschlägigen Literatur zur Prüfmittelüberwachung bereits vorhanden [CZET78]. Weitere Gesichtspunkte, nach denen Prüfmittel zu beschreiben und zu ordnen sind, sind durch eigene Überlegungen zu ergänzen. Dabei sind folgende Fragen zu beantworten:

- Welche Eigenschaften der Prüfmittel müssen in den Prüfmitteldaten beschrieben werden?
- Nach welchen Kriterien lassen sich die Daten ordnen?
- Ist die Einsatzart des Prüfmittels oberstes Ordnungskriterium, wie z.B. der Einsatz in der Längenmesstechnik oder in der elektrischen Messtechnik?
- Werden die Prüfmittel entsprechend ihrem Messprinzip geordnet, wird etwa nach mechanischen, elektrischen, optischen, pneumatischen oder weiteren Prüfmitteln unterschieden?

An dieser Stelle sei darauf hingewiesen, dass die Nutzung des daraus resultierenden Prüfmittelkataloges nicht auf die Prüfmittelverwaltung beschränkt bleiben sollte, sondern sinnvollerweise für das gesamte Prüfmittelmanagement zur Verfügung stehen muss. Weitere Anwendungsmöglichkeiten liegen in der Planung und Vorbereitung des Prüfmitteleinsatzes in der Fertigung und in der

Prüfmitteldaten				
	Stammdaten	Ident.-Daten	■ Hersteller ■ PM-Nummer	■ Lieferant ■ Typ
		Einsatz-relevante Daten	■ Messunsicherheit ■ Aufbewahrungsort ■ Messwertanzeige	■ Einsatzkosten ■ Messbereich
		Überwachungs-relevante Daten	■ Prüfmerkmale ■ PM-Überwachung	■ Einsatzdauer ■ Einsatzhäufigkeit
	Historiendaten	Archivierung	■ Historie ■ Prüfergebnisse	■ Änderungen
		Kennzahlen-berechnung	■ Einsatzhäufigkeit ■ Investitionskosten ■ Prüfkosten	■ Ausfallhäuf. ■ Lagerkosten ■ Nutzungsgrad
	Logistische Daten	Überwachung	■ Nächster Prüftermin ■ Aktueller Benutzer	■ Einsatzart
		Dokumentation	■ Prüfergebnisse	■ Maßnahmen zur Instandhaltung
		Kosten-rechnung	■ Prüfkosten	■ Reparaturkosten

Abbildung 7.5-44
Struktur eines Prüfmitteldatensatzes

Auswahl des Prüfmittels für die konkrete Prüfaufgabe bei der Prüfplanung.

Der Entwurf der Datenstruktur für die Prüfmittel sollte sich nahe an unternehmensspezifischen Anforderungen orientieren, etwa der Menge und Art der vorhandenen Prüfmittel oder der Struktur der eigenen Fertigung. Die Daten lassen sich in Stammdaten, Historiendaten und logistische Daten unterteilen (Abbildung 7.5-44).

7.5.6.3 Prüfmittelüberwachung

Die Prüfmittelüberwachung (PMÜ) umfasst alle Tätigkeiten und Maßnahmen, die die Genauigkeit, Zuverlässigkeit und technische Einsatzfähigkeit von Prüfmitteln gewährleisten. Sie beginnt mit der Zuführung eines Prüfmittels zur betrieblichen Verwendung und endet mit dessen Ausmusterung. Im Besonderen umfasst sie die Tätigkeiten der regelmäßigen Überwachungsprüfung, der Eichung, Kalibrierung und Justage von Prüfmitteln sowie der Instandhaltung und Reparatur [PFEI10].

Aufgabe der Prüfmittelüberwachung ist es, die Qualität und die Fähigkeit eines Prüfmittels zu kontrollieren und nachzuweisen. Sie soll sicherstellen, dass die in einem Unternehmen eingesetzten Prüfmittel zu jedem Zeitpunkt verlässliche Prüfergebnisse liefern. Dies ist besonders unter dem Gesichtspunkt zu sehen, dass ein Prüfmittel während seiner Nutzung dejustiert oder beschädigt werden kann. Des Weiteren unterliegt das Prüfmittel einem natürlichen Verschleiß, sodass eine Überprüfung der geforderten oder vom Hersteller zugesagten Prüfmitteleigenschaften in regelmäßigen Abständen zwingend erfolgen muss. Die Durchführung wird für jede Prüfmittelart in Form eines Prüfplans oder einer Checkliste festgelegt. Checklisten für Standardprüfmittel sind z.B. der VDI/VDE/DGQ-Richtlinie 2618 zu entnehmen.

Zunächst ist zu definieren, welche Eigenschaften eines Prüfmittels für die oben gestellte Aufgabe von Interesse sind. Hier sind folgende Fragen zu beantworten:

- Wie genau ist das Prüfmittel?
- Kann ein systematischer Fehler des Prüfmittels eventuell abgeschätzt werden?
- Welche Aussagekraft hat eine durchgeführte Prüfung, wenn die Randbedingungen der Prüfung konstant sind?
- Welche Aussagekraft hat eine durchgeführte Prüfung, wenn die Randbedingungen variabel sind?
- Ist hier ein Einfluss identifizierbar und quantifizierbar?
- Welchen Einfluss hat die Einsatzzeit auf das Prüfergebnis eines Prüfmittels?
- Ist die Genauigkeit eines Prüfmittels abhängig von der Größe des zu prüfenden Merkmals?

Bei der Prüfmittelüberwachung werden charakteristische Eigenschaften eines Prüfmittels gemäß den Kriterien Wiederholbarkeit, Vergleichbarkeit, Stabilität, Genauigkeit und Linearität überwacht.

Die Überwachung dieser Eigenschaften kann mithilfe statistischer Kennzahlen stattfinden, die mittels Messreihen aufgenommen werden. Aufgrund unterschiedlicher, aber definierter Randbedingungen während der Messungen können Aussagen über ihren Einfluss auf den Messwert gemacht werden. Während bei der Eignungsprüfung alle Merkmale, Eigenschaften und Spezifikationen des Prüfmittels überprüft werden, beschränkt sich die spätere Überwachungsprüfung auf die wesentlichen, wichtigen Merkmale des Prüfmittels.

Bei der Prüfmittelüberwachung können zwei Überwachungsstrategien unterschieden werden, die prüfmittelbezogene und die prüfaufgabenbezogene Überwachung, die je nach Anwendungsfall eine allgemeinere oder eine sehr spezielle, auf die Messaufgabe ausgerichtete Überprüfung des Prüfmittels vorsieht. Auf diese beiden Strategien wird

B

in den folgenden Unterkapiteln näher eingegangen.

Die Prüfmittel, die ohne Beanstandung die Überprüfung durchlaufen haben, werden für den weiteren Einsatz freigegeben. Beanstandete Prüfmittel bzw. im Einsatz ausgefallene Prüfmittel werden einer Verwendungsentscheidung unterzogen. Die Verwendungsentscheidung sollte durch einen kompetenten Messtechniker, der die Verantwortung für die Einsatzfähigkeit übernimmt, getroffen werden und nicht vom Prüfpersonal selbst. Dabei wird festgelegt, ob ein Prüfmittel

- bedingt weiterverwendet,
- für andere oder ähnliche Prüfaufgaben geändert,
- durch Instandsetzungsmaßnahmen wiederhergestellt werden kann oder
- ausgemustert werden muss.

Die Prüfmittelüberwachung und der sich anschließende Verwendungsentscheid werden entsprechend dem Prüfumfang dokumentiert und bei einer vorhandenen rechnerunterstützten Prüfmittelverwaltung in einem elektronischen Datenspeicher abgespeichert. Ist ein Prüfmittel nicht voll funktionsfähig und muss es z.B. einer Instandsetzungsmaßnahme unterzogen werden, ist in einer erneuten Eignungsprüfung zu untersuchen, ob es die Anforderungen erfüllt. Bei ausgemusterten Prüfmitteln ist sicherzustellen, dass sie nicht erneut in Produktionsbereiche gelangen können, da es ansonsten zu fehlerhaften Prüfergebnissen kommt. Diese Forderung wird erfüllt, wenn die Prüfmittel entweder direkt verschrottet oder aber wirksam gekennzeichnet werden.

Prüfmittelbezogene Überwachung

Unter der prüfmittelbezogenen Überwachung wird hier die nicht prüfaufgabenbezogene Überwachung verstanden, bei der die Fähigkeit eines Prüfmittels, die prinzipiell durchführbaren Prüfaufgaben hinreichend genau zu erfüllen, unter Idealbedingungen nachgewiesen wird. Zu den Aufgaben der prüfmittelbezogenen Überwachung gehören die Kalibrierung und Justage sowie die Eichung von Prüfmitteln [PFEI10].

Kalibrieren ist das Feststellen der Abweichung der Anzeige eines Messgerätes vom wahren oder (durch Konvention festgelegten) richtigen Wert der Messgröße. Kalibrieren besagt nicht, dass die festgestellten Abweichungen hinreichend klein sind. Die Abweichung zu bewerten, ist Aufgabe der Prüfmittelplanung bzw. -einsatzplanung. Oftmals erfolgt bei der Kalibrierung auch eine Justage des Messmittels.

Das Justieren ist das Minimieren der systematischen Messabweichungen bezüglich des exakten Wertes. Das Justieren erfordert einen Eingriff, der das Messgerät bzw. seine Maßverkörperung oft bleibend verändert. Äquivalente Begriffe sind auch das „Abgleichen" oder „Einrichten einer Messanordnung". Beispiele sind die Justage eines Gewichtes durch spanende Bearbeitung oder das Abgleichen eines Widerstandes mithilfe einer Wheatstone'schen Brücke.

Kalibrierung und Justage erfolgen durch einen Vergleich mit einem Normal, das den als richtig vorausgesetzten Wert der Messgröße repräsentiert und durch eine ununterbrochene Kette des Vergleichsnormals an das nationale Normal angeschlossen ist. Derartige Normale sind Referenz-, Bezugs- und Gebrauchsnormale. Die Physikalisch-Technische-Bundesanstalt (PTB) entwickelt die nationalen Normale zur Darstellung der SI-Einheiten und ermöglicht außerdem den Anschluss an die nationalen Normale. Die Bezugsnormale für die Prüfmittelkalibrierung werden nur selten direkt an die Normale der PTB angeschlossen. Meistens werden in der sogenannten „Kalibrierkette" eine oder mehrere Zwischenstufen zur Rückführung der Normale zwischengeschaltet (Abbildung 7.5-45).

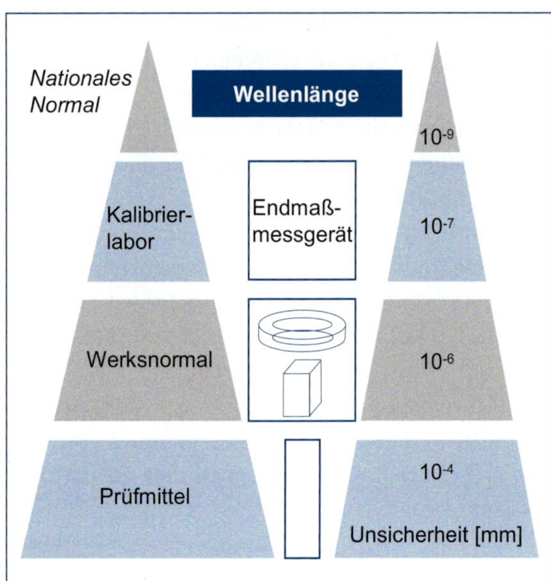

Abbildung 7.5-45 Kalibrierkette für einen Standardmessschieber [PFEI10]

Die Kalibrierkette wird durch den Deutschen Kalibrierdienst (DKD), die Industrie oder anderer Institutionen (Forschungseinrichtungen, TÜV), die die Kalibrierung als Serviceleistung anbieten, geschlossen. Zurzeit entsteht in der Bundesrepublik Deutschland ein neuer Dienstleistungsbereich, der einen Kalibrierdienst für die Prüfmittel kleiner und mittlerer Betriebe anbietet. Dieser wird zum Teil durch die Hersteller von Prüfmitteln selber, die eine Überwachung von Standardprüfmitteln, wie z.B. Parallelendmaße, Messschieber und -uhren, anbieten, gebildet. Zum anderen sind es aber auch eigens für den Kalibrierservice gegründete Firmen. Oftmals werden von den Anbietern dieser Serviceleistungen auch die Prüfmittelverwaltung und die automatische Benachrichtigung des Prüfmittelbenutzers bezüglich des Überwachungstermins eines Prüfmittels übernommen.

Das Eichen eines Messgerätes oder einer Maßverkörperung umfasst das Einstellen der richtigen Funktion einer Messeinrichtung, Festlegen der Skala eines anzeigenden Messgerätes (Justierung) und Ermitteln der Abweichung des angezeigten Wertes vom exakten Wert (kalibrieren). Neben dieser im technischen Sprachgebrauch angewandten Bezeichnung findet der Begriff „Eichen" auch für das amtliche Prüfen von Geräten entsprechend den Eichvorschriften der Eichbehörde Verwendung. Dadurch soll sichergestellt werden, dass die Beschaffenheit und die technischen Eigenschaften eines Gerätes den gestellten Anforderungen auch von Amts wegen genügen, insbesondere, ob die Eichfehlergrenzen eingehalten werden und die Ausführung der zugelassenen Bauart entspricht.

Prüfaufgabenbezogene Überwachung

Ziel der prüfaufgabenbezogenen Überwachung ist die Beurteilung, ob die Eigenschaften und Handhabungsvorschriften eines zu überwachenden Prüfmittels auf die spezifischen Prüfbedingungen zugeschnitten sind und den an sie gestellten Anforderungen genügen. In der Vergangenheit wurde die Eignung eines Messgerätes primär anhand von Mindestwerten überwacht, die z.B. in DIN-Normen festgehalten sind, oder es wurden Herstellerangaben überprüft, wie es im vorherigen Abschnitt über die prüfmittelbezogene Überwachung beschrieben wurde [DIET91, PFEI10].

Hier wird zumeist nur die Messunsicherheit (oft auch als „Genauigkeit" bezeichnet) des Prüfmittels unter Idealbedingungen (klimatisierter Messraum, geschulter Prüfer, Standardvorrichtung) untersucht. Beurteilt wird das Prüfmittel mithilfe eines direkten Vergleichs der erhaltenen Messunsicherheit U mit der Toleranzfeldbreite T des zu messenden Merkmals nach der allgemeinen Formel

$$U \leq c \cdot T \text{ mit z.B. } c = 0{,}2 \text{ [VDI01]} \qquad (7\text{-}5)$$

Hierbei wird stillschweigend davon ausgegangen, dass das Verhalten des Gerätes unter realen Bedingungen nicht wesentlich vom idealen Verhalten abweicht. Durch den Einsatzort, verschiedene Prüfer und Messvorrichtungen und das Prüfen von realen Werkstücken in realen Fertigungsprozessen wird die Eignung des Prüfmittels für den Einsatzzweck, auch Prüfmittelfähigkeit genannt, oft erheblich verschlechtert. Wird ein langfristiger Einsatz des Prüfmittels in einer Serienprüfung erwogen, ist das Prüfmittel unter den spezifischen Einsatzbedingungen zu untersuchen.

Um die Prüfmittelfähigkeit beschreiben zu können, müssen die systematischen und zufälligen Einflüsse auf die Prüfung erkannt und quantifiziert werden. Dazu sind neben der Messunsicherheit noch einige weitere Größen unter Prozessbedingungen zu ermitteln [KANE89]. Sie beschreiben insgesamt die aufgabenspezifische Prüfmittelfähigkeit.

Bei der Eignungsprüfung werden Messunsicherheit, Wiederholpräzision, Vergleichspräzision und Schwankungen über den Messbereich (Linearität) unter Ideal- und einigen typischen Einsatzbedingungen untersucht. So werden die Grenzen der Prüfmittelfähigkeit ermittelt und Richtwerte für den einmaligen oder kurzfristigen Einsatz bestimmt. Die Verfahren zur Untersuchung der Prüfmittelfähigkeit variieren je nach Anwender, sind aber in ihrer grundsätzlichen Vorgehensweise sehr ähnlich. Zum Einsatz kommen sowohl internationale Normen [ISO 22514-7] und Richtlinien [JCGM08, AIAG10, VDA10b] als auch firmenspezifische Leitfäden [FORD90, BOSC90, PFEI96, PROF94]. Eine Übersicht befindet sich in Abbildung 7.5-46.

Grundlage aller Betrachtungen zur Messunsicherheit ist der Guide to the Expression of Uncertainty in Measurement (GUM), der 1993 von einem internationalen Gremium in einer ISO-Norm veröffentlicht wurde [JCGM08]. Mit dem GUM kann die Unsicherheit eines Messergebnisses sehr exakt und unter Berücksichtigung aller relevanten Einflussfaktoren bestimmt werden. Ein Nachteil des GUM ist die komplexe mathematische Modellbildung und die wenig standardisierte Vorgehensweise. Selbst einfache Messprozesse können daher in der Regel nicht vom Anwender selbst modelliert werden. Gleichzeitig wurde vor allem in der Automobilindustrie zunehmend die Forderung laut, die Eignung von Prüfprozessen nachzuweisen, um die Produktionsqualität sichern und nachweisen

Richtlinie	GUM[1] (Norm)	MSA[2] (Richtlinie)	VDA 5[3] (Richtlinie)
Ziel	Leitfaden zur Abschätzung der Messunsicherheit	Leitfaden zum praxisnahen Nachweis der Prüfprozesseignung	Leitfaden zum praxisnahen Nachweis der Prüfprozesseignung
Methode	Berechnung der Messunsicherheit über eine Funktionsbeziehung und ein Unsicherheitsbudget	Berechnung von Fähigkeitsindizes aus Versuchsreihen	Vereinfachte Berechnung der Messunsicherheit über ein Unsicherheitsbudget
Erschienen	2008	2010	2010
Autor	ISO[4]/ BIPM[5]	Amerikanische Automobilindustrie	Deutsche Automobilindustrie

1 GUM: Guide to the Expression of Uncertainty in Measurement (Leitfaden zur Angabe der Unsicherheit beim Messen, DIN V EN 13005)
2 MSA: Leitfaden „Measurement System Analysis" (Messsystemanalyse)
3 VDA: Leitfaden Prüfprozesseignung des Verbands der Automobilindustrie
4 ISO: International Organization for Standardization
5 BIPM: Bureau International des Poids et Mesures (Internationales Büro für Maße und Gewichte)

Abbildung 7.5-46
Übersicht über Verfahren zum Nachweis der Prüfmittelfähigkeit

zu können. Als Konsequenz aus dieser Forderung wurde von der amerikanischen Automobilindustrie der Leitfaden „Measurement System Analysis" (Messsystemanalyse) und später von der deutschen Automobilindustrie der Leitfaden VDA 5, „Prüfprozesseignung des Verbandes der Automobilindustrie" entwickelt [AIAG10, VDA10b]. Beide Leitfäden sind praxisnahe Ansätze, die ein standardisiertes Vorgehen bei der Messung der Einflussgrößen beschreiben und eine Empfehlung zum Verhältnis aus Messunsicherheit zur Toleranz angeben.

In allen Verfahren werden mithilfe verschiedener Vergleichspräzisionen die systematischen Einflüsse auf den Prüfprozess ermittelt. Analog zur Maschinenfähigkeit in der SPC werden die Prüfmittelfähigkeitsindizes c_g und c_{gk} bestimmt. Die Prüfprozessfähigkeit (langfristige Stabilität von Streuung und Lage des Prüfprozesses) wird durch eine periodische Wiederholung der Bestimmung der Genauigkeit und der Wiederholpräzision überwacht. Dazu kann ähnlich der SPC eine Regelkarte geführt werden. Auswertung und Interpretation der Regelkarte erfolgen dann analog zur klassischen SPC.

B

Alle Messungen zur Bestimmung der Fähigkeitsindizes (siehe Kapitel 7.5.4) werden an einem Bezugsnormal (Einstellmeister, Endmaß) vorgenommen. Die Definition der Fähigkeitsindizes c_g und c_{gk} variiert je nach Anwender. Im Prinzip werden die Toleranzweite *OWG – UWG* des Merkmals oder die Streuung des Prozesses $s_{Prozess}$ mit der Streuung des Messmittels s_{Mess} zueinander in Beziehung gesetzt und mit einem Faktor bewertet. Nach [FORD90] lauten die Formeln für die Fähigkeitsindizes c_g und c_{gk}

$$c_g = \frac{0{,}15 \cdot \sigma_{Prozess}}{\sigma_{Mess}} \tag{7-6}$$

und

$$c_{gk} = \frac{0{,}45\left(x_{Meister} - \bar{x}_{Mess}\right)}{3\sigma_{Mess}} \tag{7-7}$$

Zur Ermittlung der Messwerte wird ein kalibriertes Merkmal eines Meisterwerkstücks oder Einstellnormals mit dem zu untersuchenden Messmittel bzw. -verfahren 50-mal gemessen. Anschließend werden der arithmetische Mittelwert und die Standardabweichung des Messmittels berechnet. Weiterhin wird die Streuung des Fertigungsprozesses benötigt, um anschließend die Prüfmittelfähigkeitsindizes zu berechnen. Übliche Mindestanforderungen an die Prüfmittelfähigkeit sind c_g und c_{gk} > 1,00 oder 1,33.

R&R-Studie

Eine andere systematische Vorgehensweise zur Durchführung einer prüfaufgabenbezogenen Überwachung ist die sogenannte R&R-Studie (Abbildung 7.5-47) (Repeatability & Reproducibility-Study) [FORD90, BOSC90, PFEI96, PROF94]. Dieses Verfahren ermöglicht eine Aussage darüber, wie gut ein Messverfahren in der Lage ist, Unterschiede zwischen den Produkten zu finden. Bei der R&R-Studie werden in der Regel zehn Teile von drei Prüfern mit drei Wiederholungen unter realen Bedingungen mit dem zu untersuchenden Messmittel geprüft. Eine Reduzierung des Aufwandes auf z.B. fünf Teile, drei Prüfer und zwei Wiederholungen ist in Ausnahmefällen zulässig.

Um den Einfluss des Prüfers auf das Messergebnis zu verdeutlichen, werden die Untersuchungen mit demselben Messmittel durchgeführt. Variable Einflussgrößen können aber auch unterschiedliche Prüfeinrichtungen oder der Einsatz eines Prüfmittels an unterschiedlichen Orten sein. Hierbei ist zu beachten, dass nur eine Einflussgröße variiert werden darf und alle anderen Einflussgrößen konstant zu halten sind.

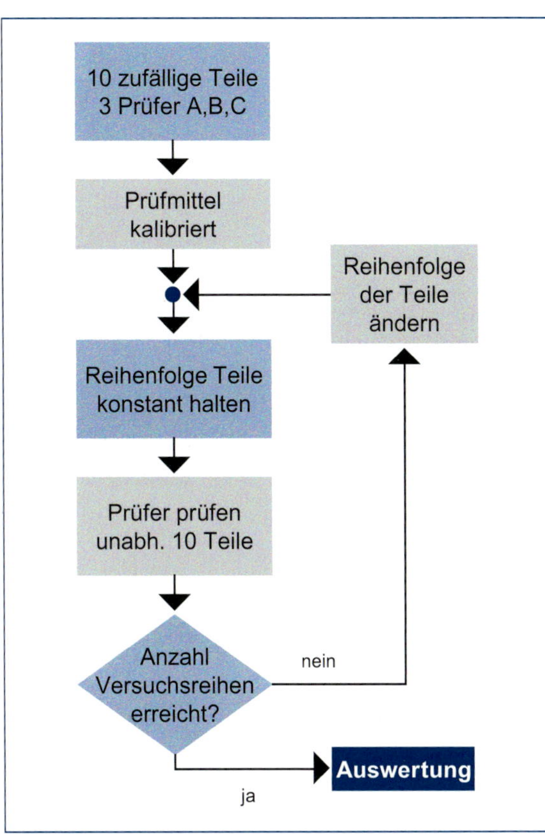

Abbildung 7.5-47 Vorgehensweise zur Durchführung einer R&R-Studie

Die durch das Messmittel angezeigten bzw. die von den Prüfern von der Anzeige abgelesenen Messwerte des untersuchten Merkmals werden in Tabellen dokumentiert (Abbildung 7.5-48). Nach der 1. und der 2. Versuchsreihe wird die Reihenfolge der Teile geändert. Die während der Messreihen ermittelten Einzelergebnisse werden zu der mittleren Spannweite $\overline{R}_i$ und der mittleren Abweichung $\overline{x}_i$ der Messungen eines Prüfers verdichtet:

$$R_j = x_{j\,max} - x_{j\,min} \tag{7-8}$$

$$\overline{R}_i = \frac{1}{m} \cdot \sum_{j=1}^{m} R_j \tag{7-9}$$

$$\overline{x}_i = \frac{1}{n \cdot m} \sum_{j=1}^{m} \sum_{k=1}^{n} x_{kj} \tag{7-10}$$

Hierin bezeichnen:

i den Index des Prüfers,
l den Prüfer,
j den Index des Teils,
m die Teile,
k den Index des Versuchs,
n die Wiederholungen je Prüfer.

Durch die arithmetische Mittelung der mittleren Spannweite $\overline{R}_i$ und die Bestimmung der maximalen Differenz der Mittelwerte $\overline{x}_i$ der einzelnen Prüfer kann eine weitere Verdichtung der Prüfdaten erfolgen.

Da die Anzahl der Messreihen (drei Wiederholungen) bzw. der Prüfer begrenzt ist, müssen beide prüferspezifischen Kennwerte mit einem zusätzlichen Faktor korrigiert werden, sodass sich die Wiederhol- bzw. die Vergleichspräzision (*WP* und *VP*) des untersuchten Prüfprozesses folgendermaßen berechnen lassen:

$$WP = K_1 \cdot \overline{\overline{R}} \text{ mit } \overline{\overline{R}} \frac{1}{l} \cdot \sum_{i=1}^{1} \overline{R}_i \tag{7-11}$$

$$VP = \sqrt{\left(K_2 \cdot X_{Diff}\right)^2 - \frac{WP^2}{m \cdot n}} \text{ mit } x_{Diff} = \text{max. Differenz } \overline{x}_i \tag{7-12}$$

Bei einem Vertrauensniveau von 99,00 bzw. 99,73 % finden sich in der Literatur [DUNC86] folgende Korrekturfaktoren K_1 und K_2 (Tabelle 7.5-2):

B

	Prüfer A				Prüfer B				Prüfer C			
Teil	**V1**	**V2**	**V3**	**R**	**V1**	**V2**	**V3**	**R**	**V1**	**V2**	**V3**	**R**
1	34	45	37	11	43	32	36	11	35	26	31	9
2	56	44	59	15	49	37	45	12	46	43	47	4
3	6	19	14	13	17	5	18	13	10	16	12	6
4	50	55	45	7	54	54	51	3	51	55	56	5
5	33	17	21	16	24	18	21	6	25	11	23	14
6	36	42	43	7	45	32	37	13	36	32	31	5
7	61	53	59	8	58	62	57	5	57	61	57	4
8	12	31	16	19	15	23	11	12	19	27	12	15
9	55	42	52	13	48	59	51	11	47	42	40	7
10	38	49	47	11	47	31	42	16	37	39	38	2
	$\overline{x_1}$	39,1	$\overline{R_1}$	12,0	$\overline{x_2}$	37,4	$\overline{R_2}$	10,2	$\overline{x_3}$	35,4	$\overline{R_3}$	7,1

$\overline{\overline{R}} = 9{,}8$

$WP = 3{,}05 \cdot 9{,}8 = 29{,}9$

$VP = 2{,}7 \cdot 3{,}7 = 10{,}0$

$S_m = \sqrt{29{,}9^2 + 10{,}0^2} = 31{,}5$

V1, V2, V3: Versuchslauf
R: Spannweite
WP: Wiederholpräzision
VP: Vergleichspräzision
S_m: Gesamtstreuung

Abbildung 7.5-48
Beispiel zur R&R-Studie (Vertrauensniveau = 99 %)

Tabelle 7.5-2 Korrekturfaktoren zur R&R-Studie

		Vertrauensniveau	
		99,00 %	99,73 %
K1 (Anzahl der Wiederholungen)	2	4,56	5,32
	3	3,05	3,54
K2 (Anzahl der Prüfer)	2	3,65	4,28
	3	2,70	3,14

Die Wiederholpräzision *WP* beinhaltet hierbei die Streuung des Messergebnisses durch die zufälligen Einflüsse des Messprozesses und des Prüfers, während die Vergleichspräzision *VP* deren Einfluss auf die Lage des Messergebnisses verdeutlicht. Die Wiederholpräzision *WP* und die Vergleichspräzision *VP* können zu einer Gesamtstreuung *Sm* zusammengefasst werden:

$$S_m = \sqrt{WP^2 + VP^2} \qquad (7\text{-}13)$$

Die Gesamtstreuung eines Messprozesses kann mit der 6fachen Fertigungsprozessstreuung *6sProzess* bzw., wenn diese nicht bekannt ist, mit der Toleranzfeldbreite *T* ins Verhältnis gesetzt werden.

$$S_{m\%} = S_m \cdot 100 \cdot T \qquad (7\text{-}14)$$

Die Beurteilung der Messprozessfähigkeit erfolgt in drei Klassen:

0 % $\leq S_{m\%} < 20\,\%$ einsetzbar
20 % $\leq S_{m\%} < 30\,\%$ bedingt einsetzbar
30 % $\leq S_{m\%}$ nicht einsetzbar

7.5.7 Zusammenfassung

Obwohl die Aktivitäten der Qualitätsplanung und -sicherung für das Produkt und den Herstellprozess zunehmend in vorgelagerte Bereiche der Produktentstehung verlagert werden, sind qualitätssichernde Tätigkeiten in der Produktion nach wie vor von zentraler Bedeutung, da die tatsächlich erreichte Produktqualität durch Qualitätsprüfungen während oder nach der Produktion verifiziert werden muss. Die Qualitätsprüfung beinhaltet dabei die Prüfplanung mit der anschließenden Prüfdatenerfassung und -auswertung.

Die Prüfplanung erstellt in Form eines Prüfplans Vorgaben zur Durchführung der Prüfdatenerfassung und der anschließenden Prüfdatenauswertung. Im Prüfplan wird der Ablauf der Qualitätsprüfung festgeschrieben. Dabei erfolgt neben der Auswahl der zu prüfenden Merkmale u.a. eine Festlegung der Prüfmethode und der einzusetzenden Prüfmittel. Im Rahmen der Prüfdatenerfassung erfolgt die Durchführung der Qualitätsprüfung auf Grundlage der im Prüfplan enthaltenen Vorgaben. Die bei der Prüfdatenerfassung ermittelten Prüfergebnisse werden im Rahmen der Prüfdatenauswertung bewertet und zu Prüfaussagen verdichtet. Die verdichteten Daten dienen als Grundlage für eine qualitätsgerechte Planung in den der Produktion vorgelagerten Bereichen.

Von hoher Bedeutung ist auch die statistische Prozessregelung (SPC), die den Aufbau von Regelkreisen zur optimalen Prozessführung ermöglicht. Die Prozessregelung und Prozessverbesserung mittels Qualitätsregelkarten ist eine kontinuierliche Vorgehensweise in der die drei grundlegenden Phasen der Datenerfassung, Datenanalyse und Regelung fortlaufend wiederholt werden. In enger Verbindung zur Regelkartenanwendung steht die Ermittlung der Prozess- und Maschinenfähigkeit.

Die Ergebnisse der Qualitätsprüfung können nur so gut sein wie die eingesetzten Prüfmittel. Daraus resultiert die Notwendigkeit einer regelmäßigen Prüfmittelüberwachung. Ziel der Prüfmittelüberwachung ist die Sicherstellung der Einsatzfähigkeit, Genauigkeit und Zuverlässigkeit der Prüfmittel. Die Hauptfunktionen sind hier die Prüfmittelplanung, Einsatzverwaltung und Überwachungsprüfung. Die Prüfmittelfähigkeit beschreibt und quantifiziert analog zur Maschinenfähigkeit mithilfe der Fähigkeitsindizes das Einsatzverhalten der Prüfmittel. Da bei der Prüfmittelüberwachung ähnliche Funktionen wie in der klassischen Qualitätsprüfung zu realisieren sind, wie z.B. eine Prüfplanung und Prüfdatenauswertung, bieten sich auch hier integrierte EDV-Lösungen an.

7.6 Felddatenmanagement

Die Aufgaben des Qualitätsmanagements enden nicht mit der Markteinführung eines Produktes. Der wahre Erfolg zeigt sich erst in der Marktphase, d.h. bei der Anwendung und Nutzung durch den Kunden. Der tatsächliche Gebrauch des Produktes im Alltag des Kunden indiziert dabei, ob die vom Unternehmen festgelegten Qualitäts- und Zuverlässigkeitsforderungen den Vorstellungen des Kunden entsprechen.

Felddaten sind Daten, die aus der Interaktion zwischen Kunde und Produkt im Feld erwachsen. Als solche bieten sie Informationen zu kundenrelevanten Qualitätsaspekten aus der realen Nutzungsphase [HOMB08].

Die Erfassung und Verarbeitung von Felddaten ermöglicht es dem Unternehmen, auf Basis des Kundenfeedbacks Änderungen am Produkt direkt in die laufende Serie einfließen zu lassen, durch Analogiebetrachtungen auf ähnliche Produkte anzuwenden und zukünftige Produkte kundenorientiert zu konzeptionieren [VDA04, STOC88]. Dabei beziehen sich die Inhalte des Kundenfeedbacks auf die erlebte Produktqualität, das Fehl- und Ausfallverhalten, den tatsächlichen Gebrauchsnutzen und die Zuverlässigkeit des Produktes [OHLH76]. Je nach Datenquelle lässt sich zusätzlich Kundenfeedback bezogen auf die Produktausstattung, -ästhetik und das Produktimage sammeln. Durch die sorgfältige Aufarbeitung von Felddaten können Produkt- und Serviceleistung verbessert werden.

Das Management von Felddaten ist, basierend auf der Heterogenität der Informationen, anspruchsvoll. Es bedarf eines distinkten Systems zur Organisation und Integration von Felddaten in das jeweilige Unternehmen.

7.6.1 Quellen von Felddaten

Felddaten werden über verschiedene Kanäle erschlossen. Im Wesentlichen lassen sich drei klassische Datenquellen unterscheiden: Kunde, Service und automatische Erfassungseinrichtungen (Abbildung 7.6-1).

Die Stimme des Kunden ist für die Entwicklung kundenorientierter Produkte als Felddatum von besonderem Wert [SCHM14c]. Über den Kunden erschlossene Felddaten erreichen das Unternehmen meist in Form von Reklamationen nach Erhalt und Inbetriebnahme eines Produktes oder im Laufe der Garantiezeit. Prüfberichte der Wareneingangskontrolle, Reklamationsberichte, Kundenlogbücher und Garantie- oder Störmeldungen dienen vor diesem Hintergrund als Informationsquelle. Ergänzend kann die Betrachtung von Ersatzteilbestellungen des Kunden miteinbezogen werden.

Um den Felddatenfluss vom Kunden zum Unternehmen auch nach Ende der Garantiezeit zu gewährleisten, ist die Installation von Anreizsystemen für die kundenseitige Felddateneingabe unumgänglich: Sowohl Unternehmen als auch Kunden profitieren von der wechselseitigen Kommunikation zur Weitergabe von beispielsweise Fehlerdaten. Dem Unternehmen bietet sich die Chance, Fehlerquellen

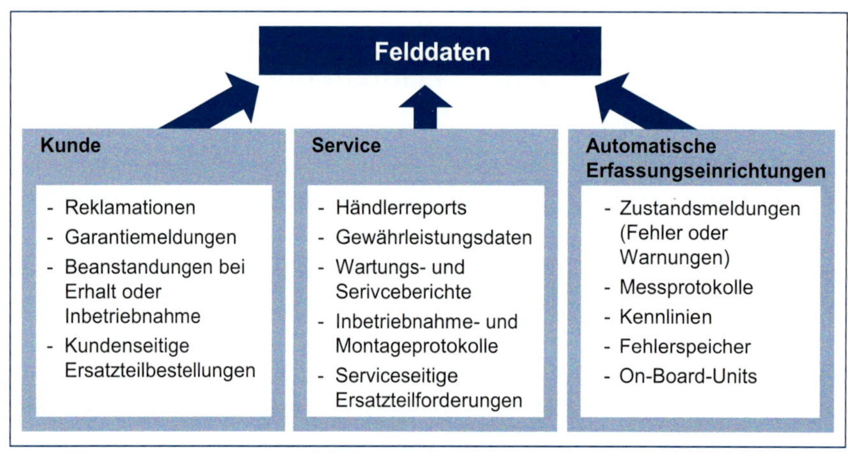

Abbildung 7.6-1
Klassische Quellen der Felddaten

zu identifizieren und entsprechende Maßnahmen zur Behebung und Prävention besagter Fehlerquellen einzuleiten. Der Kunde profitiert insofern von der Meldung von Fehlerdaten, als dass ihm unternehmensseitig Maßnahmen zur Wiederherstellung der Zufriedenheit offeriert werden. In diesem Fall besteht für den Kunden ein Anreiz, die Fehlfunktionen des Produktes sogar möglichst detailliert darzustellen.

Die im Servicebereich auflaufenden Felddaten zeichnen sich durch einen hohen Detailgrad aus, da sie im Regelfall von sachkundigem Personal aufgenommen und ausgewertet werden. Die Flexibilität und Gewissenhaftigkeit der Servicemitarbeiter bestimmt dabei die Qualität des Felddaten-Inputs. Die Datenerfassung im Servicebereich erfolgt bei Inbetriebnahme sowie Wartungs- und Instandsetzungsarbeiten. Zum Zweck der Dokumentation sind jegliche Formen von Berichten denkbar, wie z. B. Wartungs- und Serviceberichte, Abnahmeprotokolle, Ersatzteilanforderungen oder Diagnoseberichte.

Automatische Erfassungseinrichtungen versetzen schließlich die Produkte selbst, bzw. deren Steuerung, in die Lage, Felddaten zu liefern: Fahrtenschreiber, Sensoren und Messgeräte erzeugen Felddaten in den unterschiedlichsten Formaten. Typische Formen sind hier beispielsweise Messprotokolle, Kennlinien oder Zustandsmeldungen (Fehler-/Warnmeldungen). Geeignete Filter zu generieren, die aus einer großen Datenmenge an Maschinen- und Produktionszahlen diese extrahieren, wird im Zuge der Digitalisierung der Produktionssysteme und Fertigung im Rahmen von Industrie 4.0 vorangetrieben. Softwarelösungen oder spezielle Messeinrichtungen als automatische Erfassungseinrichtungen kommen dafür zunehmend zum Einsatz. Eine Rückkopplung zu Herstellern lässt ein präventives Qualitätsmanagement und eine verbesserte Service- bzw. Wartungsleistung zu. Durch die Analyse und Erkennung zyklisch auftretender Kennwertverläufe können mögliche Ausfälle antizipiert und verhindert werden [KROL14].

Die bislang beschriebene Informationsgewinnung bezieht sich ausschließlich auf unmittelbar gerichtete Felddaten – also solche, die durch direkten Kundenkontakt erhoben werden, oder aber automatisch von dem Produkt im Einsatz an das Unternehmen gesendet werden. Neue Informationsquellen, wie soziale Medien, bieten die Möglichkeit zur Erhebung und Analyse von ungerichtetem Kundenfeedback (siehe Kapitel 7.2). Kunden äußern ihre Erfahrungen mit einem Produkt zunehmend in sozialen Medien (siehe Kapitel 7.2). Insbesondere negative Kundenerfahrungen werden hier an entsprechender Stelle durch den Kunden kommuniziert [SCHM14d].

Die Einbeziehung sozialer Medien in das Felddatenmanagement ist vor allem dann empfehlenswert, wenn die entsprechenden Produkte eine hohe mediale Präsenz besitzen und die Beziehung zwischen Kunde und Produkt durch ein hohes Maß an Involvement beschrieben werden kann [MAST13]. Involvement wird als der Grad des Interesses betrachtet, den ein potenzieller Kunde einem gewünschten Produkt entgegenbringt. Bei Produkten mit hohem Involvement nimmt der Kunde einen höheren Beschaffungsaufwand auf sich, um das Risiko eines Fehlkaufs zu minimieren. Ein höherer Beschaffungsaufwand ist durch eine intensive Phase der Informationssuche geprägt [GELB08]. Soziale Medien dienen hier zunehmend als Quelle der Informationen und als Plattform zum Vergleich der Produktalternativen.

7.6.2 Erfassung von Felddaten

Bevor eine Analyse von Felddaten möglich ist, müssen die gesammelten Daten in geeigneter Weise aufbereitet werden [EDLE01, EISE99]. Die Herausforderung liegt hier in der Konsolidierung der diversen Datenformate. Das heterogene Datenformat ist das Resultat von unterschiedlichen Eingangskanälen und Kommunikationsformen (E-Mail, soziale Medien, telefonisch, Serviceberichte und -protokolle, Messprotokolle). Die Analyse von Felddaten erfordert eine einheitliche Formalisierung des Berichts- und Meldesystems [STOC88].

Zur vollständigen Ereignisbeschreibung von Ausfällen während der Nutzung kann beispielsweise ein Erfassungsformular eingesetzt werden (Abbildung 7.6-2). Das Erfassungsformular beinhaltet die wesentlichen Datenelemente für die Einleitung von Maßnahmen zur Regelung der Erzeugnisqualität. Durch die Zuordnung von Fehlerdaten wird der Fehler eindeutig beschrieben. Hierzu sind u.a. Angaben zur Fehlerart, zum Fehlerort und zur Fehlerursache notwendig. Die große Anzahl von Attributen, die diese Parameter beschreiben, werden in einem Standardkatalog abgelegt. Nur so kann das mit der Erfassung betraute Personal schnell und vor allem eindeutig Produktfehler aus dem Feldeinsatz beschreiben.

Zur Vermeidung von Informationsverlusten bei der Fehlererfassung sollten derartige Standardkataloge auf das betreffende Produkt zugeschnitten sein. Eine weitgehende Verallgemeinerung der Standardkataloge, um z.B. mittels eines einzigen produktneutralen Katalogs Fehlervorkommnisse an verschiedenen Produkten zu beschreiben, ist weniger sinnvoll. Datenerfassungen, die auf der Grundlage solcher Kataloge durchgeführt werden, verhindern aussagekräftige Auswertungen. Durch den verminderten Informationsgehalt können dann nur

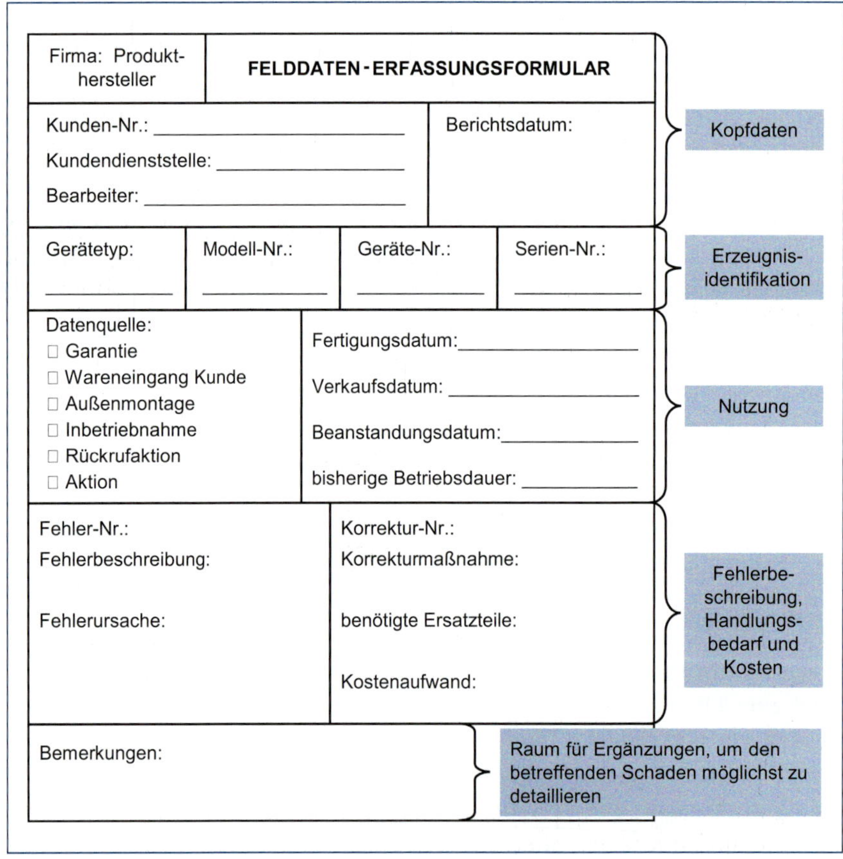
Firma: Produkthersteller
FELDDATEN-ERFASSUNGSFORMULAR
Kunden-Nr.: ______
Kundendienststelle: ______
Bearbeiter: ______
Berichtsdatum:
Gerätetyp: ______
Modell-Nr.: ______
Geräte-Nr.: ______
Serien-Nr.: ______
Datenquelle:
☐ Garantie
☐ Wareneingang Kunde
☐ Außenmontage
☐ Inbetriebnahme
☐ Rückrufaktion
☐ Aktion
Fertigungsdatum: ______
Verkaufsdatum: ______
Beanstandungsdatum: ______
bisherige Betriebsdauer: ______
Fehler-Nr.:
Fehlerbeschreibung:
Fehlerursache:
Korrektur-Nr.:
Korrekturmaßnahme:
benötigte Ersatzteile:
Kostenaufwand:
Bemerkungen:

Abbildung 7.6-2
Formular für die Erfassung von Felddaten

bedingt Maßnahmen zur Regelung der Erzeugnisqualität im Unternehmen eingeleitet werden.

Als besonderes Problem stellt sich hier die Definition neuer Fehlerarten und Fehlerursachen dar, die bisher nicht im Fehlerkatalog eingetragen waren. Es muss gewährleistet sein, dass gleiche Vorkommnisse auch gleiche Bezeichnungen erhalten. Erst dann wird eine Auswertung möglich. Dies kann besonders bei Fehlern problematisch sein, die dezentral (z. B. in Reparaturwerkstätten) beschrieben werden. Durch entsprechende Regeln muss vermieden werden, dass gleiche Fehler unterschiedliche Fehlerbezeichnungen erhalten.

Bei der Definition einer neuen Fehlerursache ist zuvor eine Betrachtung notwendig, ob überhaupt eine eindeutige Ermittlung und Zuordnung der Fehler- bzw. Ausfallursache möglich ist [STOC88].

7.6.3 Analyse von Felddaten

Basis der Felddatenanalyse ist die vorherige Erfassung erforderlicher Daten (Abbildung 7.6-3).

Zur Unterstützung der Analyse von Felddaten empfiehlt sich der Aufbau eines Informationssystems, das in den gesamten Verbund eines Qualitätsinformationssystems eingebunden ist.

Im Rahmen der Analyse von Felddaten werden zur Vergleichbarkeit Kennzahlen für technische, kaufmännische und marktrelevante Fragestellungen ermittelt. Beispielsweise werden im technischen Bereich Ausfallstatistiken, im kaufmännischen Bereich Garantiekostenstatistiken und marktbezogen Kundenzufriedenheitsstatistiken erstellt (Abbildung 7.6-3).

Um Kennzahlen für Analysen zu bilden, werden Bezugsgrößen benötigt. In den meisten Fällen handelt es sich um Fertigungs- oder Verkaufsmengen von Erzeugnissen eines Berichtszeitraums. Des Weiteren kann es wichtig sein, auch über die Losgröße eines Erzeugnisses informiert zu sein. Andere Kennzahlen beziehen sich auf die Anzahl der in Garantie befindlichen Produkte in einem Berichtszeitraum oder die Anzahl der in Betrieb befindlichen Erzeugnisse in einem Berichtszeitraum. Bezugsgrößen für Markt- und Kundenstatistiken können jährliche Absatzzahlen in einem bestimmten Segment sein. Den Forderungen entsprechend sind weitere Bezugsgrößen zu bestimmen.

7.6.4 Integration von Felddaten in Unternehmensprozesse

Das Konstrukt des Felddatenmanagements muss derart aufgebaut sein, dass die Felddaten verlustfrei in die Quality Backward Chain überführt werden und somit in die unternehmensinterne Prozesslandschaft einfließen können. Die zuvor beschriebene Bildung von Kennzahlen aus den erhobenen Daten ist von großer Bedeutung für die Integration der Felddaten in den Entwicklungsprozess. Kennzahlen alleine reichen allerdings nicht aus, um treffende Aussagen über das Produktverhalten oder Produktfehlverhalten während der Nutzung zu erhalten. Sie müssen in geeigneter Form dargestellt werden, damit sie konkret hinterfragt und analysiert werden können und somit besser nutzbare Informationen für das produzierende Unternehmen liefern.

Gleichermaßen wichtig ist die gezielte Distribution der Daten an die richtigen Stellen im Unternehmen. Damit die Informationen tatsächlich nützlich sind und zur Verbesserung von Produkten beitragen können, müssen sie in geeigneter Form und zum richtigen Zeitpunkt vorliegen. Eine Berücksichtigung von Felddaten in den Produktentwicklungsprozess kann systematisch erfolgen über die Aufnahme von daraus resultierenden Qualitätsstandards.

Die automatische Rückkopplung elektronischer Daten, generiert von Maschinen oder technischen Produkten im Feld, bietet für das Unternehmen

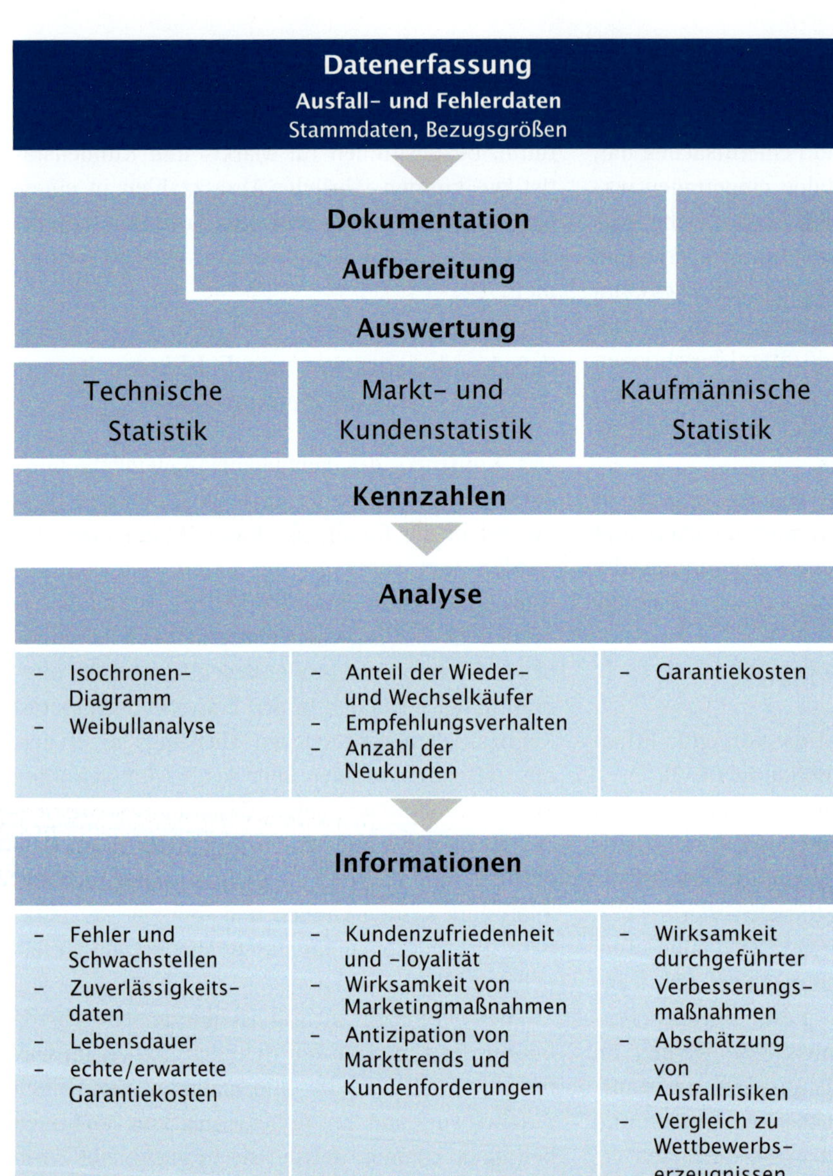

Abbildung 7.6-3
Struktur der Felddatenverarbeitung

sehr viel Potenzial zur Qualitätssteigerung und Fehlerprävention. Echtzeit-Daten ermöglichen ein verbessertes, proaktives Service- und Reparaturangebot seitens des Herstellers. Darüber hinaus lassen sich systematische Fehler durch das Erkennen von Mustern detektieren. Daraus ergibt sich einerseits die Möglichkeit zum Eingreifen, bevor eine Maschine droht auszufallen und andererseits die Beseitigung von Fehlern in der aktuellen Produktentwicklung, sofern die Analyse der Felddaten in den Prozess adäquat aufgenommen werden (siehe Kapitel 9.5).

7.7 Entwicklung industrieller Services

Aufgrund der hohen Lohnnebenkosten in Deutschland können sich inländische Anbieter vielfach nicht mehr über den Preis von Herstellern aus Niedriglohnländern differenzieren [HEIN00]. Ein erfolgversprechender Ansatz besteht darin, das rein physische Produkt mit ausgewählten Dienstleistungen zu einem sogenannten hybriden Leistungsbündel zu erweitern.

Wie bedeutsam industrielle Dienstleistungen für Unternehmen sind, zeigt eine Studie des Statistischen Bundesamtes aus dem Jahre 2003. Hiernach bieten rund 38 % der verarbeitenden Unternehmen ihren Kunden neben den Sach- auch Dienstleistungen an. Laut der Studie wurde im Jahre 2002 bereits mithilfe von produktbegleitenden, also nicht eigenständigen Dienstleistungen, ein Umsatz von ca. 52,6 Mrd. Euro erwirtschaftet [STAT03].

Produktbegleitende Dienstleistungen, die von produzierenden Unternehmen erbracht werden, fallen in die Kategorie der *industriellen Services*. Sie zeichnen sich dadurch aus, dass Dienst- und Sachleistungen in direkter oder indirekter Verbindung miteinander stehen. Die verhältnismäßige Verteilung dieser beiden Leistungstypen variiert dabei von Unternehmen zu Unternehmen. In einigen Fällen dient die Verbundenheit der immateriellen Leistung und der Sachleistung auch dazu, die Vermarktungschancen der Sachleistung zu verbessern [SPAT03].

Bei der Entwicklung industrieller Services ist es wie bei der Entwicklung von Sachgütern auch von großer Bedeutung, definierte Qualitätsstandards zu erreichen. Dies geschieht durch ein effektives Service Engineering und durch den Einsatz geeigneter Methoden des Service-Managements, die in vielerlei Hinsicht denen zur Entwicklung physischer Produkte ähneln.

Im Bereich des Qualitätsmanagements für industrielle Services kommt dem Begriff Dienstleistungsqualität die zentrale Rolle zu. Dienstleistungsqualität beschreibt den Grad, mit dem Wünsche und Erwartungen eines Kunden durch die Dienstleistung erfüllt werden.

Die bei der Dienstleistungsqualität insbesondere zu berücksichtigen Merkmale sind dabei:

- Uno actu-Prinzip: Gleichzeitigkeit von Erstellung und Inanspruchnahme der Leistung; keine Lagerfähigkeit,
- Kundenintegration: Kunde muss im Moment der Leistungserbringung anwesend sein und interagieren,
- Individualität: Anpassungsmöglichkeiten an Bedürfnisse und Wünsche des Kunden,
- Prozesscharakter: Kunde bezahlt für einen Vorgang; die Dienstleistung ist ein Prozess,
- Immaterialitätsgrad: Höhere Erklärungsbedürftigkeit im Vergleich zu Sachgütern; andere Qualitätsüberwachung.

Durch diese Merkmale ergeben sich veränderte Anforderungen an bestimmte Methoden des Qualitätsmanagements, die im Folgenden dargestellt werden.

7.7.1 Ansätze des Service Engineering

Service Engineering wird als Disziplin bezeichnet, die sich mit der „systematischen Entwicklung und Gestaltung von Dienstleistungsprodukten unter Verwendung geeigneter Vorgehensmodelle, Methoden und Werkzeuge beschäftigt" [DLR05].

Für die Vorgehensweise des Service Engineering existieren drei Ansätze, die in der Literatur erhöhte Beachtung finden. Im Folgenden werden die drei Ansätze beschrieben und gegenübergestellt.

7.7.1.1 *Ansatz von Ramaswamy*

Der Ansatz von Ramaswamy unterteilt sich in zwei sequenziell ablaufende Phasen [RAMA96]: Die des Service Designs und die des Service Managements. Während der *Service-Design-Phase* wird die neu zu entwickelnde Leistung konzipiert. Als Ergebnis dieser Phase und als Input der *Service-Management-Phase* werden die entwickelten Designvorschriften übergeben. Die Service-Management-Phase befasst sich mit der weiterführenden Umsetzung und Betreuung der konzipierten Dienstleistung. Zum Schließen des Kreislaufs liefert das Service Management Vorschläge für die Überarbeitung der entwickelten Dienstleistung an das Service Design.

Jede der beiden Phasen setzt sich aus vier Unterschritten zusammen. Für die Service-Design-Phase sind dies:

- Festlegen der Designattribute,
- Leistungsstandards spezifizieren,
- Entwurf und Bewertung von Konzepten für die Dienstleistungserbringung und
- Entwicklung der finalen Designvorschriften.

Basierend auf den finalen Designvorschriften werden in der Phase Service Management folgende Aktivitäten verfolgt:

- Implementierung der Dienstleistung,
- Messung der implementierten Dienstleistung,
- Ermittlung der Kundenzufriedenheit und Performance der Dienstleistung sowie
- Aufarbeitung und Rückführung der Ergebnisse werden in die Service-Design-Phase zurückgeführt; auf diese Weise verspricht man sich eine kontinuierliche Verbesserung der Dienstleistung.

B

7.7.1.2 *Ansatz von Jaschinski*

Der von Jaschinski entwickelte Ansatz stellt ein Metamodell für das Service Engineering dar. Dieses Vorgehensmodell gliedert sich in drei Hauptphasen, die Definitions-, die Konzeptions- und die Umsetzungsphase. Im Unterschied zum Ansatz von Ramaswamy, dessen Vorgehen ausschließlich linear abläuft, unterstützt der Ansatz von Jaschinski eine iterative Verfahrensweise, die ein Vor- und Zurückspringen zwischen den einzelnen Ablaufschritten ermöglicht [JASC98].

Die *Definitionsphase* beschäftigt sich mit der Ausarbeitung der Projektplanung und der Definition der zu entwickelnden Leistung. Im Rahmen der *Konzeptionsphase* wird aus den Vorgaben der ersten Phase ein umsetzungsfähiges Designkonzept erarbeitet. In der *Umsetzungsphase* wird das Design ausgearbeitet und der strukturelle Rahmen geschaffen, damit die Dienstleistung implementiert und am Kunden erbracht werden kann.

Am Ende einer jeden Phase werden die Ergebnisse einer genauen Prüfung unterzogen, um zu entscheiden, ob die Resultate zufriedenstellend sind. Im Falle von unzureichenden Ergebnissen werden diese in einer weiteren Iterationsschleife überarbeitet. Bei zufriedenstellenden Resultaten werden diese an die nächste Phase übergeben.

7.7.1.3 *Ansatz nach Schneider und Wagner*

In dem Ansatz nach Schneider und Wagner wird eine dritte Verfahrensweise für die Entwicklung von Services vorgestellt [SCHN03]. Die einzelnen Hauptphasen werden nicht mehr sequenziell durchlaufen, stattdessen findet eine modulare Auswahl der benötigten Ablaufschritte statt. Diese Auswahl entsteht durch die Klassifizierung der zu entwickelnden Leistung anhand von definierten Merkmalen. Es existieren in diesem Vorgehensmodell sechs modulare Phasen mit jeweils mehreren Unterschritten, die als Basis für die Zusammenstellung des Projektablaufs dienen. Je nach Verlauf des Projektes ist es nicht zwingend erforderlich, dass jeder einzelne Unterschritt durchlaufen wird.

Im Rahmen der ersten Phase, der *Definitionsphase*, werden primär das Ideenmanagement und die Durchführung von Machbarkeitsstudien behandelt. In der Phase der *Anforderungsanalyse* werden die unternehmens- und marktseitigen Anforderungen an die Leistung betrachtet. Die dritte Phase beschäftigt sich mit der eigentlichen *Konzeption* der Dienstleistungen. Im Zuge der *Realisierung* werden die im vorherigen Schritt erstellten Konzepte in konkrete Systeme überführt. Ehe es zur Markteinführung der neu entwickelten Dienstleistung kommen kann, müssen in der *Vorbereitungsphase* entsprechende Tests durchgeführt werden. Mit der *Markteinführung* der Dienstleistung starten auch die entsprechenden Controlling-Prozesse [SCHN03].

7.7.1.4 *Vergleich der Ansätze*

Die drei vorgestellten Ansätze unterscheiden sich hinsichtlich der *Flexibilität* ihrer Anwendung. Der Ansatz von Ramaswamy verwendet eine lineare Vorgehensweise, d. h. die einzelnen Entwicklungsschritte laufen sequenziell ab. Rückschritte, die durch eventuelle Änderungen hervorgerufen werden, sind hier nicht vorgesehen. Dies führt zu einer eingeschränkten Flexibilität des Modells. Demgegenüber benutzt Jaschinski ein iteratives Vorgehensmodell. Hier ist ein Zurückspringen in frühere Entwicklungsschritte möglich, wodurch der Flexibilisierungsgrad erhöht wird. Durch die modulare Vorgehensweise des von Schneider und Wagner entwickelten Ansatzes wird die Flexibilität noch weiter ausgebaut, da es hier ermöglicht wird, individuell nach Bedarf festzulegen, welche Schritte der einzelnen Phasen durchlaufen werden sollen.

Gemeinsam ist allen drei Ansätzen, dass sie ähnliche Abläufe beschreiben. Beginnend mit einer Definitions- und Konzeptionsphase gelangen sie über die Umsetzungsphase zu der Controlling- und Verbesserungsphase. Lediglich die Ausprägungen der einzelnen Phasen variieren voneinander.

7.7.1.5 *Zusammenfassendes Phasenmodell*

Das in Abbildung 7.7-1 dargestellte Phasenmodell beinhaltet die wesentlichen Schritte aller bisher vorgestellten Modelle und fasst diese in einem neu-

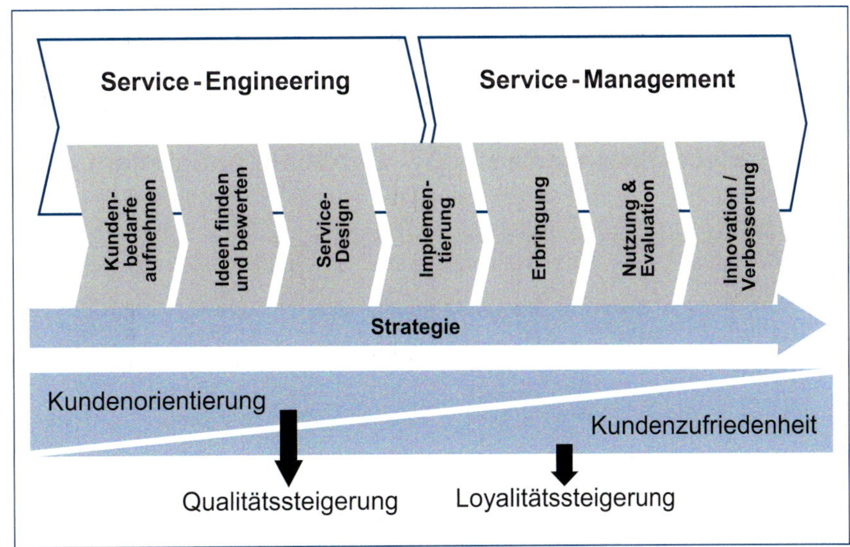

Abbildung 7.7-1 Phasenmodell der Service-Entwicklung

en Modell zusammen. Unter den zwei Hauptphasen, Service Engineering und Service Management, sind sieben Entwicklungsschritte angeordnet, die sich inhaltlich an den zuvor beschriebenen Ansätzen orientieren.

Anhand dieser Darstellung wird deutlich, dass die erste Phase vor allem der Sicherung der Dienstleistungsqualität durch effektive Orientierung an Kundenbedarfen, Ideenfindung und -bewertung sowie durch die gründliche Planung der Dienstleistungserbringung geprägt ist. Ist dieses Fundament geschaffen, so kann durch die angemessene Umsetzung der Leistungen eine hohe Kundenzufriedenheit erreicht werden. Werden die Lösungen kontinuierlich evaluiert und verbessert, so entstehen kundenbegeisternde Innovationen, die letztlich den Kunden stärker an das erbringende Unternehmen zu binden vermögen. Der gesamte Prozess ist nicht statisch, sondern erlaubt, je nach strategischen Änderungen, Rücksprünge sowie Anpassungen in noch bevorstehenden Schritten.

In allen Phasen des Service Engineering und des Service Managements kann die Qualität der letztlich erbrachten Leistung beeinflusst werden. Demzufolge müssen sich qualitätssichernde Methoden auf die einzelnen Schritte des Erstellungsprozesses beziehen. Die Methoden zur Steigerung der Dienstleistungsqualität lassen sich den in Abbildung 7.7-2 dargestellten Phasen zuordnen und werden in den nachfolgenden Kapiteln vorgestellt.

7.7.2 Vorgehensweisen zur Aufnahme von Kundenbedarfen

Antizipative Kundenbedarfsanalyse

Zunächst werden Methoden betrachtet, die in der Lage sind, Kundenbedarfe im Sinne von Begeisterungsmerkmalen zu erfassen. Diese Methoden werden in der „antizipativen Kundenbedarfsanalyse" zusammengefasst [LORE04]. Hierbei geht es um einen Methodeneinsatz, der nicht von der direkten Befragung des Kunden abhängt und damit auch eine kosten- und kundenschonende Maßnahme darstellt. Das Vorgehen der antizipativen Kundenbedarfsanalyse gliedert sich in drei Hauptschritte.

Kundenprozessanalyse

Im ersten Schritt wird der Kundenprozess analysiert und mittels Flussdiagrammen visuell aufbereitet (Abbildung 7.7-3). Hierbei liegt der Schwerpunkt darauf, zu identifizieren, welche Aktivitäten der Kunde vor, während und nach dem Umgang

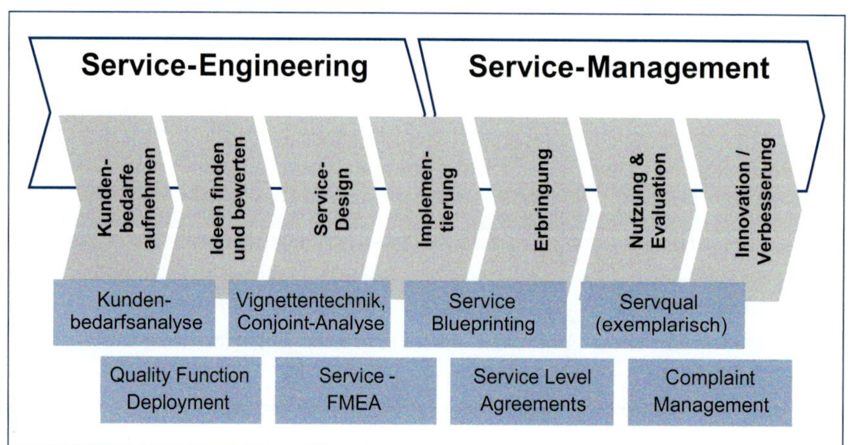

Abbildung 7.7-2 Methodenübersicht zur Steigerung der Dienstleistungsqualität

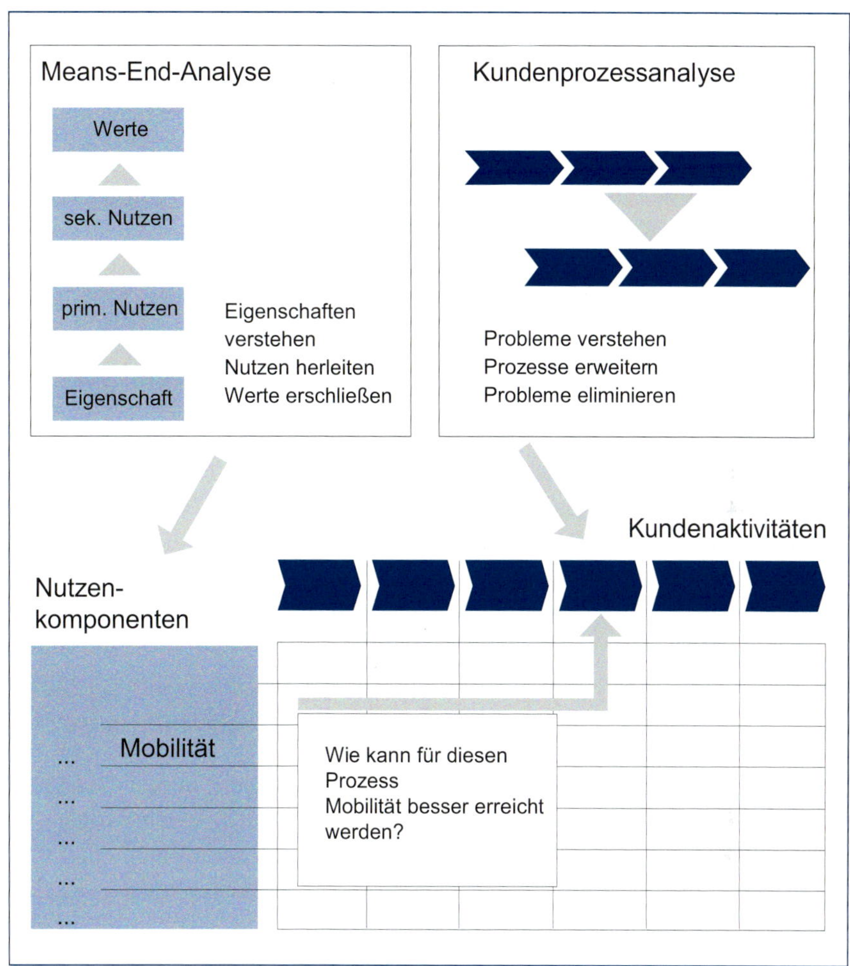

Abbildung 7.7-3 Vorgehen der antizipativen Kundenbedarfsanalyse

mit einem Produkt oder einer Dienstleistung durchläuft. Darauf aufbauend findet eine Analyse statt, die zum Ziel hat, die Kundenprozesse zu erweitern oder zu optimieren. Das bedeutet, dass erste Ideen generiert werden, welche Leistungen ein Unternehmen seinen Kunden zusätzlich anbieten kann oder wie es den Kundenprozess hilfreicher gestaltet und den Kunden somit eine bessere Unterstützung anbieten kann. Hier wird das Unternehmen als Problemlöser des Kunden betrachtet.

Means End-Analyse

Die genaue Analyse des Kundennutzens ist Gegenstand des zweiten Schrittes. Hierbei geht es darum, die Eigenschaften des Leistungsangebots nicht nur hinsichtlich der unmittelbaren Funktionalitäten zu beschreiben, sondern über den instrumentellen Nutzen hinaus nach weiteren Nutzenpotenzialen und tiefer liegenden Werten zu fragen.

So ist im Business-to-Business-Bereich eine transparente Übersicht (Funktionalität) von Einzelleistungen in einem Angebot nicht nur zur besseren Entscheidungsfindung (primärer Nutzen) des Kunden nützlich, sondern vermittelt auch das Gefühl von Seriosität, sodass sich der Kunde ernst genommen fühlt (sekundärer Nutzen) und befriedigt so ein gewisses Bedürfnis nach Sicherheit (terminaler Wert). Diese Zusammenhänge werden mittels der Means End-Analyse aufgedeckt (Abbildung 7.7-3) und können in hierarchischen Wertekarten zusammenfassend übersichtlich dargestellt werden.

Prozess-Empathie-Matrix

Im dritten Schritt dieses Vorgehens werden die Ergebnisse der vorangegangenen Schritte in einer Matrix aggregiert. Die Prozess-Empathie-Matrix umfasst demzufolge zum einen die einzelnen Schritte des eingangs definierten Kundenprozesses auf der Horizontalen. Zum anderen werden die Werte und Nutzenpotenziale auf der Vertikalen dieser Matrix abgetragen. So besteht die Möglichkeit, durch das systematische Durchgehen aller Matrixfelder zu prüfen, ob in einzelnen Schritten des Kundenprozesses bestimmte Werte noch nicht erfüllt sind oder noch besser erfüllt werden können.

Umgekehrt kann auch ein in einem Schritt schon vorhandenes Nutzenpotenzial auf weitere Schritte übertragen werden. Durch dieses Vorgehen ist sichergestellt, dass alle Möglichkeiten zur Optimierung eines Leistungsbündels überprüft werden. Zusammenfassend werden durch die Kundenbedarfsanalyse, wie sie hier vorgestellt wird, individuell für den Kunden antizipierte Lösungen mit dem für ihn verbundenen Nutzen gegenübergestellt, abgeglichen und führen so zu weiteren Optimierungsideen.

7.7.3 Ideenfindung und -bewertung

Service-QFD

Als Teil der Service-Engineering-Phase dient die Anforderungsanalyse dazu, die Wünsche und Vorstellungen des Kunden zu ermitteln und diese in entsprechende Dienstleistungsmerkmale zu überführen. Mithilfe der Service-Quality Function Deployments (Service-QFD) werden die Kundenanforderungen analysiert und daraus Dienstleistungsfunktionen abgeleitet.

Service-QFD ist angelehnt an die Methode des Quality Function Deployments (QFD, siehe Toolbox, Kapitel 11.22). Der Unterschied zwischen der klassischen QFD und Service-QFD besteht lediglich im betrachteten Objekt. Die Service-QFD behandelt Dienstleistungen, während sich die klassische QFD mit physischen Produkten befasst.

Conjoint-Analyse

Die Conjoint-Analyse untersucht, wie viel einzelne Dienstleistungsfunktionen einem Kunden wert sind. Mithilfe einer Conjoint-Analyse können Präferenzwerte von Konsumenten für gegebene Merkmale (Wichtigkeiten), für deren Ausprägungen (Teilnutzenwerte) sowie für Kombinationen bestimmter Merkmale bzw. Merkmalsausprägungen (Gesamtnutzen) für ein Produkt bzw. eine Dienstleistung ermittelt werden. Die Conjoint-Analyse ermöglicht durch die Verknüpfung von Merkmalen zu nahezu beliebigen Merkmalskombinationen die Untersuchung von hypothetischen Angebotsleistungen.

Im Bereich der Preisbestimmung werden Conjoint-Analysen häufig eingesetzt, um die Datenbasis für die Berechnung der voraussichtlichen Preis-Absatz-Funktion für ein Produkt auf einem gegebenen Markt bzw. in einem Konkurrenzumfeld zu liefern. Mit den Daten der Conjoint-Analyse kann dabei eine sogenannte Marktsimulation durchgeführt werden, über die sich für ein gegebenes Produkt derjenige Preis errechnen lässt, der dem Hersteller das Gewinnoptimum einbringt. Häufiges Anwendungsgebiet ist der Konsumgüterbereich. Im Entwicklungsbereich wird die Methode relativ selten eingesetzt, da sie sehr kosten- und zeitintensiv ist sowie umfangreiche statistisch-mathematische Kenntnisse erfordert.

Für eine weitere Auseinandersetzung mit der Conjoint-Analyse im Detail wird auf Kapitel 7.2 und Kapitel 11.7 verwiesen.

Vignetten-Technik

Die Vignetten-Technik erlaubt es, Qualitätsurteile vom Kunden über Dienstleistungen einzuholen, die noch in der Entwicklung sind und noch nicht auf dem Markt angeboten werden. In der Sachgüterentwicklung kann diese Problematik mithilfe von Prototypen gelöst werden. In der Dienstleistungsentwicklung versucht die Vignetten-Technik, die fiktiven Leistungen über Szenarien greifbar zu machen (Abbildung 7.7-4).

Die Vignetten-Technik basiert auf dem Conjoint Measurement, mit der Annahme, dass sich die Gesamtzufriedenheit additiv aus den Teilzufriedenheiten ergibt. Jede Vignette stellt eine Kombination unterschiedlicher Qualitätsmerkmale und Ausprägungen dar. Zu Beginn des Verfahrens werden alle generierten Kombinationen (Vignetten) aufgelistet. In der darauf folgenden Kundenbefragung werden den Kunden zuerst die Vignetten präsentiert und anschließend durch einen paarweisen Vergleich durch die Kunden bewertet. Aus den Bewertungen wird dann als Ergebnis die Dienstleistungsvariante ermittelt, die den höchsten Kundenzuspruch erhalten hat.

Insbesondere für komplexe Dienstleistungen, bei denen es viele verschiedene Möglichkeiten gibt, Qualitätsmerkmale zu gestalten, lohnt sich

Abbildung 7.7-4 Durchführung der Vignetten-Technik

der Aufwand dieser Methodik nicht immer. Vier Qualitätsmerkmale mit drei verschiedenen Ausprägungen würden beispielsweise 81 unterschiedliche Vignetten ermöglichen. Daher sollte die Auswahl der Vignetten vor der Abfrage eingeschränkt werden.

7.7.4 Service Design

Service-Blueprinting

Das Service-Blueprinting dient der Analyse, Visualisierung und Konzeptionierung sowie der Optimierung von Dienstleistungsprozessen. Der Service-

Blueprint verbindet die Sicht des Kunden auf den Prozess der Leistungserstellung mit der internen Sichtweise des Anbieters. Ziel ist es, eine funktionerfüllende Modellierung des Dienstleistungsprozesses zu erhalten. Hierzu werden chronologisch alle Aktivitäten des Dienstleistungsprozesses aufgeführt (horizontale Ebene). Die einzelnen Aktivitäten werden hierbei verschiedenen Ebenen zugeordnet, die sich dadurch unterscheiden, wie „weit" sie vom Kunden entfernt sind (vertikale Ebene). Die Zuordnung der Aktivitäten erfolgt unabhängig davon, in welcher Organisationseinheit sie erbracht werden (Abbildung 7.7-5).

Auf der ersten Ebene werden alle **Kundenaktivitäten** eingetragen, d.h. alle Aktivitäten, die vom Kunden selbst durchgeführt werden. Die *Line of Interaction* trennt die Ebene der Kundenaktivitäten von der zweiten Ebene, der Ebene der **Onstage-Aktivitäten**. Hier werden alle unmittelbar kundeninduzierten Aktivitäten, die der Kunde auch wahrnimmt, festgehalten. Hinter der *Line of Visibility* liegt die Ebene der **Backstage-Aktivitäten**. Dort werden alle direkt kundenbezogenen Aktivitäten notiert, die von den Kundenschnittstellen – Mensch oder Maschine – zu erfüllen sind, aber für den Kunden selbst nicht erlebbar sind. Die vierte Ebene, die Ebene der **Support-Aktivitäten**, befindet sich unter der *Line of internal Interaction* und befasst sich mit der Darstellung aller Aktivitäten, die mit der Umsetzung der Kundeninformationen in kundengerechte Leistungen (z.B. Service-Innendienst) beschäftigt sind. Nach dieser Ebene, unter der *Line of order Penetration* folgt die Ebene der **Preparation-Aktivitäten**. Hierunter werden alle Aktivitäten gefasst, die der Markterschließung bzw. Dienstleistungsvorbereitung dienen, aber nicht unmittelbar von einem konkreten Kundenauftrag abhängen. Unter der *Line of Implementation* kommt als letzte Ebene die Ebene der **Facility-Aktivitäten**. Hier werden alle Aktivitäten eingetragen, die dazu dienen, Infrastruktur bereitzustellen, um damit eine prinzipielle Leistungsfähigkeit des Unternehmens zu gewährleisten.

Das Haupteinsatzgebiet der Service-Blueprinting-Methode ist die Gestaltung von neuen, innovativen Dienstleistungsprozessen. Durch die horizontale Ebeneneinteilung der Ablaufgestaltung

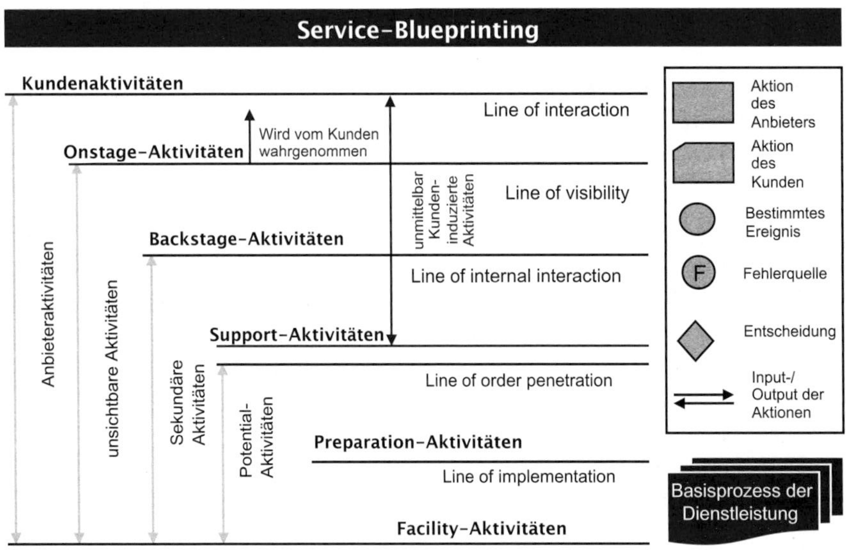

Abbildung 7.7-5
Service-Blueprinting

ist es möglich, direkt bei der Prozessbetrachtung zu analysieren, welche Prozesse für den Kunden transparent sind und welche nicht. Je mehr Aktivitäten oberhalb der *Line of Visibility* stattfinden, desto eher mag ein Kunde bereit sein, diese Aktivitäten entsprechend zu zahlen. Jedoch ist hier abzuwägen, welche Aktivitäten sich begünstigend auf die Steigerung der Zahlungsbereitschaft des Kunden ausüben und welche nicht. Je weiter unten die Aktivitäten im Modell des Service-Blueprints ablaufen, desto größer ist das Standardisierungs- und damit auch Kosteneinsparungspotenzial.

Service-FMEA

Die bekannte Methodik der Fehlermöglichkeits- und Einflussanalyse (FMEA, siehe Toolbox, Kapitel 11.12) wird zum Entdecken und Ausschalten potenzieller Fehlerquellen und möglicher kritischer Situationen eingesetzt, sodass vor dem eigentlichen Prozessstart nahezu alle Fehler beseitigt sind. Darauf aufbauend ist die Service-FMEA mit ihrem Schwerpunkt auf dem Dienstleistungsprozess und hier auf den Prozessen, die vom Kunden wahrgenommen werden können (siehe auch Service-Blueprinting), entwickelt worden. Im Gegensatz zu der klassischen FMEA gilt es bei der Service-FMEA, die Erstellung der Leistung in dem Moment der Erbringung und die Integration des Kunden zu berücksichtigen. Fehler bei der Dienstleistungserbringung können nur schwer oder gar nicht behoben werden. Hinzu kommt, dass Reaktionen des Kunden schwer kalkulierbar sind und deswegen kaum mit einbezogen werden können. Dies führt zu einer hohen Komplexität bei der Untersuchung der Dienstleistungsprozesse. Für die sinnvolle Durchführung einer Service-FMEA muss der betrachtete Dienstleistungsprozess eine relativ hohe Wiederholhäufigkeit haben, da ansonsten der Aufwand den erzielbaren Nutzen übersteigt.

Implementierung von Services

Sind die Dienstleistungsfunktionen bewertet und im Ablauf eindeutig und fehlerfrei dargestellt, so werden sie in der Realisierungsphase dem Kunden angeboten. Hierbei kann es vor allem im Business-to-Business-Bereich (B2B) mit Geschäftskunden hilfreich sein, Vereinbarungen bezüglich der zu erbringenden Leistung zu treffen.

Service Level Agreements

In der Gestaltung und Realisierung von Services kommt hier die Methode der Service Level Agreements als zentrales Managementinstrument zum Einsatz. Zielsetzung der Methode ist es, zwischen Kunden und Dienstleister Klarheit darüber zu schaffen, welche Leistung, in welchem Umfang, zu welchen Kosten durch den Dienstleister bereitzustellen ist. Um diese Zielsetzung zu erreichen, bedarf es einer genauen Beschreibung und Definition der Dienstleistungsangebote sowie einer Vereinbarung darüber, wie viele Service-Ressourcen bereitzustellen sind. Des Weiteren gilt es in der Kunden-Dienstleister-Beziehung, die jeweiligen Rechte und Pflichten der Parteien eindeutig festzulegen. Um die Einhaltung und die Qualität der getroffenen Vereinbarungen zu überwachen, werden messbare Kriterien des Service Levels ausgewählt und entsprechende Bewertungsmethoden und -intervalle festgelegt.

Die Methode des Service-Blueprinting findet auch bei der Gestaltung und Realisierung von Leistungen Anwendung. Sie wird hier für die fortlaufende Modellierung und die Überarbeitung von Qualitätsmängeln der Dienstleistungsprozesse verwendet.

Erbringung von Services

Da die Erbringung der Dienstleistung gleichzeitig der Moment der Dienstleistungsentstehung ist, kommt es in dieser Phase besonders auf die Qualifizierung des Personals an, welches die Leistung erbringt. Die wichtigsten Faktoren sind hier die soziale und Methodenkompetenz des Kundenkontaktpersonals.

7.7.5 Nutzung und Evaluation von Services

ServQual-Methode

Die bekannteste Kennzahl für die Qualität von Dienstleistungen ist die Kundenzufriedenheit. Sie lässt sich am zuverlässigsten durch eine Kundenbefragung erheben, wofür häufig Fragebogen herangezogen werden.

Exemplarisch für Fragebogentechniken wird an dieser Stelle die ServQual-Methode vorgestellt. ServQual (SERVice QUALity) baut auf den Erkenntnissen des GAP-Modells auf. Die Bewertung der Dienstleistungsqualität als Differenz zwischen den Erwartungen des Kunden an die ausstehende Dienstleistung und seiner Wahrnehmung der erbrachten Dienstleistung ist das Ergebnis dieser Methode.

Die Methode wurde von Zeithaml, Parasuraman, und Berry [ZEIT92] auf der Grundlage der Messtechniken der empirischen Sozialforschung entwickelt und stellt ein Verfahren der Zufriedenheitsforschung dar. ServQual erfasst ein differenziertes Bild des subjektiven Erlebens aus Kundensicht, indem der Befragte sich zu Stärken und Schwächen der abgefragten Qualitätsdimensionen äußert. Die fünf Qualitätsdimensionen, die für die Wahrnehmung der Dienstleistungsqualität entscheidend sind, sind das materielle Umfeld (Tangibles), die Zuverlässigkeit (Reliability), die Reaktionsbereitschaft (Responsivness), die Leistungskompetenz (Assurance) und das Einfühlungsvermögen (Empathy). Das Vorgehen sieht zunächst eine Befragung des Kunden mittels eines standardisierten Fragebogens bzgl. seiner Erwartungen an die Dienstleistung (Erwartungshaltung) vor. Danach wird abgefragt, wie die Dienstleistung wirklich wahrgenommen wurde (Erlebniserfahrung). Abschließend werden die Auswertungen der Erwartungshaltung und der Erlebnisbefragung gegenübergestellt. Die Differenz zwischen den jeweiligen Messwerten stellt ein Maß für die Notwendigkeit von Verbesserungsmaßnahmen dar.

Die ServQual-Methode kommt in breit gefächerten Anwendungsgebieten zum Einsatz und bietet eine gute Validität der Ergebnisse. Jedoch stellt die verwendete Doppelskala hohe Ansprüche an die Urteilsfähigkeit der Probanden.

Innovation und Verbesserung der Dienstleistungsqualität

Im Bereich der Optimierung der Dienstleistungsqualität kommt dem Management von Beschwerden und Reklamationen im Sinne eines Complaint Management-Prozesses eine hohe Bedeutung zu, da dies die Grundlage von kontinuierlichen Verbesserungsvorhaben darstellt.

Ein guter Complaint-Prozess optimiert schnell und wirksam bereits angebotene Dienstleistungen und erhöht den Reifegrad und den Innovationsgehalt von neuen Dienstleistungen. Hierzu ist bei der Aufnahme einer Reklamation oder Beschwerde eine schnelle Erkennung von möglichen Problemen und eine entsprechende Analyse der Ursachen notwendig (Abbildung 7.7-6).

Unterstützt wird die Problemfindung und Ursachenanalyse durch die Anwendung der Blueprinting-Methode. Hier können etwaige Probleme und deren Ursachen zum einen sehr schnell durch

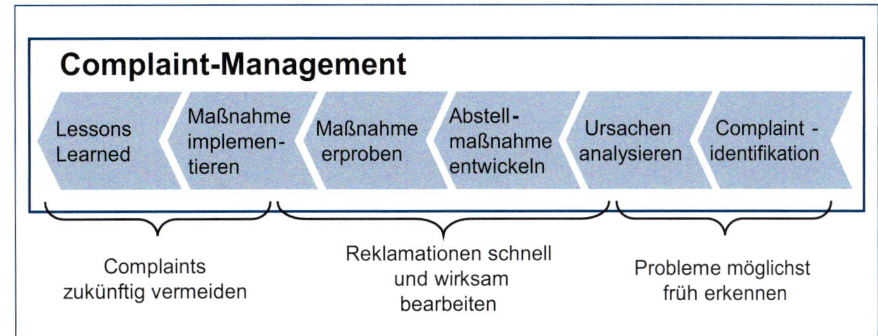

Abbildung 7.7-6
Customer Complaint-Prozess

die Prozessdarstellung erkannt werden, zum anderen ist es durch die Ebeneneinteilung möglich zu ersehen, inwieweit das Problem den Kunden erreicht. Nachdem die Ursachen der Probleme analysiert worden sind, müssen schnell wirksame Abstellmaßnahmen entwickelt und anschließend erprobt werden. Haben sich die Maßnahmen bewährt, werden sie standardisiert implementiert, damit ein wiederholtes Auftreten der Probleme zukünftig verhindert werden kann. Im Sinne des KVP ist der Complaint-Prozess kein einmaliges Projekt, sondern ein sich ständig wiederholender Prozess, um die Dienstleistungsqualität stetig zu verbessern. Deswegen spielen Lessons Learned im Sinne eines Erfahrungsaustauschs über Ursachen und Abstellmaßnahmen eine zentrale Rolle. Gelingt es, den Complaint-Prozess erfolgreich zu gestalten, steigt die Kundenzufriedenheit, etwaige Imageverluste des Unternehmens werden abgewendet, und die Kosten können signifikant gesenkt werden.

7.7.6 Zusammenfassung

Die Bedeutung von industriellen Services nimmt vor dem Hintergrund, dass Sachgüter schnell nachgeahmt (Produktpiraterie) und günstig produziert und verkauft werden können (im Gegensatz zu Hochlohnländern), zu. Dienstleistungen bieten eine Möglichkeit, Produkte zu individualisieren und stellen dadurch eine Wertsteigerung durch ihren Problemlösungscharakter für den Kunden dar. Darüber hinaus bedürfen sie dabei vergleichsweise geringer Investitionskosten.

Ausschlaggebend für die Nutzung und Evaluation von Dienstleistungen ist die Wahrnehmung des Kunden in Abgleich mit seinen Erwartungen an die zu beanspruchende Leistung. Auf dieser Basis wurde das GAP-Modell und später die Methode ServQual entwickelt.

Service Engineering beschreibt die Vorgehensweisen und Methoden der erfolgreichen Dienstleistungsentwicklung, die sich an der Quality Forward und Backward Chain des Aachener Qualitätsmanagement Modells anlehnen. Service Management dient dazu, die erreichten Standards der Dienstleistungsqualität aufrechtzuerhalten und weiter auszubauen. Im Rahmen dieses Kapitels wurden entsprechende Methoden vorgestellt, die dazu dienen, die Dienstleistungsqualität über den gesamten Lebenszyklus sicherzustellen.

Literatur

[ACHA11] *Achatz, R./Barner, A./Schweer, D.:* Deutschland 2015 – Zukunftsperspektiven der Wertschöpfung. Hrsg.: BDI – Bundesverband der Deutschen Industrie e. V./Z_punkt GmbH – The Foresight Company. Berlin, November 2011

[AIAG02] *Automotive Industry Action Group AIAG:* Measurement System Analysis. Reference Manual ASQC. 3. Auflage. AIAG, Troy (Michigan) 2002

[AIAG08] *Automotive Industry Action Group AIAG:* Advanced Product Quality Planning (APQP) and Control Plan – Reference Manual, 2. Auflage. Detroit 2008

[AIAG10] *Automotive Industry Action Group (AIAG) (2010) QS 9000:* Measurement Systems Analysis. 4th Edition. Michigan, 2010.

[AIGN09] *Aigner, M./Stelzer, R.:* Product Lifecycle Management – Ein Leitfaden für das Product Development und Life Cycle Management. 2., neu bearbeitete Auflage. Springer, Berlin 2009

[AKAO92] *Akao, Y.:* QFD – Quality Function Deployment. Verlag Moderne Industrie, Landsberg/Lech 1992

[ALBE05] *Albers, S./Gassmann, O.:* Handbuch Technologie- und Innovationsmanagement. Gabler, Wiesbaden 2005

[ALBE09] *Albers, S./Klapper, D./Konrad, D./ Walter, A./Wolf, J. (Hrsg.):* Methodik der empirischen Forschung. 3. Auflage. Gabler, 2009

[ANGH89] *Anghel, C.:* Qualitätsregelkarten für logarithmisch-normalverteilte Kollektive. In: Qualität und Zuverlässigkeit, 34 (1989). S. 533–536

[ARNO02] *Arnold, U.:* Global Sourcing: Strategiedimensionen und Strukturanalyse. In: Hahn, D./Kaufmann, L. (Hrsg.): Handbuch Industrielles Beschaffungsmanagement. 2. Auflage. Gabler, Wiesbaden 2002. S. 201–220

[BAMB12] *Bamberg, G./Baur, F.:* Statistik. 17. Auflage. Oldenbourg, Wien 2012

[BAUE91] *Bauer, C.-O.:* Aufgaben des Kundendienstes in der Produkthaftung. In: Information des Haftpflichtverbandes der deutschen Industrie, HIII 09/1991

[BEER09] *Beermann, S.:* Workshops: Vorbereiten, durchführen, nachbereiten. Haufe Verlag, Freiburg 2009

[BENA53] *Benard, A./Bos-Levenbach, E. C.:* Het Uizetten van Waarnemigen op Waar-schijnlijkheidspapier. In: Statistica 7; 1953. S. 163

[BEPF99] *Behrendt, S./Pfitzer, R./Kreibich, R.:* Wettbewerbsvorteile durch ökologische Dienstleistungen – Umsetzung in der Unternehmenspraxis. Springer, Berlin 1999

[BERE04] *Berekoven L./Eckert, W./Ellenrieder, P.:* Marktfoschung. Methodische Grundlagen und praktische Anwendung; Gabler Verlag, Wiesbaden 2004

[BERN05] *Bernards, M.:* Modulare Prüfplanung. Dissertation. RWTH Aachen, 2005

[BOAR90] *Boardman, E./Boardman, T.:* Don't touch that funnel. In: Quality Progress 23 (1990), Nr. 12. American Society for Quality Control, Milwaukee. S. 65–69

[BORT06] *Bortz, J./Döring, N.:* Forschungsmethoden und Evaluation für Human- und Sozialwissenschaftler. Springer, Heidelberg 2006

B

[BOSC90] *Robert Bosch GmbH:* Technische Statistik, Fähigkeit von Messeinrichtungen. Qualitätssicherung in der Bosch-Gruppe. Firmenschrift. Stuttgart, 1990

[BOTH99] *Bothe, M.:* Supply Chain Management mit SAP AP – Erste Projekterfahrungen. In: Heilmann, H. u. a. (Hrsg.): Handbuch der maschinellen Datenverarbeitung – Praxis der Wirtschaftsinformatik. Hüthig, Heidelberg 1999. S. 70–77

[BROW07] *Browning, T. R./Ramasesh, R. V.:* A Survey of Activity Network – Based Process Models for Managing Product Development Projects. In: Production and operations Management, Vol. 16, No. 2, 2007

[BUSC07] *Buch-Stockfisch, M.:* Einrichten eines Sensoriklabors, Probenvorbereitung und -präsentation. In: Busch-Stockfisch, M. (Hrsg.): Praxishandbuch Sensorik in der Produktentwicklung und Qualitätssicherung. 16. Aktualisierungslieferung (Loseblattsammlung). Behr's, Hamburg 08/2007. Kap. 1–3

[BUSS99] *Bussiek, T./Stotz, A.:* Optimierung der extended Supply Chain mittels Internet-Lösungen für die Beschaffung (SAP B2B Procurement). In: Heilmann, H. u. a. (Hrsg.): Handbuch der maschinellen Datenverarbeitung – Praxis der Wirtschaftsinformatik. Hüthig, Heidelberg 1999. S. 35–46

[CHES06] *Chesbrough, H./Vanhaverbeke, W./West, J.:* Open innovation: researching a new paradigm. Oxford University Press, New York 2006

[CHRY98] *Chrysler/Ford/General Motors:* QS-9000. Quality System Requirements. Firmenschrift. Troy (Michigan), 1998

[COHE06] *Cohen, S./Roussel, J.:* Strategic Supply Chain Management. Springer, Berlin 2006

[CZET78] *Czetto, R.:* Klassifizierungssystem für Prüfmittel der industriellen Längenprüftechnik: Forschung und Praxis. Krauskopf, Mainz 1978

[DAIM95] *DaimlerChrysler/Ford/General Motors:* PPAP – Production Part Approval Process. Firmenschrift. Detroit, 1995

[DAIM98] *DaimlerChrysler/Ford/General Motors:* QS-9000 Quality System Requirements. Firmenschrift. Detroit 1998

[DEMI00] *Deming, W. E.:* Out of the Crisis. Massachusetts Institute of Technology, Center for Advanced Engineering Study, Cambridge 2000

[DIET91] *Dietrich, E.:* Fähige Messverfahren – Die Basis der statistischen Prozesslenkung. In: QZ – Qualität und Zuverlässigkeit 36 (1991), Nr. 3, S. 153–159

[DIN88] *Norm DIN 55350 Teil 17 (1988):* Begriffe der Qualitätssicherung und Statistik: Begriffe der Qualitätsprüfungsarten. Beuth, Berlin

[DIN93] *Norm DIN ISO 2859 Teil 2 (1993):* Annahmestichprobenprüfung anhand der Anzahl fehlerhafter Einheiten oder Fehler (Attributprüfung). Beuth, Berlin

[DIN95] *Norm DIN 1319 Teil 1 (1995):* Grundlagen der Messtechnik: Grundbegriffe. Beuth, Berlin

[DIN07] *Norm DIN ISO 2859 Teil 3 (2007):* Annahmestichprobenprüfung anhand der Anzahl fehlerhafter Einheiten oder Fehler (Attributprüfung): Skip-Lot-Verfahren. Beuth, Berlin

[DIN08a] *Norm DIN ISO 2859 Teil1 (Februar 2008):* Annahmestichprobenprüfung anhand der Anzahl fehlerhafter Einheiten oder Fehler (Attributprüfung) – Teil 1: Nach der annehmbaren Qualitätsgrenzlage (AQL) geordnete Stichprobenanweisungen für die Prüfung einer Serie von Losen

[DIN08b] *Norm DIN ISO 3951 Teil 1 (2008):* Verfahren für die Stichprobenprüfung anhand quantitativer Merkmale (Variablenprüfung) – Teil 1: Spezifikation für Einfach-Stichprobenanweisungen für losweise Prüfung. Beuth, Berlin

[DIN08c] *Norm DIN 55350 Teil 11 (Mai 2008):* Begriffe zum Qualitätsmanagement (Ergänzung zu DIN EN ISO 9000:2005)
Diese Norm gilt für Benennungen und Definitionen der in Qualitätsmanagement, Statistik und Zertifizierungsgrundlagen verwendeten Begriffe und damit der Verständigung auf diesem Gebiet.

[DIN08d] *Norm DIN EN ISO 9001 (2008):* Qualitätsmanagementsysteme: Anforderungen. Beuth, Berlin

[DIN09] *Norm DIN EN ISO 9004 (Dezember 2009):* Leiten und Lenken für den nachhaltigen Erfolg einer Organisation – Ein Qualitätsmanagementansatz

[DIN13] *ISO 22514-2:*2013 Statistische Verfahren im Prozessmanagement – Fähigkeit und Leistung – Teil 2: Prozessleistungs- und Prozessfähigkeitskenngrößen von zeitabhängigen Prozessmodellen. Beuth, Berlin

[DIN14a] *Norm E DIN EN ISO 9001 (August 2014):* Qualitätsmanagementsysteme – Anforderungen

[DIN14b] *Norm DIN ISO 2859 Teil 1 (2014):* Annahmestichprobenprüfung anhand der Anzahl fehlerhafter Einheiten oder Fehler (Attributprüfung) – Teil 1: Nach der annehmbaren Qualitätsgrenzlage (AQL) geordnete Stichprobenpläne für die Prüfung einer Serie von Losen. Beuth, Berlin

[DLR05] *Hüttemann, E./Rinke, S./Ernst, G.:* Bilanz im Schwerpunkte Service Engineering. Deutsches Zentrum für Luft- und Raumfahrt, PT-Paper, 2005

[DOER01] *Dörflinger, M./Marxt, C.:* Mass Customization. Neue Potentiale durch kundenindividuelle Massenproduktion (1). In: io management, 70. Jg., 2001, Nr. 3. S. 86–93

[DREW10] *Drews, G./Hillebrand, N.:* Lexikon der Projektmanagement-Methoden. 2. Auflage. Haufe, Freiburg 2010

[DUCH07] *Duchowski, A. T.:* Eye Tracking Methodology: Theory and Practice. Band 2. Springer, London 2007

[DUNC86] *Duncan, A. J.:* Quality Control and Industrial Statistics. 5. Auflage. Irwin (Homewood/IL, USA), 1986

[EDLE01] *Edler, A.:* Nutzung von Felddaten in der qualitätsgetriebenen Produktentwicklung und im Service. Dissertation. TU Berlin, 2001

[EHRL95] *Ehrlenspiel, K./Meerkamm, H.:* Integrierte Produktentwicklung: Denkabläufe, Methodeneinsatz, Zusammenarbeit. 5. Auflage. Carl Hanser Verlag, München 2013

[EICH02] *Eichler, B.:* Beschaffungsmarketing und -logistik. Verlag Neue Wirtschafts-Briefe, Herne 2002

[EISE99] *Eisenhut, A.:* Service Driven Design: Konzepte und Hilfsmittel zur infor-

B

mationstechnischen Kopplung von Service und Entwicklung auf der Basis moderner Kommunikations-Technologien. Dissertation. ETH Zürich, 1999

[ETAI07] *E-Tailing Group Inc.:* Social Shopping Study 2007. Quelle: *http://www.internetretailer.com/2007/11/08/customer-reviews-influence-cross-channel-buying-decisions-study* [Stand: 21.08.2014]

[EVER90] *Eversheim, W.:* Produktionssystematik in 4 Bänden. VDI-Verlag, Düsseldorf 1988–1990

[FORD90] *Ford Werke AG:* Fähigkeit von Mess-Systemen und Messmitteln: Richtlinie. Firmenschrift. Köln, 1990

[FRAN06] *Franke, N.:* A test of lead user theory. In: Journal of Product Innovation Management, 2006

[FRAN93] *Franke, H.:* Qualitätsmanagement bei Zulieferungen. 3. überarbeitete und erweiterte Auflage. Expert, Ehningen 1993

[GABL14] *Springer Gabler Verlag (Hrsg.):* Gabler Wirtschaftslexikon. Stichwort: „Kreativitätstechniken". Quelle: *http://wirtschaftslexikon.gabler.de/Archiv/55447/kreativitaetstechniken-v7.html* [Stand: 28.11.2014]

[GANZ99] *Ganz, W./Steinheider, B.:* Wettbewerbsdifferenzierung und Wachstum durch hybride Produkte. Fraunhofer Institut für Arbeitswirtschaft und Organisation, 1999

[GASS06] *Gassmann, O./Enkel, E.:* Open Innovation. Die Öffnung des Innovationsprozesses erhöht das Innovationspotential. In: Zeitschrift Führung + Organisation. 75. Jg., 2006, Nr. 3. S. 132–138

[GEIG98] *Geiger, W.:* Qualitätslehre. Einführung – Systematik – Terminologie. 3. Auflage. Vieweg Verlag, Braunschweig/Wiesbaden 1998

[GELB08] *Gelbrich, K./Wünschmann, S./Müller, S.:* Erfolgsfaktoren des Marketing (aus der Reihe: Vahlens Kurzlehrbücher). Verlag Vahlen, München 2008

[GNED41] *Gnedenko, B. V.:* Grenztheorem für den Maximalwert einer Zufallsfolge. Doklady Akad. Nauk. USSR 32, 1941

[GOPF08] *Göpferich, S.:* Translationsprozessforschung: Stand – Methode – Perspektiven. Attempto Verlag, Tübingen 2008

[GUMB54] *Gumbel, E. J.:* Statistical Theory of Extrem Values and some practical Applications. Appl. Math. Series 33. National Bureau of Standards, Washington 1954

[GÜNT06] *Günther, M.:* Marktforschung mit Panels: Arten – Erheben – Analyse – Anwendung. Gabler Verlag, Wiesbaden 2006

[HAAS05] *Haasis, H.-D.:* Mass Customization in International Logistics. In: Blecker, T./Friedrich, G. (Hrsg.): Mass Customization. Concepts – Tools – Realization. Berlin, 2005

[HAMM12] *Hammers, C.:* Modell für die Identifikation kritischer Informationspfade in Entwicklungsprojekten zur projektindividuellen Umsetzung der Quality-Gate-Systematik. Produktionsqualität und Messtechnik, Bd. 14. Apprimus Verlag, Aachen 2012

[HART09] *Hartung, J./Elpelt, B./Klösener, K.:* Statistik – Lehr- und Handbuch der angewandten Statistik. 15. Auflage. Oldenbourg Verlag, München 2009

[HART89] *Hartung, J. u. a. :* Statistik – Lehr- und Handbuch der angewandten Statistik. 7. Auflage. Oldenburg Verlag, München/Wiesbaden 1989

[HEIN00] *Heinz, K.:* Produkte und Dienstleistungen im Wandel der Zeit. In: Luczak H./Eversheim, W./Stich, V.: Betriebs- und Arbeitsorganisation im Wandel der Zeit. TÜV-Verlag GmbH, 2000

[HELM88] *Helmers, H./Stark, R.:* SPC in der Continental. In: Qualität und Zuverlässigkeit 33 (1988), Nr. 2, S. 71–75

[HENS05] *Hense, K./Lesmeister, F./Schmitt, R./Klenter, G.:* Sourcings-Trends im deutschen Maschinenbau. In: QZ – Qualität und Zuverlässigkeit Nr. 9 (50), 2005

[HENT10] *Hentschel, C./Grundlach C./Nähler, H. T.:* Pocket Power, TRIZ – Innovation mit System; Carl Hanser Verlag, München 2010

[HERM13] *Herrmann, A./Huber, F.:* Produktmanagement – Grundlagen – Methoden. Springer, Wiesbaden 2013

[HILL93] *Hillebrand, W./Linden, F.:* Noch einmal mit Gefühl. In: manager magazin 1993, Nr. 3. S. 100–110

[HOEC05] *Hoeck, H.:* Produktlebenszyklus-orientierte Planung und Kontrolle industrieller Dienstleistungen im Maschinenbau. In: Luczak, H./Eversheim, W. (Hrsg.): Schriftenreihe Rationalisierung und Humanisierung. Shaker Verlag, Aachen 2005

[HOMB02] *Homburg, C./Fassnacht, M./Günther, C.:* Erfolgreiche Umsetzung dienstleistungsorientierter Strategien. In: Zeitschrift für betriebswirtschaftliche Forschung, 54. Jg., 2002. S. 487–508

[HOMB08] *Homburg, C.:* Kundenzufriedenheit. Gabler, Wiesbaden 2008

[HORV93] *Horváth, P./Niemand, S./Wolbold, M.:* Target Costing, State of the Art. In: Horváth, P. (Hrsg.): Target costing. Marktorientierte Zielkosten in der deutschen Praxis. Schäffer-Poeschel, Stuttgart 1993

[HUET06] *Hüttenegger, G.:* Open Source Knowlege Management. 1. Auflage. Springer, Berlin 2006

[HÜTT02] *Hüttner, M./Schwarting, U.:* Grundzüge der Marktforschung. Oldenburg Verlag, München 2002

[ISO09] *ISO/TS 16949 Qualitätsmanagementsysteme:* Besondere Anforderungen bei der Anwendung von ISO 9001:2008 für Serien- und Ersatzteil-Produktion in der Automobilindustrie

[ISO12] *ISO 22514-7 Statistical methods in process management – Capability and performance – Part 7:* Capability of measurement processes. 2012.

[JAHN04] *Jahns, C.:* Der Paradigmenwechsel vom Einkauf zum Supply Management (Teil 14). In: Beschaffung Aktuell 2004, Nr. 8

[JAHN88] *Jahn, H.:* Erzeugnisqualität, die logische Folge von Arbeitsqualität. In: VDI – Z 130 (1988) 4, S. 4–12

[JCGM08] *JCGM 100:*2008 Evaluation of measurement data – guide to the expression of uncertainty in measurement (GUM 1995 with minor corrections). Bureau International des Poids et Mesures, 2008.

[JETT94] *Jetter, O.:* Beschaffung von Systemen und Modulen für Automobile. In: Schnauber, H. (Hrsg.): 3. Bochumer Qualitätstage. Tagungsband. Bochum, November 1994

[JOHN79] *John, B.:* Statistische Verfahren für technische Messreihen. Carl Hanser Verlag, München 1979

[JSCH98] *Jaschinski, C.:* Qualitätsorientiertes Redesign von Dienstleistungen. Dissertation (im Rahmen der Schriftreihe Rationalisierung und Humanisierung an der RWTH Aachen). Shaker Verlag, Aachen 1998

[KAMP08] *Kampker, A./Tücks, G.:* Schnell und einfach Hochfahren. In: Schuh, G./Stölzle, W./Straube, F. (Hrsg.): Anlaufmanagement in der Automobilindustrie erfolgreich umsetzen. Ein Leitfaden für die Praxis. 1.Auflage. Springer, Berlin 2008. S.203–213

[KANE89] *Kane, V.:* Defect Prevention. ASQC Quality Press, New York 1989

[KANO84] *Sauerwein, E.:* The Kano Model: How to delight your costumers. In: Preprints, Vol.1, 1984

[KLON98] *Klonaris, P.:* Systemkonzept zur frühzeitigen Einsatzplanung von Prüfmitteln. Shaker Verlag, Aachen 1998

[KOCH12] *Koch, J.:* Marktforschung. Begriffe und Methoden. Oldenburg Verlag, München 2012

[KOCH89] *Kocher, H.:* Marktgerechte Qualität. Verlag Paul Haupt, Bern/Stuttgart 1989

[KOET04] *Koether, R.:* Taschenbuch der Logistik. Fachbuchverlag Leipzig im Carl Hanser Verlag, München 2004

[KÖPP89] *Köppe, D./Heid, W.:* Möglichkeiten und Grenzen von SPC. In: QZ – Qualität und Zuverlässigkeit 34 (1989), Nr. 12. S.682–687

[KROL14] *Kroll, B.:* System modeling based on machine learning for anomaly detection and predictive maintenance in industrial plants. 19th IEEE International Conference on Emerging Technologies and Factory Automation (ETFA), 09/2014

[KURR04] *Kurr, M.:* Potentialorientiertes Kooperationsmanagement in der Zulieferindustrie – Vom strategischen Kooperationspotential zur operativen Umsetzung. Dissertation. Difo Druck/Universität St. Gallen, 2004

[LEE97] *Lee, H./Padmanabhan, V./Whang, S.:* The Bullwhip Effect in Supply Chains. In: Sloan Management Review, 38 (1997) 3. S.93–102

[LEHM04] *Lehmann, G.:* Das Interview: Erheben von Fakten und Meinungen im Unternehmen. 2.Auflage. Expert Verlag, Renningen 2004

[LORE04] *Lorenzi, P.:* Service Scout – Dienstleistungsbedarfe antizipativ erkennen und in Netzwerken systematisch erfüllen. Abschlussbericht des BMBF-Forschungsprojektes Service Scout. Cuvillier, Göttingen 2004

[LUET07] *Lüthje, C.:* Management der frühen Innovationsphasen: Grundlagen – Methoden – Neue Ansätze. Methoden zu Sicherstellung von Kundenorientierung in den frühen Phasen des Innovationsprozesses. 2.Auflage. S.40–56

[LUTZ11] *Lutz, H.:* Insourcing: Die Logistik kehrt in Betriebe zurück. In: Produktion – Technik und Wirtschaft für die Deutsche Industrie, Nr. 25, 2011

[MANG00] *Mangold, K.:* Dienstleistungen im Zeitalter globaler Märkte. Gabler, Mainz 2000

[MASI07] *Pfeifer, T./Schmitt, R. (Hrsg.):* Masing: Handbuch Qualitätsmanagement. 5., vollständig neu bearbeitete Auflage. Carl Hanser Verlag, München 2007

7

[MASI14] *Pfeifer, T./Schmitt, R. (Hrsg.):* Masing: Handbuch Qualitätsmanagement. 6., überarbeitete Auflage. Carl Hanser Verlag, München 2014

[MAST13] *Mast, C.:* Unternehmenskommunikation aus dem Jahr 2012. UTB, Konstanz 2013

[MATY07] *Matyas, K.:* Wertstromdesign. In: Thomann, H. J. (Hrsg.): Der Qualitätsmanagement-Berater. Kap. 09350, 31. Aktualisierung. TÜV Media, 2007. S. 1–13

[MATZ04] *Matzler, K./Bailom, F.:* Messung von Kundenzufriedenheit. In: Kundenorientierte Unternehmensführung. Gabler Verlag, Wiesbaden 2004

[MECK87] *Mecklenburg-Weiss, R.:* Systemkonzept zur anwenderneutralen Prüfplanerstellung auf einem Kleinrechner. Dissertation. RWTH Aachen, 1987

[MEFF06] *Meffert, H./Bruhn, M:* Qualitätsmanagement für Dienstleistungen. Gabler, Wiesbaden 2006

[NAGA11a] *Nagamachi, M./Lokman, A. M.:* Innovations of Kansei Engineering. Taylor & Francis Group, Boca Raton 2011

[NAGA11b] *Nagamachi, M.:* Kansei/Affective Engineering. Taylor & Francis Group, Boca Raton/London/New York 2011

[NAGA95] *Nagamachi, M.:* Kansei Engineering: A new ergonomic consumer-oriented technology for product development. 1995. S. 3–11

[NAGA99] *Nagamachi, M.:* Kansei Engineering the Implication and Applications to Product Development. In: Proceedings of the IEEE, Vol.6, 1999

[NEUM07] *Neumärker, I./Schmitt, R./Krippner, D.:* Methodische Qualitätssicherung mit Design Review Based on Failure Mode (DRBFM). In: Pfeifer, T./Schmitt, R. (Hrsg.): Masing Handbuch Qualitätsmanagement. 5. Auflage. Carl Hanser Verlag, München 2007. S. 433–439

[NEUR04] *McClure, S.:* Neural Correlates of Behavioral Preference for Culturally Familiar Drinks. In: Neuron, Vol. 44, October 2004

[OHLH76] *Ohl, H. L.:* Weibull-Analyse. In: QZ – Qualität und Zuverlässigkeit, Jg. 21 (3), 1976. S. 56–59

[PECH03] *Pechek, H.:* Paradigmenwechsel im Einkauf. In: Bouteller, R./Wagner, S./ Wehrli, H. (Hrsg.): Handbuch Beschaffung. Carl Hanser Verlag, München 2003, S. 23–34

[PFEI01a] *Pfeifer, T.:* Integrative Qualitätsplanungssystematik. In: Eversheim, W. (Hrsg.): Sonderforschungsbereich SFB 361: Modelle und Methoden zur integrierten Produkt- und Prozeßgestaltung. Arbeits- und Ergebnisbericht 1999/ 2000/ 2001. Eigendruck WZL/PS, Aachen 2001. S. 438–466

[PFEI01b] *Pfeifer, T.:* Praxisbuch Qualitätsmanagement. Aufgaben, Lösungswege, Ergebnisse. Carl Hanser Verlag, München 2001

[PFEI10] *Pfeifer, T.:* Fertigungsmesstechnik. 3. Auflage. Oldenbourg Verlag, München 2010

[PFEI87] *Pfeifer, T./Bonse, L.:* Prüfmittel rechnergestützt überwachen. In: Industrie-Anzeiger 109 (1987), Nr. 70. S. 18–25

[PFEI90] *Lücker, M./Pfeifer, T.:* Aufgaben und Funktionen der rechnergestützten Prüfmittelüberwachung. In: Industrie-Anzeiger 112 (1990), Nr. 33. S. 24–27

[PFEI96] *Pfeifer, T./Grob, R./Klonaris, P.:* Prüfmittelmanagement. In: io Management Zeitschrift 65 (1996), Nr. 3. S. 75–79

[PILL03] *Piller, F.:* Von Open Source zu Open Innovation. Harvard Business Manager, 25 (2003) 12 (Dezember)

[PILL06] *Piller, F.:* Mass Customization : Ein wettbewerbsstrategisches Konzept im Informationszeitalter. 4. Auflage. Deutscher Universitätsverlag, Wiesbaden 2006

[PILL99] *Pillep, R./Wrede von, P.:* Anspruch und Wirklichkeit – Nutzenpotenziale und Marktübersicht von SCM-Systemen. In: Industrie Management 15 (1999), Nr. 5. S. 18–22

[PINE93] *Pine, Joseph B. II:* Mass Customization: The New Frontier in Business Competition. Harvard Business School Press, Cambridge 1993

[POPP92] *Popp, K.:* Die Qualitätssicherungsvereinbarung. Carl Hanser Verlag, München 1992

[POZN07] *Poznanski, S.:* Wertschöpfung durch Kundenintegration. Eine empirische Untersuchung am Beispiel von Strukturierten Finanzierungen. 1. Auflage. DUV, Wiesbaden 2007

[PREF03] *Prefi, T.:* Qualitätsorientierte Unternehmensführung. Habilitationsschrift. RWTH Aachen, 2003

[PROF94] *Profos, P./Pfeifer, T.:* Handbuch der industriellen Fertigungsmesstechnik. 6. Auflage. Oldenbourg Verlag, München 1994

[QUAR96] *Quartapelle, A./Larsen, G.:* Kundenzufriedenheit. Springer, Berlin 1996

[RAMA96] *Ramaswamy, R.:* Design and Management of Service Processes. Addison Wesley, 1996

[REIC02] *Reichwald, R./Piller, F.:* Customer Integration. Formen und Prinzipien einer Integration der Kunden in die unternehmerische Wertschöpfung. Arbeitsbericht Nr. 26 des Lehrstuhls für Allgemeine und Industrielle Betriebswirtschaftslehre der TU München. 2002

[REIC05] *Reichwald, R./Piller, F.:* Open Innovation: Kunden als Partner im Innovationsprozess. In: Foschiani, S. (Hrsg.): Strategisches Wertschöpfungsmanagement in dynamischer Umwelt. 1. Auflage. Lang, Frankfurt am Main 2005

[REIC09] *Reichwald, R./Piller, F.:* Interaktive Wertschöpfung. 2. Auflage. Gabler, Wiesbaden 2009

[RINN95] *Rinne, H./Mittag, H.J.:* Statistische Methoden der Qualitätssicherung. 3. Auflage. Carl Hanser Verlag, München 1995

[SALE05] *Saleck, T.:* Chefsache Open Source. Kostenvorteile und Unabhänghängkeit durch Open Source. Vieweg, Wiesbaden 2005

[SCHA84] *Schaffer, G.:* Statistical Quality Control. In: American Machinist Special Report 762, January 1984

[SCHE06] *Scherer, J./Kühlbon, S.:* Management von Kundenzufriedenheit in der Spezialchemie: Das Beispiel der Cognis Gruppe. In: Homburg, C. (Hrsg.): Kundenzufriedenheit. Konzepte – Methoden – Erfahrungen. 6. Auflage. Gabler, Wiesbaden 2006. S. 605–626

[SCHM08] *Schmitt, R./Kohlmann, H./Hammers, C.:* Lean Development mit DRBFM. Kunden begeistern durch Individualität. In: MQ Management und Qualität. 4. Jg., 2008, Nr. 1-2. S. 10–12

[SCHM11] *Schmitt, R./Beaujean, P./Grob, R./ Von Häfen, K./Köbler, E./Köhler, M./*

7

Quattelbaum, B./Seitz, R./Wagner, M./Willach, A.: Emotionale Produktgestaltung. Wert der wahrgenommenen Qualität. In: Brecher, C./Klocke, F./Schmitt, R./Schuh, G.: Wettbewerbsfaktor Produktionstechnik: Aachener Perspektiven. Aachener Werkzeugmaschinenkolloquium 2011. Herzogenrath, 2011

[SCHM14a] *Schmitt, R.:* Die aktive Gestaltung der wahrgenommenen Produktqualität. In: Schmitt, R. (Hrsg.): Perceived Quality: Subjektive Kundenwahrnehmungen in der Produktentwicklung nutzen. Symposium. Düsseldorf, 2014

[SCHM14b] *Schmitt, R./Köhler, M./Durá, J. V./Diaz-Pineda, J.:* Objectifying user attention and emotion evoked by relevant perceived product components, J. Sens. Sens. Syst., 3, 315–324, doi:10.5194/jsss-3-315-2014, 2014

[SCHM14c] *Schmitt, R./Schmitt, S./Linder, A./Rüßmann, M./Heinrichs, V.:* Fehlerinformationen nutzen. Produkte nachhaltig absichern. In: 18. Businessforum Qualität. Daten für die Qualität von morgen – generieren, interpretieren und nutzen. 24. und 25. September 2014. Apprimus, Aachen 2014. S. 2–22

[SCHM14d] *Schmitt, R./Heinrichs, V./Laass, M. C.:* Die Meinung immer dabei. Wie Beiträge aus sozialen Netzwerken Unternehmen nutzen können. In: QZ – Qualität und Zuverlässigkeit 59 (6), 2014. S. 20–24

[SCHN03] *Schneider, K./Wagner, D.:* Vorgehensmodelle zum Service Engineering. In: Bullinger, H.-J./Scheer, A.-W. (Hrsg.): Service Engineering. Entwicklung und Gestaltung innovativer Dienstleistungen. 1. Auflage. Springer, Berlin 2003. S. 117–144

[SCHO99] *Scholz-Reiter, B./Jakobza, J.:* Supply Chain Management – Überblick und Konzeption. In: Heilmann, H. u. a. (Hrsg.): Handbuch der maschinellen Datenverarbeitung – Praxis der Wirtschaftsinformatik. Hüthig, Heidelberg 1999. S. 7–15

[SCHR04] *Schraft, R. D./Westkämper, E./Sihn, W.:* Die Automobilindustrie im Jahr 2015. Hrsg.: Fraunhofer-Institut für Produktionstechnik und Automatisierung IPA. Stuttgart, Februar 2004

[SCHU07] *Schulte, S.:* Produkteigenschaften, die der Kunde wünscht. Integration von Kundenfeedback in die Produktentwicklung. In: QZ – Qualität und Zuverlässigkeit, 52. Jg., 2007, Nr. 11. S. 83–85

[SCHU08a] *Schuh, G./Gottschalk, S./Kupke, D.:* Individualisierte Produktion. Flexible Konfigurationslogik zur Gestaltung von integrativen Produktionssystemen. In: wt-online, 98. Jg., 2008, Nr. 4. S. 285–290

[SCHU08b] *Schuh, G./Stölzle, W./Straube, F.:* Grundlagen des Anlaufmanagements: Entwicklungen und Trends, Definitionen und Begriffe, Integriertes Anlaufmanagement. In: Schuh, G./Stölzle, W./Straube, F. (Hrsg.): Anlaufmanagement in der Automobilindustrie erfolgreich umsetzen. Ein Leitfaden für die Praxis. 1. Auflage. Springer, Berlin 2008. S. 1–6

[SEDE50] *Seder, L.:* Diagnosis with diagrams (Part I and II). In: Industrial Quality Control 7 (1950), Nr. 1 und Nr. 3

B

[SHAI90] *Shainin, P.:* The Tools of Quality – Part III: Control Charts. In: Quality Progress 23 (1990), Nr. 8. American Society for Quality, Milwaukee

[SHEW80] *Shewhart, W.:* Economic Control of Quality of Manufactured Product. van Nostrand, New York 1980

[SMAL05] *Smalley, A.:* Produktionssysteme glätten. Anleitung zur Lean Production nach dem Pull-Prinzip – angepasst an die Kundennachfrage. 1. Auflage. Lean Management Institute, Aachen 2005

[SPAT03] *Spath, D./Demuß, K.:* Entwicklung hybrider Produkte – Gestaltung materieller und immaterieller Leistungsbündel. In: Bullinger, H.-J./Scheer, A.-W. (Hrsg.): Service Engineering: Entwicklung und Gestaltung innovativer Dienstleistungen. Berlin, 2003. S. 478–473

[STAR91] *Stark, R.:* SPC für die Praxis (Teil 1 und 2). In: QZ – Qualität und Zuverlässigkeit 36 (1991), Nr. 2 und Nr. 3

[STAT03] *Statistisches Bundesamt (Hrsg.):* Produktbegleitende Dienstleistungen 2002. Projektbericht Produktbegleitende Dienstleistungen 2002 bei Unternehmen des verarbeitenden Gewerbes und des Dienstleistungssektors. Wiesbaden, 2004. S. 8

[STEI06] *Steinhoff, F.:* Kundenorientierung bei hochgradigen Innovationen. Deutscher Universitäts-Verlag, Wiesbaden 2006

[STEN07] *Stenkamp, A.:* Automatisierte Prüfmittelauswahl in einer CAD-basierten Prozesskette der Prüfplanung, Dissertation. RWTH Aachen, 2007

[STOC88] *Stockinger, K.:* Datenfluß aus dem Feld. In: Masing, W.: Handbuch der Qualitätssicherung. 2. Auflage. Carl Hanser Verlag, München 1988

[STOT02] *Stotko, C.:* Das wirtschaftliche Potential von Mass Customization als Maßnahme zur Erhöhung der Kundenbindung. Arbeitsbericht Nr. 30 des Lehrstuhls für Allgemeine und Industrielle Betriebswirtschaftslehre der TU München, 2002

[THOM02] *Thomke, S./Hippel, E. von:* Customers as innovators: a new way to create value. Harvard Business Review, 80 (2002) 4 (April). S.74–81

[THOM03] *Thomke, S.:* Experimentation matters: unlocking the potential of new technologies for innovation. Harvard Business School Press, Boston (MA) 2003

[TSEN01] *Tseng, M.M./Jiao, J.:* Mass Customization. In: Salvendy, G. (Hrsg.): Handbook of Industrial Engineering. 3. Auflage. Wiley, New York 2001. S. 27

[VDA91] *VDA-Empfehlung 4916:* Daten-Fern-Übertragung von Produktsynchronen Abrufen. Verband der Automobilindustrie, Frankfurt am Main 1991

[VDA98] *VDA Band 2:* Sicherung der Qualität von Lieferungen – Lieferantenauswahl/Bemusterung/ Qualitätsleistung in der Serie. 3. Auflage. 1998

[VDA03] *Verband der Automobilindustrie (Hrsg.):* Band 4:2003: Sicherung der Qualität vor Serieneinsatz – Fehlerbaumanalyse. 4. Auflage. Verband der Automobilindustrie, Frankfurt am Main 2003

[VDA04] *Verband der Automobilindustrie (Hrsg.):* Band 3 Teil 2:2004: Zuverlässigkeitssicherung bei Automobilherstellern und Lieferanten. Verband der Automobilindustrie, Frankfurt am Main 2004. S. 174–176

[VDA05] *Verband der Automobilindustrie e. V.:* Qualitätsmanagement in der Automobilindustrie. Band 4: Wirtschaftliche Prozessgestaltung und Prozesslenkung. Heinrich, Frankfurt am Main 2005

[VDA08] *Verband der Automobilindustrie (Hrsg.):* Band 4:2008: Sicherung der Qualität in der Prozesslandschaft – DFMA. 1. Auflage. Verband der Automobilindustrie, Frankfurt am Main 2008

[VDA09] *Verband der Automobilindustrie e. V.:* Produktentstehung Reifegradabsicherung für Neuteile. In: VDA – Das gemeinsame Qualitätsmanagement in der Lieferkette. Heinrich Druck + Medien GmbH, Frankfurt am Main 2009

[VDA10a] *Verband der Automobilindustrie e. V.:* Qualitätsmanagement in der Automobilindustrie. QM-Systemaudit. 4. überarbeitete Auflage. Heinrich, Frankfurt am Main 2010

[VDA10b] *VDA Band 5:* Prüfprozesseignung, Eignung von Messsystemen, Mess- und Prüfprozessen, Erweiterte Messunsicherheit, Konformitätsbewertung. 2., vollständig überarbeitete Auflage. 2010.

[VDA12] *Verband der Automobilindustrie (Hrsg.):* Band 4:2012: Sicherung der Qualität vor Serieneinsatz – Produkt- und Prozess-FMEA. 2. Auflage. Verband der Automobilindustrie, Frankfurt am Main 2012

[VDI85] *Richtlinie VDI/VDE/DGQ 2619:* Prüfplanung. Beuth, Berlin 1985

[VDI01] *Richtlinie VDI/VDE/DGQ 2618 Blatt 1.1:* Prüfmittelüberwachung – Anweisung zur Überwachung von Messmitteln für geometrische Größen – Grundlagen. Beuth, Berlin 2001

[VDI08] *Verein Deutscher Ingenieure:* Advanced product quality planning (APQP) and control plan. Reference manual. 2. Auflage. Chrysler Corporation/Ford Motor Company/General Motors Corporation, Southfield 2008

[VDIQ00] *Norm Qualitätsmanagement in der Automobilindustrie, Band 3:* Zuverlässigkeitssicherung bei Automobilherstellern und Lieferanten – Zuverlässigkeitsmanagement. 3. Auflage. Verband der Automobilindustrie, Frankfurt am Main 2000

[VDW94] *Verein deutscher Werkzeugmaschinen e. V. (VDW):* QS-Leitfaden Beschaffung. Verbandsschrift. Frankfurt am Main, 1994

[WANN10] *Wannewetsch, H.:* Integrierte Materialwirtschaft und Logistik. Beschaffung, Logistik, Materialwirtschaft und Produktion. 4., aktualisierte Auflage. Springer, Berlin 2010

[WECK90] *Weck, M./Pfeifer, T. u. a. :* Die Realisierung von Qualitätsregelkreisen – zentrales Moment der integrierten Qualitätssicherung. In: Wettbewerbsfaktor Produktionstechnik. AWK – Aachener Werkzeugmaschinen-Kolloquium. VDI, Düsseldorf 1990

[WEIB39] *Weibull, W.:* A Statistical Theory of Strength of Material. In: Handlingar Ingeniørs Vetenskaps Akademien, Nr. 151. Stockholm, 1939

[WEIB51] *Weibull, W.:* A Statistical Distribution Function of Wide Applicability. In: Trans. ASME, Serie E: J. of Appl. Mechanics 18, 1951

B

[WELT99] *Welther, A.:* Das Für und Wider von Supply Chain Management. In: PPS Management 4 (1999), Nr. 2. S. 28–30

[WEST06] *Westkämper, E.:* Einführung in die Organisation der Produktion. 1. Auflage. Springer, Berlin 2006

[WEST76] *Westendorp, P. van:* NSS-Price Sensitivity Meter (PSM) – A new approach to study consumer perception of price. Proceedings of the ESOMAR Congress. 1976

[WHEE10] *Wheeler, D.:* Understanding statistical process control. 3. Auflage. Statistical process Controls, Inc., Knoxville 2010

[WILD02] *Wildemann, H.:* Das Konzept der Einkaufspotentialanalyse. Bausteine und Umsetzungsstrategien. In: Handbuch industrielles Beschaffungsmanagement. Gabler, Wiesbaden 2002

[WILD08] *Wildemann, H.:* Am Kunden vorbei. In: Harvard Business Manager, 30. Jg., 2008, Nr. 3. S. 8–12

[WILD99] *Wildemann, H.:* Der Handel als strategischer Systempartner im Supply Chain Management. In: Industrie Management 15 (1999), Nr. 5. S. 32–35

[ZEIT06] *Zeithaml, V./Bitner, M. J./Gremler, D. D.:* Services Marketing. 4. Auflage. Mc Graw Hill, New York 2006

[ZEIT92] *Zeithaml, V./Parasurman, A./Berry, L.:* Qualitätsservice. Campus, Frankfurt am Main 1992

[ZELL90] *Zeller, P.:* Automatisierte Prüfplanerstellung und Prüfzeichnungsgenerierung. Dissertation. RWTH Aachen, 1990

[ZIPP88] *Zipperer, M.:* Zuverlässigkeitsprüfung. In: Masing, W. (Hrsg.): Handbuch der Qualitätssicherung. 2. Auflage. Carl Hanser Verlag, München 1988

8
Führungsperspektive

Die Frage nach Führungsqualität haben sich vermutlich seit jeher Menschen gestellt, die eine gemeinschaftliche Unternehmung darauf ausgerichtet haben, ein gemeinsames Ziel zu erreichen. Bereits im Altertum zeigt das Beispiel von Alexander dem Großen, der zumindest teilweise von Aristoteles ausgebildet wurde, dass Herrschern bewusst war, dass erfolgreiche Führung das Ergebnis von Planung, Abwägen von Risiken, spezifische Zielsetzung und Ausdauer, gepaart mit adaptiven Verhalten, in verschiedenen, miteinander verbundenen Bereichen ist. Bereits zu Beginn des 16. Jahrhunderts legte Niccolò Machiavelli in seinem bekanntesten Werk „Il Principe" dar, wie sich ein „guter" Fürst zu verhalten habe, und warum ein klares Erkennen von Sachverhalten konsequentes Handeln erforderlich macht. Er stellt dort eindrücklich Ursache-Wirkung-Beziehungen zwischen Führung, zielgerichtetem Handeln und Erfolg einer Unternehmung dar. Beruhten diese Ansätze auch noch auf der Annahme einer streng hierarchisch geprägten Führungsstruktur, so beinhalten sie doch wesentliche Grundzüge der Aufgabenverteilung und des Ausbalancierens von Machtinteressen.

Fokussierte sich lange Zeit die Fragestellung darauf, was „Führungsqualität" ausmacht, so erlauben systemtheoretische Ansätze heute eine Umkehr der Betrachtung. Aus dem Verständnis, dass Unternehmen komplexe soziotechnische Systeme sind, deren Verhalten durch mehr bestimmt ist, als durch die Summe der Eigenschaften ihrer einzelnen Elemente, tritt heute die Fragestellung in den Vordergrund, welche Auswirkung Führung auf die Qualität der Ergebnisse einer Unternehmung hat und wie effizienz- und effektivitätssteigernde Rahmenbedingungen zu gestalten sind. Diesem Gedanken trägt die Führungsperspektive im Aachener Qualitätsmanagement Modell Rechnung (Abbildung 8.0-1). Sie beschäftigt sich mit der zentralen Fragestellung, wie im Spannungsfeld zwischen Identität und Werten eines Unternehmens einerseits sowie gesetzten Zielen und Strategien andererseits, Strukturen gestaltet werden können, die eine erfolgreiche Transformation von Marktforderungen in begeisternde Produkte und Dienstleistungen zulassen.

Liegt der Schwerpunkt der Betrachtung darauf, wie das Unternehmen auszurichten ist, um exzellente unternehmerische Leistungen erbringen zu können, so treten die hier betrachteten Aktivitäten zur Steigerung der Systemqualität in den Vordergrund. Sie erfordern eine besondere Berücksichtigung der qualitätsgerechten Gestaltung der Strukturen einer Organisation und der zugrunde liegenden Managementsysteme. Beide Aspekte sind nicht voneinander zu trennen und beinhalten Sichten der Planung und der Ausführung.

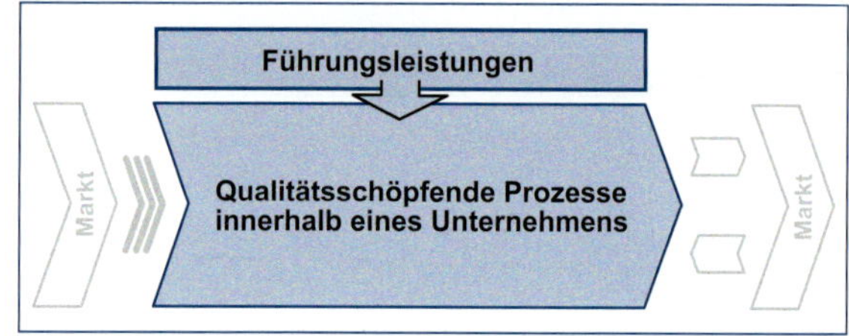

Abbildung 8.0-1 Führungsperspektive im Aachener Qualitätsmanagement Modell

Gute Führung ist immer dadurch gekennzeichnet, dass spezifische Ziele klar gesetzt werden. Das Erreichen von Zwischenzielen muss gemessen und deren Erfüllungsgrad an alle Beteiligten transparent kommuniziert werden. Diese typischen Aufgaben der Führung finden Unterstützung in einem Qualitätscontrolling. Es befähigt das Management, Handlungsbedarfe zu identifizieren, welche sich aus einer Soll-Ist-Differenz der gemessenen Ziele ergeben. Identifizierter Handlungsbedarf erfordert ein Projektmanagement, welches dessen zielgerichtete und wirksame Steuerung und Umsetzung fördert.

B

Um Entscheidungen, deren Treffen eine wesentliche Aufgabe der Führung ist, vorbereiten zu können, ist eine Abschätzung möglicher Auswirkungen und die Kenntnis potenzieller Risikoszenarien erforderlich. Hierbei gilt es, eine Abwägung zwischen Nutzen einerseits sowie potenziellen Gefahren und Risiken einer Entscheidung andererseits bewertbar zu machen, damit die daraus abgeleiteten Erkenntnisse selbst in die Entscheidungsfindung einfließen können. Letztendlich gilt es, faktenbasiert einen für die Unternehmung passenden Kompromiss, hinsichtlich des zu erwartenden Nutzens und des aus unternehmerischen Gesichtspunkten einzugehenden, möglichst reduzierten Risikos, zu finden.

Jede wechselnde Herausforderung am Markt, aber auch jede Entscheidung, die darauf reagierend diese selbst oder Aspekte des Unternehmens beeinflusst, erfordert strukturelle oder inhaltliche Veränderungen. Dieser Transformationsprozess erfordert es, zur richtigen Zeit in der richtigen Art und Weise Anstöße in die Organisation hineinzutragen und ggf. das System anzupassen. Einer der wesentlichen Einflussparameter liegt in der gesetzlichen Gestaltung des unternehmerischen Umfeldes. Diese nicht im Unternehmen selbst begründeten Definitionen von Rechten und Pflichten bedürfen ihrer organisatorischen Einbettung, sodass die Ausgestaltung zwingend vorgeschriebener Elemente innerhalb der Organisation die Kenntnis entsprechender Vorschriften voraussetzt.

Zusammenfassend bedeutet Führungsperspektive, dass ein Rahmen geschaffen werden muss, um unternehmensinterne und kundenbezogene Geschäftsprozesse effizient und effektiv ablaufen lassen zu können. Damit bedeutet Führung, die Unternehmensidentität zu entwickeln und zu bewahren, Zielsetzungen und Aufgabenstellungen abzuleiten und Entscheidungen bzgl. struktureller und organisatorischer Adaptionen rechtzeitig zu treffen. Die Umsetzung bewirkt die Synchronisation der vom Markt geforderten und getriebenen Einzelaktivitäten, die sich an den Lebenszyklen der Produktlinien orientieren, in welche die langfristig kontinuierliche Veränderung des Unternehmens eingebettet werden kann.

Die nachfolgenden Kapitel beleuchten zentrale Aspekte von Führung und zweckdienliche Methoden, die geeignet sind, diese für das Unternehmen wichtigen Aufgaben zu erfüllen.

8.1 Integrierte Managementsysteme

Unternehmen bzw. Organisationen sind einer Vielzahl von Interessensgruppen ausgesetzt, die ihre spezifischen Erwartungen und Anforderungen an das Unternehmen bzw. die Organisation stellen. Zu den Interessensgruppen gehören beispielsweise Kunden, Mitarbeiter, Eigentümer, Lieferanten, die Gesellschaft oder auch der Gesetzgeber. Ein Unternehmen ist bestrebt, die relevanten Interessenspartner zufriedenzustellen. Dies setzt voraus, dass die Interessenspartner und deren Erwartungen und Anforderungen an die Organisation bzw. deren Produkte identifiziert sind. Es gilt, die spezifizierten Erwartungen und Anforderungen unter Berücksichtigung rechtlicher sowie wirtschaftlicher Aspekte umzusetzen und die Maßnahmen regelmäßig auf Effizienz und Effektivität zu überprüfen. Das Ergebnis dieser Vorgehensweise führt zu kontinuierlicher Verbesserung und ermöglicht dem Unternehmen, auf umkämpften, internationalen Märkten konkurrenzfähig zu agieren. Führungskräfte versuchen zunehmend ihr Unternehmen mithilfe von Managementsystemen in systematischer Weise zu leiten und zu lenken. Das Betreiben von Managementsystemen ist klar dem Verantwortungsbereich der Unternehmensführung zuzuordnen und ist daher im Aachener Qualitätsmanagement Modell in der Führungsperspektive angesiedelt. Die Basis für Managementsysteme, wie Qualitätsmanagement- (QM-), Umwelt- und Arbeitsschutzsysteme, bilden in der Regel Normen, die jedoch häufig nicht ausreichend dem Rückkopplungsgedanken der stetigen Verbesserung im Managementsystem gerecht werden. Diesem Defizit wird die systematisch anzuwendende Backward Chain im Aachener Qualitätsmanagement Modell gerecht. Finanz-, Personal- oder Qualitätsmanagementsysteme sind bereits weitgehend etabliert. Aufgrund gesetzlicher Vorschriften und dem generell zunehmenden Bewusstsein für Umwelt- und Arbeitsschutz finden auch hierzu Managementsysteme steigende Akzeptanz. Um den unternehmerischen Aufwand zur Anwendung der einzelnen Managementsysteme möglichst gering zu halten und die Managementsysteme effizient und effektiv in Form eines umfassenden Managementsystems betreiben zu können, gilt es, diese aufeinander abzustimmen, Synergien zu nutzen und Redundanzen zu vermeiden, d.h. sie zu integrieren. Besondere Beachtung finden hierbei Qualitätsmanagementsysteme, die aufgrund eines prozessorientierten Ansatzes sehr gut als Basis zur Implementierung weiterer Managementsysteme, wie für Umwelt- und Arbeitsschutz, dienen.

B

8.1.1 Gestaltung integrierter Managementsysteme

Integrierte Managementsysteme (IMS) folgen der Idee, verschiedene Managementsysteme in ein umfassendes Managementsystem zusammenzuführen. Die Idee wird bereits intensiv seit den 1990er-Jahren wissenschaftlich diskutiert. Durch die Integration von Managementsystemen sollen Synergien zwischen Managementsystemen besser genutzt werden, parallele sich widersprechende Arbeiten sollen vermieden und neue Verbesserungspotenziale erschlossen werden [FELI97]. Die Auslegung der Integration kann hierbei von einer Zusammenfassung der Dokumentationen über eine Zentralisierung von Verantwortlichkeiten bis zu einer vollständigen Verschmelzung oder Neugestaltung der inhaltlichen Strukturen zu einem übergeordneten System erfolgen. Zugrunde liegt stets die Vision, dass das Gesamtsystem mehr leistet als die Summe der Teilsysteme [KOCH13]. Ein IMS kann somit als „themenübergreifendes Managementsystem" verstanden werden [VDI05].

Empirische Studien konnten zeigen, dass IMS gegenüber konventionellen Einzelsystemen wesentliche Einsparpotenziale aufweisen. Die parallele Nutzung zweier, voneinander unabhängig operierender Managementsysteme innerhalb eines Unternehmens kann demnach zu annähernd 70 % redundanten Arbeitsschritten führen [PISC12, DEUT09, BLEI11]. Gerade bei kleinen und mittleren Unternehmen verschlingt das Betreiben von mehreren, parallel und unabhängig voneinander betriebenen Managementsystemen unverhältnismäßig viele Ressourcen. Das Ziel ist folglich, eine schlankere Unternehmensstruktur zu realisieren, Redundanzen abzubauen und eingesetzte Ressourcen zu vermindern.

Gemeinsamkeiten und Differenzen von Managementsystemen

Die Koexistenz einzelner unabhängiger Managementsysteme bildet den Ausgangspunkt integrierender Lösungsansätze. Der Vergleich vorhandener etablierter Strukturen, ist als erster Integrationsschritt anzusehen. Gemeinsamkeiten und Unterschiede bestehender Systemlösungen müssen identifiziert werden. Ähnlichkeiten einzelner Managementsysteme sind vor allem in ihrer Zielsetzung und der Professionalisierung der Unternehmensführung durch Formalisierung, Systematisierung und Artikulierung zu finden. Die Aufnahme und Analyse von Abweichungen gegenüber einem Ideal sowie die sich daran anschließenden

Korrekturmaßnahmen stellen sich dabei als kongruentes, d.h. übereinstimmendes Merkmal dar. Mögliche Synergiefelder lassen sich in vier Gruppen differenzieren [PISC12]:

- Philosophie: Managementsysteme basieren auf dem Prinzip der kontinuierlichen Verbesserung und fördern die Eigenverantwortung der involvierten Rollen. Anstatt konkrete inhaltliche Vorgaben zu geben, sind die Systeme im Allgemeinen darauf ausgerichtet, eine lenkende Funktion einzunehmen, um Rahmenbedingungen aufzuzeigen und Implementierungshilfen zu geben [DILL13].
- Systemelemente: Insbesondere auf den Stufen der Implementierung und Kontrolle der Systeme gibt es übereinstimmende Anforderungen; auch wenn diese nicht einheitlich formuliert sind.
- Erfahrungen und Organisationsstrukturen: Die bei der Implementierung eines Systems gemachten Erfahrungen des Systemaufbaus, der Dokumentation, der Durchführung, der Zuordnung von Verantwortlichkeiten, der Auditierung und der Beurteilung wiederholen sich und sind von der Art des Systems unabhängig.
- Zertifizierung: In den meisten Fällen wird ein implementiertes System durch eine anerkannte, externe Stelle zertifiziert. Das Prinzip interner als auch externer Audits zur Sicherstellung der Systemleistung ist weitgehend themenübergreifend etabliert.

Ferner lassen sich wesentliche Unterschiede einzelner Managementsysteme feststellen [PISC12]:

- Systemarchitektur: Einige Normen, Verordnungen und Leitfäden stellen eine direkte Gliederung dar, die als Basis für ein IMS dienen können, andere geben lediglich Schemata vor, die „keine eindeutige Systematik bzw. Logik erkennen lassen".
- Bedeutung von Politik und Planung: In einem weiteren Verständnis umfasst dieser Begriff den Konflikt der Zielgrößenkombination zwischen den einzelnen Thematiken der nicht integrierten Systeme und dem Gesamtziel.
- Rechtskonformität: Die zu erreichenden Ziele eines Managementsystems können äußeren Einflüssen und Regularien unterliegen. Die Bedeutung und der Umgang mit diesen Einflussgrößen können sich in den zu integrierenden Systemen unterscheiden. Die rechtlichen und/oder genormten Anforderungen an die Strukturen und Prozesse eines Managementsystems können sich unterscheiden oder sogar widersprechen. Diesbezüglich besteht die Gefahr, dass ein kombiniertes System nicht alle Kriterien zur Zertifizierung in Hinblick auf eine bestimmte Norm oder Vorgabe erfüllen kann, was einen Wettbewerbsnachteil darstellen kann [PFIT09].
- Kommunikation: Die gewünschte Reichweite und die vorgeschriebenen Strukturen für die Kommunikation der Ergebnisse eines Systems sind unterschiedlich.
- Leistung: Einige Normen (beispielsweise ISO 9001, BS 8800) implizieren eine kontinuierliche Verbesserung in ihrem Zielsystem, andere (z.B. ISO 14001, EMAS) schreiben in ihren Anforderungskatalogen lediglich eine messbare Verbesserung fest.
- Bewertung durch die oberste Leitung: Einige Managementkreisläufe, beispielsweise innerhalb der ISO 14001 und des BS 8800 verlangen die Bewertung von Auditergebnissen durch die oberste Leitung („Review"), andere fordern ausschließlich den Informationsfluss an diese Ebene.

Integration von Managementsystemen

Parallel existierende Managementsysteme mit ihren differierenden Anforderungen an Qualität,

Umwelt und Arbeitsschutz können Zielkonflikte verursachen [BAYE03]. Vor der Integration muss daher abgewogen werden, ob der Nutzen den Aufwand der Integration rechtfertigt. Die Synchronisation und Gewichtung der Zielgrößen im Gesamtsystem der zu integrierenden Managementsysteme stellt somit die zentrale Herausforderung dar. Es gilt daher, Überschneidungen von sich teils widersprechenden Inhalten, Methoden und Systemzielen zu identifizieren und optimal aufzulösen, um ohne Zielkonflikte oder Ressourcenverschwendung eine optimale Abbildung relevanter Verhältnisse und Entwicklungen zu erreichen [EVER01]. Mit stetig steigenden Anforderungen, Datenmengen und dem Wachstum eines Systems steigt die Komplexität und birgt die Gefahr, dass ein integriertes Managementsystem an Verständlichkeit und Steuerbarkeit verliert [PARD09]. Die Einführung eines integrierten Managementsystems birgt Risiken und erfordert erheblichen Aufwand, der sich jedoch nach erfolgreicher Umsetzung in überdurchschnittlichem Nutzen niederschlägt [SEGH13, ZINK04].

Um die positiven Effekte eines integrierten Managementsystems zu nutzen und gleichzeitig die aufgezeigten Herausforderungen und Probleme zu lösen, bedarf es geeigneter Konzepte zur Integration von Managementsystemen. Zur Erstellung haben sich die im Folgenden erläuterten theoretischen Konzepte etabliert (Abbildung 8.1-1):

- Addition: Eine effiziente Methode stellt die Addition dar, da sie zeitlich und ressourcenschonend eine Kombination bestehender Managementsysteme realisiert. Einzelne Systeme bleiben hierbei separiert bestehen. Es kommt zu einer inhaltlichen Absprache der Verantwortlichen, einer einheitlichen Begriffseinführung und dem punktuellen inhaltlichen Austausch zwischen den Systemen. Eine tatsächliche Vernetzung der einzelnen Systeme findet indes nicht statt, sodass keine tatsächliche inhaltliche oder auch technische Zusammenführung stattfindet. Durch die Aufrechterhaltung der Koexistenz einzelner Systeme bleibt redundanter Aufwand bestehen, und ein Abgleich der differierenden Ziele der Systeme bleibt aus [PISC12].
- Verschmelzung: Basierend auf einem bereits existierenden und etablierten Managementsystem werden weitere Managementsysteme ergänzt und sinnbildlich mit dem bestehenden System verschmolzen. Hierzu müssen neue Teilsysteme auf Kompatibilität und Redundanzen geprüft und ggf. angepasst werden. Der einhergehende Aufwand ist im Wesentlichen von den Voraussetzungen des Basissystems abhängig. Das Konzept bietet sich folglich an, wenn ein geeignetes Managementsystem als Basis identifiziert werden kann (z.B. nach ISO 9001). Durch die etablierten Strukturen wird darüber hinaus die Akzeptanz des Systems bei den Mitarbeitern erhöht. Neben dem erhöhten Implementierungsaufwand ist eine Trennung verschmolzener Systeme zumeist nur noch mit erheblichem Aufwand zu realisieren [SEGH13].
- Integration: Das konsequenteste Konzept stellt die Integration dar. Dabei werden alle Teilmanagementsysteme in einem neuen, generischen Managementsystem zusammengeführt. Als Rahmenwerke eignen sich u.a. das EFQM-Excellence-Modell sowie die Prozessmodelle der ISO 9001. Etablierte Managementmodelle, wie das Aachener Qualitätsmanagement Modell (siehe Kapitel 6) oder das St.-Galler-Managementmodell sind als Ordnungsrahmen ebenfalls geeignet. Integrierte Systeme kennzeichnen sich durch reduzierten Aufwand in Wartung, Pflege und Auditierung, was nachhaltig die Kosten senkt. So können Teilaudits durch ein Gesamtsystemaudit abgelöst werden. Schnittstellenverluste werden durch verbesserte Kommunikation und Kooperation

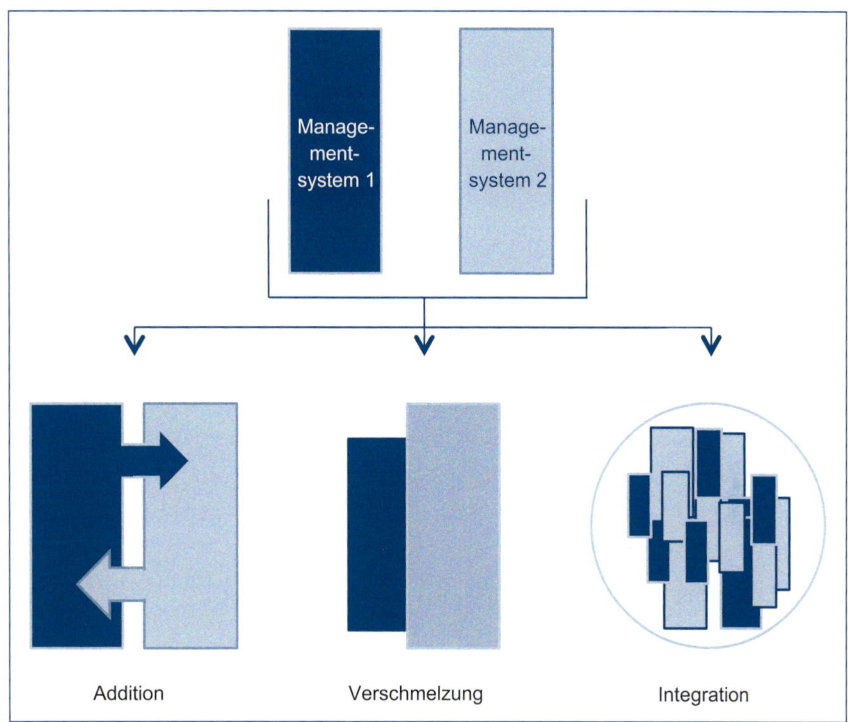

Abbildung 8.1-1 Integrationsmöglichkeiten von Managementsystemen

minimiert [BIND03]. Synergien zwischen den Systemen, erlauben den Dokumentationsaufwand zu reduzieren und Strukturen zu verschlanken [BLEI11]. Die Effizienz und Effektivität der Führungsebene eines Unternehmens kann somit durch den Einsatz eines integrierten Managementsystems wesentlich verbessert werden [BOER04]. Demgegenüber steht der vergleichsweise höchste Initialaufwand [BEHR04].

Die aufgeführten Konzepte sind wissenschaftstheoretisch geprägt und weisen konzeptionellen Spielraum für deren Realisierung auf. Ein standardisiertes Managementmodell, das explizit die Einführung von integrierten Managementsystemen in der Praxis fokussiert, existiert nicht [FUNC01].

Grundsätzlich ist es notwendig, die betrieblichen Organisationsstrukturen im Sinne ganzheitlicher und ausbaubarer Systeme auszurichten, um den sich ständig erneuernden Rahmenbedingungen in Gesellschaft, Politik und Recht nachzukommen. Hierzu müssen die Ähnlichkeiten zwischen den unterschiedlichen Systemarten herausgearbeitet werden, um so die Synergien in einem integrierten Managementsystem bestmöglich zu nutzen. Nachfolgend wird zunächst auf Qualitätsmanagementsysteme als den Fokus dieses Buches eingegangen. In Kapitel 8.1.7 kommen weitere Managementsysteme sowie deren Integrationsmöglichkeiten zur Sprache.

8.1.2 Grundlagen von Qualitätsmanagementsystemen

Die Aufgaben von Qualitätsmanagementsystemen (QM-System) beschreibt die Norm [DIN14a] wie folgt: „Qualitätsmanagementsysteme leiten und

8

lenken in Wechselwirkung stehende Prozesse, Teilsysteme, Verfahren und Ressourcen, die erforderlich dafür sind, allen zutreffenden interessierten Parteien Wert zu schaffen; und die Ergebnisse der gesamten Organisation zu erkennen.

Für das Leiten und Lenken der Leistung ist das Vorausahnen der Auswirkung von Ergebnissen unerlässlich. Qualitätsmanagementsysteme stellen Mittel zum Leiten und Lenken der Qualitätskosten bereit. Das Bewusstsein dieser Kosten ermöglicht Organisationen, Maßnahmen zu ergreifen, um die Nutzung von Ressourcen zu optimieren."

Mit der Umsetzung eines durchgängigen QM-Systems ist eine Vielzahl von organisatorischen, technischen und personellen Maßnahmen verbunden, die in allen Bereichen des Unternehmens zu realisieren sind. Daher sind Maßnahmen zur erfolgreichen Gestaltung von QM-Systemen zu planen, zu erproben und vor allem aufeinander abzustimmen. Gerade die Abstimmung der Tätigkeiten aller involvierten Bereiche ist von entscheidender Bedeutung. Ein Schwerpunkt muss in der bereichs- und abteilungsübergreifend organisierten Bereitstellung und Verarbeitung von Informationen liegen, die zur Verbesserung der Leistungserbringung und damit zu einer effizienten Erreichung der Qualitätsziele führen (Abbildung 8.1-2).

Durch ein QM-System zu steuernde Faktoren

- Mitarbeiter
- Methoden und Verfahren
- Prozesse und Tätigkeiten
- Maschinen und Anlagen
- Informationen und Erfahrungen
- Organisatorische Einheiten
- Andere Systeme

Aufgaben eines wirkungsvollen QM-Systems

- Identifikation der Faktoren
- Dokumentation der Faktoren und ihres Zusammenwirkens
- Gestaltung und Lenkung der einzelnen Faktoren
- Koordination der Faktoren
- Aufrechterhaltung und Pflege der Faktoren des Systems

Abbildung 8.1-2 Betrachtungsumfang und Aufgaben eines QM-Systems

8.1.2.1 Grundsätze des Qualitätsmanagements

Entsprechend der Neufassung der QM-Norm DIN EN ISO 9000 aus dem Jahre 2014 existieren sieben Grundsätze des Qualitätsmanagements, die als generelle Anforderungen an ein QM-System zu verstehen sind und bei deren Beachtung und Einhaltung nicht nur das Ziel hoher Produktqualität verfolgt wird, sondern diese zur Leistungssteigerung der gesamten Organisation beitragen können [DIN14a].

Kundenorientierung

Organisationen hängen von ihren Kunden ab und sollten daher gegenwärtige und zukünftige Erfordernisse der Kunden verstehen, deren Anforderungen erfüllen und danach streben, deren Erwartungen zu übertreffen. (Kundenerwartungen übertreffen bedeutet hier nicht, dies um jeden Preis zu erreichen. Vielmehr ist hierunter zu verstehen, dass sich das Unternehmen durch zusätzliche, nicht explizit durch den Kunden geforderte, aber dennoch erwünschte Kriterien von Konkurrenzunternehmen abheben können soll.)

Führung

Führungskräfte schaffen die Übereinstimmung von Zweck und Ausrichtung der Organisation. Sie sollten das interne Umfeld schaffen und erhalten, in dem sich Personen voll und ganz für die Erreichung der Ziele der Organisation einsetzen können.

Einbeziehen von Personen

Auf allen Ebenen machen Personen das Wesen einer Organisation aus, und ihre vollständige Einbeziehung ermöglicht, ihre Fähigkeiten zum Nutzen der Organisation einzusetzen.

Prozessorientierter Ansatz

Ein erwünschtes Ergebnis lässt sich effizienter erreichen, wenn Tätigkeiten und dazugehörige Ressourcen als in Wechselbeziehung stehende Prozesse innerhalb eines kohärenten Systems geleitet und gelenkt werden.

Verbesserung

Die Verbesserung der Gesamtleistung der Organisation stellt ein fortlaufendes Ziel der Organisation dar.

Faktengestützte Entscheidungsfindung

Wirksame Entscheidungen beruhen auf der Analyse von Daten und Informationen.

Beziehungsmanagement

Für einen nachhaltigen Erfolg der Organisation müssen Beziehungen mit interessierten Parteien, beispielsweise Lieferanten, geleitet und gelenkt werden.

8.1.2.2 Abgrenzung des Qualitätsbegriffs

Entsprechend des klassischen Qualitätsverständnisses lassen sich grundsätzlich drei Stufen des Qualitätsbegriffs aufstellen, die einen wesentlichen Einfluss aufeinander haben können.

- Die Produktqualität in Bezug auf den Erfüllungsgrad der impliziten und expliziten Forderungen des Kunden an das Produkt,
- die Prozessqualität in Bezug auf systematisch aufzustellende Prozesse unter Berücksichtigung von Effizienz- und Effektivitätserwägungen und
- die Systemqualität in Bezug auf das Zusammenspiel und die Abstimmung der einzelnen Kern-, Unterstützungs- sowie der Managementprozesse.

Kontinuierlich hohe Produktqualität lässt sich in der Regel nur durch hohe Prozessqualität erreichen, d.h. die einzelnen Prozesse zur Produkterstellung müssen systematisch aufgestellt sein, um einerseits möglichst geringe Streuung im Ergebnis zu gewährleisten und andererseits dies unter wirtschaftlichen Aspekten effizient und effektiv zu erreichen [LINS11]. Damit die einzelnen Prozesse schließlich in einem Prozessnetzwerk unter Berücksichtigung ihrer Einzelziele die Unternehmensziele verfolgen, müssen sie aufeinander abgestimmt, geleitet und gelenkt werden, was unter Systemqualität zu verstehen ist.

8.1.3 Einführung und Adaption von QM-Systemen

Die Einführung eines QM-Systems ist ein komplexes Vorhaben, das sowohl Veränderungen für die Organisation als Ganzes als auch für die Arbeit der Angestellten mit sich bringt. Daher ist systematisches Projektmanagement erforderlich (siehe Kapitel 8.3). Bei der Planung gilt es zudem, die spe-

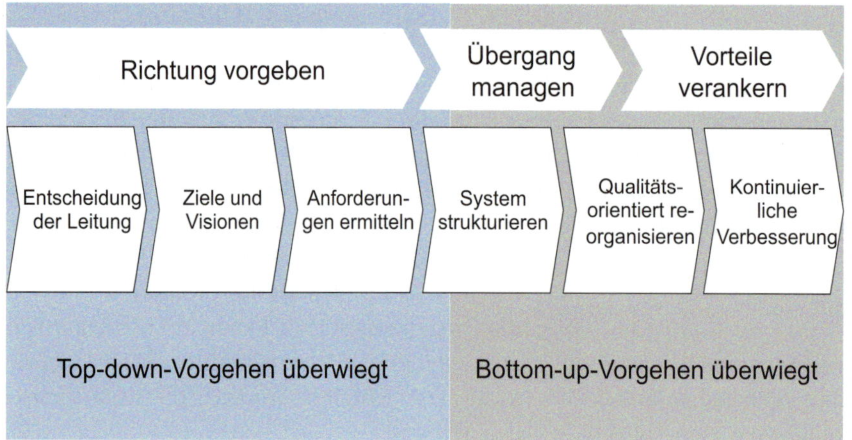

Abbildung 8.1-3 Phasen bei der Einführung eines QM-Systems

zifischen Ziele, Aufgaben, Vorgehensweisen und Produkte der Organisation zu berücksichtigen.

Bei der Einführung wird versucht, das Risiko, dass das QM-System von den Mitarbeitern nicht akzeptiert wird oder nicht funktioniert, so klein wie möglich zu halten. In diesem Zusammenhang spielt die Einführungsstrategie eine wichtige Rolle. Dabei gilt es, sowohl Verhaltens- als auch Sachaspekte zu berücksichtigen [SCHM04].

Der Ablauf jeder Reorganisation lässt sich anschaulich in die drei Phasen „Richtung vorgeben", „Übergang managen" und „Vorteile verankern" untergliedern [HERP96]. Zudem wird unterschieden zwischen Führungsaufgaben, die ein Top-down-Vorgehen erfordern und Aufgaben, deren Ergebnisse sich aus eigenverantwortlich erbrachten Teilergebnissen zusammensetzen und daher ein Bottom-up-Vorgehen notwendig machen. In den frühen Phasen der Einführung überwiegt das Top-down-Vorgehen. Für die spätere erfolgreiche Verankerung der Vorteile ist ein systematisches Bottom-up-Vorgehen unerlässlich.

Die hier vorgestellte Vorgehensweise bei der Einführung eines QM-Systems gliedert sich in sechs Schritte (Abbildung 8.1-3).

Was bedeutet dies in der Praxis? Während z. B. die Entscheidung, ein QM-System einzuführen und die Aufgabe, die Mitarbeiter von dem Sinn eines solchen Systems zu überzeugen, eine typische Führungsaufgabe ist, gibt es in den späteren Phasen der Einführung Aufgaben, die nur dann erfolgreich gelöst werden können, wenn sie von den betroffenen Mitarbeitern selbst durchgeführt werden. Dies gilt z. B. bei Tätigkeiten, bei denen die Mitarbeiter aufgrund langjähriger Erfahrung ihr Expertenwissen einbringen können und ihr Know-how erforderlich ist. Welche Schritte im Einzelnen zur Einführung eines QM-Systems notwendig sind, wird im Folgenden beschrieben.

8.1.3.1 Entscheidung der Leitung

Unternehmen entscheiden sich aus verschiedenen Beweggründen heraus für ein QM-System. Erstrebenswert ist die Entscheidung für ein QM-System aus eigenem Willen und eigener Überzeugung mit dem Ziel, nachhaltig Kundenanforderungen zu erfüllen und somit kundenbegeisternde Produkte anbieten zu können. Andere Unternehmen sehen sich aufgrund von Vorgaben ihrer Kunden dazu veranlasst, ein QM-System aufzubauen. Besonders in der Automobilindustrie werden derartige Forderungen an die Zulieferindustrie gestellt. Es ist folglich zwischen Unternehmen zu unterscheiden, die tatsächlich eine Verbesserung im Unternehmen durch die

Einführung des QM-Systems erwarten und Unternehmen, die lediglich zur externen Darlegung ein QM-System aufbauen und dies ggf. zertifizieren lassen. Da bei letzteren Unternehmen häufig das nötige Engagement der Geschäftsleitung fehlt, kommt es zu Schwierigkeiten beim Umgang und beim Betrieb des QM-Systems mit der Folge, dass die Vorteile eines „gelebten" QM-Systems sich nicht entfalten und das QM-System schließlich als lästiges Übel im Unternehmen wahrgenommen wird.

Bestimmte Voraussetzungen für eine erfolgreiche Einführung eines QM-Systems sind daher durch die Geschäftsführung zu schaffen. Wie bereits erwähnt, sollte die Einführung eines QM-Systems nicht nur von der Geschäftsführung gewollt sein, sondern auch aktiv von ihr unterstützt werden. Hierzu zählt beispielsweise auch die Bereitstellung benötigter Ressourcen. Um diesen Aufgaben gerecht werden zu können, ist es erforderlich, dass die Unternehmensleitung sich mit dem Themenkomplex des Qualitätsmanagements ausgiebig beschäftigt hat und die wesentlichen Aspekte von Einführung bis Pflege eines QM-Systems kennt.

Entscheidet sich die Leitung für eine Einführung, müssen auf der gesamten Führungsebene des Unternehmens die Bedeutung, die Möglichkeiten und die Vorteile eines umfassenden Qualitätsmanagements deutlich gemacht werden. Dazu bieten sich Workshops an, in denen den Führungskräften ein grundlegendes Verständnis für die Ziele und die Wirkungsweise eines durchgängigen QM-Systems vermittelt wird. Dieser Workshop kann entweder von einem leitenden und geschulten Mitarbeiter der Organisation oder alternativ durch externe Berater durchgeführt werden.

Das Ziel des Workshops ist es nicht nur, die Führungskräfte vom Nutzen eines systematischen Qualitätsmanagements zu überzeugen, sondern ihnen darüber hinaus Argumente aufzuzeigen, wie sie ihrerseits Mitarbeiter vom Nutzen eines solchen Systems überzeugen und sie motivieren können. Dieses Vorgehen wird häufig mit dem Schlagwort „Train the Trainer" beschrieben. Die Führungskräfte müssen zu Promotoren werden, die das Konzept nicht nur verstehen, sondern es mittragen und somit Vorbildfunktionen einnehmen. Die Mitarbeiter sollten von Beginn an umfassend informiert werden, um mögliche Missverständnisse zu vermeiden.

Zu Beginn dieses Kapitels ist bereits dargestellt worden, welche Bedeutung und welche Auswirkungen die Entscheidung zur Einführung eines QM-Systems hat. Wichtig ist darzustellen, welche Aufgaben auf das Unternehmen bzw. auf seine Mitarbeiter zukommen, wobei hier zwischen dem kurz- bis mittelfristigen Aufwand während der Einführung des QM-Systems und dem langfristigen Aufwand zu unterscheiden ist. Die Einführungsphase ist, abhängig vom bereits bestehenden Organisationsstand des Unternehmens, mit Mehraufwand für die Organisation verbunden. Auf längere Sicht, wenn sich die Vorteile aus dem QM-System im Unternehmen jedoch entfalten, führt dies nicht nur zur Reduktion des Gesamtaufwands im Unternehmen und zu Kosteneinsparungen, sondern zu einer stabileren Organisation, die in der Lage ist, die Qualität ihrer Produkte zu steuern.

8.1.3.2 Ziele und Visionen

Qualitätspolitik

Ein wesentlicher Schritt bei der Einführung eines QM-Systems ist das Festlegen einer unternehmensweiten Qualitätspolitik, da sie die grundsätzliche Ausrichtung des Unternehmens definiert, anhand derer grundlegende Entscheidungen für die Zukunft des Unternehmens getroffen werden.

Zielplanungsprozess

Die Aufgabe im Zielplanungsprozess ist es, ein strukturiertes Zielsystem für das Unternehmen zu entwickeln. Prinzipiell ist der Zielplanungsprozess eine Führungsaufgabe und erfolgt nach dem Top-down-Prinzip. Grob gliedert sich der Zielplanungsprozess in vier Schritte (Abbildung 8.1-4). Im ersten Schritt muss die Leitung klären, wer die Interessenspartner der Organisation sind. Häufig wird in diesem Zusammenhang statt Interessenspartner auch der Begriff „Kunde" verwendet, wobei nicht nur der Kunde im engeren Sinn gemeint ist, sondern beispielsweise auch Mitarbeiter oder Kapitalgeber.

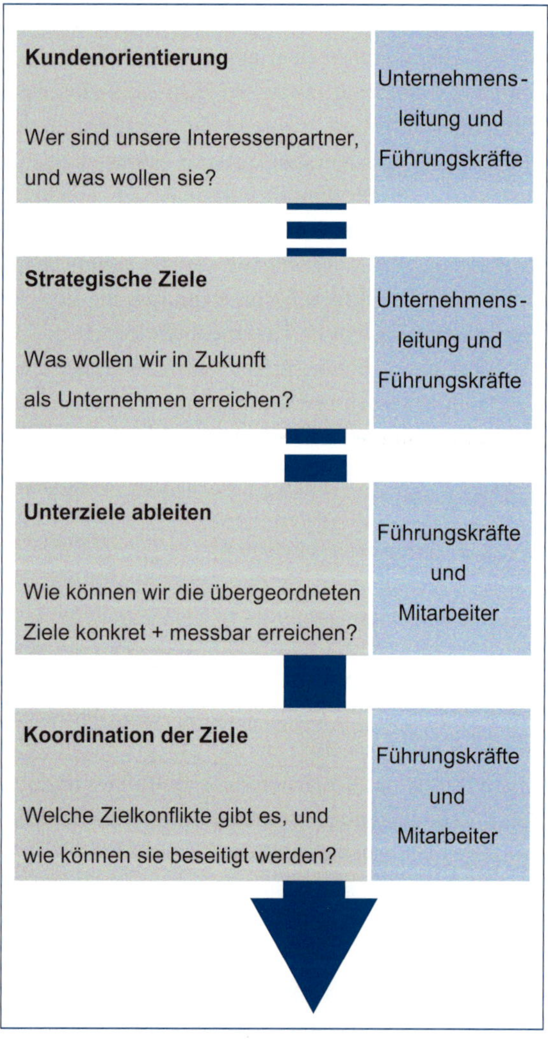

Abbildung 8.1-4 Zielplanungsprozess

Nachdem die Interessenspartner des Unternehmens definiert worden sind, muss festgestellt werden, welche Erwartungen sie an das Unternehmen und ihre Produkte haben. Wenn möglich, sollte versucht werden, Informationen direkt von den Interessenspartnern zu erhalten. Solche Informationen sind unter Umständen bereits in Form von Kunden- oder Mitarbeiterbefragungen im Unternehmen vorhanden. Eine andere Alternative stellen Auskünfte von Mitarbeitern dar, die einen engen Kundenkontakt haben und daher die Bedürfnisse und Erwartungen der Kunden an das Unternehmen und dessen Produkte kennen. Die ermittelten Erwartungen dienen der Unternehmensführung als Grundlage zur Ableitung von Zielen und Maßnahmen.

In einem zweiten Schritt muss festgelegt werden, wie das Unternehmen die Erwartungen seiner Interessenspartner erfüllen will. Dazu ist es notwendig, strategische Ziele für das Unternehmen zu definieren. Eine Kontrolle und Abstimmung über die strategischen Ziele auf Konsens und Realisierbarkeit, hat unter den Führungskräften zu erfolgen.

Aus den strategischen Zielen gilt es, im dritten Schritt operative Ziele abzuleiten. Die Festlegung von operativen Zielen ist entscheidend für den Erfolg des Unternehmens, da hier die Ziele festgelegt werden, die direkt durch die Mitarbeiter erreicht werden sollen und können. Da die Mitarbeiter das nötige Know-how auf operativer Ebene besitzen, ist daher der Input von ihnen für das Festlegen operativer Ziele von erheblicher Bedeutung. Die Zielplanung erfolgt zwar im Top-down-Verfahren, die operative Zielerreichung, wie aufgezeigt, aber im Bottom-up-Verfahren. Werden die operativen Ziele nicht realisiert, können auch die taktischen und strategischen Ziele nicht erfolgreich verfolgt werden. Bei diesem Schritt wird die Wichtigkeit der Einbindung der Mitarbeiter besonders deutlich.

Werden Ziele festgelegt, ist vor allem auf operativer Ebene darauf zu achten, dass die Ziele entsprechend eindeutig definierter Prüfkriterien in Bezug auf die Zielerreichung gemessen werden können, um basierend auf den Messergebnissen Entscheidungen treffen zu können. Das bedeutet, dass jedes operative Ziel auf Zahlen und Maßeinheiten beruhen sollte [WÖHE13].

Im vierten und letzten Schritt des Zielplanungsprozesses müssen die festgelegten Ziele auf eventuell auftretende Zielkonflikte überprüft und koordiniert werden. Man unterscheidet zwischen vertikalen und horizontalen Zielkonflikten. Treten vertikale Zielkonflikte auf, d. h. Konflikte zwischen den Zielen unterschiedlicher Ebenen, muss die Top-down-Zielplanung überprüft werden; ggf. müssen Ziele neu bestimmt werden. Häufiger treten jedoch horizontale Zielkonflikte auf, d. h. Konflikte zwischen den Zielen einzelner Bereiche bzw. Mitarbeiter oder zwischen verschiedenen Zieltypen. In diesem Fall müssen die widersprüchlichen Ziele so koordiniert werden, dass das übergeordnete Ziel erreicht werden kann.

8.1.3.3 Anforderungen ermitteln

Zur Ermittlung der Anforderungen an ein QM-System muss in einem ersten Schritt die Aufbauorganisation des Unternehmens in Form eines Organigramms abgebildet werden. Die grafische Darstellung macht den Mitarbeitern die Organisation transparent und ermöglicht es, Arbeitsbeziehungen zwischen den einzelnen Bereichen abzubilden. In einem zweiten Schritt werden die Abläufe innerhalb des Unternehmens analysiert. Bei dieser Analyse müssen vor allem die für den Unternehmenserfolg kritischen Prozesse detaillierter betrachtet werden.

Bei der Analyse von Abläufen wird prinzipiell zwischen zwei Vorgehensweisen unterschieden (Abbildung 8.1-5). Zum einen kann deduktiv oder top-down vorgegangen werden, d. h. ein übergeordneter Prozess wird in Teilprozesse unterteilt. Wird im Gegensatz dazu induktiv oder bottom-up vorgegangen, werden einzelne Vorgänge und Abläufe zu übergeordneten Prozessen zusammengefasst [HEEG93].

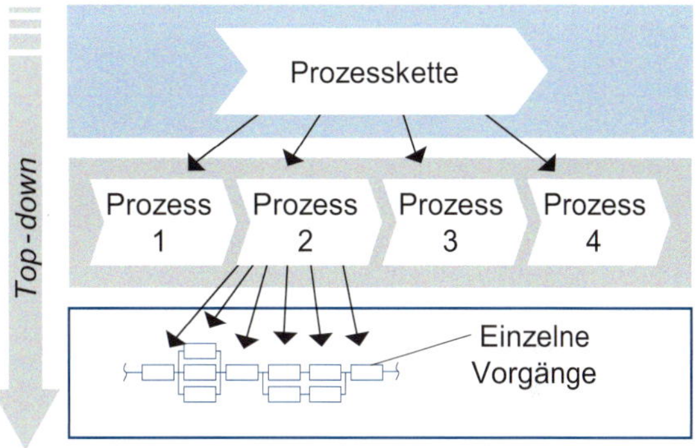

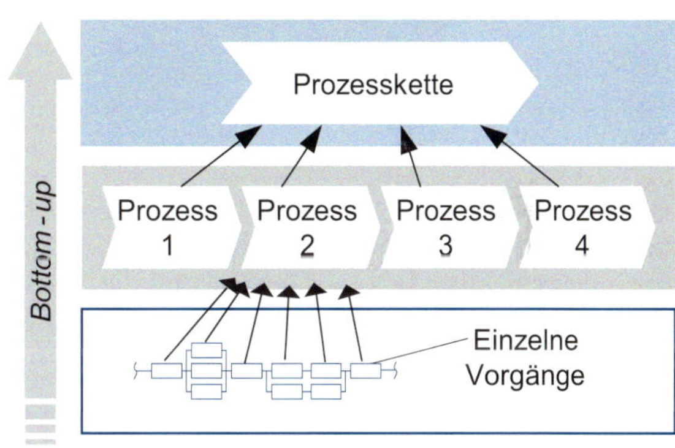

Abbildung 8.1-5 Deduktives und induktives Vorgehen bei der Prozessanalyse

Bei der Prozessanalyse ist in der Regel eine Kombination der beiden Vorgehensweisen sinnvoll, da beide Ansätze Vor- und Nachteile aufweisen [PFEI96]. Auf der einen Seite können Prozesse nur bis zu einem gewissen Detaillierungsgrad deduktiv analysiert werden, auf der anderen Seite existieren übergeordnete Strukturen, die sich nicht direkt aus den einzelnen Vorgängen ergeben.

Die Ergebnisse dieser Prozessanalyse können in Form von Ablaufdiagrammen und -beschreibungen, wie sie auch in QM-Verfahrensanweisungen eingesetzt werden, zusammengefasst werden. Sie dienen in der Analysephase der qualitätsorientierten Reorganisation als Informationsquelle (siehe Kapitel 8.1.3.5).

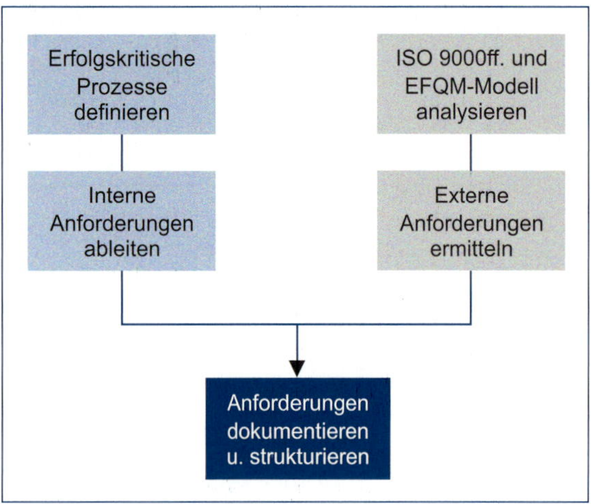

Abbildung 8.1-6 Ermittlung der Anforderungen an ein QM-System

Nachdem ein Zielsystem aufgestellt und die Strukturen und Prozesse analysiert worden sind, müssen aus diesen Ergebnissen interne Anforderungen an das QM-System und an seine Struktur abgeleitet werden. Diese internen Anforderungen machen ein unternehmensspezifisches QM-System notwendig, das sich in seinem Aufbau und von seinen Inhalten an der Unternehmenssituation orientiert. Interne Anforderungen können beispielsweise spezifische Fertigungsmethoden sein, die bei der Produkterstellung eingesetzt werden sollen, oder auch Anforderung an eine wirtschaftliche Produktion.

Neben den internen Anforderungen gilt es, die externen Anforderungen, die an ein systematisches Qualitätsmanagement gestellt werden, in Abhängigkeit der anzuwendenden QM-Norm oder des Qualitätsprogramms zu berücksichtigen (Abbildung 8.1-6). Es gilt, die ermittelten internen und externen Anforderungen aufeinander abzustimmen. Somit wird sichergestellt, dass ein umfassendes, unternehmensspezifisches System aufgebaut wird.

8.1.3.4 System strukturieren

Wie die Prozessanalyse erfolgt auch die Strukturierung des QM-Systems mittels eines Ansatzes, der die höheren Ebenen deduktiv bzw. top-down und die unteren Ebenen induktiv bzw. bottom-up strukturiert. Auf der ersten Strukturebene wird zwischen den drei Gruppen „Managementprozesse", „Kernprozesse" und „Stützprozesse" unterschieden [GRIE01] (Abbildung 8.1-7).

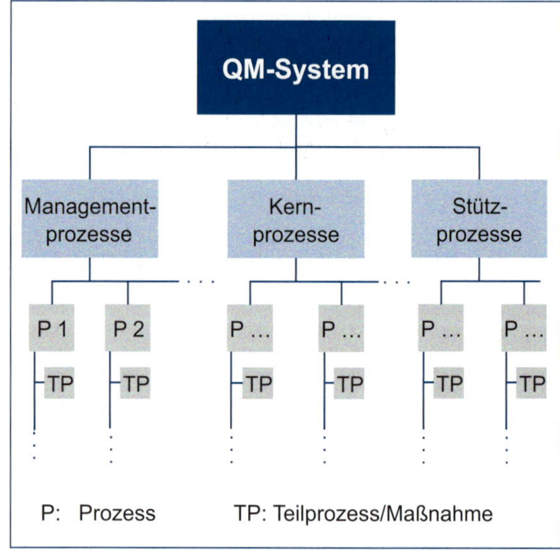

Abbildung 8.1-7 Prinzipielle Struktur eines QM-Systems

Managementprozesse (lenkende Prozesse, Führungsprozesse, Steuerungsprozesse) sind planende, bewertende und steuernde Tätigkeiten, insbesondere durch prozessverantwortliche Mitarbeiter und die Unternehmensleitung. Typische Führungsprozesse sind die Strategieplanung für das Unternehmen oder die Durchführung von Reviews.

Kernprozesse sind die für das Unternehmen wertschöpfenden Prozesse. Sie wandeln Kundenerwartungen bzw. -anfragen in Produkte oder Dienstleistungen um. Klassische Kernprozesse sind der Produktentwicklungs-, der Fertigungs- oder der Kundenauftragsabwicklungsprozess.

Stützprozesse (unterstützende Prozesse, Supportprozesse) dienen zur Unterstützung einzelner Teilprozesse der Kernprozesse. Sie ermöglichen den reibungslosen Ablauf der wertschöpfenden Prozesse. Hierzu zählen beispielsweise Verwaltungstätigkeiten, Prüfmittelmanagement, Instandhaltungsleistungen oder EDV-Dienste.

Die aufgezeigten Prozesstypen können in einer Prozesslandschaft des Unternehmens zusammenhängend dargestellt werden (Abbildung 8.1-8).

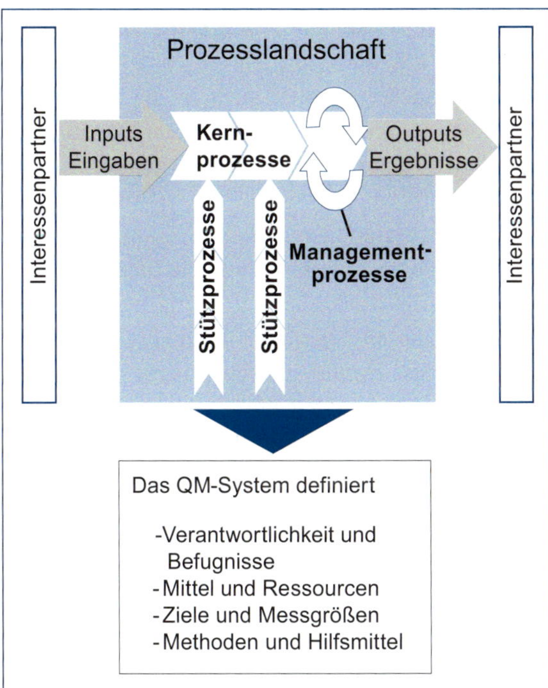

Abbildung 8.1-8 Einfaches Prozessmodell eines QM-Systems

Das prozessorientierte QM-System organisiert die Absicherung jedes dieser Prozesse durch

- die Festlegung von Verantwortlichkeiten und Befugnissen,
- die prozessbezogene Zuordnung von Mitteln bzw. Ressourcen,
- die Vorgabe von Prozesszielen und Messgrößen und
- der Zuordnung von Methoden, Hilfsmitteln und Instrumenten zur Absicherung und kontinuierlichen Verbesserung der Qualität.

Unter Verwendung einer Prozesslandschaft lässt sich das gesamte Unternehmen mit seinen miteinander verknüpften Prozessen darstellen. Somit sind die Zusammenhänge zwischen den Prozessen für die einzelnen Mitarbeiter und somit der Beitrag jedes Einzelnen zum Unternehmenserfolg ersichtlich.

8.1.3.5 Qualitätsorientierte Reorganisation

Das bestehende Unternehmen muss sich nun einer qualitätsorientierten Reorganisation unterziehen, die sich in die drei Phasen *Analyse*, *Gestaltung* und *Implementierung* gliedert (Abbildung 8.1-9). Die einzelnen Phasen wiederum bestehen aus verschiedenen Schritten. Jeder Schritt und jede Phase baut in der Regel auf zuvor gewonnenen Informationen oder erzielten Ergebnissen auf. Daher sollten die Schritte und Phasen sukzessive durchgeführt werden.

Wichtig bei diesen zehn Schritten ist, dass sie überwiegend von den Mitarbeitern durchgeführt werden. Die Ausgestaltung des QM-Systems erfolgt also bottom-up und nicht wie die ersten Abschnitte der Einführung top-down. Ein kooperativer Führungsstil und die Einbeziehung der Mitarbeiter senken das Risiko, dass das System von den Mitarbeitern nicht akzeptiert, angewendet und gelebt wird.

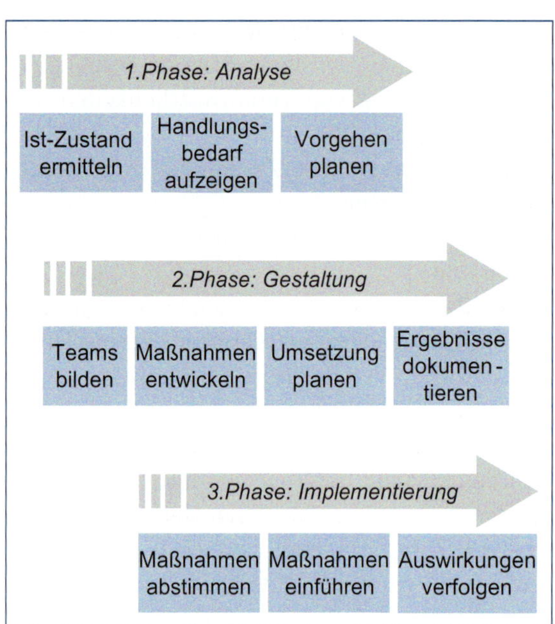

Abbildung 8.1-9 Phasen und Schritte der qualitätsorientierten Reorganisation

Analysephase

Im ersten Schritt der Analysephase, der Ermittlung des Istzustandes, gilt es, die momentane Situation des Qualitätsmanagements im Unternehmen zu erfassen. Die Einführung eines QM-Systems bedeutet für ein Unternehmen nicht, dass dieses Projekt einen kompletten Neubeginn darstellt. Interne Anforderungen sollten bereits vor Einführung eines QM-Systems ermittelt und berücksichtigt worden sein und auch externe Anforderungen an das QM-System können bereits teilweise erfüllt sein, sodass der Aufwand zur Einführung eines QM-Systems und für eine mögliche Zertifizierung stark von der vorherrschenden Situation im Unternehmen abhängt.

Die Anforderungen, die im Zuge der Systemfindung dokumentiert worden sind, sind eine gute Bezugsgrundlage für die Ermittlung des Istzustandes. Das heißt, es wird ermittelt, inwieweit die Maßnahmen und Regelungen, die im Unternehmen praktiziert werden, die internen und externen Anforderungen an ein systematisches Qualitätsmanagement erfüllen.

Zur effizienten Ermittlung des Istzustandes ist es sinnvoll, Unterlagen zu entwickeln, anhand derer sich der Istzustand schnell und umfassend dokumentieren lässt. Mit ihrer Hilfe können Mitarbeiter überprüfen, ob die festgelegten Anforderungen erfüllt werden. Die Mitarbeiter, die den Istzustand ermitteln sollen, müssen die Strukturen und Prozesse des Unternehmens kennen, um beurteilen zu können, welche Maßnahmen und Regelungen zur Planung, Kontrolle und Steuerung der Qualität in den verschiedenen Unternehmensbereichen angewendet werden.

Zur Ermittlung, ob und wo die Anforderungen erfüllt werden, ist es in der Regel notwendig, Informationen von anderen Mitarbeitern einzuholen. Vor allem, um die Frage zu klären, ob die Maßnahmen und Regelungen auch in der Praxis angewendet worden sind Vor-Ort-Interviews mit den betroffenen Mitarbeitern sowie Begehungen sind sinnvoll.

Sind die Unterlagen zur Ermittlung des Istzustandes in Form einer Liste mit detaillierten Fragen gestaltet, kann auch eine Befragung der Mitarbeiter anhand dieser Unterlagen durchgeführt werden.

Dabei muss darauf geachtet werden, dass den Mitarbeitern nicht das Gefühl gegeben wird, dass sie kontrolliert werden. Im Blickpunkt der Analyse stehen die Maßnahmen und Regelungen des Qualitätsmanagements und nicht das Verhalten oder die Arbeitsweise einzelner Mitarbeiter. In diesem Zusammenhang ist es wichtig, die Mitarbeiter über die einzelnen Schritte der Einführung zu informieren und ihnen den Sinn dieser Schritte zu verdeutlichen.

Mithilfe des dokumentierten Istzustandes kann festgestellt werden, wieweit die Forderungen an ein systematisches Qualitätsmanagement erfüllt sind. Aus dem Erfüllungsgrad der Anforderungen ergeben sich die Stärken und Schwächen des Qualitätsmanagements des Unternehmens. Um zu verdeutlichen, wie hoch der Handlungsbedarf in Bezug auf einzelne Maßnahmen und Regelungen ist, ist die Bedeutung der Maßnahmen und Regelungen bei der Quantifizierung zu berücksichtigen.

Bei der Ermittlung des Istzustandes und des Handlungsbedarfs sind daher zwei Größen zu dokumentieren. Zum einen die Bewertung, inwieweit eine Anforderung im Unternehmen erfüllt wird, zum anderen die Bedeutung, die die Erfüllung dieser Anforderung für das Unternehmen hat. Aus der Verknüpfung dieser beiden Größen ergibt sich der Handlungsbedarf in Bezug auf eine Anforderung (Abbildung 8.1-10). Das heißt, je schlechter die Erfüllung einer Anforderung bewertet wird und je höher die Bedeutung dieser Anforderung ist, desto höher ist der Handlungsbedarf.

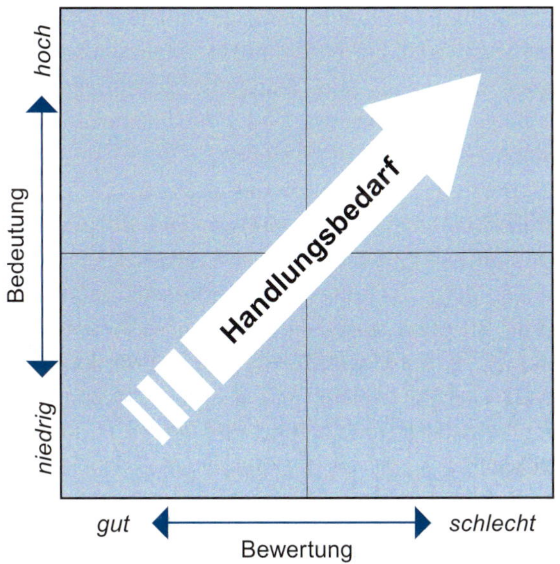

Abbildung 8.1-10 Ermittlung des Handlungsbedarfs

Ist der Handlungsbedarf ermittelt, wird das weitere Vorgehen geplant. Aufgaben dieser Planungsphase sind die detaillierte Projektstrukturierung, die damit verbundene Ablauf- und Terminplanung sowie die Organisationsplanung, die personelle Konfiguration und die Aufwandsplanung für die qualitätsorientierte Reorganisation.

Aufgabe der detaillierten Projektstrukturierung ist es, den aufgezeigten Handlungsbedarf zu analysieren und so zu strukturieren, dass geschlossene Aufgabenpakete entstehen. Die Durchführung dieser Aufgabenpakete muss einzelnen Teams zugeordnet werden können. Zudem sollten Meilensteine und ggf. Quality Gates (siehe Toolbox, Kapitel 11.23) definiert werden, anhand derer der Fortschritt der qualitätsorientierten Reorganisation gemessen werden kann.

Stehen die Aufgaben und Meilensteine der qualitätsorientierten Reorganisation fest, kann die Planung bzgl. Zeit und Reihenfolge der Aufgaben durchgeführt werden. Diese Ablauf- und Terminplanung ermöglicht ebenso wie die Definition von Meilensteinen eine systematische Kontrolle der Aufgabendurchführung und damit des Projektfortschritts.

Im Rahmen der Ablaufplanung wird festgelegt, welche Aufgaben in welchen Bereichen besondere Priorität haben. Gegebenenfalls ist es sinnvoll, ein Pilotprojekt durchzuführen oder die qualitätsorientierte Reorganisation lediglich in ausgewählten Unternehmensbereichen zu beginnen, um Erfahrungen für die weitere Reorganisation zu sammeln.

Vor allem für die Akzeptanz des QM-Systems ist es wichtig, Prioritäten zu setzen. Erkennen die Mitarbeiter die Vorteile eines QM-Systems, steigt ihre Bereitschaft, das System mitzugestalten, weiterzuentwickeln und anzuwenden. Dies kann beispielsweise dadurch geschehen, dass ihnen die positiven Auswirkungen von bereits involvierten Mitarbeitern geschildert werden, oder dadurch, dass sie die zu Beginn umgesetzten Maßnahmen selbst als vorteilhaft und hilfreich empfinden.

Gestaltungsphase

Erster Schritt der Gestaltungsphase ist die Bildung der Teams, die die Aufgaben dieser Phase eigenverantwortlich durchführen. Je nach Umfang der Aufgabenpakete variiert die Größe der Umsetzungsteams. Um den Koordinationsaufwand innerhalb der Teams gering zu halten und effizientes Arbeiten zu ermöglichen, sind die Umsetzungsteams aus einer begrenzten Anzahl von Mitarbeitern zusammenzusetzen.

Die Aufgabenpakete können den Mitarbeitern mittels einer Matrix zugeordnet werden (Abbildung 8.1-11). Innerhalb eines Umsetzungsteams trägt ein Mitarbeiter die Verantwortung für die Aufgabenerfüllung. In der Regel wirken weitere Mitarbeiter an der Aufgabendurchführung mit. Zusätzlich kann in der Matrix festgelegt werden, wer über die erzielten Ergebnisse des Teams zu informieren ist.

	Mitarbeiter 1	Mitarbeiter 2	...	Mitarbeiter n
Aufgabenpaket 1	M			V
Aufgabenpaket 2		V		
Aufgabenpaket 3	V	M		
...		I		M
Aufgabenpaket n	I			

Legende:
Verantwortung **M**itarbeit **I**nformation

Abbildung 8.1-11 Zuordnung der Aufgabenpakete der qualitätsorientierten Reorganisation

Eng mit der Organisationsplanung verbunden ist die personelle Konfiguration, d. h. , die Auswahl der Mitarbeiter entsprechend der in den Teams zu erarbeitenden Aufgaben. Um im Unternehmen vorhandenes Know-how zu nutzen, ist es ratsam, die Verantwortung für wichtige Aufgaben Mitarbeitern zu übertragen, die bereits über Kenntnisse und Erfahrungen in diesem Aufgabengebiet verfügen.

Die Aufgabe der Teams ist es, Maßnahmen zu entwickeln, um die festgelegten Anforderungen zu erfüllen. In der Regel gibt es mehrere Lösungsansätze. Daher ist es sinnvoll, Alternativen anhand ihrer Vor- und Nachteile abzuwägen. Bei der Entwicklung von Maßnahmen müssen zwei Aspekte beachtet werden: Zum einen, ob die Maßnahme geeignet ist, die gestellten Anforderungen zu erfüllen und zum anderen, ob sich die Maßnahme im Unternehmen einführen und umsetzen lässt.

Ist eine Maßnahme geeignet und umsetzbar, ist deren Implementierung zu planen. In der Regel müssen auch Informationsveranstaltungen oder Schulungen der Mitarbeiter durchgeführt werden, damit diese fachlich in der Lage sind, die Aufgaben zu bewältigen. Für bestimmte Maßnahmen kann es auch notwendig sein, materielle Ressourcen, wie z. B. ein Rechnernetzwerk oder entsprechende Software, zur Verfügung zu stellen.

Der letzte Schritt der Gestaltungsphase ist die Dokumentation der Ergebnisse. Die Dokumentation muss die Lösungen der verschiedenen Aufgaben der Gestaltungsphase umfassend darstellen, d. h. , sie muss ausgehend von den Anforderungen aufzeigen, durch welche Maßnahmen die Anforderungen erfüllt werden und wie diese Maßnahmen im Unternehmen eingeführt und umgesetzt werden können.

Implementierungsphase

Die Implementierung ist die dritte und letzte Phase der qualitätsorientierten Reorganisation. Erst durch sie können die entwickelten Maßnahmen den erzielten Nutzen bringen. In der Implementierungsphase werden einzelne Maßnahmen, mit denen sich bis zu diesem Zeitpunkt jeweils nur ein kleines Team beschäftigt hat, auf ganze Unternehmensbereiche und damit auf möglicherweise zahlreiche Mitarbeiter ausgedehnt.

Die Ergebnisse der Gestaltungsphase sollten mit den betroffenen Bereichen und Mitarbeitern erörtert werden. Dazu bietet es sich an, dass die Teams, die einzelne Maßnahmen erarbeitet und ihre Umsetzung geplant haben, ihre Ergebnisse den anderen Mitarbeitern vorstellen, erläutern und mit ihnen diskutieren. Gegebenenfalls ergibt sich hierbei Abstimmungs- und Änderungsbedarf, bevor die Maßnahmen letztlich unternehmensweit eingesetzt werden können.

Als letzter Schritt der qualitätsorientierten Reorganisation gilt es, die Auswirkungen zu verfolgen, die aus den eingeführten Maßnahmen hervorgehen. In dieser Erprobungsphase dienen die festgelegten Ziele und Anforderungen als Maßstab, um die Wirksamkeit und den Nutzen einzelner Maßnahmen zu bewerten. Die Beobachtung der Auswirkungen soll nicht nur rückblickend Aufschluss über den Erfolg der qualitätsorientierten Reorganisation geben, sondern soll zugleich aufzeigen, ob sich die Maßnahmen auch in der Praxis als geeignet erweisen und umgesetzt werden können. Zeigt sich z. B., dass bei der Einführung Probleme auftreten, kann durch entsprechende Informations- und Schulungsmaßnahmen oder durch die Bereitstellung zusätzlicher Hilfsmittel eingegriffen bzw. alternative Maßnahmen entwickelt und eingesetzt werden.

8.1.3.6 Kontinuierliche Verbesserung

Das Bestreben im Unternehmen gilt der perfekten, maßgeschneiderten Lösung. Der zeitliche und personelle Aufwand nimmt mit steigender Perfektion in der Regel überproportional zu (Abbildung 8.1-12). Zudem besteht die Gefahr, dass sich eine Lösung, die mit viel Aufwand entwickelt wurde, in der Anwendung als ungeeignet oder nachteilig erweist. Daher ist es häufig sinnvoller, einen Kompromiss aus Perfektion und Wirtschaftlichkeit zu finden und umzusetzen [HEIS95].

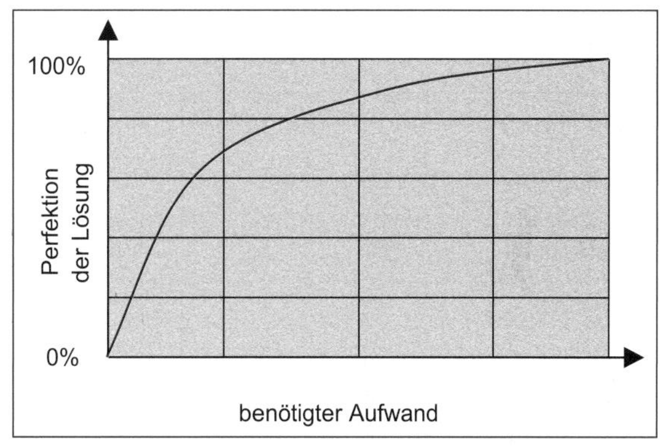

Abbildung 8.1-12 Qualitative Beziehung der Perfektion einer Lösung zum benötigten Aufwand

In der Phase der kontinuierlichen Verbesserung gilt es, sowohl speziell die eingeführten Maßnahmen zu erproben als auch generell Prozesse und Strukturen kritisch zu hinterfragen, um sie weiter zu verbessern. Aus diesem Grund muss das QM-System so gestaltet werden, dass es eine kontinuierliche Verbesserung ermöglicht und fördert. Es gilt, ein System aufzubauen, das offen, transparent und entwicklungsfähig ist. Zudem muss es eine intensive Kommunikation nicht nur ermöglichen, sondern fördern.

Die Steigerung der Effektivität und Effizienz, der Qualitäts- und Wettbewerbsfähigkeit ist kein begrenztes Projekt, das mit der Einführung eines QM-Systems endet. Vielmehr gilt es, sich nicht mit den erreichten Verbesserungen zufriedenzugeben, sondern permanent hinzuzulernen, um sich kontinuierlich zu verbessern. Dies setzt voraus, dass bei Problemen nicht nur der Schuldige gesucht wird, sondern dass Probleme bzw. Fehler als Möglichkeit gesehen werden, etwas zu verbessern und künftig Fehler zu vermeiden.

In der Regel ist hierfür auch ein Bewusstseinswandel bei den Mitarbeitern notwendig. Sie sind für den kontinuierlichen Verbesserungsprozess (KVP) mitverantwortlich. Entsprechend ihrer Aufgaben in diesem Prozess müssen ihnen auch besondere Befugnisse erteilt werden (Abbildung 8.1-13).

Alle Mitarbeiter sind aufgefordert, ...

- das Bisherige kritisch zu hinterfragen.
- jegliche Verschwendung im eigenen Bereich zu beseitigen.
- unaufgefordert Vorschläge zu machen.
- offen zu sein für die Vorschläge der Kollegen.
- Fehler sofort zu korrigieren und keine Ausreden zuzulassen.
- keinen Schuldigen für ein Problem suchen, sondern das Problem als Verbesserungsmöglichkeit zu nutzen.
- nicht nur perfekte, sondern vor allem schnell zu realisierende Lösungen zu suchen und zu akzeptieren .
- sich mit den erreichten Verbesserungen nicht zufrieden zu geben, sondern weiterzumachen.

Abbildung 8.1-13 Aufgaben der Mitarbeiter bei der kontinuierlichen Verbesserung [HEIS95]

Im Unternehmen spielen die Faktoren Information und Kommunikation eine entscheidende Rolle für die Qualität. Dementsprechend sollte man sich diese beiden Faktoren auch für den KVP zunutze machen. Eine Möglichkeit hierzu bieten regelmäßige Mitarbeitergespräche. Sie stellen eine Form der Kommunikation über mehrere Hierarchieebenen hinweg dar. Für die Leitung sind die eigenen Mitarbeiter wichtige Informationsquellen, um sich einen Überblick sowohl über die Abläufe in der Organisation als auch über die Inhalte und Ergebnisse der Projekte zu verschaffen. Dabei bringen regelmäßige Mitarbeitergespräche Vorteile für beide Gesprächspartner (Abbildung 8.1-14).

Aufgaben

- Beurteilung der Leistungen
- Anerkennung von Engagement
- Beurteilung der Fähigkeiten
- Äußern von persönlichen Plänen und Zielen
- Einbringen neuer Ideen
- Vereinbaren von Zielen
- Diskussion von Problemen

Vorteile

- Stärkere Zielorientierung
- Höhere Motivation
- Gezielte Schulungen
- Frühzeitige Personalplanung
- Anstoß von Innovationen
- Bessere Identifikation mit Zielen
- Erkennen von Verbesserungspotentialen

Abbildung 8.1-14 Aufgaben und Vorteile von Mitarbeitergesprächen

Abschließend sei betont: Die Erfahrungen bei Unternehmen, die ein systematisches Qualitätsmanagement eingeführt haben, zeigen, dass entscheidende Verbesserungen, wie eine Steigerung der Qualitäts- und Wettbewerbsfähigkeit, erzielt werden können. Doch solche Erfolge sind nicht von heute auf morgen und nicht ohne entsprechendes Engagement möglich.

8.1.4 Qualitätsmanagement und Normung

Die wesentlichen Qualitätskonzepte und -normen fanden während der vergangenen 25 Jahre international weite Verbreitung. Mittlerweile weisen bereits über 1,1 Mio. Unternehmen weltweit ein zertifiziertes QM-System nach DIN EN ISO 9001 auf [ISO13], was diese Norm zum weitverbreitetsten QM-Standard macht. Die DIN EN ISO 9000-Normenreihe dient darüber hinaus noch für zahlreiche weitere branchenspezifische Normen als Grundlage.

QM-Normen bzw. Forderungskataloge, wie z. B. die DIN EN ISO 9001 oder die VDA 6.1, beschreiben kein QM-System, sondern formulieren lediglich Anforderungen, die das unternehmensspezifische QM-System berücksichtigen bzw. beinhalten soll, aber nicht, wie dies explizit umgesetzt werden soll. Die Ausgestaltung des QM-Systems liegt im Ermessensspielraum des Unternehmens und erfolgt daher individuell.

Die Normenreihe DIN EN ISO 9000ff. besteht im Wesentlichen aus drei Normen, von denen lediglich die DIN EN ISO 9001 Anforderungen an QM-Systeme stellt und damit als Zertifizierungsgrundlage dient. Im Folgenden werden die drei Normen näher erläutert. Im Anschluss wird auf weitere branchenspezifische Forderungen eingegangen.

8.1.4.1 DIN EN ISO 9000: QM-Systeme – Grundlagen und Begriffe

Diese Norm dient der Unterstützung von Unternehmen bei der Einführung von und dem Arbeiten mit QM-Systemen. Dazu werden die Grundlagen von QM-Systemen erläutert sowie Begriffe des Qualitätsmanagements definiert und erklärt. Mithilfe dieser Norm erhält der Anwender die inhaltlichen und begrifflichen Kenntnisse zum sicheren Umgang mit der DIN EN ISO 9000-Normenreihe [DIN14a].

Änderungen der DIN EN ISO 9000:2014 gegenüber der Vorgängerversion aus dem Jahr 2005

Die zum Zeitpunkt des Verfassens dieses Buches noch im Entwurf befindliche DIN EN ISO 9000:2014 enthält einige Änderungen und Ergänzungen gegenüber ihrer Vorgängerversion. Dazu gehören, neben einigen kleineren Änderungen, im Wesentlichen [DIN14a]:

- Ergänzung der Grundsätze des Qualitätsmanagements durch Begründung, Hauptvorteile sowie Maßnahmen,
- Verringerung der Grundsätze des Qualitätsmanagements von acht auf sieben durch Zusammenfassung von „Prozessorientierter Ansatz“ und „Systemorientierter Managementansatz“,
- Ergänzung der Norm in Abschnitt 2 um eine Beschreibung der grundlegenden Konzepte des Qualitätsmanagements sowie des zugrunde liegenden Modells im Einklang mit dem PDCA-Modell und
- Neukategorisierung und Ergänzung der Begriffe in Abschnitt 3.

8.1.4.2 DIN EN ISO 9001: QM-Systeme – Anforderungen

Diese Norm beinhaltet die Anforderungen an QM-Systeme zur normkonformen Darlegung von QM-Systemen und dient als Zertifizierungsgrundlage. Im Gegensatz zu älteren Versionen der DIN EN ISO 9000ff. können sich Unternehmen nur noch gemäß DIN EN ISO 9001 zertifizieren lassen, unabhängig von Entwicklungsverantwortung, Fertigungstiefe und Branchenzugehörigkeit [DIN08]. Die an dieser Stelle vorgestellten Inhalte der Norm entsprechen der aktuell gültigen Normenversion DIN EN ISO 9001:2008.

Änderungen der DIN EN ISO 9001:2008 gegenüber der Vorgängerversion aus dem Jahr 2000

Im Dezember 2008 wurde die vierte Ausgabe der ISO 9001, die ISO 9001:2008, veröffentlicht. Die Grundstruktur und die strategische Ausrichtung der Norm haben sich hierbei nicht verändert. Auch die Anforderungen der Norm wurden im Wesentlichen beibehalten und auch nicht erweitert. Ziel der Revision ist, neben einer erhöhten Kompatibilität mit der DIN EN ISO 14001:2004, ein besseres Verständnis und damit eine erleichterte Anwendung der Norm durch eindeutigere Aussagen. Daher dient ein Großteil der vorgenommenen Änderungen der Präzisierung des Norminhaltes. Im Folgenden werden zwei bedeutendere Änderungen gegenüber der Vorgängerversion kurz dargestellt [DIN08]:

- In Abschnitt 5.1 ändert sich die Formulierung von „Verpflichtung" zu „Selbstverpflichtung" der Leitung. Damit soll sichergestellt werden, dass die Leitung das Qualitätsmanagement als Führungsinstrument begreift und selbst lebt, anstatt die Umsetzung der Qualitätspolitik lediglich von den Mitarbeitern zu verlangen.
- In Abschnitt 5.5.2 („Verantwortung, Befugnis und Kommunikation") wird durch Änderung des Begriffs „Leitungsmitglied" zu „Mitglied der Leitung der Organisation" eindeutig klargestellt, dass der QM-Beauftragte Mitglied der Führung des Unternehmens sein muss.

B

Änderungen der DIN EN ISO 9001:2014 gegenüber der Vorgängerversion aus dem Jahr 2008

Die zum Zeitpunkt des Verfassens dieses Buches noch im Entwurf befindliche DIN EN ISO 9001:2014 enthält wesentliche Änderungen und Ergänzungen gegenüber ihrer Vorgängerversion. Die wesentlichsten Änderungen sind ausführlich in Anhang A der Norm beschrieben und werden nachfolgend kurz zusammengefasst [DIN14b]:

- Die Abschnittsstruktur sowie ein Teil der Terminologie wurden verändert, um die Kohärenz zu anderen Managementsystemnormen zu verbessern. Die sich daraus ergebenden Änderungen müssen sich jedoch in der Dokumentation des Qualitätsmanagementsystems einer Organisation nicht widerspiegeln.
- Anstatt wie bisher von „Produkten" wird nun von „Produkten und Dienstleistungen" gesprochen, welche alle Ergebniskategorien (Hardware, Dienste, Software und verarbeitete Materialien) umfassen.
- Zwei neue Abschnitte beschäftigen sich mit dem Kontext der Organisation („4.1 – Verstehen der Organisation und ihres Kontextes", „4.2 – Verstehen der Erfordernisse und Erwartungen interessierter Parteien"). Beide Abschnitte fordern das Bestimmen der Themen und Anforderungen, die die Planung des Qualitätsmanagementsystems beeinflussen können.
- Das bisherige Konzept der vorbeugenden Maßnahmen wurde durch einen risikobasierten Ansatz bei der Formulierung von Anforderungen an das Qualitätsmanagementsystem ersetzt. Die Organisation muss ihren Kontext verstehen und entsprechend Risiken und Chancen berücksichtigen.
- Bisher explizit formulierte Ausschlüsse für die Anwendbarkeit der Forderungen dieser Norm wurden gestrichen. Weiterhin wird jedoch anerkannt, dass bestimmte Eigenschaften von Unternehmen dazu führen können, dass Teile der Norm nicht gelten.
- Der prozessorientierte Ansatz wurde gestärkt, und neue Anforderungen wurden formuliert.
- Der „Beauftragte der obersten Leitung" für das Qualitätsmanagementsystem wird nicht mehr explizit gefordert.
- Festlegungen zur Planung und Durchführung von Änderungen des Qualitätsmanagementsystems wurden ergänzt.
- Festlegungen zu Tätigkeiten nach der Lieferung des Produktes bzw. Erbringung der Dienstleistung wurden eingefügt.

- Die bisherigen Benennungen „dokumentiertes Verfahren“ und „Aufzeichnung“ wurden durch „dokumentierte Informationen“ ersetzt.
- Die Organisation muss erlangtes Wissen erkennen und aufrechterhalten, um sicherzustellen, dass die Konformität der Produkte und Dienstleistungen erreicht werden kann.
- Alle Formen der externen Bereitstellung von Produkten und Dienstleistungen werden zusammenfassend behandelt. Hier soll ebenfalls ein risikobasierter Ansatz gewählt werden, um Art und Umfang der Lenkung zu bestimmen.

8.1.4.3 Struktur und Inhalte der DIN EN ISO 9001

Grundlage dieser Norm ist ein Prozessmodell, welches die Bestandteile eines QM-Systems in einen strukturellen Zusammenhang bringt (Abbildung 8.1-15).

Der äußere Regelkreis (schwarz umrandete Pfeile) des QM-Prozessmodells geht über das Unternehmen hinaus und schließt den Kunden sowie weitere relevante interessierte Parteien mit ein [BRUG14]. Die Unternehmensführung definiert den Kontext

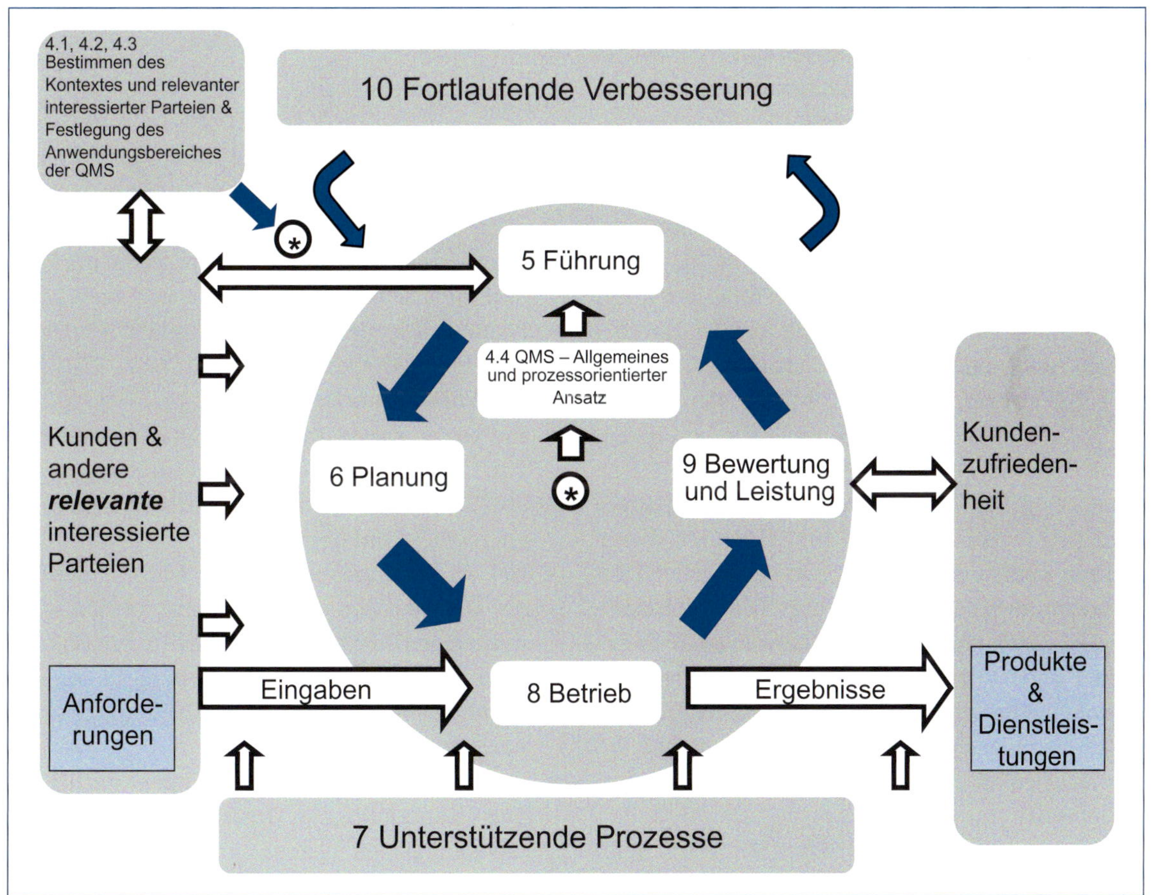

Abbildung 8.1-15 Das Prozessmodell der DIN EN ISO 9001 (Die Nummerierung in der Abbildung entspricht der Strukturierung der DIN EN ISO 9001.)

der Organisation und legt fest, welcher Kundenkreis mit den Unternehmensleistungen bedient werden soll. Die Forderungen der so definierten Zielgruppen ergeben die wesentlichen Vorgaben für die unternehmensspezifischen (Kern-)Prozesse (siehe Kapitel 8.1.3.4). Die Güte dieser Kernprozesse bestimmt in essenzieller Weise die Zufriedenheit der Interessenspartner. Diese Zufriedenheit wird von den Analyseprozessen des QM-Systems kontinuierlich und systematisch erfasst und an das Management weitergeleitet. Die Kernprozesse werden durch unterstützende Prozesse befähigt.

Resultierende Korrekturmaßnahmen zur Verbesserung der Kundenzufriedenheit und zur Erhöhung der Wirksamkeit des QM-Systems stoßen einen erneuten Durchlauf des Regelkreises an. Es folgt eine kontinuierliche bzw. fortlaufende Verbesserung.

Der innere Kreis (farbige Pfeile) stellt entsprechend des *Deming*-Zyklus aus Plan-Do-Check Act den innerbetrieblichen Regelkreis mit dem gleichen Ziel, der kontinuierlichen Verbesserung, dar. Führungsprozesse steuern unter Förderung der internen Kommunikation das gesamte System. Darüber hinaus stellt die Führung alle erforderlichen Mittel für den reibungslosen Ablauf aller Kernprozesse (Betrieb = Produktrealisierung) zur Verfügung. Dazu gehören qualifiziertes und motiviertes Personal, eine angemessene Arbeitsumgebung sowie geeignete Produktionsmittel [BRUG14]. Mit diesen Mitteln werden die Kernprozesse entsprechend der Kundenforderungen durchgeführt. Die Teilprozesse werden durch messende und überwachende Tätigkeiten unterstützt. Aus Datenanalysen leiten sich sowohl Verbesserungen für die einzelnen Teilprozesse als auch verdichtete Informationen für das Management zum Leiten und Lenken des Gesamtsystems ab.

Entsprechend der DIN EN ISO 9001 müssen Unternehmen ein konsistentes QM-System aufbauen, beschreiben und kontinuierlich verbessern. Dabei ist in einem Zertifizierungsaudit darzulegen, dass alle Anforderungen der Norm im unternehmensspezifischen QM-System berücksichtigt und realisiert wurden. Diese Anforderungen sind in den Abschnitten „Kontext der Organisation“, den vier Regelkreis-Bausteinen „Führung“, „Planung für das Qualitätsmanagementsystem“, „Betrieb“ und „Bewertung der Leistung“ sowie den Abschnitten „Unterstützung“ und „Verbesserung“ analog des Prozessmodells der DIN EN ISO 9001 enthalten. Die folgenden Beschreibungen fassen die wesentlichen Anforderungen der DIN EN ISO 9001 charakterisierend zusammen. Die detaillierten Anforderungen sind der Norm zu entnehmen [DIN14b].

Kontext der Organisation

Im Fokus dieses Abschnitts der Norm stehen grundlegende Überlegungen bzgl. der Einführung eines Qualitätsmanagementsystems [DIN14b]:

- Die Organisation muss sowohl interne als auch externe Themen identifizieren und auch analysieren, die sich auf die Fähigkeit der Organisation auswirken, die von ihr beabsichtigten Ergebnisse zu erzielen.
- Die Organisation muss relevante interessierte Parteien (= Stakeholder) identifizieren sowie die Erfüllung von deren Anforderungen sicherstellen und überwachen.
- Der Anwendungsbereich der Norm innerhalb der Organisation muss definiert werden. Produkte und Dienstleistungen, die innerhalb bzw. in zu begründenden Fällen außerhalb des Anwendungsbereichs liegen, müssen konkret benannt werden.
- Entsprechend der Anforderungen der Norm muss innerhalb der Organisation ein Qualitätsmanagementsystem implementiert und fortlaufend aufrechterhalten bzw. verbessert werden. Dies schließt die notwendigen Prozesse und deren Wechselwirkungen mit ein.

Führung

Unter dieser Überschrift finden sich alle Anforderungen an die Unternehmensleitung. So ist u. a. durch die oberste Leitung sicherzustellen, dass [DIN14b]

- die Kundenerwartungen ermittelt und mit dem Ziel der Erhöhung der Kundenzufriedenheit verfolgt werden,
- die unternehmensspezifische Qualitätspolitik als auch die Wichtigkeit der ermittelten Kundenerwartungen von den Mitarbeitern im Unternehmen verstanden werden,
- messbare Qualitätsziele für alle Funktionsbereiche und Ebenen innerhalb der Organisation und Pläne zu deren Erfüllung aufgestellt sind,
- im Rahmen des QM-Systems alle relevanten Verantwortlichkeiten und Befugnisse innerhalb der Organisation definiert werden,
- regelmäßige Überprüfung des QM-Systems durch die Unternehmensführung stattfindet,
- die Kundenorientierung durchgängig in der Organisation umgesetzt wird.

Planung für das Qualitätsmanagementsystem

In diesem Abschnitt wird der Fokus auf planerische Tätigkeiten im Zusammenhang mit dem Qualitätsmanagementsystem gelegt [DIN14b]:

- Präventive und reaktive Maßnahmen zum Umgang mit Risiken und Chancen sind zu planen, um sicherzustellen, dass das Qualitätsmanagementsystem seine beabsichtigten Ziele erreichen kann.
- Auf Ebene der relevanten Funktionsbereiche, Ebenen und Prozesse sind Qualitätsziele sowie die Maßnahmen zu deren Erreichung zu planen.
- Notwendige Änderungen am Qualitätsmanagementsystem müssen identifiziert, geplant und in systematischer Weise umgesetzt werden.

Unterstützung

Die Organisation muss alle zum Betreiben des Managementsystems erforderlichen unterstützenden Komponenten zur Verfügung stellen [DIN14b]:

- Alle notwendigen Ressourcen im Sinne von Personen, Infrastruktur, Arbeitsumgebung, Ressourcen zur Überwachung und Messung sowie Wissen müssen bestimmt und bereitgestellt werden.
- Alle Personen müssen entsprechend ihrer Tätigkeits- bzw. Verantwortungsbereiche geschult sein.
- Mitarbeiter müssen sich der Bedeutung ihrer Tätigkeiten für die Qualitätsziele der Organisation bewusst sein.
- Kommunikationswege, -inhalte und Medien bzgl. des Qualitätsmanagementsystems müssen definiert werden.
- Erforderliche dokumentierte Informationen müssen durch die Organisation gelenkt werden.

Betrieb

Die Organisation hat die zur Produktrealisierung erforderlichen Prozesse im Einklang mit den weiteren Anforderungen der Norm zu bestimmen. Dazu gehören [DIN14b]:

- Die Prozesse zur Erfüllung der Anforderungen an die Bereitstellung von Produkten und Dienstleistungen müssen geplant, verwirklicht und gesteuert werden.
- Anforderungen an Produkte und Dienstleistungen müssen mit dem Kunden durch angemessene Prozesse kommuniziert, bestimmt und hinterfragt werden.
- Die Entwicklung von Produkten und Dienstleistungen muss einem definierten Prozess für Entwicklungsplanung, Entwicklungseingaben, Entwicklungssteuerung, Entwicklungsergebnissen und Entwicklungsänderungen folgen.

- Mithilfe von externer Unterstützung bereitgestellte Produkte und Dienstleistungen müssen derart gelenkt und kontrolliert werden, dass die Erfüllung aller Anforderungen gewährleistet bleibt.
- Die Organisation muss den Leistungserstellungsprozess unter beherrschten Bedingungen durchführen, ggf. Produkte kennzeichnen, Anforderungen an Tätigkeiten nach der Lieferung erfüllen und Änderungen am Leistungserstellungsprozess überwachen.
- Die Erfüllung der Anforderungen durch die Produkte und Dienstleistungen müssen durch entsprechende Freigabeprozesse gewährleistet werden.
- Nicht konforme Prozessergebnisse, Produkte oder Dienstleistungen müssen so gelenkt werden, dass der unbeabsichtigte Gebrauch bzw. die Auslieferung ausgeschlossen sind.

Bewertung der Leistung

Der Regelkreis des QM-Systems schließt mit der Messung und Analyse der Prozesse sowie deren Verbesserung. Innerhalb dieses Abschnitts werden Anforderungen an die Messung und Analyse definiert [DIN14b]:

- Die Organisation muss bestimmen, was mit welchen Methoden wann gemessen bzw. überwacht werden muss, um die in den vorherigen Abschnitten definierten Anforderungen umzusetzen. Informationen bzgl. der Zufriedenheit der eigenen Kunden müssen gesammelt und analysiert werden. Alle gesammelten Informationen und Daten müssen analysiert und beurteilt werden.
- In geplanten Abständen müssen interne Audits stattfinden, die über die Konformität und Leistung des implementierten Qualitätsmanagementsystems Auskunft geben.
- Eine regelmäßige Managementbewertung muss sicherstellen, dass das Qualitätsmanagementsystem fortdauernd geeignet, angemessen und wirksam ist; ggf. müssen Maßnahmen daraus abgeleitet werden.

Verbesserung

Dieser Abschnitt beschäftigt sich mit dem letzten Schritt des internen Regelkreises, der Verbesserung [DIN14b]:

- Die Organisation muss im Falle von entdeckten Nichtkonformitäten bzw. im Sinne der fortlaufenden Verbesserung Maßnahmen definieren und implementieren, die die Sicherstellung der Kundenanforderungen sowie der Kundenzufriedenheit gewährleisten.

8.1.4.4 DIN EN ISO 9004: QM-Systeme – Leitfaden zur Leistungsverbesserung

Diese Norm basiert auf den Grundsätzen der DIN EN ISO 9001 und gibt Empfehlungen bzw. Anregungen zur Einführung und zur Erweiterung von QM-Systemen. Sie dient als Ergänzung und gibt Hilfestellung bei der Interpretation der DIN EN ISO 9001-Anforderungen [DIN09a].

8.1.4.5 Branchenspezifische Forderungen an QM-Systeme

Die Unternehmen der Automobilindustrie wirkten entscheidend an der Schaffung und vor allem an der Weiterentwicklung der DIN EN ISO 9000-Normenreihe mit. Jedoch kamen schnell die Forderungen nach spezifischeren Anforderungen, speziell im Hinblick auf die Zulieferindustrie auf. Daher formulieren die Automobilhersteller ihre speziellen Forderungen an die QM-Systeme ihrer Lieferanten in eigenen Forderungskatalogen. Aus diesen Tendenzen kristallisierten sich zwei, für deutsche Zuliefererunternehmen besonders relevante, Schriften heraus. Der deutsche Verband der Automobilindustrie (VDA) veröffentlichte eine Reihe von Handbüchern für die Automobilzulieferindustrie, von denen die VDA 6.1 die zentralen Forderungen an produzierende Unternehmen formuliert [VDA10a]. Die QS 9000 beinhaltete die harmonisierten Forderungen der US-amerikanischen Automobilhersteller, wurde mittlerweile jedoch zurückgezogen und durch die DIN EN ISO 9001 ersetzt [DAIM98].

Als weltweite Harmonisierung dieser branchenbezogenen Forderungskataloge gilt die ISO/TS 16949, welche als Erweiterung zur DIN EN ISO 9001 für Unternehmen der Automobilzulieferindustrie relevant und für eine Zertifizierung geeignet ist [ISOT09].

VDA

Der VDA hat in 19 Bänden alle wesentlichen Definitionen, Regelungen und Anforderungen zum Qualitätsmanagement für die Lieferanten der deutschen Automobilindustrie beschrieben. Darunter finden sich zum einen Leitfäden für eine einheitliche Abwicklung automobilspezifischer Prozesse (z.B. Lieferantenauswahl, Bemusterung oder Durchführung von System-FMEA) [VDA12, VDA11a], zum anderen Anleitungen für die Durchführung von Audits (System-, Prozess- und Produktaudits) [VDA10a, VDA10b, VDA08]. Hierbei gilt die VDA 6.1 als die zentrale Schrift zur Durchführung von QM-Systemaudits bei produzierenden Lieferanten der Automobilindustrie und dient gleichermaßen als Grundlage für die Erteilung von Zertifikaten. VDA 6.1 basiert auf der DIN EN ISO 9001 und erweitert diese um zusätzliche Anforderungen, wie beispielsweise eine klare und umgesetzte Unternehmensstrategie, Maßnahmen zur Mitarbeitermotivation und zur Gewährleistung der Produktsicherheit, der Durchführung von Unternehmensvergleichen (Benchmarking), zur Qualitätssteigerung sowie der Nutzung finanzieller Kenngrößen zur Steuerung des QM-Systems.

Von besonderer Bedeutung ist auch der Band *Reifegradabsicherung für Neuteile (ehemals VDA 4.3)*, der als Leitfaden für die Durchführung von Produkt- und Prozessentwicklungsprojekten in der Automobilindustrie zu verstehen ist. Darin werden Meilensteine im Entwicklungsprojekt definiert und vorgeschlagen, welche Aktivitäten einer abteilungsübergreifenden Qualitätsplanung in bestimmten Projektphasen zu erfüllen sind [VDA09].

QS 9000

Die QS 9000 dient seit Ende 2006 nicht mehr als Zertifizierungsgrundlage. Sie beinhaltete die abgestimmten Forderungen der Automobilhersteller Chrysler, General Motors und Ford sowie einiger US-amerikanischer Truck-Hersteller. QS 9000 basierte auf der DIN EN ISO 9001, ergänzte diese jedoch um weitere Forderungen [DAIM98].

ISO/TS 16949

Trotz der gleichen Zielrichtung von VDA 6.1 und QS 9000 bestand für viele Lieferanten in den letzten Jahren erhöhte Unsicherheit hinsichtlich der unterschiedlichen Zertifizierungsmöglichkeiten. Lieferanten mit amerikanischen und europäischen Kunden waren zumeist gezwungen, mehrere Zertifizierungsverfahren zu durchlaufen, um sich bezüglich aller existierenden Kundenforderungen zu positionieren. Zur Vereinfachung dieser Situation veröffentlichten die Automobilhersteller die Technische Spezifikation 16949 [ISOT09], welche als branchenspezifischer Anhang zur DIN EN ISO 9001 gilt. Diese Spezifikation harmonisiert alle bisher bestehenden Anforderungen an QM-Systeme von Lieferanten und löste damit die QS 9000 ab.

Weitere branchenspezifische Forderungen an QM-Systeme

Es existieren noch zahlreiche weitere, nicht den Automobilsektor betreffende, branchenabhängige Forderungen an QM-Systeme, die der Vollständigkeit halber genannt werden. Abbildung 8.1-16 zeigt einige davon auf.

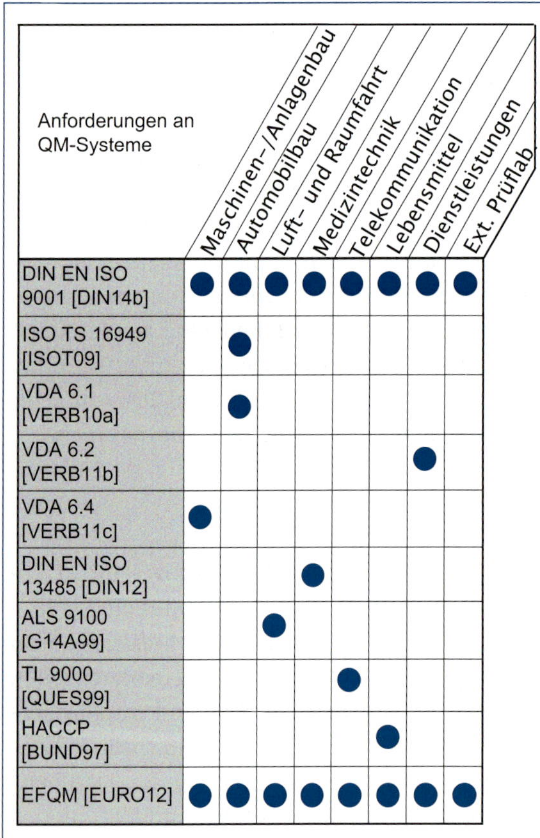

Anforderungen an QM-Systeme	Maschinen-/Anlagenbau	Automobilbau	Luft- und Raumfahrt	Medizintechnik	Telekommunikation	Lebensmittel	Dienstleistungen	Ext. Prüflab.
DIN EN ISO 9001 [DIN14b]	●	●	●	●	●	●	●	●
ISO TS 16949 [ISOT09]		●						
VDA 6.1 [VERB10a]		●						
VDA 6.2 [VERB11b]							●	
VDA 6.4 [VERB11c]	●							
DIN EN ISO 13485 [DIN12]				●				
ALS 9100 [G14A99]			●					
TL 9000 [QUES99]					●			
HACCP [BUND97]						●		
EFQM [EURO12]	●	●	●	●	●	●	●	●

Abbildung 8.1-16 Branchenspezifische Anforderungen an QM-Systeme

8.1.5 Dokumentation von QM-Systemen

Dokumentation ist eine wesentliche Forderung der DIN EN ISO 9001 an ein QM-System. Die Dokumentation von QM-Systemen lässt sich hierarchisch in drei Ebenen gliedern (Abbildung 8.1-17).

Der Aufwand der Dokumentation im Unternehmen sollte nicht in übertriebener Bürokratie und Formalismus enden. Inhalt und Umfang der Dokumentation ist daher an Größe und Komplexität des Unternehmens anzupassen und auf Sinnhaftigkeit zu prüfen. Eine verlässliche Dokumentation setzt voraus, dass sie regelmäßig auf Aktualität überprüft und kontinuierlich gepflegt wird.

Die Dokumentation verfolgt mehrere Zwecke. Sie ist eine wesentliche Voraussetzung für eine Zertifizierung nach DIN EN ISO 9001. Daraus resultierend schaffen dokumentierte Verfahren bei Kunden und Lieferanten Vertrauen in die qualitätssichernden Maßnahmen im Unternehmen. Des Weiteren wird die Dokumentation zu Einarbeitungs- und Schulungszwecken von beispielsweise neuen Mitarbeitern verwendet. Dokumentation ermöglicht darüber hinaus Nachverfolgbarkeit und Nachvollziehbarkeit und trägt hierdurch maßgeblich zur Rechtssicherheit von Unternehmen bei (siehe Kapitel 10).

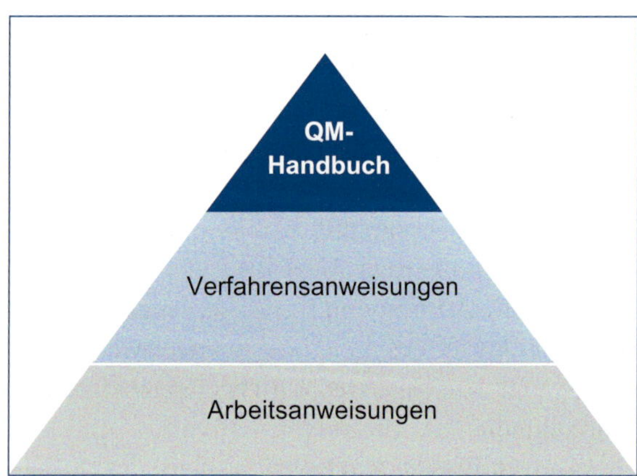

Abbildung 8.1-17 Hierarchie der Dokumentation von QM-Systemen

8.1.5.1 *QM-Handbuch*

Das QM-Handbuch ist das bedeutendste Dokument zur Darlegung eines QM-Systems. Es beinhaltet die wesentlichen Aspekte des QM-Systems und dient als Referenz bei der Umsetzung, Aufrechterhaltung, Pflege und der kontinuierlichen Verbesserung des QM-Systems. Entsprechend der DIN EN ISO 9000 ist das QM-Handbuch wie folgt definiert:

Eine „Spezifikation für ein Qualitätsmanagementsystem einer Organisation" [DIN14a].

Das Qualitätsmanagement-Handbuch ist somit das zentrale Dokument eines QM-Systems. Ohne dieses Handbuch kann das System weder dargelegt, noch seine Funktionsfähigkeit nachgewiesen werden. Es spielt damit auch eine grundlegende Rolle bei der Zertifizierung.

Das QM-Handbuch beinhaltet die Gesamtheit der qualitätsrelevanten Einrichtungen und Vorgänge eines Unternehmens.

Hierzu gehören notwendigerweise

- die Darstellung der unternehmerischen Zielsetzungen in puncto Qualität und die Darlegung des Stellenwerts der Qualität im Wertgefüge des Unternehmens,
- die Beschreibung der Aufbau- und Ablauforganisation,
- die Festlegung von Verantwortlichkeiten und Zuständigkeiten und
- Ausführungen zu der Organisation von Einzeltätigkeiten und bereichsübergreifenden Arbeiten.

Die strukturelle Ausgestaltung des QM-Handbuchs ist grundsätzlich dem Unternehmen freigestellt. Seine spätere Anwendung sowie die damit verbundenen Aufgaben des Handbuchs legen jedoch bestimmte Strukturen der inhaltlichen Gliederung als sinnvoll nahe.

- Das Qualitätsmanagement-Handbuch gilt als Handbuch im gesamten Unternehmen. Es kommt auch vor, dass das QM-Handbuch im Rahmen der Akquise oder Kundenpflege zur Darlegung des QM-Systems an Unternehmensexterne ausgegeben wird, wobei darauf zu achten ist, dass nicht firmenspezifisches Know-how offengelegt wird.
- Das Handbuch dokumentiert das QM-System des Unternehmens. Der Aufbau des Handbuchs sollte den grundlegenden Aufbau des Systems widerspiegeln bzw. sich an den Unternehmensprozessen orientieren. So sollten sich z. B. neue Mitarbeiter anhand des QM-Handbuchs einen ersten Überblick über das Unternehmen und das angewandte QM-System verschaffen können.
- Das Handbuch hat die Funktion eines Nachschlagewerkes. Der gezielte Zugriff auf Informationen wie auch deren schnelles Wiederauffinden prägen Akzeptanz und Gebrauchswert des Handbuchs. Eine Dokumentation in Form eines elektronischen Handbuchs ermöglicht es, Dokumente untereinander zu vernetzen und schnell und zielgerichtet die benötigten Informationen zu erhalten. Dabei ist einer der großen Vorteile elektronischer Dokumentation die Möglichkeit zur Volltextsuche in der gesamten QM-Dokumentation.
- Das Handbuch ist ein lebendes Dokument. Im Rahmen der laufenden Pflege muss ein leichtes und organisatorisch sicheres Austauschen von Elementen des Handbuchs gewährleistet sein. Die Verteilung und der Austausch von Print-Dokumenten sind in der Regel mit hohen Kosten verbunden. Eine elektronische Dokumentation, bei der nur die jeweils aktuelle Version auf einem mit entsprechenden Zugriffsrechten versehenen Server liegt, bietet hier erhebliche Kosten- und Zeitvorteile.

8.1.5.2 *Verfahrensanweisungen*

Unter dokumentierten Verfahren, wie beispielsweise Verfahrensanweisungen oder Prozessbeschreibungen, versteht die DIN EN ISO 9001, „..., dass das jeweilige Verfahren festgelegt, dokumentiert, verwirklicht und aufrechterhalten wird" [DIN08].

Das dokumentierte Verfahren beinhaltet die Beschreibung,

- welche Tätigkeiten,
- auf welche Weise,
- unter welcher Zuständigkeit,
- in welchem Fall,
- unter Verwendung welcher Ressourcen und
- zu welchem Zeitpunkt

zu erfolgen haben.

Die DIN EN ISO 9001 fordert sechs verschiedene dokumentierte Verfahren für

- die Lenkung von Dokumenten,
- die Lenkung von Aufzeichnungen,
- interne Audits,
- die Lenkung fehlerhafter Produkte,
- Korrektur- und
- Vorbeugungsmaßnahmen.

In Abhängigkeit von beispielsweise der Unternehmensgröße oder dem beabsichtigten Anwendungsbereich kann es sinnvoll sein, über die Forderungen der Norm hinaus zusätzliche Verfahren zu dokumentieren.

8.1.5.3 Arbeitsanweisungen

Arbeitsanweisungen enthalten alle erforderlichen Angaben, die zur Beschreibung einzelner Herstellungsteilprozesse bzw. zur Herstellung des gesamten Produktes notwendig sind und beschreiben somit eindeutig die Arbeitstätigkeiten am entsprechenden Arbeitsplatz. Arbeitsanweisungen sind beispielsweise sinnvoll bei umfangreichen Tätigkeiten, die nur unter bestimmten Bedingungen oder in einer definierten Reihenfolge durchgeführt werden dürfen.

8.1.6 Auditierung und Zertifizierung

8.1.6.1 Audits

Audits sind ein Instrument zur Aufdeckung von Schwachstellen, zur Anregung von Verbesserungen und zur Überwachung der eingeleiteten QM-Maßnahmen. Zielsetzung des Audits ist es, Voraussetzungen zu schaffen, um gesetzliche Auflagen und vertragliche Vereinbarungen sowie eigene Qualitätsziele in einer beherrschten Auftragsabwicklung anforderungsgerecht und ggf. normkonform zu verwirklichen.

Eine grundlegende Voraussetzung für die systematische Durchführung von Audits ist ein durchgängiges Konzept, in dem die geplanten Betrachtungspunkte, der Ablauf sowie die Verantwortlichkeiten festgelegt sind.

Audits erfordern den Einsatz gut geschulten Personals. Schnelle Auffassungsgabe, gute soziale Kompetenz sowie Überblick und kritische Distanz zu betrieblichen Abläufen sind nur einige der Eigenschaften, die das Audit-Personal neben umfassenden Fachkenntnissen aufweisen sollte [DIN11a].

Von besonderer Bedeutung für dieses Personal ist psychologisches Einfühlungsvermögen. Die Aufgabe der Auditoren ist mehr, als nur Fehler zu erkennen und zu reklamieren. Es wird nach Fehlerursachen und darauf aufbauend nach Verbesserungsmöglichkeiten gesucht. Dies setzt eine enge und intensive Zusammenarbeit der Auditoren mit den beteiligten Mitarbeitern voraus.

Auditarten

Die Fragestellungen, wer das Audit durchführt, was auditiert wird und welchen Zweck das Audit verfolgt, erleichtern die Einordnung der verschiedenen Auditarten. So werden einerseits interne von externen Audits unterschieden sowie andererseits das Produktaudit, das Verfahrensaudit und das Systemaudit (Abbildung 8.1-18) voneinander abgegrenzt [HERR14].

Art	Systemaudit	Verfahrensaudit	Produktaudit
Aufgaben	Untersuchung der Bestandteile eines QM-Systems	Untersuchung der Kenntnisse des Personals, der Einhaltung und der Zweckmäßigkeit bestimmter Verfahren	Untersuchung von Endprodukten und/ oder Teilen bzgl. definierter Prüfmerkmale
Betrachtungsobjekte	Aufbau- und Ablauforganisation	Verfahren/ Personal	Einzelteile/ Endprodukte
Optimierungsobjekt	• QM-Handbuch • QM-Anweisungen • Auftragsunterlagen • Richtlinien der Unternehmensleitung • …	• Unterlagen für die Durchführung, Überwachung und Prüfung des Verfahrens • Anforderungen an die Qualifikation des Personals • …	• Qualitätsrichtlinien • Prüf- und Fertigungsunterlagen • Prüf- und Fertigungsmittel • …

Abbildung 8.1-18 Auditarten

Internes Audit

Unter einem internen Audit versteht man ein Managementwerkzeug, das es der Unternehmensleitung erlaubt, betriebliche Abläufe im Hinblick auf die eigene Qualitätsfähigkeit zu beurteilen, Verbesserungsmaßnahmen zu initiieren und die Wirkung der eingeleiteten Maßnahmen fortlaufend zu überwachen. Interne Audits werden entweder durch eigene Mitarbeiter oder durch vom Unternehmen engagierte externe Auditoren durchgeführt (First-Party-Audit).

Externes Audit

In einem externen Audit wird die Qualitätsfähigkeit eines Unternehmens durch unternehmensexterne Stellen beurteilt. Das externe Audit dient somit der externen Darlegung des QM-Systems. Bei Lieferantenaudits bewertet der Kunde seine aktuellen oder potenziellen Lieferanten (Second-Party-Audit). Bei Zertifizierungsaudits hat ein Unternehmen die Möglichkeit, die Wirksamkeit seines QM-Systems durch eine unabhängige Stelle bestätigen zu lassen (Third-Party-Audit).

Produktaudit

Gegenstand des Produktaudits ist das fertiggestellte und geprüfte Produkt. Dieses wird aus Sicht des Kunden hinsichtlich seiner Qualitätsmerkmale, wie sie beispielsweise in Zeichnungen, Normen, Spezifikationen etc. dokumentiert sind, überprüft. Mit dem Produktaudit soll festgestellt werden, wo Fehlerschwerpunkte, systematische Fehler oder Entwicklungstrends von Fehlern ihre Ausprägung am Produkt gefunden haben und wo deren Ursachen liegen. Der VDA Band 6 Teil 5 (Produktaudit) ist der gängige Standard im Automotive-Umfeld [VDA08].

Verfahrensaudit (Prozessaudit)

Ziel des Verfahrensaudits ist es, bestimmte Arbeitsfolgen bzw. Verfahren auf mögliche Schwachstellen zu untersuchen [VDA10b].

Anwendung finden Verfahrensaudits vor allem dann, wenn das zu betrachtende Verfahren durch folgende Attribute charakterisiert werden kann:

- große Anzahl von Arbeitsfolgen,
- viele Einflussgrößen,

- hohe Stückzahlen oder Durchsatzmengen,
- Zwang zur langfristigen Planung und Nutzung sowie
- technologische Besonderheiten.

Verfahrensaudits sind auch sinnvoll, wenn das Verfahren die Grenzen von unterschiedlichen Verantwortungsbereichen überschreitet, denn es werden nicht nur einzelne Abläufe analysiert, sondern auch eventuelle Reibungsverluste an Schnittstellen zwischen den Verantwortungsbereichen berücksichtigt.

Systemaudit

Bei einem Systemaudit werden das gesamte QM-System oder wesentliche Systemkomplexe auf Fehlerfreiheit und Wirksamkeit überprüft. Beabsichtigt ist die Einleitung bzw. die Überwachung von Verbesserungsmaßnahmen.

Die QM-Dokumentation wird im Laufe des Systemaudits analysiert. Hierbei wird nicht nur der Inhalt der Dokumente überprüft, sondern auch Anwendung und Wirksamkeit kontrolliert.

Durch die schrittweise Überprüfung des QM-Systems hat das Unternehmen die Möglichkeit, das Rationalisierungspotenzial von QM-Maßnahmen in betrieblichen Abläufen herauszufinden und für das Unternehmen nutzbar zu machen.

Neben den oben beschriebenen Auditarten existieren noch weitere gebräuchliche Anwendungen von Audits, die im Folgenden kurz angesprochen werden.

B

Planmäßiges Audit

Planmäßige Audits werden in einem festgelegten Turnus durchgeführt. Hierzu wird ein Auditplan erstellt, in dem die Betrachtungsgegenstände der Audits sowie Termine und die Mitglieder der Auditteams festgelegt werden. Planmäßige Audits können bei korrekter und regelmäßiger Anwendung zu einem kontinuierlichen Anstieg des Qualitätsniveaus führen (Abbildung 8.1-19).

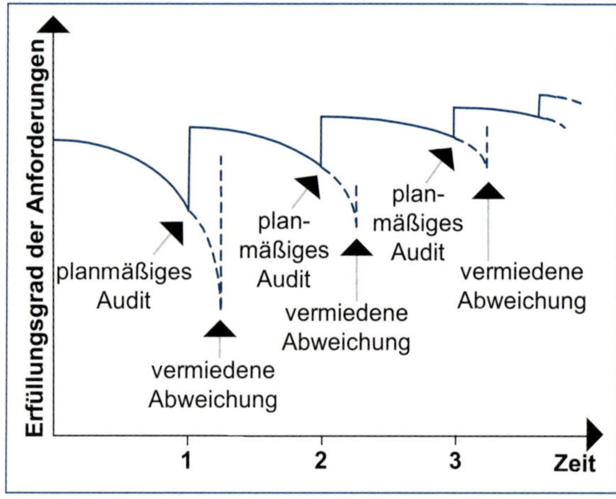

Abbildung 8.1-19 Vermeidung von Fehlerhäufungen durch planmäßige Audits

Außerplanmäßiges Audit (Spontanaudit, Problemaudit)

Außerplanmäßige Audits werden angewandt, wenn ein gravierendes Problem in der Organisation oder am Produkt aufgetreten ist. Wesentliche Änderungen in der Aufbau- und Ablauforganisation oder unvorhergesehene Einbrüche bei der Produktqualität sind weitere Gründe für die Durchführung von außerplanmäßigen Audits.

Wiederholungsaudit

Wiederholungsaudits werden durchgeführt, wenn während eines Audits wesentliche Abweichungen festgestellt wurden. In den Wiederholungsaudits werden die eingeleiteten Maßnahmen auf Wirksamkeit überprüft. Gegebenenfalls müssen weitere Maßnahmen ergriffen werden, falls das gewünschte Ergebnis sich nicht eingestellt hat.

Fehlerschlupf und Dunkelziffer

Audits sind zentrale Elemente der Quality Backward Chain. Die Unterteilung in z.B. Produkt-, Prozess- und Systemaudits kann zur Fehleinschätzung führen, dass die jeweiligen Auditarten unmittelbar Auskunft über die Anzahl von Fehlern der jeweils betrachteten Einheit geben. Insbesondere das Produktaudit verführt zu der Annahme, Auskunft über den genauen Zustand der produzierten Qualität vorzuhalten. Tatsächlich allerdings ist jede gefundene Abweichung lediglich ein Hinweis darauf, dass die zugrunde liegenden Prozesse nicht in der Lage sind, die Qualitätsziele zu erreichen.

Obwohl aufgrund der geringen Anzahl der betrachteten Einheiten im Produktaudit diese Aussage nicht getroffen werden kann, taucht häufig die Frage auf, ob im Audit denn tatsächlich alle Abweichungen erkannt worden sind. Es ist offensichtlich, dass die Anzahl der entdeckten Fehler von den tatsächlich vorhandenen Fehlern abweicht und typischerweise geringer ausfällt. Mitunter interessiert aber genau die Zahl der Fehler, die beim Audit nicht entdeckt wurden. Stammt die Zahl der entdeckten Fehler an der untersuchten Einheit von genau einem Auditorenteam, besteht kaum eine Möglichkeit, diese Zahl, die auch als Dunkelziffer bezeichnet wird, zuverlässig abzuschätzen (Abbildung 8.1-20 a)). Denn es steht in diesem Falle nur die Anzahl der entdeckten Fehler zur Verfügung, jedoch keine Aussagen darüber, wie hoch die Entdeckungswahrscheinlichkeit durch das Auditorenteam aufgrund z.B. seiner Qualifikation ist. Anders stellt sich die Situation dar, wenn zwei Auditteams an derselben Einheit dieselben Untersuchungen durchführen (Abbildung 8.1-20 b)). Vereinfachend angenommen wird dabei, dass die Untersuchung unter gleichen Bedingungen erfolgt, und dass es keine Präferenz eines der Teams für eine besondere Technologie oder ein Fehlerbild gibt. Solche Effekte können auftreten, wenn jeweils eines der Teams auf z.B. montagetechnische, das andere auf elektrische Eigenschaften spezialisiert ist. Ebenfalls vereinfachend kann hier angenommen werden, dass die Fehler unabhängig voneinander auftreten, also nicht ein Fehler die Folge eines anderen Fehlers ist.

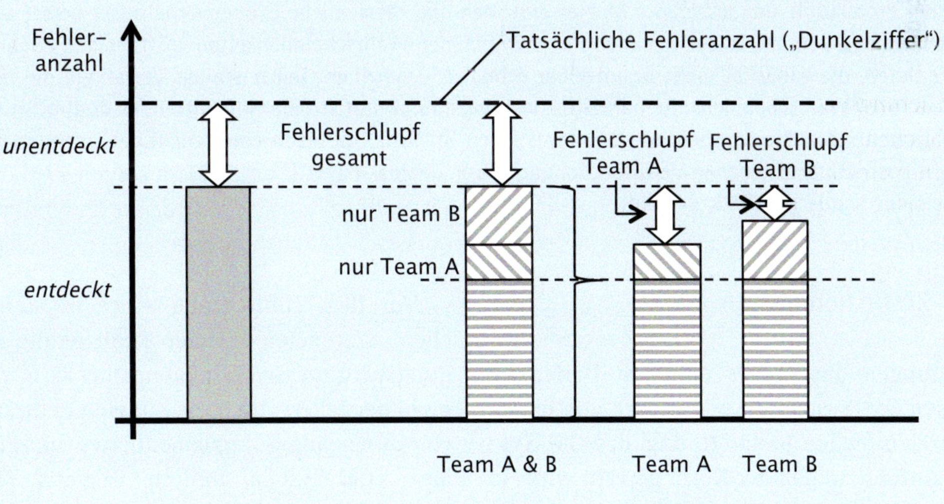

Abbildung 8.1-20 Fehlerschlupf und Dunkelziffer

8

Mit den Informationen und Erkenntnissen zweier Teams stehen mit der Anzahl der gemeinschaftlich entdeckten Fehler und der Anzahl der jeweilig individuell entdeckten Fehler genau die Informationen zur Verfügung, mit denen die Entdeckungswahrscheinlichkeit der einzelnen Teams zumindest grob abgeschätzt werden kann und daraus dann eine Abschätzung des gesamten Fehlerschlupfs möglich ist [BECK03].

Für den Fehlerschlupf, also der Wahrscheinlichkeit, dass beide Teams gemeinsam etwas übersehen haben, muss somit zunächst Kenntnis über die Leistungsfähigkeit der Teams gewonnen werden. Wenn beide Teams, A und B, an der betrachteten Einheit unabhängig voneinander ein Produktaudit durchführen, werden einige identische Abweichungen von jedem der beiden Teams entdeckt. Einige Fehler werden dagegen nur von Team A, andere nur von Team B bemerkt. Die Fehler, die nur Team A entdeckt hat, sind Team B entgangen, und die Fehler, die nur Team B entdeckt hat, sind Team A entgangen. Die Gesamtzahl der entdeckten Abweichungen setzt sich zusammen aus den drei Bestandteilen der Anzahl der von beiden Teams gleich identifizierten und der Anzahl der jeweils nur von Team A und nur von Team B entdeckten Abweichungen. Bezogen auf diese Größe lässt sich der Fehlerschlupf für Team A mit dem Verhältnis der Anzahl der Team A entgangenen – das sind die nur von Team B entdeckten – Abweichungen, bezogen auf die Gesamtzahl der entdeckten Fehler, abschätzen. Für Team B verhält es sich entsprechend. Der Fehlerschlupf, also die Wahrscheinlichkeit, dass sowohl Team A als auch Team B unabhängig voneinander Abweichungen übersehen, berechnet sich aus der Multiplikation dieser beiden Einzelwahrscheinlichkeiten der beiden Teams. Dieser Prozentsatz ist demnach wahrscheinlich beim Audit übersehen worden.

Ein Audit ist sicherlich eine besondere Form der Prüfung, die sich, richtig geplant und durchgeführt, durch feste Rahmenbedingungen und damit auch gute Wiederholbarkeit auszeichnet. Doch eignet sich der eben skizzierte Weg auch für andere Situationen, z. B. bei verteilten Werkstattnetzwerken oder anderen Komponenten einer richtig gestalteten Backward Chain auch innerhalb einer Produktion, um bestimmte Muster erkennen und tatsächliche Größenverhältnisse besser abschätzen zu können. Dieses Rechnen mit verbundenen Wahrscheinlichkeiten eröffnet den Zugang zu Daten, die zunächst nicht unmittelbar erfassbar erscheinen. Daher stellen Verfahren, die mit bedingten Wahrscheinlichkeiten arbeiten, leistungsfähige statistische Hilfsmittel des Qualitätsmanagements dar. Sie beruhen auf der Bayes'schen Statistik, die nach einer wichtigen, wenn auch erst posthum erschienenen Veröffentlichungen von Thomas Bayes (* um 1701; † 7. April 1761) so benannt wurde [BAYE63, BAYE08]. ■

8.1.6.2 Zertifizierungen

Zertifizierungen dienen der externen Darlegung des eigenen QM-Systems, d. h. , es wird von externen neutralen Stellen bestätigt, dass das QM-System den Anforderungen der Norm gerecht wird. In Kapitel 8.1.3.1 wurde bereits auf die Beweggründe verwiesen, warum sich Unternehmen zunehmend für zertifizierte QM-Systeme entscheiden.

Vor dem Hintergrund einer in vielen Branchen verbreiteten weiteren Reduzierung der Fertigungstiefe müssen Großabnehmer (z. B. die Automobilhersteller) von ihren Zulieferern zwangsläufig ein durchgängig implementiertes und überprüfbares QM-System fordern. Hieraus resultieren Nachweisforderungen, denen normalerweise auf zweierlei Weise, aber auch in deren Kombination, entsprochen wird:

- Es werden vom Kunden Audits beim Lieferanten durchgeführt (Lieferantenaudits).
- Das QM-System des Zulieferers wird durch eine dritte, neutrale Stelle untersucht (Zertifizierungsaudits).

Auf die Zertifizierung soll im Folgenden eingegangen werden, da sie im internationalen aber auch nationalen Handel und Warenaustausch als Standard nachgefragt und gefordert wird.

Eine Zertifizierung ist ein Verfahren, nach dem eine dritte, unabhängige Stelle schriftlich bestätigt, dass ein Produkt, ein Prozess, eine Dienstleistung oder ein System konform mit festgelegten Anforderungen ist [DIN07].

Zertifizierungen werden nur durch akkreditierte Zertifizierungsstellen durchgeführt. Dies sind Institutionen, die ihre formale Kompetenz, Neutralität, Unabhängigkeit und Integrität durch eine Akkreditierung vorweisen [DIN11b, KAMI11]. Unter Akkreditierung wird die Prüfung der Prüfer verstanden, die mit ihr die Befugnis erlangen, Zertifikate zu erteilen [DREC14].

In der Bundesrepublik Deutschland werden Akkreditierungen durch die Trägergemeinschaft für Akkreditierung GmbH (TGA) unter dem Dach des Deutschen Akkreditierungsrates (DAR) durchgeführt und mittels Urkunde mit Anhang über die zugelassenen Bereiche erteilt. Zahlreiche Institutionen (z.B. die DQS, der TÜV oder die DEKRA) führen Zertifizierungen durch. Das Vorgehen bei der Zertifizierung durch die DQS (Deutsche Gesellschaft zur Zertifizierung von Managementsystemen) ist beispielhaft in Abbildung 8.1-21 dargestellt.

Das erteilte Zertifikat hat eine Gültigkeitsdauer von drei Jahren, unter der Voraussetzung jährlicher Überwachungsaudits. Hierbei werden nur die wesentlichen Komponenten des QM-Systems geprüft und beurteilt sowie das Verbesserungspotenzial schwerpunktmäßig herausgearbeitet.

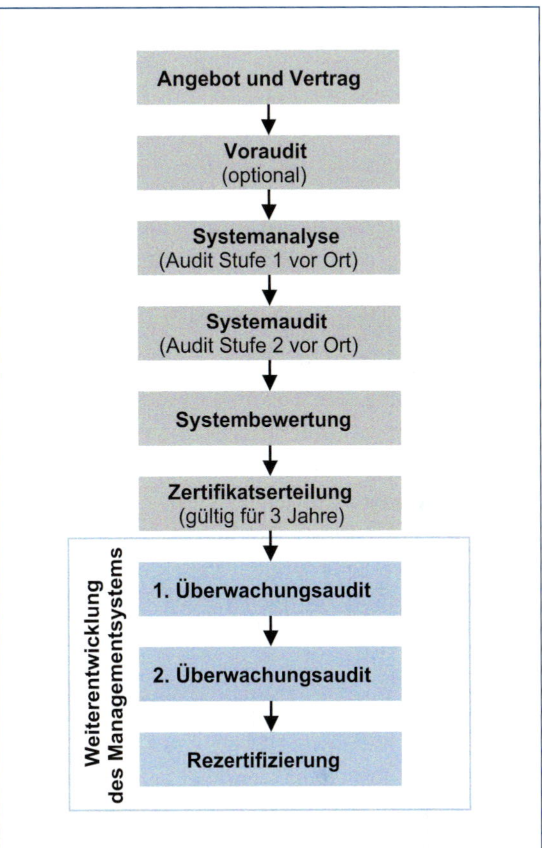

Abbildung 8.1-21 Ablaufschema für DQS-Audits und -Zertifizierungen [DQS14]

Die Erneuerung des Zertifikats bedarf eines erneuten Audits. Diese Re-Zertifizierung (Wiederholungsbegutachtung) muss vor Ablauf von drei Jahren erfolgen und erfordert die erneute und umfassende Prüfung und Beurteilung des QM-Systems.

8.1.7 Überblick über weitere Managementsysteme

Neben den in den vorangegangenen Kapiteln 8.1.2 bis 8.1.6 ausführlich dargelegten Qualitätsmanagementsystemen, existieren weitere häufig vertretene

Managementsysteme, die nachfolgend kurz erläutert werden.

8.1.7.1 Umweltmanagementsysteme

Bis zum Ende der 1980er-Jahre war in vielen Bereichen der Industrie der betriebliche Umweltschutz nahezu ausschließlich als eine Frage technischer Möglichkeiten im Zusammenhang mit der Erfüllung gesetzlicher bzw. behördlicher Auflagen bekannt [FÖRT11].

Unternehmen sehen sich heutzutage einer Vielzahl von Umweltforderungen unterschiedlichster Interessensgruppen gegenüber. Kunden, Kapitalgeber, Versicherer sowie der Gesetzgeber verlangen neben einer hohen Produktqualität die Reduzierung umweltbelastender Nebenprodukte bzw. Risiken [BUND08]. Aufgrund dieser Forderungen, ist das bisherige Verständnis für Produkt- und Prozessqualität um die ökologische Komponente zu ergänzen. Unternehmen reagieren auf diese Forderungen mit dem Aufbau eines, mit den bekannten QM-Systemen vergleichbaren, Umweltmanagementsystems (UM-Systems) zum Schutz der Umwelt.

In Deutschland finden primär zwei zertifizierbare bzw. validierbare Instrumente zur Einführung eines UM-Systems Anwendung: die EG-Öko-Audit-Verordnung und die DIN EN ISO 14001ff.

B

EMAS II (EG-Öko-Audit-Verordnung)

Am 29. Juni 1993 verabschiedete der Ministerrat die Verordnung (EWG) Nr. 1836/93 über die freiwillige Beteiligung gewerblicher Unternehmen an einem Gemeinschaftssystem für das Umweltmanagement und die Umweltbetriebsprüfung [DORN06]. Im Jahr 2001 erschien die „Verordnung (EG) Nr.761/2001 des Europäischen Parlaments und des Rates vom 19. März 2001 über die freiwillige Beteiligung von Organisationen an einem Gemeinschaftssystem für das Umweltmanagement und die Umweltbetriebsprüfung“ (EMAS II). EMAS II richtet sich auch an nicht gewerbliche Organisationen sowie an Dienstleistungsgesellschaften aus dem europäischen Raum. Mit Inkrafttreten zum 11. Januar 2010 wurde die aktuelle Fassung EMAS III als Verordnung (EG) Nr. 1221/2009 im Amtsblatt der EU veröffentlicht.

Durch regelmäßige interne Betriebsprüfungen soll die Einhaltung des UM-Systems und der festgelegten Verfahrensabläufe gewährleistet werden. Dazu muss ein Umweltbetriebsprüfungsprogramm implementiert werden, welches die Ziele jeder Prüfung schriftlich festlegt. Die Ziele einer solchen Prüfung sind im Besonderen die Bewertung des Managementsystems und dessen Vereinbarkeit mit der Umweltpolitik und dem Umweltprogramm der Organisation (System-Audit) sowie die Einhaltung der einschlägigen Umweltvorschriften (Compliance Audit). Über jede Prüfung muss von den Prüfenden ein schriftlicher Bericht über gewonnene Erkenntnisse und daraus resultierende Schlussfolgerungen erstellt werden, der der Unternehmensleitung zur Verfügung gestellt wird. Es ist ein Plan zur Umsetzung der Korrekturmaßnahmen aufzustellen. Die Unternehmen erstellen ihr eigenes Betriebsprüfungsprogramm und legen die Häufigkeit der Prüfungen – unter Berücksichtigung von Leitlinien der Kommission – selbst fest.

Nach der ersten Umweltprüfung und jeder weiteren Umweltbetriebsprüfung muss der Öffentlichkeit eine Umwelterklärung zugänglich gemacht werden. In dieser Erklärung werden Informationen über die Umweltauswirkungen und die Verbesserung des betrieblichen Umweltschutzes der Organisation geliefert.

Bei der ersten Prüfung durch einen Umweltgutachter muss die Organisation über ein voll einsatzfähiges UM-System verfügen. Ferner muss das Betriebsprüfungsprogramm bereits angelaufen und zumindest die Tätigkeit mit dem höchsten Umweltrisiko einer Umweltbetriebsprüfung unterzogen worden sein. Eine Überprüfung durch die Leitung der Organisation (Management Review) sollte abgeschlossen und die Umwelterklärung erstellt worden sein. Die Einhaltung der Umweltvorschriften wird stichprobenartig überprüft. Die aktualisierten Informationen der Umwelterklärung werden anschließend jährlich validiert.

Die Zertifizierung hat, wie auch bei der DIN EN ISO 9001, eine Gültigkeit von maximal drei Jahren. Danach hat eine erneute Umweltbetriebsprüfung zu erfolgen.

Im Rahmen von EMAS III wurden Erleichterungen für kleine und mittlere Unternehmen eingeführt. Diese müssen ihre Umwelterklärung im zweijährlichen Rhythmus aktualisieren, und die Zertifizierung besitzt eine Gültigkeit von vier Jahren. Weiterhin wurden alle für die EMAS relevanten Reglungen im Anhang in einem Dokument zusammengefasst, sodass die Handhabbarkeit vereinfacht wurde.

Nach erfolgreicher Validierung wird der Teilnehmer in ein öffentliches Register eingetragen und erhält eine dem Unternehmen zugeordnete Registrierungsnummer. Des Weiteren darf das Unternehmen nun das EMAS-Logo führen.

DIN EN ISO 14001ff.

Die privatwirtschaftlich sowie -rechtlich organisierte und weltweit operierende International Organisation for Standardization (ISO) legte im ersten Quartal 1994 einen Arbeitsentwurf einer internationalen Norm für UM-Systeme vor. Im September 1996 wurde die ISO 14001ff. als europäische Normenreihe aufgenommen. Einen Monat später erhielt sie den Status einer deutschen Normenreihe mit der Bezeichnung DIN EN ISO 14000 ff. Im Jahr 2004 kam es zur Revision der ISO 14001, die zusammen mit Korrekturen aus dem Jahr 2009 zu der aktuellen Ausgabe, der DIN EN ISO 14001:2009, führte. Seit Anfang 2012 wird die ISO 14001 überarbeitet und eine Revision im Juli 2015 erwartet.

Charakteristisch für diese Normenreihe sind die weltweite Gültigkeit und die Anwendung auf Organisationen jeglicher Art.

Die Normenreihe DIN EN ISO 14001ff. besteht im Wesentlichen aus drei Einzelnormen:

- DIN EN ISO 14001: Umweltmanagementsysteme – Anforderungen mit Anleitung zur Umsetzung
- DIN EN ISO 14004: Umweltmanagementsysteme – Allgemeiner Leitfaden über Grundsätze, Systeme und unterstützende Methoden
- DIN EN ISO 19011: Leitfaden für Audits von Qualitätsmanagement- und/oder Umweltmanagementsystemen

Nur die DIN EN ISO 14001 enthält explizite Anforderungen an ein UM-System und bildet somit die Zertifizierungsgrundlage. In Anhang B der Norm ist eine Gegenüberstellung der Systemelemente der DIN EN ISO 9001 (QM-Norm) und der DIN EN ISO 14001 aufgeführt. In der DIN EN ISO 9001 befindet sich in Anhang A entsprechend eine Korrespondenztabelle zur DIN EN ISO 14001.

Ziel der DIN EN ISO 14001 ist die Förderung und die kontinuierliche Verbesserung des organisatorischen Umweltschutzes unter Berücksichtigung sozioökonomischer Aspekte. Das UM-System soll anregen, die beste verfügbare Technik unter Berücksichtigung des Kosten-Nutzen-Verhältnisses einzusetzen (Abbildung 8.1-22). Ein Managementsystem nach DIN EN ISO 9001 kann die Grundlage für ein UM-System nach dieser Norm darstellen. Anwenden lässt sich die DIN EN ISO 14001 auf jede Organisationsform, jede Branche und jedes Land [DIN09b].

Abbildung 8.1-22 Unternehmenspolitik – Vision, Missionen und Leitbilder

Die oberste Unternehmensleitung legt für ihre Organisation eine Umweltpolitik fest. Diese Grundsätze und Absichten, sind bereits in der ersten Umweltprüfung des Unternehmens zu berücksichtigen. Die erklärte Umweltpolitik soll eine Verpflichtung zur kontinuierlichen Verbesserung des UM-Systems, Vermeidung von Umweltbelastungen und Einhaltung der relevanten Umweltgesetze und -vorschriften enthalten. Allen Mitarbeitern ist die (schriftlich festgelegte) Umweltpolitik zu vermitteln. Der Öffentlichkeit gegenüber besteht keine Informationspflicht; ihr muss die Umweltpolitik lediglich zugänglich gemacht werden.

Der Einführungsschritt Planung befasst sich mit der Erhebung von Umweltaspekten bezüglich der Tätigkeiten, Produkte oder Dienstleistungen, die von den Unternehmen gelenkt und beeinflusst werden. Die ausgewählten Umweltaspekte müssen bei der umweltbezogenen Zielsetzung berücksichtigt werden.

Alle umweltrelevanten gesetzlichen sowie weiteren, eventuellen Forderungen sind in einer geeigneten Dokumentation (Selbstverpflichtungen) zu erfassen.

Zur Erfüllung der Umweltpolitik des Unternehmens, sind für alle relevanten Funktionen und Ebenen innerhalb der Organisation realistische Zielsetzungen bezüglich der Umweltpolitik zu formulieren.

Zur Einführung und Aufrechterhaltung eines Umweltmanagementprogramms sind zunächst die Verantwortlichkeiten zur Verwirklichung der umweltbezogenen Zielsetzungen und Einzelziele festzulegen. Diese sind nach Priorität zu ordnen, wobei die finanziellen und personellen Ressourcen und der Zeitrahmen für deren Verwirklichung zu berücksichtigen sind.

Mit der Implementierung und Durchführung wird der eigentliche Aufbau eines UM-Systems vollzogen und die Forderungen des Umweltmanagementprogramms umgesetzt.

Der Aufbau und die Dokumentation eines UM-Systems kann analog zu den bereits bestehenden Organisationsstrukturen eines Managementsystems nach DIN EN ISO 9001 erfolgen.

Mithilfe der Planung von Notfall- und Vorsorgemaßnahmen sollen Umweltauswirkungen aufgrund unerwarteter Ereignisse, anormaler Betriebsbedingungen und Unfälle verhindert oder begrenzt werden.

Für den Bestand und die Entwicklung eines UM-Systems ist die regelmäßige Konformitätsprüfung ein wichtiger Schritt. Diese UM-System-Audits werden entsprechend der Audits bei QM-Systemen durchgeführt. Sowohl UM- als auch QM-Systeme bedienen sich der gleichen Norm bzgl. Audits: der DIN EN ISO 19011. Daher sind auch UM-Systeme spätestens nach drei Jahren wiederholt zu auditieren.

Die Verantwortung für das Umweltmanagement liegt bei der obersten Leitung der Organisation und kann von einem einzelnen Mitglied der Führungsebene wahrgenommen werden. Die DIN EN ISO 14001 fordert von der Leitung der Organisation die Bestellung eines speziell für Umweltbelange Beauftragten des Managements. Der Umweltverantwortliche muss – unterstützt durch den Umweltbeauftragten – in von ihm festgelegten Abständen das UM-System in Bezug auf seine stetige Eignung, Angemessenheit und Wirksamkeit bewerten. Die durch die Ergebnisse der Bewertung evtl. notwendigen Änderungen sind in der Umweltpolitik der Organisation zu berücksichtigen, um die notwendigen Verbesserungen an der ursprünglich gefassten Zielsetzung auszurichten (kontinuierliche Verbesserung) [DORN06].

Ist ein UM-System nach den dargestellten und beschriebenen Einführungsschritten installiert, kann eine Zertifizierung gemäß DIN EN ISO 14001 erfolgen.

Sowohl ein UM-System nach EMAS III als auch nach DIN EN ISO 14001 lässt sich in ein umfassendes Managementsystem integrieren. Gerade die DIN EN ISO 14001 bietet hierfür besondere Voraussetzungen, da diese Norm strukturell und inhaltlich an die QM-Norm DIN EN ISO 9001 angepasst ist und die Normen aufeinander verweisen, was eine Zusammenführung der Managementsysteme wesentlich erleichtert [DIN09b].

8.1.7.2 Arbeitssicherheit

Durch Arbeitsunfälle sowie berufsbedingte Krankheiten entstehen Unternehmen und Organisationen beachtliche Arbeitsausfälle. Das Fehlen von qualifizierten Mitarbeitern kann die organisatorischen Abläufe in Unternehmen empfindlich stören. So können z.B. Verzögerungen oder sogar Ausfälle bei der Auftragsabwicklung stattfinden. Aus dieser Sichtweise dient aktiver Arbeitsschutz im Unternehmen der Aufrechterhaltung der wirtschaftlichen Leistungsfähigkeit des Unternehmens. Aber auch steigende gesetzliche Anforderungen führen zu einer stets zunehmenden Beachtung von Arbeitsschutz. Rechtliche Rahmenbedingungen sind in einer Vielzahl von Gesetzen, Vorschriften, Richtlinien und Verordnungen auf Landes-, Bundes- und Europaebene festgeschrieben. Des Weiteren gilt es, die entsprechenden Regelungen und Vorschriften der Berufsgenossenschaften zu beachten. Unternehmen werden sich aber auch zunehmend ihrer ethischen Verpflichtung ihren Arbeitnehmern gegenüber bewusst.

Arbeitsschutzmanagementsysteme (AM-Systeme) gewinnen im Laufe der vergangenen Jahre zunehmend an Bedeutung. Im Gegensatz zu QM- und UM-Systemen existieren keine einheitlichen Regelungen auf internationaler Ebene. Auch in Deutschland konnte bis dato keine einheitliche Lösung gefunden werden.

Im Folgenden werden die wesentlichen Konzepte für AM-Systeme, die eine Hilfestellung bei der Verbesserung von Arbeits- und Gesundheitsschutz bieten, näher erläutert.

Occupational Health and Risk Management System (OHRIS)

OHRIS ist ein von der Bayerischen Staatsregierung ins Leben gerufenes Managementsystem. Es entstand 1995 aus einer Kooperation mit dem Wirtschaftssektor, um den Arbeitsschutz in Unternehmen zu fördern und ihn effektiver zu gestalten. Bei der Revision von OHRIS im Jahr 2005 wurde explizit auf gute Integrierbarkeit und Kombinierbarkeit mit QM- und UM-Systemen nach DIN EN ISO 9001 bzw. DIN EN ISO 14001 geachtet, sodass eine Zusammenführung dieser Managementsysteme in ein integriertes Managementsystem wesentlich erleichtert wurde. Im Jahr 2010 wurde OHRIS einer weiteren Revision unterzogen. Hierbei wurden Neuerungen aus der ISO 9001:2008 und ISO 9000:2005 aufgenommen. Darüber hinaus erfüllt OHRIS die Forderungen

- des ILO-Leitfadens,
- des nationalen Leitfadens für AM-Systeme,
- des Leitfadens des Länderausschusses für Arbeitsschutz und Sicherheitstechnik (LASI) und
- der „Eckpunkte des BMA, der obersten Arbeitsschutzbehörden der Bundesländer, der Träger der gesetzlichen Unfallversicherungsträger und der Sozialpartner zur Entwicklung und Bewertung von Konzepten für Arbeitsschutzmanagementsysteme“ [HILT10].

Die Zertifizierung nach OHRIS erfolgt durch die für Arbeitsschutz und die Sicherheitsorganisation des Betreibers zuständige Fachbehörde, dies ist beispielsweise in Bayern das Gewerbeaufsichtsamt (GAA).

B

Safety Checklist Contractors (SCC)

Die SCC ist ein in den Niederlanden entwickeltes Konzept, das seinen Ursprung in der petrochemischen Industrie hat. SCC besteht aus einem Fragenkatalog mit expliziten Fragen in Bezug auf Arbeitssicherheit, Gesundheits- und auch Umweltschutz und stellt somit kein Managementsystem im herkömmlichen Sinn dar. Der Fokus von SCC liegt in der Reduzierung von arbeitsunfallbedingten Ausfällen. Daher steht die Unfallstatistik des Unternehmens im Mittelpunkt. Wird ein bestimmter Grenzwert an Unfallhäufungen überschritten, wird das Unternehmen nicht zertifiziert. Zertifizierungen nach SCC werden durch externe Zertifizierungsstellen vorgenommen.

Leitfaden des Länderausschusses für Arbeitsschutz und Sicherheitstechnik (LASI)

Der Länderausschuss für Arbeitsschutz und Sicherheitstechnik entwickelte im April 2000 ein Dokument zur freiwilligen Einführung, Anwendung und Weiterentwicklung von AM-Systemen (LASI LV 21). Im März 2006 erschien die 3. Auflage. Diese Revision beinhaltete den Abgleich mit der DIN EN ISO 9000:2000 sowie der ISO 14001:2004, um eine Zusammenführung der Managementsysteme zu erleichtern. Unter Kapitel 3.3.4 der „Spezifikation zur freiwilligen Einführung, Anwendung und Weiterentwicklung von Arbeitsschutzmanagementsystemen (AMS) LV 21“ wird hierzu explizit auf die Integrierbarkeit von LASI in bereits im Unternehmen bestehende Managementsysteme hingewiesen [HILT06]. Die LASI LV 21 wurde im Jahr 2013 zurückgezogen und durch die LV 58 „Beratung der Länder zu und Umgang der Länder mit Arbeitsschutzmanagementsystemen“ ersetzt. Hierbei wird der Weg vom systematischen Arbeitsschutz zum Arbeitsschutzmanagementsystem dargestellt sowie Nutzen und Auswirkungen für die Betriebe aufgezeigt. Dazu werden differenziert die einzelnen Phasen und die zugehörigen Themen zur Einführung eines Arbeitsschutzmanagementsystems erläutert.

Der Anwendungsbereich der LASI-Spezifikation erstreckt sich auf alle Organisationen, die Folgendes anstreben:

- Implementierung, Aufrechterhaltung und Verbesserung eines AM-Systems
- Sicherstellung der Konformität mit der selbsterklärten Politik für Sicherheit und Gesundheitsschutz

- Nachweis dieser Konformität gegenüber Dritten
- Selbstermittlung und Selbsterklärung der Konformität mit dieser Spezifikation

Das LASI-Konzept erfüllt auch die Anforderungen des „Nationalen Leitfadens für Arbeitsschutzmanagementsysteme" sowie der „Eckpunkte des BMA, der obersten Arbeitsschutzbehörden der Bundesländer, der Träger der gesetzlichen Unfallversicherung und der Sozialpartner zur Entwicklung und Bewertung von Konzepten für Arbeitsschutzmanagementsysteme".

Leitfaden für Arbeitsschutzmanagementsysteme der International Labour Organization (ILO)

Die Internationale Arbeitsorganisation entwickelte einen Leitfaden zur freiwilligen Einführung eines AM-Systems, der auf international vereinbarten Grundsätzen basiert. Die Anpassungen an nationale Gegebenheiten durch die Erarbeitung nationaler Leitfäden wurde in Deutschland vom Bundesministerium für Wirtschaft und Arbeit (BMWA), den obersten Arbeitsschutzbehörden der Länder, den Trägern der gesetzlichen Unfallversicherung und den Sozialpartnern durchgeführt. Als Grundlage bei der Erarbeitung des nationalen Leitfadens diente LASI LV 21 [BUND02].

Die Anwendung des nationalen Leitfadens erfolgt auf freiwilliger Basis und sieht keine Zertifizierung durch Dritte vor.

Ziele eines AM-Systems nach ILO sind

- die Einhaltung von Arbeitsschutzvorschriften,
- das systematische Ineinandergreifen der Elemente des AM-Systems der Organisation (Politik, Organisation, Planung und Umsetzung, Messung und Bewertung sowie Verbesserungsmaßnahmen) mit dem Ziel der ständigen Verbesserung der Arbeitsschutzleistung sowie
- die Integration von Sicherheit und Gesundheitsschutz in die Abläufe der Organisation mit dem Ziel der gleichzeitigen Verbesserung der Wirtschaftlichkeit [BUND02].

Occupational Health and Safety Assessment Series (OHSAS 18001)

OHSAS 18001 ist ein Dokument, was unter der Schirmherrschaft des Britischen Normungsinstitutes (BSI) unter Mitwirkung verschiedener europäischer Zertifizierungsorganisationen und einigen Normungsinstitutionen entwickelt wurde. Es verfolgt das Ziel der Reduzierung von Arbeitsrisiken. Bei der Entwicklung von OHSAS 18001 wurde besonders auf Kompatibilität mit den Qualitäts- und Umweltschutznormen DIN EN ISO 9000ff. und DIN EN ISO 14001ff. geachtet, um den Aufbau eines integrierten Managementsystems zu ermöglichen und zu fördern. OHSAS 18001 hat bereits in einigen Ländern den Status einer Norm, ist aber zum gegenwärtigen Zeitpunkt noch keine ISO-Norm. Zurzeit wird an der ISO 45001 gearbeitet, welche als möglicher Nachfolger für die BS OHSAS 18001 gilt.

8.1.7.3 Risikomanagement

Risikomanagement ist während der vergangen Jahrzehnte vornehmlich im Banken- und Versicherungswesen eingesetzt worden. Schwerwiegende Finanzskandale Ende der 1980er-/Anfang der 1990er-Jahre haben dazu geführt, dass Risikomanagement und interne Kontrollsysteme (IKS) zur Verbesserung der Finanzberichterstattung bei börsennotierten Unternehmen gefordert wurden. Als erster Standard in diesem Bereich wurde in den USA das COSO-Modell von dem „Committee of the Sponsoring Organizations of the Treadway Commission" entwickelt, welches von der amerikanischen Finanzaufsichtbehörde, der SEC (Security

Exchange Commission) seit 1992 als Standard für ein IKS anerkannt ist. Im Laufe der vergangenen Jahre gewann das Risikomanagement international stark an Bedeutung und wird zunehmend auch branchen- und abteilungsunabhängig sowie auch bei technischen Belangen eingesetzt. Gründe hierfür sind steigende gesetzliche Anforderungen sowie die Forderung nach transparenter Corporate Governance.

Als positiver Effekt eines im Unternehmen betriebenen Risikomanagementsystems, über die Unternehmensgrenzen hinaus, ist eine leichtere Kreditbeschaffung zu nennen: Aufgrund des angewendeten Risikomanagementsystems des Kreditnehmers ist das Kreditinstitut wegen einer positiveren Risikoeinschätzung beim Kreditnehmer in der Lage, einen Kredit zu besseren Konditionen anzubieten. Mit Einführung von Basel II, einer von Kredit- und Marktrisiko sowie operationellen Risiken abhängigen Eigenkapitalvorschrift für Kreditinstitute, gewinnt der Vorteil von Risikomanagementsystemen in Unternehmen zusätzlich an Bedeutung.

Unterstützt wurde die wachsende Bedeutung von Risikomanagement durch weltweite Normen- und Regelwerkentwicklungen, die einen unternehmensweiten und branchenunabhängigen Einsatz von Risikomanagement ermöglichen.

Die inhaltliche Thematik von Risikomanagement wird vertieft in Kapitel 8.4 behandelt. Im Folgenden wird auf wesentliche Normen und Regelwerke in Bezug auf Risikomanagement sowie auf eine Integrationsmöglichkeit von Risikomanagement in ein IMS eingegangen. Hierbei ist zu erwähnen, dass die DIN EN ISO 9004 als eine der drei wesentlichen QM-Normen der DIN EN ISO 9000-Normenreihe, die Anwendung von Risikomanagement und die Integration von Risikomanagement in ein bestehendes QM-System nach DIN EN ISO 9001 empfiehlt.

COSO Enterprise Risk Management Framework

Der COSO Enterprise Risk Management Framework aus dem Jahr 2004 ist eine Weiterentwicklung des ursprünglichen COSO-Modells und hat die gesamte Organisation im Fokus. Entsprechend dieses Frameworks beinhaltet ein unternehmensweites Risikomanagement folgende Aspekte:

- *Anpassung von Risikoneigung und Strategie*

Die Führungskräfte berücksichtigen die Risikoneigung der Organisation bei der Beurteilung strategischer Alternativen, dem Setzen entsprechender Ziele und bei der Entwicklung von Mechanismen zur Steuerung der damit einhergehenden Risiken.

- *Verbessern von risikobezogenen Entscheidungen*

Das unternehmensweite Risikomanagement stellt ein Vorgehen zur Bestimmung und Auswahl von alternativen Reaktionen auf Risiken zur Verfügung – Risikovermeidung, Risikoverringerung, Risikoverteilung und Risikoübernahme.

- *Verringern von Überraschungen und Verlusten im Geschäftsbetrieb*

Organisationen verbessern ihre Fähigkeit, mögliche Ereignisse zu erkennen und Maßnahmen einzuleiten sowie Überraschungen und die damit einhergehenden Kosten oder Verluste zu verringern.

- *Bestimmen und Steuern mehrfacher und unternehmensübergreifender Risiken*

Jedes Unternehmen steht einer Vielzahl von Risiken gegenüber, die mehrere Unternehmensbereiche betreffen. Zudem ermöglicht das unternehmensweite Risikomanagement wirksame Reaktionen auf die voneinander abhängigen Wirkungen sowie auf übergreifende Maßnahmen bei Mehrfachrisiken.

- *Nutzen von Chancen*
Das Berücksichtigen aller möglichen Ereignisse ermöglicht Führungskräften, Chancen zu erkennen und proaktiv umzusetzen.

- *Verbesserte Kapitalallokation*
Zuverlässige Risikoinformationen erlauben Führungskräften, die Kapitalausstattung gesamthaft zu beurteilen und die Kapitalzuordnung zu verbessern [COSO04].

Weiterhin wurde im Jahr 2013 eine aktualisierte Version des Integrated Frameworks für Internal Control (IC) aus dem Jahr 1992 veröffentlicht. Mit dieser Aktualisierung soll den zahlreichen Veränderungen der Geschäfts- und Betriebsbedingungen Rechnung getragen werden. Hierzu zählen vor allem die Erwartungen an die Aufsichtsgremien, die globalisierten Märkte, die gestiegene Komplexität der einzuhaltenden Gesetze, Regularien und Standards sowie die Nutzung von sich weiterentwickelnder Technologien. Der COSO-Vorstand sieht Internal Control als ein Teil des Enterprise Risk Managements (ERM) an, jedoch besitzt das ERM einen breiten Fokus. Daher muss der aktualisierte IC Framework aus dem Jahr 2013 und der ERM Framework aus dem Jahr 2004 differenziert betrachtet werden.

Der COSO-Framework definiert unternehmensweites Risikomanagement u.a. als einen Prozess, der sich ununterbrochen und über die gesamte Organisation erstreckt. Aufgrund dieser prozessorientierten Definition lässt sich daher der COSO ERM Framework in ein prozessorientiertes IMS, welches beispielsweise auf der QM-Norm DIN EN ISO 9001 basiert, gut implementieren.

ISO 31000 Risikomanagement – Allgemeine Anleitung zu Grundsätzen und Implementierung eines Risikomanagements

Wie bereits erwähnt, handelt es sich bei der ISO 31000 um einen internationalen Standard, der im Jahr 2009 erstmals als ISO-Norm aufgelegt worden ist. Bei der Entwicklung der ISO 31000 orientierte man sich an den bereits existierenden und praktizierten Normen und Regeln AS/NZS 4360 sowie den ONR 49000ff. Die ISO 31000 gliedert sich in vier Abschnitte: Begriffe, Grundsätze, Risiko-Management-Framework und Risikomanagement-Prozess. Die Herausforderungen der ISO 31000 liegen in einer Harmonisierung des organisatorischen Rahmens (Framework) und des Prozess-Risikomanagements sowie der branchen- und risikounabhängigen Anwendung von Risikomanagement. Berücksichtigung finden sowohl technische als auch Geschäfts- und Finanzrisiken, aber auch beispielsweise Sicherheits- und Umweltrisiken [BRÜH07]. Eine genauere Beschreibung der ISO 31000-Norm findet sich in Kapitel 8.4.

Branchen-/Sektorspezifische Risikomanagementnormen

Neben den branchenunabhängigen Normen existieren für bestimmte, besonders sicherheitsrelevante, Unternehmenssektoren spezifische Normen. Zu diesen Normen zählen beispielsweise die DIN EN ISO 12100 „Sicherheit von Maschinen – Allgemeine Gestaltungsleitsätze – Risikobeurteilung und Risikominderung", die EN ISO 14971 „Medizinprodukte – Anwendung des Risikomanagements auf Medizinprodukte" oder die ISO 27001 „Information technology – Security techniques – Information security management systems – Requirements".

8.1.7.4 Energiemanagement

Energiemanagementsysteme dienen dem Ziel, die Energieeffizienz in Unternehmen zu erhöhen. Seit 2011 existiert aus diesem Grund mit der ISO 50001 eine internationale Norm für ein Energiemanagementsystem. Die in der ISO 50001 definierten Anforderungen an ein Energiemanagementsystem weisen starke Überschneidungen mit der ISO 14001 und dem europäischen Umweltmanagementsystem EMAS (siehe Kapitel 8.1.7.1) auf. EMAS-zertifizierte Unternehmen erfüllen regelmäßig viele Voraussetzungen eines Energiemanagementsystems, weshalb hier der integrative Ansatz besonders ratsam ist. Für eine detaillierte Beschreibung von Energiemanagementsystemen sei an dieser Stelle auf das Kapitel 9.6 verwiesen [BUND12].

8.1.8 Zusammenfassung

Wie die vorangegangenen Kapitel aufzeigen, bietet die QM-Norm DIN EN ISO 9001 nicht nur eine weltweit anerkannte Möglichkeit zur externen Darlegung eines QM-Systems. Mit ihrer stetig steigenden Akzeptanz auch als Bezugsnorm zahlreicher branchenspezifischer Normen gewinnt sie zunehmend an Bedeutung. Sie dient des Weiteren auch als Basis zum Aufbau eines integrierten Managementsystems, also der Implementierung weiterer Managementsysteme, wie beispielsweise für Arbeits- und Umweltschutz oder Risikomanagement. Die jeweiligen Normen, Regelwerke und Forderungskataloge wurden so auf die DIN EN ISO 9001 abgestimmt, dass Redundanzen zwischen den einzelnen Managementsystemen vermieden werden können und das Ergebnis ein schlankes Managementsystem darstellt, das die wesentlichen Teilbereiche des Unternehmens abbildet und mit deren Hilfe die Organisation geleitet und gelenkt werden kann. Voraussetzung für ein funktionierendes integriertes Managementsystem ist, wie auch bei den einzelnen Managementsystemen, dass es tatsächlich im Unternehmen praktiziert und gelebt sowie von der Unternehmensleitung gewünscht und gefördert wird, also nicht nur auf dem Papier zur externen Darlegung existiert.

8.2 Qualitätscontrolling

Das Controlling hat sich seit 1920 in amerikanischen Unternehmen neben anderen Managementfunktionen etabliert. In Deutschland setzten die Einführung des Controllings und der Einsatz der damit verbundenen Stellen in den 50er-Jahren des letzten Jahrhunderts ein. Eine letztlich massive Durchdringung des Controllings erfolgte in Deutschland jedoch erst ab 1970. Zu Beginn wurde das Controlling in vielen Unternehmen nur als Kontrolltätigkeit verstanden; jedoch bald verschiedenartig erweitert.

Allgemein ist das Controlling ein Teilbereich des unternehmerischen Führungssystems, dessen wesentliche Aufgaben die Planung, Steuerung und Kontrolle sind. Informationen aus verschiedenen Teilbereichen des Unternehmens, wie beispielsweise dem Rechnungswesen, laufen im Controlling zusammen und werden bedarfsgerecht verarbeitet [EGGE13].

In der Literatur existieren im Wesentlichen vier Grundverständnisse, die sich seit dem Beginn einer umfänglichen wissenschaftlichen Diskussion in den 1970er-Jahren ergeben haben: die informationsorientierte Schule [REIC11], die planungs- und kontrollorientierte Schule [HORV06], die koordinationsorientierte Schule [KUEP08] und die rationalitätsorientierte Schule [WEBE04]. Sie bauen teilweise aufeinander auf und verfolgen vier wesentliche Zielstellungen [GOEP08]:

- Führungsunterstützung,
- Zielorientierung,

B

- Koordination der Planungs-, Kontroll- und Informationssysteme und
- Rationalitätsabsicherung.

In erster Linie wird Controlling als eine *Führungs-Unterstützungs-Funktion* zur Erhöhung der Effektivität und Effizienz der Unternehmensführung charakterisiert. Das Controlling unterstützt das Management, indem es die zur Unternehmensführung notwendigen Informationen bereitstellt und die unternehmerischen Tätigkeiten transparent macht. Die hier genannten Informationen werden in erster Linie aus dem (internen) Rechnungswesen und anderen finanziellen Berechnungen gewonnen. Das Controlling differenziert sich vom Rechnungswesen insbesondere durch die Darstellung der Informationen in Richtung einer Unterstützung von Managementfragen.

Ein darauf aufbauender Aspekt lässt sich in der *Zielorientierung* des Controllings finden, welche auf das unternehmerische Zielsystem und somit auf die Ergebnisorientierung fokussiert. Das Controlling hat die Aufgabe, das unternehmerische Zielsystem abzubilden, die Ziele in Teilziele zu gliedern, zu messen und Abweichungen festzustellen. So können im Sinne eines Regelkreises entsprechende Maßnahmen zur Zielerreichung bzw. zur „Kurskorrektur" ergriffen werden.

Im Zentrum der *Koordination* steht der Gedanke, das Controlling als eigenständige Funktionseinheit im Unternehmen zu etablieren. Somit fällt dem Controlling insbesondere die Aufgabe zu, *Planungs-, Kontroll- und Informationssysteme* zu koordinieren. Dieses Verständnis wurde später um Fragen der Organisation und Personalführung erweitert, um Interdependenzen zwischen den einzelnen Bereichen zu berücksichtigen und die Koordination des Führungssystems zu übernehmen (Abbildung 8.2-1) [HORV06, WEBE04].

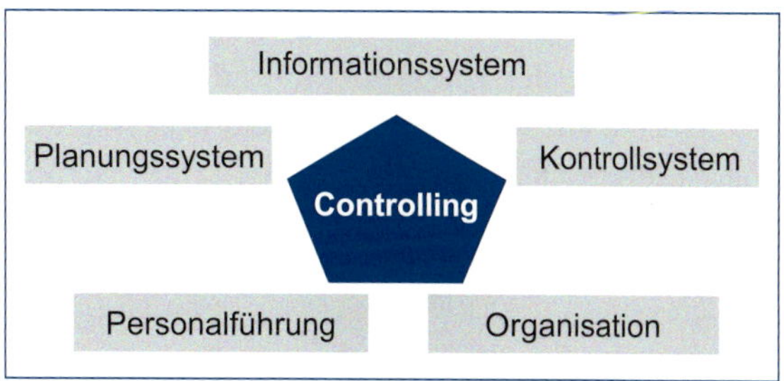

Abbildung 8.2-1 Controlling als Subsystem des Führungssystems

Des Weiteren zählt die *Rationalitätsabsicherung* der Führung zu den Hauptaufgaben des Controllings. Die bisherigen Ansätze basieren auf dem Verständnis des agierenden Menschen bzw. der agierenden Führungskraft als Homo oeconomicus. Viele Ansätze – beispielsweise aus der Entscheidungstheorie – zeigen, dass dies nicht grundsätzlich der Realität entspricht. Dem Controlling obliegt demnach die Aufgabe, ggf. vorliegende Rationalitätsdefizite auszugleichen bzw. zu beseitigen.

8.2.1 Aufgabe und Funktion des Qualitätscontrollings

Um das Qualitätscontrolling im Kontext des Controllings zu beschreiben, kann folgende Definition herangezogen werden:

Qualitätscontrolling ist „ein Teilsystem des Controllingsystems [...], welches unternehmensweit qualitätsrelevante Vorgänge mit dem Ziel koordiniert, eine anforderungsgerechte Qualität wirtschaftlich sicherzustellen" [NIEM90].

Das Qualitätscontrolling nimmt somit eine beratende Stellung für das Qualitätsmanagement ein. Hierzu können inhaltlich folgende Punkte gezählt werden [GOEP08]:

- Die qualitätsorientierte Ausrichtung aller Planungs- und Kontrollsysteme im Unternehmen sowie die Bereitstellung geeigneter Instrumente für die erfolgsorientierte Qualitätsplanung und -lenkung.

8

- Ein Qualitätsinformationssystem, das auf die Gestaltung der Qualität der Produkte, Dienstleistungen, Produktionsfaktoren, Prozesse und Kooperationsbeziehungen ausgerichtet ist und der Führungsebene qualitätsrelevante Informationen bereitstellt.
- Die Abstimmung und Koordination zwischen den Qualitätszielen einer Unternehmung und einer qualitätsförderlichen Organisation.

Das Qualitätscontrolling ermöglicht maßgeblich die Erhöhung der Effektivität und Effizienz des unternehmerischen Qualitätsmanagements. Dies wird durch die zwei Teildisziplinen des strategischen und des operativen Qualitätscontrollings umgesetzt (Abbildung 8.2-2):

- Das *strategische Qualitätscontrolling* betrachtet die Effektivität zum langfristigen Ausschöpfen von Erfolgspotenzialen.
- Das *operative Qualitätscontrolling* fokussiert die Effizienz in Form einer kurz- bis mittelfristigen Liquiditätssicherung auf Basis der Faktoren Erlös, Kosten, Zeit und Qualität.

Merkmale	Qualitätscontrolling Strategisch	Qualitätscontrolling Operativ
Zielgröße	Existenz Wachstum	Gewinn Rentabilität
Zieldimension	Chancen Risiken	Kosten Leistung
Zielbezug	Markt Organisation	Produkt Prozess
Zielhorizont	Langfristig	Kurzfristig

Abbildung 8.2-2 Strategisches und operatives Qualitätscontrolling

8.2.1.1 Strategisches Qualitätscontrolling

Das strategische Qualitätscontrolling hat zum Ziel, die langfristige Qualitätsfähigkeit des Unternehmens hinsichtlich der Produkte, Prozesse und Systeme abzusichern. Dies bedingt eine langfristige Planung aller qualitätsrelevanten Tätigkeiten, wie z.B. der Qualitätsplanung, der Qualitätslenkung und der Qualitätsprüfung.

Ausgehend von einer Analyse des Marktes, der Wettbewerber und der eigenen Organisation müssen langfristig wirkende Chancen und Risiken identifiziert werden. Das strategische Qualitätscontrolling umfasst daher in seiner Aufgabenstellung in großem Maße die Teilbereiche der Unternehmensplanung und des Marketings. Im Kern sind vier Aufgabenstellungen zu erfüllen [ZENZ98, GOEP08]:

- Entwicklung einer Auswahlmethode zur Ableitung unternehmensspezifisch geeigneter Qualitätsziele,
- Festlegung möglicher Qualitätsziele, inkl. strategischer Maßnahmen zur Erreichung dieser Ziele,
- Ermittlung von Einflussgrößen auf Qualitätsstrategien und
- Aufbau eines Kennzahlensystems zur systematischen Darstellung der Ergebnisse.

In der Regel werden die Qualitätsziele aus dem Zielsystem bzw. der Vision des Unternehmens abgeleitet. Diese Qualitätsziele können z.B. den Ausbau in Richtung der wahrgenommenen oder funktionalen Qualität beinhalten. Qualitätsstrategien definieren den Weg zum bestmöglichen Erreichen dieser Ziele (Effektivität). Um Analysen zur Ermittlung von Einflussgrößen auf Qualitätsstrategien durchzuführen, bieten sich z.B. Markt-, Wettbewerbs- und Potenzialanalysen an. Diese können etwa eine Aussage über die Bedeutung der Produktqualität oder die Höhe der Qualitätskosten bei vergleichbaren Unternehmen ermöglichen. Geeignete Kenngrößen (absolut und relativ) werden benötigt, um eine Auswertung über die Zielerreichung und die Eignung der Qualitätsstrategien zu ermöglichen.

8.2.1.2 Operatives Qualitätscontrolling

Das operative Qualitätscontrolling ist im Gegensatz zum strategischen auf die effiziente Durchführung der definierten Schritte gerichtet. Die Planung hat einen kurz- bis mittelfristigen Horizont. Das operative Qualitätscontrolling orientiert sich in erster Linie an den unternehmensinternen Prozessen und deren Wirtschaftlichkeit. Dabei entspricht das Vorgehen in seinen Grundzügen dem des strategischen Qualitätscontrollings [ZLAM99]. Auch hier werden Ziele definiert und der Istzustand aufgenommen, um Zielabweichungen zu ermitteln und Verbesserungsmaßnahmen umzusetzen. Die Quantifizierung der operativen Ziele ist im Vergleich zu den strategischen Zielen leichter zu bewerkstelligen. Die qualitätsbezogene Kostenrechnung liefert dem operativen Qualitätscontrolling die benötigten Daten.

Qualitätsbezogene Kosten entstehen z.B. durch die Qualitätsplanung, die Qualitätslenkung, die Qualitätsprüfung oder durch fehlerhafte Produkte und den entsprechenden finanziellen Folgen. Somit haben qualitätsbezogene Kosten den Charakter von Gemeinkosten, denen kein unmittelbarer Wertzuwachs am Produkt gegenübersteht.

Qualitätsbezogene Kosten sind ein wichtiger Indikator für wirtschaftliche Schwachstellen im Unternehmen. Qualität sollte stets in Bezug zu den Kosten für Qualität gesichert werden. Klassische Kostenrechnungssysteme, wie z.B. die Vollkostenrechnung, liefern zumeist nicht die geeigneten Informationen. Kritik an der klassischen Kostenrechnung, wie z.B. durch Kaplan und Johnson in den späten 1980er-Jahren [JOKA91], haben die Kostenrechnung nachhaltig beeinflusst. In Verbindung mit der Entwicklung des Qualitätsmanagements hat sich auch die qualitätsbezogene Kostenbetrachtung als Instrument der operativen Qualitätsplanung und -lenkung erheblich verändert. Im nächsten Kapitel wird vorrangig eine Einordnung des Qualitätscontrollings in das betriebliche Rechnungswesen vorgenommen. Im Anschluss daran wird die qualitätsbezogene Kostenbetrachtung als Instrument des operativen Qualitätscontrollings detailliert betrachtet.

8.2.2 Betriebliches Rechnungswesen

Dem Controlling ähnelnd, hat auch das Qualitätscontrolling seinen Ursprung im Rechnungswesen. Die Erfassung qualitätsrelevanter Kosten zur Informationsverwertung, Organisationsunterstützung und erfolgsorientierten Ausrichtung des Unternehmens basiert im Wesentlichen auf den klassischen Disziplinen des Rechnungswesens; internes Rechnungswesen, externes Rechnungswesen und betriebswirtschaftliche Budget- und Planungsrechnung (Abbildung 8.2-3).

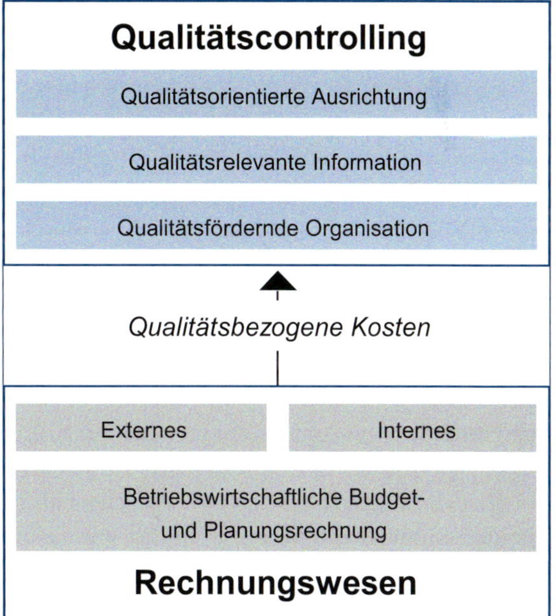

Abbildung 8.2-3 Rechnungswesen als Basis des Qualitätscontrollings

8.2.2.1 *Externes Rechnungswesen*

Das externe Rechnungswesen erfasst zum größten Teil Informationen über Vorgänge zwischen dem Unternehmen und externen Partnern, wie Abnehmern, Lieferanten oder Kreditgebern. Dargestellt werden die Vermögens-, Finanz- und Ertragslage des Unternehmens durch Elemente der Buchführung, durch Inventar, Jahresabschluss und ggf. Sonderbilanzen. Die Rechenwerke des externen Rechnungswesens - die *Gewinn- und Verlustrechnung* und die *Bilanz* - werden vielfach externen Adressaten (z. T. in reduzierter Form) zugänglich gemacht; bei publizitätspflichtigen Unternehmen sogar der gesamten Öffentlichkeit [BAET14].

8.2.2.2 *Internes Rechnungswesen*

Das interne Rechnungswesen, auch *Kosten- und Leistungsrechnung* genannt, dient der Erfassung der monetären Vorgänge im Unternehmen. Dazu werden der Einsatz von Produktionsfaktoren und die resultierende Erstellung von Gütern und Dienstleistungen bewertet. Die monetär bewerteten, eingesetzten Produktionsfaktoren stellen Kosten dar, die in Geld bewerteten, produzierten Güter und erbrachten Dienste werden als Leistungen bezeichnet. Ziele der Kosten- und Leistungsrechnung sind die Kontrolle der Wirtschaftlichkeit, der betrieblichen Leistungserstellung und die Ermittlung der Selbstkosten erstellter Leistungen (Kalkulation). Hinzu kommen die Aufgaben der Investitions- und Finanzierungsrechnung in Form von mengen- und wertmäßiger Schätzung und Vorausberechnung des betrieblichen Geschehens bei Beschaffung, Produktion, Absatz und Finanzierung. Damit dient sie als Basis für alle in die Zukunft gerichteten, planerischen Entscheidungen. Je nach organisatorischer Regelung können diese Aufgaben an die Finanzbuchhaltung oder die Kosten- und Leistungsrechnung übertragen werden. Sie können aber auch von einem Zentralbereich, wie etwa dem Controlling, wahrgenommen werden [HABE08].

8.2.2.3 *Budget- und Planungsrechnung*

Im Rahmen der betriebswirtschaftlichen Budget- und Planungsrechnung werden Aufgaben wie die Finanzplanung, Investitionsrechnung, Betriebsstatistik und Budgetierung wahrgenommen. Damit liegen Rahmenbedingungen vor, die insbesondere Produktionszahlen und Investitionssummen betreffen. Innerhalb dieses Rahmens und unter Berücksichtigung weiterer wirtschaftlicher Aspekte sind die Führungskräfte der einzelnen Unternehmensbereiche gebunden, die notwendigen Maßnahmen zur Qualitätsverbesserung und -förderung mit einzubeziehen. Ferner werden diese Datenquellen auf Führungsebene zur Entscheidungsfindung herangezogen. Aus diesem Grund wird im Folgenden die Verbindung aller Teilgebiete des betrieblichen Rechnungswesens zu den qualitätsbezogenen Kostenuntersuchungen detailliert dargestellt.

8.2.2.4 *Einbindung in das Qualitätscontrolling*

Hauptaufgabe des operativen Qualitätscontrollings ist die Betrachtung qualitätsbezogener Kosten. Datenquellen finden sich sowohl im internen und externen Rechnungswesen als auch in der betriebswirtschaftlichen Budget- und Planungsrechnung.

Die wichtigste Datenquelle für die Erfassung von qualitätsbezogenen Kosten ist die betriebliche Kosten- und Leistungsrechnung. Das qualitätsbezogene Kostensystem stellt kein zur betrieblichen Kostenrechnung paralleles Rechnungswesen dar. Es ist ein problembezogener Auszug daraus. Die qualitätsbezogene Kostenrechnung setzt demnach immer eine allgemeine Kostenrechnung voraus [DGQ95].

Die Kosten- und Leistungsrechnung erfolgt in drei Stufen (Abbildung 8.2-4). Im ersten Schritt werden mit der Kostenartenrechnung die im Betrieb verbrauchten Produktionsfaktoren erfasst, monetär bewertet und nach ihrer Herkunft in Kostenarten unterteilt.

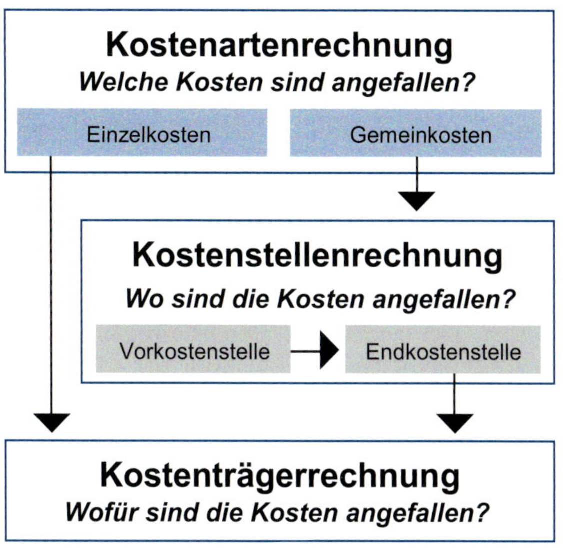

Abbildung 8.2-4 Drei Stufen der Kostenrechnung

Die Kostenartenrechnung kategorisiert angefallene Kosten nach ihrer Eigenart und stellt demnach die Frage: Was kostet? Kostenarten entstammen zumeist der Finanzbuchhaltung und stellen in ihrer Gesamtheit den vollständigen Werteverzehr des Unternehmens in einer zeitlich definierten Periode dar. Beispiele für Kostenarten sind Personalkosten, Wartungs- und Betriebsmittelkosten, Zinskosten, Administrations- oder Marketingkosten. Kostenarten lassen sich grob in Einzelkosten und Gemeinkosten oder auch fixe Kosten, variable Kosten und Mischkosten unterteilen. In der Kostenrechnung werden die Kostenarten auf Kostenträger verrechnet. Dies geschieht entweder bei Einzelkosten direkt, z.B. durch Materialeinsatz oder Arbeitsstunden, oder bei Gemeinkosten indirekt über die Verrechnung über Kostenstellen.

Damit verteilt die Kostenstellenrechnung als Bindeglied zwischen der Kostenarten- und Kostenträgerrechnung die den Produkten nicht direkt zurechenbaren Gemeinkosten verursachungsgerecht auf die einzelnen Bereiche des Betriebes. Beispielsweise werden die Funktionsbereiche Beschaffung, Produktion, Verwaltung und Vertrieb entsprechend der Struktur der Organisationseinheiten in Kostenstellen untergliedert. Auf den Abrechnungszahlen dieser Kostenstellen basiert – wie später erläutert – die Erfassung der Prüfkosten und Fehlerkosten. Die Kostenstellenrechnung stellt also die Frage: Wo sind die Kosten angefallen? In der Kostenstellenrechnung erfolgt zunächst eine Verrechnung nach Vor- und Endkostenstellen. Vorkostenstellen sind dabei Kostenstellen, deren Kosten nicht auf die betrieblichen Leistungen, sondern auf weitere Kostenstellen (Endkostenstellen) verrechnet werden. Vorkostenstellen heißen auch Hilfskostenstellen und sind dadurch gekennzeichnet, dass sie selbst keine Kostenträger fertigen, sondern lediglich die für den Produktionsprozess notwendigen Infrastrukturleistungen, wie etwa Energieversorgung, innerbetrieblicher Transport und Verwaltung, erbringen. Endkostenstellen sind demnach Kostenstellen, deren Kosten nicht auf weitere Kostenstellen, sondern auf die Kostenträger oder direkt in das Betriebsergebnis verrechnet werden.

Letztlich stellt damit die Kostenträgerrechnung die Frage: Wofür sind die Kosten angefallen? Die auf die Verursacher verteilten Kosten werden durch die Kostenträgerrechnung den einzelnen betrieblichen Leistungen, d.h. den hergestellten Produkten oder erbrachten Dienstleistungen, zugerechnet. Eine weitere Aufgabe der Kostenträgerrechnung besteht in der Berechnung der Herstellkosten einzelner Produkte. Für qualitätsbezogene Kostenuntersuchungen werden die Herstellkosten zum einen als Bezugsgröße bei der Analyse der qualitätsbezogenen Kosten und zum anderen zur Bestimmung der fehlerbezogenen Kosten von Ausschuss- und Nacharbeitsteilen benötigt.

Aufgabe des Kostenrechnungssystems ist die Erfassung aller im Betrieb genutzten Produktionsfaktoren, wie Personal, Material und Anlagen. In diesem System sind die Kostenelemente, die den qualitätsbezogenen Kosten zurechenbar sind, bereits enthalten. Daher ist der Aufbau eines separaten Systems zur Erfassung und Bewertung des Verbrauchs an Produktionsfaktoren, die aufgrund des Qualitätsmanagements benötigt werden, nicht erforderlich. Vielmehr ist es sinnvoll, das vorhandene betriebliche Kostenrechnungssystem auf die Anforderungen von qualitätsbezogenen Kostenuntersuchungen anzupassen. Soweit notwendig, kann eine Verfeinerung der Kostenstellen- und Kostenträgergliederung vorgenommen werden, um die Erfassung der qualitätsbezogenen Kosten aus dem vorhandenen betrieblichen Kostenrechnungssystem zu ermöglichen. Besonders problematisch erscheint die Erfassung und Ausweisung von unternehmensinternen fehlerbezogenen Kosten, da diese in vielen Fällen von der betrieblichen Kostenrechnung nicht erfasst werden [KAMI14].

8.2.3 Qualitätsbezogene Kosten

Eine aktive und nachhaltige Qualitätsförderung kann eine erhebliche positive Auswirkung auf den Unternehmenserfolg haben. Werden Fehler bereits in frühen Phasen der Produktion erkannt oder, wenn möglich, schon in der Entwicklung vermieden, steigert sich die Produktivität aufgrund des geringeren Ausschusses, und die Gesamtkosten sinken. Entscheidungen, die in planerischen Bereichen getroffen werden, determinieren die in der Fertigung und Montage erreichbare Produktqualität und stellen die Weichen für die erreichbare Prozessqualität. Nicht erst seit der nach Deming benannten Reaktionskette ist bekannt, dass Qualitätsmanagement zu erheblichen Kostensenkungen führt [DEMI82]. Jedoch verursacht Qualitätsmanagement, wie jede andere Aktivität im Unternehmen auch, Kosten. Eine wirtschaftliche Lenkung des Qualitätsmanagements setzt daher stets die Untersuchung von qualitätsbezogenen Kosten voraus.

Der Begriff der Qualitätskosten ist in der Literatur unscharf definiert. Ausgehend von einer Qualitätskostenrechnung, die eine optimale Qualitätskostenlage anstrebt, hat sich bis heute eine wert- und leistungsorientierte Betrachtung durchgesetzt. Im Folgenden wird die Entwicklung der Qualitätskosten bis zum heutigen Verständnis erläutert.

8.2.3.1 *Traditionelle Dreiteilung der Kosten*

Im Spannungsfeld zwischen Qualität, Zeit und Kosten kann höhere Qualität nur durch höhere Kosten oder verlängerte Durchlaufzeiten erkauft werden. Dieses klassische Denken war Ausgangspunkt der traditionellen Betrachtung qualitätsbezogener Kosten. Die Qualitätskostenrechnung hatte das Ziel, die „Kosten der Qualität" in ein Optimum zu bringen. Die Definition und Betrachtungsweise von qualitätsbezogenen Kosten wurde bereits 1956 von Feigenbaum festgelegt [FEIG56].

Sie gliedern sich wie folgt:

- Fehlerverhütungskosten (Prevention),
- Prüfkosten (Appraisal) und
- Fehlerkosten (Failure).

Die englischen Begriffe „Prevention", „Appraisal" und „Failure" haben der Betrachtungsweise im Laufe der Zeit den Kurznamen „P-A-F" gegeben.

Fehlerverhütungskosten

Als Fehlerverhütungskosten werden die Kosten von qualitätssichernden Maßnahmen zur Verhütung oder Verminderung von Fehlern verstanden. Hierzu zählen im Wesentlichen qualitätsrelevante Kosten für MRO-Bedarfe (Maintenance, Repair und Operations). Dies sind die sogenannten indirekten

Bedarfe in der Produktion eines Industriebetriebes. Diese Bedarfsgüter gehen im Gegensatz zum Fertigungsmaterial nicht substanziell in die Produkte ein. Die Definition von Fehlerverhütungskosten umfasst ebenfalls qualitätslenkende und qualitätsplanende Tätigkeiten (z. B. Anforderungsanalysen, Durchführung von FMEA, Planung und Erstellung von Prüfverfahren oder auch Lieferantenbewertungen), die als Führungsaufgaben allen Unternehmensbereichen zuzuordnen sind. Soweit sich spezielle Organisationseinheiten mit der Qualitätsplanung und Qualitätslenkung befassen, sind die Kosten dieser Tätigkeiten auf einfache Weise den Fehlerverhütungskosten zuzurechnen.

Prüfkosten

Prüfkosten entstehen in einem Unternehmen hauptsächlich in den Bereichen Beschaffung, Fertigung, Montage, Endkontrolle und in speziell eingerichteten Laboratorien. Anteilig werden diese im Rahmen der betrieblichen Kosten- und Leistungsrechnung erfasst. Damit die Prüfkosten separat ausgewiesen werden können, sind die im Folgenden dargestellten Randbedingungen zu beachten.

Zu den Prüfkosten zählen Kosten für Anlagen, mit deren Hilfe Qualitätsprüfungen durchgeführt werden sowie Kosten für innerbetriebliche Leistungen, die mit Qualitätsprüfungen in Verbindung stehen. Diese Kosten werden in der Kostenartenrechnung entsprechend berücksichtigt. Zusätzlich müssen eigene Kostenstellen für die Organisationseinheiten der Qualitätsprüfung, der Wareneingangsprüfung und spezieller Prüflaboratorien eingerichtet werden, um die Kosten zu erfassen. Soweit die beschriebenen Voraussetzungen erfüllt sind, können die Prüfkosten von der betrieblichen Kostenrechnung als eigene Kostenart periodisch erfasst und verursachungsgerecht den Kostenstellen bzw. anschließend den Kostenträgern zugerechnet werden. Im Bereich der Fertigung können Qualitätsprüfungen als Prototyp, Nullserien- sowie Fertigungszwischen- und Fertigungsendprüfungen durchgeführt werden. Die dadurch verursachten Kosten für Personal, Material, eingesetztes Kapital, Raum und innerbetriebliche Leistungen sind den Prüfkosten zuzurechnen.

Im Einzelnen werden die Personalkosten als Prüfkosten berücksichtigt, die für die Prüftätigkeiten selbst sowie für allgemeine Tätigkeiten (z. B. Gruppenleitertätigkeiten) anfallen. Kapitalkosten für Betriebsmittel sind zum einen Kosten für Prüfmittel, zum anderen aber auch Kosten für entsprechende Transportmittel oder Büroeinrichtungen. Raumkosten für Qualitätsprüfungen, wie z. B. Prüfpersonal oder Prüfmittel, werden zu den Prüfkosten gerechnet. Innerbetriebliche Leistungen, wie z. B. die Überwachung und Instandhaltung von Prüfmitteln, zählen zu den Prüfkosten. Werden diese Leistungen extern durchgeführt, sind sie ebenfalls mit einzubeziehen.

Weitere Qualitätsprüfungen finden im Bereich der Beschaffung als Wareneingangs-, Erstmuster- und als Abnahmeprüfungen bei Zulieferern statt. Die Erfassung dieser Prüfkosten erfolgt in Analogie zu der oben beschriebenen Vorgehensweise im Bereich der Fertigung.

Fehlerkosten

Fehlerkosten werden dadurch verursacht, dass Produkte oder Dienstleistungen, die an sie gestellten Qualitätsforderungen nicht erfüllen, und die aufgetretenen Fehler behoben oder anderweitig kompensiert werden müssen. Fehlerkosten können intern oder extern auftreten. Interne Fehlerkosten betreffen die Beseitigung von Fehlern, die bereits im Unternehmen entdeckt werden sowie fehlerbedingte, betriebliche Ausfallzeiten. Externe Fehlerkosten betreffen Fehler, die erst außerhalb des Unternehmens, d. h. beim Kunden, entdeckt und beseitigt werden. Hierzu zählen ebenfalls die zuvor genannten internen Fehlerkostenarten, sofern die Fehler erst beim Kunden entdeckt werden.

Die aufgezeigten Fehlerkosten werden im Folgenden, beginnend mit den internen Fehlerkosten, detailliert. Ausschusskosten entstehen durch Teile, die aufgrund von Qualitätsmängeln nicht verwendet werden können und verschrottet werden müssen. Anteilsmäßig setzen sich die Ausschusskosten aus den Herstellkosten und den zusätzlich für die Verschrottung entstehenden Kosten zusammen. Nacharbeiten verursachen Arbeitsvorgänge, die zusätzlich zu den geplanten Arbeitsvorgängen ausgeführt werden, um vorgegebene Qualitätsforderungen zu erreichen. Die dadurch entstehenden zusätzlichen Kosten werden als Nacharbeitskosten bezeichnet. Zwischenprüfungen, die für die oben genannten Arbeitsvorgänge erforderlich werden, verursachen gleichfalls Zusatzkosten. Wertminderung entsteht durch fehlerbehaftete Teile, die am Markt zu reduzierten Preisen abgesetzt werden (z.B. „zweite Wahl"). Der daraus resultierende Preisabschlag bzw. die Erlösminderung, wird zu den Fehlerkosten gerechnet. Wertminderung entsteht aus einer internen Entscheidung nach der Feststellung von Fehlern bei einer Qualitätsprüfung. Der Umfang der Wertminderung wird später mit den Abnehmern ausgehandelt oder nach der Marktsituation festgelegt [DGQ95]. Aus diesem Grund zählen fehlerbezogene Kosten, die durch die zuvor beschriebene Wertminderung entstehen, zu den internen Kosten. Weitere interne fehlerbezogene Kosten werden durch Sortier- und Wiederholprüfungen verursacht. Sortierprüfungen sollen das Auslesen fehlerhafter Teile aus beanstandeten Losen bewirken. Wiederholprüfungen sind Prüfungen, die für eine Losmenge aufgrund von Nacharbeit erneut durchgeführt werden müssen.

Die beschriebenen Kostenarten lassen es zu, interne Fehlerkosten als diejenigen Kosten zu interpretieren, die bei der Fertigung eines Produktes über die geplanten Herstellkosten hinaus anfallen. Herstellkosten sind ein wichtiges Ergebnis der Kostenträgerrechnung, die für verschiedene Stufen eines Herstellprozesses ermittelt werden können und das Produkt direkt betreffen. Damit wird die Kostenträgerrechnung zu einem wichtigen Hilfsmittel bei der Erfassung aller, durch einen intern entdeckten Fehler, verursachten Einzel- und Gemeinkosten.

Neben den internen fehlerbezogenen Kostenarten entstehen durch unternehmensextern entdeckte Fehler weitere fehlerbezogene Kostenarten. Derartige Fehler können dem Unternehmen, über die eigentlichen fehlerbezogenen Kosten hinaus, beträchtlichen Schaden, z.B. in Form von Umsatzeinbußen durch Imageverlust, zufügen.

Gewährleistungsansprüche entstehen durch Fehler am Produkt oder dadurch verursachte Folgeschäden. Zu diesen Fehlern zählen auch Abweichungen von der vertraglich vereinbarten Beschaffenheit oder Brauchbarkeit des Produktes. Gewährleistungsansprüche des Kunden richten sich in erster Linie nach den vertraglichen Vereinbarungen mit dem Lieferanten oder ersatzweise nach den gesetzlichen Regelungen, wie beispielsweise die Wandlung, d.h. Rückgängigmachung des Kaufs oder Reduzierung des Kaufpreises.

Nicht einzubeziehen in die fehlerbezogene Kostenerfassung sind Kosten aus Kulanzregelungen, die über die vertraglichen Regelungen hinausgehen. Zu den Fehlerkosten werden ausschließlich die Kosten gezählt, die auf nachgewiesenen Fehlern des Produktes basieren [DGQ95]. Allerdings werden die Kosten der Organisationseinheiten, welche die reklamierten Produkte begutachten und die Reklamation organisatorisch abwickeln, mit zu den Fehlerkosten gerechnet. Weitere Fehlerkosten, die von der Finanzbuchhaltung erfasst werden können, entstehen durch Kosten für Versicherungen und Anwalts- oder Prozesskosten sowie Kosten aufgrund von Folgeschäden eines Produktfehlers, soweit der geforderte Schadensersatz nicht durch eine Versicherung abgedeckt ist.

Die in den Normen und Rahmenempfehlungen [DGQ95] definierten Elemente der Fehlerkosten orientieren sich lediglich an Kostenanteilen, die im Wesentlichen auf Abweichungen produktspezifisch vorgegebener Merkmale zurückzuführen sind. Die Folge ist, dass in der Praxis die Kosten ermittelt werden, die aufgrund von Fehlern oder Abweichungen im Hinblick auf eine definierte Produktqualität verursacht wurden. Fehler und Störungen, die auf prozess- und ablaufbedingte Unzulänglichkeiten, insbesondere in indirekten Bereichen, zurückzuführen sind, werden nicht oder nur auszugsweise einer kostenmäßigen Betrachtung unterzogen. Um jedoch ein realistisches Bild des derzeitigen Istzustands zu erhalten und damit zielgerichtete Verbesserungsmaßnahmen initiieren zu können, sind für ein effizientes Qualitätsmanagement die zu bewertenden Fehlleistungen um diese Elemente zu erweitern [LASC94]. Dieser als Fehlleistungsaufwand (FLA) definierte Verzehr von Leistungen (Prozessen) und Gütern (Produktionsfaktoren) bewirkt keine Werterhöhung am Produkt, und der Kundennutzen wird nicht gesteigert. Es tritt eine Minderung von Effizienz und Ertrag ein, da dem Input ein um die Fehlleistungen geminderter Output gegenübersteht. Eine Quantifizierung dieser Kosten ist allerdings schwierig. Das im weiteren Verlauf vorgestellte Konzept der prozessorientierten qualitätsbezogenen Kosten greift diese Gedanken wieder auf und nimmt eine weitere Differenzierung vor.

8.2.3.2 Weiterentwicklung der Kostenmodelle

Da insbesondere in den 60er-Jahren bis in die frühen 80er-Jahre des 20. Jahrhunderts Qualitätsmanagement als kontrollierende Tätigkeit verstanden wurde, erschien es damals konsequent, dass der begleitende Kostenrechnungsansatz der Qualitätskosten von einer negativ geprägten Sicht ausging. Diese traditionelle Sichtweise wurde noch dadurch untermauert, dass von der DGQ 1985 ein Rahmenwerk herausgegeben wurde, nach welchem in den meisten Unternehmen auch heute noch die Qualitätskosten erhoben und analysiert werden [DGQ95].

Betrachtet man den Verlauf der Kurven dieser traditionellen Kostengliederung (Abbildung 8.2-5) ergibt sich zunächst ein degressiver Fehlerkostenverlauf aufgrund des steigenden Anteils fehlerfreier Produkte. Die Prüf- und Fehlerverhütungskosten steigen mit zunehmendem Qualitätsniveau progressiv an, da primär umfangreichere Qualitätskontrollen realisiert werden müssen, und zum Lösen noch verbliebener Fehler, jeweils ein immer höherer, relativer Aufwand notwendig wird. Die Gesamtkosten weisen damit an einem bestimmten Punkt ein Minimum auf, nach dessen Überschreiten weitere Qualitätsverbesserungen kostensteigernd wirken, d. h. unwirtschaftlich sind.

Einbeziehung der Opportunitätskosten

In den 1980er-Jahren entwickelte sich für einige Branchen ein merklicher Wettbewerbsdruck, der schließlich in den 1990er-Jahren zum Infrage-Stellen beinahe jeder Lehrmeinung zur Unternehmensführung führte. Schlanke Produktion und flache Hierarchien wurden beherrschende Begriffe, und der Kunde gewann an Einfluss gegenüber seinen Lieferanten [KAMI14]. Die Kunden forderten zunehmend ein höheres Qualitätsniveau.

In diesem Zusammenhang wurden Opportunitätskosten betrachtet, die als entgangene Erlöse aufgrund mangelnder Qualität zu interpretieren sind (Abbildung 8.2-5); d. h., dass eine zukünftige Kaufhandlung aufgrund schlechter Qualitätserfahrungen oder -erwartungen nicht getätigt wird, die bei einwandfreier Qualität stattgefunden hätte. Kann beispielsweise wegen mangelnder Produktionskapazität ein Produkt nicht in ausreichender Anzahl hergestellt werden, sind die dadurch vorauszusehenden Deckungsbeitrags-

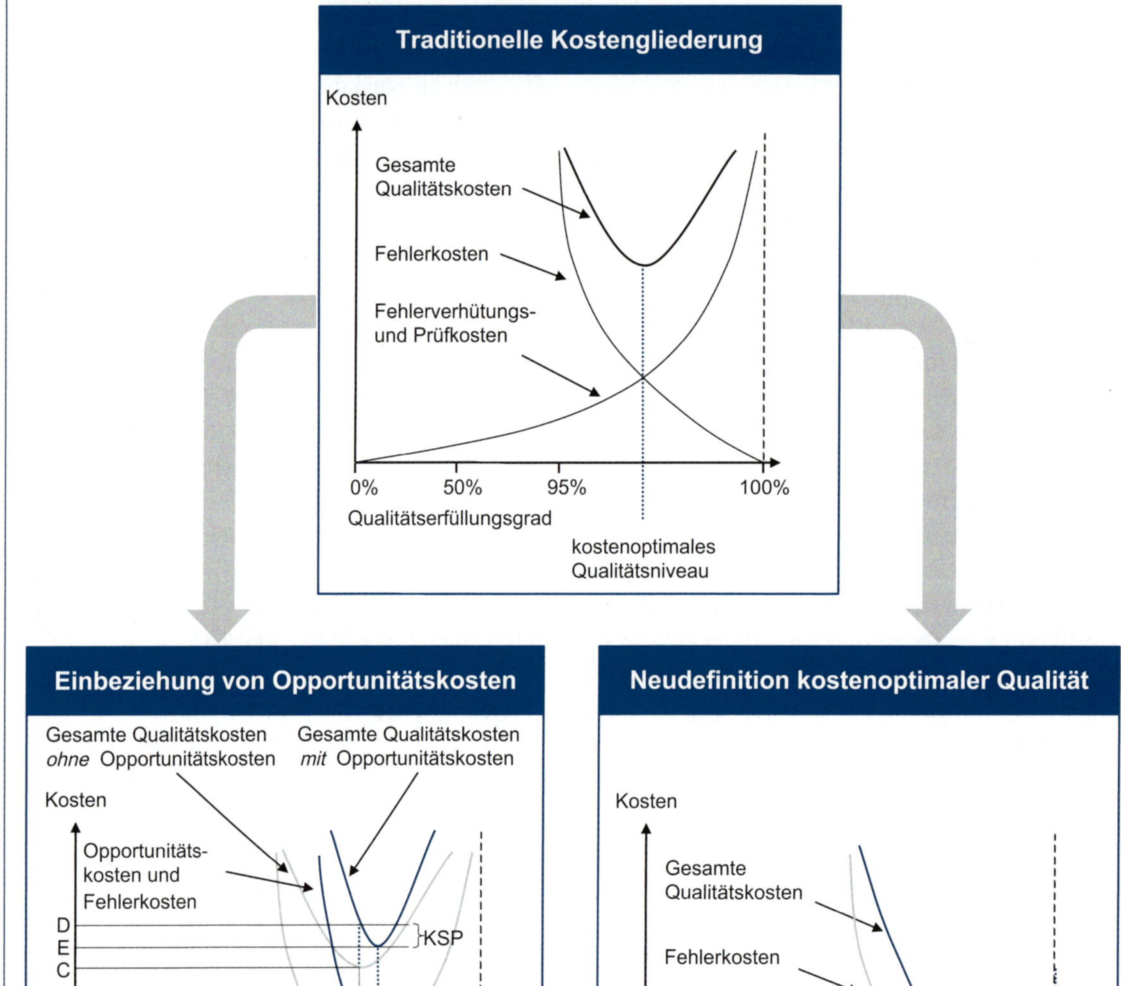

Abbildung 8.2-5 Weiterentwicklung von Kostenmodellen

verluste die Opportunitätskosten für die Bevorzugung des anderen Produktes. Opportunitätskosten müssen somit als eigene Kostenart im Rahmen der Kostenrechnung ausgewiesen und berücksichtigt werden [RIEB94].

Ein Grund für die separate Ausweisung ist, dass die Opportunitätskosten den Bezug zu den Kundenforderungen über die Schnittstelle Unternehmen-Markt herstellen, indem ihre relative Höhe darüber Auskunft geben kann, wie die Qualität der Leistungen des Unternehmens von den Kunden eingeschätzt wird. Hohe Opportunitätskosten deuten auf unzufriedene Kunden und damit auf mangelnde Qualität hin.

Eine separate Ausweisung der Opportunitätskosten führt zu einem höheren kostenoptimalen Qualitätsniveau, als die alleinige Betrachtung der z. B. traditionellen Qualitätskosten. Bei gegebenen Funktionsverläufen der Fehlerkosten und der Fehlerverhütungs- und Prüfkosten, ergibt sich ohne Einbeziehung der Opportunitätskosten ein Qualitätskostenoptimum, dargestellt durch den Punkt A in Abbildung 8.2-5 (Einbeziehung von Opportunitätskosten). Werden die Opportunitätskosten im Modell aufgenommen, liegt die gesamte kumulierte Kostenkurve wesentlich höher. Das neue Qualitätsoptimum würde somit in Punkt B liegen, wobei ein höheres Qualitätsniveau realisiert wird. Bezogen auf das ursprüngliche Qualitätsniveau in Punkt A liegt die Differenz der Qualitätskosten zwischen den Punkten C und D. Hier ließe sich ein reales Kostensenkungspotenzial (KSP) zwischen den Punkten D und E (bezogen auf das neue Qualitätsniveau) realisieren, indem mehr in die Fehlerprävention investiert wird, um so eine Reduzierung der Opportunitäts- und letztlich Abweichungskosten zu erreichen. Der Vorteil bei der Ausweisung von Opportunitätskosten liegt damit in der Einbeziehung der Einschätzungen der Leistungsqualität durch den Kunden in die Leistungsrechnung.

Neudefinition kostenoptimaler Qualität

Eine weitere Entwicklung der traditionellen Kostengliederung – neben der Einbeziehung von Opportunitätskosten – ist eine neue Definition kostenoptimaler Qualität. Die schon 1979 von Crosby [CROS79] postulierte Nullfehlertheorie wurde von Juran und Gryna [JURA93] in ihrer Überarbeitung der traditionellen Kostengliederung aufgegriffen. Wie in Abbildung 8.2-5 (im Kasten: Neudefinition kostenoptimaler Qualität) zu sehen, wurde die anfänglich mit exponentiellem Verlauf beschriebene Fehlerverhütungs- und Prüfkostenkurve dahingehend korrigiert, dass ein perfekter Qualitätserfüllungsgrad mit endlichen Kosten erreicht werden kann. Diesen Ansatz beschränkten Juran und Gryna jedoch auf die Verwendung bei Unternehmen mit hohem technologischem Fortschritt und der Prämisse, dass ein derartiger Zustand nicht kurzfristig erreicht werden könne und als langfristiges Ziel gesehen werden müsse.

Als Folge dessen stellt das kostenoptimale Qualitätsniveau keinen Kompromiss von Qualität und Kosten dar, sondern optimiert die Qualitätskosten bei höchster Qualität [WILD92].

Kosten der Übereinstimmung und Abweichung

Nach Bekanntwerden der MIT-Studie von Womack und Jones [WOMA91] wurde das Toyota-Produktionssystem für Jahre das Referenzmodell für exzellente Unternehmensführung.

Die klassische Qualitätskostenrechnung wurde hiermit stark infrage gestellt, denn jeder Mitarbeiter im Unternehmen war mit der Einführung des Systems für Qualität zuständig. Durch diese integrierte Sichtweise – Qualität wird in die Funktionen des Unternehmens integriert –, wandelte sich auch das Bild der Qualitätskostenrechnung. Auch der Begriff der Qualitätskosten wurde damit erstmalig infrage gestellt [KAMI14].

In der neuen Gliederung der qualitätsbezogenen Kosten existieren, basierend auf Arbeiten von Crosby, zwei unterschiedliche Kategorien qualitätsbezogener Kosten, die von der Dreiteilung der Kostenarten (P-A-F) wegführt [CROS84]. „Kosten der Übereinstimmung" (Konformitätskosten) und „Kosten der Abweichung" (Non-Konformitätskosten) ergeben eine neue, in ersten Ansätzen prozessorientierte, Kostengliederung, die vermeidbare von notwendigen Kosten abgrenzte.

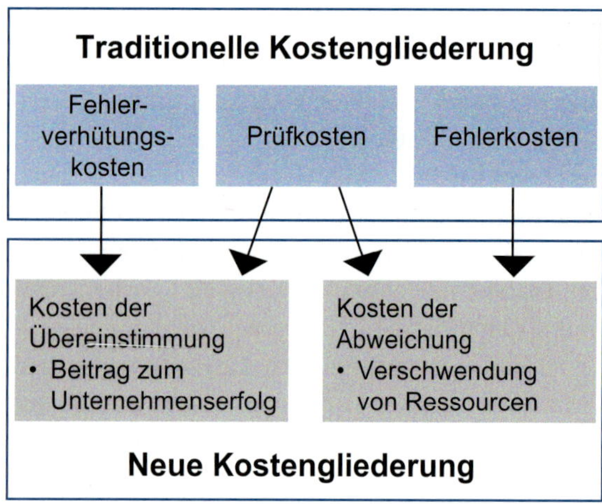

Abbildung 8.2-6 Neugliederung der Qualitätskosten [WILD92]

Abbildung 8.2-6 zeigt deutlich, dass sich damit der gesamte Radius der Kostenerfassung nicht erweitert. Die Prüfkosten sind in prozessbegleitende Prüfungen (notwendig für die Funktionsfähigkeit des Prozesses) und Sonderprüfungen (vermeidbare Prozesskosten) separiert.

Übersicht über bestehende Kostenmodelle

Ausgehend von der traditionellen Kostengliederung wurden in der Vergangenheit verschiedenartige Kostenmodelle entwickelt. Die beschriebenen Weiterentwicklungen, wie die Einbeziehung der Opportunitätskosten, die Neudefinition kostenoptimaler Qualität oder die Neugliederung der Qualitätskosten, sind Entwicklungen, die sich in der Regel aus übergeordneten Stoßrichtungen, wie der Nullfehler-Strategie oder dem Lean Management, ableiten. Überdies ist selbstverständlich auch eine Kombination verschiedener Modelle möglich. Einige solcher Kombinationen finden sich bereits in der Literatur. Abbildung 8.2-7 zeigt eine Übersicht verschiedener Qualitätskostenmodelle sowie die entsprechende Ausprägung.

8.2.3.3 Prozessorientierte Kostenbetrachtung

Umfassend genug, um die Philosophie des Total Quality Managements abzudecken, sind die bisherigen Kostenbetrachtungen nicht. Die gesamte Wertschöpfungskette lässt sich damit nicht befriedigend abbilden. Dies lässt sich nur erreichen, indem die Erwartungen des Kunden auf das Geschehen im gesamten Unternehmen projiziert werden [KAMI14]. Die reine Kostenbetrachtung muss überlagert werden, mit dem erzielbaren Wert bzw. Nutzen für den Kunden.

Prozesskostenrechnung

In den bisher vorgestellten Ansätzen zur Bewertung der qualitätsbezogenen Kosten wurde der Versuch unternommen, bereits vorliegende Daten aus dem betrieblichen Rechnungswesen zu nutzen bzw. diese durch die Verwendung zusätzlicher Informationen zu ergänzen. Um das im nächsten Kapitel beschriebene „Kostenorientierte Qualitätsmanagement" einzuleiten, wird im Folgenden die grundsätzliche Idee der Prozesskostenrechnung aufgegriffen.

Insbesondere für Fehler, die aus Aktivitäten in den indirekten Bereichen eines Unternehmens resultieren, bieten die bisherigen Strukturen des betrieblichen Rechnungswesens nicht immer geeig-

Modell-bezeichnung	Identifikations-merkmale	Beschreibende, analysierende oder weiterentwickelnde Beispielpublikationen
Traditionelle Kosten-gliederung	Fehlerkosten + Fehlerverhütungskosten + Prüfkosten	[FEIG56], [PURG95], [MERI88], [CHAN96], [SPRQ97], [PLUN88], [TATI96], [BOTT97], [ISRA91], [GUPT95], [BURG96], [DAWE89], [SUMA92], [MORS83]
Crosbys Modell	Übereinstimmungskosten + Abweichungskosten	[SUMI94], [DENT88]
Opportunitäts-kostenmodell	Fehlerkosten + Fehlerverhütungskosten + Prüfkosten + Opportunitätskosten	[SAND98], [MODA87], [HEAG91]
	Übereinstimmungskosten + Abweichungskosten + Opportunitätskosten	[CAR92], [MALC01]
Prozess-kostenmodell	Übereinstimmungskosten + Abweichungskosten	[ROSS77], [MARS89], [GOUL95], [CROS90]
ABC-Modell	wertschöpfend + nicht-wertschöpfend	[COOP88], [KAPL88], [TSAI98], [JORG92], [DAWE93], [HEST93]

Abbildung 8.2-7
Literaturübersicht – Weiterentwicklung Kostenmodelle

nete Möglichkeiten für deren Verrechnung. Dies gilt nicht nur für die zu bewertenden Fehlleistungen, sondern auch für alle anderen Kosten, die einen hohen undifferenzierten Fixkostenanteil aufweisen.

Die Technologien moderner Fertigungs-, Logistik- und Informationssysteme bewirken eine Verschiebung der Kostenstrukturen, die zum einen auf die Verlagerung der direkt wertschöpfenden hin zu planenden, steuernden und überwachenden Aktivitäten zurückzuführen ist und sich zum anderen durch die produktunabhängige Nutzbarkeit neuer Technologien ergibt. Dies führt dazu, dass die klassischen Instrumente der Lohnzuschlagskalkulation nicht mehr den Anforderungen einer verursachungsgerechten Verrechnung genügen, da die Zuschlagssätze nicht in direktem Zusammenhang mit der Entstehung und Verursachung der Gemeinkosten stehen. Durch die aufgezeigte Problematik bleiben Kosteneinsparungspotenziale oft unerkannt, da der in Anspruch genommene Werteverzehr nicht hinreichend genau quantifiziert werden kann.

Aus der Kritik, bezüglich der Aussagefähigkeit der traditionellen Kostenrechnungssysteme, wurde in den USA das Activity Based Costing (ABC) entwickelt [KAPL88]. Mit einer ähnlichen Aufgaben- und Zielstellung wurde in Deutschland die Prozesskostenrechnung (PKR) entwickelt [FROE89, SCHU89, HORV93]. Die Prozesskostenrechnung ist ein Instrument, das die Kosten der indirekten Leistungsbereiche (z. B. Beschaffung, Marketing, Vertrieb und Logistik) abbildet und eine beanspruchungsgerechtere Verteilung dieser Gemeinkosten ermöglicht. Sie basiert auf dem Activity Based Costing, unterscheidet sich jedoch in dem Punkt, dass sie nicht die Aktivitäten als Basis hat, sondern die sich aus Aktivitäten zusammensetzenden Prozesse.

Die traditionellen Qualitätskostenrechnungssysteme verrechnen die Gemeinkosten pauschal über Zuschlagssätze. Diese Vorgehensweise erlaubt jedoch keine verursachungsgerechte Zurechnung der Gemeinkosten. Diese ungerechtfertigte Verteilung wird in der Prozesskostenrechnung vermieden. Die Zielsetzung unterscheidet sich nicht von anderen Kostenrechnungsmodellen. Während bei anderen Modellen davon ausgegangen wird, dass die Erstellung von Produkten Kosten verursacht, wird bei der Prozesskostenrechnung davon ausgegangen, dass Produkte Prozesse benötigen, und diese wiederum Kosten erzeugen.

Grundsätzlich eignet sich die Prozesskostenrechnung damit auch für alle indirekten Bereiche. Sie analysiert die den Gemeinkosten zugrunde liegenden indirekten Leistungsbereiche und betrachtet die Leistungserstellung aus einer kostenstellenübergreifenden Perspektive [WILD95]. Die Prozesskostenrechnung ergänzt somit die traditionellen Systeme um eine Gruppierung der Gemeinkosten entsprechend ihrer Kostenverursachung (Cost Driver).

Prozessorientierte Qualitätskosten

Ein Ansatz für eine prozessorientierte Betrachtung im Qualitätsmanagement liegt im kostenorientierten Qualitätsmanagement mit dem Bestreben eines Zusammenwirkens aller in der Wertschöpfungskette enthaltenen Prozesse, welche zur Erstellung eines Gutes durchgeführt werden. Ziel muss es sein, das Gut kostenoptimal herzustellen, denn nur so ist die Erzielung eines Wettbewerbsvorteils möglich. Hierzu müssen die notwendigen Ressourcen effizient eingesetzt werden. Kamiske und Tomys betrachten die gesamte Wertschöpfungskette. Das übergeordnete Ziel hierbei ist, Ressourcenverschwendungen aufzudecken [TOMY94].

Analog zur Prozesskostenrechnung wird die Wertschöpfungskette hierfür in einem ersten Schritt einer Tätigkeitsanalyse unterzogen und anschließend in Einzelprozesse untergliedert [BURG96]. Ziel ist die Identifikation aller Prozesse mit anschließender Einteilung in solche, die bezüglich der Kundenwünsche eine werterhöhende Wirkung auf ein entsprechendes Gut besitzen. Des Weiteren wird unterschieden in jene, deren Ausführung dem Gut keinen zusätzlichen Wert hinzufügen, obwohl Ressourcen verbraucht werden, und in diejenigen, die den Wert des Gutes verringern oder gar vernichten [TOMY94].

Werterhöhung wird im Sinne von Wertschöpfung betrachtet. Mit dem Begriff der Wertschöpfung wird hier eine zeitraumbezogene Differenz zwischen einer Ausgangsgröße im Sinne von geschaffenen Produkten und Dienstleistungen und einer Eingangsgröße, die die sogenannten Vorleistungen umfasst, bezeichnet [MEYE85]. Die Vorleistungen bestehen aus Produkten und Dienstleistungen vorgelagerter Erzeugnisschritte. Da in dieser Definition kein Wertmaßstab verwendet wird, können auch solche Vorgänge als werterhöhend betrachtet werden, die nur ideeller Natur sind oder als Nutzen für den Kunden angesehen werden. Wertmindernde Einzelprozesse können nicht nur die reinen, in Geldeinheiten ausgedrückten Wertminderungen, am Produkt beinhalten, sondern auch Imageverluste oder Zeiten- und Kapazitätsverluste durch Nacharbeiten. Mit dem Ziel, die Prozesse der Wertschöpfung übersichtlich und differenziert darzustellen, werden die Prozesse in vier Leistungsarten eingeordnet (Abbildung 8.2-8) [TOMY94].

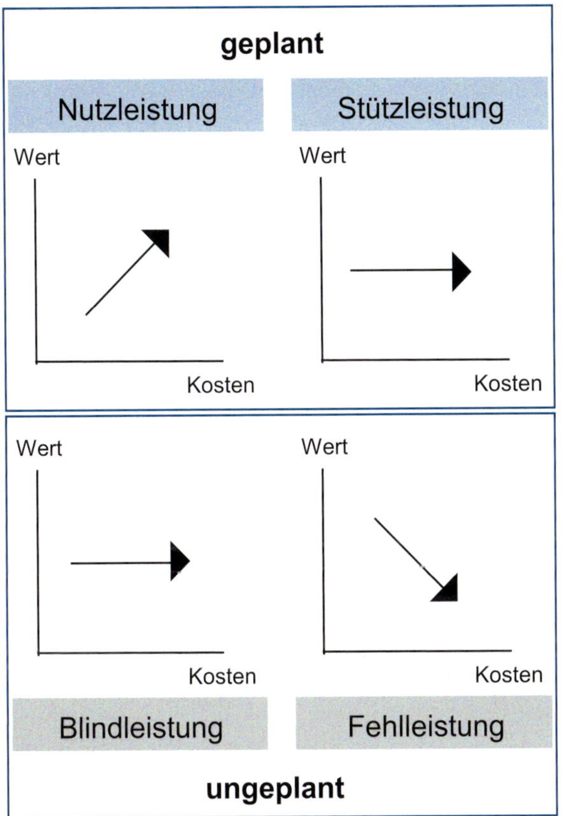

Abbildung 8.2-8 Prozessleistungsarten

Der Nutzleistung, mit der werterhöhende Leistungen innerhalb des Unternehmensprozesses determiniert werden, wird die Fehlleistung gegenübergestellt, die bereits 1988 von Masing begrifflich postuliert wurde [MASI88]. Als weitere Größen werden die Blindleistung und die Stützleistung betrachtet.

Den Nutzleistungen werden die geplanten Prozesse, die den Wert des Produktes bzw. Zwischenproduktes steigern und somit den Nutzen für den Kunden erhöhen, zugeordnet. Die Summe der Nutzleistungen innerhalb der idealen Wertschöpfungskette hat das fertige Ausgangsprodukt zum Ergebnis. Bei Stützleistungen handelt es sich um Prozesse, die die Nutzleistungen in der Wertschöpfungskette unterstützen, damit das geplante Ergebnis der Prozesse erreichbar bleibt. Stützleistungen sind somit ebenfalls geplant, jedoch tragen sie nur bedingt zur Wertsteigerung des Produktes bei. Als Beispiel hierfür können notwendige Werkzeugwechsel angesehen werden. Als Blindleistung werden die Mängel in der geplanten Wertschöpfungskette, die zu nicht geplanten Prozessen bzw. Einzelprozessen führen, bezeichnet. Obwohl die Prozesse Kosten verursachen, haben sie keine positive Wirkung auf den Wert des Produktes. Zu dieser Kategorie zählen z.B. unnötige Zwischenlagerungen. Fehlleistungen entstehen infolge von unfähigen oder nicht kontrollierten Prozessen [MASI93]. Sie wirken im Hinblick auf das Produkt wertmindernd. Beispiele hierfür sind Produktfehler, infolge derer Nacharbeit oder Ausschuss entsteht. Die beschriebenen Leistungsarten resultieren in der Kennzahl des Prozesswirkungsgrads, die in der Toolbox (Kapitel 11.21) beschrieben wird.

8.2.4 Führungskennzahlensysteme

Das Hauptziel von qualitätsbezogenen Kostenuntersuchungen ist die Steuerung und Kontrolle der Wirtschaftlichkeit der qualitätssichernden Tätigkeiten und der wirtschaftlichen Entwicklung und Fertigung der Produkte. Grundsätzlich beziehen sich qualitätsbezogene Kosten auf Ereignisse, die bereits eingetreten sind, und beschreiben damit nicht umkehrbare Vorgänge. Daher sind die einmal erfassten qualitätsbezogenen Kosten nur von Nutzen, soweit sie positive Auswirkungen auf zukünftige Entscheidungen haben. Mit der Erfassung und Auswertung von qualitätsbezogenen Kosten stehen Kenngrößen zur Verfügung, die der Qualitätslenkung bzw. dem Qualitätsmanagement Hinweise auf Schwachstellen im Unternehmen geben können. Aus den Zielen der Steuerung und Kontrolle der Wirtschaftlichkeit sowie der Information der Führung, leiten sich die Aufgaben der qualitätsbezogenen Kostenuntersuchungen ab. Im Bereich des Qualitätsmanagements werden eine Vielzahl von Methoden und Techniken angeboten, mit denen identifizierte Schwachstellen beseitigt oder zumindest in ihrer negativen Wirkung reduziert werden können. Der effiziente Einsatz dieser Methoden setzt jedoch die Ermittlung der Fehlerursachen auf der Basis einer wertmäßigen Betrachtung voraus. Diese notwendige Transparenz der Fehlerschwerpunkte ist jedoch weder in Bezug auf die verantwortlichen Ursachen noch unter kostenmäßigen Aspekten gegeben. Ganzheitliche Ansätze zur Erfassung, Verrechnung und Auswertung des betrieblichen Fehlleistungsaufwands kommen nur selten zum Einsatz.

Ein wesentliches Hilfsmittel zur Analyse von Schwachstellen sind Kennzahlen oder Kennzahlensysteme, die in erster Linie quantifizierbare Informationen in einfacher Art und Weise liefern [DIET07]. Unter Kennzahlensystemen wird im Allgemeinen eine Zusammenstellung von quantitativen Variablen verstanden, wobei einzelne Kennzahlen sachlich sinnvoll zueinander in Beziehung stehen, einander ergänzen oder auf ein gemeinsames Ziel ausgerichtet sein sollen [REIC11]. Sie sind wertvoll, um einen ersten Hinweis auf ein bestehendes oder zukünftiges Problem zu bekommen und unterstützen hierdurch die Entscheidungsfindung [DGQ99].

Aus diesen Gründen basieren Unternehmensführungsmodelle oftmals auf Kennzahlen und Kennzahlensystemen. Die Vergleiche von qualitätsbezogenen Kennzahlen dienen dem Zweck, wirtschaftliche Schwachstellen sichtbar zu machen. Damit diese Schwachstellen beseitigt werden können, müssen ihre Ursachen ermittelt werden. Aufgrund der Vielzahl der in der Organisation anfallenden Daten sollen die Kennzahlen in übersichtlicher Form als Grundlage zur Entscheidung herangezogen werden. Kennzahlensysteme haben somit die Aufgabe, durch Informationsverdichtung und Zusammenfassung unterschiedliche Entscheidungsebenen zu informieren. Sie werden, je nach Bedarf, zur leichteren Verständlichkeit unterschiedlich dargestellt. Hierzu gehören z.B. die grafische Darstellung, die Darstellung in Tabellen oder als Einzelwerte. Von einem quantifizierbaren Oberziel werden operative Subziele abgeleitet. Im Folgenden werden zwei Kennzahlensysteme vorgestellt, die im Rahmen des Qualitätscontrollings relevante Indikatoren darstellen.

8.2.4.1 Finanzwirtschaftliche Systeme

Das ursprüngliche Konzept zur Analyse des Jahresabschlusses von Du Pont fand nach Anpassung auf deutsche Rechtsnormen als ältestes und am häufigsten verbreitetes Kennzahlsystem Einzug ins Rechnungswesen. Im Mittelpunkt des Kennzahlensystems steht die Gesamtkapitalrendite (Return on Investment oder kurz RoI), also die Ertragsrate des eingesetzten Kapitals. Oberstes Ziel der Unternehmensführung ist somit nicht die Gewinnmaximierung, sondern die Maximierung des Ergebnisses pro eingesetzter Kapitaleinheit. Auf der obersten Ebene besteht das Kennzahlensystem aus Verhältniskennzahlen. Die darunter liegenden Kennzahlen sind absolute Zahlen. Sie setzen sich aus Summen, Differenzen und Produkten zusammen. Durch die Ermittlung des RoI aus dem Produkt der beiden Kennzahlen Umsatzrendite und Kapitalumschlag wird deutlich, wie durch eine Steigerung der Umsatzrendite oder einem zunehmenden Kapitalumschlag die Rendite gesteigert werden kann. Durch die Multiplikation der Umsatzrendite als Quotient aus Gewinn und Nettoumsatz und des Kapitalumschlags als Quotient aus Nettoumsatz und investiertem Kapital ergibt sich der bezeichnende Quotient aus Gewinn und investiertem Kapital. Dieses Kennzahlensystem entstammt der Betriebswirtschaft und beinhaltet in erster Linie keine Kennzahlen, die qualitätsrelevante Aussagen ermöglichen. Alle heutigen finanzwirtschaftlichen Kennzahlsysteme, wie z.B. ZVEI-Kennzahlensysteme mit ca. 200 Einzelkennzahlen, basieren auf dem Grundgedanken des Du Pont-Schemas [REIC11].

Dennoch sind stets finanzwirtschaftliche Kennzahlensysteme Ausgangspunkt für strategisch geprägte, qualitätsorientierte Kennzahlensysteme. Beispielsweise können ausgehend vom RoI einzelne Kennzahlen bis zur Ebene einzelner Erlös- und Kostenarten aufgegliedert werden.

Nachgelagert können so nicht monetäre Qualitätskennzahlen betrachtet werden, die mit Entwicklungen aus vergangenen Perioden verglichen werden. Mit den nicht monetären Kennzahlen soll der Einfluss von Maßnahmen auf den Unternehmenserfolg ermittelt werden. Als Beispiele sollen an dieser Stelle die primär aus der Kundenperspektive relevanten Kennzahlen, wie die Reklamationsquote oder der Zielkostenindex, genannt sein. Diese Qualitätskennzahlen sind direkt durch Qualitätstreiber, wie z.B. Complaint Management oder Target Costing (siehe Toolbox, Kapitel 11.28), zu gestalten. Kostenorientierte Qualitätskennzahlen resultieren eher aus der Betriebsperspektive. Als Beispiel seien hier der schon genannte Prozesswirkungsgrad oder auch Prozessfähigkeitsindizes genannt.

Qualitätskennzahlen werden somit stets durch Qualitätstreiber gestaltet, wobei es sich hierbei um verschiedene Qualitätsmanagementmethoden und -werkzeuge handeln kann. Die Zusammenhänge zwischen finanziellen Kennzahlen, Qualitätskennzahlen und Qualitätstreibern sind jedoch in der Praxis nur schwer vollständig erfassbar.

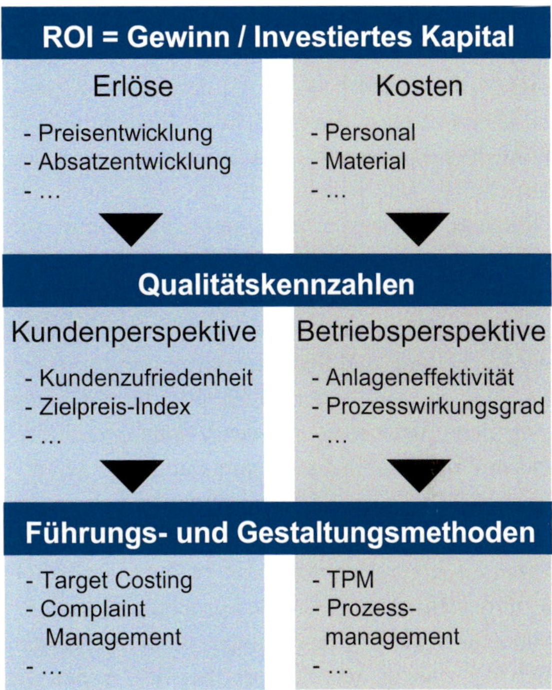

Abbildung 8.2-9 RoI als Basis qualitätsorientierter Kennzahlen

8.2.4.2 Qualitätsorientierte Systeme

In der Praxis des Qualitätscontrollings werden monetäre und nicht monetäre Kennzahlen zur Bewertung des Erfolges einer Organisation meist nebeneinander betrachtet. Für eine ganzheitliche Bewertung der Auswirkungen von Qualitätskennzahlen auf den RoI mussten jedoch Szenarien entwickelt werden, die einen direkten Rückschluss von den Qualitätstreibern auf die Erlöse transparent machen. Bei der Balanced Scorecard (BSC) handelt es sich um ein derart gestaltetes Messsystem zur Ermittlung erfolgsrelevanter Kennzahlen. Diese Kennzahlen ermöglichen sowohl die Ermittlung der Wertschöpfung aus Sicht aller Interessengruppen als auch die Nachhaltigkeit des unternehmerischen Erfolges.

Das Konzept der BSC wurde von R. S. Kaplan und D. P. Norton im Rahmen eines Forschungsprojektes entwickelt [KAPL92]. In diesem Zusammenhang erfolgte die kritische Untersuchung von Controllingkonzepten zwölf amerikanischer Unternehmen. Das Ergebnis der Studie zeigte auf, dass rein finanzorientierte Kennzahlsysteme vieler Unternehmen im heutigen Informationszeitalter nicht mehr zur Unternehmenssteuerung geeignet sind. „Balanced" steht für die Ausgewogenheit der Darstellung und Berichterstattung mithilfe von Kennzahlen, welche mit Zielen verbunden werden, deren Ableitung aus der Vision und Strategie des Unternehmens hervorgeht. Dabei werden finanzielle Kennzahlen vergangener Leistungen um nicht finanzielle Kennzahlen sowie treibende Faktoren zukünftiger Leistung ergänzt. Finanzielle und nicht finanzielle Messgrößen stehen hierbei nicht einfach nebeneinander, sondern ergänzen sich gegenseitig. Das Zentrum der BSC bilden die Vision, Mission und Strategie des Unternehmens. Sie sind Ausgangspunkt, um schrittweise die wichtigsten Ziele, Kennzahlen, Vorgaben und Maßnahmen für die einzelnen Perspektiven top-down abzuleiten. Die ganzheitliche Sichtweise der BSC bildet den Rahmen zur Umsetzung einer Strategie in operative Größen (Abbildung 8.2-10).

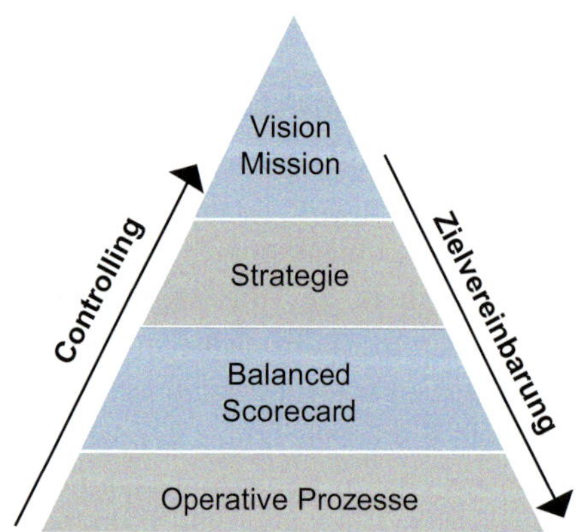

Abbildung 8.2-10 Einordnung der Balanced Scorecard (BSC) in Controlling und Zielvereinbarung

Die BSC ist aber nicht nur ein Kennzahlensystem für das Top-Management, sondern ebenfalls ein Informationssystem für alle Mitarbeiter. Im Rahmen unternehmensspezifischer Anwendungen erfolgt eine individuelle Anpassung der Kennzahlen.

Ausgehend von einer Basis-Scorecard als Kennzahlensystem für das Top-Management lassen sich Scorecards mit einem engeren Fokus und höherem Detaillierungsgrad als Informationssystem für verschiedene Unternehmensbereiche ableiten. Die BSC erfüllt im Rahmen des Qualitätscontrollings somit folgende Aufgaben:

- Kennzahlensystem für Top-Management
- Informationssystem für Mitarbeiter
- Kommunikationsinstrument für Zielvereinbarungen

Der Begriff BSC wird fälschlicherweise für verschiedene Arten von kennzahlenbasierten Systemen verwendet. Da die BSC stets eine Ursache-Wirkungs-Analyse verlangt, ist sie in der ursprünglichen Form ein anderes Kennzahlensystem, als beispielsweise die rein deskriptive Prozesskostenrechnung oder das klassische monetäre Kennzahlensystem nach Du Pont [WOLT02]. Eine detaillierte Beschreibung der Anwendung der Balanced Scorecard bietet die Toolbox (Kapitel 11.5).

8.2.4.3 Randbedingungen von Kennzahlensystemen

Für die Nutzung der angesprochenen Kennzahlensysteme oder die Anwendung eigener Kennzahlen ergeben sich eine Reihe von Randbedingungen, die in der Operationalisierung des Qualitätscontrollings zum Tragen kommen. Im Folgenden seien daher Hinweise zur Nutzung qualitätsbezogener Informationen und zu deren Aufbereitung gegeben.

Vergleichsdimensionen

Die Aussagefähigkeit von Kostendarstellungen wird durch Vergleiche entscheidend erhöht. Das heißt, die qualitätsbezogenen Kosten und Kennzahlen werden einer Sollgröße, verschiedenen Bereichen oder Perioden gegenübergestellt. Die Entscheidung, wann qualitätsbezogene Kosten überhöht sind, kann nur durch entsprechende Vergleiche erzielt werden (Abbildung 8.2-11).

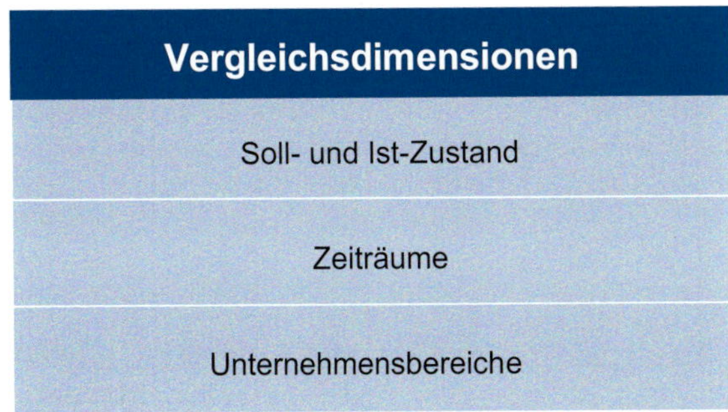

Abbildung 8.2-11 Beispiele für Vergleichsdimensionen

Grundsätzlich besteht ein Soll-Ist-Vergleich von Kosten aus der Kostenplanung und der anschließenden Kostenkontrolle. Die Kostenplanung von Sollkosten unter Berücksichtigung des aktuellen Beschäftigungsgrades ist mit hohem Aufwand verbunden. Aus diesem Grund sollte keine separate Kostenplanung für qualitätsbezogene Kosten durchgeführt werden. Im Rahmen der betrieblichen Planungsrechnung erfolgt die Planung und Kontrolle aller im Betrieb anfallenden Kosten. Es bietet sich an, bei Bestehen einer betrieblichen Plankostenrechnung, die qualitätsbezogenen Kostenelemente in diese zu integrieren. Im Rahmen von qualitätsbezogenen Kostenuntersuchungen kann dann auf bereits bestehende, qualitätsbezogene Kostenelemente zugegriffen werden.

Bezugsgrößen

Die Untersuchung verschiedener Unternehmensbereiche oder Zeiträume wird z. B. von der Anzahl der produzierten Teile oder der Auslastung der betrieblichen Kapazitäten beeinflusst. Zur Analyse werden stets qualitätsbezogene Kosten in Relation zu anderen betrieblichen Kenngrößen (Bezugsgrößen) gesetzt (Abbildung 8.2-12).

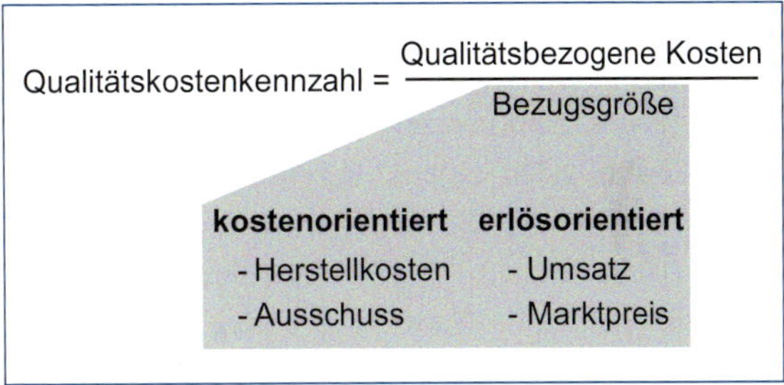

Abbildung 8.2-12 Bildung qualitätsbezogener Kennzahlen

Die erlös- und damit erfolgsorientierten Bezugsgrößen beziehen die qualitätsbezogenen Kosten z. B. auf den Marktpreis, der mit diesem Produkt tatsächlich erzielt werden kann. Dadurch wird beim Periodenvergleich erfolgsorientiert die jährliche Teuerung und Kostensteigerung ausgeglichen, soweit sie sich an den Markt weitergeben lässt. Kostenorientierte Bezugsgrößen bieten sich an, wenn stark schwankende Marktpreise vorliegen (z. B. saisonale Abhängigkeit). So dienen die Herstellkosten, die vom Marktpreis unabhängig sind, als Basis zur Ermittlung der Kennzahl-Gesamtleistung. Auch die Werksleistung (Herstellkosten minus Wert der verarbeiteten Zwischenerzeugnisse) und Wertschöpfung (Herstellkosten minus Wert der verarbeiteten Zwischenerzeugnisse minus Materialkosten) basieren auf den Herstellkosten. Darüber hinaus sind in speziellen Fällen weitere Bezugsgrößen, wie z. B. die Anzahl der in einer Periode gefertigten Produkte, die Fertigungslohnkosten oder die durchschnittliche Zahl des Fertigungspersonals einer Periode, von Bedeutung. Fertigungslohnkosten sind vor allem bei lohnintensiven Fertigungsprozessen als Bezugsgröße geeignet. Diese Kosten werden durch Änderungen im Entlohnungssystem (Zeit-, Akkord- und Prämienlohn), durch Lohnentwicklung und insbesondere durch Rationalisierungsmaßnahmen nachhaltig beeinflusst. Qualitätsbezogene Kosten, bezogen auf die produzierte Einheit, stellen eine aussagekräftige Kostenkennzahl dar und bilden vor allem für die Unternehmensleitung eine anschauliche Ergänzung zu den Stückkosten [DGQ95]. Mit jeder der angeführten oder eigens definierten Bezugsgrößen kann eine eigene Kennzahl zur Beobachtung der wirtschaftlichen Entwicklung, bezogen auf die qualitätsbezogenen Kosten, gebildet werden. Die zeitliche Entwicklung jeder Kennzahl ist eine eigene Beurteilungsgröße und kann somit als weitere Kennzahl herangezogen werden.

Reporting

Neben einer rein deskriptiven Beschreibung von Informationen ist die Bereitstellung dieser Information ein wichtiges Element von Kennzahlen und Kennzahlensystemen. Auf dieser Grundlage basierende Berichte sind ein wesentliches Instrument von qualitätsbezogenen Kostenuntersuchungen und somit Mittel zur Steuerung der Wirtschaftlichkeit qualitätssichernder Tätigkeiten. Unter den Begriffen „Reporting“ oder auch „betriebliches Berichtswesen“ werden somit die Einrichtungen sowie die Mittel und Maßnahmen eines Unternehmens zur Erarbeitung, Weiterleitung, Verarbeitung und Speicherung von Informationen über den Betrieb und seine Umwelt in Form von Berichten verstanden. Die Hauptaufgabe dieser Berichte besteht, neben der Dokumentation von Ereignissen und der Auslösung von Aktivitäten, darin, die Vielzahl der Kostendaten so aufzubereiten, dass sie als Grundlage für zukünftige Entscheidungen genutzt werden können [HORV06]. Die effektive Nutzung der Fülle von qualitätsbezogenen Kostendaten setzt die Beachtung allgemeiner Anforderungen voraus. Ein wichtiger Gesichtspunkt ist die übersichtliche Darstellung der Kosten bzw. verwendeter Kennzahlen. Als wirkungsvolle Unterstützung bietet sich die Verwendung grafischer Darstellungen an (Abbildung 8.2-13).

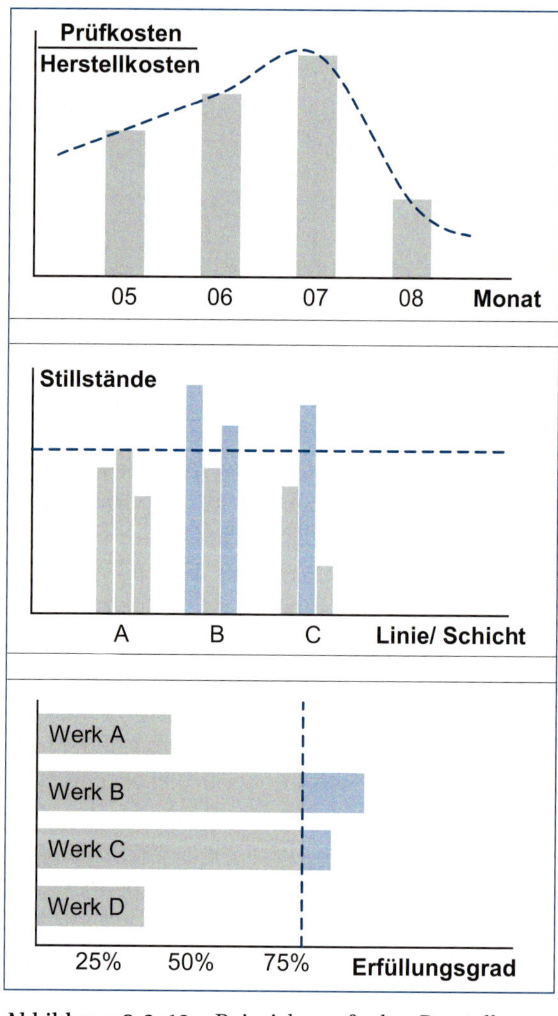

Abbildung 8.2-13 Beispiele grafischer Darstellung

B

Die aufbereiteten Daten müssen auf den Verantwortungsbereich des Empfängers abgestimmt sein. Während für die obere Managementebene komprimierte Eckdaten von Interesse sind, können von der Abteilungsebene detaillierte Informationen zur Schwachstellenanalyse benötigt werden.

Die Auswertungen von Fehlleistungen beispielsweise erfordern eine zielgerichtete Darstellung für unterschiedliche Unternehmensbereiche auf verschiedenen Ebenen. Dabei sind stets die drei Bewertungsgrößen Zeit, Kosten und Qualität von Interesse. Im Gegensatz zur Ermittlung der Bewertungsgrößen für Kosten und Zeit lässt sich eine Bewertungsdimension für die Qualität nicht direkt ableiten, da sie sehr unterschiedlich vom Kunden beurteilt wird. Als Alternative für die Bewertungsgröße Qualität kann eine Dimension herangezogen werden, die z.B. mit der Häufigkeit des Fehler- und Störungsauftretens gleichgesetzt wird. Für eine hinreichend große Anzahl erfasster Daten, die durch eine kontinuierliche Erfassung von Fehlleistungen gewährleistet ist, lässt sich die relative Häufigkeit einer Ausprägung auch näherungsweise als Auftretenswahrscheinlichkeit der Ausprägung darstellen. Die Bewertungsmaßstäbe sind damit festgelegt, jedoch müssen für zielgerichtete Auswertungen sowie zur Bildung von Kennzahlen die Orientierung und Richtung durch Angabe von Bezügen und Filtern bestimmt werden. Neben dem gültigen Zeitraum der Betrachtung (Schicht, Tag, Woche, Monat ...) muss die Auswertungsorientierung vorher determiniert werden. In Abhängigkeit des Charakters der zu initiierenden Verbesserungsmaßnahmen, präventiv oder prüfend, wird die Orientierung durch Angabe des „Entdeckers" oder „Verursachers" vorgegeben. Für die Festlegung wirkungsvoller Prüfstrategien ist es beispielsweise erforderlich, die Fehlleistungen bezogen auf den Entdeckungsort und den Verursacher innerhalb des Gesamtprozesses abzubilden. Die parallele Betrachtung beider Bezüge ist ebenfalls möglich.

Die Auswertung von qualitätsbezogenen Kosten dient nicht der „Vergangenheitsbewältigung", sondern als Grundlage für zukünftige Entscheidungen. Daher dürfen qualitätsbezogene Kostenberichte nicht überaltert sein, damit der Empfänger noch vor Eintreten weiterer Fehler die Chance hat, regelnd einzugreifen. Im Zuge kürzer werdender Produktlebenszyklen kommt diesem Punkt steigende Bedeutung zu. Unterschieden wird nach Standard-, Abweichungs- und Bedarfsberichten. Standardisierte Berichte werden aber aufgrund zunehmender Verbreitung von Informations- und Kommunikationsmedien von Bedarfsberichten ersetzt werden. Ähnlich den Abweichungsberichten, die nur bei einer Abweichung des Ist vom Soll ausgelöst werden, sind Bedarfsberichte durch die kurzfristige individuelle Nachfrage des interessierten Empfängers gekennzeichnet [GOEP08]. Letztlich gelangen im Zuge der Projektorientierung vieler Vorhaben Projektberichte in den Fokus. Diese stützen sich auf die Projektstruktur und -ablaufplanung. Sie fokussieren auf Meilensteine bzw. Quality Gates und sind vielfach die Basis für „Stop or go"-Entscheidungen [KEIM05].

Das Berichtssystem kann nach verschiedenen Ordnungsprinzipien aufgebaut sein. Bei der Planberichterstattung bildet das Planungssystem das Ordnungsprinzip. Berichtet wird über die Planungsdurchführung gemäß der Führungspyramide von unten nach oben. Dem zugrunde liegt die Organisationsstruktur des Unternehmens. Auf dem grundlegenden Ordnungsprinzip können dann Prinzipien, wie das der Balanced Scorecard, anknüpfen.

Mögliche Fehlinterpretation

Generell besteht die Neigung, Zahlen mit einer Bewertung zu verknüpfen. Zahlen sagen aber nur etwas im Zusammenhang mit der Situation aus, in welcher sie gewonnen wurden bzw. dem Messverfahren, der Messgenauigkeit oder den Zielen, die verfolgt wurden. Viele Fehlschlüsse beruhen auch darauf, dass nur bestimmte Handlungsmöglichkeiten gesehen wurden, während es in Wirklichkeit weitere Optionen gab. Qualitätsbezogene Kennzahlen sind unter Einbeziehung mehrerer Randbedingungen kritisch zu bewerten. Sie dürfen nicht als absoluter Maßstab zur Messung der Wirtschaftlichkeit betrachtet werden, sondern zeigen wirtschaftliche Trends und Richtungen auf. Dies liegt u.a. daran, dass viele wirtschaftliche Einflüsse auf die absolute Höhe der qualitätsbezogenen Kosten nicht messbar sind. Zusätzlich hängt jede Bezugsgröße von einer Reihe weiterer Einflüsse ab und setzt sich aus einer unterschiedlich starken Überlagerung dieser Einflüsse zusammen.

Beispielsweise entsteht ein systematischer Fehler durch die Division bei der Kennzahlenbildung, die eine einfache lineare Abhängigkeit der qualitätsbezogenen Kosten von der Bezugsgröße voraussetzt. Diese Voraussetzung ist in der Regel nicht gegeben, da sich qualitätsbezogene Kosten oft aus einem proportionalen und einem fixen Kostenanteil zusammensetzen.

Achtung Satire!

Ein allgemeines Beispiel zur Vorsicht mit Kennzahlen liefert Abbildung 8.2-14. Die Zielvorgabe zur Senkung der Kosten in einem Unternehmensbereich um 5% kann durch geschicktes Manipulieren der Bezugsgröße erreicht werden. Das hier verwendete Will Rogers-Phänomen (auch Stage Migration genannt) ist ein Effekt in der Mittelwertbildung von Gruppen: Durch einen Wechsel eines Elements von einer zur anderen Gruppe kann der Mittelwert in beiden Gruppen sinken oder steigen.

In dem auf Stage Migration basierenden Beispiel werden die Kosten durch eine einfache Verschiebung von Elementen in eine andere Bezugsgruppe und einer neuerlichen Mittelwertbildung scheinbar reduziert. Das Ergebnis der überaus erfolgreichen Reorganisation der Kostenstellen mag den ein oder anderen Vorgesetzten beeindrucken, ist an dieser Stelle aber als Satire zu verstehen [BECK03].

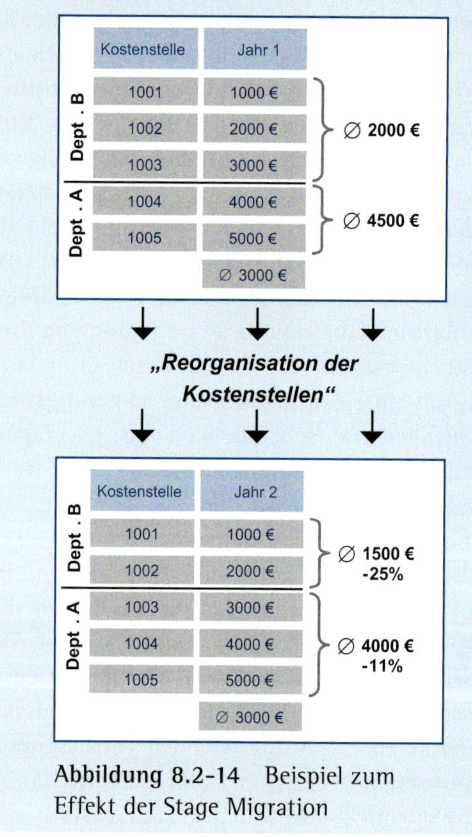

Abbildung 8.2-14 Beispiel zum Effekt der Stage Migration

8.2.5 Zusammenfassung

Das Qualitätscontrolling dient im Wesentlichen der Führungsunterstützung. Eine valide Datenbasis ist zwingend notwendig, um sowohl in strategischen als auch operativen Bereichen Entscheidungen treffen zu können. Messbare Größen sind zur Kontrolle der Wertschöpfung, der Kommunikation, der Information sowie der Mitarbeitermotivation von erhöhter Relevanz. Die Unternehmensführung erlangt damit Transparenz über interne Abläufe. Gleichzeitig kann den Mitarbeitern eine nachvollziehbare Struktur von Zielen und Zielvereinbarungen geboten werden.

Qualitätsrelevante Kosten stehen im Mittelpunkt des Qualitätscontrollings. Sie haben sich von einer traditionellen Sichtweise, geprägt durch Verkäufermärkte, hin zu einer prozessorientierten Sichtweise entwickelt, bei denen der Leistungsempfänger, im Mittelpunkt steht. Die heutige Null-Fehler-Forderung der (internen) Kunden treibt Unternehmen dazu, jegliche Art der Verschwendung zu eliminieren. Die monetäre Bewertung und die ordnungsgemäße Beziehung der Kennwerte sowie deren grafische Darstellung in einfacher Weise zu bewältigen, ist zentraler Aspekt eines effizienten Qualitätscontrollings.

8.3 Projektmanagement

Projektmanagement stellt im Rahmen des Qualitätsmanagements eine entscheidende Aufgabe dar, da es eine zielgerichtete und wirksame Steuerung und Umsetzung von Projekten fördert, was wiederum dem Unternehmenserfolg dient. Ein Projekt ist dabei ein [DIN09c] „Vorhaben, das im Wesentlichen durch Einmaligkeit der Bedingungen in ihrer Gesamtheit gekennzeichnet ist. Beispiele sind Zielvorgabe, zeitliche, finanzielle, personelle oder andere Begrenzungen, projektspezifische Organisation." Das Projektmanagement ist aufgrund seiner umfassenden Bedeutung im Aachener Qualitätsmanagement Modell in der Führungsperspektive angesiedelt. Bei seiner Durchführung hat das Projektmanagement Einfluss auf alle Perspektiven des Aachener Qualitätsmanagement Modells, was im Folgenden erläutert wird. Zur erfolgreichen Umsetzung bedarf es neben einer Vision und des nötigen Anreizes (Führungsperspektive) vor allem der entsprechenden Fähigkeiten und Mittel (Betriebsperspektive), um ein Projekt gewinnbringend umzusetzen. Dies kann wiederum nur in Zusammenhang mit einem detaillierten und durchdachten Aktionsplan (Projektplan) erreicht werden (Abbildung 8.3-1). Sollte einer dieser Erfolgsfaktoren fehlen, ist das gesamte Vorhaben gefährdet. Fehlen beispielsweise die Mittel, führt dies zu Frustration, weil Möglichkeiten nicht genutzt werden können. Ist hingegen der Aktionsplan nicht vorhanden oder unzureichend, werden die Ressourcen unkontrolliert vergeudet. Projektmanagement ist nach der DIN 69901 [DIN09c] die „Gesamtheit von Führungsaufgaben, -organisation, -techniken und -mitteln für die Initiierung, Definition, Planung, Steuerung und den Abschluss von Projekten."

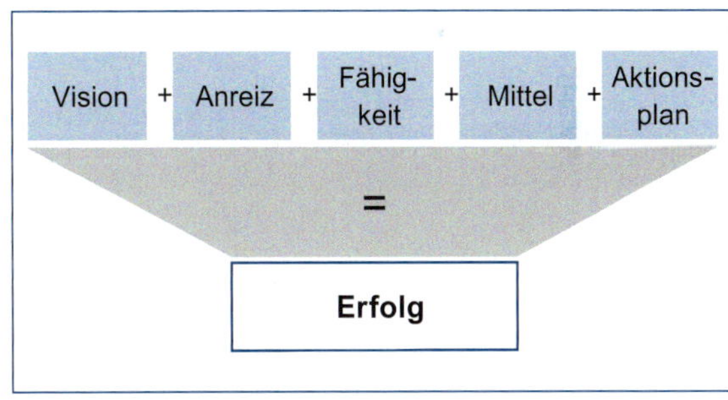

Abbildung 8.3-1 Erfolgsfaktoren des Projektmanagements

Wie bei der Qualität von Produkten, bei der die Forderungen des Kunden an das Produkt erfüllt sein müssen, müssen auch bei Projekten die Forderungen des Auftraggebers zu seiner Zufriedenheit erfüllt werden. Das magische Dreieck aus Zeit, Kosten und Qualität (der Leistung) muss für das Projektmanagement um eine Dimension erweitert werden. Neben der Qualität der Leistung muss auch die Qualität der Umsetzung berücksichtigt werden (Abbildung 8.3-2).

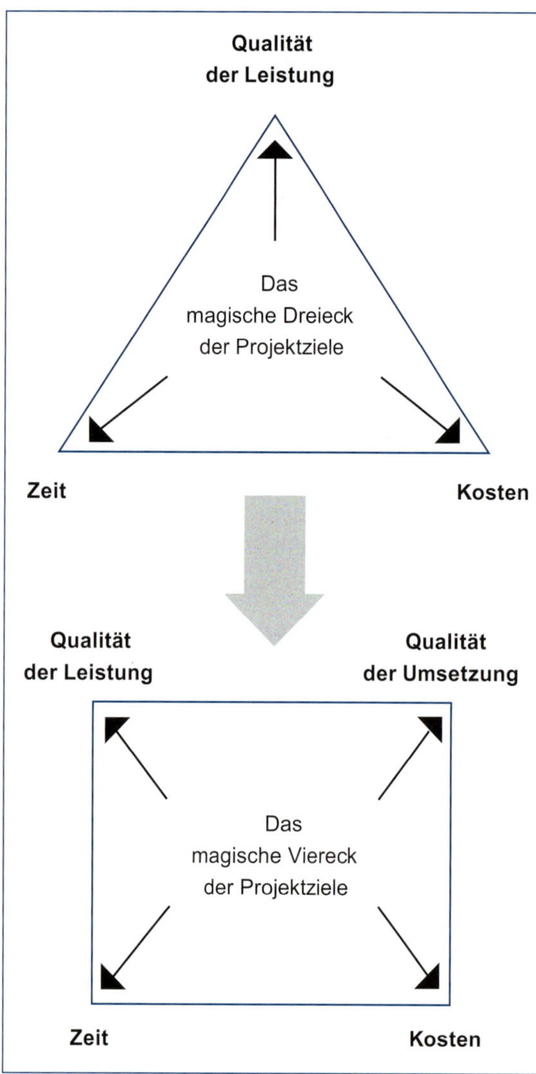

Abbildung 8.3-2 Erweiterung der Projektziele

Die Zeit spielt in jedem Projekt eine wesentliche Rolle. Es müssen Zeitpläne eingehalten werden, um Verzug im Projekt, und damit meistens einhergehend, zusätzliche Kosten zu vermeiden. Das zweite Projektziel besteht in der Einhaltung des definierten Kostenbudgets. Gerade bei komplexen Projekten (große Teams, lange Projektlaufzeit etc.) kann die anfängliche Kostenkalkulation überschritten werden. Im schlimmsten Fall kann dies zu einem Projektstopp bzw. -abbruch führen. Das dritte Projektziel ist die Qualität der Leistung, d.h. inwieweit die Forderungen des Auftraggebers im Projekt erfüllt worden sind. Sinnvoll ist eine nutzenorientierte Definition des Ziels, die vorschreibt, was durch das Projektziel erreicht werden soll.

Es gibt jedoch Projekte, die alle drei Projektziele erreichen und trotzdem nicht den erhofften Mehrwert oder Nutzen bringen. Zum Beispiel gibt es Verbesserungsprojekte in der Organisation, die aufgrund der faktischen, gewachsenen Strukturen von den Mitarbeitern ignoriert werden, oder Straßenbauprojekte, die beispielsweise aufgrund von Zusatzkosten (Mautgebühren) von den Verkehrsteilnehmern gemieden werden. Für den Erfolg eines Projektes ist also auch die Qualität der Umsetzung bzw. die Akzeptanz des Projektes beim Benutzer von entscheidender Bedeutung. Nur wenn bereits während der Projektdurchführung darauf geachtet wird, dass die Qualität der Umsetzung stimmt, wird das Projekt auch nachhaltig erfolgreich sein [PREI06].

Man unterscheidet zwischen dem operativen und dem strategischen Projektmanagement [SCHE12]. Während das operative Projektmanagement sich mit der Umsetzung des einzelnen Projektes beschäftigt, fokussiert das strategische Projektmanagement auf die Auswahl der für den Unternehmenserfolg wichtigsten Projekte. Operatives Projektmanagement beeinflusst im Aachener Qualitätsmanagement Modell, also die Bereiche Quality Stream und Ressourcen und Dienste, während das strategische Projektmanagement im Element Management verankert ist. Beim strategischen Projektmanagement müssen Aspekte wie Unternehmensstrategie und -politik berücksichtigt werden. In diesem Kapitel wird vornehmlich das operative Projektmanagement betrachtet. Beim operativen Projektmanagement wird eine Unterscheidung zwischen Verbesserungs- (z.B. Six Sigma) und Entwicklungsprojekten vorgenommen, da Fokus und Umfang sehr unterschiedlich ausfallen können. In weiten Teilen stimmen beide Projektarten, bezüglich der Vorgehensweise, überein, jedoch gibt es an gewissen Stellen deutliche Unterschiede, auf die dann explizit hingewiesen wird.

Die Projektmanagementprozesse lassen sich in fünf Prozessgruppen unterteilen [PMI13]:

- Initiierungsprozesse: Projekt- oder Phasenfreigabe
- Planungsprozesse: Zielfestlegung und Auswahl von Handlungsalternativen
- Ausführungsprozesse: Koordination von Ressourcen
- Steuerungsprozesse: Sicherstellung der Projektziele durch Controlling
- Abschließende Prozesse: Projekt- oder Phasenabnahmen und -abschluss

Jede Prozessgruppe beinhaltet einen oder mehrere Prozesse. Die Gruppen sind mittels ihrer Ergebnisse miteinander verknüpft, da der Output eines Prozesses oft den Input für einen anderen liefert (Abbildung 8.3-3).

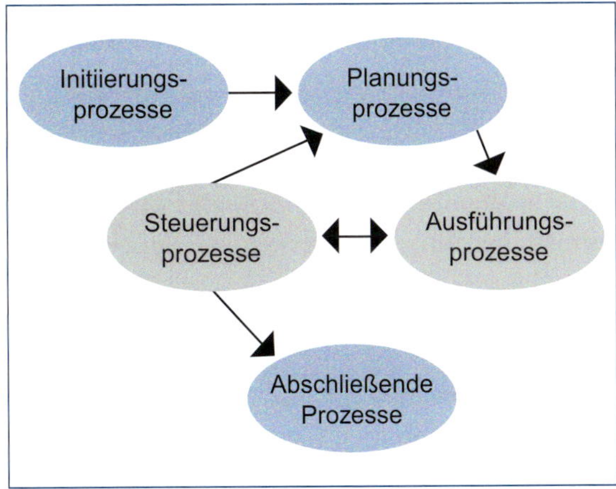

Abbildung 8.3-3 Prozessgruppen im Projektmanagement [PMI13]

... vorhergehende Phasen ...

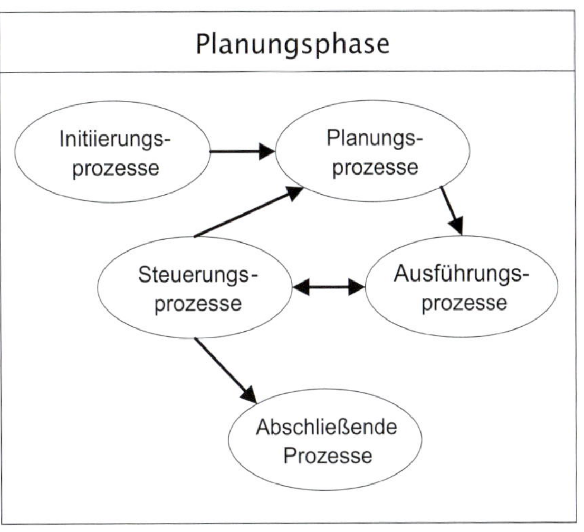

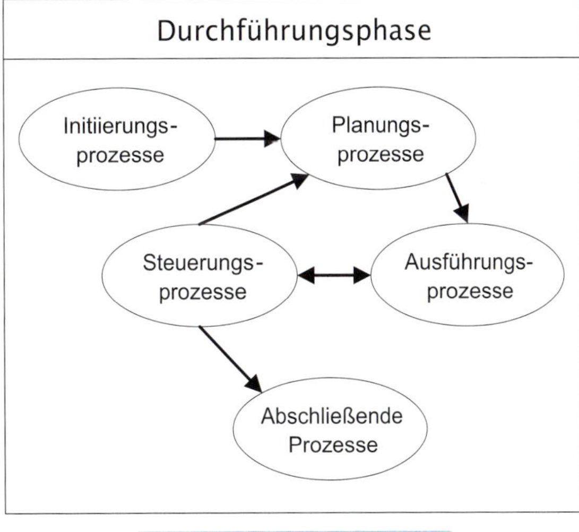

... nachfolgende Phasen ...

Abbildung 8.3-4 Interaktion zwischen den Phasen

Neben den Prozessgruppen können im Projektmanagement verschiedene Phasen unterschieden werden. In jeder Phase werden die Prozessgruppen und die darin enthaltenen Prozesse mehr oder weniger intensiv durchlaufen (Abbildung 8.3-4). Alle Phasen zusammen werden als Projektlebenszyklus bezeichnet. Die Phasen können zeitlich gesehen sequenziell, parallel oder auch iterativ bearbeitet werden. Je nach Branche, Unternehmen oder Art des Projektes variieren Anzahl und Inhalte der Phasen. Vorgestellt wird hier ein generelles Phasenmodell, das aus folgenden Phasen besteht [MARR04]:

- Projektdefinition,
- Projektplanung,
- Projektdurchführung und -steuerung und
- Projektabschluss.

8.3.1 Projektdefinition

Ausgehend von einer initialen Projektidee, in der die Projektziele skizziert wurden, werden in dieser Phase die grundlegenden Rahmenbedingungen für das Projekt abgesteckt. Dabei werden Erfolgskriterien ermittelt und die Projektziele detaillierter definiert. Außerdem wird analysiert, welches Verhältnis zwischen Aufwand und Nutzen des Projektes besteht und welches Risiko die Durchführung beinhaltet.

B

8.3.1.1 Ermittlung von Projektzielen

Bevor mit den Abschätzungen von Aufwand und Nutzen begonnen werden kann, ist es notwendig, die Projektziele weiter zu spezifizieren. Dies fordert die Ermittlung sogenannter erfolgsentscheidender Qualitätskriterien oder kurz Erfolgskriterien [PMI13]. Zu unterscheiden ist hier zwischen Verbesserungs- und Entwicklungsprojekten. Bei Verbesserungsprojekten können es Kriterien wie „Einhaltung der Lieferzeit“ oder „Reduzierung der Durchlaufzeit“ sein. Bei Entwicklungsprojekten, z. B. dem klassischen Produktentwicklungsprozess, werden diese Kriterien vom Kunden am Produkt direkt wahrgenommen und differenzieren ein Produkt von Konkurrenzprodukten. Die Bestimmung dieser Kriterien darf somit nicht nur aus Unternehmenssicht erfolgen, sondern muss auch die Kundensicht mit einschließen.

Um den Projekterfolg zu gewährleisten, ist es am Anfang notwendig, das Projekt selbst und die Ziele des Projektes allgemein verständlich, klar und vor allem ohne Interpretationsspielraum zu beschreiben. Sollte eine Beschreibung fehlen oder missverständlich sein, kann es passieren, dass Ressourcen falsch eingesetzt werden und das angepeilte Projektziel nicht oder nur unzureichend erreicht wird [PMI13]. Hierzu müssen die relevanten Mitarbeiter aus den verschiedenen Bereichen (z. B. Projektleiter, Prozessverantwortliche, Geschäftsleitung, Controlling etc.) des Unternehmens zusammen gebracht werden.

Eine gute Projektdefinition beinhaltet vier grundlegende Themengebiete, um alle Aspekte des Projektes zu betrachten:

- Problembeschreibung,
- Ausmaß des Problems,
- Zielsetzung und
- Geltungsbereich.

Eine einfache und zur Projektübersicht gut geeignete Darstellung der Projektdefinition ist ein Vier-Quadranten-Chart, in dem alle wichtigen Informationen kurz und übersichtlich auf einer Seite zusammengestellt sind.

In der *Problembeschreibung* wird detailliert erklärt, *was* die Probleme sind, *wo* und seit *wann* diese auftreten und ggf. auch *bei wem*. Zur Verdeutlichung werden eine gute und eine schlechte Problembeschreibung dargestellt.

Beispiel für eine schlechte Problembeschreibung:

„Der Prozess zur Auslieferung unserer Produkte (Getränke) bedarf einer Verbesserung. Es wurden durch den Lieferservice verschiedene Kundenbeschwerden aufgenommen. Im unternehmensinternen Service wurde dieses Problem ebenfalls erkannt. Durch Verbesserung des Prozesses kann die Kundenzufriedenheit und der Profit signifikant gesteigert werden."

Beispiel für eine gute Problembeschreibung:

„Der Lieferservice für Getränke (wer) lieferte im September Waren in einem Gesamtwert von ca. 15.500 € aus, wobei 90 % dieser Lieferungen verspätet bei unseren Kunden angekommen ist (was). Durch Kundenbefragungen in den letzten zwölf Wochen (wann) hat sich gezeigt, dass durchschnittlich ein Drittel der Kunden im Westbezirk (wo) unzufrieden waren, während dies nur bei 9 % der übrigen Kunden der Fall war. Aufgrund der Verspätung werden nach Aussage der Befragung ca. 5 % der Kunden keine weiteren Getränke über uns beziehen."

Das *Ausmaß des Problems* beschreibt den Umfang und die Folgen, die ein Problem verursacht. Hierzu gehören alle Fehl- und Blindleistungen in Prozessen (z. B. Ausschuss und zu lange Liegezeiten) sowie Strafen und Verluste. Alternativ kann hier auch das zu erwartende Einsparpotenzial stehen.

Beispiel für ein Problemausmaß:

„Es kam zu 25 verspäteten Auslieferungen, die insgesamt zu Verlusten durch Nichtannahme seitens des Kunden in Höhe von 3.250 € führten. Da in sechs Fällen die Getränke erst nach der Veranstaltung und in zwei Fällen falsche Waren geliefert wurden, ist auch ein Imageschaden beim Kunden entstanden."

Bei der *Zielsetzung* wird festgehalten, welche Verbesserungen angestrebt werden und welche Maßnahmen dazu abgeleitet werden sollen. Je nach Ebene, auf der das Projekt durchgeführt wird, können sehr unterschiedliche Zielsetzungen festgelegt werden. Denkbar sind ein verbessertes Produkt zur Hälfte der bisherigen Kosten, die Neustrukturierung der Abteilung Einkauf oder die Verbesserung des Ausschusses an der Druckgussmaschine um 10 %. Die Zielsetzung muss mit allen Beteiligten vereinbart und von allen verabschiedet werden. Wichtig ist hier erneut, dass die Zielsetzung eineindeutig und ohne Interpretationsspielraum ist.

Beispiel für die Zielsetzung eines Projektes:

„Das Ziel ist es, bis zum 31. Juli eine Liefertermintreue von über 95 % bei gleichbleibenden Kosten zu erreichen."

Der *Geltungsbereich* legt die Grenzen eines Projektes fest und beschreibt darüber hinaus, was außerhalb des Projektfokus liegt. Dabei müssen Abhängigkeiten zwischen verschiedenen Bereichen oder Prozessen berücksichtigt werden, um den Einfluss des Projektes auf anderen Ebenen des Unternehmens abschätzen zu können. Hierzu werden Methoden wie die Pareto-Analyse (siehe Toolbox, Kapitel 11.2) als auch Prozessbeschreibungen oder die Prozesslandschaft des QM-Systems genutzt. Der Geltungsbereich kann sich von einzelnen Prozessschritten über Abteilungen und Produktgruppen bis hin zur gesamten Wertkette oder Organisation erstrecken.

Beispiel für die Abgrenzung eines Projektes:

„Das Projekt berücksichtigt auch Aspekte des Einkaufs. Externe Lieferanten werden jedoch nicht miteinbezogen."

8.3.1.2 Nutzen- und Kostenabschätzung

Bei der Ermittlung des Nutzens und der Kosten kann im Allgemeinen zwischen qualitativen und quantitativen Kriterien unterschieden werden. Die quantitativen Kriterien zeichnen sich durch eine eindeutige Bestimmbarkeit anhand von Kennzahlen aus, den qualitativen Kriterien fehlt eine solche Bestimmbarkeit. Ihnen können unter der Verwendung intern anerkannter Schätzverfahren Kennzahlen zugeordnet werden. Beispiele für derartige Kennzahlen sind die Verbesserung der Kundenzufriedenheit, die Wertsteigerung der Marke oder die verringerte Managementzeit.

Nutzen- und Einsparpotenziale gehören zu den quantitativen Kriterien und können wiederum in folgende Potenziale unterteilt werden:

- Ertragssteigerung,
- Kostenreduzierung und
- Kapitalreduzierung.

Von *Ertragssteigerung* spricht man, wenn z.B. Umsätze bei Produkten und Dienstleistungen steigen, eine stärkere Bindung von lukrativen Kunden erfolgt oder die Preise durch neue Produkt- und Dienstleistungsangebote gesteigert werden können. Eine *Kostenreduzierung* kann sich bei verringerten Bearbeitungskosten oder reduziertem Ausschuss und weniger Nacharbeiten ergeben. Eine *Kapitalreduzierung* erfolgt, wenn das gebundene Kapital verringert wird, z.B. durch Lagervolumenreduzierung oder kürzere Liegezeiten. Bei der Bewertung der Potenziale muss berücksichtigt werden, dass es sich um einmalige oder fortlaufende Ersparnisse handeln kann. Diese Unterscheidung kann zu sehr unterschiedlichen Ergebnissen führen.

Da es sich bei den getroffenen Annahmen nur um grobe Abschätzungen handeln kann, müssen die Schätzungen kritisch hinterfragt werden. Zu berücksichtigen sind die zugrunde liegenden Annahmen, die zur Abschätzung getroffen wurden, vorhandene Einflüsse sowie die Glaubwürdigkeit und der kausale Zusammenhang der Annahmen und die monetären Ziele.

Wie bei der Ermittlung der Nutzen- und Einsparpotenziale können auch die Aufwendungen für ein Projekt vorab nur geschätzt werden. Bei der Bestimmung der Kosten, die ein Projekt verursachen wird, müssen u.a. die notwendigen Investitionen, das benötigte Personal und die voraussichtlich genutzten Ressourcen betrachtet werden.

Da eine detaillierte Abschätzung erst nach Beginn des Projektes möglich ist, muss anfangs auf Erfahrungswerte erfahrener Mitarbeiter und eventuell vorhandener Datenbankinformationen zurückgegriffen werden. Um für zukünftige Projekte auf fundiertes Wissen zugreifen zu können, empfiehlt es sich, die in den jeweiligen Projekten gemachten Erfahrungen (z.B. Abgleich der geschätzten mit den tatsächlich gebrauchten Ressourcen) gezielt zu archivieren. Die Quality Backward Chain im Aachener Qualitätsmanagement Modell steuert derartige Wissensarchivierungen.

Gerade die Kapazitäten der Mitarbeiter sind häufig ein kritischer Faktor für die Durchführung und Dauer eines Projektese höher die Auslastung eines Mitarbeiters ist, desto wahrscheinlicher ist eine Verzögerung im Projekt. Somit müssen besonders diese Ressourcen kritisch betrachtet und abgeschätzt werden. Hierzu wird eine Grobplanung des Projektes (Zeit- und Ressourcenplanung) vorgenommen. Die einzelnen Projektphasen werden grob terminiert, und das Projektkernteam wird benannt, um abschätzen zu können, wie welche Mitarbeiter eingesetzt werden müssen und sollen. Wichtig ist an dieser Stelle auch die Benennung des Projektleiters. Die frühzeitige Benennung dient nicht nur dazu, ihm die Vorbereitungsarbeiten übertragen zu können. Er sollte auch die Funktion eines „Zugpferdes" übernehmen [MUEL13].

Eine Möglichkeit, der Problematik langer Projektlaufzeiten zu begegnen, ist die Pull-Methode. Bei der klassischen Ressourcenverteilung (Abbildung 8.3-5) werden die vorhandenen Ressourcen auf alle laufenden Projekte verteilt. Bei der Pull-Methode (Abbildung 8.3-6) werden die Ressourcen auf die am höchsten priorisierten (Teil-)Projekte konzentriert. Die Projekte werden somit sequenziell abgearbeitet, anstatt alle Projekte gleichzeitig mit

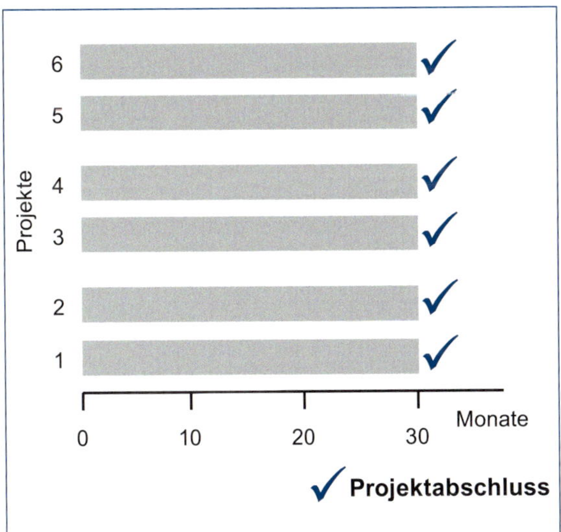

Abbildung 8.3-5 Klassische Methode zur Ressourcenverteilung

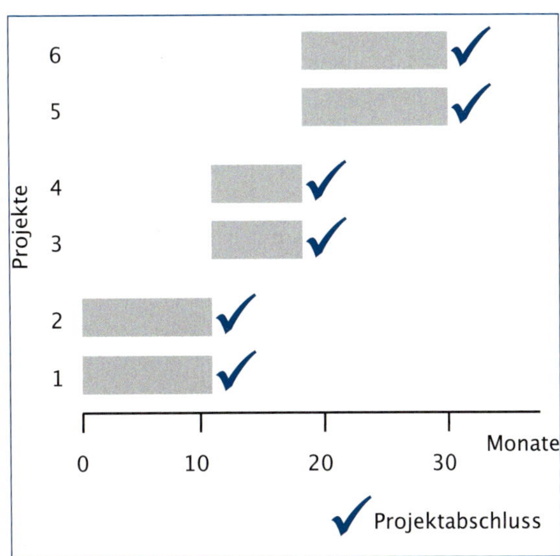

Abbildung 8.3-6 Pull-Methode zur Ressourcenverteilung

verteilten Ressourcen zu verfolgen. Somit können Ergebnisse früher realisiert werden, da die Ressourcen konzentrierter und somit effizienter eingesetzt werden. In dem Beispiel sind die höchstpriorisierten Projekte 1 und 2 bereits nach knapp elf Monaten beendet, die Projekte 3 und 4 schon nach weiteren sieben Monaten anstatt nach 30 Monaten wie bei der klassischen Methode.

8.3.1.3 Abschätzung der Projektrisiken

Um ein Projekt richtig bewerten zu können, reicht eine Betrachtung des Aufwand-Nutzen-Verhältnisses nicht aus. Die Risiken, die bei der Durchführung eines Projektes vorhanden sind, müssen ebenfalls mit betrachtet und dem Aufwand-Nutzen-Verhältnis gegenübergestellt werden. Dies beinhaltet bei Entwicklungsprojekten auch eine Machbarkeitsstudie. Das Projektrisiko stellt dabei ein Ereignis oder eine Bedingung dar, durch dessen Eintreten das Projektziel positiv oder negativ beeinflusst wird [PMI13].

Im Projektmanagement können die Risiken mithilfe eines Portfolios bewertet werden. Die Bewertung erfolgt dabei auf jeder Achse mit Werten von 0 bis 10, wobei 0 bis 3 einer niedrigen, 4 bis 6 einer mittleren und 7 bis 10 einer hohen Einstufung entspricht.

Je nach Einschätzung der jeweiligen Größe, ergibt sich eine Risikoeinstufung, die der Einfachheit halber mit „niedrig", „mittel" und „hoch" bewertet wird. Alle Werte bis 19 bezeichnen ein niedriges Risiko, bis einschließlich 40 ein mittleres und darüber hinaus ein hohes Risiko (Abbildung 8.3-7). Diese Einschätzung kann für die Projektauswahl genutzt werden.

Einfluss auf den Projekterfolg

10	0	10	20	30	40	50	60	70	80	90	100
9	0	9	8	27	36	45	54	63	72	81	90
8	0	8	16	24	32	40	45	56	64	72	80
7	0	7	14	21	28	35	42	49	56	63	70
6	0	6	12	18	24	30	36	42	48	54	60
5	0	5	10	15	20	25	30	35	40	45	50
4	0	4	8	12	16	20	24	28	32	36	40
3	0	3	6	9	12	15	18	21	24	27	30
2	0	2	4	6	8	10	12	14	16	18	20
1	0	1	2	3	4	5	6	7	8	9	10
	0	1	2	3	4	5	6	7	8	9	10

Auftretenswahrscheinlichkeit

Risikoeinstufung: niedrig, mittel, hoch

Abbildung 8.3-7 Risikobewertung

Neben der Abwägung möglicher Risiken, ist es notwendig, sich über geplante und ungeplante Auswirkungen eines Projektes Gedanken zu machen. Projekte implizieren oft mehr oder weniger umfangreiche Veränderungen in ihren Gestaltungsbereichen. Hierzu sei auf das Kapitel 8.5 zum Veränderungsmanagement verwiesen. Das Kapitel bietet eine umfassende Einführung in die Gestaltung des Veränderungsprozesses und erläutert die prozessinhärenten Phasen.

8.3.1.4 Projektauswahl

Bei der Auswahl von Projekten handelt es sich, wie beschrieben, um strategisches Projektmanagement, das hier nicht vertiefend betrachtet wird. Trotzdem soll ein Hilfsmittel zur Vorauswahl von Projekten vorgestellt werden.

Als Faustregel für die Projektauswahl gilt, dass der Nutzen eines Projektes mindestens doppelt so hoch sein sollte wie der erwartete Aufwand. Zur Bewertung eines Projektes bzw. zum Vergleich unterschiedlicher Projekte werden die drei beschriebenen Risiken technisches Risiko (TR), Marktrisiko (MR) und Projektumfang/Projektlaufzeit (LZ) herangezogen.

Je nach Laufzeit eines Projektes (kurz, mittel, lang) und den technischen Risikofaktoren (niedrig, mittel, hoch), die das Projekt beinhaltet, wird der monetäre Aufwand bewertet. Der monetäre Nutzen eines Projektes wird als Erwartungswert mit einem entsprechenden Marktrisiko (niedrig, mittel, hoch) betrachtet.

Die verschiedenen Einstufungen der Projekte ergeben sich je nach Ausprägung des Aufwand-Nutzen-Verhältnisses (Abbildung 8.3-8). Bei der *Alternative 1* (①) handelt es sich um Projekte mit geringen Investitionen und großem monetären Einsparpotenzial. Diese Projekte sind sehr erstrebenswert. Projekte der *Alternative 2* (②) sind mit großer Wahrscheinlichkeit erstrebenswert. Sie benötigen jedoch eine fundierte Analyse für eine Entscheidung. Außerdem sollte bei hohem Aufwand eine Vollzeitbetreuung eingeplant werden. *Alternative 3* (③) zeichnet sich durch die Möglichkeit zum „Quick Hit" aus. Häufig lassen sich diese Projekte mit einfachen KVP-Ansätzen durch Prozessverantwortliche selbst erledigen. Die Auswirkungen auf die Strategie(-umsetzung) sind dabei begrenzt. Projekte der *Alternative 4* (④) besitzen nur einen begrenzten Nutzen und sind risikobehaftet, wohingegen Projekte der *Alternative 5* (⑤) zu ignorieren sind, solange keine anderen Initiativen davon beeinflusst werden, da sie kaum Nutzen bringen.

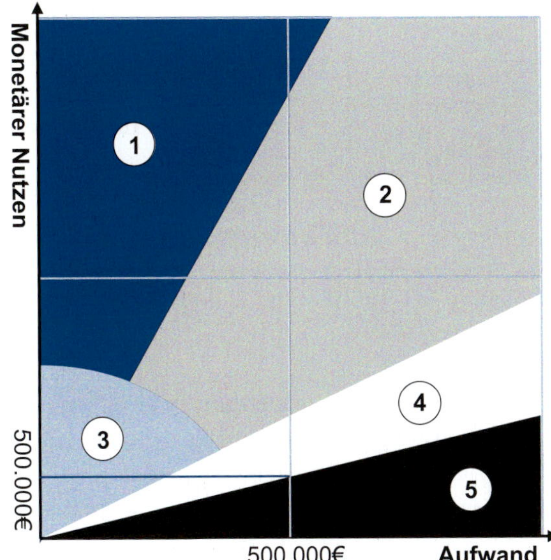

Abbildung 8.3-8 Klassifizierung von Projekten

Bei Entwicklungsprojekten schließt die Phase der Projektdefinition mit dem Lasten- und dem Pflichtenheft ab. Im Lastenheft wird beschrieben, welche Forderungen der Auftraggeber an die Leistungen des Auftragnehmers stellt. Hier werden Zweck und Inhalt des Projektes aufgeführt. Das Pflichtenheft beinhaltet die Umsetzung des Lastenheftes durch den Auftragnehmer, also die Beschreibung, wie die Forderungen praktisch ausgeführt werden sollen [DIN09c].

8.3.2 Projektplanung

In der zweiten Phase des Projektmanagements erfolgt eine detaillierte Planung des Projektes. Dazu gehören Projekt- und Terminpläne, Ressourcen- und Kostenpläne sowie die Benennung des Projektteams.

Für die Erstellung der Pläne werden alle Informationen genutzt, die bereits in der vorangegangenen Phase erzeugt worden sind. Dazu gehört beispielsweise die Definition des Projektziels. Hieraus lassen sich Projektinhalt und -umfang ableiten. Auch Zeit- und Ressourcenüberlegungen haben bereits stattgefunden und stehen somit zur Verfügung.

8.3.2.1 Erstellung des Projektplans

Das Hauptdokument der Projektplanungsphase ist der Projektplan. Er dient neben der Steuerung der Projektausführung auch zu Dokumentationszwecken, soll die Kommunikation zwischen den beteiligten Gruppen vereinfachen und ist Basis für die Planung der Messpunkte und Management Reviews [PMI13]. In der Projektdefinition wurde bereits ein grober Projektplan erstellt, indem man beispielsweise Ressourcen- und Zeitabschätzungen vorgenommen hat. Diese Abschätzungen müssen nun weiter detailliert und – wo möglich – verifiziert werden. Die Festlegung der Informationen im Projektplan ist in den meisten Fällen ein iterativer Prozess, der mithilfe eines Projektstrukturplans durchgeführt wird. Im Projektstrukturplan erfolgt der Aufbau der Projektstruktur, indem der gesamte Arbeitsumfang ermittelt und anschließend in Arbeitspakete zerlegt wird. Diese Aufgabenpakete sollen möglichst einzelnen organisatorischen Einheiten zugeordnet werden können und über klar definierte Schnittstellen miteinander verbunden sein [CORS08]. Beim Projektstrukturplan unterscheidet man im Wesentlichen drei Arten [SCHW08]:

- Organisationsorientierter Projektstrukturplan,
- objektorientierter Projektstrukturplan und
- tätigkeitsorientierter Projektstrukturplan.

Im *organisationsorientierten* Projektstrukturplan (Abbildung 8.3-9) werden wie in einem Organigramm die einzelnen Personen und Teams und ihre hierarchische Struktur dargestellt. Es werden Zuständigkeiten und Verantwortlichkeiten betrachtet.

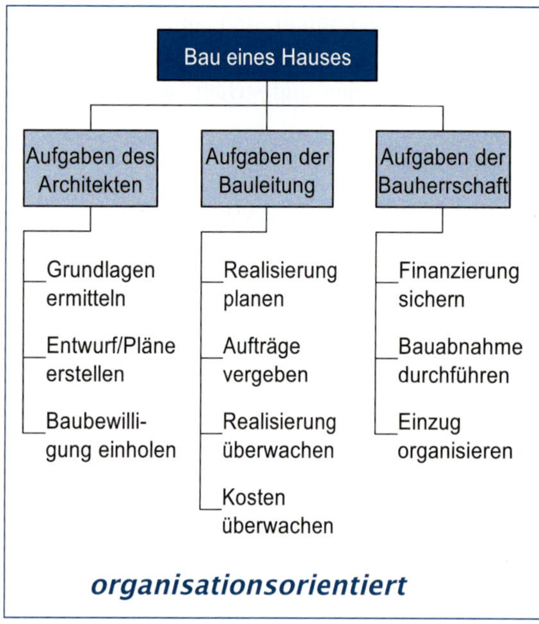

Abbildung 8.3-9 Organisationsorientierter Projektstrukturplan [SCHW08]

Beim *objektorientierten* (produktorientierten) Projektstrukturplan (Abbildung 8.3-10) erfolgt die Strukturierung beispielsweise anhand der Elemente eines Produktes (Hauptkomponente, Unterkomponenten, Einzelteile, Merkmale), die dann mit den jeweiligen Aktivitäten hinterlegt werden.

Tätigkeitsorientierte Projektstrukturpläne sind so aufgebaut, dass die Arbeitspakete nach den Tätigkeiten strukturiert werden, indem die Gesamttätigkeit in Teiltätigkeiten zerlegt wird. Besonders als Hilfestellung bei der präzisen Terminplanung kann diese Darstellungsweise helfen (Abbildung 8.3-11).

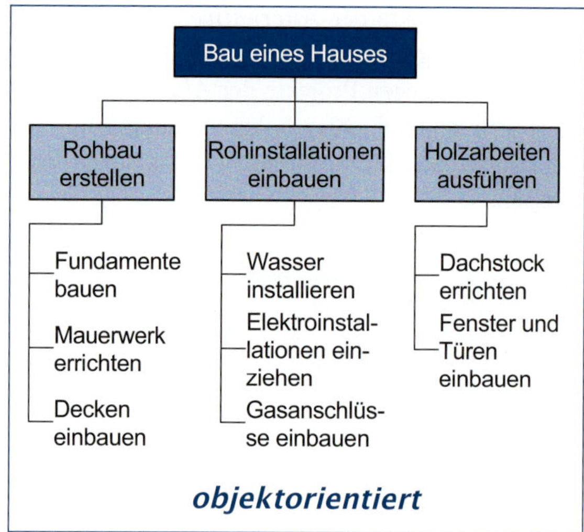

Abbildung 8.3-10 Objektorientierter Projektstrukturplan [SCHW08]

Zwischen den im Projektstrukturplan angegebenen Arbeitspaketen müssen die Beziehungen identifiziert und dargestellt werden. Hier ist es wichtig herauszuarbeiten, welche Arbeitspakte unabhän-

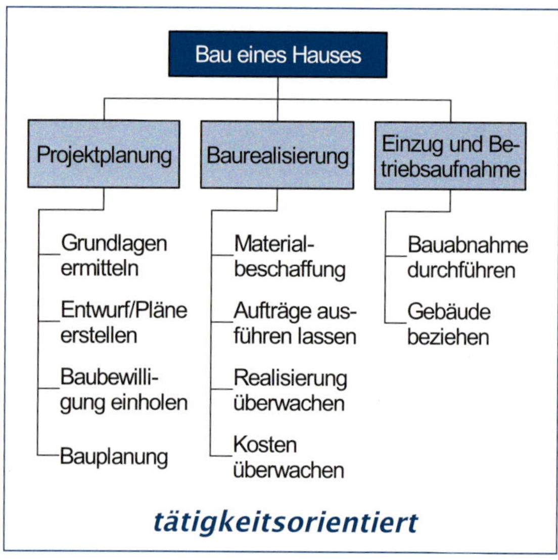

Abbildung 8.3-11 Tätigkeitsorientierter Projektstrukturplan [SCHW08]

gig voneinander bearbeitet werden können und welche in Abhängigkeit zu anderen stehen (Vorgänger und Nachfolger). Häufig nutzt man hierfür eine Baumstruktur bzw. einen Netzplan (siehe Toolbox, Kapitel 11.2). Zu identifizieren ist dabei auch der sogenannte kritische (Projekt-)Pfad, auf dem kein zeitlicher Puffer zwischen den Arbeitspaketen besteht. Ressourcenengpässe auf diesem Pfad führen unweigerlich zu Verzögerungen [SCHW08].

8.3.2.2 Termin-, Ablauf- und Einsatzmittelplanung

Im Rahmen der Projektplanerstellung bedarf es auch einer detaillierten Termin- und Ablaufplanung. Hierzu werden Meilensteine und Quality Gates verwendet. Zum Einsatz und Nutzen von Quality Gates und Meilensteinen sei hier auf die Toolbox (Kapitel 11.23) verwiesen. Zur Darstellung eines Ablaufplans wird meistens ein Gantt-Diagramm bzw. Balkenplan verwendet (Abbildung 8.3-12). Dabei werden die einzelnen Arbeitspakete (AP) oder Projekttätigkeiten tabellarisch aufgelistet. Die jeweiligen Zeiträume, in denen die Aufgaben erledigt werden sollen, werden als Balken dargestellt, deren Länge dem Zeitraum entspricht.

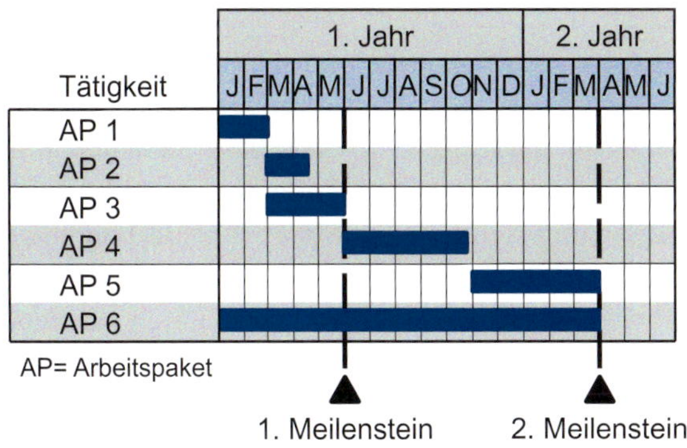

Abbildung 8.3-12 Gantt-Diagramm zur Ablaufplanung

Neben der Ablaufplanung bedarf es in dieser Phase auch einer Planung der Einsatzmittel. Die benötigten Betriebs- und Sachmittel (im Aachener Qualitätsmanagement Modell im Element Ressourcen und Dienste) müssen vom Projektkernteam identifiziert und bewertet werden. Zu prüfen ist, ob die benötigten Ressourcen auch im erwarteten Umfang zur Verfügung stehen oder eventuell Kapazitäten erhöht bzw. ausgelagert werden müssen. Besonderer Fokus muss auf die vorhandenen Engpassressourcen gelegt werden.

8.3.2.3 Differenzierung von Projekttypen

Die Art des Projektes ist bei der Erstellung des Projektplans und aller darin enthaltender Pläne von entscheidender Bedeutung. Ein Projekt zur Prozessanalyse hat gänzlich andere Anforderungen als eine systematische Organisationsverbesserung oder die Entwicklung eines Produktes.

Ein *Prozessanalyseprojekt* umfasst – je nach Umfang – eine oder mehrere Sitzungen. Hier ist ein Ablaufplan, bestehend aus einer Analysephase, mit den jeweils betrachteten Prozessen bzw. Prozessschritten als Meilensteine, und eine Erstellung der Maßnahmenpläne ausreichend.

Bei einem systematischen *Verbesserungsprojekt* muss zunächst festgestellt werden, welchen Umfang das Projekt haben soll. So können einfachere Probleme auf Prozessebene autonom durch Mitarbeiter gelöst werden, sodass die Notwendigkeit einer Ablaufplanung infrage gestellt und ggf. durch einen Maßnahmenplan ersetzt werden kann. Bei Projekten mit *begrenztem Schwierigkeitsgrad*, bei denen die Mitarbeiter relativ selbstständig Probleme bewältigen können, kann eine weitgehend autonome Koordination mithilfe eines 8D-Reports (siehe Toolbox, Kapitel 11.3) erfolgen.

Bei Projekten größeren Umfangs empfiehlt es sich, einen Ablauf in Anlehnung an den DMAIC-

Zyklus (Verbesserungsprojekte) bzw. DMAIV-Zyklus (Entwicklungsprojekte) zu wählen (siehe Kapitel 4.3).

Um den tatsächlichen monetären Aufwand besser abschätzen zu können (Kostenplanung), empfiehlt es sich, Informationen und Daten aus bereits durchgeführten (Vor-)Projekten zu verwenden. Informationen können beispielsweise aus vorhandenen FMEAs (siehe Toolbox, Kapitel 11.12) kommen, da hier sowohl für Produktentwicklungen als auch Prozessverbesserungen Ansatzpunkte zu finden sind. Im Bereich der Verbesserungsprojekte lassen sich Informationen auch aus Wertstrom-Analysen (siehe Toolbox, Kapitel 11.31) oder durchgeführten Audits generieren. Bei Entwicklungsprojekten können solche Informationen aus Kundenbefragungen, Felddaten oder Marktanalysen gewonnen werden. All diese Informationen können auch noch einmal zu einer Eingrenzung des Handlungsrahmens bzw. der Problemursachen genutzt werden.

8.3.2.4 Teamgründung

Vor der Bildung eines Teams ist es zunächst wichtig, zu ermitteln, welche Stakeholder von einem Projekt betroffen sind und wie deren Einstellung gegenüber dem Projekt ist. Sollte eine Zuordnung nicht direkt möglich sein – etwa bei einem Projekt mit vielen Interessenten –, oder kann das Risiko eines Projektabbruchs nicht oder nur schlecht abgeschätzt werden, kann eine Stakeholder-Analyse durchgeführt werden. Dabei werden die relevanten Stakeholder eines Projektes identifiziert und hinsichtlich ihrer Einstellung gegenüber dem Projekt sowie ihres Einflusses in der Organisation bewertet (Abbildung 8.3-13). Außerdem werden die Ursachen für die Verhaltensweise analysiert. Im letzten Schritt werden die Erwartungen und Befürchtungen aufgenommen und Maßnahmen entwickelt, wie diese gefördert bzw. beseitigt werden können (inklusive Verantwortlichen und Zeiten). Sollten Widerstände gegenüber dem Projekt vorhanden sein, muss ermittelt werden, ob dadurch die Umsetzung gefährdet ist.

	Einstellung							Einfluss								
Name/ Funktion	begeistert	interessiert	konform	gleichgültig	unkooperativ	ablehnend	agressiv	sehr hoch	hoch	relevant	vorhanden	gering	nicht vorhanden	Erwartungen	Befürchtungen	Maßnahmen
				X				X								
		X										X				
						X				X						

Abbildung 8.3-13 Stakeholder-Analyse

Die Auswahl der Projektmitglieder wird vom Projektleiter und dem Projektkernteam vorgenommen. Diese Gruppe sollte entscheiden, wer für die Durchführung des Projektes benötigt wird und wie welche Experten einbezogen werden. Bei der Teamgründung selbst, sollte das Management teilnehmen, um sein Engagement am Projekt zu signalisieren. Auch sollten die Teammitglieder bei dieser Sitzung ihre Teilnahme am Projekt unterschreiben. Diese schriftliche Bestätigung hat den Effekt, dass die Zusage nicht nebenher, sondern bewusst getroffen wird und die personellen Ressourcen auch tatsächlich zur Verfügung stehen. Somit ist gewährleistet, dass diese Entscheidung nicht beiläufig gefällt wird. Bevor jedoch die Teilnahme unterschrieben wird, muss geklärt werden, wie viel Zeit die jeweiligen Mitglieder im Projekt arbeiten sollen, und ob diese Kapazitäten zur Verfügung stehen. Hierzu bedarf es unter Umständen auch der Abstimmung mit fachlichen Vorgesetzten. Diese Abklärung ist wichtig, da ansonsten die zusätzliche Belastung durch das Projekt neben dem Tagesgeschäft den Mitarbeiter zeitlich überfordern kann. Das führt unweigerlich zu Verzögerungen beim Projekt, zu sinkender Motivation seitens der Mitarbeiter und letzten Endes zu zusätzlichen Kosten.

Um Missverständnisse bei der Einbindung in ein Projektteam zu vermeiden, empfiehlt es sich zum einen, das Projektteam in einem Organigramm darzustellen. Zum anderen kann eine sogenannte RASCI-Matrix genutzt werden (Abbildung 8.3-14). RASCI steht dabei für [JEST14]:

- *Responsible* – verantwortlicher Bearbeiter
- *Accountable* – hat Entscheidungsbefugnis bzw. Vetorecht bei Konsensentscheidungen
- *Support* – unterstützt die Durchführung
- *Consulted* – wird bei Entscheidungen hinzugezogen (impliziert bidirektionale Kommunikationspflichten)
- *Informed* – wird über Entscheidungen oder Aktivitäten informiert (impliziert unidirektionale Kommunikationspflichten)

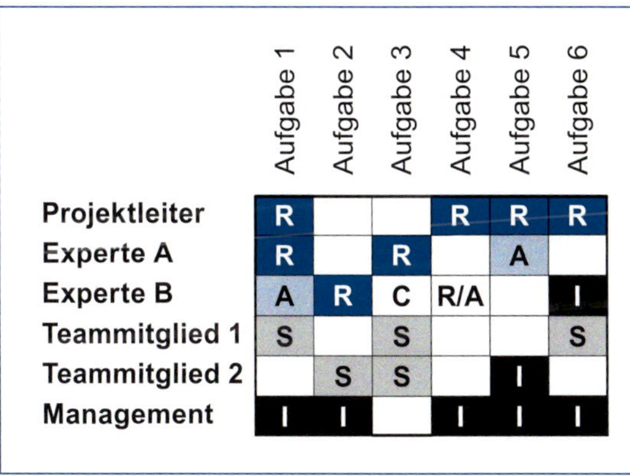

	Aufgabe 1	Aufgabe 2	Aufgabe 3	Aufgabe 4	Aufgabe 5	Aufgabe 6
Projektleiter	R			R	R	R
Experte A	R		R		A	
Experte B	A	R	C	R/A		I
Teammitglied 1	S		S			S
Teammitglied 2		S	S		I	
Management	I	I		I	I	I

Abbildung 8.3-14 RASCI-Matrix

Anhand der RASCI-Matrix kann die Einbeziehung der jeweiligen Mitarbeiter visualisiert und kontrolliert werden. Sollte ein Mitarbeiter zu viele „R“ in seiner Zeile stehen haben, ist zu fragen, ob er nicht mit zu vielen Aufgaben betraut ist. Bei keinen Leerplätzen in einer Zeile kann geprüft werden, ob dieser Mitarbeiter wirklich überall eingebunden werden muss. Andererseits müssen Mitarbeiter ohne ein „R“ oder „A“ eventuell gar nicht im Projektteam sein.

Darüber hinaus ermöglicht die RASCI-Matrix eine Überprüfung der Aufgaben. Keine „R“ bei einer Aufgabe führen zur Nichterledigung. Zu viele „R“ können aber ebenfalls zur Nichterledigung führen, da sich keiner richtig verantwortlich fühlt. Zu viele „C“ hingegen führen zu ineffizienten Abstimmungsprozessen. Vereinzelt sind auch RSI-Matrizen in diesem Zusammenhang zu finden, die auf die Differenzierung Accountable und Consulted verzichten.

Um die Motivation im Team zu fördern bzw. aufrechtzuhalten, werden – auch wenn es trivial klingt – Teamevents veranstaltet. Wichtig ist dabei, dass es sich um Veranstaltungen unabhängig von der Arbeit handelt, bei denen Freizeitaktivitäten unternommen werden, die in entspannter Atmosphäre stattfinden.

8.3.3 Projektdurchführung und -steuerung

In dieser Phase erfolgt neben der operationalen Durchführung vor allem die Steuerung bzw. das Controlling des Projektes. Controlling bedeutet dabei die Kontrolle des Projektfortschritts sowie die Reaktion auf Projektrisiken und die damit verbundenen Störungen im Projektablauf. Hierzu gehört bei Entwicklungsprojekten auch das Änderungsmanagement. Wichtig in dieser Phase sind außerdem die Sicherung der Qualität von Projektdurchführung und -ergebnis sowie die begleitende Projektkommunikation und -dokumentation.

Ziele des Änderungsmanagements sind Koordination und Gestaltung von Projektänderungen inhaltlicher, zeitlicher und organisatorischer Art. Dazu müssen die Änderungen erfasst, analysiert und bewertet werden. Im Anschluss erfolgt die Ableitung von Maßnahmen sowie die Benennung von Verantwortlichen und Abschlussterminen. Die Verfolgung, Sicherung sowie Dokumentation der Maßnahmen bilden den letzten Schritt im Änderungsmanagement [PATZ14]. Zu berücksichtigen ist jedoch, dass das Änderungsmanagement ein kontinuierlicher, fortlaufender Prozess ist, der während des gesamten Projektes gelebt wird. Auch müssen die Änderungen im Team abgestimmt und bestätigt werden, damit nicht beispielsweise wichtige Mitarbeiter mit Maßnahmen beauftragt werden, die sie aufgrund ihrer Auslastung nicht ausführen können.

Bezüglich der Projektkommunikation geht es darum, sicherzustellen, dass die Kommunikation innerhalb des Projektteams funktioniert. Mangelnde Kommunikation kann neben Missstimmung im Team auch zu kostspieligen Zeitverzögerungen führen. Des Weiteren muss die Kommunikation gegenüber der Unternehmensführung bzw. dem Management gewährleistet werden. Es geht darum, den aktuellen Stand und den Fortschritt im Projekt kurz, knapp und aussagekräftig darzustellen. Hilfreich ist hierbei der Einsatz eines Status Reports oder eines Projektcockpits. Im Projektcockpit werden verschiedene Kennzahlen aggregiert und häufig in Form von Ampeln dargestellt. Zusätzliche Informationen können bei Bedarf (z.B. bei einer gelben oder roten Ampel) eingesehen oder nachgereicht werden (Abbildung 8.3-15).

Um die Leistung innerhalb des Teams aufrechtzuerhalten und zu bewerten, können Teamreviews genutzt werden. Zur Durchführung der Reviews werden Feedbacklisten zur Vorbereitung versandt. Die Ergebnisse der Feedbacklisten sollten nicht in Einzelgesprächen, sondern im Review besprochen werden, um ein gemeinsames Teamverständnis zu entwickeln. Im Konsens mit dem Team können dann Verbesserungspotenziale ermittelt und umgesetzt werden.

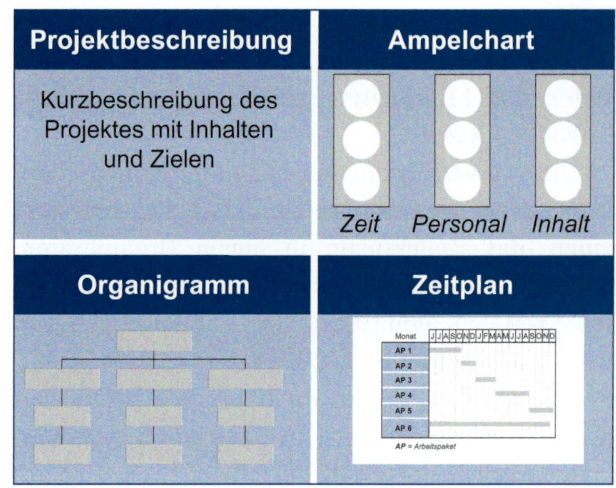

Abbildung 8.3-15 Projektcockpit

8.3.4 Projektabschluss

Der Abschluss eines Projektes muss ebenso konsequent durchgeführt werden wie die restlichen Phasen, um das erworbene Wissen im Unternehmen zu bewahren. In dieser Phase gilt es vor allem, die gemachten Erfahrungen und das Wissen aus der Projektdurchführung zu sammeln und zu archivieren (Nutzung der Quality Backward Chain im Aachener Qualitätsmanagement Modell). Der Aufbau einer Wissensdatenbank über die Durchführung von Projekten kann enorme Einsparungen bewirken, wenn „Lessons Learned" auch für zukünftige Projekte genutzt werden. Es muss bewertet werden, wie erfolgreich ein Projekt gelaufen ist, wo die Schwachstellen gelegen haben, und auf welche Hindernisse man gestoßen ist. Wichtig sind hierbei immer die Lösungswege, die eingeschlagen wurden, um Probleme zu beseitigen. Bei konsequenter Projektdokumentation in den vorangegangenen Phasen beinhaltet dieser Schritt ausschließlich die Archivierung der bereits vorhandenen Dokumentationen. Hierzu bedarf es eines einheitlichen und strukturierten Vorgehens.

8.3.5 Zusammenfassung

Das Kapitel Projektmanagement bietet einen Überblick über die Phasen eines Projektes und deren Inhalte bei der Umsetzung.

Es wurde gezeigt, dass die konsequente Umsetzung von Projektmanagement zu einer strukturierten und erfolgreichen Durchführung von Projekten führt. Wichtig sind hierbei die gewissenhafte und umfassende Vorbereitung und Planung eines Projektes (Definition, Ermittlung der Forderungen, Ressourcenabschätzung und -einteilung) sowie das kontinuierliche Controlling während der Umsetzung, z.B. durch Quality Gates.

Elementar für den Erfolg eines Unternehmens ist beim Projektmanagement auch die Nutzung der Quality Backward Chain, indem das erworbene Wissen, z.B. hinsichtlich der Durchführung und der Handhabung von dabei aufgetretenen Problemen, für zukünftige Projekte in nachvollziehbarer und wiederauffindbarer Art und Weise aufgenommen und archiviert wird. Hierdurch können Best Practice Beispiele identifiziert und genutzt sowie aus Fehlern der Vergangenheit gelernt werden.

8.4 Risikomanagement

Risiken einzugehen, ist kennzeichnend für jede unternehmerische Tätigkeit [HENS01]. Umgangssprachlich wird das Risiko als möglicher (wahrscheinlicher) Eintritt eines Ereignis mit negativem Einfluss auf ein Ziel oder Entscheidung verstanden [SEIL95, IBER05, SCHN97, DAHM02]. Eine allgemeiner gefasste Definition des Risikos im negativen Sinne geben Schnorrenberg und Goebels [SCHN97]: „Ein Risiko ist ein Ereignis, von dem nicht sicher bekannt ist, ob es eintreten und/oder in welcher genauen Höhe es einen Schaden verursachen wird. Es lässt sich aber eine Wahrscheinlichkeit für den Eintritt dieses Ereignisses (Risikowahrscheinlichkeit) und/oder die Höhe des Schadens (Schadenswahrscheinlichkeit) angeben“. In der Mathematik wird das Risiko als neutraler Begriff definiert. Diese Definition berücksichtigt folglich auch mögliche positive Abweichungen von einem Erwartungswert, d.h. Risiken sind im weiteren Sinne auch als Chance aufzufassen. Hierzu werden quantitative Beschreibungsgrößen, wie Erwartungswert und Streuung, definiert [FINK05, DIED04, DAHM02].

8.4.1 Ziele und Aufgaben des Risikomanagements

Die systematische Handhabung von Unternehmensrisiken ist das Kernziel des Risikomanagements [DAHM02, FINK05, KIRC02, IBER05, SAUE98]. In diesem Sinne werden unter Risikomanagement koordinierte Aktivitäten oder Tätigkeiten verstanden, mittels derer eine Organisation hinsichtlich Risiken gelenkt, gesteuert und kontrolliert wird [DIN11c, ONR04]. Erfolgreiche Risikomanagementsysteme sollten den eigenen Anforderungen und denen der Anspruchsgruppen (z.B. Gesetzgeber, Gesellschaft oder Anteilseigner) gerecht werden und die normativen Anforderungen erfüllen. Unternehmen, deren Produkte in risikointensiven Bereichen, wie der Medizintechnik, der Luft- und Raumfahrt oder Lebensmittelindustrie, Anwendung finden, sind von externen Anforderungen im besonderen Maße betroffen. Im Wesentlichen ist die Zielsetzung des Risikomanagements auf drei primäre Ziele herunterzubrechen:

- Zunächst gilt es, die Sicherung der Existenz des Unternehmens als erstes Zielbild zu gewährleisten. Dafür müssen Schäden mit existenzbedrohendem Ausmaß für das Unternehmen abgewendet werden [HOFM85, DIED04, SAUE98].

- Das zweite Ziel des Risikomanagements ist es, den zukünftigen Unternehmenserfolg abzusichern. Dies wird durch die Handhabung von Risiken realisiert, die zwar keine unmittelbare Bedrohung der Unternehmensexistenz darstellen, jedoch beispielsweise die Marktposition zukünftig beeinflussen können. Imageschäden, Betriebsunterbrechungen, Informationsverluste oder das Ausscheiden von Schlüsselpersonen sind ein Auszug möglicher Risiken, die gemanagt werden müssen [HOFM85, DIED04, SAUE98].
- Das dritte Ziel besteht darin, Risikokosten zu senken, welche sich aus den zu entrichtenden Versicherungsprämien, den Ausgaben für selbst zu tragende Schäden, den Schadensverhütungskosten sowie den anteiligen Verwaltungskosten zusammensetzen [HOFM85, DIED04, SAUE98].

Zur Erreichung der dargestellten Ziele kommt das Risikomanagement in verschiedenen Unternehmensbereichen, wie z.B. der Finanzabteilung, dem Controlling oder der Strategieabteilung, zum Einsatz. Der komplexe Prozess des Risikomanagements kann vereinfacht in vier Tätigkeitsbereiche gegliedert werden [SCHN97]:

- Identifikation,
- Bewertung,
- Klassifizierung und
- Behandlung der Risiken.

Der für die Zielsetzung und Aufgaben des Risikomanagements erforderliche Rahmen, der in der Organisation zu integrierende Prozess, die erforderlichen Risikomanagementmethoden und Verantwortlichen können im Aachener Qualitätsmanagement Modell u.a. in der Führungsleistung, dem qualitätsschöpfenden Prozess und Unterstützungsleistungen eingeordnet werden. Schwerpunkt dieser Perspektive ist die Ausrichtung des Quality Streams und der Unternehmensziele aufeinander, um die Prozesse aktiv und verantwortlich zu gestalten und zu koordinieren. Das Risikomanagement leistet seinen Beitrag in der präventiven und reaktiven Anpassung der bestehenden Prozesse und Unternehmensstrukturen.

8.4.2 Risiken und Ansätze der Klassifizierung

Neben diesen grundsätzlichen Begriffsdefinitionen finden sich in der Literatur zahlreiche Risikoklassifizierungsansätze. Die Unterscheidung versicherbarer und nicht versicherbarer Risiken ist die älteste Unterteilung. Die Erklärung für diese einfache Trennung liegt im Ursprung des Risikomanagements, dem betrieblichen Versicherungsmanagement, begründet [MIKU01]. In diesem Kontext wird zwischen reinen und spekulativen Risiken unterschieden [MATT00, LÜCK98a, LÜCK98b]. Reine Risiken lassen keine Erfolgschancen erwarten und werden als Verlustgefahr des angestrebten Erfolgs betrachtet. Sie sind deckungsgleich mit den versicherbaren Risiken [SCHO04]. Spekulative Risiken erfassen einerseits die Gefahr negativer Zielabweichung (Verlust-Risiken), andererseits die Chance, dass eine Handlung positive Auswirkung auf die Unternehmensziele ausübt. Sie können auch als das Risiko unternehmerischen Handelns betrachtet werden [MATT00]. Im Unternehmenskontext werden Risiken nach externen (außerbetrieblichen) und internen (innerbetrieblichen) Risiken, in Abhängigkeit der Risikoursache, unterschieden. Interne Risiken liegen im Unternehmen selbst begründet, externe Risiken werden durch das Unternehmensumfeld verursacht [SCHO04, KUPS95]. Bei der Betrachtung von Risiken ist es wichtig, zwischen Einzelrisiken und dem Gesamtrisiko zu unterscheiden. Einzelrisiken beschreiben eine konkrete und genau spezifizierbare Risikosituation. Durch diese Beschreibung lassen sich diese Risiken relativ einfach

B

identifizieren und behandeln. Durch die Aggregation der Einzelrisiken ergibt sich das Gesamtrisiko. Aufgrund der Bedeutung des Gesamtrisikos für den Unternehmenserfolg ist dieses bei der Risikobeurteilung von besonderem Interesse [FARN89].

Kontextorientierte Risikoklassifizierung

Ein für produzierende Unternehmen praktikabler Klassifizierungsansatz unterscheidet Risiken hinsichtlich ihrer Entscheidungs-, Informations- und Zielorientierung [SCHO04]. Im *entscheidungsorientierten* Kontext wird der Risikobegriff als die Möglichkeit des Eintretens einer Fehlentscheidung verstanden. Dadurch ist der Risikobegriff in diesem Zusammenhang mit einer negativen Wertung versehen. Fehlentscheidungen kommen nach Ansicht der Vertreter der entscheidungsorientierten Sichtweise aufgrund der begrenzten Rationalität des Entscheiders zustande [SCHO04]. Der *zielorientierte* Risikobegriff definiert das Risiko als Gefahr einer möglichen Zielabweichung. Dem Zielpluralismus der Realität wird dadurch Rechnung getragen, dass als Ziel verschiedene Dimensionen in Bezug auf Inhalt, Art, Intensität und Zeitbezug Anwendung finden können [SCHO04]. Die *informationsorientierte* Sichtweise stellt, anders als die entscheidungs- und zielorientierte Sichtweise, keinen Bezug zu den Auswirkungen von Risiken her. Risiko wird bei den Vertretern der informationsorientierten Sichtweise als Grundlage eines Zustandes unvollkommener Information verstanden, der das Risiko bedingt [SCHO04].

Ursachen- und wirkungsbezogene Risikoklassifizierung

Risiken können bezüglich ihrer Ursache und Wirkung unterschieden werden. Diese Sichtweise deckt sich ein Stück weit mit dem informationsorientierten und zielorientierten Kontext. Die ursachenbezogene Risikodefinition bezieht sich hierbei auf ein Risiko, welches durch Mangel an Informationen im Zustand der Unsicherheit entstanden ist, wohingegen sich die wirkungsorientierte Risikodefinition auf den möglichen Schaden (z. B. ökonomische Auswirkung) bezieht, den ein Risiko auslösen kann. Dementsprechend kann ein Risiko entweder durch die Beeinflussung der Eintrittswahrscheinlichkeit (Ursache) oder des Schadens (Wirkung) verringert werden [THIE03].

Die ursachenorientierte Klassifizierung lässt sich in exogene Risiken, endogene Risiken und Beziehungsrisiken unterteilen. Exogene und endogene Risiken lassen sich in weitere Klassen unterteilen. Die Subklassen der exogenen Risiken bilden Umfeldrisiken, Marktrisiken und Lieferantenrisiken. Unter Umfeldrisiken werden ökonomische, politisch-rechtliche, soziokulturelle sowie durch die Umwelt oder durch technologische Veränderungen entstandene Risiken verstanden. Die genannten Risiken sind, bis auf durch technologische Veränderungen bedingte Risiken, abhängig vom Standort des Lieferanten. Risiken der Angebotsmärkte und des Nachfragemarktes sind Marktrisiken. Lieferantenrisiken setzen sich aus internen Risiken und externen Risiken zusammen. Unter internen Risiken werden beispielsweise die wirtschaftliche und finanzielle Lage verstanden, wohingegen unter externen Risiken die Beziehungen des Lieferanten zu seinen Unterlieferanten und weiteren Kunden verstanden werden. Lieferantenrisiken hängen somit von den Fähigkeiten und dem Wohlwollen des Lieferanten ab. Die Subklassen der endogenen Risiken sind in Führungsrisiken, Ausführungsrisiken und Risiken aus dem unternehmerischen Umfeld unterteilt. Führungsrisiken entsprechen hierbei Risiken des normativen und strategischen Beschaffungsmanagements. Unter Ausführungsrisiken werden Risiken verstanden, die auf die Mitarbeiter zurückgeführt werden können, beispielsweise Planungs- und Handlungsfehler, krankheitsbedingter Ausfall oder bewusstes Fehlverhalten von Mitarbeitern, sowie Störungen in den EDV- und Informationsverarbeitungssystemen. Die Risiken aus dem unternehmerischen Umfeld hängen von der Zusammenarbeit der Einkaufsabteilung mit den Instanzen des Finanzwesens, den Entwicklungsabteilungen sowie mit der Produktions- und Vertriebsabteilung ab. Alle drei Subklassen der endogenen Risiken beziehen sich auf das Personal und das System des beschaffenden Unternehmens. Unter Beziehungsrisiken werden die Risiken verstanden, die in der Zusammenarbeit mit Kunden entstehen können [MEIE10].

Die Risiken der wirkungsorientierten Klassifizierung lassen sich in folgende Gruppen unterteilen: Versorgungsrisiken, Kostenrisiken, Qualitätsrisiken, Innovationsrisiken, Imagerisiken und Abhängigkeitsrisiken. Die Versorgungsrisiken lassen sich weiter in die fünf Subgruppen Fehlende Bedarfsdeckung, Nichtlieferung, Lieferverzug, Falschlieferung und Fehllieferung aufschlüsseln. Diese wirken sich negativ auf die Versorgungssicherheit aus. Unter Kostenrisiken werden die Gefahren angesehen, die entstehen, wenn die Kosten für Beschaffungsobjekte steigen und infolge dessen Kostenziele verfehlt werden. Kostenrisiken beinhalten zudem auch das Ereignis, wenn das Produkt nach dem Erwerb günstiger angeboten wird. Qualitätsrisiken beeinflussen die Produkt- oder Prozessqualität. Sie können durch einen unzureichenden Reifegrad der Entwicklung sowie Zeitdruck bei Vertragsverhandlungen oder der Lieferantenauswahl ausgelöst werden. Know-how-Verluste werden als Innovationsrisiken kategorisiert. Zu diesen Risiken werden außerdem der Mangel technologischer Beurteilungskompetenz, der gefährdete Zugang zu Produkt- und Prozessinnovationen sowie der eingeschränkte Zugang zu Innovationen gezählt. Imagerisiken führen zu einem Schaden des Unternehmensrufs und hängen direkt mit dem Verhalten des Unternehmens gegenüber seiner Lieferanten ab. Abhängigkeitsrisiken stellen das Beschaffungsrisiko in Lieferanten-Abnehmer-Beziehungen dar [MEIE10].

Risikoklassifizierung im Projektmanagement

Rinza [RINZ94] differenziert im Rahmen des Projektmanagements technische, wirtschaftliche, politische und soziokulturelle Risiken. Die Ursache technischer Risiken liegt in Fehlern des Engineerings, fehlerhaften Materiallieferungen sowie Fehlern in der Montage und Inbetriebnahme begründet. Wirtschaftliche Risiken umfassen u. a. Finanzrisiken, Risiken aus Kooperationen mit Kunden und Lieferanten sowie Informationsrisiken. Das politische Risiko erfasst z. B. Importzölle und sich ändernde politische Rahmenbedingungen anderer Länder. Soziokulturelle Risiken treten bei Auslandsgeschäften auf und resultieren aus anderen Wertebildern und institutionellen Faktoren, wie Familie oder Religion [RINZ94]. Das Management von Projektrisiken ist in der DIN EN 62198:2014 [DIN14c] beschrieben.

Zwischenfazit

Ungeachtet der facettenreichen Definitionen, die in der Literatur existieren, muss ein Unternehmen im Rahmen der Einführung eines Risikomanagements den Betrachtungsumfang in Form einer individuellen Risikodefinition festlegen. Hierfür ist ein Verständnis für die verschiedenen Risikoklassifizierungsansätze empfehlenswert. Hierbei gilt es zu beachten, dass die aufgeführten Klassifizierungsansätze Überschneidungen aufweisen und zum Teil parallel bestehen. Basierend auf dem Risikoverständnis wurden zunächst die Ziele und Aufgaben des Risikomanagements erläutert (Kapitel 8.4.1). Danach folgten die Risiken und Ansätze der Klassifizierung (siehe Kapitel 8.4.2). Im Folgenden wird nun der

Prozess des Risikomanagements erläutert (Kapitel 8.4.3). In den folgenden Kapiteln werden Treiber und Hürden des Risikomanagements (Kapitel 8.4.4) und gesetzliche wie normative Rahmenbedingungen des Risikomanagements (Kapitel 8.4.5) eingeführt. Daran schließt die Vorstellung allgemeiner Ansätze zum Risikomanagement an (Kapitel 8.4.6). Danach werden Methoden des Risikomanagements vorgestellt (Kapitel 8.4.7) und zum Schluss erfolgt die Erläuterung eines detaillierten Ansatzes zur Gestaltung eines anwendungsorientierten Risikomanagementsystems (Kapitel 8.4.8).

8.4.3 Prozess des Risikomanagements

Die Kernprozesse des Risikomanagements bilden das Erstellen des Zusammenhangs, die Risikobeurteilung, die Risikobewältigung, die Kommunikation und Konsultation sowie die Überwachung und Überprüfung. Die Risikobeurteilung wird weiter in die Risikoidentifikation, die Risikoanalyse und die Risikobewertung unterteilt [DIN11c]. Der Risikomanagementprozess nach Norm DIN EN ISO 31000 ist in Abbildung 8.4-1 dargestellt.

Der erste Subprozess der Risikobeurteilung, die Risikoidentifikation, beinhaltet die Erfassung aller betroffenen Bereiche und relevanten Risikoursachen. Die Risikoursachen sind zu beschreiben und mögliche resultierende Auswirkungen abzuleiten. Neben Risiken innerhalb des Einflussbereiches von Unternehmen, sind auch Risiken außerhalb des Einflussbereiches für ein effektives Risikomanagement zu berücksichtigen. Es ist zu beachten, dass nur identifizierte Risiken in der folgenden Analysephase berücksichtigt werden können [DIN11c].

Im Subprozess der Risikoanalyse werden die zuvor identifizierten Risiken für ein ganzheitliches Verständnis analysiert. Der Fokus liegt hierbei auf der Ermittlung der Risikoursache und den möglichen Auswirkungen, die das Eintreten eines Risikos zur Folge hätte. Weiter werden die Wahrscheinlichkeiten des Auftretens und Faktoren, die die Wahrscheinlichkeit beeinflussen, eruiert und festgelegt. Zuletzt kann eine Analyse mit erhöhtem Aufwand entweder rein qualitativ, semiquantitativ oder gänzlich quantitativ erfolgen. Die Analyseform ist dabei abhängig von der Art des Risikos, der Datenlage, dem Zweck der Analyse und den verfügbaren Ressourcen [DIN11c].

Aufbauend auf der Analyse der Risiken aus dem vorherigen Prozess des Risikomanagements, folgt als letzter Subprozess der Risikobeurteilung die Risikobewertung. Die ermittelten Risikohöhen werden den zugehörigen Risikokriterien gegenübergestellt, um daraus die Notwendigkeit und den Umfang der erforderlichen Maßnahmen abzuleiten. Es gibt verschiedene Bewertungsmethoden, wie z. B. Risiko-Portfolio-Analysen oder Berechnungsmethoden, die im Finanzwesen Anwendung finden (z. B. Value-at-Risk oder Cashflow-at-Risk-Verfah-

8

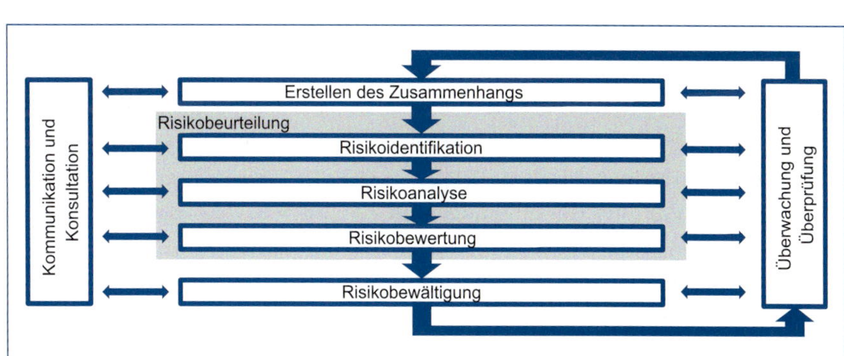

Abbildung 8.4-1 Risikomanagementprozess (in Anlehnung an DIN ISO 31000 [DIN11c])

ren). Diese liefern durch die Gegenüberstellung der Erwartungswerte der Einzelrisiken, als Produkt aus Eintrittswahrscheinlichkeit und Schadenshöhe, eine Übersicht über das gesamte Risiko-Portfolio. Um qualitativ analysierte Risiken zu quantifizieren, bietet sich eine Klassifikation der Schadenswahrscheinlichkeit und Schadenshöhe durch ein simples Stufensystem an. Kompliziertere quantitative Methoden erfordern hingegen die Anwendung komplexer, statistischer Berechnungen [DIN11c, ROME03].

In der letzten Phase erfolgt die Risikobewältigung durch die Definition und Anwendung geeigneter risikobehandelnder Maßnahmen. Hierbei handelt es sich um einen iterativen Prozess, der durchlaufen wird, bis das Restrisiko unterhalb eines annehmbaren Grenzrisikos (unternehmensspezifisch) liegt. Es werden folgende Schritte durchlaufen:

- Beurteilung der Maßnahme,
- Beschlussfassung über die Tolerierbarkeit des Restrisikos und
- Erarbeitung neuer Maßnahmen zur Risikobewältigung.

Die risikobehandelnden Maßnahmen werden nach ihrem präventiven oder korrektiven Charakter unterschieden. Maßnahmen präventiven Charakters, ursachenbezogene Maßnahmen, wirken vor dem Eintritt des Risikos zur Minderung der Eintrittswahrscheinlichkeit. Demgegenüber mindern korrektive Maßnahmen (wirkungsbezogen) den Schaden, der nach Eintreten des Risikos wirkt [DIN11c, EBER05, BRÜH80].

Da sich Möglichkeiten der Risikobewältigung nicht zwangsläufig ausschließen, werden innerhalb der DIN ISO 31000 folgende mögliche Maßnahmen ergänzend definiert:

- Vermeidung des Risikos durch Einstellung oder Nichtaufnahme der riskanten Aktivität oder Beseitigung der Risikoquelle,
- Reduzierung der Eintrittswahrscheinlichkeit,
- Reduzierung der Schadenshöhe,
- Teilung des Risikos mit einer oder mehreren Parteien (z.B. Versicherung),
- Eingehen oder Erhöhung des Risikos zur Nutzung einer Chance und
- freiwillige Übernahme des Risikos.

Der gesamte Risikomanagementprozess steht dabei unter kontinuierlicher Überwachung und Überprüfung, um sicherzustellen, dass veränderte Rahmenbedingungen oder neu entstandene Risiken in das Risikomanagement einfließen. Hierdurch wird ein wirksames und effizientes Risikomanagement gewährleistet [DIN11c].

8.4.4 Treiber und Hürden des Risikomanagements

Risikomanagement anzuwenden bedeutet, Produkte und Prozesse präventiv abzusichern. Dies gelingt einigen Unternehmen besser als anderen. Dies hängt maßgeblich davon ab, Treiber des Risikomanagements möglichst effektiv einzusetzen und mögliche Hürden zu umgehen bzw. präventiv zu begegnen.

Treiber des Risikomanagements

Treiber des Risikomanagements lassen sich nach externen und internen Treibern unterscheiden. Unter externen Treibern sind u.a. Gesetzgeber (z.B. rechtliche Vorschriften), Normen, Kundenanforderungen und externe Ereignisse zu sehen. Unter internen Treibern die Führungsebene des Unternehmens und die Organisation selbst.

Wesentliche gesetzliche Treiber sind u.a. das Gesetz zur Kontrolle und Transparenz im Unternehmensbereich (KonTraG), Basel III, das Aktiengesellschaftsgesetz (AktG) und das Handelsgesetzbuch (HGB). In diesem Kontext werden gesetzlich von Unternehmen zu erfüllende bzw. umzusetzende Anforderungen definiert. Eine detailliertere Ausführung findet sich in Kapitel 8.4.5. Hinsichtlich normativer Treiber sind allgemeine Normen zum Risikomanagement, wie die DIN ISO 31000, ONR 49000ff. oder die im Jahr 2015 revisionierte DIN EN ISO 9001, zu verstehen. Weiterhin haben bestimmte Unternehmen branchenspezifische Normen, wie z.B. die Norm ISO 14971 für Medizinprodukte, zu berücksichtigen. Mehr Informationen zu Normen sind Kapitel 8.4.5 zu entnehmen.

Neben diesen formalen Treibern fordern Kunden teilweise explizit nach einem praktizierten Risikomanagement. Dies kann insbesondere für Produkte mit kritischem Einsatzbereich oder sehr hoher Entwicklungs- und Fertigungskomplexität auf Lieferanten zukommen. In diesem Fall ist die konkrete Anforderung nach einem Projektrisikomanagement mit kontinuierlichem Report der Risiken und Maßnahmenwirkung möglich und somit Treiber für die Umsetzung von Risikomanagement. Externe Ereignisse, wie Blitzeinschlag und Feuer im Werk des Lieferanten, mit der Konsequenz ausbleibender Lieferungen, können zu der Selbsterkenntnis, dass Risikomanagement die Auswirkungen zumindest verringert hätte, führen. Diese durch ein externes Ereignis induzierte Selbsterkenntnis treibt die Umsetzung von Risikomanagement ebenso an.

Risikomanagementsysteme dürfen nicht nur als gesetzliche oder normative Auflagen und Belastung verstanden werden, sondern sind, richtig umgesetzt, als Treiber für den eigenen Unternehmenserfolg zu sehen, indem beispielsweise die Wettbewerbsfähigkeit gegenüber den konkurrierenden Unternehmen ausgebaut werden kann. Durch den präventiven Charakter unterstützt Risikomanagement Unternehmen, Risiken frühzeitig zu erkennen und Risikopotenziale aufzudecken und somit das Unternehmen vor ungeplanten finanziellen Engpässen zu schützen. Ein ausschlaggebendes Kriterium für die Funktion der besagten Risikomanagementstrukturen ist die im Unternehmen herrschende Organisation und erforderliche Risikokultur. Lässt die Kultur durch einen offenen Charakter die Diskussion über Risiken zu, wird das Verständnis, Bewusstsein und die Einstellung der Mitarbeiter gegenüber relevanten Risiken positiv beeinflusst. Zielvorgaben der Unternehmensleitung sowie aktives Vorleben fördern ebenso eine Kultur im positiven Sinn. Durch ein einheitliches Risikoverständnis sind Mitarbeiter in der Lage, verwertbare Risikoinformationen und -analysen entsprechend der Risikokultur bereitzustellen. Durch persönliche Gespräche der Vorgesetzten mit den Mitarbeitern und Schulungen werden Mitarbeiter zusätzlich sensibilisiert [KLEN10].

Hürden des Risikomanagements

Um Risikomanagement erfolgreich umzusetzen, sind neben den Treibern insbesondere diverse Hürden zu berücksichtigen. Diese lassen sich auf fünf wesentliche Hürden herunterbrechen:

- Fehlende Unterstützung der Führung,
- fehlende Risikokultur,
- fehlende Akzeptanz der Mitarbeiter,
- fehlende Ressourcen und
- fehlendes Know-how.

Sowie die Führung Risikomanagement in Unternehmen vorantreiben kann, ist sie in gleichem Maße Hürde in Unternehmen. Werden durch die Führung keine eindeutigen (Risiko-)Ziele vorgegeben und die für erfolgreiches Risikomanagement erforderlichen organisatorischen Rahmenbedingungen und Ressourcen bereitgestellt, können Mitarbeiter trotz ihres persönlichen Einsatzes nicht den Mehrwert erwirken, wie er bei entsprechender Unterstützung möglich wäre. Fehlt die Unterstützung der Führung, wird nicht in Schulungen von Mitarbeitern investiert. Infolgedessen fehlt es sowohl am nötigen Wissen in der Anwendung einschlägiger Methoden des Risikomanagements und dem Risikomanagementverständnis für das Arbeiten in und Einhalten von Prozessen. Die fehlenden Ressourcen und unzureichende Ausbildung in den Methoden führen letztlich zu fehlender Akzeptanz bei den Mitarbeitern. Dies wird durch die, aufgrund des mangelhaften Einsatzes der Führung, fehlende Risikokultur verstärkt. Werden diese Hürden nicht zu Beginn der Einführung von Risikomanagement angemessen gewürdigt, scheitert das Risikomanagement der Unternehmen in der Regel [BRÜH09].

8.4.5 Gesetzliche und normative Rahmenbedingungen des Risikomanagements

Gesetze und Normen stellen wesentliche externe Treiber des Risikomanagements dar (siehe Kapitel 8.4.4). Im vorliegenden Kapitel werden die wesentlichen, für Unternehmen zu berücksichtigenden, Gesetze und Normen vorgestellt.

Gesetzliche Rahmenbedingungen

Die gesetzlichen Auflagen, die in Bezug auf das Risikomanagement an Unternehmen gestellt werden, lassen sich auf wenige wesentliche Gesetze eingrenzen. Eines der wichtigsten und bekanntesten deutschen Gesetze ist das am 1. Mai 1998 in Kraft getretene Gesetz zur Kontrolle und Transparenz im Unternehmensbereich (KonTraG). Dieses existiert als sogenanntes Artikelgesetz nicht eigenständig, sondern fließt mit seinen verabschiedeten Normen in bereits vorhandene Gesetze ein. So sieht § 91 II AktG für Aktiengesellschaften vor, dass „der Vorstand geeignete Maßnahmen zu treffen, insbesondere ein Überwachungssystem einzurichten hat, damit den Fortbestand der Gesellschaft gefährdende Entwicklungen früh erkannt werden." Ein derartiges Überwachungssystem zum Umgang mit Risiken erfordert eine dezentrale Organisation und die Übernahme von Verantwortung, um potenzielle Gefahren bereits in einzelnen Abteilungen und Arbeitsgruppen zu erkennen [STEI07, S.269]. Können von einem Tochterunternehmen Entwicklungen ausgehen, die den Fortbestand des Mutterunternehmens gefährden, ist dieses i. S. v. § 290 HGB verpflichtet, ein konzernweites Überwachungssystems zu implementieren. Ferner ist von einer Ausstrahlung des KonTraG auf Unternehmen anderer Rechtsformen auszugehen. Dies ist abhängig von Größe, Komplexität oder Struktur des Unternehmens. Daraus folgt die Anwendung des KonTraG auch auf Gesellschaften mit beschränkter Haftung (GmbH) [JUNG01]. Ferner fordert § 289 Abs. I HGB die Beurteilung und Erläuterung wesentlicher, künftiger Risiken im Lagebericht aufzunehmen, ein Risikomanagementsystem einzurichten und einen Risikolagebericht zu erstellen.

Grundsätzlich gilt: Der Umfang des Risikomanagements ist an die Unternehmensgegebenheiten anzupassen. Bei der Implementierung eines derartigen individuellen Risikomanagements können die Richtlinien zudem unterstützend herangezogen werden. Eine gesetzliche Dokumentationspflicht besteht derweil noch nicht, ist jedoch erforderlich, damit im Fall einer Krise der Unternehmensvorstand nachweisen kann, dass er seiner Pflicht nachgekommen ist und Maßnahmen zur Früherkennung von Risiken getroffen wurden. In diesem Kontext müssen Unternehmen dem Leitfaden Basel III Beachtung schenken. Basel II umfasst die Eigenkapitalvorschriften des Basler Ausschusses für Bankenaufsicht, die im Juni 2004 veröffentlicht wurden. Basel III ist die, aufgrund der jüngsten Finanzkrise, überarbeitete Version von Basel II. Eine erste vorläufige Version wurde im Dezember 2010 veröffentlicht. Diese Leitlinie zielt darauf ab, künftige Finanzkrisen zu verhindern bzw. das resultierende Ausmaß und die Reichweite stark einzudämmen. Der Leitfaden bezieht sich zwar in erster Linie auf Kreditinstitute, wirkt jedoch mittelbar auf produzierende Unternehmen, da Banken mögliche Risiken bei Kooperationen mit ihren Kunden (Markt-, Kredit-, Liquiditäts- und operationelle Risiken) bei der Gewährung von Krediten angemessen berücksichtigen müssen. Im ureigenen Interesse sollten Kunden der Bank ihre Risikobewertung nachvollziehbar darlegen können, um sicherzustellen, dass angemessene Risikoprämien angesetzt werden. Somit ist es für Unternehmen im Umkehrschluss empfehlenswert, Risikomanagement umzusetzen [DEUT11].

Normative Rahmenbedingungen

Die Norm DIN ISO 31000 „Risikomanagement – Grundsätze und Leitlinien" unterstützt Unternehmen u.a. dabei, sich die Notwendigkeit der Risikoidentifikation und Risikobewältigung zu vergegenwärtigen, Chancen und Bedrohungen zu erkennen sowie das Vertrauen von Stakeholdern zu verbessern [DIN11c]. In der Norm wird zudem ein Prozess des Risikomanagements beschrieben. Dieser ist in Kapitel 8.4.3 dargestellt. Die österreichische Normenreihe, ONR 49000ff. „Risikomanagement für Organisationen und Systeme", bildet einen international gültigen Standard für das Risikomanagement. Die Anforderungen an das Risikomanagement stimmen im Kern mit denen der DIN ISO 31000 überein. Im Gegensatz zur DIN ISO 31000 können Unternehmen ihr Risikomanagement nach der ONR 49000ff. zertifizieren lassen. Zudem werden die Anforderungen an die Qualifikation eines Risikomanagers in der ONR 49003 beschrieben [ONR04, ONR10a, ONR10b].

Während in der Norm DIN EN ISO 9001 von Dezember 2008 die Handhabung von Risiken nicht explizit berücksichtigt wird, hebt der neue Entwurf von August 2014 das „risikobasierte Denken" aus den Anforderungen an das Qualitätsmanagement hervor. Demnach muss die Organisation bei Planungen für das QM-System u.a. die zu betrachtenden Risiken und Chancen bestimmen. Dies ist erforderlich um [DIN14b]

a) sicherzustellen, dass das Qualitätsmanagementsystem seine beabsichtigten Ergebnisse erzielen kann,
b) unerwünschte Auswirkungen verhindert oder verringert und
c) fortlaufende Verbesserung erreicht.

Ferner muss die Organisation Maßnahmen zum Umgang mit Risiken und Chancen planen. Dies beinhaltet zum einen, wie Maßnahmen in die Qualitätsmanagementsystem-Prozesse der Organisation integriert und umgesetzt werden und zum anderen, wie die Wirksamkeit der eingeleiteten Maßnahmen bewertet wird. Dabei gilt es, Maßnahmen proportional zu ihrem möglichen Einfluss auf die Konformität von Produkten und Dienstleistungen einzusetzen. Als mögliche Maßnahmen werden Risikovermeidung, die Inkaufnahme von Risiken, um Chancen wahrzunehmen, Beseitigung von Risikoquellen, Änderung der Eintrittswahrscheinlichkeit oder der Konsequenzen von Risiken sowie Risikoteilung oder -beibehaltung durch verantwortungsbewusste Entscheidungen genannt [DIN14b]. Demnach sind Risiken und Chancen zu bestimmen und zu behandeln. Es besteht jedoch ausdrücklich nicht die Notwendigkeit eines formellen Risikomanagements oder eines dokumentierten Risikomanagementprozesses. Es wird auf die Möglichkeit für die Organisation hingewiesen, einen umfangreicheren, risikobasierten Ansatz zu wählen [DIN14b].

Neben den oben vorgestellten allgemeingültigen Normen existieren weitere branchenspezifische Normen für das Risikomanagement. Exemplarisch sei hier die Norm ISO 14971 genannt, die die Anwendung des Risikomanagements auf Medizinprodukte umfasst [DIN13]. Zusätzlich existieren Normen, welche Risikomanagement nicht explizit nennen/fordern, aber Aspekte aufgreifen, die auch im Rahmen des Risikomanagements von Bedeutung sind. In diesem Kontext sind beispielsweise die managementsystemorientierte Norm ISO 14001, ein Standard für betriebliches Umweltmanagement [DIN14d] oder BS OHSAS 18001, ein Standard für Arbeitsschutz, [BS07] zu nennen. Ferner ist es möglich, mit der CE-Kennzeichnung Produkte auszuweisen, die bestimmte Anforderungen an die Sicherheit und den Gesundheitsschutz erfüllen [BRÜH07]. Damit kann die CE-Kennzeichnung ein erfolgreiches Risikomanagement bottom-up, von technischen Spezifikationen kommend, unterstützen.

8.4.6 Allgemeine Ansätze und Vorgehensmodelle des Risikomanagements

Die beschriebenen Aufgaben finden sich in verschiedenen, branchenübergreifenden Ansätzen zum Risikomanagement wieder. Hier werden zunächst die Modelle von Hoffmann [HOFM85], Haller [HALL86] und Mensch [MENS91] als Beispiele vorgestellt. Diese führen grundsätzliche Elemente des Risikomanagements auf. Die genannten Ansätze basieren im Wesentlichen auf dem Risikomanagementprozess der DIN ISO 31000, welcher in weiteren Quellen in ähnlicher Form oder als Kreislauf dargestellt, vielfach zu finden ist (siehe z. B. [KÄST12, WILD06, GROS11, NGUY08, MIßL08, KLIP11]).

B

Risikomanagement nach Hoffmann

Dem Risikomanagementmodell nach Hoffmann [HOFM85] liegt folgende Definition des Risikobegriffs zugrunde: Risiko ist „die Möglichkeit einer negativen Abweichung zwischen Plan und Wirklichkeit, die Gefahr des Misslingens einer geplanten Leistung“ in Unternehmen. Der Risikomanagementprozess besteht aus vier Phasen (Abbildung 8.4-2).

In der ersten Phase, der *Risikoanalyse*, werden die bestehenden Risiken erfasst, bewertet und zu einem sogenannten Risikoinventar zusammengefasst. In diesem erfolgt eine Einteilung der Risiken in die Klassen existenzbedrohende Großrisiken, mittlere Risiken, deren Eintritt eine Änderung der Unternehmensziele nach sich zieht, und Kleinrisiken. Nach der Klassifizierung der Risiken folgt eine Risikountersuchung und -bewertung, mit dem Ziel, angemessene risikopolitische Strategien und Ziele zu entwerfen. Wie der Umgang mit den identifizierten Risiken gestaltet werden soll, wird in der zweiten Phase, der *Prüfung der Handlungsalternativen*, entschieden. Geprüft wird, ob Risiken vermieden, vermindert, begrenzt, versichert oder selbst getragen werden sollen. Die Ziele der Risikopolitik werden in der Phase *Gestaltung der Risikopolitik* festgelegt. Abschließend werden in der vierten Phase die beschlossenen Sicherungsmaßnahmen durchgeführt und überwacht [HOFM85].

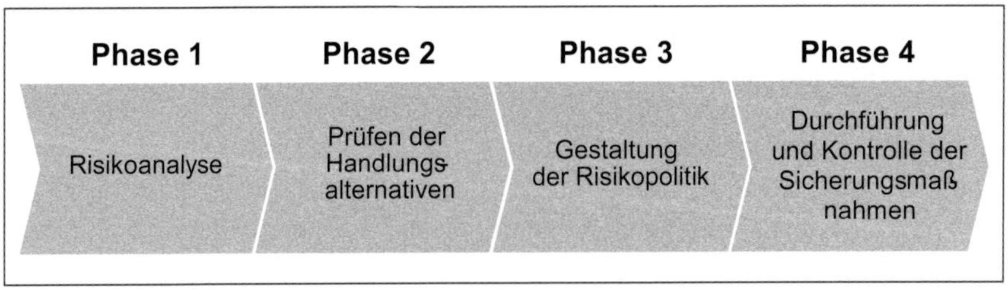

Phase 1	Phase 2	Phase 3	Phase 4
Risikoanalyse	Prüfen der Handlungsalternativen	Gestaltung der Risikopolitik	Durchführung und Kontrolle der Sicherungsmaßnahmen

Abbildung 8.4-2 Die Phasen des Risikomanagements nach Hoffmann [HOFM85]

Risikomanagement nach Haller

Der Grundgedanke des Konzepts nach Haller [HALL86] beinhaltet das Verständnis von Risiko als „Summe der Möglichkeiten, dass sich Erwartungen des Systems Unternehmung aufgrund von Störprozessen nicht erfüllen" [HALL86]. Der Sicherungsprozess, den Haller definiert, erstreckt sich über drei Phasen (Abbildung 8.4-3).

Die Phase *Abklärung der Erwartung* dient zur Formulierung der Unternehmensziele und Randbedingungen. Auf sie folgt die *Beurteilung der Risikolage*. In dieser Phase werden die Störfaktoren zunächst identifiziert, um im Anschluss, hinsichtlich ihrer Auswirkungen, analysiert zu werden. In der dritten Phase wird nun entschieden, welche konkreten Sicherungsmaßnahmen zu ergreifen sind, und wie sich deren *Durchführung und Kontrolle* gestalten muss. Ein kontinuierliches Durchlaufen dieses Sicherungsprozesses führt schließlich zu einer Erhöhung der Sicherheit [HALL86].

Risikomanagement nach Mensch

Mensch [MENS91] legt seinem Risikomanagementansatz ein Risikoverständnis zugrunde, das Risiko als Gefahr einer Fehlentscheidung beschreibt, welche dann vorliegt, wenn eine nicht dem Ziel entsprechende Handlungsalternative gewählt worden ist. Das Risiko, in jede unternehmerische Entscheidung einzubeziehen, stellt die Leitidee des Risikomanagementprozesses nach Mensch dar. In seinem Konzept werden sechs Phasen durchlaufen (Abbildung 8.4-4).

In der *Problemstellungsphase* werden Probleme und Gefahren erkannt sowie die relevanten Ziele bestimmt. Die *Suchphase* befasst sich mit der Ermittlung der Handlungsalternativen, die in der

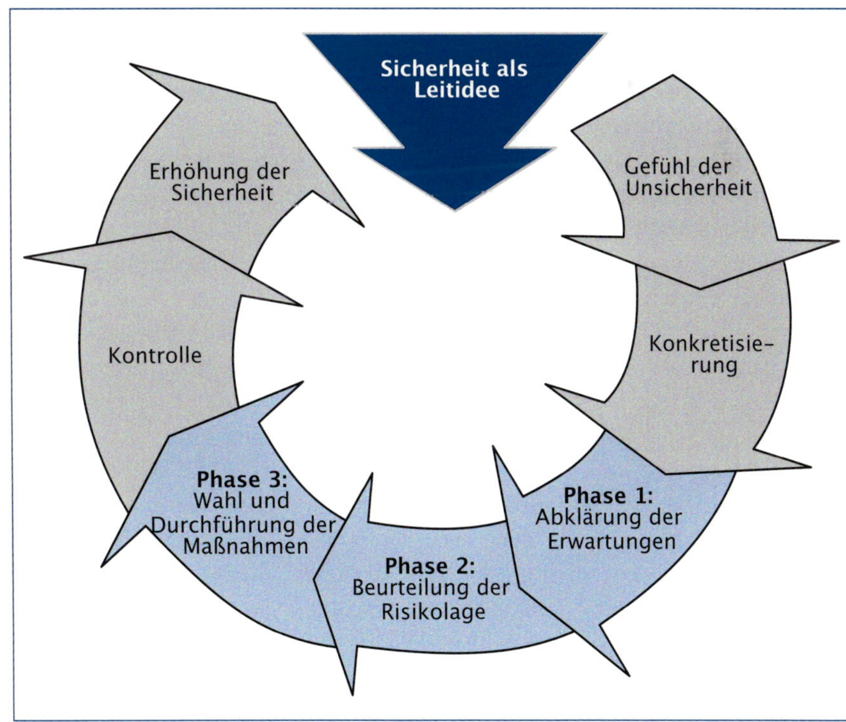

Abbildung 8.4-3
Der Sicherungsprozess im integrierten Risikomanagement nach Haller [HALL86]

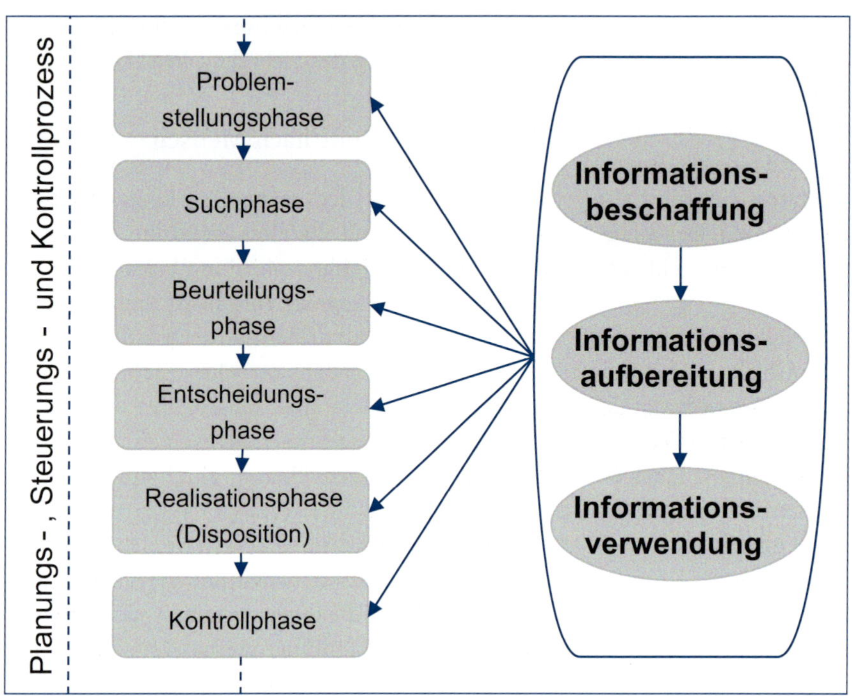

Abbildung 8.4-4 Gliederung des Risikomanagementkonzepts nach Mensch [MENS91]

darauf folgenden *Beurteilungsphase*, hinsichtlich ihrer Auswirkungen, analysiert werden. Die Festlegung auf zu realisierende Handlungsalternativen wird in der *Entscheidungsphase* erarbeitet. Deren Durchführung erfolgt in der *Realisierungsphase*, der sich letztlich die *Kontrollphase* mit der Überwachung der Handlungsalternative anschließt. In jeder dieser Phasen tritt ein Entscheidungsprozess auf, der mit dem Durchlaufen eines vollständigen Informationsverarbeitungsprozesses verbunden ist. Diesen unterteilt Mensch in drei Bereiche. Zunächst die *Informationsbeschaffung*; in diesem Bereich wird festgelegt, welche Informationen für den Entscheidungsprozess von Relevanz sind, und wie diese zu beschaffen sind. In der Phase der *Informationsaufarbeitung* werden die für die Entscheidung erforderlichen Informationen zusammengestellt und strukturiert, um dann in der Phase der *Informationsverwendung* vom Entscheidungsträger ausgewertet zu werden. Aus den ausgewerteten Informationen erfolgt die Ableitung einer Entscheidung [MENS91].

B

8.4.7 Methoden des Risikomanagements

Die Internationale Organisation für Normung (ISO) und die Internationale Elektrotechnische Kommission (IEC) haben zusammen in der Norm ISO/IEC 31010:2009 „Risikomanagement – Techniken für die Risikobewertung“, Methoden für Unternehmen zusammengestellt, die Unternehmen befähigen, vor kritischen Ereignissen zu warnen und Risiken frühzeitig zu erkennen. Im Folgenden werden einige dieser Methoden vorgestellt. Für einen kompletten Überblick über die vorhandenen Methoden im Risikomanagement wird auf den Anhang der ISO/IEC 31010:2009 verwiesen [IEC09]. Der Prozess der Risikobewertung lässt sich, wie vorausgehend beschrieben, in drei Prozessschritte unterteilen:

- Risikoidentifikation,
- Risikoanalyse und
- Risikobewertung.

In der Regel eignet sich eine Methode jeweils besonders gut für einen dieser Prozessschritte. Einige Methoden lassen sich jedoch für die vollständige Risikobewertung verwenden.

Risikoidentifikation

Der Einsatz von Brainstorming, Delphi oder Check-Listen ist insbesondere bei der Risikoidentifikation angemessen, jedoch gänzlich ungeeignet für die weiteren Schritte (Risikoanalyse und Risikobewertung). Da die Funktionsweise des Brainstormings bekannt sein sollte, werden im Folgenden die beiden anderen genannten Methoden kurz vorgestellt. Bei Delphi handelt es sich um eine unterstützende Methode (Supporting Method). Durch Kombination von unabhängigen Experteneinschätzungen sollen die Quelle, die Wahrscheinlichkeit und die Konsequenzen eines Risikos bestimmt werden. Check-Listen fallen unter die Kategorie der Nachschlag-Methoden (Look-Up Method) und sind eine simple Form der Risikoidentifikation. Es wird in bereits ausgearbeiteten Listen nach relevanten Unsicherheiten gesucht, die in dem jeweiligen Anwendungsfall berücksichtigt werden müssen [IEC09]. Neben den bereits genannten Kreativtechniken werden u.a. noch die Potenzial-Problem-Analyse, die Szenariotechnik, die Methode 635 oder Design Review Based on Failure Mode in der Phase der Risikoidentifikation genutzt (Abbildung 8.4-5).

Methoden zur kreativen Ermittlung und Bewertung von Risiken

- Brainstorming
- Delphi - Methode
- Potential Problem Analysis
- Szenariotechnik
- Methode 635
- DRBFM

Abbildung 8.4-5 Methoden zur kreativen Ermittlung und Bewertung von Risiken [GRUN08]

Risikoanalyse

Die Szenarioanalyse und die FMEA (Failure Mode and Effects Analysis, zu Deutsch: Fehlermöglichkeits- und Einflussanalyse) sind Analysewerkzeuge, die sich für den ganzheitlichen Prozess der Risikobewertung eignen. Bei der Szenarioanalyse werden zukünftige Szenarien und damit verbundene Risiken durch Vorstellungskraft oder Exploration der gegenwärtigen Situation in Betracht gezogen und überlegt, welchen Effekt die Risiken auslösen, wenn sie eintreten. Dieser Vorgang kann formell oder informell, qualitativ oder quantitativ erfolgen. Die FMEA ist besonders gut für alle drei Bereiche der Risikobewertung geeignet. Es handelt sich hierbei um eine analytische Methode, um Fehler und Mechanismen sowie deren Auswirkung zu identifizieren. Durch die FMEA sollen Fehler vermieden und somit die technische Zuverlässigkeit und Sicherheit erhöht werden. Es gibt verschiedene Typen von FMEA, beispielsweise die Design (oder Produkt) FMEA, die in der Entwicklungsphase eingesetzt und auf Komponenten und Bauteile angewendet wird. Im Gegensatz zur Szenarioanalyse hat die FMEA den Vorteil, dass ein quantitativer Output möglich ist (siehe Toolbox, Kapitel 11.12) [IEC09].

Neben den bereits aufgeführten Methoden stellen die Fehler- und Ereignisbaumanalyse weitere Analysemethoden für technische Systeme dar. Die Fehleranalyse zielt hierbei auf die Risikoursa-

Verfahren zur Analyse technischer Systeme	Verfahren zur Analyse menschlichen Fehlverhaltens
- Fehlerbaumanalyse (FTA) - Ereignisablaufanalyse (ETA) - Fehlermöglichkeits- und Einflussanalyse (FMEA)	- THERP (Technique of Human Error Rate Predication) - ASEP (Accident Sequence Evaluation Program) - INTENT (Method for Estimating Human Error Probabilities for Decision-Based Errors) - HEART (Human Error Assessment and Reduction Technique)

Abbildung 8.4-6
Analytische Verfahren zur Risikoidentifizierung [GRUN08]

che ab, während mittels der Ereignisbaumanalyse mögliche Risikowirkungen analysiert werden können (Abbildung 8.4-6). Neben den technischen zu analysierenden Systemen kann mittels der THERP-, ASEP-, INTENT- und HEART-Methoden menschliches Fehlverhalten analysiert werden.

Risikobewertung

Zur Bewertung der Risiken werden die Ergebnisse grafisch dargestellt. Dazu eignen sich das Risikoportfolio und Risikokurven [GRUN08]. Im nächsten Schritt werden die Akzeptanzgrenzen für das Ausmaß bzw. die Eintrittswahrscheinlichkeit der Risiken festgelegt [SAUE98]. Den abschließenden Schritt stellt die Risikopriorisierung dar, in der Risiken bezüglich ihrer Bedeutung für das Unternehmen eingestuft werden. Eine solche Einstufung dient als Basis der Entscheidung, für welche Risiken mit welcher Priorität Maßnahmen erforderlich sind [DAHM02].

Von den statistischen Methoden soll an dieser Stelle ausschließlich die Monte-Carlo-Simulation (MCS) erwähnt werden. Die MCS lässt sich zwar nicht auf die Risikoidentifikation oder die Risikoanalyse anwenden, sie ist jedoch sehr gut für die Risikobewertung geeignet. Dabei handelt es sich bei der MCS um eine computergestützte Simulationsmethode, die für zufällig gewählte Parameter über ein Ursache-Wirkungs-Geflecht die Zielgröße errechnet. Somit kann durch die MCS beispielsweise über die Eintrittswahrscheinlichkeit verschiedener Risiken das theoretische Schadenausmaß aggregiert werden. Die MCS ermöglicht ebenso wie die FMEA einen quantitativen Output [IEC09].

Risikobehandlung

Das Ziel der Risikobehandlung ist die konkrete Ausgestaltung der risikopolitischen Unternehmenssituation, durch gezielte steuernde Maßnahmen [GRUN08]. Generell unterscheidet man zwischen vier Risikostrategien für

- technische,
- organisatorische,
- vertragliche und
- finanzielle

Risiken. Die Risikovermeidung bedeutet gleichzeitig den Verzicht auf die Wahrnehmung einer Chance und sollte nur bei gravierenden Risiken greifen. Die Risikoverminderung bedient sich fast ausschließlich technischer und organisatorischer Maßnahmen [GRUN08]. Die Variante, das Risiko an eine Versicherung oder einen Vertragspartner zu übertragen, wird als Risikoumwälzung bezeichnet. Die Risikokompensation kommt bei nicht versicherbaren Risiken und solchen mit geringem Schadensausmaß in Betracht [KIRC02].

8.4.8 Darstellung eines anwendungsorientierten Risikomanagementsystems

Die oben dargestellten Vorgehensweisen sind Bestandteil fast aller geläufigen Managementsysteme. Woran es diesen Systemen aber durchgängig mangelt, sind die den Risikomanagementprozess begleitenden oder flankierenden Aufgaben. Dazu werden vier flankierende Module eingesetzt [GRUN08]:

- die Risikomanagementorganisation,
- die Risikodokumentation und -kommunikation,
- die Risikopolitik und
- die Risikostrategie.

Grundmann [GRUN08] fügt die identifizierten Aktivitäten der verschiedenen Ansätze zu einem modularen Konzept zusammen, dessen Herzstück der Risikomanagementprozess, bestehend aus den vier Prozessschritten

- Risikoidentifikation,
- Risikoanalyse,
- Risikobehandlung und
- Risikokontrolle

darstellt. Der Prozess wird durch die genannten flankierenden Module gestützt und erst ermöglicht (Abbildung 8.4-7) [GRUN08].

Grundlage des Risikomanagementprozesses ist die Erfassung aller wesentlichen Risiken [LÜCK98b]. Daher startet der Prozess mit der *Risikoidentifikation*. „In produzierenden Unternehmen wird der Begriff des Risikomanagements [...] meist in Zusammenhang mit dem Management von Produktrisiken verwendet" [GRUN08]. Aus diesem Grund wird bei Grundmann das Ma-

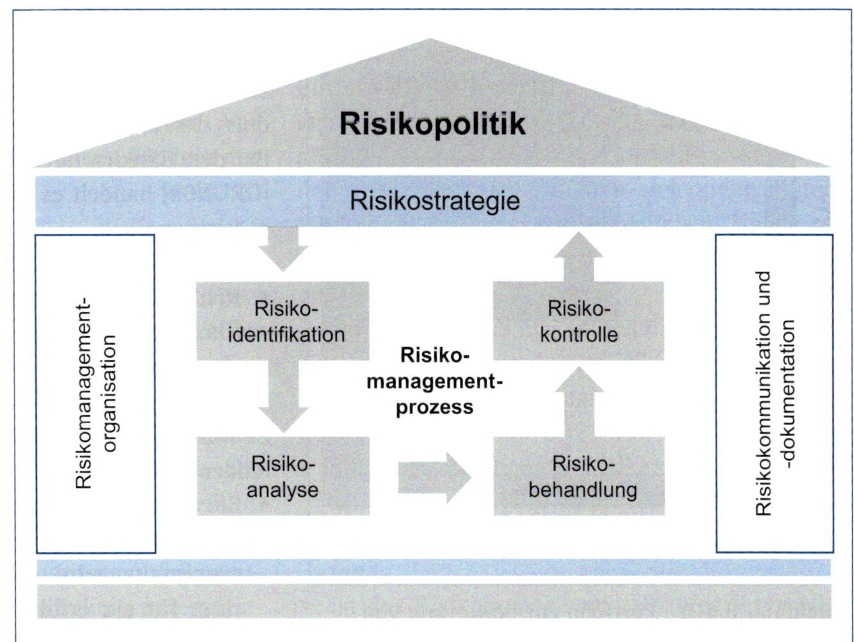

Abbildung 8.4-7 Konzept des Risikomanagementhauses [GRUN08]

- Welche Funktionen und Kompetenzen sind dem Risikomanagement im Sinne der Aufbau- und Ablauforganisation zuzuweisen?
- Auf welcher Hierarchiestufe ist das Risikomanagement zu etablieren?

Die in das System eingebettete *Risikodokumentation* und *-kommunikation* muss zwei grundlegende Aufgaben erfüllen. Einerseits muss das Risikomanagementsystem innerhalb des Unternehmens kommuniziert werden, um Akzeptanz bei den Mitarbeitern zu erreichen und dadurch eine effektive und effiziente Einbindung des Systems in das Unternehmen zu ermöglichen. Unterstützend muss das Risikomanagementsystem an sich dokumentiert werden, um die Mitarbeiter bei ihrer Arbeit mit dem System anzuleiten [GRUN08].

Andererseits muss durch das Modul innerhalb des Risikomanagementprozesses sichergestellt werden, dass alle Risiken zusammen mit ihren begleitenden Aktivitäten umfassend und transparent dokumentiert werden. Diese Risiken müssen durch das Kommunikationsmodul in die verschiedenen Unternehmensbereiche und an die Stakeholder kommuniziert werden [GRUN08].

Jedes dieser Module ist durch geeignete Abläufe unternehmensspezifisch festzulegen sowie durch Methoden und Werkzeuge zu operationalisieren. Dabei sollte darauf geachtet werden, dass das Risikomanagementsystem zur Synergienutzung auf im Unternehmen bereits existierende und bewährte Strukturen, Aktivitäten sowie Vorgehen, beispielsweise des Projektmanagements, zurückgreift und darin eingebettet wird.

8.4.9 Fazit

Es gibt viele verschiedene Möglichkeiten, Risiken zu definieren oder zu klassifizieren. Die verschiedenen Klassifizierungsansätze unterstützen Unternehmen, einen angemessenen Überblick über die relevanten Risiken zu erhalten und bilden die Grundlage für ein effektives Risikomanagement. Dies setzt ein einheitliches Risikoverständnis in Unternehmen voraus – ein wesentliches Fundament für eine offene Risikokultur. Die hierdurch erzielte Transparenz und Offenheit stärkt die Akzeptanz der Mitarbeiter für Risikomanagement. Zusätzlich ist durch die Führung ein klares Ziel- und Aufgabenbild vorzugeben, um Risikomanagement effektiv einzubinden. Dies setzt auf der Maßnahmenseite die systematische Handhabung von Risiken voraus. Im Sinne der kontinuierlichen Verbesserung ist in diesem Schritt die kontinuierliche Überwachung der Wirksamkeit der ergriffenen Maßnahmen unabdingbar, um die Effektivität des Risikomanagements stetig weiterzuentwickeln. Einschlägige Gesetze und Normen zum Risikomanagement unterstützen durch Empfehlungen bei der Umsetzung in Unternehmen.

8.5 Veränderungsmanagement

Das Veränderungsmanagement (im Folgenden synonym: Change Management) beschäftigt sich mit der Gestaltung und Umsetzung von Veränderungsprozessen auf Unternehmensebene. Darin enthalten sind die Planung, Initiierung, Realisierung, Reflexion und Stabilisierung dieser Prozesse. Die Ursachen und Ziele von solchen Vorhaben sind vielfältig. Sie reichen von der Einführung neuer Softwaresysteme, über die Entwicklung von Arbeitsabläufen, bis hin zur Umgestaltung von Organisationen und deren strukturellen Einheiten und der Entwicklung der Mitarbeiter [MADU06, KOST05]. Zielerreichung und Zeiteinhaltung sind bei Veränderungsprojekten mehr denn je ein Erfolgsfaktor, wenn es um Innovationen und das Bestehen auf dem Markt geht.

Vor diesem Hintergrund wird in diesem Kapitel ein Überblick über Herausforderungen in Veränderungsprojekten, allgemeine Ansätze des Change Managements sowie einer detaillierten Beschreibung eines Vorgehensmodells für Veränderungsvorhaben gegeben.

Wer Erfolge seines Unternehmens absichern will, muss sich auf Veränderung einstellen. Das Unternehmensumfeld ist turbulent, es herrschen Wettbewerbsdruck und Unsicherheit, die durch mangelnde Vorhersagbarkeit entstehen [DOPP06]. Die Gründe hierfür sind vielfältig: kürzere Produktlebenszyklen, Bedrohung durch Produktpiraterie und veränderte Kundenanforderungen, um nur einige zu nennen. Dies hat zur Folge, dass Unternehmen immer schneller und häufiger Veränderungen durchleben [ILOI97]. Vor dem Hintergrund der sinkenden Vorhersehbarkeit und der steigenden Geschwindigkeit und Häufigkeit von Veränderungen erwächst die Herausforderung, interne Geschäftsprozesse so zu gestalten, dass sie gut anpassbar und optimierbar sind.

Veränderungsmanagement schließt identifizierte Lücken zwischen den drei Ebenen Marktanforderungen, Unternehmensfähigkeiten und der Unternehmensausrichtung. Alle Mitglieder in Organisationen zeigen aufgrund ihrer persönlichen Motivation und Ziele ein Verhalten, welches häufig dazu führt, dass diese Ebenen nicht immer einheitlich sind. Die Hauptaufgabe des Veränderungsmanagers ist es, die Fähigkeiten und die Motivation von Mitarbeitern auf als wichtig erkannte Ziele auszurichten. Sie ist daher immer Führungsaufgabe.

8.5.1 Allgemeine Ansätze des Change Managements

Sogenannte praxisorientierte Veränderungskonzepte bieten Orientierung bei der Gestaltung von Organisationen im Rahmen von Veränderungsvorhaben. Grundsätzlich lassen sich die Konzepte der Organisationsentwicklung und des Organisationalen Lernens unterscheiden [FORT02]. Kern der *Organisationsentwicklung* ist die Verbesserung der Leistungsfähigkeit der Organisation und die gleichzeitige Verbesserung der erlebten Arbeitssituation der beteiligten Menschen. Ziel des Konzepts des *organisationalen Lernens* ist die Schaffung eines positiven Rahmens, innerhalb dessen sich organisationsspezifische Lernprozesse entfalten können. In den folgenden Kapiteln werden die beiden praxisorientierten Veränderungskonzepte in ihren Grundzügen erläutert.

8.5.1.1 Organisationsentwicklung

In der organisatorischen Praxis wird der Begriff der Organisationsentwicklung sehr vielseitig eingesetzt. Trebesch publizierte dazu eine Übersicht zu 50 unterschiedlichen Definitionen der Organisationsentwicklung [TREB82]. Im Mittelpunkt des Konzepts der Organisationsentwicklung steht die Idee, dass den in einer Organisation tätigen Menschen durch umfangreiche Partizipation am Veränderungsprozess zu einer höheren Selbstbestimmung verholfen wird [FORT02]. Diese Partizipationsmöglichkeit soll die Bedürfnisse nach sinnvoller Arbeit, sozialer Anerkennung und Selbstverwirklichung befriedigen (siehe Kapitel 9.1). Der Erfolg der Organisationsentwicklung liegt dabei in einer Verbesserung der erlebten Arbeitssituation bei gleichzeitiger Verbesserung der Leistungsfähigkeit [WIEG98]. Gemäß der Definition von Pieper ist die Organisationsentwicklung „eine, mithilfe der Methoden und Instrumente der angewandten Sozialwissenschaft intendierte, langfristige und umfassende Veränderung sowohl von Fähigkeiten der Organisationsmitglieder als auch der Strukturen und Prozesse der Organisation und der in der Organisation verwandten Technologien“ [PIEP88]. Als übereinstimmende Merkmale der vielfältigen Vorstellungen zum Konzept der Organisationsentwicklung lassen sich nennen [SCHR09]:

- Veränderungsprozesse im Sinne der Organisationsentwicklung werden als geplanter *Prozess* mit durchdachtem Verlauf und klarem Ziel verstanden.
- Die Organisationsentwicklung verfolgt den Ansatz der *ganzheitlichen Gestaltung* mit dem Ziel der gemeinsamen Veränderung von Strukturen der Organisation und Verhalten der in der Organisation tätigen Menschen.
- Die Konzeption und Steuerung des Veränderungsprozesses erfolgt durch *Spezialisten* mit einer entsprechenden Ausbildung.

Bisher hat sich eine Vielzahl von Vorgehensmodellen zur Umsetzung organisatorischer Veränderungsvorhaben auf Basis der Grundsätze des Konzepts der Organisationsentwicklung etabliert. Zu nennen sind dafür phasenorientierte Ansätze, wie der Ansatz der Organisationsentwicklung nach Kotter, der Motion-Esprit-Ansatz nach Schuh oder der Ansatz zur Gestaltung strategischer Veränderung nach Bisenius. Für detaillierte Informationen sei auf die entsprechende Fachliteratur verwiesen [KOTT02, SCHU99, BISE03].

B

8.5.1.2 Organisationales Lernen

Das in jüngerer Zeit in der Organisationsforschung viel diskutierte Konzept des organisationalen Lernens kann als ein aussichtsreicher Nachfolger für das Konzept der Organisationsentwicklung betrachtet werden [SCHR09]. Den Kern dieses Konzepts stellt die Annahme dar, dass in einem Unternehmen kontinuierliche Lernprozesse ablaufen und damit die Entwicklung des Unternehmens bestimmen. Im Gegensatz zum Konzept der Organisationsentwicklung wird der Veränderungsprozess damit als *Normalfall* angesehen [SIEG99]. Die meisten neueren Ansätze zum organisationalen Lernen rücken die Vorstellung in den Mittelpunkt, dass Unternehmen über eine unternehmensspezifische *Wissensbasis* verfügen und diese durch Lernprozesse kontinuierlich verändern. Organisationales Lernen wird damit als Prozess betrachtet, in dem die Organisation durch Wissenserwerb und -verankerung neue Fähigkeiten zur Problembewältigung gewinnt [KIES98].

Für Aufbau und Weiterentwicklung ihrer Wissensbasis können Organisationen auf unterschiedliche Formen von Lernprozessen zurückgreifen. Das Lernen aus Erfahrungen bezieht sich in erster Linie auf das eigene Handeln in der Vergangenheit und damit auf den Istzustand der betroffenen Organisation. Ziel ist es, durch vermitteltes Lernen vom Wissen anderer Organisationen zu profitieren und damit den Wissensspeicher der Organisation anzureichern. Dieses vermittelte Lernen ergibt sich aus Interaktionen mit Partnern, Lieferanten, Forschung, Kunden, Konkurrenten und externen Beratern [SCHR09]. Des Weiteren lässt sich neues Wissen durch Verknüpfung vorhandener Elemente der Wissensbasis generieren [PFEI04].

In der Literatur hat sich eine Vielzahl von Vorgehensmodellen zur Umsetzung organisatorischer Veränderungsvorhaben auf Basis der Grundsätze des Konzepts des organisationalen Lernens bereits etabliert. Als Beispiele seien das *NPI-Modell* (Niederländisches Pädagogisches Institut), das eine Mischform aus Organisationsentwicklung und Organisationalem Lernen darstellt, sowie der Ansatz von Probst und Büchel zu nennen. Für detaillierte Informationen zu diesen Vorgehensweisen sei auf die entsprechende Fachliteratur verwiesen [FORT02, HOUS91, PROB98].

8.5.2 Gestaltung von Veränderungsprojekten

Wie bereits erwähnt, zeichnen sich Veränderungsprozesse durch einen Projektcharakter aus. Es existiert jedoch eine Reihe von weiteren Rahmenbedingungen und Anforderungen, die unabhängig von den Zielen und internen Rahmenbedingungen von Bedeutung sind. Da alle Veränderungssystematiken, wie im folgenden Kapitel beschrieben, phasenbasierte Vorgehensweisen bedingen, ist der Ausgestaltung der Phasen ein eigenes Unterkapitel gewidmet.

8.5.2.1 Anforderungen an Veränderungsprojekte

Voigt definiert zwei generelle Anforderungen an die Struktur einer Systematik zur Gestaltung von Veränderungsprojekten. Dies ist zum einen die Forderung, dass das Vorgehensmodell einen Regelkreis darstellt. Die Begründung hierfür liegt darin, dass Veränderungen und damit verbundene Veränderungsvorhaben häufig und fälschlicherweise als einmalige Prozesse verstanden werden. Tatsächlich handelt es sich jedoch um einen *kontinuierlichen Prozess*. Als zweite Anforderung an ein Vorgehensmodell bei Change-Vorhaben nennt Voigt eine *Phasenstruktur*, die als Leitfaden zur Planung und Umsetzung eines Veränderungsvorhabens dient. Eine weitere Anforderung ergibt sich aus dem grundsätzlichen Charakter von unternehmensbezogener geplanter Veränderung: Veränderungen haben grundsätzlich einen Projektcharakter. Daher sei an dieser Stelle auch auf die Methoden des Projektmanagements (siehe Kapitel 8.3) verwiesen.

In einer Studie zum Einfluss der Unternehmenskultur auf Veränderungsprojekte konnten Münstermann et al. nachweisen, dass der Erfolg von Veränderungsprojekten in starkem Maße durch die Ausprägung der betrachteten Unternehmenskulturmerkmale und die Art des Veränderungsprojekts bestimmt ist. Bei der Kategorisierung der Veränderungsprojekte fokussierte sich die Studie auf die sechs Projekttypen: Reorganisation/Restrukturierung, Produktivitätssteigerung, Kostensenkungsprogramme, Einführung neuer IT, Personalabbau und Outsourcing. Bei der Gestaltung von Veränderungsprojekten empfiehlt sich somit die frühzeitige Betrachtung von unternehmenskulturspezifischen Faktoren [MUEN12].

Im Hinblick auf die methodische Unterstützung dieser Phasen formuliert Voigt fünf zentrale Prämissen, mit deren Erfüllung die zu entwickelnde Systematik dem Anspruch gerecht wird, den Anwendern des Modells Hilfe zur Selbsthilfe zu leisten [VOIG06]:

1. Die integrierten Methoden und Werkzeuge sind in ihrem Aufwand begrenzt. Das heißt, die Anwendung der Methoden ist ohne spezielle Soft- und Hardwareanwendungen möglich. Gängige Workshoptechniken sowie Standardsoftwarelösungen genügen zur Durchführung.
2. Die Werkzeuge sind praktikabel. Das heißt, sie sind leicht verständlich, in ihrer Vorgehensweise nachvollziehbar und zudem mit einem geringen Qualifizierungsaufwand verbunden.
3. Die Werkzeuge bauen aufeinander auf. Das heißt, es ist ersichtlich, zu welchem Zweck bestimmte Ergebnisse erarbeitet und an welcher Stelle sie wieder aufgegriffen werden.
4. Die Werkzeuge berücksichtigen weiche Faktoren als Gestaltungsmerkmale. Das heißt, die Faktoren Mitarbeiter, Motivation und Widerstände sind feste Eingangsgrößen aller relevanten Werkzeuge.
5. Die Werkzeuge schaffen keinen starren Rahmen, sondern ermöglichen einen flexiblen und dynamischen Veränderungsprozess. Das heißt, die Methoden und Werkzeuge fördern das Hinterfragen des momentanen Projektplans und die Anpassung an geänderte Rahmenbedingungen.

8.5.2.2 Phasen des Veränderungsmanagements

Zunächst sei auf den Standardprozess verwiesen, den Lewin in den 1940er-Jahren zur Beschreibung von Veränderungen in gesellschaftlichen Systemen entwickelt hat. Das *3-Phasen-Modell* bildet die Grundlage für spätere unternehmensprozessbezogene Vorgehensmodelle zur erfolgreichen Durchführung von Veränderungsprojekten. Lewin definiert drei Phasen der Veränderung:

- „Auftauen“
- „Bewegen“
- „Einfrieren“

In der ersten Phase „Auftauen“ wird durch gezielte Maßnahmen ein Klima der Veränderung geschaffen, in der zweiten Phase „Bewegen“ wird die eigentliche Veränderung umgesetzt, und in der dritten Phase „Einfrieren“ werden Maßnahmen getroffen, die Veränderung dauerhaft in der Organisation zu verankern. Lewins Modell ist jedoch als ein früher sozialpsychologischer Ansatz zu sehen, der nicht im Kontext von Unternehmensprozessen zu betrachten ist. Dennoch bildet er die Grundlage für bekannte phasenbasierte Ansätze des Change Managements [LEWI47].

Ein populärer Ansatz ist das *8-Phasen-Modell* von Kotter (Abbildung 8.5-1). Kotter unterteilt den Change-Prozess in die acht Phasen

- „Gefühl der Dringlichkeit erzeugen“,
- „Führungskoalition aufbauen“,
- „Vision des Wandels entwickeln“,
- „Vision des Wandels kommunizieren“,
- „Hindernisse aus dem Weg räumen“,
- „kurzfristige Ziele festsetzen“,
- „Erfolge konsolidieren und weitere Veränderungen ableiten“ und
- „Veränderungen in der Unternehmenskultur verankern“.

Diese acht Phasen lassen sich wiederum in drei Hauptkategorien gliedern:

- Die Phasen der Sensibilisierung,
- der Mobilisierung und der
- Implementierung.

Der wesentliche Unterschied zu Lewins Modell besteht darin, dass Kotter in seinem Modell bereits die Forderung Voigts nach einem kontinuierlichen Prozess, der sich durch die siebte Phase „Erfolge konsolidieren und weitere Veränderungen ableiten“ manifestiert [KOTT96].

Prinzipiell verfolgen die meisten Vorgehensmodelle einen Ansatz, dessen Phasen sich grob an dem PDCA-Zyklus orientieren, weswegen im Folgenden wichtige Inhalte exemplarisch an den Pha-

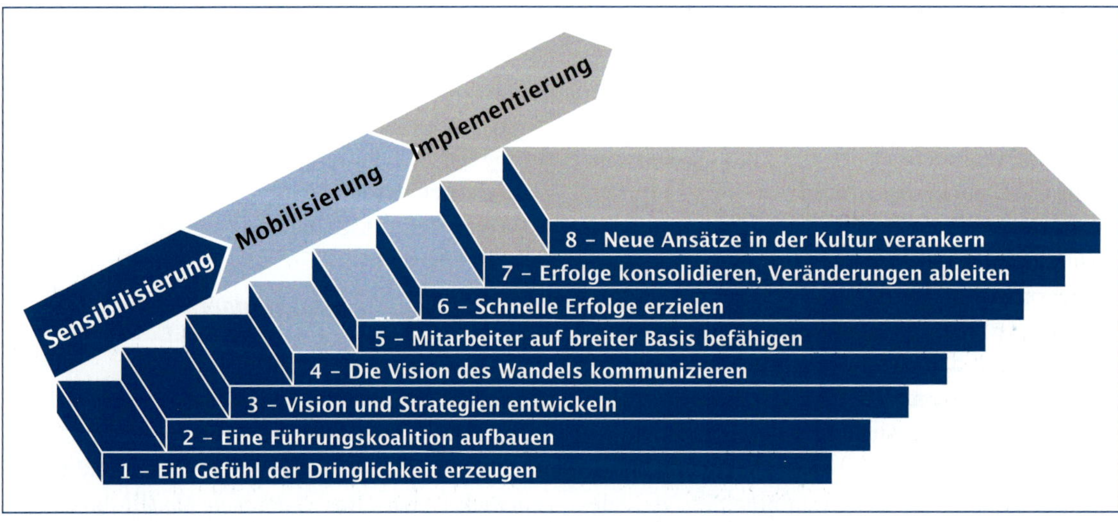

Abbildung 8.5-1 Das 8-Phasen-Modell des Change Managements nach Kotter

sen des Vorgehensmodells nach Voigt beschrieben werden sollen.

Phase 1: Entscheidung zu Veränderung

Die Auslöser für ein Veränderungsvorhaben können unterschiedlicher Natur sein. So kann der Wille zur Veränderung aus einer offensichtlichen Notlage der Organisation geboren werden oder rein aus der Erkenntnis entspringen, dass sich Abläufe effektiver oder effizienter gestalten ließen. Zwischen diesen beiden Extremen sind beliebige Abstufungen vorstellbar. Einfluss hat die Art des Auslösers auf die Zusammensetzung der Gruppe, die in die erste Phase – *Entscheidung zu Veränderung* – involviert ist. Während bei einer von externen Faktoren getriebenen Veränderung in der Regel überwiegend das gehobene Management in die Strategiephase eingebunden ist, können bei einem von innen gewachsenen Veränderungsdruck zunehmend Spezialisten der operativen Ebene in diese erste Phase involviert sein. Ergebnis ist die auf den Anforderungen des Umfeldes basierte Entwicklung und Priorisierung einer Strategie zur Veränderung der betrachteten Organisationseinheit. Im Rahmen der Entscheidungsfindung wird neben der Auswahl ggf. vorhandener Handlungsalternativen eine realistische Planungsgrundlage für die Umsetzung des Vorhabens geschaffen.

Für Phase 1 der Entscheidung zur Veränderung nennt Voigt als unterstützende Methoden u. a. den Istzustands-Baum, die Trend- und Szenarioanalyse sowie die Strategiepyramide.

Der *Istzustands-Baum* der Theory of Constraints (TOC) ist ein leistungsstarkes Werkzeug zur Unterstützung der Ursachenanalyse [DETT97] von sogenannten schädlichen Effekten (SE). Diese schädlichen Effekte stellen in der Regel Schwierigkeiten dar, die im Ablauf der Geschäftsprozesse einer Organisation beobachtet werden und als Auslöser für Veränderungsprojekte gelten.

In der *Strategiepyramide* (Abbildung 8.5-2) stellt die Strategie nicht ein Ziel dar, welches es zu erreichen gilt, sondern beschreibt den Weg, auf welchem die gesteckten Ziele erreicht werden können [SCHE01]. In der Strategieentwicklung geht es daher zunächst darum, die Ziele zu formulieren, die die Organisation verfolgen soll. Die Spitze der entstehenden Strategiepyramide bildet eine langfristige Vision.

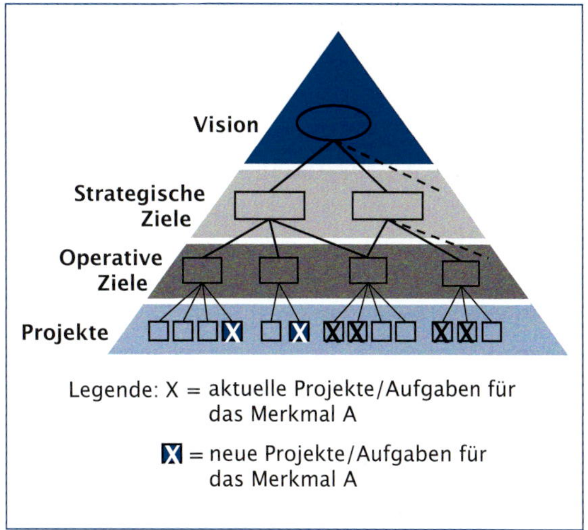

Abbildung 8.5-2 Strategiepyramide

Die strategischen Ziele beschreiben übergreifende Ziele zur Realisierung der Vision, wohingegen die operativen Ziele übergeordnete Entwicklungs- und Untersuchungsbedarfe darstellen. Aus diesen lassen sich die erforderlichen Projekte und Maßnahmen direkt ableiten. Nach der Zieldefinition können Projekte und Aktivitäten gemäß ihrer Zugehörigkeit zu bestimmten Merkmalen der Organisation oder des betrachteten Produktes zu Strategien zusammengefasst werden. Strategien beschreiben mit ihren Zielwertvorgaben und Roadmaps den Weg zur Erreichung der Ziele. Des Weiteren bilden sie den organisatorischen Rahmen zur Budgetierung und Realisierung der Projekte und Maßnahmen.

Phase 2: Vorbereitung der Veränderung

In Phase 2 der Systematik – *Vorbereiten der Veränderung* –, ist das aufbauorganisatorische Grundgerüst zu schaffen. Dazu zählt in erster Linie die Formierung einer Führungskoalition, die neben den Teilnehmern an der Strategiefindung weitere Führungskräfte umfassen wird, sowie die Entwicklung eines Kommunikationskonzepts. In diesem Kommunikationskonzept werden die Aufgaben in der Kommunikation strukturell in der Organisation verankert. Über die Führungskoalition und das geschaffene Kommunikationskonzept kann die Vision des Veränderungsvorhabens an die Mitglieder der Organisation kommuniziert werden. Begleitend zu diesem Schritt liegt es in der Verantwortung der Führungskoalition, erste Erfolge in Form von Pilotprojekten anzustoßen. Durch rasche Umsetzung von Bausteinen des Veränderungsvorhabens in kleinen Teilbereichen der Organisation sollen deren Mitglieder den Nutzen des Vorhabens erkennen.

In einer Vielzahl von Veränderungsprojekten werden Kommunikationsmaßnahmen durchgeführt, jedoch findet nur in den seltensten Fällen eine strukturelle Verankerung von Aufgaben statt. Die personelle Besetzung von Aufgaben in der Kommunikation ist insbesondere bei lang laufenden Vorhaben von großer Wichtigkeit, da nur so eine Konstanz in Inhalt, Stil und Intensität gewährleistet werden kann.

In der Phase der Vorbereitung von Veränderungen bezeichnet Voigt die Methoden der *Kommunikations-Toolbox*, das *Kommunikogramm* zur Darstellung informeller Kommunikationswege sowie die *Sponsorenkaskade* als entscheidende Hilfsmittel der Phasenumsetzung.

An dieser Stelle empfiehlt es sich, auch die Aspekte der eigenen Unternehmenskultur und der Art des Veränderungsprojekts zu analysieren, die Münstermann et al. in der zuvor erwähnten Studie betrachtet haben. Denn je nach Projekttyp und kulturellen Ausprägungen ergeben sich für die folgenden Phasen des Veränderungsprojekts stark unterschiedlich wirksame Methoden und Handlungsempfehlungen, die den Erfolg des Veränderungsprojekts wesentlich beeinflussen können [MUEN12].

Phase 3: Gestaltung der Veränderung

Die nächste Phase – *Gestaltung der Veränderung* – beinhaltet die Operationalisierung der Strategie und der damit verbundenen Ziele. Unter Operationalisierung ist das Herunterbrechen dieser Ziele bis auf Maßnahmen auf Mitarbeiterebene zu verstehen. Dies sollte im Rahmen eines Zielvereinbarungsprozesses geschehen, der den Grundstein für das Umsetzungs-Controlling im weiteren Verlauf des Veränderungsvorhabens darstellt. Zusammen mit identifizierten Umsetzungshindernissen und Maßnahmen zu deren Überwindung sowie den eingeplanten Kommunikationsmaßnahmen bilden die im Rahmen der Zielvereinbarung festgeschriebenen Projekte und Maßnahmen den Gesamtplan zur inhaltlichen Umsetzung der Veränderung.

Häufig wird überstürzt mit der Umsetzung von Lösungsideen begonnen, ohne sich über Konsequenzen und potenzielle Probleme (Hindernisse) Gedanken gemacht zu haben. Der *Implementierungshindernisbaum* der Theory of Constraints (TOC) unterstützt diese Risikobetrachtung in strukturierter Weise [DETT97]. Im Zuge der Erstellung des Ursachen-Wirkungs-Baums wird die Frage beantwortet, wie sich ein Lösungsansatz bzw. eine Strategie in die Realität umsetzen lässt. Das Werkzeug unterstützt den Anwender bei der Identifizierung sämtlicher potenzieller Hindernisse einer bevorstehenden Implementierung sowie der erforderlichen Maßnahmen zur Überwindung dieser Hindernisse. Diese kontrollierte

Auseinandersetzung mit potenziellen Schwächen und Schwierigkeiten ist Voraussetzung für das Finden kreativer Lösungen und Kompromisse [WEIS05].

Bei der Gestaltung des Veränderungsprozesses kommen laut Voigt vier unterstützende Methoden zum Einsatz. Diese sind das *Motivationsmanagement* (siehe Kapitel 9.1), die *Projektplanung* (siehe Kapitel 8.3.2), das *Zielvereinbarungskonzept* sowie der *Implementierungshindernisbaum*.

Phase 4: Umsetzung der Veränderung

Die inhaltliche Umsetzung der formulierten Ziele und der damit verbundenen Maßnahmen findet im Laufe der vierten Phase – *Umsetzung der Veränderung* – statt. Daher steht hier ein stringentes Controlling des Fortschritts und der Wirksamkeit eingeleiteter Maßnahmen im Fokus. Gegebenenfalls erforderliche Änderungen, sind mithilfe eines Änderungsmanagements zu behandeln und in den Umsetzungsplan aufzunehmen. Ebenfalls unterliegt dem Änderungsmanagement das Nachhalten der in der vorangegangenen Phase getroffenen Zielvereinbarungen. Die mithilfe des Kommunikationskonzepts festgelegten Wege der Regelkommunikation und der Ad hoc-Kommunikation kommen nun zum Tragen.

Als Methoden und Werkzeuge werden in dieser Phase die *Projektplanung* (siehe Kapitel 8.3.2), das *Änderungsmanagement*, die *Diagnose* sowie die *Intervention* genannt.

Phase 5: Absicherung der Veränderung

Die fünfte Phase des Vorgehensmodells – *Absicherung der Veränderung* – dient der langfristigen Beobachtung der Nachhaltigkeit der eingeführten Veränderung. Hierzu zählen die Befolgung neuer Prozesse, die Wirksamkeit neu eingeführter Organisationsstrukturen sowie die Beherzigung neuer Regeln, Werte und Grundsätze, die im Zuge des Veränderungsvorhabens eingeführt wurden. Zudem ist das Umfeld der Organisationseinheit zu beobachten, um Faktoren zu identifizieren, die eine Weiterentwicklung der umgesetzten Strategie – also eine weitere Veränderung – erfordern könnten. Ist dies der Fall, schließt sich der Regelkreis, und einzelne Schritte des Vorgehensmodells wären erneut zu durchlaufen. Da der Prozess der Absicherung ein fortlaufender ist, befindet sich am Ende der fünften Phase kein Quality Gate, an dem die Reife dieser Phase beurteilt werden kann.

Die Absicherung der Veränderung in Phase fünf des Vorgehensmodells wird durch die Anwendung von drei Methoden unterstützt. Diese sind das *Langzeit-Controlling*, die *kulturelle Verankerung* der Veränderung sowie die Sicherung des *Erfahrungswissens*.

Übergeordnetes Ziel dieser Methoden ist es, den Veränderungsprozess kontinuierlich weiterzuführen, zu verbessern und im Sinne einer lernenden Organisation aus den Erfahrungen im Veränderungsprozess Erkenntnisse allgemein verfügbar zu machen.

8.5.3 Zusammenfassung

Das Change Management umfasst die Planung, Implementierung, Kontrolle und Stabilisierung von Veränderungen in Strategien, Prozesse, Organisationen und Kultur. Dabei wird das Ziel verfolgt, die Effektivität und Effizienz des Veränderungsprozesses zu maximieren und gleichzeitig die größtmögliche Akzeptanz der betroffenen Führungskräfte und Mitarbeiter zu erreichen. Obwohl weder das Thema noch die Vorgehensweisen in den letzten Jahren große Veränderungen erfahren haben, ist dank dem ständigen Bedarf an Veränderungsprojekten davon auszugehen, dass das Thema für Unternehmen langfristig von Bedeutung sein wird. Auch ist nicht auszuschließen, dass das Change Management in den kommenden Jahren durch technologische oder organisatorische Trends disruptive Veränderungen erfahren wird.

Viele Ansätze des Veränderungsmanagements weisen Ähnlichkeiten mit Projektmanagementansätzen (siehe Kapitel 8.3) auf, da Veränderungen häufig in Form von Projekten organisiert werden. Schließlich dienen sie auch dazu, Reibungsverluste auf dem Weg von einem defizitären Istzustand zu einem angestrebten Sollzustand zu minimieren. Hierbei ist es Führungsaufgabe, anhand von geeigneten Instrumenten alle hierfür notwendigen Prozesse und Aufgaben aufeinander abzustimmen.

Literatur

[BAET14] *Baetge, J./Kirsch, H-J./Thiele, S.:* Bilanzen. 13., überarbeitete Auflage. Idw-Verlag, 2014

[BAYE03] *Bayerisches Staatsministerium für Wirtschaft:* Integriertes Managementsystem – Ein Leitfaden für kleine und mittlere Unternehmen. München, 2003

[BAYE08] *Bayes, T.:* Versuch zur Lösung eines Problems der Wahrscheinlichkeitsrechnung. Engelmann, Leipzig 1908

[BAYE63] *Bayes, T.:* An Essay towards solving a Problem in the Doctrine of Chances. Zitiert in: Philosophical Transactions (1683–1775), Vol. 53 (1763). S. 370–418

[BECK03] *Beck-Bornholdt, H.-P./Dubben, H.-H:* Der Schein der Weisen – Irrtümer und Fehlurteile im täglichen Denken. 5. Auflage. Rowohlt, Berlin 2003

[BEHR04] *Behrens, B.-A./Mathieu, H./Hoffmann, M./Wilde, I.:* Ohne Fehl und Tadel. In: QZ – Qualität und Zuverlässigkeit, Nr. 8 (2004). S. 59ff.

[BIND03] *Binder-Kissel, U.:* Beschwerden als Chancen nutzen. Beschwerdemanagement erfolgreich umsetzen. RKW-Verlag, Eschborn 2003

[BISE03] *Bisenius, A.:* Systematik zur qualitätsgerechten Gestaltung und Absicherung strategischer Veränderungsprozesse. Dissertation. RWTH-Aachen/P3 GmbH, Aachen 2003

[BLEI11] *Bleicher, K.:* Das Konzept Integriertes Management. Visionen – Missionen – Programme. 8. Auflage. Frankfurt am Main, Campus 2011

[BOER04] *Boersma, J./Loke, G./Petkova, V./Sander, P./Brombacher, A.:* Quality of information flow in the backend of a product development process. In: Quality and reliability engineering international, 20 (2004), Nr. 4. S. 255–263

[BOTT97] *Bottorff, D.L.:* CoQ systems: the right stuff. In: Quality Progress, März 1997. S. 33

[BRUG14] *Brugger-Gebhardt, S.:* Die DIN EN ISO 9001 verstehen – Die Norm sicher interpretieren und sinnvoll umsetzen. Springer Gabler, Wiesbaden 2014

[BRÜH80] *Brühwiler, B.:* Risk Management – Eine Aufgabe der Unternehmensführung. (Schriftenreihe des Instituts für betriebswirtschaftliche Forschung an der Universität Zürich, Bd. 36). Haupt, Bern 1980

[BRÜH07] *Brühwiler, B.:* Risikomanagement als Führungsaufgabe. Unter Berücksichtigung der neuesten Internationalen Standardisierung. 2. Auflage. Haupt, Bern 2007

[BRÜH09] *Brühwiler, B.:* Risikomanagement nach ISO 31000 und ONR 49000.

Austrian Standards plus Publishing, Wien 2009

[BS07] *Norm BS OHSAS 18001 (Juli 2007). Arbeitsschutzmanagementsysteme – Forderungen*

[BUND97] *Bund für Lebensmittelrecht und Lebensmittelkunde e. V.:* HACCP-Konzept. Verbandsschrift. Bonn, 1997

[BUND02] *Bundesanstalt für Arbeitsschutz und Arbeitsmedizin (Hrsg.):* Leitfaden für Arbeitsschutzmanagementsysteme; Bundesanstalt für Arbeitsschutz und Arbeitsmedizin. Dortmund, 2002

[BUND08] *Bundesministerium für Umwelt, Naturschutz und Reaktorsicherheit:* Umweltinformationen für Produkte und Dienstleistungen – Anforderungen Instrumente Beispiele. Prösler, Tübingen 2008

[BUND12] *Bundesministerium für Umwelt, Naturschutz und Reaktorsicherheit (BMU):* Energiemanagementsysteme in der Praxis – ISO 51000: Leitfaden für Unternehmen und Organisationen. Berlin, 2012

[BURG96] *Burgess, T.F.:* Modeling quality-cost dynamics. In: International Journal of Quality & Reliability Management, 13g., 1996, Nr. 3. S. 8

[BURG99] *Burger, A.:* Kostenmanagement. Oldenbourg, München 1999

[CARR92] *Carr, L.P.:* Applying cost of quality to a service business. In: Sloan Management Reviews, Summer 1992. S. 72

[CHAN96] *Chang, S.J./Hyun, P.Y./Park, E.H.:* Quality costs in multi-stage manufacturing systems. In: Computers & Industrial Engineering, 31., 1996. S. 115

[COOP88] *Cooper, R.:* The rise of activity-based costing – Part I: what is an activity-based cast system? In: Journal of Cost Management, 2. Jg, 1988, Nr. 2. S. 45

[CORS08] *Corsten, H./Corsten, H./Gössinger, R.:* Projektmanagement. Oldenbourg, München 2008

[COSO04] *The Committee of Sponsoring Organizations of the Treadway Commission:* Unternehmensweites Risikomanagement – Übergreifendes Rahmenwerk. The Committee of Sponsoring Organization, Jersey City 2004

[CROS79] *Crosby, Ph. B.:* Quality is Free. McGraw-Hill, New York 1979

[CROS84] *Crosby, Ph. B.:* Quality without tears; McGraw-Hill, New York 1984

[CROS90] *Crossfield, R.T./Dale, B.G.:* Mapping quality assurance systems: a methodology. In: Quality & Reliability Engineering International, 6. Jg., 1990, Nr. 3. S. 167

[DAHM02] *Dahmen, J.:* Prozessorientiertes Risikomanagement zur Handhabung von Produktrisiken. Dissertation. RWTH Aachen, 2002

[DAIM98] *DaimlerChrysler/Ford/General Motors:* QS-9000 Quality System Requirements. Firmenschrift. Detroit, 1998

[DAWE89] *Dawes, E.W.:* Quality costs – new concepts and methods, quality costs: ideas & applications. In: Campanella, J. (Hrsg.): Quality Costs: Ideas and Applications, 2. Jg., 1989. S 440

[DAWE93] *Dawes, E.W./Siff, W.:* Using quality costs for continuous improvement. ASQC Annual Quality Congress Transactions, 1993. S. 444

[DEMI82] *Deming, W. E.:* Quality, Productivity, and Competitive Position. Massachusetts Institute of Technology, Massachusetts 1982

8

[DENT88] *Denton, D.K./Kowalski, T.P.:* Measuring nonconforming costs reduced manufacturer's cost of quality in product by $200 000. In: Industrial Engineering, 20. Jg., 1988. S. 36

[DETT97] *Dettmer, H.W.:* Goldratt's Theory of Constraints. ASQ Press, Milwaukee 1997

[DEUT09] *Deutsches Institut für Normung:* Die kombinierte Anwendung von verschiedener Managementsystem-Normen. Beuth , Berlin 2009

[DEUT11] *Deutsche Bundesbank (Hrsg.):* Basel III. Leitfaden zu den neuen Eigenkapital- und Liquiditätsregeln für Banken. 2011

[DGQ95] *DGQ:* Qualitätskosten, Rahmenempfehlungen zu ihrer Definition, Erfassung, Beurteilung. Beuth, Berlin 1995

[DGQ99] *Arbeitsgruppe 142 „Kennzahlen" der Deutsche Gesellschaft für Qualität e.V.:* Kennzahlen für erfolgreiches Management von Organisationen. Umsetzung von EFQM Excellence – Qualität messbar machen. Beuth, Berlin 1999

[DIED04] *Diederichs, M.:* Risikomanagement und Risikocontrolling. Risikocontrolling – ein integrierter Bestandteil einer modernen Risikomanagement-Konzeption. Vahlen, München 2004

[DIET07] *Dietrich, E./Schulze, A./Weber, S.:* Kennzahlensysteme für die Qualitätsbeurteilung in der industriellen Produktion. Carl Hanser Verlag, München 2007

[DILL13] *Dillerup, R./Stoi, R.:* Unternehmensführung. 4. Auflage. Vahlen, München 2013

[DIN07] *Norm DIN Normung und damit zusammenhängende Tätigkeiten – Allgemeine Begriffe (DIN EN 45020:*2007). Beuth, Berlin 2007

[DIN08] *Norm DIN Qualitätsmanagementsysteme – Anforderungen (DIN EN ISO 9001:*2008). Beuth, Berlin 2008

[DIN09a] *Norm DIN EN ISO 9004 (2009). Leiten und Lenken für den nachhaltigen Erfolg einer Organisation – Ein Qualitätsmanagementansatz. Beuth, Berlin*

[DIN09b] *Norm DIN EN ISO 14001 (2009). Umweltmanagementsysteme – Anforderungen mit Anleitung zur Anwendung. Beuth, Berlin*

[DIN09c] *Norm DIN 69901 Teil 5 (2009). Projektmanagement – Projektmanagementsysteme:* Begriffe. Beuth, Berlin

[DIN11a] *Norm DIN EN ISO 19011 (2011). Leitfaden zur Auditierung von Managementsystemen. Beuth, Berlin*

[DIN11b] *Norm DIN EN ISO/IEC 17021 (2011). Konformitätsbewertung – Anforderungen an Stellen, die Managementsysteme auditieren und zertifizieren. Beuth, Berlin*

[DIN11c] *Norm DIN ISO 31000 (Januar 2011). Risikomanagement – Grundsätze und Leitlinien*

[DIN12] *Norm DIN EN ISO 13485 (2012). Medizinprodukte – Qualitätsmanagementsysteme – Anforderungen für regulatorische Zwecke; Beuth, Berlin*

[DIN13] *Norm DIN EN ISO 14971 (April 2013). Medizinprodukte – Anwendung des Risikomanagements auf Medizinprodukte*

[DIN14a] *Norm DIN EN ISO 9000 (2014). Qualitätsmanagementsysteme – Grundlagen und Begriffe. Beuth, Berlin*

B

[DIN14b] *Norm DIN EN ISO 9001 (2014). Qualitätsmanagementsysteme – Anforderungen. Beuth, Berlin*

[DIN14c] *Norm DIN EN 62198 (August 2014). Risikomanagement für Projekte – Anwendungsleitfaden*

[DIN14d] *Norm Entwurf DIN EN ISO 14001 (Oktober 2014). Umweltmanagementsysteme – Anforderungen mit Anleitung zur Anwendung*

[DOPP06] *Doppler, K.:* Führen in Zeiten der Veränderung. In: Organisationsentwicklung, Heft 1 (2006). S. 28–39

[DORN06] *Dorn, D.:* Umweltmanagementsysteme – DIN EN ISO 14001:2005 – Die Änderungen. Beuth, Berlin 2006

[DQS14] *DQS – The Audit Company:* Bewährte Leitplanken für Audits: Der DQS-Zertifizierungsprozess. DQS, Frankfurt am Main 2014

[DREC14] *Drechsel, M.:* Zertifizierung von Qualitätsmanagementsystemen. In: Pfeifer, T./Schmitt, R. (Hrsg.): Masing Handbuch Qualitätsmanagement. Carl Hanser Verlag, München 2014

[EBER05] *Eberle, A.:* Risikomanagement in der Beschaffungslogistik. Gestaltungsempfehlungen für ein System. Dissertation. Hochschule für Wirtschafts-, Rechts- und Sozialwissenschaften, St. Gallen 2005

[ECKE04] *Eckert, S./Lamparter, G./Möller, K.:* Controlling & Management. Risikomanagement und Risikocontrolling. In: ZfCM – Zeitschrift für Controlling Management, 48. Jg., 2004

[EGGE13] *Winter, E. (Hrsg.):* Gabler Wirtschaftslexikon. Springer Gabler, 2013

[EGLE05] *Egle, F./Nagy, M.:* Arbeitsmarktintegration. Profiling, Arbeitsvermittlung, Fallmanagement. Gabler, Wiesbaden 2005. S. 95

[EHRM05] *Ehrmann, H.:* Kompakt-Training Risikomanagement. In: Olfert, K. (Hrsg.): Praktische Betriebswirtschaft (Reihe: Kompakt-Training, Bd. 7). 1. Auflage. Kiel Verlag, Leipzig 2005

[EURO12] *European Foundation for Quality Management:* EFQM Excellence Model. Excellent Organisations Achieve and Sustain Outstanding Levels of Performance that Meet Or Exceed the Expectations of All Their Stakeholders. Brüssel, 2012

[EVER01] *Eversheim, W.:* Integrierte Managementsysteme zur Unterstützung im Dienstleistungsbereich. Lenkung verteilter Standorte mit Hilfe EDV-gestützter Balanced Scorecards. In: Schwendt, S./Funck, D. (Hrsg.): Integrierte Managementsysteme. Konzepte, Werkzeuge, Erfahrungen. 1. Auflage. Physica-Verlag, Heidelberg 2001. S. 67–90

[FARN89] *Farny, D.:* Risk Management und Planung. In: Syperski, N. (Hrsg.): Enzyklopädie der Betriebswirtschaftslehre. Bd. 9: Handwörterbuch der Planung. Poeschel Verlag, Stuttgart 1989. Sp. 1749–1758

[FASS95] *Fasse, F-W.:* Risk-Management im strategischen internationalen Marketing. Steuer- und Wirtschaftsverlag, Hamburg 1995

[FEIG56] *Feigenbaum, A. V.:* Total quality control. In: Harvard Business Review, 34. Jg., 1956, Nr. 6. S. 93

[FELI97] *Felix, R.:* Integrierte Managementsysteme – Ansätze zur Integration von Qualitäts-, Umwelt- und Arbeitssicherheitsmanagementsystemen.

IWÖ-Diskussionsbeitrag Nr. 41. St. Gallen, 1997

[FINK05] *Finke, R.:* Grundlagen des Risikomanagements. Quantitative Risikomanagement-Methoden für Einsteiger und Praktiker. Wiley-VCH, Weinheim 2005

[FORT02] *Fortner, J.:* Konkurrierende Wege organisatorischer Veränderungsprozesse. Dissertation. Technische Universität Darmstadt, 2002

[FÖRT11] *Förtsch, G./Meinholz, H.:* Handbuch Betriebliches Umweltmanagement. Vieweg+Teubner Verlag, Wiesbaden 2011

[FROE89] *Fröhling, O.:* Prozesskostenrechnung – System mit Zukunft? In: io Management Zeitschrift, 1989

[FUNC01] *Funck, D.:* Viel versprechendes Stiefkind. Umsetzungsstand, Ziele und Probleme integrierter Managementsysteme im Spiegel von vier Studien. In: QZ – Qualität und Zuverlässigkeit. 6, 2001. S. 758–762

[G14A99] *G-14 American Aerospace Quality Group:* AS9100 Quality Systems Aerospace – Model for Quality Assurance in Design, Development, Production, Installation and Servicing. Verbandsschrift. Seattle, 1999

[GLEI01] *Gleißner, W./Meier, G.:* Wertorientiertes Risikomanagement für Industrie und Handel. Methoden, Fallbeispiele, Checklisten. Gabler, Wiesbaden 2001. S. 18

[GOEP08] *Göpfert, I.:* Qualitätscontrolling. Euroforum, Düsseldorf 2008

[GOUL95] *Goulden, C./Rawlins, L.:* A hybrid model for process quality costing. In: International Journal of Quality & Reliability Management, 12. Jg., 1995, Nr. 8. S. 32

[GRIE01] *Griese, J./Sieber, P.:* Betriebliche Geschäftsprozesse: Grundlagen, Beispiele, Konzepte. Haupt, Bern/Stuttgart/Wien 2001

[GROS11] *Grosse-Ruyken, P./Wagner, S./Zaremba, B.:* Integratives Risikomanagement in der Beschaffung. Risiken professionell in den Griff bekommen. In: ZWF Zeitschrift für wirtschaftlichen Fabrikbetrieb, 106. Jg., 2011, Nr. 10. S. 764–768

[GRUN08] *Grundmann, T.:* Ein anwendungsorientiertes System für das Management von Produkt- und Prozessrisiken. Dissertation. RWTH Aachen, 2008

[GUPT95] *Gupta, M./Campbell, V.S.:* The cost of quality. In: Production & Inventory Management Journal, 36. Jg., 1995, Nr. 3. S. 43

[HABE08] *Haberstock, L.:* Kostenrechnung. 13. neu bearbeitete Auflage. Schmidt Verlag, Berlin 2008

[HALL86] *Haller, M.:* Risikomanagement – Eckpunkte eines integrierten Konzeptes. In: Jacob, H. (Hrsg.): Schriften zur Unternehmensführung (Bd. 33). Gabler, Wiesbaden 1986

[HEAG91] *Heagy, C.D.:* Determining optional quality costs by considering costs of lost sales. In: Journal of Cost Management for the Manufacturing Industry, Herbst 1991. S. 67

[HEEG93] *Heeg, F.-J.:* Projektmanagement – Grundlagen der Planung und Steuerung von betrieblichen Problemlösungsprozessen. Carl Hanser Verlag, München 1993

[HEIS95] *Heisel, R.:* Gestalten der Veränderungsprozesse. In: REFA (Hrsg.): Den Erfolg vereinbaren: Führen mit

B

Zielvereinbarungen. Carl Hanser Verlag, München 1995. S. 178–186

[HENS01] *Henselmann. K.:* Das KonTraG und seine Anforderungen an das Risikomanagement. In: Götze, U. et al. (Hrsg.): Risikomanagement (Reihe: Beiträge zur Unternehmensplanung). Physica-Verlag, Heidelberg 2001. S. 29–46

[HERP96] *Herp, T./Brand, S.:* Reengineering aus Management-Sicht. In: Nippa, M./Picot, A. (Hrsg.): Prozeßmanagement und Reengineering: Die Praxis im deutschsprachigen Raum. Campus Verlag, Frankfurt/New York 1996

[HERR14] *Herrmann, J.:* Audit. In: Pfeifer, T./ Schmitt, R. (Hrsg.): Masing Handbuch Qualitätsmanagement. Carl Hanser Verlag, München 2014

[HEST93] *Hester, W.F.:* True quality cost with activity based costing. ASQC Annual Quality Congress Transactions, 1993. S. 446

[HILT06] *Hiltensperger, S.:* Arbeitsschutzmanagementsysteme. Spezifikation zur freiwilligen Einführung, Anwendung und Weiterentwicklung von Arbeitsschutzmanagementsystemen. Länderausschuss für Arbeitsschutz und Sicherheitstechnik (LASI), München 2006

[HILT10] *Hiltensperger, S./Rötzer, M./Sikora, S.:* Das OHRIS-Gesamtkonzept. 2. überarbeitete Auflage. Bayrisches Staatsministerium für Umwelt, Gesundheit und Verbraucherschutz, München 2010

[HOFM85] *Hoffmann, K.:* Risk-Management: Neue Wege der betrieblichen Risikopolitik. Versicherungswirtschaft, Karlsruhe 1985

[HORV93] *Horváth, P.:* Prozesskostenrechnung – oder wie die Praxis die Theorie überholt. Kritik und Gegenkritik. Horváth & Partner GmbH, Stuttgart 1993

[HORV06] *Horváth, P.:* Controlling. Vahlen, München 2006

[HOUS91] *Houssaye, L. de la:* Das Organisationsentwicklungsmodell des NPI. In: Glasl, F./Houssaye, L. de la: Organisationsentwicklung. Haupt, Bern 1991. S. 15–28

[IBER05] *Ibers, T./Hey, A.:* Risikomanagement. Das Kompendium. Merkur, Rinteln 2005

[IEC09] *Norm IEC/FDIS 31010 (November 2009). Risk management – Risk assessment techniques*

[ILOI97] *ILOI-Institut:* Studie: Management of Change. Erfolgsfaktoren und Barrieren organisatorischer Veränderungsprozesse. München, 1997

[ISO13] *International Standardization Organization (Hrsg.):* The ISO Survey of Management System Standard Certifications – 2013. ISO, Genf 2013

[ISOT09] *Norm ISO/TS 16949:*2009: Qualitätsmanagementsysteme – Besondere Anforderungen bei Anwendung von ISO 9001:2008 für die Serien- und Ersatzteil-Produktion in der Automobilindustrie. Beuth, Berlin 2009

[ISRA91] *Israeli, A./Fisher, B.:* Cutting quality costs. In: Quality Progress, Januar 1991. S. 46

[JEST14] *Jeston, J./Nelis, J.:* Business process management. Practical guidelines to success implementations. 3. Auflage. Routledge, Oxon/New York 2014

[JOKA91] *Johnson, T./Kaplan, R.:* Relevance Lost. The Rise and Fall of Manage-

8

ment Accounting. McGraw-Hill Professional, Massachusetts 1991

[JORG92] *Jorgenson, D.M./Enkerlin, M.E.:* Managing quality costs with the help of activity-based costing. In: Journal of Electronics Manufacturing, 2. Jg., 1992. S. 153

[JUNG01] *Jungblut, T./Meßmer, D.:* KonTraG, Technisches Risk Management und D&O-Versicherung. Die Rolle des technischen Risk Managements im Zusammenhang mit betriebswirtschaftlichen Risiken (KonTraG). In: Zeitschrift für Versicherungswesen, 52. Jg., 2001, Nr. 21. S. 705–710

[JURA93] *Juran, J.M./Gryna, F.M.:* Quality planning and analysis. McGraw-Hill, New York 1993

[KAJÜ09] *Kajüter, P.:* Risikomanagement in der Supply Chain: Ökonomische, regulatorische und konzeptionelle Grundlagen. In: Vahrenkamp, R./Siepermann, C. (Hrsg.): Risikomanagement in Supply Chains. Gefahren abwehren, Chancen nutzen, Erfolg generieren. Erich Schmidt, Berlin 2006. S.13–27

[KAMI11] *Kamiske, G.F./Bauer, J.-P.:* Qualitätsmanagement von A–Z: Wichtige Begriffe des Qualitätsmanagements und ihre Bedeutung. Carl Hanser Verlag, München 2011

[KAMI12] *Kamiske, G.:* Qualitäts-Wissenschaft für Manager. Verlag BoD, Norderstedt 2012

[KAMI14] *Kamiske, G.:* Qualitätsbezogene Kosten. In: Schmitt, R./Pfeifer, T. (Hrsg.): Masing Handbuch Qualitätsmanagement. 6. überarbeitete Auflage. Carl Hanser Verlag, München 2014

[KAPL88] *Cooper, R./Kaplan, R.S.:* Measure costs right: make the right decisions. In: Harvard Business Review, 66. Jg., 1988, Nr. 5. S. 96

[KAPL92] *Kaplan, R./Norton, D.:* The Balanced Scorecard – Measures that Drive Performance. In: Harvard Business Review, 1992

[KÄST12] *Kästner, M.:* Risikomanagement im Mittelstand. Anforderungen und Ausgestaltung quantitativer Risikosteuerung. (Reihe: Finanzierung, Kapitalmarkt und Banken, Bd. 82). Josef Eul, Lohmar 2012

[KEIM05] *Keim, G./Littkemann, J.:* Methoden des Projektmanagements und -controlling. In: Littkemann, J.: Innovationscontrolling. Vahlen, München 2005

[KIES98] *Kieser, A.:* Über die allmähliche Verfertigung der Organisation beim Reden. Organisieren als Kommunizieren. In: Industrielle Beziehungen. Zeitschrift für Arbeit, Organisation und Management. 5. Jg., 1998, Nr. 1. S. 45–75

[KIRC02] *Kirchner, M.:* Risikomanagement. Problemaufriss und praktische Erfahrungen unter Einbeziehung eines sich ändernden unternehmerischen Umfeldes. Hampp, München 2002

[KLEN10] *Klenk, R./Reetz, K.:* Risk-Management-Benchmarking 2010. Eine Studie zum aktuellen Stand des Risikomanagements in Großunternehmen in der deutschen Realwirtschaft. September 2010

[KLES98] *Kless, T.:* Beherrschung der Unternehmensrisiken. Aufgaben und Prozesse eines Risikomanagements. In: DStR, 1998

[KLIP11] *Klipper, S.:* Information-security-risk-Management. Risikomanagement für ISO/IEC 27001, 27005 und 31010. Vieweg + Teubner, Wiesbaden 2011

[KOCH13] *Koch, B.:* Umweltschutz. In: Fendrick, L./Fengler, W. (Hrsg.): Handbuch Eisenbahninfrastruktur. 8. Auflage. Springer, Berlin 2013

[KOST05] *Kostka, C./Mönch, A.:* Change Management – 7 Methoden für die Gestaltung von Veränderungsprozessen. Carl Hanser Verlag, 2005

[KOTT96] *Kotter, J.P.:* Leading Change. Harvard Business School Press, Boston 1997. S. 33–158

[KOTT02] *Kotter, J.P./Cohen, D.S.:* The Heart of Change. Havard Business School, Boston 2002. S. 83

[KUEP08] *Küpper, H.-U.:* Controlling. Konzeption, Aufgaben und Instrumente, 5. überarbeitete Auflage. Schäffer-Poeschel, Stuttgart 2008

[KUPS95] *Kupsch, P.:* Risikomanagement. In: Corsten, H./Reiss, M. (Hrsg.): Handbuch Unternehmensführung. Gabler, Wiesbaden 1995. S. 529–543

[LASC94] *Laschet, A.:* Konzeption eines Fehlerinformationssystems und -bewertungssystems. Deutscher Universitäts-Verlag, Aachen 1994

[LASC09] *Lasch, R./Janker, C.:* Risikoorientiertes Lieferantenmanagement. In: Vahrenkamp, R./Siepermann, C. (Hrsg.): Risikomanagement in Supply Chains. Gefahren abwehren, Chancen nutzen, Erfolg generieren. Erich Schmidt, Berlin 2006. S. 111–131

[LEWI47] *Lewin, K.:* Frontiers in group dynamics (1947). In: Cartwright, D. (Hrsg.): Field theory in social science. Paperbacks London, London 1952

[LINS11] *Linß, G.:* Qualitätsmanagement für Ingenieure. 3. Auflage. Carl Hanser Verlag, München 2011

[LÜCK98a] *Lück, W.:* Elemente eines Risiko-Managementsystems. In: Der Betrieb, 51. Jg., 1998, Nr. 1/2. S. 8–14

[LÜCK98b] *Lück, W.:* Der Umgang mit unternehmerischen Risiken durch ein Risikomanagementsystem und durch ein Überwachungssystem. In: Der Betrieb, 51. Jg., 1998, Nr. 39. S. 1925–1526

[MADU06] *Madunkaya, V./Bungard, W.:* Change Management – ein strategischer Erfolgsfaktor bei SAP-Implementierungsprojekten? In: Wirtschaftspsychologie aktuell, 1/2006. S. 47–50

[MALC01] *Malchi, G./McGurk, H.:* Increasing value through the measurement of the cost of quality (CoQ) – a pratical approach. In: Pharmaceutical Engineering, 21. Jg., 2001, Nr. 3, S. 92

[MARR04] *Marr, R./Steiner, K.:* Projektmangement. In: Schreyögg, G./Werder, A. von (Hrsg.): Handwörterbuch Unternehmensführung und Organisation. Poeschel, Stuttgart 2004, S. 1196–1208

[MARS89] *Marsh, J.:* Process modeling for quality improvement. Proceedings of the Second International Conference on Total Quality Management, 1989. S. 111

[MASI88] *Masing, W.:* Handbuch der Qualitätssicherung. Carl Hanser Verlag, München 1988

[MASI93] *Masing, W.:* Nachdenken über qualitätsbezogene Kosten. In: QZ – Qualität und Zuverlässigkeit. Carl Hanser Verlag, München 1993

[MATT00] *Mattheus, M.:* Das Gesetz zur Kontrolle und Transparenz im Unternehmensbereich (KonTraG): Frühwarnung und Transparenz nun gesetzlich gefordert. Quelle: *www.krisennavigator.de* [Stand: 10.04.2008]

[MEIE10] *Meierbeck, R.:* Strategisches Risikomanagement der Beschaffung. Entwicklung eines ganzheitlichen Modells am Beispiel der Automobilindustrie. (Reihe: Produktionswirtschaft und Industriebetriebslehre, Bd. 22). Josef Eul, Lohmar 2010

[MENS91] *Mensch, G.:* Risiko und Unternehmensführung: eine systemorientierte Konzeption zum Risikomanagement. Lang, Frankfurt am Main 1991

[MERI88] *Merino, D.N.:* Economics of quality: choosing among prevention alternatives. International Journal of Quality & Reliability Management, September 1988. S. 13

[MEYE85] *Meyer-Merz, A.:* Die Wertschöpfungsrechnung in Theorie und Praxis. Schulthess, Zürich 1985

[MIKU01] *Mikus, B.:* Das KonTraG und seine Anforderungen an das Risikomanagement. In: Götze, U. et al. (Hrsg.): Risikomanagement (Reihe: Beiträge zur Unternehmensplanung). Physica-Verlag, Heidelberg 2001. S. 3–28

[MIßL08] *Mißler-Behr, M.:* Erfolgreiches Risikomanagement durch systematische Identifikation und Bewertung der Risiken. In: IM Information Management & Consulting, 23 Jg., 2008, Nr. 4. S. 80–86

[MODA87] *Modarres, B./Ansari, A.:* Two new dimensions in the cost of quality; International Journal of Quality & Reliability Management, 4. Jg., 1987, Nr. 4. S. 9

[MORS83] *Morse, W.J.:* Consumer product quality control cost revisited. Measuring Quality Costs; Cost and Management, Juli/ August 1983. S.16

[MUEL13] *Müller, J.:* Einflussfaktoren auf die Mitarbeitermotivation im Kontext wissensorientierter Projektarbeit. GRIN, München 2013

[MUEN12] *Münstermann, T./Ottong, A./van Haack, A./Schmitt, R./Henning, K.:* Culture based Change. Zum Zusammenhang von Unternehmenskulturfaktoren und dem nachhaltigen Erfolg von Veränderungsprojekten. Lulu Enterprises Inc., 2012

[NGUY08] *Nguyen, T.:* Handbuch der wert- und risikoorientierten Steuerung von Versicherungsunternehmen. 1. Auflage. Versicherungswirtschaft, Karlsruhe 2008

[NIEM90] *Niemand, S./Renner, A./Ruthsatz, O.:* Einleitung. In: Horváth, P./Urban, G. (Hrsg.): Qualitätscontrolling. Stuttgart, 1990. S. 1–15

[ONR04] *Norm ONR 49000 (Januar 2004). Risikomanagement für Organisationen und Systeme. Begriffe und Grundlagen*

[ONR10a] *Norm ONR 49003 (Januar 2010). Risikomanagement für Organisationen und Systeme, Anforderungen an die Qualifikation des Risikomanagers*

[ONR10b] *Norm ONR 49001 (Januar 2010). Risikomanagement für Organisationen und Systeme, Risikomanagement*

[PARD09] *Pardy, W./Andrews, T.:* Integrated management systems. Leading

B

strategies and solutions. Government Institutes, Lanham (MD) 2009

[PATZ14] *Patzak, G./Rattay, G.:* Projektmanagement. Leitfaden zum Management von Projekten, Projektportfolios und projektorientierten Unternehmen. 6. Auflage. Linde, Wien 2014

[PFEI96] *Pfeifer, T./Wunderlich, M.:* Umsetzung von ISO 9000 im Dienstleistungsbereich – das System muss den Abläufen folgen. In: IO Management 65, Nr. 4, Zürich 1996. S. 36–40

[PFEI04] *Pfeifer, T./Voigt, T./Lammel, M./Mänz, M.:* Knowledge Management in Process- and Production-Planning with Focus on the Design-Engineering-Co-Operation. In: Jedrzejewski, J.: Machine Tools and Factory of the Knowledge. Machine Engineering Editorial Office, Wrozlaw (Polen) 2004. S. 79–86

[PFIT09] *Pfitzinger, E.:* Projekt DIN EN ISO 9001:2008. Vorgehensmodell zur Implementierung eines Qualitätsmanagementsystems. 2. Auflage. Beuth Verlag, 2009

[PIEP88] *Pieper, R.:* Diskursive Organisationsentwicklung. Ansätze einer sozialen Kontrolle von Wandel. de Gruyter, Berlin 1988

[PISC12] *Pischon, A.:* Integrierte Managementsysteme für Qualität, Umweltschutz und Arbeitssicherheit. Springer, Berlin 2012

[PLUN88] *Plunkett, J.J./Dale, B.G.:* Quality-related costing: findings from an industry-based research study. In: Engineering Management International, 4. Jg., 1988. S. 247

[PMI13] *Project Management Institute:* A Guide to the Project Management Body of Knowledge: PMBOK Guide. Project Management Institute, Newtown Square 2013

[PREI06] *Preißner, A.:* Projekterfolg durch Qualitätsmanagement. Projekte planen und sicher gestalten. Carl Hanser Verlag, München 2006

[PROB98] *Probst, G. J. B./Büchel, B. S. T.:* Organisationales Lernen. Wettbewerbsvorteil der Zukunft. 2., aktualisierte Auflage. Gabler, Wiesbaden 1998. S. 39

[PURG96] *Purgslove, A.B./Dale, B.G.:* The influence of management information and quality management systems on the development of quality costing. In: Total Quality Management, 7. Jg. Nr. 4. S. 421

[QUES99] *QuEST Forum:* TL 9000 Anforderungen an Qualitätssysteme in der Telekommunikation. Quality System Requirements. Book 1 – Quality Excellence for Suppliers of Telecommunications. Verbandsschrift, 1999

[REIC11] *Reichmann, T.:* Controlling mit Kennzahlen und Management-Tools. Vahlen, München 2011

[RIEB94] *Riebel, P.:* Einzelkosten und Deckungsbeitragsrechnung – Grundfragen einer markt- und entscheidungsorientierten Unternehmensrechnung. Gabler, Wiesbaden 1994

[RINZ94] *Rinza, P.:* Projektmanagement. Planung, Überwachung und Steuerung von technischen und nichttechnischen Vorhaben. 3. Auflage. VDI-Verlag, Düsseldorf 1994. S. 56–62

[ROME03] *Romeike, F.:* Bewertung und Aggregation von Risiken. In: Romeike, F.:

Erfolgsfaktor Risikomanagement. Chance für Industrie und Handel. Methoden, Beispiele, Checklisten. Gabler, Wiesbaden 2003. S.183–198

[ROME04] *Romeike, F.:* Lexikon Risiko-Management. 1000 Begriffe rund ums Risiko-Management nachschlagen, verstehen, anwenden. Wiley, Freiburg 2004

[ROME05] *Romeike, F.:* Modernes Risikomanagement. Die Markt-, Kredit-, und operationellen Risiken zukunftsorientiert steuern. Wiley, Weinheim 2005. S. 18

[ROSS77] *Ross, D.T.:* Structured analysis (SA): a language for communicating ideas; IEEE Transactions on Software Engineering, Jg. SE-3, 1977, Nr. 1. S. 16

[SAND98] *Sandoval-Chavez, D.A./ Beruvides, M.G.:* Using opportunity costs to determine the cost of quality: a case study in a continuous-process industry. In: Engineering Economist, 43.Jg., 1998. S. 107

[SAUE98] *Sauerwein, E./Thurner, M.:* Der Risiko-Management-Prozess im Überblick. In: Hinterhuber, H.: Betriebliches Risikomanagement. Verlag Österreich, Wien 1998

[SCHE01] *Schewtschenko, S.:* Strategische Planung. Frick, Würzburg 2001. S. 14

[SCHE12] *Schelle, H.:* Operatives Projektmanagement. In: Specht, D./Möhrle, M. G. (Hrsg.): Gabler Lexikon Technologiemanagement. Management von Innovationen und neuen Technologien im Unternehmen. Gabler, Wiesbaden 2012

[SCHM04] *Schmidt, G.:* Organisationsmethoden und -techniken. In: Schreyögg, G./Werder, A. von (Hrsg.): Handwörterbuch Unternehmensführung und Organisation. 4. Auflage. Schäffer-Poeschel, Stuttgart 2004. S. 1572–1589

[SCHN97] *Schnorrenberg, U./Goebels, G.:* Risikomanagement in Projekten. Methoden und ihre praktische Anwendung. Vieweg, Braunschweig 1997

[SCHO04] *Schorcht, H.:* Risikomanagement und Risikocontrolling junger Unternehmen in Wachstumsbranchen. In: Brösel, G./Keuper, F. (Hrsg.): Schriften zum Konvergenzmanagement. Logos, Berlin 2004

[SCHR09] *Schreyögg, G.:* Organisation. Grundlagen der modernen Organisationsgestaltung. Mit Fallstudien. 5. Auflage. Gabler, Wiesbaden 1998

[SCHU89] *Schulte, C.:* Produzieren Sie zu viele Varianten? In: Harvard Business Manager, Februar 1989

[SCHU99] *Schuh, G.:* Change Management – Von der Strategie zur Umsetzung. Shaker Verlag, Aachen 1999. S. 128

[SCHW08] *Schweizer, P.:* Systematisch Lösungen realisieren: Innovationsprojekte leiten und Produkte entwickeln. 2. Auflage. Vdf Hochschulverlag, Zürich 2008

[SEGH13] *Seghezzi, H./Fahrni, F./Friedli, T.:* Integriertes Qualitätsmanagement. Der St. Galler Ansatz. 4. Auflage. Carl Hanser Verlag München 2013

[SEIL95] *Seiler, H.:* Rechtsfragen technischer Risiken. Aufsätze zum Thema Risikorecht. vdf, Zürich 1995. S. 3

[SIEG99] *Siegler, O.:* Die dynamische Organisation. Grundlagen – Gestalt – Grenzen. Deutscher Universitätsverlag, Wiesbaden 1999. S. 85

[SORQ97] *Sorqvist, L.:* Effective methods for measuring the cost of poor quality. In: European Quality, 4. Jg., 1997, Nr. 3. S. 42

[STEI07] *Steinmetz, M.:* Risikosituation und -handhabung in der Produktion. Ein Konzept zur Verbesserung der Risikosituation. TCW, München 2007

[SUMA92] *Sumanth, D.J./Arora, D.P.S.:* State-of-the-art on linkage between quality, quality costs and productivity. In: International Journal of Materials and Product Technology, 7. Jg., 1992, Nr. 2. S. 150

[SUMI94] *Suminsky, L.T. Jr:* Measuring cost of quality. In: Quality Digest, 14. Jg., 1994, Nr. 3. S. 26

[TATI96] *Tatikonda, L.U./Tatikonda, R.J.:* Measuring and reporting the cost of quality. In: Production & Inventory Management Journal, 37. Jg., 1996. S. 1

[THIE03] *Thiemt, F.:* Risikomanagement im Beschaffungsbereich. Cuvillier, Göttingen 2003

[TOMY94] *Tomys, A.-K.:* Kostenorientiertes Qualitätsmanagement. Ein Beitrag zur Klärung der Qualitätskosten-Problematik. Carl Hanser, München 1994

[TREB82] *Trebesch, K.:* 50 Definitionen der Organisationsentwicklung – Und kein Ende. Oder: Würde Einigkeit stark machen? In: Zeitschrift für Organisationsentwicklung, 1. Jg., 1982, Nr. 2. S. 37–62

[TSAI98] *Tsai, W.H.:* Quality cost measurement under activity-based costing. In: International Journal of Quality & Reliability Management, 15. Jg. Nr. 7. S. 719

[VDA08] *Richtlinie VDA Band 6, Teil 5 (2008). Produktaudit. Henrich Druck + Medien GmbH, Frankfurt am Main*

[VDA09] *Richtlinie VDA (2009). Reifegradabsicherung für Neuteile. Henrich Druck + Medien GmbH, Frankfurt am Main*

[VDA10a] *Richtlinie VDA Band 6, Teil 1 (2010). QM-Systemaudit. Henrich Druck + Medien GmbH, Frankfurt am Main*

[VDA10b] *Richtlinie VDA Band 6, Teil 3 (2010) Prozessaudit; Henrich Druck + Medien GmbH, Frankfurt am Main*

[VDA11a] *Richtlinie VDA Band 4 Ringbuch (2011). Sicherung der Qualität in der Prozesslandschaft; Henrich Druck + Medien GmbH, Frankfurt am Main*

[VDA11b] *Richtlinie VDA Band 6, Teil 2 (2011). QM-Systemaudit – Dienstleistungen. Henrich Druck + Medien GmbH, Frankfurt am Main*

[VDA11c] *Richtlinie VDA Band 6, Teil 4 (2011). QM Systemaudit – Produktionsmittel. Henrich Druck + Medien GmbH, Frankfurt am Main*

[VDA12] *Richtlinie VDA Band 2 (2012). Sicherung der Qualität von Lieferungen – Produktionsprozess- und Produktfreigabe PPF. Henrich Druck + Medien GmbH, Frankfurt am Main*

[VDI05] *Richtlinie VDI 4060 Blatt 1 (2005). Integrierte Managementsysteme (IMS) – Handlungsanleitung zur praxisorientierten Einführung*

[VOIG06] *Voigt, T.:* Systematik zur qualitätsgerechten Umsetzung organisatorischer Veränderungsprozesse. Dissertation. RWTH Aachen/FQS – Forschungsgemeinschaft Qualität, Aachen/Frankfurt am Main 2006

[WEBE04] *Weber, J.:* Einführung in das Controlling. 10. Auflage. Schäffer-Poeschel, Stuttgart 2004

[WEIS05] *Weiss, J./Hughes, J.:* Gehen Sie Streit nicht aus dem Weg. In: Harvard Business Manager, Nr. 10, 2005. S. 23–40

[WIEG98] *Wiegand, M.:* Prozess organisationalen Lernens. Gabler, Wiesbaden 1996. S. 146

[WILD06] *Wildemann, H.:* Risikomanagement und Rating. Transfer-Centrum, München 2006

[WILD92] *Wildemann, H.:* Kosten- und Leistungsbeurteilung von Qualitätssicherungssystemen. In: ZFB, 62. Jg. 1992, H. 7. S. 761–782

[WILD95] *Wildemann, H.:* Kosten- und Leistungsrechnung für präventive Qualitätssicherungssysteme. TCW, München 1995

[WÖHE13] *Wöhe, G.:* Einführung in die Allgemeine Betriebswirtschaftslehre; 25. Auflage. Vahlen Verlag, München 2013

[WOLF03] *Wolf, K./Runzheimer, B.:* Risikomanagement und KonTraG. Konzeption und Implementierung. 4. Auflage. Gabler, Wiesbaden 2003

[WOLT02] *Wolter, O.:* Balance Scorecard. In: Hansen, W.: Qualität und Wirtschaftlichkeit. Symposion, Düsseldorf 2002

[WOMA91] *Womack, J. P. et al.:* Die zweite Revolution in der Automobilindustrie. Campus, Frankfurt 1992

[ZENZ98] *Zenz, A.:* Strategisches Qualitätscontrolling. Konzeption als Metaführungsfunktion. Deutscher Universitäts-Verlag, Wiesbaden 1998

[ZINK04] *Zink, K.:* TQM als integratives Managementkonzept. 2. Auflage. Hanser, München 2004

[ZLAM99] *Zlamal, O.:* TQM-gerechtes Controlling. Der Qualitäts-Audit als Qualitäts-Controllinginstrument. Deutscher Universitäts-Verlag, Wiesbaden 1999

B

9 Betriebsperspektive

Durch Einnahme der Betriebsperspektive fokussiert Kapitel 9 Aspekte und Gestaltungsmöglichkeiten, die sich aus dem Unternehmen selbst, seinen Tätigkeiten und Abläufen heraus ergeben. Diese Perspektive repräsentiert eine im Wesentlichen interne Sicht, deren Betrachtungsgegenstand die Prozessqualität darstellt. Damit vervollständigt sie die Perspektiven der vorangegangenen Kapitel, die sich schwerpunktmäßig mit der strategischen Ausrichtung eines Unternehmens sowie der Analyse von Kunden- und Marktforderungen und deren Umsetzung in begeisterungsfähige Produkte beschäftigen. Der Fokus auf vorhandene und anspruchsgerecht zu entwickelnde Unternehmensfähigkeiten ist Kerngedanke der Betriebsperspektive des Aachener Qualitätsmanagement Modells (Abbildung 9.0-1).

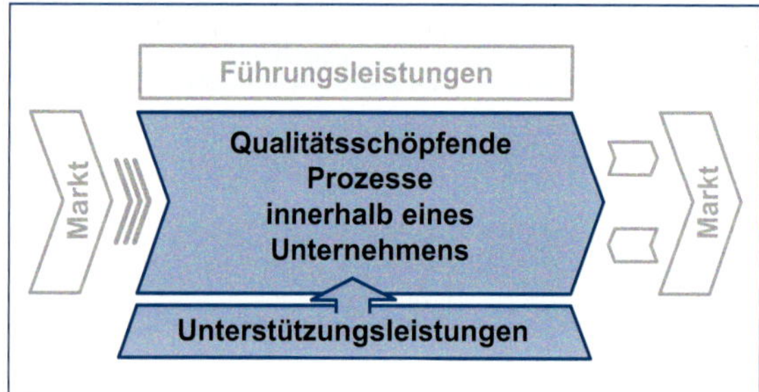

Abbildung 9.0-1 Betriebsperspektive im Aachener Qualitätsmanagement Modell

Dabei stellen sich die zentralen Fragen nach

- Verhalten und Einbindung der Mitarbeiter in den gestalteten Organisationsrahmen,
- Aufbau von Qualitätskreisen zur Absicherung und Entwicklung der geforderten Prozessqualität,
- Bereitstellung, Verwaltung sowie effizientem Einsatz benötigter Ressourcen und Dienste,
- Gestaltung dynamischer Strukturen, welche den Tätigkeiten im Spannungsfeld zwischen hohem Planungsgrad und situativer Gestaltungsfreiheit zur Verbesserung der Qualität und Wertschöpfung Rechnung tragen sowie
- Anbindung an den Markt als Erfüllungsort der unternehmerischen Leistungen durch die Rückkopplung von Kundenäußerungen, z. B. in Form von Beschwerden und Reklamationen.

Somit adressiert die Betriebsperspektive wesentlich das Zusammenwirken von (Geschäfts-)Prozessen. Sie dient dazu, Transparenz zu schaffen und Gestaltungsmöglichkeiten zur Steigerung von Effizienz und Effektivität aufzuzeigen, indem Ursache- und Wirkungsbeziehungen abgebildet sowie Informationen erhoben und rückgekoppelt werden. Die Betriebsperspektive ist somit das operative Gegenstück zur planerisch-organisatorisch ausgerichteten Führungsperspektive.

Die Übertragung der Begriffe Rückkopplung und Regelung auf ein soziotechnisches System, führt für das Qualitätsmanagement zur Beschreibungsform der Qualitätsregelkreise (Abbildung 9.0-2).

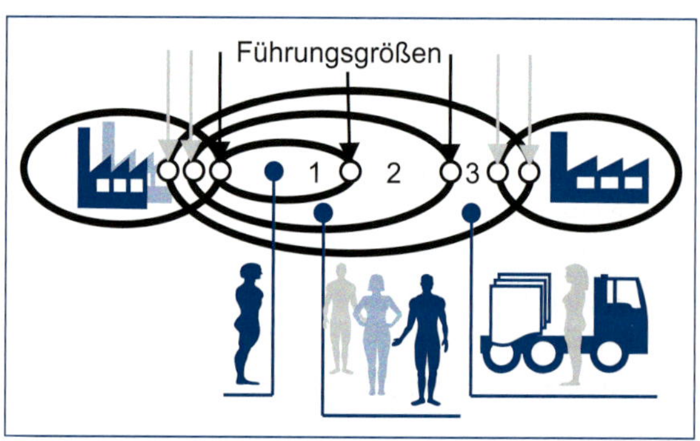

Abbildung 9.0-2 Verkettung der Wirkzusammenhänge im Unternehmen

So können beispielsweise in einem produzierenden Unternehmen, das als Serienhersteller in getakteter Form seine Produkte erzeugt, Qualitätsregelkreise in unterschiedlichen Ebenen strukturiert werden.

Diese können in ihrem Wirkungszusammenhang dargestellt werden durch

- einen inneren Regelkreis (1), der auf den einzelnen Mitarbeiter, z.B. im Rahmen der Werkerselbstprüfung, fokussiert ist und diesen in die Lage versetzen soll, die geforderten Leistungen an seinem spezifischen Arbeitsplatz zu erbringen,
- einen Regelkreis (2), der die Qualitätserfüllung durch das Zusammenwirken über mehrere Stationen, einen Bandabschnitt oder das ganze Band sicherstellen soll,
- einen Regelkreis (3), der auf der Grundlage von z.B. Audits die Einhaltung von Prozessen überwacht und ggf. auf Soll-Ist-Abweichungen am Prozess oder Produkt reagiert sowie
- weitere Regelkreise, die auf eine Einbindung der Lieferanten ausgerichtet sind oder die Verbindung mit dem Kunden abbilden.

Klassische Regelgrößen können in einem solchen produktionsorientierten Beispiel die Taktzeit, Stückzahl, Liefertreue, Fehlerrate bzw. Yield oder Kosten sein. Die Herausforderung für erfolgreiche Unternehmen besteht darin, passende Regelstrecken auf unterschiedlichsten Ebenen zu identifizieren und die entsprechenden Führungsgrößen zu definieren, die sich auf den einzelnen Mitarbeiter, einen Ausschnitt der Organisation, die gesamte Organisation oder die Einbindung in die gesamte Wertschöpfungskette vom Lieferanten über das eigene Unternehmen bis zum Kunden erstrecken. Dabei treten im Aufeinanderwirken der einzelnen Kreise an ihren jeweiligen Koppelpunkten potenzielle Schwachstellen auf, an denen Brüche hinsichtlich der Konsistenz der individuellen Zielerreichung, der Synchronizität und Rechtzeitigkeit der einzelnen Aktivitäten sowie der Integrität in Bezug auf die Erreichung der gemeinsamen Unternehmensziele auftreten können.

So verändern sich mit der Weiterentwicklung des Produktionsparadigmas mit seiner Ausrichtung auf einen Materialfluss (wo möglich) ohne Puffer sowohl das Ziehprinzip, der Kundentakt und die Null-Fehler-Produktion als auch die Ziel- und Führungsgrößen. Dort, wo zuvor Stückzahl, Auslastung oder zeitliche Dauer von Prozessschritten im Vordergrund standen, sind es jetzt Mengendurchsatz, Wiederholfrequenz von Prozessen und die zeitliche Kohärenz und Synchronizität aller unternehmensweiten Aktivitäten. Dies stellt neue Herausforderungen an die Gestaltung der häufig kaskadierten Qualitätsregelkreise mit typischerweise mehreren Führungsgrößen. Sie müssen eine hohe Reaktionsfähigkeit aufweisen, dabei aber auch einen „Qualitäts-Bullwhip-Effekt", das Aufschaukeln im Verhalten einzelner Elemente der Qualitäts- und Wertschöpfungskette aufgrund von zeitlich oder inhaltlich widersprüchlichen Informationen, vermeiden. Das Erreichen eines definierten Ergebnisses innerhalb einer an das Problem angepassten determinierten Zeit ist nur zielführend, wenn sie mit einer „phasenrichtigen" Synchronizität einhergeht. Darunter wird hier verstanden, die notwendigen und richtigen Dinge zur richtigen Zeit, ausgelöst durch ein relevantes Ereignis, zu tun – etwas, das nicht ohne eine systemische Unterstützung bewirkt werden kann.

Erfolgte die Identifikation und Bestimmung der notwendigen Führungsgrößen in einem übergeordneten Managementsystem aus der Führungsperspektive heraus, so erlaubt die Betriebsperspektive die Sicht auf Möglichkeiten der strukturellen Aus- und Neugestaltung von Prozessen, getrieben durch kurzfristig dynamische, unternehmerische Erfordernisse.

9.1 Motivation der Mitarbeiter

Die Einführung und effiziente Umsetzung eines Qualitätsmanagementsystems stellt einen Veränderungsprozess dar. Wie in Kapitel 8.5 beschrieben, sind Veränderungsprojekte nur dann erfolgreich, wenn Mitarbeiter motiviert sind, neue Arbeits- oder Vorgehensweisen auszuprobieren und anzuwenden. Der Wortstamm von Motivation „Movere" bedeutet im Lateinischen „Bewegen, Ziehen", und Motivation ist der „Antrieb zum Handeln" oder „Zustand, in dem man bereit ist, sich zu engagieren" [FISC10]. Dieser Antrieb kann aufgrund äußerer oder innerer Motive auftreten. „Extrinsisch" bedeutet, dass die Motivation und darauf folgende Handlung Ergebnis externer Belohnung sind. „Intrinsisch" wird Motivation genannt, wenn der Antrieb für eine Handlung von den Interessen einer Person kommt und selbstgesteuert ist [SPRE02].

Von diesen beiden Perspektiven kommend, folgen zunächst Hinweise für Qualitätsmanagementbeauftragte hinsichtlich ihrer Aufgabe, andere Personen für das Qualitätsmanagement zu motivieren. Hier sind vor allem stimmige Führung, geeignete Informationen und Kommunikation sowie professionelle Moderation verlangt. Daran anschließend folgen Hinweise zur Eigenmotivation, da Qualitätsmanagementbeauftragte häufig selbstorganisiert und problemlösend arbeiten müssen.

9.1.1 Motivation aufgrund stimmiger Führung

Für Führungskräfte, die keine disziplinarische Verantwortung haben, sondern fachlich führen (z. B. in Projekten), liegen zur Mitarbeitermotivation besondere Anforderungen vor. Diese Führung der horizontal und vertikal gerichteten Beziehungen ist insofern herausfordernd, als dass ein hohes Kommunikations- und Kooperationswissen, Überzeugungsfähigkeit und Durchsetzungsvermögen notwendig sind [MALI14]. Jeder Qualitätsmanagementbeauftragte kennt diese Herausforderungen aus seinem Arbeitsalltag.

Ein wesentlicher Erfolgsfaktor der Führung ist die Authentizität, die Führungskräfte für ihre Aufgabe ausstrahlen [SPRE99]. Authentizität kann u. a. (weiter-)entwickelt werden, indem das individuelle Bild für die eigene, *stimmige Führung* anhand von drei Kriterien definiert wird:

- Übereinstimmung des Handelns der Führungskraft mit eigenen Überzeugungen und der Persönlichkeit (vgl. dazu auch die unterstützenden Methoden in Kapitel 9.1.2),
- Übereinstimmung des Handelns der Führungskraft mit der aktuellen Situation (in einer Krise z. B. wird anderes Verhalten erwartet, als in einer entspannten Situation) und
- Übereinstimmung des Handelns der Führungskraft mit Rückmeldungen betroffener Personen. Die eigenen Standpunkte sind im Dialog zu überprüfen: „Die Wahrheit beginnt zu zweit" [SCHU13].

Zur Authentizität gehört, dass Führungskräfte sich aktiv mit Betroffenen von Veränderungen auseinandersetzen und Verantwortung für ihre Entscheidungen übernehmen. Werden Einwände gegen die geplanten Prozessänderungen oder die im Qualitätsmanagement zu nutzenden Tools überhört, kann es dazu kommen, dass Mitarbeiter demotiviert sind und Widerstände auftreten.

Ein Grund für Widerstände können fehlende Kompetenzen sein. Führungskräfte haben die Verantwortung, die Stärken ihrer Mitarbeiter zu erfragen und diese mit anstehenden Aufgaben in Übereinstimmung zu bringen. Der identifizierte Qualifizierungsbedarf kann anschließend mittels Weiterbildungen oder anderer organisierter Lernprozesse adressiert werden.

Weiterhin verweist Sprenger darauf, dass es eine Aufgabe von Führungskräften sei, *Demotivation* zu verhindern. Diese kann u. a. aufgrund fehlender Akzeptanz oder Wertschätzung in der Zusammenarbeit entstehen [SPRE99]. Die Ausprägungen motivationsrelevanter Faktoren im Kontext von Qualitätsmanagement können von Führungskräf-

B

ten mittels Fragebogen erhoben werden, um systematisch Handlungsfelder zu identifizieren und Maßnahmen abzuleiten [LIEB11].

Laut Birkenbihl ist „Die Vielzahl von Führungsproblemen [ist] ganz einfach darin begründet, dass Manager zu wenig Kontakt zu ihren Mitarbeitern und ihren Kunden haben“ [BIRK06]. Diesem Mangel an Kontakt können Konzepte wie das „Management by walking around“ entgegenwirken. Qualitätsmanagementbeauftragte haben dadurch die Gelegenheit, über Ideen, Maßnahmen und Resultate sowie den Beitrag der Betroffenen zum Qualitätsmanagementsystem zu berichten.

Demotivation kann außerdem vermieden werden, indem das Prinzip *Führen durch Ziele* bzw. „Management by Objectives“ angewandt wird [STRO10]. Hierbei sind bestimmte Grundregeln zu beachten, da diese besondere Auswirkungen auf die Leistungsmotivation haben [SPRE99]:

- Wenige statt viele Ziele, dafür aber solche, die etwas bedeuten, wenn man sie erreicht hat (und man sich daraufhin erfolgsmotiviert weiter engagieren kann).
- Je schwieriger die Situation, desto kurzfristiger sollten die Ziele formuliert werden: Unterteilt in kleine Schritte, die gerade noch zu bewältigen erscheinen, können große Ziele auch dann noch erreicht werden, wenn man eigentlich schon glaubte, alle Ressourcen aufgebraucht zu haben. Erfolgsmotivierte Mitarbeiter werden sich den überschaubaren – und damit in ihrem Risiko abschätzbaren – Herausforderungen stellen.

9.1.2 Information und Kommunikation

Nur mittels Kommunikation kann ein Austausch der Beteiligten über die Zielvorstellungen und eine Vereinbarung zur notwendigen, gemeinsam getragenen, weiteren Vorgehensweise im Qualitätsmanagement stattfinden. Vor diesem Hintergrund gilt das Prinzip „Betroffene zu Beteiligten machen“.

Mangelnde Kommunikation ist einer der häufigsten Gründe, der bei Mitarbeitern zu Unzufriedenheit führt [NIER13]. Mithilfe eines Kommunikationskonzepts werden Mitarbeiter systematisch einbezogen. Ergebnis einer geschäftlichen Kommunikation sollte daher ein *Commitment* sein. Der Begriff des Commitments umfasst die „Selbstverantwortung“ und „Selbstverpflichtung“ [SPRE02]. Ein Maßnahmenplan nach erfolgter Abstimmung bietet hierfür eine einfache und effektive Unterstützung.

In Kommunikationsprozessen werden die Prinzipien des Feedbacks (Geben und Nehmen) sowie des aktiven Zuhörens relevant. *Konstruktives Feedback* durch Prozesspartner und/oder Teamkollegen trägt zur persönlichen Weiterentwicklung bei.

Aktives Zuhören ist als Begriff von Carl Rogers, einem Gesprächstherapeuten, geprägt worden [SCHU03]. Im Unterschied zu einem alltäglichen Gesprächsverlauf, erfordert das aktive Zuhören, dass man seinen eigenen Standpunkt erst dann formuliert, wenn man den Standpunkt seines Gegenübers zusammenfassend wiederholt hat. Sowohl in Zweiergesprächen als auch in Teamsitzungen über komplexe Sachverhalte kann diese Methode angewendet werden, wenn die Gefahr besteht, dass Missverständnisse entstehen.

9.1.3 Moderation und Gruppendynamik

Der Einsatz vieler QM-Methoden (wie QFD, FMEA, Qualitätszirkel, KVP) beruht darauf, dass sie von Qualitätsmanagern moderiert werden. Ein Moderator sollte während der *Moderation* neutral bleiben. Neutralität bedeutet in diesem Zusammenhang, sich nicht inhaltlich einzumischen. Stattdessen fördert der Moderator die Zusammenarbeit und greift eventuelle Störungen (Ablenkung oder Konflikte zwischen einzelnen Parteien usw.) konstruktiv auf (siehe Toolbox, Kapitel 11.17).

Erfolgt eine thematische Bearbeitung von qualitätsrelevanten Themen über Methoden- und Workshopeinheiten hinaus, werden häufig Teams zu diesem Zweck zusammengestellt. Für die Gestaltung einer guten Zusammenarbeit sind Tuckmans *Phasen der Teamentwicklung* zu berücksichtigen (Abbildung 9.1-1). Jede Arbeitsgruppe und jedes Team durchläuft idealtypisch fünf Phasen und steht in diesen Phasen vor spezifischen Herausforderungen der Zusammenarbeit, die gezielt adressiert werden müssen [GELL10].

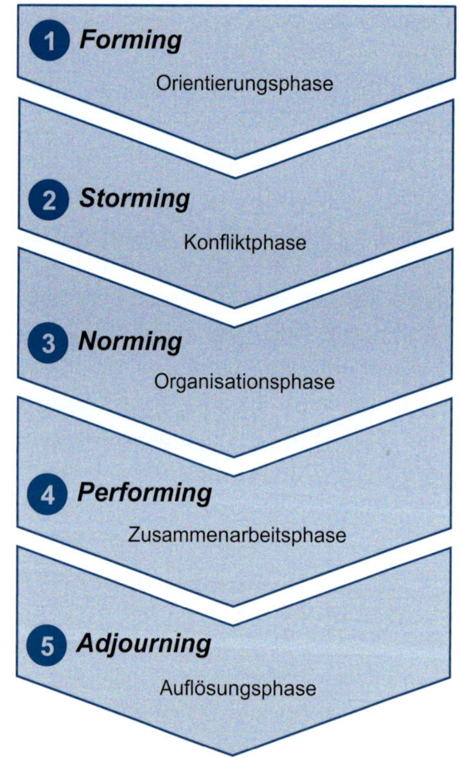

Abbildung 9.1-1 Phasen der Teamentwicklung

Die Aufgabe des Qualitätsmanagers ist es, jede einzelne Phase zu unterstützen. So kann in der ersten Phase des „Forming" eine Orientierungsgrundlage bereitgestellt werden, indem Ziele eindeutig formuliert, Erwartungen und Rollen mit den einzelnen Teammitgliedern geklärt werden, und ein gemeinsamer Projektplan erstellt wird.

In der zweiten Phase des „Storming" können Konflikte auftreten, die dadurch zustande kommen, dass die ursprünglichen Ziele durch neue Erkenntnisse relativiert werden oder einzelne Teammitglieder mit dem Vorgehen oder der Rollenverteilung nicht zufrieden sind. Hier sind die Moderationsfähigkeiten des Qualitätsmanagers von besonderer Bedeutung.

Die dritte Phase des „Norming" hat zum Ziel, alle Maßnahmen effizient einzuleiten. Hierbei nimmt der Qualitätsmanager zusätzlich die Funktion eines Projektmanagers ein, der die zeitlichen und inhaltlichen Meilensteine kontrolliert.

Nachdem das Team diese Phasen erfolgreich durchlaufen hat, befindet sich das Team in der „Performing"-Phase. Das Team ist aufeinander eingespielt und hat die Grundlage erworben, gute Lösungen zu erarbeiten. Die Aufgabe des Qualitätsmanagers in dieser Phase ist, durch solides Projektmanagement (siehe Kapitel 8.3) die erwünschte Leistung des Teams aufrechtzuerhalten.

Sobald das Team die gemeinsame Aufgabe erledigt hat, geht es in die „Adjourning"-Phase über [BONE10]. Während dieser Phase findet die Auflösung des Teams statt.

Die kritischste Phase der Teamentwicklung ist die des „Storming", in der Konflikte auftreten und gelöst werden müssen. Werden Konflikte nicht thematisiert, werden sie meistens verdeckt ausgetragen, womit die Wahrscheinlichkeit steigt, das definierte Ziel zu gefährden.

Diese Wahrscheinlichkeit wird geringer, wenn die folgende Prämisse für eine konstruktive Konfliktlösung den Konfliktparteien bekannt ist [FISH00]:

- Verhandlungsparteien sind keine Gegner, sondern Partner, die unterschiedliche Interessen aushandeln, um ein für beide Seiten befrie-

B

digendes Übereinkommen zu erlangen. Beide Parteien können dadurch ihre Ziele erreichen (das sog. *Win-win-Prinzip*).

9.1.4 Motivation als Aufgabe jedes Einzelnen

Das Wissen um die in Kapitel 9.1.1 genannte Demotivationsgefahr lässt Sprenger eine Argumentation für das „*Prinzip Selbstverantwortung*" aufbauen [SPRE02]. In dem Moment, in dem der Einzelne sich intrinsisch und aus sich selbst heraus motivieren kann, macht er sich unabhängiger von äußeren Anreizen und Umständen. Dies kann für Qualitätsmanager hilfreich sein, wenn ihre vorgeschlagenen Maßnahmen nicht direkt angenommen und befürwortet werden. Daher müssen sie die Fähigkeit haben, sich selbst zu motivieren.

Die Übernahme von Selbstverantwortung ist eine Einstellungsfrage und hängt eng mit Rahmenbedingungen der Arbeit zusammen. Das Prinzip der Selbstmotivation funktioniert dann, wenn ein Handlungsspielraum gegeben ist und Bereitschaft sowie Fähigkeit bestehen, diesen zu nutzen.

Auch Aspekte des „*Führens mit Zielen*" sind für ein Selbstmanagement – und darauf aufbauend, bessere Interaktionen mit Prozesspartnern – anwendbar [SEIW98]: Analog zu den Prozessen in einem Unternehmen, können, beginnend mit einer Vision und einem (Lebens-)Leitbild, individuelle Lebensziele formuliert werden. Seiwert schlägt einen Prozess vor, in dem Ziele „smart" (spezifisch, messbar, aktionsorientiert, realistisch und terminierbar) formuliert werden [SEIW98]. Darauf aufbauend sind Prioritäten wöchentlich effektiv zu planen, um auf „die richtigen Dinge" zu fokussieren und schließlich die Tagesarbeit effizient zu erledigen. Die regelmäßige Reflexion über eine Zielerreichung (z.B. jeden Abend) fördert die eigene Zufriedenheit, indem persönliche Leistungen nochmals bewusst verarbeitet werden.

9.1.5 Fazit

Durch die vielfältigen qualitäts- und interaktionsbezogenen Aufgaben stehen Qualitätsmanager vor den Herausforderungen, sich selbst und ihre Kolleginnen und Kollegen zur engagierten Arbeit im Sinne des unternehmerischen Qualitätsmanagements zu motivieren. Hierzu stehen dem Qualitätsmanager diverse Instrumente zur Verfügung. Moderations-, Kommunikations- und Problemlösungsfähigkeiten sind hierfür Voraussetzung. Diese befähigen zur aktiven Auseinandersetzung mit möglichen Konflikten und effektiver Zielerreichung durch das Prinzip, Betroffene zu Beteiligten machen.

9.2 Qualitätsregelkreise

Technische Regelungssysteme sind integraler Bestandteil der modernen Gesellschaft. So tritt der Mensch in seinem täglichen Leben mit zahlreichen Applikationen der Regelungstechnik in Kontakt. Geschwindigkeitsregelungen in Fahrzeugen, Temperatur- und Klimaregelungen in Gebäuden, Flugregelungen, Prozessregelungen in der Verfahrenstechnik sowie Positions- und Geschwindigkeitsregelungen von Werkzeugmaschinen und Robotern, zählen zu den wichtigsten Beispielen technischer Regelungen. Ziel einer Regelung ist es, einen sich zeitlich verändernden Prozess so zu beeinflussen, dass dieser in geforderter Art und Weise abläuft [LUNZ14].

Auch in nicht technischen Wissenschaften haben die Denkansätze der Regelungstechnik unter Begriffen, wie Systemtheorie und Kybernetik, als Querschnittsdisziplinen Einzug gehalten. Sie bilden eine weitreichende Plattform für zahlreiche Modelle und Konzepte aus den Sozial- und Wirtschaftswissenschaften, der Erkenntnis- und Kommunikationstheorie sowie der Biologie. So hält beispielsweise die Körpertemperatur bei schwankenden Umgebungstemperaturen durch Regelkreisläufe ein konstantes Niveau.

Das Qualitätsmanagement spielt im Produktlebenszyklus zunächst eine präventive Rolle. Es kommen zahlreiche Methoden zum Einsatz, die eine qualitätsgerechte Umsetzung der Kundenanforderungen in Produkte absichern. So wird z.B. durch den Einsatz der Methode Quality Function Deployment (QFD) (siehe Toolbox, Kapitel 11.22) in der Produktentwicklung die qualitätsgerechte Umsetzung von Kundenanforderungen in Produktmerkmale ermöglicht.

Eine rein präventive und damit vorwärtsgerichtete Planung und Steuerung der Qualität reicht aufgrund einwirkender externer und interner Störungen auf die Prozesse eines Unternehmens nicht aus. Der Grundgedanke geschlossener Wirkungskreisläufe findet daher zunehmend auch im Qualitätsmanagement Beachtung. Ansätze der kontinuierlichen Verbesserung, wie der PDCA-Zyklus nach Deming, Kaizen oder auch der DMAIC-Zyklus in Six-Sigma-Projekten, stellen spezialisierte und praktische Sonderformen von Qualitätsregelkreisen dar (siehe Kapitel 4). Die Auslegung und Implementierung von Qualitätsregelkreisen geht jedoch über die verbreiteten Methoden zur kontinuierlichen Verbesserung hinaus: Die wesentliche Aufgabe von Qualitätsregelkreisen ist vielmehr die Stabilisierung und Entwicklung sämtlicher Prozesse der Produktentstehung hinsichtlich qualitätsrelevanter Zielgrößen.

Das Aachener Qualitätsmanagement Modell mit seiner Quality Backward Chain, welche durch vermaschte Regelkreise auszugestalten ist, bietet einen Rahmen für die strukturierte, unternehmensweite Stabilisierung und Entwicklung der Prozesslandschaft. Um Schwingungen und unerwünschte Systemzustände, z.B. die systematische Verletzung eines Qualitätsmerkmals, zu unterbinden und Fehler nachhaltig abzustellen, werden Informationen aus den verschiedenen Phasen eines Produktlebenszyklus in die Quality Backward Chain gelenkt. Aufgabe der Quality Backward Chain ist es dann, entsprechende Maßnahmen zu definieren, diese in die verantwortlichen Prozesse der Quality Forward Chains einzusteuern und dort nachhaltig zu verankern.

Bei der Aufnahme, Verarbeitung und Allokation von Informationen müssen Qualitätsregelkreise durch ein integriertes Informationssystem unterstützt werden. Dazu werden qualitätsrelevante Daten in der zentralen Qualitätsdatenbasis gespeichert (siehe Kapitel 9.3.1.6). Durch ein geeignetes Berichtswesen können qualitätsrelevante Informationen zur Unterstützung der Entscheidungsprozesse in Regelkreisen adressatengerecht bereitgestellt werden.

Im weiteren Verlauf des Kapitels wird zunächst, in Analogie zur klassischen Regelungstechnik, die grundlegende Systematik der Qualitätsregelkreise im Aachener Qualitätsmanagement Modell vorgestellt (siehe Kapitel 9.2.1). Anschließend werden verschiedene Typen von Qualitätsregelkreisen eingeführt und anhand praktischer Anwendungsbeispiele verdeutlicht (siehe Kapitel 9.2.2). In Kapitel 9.2.3 wird eine allgemeine Vorgehensweise zur Einführung von Qualitätsregelkreisen vorgestellt.

9.2.1 Systematik von Qualitätsregelkreisen

Das Ziel einer Regelung im Allgemeinen ist es, bestimmte Größen an vorgegebene Sollwerte anzugleichen. Die zu regelnden Größen sollen dabei den Änderungen der Sollwerte möglichst gut folgen, während auf den Prozess einwirkende Störungen, die zu regelnden Größen möglichst wenig beeinflussen.

Dieses Ziel hat für die Systemstruktur weitreichende Folgen: Während die Steuerung durch einen offenen Wirkungsweg charakterisiert ist, bei dem die Ausgangsgrößen nicht fortlaufend und

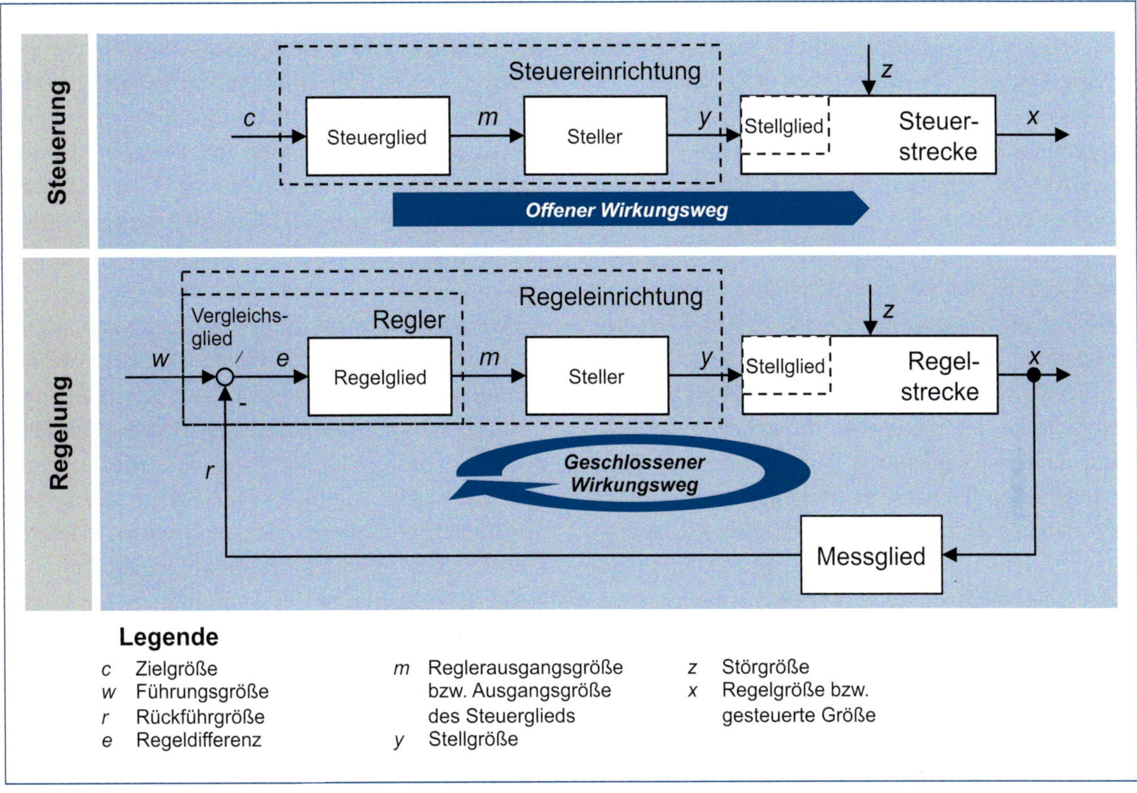

Abbildung 9.2-1 Modell des Regelkreises

nicht wieder über dieselben Eingangsgrößen auf sich selbst wirken, setzt die Regelung den fortlaufenden Abgleich von Soll- und Istwerten sowie die Rückführung der daraus abgeleiteten Informationen voraus, um auf dieser Basis Entscheidungen über ggf. erforderliche Eingriffe in Prozesse zu treffen (Abbildung 9.2-1). Lunze bezeichnet ebendiese Rückkopplung von Informationen als das wichtigste Grundprinzip der Regelungstechnik [LUNZ14].

Herleitung von Qualitätsregelkreisen aus der Regelungstechnik

Das grundlegende Modell der Regelungstechnik aus Abbildung 9.2-1 ist prinzipiell auch auf das Qualitätsmanagement übertragbar. So lassen sich durch die Einführung geschlossener Qualitätsregelkreise komplexe Organisationsinteraktionen und Informationsflüsse mit dem Ziel einer effizienten Qualitätsregelung strukturieren.

Zur näheren Beschreibung von Regelungsstrukturen sind die Bezeichnungen aus der DIN IEC 60050-351 [DIN14], dem Nachfolgedokument der mittlerweile zurückgezogenen DIN 19226 [DIN94], maßgeblich.

Die *Regelstrecke* ist der Teil eines Systems (z.B. ein Prozess), dessen Ausgangsgröße gezielt beeinflusst wird. Dies erfolgt, indem eine oder mehrere Stellgrößen verändert werden. Das Verständnis der Regelstrecke, ist im Qualitätsmanagement gegenüber der klassischen Regelungstechnik deutlich zu erweitern. Unter einer Regelstrecke, sind hier nicht nur rein technische und physikalische Abläufe zu verstehen, sondern alle Aktionen oder Tätigkeiten, die Einfluss auf die Produktentstehung nehmen. Hierzu gehören beispielsweise Tätigkeiten der Planung, Konstruktion, Fertigung, Montage, Datenerfassung oder Prüfung. Im Fokus der Regelstrecke können somit je nach Systemdefinition Menschen, Maschinen bzw. Technologieprozesse, Methoden, Material und Produkte sowie die Arbeitsumwelt (z.B. in Form von Temperatur, Luftfeuchtigkeit, Sauberkeit etc.) stehen.

Die *Regelgröße (x)* ist die Ausgangsgröße der Regelstrecke. Sie soll durch die gezielte Veränderung einer oder mehrerer Stellgrößen auf einem vorgegebenen konstanten Wert gehalten werden bzw. einer geforderten Sollwertänderung asymptotisch folgen. Bezogen auf das Qualitätsmanagements entspricht sie der generierten Qualität (Produkt-, Prozess- oder Systemqualität) als messbare Ausgangsgröße einer Tätigkeit.

Der *Sensor* (nach DIN IEC 60050-351: Messglied) hat die Aufgabe, eine veränderliche Ausgangsgröße in ein geeignetes Messsignal umzusetzen. Im Qualitätsregelkreis übernimmt dieses Element die Funktion der Erstellung und Filterung qualitätsrelevanter Informationen aus den Ausgangsdaten der Regelstrecke. Der Sensor dient somit der Überwachung der Qualität und deren Transformation in eine geeignete *Rückführgröße (r)*. Je nach Festlegung der zu regelnden Strecke existiert eine Vielzahl potenzieller Qualitätssensoren. Das Spektrum reicht von automatisierten Inline-Prüfprozessen über Mitarbeiterbefragungen und Audits bis hin zur Aufnahme von Beanstandungen und Kundenreklamationen.

B

Die *Führungsgröße (w)* legt den Sollwert der Regelgröße fest. Im Qualitätsregelkreis können der Führungsgröße die in der Qualitätsplanung definierten Qualitätsforderungen zugeordnet werden. Hierzu müssen Qualitäts-, Fertigungs- oder Prüfmerkmale während der Qualitätsplanung ausgewählt, klassifiziert und gewichtet werden.

Die *Regeleinrichtung* ist eine Funktionseinheit, die Rückführ- und Führungsgröße miteinander vergleicht und aus deren Differenz die Stellgröße bildet. Im Qualitätsmanagement hat die Regeleinrichtung die Aufgabe, die gefilterten und bewerteten Informationen aus dem Sensor vor dem Hintergrund der vorgegebenen Führungsgrößen zu bewerten und zu interpretieren. Auf dieser Grundlage werden Entscheidungen über Maßnahmen getroffen.

Die *Stellgröße (y)* ist die Größe, durch deren gezielte Veränderung die Regelgröße über die Regelstrecke beeinflusst werden kann. Als Ausgangsgröße der Regeleinrichtung resultiert sie aus dem Vergleich von Sollgrößen und Rückführungsgrößen, also dem Abgleich zwischen Qualität und Qualitätsanforderungen. Sie repräsentiert die angeordneten Maßnahmen im Qualitätsregelkreis.

Die Rückkopplung der Stellgröße in die Regelstrecke findet über *Stellglieder* statt. Stellglieder verändern die Arbeitsweise der Regelstrecke gemäß der Vorgaben des Reglers. Das Stellglied ist definitionsgemäß Teil der Regelstrecke. In einem Qualitätsregelkreis ist es Aufgabe des Stellgliedes, Maßnahmen an den richtigen Stellen in die Quality Forward Chains einzusteuern und deren Umsetzung abzusichern. Die Erweiterung einer FMEA durch die Aufnahme zusätzlicher Fehlerbilder aus vorigen Produktgenerationen oder die Umsetzung konstruktiver Änderungen zur Behebung eines Qualitätsproblems sind denkbare Beispiele für die Aufgaben eines Stellgliedes im Qualitätsregelkreis.

Ausgenommen der Stellgröße(n) ist jede weitere Größe, die auf die Regelstrecke wirkt, eine *Störgröße (z)*. Störgrößen sind ungeplante und veränderte Einwirkung der 7 M (Mensch, Maschine, Material, Management, Messbarkeit, Mitwelt und Methoden) auf die Regelstrecke. Sie beeinflussen das tragende Qualitätsmerkmal der Regelstrecke.

Abbildung 9.2-2 überträgt die vorgestellten Definitionen in das Gesamtbild des Aachener Qualitätsmanagement Modells. Die aufbau- und ablauforga-

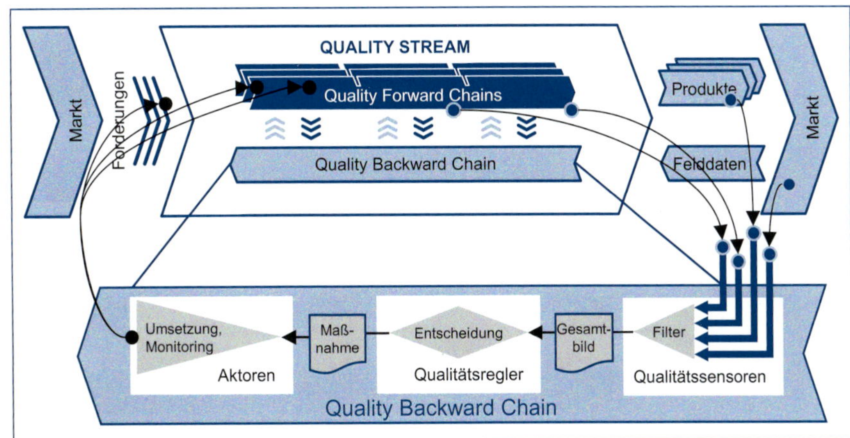

Abbildung 9.2-2 Qualitätsregelkreise im Aachener Qualitätsmanagement Modell

nisatorische Ausgestaltung der Quality Backward Chain erfolgt in Anlehnung an die aufgezeigten Begrifflichkeiten der Regelungstechnik durch Einführung der Module *Sensor*, *Regler* und *Aktor* [BEAU11]. Um eine wirksame Regelung zu gewährleisten, muss der Qualitätsregelkreis geschlossen werden. Hierzu müssen die unterschiedlichen Module verschiedene Aktivitäten und Aufgaben erfüllen. Für die Einführung von Qualitätsregelkreisen in Unternehmen bietet es sich an, auf etablierte Referenzprozesse zurückzugreifen und diese unternehmens- und anwendungsfallspezifisch zu adaptieren [SCHM12].

Gütekriterien einer Qualitätsregelung

Allgemeine Forderungen an das Verhalten eines Regelkreises lassen sich in vier Gruppen unterteilen, anhand derer die Güte der Regelung beurteilt wird [LUNZ14]:

- Stabilität,
- Störkompensation und Sollwertfolge,
- Dynamik und
- Robustheit.

Die *Stabilität* ist die Hauptanforderung der Regelungstechnik, der sich alle weiteren Gütekriterien unterordnen. Als ein einfaches Kriterium gilt die Bibo-Stabilität: auf ein begrenztes Eingangssignal (bounded input) reagiert das System mit einem begrenzten Ausgangssignal (bounded output) Instabile Regelkreise können zu unkontrollierten Schwingungen und zu einem Versagen des Systems führen.

Abbildung 9.2-3 zeigt ein Beispiel dafür, wie ein zunächst leicht schwingendes, stabiles System durch eine ungünstige Einstellung der Regelung aus dem Gleichgewicht gebracht werden kann [BEER94]. Auf die anregenden Schwingungen der Regelstrecke reagiert der Reglcr mit dem entsprechenden gegenläufigen Signal. Bei einer zeitlich verzögerten, gegenphasigen Rückkopplung der Stellgröße von t = 1 würde der Regelkreis jedoch mit seinem Verhalten das Überschwingen des Systems verursachen. Die Regelung verstärkt also die Schwingungen des Systems, anstatt sie zu dämpfen.

Die *Störkompensation* und *Sollwertfolge* stellt die langfristige Güte der Regelung sicher. Sie fordert, dass eine Regelgröße nach Einwirken einer Störung durch die Regelung wieder den Wert der Führungsgröße im eingeschwungenen Zustand annimmt.

Im Gegensatz zur Störkompensation betrachtet die *Dynamik* die unmittelbare Systemantwort nach einer aufgetretenen Störung bzw. einer Verände-

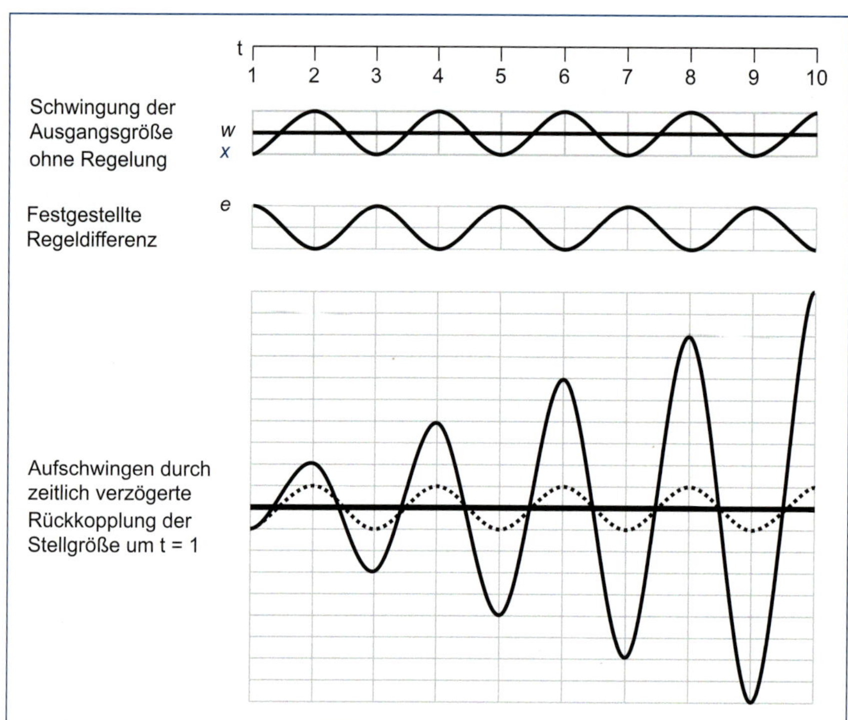

Abbildung 9.2-3
Instabiles System durch zeitlich verzögerte Rückkopplung der Stellgröße

rung der Führungsgröße. Im Wesentlichen bemisst dieser Güteparameter Zeiten, die das System nach einer eingetretenen Veränderung von Stör- oder Führungsgröße benötigt, um gewisse Vorgaben, hinsichtlich der Regelabweichung, zu erfüllen.

Zuletzt wird mit der *Robustheit* ein Gütekriterium eingeführt, welches die Empfindlichkeit des Systems gegenüber Parameter- und Systemveränderungen bewertet. Die Robustheit trifft eine Aussage darüber, inwiefern die Forderungen nach Stabilität, Störkompensation und Sollwertfolge sowie Dynamik trotz Unsicherheiten im Regelstreckenmodell erfüllt werden.

Das regelungstechnische Zielsystem lässt sich in der Regel nicht unmittelbar auf Qualitätsregelkreise übertragen. Zwar sollen Qualitätsregelkreise hinsichtlich ihres Potenzials, die Qualität auf einem gleichmäßigen Niveau zu halten, bewertet werden. Allerdings kann Qualität als relatives Konstrukt, das durch den Erfüllungsgrad gegenüber Forderungen charakterisiert ist, keinen Wert größer als 100% einnehmen. Qualitative Einbußen an einem vorherigen Produkt oder Prozessschritt lassen sich also nicht durch ein „Mehr" an Qualität zu einem späteren Zeitpunkt ausgleichen. Die sogenannte Regelreserve ist also Null und dadurch einseitig begrenzt. Daher werden für den Anwendungszweck Ersatzgrößen gewählt, die dem gewünschten Aspekt der Qualität Rechnung tragen sollen. Im Produktionsumfeld sind dies z.B. Durchlaufzeiten, Liefertreue, Ausbeute, Puffergröße, Fehleranzahl, finanzielle Kenngrößen oder auch Umsetzungsgrade geplanter Verbesserungsmaßnahmen. Reaktionszeiten des Systems, Anpassungsgeschwindigkeiten sowie Nachhaltigkeit und Wirksamkeit umgesetzter Maßnahmen sind laufend zu evaluieren.

Der Eingriff in unternehmerische Qualitätsregelkreise darf niemals vorschnell und unüberlegt erfolgen. Ist die Instabilität des Systems einer Eingrößen-Regelung im Beispiel noch leicht nachvollziehbar, verlangen komplexere sozio-technische Systeme, wie Unternehmen und Organisationseinheiten, zunächst ein weitreichendes System- und Modellverständnis, um schädliche Auswirkungen bei Eingriffen in die unternehmerischen Regelungsmechanismen ausschließen zu können.

9.2.2 Anwendungen von Qualitätsregelkreisen

In diesem Kapitel sollen Realisierung, Einsatzbereiche und Zielsetzungen von Qualitätsregelkreisen anhand einiger Anwendungsbeispiele aus der Praxis verdeutlicht werden. Zur besseren Strukturierung werden vier Typen von Regelkreisen unterschieden (Abbildung 9.2-4):

- maschineninterne Regelkreise
- maschinennahe Regelkreise
- ebeneninterne Regelkreise
- ebenenübergreifende Regelkreise

Im Folgenden werden diese vier Typen näher erläutert.

Maschineninterne Qualitätsregelkreise

Maschineninterne Qualitätsregelkreise greifen die zur Regelung benötigten Informationen unmittelbar an der Maschine bzw. an deren Komponenten ab. Solche Regelkreise sind gut automatisierbar, wenn der Zusammenhang zwischen Regel- und Stellgrößen eindeutig beschrieben werden kann. Sie sind bei allen NC-Systemen Stand der Technik.

Eine gängige Lösung zur Ausgestaltung eines maschineninternen Qualitätsregelkreises spiegelt sich z.B. in der Lageregelung des Vorschubs einer Werkzeugmaschine wider (Abbildung 9.2-5). Es handelt sich um das Gerätebild einer kontinuierlichen Regelstrecke mit zeitdiskretem Regler. Das dynamische Verhalten der kontinuierlichen Regelstrecke, hier eines Vorschubantriebs, spiegelt sich in dessen konstruktiver Auslegung wider. Steifigkeit, Masse, Massenträgheitsmoment und Dämpfung der

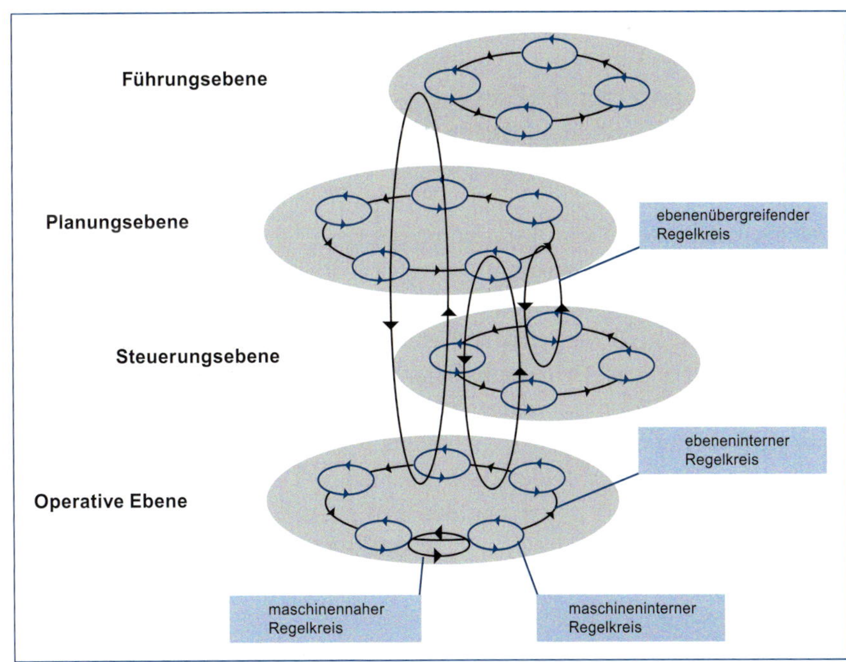

Abbildung 9.2-4
Regelkreistypen

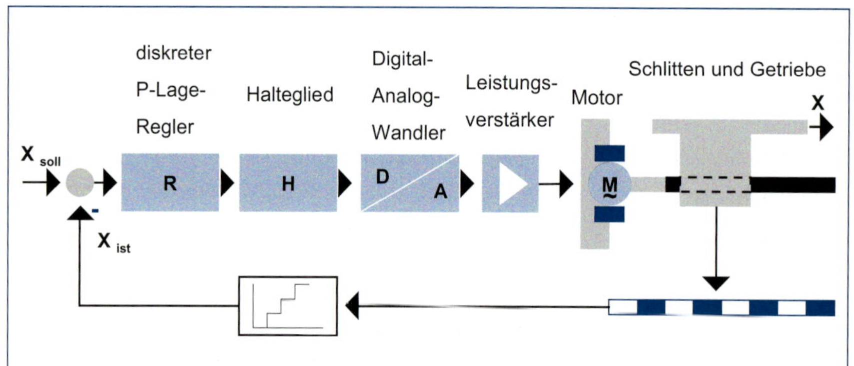

Abbildung 9.2-5 Maschineninterner Regelkreis am Beispiel eines Vorschub-Lageregelkreises

einzelnen Komponenten beeinflussen das Gesamtverhalten der Regelstrecke. Die Lage des Schlittens wird über einen inkrementellen Wegaufnehmer erfasst, mit der Solllage verglichen und die festgestellte Differenz einem zeitdiskreten Regler zugeführt. Dessen digitales Ausgangssignal wird in ein analoges Signal gewandelt und über einen Leistungsverstärker dem Motor zugeführt. Dieser übernimmt die Lagekorrektur des Maschinenschlittens.

Des Weiteren sind in der Gruppe der maschineninternen Qualitätsregelkreise auch solche Systeme zu nennen, die bereits auf der Maschine eine Erfassung, z.B. geometrischer Qualitätskenngrößen am Produkt, ermöglichen und mittels dieser Informationen eine Regelung durchführen.

Ein weiteres Beispiel für eine maschineninterne Qualitätsregelung liefert die Betrachtung eines spanenden Bearbeitungsprozesses. Ein wesentlicher Parameter zur Beurteilung und Optimierung ist hierbei der Abnutzungsgrad der verwendeten Werkzeuge. Die Kontrolle erfolgt in der Praxis häufig manuell durch den Maschinenbediener. So werden etwa bei Austausch eines Fräsers in bestimmten Zeitintervallen eine Sichtprüfung mittels Messlupe und eine Kalibrierungsmessung auf Länge und Radius des Werkzeugs durchgeführt. Über den Abgleich mit Solldaten erfolgen schließlich die Korrektur des Fräserradius in der Werkzeugtabelle der Steuerung sowie eine Abschätzung der verbleibenden Standzeit des Werkzeugs anhand des abgelesenen Verschleißes [WECK06]. Durch Einsatz eines optoelektronischen Messsystems lässt sich dieser Überwachungsvorgang automatisieren und in einen Qualitätsregelkreis einbinden. Regelgröße ist hier der Verschleiß an den Schneiden, welcher mittels digitaler Bildverarbeitung direkt erfasst werden kann, wenn das Werkzeug nicht im Einsatz ist. Eine anschließenden Klassifikation des Verschleißtyps sowie die ortsaufgelöste Beschreibung des Verschleißes liefern schließlich die Informationen zur Rekonstruktion der geometrischen Daten, welche zur Kompensation des Verschleißes wieder in das NC-Programm eingespeist werden und eine verschleißbezogene Optimierung der Werkzeugwechsel ermöglichen.

Die Online-Überwachung eines Fräsprozesses in einem Bearbeitungszentrum ist ein weiteres Beispiel für einen maschineninternen Qualitätsregelkreis [WECK06, WIEG01]. Die Prozessüberwachung kann hierbei anhand einer in die Spindel integrierten Momenten-, Kraft- und Beschleunigungssensorik sowie auch auf Basis der Signale digitaler Antriebe, verknüpft mit NC-Satz- und Steuerdaten, erfolgen. Die so gewonnenen Daten werden vom System ausgewertet und erlauben Rückschlüsse auf den Prozesszustand sowie die Qualität des Werkzeugs. Bedingt durch die Online-Messung der Prozesssignale verfügt das System über eine hohe Reaktionsfähigkeit und kann bei Störungen im Prozessablauf, wie etwa der unbeabsichtigten Kollision zwischen Werkzeug und Werkstück oder Schneidkantenausbrüchen, unverzüglich entsprechende Gegenmaßnahmen einleiten, um größere Folgeschäden zu vermeiden.

Die Beispiele machen deutlich, dass die Bandbreite maschineninterner Qualitätsregelkreise sehr groß ist und eng mit der industriellen Messtechnik verbunden ist.

Maschinennahe Qualitätsregelkreise

Bei maschinennahen Qualitätsregelkreisen wird die Ausgangsgröße (das relevante Qualitätsmerkmal des Prozesses) erst dann erfasst, wenn das Produkt den Prozess bereits verlassen hat. Unerwünschte Abweichungen des Qualitätsmerkmals von einem definierten Sollzustand bewirken, dass auf Basis der Prüfergebnisse verbessernde Maßnahmen eingeleitet werden. Da der Zusammenhang zwischen Ausgangsgröße und Stellgröße oft nicht eindeutig beschrieben werden kann, setzt der Regelprozess ein hohes Maß an Wissen über den Prozess voraus und wird meist von erfahrenem Fachpersonal durchgeführt. Ansätze zur Automatisierung solcher Regelkreise liegen z.B. im Einsatz von Expertensystemen.

Als Beispiel für diesen Regelkreistyp sei hier auf einen Prozess zur Galvanisierung heizbarer Automobilheckscheiben verwiesen [PFEI90]. Bei diesem hier stark vereinfacht dargestellten Prozess wird die Maske für Heizdrähte im Siebdruckverfahren auf die Scheibe aufgebracht, woraufhin die Scheiben galvanisiert werden (Abbildung 9.2-6). Im Anschluss an das Galvanikbad werden Stichproben entnommen. Bei den zu prüfenden Scheiben wird der elektrische Widerstand der Heizdrähte gemessen. Aus den Messwerten werden dann entsprechend der statistischen Prozessregelung (siehe Kapitel 7.5.5) die Regelkartenparameter Mittelwert () und Streuungs- bzw. Spannweite (R) errechnet.

Der Verlauf der Mittelwerte und Spannweiten gibt dem Anlagenführer bei der Analyse der Karte Hinweise auf mögliche Einflüsse von Störgrößen. Werden Störungen entdeckt, so wird der Prozess gestoppt und die Ursache für die Störung ermittelt. Im Beispiel bedurften die Einstellparameter des Galvanikbades aufgrund einer Störung sowie einer dadurch ausgelösten Überschreitung der oberen Eingriffsgrenze des -Wertes einer Korrektur. Um den Prozess wieder in einen stabilen Zustand zurückzuführen, ist der Ursachenparameter (z.B. Stromstärke oder Spannung) nachzustellen. Die Regelung erfolgt innerhalb der zulässigen Fertigungstoleranzen, sodass trotz Überschreiten ei-

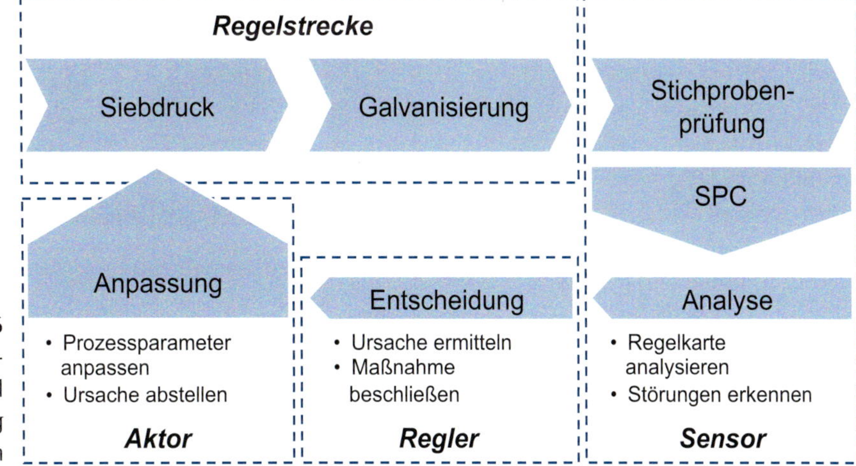

Abbildung 9.2-6 Maschinennaher Qualitätsregelkreis am Beispiel der Galvanisierung heizbarer Heckscheiben

ner Eingriffsgrenze für den Mittelwert keine Ausschussteile produziert werden.

Der Beschluss geeigneter Maßnahmen setzt ein hohes Maß an Wissen über die Prozesszusammenhänge voraus, um gezielt auf das Auftreten von Störungen reagieren zu können. Es empfiehlt sich deshalb, Ursachen und Maßnahmen in einer geeigneten Form zu dokumentieren, um später Hilfestellung beim Auftreten neuer Störungen leisten zu können. Von besonderer Bedeutung ist es, diese Informationen so abzulegen, dass sie unmittelbar abrufbar sind und auch von übergeordneten Stellen genutzt werden können.

Ebeneninterne Qualitätsregelkreise

Ebeneninterne Qualitätsregelkreise regeln Vorgänge innerhalb einer Unternehmensebene und Organisationseinheit. Sonderformen hiervon sind auch die bereits erläuterten maschineninternen und maschinennahen Qualitätsregelkreise der operativen Ebene. Zu deren Realisierung ist es erforderlich, dass sich jeder Prozess einer Organisationseinheit als Kunde vorgelagerter Prozess versteht. Denn nur, wenn vorgelagerte Prozesse die Qualitätsforderungen erfüllen, sind nachfolgende ebenfalls dazu in der Lage.

Der Mechanismus eines derartigen Qualitätsregelkreises wird durch die Betrachtung der Schnittstelle zwischen zwei Produktionsbereichen eines Unternehmens deutlich (Abbildung 9.2-7). Der im Fertigungs- und Materialfluss vorgelagerte Bereich ist unternehmensinterner Lieferant des nachgelagerten Bereichs. Im vorliegenden Beispiel handelt es sich um eine „Presserei“, die der „mechanischen Bearbeitung“ aus Stangenmaterial gepresste Rohlinge liefert. Wesentlich für die Funktionsfähigkeit eines Qualitätsregelkreises ist hier die Anwendung und Beachtung des internen Kunden-Lieferanten-Prinzips. Nur wenn sich der vorgelagerte (d. h. der liefernde) Prozess seiner Verantwortung bzgl. der zu liefernden Qualität bewusst ist, sind die Voraussetzungen für eine qualitätsgerechte Produktion in nachfolgenden Produktionsbereich gegeben. Gerade aber die Festlegung verbindlicher Vereinbarungen zwi-

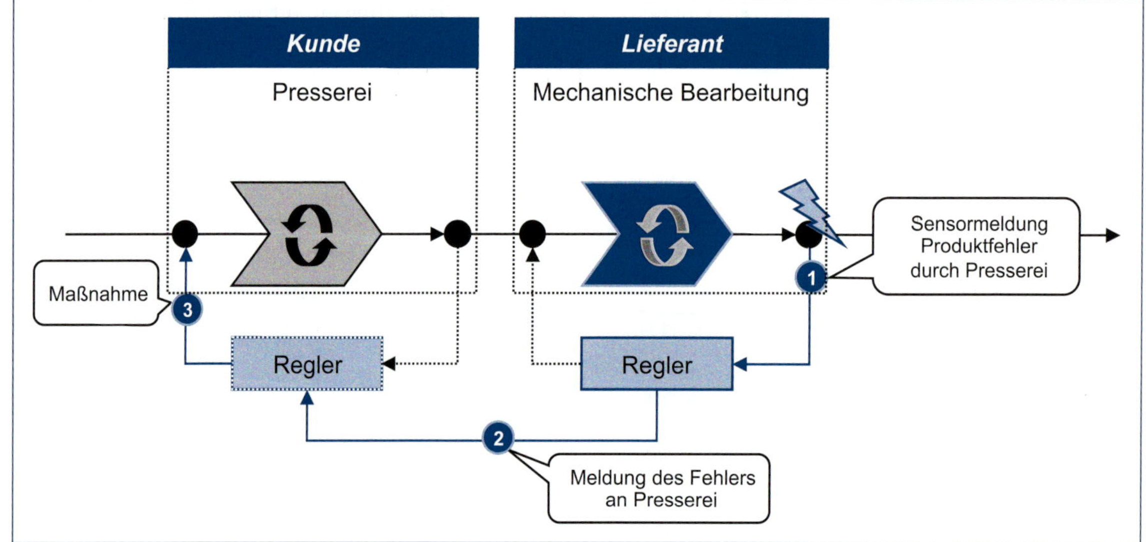

Abbildung 9.2-7 Ebeneninterner Qualitätsregelkreis am Beispiel der internen Kunden-Lieferanten-Beziehung

schen verschiedenen Abteilungen und Funktionsbereichen eines Unternehmens stößt in der betrieblichen Praxis oft auf Widerstände.
Das Schließen ebeneninterner Qualitätsregelkreises erfolgt durch Rückmeldung über mängelbehaftete Lieferungen des nachfolgenden Produktionsbereichs an die Presserei. Erst hierdurch wird der liefernde Bereich in die Lage versetzt, seine Qualitätsfähigkeit – so wie sie der interner Kunde versteht – zu erkennen und Maßnahmen zur Verbesserung einzuleiten. Die Rückkopplung im ebeneninternen Qualitätsregelkreis geschieht dabei heute häufig über den „kleinen Dienstweg" und ist oft mit gegenseitigen Schuldzuweisungen verbunden. Die Standardisierung der Prozesse und Informationskanäle im Fehlerabstellprozess und die Entwicklung der Unternehmenskultur hinsichtlich des konstruktiven Umgangs mit Fehlern sind hier geeignete Gegenmittel.

Ebenenübergreifende und vermaschte Qualitätsregelkreise

Je nach Anordnung der Übertragungsglieder und Definition des Systems ist es möglich, die Kernelemente des Qualitätsregelkreises miteinander zu kombinieren. In der Qualitätsregelung geschieht dies über die *Vermaschung*, also die Kombination und Vernetzung, verschiedener Regelkreise.

Dabei unterscheiden sich die Regelkreise nach der Anzahl beteiligter Organisationseinheiten und der Reichweite ihrer Rückkopplung. Umfassende Regelkreise schließen kleinere Regelkreise ein und überwachen somit ihre Funktionalität. Die umfassenden Regelkreise können nach festzulegenden Abläufen in die Systematik der Sensoren, Regler und Stellglieder kleiner Regelkreise korrigierend eingreifen und das Übertragungsverhalten anpassen.

Ebenenübergreifende Regelkreise sind typischerweise nicht an die Grenzen von Organisationseinheiten, Kostenstellen oder Hierarchien gebunden. Sie sind mit den maschineninternen, -nahen und ebeneninternen Regelkreistypen vermascht.

Ein einfaches Beispiel einer ebenenübergreifenden Qualitätsregelung in der Fertigung soll die Systematik vermaschter Regelkreise verdeutlichen (Abbildung 9.2-8).

Die Herstellung des Beispielerzeugnisses umfasst vier Produktionsabschnitte:

- Einzelteilfertigung
- Kunststofffertigung
- Vormontage
- Endmontage

Jeder Produktionsabschnitt führt am Ende eine Stichprobenprüfung seiner Erzeugnisse durch, bevor die Komponenten an den nachgelagerten Bereich weitergegeben werden. Eine zentrale End of Line-Prüfung vor dem Versand prüft ebenfalls stichpunktartig die Funktion des Produkts aus Kundensicht. Stellt ein Qualitätssensor des umfassenden Regelkreises einen Fehler fest, wird sofort ein Fehlerabstellprozess mit der Auswahl und Implementierung geeigneter Maßnahmen durch den Regler angestoßen. Darüber hinaus wird eine 100-%-Prüfung des Qualitätsmerkmals im Qualitätsregelkreis des verursachenden Produktionsbereichs angeordnet. Die Funktion des lokalen Sensors im betroffenen Abschnitt wird somit durch den großen Regelkreis adaptiert. Wurde die Maßnahme erfolgreich umgesetzt, also in ihrer Wirksamkeit bestätigt, wird wiederum ein Zeichen an den entsprechenden Sensor, also die Produktionsabschnittsprüfung, übergeben, den Prüfumfang zu reduzieren. Die Verantwortlichen des End of Line-Regelkreises können neben der Fehlerbehebung in den unterschiedlichen Produktionsabschnitten auch auf weitere Regelstrecken, z. B. die Konstruktion und Entwicklung oder die Arbeitsvorbereitung, wirken. Gerade bei langlebigen Serienprodukten werden schwerwiegende bzw.

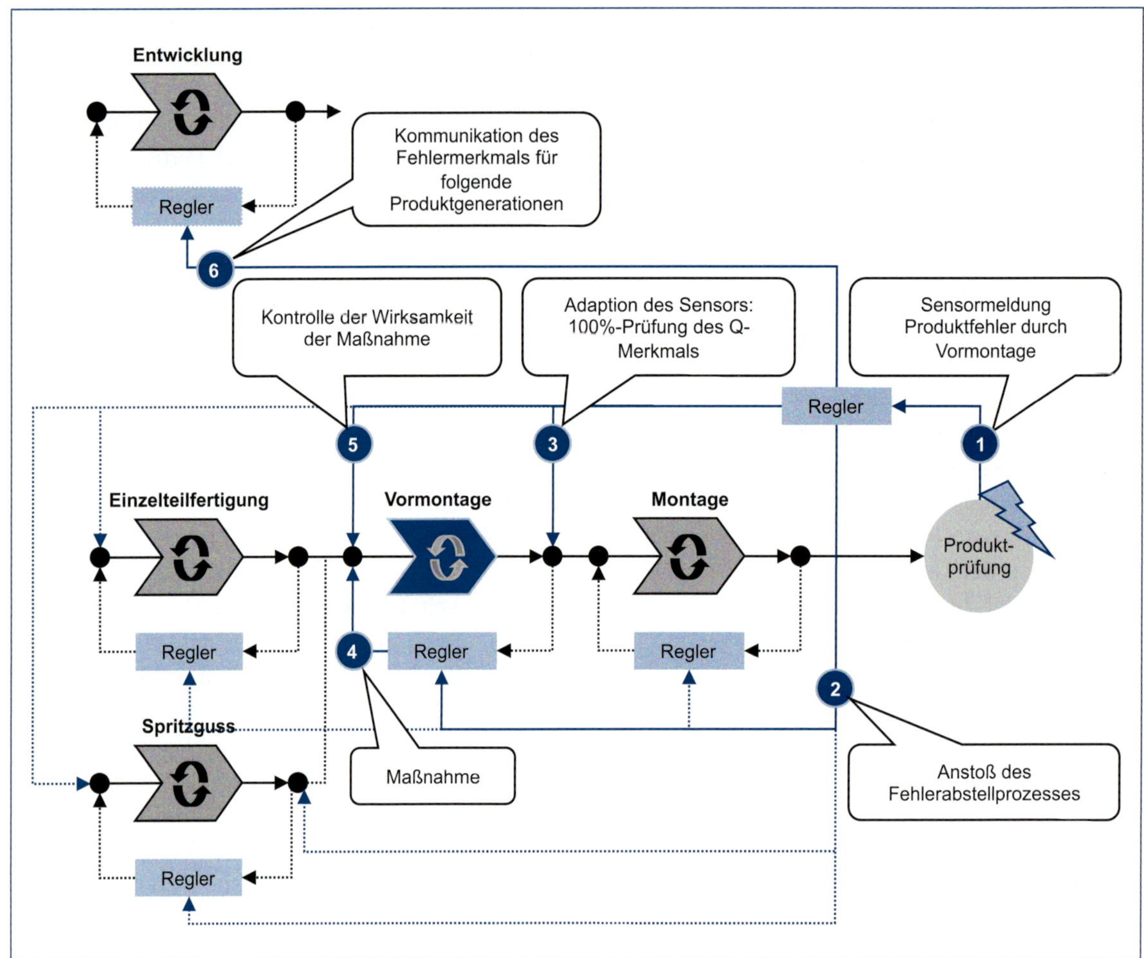

Abbildung 9.2-8 Vermaschte Qualitätsregelkreise

wiederkehrende Probleme in der Produktion zu Konstruktionsänderungen führen, die dann in die laufende Produktion einfließen. Darüber hinaus lassen sich durch eine Informationsrückführung in die Entwicklung, ähnliche Probleme in folgenden Produktgenerationen oder bei verwandten Produkten effizient vermeiden.

9.2.3 Implementierung von Qualitätsregelkreisen

Die im Unternehmen verfügbaren funktionalen Bereiche sowie die Aktivitäten des Qualitätsmanagements müssen so ausgestaltet werden, dass sie als Regelstrecken und Regelmechanismen unter Einbeziehung der Qualitätsdatenbasis zu einem System von Qualitätsregelkreisen integriert werden können. Die allgemeine Vorgehensweise lässt sich in vier Schritte gliedern:

- Definition der Regelstrecken, Sensoren, Regler und Stellglieder
- Bilanzierung der Regler und Regelstrecken
- Prozess- und Strukturreorganisation der Regelungsmechanismen
- Integration über die Qualitätsdatenbasis

In der Definitionsphase werden die Regelstrecken gegeneinander abgegrenzt und das Anwendungsspektrum der Regler beschrieben. Hierzu wird eine Bilanzhülle um die jeweilige Komponente gelegt und eine Analyse der Funktionen durchgeführt. Das Ergebnis dieser Definitionsphase ist eine Aufstellung von Regelstrecken, denen geeignete Sensoren, Regler und Stellglieder gegenübergestellt werden.

Im zweiten Schritt wird eine Bilanzierung der Komponenten durchgeführt, die das Ziel verfolgt, eine Prozesslandschaft der Regelmechanismen aufzustellen und die informationstechnische Verknüpfung vorzubereiten. Hierzu werden die Prozesse und Informationsflüsse der Regelstrecken, Sensoren, Regler und Stellglieder analysiert. Dabei werden die Datenelemente ermittelt, die zur Erfüllung der Funktion benötigt werden. Diese werden, bezogen auf den Regler oder die Strecke, als Eingangsdaten und Ausgangsdaten untersucht. Die Quellen und Senken der einzelnen Datenelemente werden ermittelt.

Im dritten Schritt erfolgt die Reorganisation der bilanzierten Regelkreisstrukturen. Dies umfasst die Gestaltung und Entwicklung eines Sollkonzepts für Prozesse und Strukturen der Sensoren, Regeleinrichtungen und Stellglieder. Dabei sind Schwachstellen aus der Bilanzierung durch Veränderung der Prozesse und Informationsflüsse möglichst vollständig zu beseitigen.

Auf Grundlage der optimierten Strukturen und Abläufe erfolgt die Festlegung der Inhalte der Qualitätsdatenbasis (siehe Kapitel 9.3.1.6) sowie der

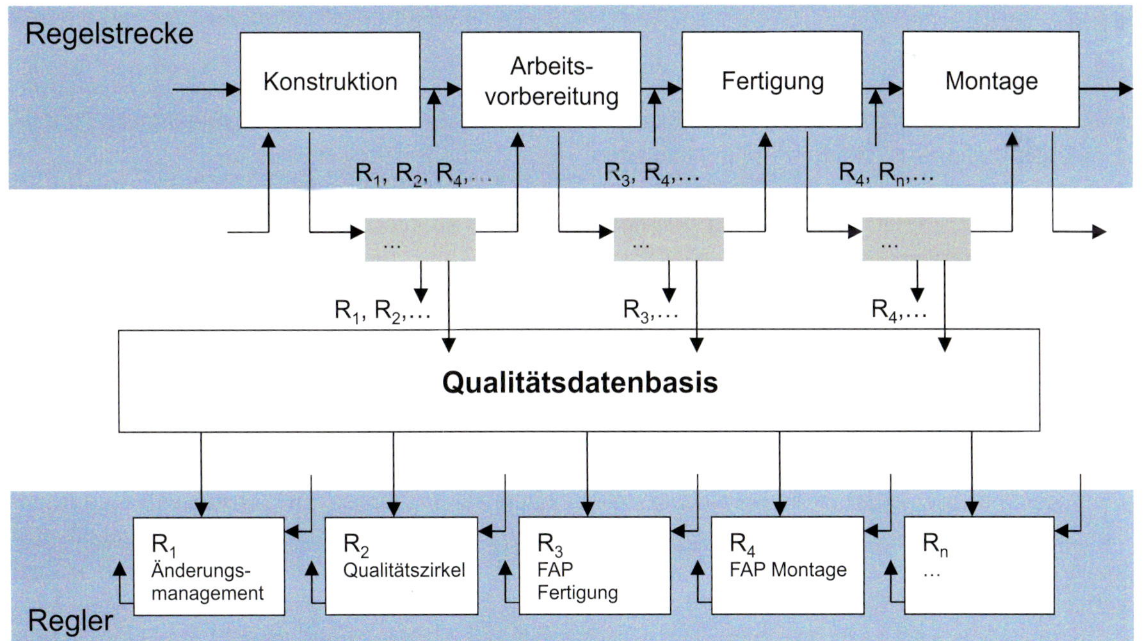

Abbildung 9.2-9 Integrierte Qualitätsregelkreise

9

erforderlichen Zugriffswege und -berechtigungen. Über eine gemeinsame Qualitätsdatenbasis lassen sich verschiedene Regelkreismodule miteinander vernetzen. Diese Integration ermöglicht es, ein System aufzubauen, das alle oben beschriebenen Arten von Qualitätsregelkreisen verknüpft. Dabei ergibt sich ein Modell vermaschter Qualitätsregelkreise (Abbildung 9.2-9).

Der standardisierte Daten- und Informationsfluss einer Regelstrecke besteht aus Eingangsinformationen (z.B. aus anderen Regelstrecken), die transformiert werden und der Erzeugung von Ausgangsinformationen dienen. Regler beziehen ihre Eingangsdaten entweder direkt aus den entsprechenden Regelstrecken oder indirekt über die Qualitätsdatenbasis. Die Ausgangsdaten des Reglers werden direkt an die Regelstrecke weitergegeben. Gleichzeitig legen die Regler Informationen in der Qualitätsdatenbasis ab, die von den anderen Reglern genutzt werden können.

9.2.4 Fazit

Die Lenkung von Geschäftsprozessen hinsichtlich qualitätsrelevanter Zielgrößen ist das übergeordnete Ziel von Qualitätsregelkreisen im Rahmen eines reaktiven Qualitätsmanagements. Deren strukturierte Gestaltung erfolgt unter Nutzung von Analogien aus der Regelungstechnik. Durch die Kombination der Regelkreiselemente (Sensor, Regler und Stellglied bzw. Aktor) kann der Wirkungsweg einer Regelstrecke vollständig beschrieben und geschlossen werden.

Je nach Definition der Systemgrenze, respektive der Regelstrecke, werden verschiedene Typen – maschineninterne, -nahe sowie ebeninterne und -übergreifende Qualitätsregelkreise – unterschieden, deren Funktionsweise anhand von Praxisbeispielen verdeutlicht wurden.

Die Implementierung von Qualitätsregelkreisen folgt einer vierstufigen Vorgehensweise, in der zunächst die Prozesse entsprechend der Regelungslogik definiert und aufgenommen werden. Ergebnis der anschließenden Reorganisationsphase ist eine Soll-Prozesslandkarte, die als Grundlage für die Entwicklung der Qualitätsdatenbasis dient.

9.3 Industrielle Softwaresysteme zur Unterstützung des Qualitätsmanagements

Zur Unterstützung des Qualitätsmanagements bei der Planung und Durchführung qualitätssichernder Aktivitäten kommen heutzutage häufig computergestützte Softwaresysteme, sogenannte Computer Aided Quality (CAQ)-Systeme zum Einsatz [PFEI07]. Mit diesen Systemen können qualitätsrelevante Daten von Fertigungsprozessen schnell, zuverlässig und systematisch erfasst, analysiert, dokumentiert und archiviert werden. Darüber hinaus wird die Automatisierung von Arbeitsabläufen, wie z.B. die Prüfplanerstellung oder die Meldung kritischer Prüfergebnisse, ermöglicht. Damit werden vor allem die Rückverfolgbarkeit des Produktentstehungsprozesses und die Optimierung von Abläufen in der Fertigung erleichtert. Gleichzeitig können Risiken nach dem Produkthaftungsgesetz (siehe Kapitel 10) minimiert werden [THIE11].

Die hierfür notwendige Konsolidierung von Daten erstreckt sich hierbei über die in der Automatisierungspyramide dargestellten verschiedenen Unternehmensebenen (Abbildung 9.3-1). Während auf der Unternehmensebene (UN-Ebene) durch den Einsatz von Enterprise Ressource Planning-Systemen (ERP-Systemen) hauptsächlich die Verwaltung von Stammdaten und die grobe Planung der Aufträge stattfinden, wird auf der Produktionsleitebene die auftragsbezogene Feinplanung vorgenommen, die z.B. durch ein Manufacturing Execution-System (MES) durchgeführt

B

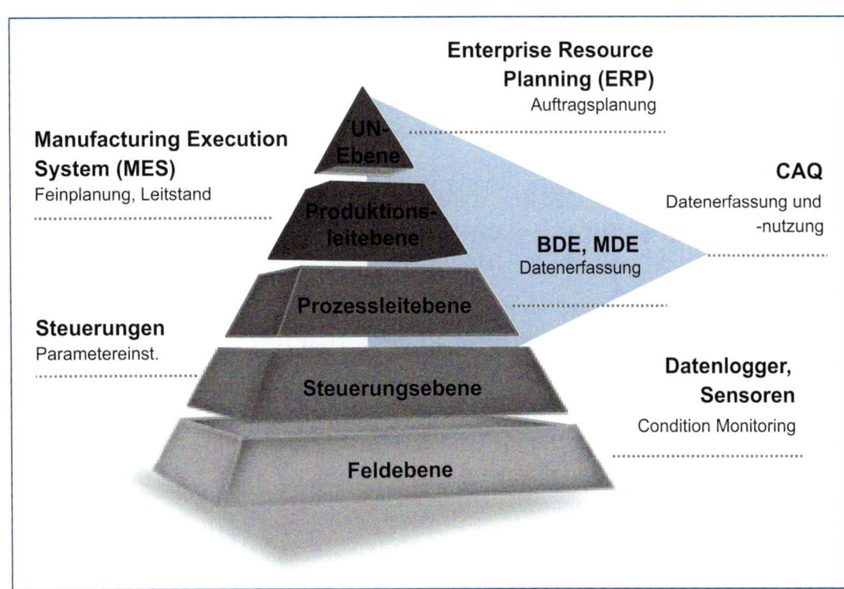

Abbildung 9.3-1 Verortung von CAQ-Systemen in der Automatisierungspyramide

wird. Auf den darunter liegenden Ebenen findet hauptsächlich die Erfassung von Prozessdaten statt. Unterteilt werden diese Ebenen in die Prozessleitebene, in der z.B. die Erfassung von Betriebs- und Maschinendaten stattfindet. Auf der Steuerungsebene erfolgt die automatisierte Steuerung und Regelung maschineninterner Prozess, weshalb diese Ebene auch als Automatisierungsebene bezeichnet wird. Die Feldebene umfasst die Erfassung von Sensordaten.

CAQ-Systeme benötigen qualitätsrelevante Produkt- und Prozessdaten aus den verschiedenen beschriebenen Ebenen und lassen sich daher keiner bestimmten Ebene zuordnen. Vielmehr dienen CAQ-Systeme als Kommunikationssystem innerhalb sowie zwischen den einzelnen Ebenen. Diese ganzheitliche Betrachtung ermöglicht eine bessere Auswertung, Bereitstellung und Dokumentation qualitätsrelevanter Daten [KAMI06].

Im Gegensatz zu dieser zentral gesteuerten, horizontalen und vertikalen Kommunikation zwischen den unterschiedlichen Unternehmensebenen, wird im Rahmen der angestrebten vierten industriellen Revolution (Industrie 4.0) ein dezentraler Ansatz verfolgt. Im Allgemeinen kann man darunter die dezentrale Erfassung und Nutzung maschinen- und produktbezogener Daten verstehen, die auf eine Selbstregulierung und Kommunikation der Maschinen untereinander abzielt. Die Aufgabe eines CAQ-Systems könnte hier in der Bereitstellung qualitätsrelevanter Informationen für die einzelnen Prozessschritte liegen, die direkt in die Entscheidung über den weiteren Verlauf des Produktionsprozesses einfließen. Hierzu müssen jedoch die echtzeitfähige Kommunikation, Analyse und Bereitstellung von Information durch das CAQ-System für die am Prozessschritt beteiligten Maschinen weiterentwickelt werden.

Zur Unterstützung solcher Entwicklungsprozesse hat der Elektroverband ZVEI – in Kooperation mit anderen Industrieverbänden – das Referenzarchitekturmodell Industrie 4.0 kurz RAMI 4.0 erarbeitet. Dieses Modell soll zukünftig als Standard für die Entwicklung von Industrie 4.0-Produkten dienen [ZVEI15].

Neben der Handhabung großer Datenmengen (Big Data), zeichnen sich CAQ-Systeme durch weitere Vorteile, wie die Erhöhung von Transparenz, Qualität sowie der Entlastung von Mitarbeitern, aus. Weitere Potenziale liegen in möglichen Kostensenkungen, höherer Flexibilität und der damit verbundenen gesteigerten Wettbewerbsfähigkeit eines Unternehmens [LINß08].

Im folgenden Kapitel (siehe Kapitel 9.3.1) wird zunächst der Aufbau von CAQ-Systemen näher betrachtet. Anschließend (siehe Kapitel 9.3.2) wird ein Vorgehen zur Auswahl und Integration eines zum Unternehmen passenden CAQ-Systems vorgestellt.

9.3.1 Aufbau von CAQ-Systemen

Der Einsatz von Methoden des Qualitätsmanagements kann maßgeblich durch die Verwendung von CAQ-Systemen unterstützt werden, die eine schnelle und zuverlässige Verarbeitung großer Datenmengen sowie die Bewältigung komplexer Strukturen ermöglichen. Heutige CAQ-Systeme sind modular aufgebaut und ermöglichen so die optimale Verknüpfung mit bestehenden organisationsinternen und -externen IT-Systemen, sodass sich die Funktionalitäten der verschiedenen Systeme optimal ergänzen können. Eine wichtige Voraussetzung für den Einsatz von CAQ-Systemen, bildet hierbei eine durchgängige und konsistente Datenbasis im Unternehmen.

9.3.1.1 CAQ-Begriffe

Nach dem heutigen Verständnis bezieht sich der Begriff CAQ allgemein auf die Rechnerunterstützung eines unternehmensweiten, bereichsübergreifenden Qualitätsmanagements. Im Zusammenhang mit CAQ-Systemen wird grundsätzlich zwischen den Begriffen *Funktion*, *Modul* und *System* unterschieden.

Unter einer *CAQ-Funktion* ist eine vom Programm unterstützte QM-Tätigkeit (z.B. Prüfplanerstellung) zu verstehen.

Durch das Zusammenfassen von CAQ-Funktionen zu einer Anwendungseinheit entsteht ein *CAQ-Modul*. Diese Zusammenfassung kann sich auf Abteilungsbereiche beziehen (z.B. Wareneingang, Warenausgang), aber auch auf qualitätsbezogene Querschnittsaufgaben eines Unternehmens (z.B. Qualitätsdatenauswertung, QFD).

Das *CAQ-System* besteht aus der Gesamtheit aller eingesetzten CAQ-Module, wobei diese von verschiedenen Herstellern stammen können [HANS95].

CAQ-Systeme bilden folglich die Gesamtheit aller Qualitätsmanagementprozesse innerhalb eines Unternehmens ab und verfügen über Schnittstellen zu unterschiedlichen internen und externen Unternehmensbereichen sowie zu anderen Systemen.

9.3.1.2 Funktionen von CAQ-Systemen

Die möglichen Funktionen eines CAQ-Systems sind systemabhängig und ergeben sich aus den jeweils integrierten CAQ-Modulen.

Heutige Systeme bieten eine Vielzahl unterschiedlicher Module mit unterschiedlichen Funktionen oder integrierter Methodenunterstützung und sind größtenteils frei konfigurierbar. Die Module von CAQ-Systemen lassen sich grundlegend den drei Kategorien Qualitätsplanung, -prüfung und -lenkung zuordnen (Abbildung 9.3-2).

Trotz der großen Anzahl an möglichen Systemkonfigurationen lässt sich bzgl. der Anwendungsfelder von CAQ-Systemen in der Praxis ein klarer Trend zu häufig integrierten Standardmodulen erkennen [LINß08]. Im Folgenden werden die gängigsten Module und ihre Funktionen innerhalb der drei Kategorien Qualitätsplanung, -prüfung und -lenkung genauer betrachtet.

9.3.1.3 Funktionen und Module der Qualitätsplanung

Die CAQ-Funktionen im Bereich der Qualitätsplanung umfassen die Spezifizierung qualitätsbezogener Forderungen an Produkte und Produktionsprozesse.

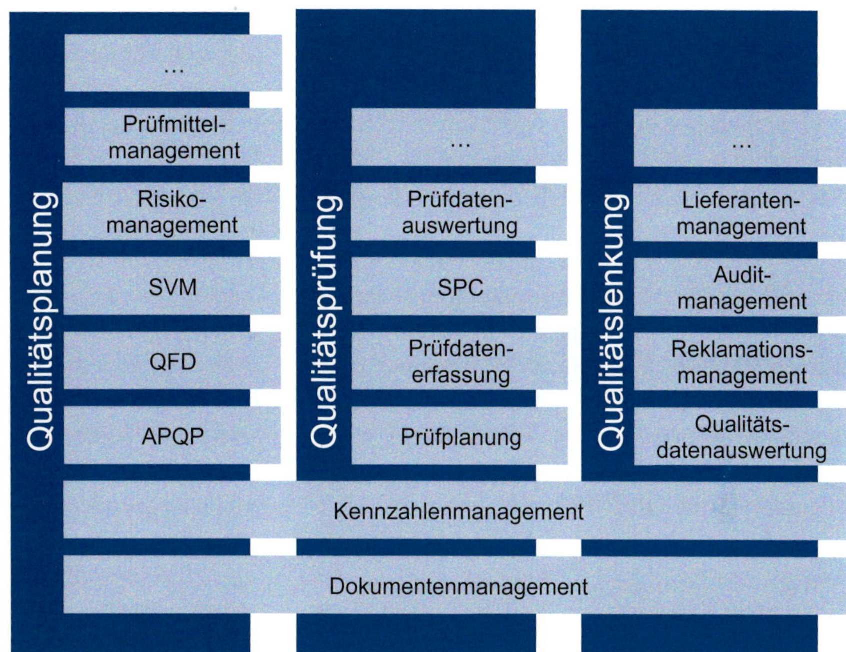

Abbildung 9.3-2
Typische Module von CAQ-Systemen

Dazu sind meist kreative Techniken oder konstruktive und bewertenden Tätigkeiten erforderlich, welche nur schwer zu standardisieren sind. Die Module der Qualitätsplanung sind daher vor allem auf die Unterstützung des methodischen Vorgehens ausgelegt.

Zur Unterstützung des *Quality Function Deployment* (QFD, siehe Toolbox, Kapitel 11.22) sind unterschiedliche Systemmodule erhältlich, die den Anwender bis hin zur detaillierten Spezifizierung sämtlicher Funktionen und Unterfunktionen automatisch durch das Programm leiten und dabei über anwendungsfreundliche elektronische Handlungsleitfäden verfügen. Darüber hinaus existieren Ansätze, die weit über die herkömmliche Durchführung des QFD hinausgehen. Hierbei wird insbesondere eine Adaption der QFD-Methode auf verschiedene Anwendungssituationen ermöglicht. Dies kann im Rahmen des *Advanced Product Quality Planning* (APQP) (siehe Toolbox, Kapitel 11.4) bis hin zu einer Vernetzung und Integration der Informationen entlang der Produktwertschöpfungskette führen.

Module zur *statistischen Versuchsmethodik* (SVM) (siehe Toolbox, Kapitel 11.25) stellen eine Vielzahl von Methoden zur Verfügung, um durch die Variation unterschiedlicher Einflussfaktoren die Auslegung und Optimierung von Produkt- und Prozessparametern zu unterstützen. Die Durchführung und Auswertung der Versuche erfolgt unter Einsatz umfangreicher Statistikpakete, die in den entsprechenden CAQ-Modulen enthalten sind.

Eine weitere Modulgruppe wird zur Unterstützung des *technischen Risikomanagements* (siehe Kapitel 8.4) angeboten. Der Fokus liegt hierbei auf der präventiven Vermeidung von Produkt- und Prozessfehlern. Zur strukturierten Analyse von Fehlerursachen und Fehlerwirkungsbeziehungen sowie zur Bewertung des Risikopotenzials dient eine integrierte Fehlermöglichkeits- und Einflussanalyse (FMEA) (siehe Toolbox, Kapitel 11.12). Implementierte Fehlerbaum- und Systemanalysen dienen darüber hinaus als hilfreiche Werkzeuge zur grafischen Darstellung der Systemabhängigkeiten zwischen Fehlerfolgen, Fehlern und Ursachen. Gewonnene Analyseergebnisse werden im CAQ-System gespeichert und können bei gleichen oder ähnlichen Untersuchungen jederzeit wieder Verwendung finden, wodurch redundante Analysen vermieden und die Analyseeffizienz gesteigert werden kann.

Das *Prüfmittelmanagement* (siehe Kapitel 7.5.6) kann durch geeignete Systemmodule computergestützt betrieben werden, wodurch die Normenkonformität und Einsatzbereitschaft benötigter Prüfmittel gewährleistet wird. CAQ-Systeme unterstützen hier die Planung, Verwaltung, Überwachung, Kalibrierung und Fähigkeitsuntersuchung der eingesetzten Prüfmittel.

9.3.1.4 Funktionen und Module der Qualitätsprüfung

Die CAQ-Funktionen im Bereich der Qualitätsprüfung sind durch ihren Produktbezug und Prozessbezug geprägt. Module dieser Kategorie umfassen die Prüfplanung, die eigentliche Prüfdatenerfassung, die statistische Prozessregelung sowie umfangreiche Werkzeuge zur Prüfdatenauswertung.

Grundlage für jede Prüfung ist die *Prüfplanung* (siehe Kapitel 7.5.2). Dabei helfen CAQ-Module z.B. durch bereits integrierte, normenkonforme Prüfpläne für Wareneingang, statistische Prozessregelung (SPC) und Warenausgang. Alle qualitätssichernden Maßnahmen in der Produktion, wie z.B. der Einsatz von Prüfmitteln, Prüfpersonal sowie der Prüfzeitpunkt, können so festgelegt werden.

B

Die *Prüfdatenerfassung* (siehe Kapitel 7.5.3) wird durch die Prüfsteuerung veranlasst und überwacht. Um den Prüfaufwand bedarfsorientiert anpassen zu können, bieten CAQ-Systeme in der Regel die Möglichkeit zur Dynamisierung des Prüfumfangs. Dabei wird bei gleichbleibend guter Qualität eines Lieferanten oder einer Maschine der Prüfaufwand für einzelne Prüfmerkmale schrittweise reduziert oder sogar komplett darauf verzichtet. Dieser Prüfverzicht ist auch als Skip Lot-Verfahren bekannt.

Mithilfe der Methoden der *statistischen Prozessregelung* (siehe Kapitel 7.5.5) kann im entsprechenden CAQ-Modul eine Auswertung der erfassten fertigungsbegleitenden Prüfdaten in Echtzeit erfolgen. Dadurch können z.B. stetig Prozessfähigkeitsindizes angepasst und bei Über- bzw. Unterschreitungen von automatisch festgelegten Warngrenzen (z.B. aufgrund von Werkzeugverschleiß) der Maschinenbediener benachrichtigt werden. Geeignete Gegenmaßnahmen können auf diese Weise rechtzeitig, d.h. bevor unzureichende Teile produziert werden, eingeleitet werden (z.B. Werkzeugwechsel).

Prüfdaten werden vom CAQ-System gespeichert und aufbereitet. Sie können nach verschiedenen Kriterien, mithilfe von statistischen Methoden, verdichtet und ausgewertet werden. Eine *Prüfdatenauswertung* (siehe Kapitel 7.5.3.3) erfolgt hierbei z.B. auftrags-, chargen-, teile- und merkmalsorientiert über verschiedene Lieferanten, Maschinen und Zeiträume (z.B. Schichtauswertungen). Beispiele für typische, durch CAQ-Systeme unterstützte, Auswertungen sind Lineardiagramme der Messwerte (Urwertkarten), Häufigkeitsverteilungen (Histogramme), statistische Kennwerte (Mittelwerte, Standardabweichungen etc.), Angaben über Ausschuss und Nacharbeit sowie Fehlersammelkarten und Verteilungstests [MONZ07a, MONZ07b].

9.3.1.5 Funktionen und Module der Qualitätslenkung

Durch eine weiterführende Verdichtung der ausgewerteten Prüfdaten kann im Rahmen der *Qualitätsdatenauswertung* die Transparenz der Herstellungsprozesse erheblich gesteigert werden. Die Qualitätsdatenauswertung dient neben der Ermittlung von (qualitätsbezogenen) Kosten und der Fehlerrückverfolgung als Grundlage für Systemmodule zur

- Reklamationsbearbeitung,
- qualitätsbezogenen Systembeurteilung (interne Qualitätsaudits) und
- qualitätsbezogenen Lieferantenbeurteilung.

Module zum *Reklamations- und Beschwerdemanagement* (siehe Kapitel 9.5) können sowohl zur Bearbeitung von Kundenreklamationen als auch von internen Fehlermeldungen („interne Reklamationen") eingesetzt werden. Sie unterstützen den Anwender vom Eingang der Reklamation, über deren Abwicklung, bis hin zur Kundenrückmeldung. Unterstützend können umfangreiche Statistikauswertungen sowie Methoden und Werkzeuge zur Ursachenanalyse, wie z. B. das Ursache-Wirkungs-Diagramm, zum Einsatz kommen.

Ausgehend von definierten Kennzahlen und basierend auf tagesaktuellen Daten, kann eine *Lieferantenbeurteilung* (siehe Kapitel 7.4.6) hinsichtlich der Lieferqualität (Produktfehler, Liefertreue etc.) mithilfe des CAQ-Systems erfolgen. Zur Bewertung, anhand von Kennzahlen, können zusätzlich Ergebnisse von Kundenreklamationen, Analysen interner Schadensrückverfolgungen, Risikoanalysen und Ergebnisse von Lieferantenaudits aus einer gemeinsamen Wissensdatenbank Berücksichtigung finden. Somit können Lieferantenrankings erstellt, die besten Lieferanten ermittelt und geeignete Maßnahmen im Falle von lieferbedingten Qualitätsproblemen abgeleitet werden.

CAQ-Module zum internen *Auditmanagement* (siehe Kapitel 8.1.6) unterstützen bei der Planung und Durchführung von Qualitätsaudits. Sie helfen bei der Erstellung normenkonformer Fragenkataloge zur Abbildung aller Prozess-, Produkt- und Systemdetails. Sie geben kontinuierlich Aufschluss über den Erfüllungsgrad der Vorgaben und bilden somit die Grundlage für die Auditplanung.

9.3.1.6 Datenbasen in Unternehmen

Voraussetzung für den Einsatz eines CAQ-Systems, ist eine durchgängige und konsistente Datenbasis im Unternehmen. Bei der Konzeption einer Datenbasis können zwei verschiedene Vorgehensweisen verfolgt werden [VETT98]: die funktionsorientierte sowie die datenorientierte Vorgehensweise.

Die funktionsorientierte Speicherung von Daten war die vorherrschende Form in Unternehmen, bevor Arbeitsabläufe EDV-seitig durchgängig unterstützt wurden. Dabei lag der Fokus auf der Funktionalität einzelner datenverarbeitender Einheiten. Jeder Funktion wurde in der Regel eine eigene – meist zu anderen Funktionen inkompatible – Datenstruktur zugrunde gelegt. Folglich wird die Aggregation bereichsübergreifender Daten durch die Übernahme von Daten aus verschiedenen Systemen erschwert. Die isolierte Betrachtung einzelner Bereiche und Funktionen eines Unternehmens führt bei Datenbeständen u. a. zu folgenden Problemen [BALZ09]:

- Mehrfachverwaltung identischer Datenbestände,
- Brüche bei der Abwicklung übergreifender Geschäftsprozesse,
- inkompatible Informationsflüsse.

Um diese Probleme zu vermeiden, werden umfassende Unternehmensdatenmodelle aufgestellt, welche datenorientiert konzipiert werden. Durch den Aufbau einer unternehmensweit einheitlichen Datenbasis, wird es auf einfache Weise möglich, Daten unterschiedlichen Ursprungs miteinander in Beziehung zu setzen und so neue Einsichten zu gewinnen [SCHI05]. Die Datenstruktur bildet eine Basis für die Beantwortung spontaner, nicht voraussehbarer Fragestellungen [VETT98], da bedarfsorientierte Analysen schnell und einfach erstellt werden können.

Zielführend ist daher der Aufbau einer unternehmensweiten, integrierten Datenbasis unter Einsatz des datenorientierten Ansatzes. Im Gegensatz zur funktionsorientierten Vorgehensweise wird die Datenstruktur zunächst für die abzubildenden Daten entwickelt und einheitlich definiert. Erst auf diesen Ergebnissen aufbauend werden Funktionen festgelegt, die diese Daten verwalten und auswerten. Die Datenstrukturen stehen somit im Mittelpunkt der Betrachtung und existieren unabhängig von ihrer Verwendung [FERS06].

Der Vorteil der Integration über unternehmensweit einheitliche Datenstrukturen ist darin zu sehen, dass allen Applikationen bzw. Funktionen sämtliche Informationen der Datenbasis unmittelbar zur Verfügung stehen. Die Datenbasis bildet damit den Grundpfeiler der datentechnischen Durchgängigkeit und wirkt als Schnittstelle zwischen verschiedenen EDV-Anwendungen.

Dabei kann eine logisch einheitlich modellierte und zentrale Datenbank trotzdem physisch dezentral aufgebaut sein, also z. B. aus organisatorischen Gründen (Zuständigkeiten) oder aus Gründen der IT-Technik (Erhöhung der Datensicherheit oder zur Zugriffszeitenoptimierung) über verschiedene Standorte verteilt sein. Dem Anwender kann die interne Struktur einer Datenbank jedoch verborgen bleiben, indem er bzw. die von ihm genutzte Applikation über ein Datenbankmanagementsystem zugreift, das die Datenbank als logische Einheit repräsentiert.

Durch die systematische und konsequente Anwendung der datenorientierten Vorgehensweise entstehen redundanzfreie, vielfach nutzbare Datenbanken. Zusätzlich wird die Transparenz datenspezifischer Aspekte unterstützt [VETT98].

Im Gegensatz zur funktionsorientierten Vorgehensweise erfüllt die datenorientierte Vorgehensweise somit die notwendigen Voraussetzungen für den Einsatz eines CAQ-Systems.

Durch den Aufbau unternehmensweiter Datenmodelle ergeben sich trotz des u. U. hohen Initialaufwandes folgende Vorteile:

- Die Dokumentation der Unternehmensressource „Information" fördert Transparenz und ermöglicht eine einfache Anpassung vorhandener Strukturen.
- Durch transparente Datenstrukturen wird die Verwendung von Standardsoftware vereinfacht.
- Die Schnittstellenproblematik beim Datenaustausch funktionsübergreifender Anwendungen wird vermieden.
- Eine Effiziente und effektive Einarbeitung und Schulung der Mitarbeiter wird durch die komprimierte Darstellung von komplexen Sachverhalten vereinfacht.

Bei der Planung und dem Aufbau von Anwendungen nimmt folglich die datenorientierte Vorgehensweise zur Erstellung unternehmensweiter Datenmodelle eine dominierende Stellung ein. Auf diesem Prinzip basiert auch die Qualitätsdatenbasis, welche eine Teilmenge des unternehmensweiten Datenmodells ist und die notwendigen Daten für Qualitätsregelkreise zur Verfügung stellt.

9.3.2 Einführung eines CAQ-Systems

Wie in dem vorherigen Kapitel bereits angedeutet, existiert ein großes Angebot an CAQ-Systemen, welche sich jedoch in ihrem Funktionsumfang sowie den integrierten und optionalen Modulen unterscheiden. Bei der Einführung eines CAQ-Systems ist es daher entscheidend, dass zum Unternehmen passende System zu finden.

Nachfolgend wird das Vorgehen nach *Pfeifer* zur richtigen Wahl und Integration eines CAQ-Systems vorgestellt [PFEI04, PFEI07]. Das Vorgehen gliedert sich in 5 Schritte, welche sequenziell

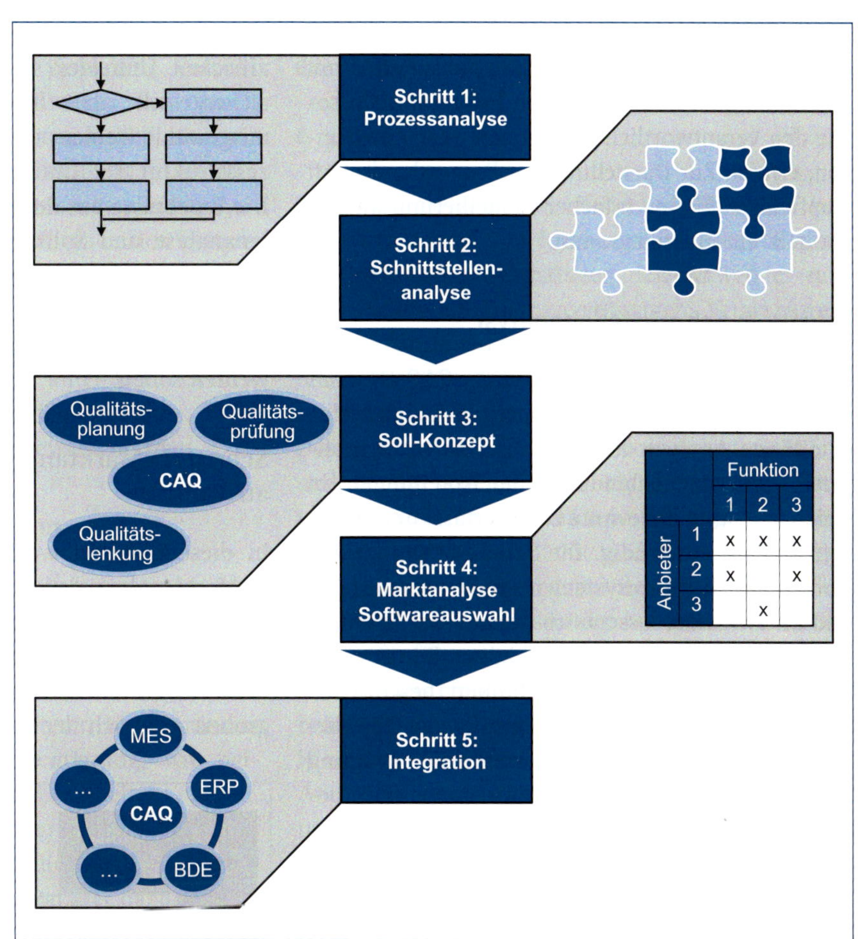

Abbildung 9.3-3 Vorgehensweise zur Einführung eines CAQ-Systems [PFEI04]

durchlaufen werden (Abbildung 9.3-3). Zunächst wird im Rahmen der Prozess- und Schnittstellenanalyse die Unternehmensstruktur erfasst und anschließend, unter Berücksichtigung zukünftiger Anforderungen, zu einem Sollkonzept erweitert. Basierend darauf, finden eine ausführliche Marktanalyse und die anschließende Auswahl der Software statt. Diese wird anschließend in enger Zusammenarbeit mit dem Softwareanbieter in das Unternehmen integriert. Die einzelnen Schritte zur Einführung eines CAQ-Systems werden nachfolgend im Detail beschrieben.

Schritt 1: Prozessanalyse

Die Struktur eines CAQ-Systems orientiert sich stark an der Struktur des Unternehmens. Abläufe und Wechselbeziehungen von prozessorientierten Unternehmen müssen durch das CAQ-System abgebildet werden können. Prozessorientierung umfasst die Identifizierung aller qualitätsrelevanten Unternehmensprozesse und die Vereinigung dieser in einer unternehmensspezifischen Prozesslandschaft. Die Prozesslandschaft bildet den Bereich der Qualitätssicherung sowie deren vor und nachgelagerte Bereiche ab. Die einzelnen Prozes-

gen zwischen den beiden Disziplinen gibt. Eine entscheidende Verbindung ist, dass Informationen und Wissen als Grundlage für die organisatorischen Tätigkeiten gesehen werden und dass aus dieser Betrachtung heraus, konkrete Forderungen nach gezielten Maßnahmen zum Management dieser Ressourcen erhoben werden (Wissensmanagement als Grundlage für Qualitätsmanagement). Andererseits sind Wissensmanagementprozesse in die Organisation und nach ISO 9001:2015 [DIN08] auch im Rahmen des Qualitätsmanagementsystems zu integrieren (Qualitätsmanagement als Grundlage für Wissensmanagement, siehe Kapitel 8.1). Eine weitere Verbindung ergibt sich aus der Tatsache, dass jeweils der Mensch in den Mittelpunkt der Bemühungen gestellt wird, da erkannt wurde, dass der Erfolg oder Misserfolg von Qualitäts-, wie auch von Wissensmanagementmaßnahmen unmittelbar von der Akzeptanz der Beteiligten abhängt.

Ziel eines jeden Unternehmens ist der Unternehmenserfolg, der auf den zwei Säulen Markt- und Gewinnwachstum beruht. Um mit diesen beiden Größen Wachstum zu erzielen, muss zum einen die Produktqualität und zum anderen die Prozessqualität gestärkt werden, d. h. mit anderen Worten: Das Richtige von Beginn an richtig machen. Die Grundlage hierfür wird durch das Qualitätsmanagement gelegt. Diese ist aber nur stabil, wenn stets das relevante Wissen angewendet werden kann und die Resultate in Form des Unternehmenserfolgs sichtbar werden. Auf diese Weise können Wissens- und Qualitätsmanagement ideal zusammenwirken.

Ein klassisches und zugleich überschaubares Beispiel für das Wissensmanagement ist die Rückverfolgung von Fehlern, das Aufdecken ihrer Ursachen, das Identifizieren von Gegenmaßnahmen sowie die Verfolgung der Umsetzung dieser. Für jeden dieser Schritte ist eine Unterstützung durch Wissensmanagement nötig. Das Rückverfolgen von Fehlern wird beispielsweise erleichtert, wenn es eine allgemein zugängliche Datenbank von Abweichungsberichten gibt. Hier sind Fehler mit Angaben zu Verursacher, Ausmaß, Folgen und weiteren Dokumenten (z. B. Fotos von beschädigten Teilen) hinterlegt. Dieses erleichtert den zweiten Schritt, die Ursachenforschung. Diese kann im Rahmen von Expertengesprächen anhand von hinterlegten Bauteilzeichnungen etc. aus verschiedenen Perspektiven besprochen werden. Beispielsweise kann bei Fehlern am Produkt eine Ursache in der Spezifikation, der Entwicklung, der Produktion oder der Montage liegen. Hier bieten sich bei komplexen Sachverhalten Workshops mit interdisziplinären Teams an. In diesem Rahmen kann unmittelbar die Benennung von präventiven Gegenmaßnahmen erfolgen. Wichtig ist hier die genaue Dokumentation des bisher Erkannten, sodass die definierten Maßnahmen und die Historie der Fehler jederzeit verfolgt werden können. Schließlich bietet es sich an, alle Fehler, Ursachen und Gegenmaßnahmen nach Abschluss in einer Datenbank zu hinterlegen. So können diese Daten bei Fällen mit ähnlichen Rahmenbedingungen aufgerufen werden, und ein Lernen aus Fehlern wird ermöglicht. So sollte kein Fehler wiederholt auftreten dürfen. Hieran wird deutlich, dass es einen hohen Initialaufwand bedeutet, alle Daten zu aggregieren. Letztlich würden diese Daten auch ohne Datenbank anfallen. Jedoch wären der Suchaufwand aller notwendigen Informationen sowie das proaktive Einleiten von präventiven Maßnahmen langwierig und kostspielig. Bei sicherheitssensitiven Produkten im Bereich der Medizin- oder Anlagentechnik zahlt sich ein gutes Wissensmanagement als Instrument zur Fehlervermeidung, nicht zuletzt in Form vermiedener Personen-, Umwelt-, Image- oder Haftungsschäden, aus.

Ein effektives Wissensmanagement hat für das Qualitätsmanagement eine entlastende Funktion und kann dadurch den folgenden Herausforderungen begegnen:

- Geringe Verfügbarkeit von Personalressourcen führt zu Zeitmangel für Qualitätsthemen, welche insbesondere dann zeitintensiv sind, wenn Daten gesucht und aufbereitet werden müssen. Durch eine gute Aufbereitung von Daten im Wissensmanagement können Informationen schnell abgerufen und damit einer zeitweisen Überlastung der Mitarbeiter entgegengewirkt werden.
- Die große Methodenvielfalt (alleine der normgerechten Gestaltung eines Qualitätsmanagementsystems können ca. 60 QM-Methoden zugeordnet werden) führt zu Unklarheit über Einsatzzweck und -nutzen der diversen Methoden. Wissensmanagement in Form von QM-Wikis (Online-QM-Handbücher) kann durch eine übersichtliche Aufbereitung von Methoden und zugehörigen Anleitungen die Anwendung ebendieser Methoden erleichtern.

9.4.1 Definitionen des Begriffs Wissensmanagement

Zum Begriff Wissensmanagement finden sich in der Literatur eine Reihe von Definitionen, von denen an dieser Stelle exemplarisch einige aufgeführt werden, um die Vielfältigkeit der Thematik aufzuzeigen.

Wilke definiert Wissensmanagement pragmatisch als die Gesamtheit organisationaler Strategien zur Schaffung einer intelligenten Organisation. Der Schwerpunkt liegt dabei auf dem organisationsweiten Niveau der Kompetenz, Ausbildung und Leistungsfähigkeit der Mitarbeiter sowie auf der effizienten Nutzung von Kommunikations- und Informationsstrukturen [WILK98].

North sieht das Wissensmanagement als Gestalten, Lenken und Entwickeln der organisatorischen Wissensbasis. In diesem Zusammenhang spricht er nicht von Wissensmanagement, vielmehr von „wissensorientierter Unternehmensführung". In diesem Ansatz wird zu den Aufgaben des Wissensmanagements das Schaffen der infrastrukturellen und organisatorischen Voraussetzungen für eine lernende Organisation gezählt [NORT02].

Nach Probst et al. bildet Wissensmanagement „ein integriertes Interventionskonzept, das sich mit den Möglichkeiten zur Gestaltung der organisationalen Wissensbasis befasst". Dabei bezeichnet Wissen „die Gesamtheit der Kenntnisse und Fähigkeiten, die Individuen zur Lösung von Problemen einsetzen. Dies umfasst sowohl theoretische Erkenntnisse als auch praktische Alltagsregeln und Handlungsanweisungen. Wissen stützt sich auf Daten und Informationen, ist im Gegensatz zu diesen jedoch immer an Personen gebunden. Es wird von Individuen konstruiert und repräsentiert deren Erwartungen über Ursache-Wirkungs-Zusammenhänge" [PROB12].

Herbst definiert den Begriff wie folgt [HERB00]: „Wissensmanagement ist im Gegensatz zu Informationsmanagement ein komplexes Führungskonzept, mit dem ein Unternehmen sein relevantes Wissen ganzheitlich, ziel- und zukunftsorientiert als wertsteigernde Ressource gestaltet."

So verschieden diese Definitionen auch sein mögen, lassen sich dennoch gemeinsame Merkmale herausarbeiten: Wissensmanagement ist prozessorientiert, zielgerichtet und bezieht sich auf das im Unternehmen benötigte Wissen; die organisationale Basis. Wissensmanagement umfasst demnach sämtliche Werkzeuge, Konzepte und Strategien, um das in einem Unternehmen vorhandene Wissen transparent zu machen und darüber hinaus einen Mehrwert des vorhandenen Wissens zu schaffen. Das Wissen soll „gemanagt" werden, indem es optimal genutzt und in neue bzw. bessere Produkte, Prozesse und Geschäftsfelder umgesetzt wird. So lässt sich weiterhin sagen, dass, egal welche Definition von Wissen herangezogen wird, jedes Unternehmen mithilfe seiner Mitarbeiter ein großes Kompetenzpotenzial bildet. North stellt diesen Zu-

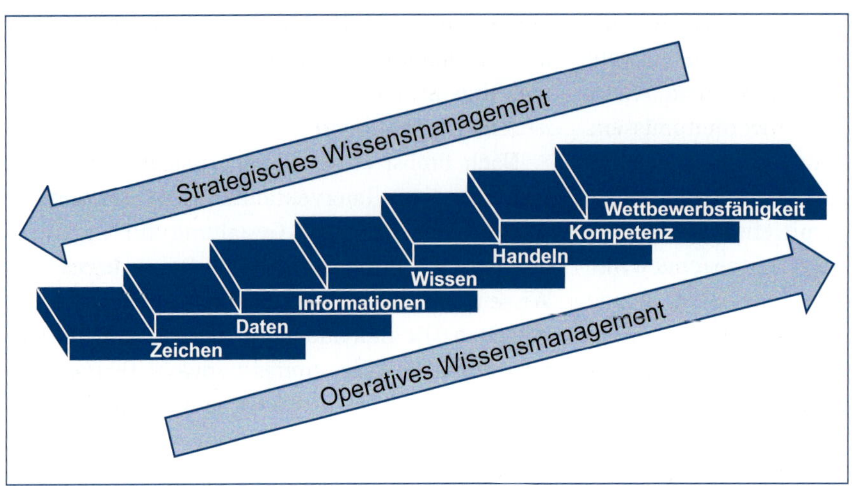

Abbildung 9.4-1
Die Wissenstreppe nach North

sammenhang in der sogenannten Wissenstreppe (Abbildung 9.4-1) dar [NORT02].

Am Ende der Kette von Daten und Informationen hin zu Wissen und Können steht die Kompetenz, die für North die Grundlage der Wettbewerbsfähigkeit ist. Dabei bezieht sich der Begriff Kompetenz gleichzeitig auf die Kompetenz der einzelnen Mitarbeiter und die Kompetenz des gesamten Unternehmens [NORT02].

Auf Grundlage der vorangegangenen Definitionen und dem in Abbildung 9.4-1 dargestellten Zusammenhang, wird Wissensmanagement als Gerüst zur Steuerung aller Prozesse und Strukturen gesehen, die zur Verbindung der Dimensionen Mensch, Organisation und Technik effizient und effektiv eingesetzt werden; samt den dazugehörigen Strategien, Konzepten und Werkzeugen zur Erzielung des unternehmerischen Optimums. Im Folgenden werden daher Ansätze für ein erfolgreiches Wissensmanagement beschrieben.

B

9.4.2 Ansätze für den Umgang mit Wissensmanagement

Damit im Unternehmen die Ressource Wissen optimal koordiniert und genutzt werden kann, stellt Wissensmanagement Strategien, Konzepte, Methoden und Werkzeuge zur Verfügung, die in den letzten Jahren mehr oder weniger mit Erfolg eingesetzt wurden. Nachfolgend soll ein Überblick über die verschiedenen Ansätze gegeben werden, die einem im Bereich des Wissensmanagements geboten werden. Im Folgenden werden zunächst einige Implementierungsstrategien vorgestellt, um zu verstehen, auf welche Art und Weise Wissensmanagement im Unternehmen eingeführt werden kann. Danach folgt die Beschreibung bekannter Konzepte und im Anschluss die zur Umsetzung benötigten Werkzeuge und Methoden.

9.4.2.1 Integration des Wissensmanagements in Unternehmensdatenmodelle

Wie bereits in der Einleitung herausgestellt, sind die Disziplinen Wissensmanagement und Qualitätsmanagement eng miteinander verzahnt. Die in Kapitel 9.2 vorgestellten Qualitätsregelkreise stellen eine Strukturierungssystematik für Daten dar, die die Grundlage für Prozesse des Qualitätsmanagements bilden. Die geregelte Eingabe, Aufbereitung, Pflege und Steuerung dieser Daten kann durch ein geeignetes Wissensmanagement geschehen. Des Weiteren kann mit Hinsicht auf die Qualitätsregelkreise der Wissensmanagementprozess auch als ein ebenenübergreifender Qualitätsregelkreis ausgelegt werden. Durch die Interpretation von wissensschaffenden Prozessen als Regelstrecke und von Wissensmanagementprozessen und -werkzeugen als kombinierte Sensor- und Reglereinheiten mit definierten Regelgrößen und Abweichungen, können Wissensmanagementsysteme formal beschrieben werden. Dadurch wird der Wissensmanagementprozess als der iterative Prozess gehandhabt, der er ist, nämlich eine gezielte Aufnahme, Ablage und Transferleistung von Wissen im Rahmen der kontinuierlich ablaufenden Unternehmensprozesse.

9.4.2.2 Die Erweiterung des ganzheitlichen Ansatzes

Die Beantwortung der Frage, was ein erfolgreiches Wissensmanagement ausmacht, bedarf der Identifizierung von Erfolgsfaktoren. Bezogen auf die Disziplin Wissensmanagement, werden in der Fachliteratur für eine solche Einteilung die Dimensionen Mensch, Organisation und Technik (MOT) unterschieden, anhand derer sich ein erfolgreiches, ganzheitliches Wissensmanagement messen lassen muss [HENN03].

In diesem als ganzheitlich bezeichneten MOT-Ansatz werden sämtliche im Unternehmen befindliche Aspekte berücksichtigt. Die Dimension *Mensch* charakterisiert Aspekte, wie z.B. Motivationen und Kapazität zur Informationsverarbeitung von Wissen. Die Gestaltung einer adäquaten lernförderlichen Kultur ist ebenfalls Bestandteil dieser Dimension. Im Bereich der *Organisation* wird die Integration der Wissensmanagementansätze in die formellen und informellen Strukturen des Unternehmens beleuchtet, ebenso wie die Entwicklung von Methoden für das Managen eines Wissenskreislaufs. Innerhalb der Dimension *Technik* werden Informations- und Kommunikationstechnologien, Hilfsmittel zur Unterstützung eines flexiblen Wissensmanagements, subsumiert.

Diese drei Faktoren reichen jedoch nicht mehr aus, wenn nicht nur von einem unternehmensinternen, sondern auch von einem unternehmensübergreifenden Wissensmanagement gesprochen werden soll. Die Systemgrenzen des Wissensmanagements werden also über die Grenzen des Unternehmens hinaus erweitert, und der Markt bzw. der Kunde wird aktiv und systematisch in das Wissensmanagement integriert. Weiterhin sind Informationen über Lieferanten und Wettbewerber von hoher Relevanz [BETZ06]. Aufgrund dieser Erkenntnis wird eine weitere Dimension um die drei genannten Faktoren gelegt (Abbildung 9.4-2). Diese Dimension wird durch *Externa* bzw. Unternehmensumwelt beschrieben.

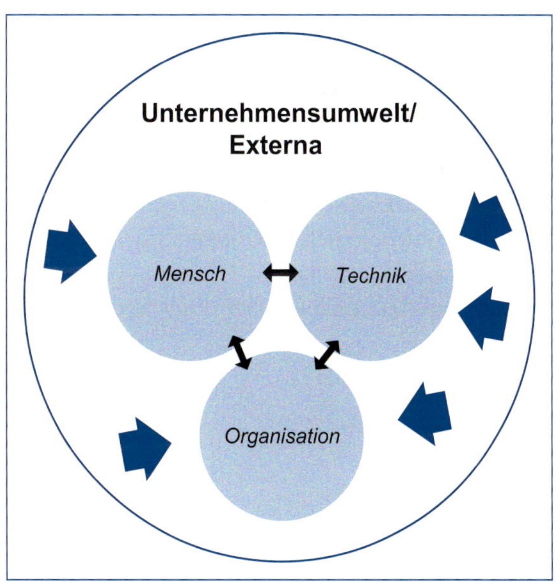

Abbildung 9.4-2 Erfolgsfaktoren des Wissensmanagements im MOTEx-Ansatz (Mensch, Organisation, Technik, Externa)

9.4.2.3 *Diagnosewerkzeug für Wissensmanagementansätze in Unternehmen*

Da Unternehmen ein sehr unterschiedlich stark entwickeltes Wissensmanagement betreiben, muss ein geeignetes Diagnoseinstrument den aktuellen Reifegrad des Wissensmanagements im Unternehmen feststellen können und Empfehlungen hierauf aufbauen. Ein solches Diagnosctool wurde unter der Bezeichnung „MOTEx-Analyse" (Analyse von Mensch, Organisation, Technik und Externa) von Betzold entwickelt [BETZ06].

Ziel der MOTEx-Analyse ist es, durch eine strukturierte Vorgehensweise, Transparenz und Handlungssicherheit bzgl. sämtlicher im Unternehmen bestehender Wissensmanagementansätze zu schaffen. Durch die periodische Anwendung dieses Ansatzes zur Analyse bzw. Reifebestimmung des praktizierten Wissensmanagements werden Unternehmen befähigt, zielgerichtet Weiterentwicklungs- bzw. Verbesserungsmaßnahmen einzuleiten. So kann transparent eine Stärkung der eigenen Markt- und Wettbewerbsposition durch eine Optimierung der Ressource Wissen erreicht werden. Unternehmen können den Status quo im Bereich Wissensmanagement regelmäßig selbst überprüfen, um kontinuierliche Verbesserungen einzuleiten und zu erzielen. Die MOTEx-Analyse besteht aus drei aufeinanderfolgenden Phasen (Abbildung 9.4-3).

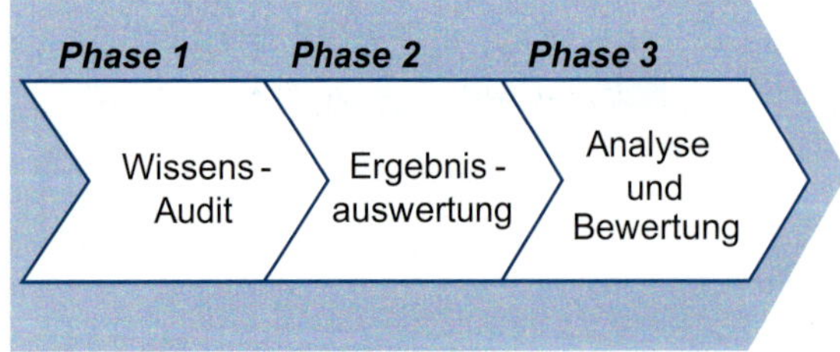

Abbildung 9.4-3 Die drei Phasen der MOTEx-Analyse [BETZ06]

B

Phase 1: Wissensaudit

Die Phase 1 umfasst das *Wissensaudit*, in dem die Mitarbeiter der Untersuchungseinheit zu den aktuell bestehenden Wissensmanagementansätzen befragt werden. Der Betrachtungsfokus kann dabei ein komplettes Unternehmen, eine Abteilung oder nur eine Gruppe sein. Um in diesem Schritt alle qualitätsrelevanten Aktivitäten zu erfassen, werden Kunden, Lieferanten, Mitbewerber und weitere externe Know-how-Träger, wie Partner und Berater, mit in die Betrachtung einbezogen.

Innerhalb der MOTEx-Analyse bilden die vier Dimensionen (M-O-T-Ex) die Basis des Wissensaudits. Jeder Dimension sind inhaltliche Aspekte zugeordnet, die es im Umgang mit Wissensmanagement zu beachten gilt. Sie wurden aus bekannten Erfolgsfaktoren und Barrieren im Umgang mit Wissensmanagementansätzen abgeleitet. Nachfolgend werden pro Dimension einige Beispielfragen aufgeführt. Zur vollständigen Darstellung des Fragenkatalogs sei auf Betzold verwiesen [BETZ06].

Fragen zur Dimension „Mensch":

- Werden die Fähigkeiten der einzelnen Mitarbeiter regelmäßig gemessen und bewertet?
- Besteht ein ausgeprägtes Konkurrenzdenken bei der Zusammenarbeit verschiedener Abteilungen?
- Wurden Sie bei der Gestaltung des Wissensmanagementansatzes aktiv mit eingebunden?
- Erfolgt in Ihrem Unternehmen eine regelmäßige Schulung über Methodenwissen?

Fragen zur Dimension Organisation:

- Werden Wissen und Informationen über die Kernprozesse Ihres Unternehmens dokumentiert?

- Wird die Wissensbeschaffung abteilungsübergreifend und einheitlich organisiert?
- Finden regelmäßige Teamsitzungen statt?
- Werden Wissen und Informationen nach bestimmten Kriterien selektiert, strukturiert und dokumentiert?

Fragen zur Dimension Technik:

- Wurden die IT-Lösungen auf die Bedürfnisse Ihres Unternehmens zugeschnitten?
- Existieren infrastrukturelle IT-Schnittstellen zu Kunden, Lieferanten, Mitbewerbern und externen Dritten?
- Unterstützen die Lösungen Ihre täglichen Arbeitsprozesse?
- Existieren elektronische Diskussionsforen oder Ähnliches, die zum Wissenstransfer benutzt werden?

Fragen zur Dimension Externa:

- Bestehen Kompetenznetzwerke zu folgenden Anspruchsgruppen: Kunden, Lieferanten, Mitbewerber?
- Fließen Kundenforderungen in die Entwicklung der Unternehmensleistung ein?
- Haben Sie Zugang zum Wissen Ihrer Lieferanten (Kosten, Strategien, Technik, Möglichkeiten)?
- Wird in Ihrem Unternehmen regelmäßig ein Wettbewerbsvergleich durchgeführt?

Phase 2: Ergebnisauswertung

Das Audit dient als Grundlage für die in Phase 2 stattfindende *Ergebnisauswertung*, in der die Antworten der Mitarbeiter mittels umfangreicher Abhängigkeits- und Bewertungsmatrizen bewertet werden. Folgende Merkmale werden hier, wieder anhand der vier Bereiche, einander gegenübergestellt:

Mensch:

- Anreizsysteme
- Lernen und Entwicklung
- Vertrauen und Zusammenarbeit
- Kultur

Organisation:

- Prozesse
- Methoden
- Struktur
- Steuerung und Bewertung

Technik:

- Verfügbarkeit und Akzeptanz
- Stand der Technik und Aktualität
- Kompatibilität
- technische Lösungen

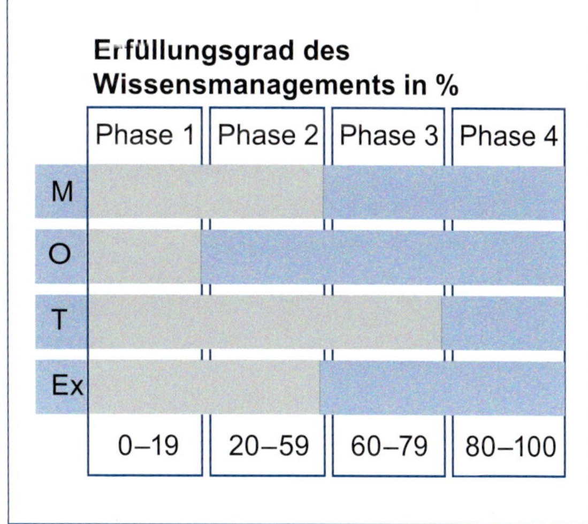

Abbildung 9.4-4 Reifegrade in Ergebnisauswertung [PFE103]

Externa:

- Kunden
- Lieferanten
- Mitbewerber
- Dritte

Den Anwendern wird im Anschluss ein Überblick gegeben, welchen Reifegrad die untersuchte Einheit in den vier Dimensionen erreicht hat. Hier existieren vier Stufen, die den Erfüllungsgrad der Forderungen an ein funktionierendes Wissensmanagement abbilden (Abbildung 9.4-4).

Phase 3: Analyse und Bewertung

Phase 3 beinhaltet die *Analyse und Bewertung* der Ergebnisse, anhand derer das Unternehmen zielgerichtete Maßnahmen zur Verbesserung der Wissensmanagementansätze einleiten kann (Abbildung 9.4-5). Das Unternehmen wird dadurch befähigt, Schwachstellen und Potenziale im Umgang mit Wissensmanagementaktivitäten aufzudecken. Das Ergebnis liefert Einstufungen für die vier Dimensionen Mensch, Organisation, Technik und Externa, die anhand speziell definierter und abgeleiteter Bewertungskriterien vorgenommen werden.

Durch eine grafische Darstellung der Maßnahmen, die ergriffen, und der Methoden, die angewendet werden sollen, wird dieser Schritt abgerundet.

Durch gezielt ausgewählte Lösungsansätze kann das Unternehmen nach und nach seine Effizienz und Effektivität steigern. Das Unternehmen entwickelt durch eine regelmäßige Anwendung der MOTEx-Analyse das für sich optimale unternehmensübergreifende Wissensmanagement

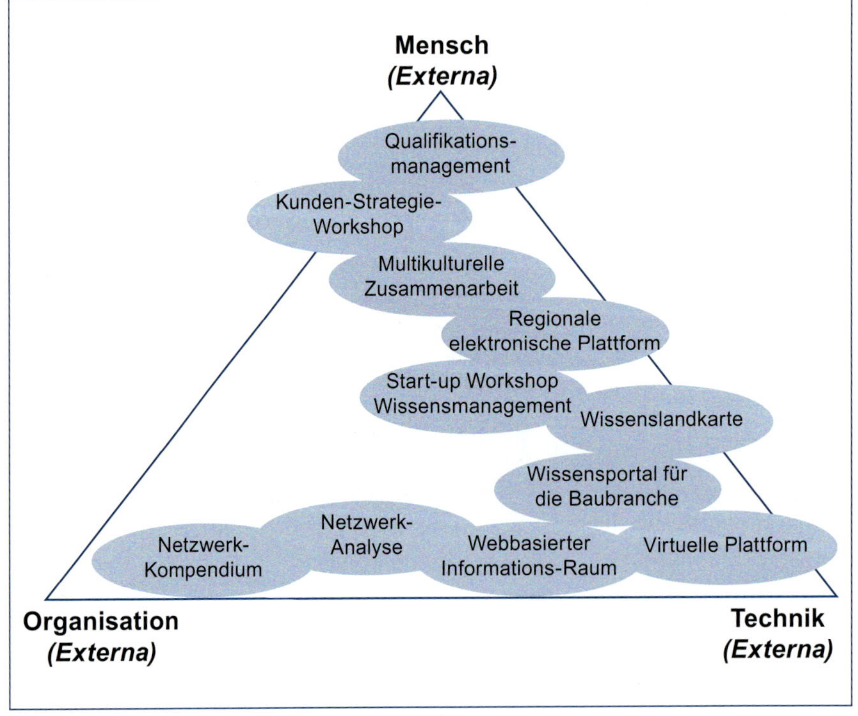

Abbildung 9.4-5 Methoden und Instrumente des Wissensmanagements [PFEI03]

und kann damit letztlich einen Beitrag zur Stärkung der eigenen Markt- und Wettbewerbsposition leisten.

Das Alleinstellungsmerkmal der MOTEx-Analyse besteht darin, dass die erzeugte Transparenz und Handlungssicherheit auf den Aussagen aller in der jeweiligen Untersuchungseinheit beschäftigten Mitarbeiter basiert. Demzufolge gilt die komplette Aufmerksamkeit dem Faktor Mensch und seiner Meinung, seiner Wahrnehmung, seinen Belangen und Bedürfnissen. Der Vorzug dieser Vorgehensweise besteht somit darin, dass keine Einzelwahrnehmung das Ergebnis prägt, keine Beraterentscheidungen unreflektiert übernommen und am Mitarbeiter vorbei implementiert werden. Zur praxistauglichen Anwendung wurde die MOTEx-Analyse in ein Software-Tool umgesetzt. Innerhalb des Leitfadens „European Guide to Good Practice in Knowledge Management" ist die MOTEx-Analyse als Diagnosewerkzeug zur Analyse und Bewertung des Status quo von Wissensmanagementaktivitäten eingeflossen und unterstützt Unternehmen auf ihrem Weg zum Wissensmanagement.

9.4.3 Zusammenfassung

Innerhalb der letzten Jahre wurde das Thema Wissensmanagement zunächst mit großem Engagement betrieben und beforscht. Nach dem ersten Enthusiasmus ließ das Interesse an diesem Themenfeld merklich nach. Nun gilt es, die realistischen Potenziale des Themenfelds einzuschätzen und nutzbar zu machen. Die Entwicklung des Wissensmanagements hat gezeigt, dass sich die Disziplin nach anfänglicher Euphorie und Überbewertung auf dem Weg zum Rentabilitätsniveau befindet. Voraussetzung ist der bewusste Umgang mit diesem Thema.

Wissensmanagementlösungen haben in der Vergangenheit den angestrebten Nutzen häufig verfehlt. Oft wurden unternehmensinterne Insellösungen kurzfristig ins Leben gerufen und aufgrund von Akzeptanzproblemen im Weiteren verworfen. So sind verschiedene Wissensmanagementaktivitäten in den Unternehmen anzufinden, die nicht weiter verfolgt werden, obwohl Nutzenpotenzial vorhanden ist; Nutzenpotenzial, das von den Unternehmen erkannt wurde und das somit für die Unternehmen als Begründung für die Auseinandersetzung mit Wissensmanagement herangezogen wird.

Jedes Unternehmen hat seine eigene Kultur, seine eigenen Mitarbeiter, Fähigkeiten, Prozesse und Strukturen. Grundsätzlich wird empfohlen, für alle Teilsysteme eines Unternehmens eine Analyse zum Stand und Bedarf des Wissensmanagements durchzuführen. Wissensmanagement ist dann erfolgreich, wenn es langwieriges Suchen vermeidet, Zugang zu neuen Ideen und Inspirationen bietet sowie einem geregelten Berichtswesen und Transparenz im Unternehmen dient.

Wissensmanagement ist also kein Selbstzweck: Sein Nutzen muss vor der Einführung identifiziert und die Implementierung kontinuierlich überwacht werden. Sowohl in der wissenschaftlichen Forschungsarbeit als auch in der betrieblichen Praxis tauchen jedoch immer wieder Fragen auf, die mit bestehenden Ansätzen und Konzepten nicht bzw. nur ungenügend beantwortet werden können. Immer wieder landen Wissensmanagementprojekte im Abseits oder werden vorzeitig abgebrochen.

Wissensmanagement ist eine Zukunftsinvestition: Ihr Gewinn zeigt sich selten unmittelbar. Akzeptanz, Nutzen und Auswirkung von Wissensmanagement lassen sich zunächst nur prospektiv erheben. Umso wichtiger sind Kontroll- und Steuerungsmechanismen für erfolgreiche, nachhaltige Projekte.

9.5 Reklamations- und Beschwerdemanagement

In zahlreichen Industrien und Branchen kämpfen die Unternehmen um die Verbesserung ihrer Ertragssituation. Ein Blick in die Bilanzen offenbart seit geraumer Zeit, dass jährlich hohe Rückstellungen für Gewährleistungsfälle und Kulanz gebildet und erhebliche Zahlungen geleistet werden. Diese sind insbesondere im Vergleich zum ausgewiesenen Gewinn erheblich und belegen die monetäre Notwendigkeit eines wirksamen Beschwerdemanagements. Dabei sind Aufwände für die Beseitigung der eigentlichen Beschwerdeursache und die Opportunitätskosten aus entgangenen Umsätzen durch verlorene Kunden und Beschädigung der Marke aufgrund negativer Berichterstattung noch gar nicht „eingepreist" (Abbildung 9.5-1).

Beschwerdemanagement ist ein wesentlicher Bestandteil zur Weiterentwicklung der Unternehmensfähigkeiten. Die negative Kundenbeurteilung von Dienstleistungen und Produkten deckt Entwicklungspotenziale in den Unternehmensfähigkeiten genauso auf, wie organisatorische und prozessuale Schwächen im Quality Stream.

Der nachhaltige Erfolg und damit der Nutzen des Beschwerdemanagements steht im Mittelpunkt des Kapitels 9.5.1. Hier werden die verschiedenen Nutzendimensionen des Beschwerdemanagements hergeleitet und erläutert. Die Nutzendimensionen stellen die Grundlage für das Verständnis der Zusammenhänge zwischen exzellenter Beschwerdebearbeitung, Veränderung der Produktqualität, monetärem Erfolg und der Kundenzufriedenheit dar. Eine begriffliche und strukturelle Aufarbeitung der Kernbegrifflichkeiten des Beschwerdemanagements ist Gegenstand von Kapitel 9.5.2. Die Beziehung von Fehler und Beschwerde ist hier erläutert. Die interne Organisation der technischen Beschwerdeabwicklung ist in Kapitel 9.5.3 dargestellt. Hier wird ein Referenzprozess vorgestellt und anhand von realen Fallbeispielen illustriert. Den Abschluss bildet die Vorstellung des wertorientierten Beschwerdemanagements (siehe Kapitel 9.5.4). Hier werden Gestaltungshinweise vermittelt, wie die administrative Beschwerdebehandlung organisiert und in die unternehmensinternen Prozesse integriert werden kann.

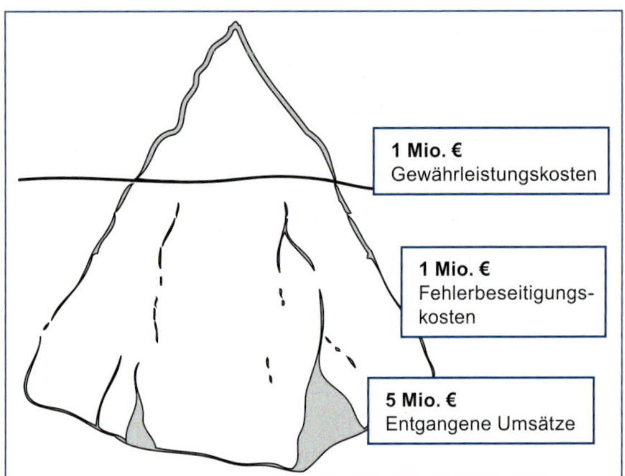

Abbildung 9.5-1 Garantie- und Kulanzkosten sind nur die Spitze des Eisbergs

9.5.1 Nutzen des Beschwerdemanagements

Eine hohe Kundenzufriedenheit gehört heute fast in jeder Unternehmung zu den wichtigsten Zielen. Zufriedene Kunden wandern nicht zu Konkurrenten ab, sorgen für eine positive Mund-zu-Mund-Kommunikation, stabilisieren den Umsatz und weisen gegenüber Neukunden eine höhere Preisbereitschaft auf [FÜRS05, HOFÜ03, WÜNS07]. Nimmt der Kunde aber in der Geschäftsbeziehung Probleme wahr und artikuliert diese in Form einer Beschwerde, so stellt dies einen sichtbaren Einbruch der Kundenzufriedenheit beim Beschwerdeführer, wenn nicht sogar eine ernsthafte Bedrohung der Geschäftsbeziehung dar.

Beschwerden sind für Unternehmen unerwünschte Herausforderungen. Sie offenbaren De-

B

fizite, die trotz umfangreicher unternehmerischer Vorkehrungen in den Quality Forward Chains nicht vermieden werden konnten. Die Beseitigung und Regulierung von Beschwerden und deren Ursachen erfordert Zeit und Ressourcen, die für andere Aufgaben nicht mehr zur Verfügung stehen. Zur Schonung der Ressourcen behindern manche Unternehmen ihre unzufriedenen Kunden bei der Beschwerdeabgabe, indem sie beispielsweise keine Möglichkeit zur Beschwerde etablieren. In einer solchen Situation erlaubt der Verweis auf niedrige Beschwerdequoten keinen Rückschluss auf eine hohe Kundenzufriedenheit. Denn dabei wird vernachlässigt, dass damit nur die Zufriedenheit bestehender Kunden und nicht die der abgewanderten Kunden erfasst wird [STSE14].

Dieses Phänomen wird durch empirische Studien belegt, die nachweisen, dass ein nicht effektives Beschwerdemanagement zu einer dauerhaft reduzierten Kundenzufriedenheit führt [HOFÜ03]. Dieselben Studien zeigen aber auch, dass es durch eine aktive und effektive Bearbeitung der Beschwerden möglich ist, die Kundenzufriedenheit wiederherzustellen und die Wiederkaufquote positiv zu beeinflussen (Abbildung 9.5-2). Einige Studien konnten darüber hinaus nachweisen, dass Beschwerdeführer bei einer erkennbar systematischen Bearbeitung ihrer Beschwerden eine höhere Wiederkaufswahrscheinlichkeit aufweisen, als Kunden, bei denen keine Probleme aufgetreten sind [SMBO98, HAHS90, HOBU12].

Generell lässt sich der Nutzen eines Beschwerdemanagements in die drei Kategorien Kunden-, monetärer- und Produktnutzen einteilen (Abbildung 9.5-3). Ein effektives Beschwerdemanagement ermöglicht eine schnelle Wiederherstellung der Kundenzufriedenheit und -bindung, vermeidet negative Kundenreaktionen, wie z.B. negative Mund-zu-Mund-Kommunikation, und erzeugt positive Ausstrahlungseffekte, etwa durch Signalisierung einer hohen Kundenorientierung an Mitarbeiter und Kunden.

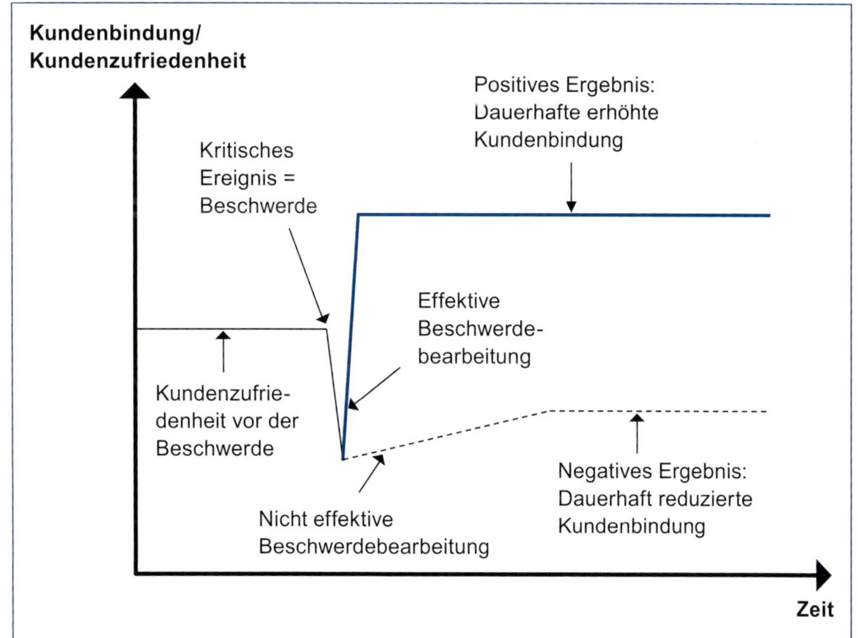

Abbildung 9.5-2 Beschwerdemanagement als Schlüssel zur Kundenbindung [HOFÜ03]

Nutzen eines effektiven Beschwerdemanagements:

Kundennutzen:
- Vermeidung von negativen Kundenreaktionen
- Erzeugung von Ausstrahlungs-effekten
- Wiederherstellung von Kundenzufriedenheit/ -bindung

Produktnutzen:
- Identifikation von Schwächen und Chancen
- Verbesserung der Produktqualität

Monetärer Nutzen:
- Minimierung der Garantie- und Kulanzkosten

Abbildung 9.5-3 Nutzenarten in Anlehnung an [HOFÜ03]

Hohe Garantie- und Kulanzkosten motivieren die monetäre Notwendigkeit eines systematischen und effektiven Beschwerdemanagements. Trotz des Fehlens einer unmittelbaren finanziellen Kennzahl, die z.B. auch Opportunitätskosten mit abbilden könnte, zeigen Studien, dass Beschwerdemanagementaktivitäten durchaus eine hohe Profitabilität aufweisen [FÜRS05, FORN88, RUST92]. So ermöglicht ein Aktivitäten-basiertes Beschwerdemanagement durch eine Verbesserung der internen Informationsflüsse und Prozesse eine Senkung der Regulierungskosten von Beschwerden. Dadurch können die Bearbeitungskosten je Beschwerde, beispielsweise durch Implementierung von First time right-Lösungsansätzen, gesenkt werden. Eine Kunden- und ressourcenorientierte Organisation der internen Prozesse sind Kennzeichen eines unternehmerisch orientierten Beschwerdemanagements.

Richtig eingesetzt, helfen diese Bewertungen die reaktiven Qualitätsverbesserungsaktivitäten zielgerichtet im Sinne der Kundenorientierung zu steuern. Damit stellen Beschwerden wertvolle Marktinformationen dar, da fehlerhafte Leistungen so frühzeitig gemeldet werden [ANDR88]. Werden diese Informationen im Rahmen des Beschwerdemanagements ursachenorientiert ausgewertet und die Informationen innerbetrieblich zielgerichtet an die relevanten Abteilungen verteilt, leistet das Beschwerdemanagement einen wesentlichen Beitrag zur kontinuierlichen Verbesserung der Produktqualität bestehender und zukünftiger Produktgenerationen [LIND14]. Bei konsequenter Nutzung der Beschwerdeinformationen können Erlöszuwächse generiert werden, sofern die Informationen eingesetzt werden, um neue Produktvarianten und Innovationen zu generieren [STSE14].

9.5.2 Begriffliche und strukturelle Grundlagen

Die unmittelbaren Aktivitäten, die im Zusammenspiel mit einer Beschwerde ausgelöst werden, zählen zu den reaktiven Maßnahmen des Qualitätsmanagements. Damit werden sie der Quality Backward Chain des Aachener Qualitätsmanagement Modells zugeordnet.

9.5.2.1 Beschwerde, Reklamation und Beschwerdemanagement

Der Begriff der Beschwerde wird weder in der unternehmerischen Praxis noch in der Forschung einheitlich verstanden. Unternehmen neigen dazu, ihr Beschwerdeverständnis sehr eng zu fassen. Damit werden unter Umständen bestimmte inhaltliche Aspekte, z.B. der Bezugsrahmen der Beschwerde sowie formale Aspekte, wie z.B. die Berechtigung zur Beschwerde, ausgeschlossen. Generell gilt aber, dass Beschwerden in erster Linie negative Bewertungen der Leistungsqualität darstellen.

Auch in der Wissenschaft wird der Begriff der Beschwerde unterschiedlich weit gefasst. So definiert Landon eine Beschwerde kurz und knapp als „an expression of dissatisfaction on a consumers behalf to a responsible party“ [LAND80]. Wimmer und Roleff [WIRO01] definieren eine Beschwerde umfassender als “eine vom Kunden ausgehende Artikulation von Unzufriedenheit [...], die sich auf ein konkretes Leistungsangebot einschließlich der damit in der Vor-, Kauf- und Nachkaufphase zusammenhängenden Marketingaktivitäten des Anbieters bezieht und an diesen adressiert ist.“

Im Folgenden wird die Definition von Wimmer [WIMM85] zugrunde gelegt, nach der eine Beschwerde eine Artikulation von Unzufriedenheit, die gegenüber Unternehmen oder auch Drittinstitutionen mit dem Zweck geäußert wird, auf ein subjektiv als schädigend empfundenes Verhalten eines Anbieters aufmerksam zu machen, Wiedergutmachung für erlittene Beeinträchtigungen zu erreichen und/oder eine Änderung des kritisierten Verhaltens zu bewirken.

In der Praxis wird der Begriff der Reklamation oft mit einer Beschwerde gleichgesetzt. Nach Hansen kann aber nur dann von einer Reklamation gesprochen werden, wenn der Kunde Beanstandungen in der Nachkaufphase an einem Produkt oder einer Dienstleistung explizit oder implizit mit einer rechtlichen Forderung verbindet, die ggf. juristisch durchgesetzt werden kann.

Reklamationen stellen also eine Teilmenge von Beschwerden dar. Gleichwohl ist eine Abgrenzung der rechtlich relevanten Beschwerden auch für die unternehmerische Praxis sinnvoll, stellt sie doch eine mögliche Priorisierungsdimension für Beschwerden dar.

Ebenso wie für den Beschwerdebegriff existiert für das Beschwerdemanagement keine einheitliche Auffassung. Die verschiedenen Definitionen können nach Fürst [FÜRS05] in drei Kategorien eingeteilt werden.

- Prozessorientierte Definitionen: Beschwerdemanagement als die Abfolge verschiedener Aufgaben
- Systemische Definitionen: Beschwerdemanagement als Subsystem eines Unternehmens
- Aktivitätenbezogene Definitionen: Beschwerdemanagement als die Summe aller unternehmerischen Tätigkeiten mit Beschwerdebezug

Vor dem Hintergrund des hier zugrunde liegenden Qualitätsverständnisses wird ein ganzheitliches aktivitätenbezogenes Verständnis des Beschwerdemanagements vertreten. Im Folgenden soll der Begriff des Beschwerdemanagements verstanden werden als die Gesamtheit aller Maßnahmen, die ein Unternehmen bei artikulierter Unzufriedenheit des Kunden ergreift, um die Zufriedenheit des Beschwerdeführers wiederherzustellen und gefährdete Kundenbeziehungen zu stabilisieren.

Generell lassen sich die Aktivitäten des Beschwerdemanagements in die Kategorien technische und wertfokussierte Beschwerdeabwicklung einteilen. Zur technischen Beschwerdeabwicklung gehören alle beschwerdeinduzierten Maßnahmen, die zur produktorientierten Wiederherstellung der Kundenzufriedenheit ergriffen werden. Bei diesen Aktivitäten steht die Beseitigung eines Fehlers bzw. einer Fehlerursache im Mittelpunkt.

Im Zentrum der wertorientierten Aktivitäten steht die Befriedung des Kunden durch z.B. Kulanzzahlungen und/oder die Übernahme von Kosten, die aus einer Beschwerde resultieren. Dabei spielt es keine Rolle, ob eine begründete Beschwerde, z.B. aufgrund eines fehlerhaften Produktes vorliegt oder ob die Beschwerde jeder technischen Grundlage entbehrt.

Der Schwerpunkt der weiteren Ausführungen liegt auf der technischen Beschwerdeabwicklung. Dabei wird angenommen, dass in der Regel einer Beschwerde auch eine fehlerhafte Leistung bzw. der Verdacht auf einen Fehler zugrunde liegt. Für die weiteren Betrachtungen spielt es dabei keine Rolle, ob der Fehler durch den Kunden, die Serviceorganisation, den Produzenten oder einer weiteren Partei verursacht wurde, da die Aktivitäten, die zur technischen Problembeseitigung ergriffen werden, unabhängig vom Verursacher sind.

9.5.2.2 Fehlerlebensdauer

Fehler oder fehlerhafte Produkte sind in der Regel die Ursache für Kundenbeschwerden. Deswegen ist es aus unternehmerischer Sicht bedeutsam, die Fehlerlebensdauer zu minimieren. Denn generell gilt: Je länger die Fehlerlebensdauer, desto aufwendiger und kostspieliger ist die Beseitigung. Zur Vermeidung von Missverständnissen bei der Beurteilung der Fehlerlebensdauer muss zwischen der Produzenten- und Konsumentenperspektive auf einen Fehler unterschieden werden.

Die Fehlerlebensdauer aus Produzentensicht beginnt mit der Veranlagung eines Fehlers und endet mit der nachweislichen Beseitigung der Fehlerursache in der Serie (Abbildung 9.5-4). Die Fehlerveranlagung bezeichnet den Zeitpunkt im Produktlebenszyklus, an dem eine Fehlerursache im Produkt determiniert wird; z.B. falsche Materialwahl für eine Befestigungsschraube (Fehlerursache) in der Konstruktionsphase (Veranlagungszeitpunkt), die zu einem Reißen der Motorenbefestigung führt. Dabei ist zu beachten, dass nicht jede Veranlagung für einen Fehler auch tatsächlich zu einem Fehler führt.

Die Fehlerlatenzzeit, als eine Phase der Fehlerlebensdauer aus Produzentensicht, ist definiert als die Zeitspanne zwischen der (entwicklungs-, produktions-, serviceseitigen ...) Veranlagung der Fehlerursache und dem erstmaligen Erfassen des dadurch verursachten Fehlerbildes durch den Produzenten. Alle Erprobungs- und Testmaßnahmen an digitalen Modellen, Prototypen oder Serienmodellen sind auf die Verkürzung der Fehlerlatenzzeit ausgelegt.

Mit der Erfassung eines Fehlerbildes beginnt die Fehlerbildlebensdauer, die alle Maßnahmen zur Fehlerdiagnose und -beseitigung umfasst. Ziel der Fehlerdiagnose ist es, aus den zur Verfügung stehenden Feld- und Beschwerdedaten eindeutige Fehlerbilder abzuleiten und hinsichtlich verschiedener Dimensionen (klassischerweise dem Risikopotenzial, der Auftretenswahrscheinlichkeit und den monetären Auswirkungen) zu priorisieren.

Aus Sicht eines Kunden stellt sich die Fehlerlebensdauerstruktur weniger kompliziert dar. Für den Kunden beginnt die Fehlerlebensdauer mit

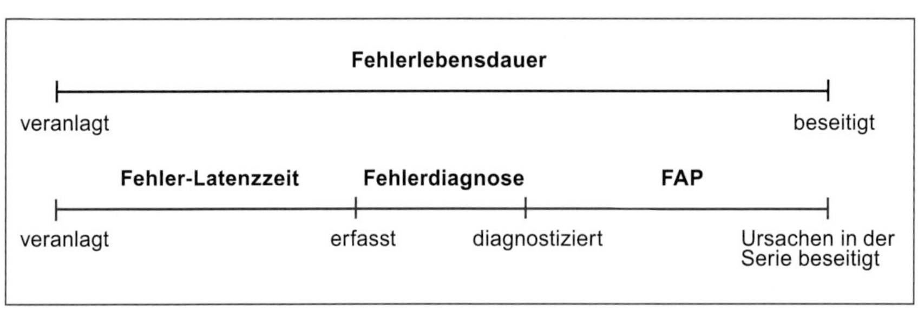

Abbildung 9.5-4
Struktur der Fehlerlebensdauer aus Produzentensicht

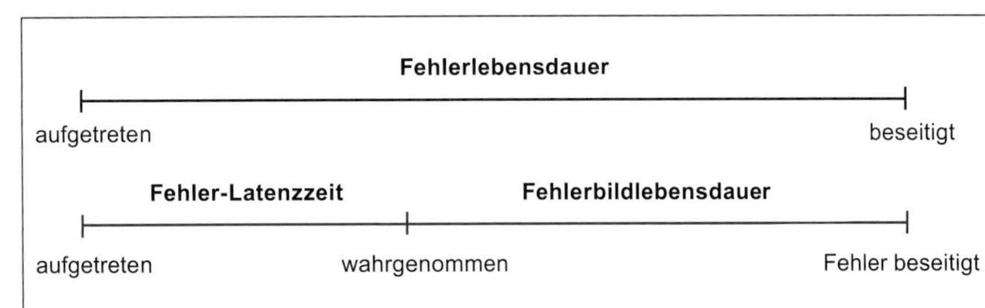

Abbildung 9.5-5 Struktur der Fehlerlebensdauer aus Kundensicht

dem Auftreten eines Fehlers und endet mit der nachhaltigen Beseitigung an seinem Produkt (Abbildung 9.5-5).

Je schneller die nachweisliche Beseitigung eines Fehlers gelingt, desto schneller kann die Kundenzufriedenheit wiederhergestellt und Garantie- und Kulanzzahlungen minimiert werden. Dieser Zusammenhang führt dazu, dass Unternehmen ihre Fehlerbeseitigungsaktivitäten u.a. durch zeitbasierte Kennzahlen überwachen und steuern. Aus Unternehmenssicht steht bei den Fehlerbeseitigungsaktivitäten die Verkürzung der Fehlerbildlebensdauer im Mittelpunkt. Die Tatsache, dass die Phase zwischen dem Auftreten eines Fehlers beim Kunden und der Diagnose eines Fehlers durch den Produzenten unterschiedlich lang sein kann, führt oft zu Diskrepanzen bei der Bewertung von Fehlerbeseitigungsaktivitäten im Kunden- und dem Unternehmensurteil.

Bei der Ausrichtung, Organisation und Bewertung aller Aktivitäten zur Fehlerbildlebensdauer-Minimierung gelingt es erfolgreichen Unternehmen nicht nur die Durchlaufzeiten der Fehlerbeseitigungsprozesse, sondern auch die Phasen zwischen dem Auftreten beim Kunden und erster Erfassung sowie zwischen Erfassung durch den Produzenten und Diagnose zu verkürzen. Zur Beschleunigung der Fehlerdiagnose bieten sich statistische Ansätze, wie z.B. Weibull- oder Hot Spot-Analysen an (siehe Toolbox, Kapitel 11.30) [WILK10]. Die Optimierung der Erfassungsdauer kann beispielsweise durch den gezielten Einsatz von Anreizsystemen oder durch den Einsatz vernetzter Technologien optimiert werden.

Im Folgenden wird ein Referenzprozess vorgestellt, der sowohl den beschriebenen Perspektiven als auch den verschiedenen Optimierungsrichtungen gerecht wird. Dabei steht insbesondere die nachhaltige und schnelle Beseitigung des Fehlers bzw. der Fehlerursache im Mittelpunkt.

9.5.3 Technische Beschwerdeabwicklung

Unter dem Begriff des technischen Beschwerdemanagements werden alle Aktivitäten subsumiert, die zur technischen Problemlösung beitragen. Nach der hier zugrunde liegenden Definition des Beschwerdemanagements sind das also alle die technisch orientierten Aktivitäten, die zur Wiedergutmachung für erlittene Beeinträchtigungen des Kunden ergriffen werden und/oder eine Änderung des kritisierten Verhaltens erzeugen.

Das technische Beschwerdemanagement zielt darauf ab, Fehler schnellstmöglich zu identifizieren, die Ursache unmittelbar und nachhaltig zu beseitigen sowie das Wiederauftreten eines Fehlers präventiv zu verhindern.

Eine fehlerverzeihende Unternehmenskultur ist wohl der wichtigste Erfolgsfaktor für Unternehmen auf dem Weg zu einer effizienten technischen Beschwerdeabwicklung, da eine solche Kultur die Grundlage zur emotionslosen Bearbeitung von Beschwerden ist. Wohingegen gegenseitige

Schuld- und Verantwortungszuweisungen während der Problembeseitigung die Lösungsfindung behindern und im schlimmsten Fall verhindern. Hier ist nicht nur das in diesem Zusammenhang oft zitierte Topmanagement gefragt. Vielmehr gilt es auch auf den operativen prozessualen Ebenen Maßnahmen einzuführen, die einen sachlichen Umgang mit Beschwerden ermöglichen. Dabei spielt die Zuordnung der operativen Aufgaben und Verantwortlichkeiten in den Beschwerdeabwicklungsprozessen eine entscheidende Rolle. Operative Verantwortung den (vermeintlichen) Problemverursachern zuzuordnen, ist zu diesem frühen Zeitpunkt nicht nur schwierig, sondern auch nicht zielführend. Es gilt Problemlösungen, und nicht die Verursacher für ein Problem zu identifizieren. Deswegen sind diejenigen Parteien in die operativen Prozesse einzubinden, die den größten Beitrag zur Lösung des Problems leisten können.

Die operative, ursachenorientierte Aufgabenzuweisung kann um eine Gesamtprozess- und Ergebnisverantwortung ergänzt werden. Gerade die Zuordnung der übergeordneten Zuständigkeiten für die Aktivitäten der Quality Backward Chain wird in der Praxis oft vernachlässigt. Hier kann die Verantwortungsstruktur der Quality Forward Chain als Vorbild dienen. Typischerweise ist eine sehr detaillierte Verantwortungsstruktur von den operativen bis hin zu den Topmanagementaufgaben festgelegt. Es gibt beispielsweise in der Automobilindustrie im mittleren Management Verantwortliche auf Bauteil-, Baugruppen- oder Baureihenebene. Selbst im Vorstand sind in der Regel mindestens zwei Ressorts, die Entwicklung und die Produktion, mit Quality Forward Chain-Aufgaben beauftragt. Viele erfolgreiche Beispiele aus der Praxis zeigen, dass eine effiziente Backward Chain nur dann gestaltet und etabliert werden kann, wenn es auch im Management verankerte Gesamt- und Ergebnisverantwortungszuweisungen gibt.

Das Management mit der Gesamtverantwortung für einen Prozess zu betrauen, ist nur dann sinnvoll, wenn mit der Übernahme der Verantwortung auch die Einrichtung standardisierter, hierarchisch strukturierter Berichte und Berichtswege verbunden ist. Zu diesem standardisierten Berichtswesen gehören Kennzahlen. Zur Erfassung der Beschwerdemanagementabläufe und ihrer Leistungsfähigkeit sind insbesondere zeitbasierte Kennzahlen geeignet. Denn für das Kundenurteil sind die Geschwindigkeit der Beschwerdeabwicklung und die Abstellung der Beschwerdeursache die entscheidenden Indikatoren. Dabei ist zu beachten, dass weder die Wirksamkeit der Abstellmaßnahme noch die erreichten Bearbeitungsdauern von der operativ verantwortlichen Organisationseinheit erfasst werden dürfen. Um Interessenskonflikte zu vermeiden und eine hohe Aussagetransparenz des Berichtswesens zu generieren, ist einer Validierung der Ergebnisse durch eine zentrale oder übergeordnete Instanz vorzunehmen. Im folgenden Kapitel wird ein Prozessrollenmodell vorgestellt, welches geeignet ist, die beschriebenen erfolgskritischen Maßnahmen und Gestaltungshinweise aufzunehmen bzw. umzusetzen.

In den danach folgenden Kapiteln werden neben einem Referenzprozess des technischen Beschwerdemanagements auch die Prozessstrukturen und Maßnahmen zur kontinuierlichen Weiterentwicklung des technischen Beschwerdemanagements vorgestellt.

9.5.3.1 Prozessrollen zur Gestaltung der Aufbauorganisation

Die Einbindung des Reklamations- und Beschwerdemanagements in die Quality Backward Chain kann aufgrund ihrer Aufgabenstruktur prozessual gestaltet werden. Problematisch dabei ist, dass die Aufbaustruktur der Quality Backward Chain in Unternehmen gegenüber dem Aufbau der Quality Forward Chain unterentwickelt ist. Durch den unzureichenden organisatorischen Aufbau ist das klassische Vorgehen, prozessuale Aufgaben Unternehmenseinheiten zuzuordnen, erschwert. Unternehmen behelfen sich, indem Aufgaben des (technischen) Beschwerdemanagements Abteilungen zugeordnet werden, die mit typischen Quality Forward Chain-Aufgaben betraut sind. So ist es z.B. verbreitet, die Beschwerdedatenauswertung, inklusive der Fehleridentifikation, der Vertriebsorganisation zuzuordnen. Dies führt zu Problemen, da in der Regel Kompetenzen und Ressourcen zur fachgerechten Bearbeitung fehlen.

Dieses Vorgehen, Aufgaben an Abteilungsstrukturen zu knüpfen, ist immer dann geeignet, wenn detaillierte, unternehmensweit einheitliche Quality Backward Chain-Strukturen etabliert sind und gering arbeitsteilige Quality Forward Chain-Prozesse vorherrschen.

Sind die Backward Chain-Strukturen an verschiedenen Standorten eines Unternehmens uneinheitlich, und/oder müssen viele Beschwerdeursachen und -verursacher unterschieden werden, ist die klassische abteilungsgebundene Prozessstrukturierung nicht geeignet. Denn sie erfordert in einem solchen Fall standort- und problembezogene Prozessbeschreibungen. Dies führt zu einer sehr hohen Prozessvariantenanzahl, die sehr aufwendig in Erstellung und Pflege, anfällig gegenüber Erweiterungen bzw. Fehlern ist, und einen großen Schulungsaufwand bei der Einführung von neuen Prozessen erfordert.

Wesentlich robuster gegenüber Veränderungen auf produkt- und organisatorischer Ebene sind rollengebundene Prozessbeschreibungen. Eine Prozessrolle legt ein Verantwortungsfeld fest, welches aus einem oder mehreren Prozessschritten bestehen kann. Jeder Prozessrolle wird eine verantwortliche Organisationseinheit bzw. Person zugeordnet.

So ist im Beschwerdemanagement beispielsweise die Beschwerdeannahme ein Verantwortungsfeld mit den Prozessschritten „Aufnahme der Beschwerde“, „Übertrag in SAP“ und „Weiterleitung an internen Adressaten“. Die Verantwortung für diese Prozesse kann einer Prozessrolle „Service Desk“ zugeordnet werden. Bei einer uneinheitlichen Abteilungsstruktur an verschiedenen Standorten, kann an Standort A, die Rolle „Service Desk“ vom technischen Kundendienst wahrgenommen werden und an Standort B, vom Vertrieb, ohne dass dies Einfluss auf die Prozessbeschreibung hat.

Dabei gilt: Pro Prozessrolle darf es nur eine verantwortliche Organisationseinheit/Person geben; umgekehrt kann eine Organisationseinheit/Person aber für mehrere Prozessrollen verantwortlich sein. Ist eine eindeutige Zuordnung von Verantwortlichkeiten auf eine Prozessrolle nicht möglich, ist der Verantwortungsbereich einer Prozessrolle neu zu definieren.

Die Unempfindlichkeit gegenüber organisatorischen und produktseitigen Veränderungen resultiert aus der Entkopplung der Prozesse von Unternehmens- und Produktstrukturen. Durch diese Struktur gelingt es, Prozesse unabhängig von bestehenden standortspezifischen Ablauforganisationen einheitlich zu beschreiben. Dies führt zu einer hohen Transparenz sowie einheitlichen Prozesslandschaften, durch die der Pflege- und Schulungsaufwand minimiert wird.

Nach der hier beschriebenen Rollenstruktur ist auch der im folgenden Kapitel beschriebene Referenzprozess zur technischen Beschwerdeabwicklung organisiert.

9.5.3.2 *Referenzprozess Technisches Beschwerdemanagement*

Referenzprozesse dienen der allgemeingültigen Definition von relevanten Handlungsfeldern, die für Unternehmen prinzipiell Gültigkeit besitzen. Ihre individuelle Ausgestaltung ist an die spezifischen

Gegebenheiten in einem Unternehmen anzupassen. An dieser Stelle sei noch einmal darauf hingewiesen, dass im weiteren Verlauf von der Annahme ausgegangen wird, dass einer Beschwerde zumindest der Verdacht auf ein fehlerhaftes Produkt zugrunde liegt.

Die hier vorgestellte Prozessstruktur (Abbildung 9.5-6) basiert auf den beiden Rollen „Clearing-Stelle" und „Beschwerde-Bearbeiter". Die Clearing-Stelle ist in erster Linie für die Beschwerde- bzw. Felddatenerfassung und Fehleridentifikation verantwortlich. Im weiteren Verlauf des Prozesses ist sie für das Informationsmanagement, die Maßnahmenvalidierung anhand von Felddaten und die administrative Abwicklung der Beschwerde zuständig. In der Unternehmensorganisation stellt sie idealerweise eine eigenständige, zentrale „neutrale" Einheit dar. In dieser Rolle obliegt ihr die Gesamtprozessverantwortung für das Beschwerdemanagement, also beispielsweise die Einhaltung von Prozessen, Zeitvorgaben oder Dokumentationsaufgaben. Bei der Rolle des „Beschwerde-Bearbeiters" handelt es sich nicht um eine zentrale Abteilung; vielmehr werden dezentrale Fachabteilungen mit der operativen Fehlerursachenbeseitigung betraut. Der „Beschwerde-Bearbeiter" ist für die Qualität der technischen Lösung verantwortlich. Die Unterscheidung zwischen Ergebnis- und Prozessverantwortung führt zu einer Konzentration auf

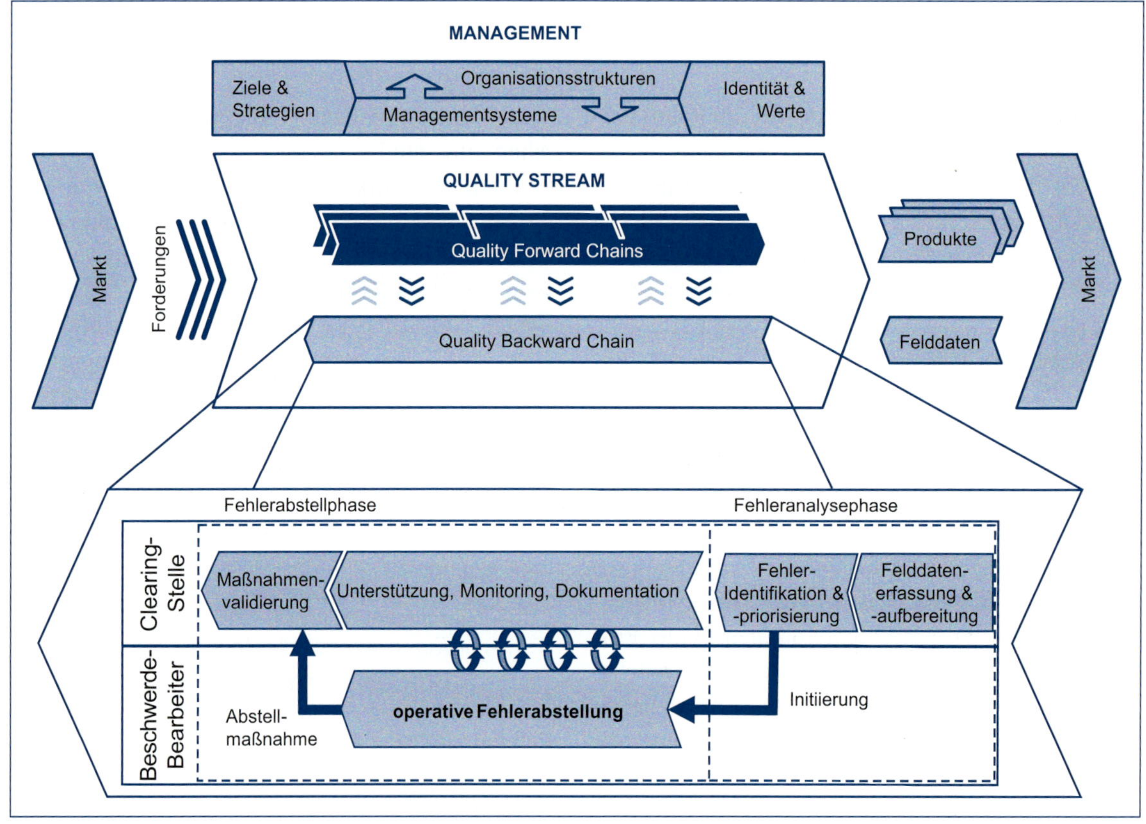

Abbildung 9.5-6 Beschwerdemanagement Referenzprozess, vgl. [KRIS12]

die Kernkompetenzen der involvierten Abteilungen, stellt aber für viele Unternehmen einen Paradigmenwechsel dar.

Der Referenzprozess gliedert sich in zwei Phasen, die Fehleranalyse- und die Fehlerabstellphase. Zur Fehleranalyse gehören im Referenzprozess zum einen die Felddatenerfassung und -aufbereitung und zum anderen die Fehleridentifikation und -priorisierung. Aufgabe des ersten Prozessschrittes ist es, Informationen aus allen definierten Quellen zusammenzuführen, um eine komplette informatorische Grundlage zur Lösung zu schaffen. Werden diese Informationen dezentral verwaltet, besteht die Gefahr, relevante Einflussfaktoren zu vernachlässigen und Potenziale zu verschenken. Der Schritt der Felddatenerfassung und -aufbereitung ist entscheidend für die Qualität der weiteren Bearbeitung. Werden an dieser Stelle Informationen nicht generiert oder falsch interpretiert, fehlt den folgenden Prozessschritten eine solide Datenbasis zur Lösung des Problems [EFFE14].

Im Referenzprozess stellt die Clearing-Stelle als übergeordnete Steuerungsinstanz einen zentralen Informationshub innerhalb der Quality Backward Chain dar. Durch die zentrale Stellung der Clearing-Stelle wird sichergestellt, dass eine ganzheitliche Fehlerlandschaft über alle Produkte, Produktgenerationen oder zugehörige Prozesse gebildet und diese übergreifend ausgewertet wird. So wird beispielsweise im Automobilsektor nur dann von einem vollständigen Beschwerde- bzw. Fehlerbild gesprochen, wenn neben den Beschwerdeinformationen noch der Reparaturbericht der Werkstatt, die dazugehörige Ersatzteilbestellungen und ggf. ein Garantie- und Kulanzantrag zueinander in Beziehung gesetzt werden. Diese Aufgabe stellt hohe Anforderungen an die Gestaltung der CAQ-Systeme, an die Datenerfassung und -aufbereitung sowie an die statistischen und analytischen Fähigkeiten der Mitarbeiter der Clearing-Stelle.

Auf Basis der (möglichst) vollständigen Beschwerde- bzw. Fehlerbilder werden im zweiten Schritt der Fehleranalyse, die identifizierten Fehlerbilder bewertet und hinsichtlich ihrer „Schwere“ priorisiert. Ziel dieses Prozessschrittes ist es, den Ressourceneinsatz der Fehlerabstellprozesse (FAP) optimal zu steuern; es gilt die „richtigen“ Fehler zuerst abzustellen.

Die Auswahl der Bewertungs- bzw. Priorisierungsdimensionen ist eine strategische Aufgabe der Clearing-Stelle und muss sich an den übergeordneten Unternehmensstrategien ausrichten. Als Minimalanforderung ist jedes Fehlerbild, zumindest hinsichtlich seiner Sicherheitsrelevanz, zu analysieren und entsprechend zu priorisieren. Es liegt auf der Hand, dass jedes potenziell, sicherheitsrelevante Fehlerbild und seine Ursachen unmittelbar und nachhaltig beseitigt werden müssen. Neben der Bewertung der Sicherheitsrelevanz können noch weitere Priorisierungsdimensionen angewandt werden. Weit verbreitet ist die monetäre Bewertung eines Fehlerbildes oder die Bewertung der Fehlerlandschaft anhand der absoluten aufgetretenen Anzahl eines Fehlerbildes. Allerdings muss im Feld erst einige Zeit vergehen, bis ein Fehlerbild in signifikanter Anzahl aufgetreten ist. Um diese „Wartezeit“ zu vermeiden, bietet sich das Führen von Aufsteigerlisten an. Dabei werden beispielsweise wochenweise die häufigsten Fehlerbilder erfasst. Dieses Vorgehen ermöglicht, Fehler frühzeitig zu erkennen. Steht die Früherkennung im Fokus, so stellen sowohl statistikbasierte Tools beispielsweise Weibull (siehe Toolbox, Kapitel 11.30) als auch das Hot Spot-Konzept eine geeignete Ergänzung zu den Aufsteigerlisten dar. Hot Spots sind Marktregionen, in denen vorab definierte, spezifische Umweltbedingungen herrschen, die ein Produkt derartig „stressen“, dass Fehler früher auftreten. Die Felddaten aus diesen Regionen werden separat ausgewertet und erlauben schnellere Fehlerdiagnosen, als die Auswertung sämtlicher Felddaten.

Steht beim Beschwerdemanagement die Kundenzufriedenheit im Mittelpunkt, ist es sinnvoll, Fehler und ihre Auswirkungen aus der Kundenperspektive zu beurteilen. Dabei sind neben dem Imageverlust, auch die unmittelbaren Verluste des Kunden, beispielsweise durch einen Werkstattbesuch, sowie die mittelbaren Ausfälle zu betrachten. Etwa der Verdienstausfall eines Spediteurs während des Reparaturzeitraums.

Mit Abschluss der (vorläufigen) Fehlerursachenidentifikation und -priorisierung initiiert die Clearing-Stelle einen Fehlerabstellprozess. Basierend auf den zur Verfügung stehenden Informationen bestimmt die Clearing-Stelle einen „Beschwerde-Bearbeiter", der den größten Beitrag zur Beseitigung der Fehlerursache leisten kann. Damit endet die, zentral durch die Clearing-Stelle organisierte, Fehleranalysephase.

Das reaktive Ziel der Fehlerabstellphase ist es, den Fehler, der zu einer Beschwerde geführt hat, unmittelbar, nachhaltig und ressourceneffizient zu beseitigen. Das präventive Ziel ist es, die Lessons Learned in die Prozesse der Quality Forward Chain einzusteuern, um das Auftreten desselben oder ähnlicher Fehler produktgruppenübergreifend zu verhindern.

Zu Beginn dieser Phase wird der „Beschwerde-Bearbeiter" durch die „Clearing-Stelle" mit der operativen Beseitigung der Fehlerursache betraut. Dabei wird er durch die Clearing-Stelle mit spezifischen Auswertungen, Ergebnisdokumentationen und durch die Eskalation im Krisenfall unterstützt. Dazu sind je nach Fehlerrelevanz sporadische oder Standardkommunikationstermine geeignet, in denen der Lösungsfortschritt, die erreichten Ergebnisse und Kennzahlen berichtet werden.

Für den „Beschwerde-Bearbeiter" endet der Prozess der operativen Fehlerabstellung mit der internen Maßnahmenvalidierung. Dies geschieht gerade bei technischen Produkten durch Versuche, beispielsweise in Prüfständen. Die „Clearing-Stelle" hat nach Abschluss der operativen Fehlerabstellung die Aufgabe, die Wirksamkeit der Abstellmaßnahmen anhand von Felddaten zu validieren. Ist der Feldnachweis der Wirksamkeit erbracht, endet die Phase der Fehlerabstellung und damit auch der gesamte Prozess der technischen Beschwerdeabwicklung.

Im Idealfall ist damit das reaktive Ziel der unmittelbaren ressourcenoptimalen Fehlerbeseitigung erfüllt. Zu Erreichung der präventiven Ziele hat die „Clearing-Stelle" die Fehlerursache, Entdeckungsmaßnahmen, Abstellmaßnahmen und die präventiven Maßnahmen erfasst, dokumentiert und aufbereitet, um sie dann in den Produktentstehungsprozess der Quality Forward Chains einzubringen. Dabei können die gewonnenen Informationen, insbesondere bei Quality Gates, Design Reviews oder bei der Erstellung von FMEAs, genutzt werden (siehe Toolbox, Kapitel 11.10, 11.12 und 11.23). Wie ein solcher Transfer zwischen den Quality Forward Chains und der Quality Backward Chain gestaltet werden kann, wird im folgenden Praxisbeispiel aus dem Automobilbereich erläutert.

Im Rahmen der Quality Backward Chain nutzt ein Automobilhersteller verschiedene Qualitätssensoren. Die Informationen dieser Sensoren werden in der Qualitätslenkung vereint. Für den nachhaltigen Erfolg ist das Zusammenführen, Aufbereiten und Analysieren der relevanten Informationen von entscheidender Tragweite (Abbildung 9.5-7). Die Qualitätslenkung ist somit verantwortlich für das Erkennen von Problemen, die Identifikation der Fehlerbilder, die Überwachung der Lösung, die Abstellung der Ursachen und die Aufbereitung der generierten Erkenntnisse. Die bearbeiteten Fehlerbilder werden abschließend hinsichtlich der Relevanz für zukünftige Produktgenerationen, dem (Qualitäts-)Zielbeitrag und dem Umsetzungsaufwand bewertet.

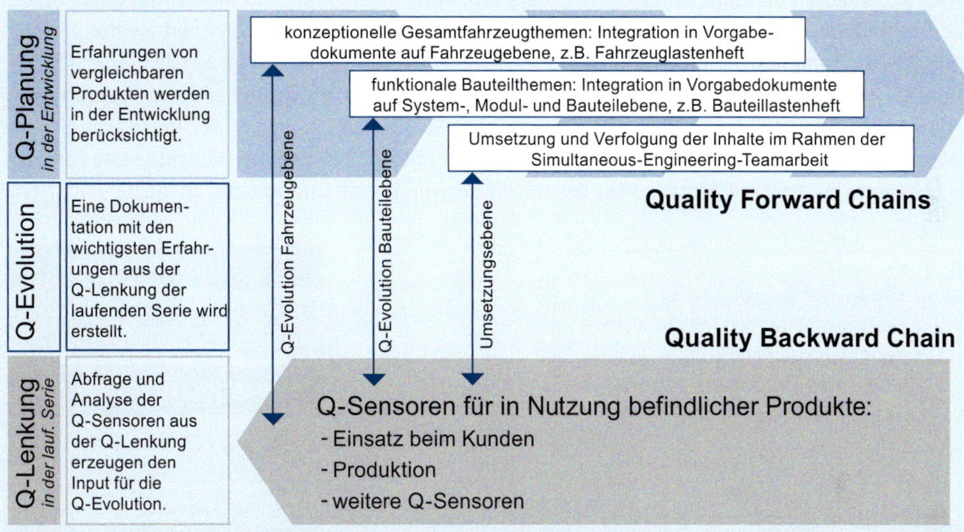

Abbildung 9.5-7 „Qualitätsevolution“ als Bindeglied der Forward und Backward Chain

Das Bindeglied zur Quality Forward Chain ist die „Qualitätsevolution", in der eine Dokumentation mit den wichtigsten Erkenntnissen der Qualitätslenkung, bezüglich einer laufenden Fahrzeugserie oder geplanten Fahrzeugen, erstellt wird. Sie steuert die Informationsflüsse in die Entwicklung und ist somit Inputgeber für die Qualitätsplanung. Diese wiederum ist für das Erreichen der Qualitätsziele in der Forward Chain verantwortlich. In diesem Konzept ist die „Qualitätsevolution" verantwortlich für die Vermeidung von Wiederholungsfehlern sowie für die konsequente Weiterentwicklung des Produktes und der Prozesse. Ihr kommt die zentrale Aufgabe zu, bereits identifizierte Fehlerbilder in gleichen oder folgenden Fahrzeugserien zu verhindern.

In Abstimmung mit der Qualitätsplanung, die konkrete Qualitätsziele verfolgt, wird die Integration von Themen aus der Backward Chain abgestimmt. Die einzelnen Aspekte werden vor dem Hintergrund der Zielerreichung der Qualitätsplanung diskutiert und in die Forward Chain implementiert. Die Integration gestaltet sich in drei Ebenen. Auf Fahrzeugebene kann in die konzeptionelle Entwicklung sämtlicher Modelle eingegriffen werden. Die frühzeitige Integration in Fahrzeuglastenhefte ermöglicht somit die proaktive Verbesserung von Gesamtfahrzeugthemen. Funktionale Verbesserungen an Systemen, Modulen oder Bauteilen werden über die Qualitätsplanung auf Bauteilebene eingesteuert.

Die „Qualitätsevolution" kann auf diese Lastenhefte Einfluss nehmen und bis hin zum Lieferanten geänderte Spezifikationen einfordern. Der Eingriff in die Umsetzung und die Verfolgung der Inhalte findet in der eigentlichen Produktion statt. An dieser Stelle werden vornehmlich prozessuale Themen angesprochen und stetig verbessert.

Absicherung der konsequenten Umsetzung

In der praktischen Anwendung arbeitet die „Qualitätsevolution" mit einfachen Listen. Die berücksichtigten Aspekte aus der Qualitätslenkung werden zentral dokumentiert und anhand verschiedener Statusstufen verfolgt. Einzelne offene Punkte durchlaufen die Stufen Planung, Bestätigung und Verifikation. Falls nötig, kann die Bearbeitung einzelner Punkte abgebrochen werden (Abbildung 9.5-8). Anhand einer abgestimmten Checkliste wird geprüft, welche Voraussetzungen für das Erreichen eines bestimmten Status notwendig sind. Ein Beispiel zur Erreichung des Status Verifikation ist die abgeschlossene Überprüfung der neuen Qualitätsmerkmale in der Vorserienprüfung. Ein konkretes Beispiel für die Funktion der „Qualitätsevolution" liefert der folgende reale Fall, der die Leistungsfähigkeit der Methode für generationsübergreifende Qualitätsmerkmale demonstriert.

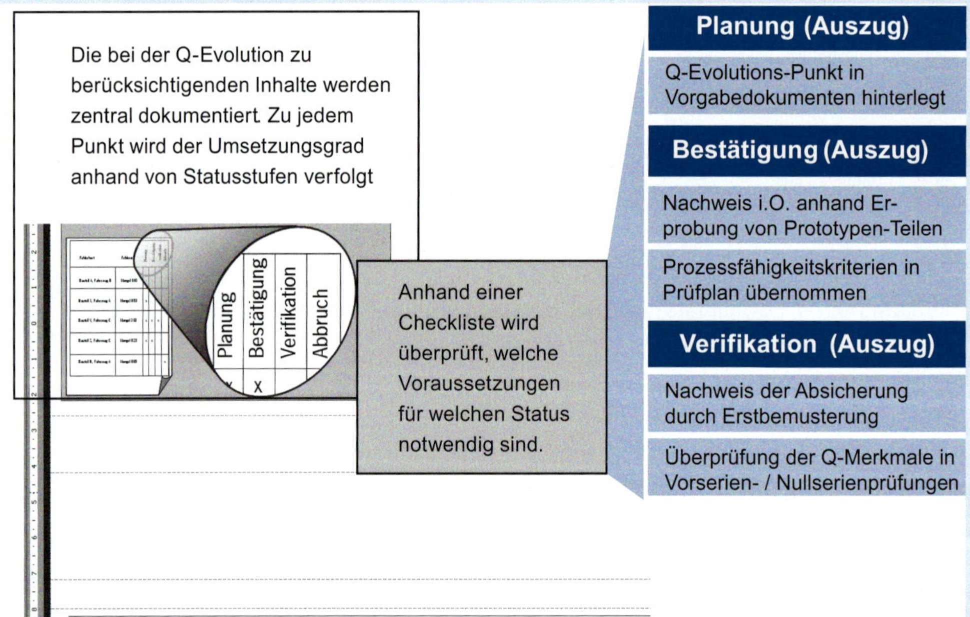

Abbildung 9.5-8 Absicherung der konsequenten Umsetzung durch die „Qualitätsevolution"

Aus der Backward Chain induzierte Produktverbesserung

Verschiedene Qualitätssensoren in der Qualitätslenkung meldeten Probleme bei der Funkfernbedienung des Modells „Super Sport" im amerikanischen Markt. Zum einen bemerkten die Händler vermehrt Rückfragen der Kunden zur Funkfernbedienung und zum anderen, wurden diese in externen

Zufriedenheitsstudien beanstandet. Eine genaue Analyse des Problems ergab, dass auf dem amerikanischen Markt eine Zwei-Tasten-Bedienung, d.h. eine Taste zum Öffnen und Schließen des Fahrzeugs und eine zur Öffnung des Kofferraums, missverständlich war. Hinzu kam, dass der Druckpunkt der Tasten als zu hoch empfunden wurde. Die Kunden interpretierten dies als Fehlfunktion und beschwerten sich teilweise (Abbildung 9.5-9).

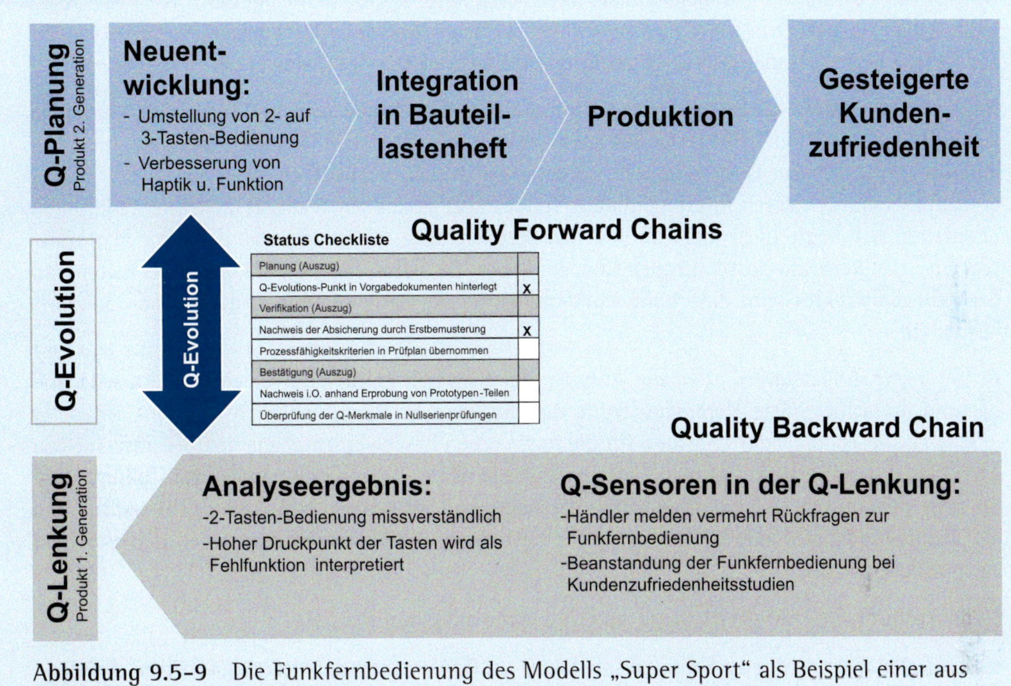

Abbildung 9.5-9 Die Funkfernbedienung des Modells „Super Sport" als Beispiel einer aus der Backward Chain induzierten Produktverbesserung

9.5.3.3 Kontinuierliche Verbesserung des technischen Beschwerdemanagements

Die Weiterentwicklung von Prozessen stellt neben der Einführung die größte Herausforderung dar. Diese Einsicht gilt insbesondere für die Prozesse des technischen Beschwerdemanagements. Der Zugriff auf Mitarbeiter aus der Quality Forward Chain, z.B. Entwickler zur technischen Problembeseitigung, stellt für die betroffenen Abteilungen ein Ressourcenproblem dar. In der Regel sind Unternehmen vorwärts, d.h. entlang ihrer Wertschöpfungskette, ausgerichtet. Das Beschwerdemanagement als reaktive Aufgabe stellt andere Anforderungen an die Prozesssteuerung und Struktur eines Unternehmens. Typischerweise werden die vorwärtsgerichteten Funktionen anhand von outputbezogenen Kennzahlen, wie z.B. der Produktivität, bewertet und gesteuert. Dies erklärt zudem, warum die Fehlerbeseitigung für die Entwicklung oder Produktion oft als ungeliebte Nebenaufgabe angesehen wird.

Wie dieses Problem bei einem Nutzfahrzeughersteller angegangen und seit dem Jahr 2000 durch situative Anpassungen der Verantwortlichkeiten im Beschwerdemanagement gelöst wurde, zeigt das folgende Praxisbeispiel.

In der Vergangenheit war die zentrale Qualitätsabteilung eines Nutzfahrzeugherstellers für das technische Beschwerdemanagement verantwortlich. Das Ziel dieser Konstellation war die Trennung von Ergebnis- und Prozessverantwortung zur Vermeidung von Interessenskonflikten. Zu einem bestimmten Zeitpunkt wurde die Verantwortung an die produzierenden Geschäftseinheiten – als die eigentlichen Verursacher von Beschwerden – übergeben. Es wurden interdisziplinär aufgestellte Fehlerbeseitigungsteams etabliert und angepasste beschwerderelevante Kennzahlen eingeführt. Die Kennzahlen basierten im Wesentlichen auf monetären Zahlen zur Bewertung der internen Beschwerdekosten. Auf diese Weise wurde Handlungsdruck erzeugt und ein Lessons Learned-Transfer sichergestellt.

Nach 5 Jahren wurde festgestellt, dass aufgrund der hohen Produktreife, mit dieser Struktur keine weiteren, signifikanten Verbesserungen mehr realisiert werden konnten. Seitdem liegt die volle Verantwortung für den Prozess im After Sales-Bereich. Die wöchentlich tagenden Fehlerbeseitigungsteams wurden durch interdisziplinäre, freigestellte Permanentteams ersetzt. Die Kennzahlen orientieren sich heute nicht mehr an internen Beschwerdekosten, sondern an den kundenrelevanten, wie etwa Reparaturkosten für den Kunden. Durch die Anpassung der Verantwortlichkeiten und der Kennzahlstruktur wird eine hohe Kundenorientierung der gesamten Organisation dauerhaft hergestellt.

Bei all diesen Anpassungen stellt die Auswahl der richtigen Zeitpunkte für eine strukturelle Anpassung die schwierigste Herausforderung dar. So wäre es zuvor sicherlich nur sehr schwierig möglich gewesen, die Verantwortung für die technischen Beschwerdemanagementprozesse auf den After Sales-Bereich zu übertragen. Entscheidend bei der Auswahl der Anpassungszeitpunkte sind die unternehmerische Ausgangslage bzw. der Reifegrad des Unternehmens, die Fehlerkultur und die Ausprägung der Kundenorientierung. Sie bestimmen als Managementsensoren den richtigen Zeitpunkt der organisatorischen Anpassung.

Neuverteilung der Verantwortung erzeugt Handlungsbereitschaft

Neben diesen übergeordneten Sensoren spielt auch die Performance-Entwicklung der Prozessbeteiligten eine wesentliche Rolle. Kurz nach jeder Reorganisation der Kennzahlen und der Verantwortlichkeiten war die Handlungsbereitschaft innerhalb der Organisation am Höchsten, wie auch der qualitative Verlauf der Fehlerbeseitigungsrate einer neu eingeführten Baureihe belegt (Abbildung 9.5-10).

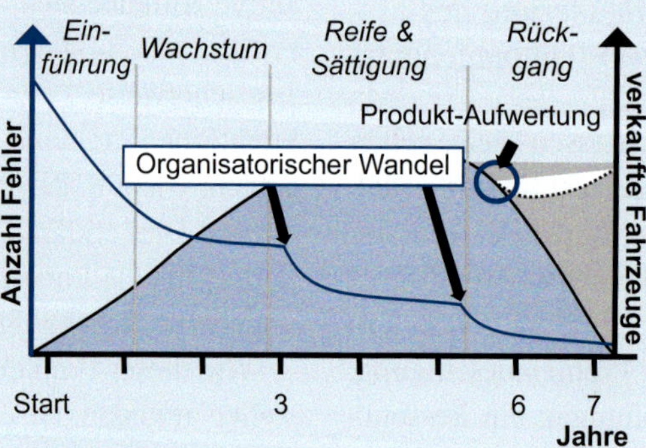

Abbildung 9.5-10 Durch Neuverteilung der Verantwortung die Handlungsbereitschaft erhöhen

B

Sind keine „Low hanging fruits" mehr vorhanden und die Einsparpotenziale pro Fehler fallend, zeichnet sich zumeist in den produzierenden Einheiten eine gewisse „Müdigkeit" bei der nachhaltigen Fehlerbeseitigung ab – ein Zeichen für den Bedarf einer Änderung. Bei der Auswahl der Anpassungszeitpunkte, ist auch die Handlungsbereitschaft zu beachten. Aus diesem Grund wurde damals die bis heute letzte Verantwortungsanpassung in den After-Sales-Bereich vorgenommen. Denn letztlich entscheidend ist die Kundenwahrnehmung eines Fehlers, sodass der After-Sales-Bereich als Anwalt des Kunden in der roulierenden Verantwortung die Fehlerbeseitigung neu beleben kann. ■

9.5.4 Wertorientiertes Beschwerdemanagement

Unter dem Begriff des wertorientierten Beschwerdemanagements werden alle Aktivitäten subsumiert, die zur wertorientierten Beschwerdeabwicklung beitragen. Nach der hier zugrunde liegenden Definition des Beschwerdemanagements sind das alle die administrativen Aktivitäten, die zur Wiedergutmachung für erlittene Beeinträchtigungen des Kunden ergriffen werden.

Das wertorientierte Beschwerdemanagement zielt darauf ab, die interne administrative Bearbeitung einer Beschwerde reibungsfrei und ressourceneffizient abzuwickeln und die wertmäßige (meistens die monetäre) Befriedung des Kunden mit dem Ziel zu organisieren, die Kundenzufriedenheit schnellstmöglich wiederherzustellen.

Mit der Lösungsimplementierung ist in der Regel die Aufgabe des „Beschwerde-Bearbeiters" beendet. Für weitere administrative Schnittstellenaufgaben der Beschwerdeabwicklung, wie z.B. Überführung des generierten Know-how in einen kontinuierlichen Verbesserungsprozess, Information der Rechtsabteilung, Versorgung des Einkaufs mit regressionsrelevanten Informationen, Anpassung der Garantie- und Kulanzbestimmungen, ist die bereits beschriebene „Clearing-Stelle" verantwortlich.

Die hohe Anzahl der involvierten Abteilungen führt in der Praxis zu typischen Schnittstellenproblemen, wie z.B. Informationsverlusten durch Verständigungsprobleme, Anreizdivergenzen und Informationsasymmetrien. Durch die zentrale Rolle der „Clearing-Stelle" werden die Komplexität der Informationsbeziehungen und alle damit verbundenen Schnittstellenprobleme merklich verringert. Dadurch wird eine in vielen Unternehmen vorhandene Lücke zwischen der ursachenorientierten Fehlerbeseitigung und der administrativen Nutzung der während der Fehleranalyse- und Fehlerbeseitigungsphase generierten Informationen geschlossen.

9.5.5 Zusammenfassung und Fazit

Die Bedeutung des Beschwerdemanagements nimmt vor dem Hintergrund zunehmender Produktrückrufe und Kundenbeschwerden zu. Daneben zählt die dauerhafte Kundenbindung für produzierende Unternehmen zu den übergeordneten, strategischen Zielen. Die Bereitschaft der Kunden, sich an ein Unternehmen zu binden, wird u.a. durch die Kundenzufriedenheit determiniert. Diese resultiert aus der direkten Produktperformance, den begleitenden sowie vor- und nachgelagerten Services. Typischerweise wird das Beschwerdemanagement als produktbegleitender Service verstanden, jedoch hat sich in der wissenschaftlichen Literatur noch kein einheitliches Begriffsverständnis etabliert.

Unstrittig ist, dass mithilfe von exzellenten Beschwerdemanagementabläufen nicht nur monetäre und kundenorientierte Potenziale gehoben, sondern auch Impulse zur Verbesserung der Produktqualität gegeben werden.

Infolgedessen wird im Rahmen dieses Beitrags Beschwerdemanagement als Summe aller Aktivitäten und Prozesse zur reaktiven Beseitigung von Produktfehlern und Absicherung sowie Steigerung der Produktqualität benachbarter und zukünftiger Produktgenerationen definiert.

In der operativen Praxis ist die Beseitigung von Beschwerden oft unzureichend organisiert. Der hier vorgestellte Gestaltungsansatz unterscheidet zwischen technischen, produktorientierten und administrativen, wertorientierten Aktivitäten im Beschwerdemanagement. Die in diesem Zusammenhang vorgestellten Referenzprozesse und Praxisbeispiele sind geeignet, um eine strukturierte Umsetzung der Beschwerdemanagementaktivitäten im unternehmerischen Alltag umzusetzen und weiterzuentwickeln.

9.6 Energie- und Ressourceneffizienz

Die Motivation für die Auseinandersetzung mit dem Thema Effizienz in Bezug auf Energie, wie auch alle weiteren Ressourcen, hat viele Triebfedern. Der größte und häufig als wichtigster Motivator angesehen, ist die Reduktion von Verschwendung als zentraler Faktor des Qualitätsmanagements und demzufolge Kostensenkungen im Zuge steigender Preise auf dem Weltmarkt für sowohl Rohmaterial als auch Energie. Darüber hinaus gewinnen auch andere Treiber, wie politische Rahmenbedingungen, an Bedeutung. Insbesondere für den effizienten Einsatz von Energie in der Produktionsumgebung existieren verschiedene Maßnahmen zur Senkung des Energieverbrauchs – es handelt sich hierbei sowohl um technische als auch organisatorische Maßnahmen. Organisatorische Maßnahmen werden idealerweise durch den strukturgebenden Rahmen eines Energiemanagementsystems (EnMS) umgesetzt (siehe Kapitel 8.1.7.4), gleichzeitig dient die Struktur des EnMS als Grundlage für und unterstützt technische Maßnahmen. Inhaltliche Aspekte beruhen dabei in diesem Kapitel – soweit nicht anders gekennzeichnet – auf [SCHM14].

9.6.1 Motivation für Effizienzsteigerungen

Monetäre Motivation

Die weltweit steigende Ressourcennachfrage durch erhöhten Energiebedarf und höheren Lebensstandard einer wachsenden Weltbevölkerung wirkt sich durch die damit einhergehenden, marktdynamischen Preisentwicklungen direkt auf jedes einzelne Unternehmen aus. Dies gilt für energetische und nicht energetische Ressourcen gleichermaßen. Während für Energieeffizienz zur Erlangung von Kosteneinsparungen vor allem in den energieintensiven Industrien bereits großes Bewusstsein herrscht, stellt auch die Materialeffizienz einen nicht zu vernachlässigenden Hebel zur Kostenreduktion in der Industrie dar: Materialien aus der Gruppe der mineralischen Rohstoffe, z.B. Metallerze, Industriemineralien sowie Steine und Erden unterliegen ebenfalls zum Teil schwer zu prognostizierenden Preisentwicklungen. Darüber hinaus ist für ein Unternehmen ein effizienter Einsatz von Personal- und Sachressourcen die Basis für langfristige Produktivität und damit eine verbesserte Wettbewerbsfähigkeit.

Nicht nur in der energieintensiven Industrie, sondern auch in Unternehmen anderer Branchen, verspricht eine Steigerung der Energieeffizienz lohnenswerte Kosteneinsparungen. Ein Beispiel bietet die kunststoffverarbeitende Industrie mit einem durchschnittlichen Energiekostenanteil an den Produktionskosten von ca. 3%. Potenziale zur Senkung der Energiekosten um mehr als 30% sind hierbei nicht unüblich. Eine Maßnahme bie-

B

tet beispielsweise der Einsatz vollelektrisch angetriebener Maschinen beim Spritzgießen, mit der formteilabhängige Energieeinsparungen von 30 bis 70 % erzielt werden können [WORT13]. Weitere einfache Effizienzmaßnahmen bergen darüber hinaus für die deutsche Industrie ein jährliches Potenzial zur Kostensenkung von etwa 10 Mrd. Euro. Hierbei beträgt die durchschnittliche Amortisationsdauer für notwendige Investitionen häufig nur wenige Jahre.

Für eine erste Abschätzung des Potenzials zur Energiekosteneinsparung eines Unternehmens hilft ein Vergleich mit dem Branchendurchschnitt (Benchmark). Das statistische Bundesamt sowie das statistische Amt der Europäischen Union (Destatis bzw. Eurostat) stellen Informationen bereit, um einen ersten Überblick zu erlangen. Zudem geben branchenspezifische Benchmarks im Vergleich mit eigenen Betriebszahlen interessante Hinweise auf die unternehmenseigene Performance sowie das Potenzial der Einführung eines EnMS. Darüber hinaus kann ein Vergleich der eingesetzten Technologien mit dem Stand der Technik Aufschluss über mögliche Steigerungen der Energieeffizienz geben. Daten sind z. B. aktuellen Maschinenblättern und Datenbanken zu entnehmen.

Politische Anreizsetzung

Energieverbrauch und -effizienz sind in den vergangenen Jahren zunehmend stärker in den politischen Fokus gerückt. Die EU-Mitgliedstaaten haben sich im Rahmen der „20-20-20-Ziele" u. a. dazu verpflichtet, die Energieeffizienz bis 2020 um 20 % gegenüber dem Jahr 1990 zu steigern. Die Erreichung der vorgegebenen Ziele wird durch Gesetzgebungsinitiativen auf nationaler Ebene unterstützt [EURO11]. Die Bundesregierung hat die Steigerung der Energieeffizienz als zweite Säule der Energiewende zum wichtigen Bestandteil ihrer Energiepolitik gemacht.

Um ihre nationalen Ziele zu erreichen, setzt die deutsche Politik verstärkt monetäre Anreize, die die Energieeffizienz in Unternehmen fördern sollen. Daher können produzierende Unternehmen, die ein EnMS nach DIN EN ISO 50001 besitzen, unter fest geregelten Voraussetzungen einen Teil der Strom- und Energiesteuer zurückerhalten oder von der Umlage des Erneuerbare-Energien-Gesetz (EEG) befreit werden. Zur Prüfung des individuellen Einsparpotenzials sind u. a. folgende Gesetzestexte zu berücksichtigen: Gesetz für den Vorrang erneuerbarer Energien (EEG, §§ 40ff.), Stromsteuergesetz (StromStG, § 9b und § 10), Energiesteuergesetz (EnergieStG, § 54 und § 55) sowie das Gesetz über den Handel mit Berechtigungen zur Emission von Treibhausgasen (TEHG). Dabei gelten für kleine und mittlere Unternehmen meist weniger strenge Voraussetzungen [BMWi14, BMJV12, BMJV13a, BMJV14].

Image, Kundenbindung und soziale Verantwortung

Das steigende Bewusstsein für Nachhaltigkeitsaspekte in weiten Konsumentenkreisen hat vermehrt auch Einfluss auf das unternehmerische Handeln. Ein bewusster und schonender Umgang mit Energie- und Materialressourcen sowie die offene Kommunikation über Einsparpläne, -maßnahmen und -erfolge hat daher Einfluss auf die öffentliche Wahrnehmung des Unternehmens und somit positive Effekte auf Kundenbindung und -neugewinnung.

Verbesserte Ressourceneffizienz reduziert neben dem Rohstoffeinsatz zudem die Abfallproduktion und den Ausstoß von Emissionen. Im Gegensatz zum Umweltmanagementsystem (nach DIN EN ISO 14001) [DIN09] wird nach der Energiemanagementnorm DIN EN ISO 50001 [DIN11] kein Umweltbericht gefordert. Dennoch ist es empfehlenswert, die Anstrengungen zugunsten einer verbesserten Energieeffizienz sowohl intern wie auch extern offen zu kommunizieren, um Mitarbeiter und Kunden für das Thema zu motivieren sowie ein verantwortungsbewusstes und nachhaltiges Image aufzubauen.

Strategische Motivation

Weitere Treiber zur Verbesserung der Ressourceneffizienz eines Unternehmens liegen in der strategischen Ausrichtung begründet. Ein systematisches Ressourcenmanagement unterstützt durch die Implementierung geeigneter Prozesse den bewussten Umgang mit energetischen und nicht energetischen Ressourcen. Daraus ergeben sich strategische Vorteile – so führen Effizienzmaßnahmen im Gegensatz zu Einmaleffekten bei nachhaltiger Umsetzung zu kontinuierlichen Einsparungen. Vor dem Hintergrund der deutschen Energiewende werden Unternehmen mit einem systematischen Energiemanagement Herausforderungen (flexible Tarife, Smart Grids, Demand-Response-Programme, Stromengpässe) besser begegnen können. Schließlich stärkt die Kenntnis über das unternehmenseigene Verbrauchsverhalten die Verhandlungsposition gegenüber Energieversorgern und Zulieferern, wodurch sich langfristige Effekte erzielen lassen.

9.6.2 Relevante Produktionsfaktoren

Die Elemente eines Produktionssystems und die zur Leistungserstellung benötigten Faktoren heißen Produktionsfaktoren. Hier wird klassischerweise zwischen Betriebsmitteln (Anlagen), Personal, Material und Energie unterschieden.

Betriebsmittel umfassen alle Anlagen, Maschinen und sonstige Ausrüstung, die zur Leistungserstellung benötigt werden. Charakteristisch ist hierbei, dass sie als Faktor gebraucht und nicht verbraucht werden. Sie finden keinen direkten Eingang in das Produkt, sondern werden lediglich durch ihre Nutzung innerhalb der Produktion abgenutzt.

Der Produktionsfaktor Personal umfasst die von Mitarbeitern ausgeführte Arbeit, die zur Leistungserstellung beiträgt. Dazu gehören nach [GUTE83] sowohl die elementare, ausführende Arbeit als auch die übergeordnete, leitende Arbeitsleistung, die wiederum durch derivative Faktoren, wie Planung, Organisation und Kontrolle, unterstützt wird.

In Produktionsbetrieben wird Material in Form von Werkstoffen, Hilfsstoffen oder Betriebsstoffen umgewandelt und in das Produkt eingebracht. Werkstoffe gehen idealerweise fast vollständig in die Erzeugnisse ein und bilden den Hauptbestandteil. Dagegen spielen Hilfsstoffe bei der Produktion eine unterstützende Rolle. Sie gehen ebenfalls in das Erzeugnis ein, bilden aber jeweils nur einen geringen Bestandteil dessen (Schrauben, Kleber, Lacke, Schweißdrähte etc.). Im Gegensatz dazu, sind Betriebsmittel Stoffe, die für die Leistungserstellung benötigt werden, aber keinen Bestandteil des Produktes darstellen, z. B. Kühl-, Schmierstoffe oder Reinigungsmittel.

Energie geht in unterschiedlichen Formen in die Produktion ein. Unter den Produktionsfaktor Energie fallen verschiedene Energieformen, wie elektrische Energie, Prozesswärme und -kälte, Druckluft sowie chemische Energieträger, z. B. Erdöl und -gas. Zur Steigerung der Energieeffizienz existieren technische und organisatorische Maßnahmen. Technische Maßnahmen umfassen den Einsatz effizienterer Anlagen oder deren Komponenten, die Verbesserung technischer Prozesse sowie die Vermeidung unnötiger Verluste. Organisatorische Maßnahmen beinhalten neben Umstrukturierungen auch strukturelle Veränderungen zur kontinuierlichen Auseinandersetzung mit dem Thema Energie, welche durch ein EnMS umgesetzt werden können.

9.6.3 Herausforderungen des Energiemanagements

In einem produzierenden Unternehmen existieren zahlreiche Gebäude, Anlagen, Abläufe und Kommunikationswege. Die örtliche energiebezogene Infrastruktur ist meist historisch gewachsen und erschwert daher die Nachvollziehbarkeit der unternehmerischen Energieversorgung. Bei der Entwicklung und Integration eines EnMS nach DIN EN ISO 50001 ergeben sich daher einige Herausforderungen, die im Folgenden erläutert werden.

Komplexität und Transparenz des Systems aus Energieversorgung und Energieverbrauchern

Für eine zielgerichtete Verbesserung des Umgangs mit Energieverbräuchen im Unternehmen müssen zunächst Verantwortlichkeiten definiert werden. Dies erfolgt durch die Benennung eines Energieteams, das sich aus Mitarbeitern aller relevanten Bereiche zusammensetzt und dem der Energieverantwortliche vorsteht. Der erste grundlegende Schritt des Energieteams besteht anschließend darin, das unternehmensindividuelle Energiesystem mit allen Quellen und Senken zu erfassen und abzubilden. Probleme bereitet häufig der Umstand, dass Versorgungsstrukturen, wie Leitungssysteme für Gas, Strom, Wasser, Druckluft, Öl und Wärme, historisch gewachsen und daher in Gänze nur schwer nachzuvollziehen sind. Gleichzeitig ist jedoch eine hohe Transparenz für das Auffinden von Schwachstellen und das Umsetzen von Verbesserungsmaßnahmen unabdingbar.

Bei der Aufarbeitung von Verknüpfungen der Energieversorger mit den -verbrauchern und der nachfolgenden Energieeinsatzerfassung und Energieverbrauchsmessung helfen folgende Dokumente:

- Grundstückspläne und Grundrisse von Gebäuden,
- Klima-, Heizungs- und Lüftungspläne,
- Zuleitungen für Strom, Gas, Wasser und
- Hallenpläne mit Aufstellungsort und energetischer Beschreibung der Maschinen und Anlagen (Anschlussleistung, Verbrauch im Betrieb und Stand-by).

Technisches Prozessverständnis der Anlagen und Abläufe

Während ein EnMS grundsätzlich branchen-, technologie- und produktneutral ist, sind die in dessen Rahmen nötigen Verbesserungsmaßnahmen jedoch in Abhängigkeit des Produktes, der eingesetzten Technologie und der Anlagen sehr spezifisch bzw. komplex und erfordern ein genaues Prozessverständnis. Auch die individuelle Struktur des Unternehmens spielt eine wesentliche Rolle.

Für eine energetisch optimale Gestaltung des gesamten Unternehmens ist nicht nur die Verbesserung einzelner Prozesse zu betrachten, sondern es gilt, insbesondere mögliche Wechselwirkungen innerhalb des Gesamtsystems zu betrachten. Ein klassisches Beispiel ist die Bereitstellung von Raumwärme für Büros und Gebäude durch Abwärme aus Produktionsprozessen. Darüber hinaus sind häufig auch Wechselwirkungen zwischen Produktionsprozessen lohnenswert. Die Nutzung der Abwärme zur Vorwärmung anderer Prozessschritte bietet ein häufig attraktives Energieeinsparungspotenzial und ist zugleich, im Gegensatz zur Büroraumerwärmung, jahreszeitunabhängig.

Bei der Prozessauslegung unter energetischen Gesichtspunkten wird schnell erkennbar, dass hierbei viele Wechselwirkungen mit anderen wichtigen Aspekten auftreten, die nicht vernachlässigbar sind. Bei einem erhöhten Materialabtrag beim Fräsen wird z.B. der Abtrag des nachgelagerten

Schleifprozesses verringert und so eventuell eine Energieeinsparung erreicht. Allerdings treten weitere Konsequenzen auf, die ebenfalls berücksichtigt werden müssen. So ist vorstellbar, dass die Oberflächenqualität unter dem veränderten Verarbeitungsprozess leidet. Um sämtliche Konsequenzen abschätzen zu können, ist ein tief gehendes Prozessverständnis grundlegend.

Bei sämtlichen Optimierungsmaßnahmen ist die Wirtschaftlichkeit die zentrale Zielsetzung. Bei der Erarbeitung der besten Lösung sind technisches Verständnis des Produktionsprozesses, Kenntnis über Möglichkeiten und Nutzen des Energierecyclings sowie Wissen über Gebäude und Peripherie notwendig. Häufig liegen diese Informationen nicht unmittelbar vor, können jedoch u. a. von externen Beratern bezogen werden.

Organisatorisches Wissen zur Verbesserung von Unternehmensabläufen und Mitarbeitermotivation

Ein langfristig angelegtes Energiemanagement umfasst sämtliche Unternehmensprozesse und geht über einzelne Maßnahmen hinaus. Um unternehmensweit energieeffizientes Handeln zu etablieren, müssen Prozesse in der Beschaffung, in der Produktionsplanung und -steuerung, in Wartungs- und Instandhaltungsprozessen sowie im Einsatz von Informations- und Kommunikationstechnologien hinsichtlich ihres energetischen Einflusses untersucht und angepasst werden. Weitere Unternehmensprozesse haben eine Implikation auf den Energieverbrauch, darunter z. B. die Produktentwicklung, Einkauf, Produktion und Vertrieb. Vor diesem Hintergrund ist es essenziell, das Wissen aus den verschiedenen Organisationseinheiten zusammenzuführen, um alle relevanten Unternehmensabläufe energieeffizient gestalten und ein ganzheitliches Konzept zur Energieeffizienz entwickeln zu können.

Ein weiterer Punkt bei der erfolgreichen Einführung eines EnMS ist die Miteinbeziehung und Sensibilisierung der Mitarbeiter. Häufig ist Mitarbeitern die Tragweite des Themas Energieeffizienz für die Wirtschaftlichkeit des Unternehmens, ebenso wie ihr eigener Einfluss darauf, nicht gänzlich bewusst. Schulungen und die Kommunikation von Zielen und Ergebnissen der Energieeffizienzmaßnahmen bieten Potenzial zur stetigen Verbesserung der Leistung und weiteren Motivation der Mitarbeiter und unterstützen dabei, dass diese sich an Energiesparmaßnahmen aktiv beteiligen.

Priorisierung von Maßnahmen

Zur Priorisierung möglicher Energieeffizienzmaßnahmen kann im Regelfall eine Kosten-Nutzen-Rechnung angewandt werden. Potenzielle Maßnahmen werden hinsichtlich notwendiger Investitionen, deren Nutzen sowie der sich daraus ergebenden Amortisationszeit, bewertet und z. B. mithilfe einer Pareto-Analyse dargestellt. Bei der Auswahl von Maßnahmen müssen auch strategische und produktionstechnische Aspekte bedacht werden, beispielsweise kann vor dem Hintergrund einer geplanten Kapazitätserweiterung eine größere Maschine einer kleineren und effizienteren zu bevorzugen sein.

9.6.4 Gestaltung eines EnMS und Integration in bestehende Managementsysteme

In Kapitel 8.1 wurde bereits ausführlich die Integration von Managementsystemen dargelegt. Im Folgenden wird explizit auf das EnMS nach DIN EN ISO 50001 eingegangen. Die DIN EN ISO 50001 legt international die Anforderungen an ein EnMS fest. Wie andere Managementsysteme, orientiert sich diese Norm am

B

PDCA-Zyklus (Plan do Check Act) und lässt sich gut in bereits bestehende prozessorientierte Managementsysteme einbinden. Das wesentliche Ziel der DIN EN ISO 50001 ist die Verbesserung der energiebezogenen Leistungen eines Unternehmens [DIN11]. Im Zuge eines kontinuierlichen Verbesserungsprozesses wird durch eine strukturierte Herangehensweise Optimierungspotenzial erschlossen und die Energieeffizienz der Organisation gesteigert (Abbildung 9.6-1).

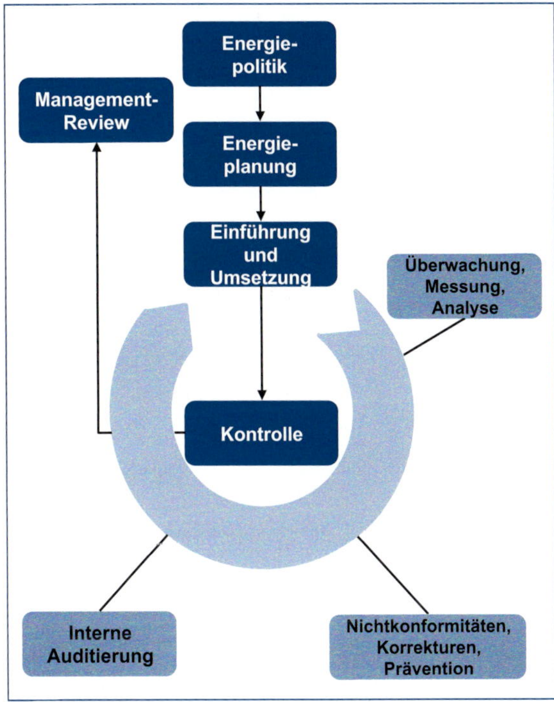

Abbildung 9.6-1 Kontinuierlicher Verbesserungsprozess

Die Norm geht strukturell explizit auf die folgenden Aspekte ein:

- Allgemeine Anforderungen,
- Verantwortung des Managements,
- Energiepolitik,
- Energieplanung,
- Einführung und Umsetzung,
- Überprüfung der Leistung und
- Managementbewertung.

Um die durch die DIN EN ISO 50001 vorgeschriebenen Anforderungen umzusetzen, bedarf es geeigneter Prozesse und Strukturen. Durch einen Ordnungsrahmen kann die Konzeption des EnMS transparent dargestellt werden. Jedem Prozess werden spezifische Aufgaben, Kompetenzen und Verantwortlichkeiten zugeordnet. Einen geeigneten Ordnungsrahmen stellt eine Prozesslandkarte dar. Diese unterscheidet zwischen Führungsprozessen, Kernprozessen und Unterstützungsprozessen (Abbildung 9.6-2).

Die Darstellung der Führungs-, Kern- und Unterstützungsprozesse wird allgemein in Prozessflussdiagrammen umgesetzt, die die Abfolge und die Angabe über den Verantwortlichen der einzelnen Prozessschritte enthalten. Zusätzlich sollten Prozessschrittbeschreibungen aufgeführt werden, die ebenfalls die genaue Aufgabenbeschreibung bei der Durchführung jedes Prozessschrittes enthalten und Informationen zu Häufigkeit der Prozessschrittdurchführung sowie zu vorhandenen Unterstützungsdokumenten, Tools und Methoden bereitstellen.

9.6.4.1 Führungsprozesse

Führungsprozesse sind sämtliche Prozesse des EnMS, die inhaltlich und konzeptionell von der Unternehmensführung getragen werden. In diesem Zusammenhang übernimmt die Geschäftsführung sowohl eine unterstützende Funktion (Vorbildfunktion, Bereitstellung der Ressourcen) als auch Verantwortung für die Durchsetzung kontinuierlicher Verbesserungsmaßnahmen, um die Energieeffizienz nachhaltig zu erhöhen.

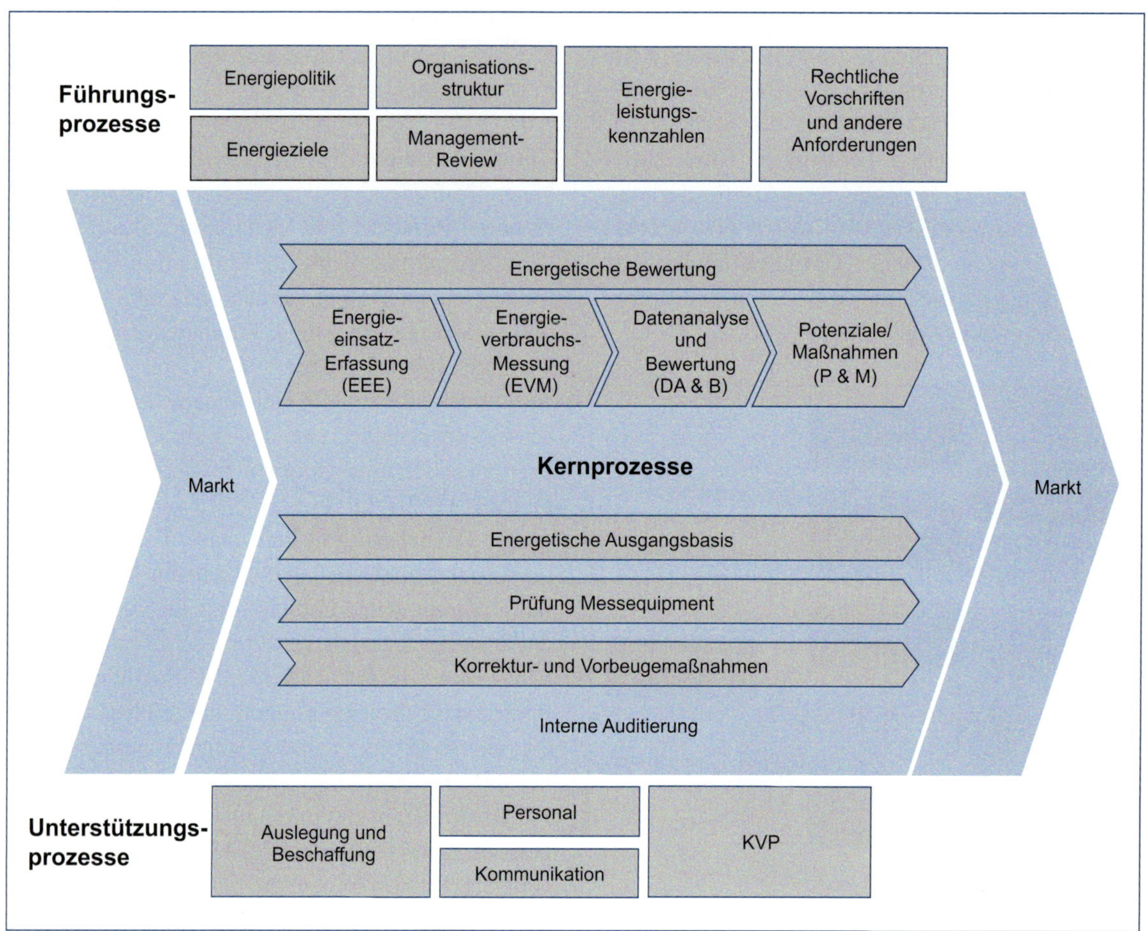

Abbildung 9.6-2 Prozesslandkarte mit beispielhaften Prozessen eines EnMS [SCHM14]

Organisationsstruktur

Die Organisationsstruktur eines Unternehmens bringt die Entscheidungsbefugnisse und Aufgabengebiete der verschiedenen Abteilungen in eine hierarchische und formale Struktur. Darüber hinaus werden auch die Beziehungen der Abteilungen festgelegt. Die Organisationsstruktur wird üblicherweise in einem Organigramm veranschaulicht (Abbildung 9.6-3).

Wird mit der Organisationsstruktur ein Rollenmodell kombiniert, ist eine klare Abgrenzung von Aufgaben, Kompetenzen und Verantwortlichkeiten möglich. Im Rollenmodell wird für bestimmte Prozesse lediglich die Rolle hinterlegt, die wiederum nur an zentraler Stelle mit dem dazugehörigen Namen verknüpft ist und so flexibel ausgetauscht werden kann. Den Rollen werden Aufgaben, Kompetenzen und Verantwortlichkeiten zugeordnet und bilden gleichzeitig eine Stelle in der Organisationsstruktur. Folgende Rollen sind für ein erfolgreiches Energiemanagement empfehlenswert, um das notwendige Know-how zur Erreichung der Ziele des EnMS erfolgreich

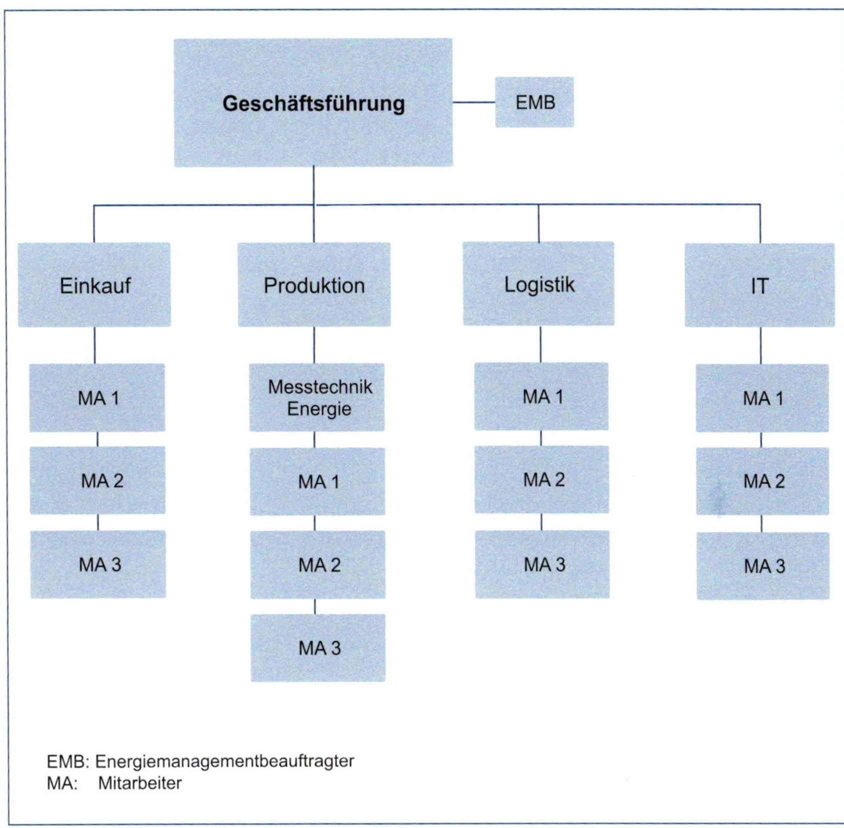

Abbildung 9.6-3 Organigramm einer funktionalen Organisation nach [SCHM14]

umzusetzen: Beauftragter aus der Geschäftsführung; Energiemanagementbeauftragter; Beauftragter für Energiemesstechnik; Beauftragte aus den Bereichen Einkauf, Produktion, Controlling, Logistik, Forschung und Entwicklung, Qualitätsmanagement, IT, Recht usw. Diese werden idealerweise mit Experten aus den jeweiligen Fachabteilungen besetzt. Die Bereitstellung eines Experten der genannten Abteilungen ist im Einzelfall zu prüfen.

Zu den klassischen Aufgaben des Energiemanagementbeauftragten gehören beispielsweise die Bildung des Energieteams, die Projektkoordination und die Kommunikation mit der Geschäftsleitung. Die mit dieser Rolle verknüpften Kompetenzen sind die Planung, Durchführung und Dokumentation von Auditprogrammen. Neben seiner Verantwortlichkeit für das EnMS fungiert er als externer Ansprechpartner zum Thema Energiemanagement.

Energiepolitik und Energieziele

Ebenfalls zum Führungsprozess gehören die Energiepolitik sowie die Energieziele. Die Energiepolitik wird durch die Geschäftsführung formuliert und beinhaltet die übergeordneten Absichten und die Ausrichtung der Organisation im Umgang mit Energie als Ressource. Intern dient die Energiepolitik als Leitlinie für die Mitarbeiter, extern als Statement für Geschäftspartner und Gesellschaft. Aus der Energiepolitik werden strategische und operative Energieziele abgeleitet. Die Formulierung von Zielen dient der detaillierten Beschreibung eines angestrebten Zustands und der Schaffung eines Referenzpunktes. Dabei leiten sich die strategischen Ziele klar aus der Energiepolitik des Unternehmens ab, während die operativen Ziele den Weg zur Erreichung dieser festsetzen. Die Energieziele werden für verschiedene Ebenen, Prozesse, Anlagen und unter Berücksichtigung von Ressourcen (Zeit, Mitarbeiter, Kapital etc.) sowie den wirtschaftlichen und rechtlichen Rahmenbedingungen festgelegt. Dabei sollen die Ziele SMART formuliert sein: Spezifisch, Messbar, Ambitioniert, Realistisch und Terminiert.

Abschließend sind die Energieziele zu priorisieren und in einem operativen Aktionsplan bzw. einer Effizienzmaßnahmenliste, inklusive einer Beschreibung der Maßnahmen, Angaben zum Erfüllungsgrad sowie der Fristigkeit und der Verantwortlichkeit, festzuhalten.

Management-Reviews

Im Rahmen des kontinuierlichen Verbesserungsprozesses nach dem PDCA-Zyklus ist es vorgeschrieben, die Wirksamkeit des EnMS und einzelner Maßnahmen in regelmäßigen – mindestens jährlichen – Management Reviews zu überprüfen. Darüber hinaus werden neben den Ergebnissen vergangener Management Reviews Aspekte, wie die Einhaltung rechtlicher Vorschriften, selbst gesteckter Energieziele sowie die Entwicklung der Energieleistungskennzahlen und Verbesserungsmaßnahmen, evaluiert. Die aus dem Management Review hervorgegangenen Erkenntnisse und Zielsetzungen werden in der Energiepolitik wie auch in den Energiezielen berücksichtigt und diese bei Bedarf angepasst.

Energieleistungskennzahlen

Energieleistungskennzahlen können bei der kontinuierlichen Umsetzung und Verbesserung des EnMS einen wichtigen Beitrag leisten. Energieleistungskennzahlen (EnPI: Energy Performance Indicator) sind quantitative Messgrößen für energetische Leistung. Es werden Kategorien für Kennzahlen unterschieden: Mengenbezug (z.B. je Produktionseinheit), Zeitbezug (z.B. Monat), Quervergleiche (z.B. Anlagen), Soll-Ist-Vergleiche. Bei der Bildung werden Energiegrößen und Bezugsgrößen ins Verhältnis gesetzt, beispielsweise Gesamtenergiekosten von Maschine 5 je Produkt (ergibt den spezifischen Energieverbrauch der betrachteten Maschine), oder der Anteil erneuerbarer Energien am Energieverbrauch.

Im Rahmen der Entwicklung der EnPI helfen die folgenden Fragen bei der Ausarbeitung des Zwecks für das Unternehmen:

- Was soll mit der Kennzahl gemessen werden?
- Welche Zeitvergleiche sind durchzuführen?
- Sind Querverweise zwischen Vergleichsobjekten sinnvoll?
- Wird mit den EnPI die Erreichung von Energiezielen überprüft?
- Können Abweichungen von Zielvorgaben durch Soll-Ist-Vergleiche identifiziert werden?
- Existieren verlässliche Daten zur Bildung der Kennzahlen?

Durch Kennzahlen wird es möglich, die gemessenen Größen in ein direktes Verhältnis zu bringen, das reproduzierbar ist, interne oder zeitliche Vergleiche zulässt und im Zeitverlauf Entwicklungstendenzen aufzeigt. Es können sowohl Unregelmäßigkeiten über die Zeit in einzelnen Bereichen aufgedeckt als auch verschiedene Bereiche intern sowie extern verglichen werden. Weiterhin unterstützen Kennzahlen bei der Auswertung und Kontrolle erfolgter Energieeffizienzmaßnahmen.

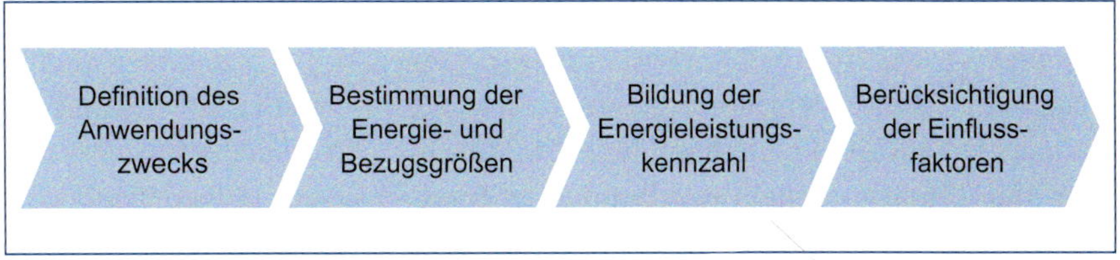

Definition des Anwendungszwecks → Bestimmung der Energie- und Bezugsgrößen → Bildung der Energieleistungskennzahl → Berücksichtigung der Einflussfaktoren

Abbildung 9.6-4 Energieleistungskennzahlen [SCHM14]

Zudem ermöglichen Kennzahlen den Nachweis durchgeführter Maßnahmen sowie deren Ergebnisse vor dem Gesetzgeber und Stakeholdern. Die Umsetzung der Bildung von Energieleistungskennzahlen wird in Abbildung 9.6-4 dargestellt.

Rechtliche Vorschriften und andere Anordnungen

Es existieren verschiedene rechtliche Anforderungen, die beim Thema Energie berücksichtigt werden müssen. Verordnungen, wie das Stromsteuergesetz (StromStG), Energiesteuergesetz (EnergieStG), Erneuerbare-Energien-Gesetz (EEG), Bundes-Immissionsschutzgesetz (BImSchG) und Energieeinsparverordnung (EnEV), bilden einen allgemein verbindlichen Rechtsrahmen [BMWi14, BMJV07, BMJV12, BMJV13b], der die zu erfüllenden Anforderungen an Unternehmen festlegt und gleichzeitig verlässliche Regeln und einen festen Rahmen für individuelle Handlungen bietet.

In welchem Umfang die gesetzlichen Vorgaben Einfluss auf die Energiepolitik des Unternehmens und dessen Handeln haben, muss frühzeitig ermittelt und berücksichtigt werden. Empfehlenswert sind hierbei eine strukturierte Vorgehensweise und die kontinuierliche Anpassung an die aktuelle Gesetzeslage (Abbildung 9.6-5). Das deutsche Bundesjustizministerium veröffentlicht regelmäßig die aktuellen Fassungen der Gesetze.

9.6.4.2 Kernprozesse

Prozesse im direkten Zusammenhang mit dem operativen Energiemanagement werden als Kernprozesse bezeichnet. Diese beinhalteten die Ermittlung, Messung und Analyse der energiebezogenen Leistung und eine Ableitung von Verbesserungsmaßnahmen. Kernprozesse wiederum beinhalten die Teilprozesse: energetische Bewertung, energetische Ausgangsbasis, Prüfung Messequipment, Korrektur- und Vorbeugungsmaßnahmen.

Energetische Bewertung

Energiebezogene Leistungen fallen im Allgemeinen in den folgenden Unternehmensbereichen an: Wertschöpfungsketten vom Rohmaterial bis zum auslieferungsfähigen Produkt, Produktionsinfrastruktur (z. B. Druckluft, Prozesswärme und -kälte, Dampf) sowie in Gebäuden, Büros und pe-

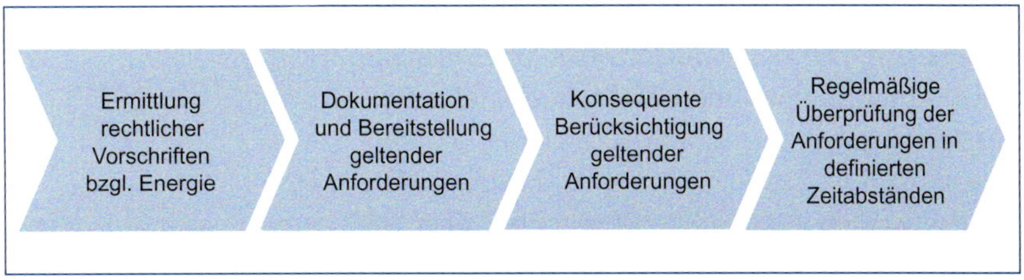

Ermittlung rechtlicher Vorschriften bzgl. Energie → Dokumentation und Bereitstellung geltender Anforderungen → Konsequente Berücksichtigung geltender Anforderungen → Regelmäßige Überprüfung der Anforderungen in definierten Zeitabständen

Abbildung 9.6-5 Rechtliche Vorschriften und andere Anforderungen [SCHM14]

ripherer Infrastruktur (z. B. Heizung und Klima). Die wichtigsten Einflussfaktoren werden bei der Bewertung ebenfalls ermittelt und analysiert, z. B. Durchsatz und Zusammenhang mit der Jahreszeit. Die Ermittlung der bestehenden energetischen Leistung wird sukzessive in vier Subprozessen umgesetzt:

- Energieeinsatzerfassung,
- Energieverbrauchsmessung,
- Datenanalyse und -bewertung,
- Ermittlung von Effizienzpotenzialen und -maßnahmen.

Ziel der Energieeinsatzerfassung beinhaltet die Ermittlung des Verbrauchs der verschiedenen Energieträger (Strom, Gas, Druckluft etc.) in den einzelnen Unternehmensbereichen über die Zeit sowie Informationen über die jeweilige Nutzungsart (z. B. Heizung, Kühlung, Prozess) und der anfallenden Energiekosten.

Als Grundlage wird zu Beginn ein Bilanzrahmen festgelegt, der die verschiedenen Bereiche, Verbraucher und zugehörige Energieströme berücksichtigt. Abhängig vom Detaillierungsgrad werden die betrachteten Bereiche und Verbraucher festgelegt und in einem nächsten Schritt Energieverbrauchsmessungen durchgeführt. Auf Basis dessen, wird ein energiebezogener Zukunftsplan mit geschätzten zukünftigen Energieeinsätzen/-verbräuchen erstellt.

Im Rahmen der Energieverbrauchsmessung wird der Energieverbrauch relevanter Verbraucher entweder punktuell oder kontinuierlich gemessen. Die Verbraucher mit einem wesentlichen Anteil am Gesamtenergieverbrauch werden priorisiert. Diese befinden sich in produzierenden Unternehmen meist in den wertschöpfenden Prozessen, der Produktionsperipherie (z. B. Kälteerzeugung, Dampferzeugung) und den Rechenzentren. Einzelne Messungen werden hinsichtlich Messmittel, dem Ort der Messung und der Messfrequenz festgelegt und charakterisiert. Anhand deren Ergebnissen, können aus kurzzeitigen und vereinzelten Messungen mit mobiler Messtechnik, Aussagen zum Verbrauch im Normalbetrieb gemacht werden. Eine kontinuierliche Messung mit einem stationären Energiemonitoringsystem ermöglicht eine Echtzeiterfassung, -auswertung und -darstellung, auf dessen Basis Abweichungen und Anomalien gut erkennbar sind. Ebenso sind der Ort und die Frequenz der Messung, abhängig von den benötigten Informationen, zu wählen. Geeignete Orte für Messungen sind häufig Übergabestationen an mehrere Verbraucher oder jeder einzelne Verbraucher auf Anlagenebene. Zu berücksichtigen ist in diesem Zusammenhang, dass detailliertere Informationen mit einem größeren anlagentechnischen und zeitlichen Aufwand einhergehen.

Im Rahmen der Energieverbrauchsmessung werden die Messungen der Messobjekte mit sämtlichen relevanten Informationen in einem Messplan dokumentiert (Tabelle 9.6-1). Dieser umfasst Informationen zu den Messmitteln, den Messparametern, den Messintervallen sowie eine Anleitung zur Messdurchführung.

Messplan Anlage 3: Heizkreis			
Messmittel	Thermometer	Zeitzähler	Leistungs-messgerät
Messobjekt-parameter	Temperatur [°C]	Pumpe [h]	Pumpe [kW]
Intervall der Messung	Stündlich	Kontinuierlich	Wöchentlich
Dokumentation und Statistik	Monatlich	Monatlich	Monatlich
Hinweise	Betriebsbedingungen, siehe Bedienungsanleitung	Anleitung zur Laufzeitberechnung beachten	Anlagen in Bedienungsanleitung

Tabelle 9.6-1 Exemplarischer Messplan [SCHM14]

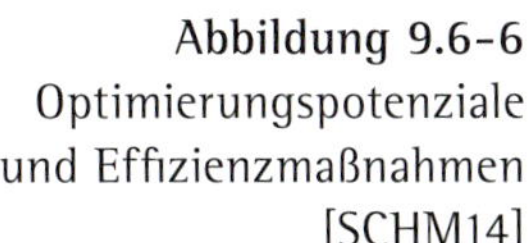

Abbildung 9.6-6
Optimierungspotenziale und Effizienzmaßnahmen [SCHM14]

Zur geregelten Durchführung von Messungen sollte ein Messmittelverzeichnis mit sämtlichen Charakteristika der Messmittel geführt werden, beispielsweise mit Angaben zur Messunsicherheit oder Terminangaben von Kalibrierungen und Eichungen. Die Einflüsse auf die Messungen werden berücksichtigt, dokumentiert und in einem letzten Schritt die Energieverbräuche und entsprechende Kosten (oder Erlöse von Einsparungen) bestimmt.

Die DIN EN ISO 50001 schreibt keine bestimmte Messtechnik vor. Diese kann von jedem Unternehmen, abhängig von angestrebten Ergebnissen und finanziellen Möglichkeiten, gewählt werden.

Zu Beginn der Auswertung werden Bewertungskriterien (Verbrauchsmenge, Lastspitzen, Kostenwirksamkeit) festgelegt. Entlang dieser Kriterien findet die Datenanalyse und Bewertung der Daten, die sich aus den Verbrauchsmessungen ergeben, statt. Das Ziel der Datenanalyse und der anschließenden Bewertung ist die Herausarbeitung relevanter Verbrauchs- und Kostentreiber. Dies ermöglicht die Identifikation kritischer Bereiche, Anlagen, Personen und Rahmenbedingungen und dient als Ausgangspunkt für die Durchsetzung gezielter Energieeffizienzmaßnahmen.

Auch hinsichtlich der Analyse und Bewertung von Energiedaten macht die DIN EN ISO 50001 keine Vorschriften. Praktisch kommen allerdings folgende Analysemethoden zum Einsatz [BRES13]:

- ABC-Analyse,
- Sankey-Diagramme,
- Pareto-Analyse,
- Kostentreiberanalyse,
- Lastprofile und
- Energielandkarten.

Diese ermöglichen es, die Energieverbraucher anhand der definierten Bewertungskriterien zu priorisieren. Auch die Kombination von Methoden ist üblich.

Auf Basis der energetischen Analyse und Bewertung der Prozesse werden Optimierungspotenziale herausgearbeitet und Effizienzmaßnahmen abgeleitet und dokumentiert (Abbildung 9.6-6).

Die Identifikation von Optimierungspotenzialen und schließlich die Durchführung hieraus abgeleiteter Maßnahmen versetzen ein Unternehmen in die Lage, den Energieverbrauch zu reduzieren, Kosten zu sparen und sogar Einflüsse ihrer Produktion auf die Umwelt zu reduzieren. Hinsichtlich der Art der Effizienzmaßnahmen werden organisatorische von technischen Maßnahmen abgegrenzt. Organisatorische Maßnahmen verbessern die Energieeffizienz eines Unternehmens, ohne technische Veränderungen vorzunehmen. Lediglich veränderte Verhaltensregeln, sinnvollere Energiebeschaffung oder optimiertes Lastmanagement sorgen bereits für relevante Einsparungen. Technologische Maßnahmen können in sämtlichen wertschöpfenden Prozessen und in peripheren Prozessen (z. B. Kraft-Wärme-Kopplung, Wärmerückgewinnung, Beleuchtungskonzepte) implementiert werden.

Nach ihrer Priorisierung sind Maßnahmen in einem Aktionsplan unter Angaben von z. B. Bereich,

Maßnahmenbeschreibung, Verantwortlichen, Einsparpotenzial, Wirtschaftlichkeitsbetrachtung, Zuordnung zu Energiezielen, Aufwand und Dauer sowie Realisierbarkeit ausführlich zu dokumentieren und geordnet durchzuführen.

Energetische Ausgangsbasis

Um sowohl Veränderungen der energetischen Leistungen zwischen verschiedenen Zeiträumen sicher bestimmen als auch eine Bewertung von umgesetzten Energieeffizienzmaßnahmen solide durchführen zu können, ist die Definition einer energetischen Ausgangsbasis als Referenz sinnvoll. Diese beschreibt einen festgelegten Zeitraum mit sämtlichen relevanten Daten, wie klimatischen Bedingungen, Produktionsanlagen nach Art und Zahl, Durchsatz etc. Dieser Zeitraum wird durch festgelegte Rahmenbedingungen und Kennzahlen beschrieben. Bei jeder Erstellung eines Referenzpunktes muss auf sämtliche Rahmenbedingungen Rücksicht genommen werden, und bei dem Vergleich der Energieleistungskennzahlen ist – wenn nötig – eine Normierung durchzuführen, um äußere Einflüsse nicht mitzuberücksichtigen.

Nichtkonformität, Korrektur- und Vorbeugemaßnahmen

Nach DIN EN ISO 50001 liegt eine Nichtkonformität vor, wenn qualitative und/oder quantitative Ziele des EnMS nicht fristgerecht erreicht werden, oder das EnMS in der Form, in der es betrieben wird, nicht zielorientiert arbeitet. Bestehen Nichtkonformitäten, ist ihre Behebung für die umfassende Wirksamkeit des EnMS unerlässlich. In diesem Zusammenhang kommt der Prävention von Nichtkonformitäten ebenfalls eine bedeutende Rolle zu. Zur Vermeidung bzw. Vorbeugung von Nichtkonformitäten sind Korrektur- und Vorbeugemaßnahmen zu ergreifen, die dokumentiert und später hinsichtlich ihrer Wirksamkeit überprüft werden. Durch eine regelmäßige Auditierung wird die Wirksamkeit des EnMS erhöht und eine ständige Verbesserung der Energieeffizienz möglich.

Interne Auditierung

Interne Auditierungen finden zur Überprüfung der Prozesse innerhalb des EnMS statt. Bei Audits wird beurteilt, ob die einzelnen Prozesse den Anforderungen und Richtlinien der DIN EN ISO 50001 entsprechen sowie die Energiepolitik und strategische wie operative Ziele ausreichend berücksichtigen. Der Prozess der internen Auditierung beginnt mit der Festlegung der Auditziele durch die Geschäftsführung. Ziele beinhalten z. B.:

- Überprüfen der Vollständigkeit und Übereinstimmung des EnMS mit DIN EN ISO 50001,
- Überwachung des Energiebedarfs durch kontinuierliche Messungen zur Kontrolle der Energieaspekte (Energiemonitoring) und
- Effektivität (Richtigkeit, Sinnhaftigkeit) in den unternehmerischen Aspekten des Energiemanagements.

Daraufhin werden Umfang, Verantwortlichkeit und Verfahren der Auditierung festgelegt und in diesem Rahmen auch die Aufzeichnung und die Arbeitsdokumente (Checklisten, Formblätter, Nachweise usw.) vereinbart. Es haben sich die zeitliche Planung durch einen Auditzeitplan sowie ein Gesprächsleitfaden, der allgemeine sowie spezifische Fragen zu den einzelnen Prozessen zusammenstellt, als hilfreich erwiesen. Als Abschluss der Auditierung werden ein Auditbericht und eine Sammlung von „Lessons Learned“ erstellt. Unterstützung bei der Durchführung einer Auditierung liefert der „Leitfaden zur Auditierung von Managementsystemen“, vgl. DIN EN ISO 19011.

9.6.4.3 *Unterstützungsprozesse*

Unterstützungsprozesse bilden die Voraussetzung für die Ausführung der Kernprozesse: Auslegung und Beschaffung, Personal, Kommunikation, Kontinuierlicher Verbesserungsprozess (KVP). Schon bei der Auslegung und Beschaffung neuer Anlagen/Standorte sind wichtige Kriterien, wie Energieeinsatz, Energieverbrauch, Energieeffizienz, rechtliche Vorschriften und andere energiebezogene Anforderungen, einzubeziehen, anstatt lediglich deren Kosten zu betrachten.

Auch bei der Weiterbildung und Einbeziehung von Mitarbeitern des Unternehmens wird die Grundlage zur erfolgreichen Umsetzung der Kernprozesse gelegt. Schulungen beinhalten Themen, wie Erhöhung der Energieeffizienz, Dimensionen des Energiemanagements, gesetzliches Rahmenwerk, potenzieller Einfluss der Mitarbeiter auf den Energieverbrauch/-effizienz, kontinuierlicher Verbesserungsprozess usw. Die Weiterbildung der Mitarbeiter wird dokumentiert und in einer Qualifikationsmatrix festgehalten.

Unterstützung der Kernprozesse bietet zudem die Kommunikation. Interne Kommunikation von Informationen, die das Energiemanagement betreffen, steigert die Motivation der Mitarbeiter und gewährleistet, dass relevante Informationen zwischen den Beteiligten ausgetauscht werden. Mögliche Instrumente sind Besprechungen, Infobroschüren und das Intranet. Externe Kommunikation (z. B. von Energiepolitik und erfolgreicher Maßnahmen) ermöglicht eine positive Imagebildung und erfüllt Anforderungen von Kunden, Lieferanten, Geldgebern oder auch der Gesellschaft. Mögliche Kanäle sind Internetseiten, Infobroschüren und Vorträge.

Der kontinuierliche Verbesserungsprozess unterstützt als iterativer Prozess aus dem Qualitätsmanagement die kontinuierliche Kontrolle und Weiterentwicklung des EnMS. Ziel ist ein ständiges Durchlaufen der Phasen des PDCA-Zyklus. Hierbei werden besonders die Mitarbeiter aktiv eingebunden, da diese mit Gegebenheiten auf Anlagen- und Maschinenebene am besten vertraut sind und wertvolle Verbesserungsvorschläge liefern können.

9.6.4.4 *Inhaltliche Entsprechung internationaler Normen*

Bei der Zusammenführung eines EnMS mit anderen Managementsystemen unterstützen Vergleichstabellen, die die inhaltlichen Entsprechungen und Forderungen der verschiedenen Normen aufführen, z. B. Forderungen zu Themen, wie:

- Verantwortung der Leitung,
- Politik,
- Planung,
- Ziele,
- Kommunikation,
- Lenkung von Dokumenten und Aufzeichnungen,
- Ablauflenkung und
- interne Auditierung.

Dadurch lässt sich schnell ermitteln, an welchen Stellen sich Synergien nutzen lassen und welche Forderungen sinnvollerweise im Rahmen eines IMS integriert umzusetzen sind. Übereinstimmungstabellen finden sich im Anhang der jeweiligen Managementsystemnormen (Tabelle 9.6-2).

Es ist zu erkennen, dass in den zurückliegenden Jahren auch normativ versucht wurde, die Strukturen der relevanten Normen („High-Level-Strukturen") soweit zu vereinheitlichen, dass gemeinsame Audits aufwandsarm durchgeführt werden können.

Abbildung 9.6-7 stellt eine Prozesslandkarte eines beispielhaften integrierten Managementsystems dar.

ISO 50001:2011		ISO 9001:2015		ISO 14001:2009	
Ab-schnitt	Kriterien	Ab-schnitt	Kriterien	Ab-schnitt	Kriterien
-	Vorwort	-	Vorwort	-	Vorwort
-	Einleitung	-	Einleitung	-	Einleitung
1	Anwendungs-bereich	1	Anwendungs-bereich	1	Anwendungs-bereich
2	Normative Verweisungen	2	Normative Verweisungen	2	Normative Verweisungen
3	Begriffe	3	Begriffe	3	Begriffe
4	Anforderungen an ein EnMS	4	Kontext der Organisation	4	Anforderungen an ein Umwelt-management-system
4.1	Allgemeine Anforderungen	4.1	Verstehen der Erfordernisse und Erwartungen interessierter Parteien	4.1	Allgemeine Anforderungen
4.2	Verantwortung des Managements	5	Führung	-	-

Tabelle 9.6-2
Vergleichstabelle [SCHM14]

B

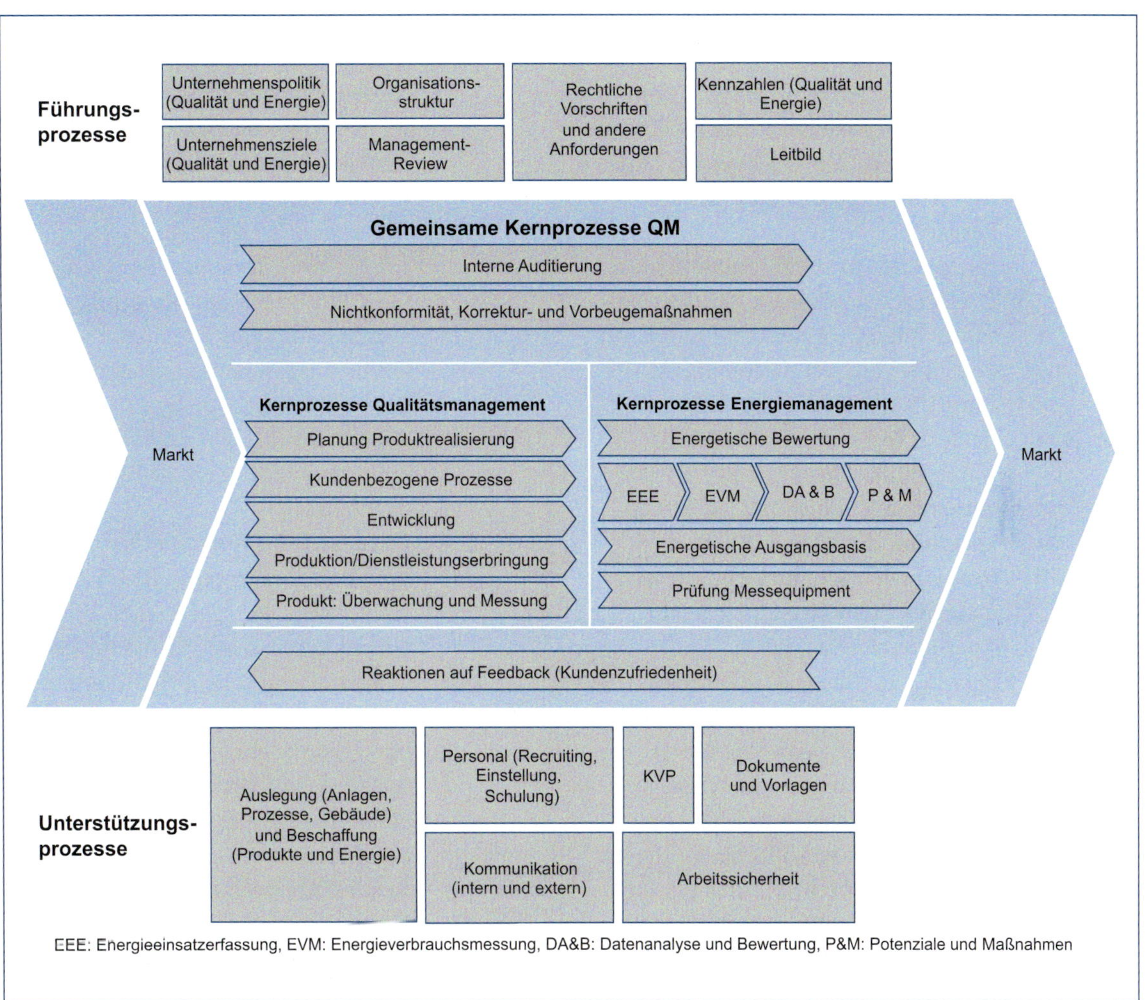

Abbildung 9.6-7 Prozesslandkarte eines exemplarischen integrierten Energiemanagementsystems

Literatur

[ANDR88] *Andreasen, A. R.:* Consumer Complaints and Redress: What We Know and What We Don't Know. In: Maynes, E. S. (Hrsg.): The Frontier of Research In The Consumer Interest. Proceedings of the International Conference on Research in the Consumer Interest. American Council on Consumer Interest, Columbia (Missouri/USA) 1988. S. 675–722

[BALZ09] *Balzert, H.:* Lehrbuch der Softwaretechnik. Basiskonzepte und Requirements Engineering. 3. Auflage. Spektrum, Heidelberg 2009

[BEAU11] *Beaujean, P.:* Modular gestaltetes reaktives Qualitätsmanagement. Apprimus, Aachen 2011

[BEER94] *Beer, S.:* The heart of enterprise. John Wiley, Chichester 1994

[BETZ06] *Betzold, M.:* Entwicklung eines Diagnosewerkzeuges für Wissensmanagementansätze in KMU. In: Eversheim, W. von/Klocke, F./Pfeifer, T./Schuh, G./Weck, M./Brecher, C./Schmitt, R. (Hrsg.): Berichte aus der Produktionstechnik (Band 30). Shaker Verlag, Aachen 2006

[BIRK06] *Birkenbihl, V.:* Birkenbihl on Management. Irren ist menschlich – managen auch. 2. Auflage. Ullstein, Berlin 2006

[BMJV07] *Bundesministerium der Justiz und für Verbraucherschutz BMJV:* Verordnung über energiesparenden Wärmeschutz und energiesparende Anlagentechnik bei Gebäuden (Energieeinsparverordnung – EnEV). Quelle: *http://www.gesetze-im-internet.de/bundesrecht/enev_2007/gesamt.pdf* [Stand: 03.12.2014]

[BMJV12] *Bundesministerium der Justiz und für Verbraucherschutz BMJV:* Stromsteuergesetz (StromStG). Quelle: *http://www.gesetze-im-internet.de/bundesrecht/stromstg/gesamt.pdf* [Stand: 03.12.2014]

[BMJV13a] *Bundesministerium der Justiz und für Verbraucherschutz BMJV:* Gesetz über den Handel mit Berechtigungen zur Emission von Treibhausgasen (Treibhausgas-Emissionshandelsgesetz – TEHG). Quelle: *http://www.gesetze-im-internet.de/bundesrecht/tehg_2011/gesamt.pdf* [Stand: 03.12.2014]

[BMJV13b] *Bundesministerium der Justiz und für Verbraucherschutz BMJV:* Gesetz zum Schutz vor schädlichen Umwelteinwirkungen durch Luftverunreinigungen, Geräusche, Erschütterungen und ähnliche Vorgänge (Bundes-Immissionsschutzgesetz – BImSchG). Quelle: *http://www.gesetze-im-internet.de/bundesrecht/bimschg/gesamt.pdf* [Stand: 03.12.2014]

[BMJV14] *Bundesministerium der Justiz und für Verbraucherschutz BMJV:* Energiesteuergesetz (EnergieStG). Quelle: *http://www.gesetze-im-internet.de/bundesrecht/energiestg/gesamt.pdf* [Stand: 03.12.2014]

[BMWi14] *Bundesministerium für Wirtschaft und Energie BMWi:* Gesetz für den Ausbau erneuerbarer Energien. Erneuerbare-Energien-Gesetz – EEG 2014. Quelle: *http://www.erneuerbare-energien.de/EE/Redaktion/DE/Downloads/EEG/eeg_2014.pdf;jsessionid=3C30E3D0EC067BDAFCDA66E87AD2CA5A?__blob=publicationFile&v=6* [Stand: 03.12.2014]

B

[BONE10] *Bonebright, D. A.:* 40 years of storming: a historical review of Tuckman's model of small group development. In: Human Resource Development International, 13. Jg., 2010, Nr. 1. S. 111–120

[BRES13] *Bresl, M./Kessler, A.:* Energieeffizienz in der Industrie, Springer, Berlin 2013

[DIN94] *Norm DIN 19226 Teil 4 (1994):* Leittechnik. Regelungstechnik und Steuerungstechnik. Begriffe für Regelungs- und Steuerungssysteme. Beuth, Berlin

[DIN08] *Norm DIN EN ISO 9001 (2008):* Qualitätsmanagementsysteme – Erfolg durch Qualität. Beuth, Berlin

[DIN09] *Norm DIN EN ISO 14001 (2009):* Umweltmanagementsysteme – Anforderungen mit Anleitung zur Anwendung. Beuth, Berlin

[DIN11] *Norm DIN EN ISO 50001 (2011). Energiemanagementsysteme – Anforderungen mit Anleitung zur Anwendung. Beuth, Berlin*

[DIN14] *Norm DIN IEC 60050 Teil 351 (2014):* Internationales Elektrotechnisches Wörterbuch – Leittechnik. Beuth, Berlin

[EFFE14] *Effey, T.:* Nutzbarmachung von Kundenbeschwerden für den kontinuierlichen Verbesserungsprozess. Aachen: Apprimus, 2014

[EURO11] *Europäische Kommission:* Europa-2020-Ziele. Ziele der Strategie „Europa 2020". Quelle: *http://ec.europa.eu/europe2020/pdf/targets_de.pdf* [Stand: 03.12.2014]

[FERS06] *Ferstl, O./Sinz, E.:* Grundlagen der Wirtschaftsinformatik. 5. Auflage. Oldenbourg Verlag, München 2006

[FISC10] *Fischer-Epe, M./Epe, C.:* Stark im Beruf – erfolgreich im Leben. Persönliche Entwicklung und Selbstcoaching. Anaconda, Köln 2010

[FISH00] *Fisher, R./Ury, W./Patton, B.:* Das Harvard-Konzept. Sachgerecht verhandeln – erfolgreich verhandeln. 21. Auflage. Campus Verlag, Frankfurt am Main 2000

[FORN88] *Fornell, C./Wernerfelt, B.:* A Model for Customer Complaint Management. In: Marketing Science. Vol. 7, No. 3, 1988, S. 287–298

[FUNC01] *Funck, D./Mayer, M./Schwendt, S.:* Integrierte Managementsysteme im Spiegel einer internationalen Expertenbefragung – Stand und Entwicklung im Handels- und Dienstleistungssektor. IMS-Forschungsberichte Nr. 3, 2001

[FÜRS05] *Fürst, A.:* Beschwerdemanagement – Gestaltung und Erfolgsauswirkungen. Wiesbaden: DUV, 2005

[GELL10] *Gellert, M./Nowak, C.:* Teamarbeit – Teamentwicklung – Teamberatung: Ein Praxisbuch für die Arbeit in und mit Teams. 4. Auflage. Limmer, Meezen 2010

[GUTE83] *Gutenberg, E.:* Grundlagen der Betriebswirtschaftslehre. Die Produktion (Band 1). Springer, Berlin 1983

[HAHS90] *Hart, C./Heskett, J./Sasser, W.:* The Profitable Art of Service Recovery. In: Harvard Business Review. Vol. 68, No. 4, 1990, S. 148–156

[HANE02] *Hanel, G.:* Prozessorientiertes Wissensmanagement zur Verbesserung der Prozess- und Produktqualität. VDI Verlag, Düsseldorf 2002

[HANS95] *Hansen, W.:* Entscheidungshilfen bei der Auswahl von CAQ-Systemen; 2. Auflage. Beuth, Berlin 1995

[HENN03] *Henning, K./Oertel, R.:* Zusammenfassung und Gesamtausblick. In: Henning, K./Oertel, R./Isenhardt, I. (Hrsg.): Wissen – Innovation – Netzwerke: Wege zur Zukunftsfähigkeit. Springer, Berlin 2003. S. 272–276

[HERB00] *Herbst, D.:* Erfolgsfaktor Wissensmanagement: Wissen als einzigartige Kombination von Informationen und Erfahrungen – Systematische Erfassung, Archivierung und Verbreitung von Wissen – Instrumente des Wissensmanagement. Cornelius Verlag, Berlin 2000. S. 23

[HERI03] *Hering, E./Triemel, J./Blank, H.:* Qualitätsmanagement für Ingenieure. 5. Auflage. Springer, Berlin/Heidelberg 2003. S. 396

[HOBU12] *Homburg, C./Bucerius, M.:* Kundenzufriedenheit als Managementherausforderung. In: Homburg, C. (Hrsg.): Kundenzufriedenheit. Konzepte – Methoden – Erfahrungen. 8. Aufl. Wiesbaden: Gabler, 2012, S. 53–92

[HOFÜ03] *Homburg, C.; Fürst, A.:* Complaint Management Excellence – Leitfaden für professionelles Beschwerdemanagement. Mannheim: IMU, 2003

[KAMI06] *Kamiske, G./Brauer, J.:* Qualitätsmanagement von A bis Z. Erläuterungen moderner Begriffe des Qualitätsmanagements. 5. Auflage. Carl Hanser Verlag, München 2006. S. 37/S. 260

[KRIS12] *Kristes, D.:* Produktbezogenes Beschwerdemanagement – Konzeption eines qualitätsorientierten Gestaltungsmodells zur Auslegung der internen Beschwerdemanagementaktivitäten. Aachen: Apprimus, 2012

[LAND80] *Landon, E. L.:* The Direction of Consumer Complaint Research. In: Olson, J. (Hrsg.): Advances in Consumer Research. Vol. 7, Ann Arbor, S. 335–338

[LIEB11] *Lieb, H.:* Motiviertes Qualitätsmanagement. Dissertation. RWTH Aachen, 2011

[LIND14] *Linder, A./Schmitt, S./Schmitt, R.:* Technical complaint management from a quality perspective. In: Total Quality Management & Business Excellence. Vol. 25, Iss. 7–8, 2014, S. 865–875

[LINß08] *Linß, G./Waßmuth, S./Roßdeutscher, A.:* Studie zum Rechnergestützten Qualitätsmanagement in KMU. Der Mittelstand arbeitet mit Bordmitteln. In: QZ – Qualität und Zuverlässigkeit, Jg. 53, Nr. 7, 2008

[LUNZ14] *Lunze, J.:* Regelungstechnik 1 – Systemtheoretische Grundlagen, Analyse und Entwurf einschleifiger Regelungen. 10. Auflage. Springer, Berlin 2014

[MALI14] *Malik, F.:* Führen, Leisten, Leben: Wirksames Management für eine neue Welt. Campus Verlag, Frankfurt am Main 2014

[MONZ07a] *Monz, A.:* Sichere Messwerte, geringer Ausschuss. Leitfaden zur Auswahl einer passenden CAQ-Software (Teil 7). In: QZ – Qualität und Zuverlässigkeit, Jg. 52, Nr. 2, 2007

[MONZ07b] *Monz, A.:* Wie aus Fehlern Wissen wird. Leitfaden zur Auswahl einer passenden CAQ-Software (Teil 8). In: QZ – Qualität und Zuverlässigkeit, Jg. 52, Nr. 4, 2007

[NIER13] *Niermeyer, R./Postall, N.:* Mitarbeitermotivation in Veränderungsprozessen: Psychologische Erfolgsfaktoren des Change Managements. Haufe-Lexware, München 2013

B

[NORT02] *North, K.:* Wissensorientierte Unternehmensführung: Wertschöpfung durch Wissen. 2. Auflage. Gabler, Wiesbaden 2002

[PFEI01] *Pfeifer, T.:* Qualitätsmanagement: Strategien – Methoden – Techniken. 3. Auflage. Carl Hanser Verlag, München 2001

[PFEI03] *Pfeifer, T./Betzold, M.:* Was ist Wissensmanagement? In: Henning, K./Oertel, R./Isenhardt, I. (Hrsg.): Wissen – Innovation – Netzwerke. Wege zur Zukunftsfähigkeit, Springer, Berlin 2003. S. 178–185

[PFEI04] *Pfeifer, T./Krippner, D./Betzold, M.:* CAQ – Wie KMU ein geeignetes und preiswertes CAQ-System finden. In: QZ – Qualität und Zuverlässigkeit, 49. Jg., Nr. 7, 2004. S. 18–21

[PFEI07] *Pfeifer, T./Schmitt, R. (Hrsg.):* Masing Handbuch Qualitätsmanagement. 5. Auflage, Carl Hanser Verlag, München 2007

[PFEI90] *Pfeifer, T.:* Die Realisierung von Qualitätsregelkreisen. Zentrales Moment der integrierten Qualitätssicherung. In: Weck, M./Eversheim, W./König, W./Pfeifer, T. (Hrsg.): Wettbewerbsfaktor Produktionstechnik. VDI-Verlag, Düsseldorf 1990

[PROB12] *Probst, G./Raub, S./Romhardt, K.:* Wissen managen: Wie Unternehmen ihre wertvollste Ressource optimal nutzen. 7. Auflage. Gabler, Wiesbaden 2012. S. 24

[RUST92] *Rust, R. T./Subramanian, B./Wells, M.:* Making Complaints a Management Tool. In: Marketing Management. Vol. 1, No. 3, 1992, S. 41–45

[SCHI05] *Schissler, M./Mantel, S./Eckert, S./Ferstl, O./Sinz, E.:* Entwicklungsmethodiken zur Integration von Anwendungssystemen in überbetrieblichen Geschäftsprozessen. Ein Überblick über ausgewählte Ansätze. FORWIN-Bericht Nr. FWN-2005-002. Bayerischer Forschungsverbund Wirtschaftsinformatik, Bamberg 2005

[SCHM12] *Schmitt, R./Monostori, L./Glöckner, H./Viharos, Z.:* Design and assessment of quality control loops for stable business processes. In: CIRP Annals – Manufacturing Technology, 61. Jg., Nr. 1, 2012. S. 439–444

[SCHM14] *Schmitt, R./Günther, S.:* Industrielles Energiemanagement. Carl Hanser Verlag, München 2014

[SCHU03] *Schulz von Thun, F./Ruppel, J./Stratmann, R.:* Miteinander reden: Kommunikationspsychologie für Führungskräfte. 5. Auflage. Rowohlt, Berlin 2003

[SCHU13] *Schulz von Thun, F.:* Miteinander reden. Das „Innere Team“ und situationsgerechte Kommunikation (Bd. 3). 22. Auflage. Rowohlt, Berlin 2013

[SEGH13] *Seghezzi, H. D.:* Integriertes Qualitäts-Management. Der St. Galler Ansatz. Carl Hanser Verlag, München 2013

[SEIW98] *Seiwert, L.:* Wenn Du es eilig hast, gehe langsam. Das neue Zeitmanagement in einer beschleunigten Welt. Sieben Schritte zur Zeitsouveränität und Effektivität. 7. Auflage. Campus Verlag, Frankfurt am Main 1998

[SIMO11] *Simon, A./Bernardo, M./Karapetrovic, S./Casadesus, M.:* Integration of standardized environmental and quality management system audits. In: Journal of Cleaner Production, 19/2011. S. 2057–2065

[SMBO98] *Smith, A./Bolton, R.:* An Experimental Investigation of Customer Reactions to Service Failure and Recovery Encounters: Paradox or Peril? In: Journal of Service Research. Vol. 1, No. 1, 1998, S. 65–81

[SPRE99] *Sprenger, R.:* Dreißig (30) Minuten für mehr Motivation. 14. Auflage. Gabal, Offenbach 1999

[SPRE02] *Sprenger, R.:* Das Prinzip Selbstverantwortung. Wege zur Motivation. 11. Auflage. Campus Verlag, Frankfurt am Main 2002

[STRO10] *Stroebe, A. I./Stroebe, R.W.:* Motivation durch Zielvereinbarungen: Engagement in der Arbeit – Erfolg in der Umsetzung. 3. Auflage. Windmühle, Hamburg 2010

[STSE14] *Stauss, B./Seidel, W.:* Beschwerdemanagement – Unzufriedene Kunden als profitable Zielgruppe, 5. Aufl. München: Hanser, 2014

[THIE11] *Thiel, K.:* MES – Integriertes Produktionsmanagement. Leitfaden, Marktübersicht und Anwendungsbeispiele. Carl Hanser Verlag, München 2011. S. 693

[VETT98] *Vetter, M.:* Aufbau betrieblicher Informationssysteme mittels pseudoobjektorientierter, konzeptioneller Datenmodellierung. 8. Auflage. Teubner Verlag, Stuttgart 1998

[WECK06] *Weck, M./Brecher, C.:* Werkzeugmaschinen 3. Mechatronische Systeme, Vorschubantriebe, Prozessdiagnose. Springer, Berlin 2006

[WIEG01] *Wiegers, L.:* Bild- und Beleuchtungsoptimierung zur automatisierten Verschleißmessung an Fräswerkzeugen. Shaker Verlag, Aachen 2001

[WILK98] *Wilke, H.:* Systemisches Wissensmanagement. Lucius & Lucius Verlag, Stuttgart 1998

[WILK10] *Wilker, H.:* Weibull-Statistik in der Praxis. 2. Aufl. Norderstedt: Books on Demand, 2010

[WIMM85] *Wimmer, F.:* Beschwerdepolitik als Marketinginstrument. In: Hansen, U.; Schoenheit, I. (Hrsg.): Verbraucherabteilungen in privaten und öffentlichen Unternehmen, Frankfurt/New York 1985, S. 225–254

[WIRO01] *Wimmer, F./Roleff, R.:* Beschwerdepolitik als Instrument des Dienstleistungsmanagements. In: Bruhn, M.; Meffert, H. (Hrsg.): Handbuch Dienstleistungsmanagement. Von der strategischen Konzeption zur praktischen Umsetzung. 2. Aufl. Wiesbaden: Gabler, 2001, S. 315–335

[WORT13] *Wortberg, J./Michels, R./Neumann, M.:* Energieeinsparpotentiale in der kunststoffverarbeitenden Industrie. Initiative „Energie effizient nutzen – Schwerpunkt Strom". Quelle: *http://www.energieverbraucher.de/files_db/dl_mg_1079558567.pdf* [Stand: 03.12.2014]

[WÜNS07] *Wünschmann, S.:* Beschwerdeverhalten und Kundenwert. Wiesbaden: DUV, 2007

[ZVEI15] *http://www.zvei.org/Themen/Industrie40/Seiten/Das-Referenzarchitekturmodell-RAMI-40-und-die-Industrie-40-Komponente.aspx* (Stand: 10.04.2015)

B

TEIL C

Legal Quality Management

10 Legal Quality Management – rechtliche Anforderungen an das Qualitätsmanagement

Rechtliche Rahmenbedingungen und Anforderungen treffen im Grunde jeden, der irgendwo auf der Welt einkauft, fertigt und vertreibt, unabhängig von Unternehmensgröße, Struktur, Sitz, Produktpalette oder Absatzmarkt.

Die Umsetzung dieser Anforderungen ist nicht frei wählbar oder skalierbar, ein Unternehmen ist gezwungen, die rechtlichen Themen vollständig zu behandeln. Der hier vorgestellte Ansatz zur Umsetzung rechtlicher Anforderung im Unternehmen folgt dabei dem klassischen Qualitätsverständnis als dem *„... Grad, in dem ein Satz inhärenter Merkmale Anforderungen erfüllt“* [DIN05] und definiert die Soll-Anforderungen als die Marktanforderungen, in denen alle Forderungen

- potenzieller Kunden
- ebenso wie legislative und normative Forderungen und
- die Interessen anderen Stakeholder kumuliert erfasst werden.

Der Schwerpunkt der nachfolgenden Ausführungen liegt naturgemäß auf den rechtlichen Anforderungen und folgt der Idee, diese rechtlichen Rahmenbedingungen nicht in einem Paralleluniversum im Unternehmen zu erfüllen, sondern als Bestandteile des gesamten Anforderungsbündels an den entsprechenden Prozessschritten zu verorten.

Basis hierfür bildet das Aachener Qualitätsmanagement Modell, das in Kapitel 6.3 dargestellt wird und mit seiner Ausrichtung auf den Produktionsprozess sowohl in Forward als auch in Backward Chain die entsprechenden Anknüpfungspunkte für die rechtlichen Anforderungen an ein Qualitätsmanagement bietet.

10.1 Das Aachener Qualitätsmanagement Modell und die Aufnahme rechtlicher Anforderungen

Der Aufbau eines Quality Stream im Aachener Qualitätsmanagement Modell orientiert sich am Lebenszyklus eines Produktes oder einer Dienstleistung (siehe Kapitel 6.3).

Relevante Bereiche sind demnach die gesamten Prozesse von der

- Produktentstehung, Forschung und Entwicklung,
- Fertigung,
- Auftragsabwicklung und Vertrieb, bis hin
- zu allen dem Verkauf nachgelagerten Tätigkeiten eines Unternehmens,

jeweils in beide Richtungen verstanden. Der gesamte Stream hin zu einem Produkt wird als Quality Forward Chain bezeichnet.

Das Aachener Qualitätsmanagement Modell verortet darin die entsprechenden Qualitätsmanagementmethoden an den jeweiligen Teilaufgaben in den entsprechenden Abschnitten des Lebenszyklus.

Ist demnach in der Produktentstehung ein Schwerpunkt in präventiven, absichernden Methoden zu finden, verändern sich die eingesetzten Werkzeuge und Methoden hin zu einer qualitätssichernden und -überwachenden Tätigkeit.

Die nach dem Verkauf eines Produktes oder einer Dienstleistungen verfügbaren Informationen dienen im Aachener Qualitätsmanagement Modell der dynamischen Überprüfung der in der Quality Forward Chain verwendeten Parameter, Methoden und Tools. Diese Rückkopplungsstruktur wird hier als Quality Backward Chain bezeichnet.

In Abbildung 10-1 sind die Elemente des Aachener Qualitätsmanagement Modells auf einen Blick zu erkennen.

C

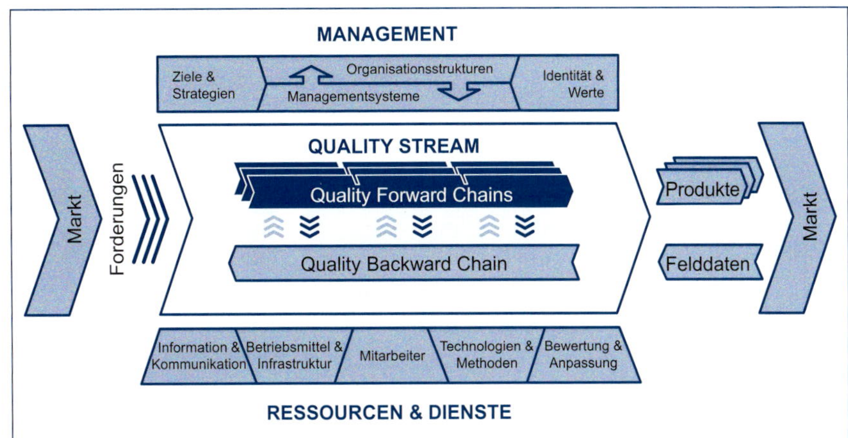

Abbildung 10-1
Aachener Qualitätsmanagement Modell

Die als Management- und auch als Unterstützungsprozesse bezeichneten Teile, sind die entsprechenden Ressourcen des Modells, über die rechtliche Forderungen in das Modell einfließen können.

Idee der nachfolgenden Ausführungen ist es, die rechtlichen Forderungen an den einzelnen Teilen des Quality Stream zu verorten, ihre Art und Intensität rechtlich zu definieren und den Zusammenhang im gesamten produktbezogenen Kontext darzustellen.

10.2 Produktverantwortung

Die Aufsplittung rechtlicher Forderungen in die für den jeweiligen Teilprozess notwendigen Anforderungen ist nur möglich, wenn das gesamte Bild gesetzlicher und rechtlicher Rahmenbedingungen betrachtet wird, das auf ein Unternehmen und die von ihm produzierten und/oder verkauften Produkte anzuwenden ist.

Der gesamte Anforderungskatalog rechtlicher Inhalte mit Bezug zu einem Produkt ist als Produktverantwortung zu bezeichnen; er umfasst neben dem zivilrechtlichen auch den strafrechtlichen und öffentlich-rechtlichen Rahmen für die Herstellung und den Vertrieb von Produkten[1] (Abbildung 10-2).

Unter Produktverantwortung im weitesten Sinne ist die Verantwortung für die von einem Unternehmen

- hergestellten,
- zugekauften,
- importierten und
- verkauften

Produkte zu verstehen.

Produktverantwortung kann sich aus drei unterschiedlichen Bereichen des Rechts ergeben:

- Zivilrecht,
- öffentliches Recht und
- Strafrecht.

Die *zivilrechtliche Produktverantwortung* ist durch das Verhältnis zwischen einem Geschädigten und einem Schädiger geprägt. Es wird also ein Anspruch unter „Personen" im zivilrechtlichen Sinne geltend gemacht, ohne dass der Staat oder seine Behörden eine Rolle spielen. Hier liegt

[1] Produktverantwortung ist eigentlich ein Begriff aus § 23 Kreislaufwirtschaftsgesetz und ist dort anders definiert.

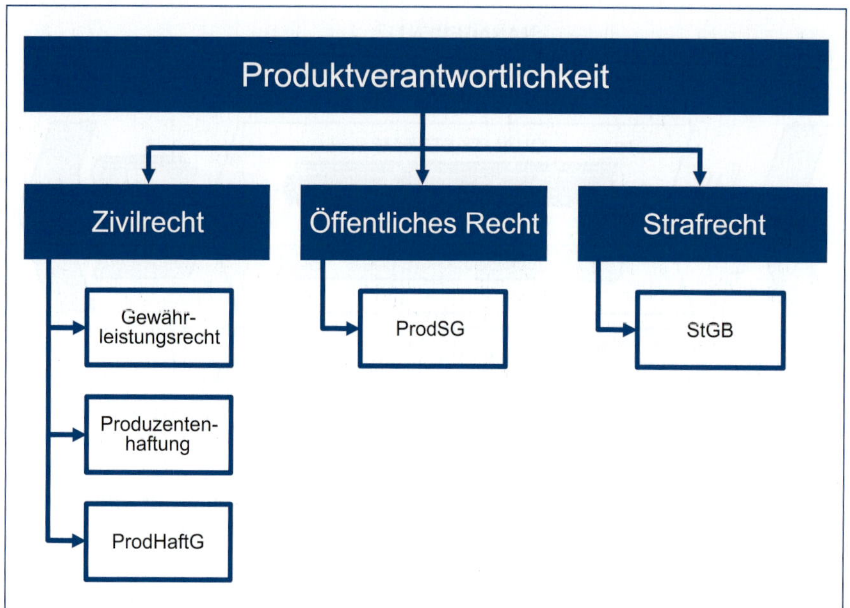

Abbildung 10-2
Produktverantwortung

auch der Regelungsbereich des Haftungsrechts. Dieses setzt sich im Wesentlichen zusammen aus dem

- Sachmangelhaftungsrecht (Gewährleistungsrecht),
- der sogenannten Produzentenhaftung nach § 823 BGB und dem
- Produkthaftungsgesetz (ProdHaftG).

Im Vertragsrecht ist die Grundlage einer möglichen Haftung eine zwischen den Vertragsparteien getroffene verbindliche Vereinbarung. Besteht keine solche Vereinbarung, scheidet eine vertragsrechtliche Haftung aus.

Dies ist anders im Fall des ProdHaftG und des § 823 BGB. Eine Haftung wird hier per legem begründet, also durch ein bestehendes Gesetz. Eine Vereinbarung, wie z.B. ein Kauf- oder Mietvertrag, zwischen Anspruchsteller und Anspruchsgegner ist nicht notwendig.

Die Unterscheidung zwischen gesetzlicher und vertraglicher Haftung innerhalb des Zivilrechts ist daher für das systematische Verständnis von wesentlicher Bedeutung.

Neben der zivilrechtlichen Produkthaftung besteht auch eine *Produktverantwortung nach öffentlichem Recht.* Die öffentlich-rechtliche Produktverantwortung ist durch das Verhältnis zwischen einem Unternehmen und dem Staat geprägt. Es sind also staatliche Behörden, die die Unternehmen in die Pflicht nehmen, ihrer Produktverantwortung nach den bestehenden Gesetzen nachzukommen.

Der Bereich des öffentlichen Rechts wird vielfach geprägt durch branchen- oder produktspezifische Vorgaben, die immer mehr auch von den jeweiligen Marktaufsichtsbehörden überwacht werden. Der strafrechtliche Aspekt wird ausschließlich dann relevant, wenn Schäden durch das Produkt entstanden sind oder aber das Produkt sonstige strafrechtliche Tatbestände erfüllt, also etwa ein Betrug oder eine sonstige strafbare Handlung hierdurch begangen wird.

Das Produktsicherheitsrecht ist Teil der öffentlich-rechtlichen Produktverantwortung. Hier wiederum bildet das Produktsicherheitsgesetz mit seinen Verordnungen das Kernstück, wird aber von vielen Spezialgesetzen ergänzt. In den letzten Jahren kommen verstärkt Regelungen des Stoffrechts hinzu, bekannt sind sicherlich die Regelungen der ElektroStoffV (Elektro- und Elektronikgeräte-Stoff-Verordnung), aber auch die REACH-Verordnung 1907/2006 und die Gefahrstoffverordnung.

Träger der *strafrechtlichen Produktverantwortung* ist nicht das Unternehmen als juristische Person selbst, sondern die natürliche Person, die hinter dem Unternehmen steht; also der Geschäftsführer oder der Mitarbeiter innerhalb seines Verantwortungsbereiches. Der Strafanspruch wird vom Staat verfolgt, sodass es auch hier – wie bei der öffentlich-rechtlichen Produktverantwortung – auf das Verhältnis zwischen dem Staat und dem Bürger ankommt.

Strafrechtlich werden bislang immer nur natürliche Personen verfolgt, es existiert bis dato kein Unternehmensstrafrecht. Fehlerhafte oder unsichere Produkte können demnach insbesondere die Geschäftsführung oder den Vorstand eines Unternehmens, aber auch verantwortliche Mitarbeiter, treffen.

Abbildung 10-3 zeigt die verschiedenen, teilweise vertraglichen und teilweise außervertraglichen Beziehungen zwischen verschiedenen Beteiligten auf.

Die vertragliche Verbindung zwischen den Parteien besteht nur in den dunkel gefärbten Pfeilen, Sachmängelrechte – die klassische Gewährleistung wird als Begriff verwendet, ist aber im Gesetz durch Sachmangelhaftung ersetzt – bestehen nur in den hell gefärbten Pfeilen rückwärts in der Lieferkette (Abbildung 10-3). Der Erwerber kann aber auch einen direkten Anspruch gegen die beteiligten Unternehmen haben. Die gestrichelten Linien stellen Garantiebeziehungen zwischen Hersteller und Erwerber dar, wie etwa durch die Herstellergarantie im Autohandel bekannt.

10.3 Quality Forward Chain

Die Überlegungen zur Produktverantwortung entlang der Quality Forward Chain beginnen naturgemäß mit allen Tätigkeiten eines Unternehmens in Forschung und Entwicklung.

Im Fokus der nachfolgenden Ausführungen stehen daher die rechtlichen Anforderungen, die in Forschung, Konstruktion und Entwicklung eines Unternehmens zu beachten sind.

10.3.1 Konstruktion und Entwicklung

Vertragliche Anforderungen gegenüber dem Kunden

Besteht zwischen den Parteien ein vertragliches Verhältnis, im industriellen Kontext regelmäßig ein Kauf- oder Werkvertrag, ergeben sich daraus haf-

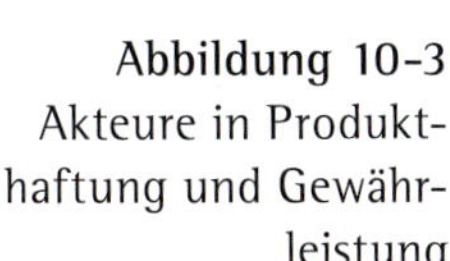

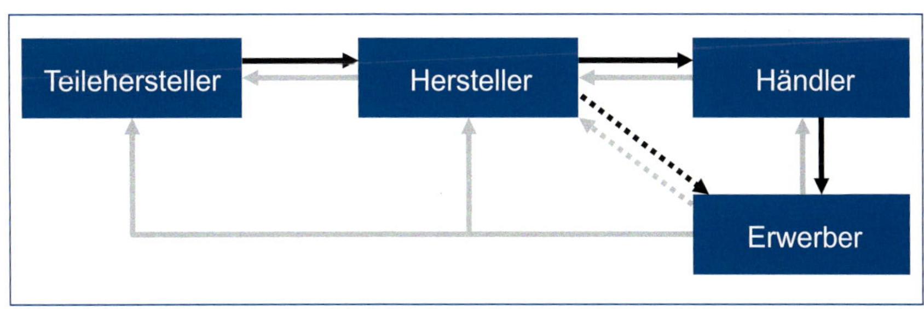

Abbildung 10-3
Akteure in Produkthaftung und Gewährleistung

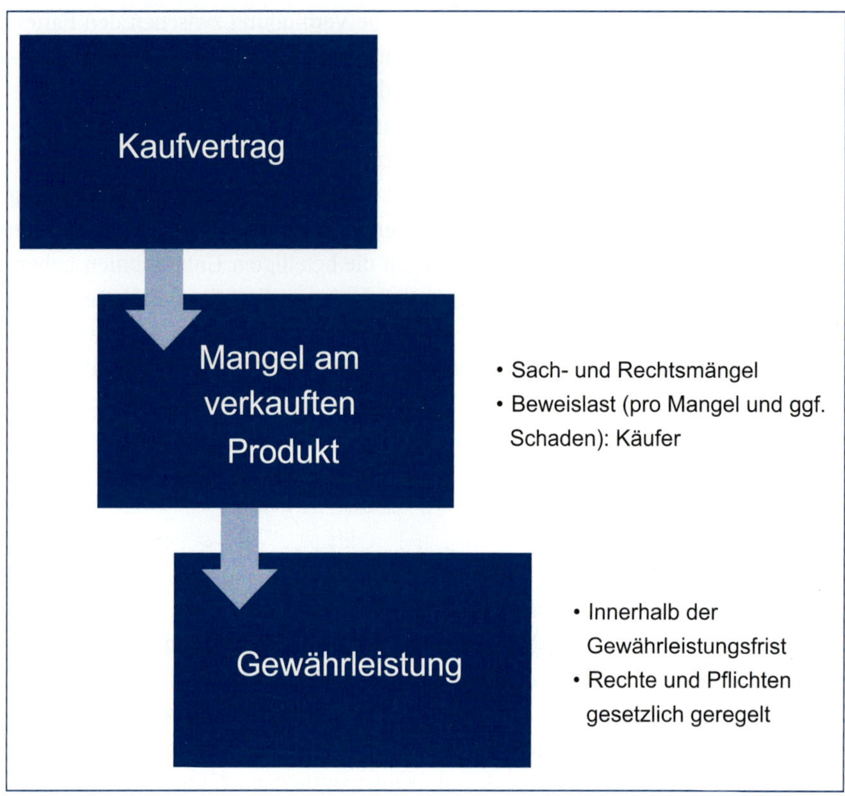

Abbildung 10-4
Vom Kaufvertrag zum Gewährleistungsrecht

tungsrechtliche Konsequenzen. Dem Käufer stehen dann regelmäßig Ansprüche gegen den Verkäufer aus dem von ihm geschlossenen Vertrag wegen Pflichtverletzungen zu. Die wohl relevanteste Pflichtverletzung beim Kauf- oder Werkvertrag ist die Lieferung einer mangelhaften Sache. Der aus dieser Mangelhaftigkeit entstehende Schaden ist dann vom Verkäufer zu ersetzen (Abbildung 10-4).

Die gesetzliche Grundlage des *Sachmangelrechts* sind die §§ 433ff. BGB. Im Gegensatz zu den übrigen Pfeilern der Produktverantwortung erfordert die Anwendung des Gewährleistungsrechts den wirksamen Abschluss eines Kaufvertrages zwischen den Parteien. Das Gewährleistungsrecht tritt dabei neben die Haftung aus dem ProdHaftG und § 823 BGB; es ist also zusätzlich anwendbar.

Die zu erfüllenden Hauptpflichten bei einem Kaufvertrag sind in § 433 BGB niedergelegt.

§ 433 BGB – Vertragstypische Pflichten beim Kaufvertrag

(1) Durch den Kaufvertrag wird der Verkäufer einer Sache verpflichtet, dem Käufer die Sache zu übergeben und das Eigentum an der Sache zu verschaffen. Der Verkäufer hat dem Käufer die Sache frei von Sach- und Rechtsmängeln zu verschaffen.
(2) Der Käufer ist verpflichtet, dem Verkäufer den vereinbarten Kaufpreis zu zahlen und die gekaufte Sache abzunehmen.

C

Relevant für die hier vorzunehmende Betrachtung von rechtlichen Inhalten in den Prozessen der Quality Forward Chain ist die gesetzliche Definition des Sachmangels in § 434 BGB als zentraler Anknüpfungspunkt für alle Gewährleistungsrechte.

§ 434 BGB – Sachmangel

(1) Die Sache ist frei von Sachmängeln, wenn sie bei Gefahrübergang die vereinbarte Beschaffenheit hat. Soweit die Beschaffenheit nicht vereinbart ist, ist die Sache frei von Sachmängeln,

1. wenn sie sich für die nach dem Vertrag vorausgesetzte Verwendung eignet, sonst

2. wenn sie sich für die gewöhnliche Verwendung eignet und eine Beschaffenheit aufweist, die bei Sachen der gleichen Art üblich ist und die der Käufer nach der Art der Sache erwarten kann.

Zu der Beschaffenheit nach Satz 2 Nr. 2 gehören auch Eigenschaften, die der Käufer nach den öffentlichen Äußerungen des Verkäufers, des Herstellers (§ 4 Abs. 1 und 2 des Produkthaftungsgesetzes) oder seines Gehilfen insbesondere in der Werbung oder bei der Kennzeichnung über bestimmte Eigenschaften der Sache erwarten kann, es sei denn, dass der Verkäufer die Äußerung nicht kannte und auch nicht kennen musste, dass sie im Zeitpunkt des Vertragsschlusses in gleichwertiger Weise berichtigt war oder dass sie die Kaufentscheidung nicht beeinflussen konnte.

(2) Ein Sachmangel ist auch dann gegeben, wenn die vereinbarte Montage durch den Verkäufer oder dessen Erfüllungsgehilfen unsachgemäß durchgeführt worden ist. Ein Sachmangel liegt bei einer zur Montage bestimmten Sache ferner vor, wenn die Montageanleitung mangelhaft ist, es sei denn, die Sache ist fehlerfrei montiert worden.

(3) Einem Sachmangel steht es gleich, wenn der Verkäufer eine andere Sache oder eine zu geringe Menge liefert.

Schematisiert bedeutet die Regelung, dass ein Sachmangel anhand der in Abbildung 10-5 dargestellten Schritte zu prüfen ist.

In der Konsequenz bedeuten diese Anforderungen, dass bereits bei der Produktentstehung, in der Konstruktion und Entwicklung eines Produktes und der Gestaltung seiner späteren Einsatzzwecke, Leistungs- und Umgebungsparameter auch über Fragen der Sachmangelhaftung entschieden wird. Naturgemäß definiert jeder Hersteller hier,

- für welchen Einsatzzweck sein Produkt gedacht ist,
- wer die Nutzer seines Produktes sein sollen,
- in welcher Intensität, Häufigkeit und Dauer das Produkt benutzt wird,
- in welcher Umgebung das Produkt genutzt wird (Hitze, Kälte, Druck, Feuchtigkeit, Helligkeit, Lautstärke etc.),
- welche Wartungs-, Instandsetzungs-, Reinigungs- und sonstige Betriebsarten neben der normalen Nutzung notwendig sind und
- wie das Produkt zusammen- und aufgebaut, in Betrieb genommen, angeschlossen, parametrisiert und auch wieder abgebaut und entsorgt wird.

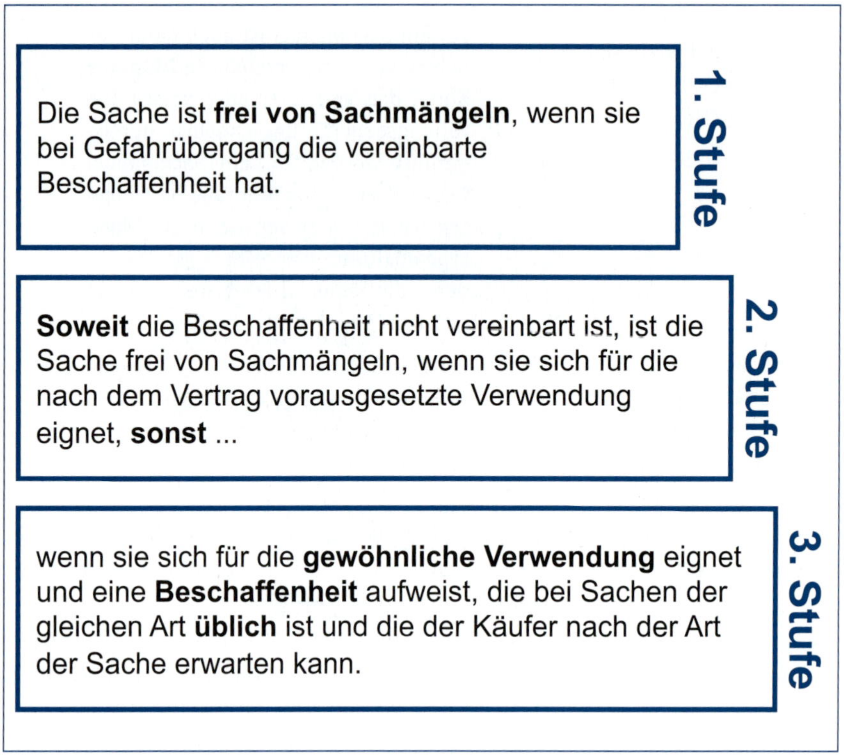

Abbildung 10-5
Prüfungsreihenfolge eines Sachmangels

Diese Ideen in der Entstehung fließen in das Produkt ein und werden in den Spezifikationen, Beschreibungen und Bewerbungen gegenüber dem Kunden als Basis für den späteren Vertrag genutzt.

Umgekehrt fließen die Anforderungen des Kunden in die Produktentstehung, die Konstruktion und Entwicklung ein und werden den oben dargestellten Eigenschaften des Produktes gegenübergestellt. Abweichungen sind offensichtlich spätere Sachmängel.

Die entsprechenden Inhalte werden – von Branche zu Branche unterschiedlich – in verschiedenen vertraglichen Dokumenten, teilweise sehr verstreut, geregelt:

- Qualitätssicherungsvereinbarung,
- Abgrenzungsvereinbarungen,
- Schnittstellenvereinbarung,
- Lastenheft[2],
- Pflichtenheft,
- Zeichnung,
- Modell,
- Konzeptstudie und
- Abgrenzungsvereinbarung.

Bereits in der Produktentstehung ist daher ein Regelkreis aufzubauen, der auf die Wünsche des Kunden im Vergleich zu den vom Hersteller festgelegten Spezifikationen reagiert (Abbildung 10-6).

[2] Gemäß DIN 69901-5 (Begriffe der Projektabwicklung) beschreibt das Lastenheft die „vom Auftraggeber festgelegte Gesamtheit der Forderungen an die Lieferungen und Leistungen eines Auftragnehmers innerhalb eines Auftrages" [DIN 69901].

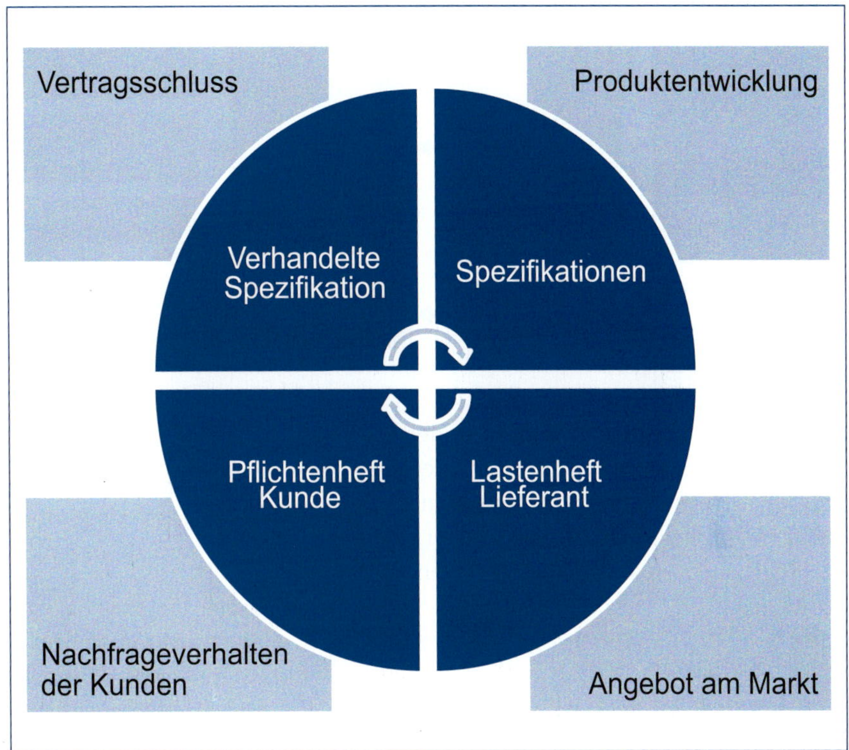

Abbildung 10-6
Regelkreis Spezifikationen

Je weniger ein Unternehmen in der Lage ist, die Spezifikationen seines Produktes im Sinne einer vertraglichen Beschaffenheit zu vereinbaren, desto eher wird es an den allgemeiner gehaltenen Anforderungen der üblichen Art und Weise gemessen.

Die übliche Art und Weise eines Produktes ist ein allgemein bestimmbarer Standard, den jedes Produkt einzuhalten hat, wenn nicht explizit etwas anderes vereinbart ist.

Entscheidend für diese durchschnittliche Beschaffenheit ist die Erwartungshaltung eines ebenso durchschnittlichen, objektiv durch ein Gericht bestimmten Käufers. Es kommt also nicht auf die Einschätzung des tatsächlichen Käufers oder gar des Verkäufers an. Das Risiko einer Inanspruchnahme des Verkäufers durch den Käufer steigt demnach mit der fehlenden Spezifikation und Beschreibung der Eigenschaften des Produktes.

Ist eine Sache gemäß dem vorher Gesagten bei ihrer Übergabe an den Käufer mangelhaft, verletzt der Verkäufer seine vertragliche Pflicht aus § 433 Abs. 1 Satz 2 BGB. Nach dem Gewährleistungsrecht sind die verschuldeten und aus einer Pflichtverletzung resultierenden Schäden zu ersetzen, wobei mit Schäden solche an der Sache selbst und auch Mangelfolgeschäden gemeint sind

(§§ 437, 280, 281, 283, 311a, 284 BGB). Darüber hinaus hat der Kunde Anspruch auf Reparatur und Neulieferung, bei deren Scheitern auf Rücktritt, Schadenersatz oder Minderung (Abbildung 10-7).

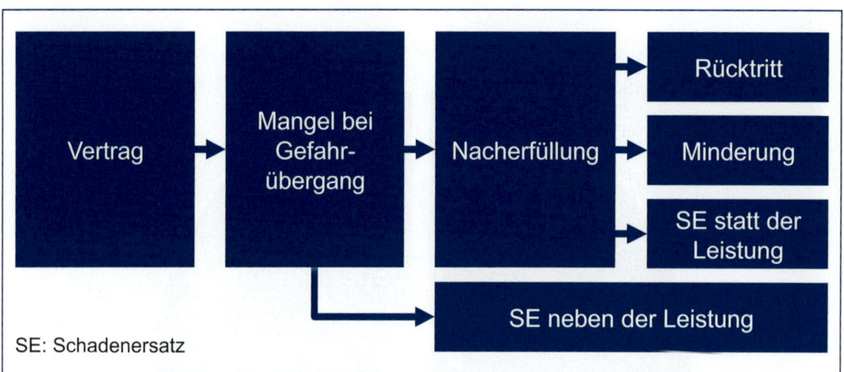

Abbildung 10-7
Sachmangelhaftung

Im unternehmerischen Verkehr ändert sich das Bild wegen der Regelungen zur Wareneingangsprüfung in den Vorschriften des Handelsgesetzbuchs (HGB) etwas. Der Hinweiskasten zeigt, welche Regelungen in § 377 HGB getroffen werden.

§ 377 HGB

(1) Ist der Kauf für beide Teile ein Handelsgeschäft, so hat der Käufer die Ware unverzüglich nach der Ablieferung durch den Verkäufer, soweit dies nach ordnungsmäßigem Geschäftsgang tunlich ist, zu untersuchen und, wenn sich ein Mangel zeigt, dem Verkäufer unverzüglich Anzeige zu machen.
(2) Unterläßt der Käufer die Anzeige, so gilt die Ware als genehmigt, es sei denn, daß es sich um einen Mangel handelt, der bei der Untersuchung nicht erkennbar war.
(3) Zeigt sich später ein solcher Mangel, so muß die Anzeige unverzüglich nach der Entdeckung gemacht werden; anderenfalls gilt die Ware auch in Ansehung dieses Mangels als genehmigt.
(4) Zur Erhaltung der Rechte des Käufers genügt die rechtzeitige Absendung der Anzeige.
(5) Hat der Verkäufer den Mangel arglistig verschwiegen, so kann er sich auf diese Vorschriften nicht berufen.

Durch die Rügeobliegenheit wird quasi eine Voraussetzung eingebaut, ohne deren Erfüllung keine Sachmängelrechte geltend gemacht werden können (Abbildung 10-8).

Die Regelungen des § 377 HGB können nach der Rechtsprechung in Deutschland nicht umfänglich vertraglich ausgeschlossen werden, unabhängig von der etwa in der ISO TS 16949 geregelten Zusammenarbeit muss der Käufer eingehende Waren zumindest insoweit prüfen, dass er offensichtliche Mängel erkennen kann.

Folgende Elemente der vertraglichen Produktverantwortung sind demnach mindestens in der Quality Forward Chain abzubilden und mit den bekannten Tools und Methoden abzusichern (Abbildung 10-9):

- Lastenheft,
- Pflichtenheft,
- QSV,
- Zeichnung und
- Spezifikationen.

C

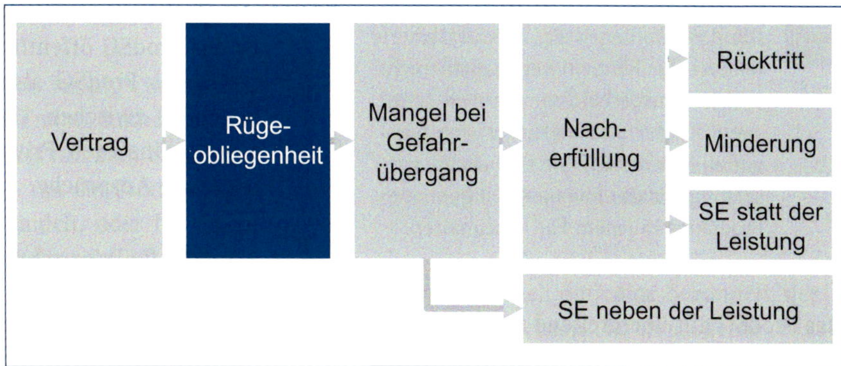

Abbildung 10-8
Rügeobliegenheit

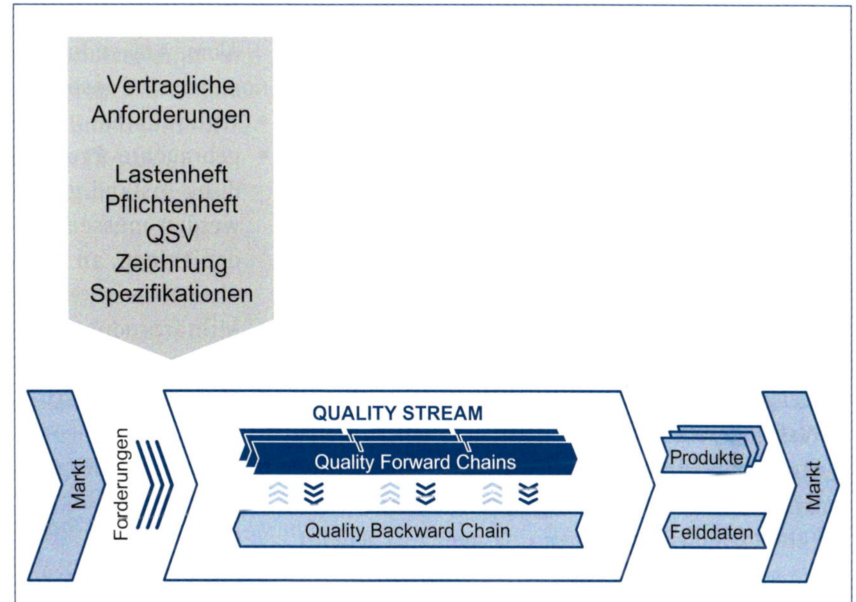

Abbildung 10-9
Legal Quality Forward Chain – vertragliche Einflüsse

10.4 Anforderungen des Produktsicherheitsgesetzes

In der Produktentstehung sind neben den Anforderungen des Kunden auch die gesetzlichen Rahmenbedingungen sowohl aus dem Produktsicherheitsgesetz (ProdSG) als auch aus der Produkthaftung zu beachten.

Das Produktsicherheitsrecht ist Teil des (Wirtschafts-)Verwaltungsrechts und somit öffentliches Recht. Das Produktsicherheitsrecht tritt mit anderen Inhalten neben das oben erläuterte System des zivilrechtlichen Schadensersatzrechts.

Abbildung 10-10
Stand von Wissenschaft und Technik

ropäischen Union sicherstellen. Ohne Einhaltung dieses Mindeststandards dürfen Unternehmen ihre Produkte nicht in Verkehr bringen.

Wann ein Produkt als sicher im Sinne des ProdSG anzusehen ist, hängt zunächst davon ab, ob es dem „harmonisierten" oder dem „nicht harmonisierten" Bereich zuzuordnen ist.

10.4.5.1 Harmonisierter Produktbereich

Unter den harmonisierten Produktbereich fallen Produkte, die einer (oder mehreren) Rechtsverordnung(en) unterliegen, welche dem ProdSG zugeordnet sind. Derzeit existieren die folgenden Produktsicherheitsverordnungen (ProdSV):

- Verordnung über das Inverkehrbringen elektrischer Betriebsmittel zur Verwendung innerhalb bestimmter Spannungsgrenzen (1. ProdSG),
- Verordnung über die Sicherheit von Spielzeug (2. ProdSG),
- Maschinenlärminformations-Verordnung (3. ProdSG),
- Verordnung über das Inverkehrbringen von einfachen Druckbehältern (6. ProdSG),
- Gasverbrauchseinrichtungsverordnung (7. ProdSG),
- Verordnung über das Inverkehrbringen von persönlichen Schutzausrüstungen (8. ProdSG),
- Maschinenverordnung (9. ProdSG),
- Verordnung über das Inverkehrbringen von Sportbooten (10. ProdSG),
- Explosionsschutzverordnung (11. ProdSG),
- Aufzugsverordnung (12. ProdSG),
- Aerosolpackungsverordnung (13. ProdSG) und
- Druckgeräteverordnung (14. ProdSG).

Produkte, die dem harmonisierten Bereich unterliegen, müssen zum einen die Anforderungen aus den jeweiligen Verordnungen erfüllen. Darüber hinaus dürfen sie nach § 3 Abs. 1 ProdSG die

„Sicherheit und Gesundheit von Personen – und sonstigen in den Verordnungen aufgeführten Rechtsgütern – nicht gefährden; und zwar sowohl bei der bestimmungsgemäßen Verwendung, als auch bei einer Verwendung, die zwar nicht bestimmungsgemäß, aber vorhersehbar ist.“

Bei Produkten, die den Anforderungen der o. g. harmonisierten Normen entsprechen, besteht dabei die gesetzliche Vermutung, dass sie sicher sind. Umgekehrt ist es gesicherte Rechtsprechung, dass bereits die Unterschreitung der harmonisierten Normen einen Fehler im Sinne der Produkthaftung

Unbestimmte Rechtsbegriffe technischer Sachverhalte

Begriff	Anerkannte Regeln der Technik	Stand der Technik	Stand von Wissenschaft und Technik
Definition	die von der Mehrheit der Fachleute anerkannten -wissenschaftlich begründeten, -ausreichend erprobten Regeln zum Lösen technischer Aufgaben (BVG-Urteil „Kalkar“)	das Fachleuten verfügbare Fachwissen, welches -wissenschaftlich begründet, -praktisch erprobt und ausreichend bewährt ist (BVG-Urteil „Kalkar“)	der neueste Stand wissenschaftlicher und technischer Erkenntnisse, der -nachprüfbar begründet, -technisch durchführbar, -allgemein zugänglich, aber noch ohne praktische Bewährung ist (EG-Richtlinie Produkthaftungsgesetz)
Praxisbeispiele	DIN-, DIN-EN-, DIN-EN-ISO-Normen, VDI-Richtlinien, VDE-Vorschriften, UVV, Regeln technisch-wissenschaftlicher Vereine	Einzelnachweise nach übereinstimmender Bewertung in -Zeitschriften-beiträgen -Fachliteratur -Sachverständigen-gutachten	Zeitpunktbezogene Darstellungen in -wissenschaftlichen Veröffentlichungen -Kongressberichten -Schutzrechtsschriften

Abbildung 10-11 Unbestimmte Rechtsbegriffe

10

und eine Unsicherheit im Sinne der Produktsicherheit bedeutet. Es ist demnach unerlässlich, die Normen zu kennen und zumindest deren Schutzniveau abbilden zu können, auch wenn sie nicht vollständig umgesetzt werden.

Harmonisierte Normen bilden dabei grundsätzlich eine Untergrenze von technischen Möglichkeiten ab, die industrieweit anerkannt und umsetzbar ist. Es gibt darüber hinaus aber häufig sehr viel neuere, bessere und auch sichere Methoden, ein Produkt zu entwickeln.

Produktsicherheitsrechtlich genügt allerdings die Umsetzung der durch die harmonisierten Normen abgebildeten anerkannten Regeln der Technik (Abbildung 10-10).

Die anerkannten Regeln der Technik finden demnach Anwendung im harmonisierten Produktbereich des Produktsicherheitsrechts, sind aber inhaltlich vom technisch Möglichen deutlich zu unterscheiden (Abbildung 10-11).

10.4.5.2 Nicht harmonisierter Produktbereich

Soweit Produkte den oben genannten Verordnungen nicht unterfallen, dürfen sie nur dann auf dem Markt bereitgestellt werden, wenn sie (wiederum) die Sicherheit und die Gesundheit von Personen bei bestimmungsgemäßer oder vorhersehbarer Verwendung nicht gefährden (§ 3 Abs. 2 ProdSG).

Bei der Beurteilung, ob ein Produkt diesen Anforderungen entspricht, sind insbesondere zu berücksichtigen:

- die Eigenschaften des Produktes, einschließlich seiner Zusammensetzung, seiner Verpackung, den Anleitungen für seinen Zusammenbau, der Installation, der Wartung und der Gebrauchsdauer,
- die Einwirkungen des Produktes auf andere Produkte, soweit zu erwarten ist, dass es zusammen mit anderen Produkten verwendet wird,
- die Aufmachung des Produktes, seine Kennzeichnung, die Warnhinweise, die Gebrauchs- und Bedienungsanleitung, die Angaben zu seiner Beseitigung sowie alle sonstigen produktbezogenen Angaben oder Informationen,
- die Gruppen von Verwendern, die bei der Verwendung des Produktes stärker gefährdet sind als andere.

Dabei können für die Beurteilung der Sicherheit alle Normen und andere technischen Spezifikationen herangezogen werden (§ 5 Abs. 1 ProdSG). Wurden diese Normen oder technischen Spezifikationen vom Ausschuss für Produktsicherheit ermittelt und von der BAuA im gemeinsamen Ministerialblatt bekannt gegeben, wird bei Erfüllung dieser Normen und Spezifikationen wiederum vermutet, dass das Produkt sicher ist.

10.4.5.3 Verwendungszweck und vorhersehbarer Fehlgebrauch

Unternehmen legen fest, wie ihre Produkte benutzt werden sollen, wozu und durch wen. In diesem Verfahrensschritt ist das herstellende Unternehmen gezwungen, die Nutzergruppe zu identifizieren bzw. zu bestimmen. Entscheidend ist der Kreis an Personen, an den sich der Hersteller mit seinem Produkt wendet, sodass unterschiedliche Sicherheitsstandards gelten, je nachdem, ob die Ware allein für Fachleute bestimmt ist oder auch an Laien abgegeben werden kann. Wendet sich der Hersteller an verschiedene Gruppen, ist der Sorgfaltsaufwand am Schutz der sensibelsten Gruppe auszurichten.

Der Verwendungszweck wird in einem ersten Schritt vom Unternehmen festgelegt.

Neben der Feststellung, wer das Produkt betreiben, bedienen, verwenden, verbrauchen oder anderweitig nutzen soll, sind für die Zielgruppe folgende Aspekte festzustellen und zu betrachten:

- Alter,
- Bildung,
- Ausbildung und
- Umgebungsvariablen des Produkteinsatzes (Hitze, Kälte, Licht, Sauberkeit, Feuchtigkeit etc.).

Daneben hat das verantwortliche Unternehmen festzustellen, inwiefern Gefährdungen Dritter durch den ansonsten fehlerfreien Betrieb des Produktes möglich sind, also beispielsweise fehlende Absperrungen den Zugang zu gefährlichen Bereichen einer Anlage ermöglichen oder eventuell Kinder mit eigentlich für Erwachsenen gedachten Geräten in Berührung kommen können.

Im Allgemeinen reicht es aus, dass die Produkte bei bestimmungsgemäßer Nutzung oder – wenn der Hersteller die Verwendungsart nicht angegeben hat – bei sachgemäßem und typischem Gebrauch nicht zu einer Gefahrenquelle werden. Diese Beurteilung wird durch die Begriffe des Fehlgebrauchs und des Missbrauchs erweitert.

Nach § 3 Abs. 1 und 2 ProdSG muss die Sicherheit und Gesundheit von Personen auch bei einer vorhersehbaren Verwendung eines Produktes gewährleistet sein. Entsprechend § 2 Nr. 28 ProdSG ist

> *„die vorhersehbare Verwendung die Verwendung eines Produkts in einer Weise, die von derjenigen Person, die es in den Verkehr bringt, nicht vorgesehen, jedoch nach vernünftigem Ermessen vorhersehbar ist."*

Der Bundesgerichtshof [BGH13] hat zu der häufig gestellten Frage, wie weit die Vorhersehbarkeit gehen muss, im Rahmen einer Produkthaftungsklage Stellung genommen und ausgeführt, dass

> *„von einem Produkt bei vorhersehbarer üblicher Verwendung unter Beachtung der Gebrauchs- bzw. Installationsanleitung keine erheblichen Gefahren für Leib und Leben der Nutzer oder unbeteiligter Dritter ausgehen. Von dem Hersteller kann dagegen nicht verlangt werden, für sämtliche Fälle eines unsorgfältigen Umgangs mit dem Produkt, zu dem auch die fachwidrige Installation gehören kann, Vorsorge zu treffen."*

Im Kern muss ein Unternehmen vorhersehbare Verwendungen in jedem Fall in einer Risikobeurteilung, einer Gefahrenanalyse oder einem ähnlichen Prozess herausarbeiten und beurteilen.

Die entsprechenden Methoden der qualitativen Risikobewertung sind mit

- FMEA,
- Ishikawa,
- Fehlerbaumanalyse und
- Ereignisbaumanalyse

bekannt und bewährt. Sie sollten eingebettet werden in die üblichen Maßnahmen:

- Das Design Review untersucht schrittweise die verschiedenen Entwicklungsergebnisse. Diese Untersuchung erfolgt anhand eines stringenten Schemas.
- Die Qualitätsbewertung zielt auf die Schwachstellen in der Entwicklung ab.
- Die Fehlerbaumanalyse untersucht im Modell den Entwicklungsplan auf Versagensmöglichkeiten und Versagensursachen und verschafft so einen Überblick über potenzielle Risiken.
- Die Fehlermöglichkeits- und Einflussanalyse (FMEA) bewertet das Produktrisiko und die Wahrscheinlichkeit des Auftretens eines Fehlers.

Diese Unterlagen sind zwingend zu erstellen und aufzubewahren, um in Zweifelsfällen über die vorgenommenen Maßnahmen im Entwicklungsprozess einen Nachweis führen zu können.

10.4.6 Befugnisse der Behörden

Die Marktüberwachungsbehörden sind ermächtigt, die erforderlichen Maßnahmen zu ergreifen, wenn sie den begründeten Verdacht haben, dass ein Produkt nicht die gesetzlichen Anforderungen erfüllt (§ 26 ProdSG).

Sie sind insbesondere befugt,

- das Ausstellen eines Produktes zu untersagen,
- Maßnahmen anzuordnen, die gewährleisten, dass ein Produkt erst dann auf dem Markt bereitgestellt wird, wenn es die gesetzlichen Anforderungen erfüllt,
- anzuordnen, dass ein Produkt von einer notifizierten Stelle überprüft wird,
- die Bereitstellung eines Produktes auf dem Markt für den Zeitraum zu verbieten, der für die Prüfung zwingend erforderlich ist,
- anzuordnen, dass geeignete, klare und leicht verständliche Hinweise zu Risiken, die mit dem Produkt verbunden sind, in deutscher Sprache angebracht werden,
- zu verbieten, dass ein Produkt auf dem Markt bereitgestellt wird,
- die Rücknahme oder den Rückruf eines auf dem Markt bereitgestellten Produktes anzuordnen,
- ein Produkt sicherzustellen und zu vernichten,
- anzuordnen, dass die Öffentlichkeit vor den Risiken gewarnt wird, die mit dem Produkt verbunden sind; die Marktüberwachungsbehörde kann selbst die Öffentlichkeit warnen, wenn der Wirtschaftsakteur nicht oder nicht rechtzeitig warnt oder eine andere ebenso wirksame Maßnahme nicht oder nicht rechtzeitig trifft.

Die Behörde muss den Sicherheitsmangel des jeweiligen Produktes nachweisen.

Werden die Vorschriften des ProdSG nicht eingehalten, kann dies neben den bereits erwähnten behördlichen Maßnahmen eine Ordnungswidrigkeit darstellen. Nach § 39 ProdSG können Bußgelder in einer Höhe von 100.000 € verhängt werden. Darüber hinaus droht eine Gewinnabschöpfung, die, wirtschaftlich betrachtet, schnell wesentlich gravierender werden kann, als ein verhängtes Bußgeld.

Sollten Zuwiderhandlungen gegen CE-Kennzeichnungsvorschriften vorsätzlich, beharrlich und wiederholt erfolgen, kann dies nach § 40 ProdSG sogar einen Straftatbestand erfüllen.

10.4.6.1 Material Compliance – RoHS, REACH, ElektroStoffV und das EVPG (Energieverbrauchsrelevante-Produkte-Gesetz)

Material Compliance ist im Grunde ein Oberbegriff für viele, in den letzten Jahren immer verstärkter auftretende Regelungen zu der Frage, welche Stoffe in Produkten enthalten sein dürfen.

In Deutschland und Europa sind verschiedene Regelungen zu beachten. Die relevantesten dürften sein:

- Europäische Chemikalienverordnung REACH,
- Classification, Labelling and Packaging (CLP),
- RoHS-Richtlinie/WEEE,
- ELV/Altautoverordnung.

Hinzugekommen sind Regelungen, die sich mit dem Energieverbrauch und den Immissionen von Produkten beschäftigen, wie etwa

- das Energieverbrauchsrelevante-Produkte-Gesetz – EVPG und
- das Bundesimmissionsschutzgesetz – BImSchG.

Die Einhaltung dieser Regelungen ist – obschon nicht die Sicherheit von Produkten berührt ist – Voraussetzung für die Inverkehrgabe. Damit sind sie ebenso relevant wie die oben geschilderten Bedingungen des Produktsicherheitsrechts. Im Folgenden sollen einige von ihnen in ihren Kernelementen dargestellt werden.

C

RoHS/WEEE

Seit 9. Mai 2013 gilt die Elektro- und Elektronikgeräte-Stoff-Verordnung (ElektroStoffV) zur Beschränkung der Verwendung gefährlicher Stoffe in Elektro- und Elektronikgeräten. Gefährliche Stoffe sind in § 3 ebenso definiert wie die entsprechenden Höchstgrenzen:

- 0,1 Gewichtsprozent Blei, Quecksilber, sechswertiges Chrom, polybromiertes Biphenyl (PBB) oder polybromierte Diphenylether (PBDE) je homogenem Werkstoff oder
- 0,01 Gewichtsprozent Cadmium je homogenem Werkstoff.

Die ElektroStoffVerordnung setzt die Richtlinie 2011/65/EU zur Beschränkung der Verwendung bestimmter gefährlicher Stoffe in Elektro- und Elektronikgeräten (Restriction of Hazardous Substances; RoHS-2-Richtlinie vom 8. Juni 2011) in deutsches Recht um. Mit Inkrafttreten der ElektroStoffVerordnung gelten die Anforderungen der RoHS-2-Richtlinie auch in Deutschland. Der bisher geltende § 5 ElektroG zur Umsetzung der RoHS-1-Richtlinie 2002/95/EG ist damit aufgehoben. Nur Medizinprodukte hatten Zeit zur Umsetzung bis zum Juli 2014, In-vitro-Diagnostika noch bis zum Ablauf des 21. Juli 2016 sowie industrielle Überwachungs- und Kontrollinstrumente bis zum Ablauf des 21. Juli 2017. Für alle anderen gilt per se die ElektroStoffV.

Bundesimmissionsschutzgesetz

Motoren, die auf dem Markt der EU bereitgestellt werden, müssen u. a. Immissions-Vorgaben der Richtlinie 97/68/EG, in Deutschland umgesetzt durch die 28. BImSchV, erfüllen. Ziel der Richtlinie bzw. der 28. BImSchV ist es, einen wesentlichen Beitrag zur Verbesserung der Luftqualität im Allgemeinen und zum Gesundheitsschutz der Verbraucher im Besonderen zu leisten, da der Nutzer der erfassten Geräte gesundheitsschädigenden Emissionen unmittelbar ausgesetzt ist.

Hierzu stellt die Verordnung Grenzwerte für die Abgaswerte der Motoren auf. Die fehlende Einhaltung begründet – ebenso wie ein Sicherheitsmangel im ProdSG – die fehlende Verkehrsfähigkeit der Produkte. Diese dürfen nicht vertrieben werden.

EVPG

Die Richtlinie 2009/125/EG hat die frühere Ökodesign-Richtlinie, die in Deutschland im EBPG umgesetzt war, neu gefasst und ihren Anwendungsbereich auf alle energieverbrauchsrelevanten Produkte erweitert. Das sind Gegenstände, deren Nutzung den Verbrauch von Energie in irgendeiner Weise beeinflusst, womit auch solche Produkte erfasst werden, die selbst keine Energie verbrauchen, aber während ihrer Nutzung den Verbrauch von Energie beeinflussen.

Die betroffenen Produktgruppen und die weiteren Voraussetzungen sind in Durchführungsmaßnahmen erfasst. Diese werden von der EU-Kommission festgelegt.

- Energieverbrauchsrelevante Produkte, die von einer Durchführungsmaßnahme erfasst werden, dürfen in Deutschland nur dann in Verkehr gebracht werden, wenn sie die in der jeweiligen Durchführungsmaßnahme formulierten Anforderungen erfüllen. Außerdem muss die CE-Kennzeichnung vorgenommen und eine Konformitätserklärung für das Produkt ausgestellt werden. Dies gilt unabhängig vom Herkunftsort der Produkte.
- Die Durchführungsmaßnahmen sehen in der Regel vor, dass die Konformität mit den Ökodesign-Anforderungen vom Hersteller selbst geprüft wird. Für den Fall, dass die Konformität von einer dritten Stelle geprüft werden muss, bestimmen die Bundesländer auf Antrag die dafür zugelassenen Stellen.

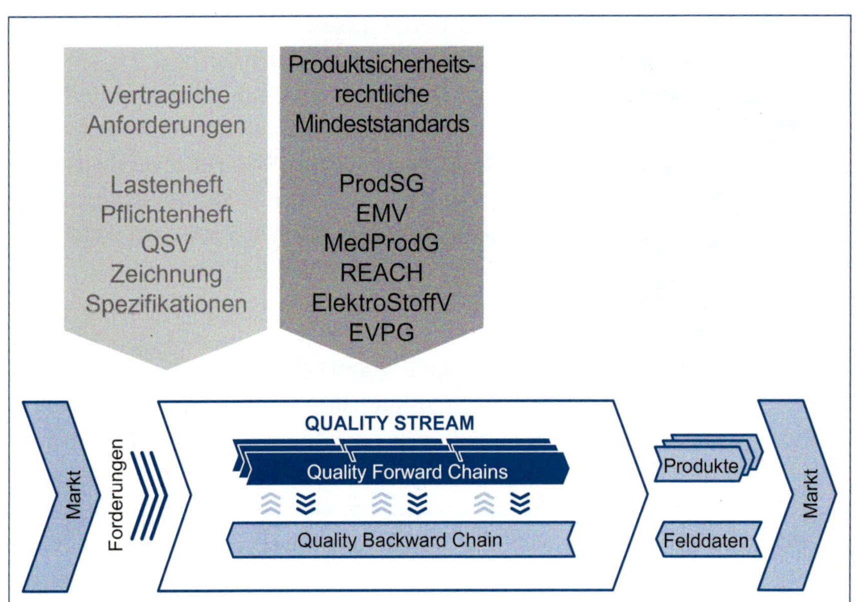

Abbildung 10-12
Legal Quality Forward Chain – produktsicherheitsrechtliche Einflüsse

- Die entsprechenden Durchführungsmaßnahmen sind bei der zuständigen Bundesbehörde – der Bundesanstalt für Materialforschung- und Prüfung (BAM) – jeweils aktualisiert zu finden: *http://www.ebpg.bam.de/de/produktgruppen/index.htm.*

Ohne Einhaltung dieser Anforderungen ist ein Produkt in Europa nicht verkehrsfähig. Es darf nicht vertrieben werden.

Die entsprechenden Inhalte aus Produktsicherheitsrecht und Material Compliance sind daher in der Quality Forward Chain aufzunehmen (Abbildung 10-12).

10.5 Produkthaftung: Der Stand von Wissenschaft und Technik als Herausforderung für die Entwicklung

Nach der Darstellung der relevanten Vorgaben aus Vertragsrecht und Produktsicherheitsrecht für die Entwicklung fehlt noch der Teil der Produkthaftung. Diese besteht in Deutschland aus den Regelungen des Produkthaftungsgesetzes (ProdHaftG) und aus dem älteren, durch die Rechtsprechung geprägten Regelwerk des § 823 BGB.

Für diese Darstellung ist es nicht notwendig, beide differenziert zu betrachten. Die entscheidenden Inhalte sind in beiden Regelwerken identisch.

In der Rechtsprechung werden die Pflichten des Herstellers aus dem ProdHaftG und § 823 BGB in die Bereiche Konstruktion, Fabrikation und Instruktion unterteilt (Abbildung 10-13). Nachträgliche Produktbeobachtung entsteht nur aus § 823 BGB und

C

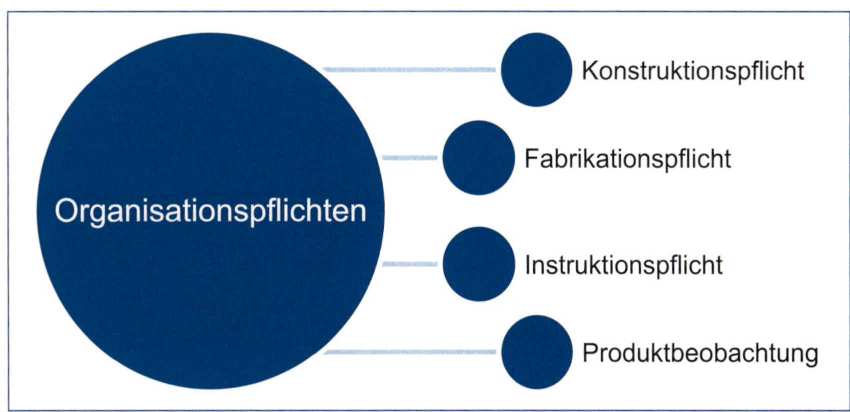

Abbildung 10-13
Organisationspflichten

ist damit – im Gegensatz zu der EU-weit einheitlichen Regelung des ProdHaftG – nur in Deutschland geregelt.

Konstruktionspflicht beinhaltet: Die technische Konzeption des Produktes muss so gestaltet sein, dass Gefahren in den Grenzen des technisch Möglichen (Stand von Wissenschaft und Technik) und wirtschaftlich Zumutbaren konstruktiv ausgeschaltet werden.

Im Gegensatz zum Produktsicherheitsrecht ist der Stand von Wissenschaft und Technik maßgeblich. Der Stand von Wissenschaft und Technik ist

- wissenschaftlich begründet,
- technisch als durchführbar erwiesen,
- ohne praktische Bewährung,
- öffentlich zugänglich (nicht hinter Institutsmauern verborgen),
- ohne räumliche Grenzen – weltweit.

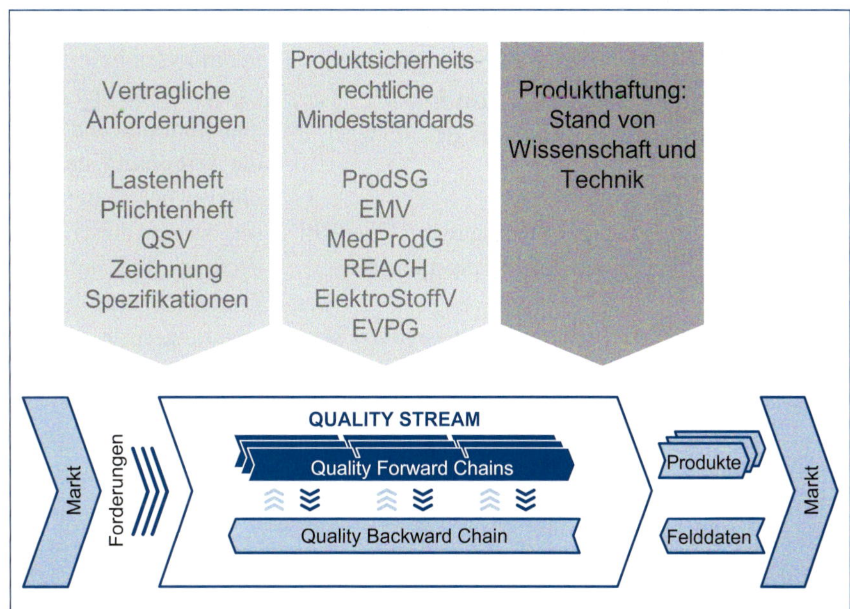

Abbildung 10-14
Legal Quality Forward Chain – Produkthaftung

Der Stand von Wissenschaft und Technik grenzt in der Produkthaftung den – haftungsfreien – Entwicklungsfehler vom haftungsbegründenden Konstruktionsfehler ab. Was nach dem Stand von Wissenschaft und Technik für Konstruktion und Entwicklung nicht erkennbar war, kann auch durch alle Sorgfalt nicht wirksam vermieden werden. Dies gilt sowohl für die deutsche Rechtsprechung als auch für das Produkthaftungsgesetz.

Offenkundig macht das Produkthaftungsgesetz keine Einschränkung dahingehend, ob ein Unternehmen weltweit aktiv, umsatz- und gewinnstark, Global Player und Konzern oder KMU ist: Die Regelungen sind für alle gleich.

Produkthaftung ist demnach nur vermeidbar, wenn sich Konstruktion und Entwicklung soweit als möglich dem aktuellen Stand von Wissenschaft und Technik annähern. Je weiter davon entfernt die im Produkt angewandte Technik ist, desto höher ist das Risiko einer Haftung bei Schäden durch das – naturgemäß im Verhältnis zum Idealzustand unsichere – Produkt.

Die Quality Forward Chain ist demnach wie in Abbildung 10-14 dargestellt zu ergänzen.

10.5.1 Versicherungsrecht und Erprobungsklausel in der Entwicklung

Standard-Produkthaftpflichtbedingungen (ProdHP) enthalten regelmäßig eine Erprobungsklausel:

> *„Ausgeschlossen vom Versicherungsschutz sind Ansprüche aus Sach- und Vermögensschäden durch Erzeugnisse, deren Verwendung oder Wirkung im Hinblick auf den konkreten Verwendungszweck nicht nach dem Stand der Technik oder in sonstiger Weise ausreichend erprobt waren."*

Sinn der Klausel ist es, für Erzeugnisse bei Inverkehrgabe eine ausreichende Erprobung vorauszusetzen.

Wer diese Erprobung vorgenommen hat, ist insofern irrelevant. Sind also Produkte von anderen Herstellern ausreichend erprobt und für sicher befunden worden, und kennt der jeweilige Versicherungsnehmer dieses Ergebnis, ist eine Erprobung im Sinne dieser Ziffer erfolgt.

Ebenso ist die Erprobungsklausel nicht als Ausschluss für Personenschäden zu sehen. Vielmehr beschränkt sich der Ausschluss auf Sach- und Vermögensschäden. Die Ausschlussklausel ist auch dann nicht anzuwenden, wenn Sachschäden an zufällig beeinträchtigten Drittsachen eintreten. So etwa bei einer unzureichend erprobten Turbine, die den angeschlossenen Generator beschädigt (Versicherungsschutz ausgeschlossen) und weitere Sachschäden in der Umgebung verursacht. Insoweit ist da eine Grenzziehung nötig, wo der Funktionszusammenhang aufhört und der Ausschlusstatbestand nicht mehr eingreift.

Die Klausel greift nicht nur bei einem völlig neuen Erzeugnis, sondern auch – sehr praxisrelevant in einer Industrie mit hoher Change Rate – bei in ihrer Zusammensetzung, den Produktionsverfahren und den eingesetzten Produktionsmitteln veränderten bzw. weiterentwickelten Erzeugnissen. In einem solchen Fall muss das Erzeugnis mit den geänderten neuen Konstellationen getestet werden; die Erprobung der Vorprodukte reicht nicht aus. Ebenso bei Änderungen eines Produktionsprozesses: soweit dieser geändert wird und dadurch das Produkt Änderungen aufweist, ist das geänderte Produkt zu erproben, nicht die vorhergehende Entwicklungsstufe.

Die Erprobung bedeutet, dass praktische Testverfahren zur Anwendung gelangen. Die Systematik, die zu einem positiven Ergebnis führt, gehört zum Begriffsinhalt der Erprobung: Erproben ist nicht „Herumprobieren".

Der erforderliche Maßstab für eine ausreichende Erprobung ist der Stand der Technik. Der Stand der Technik ist insofern ein feststehender Rechts-

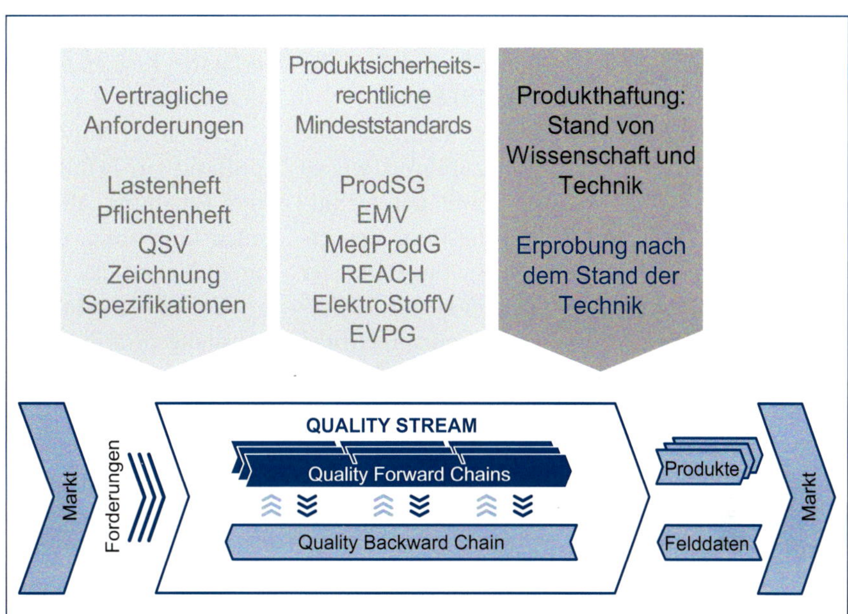

Abbildung 10-15 Legal Quality Forward Chain – versicherungsrechtliche Aspekte

begriff. Er stellt das mittlere Anforderungsniveau dar und wird in den Erläuterungen bezeichnet als aktueller Entwicklungsstand fortschrittlicher Verfahren, Einrichtungen oder Betriebsweisen zur Erprobung, der die praktische Eignung des Erzeugnisses für den konkreten Verwendungszweck gesichert erscheinen lässt. Der Stand der Technik ist aber jedenfalls als ein den beteiligten Verkehrskreisen bekannter und definierter Begriff gut handhabbar.

Die in vielen Branchen üblichen Bemusterungs- und Prototyping-Verfahren können mit Versicherungen als ausreichend für die Erprobung verhandelt werden. Das sollte dann aber auch getan werden.

Die Quality Forward Chain ist also, wie in Abbildung 10-15 dargestellt, zu erweitern.

10.5.2 Produktion

Ebenso wie in der Konstruktion und Entwicklung eines Unternehmens sind auch in der Herstellung der Produkte rechtliche Anforderungen zu beachten, die es in die Prozesse zu integrieren gilt. Weiterhin folgt der Beitrag der Quality Forward Chain und setzt an den relevanten Stellen rechtliche Prozessschritte an.

Fabrikationsfehler und die Prävention in der Produktion

Fabrikationsfehler sind durch mangelhafte Fertigung bzw. einzelne fehlerhafte Stücke gekennzeichnet. Im Fertigungsprozess ist es zu einer planwidrigen Abweichung von der vom Hersteller selbst angestrebten Sollbeschaffenheit der Ware gekommen. Da die Fabrikationsfehler in der Werkhalle passieren und nicht in der Forschungs- und Entwicklungsabteilung, sind hiervon regelmäßig nur einzelne Stücke einer Serie befallen. Zwingend

10

ist dies nicht, es könnte auch eine Maschine falsch eingestellt sein, sodass die ganze Produktion von einem solchen Fehler befallen ist [HESS10].

Um Fabrikationsfehler zu vermeiden, sind alle Arbeiten an dem Produkt so auszuführen, wie es entsprechend dem jeweiligen Stand der technischen Entwicklung zur Gewährleistung der erforderlichen Sicherheit geboten ist. Der Hersteller hat auch hier dafür zu sorgen, dass ein Sicherheitsgrad erreicht wird, den die entsprechende Verkehrsauffassung für erforderlich hält und der zumutbar ist.

In der Akzeptanz dennoch auftretender Fehler in der Produktion liegt die Näherung an eine industriell mögliche Lösung in Wareneingangs- und Ausgangskontrollen (siehe Kapitel 7.4 und 7.5).

Wareneingangs- und Ausgangsprüfung

Bereits die Regelungen der DIN EN ISO 9001:2008 sehen vor, dass ein Unternehmen sämtliche Prozesse der Produktion und Dienstleistungserbringung validieren muss, deren Ergebnis nicht durch nachfolgende Überwachung oder Messung verifiziert werden kann. Dies betrifft auch alle Prozesse, bei denen sich Unzulänglichkeiten erst zeigen, nachdem das Produkt in Gebrauch gekommen oder die Dienstleistung erbracht worden ist. Die Validierung muss die Fähigkeit dieser Prozesse zur Erreichung der geplanten Ergebnisse darlegen. Die Organisation muss Regelungen für diese Prozesse festlegen, die – soweit zutreffend – folgende Aspekte enthalten:

- festgelegte Kriterien für die Bewertung und Genehmigung der Prozesse,
- Genehmigung der Ausrüstung und der Qualifikation des Personals,
- Gebrauch spezifischer Methoden und Verfahren,
- Anforderungen zu Aufzeichnungen,
- erneute Validierung.

Im Umkehrschluss ist klar, dass alle hierin nicht erfassten Risiken nur durch Kontrollen erfasst werden können.

Neben der Notwendigkeit einer Wareneingangsprüfung zur Erfüllung des § 377 HGB und damit der Erhaltung aller Sachmangelrechte, ist diese auch notwendig, um den Einfluss unsicherer Vorprodukte auf das eigene auszuschließen.

Umfang und Intensität sowohl der Ein- wie der Ausgangsprüfungen sind gesetzlich nicht vorgegeben.

Welche Prüfverfahren anzuwenden sind, ist wiederum von dem jeweiligen Produkt, den drohenden Gefahren und den zur Verfügung stehenden Prüfverfahren abhängig [REU12, S. 49ff.].

Eine einfache Sichtprüfung kann bei einfachen Geräten oder allein mit bloßem Auge zu erkennenden Gefahren (etwa Unebenheiten, scharfe Kanten, Füllstand von Flüssigkeiten) ausreichend sein. Ansonsten müssen weitere technische Möglichkeiten eingesetzt werden, um etwa feinste Haarrisse oder Materialüberlappungen sichtbar zu machen.

Schwieriger zu beurteilen ist die Frage, ob Stichprobenkontrollen ausreichend sind, oder eine Vollprüfung jedes Einzelstücks vorgenommen werden muss. Eine Vollprüfung kann etwa dann erforderlich werden, wenn es sich um Sicherheitsteile handelt, die insbesondere den Schutz des Lebens und der Gesundheit von Menschen bezwecken. Stichproben sind allgemein nur dann zulässig, wenn die Bedingungen, unter denen die geprüften und die ungeprüften Stücke hergestellt wurden, identisch sind. Ist diese Voraussetzung erfüllt, kommt es darauf an, ob eine Stichprobenkontrolle im Hinblick auf die drohenden Gefahren noch als verantwortbar bezeichnet werden kann. Dies kann immer nur im Einzelfall beurteilt werden.

Entscheidend aus rechtlicher Sicht ist die Vornahme und Dokumentation entsprechender gedanklicher Schritte.

10.5.3 Vertrieb

Der Abschluss der Quality Forward Chain wird durch die Vermarktung des Produktes gebildet. Hierzu gehört neben der Bereitstellung auf dem Markt die Instruktion des Nutzers und damit dessen Möglichkeit, das Produkt gefahrlos zu nutzen.

Instruktion als Abschluss des Risikominimierungsprozesses

Natürlich wird es in manchen Fällen für den Hersteller geradezu unmöglich sein (oder nicht zumutbar sein), ein Produkt so herzustellen, dass es für alle vorhersehbaren Verwendungen gefahrlos zu benutzen ist. In solchen Fällen bleibt ein gewisser Gefahrenbereich. Hier haben Hersteller dann grundsätzlich die Pflicht, den Gefahrenbereich durch Gebrauchsinformationen zu minimieren. Diese Pflichten treffen natürlich auch den Hersteller, welcher die Anforderungen für eine fehlerfreie Herstellung erfüllt hat.

Instruktionen müssen klar und verständlich abgefasst sein. Es muss demnach deutlich und in geeigneter Weise auf eventuelle Gefahren hingewiesen werden (z.B. Hinweis auf ätzende Wirkung oder Feuergefährlichkeit einer Substanz). Die Hinweise können in Textform oder in Form von Symbolen, Zeichnung etc. erfolgen.

Grenzen findet die Instruktionspflicht dort, wo die Gefahrenkenntnis zum allgemeinen Erfahrungswissen eines ordentlichen Durchschnittsnutzers gehört oder sich geradezu aufdrängt. Auch muss nicht auf die Gefahr einer völlig zweckentfremdeten Nutzung hingewiesen werden.

Im Ergebnis ist in jedem Fall die gefahrlose vorausgesetzte Verwendung instruktiv darzustellen, um den Nutzer in die Lage zu versetzen, das Produkt so zu nutzen, wie es der Hersteller vorgesehen hat.

10.6 Quality Backward Chain

Mit dem Vertrieb des entwickelten und hergestellten Produktes ist die Arbeit eines Unternehmens nicht beendet. After Sales, Service oder auch die Reklamationsabteilung beschäftigen sich mit Märkten und Kunden, um das Unternehmen am Markt zu positionieren und Kundenwünsche zu befriedigen. Alle in dieser Quality Backward Chain vorgenommenen Tätigkeiten haben ebenfalls rechtliche Aspekte, die in den nachfolgenden Ausführungen dargestellt und integriert werden.

10.6.1 Reklamationsmanagement und Marktüberwachung

Der Hersteller eines Produktes hat dafür zu sorgen, dass von diesem keine Gefahren ausgehen. Die dahingehenden Sorgfaltspflichten beginnen bereits vor der Fertigung und enden nicht bereits mit der Inverkehrgabe. Um einer möglichen Haftung zu entgehen, muss der Hersteller vor der Fertigung den bestehenden Stand der Wissenschaft und Technik ermitteln und nach Inverkehrgabe sein Produkt weiterhin auf unerkannt gebliebene, schädliche Eigenschaften oder Nutzungen hin beobachten.

Die Beobachtung vor der Inverkehrgabe – bzw. bereits vor der Konstruktionsphase – soll sicherstellen, dass (a) technische Mindeststandards eingehalten werden und (b) Technologien berücksichtigt werden, die zumindest schon Serienreife erlangt haben (Stand von Wissenschaft und Technik).

Die fortlaufende Beobachtung nach der Inverkehrgabe hat hingegen die Funktion, die Verantwortung des Herstellers für sein Produkt über den Zeitpunkt der Inverkehrgabe und den damaligen Stand der Kenntnisse und Möglichkeiten hinaus zu perpetuieren. Werden nach der Inverkehrgabe Gefahren sichtbar, die bislang verborgen geblieben waren, kann es notwendig werden, für die Zukunft

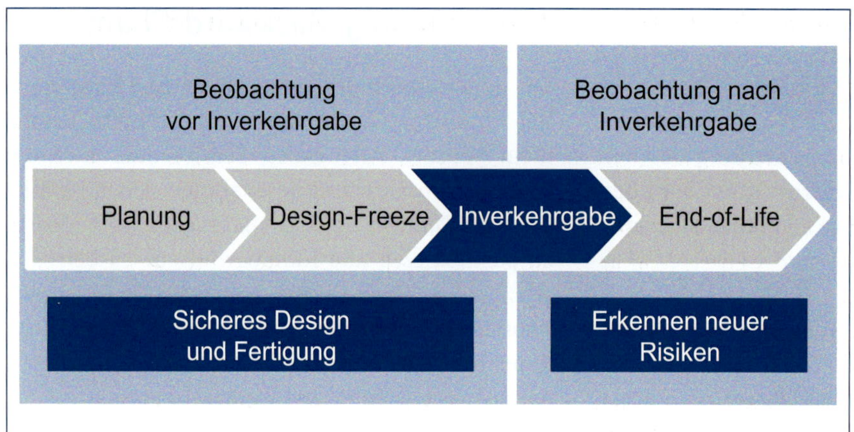

Abbildung 10-16
Marktbeobachtung

die Produktion umzustellen und Maßnahmen für die bereits im Markt befindlichen Produkte zu ergreifen.

Der Umfang der Produktbeobachtungspflicht erstreckt sich sogar auf fremde Produkte, die mit dem eigenen in Verbindung gebracht werden können. Sollten aus der Kombination eigener und fremder Produkte Gefahren entstehen, hat der Hersteller auch diese im Rahmen der Produktbeobachtung zu erfassen.

Mögliche im Rahmen der nachträglichen Produktbeobachtung zu erkennende Fehler können etwa auf nicht erkannten Konstruktionsfehlern, auf fehlerhaften Instruktionen sowie auf vorhersehbarem Fehlgebrauch beruhen.

Schematisch lassen sich die Beobachtungspflichten entlang des Product-Lifecycles wie in Abbildung 10-16 darstellen.

Die Intensität der Produktbeobachtungspflicht ist einerseits abhängig vom Ausmaß des drohenden Schadens und dem Grad der Gefahr, andererseits von der Möglichkeit und wirtschaftlichen Zumutbarkeit von Beobachtungsmaßnahmen. Sie ist grundsätzlich schwächer ausgeprägt bei bewährten Produkten, die schon seit langer Zeit und in großer Stückzahl am Markt sind, und besonders intensiv bei komplexen Neuentwicklungen mit großem Schädigungspotenzial.

Es ist schematisch zwischen der sogenannten aktiven und passiven Produktbeobachtungspflicht zu unterscheiden.

Passive Produktbeobachtung

Um der passiven Produktbeobachtungspflicht gerecht zu werden, hat der Hersteller konkrete Reklamationen von Kunden über Schadensfälle und Sicherheitsdefizite entgegenzunehmen, zu sammeln und systematisch auszuwerten [BGH93]. Die passive Produktbeobachtung ist dementsprechend ausschließlich der Beobachtung nach Inverkehrgabe des Produktes zuzuordnen.

Aktive Produktbeobachtung

Die aktive Produktbeobachtungspflicht bezeichnet die Pflicht des Herstellers, selbst tätig zu werden und den Markt zu analysieren. Um dieser aktiven Produktbeobachtungspflicht gerecht zu werden, sind einschlägige Informationen zu erfassen, wie solche aus Fachzeitschriften und Testberichten. Unfallanalysen sind eigenständig auszuwerten sowie für den Besuch einschlägiger Tagungen durch Mitarbeiter zu sorgen [BGH89]. Je nach Schwere der Gefahr kann die Pflicht so

C

weit gehen, dass eine internationale Diskussion auszuwerten ist [BGH81]. Auch die Produktentwicklung der wichtigsten Mitbewerber muss im Auge behalten werden.

Um diesen aktiven Produktbeobachtungspflichten vollumfänglich gerecht zu werden, muss sowohl vor als auch nach der Inverkehrgabe der gesamte Markt fortlaufend analysiert werden. Vor der Inverkehrgabe ist eine solch umfassende Beobachtung notwendig, damit das Produkt überhaupt erst entsprechend des aktuellen Standes von Wissenschaft und Technik konstruiert werden kann. Nach der Inverkehrgabe ist eine solche Beobachtung notwendig, damit Gefahren entdeckt und ggf. entschärft werden können, die bei der Inverkehrgabe noch nicht erkannt wurden. Gleichzeitig dient die Marktbeobachtung nach der Inverkehrgabe dazu, Informationen für folgende Produktgenerationen frühzeitig auszuwerten (Abbildung 10-17).

Besonderheit: Produktkombinationen

Grundsätzlich besteht keine Pflicht des Herstellers, die Kompatibilität seines Produktes mit Fremdzubehörteilen zu prüfen. Etwas anderes gilt nach Ansicht des BGH aber, wenn das Zubehörteil erforderlich ist, um das eigene Produkt funktionstüchtig zu machen, oder wenn Bohrlöcher, Ösen, Halterungen etc. die Verwendung von Zubehör ermöglicht. Gleiches gilt für den Fall, dass konkrete Anhaltspunkte für den Eintritt einer aus einem Zubehörteil resultierenden Gefahr bestehen, die durch die Verbindung entstehen können [BGH86].

Besonderheit: Design Freeze

Führt man sich auf der einen Seite diese aktiven Beobachtungspflichten vor der Inverkehrgabe

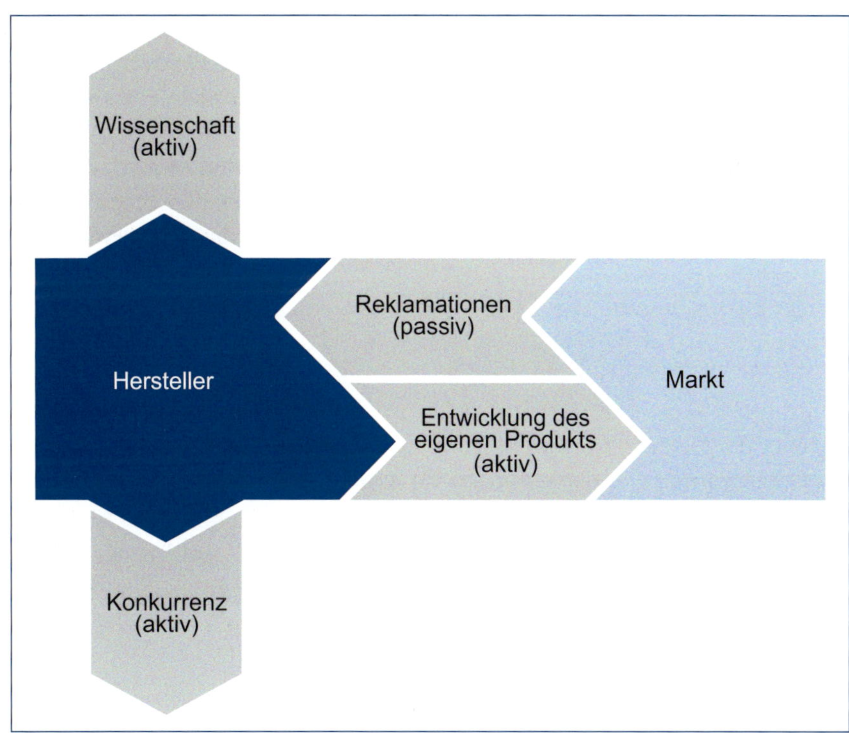

Abbildung 10-17 Anforderungen Marktbeobachtung

vor Augen und auf der anderen Seite die Abläufe moderner Fertigung, erkennt man schnell, dass die Umsetzung der Marktbeobachtung unter dem Stichwort „Design Freeze“ eine besondere Brisanz erhält. Im Rahmen der Fertigung von Serienprodukten wird irgendwann die Planungs- und Konstruktionsphase beendet und weitere Veränderungen nicht mehr vorgenommen; das Produkt soll in Serienfertigung gehen.

Der Stand von Wissenschaft und Technik kann sich aber nach dem Design Freeze weiterentwickeln. Die Marktanalyse muss demnach dem Produktentwickler zum Beginn der Planung nicht nur den aktuellen Stand von Wissenschaft und Technik liefern können, sondern auch einen Blick in die nahe Zukunft verschaffen; beispielsweise durch das frühzeitige Vermerken kommender neuer technischer Normen oder bekannt gewordenen neuen technischen Errungenschaften (Abbildung 10-18).

Übertragen auf die Fertigung von Serienprodukten erhöht sich diese Herausforderung erheblich. Der maßgebliche Zeitpunkt für das geforderte Sicherheitsniveau des Produktes ist seine Inverkehrgabe. Gemeint ist damit nicht der Beginn der Auslieferung der Produktserie, sondern die Auslieferung jedes einzelnen Produktes.

Soll beispielsweise eine Produktversion für fünf Jahre in Serienproduktion bleiben, muss die Marktanalyse dem Produktentwickler schon in der Planungsphase Informationen liefern, die idealerweise dafür sorgen, dass das Serienprodukt beim Design Freeze einen Sicherheitsstandard erreicht, der fünf Jahre nach Beginn der ersten Auslieferung gültig ist.

Intensität der Bobachtung

Die Intensität dieser Verpflichtung im Einzelnen hängt wiederum ab vom Schädigungspotenzial des Produktes, von der Bedeutsamkeit des bedrohten Rechtsguts und schließlich von dem Aufwand, mit dem sich entsprechende Informationen beschaffen lassen.

Auch die Größe des Betriebes spielt für den Umfang der Produktbeobachtungspflicht eine entscheidende Rolle. Für kleinere Unternehmen kann eine Analyse des weltweiten Marktes unzumutbar sein. Weltweit tätige Unternehmen hingegen müssen sich entsprechende Informationen aus allen Erdteilen verschaffen. Im Wesentlichen kann hier gesagt werden, dass grundsätzlich jeder Markt, auf dem das Produkt sich bekanntermaßen befindet, beobachtet werden muss.

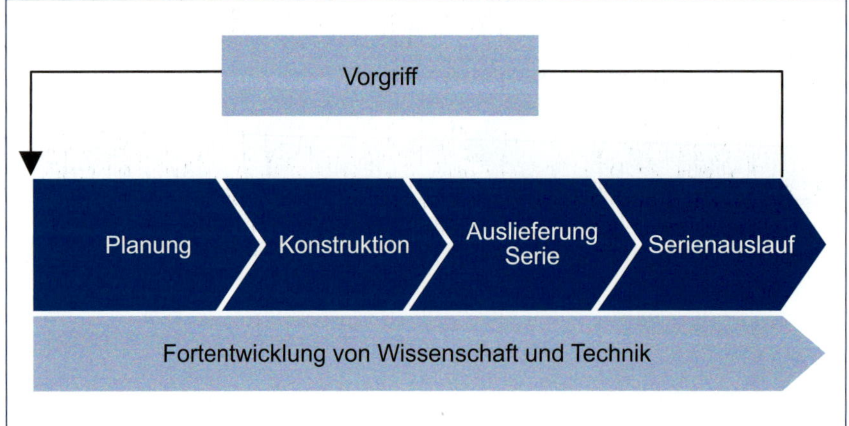

Abbildung 10-18
Design Freeze

C

10.6.2 Informationsquellen der Markt- und Produktbeobachtung

In den vergangenen Jahren wäre die Frage nach Quellen der Informationen zu Markt- und Produktbeobachtung inhaltlich ähnlich beantwortet worden. Direkte Quellen aus Kundenkontakten sind naheliegend, Berichte aus der eigenen oder auch fremden Serviceorganisationen ebenso, Ergebnisse von Messebesuchen und Literaturrecherchen weitere Quellen, die Informationen über die Nutzung des eigenen Produktes, Verhalten der Nutzer, aber auch die Entwicklung der Technologie und des Nutzerverhaltens geben. Große Unternehmen haben Studien gemacht, Forschungsinstitute mit Projekten betraut und unter Mithilfe von Agenturen versucht, Markt- und Nutzerverhalten zu prognostizieren.

Diese Quellen sind auch weiterhin notwendig und unerlässlich, vielfach noch nicht einmal ausgeschöpft.

Daneben sind aber in den letzten Jahren Entwicklungen entstanden, deren Tragweite noch gar nicht abgeschlossen ist und die daher hier dargestellt werden, ohne die endgültige Bedeutung bemessen zu können.

Big Data ist ein Stichwort, mit dem sich viele Unternehmen im Tagesgeschäft heute nicht zwingend beschäftigen (siehe Kapitel 11.6). Hier wird aber eine Änderung stattfinden, an der sowohl die Technologie als auch das Nutzungsverhalten jedes Einzelnen erheblich beteiligt ist.

Prof. Dieter Kempf, Präsident der BITKOM, schreibt hierzu [BITKOM14, S. 11]:

„In der modernen Wirtschaft werden Daten immer wichtiger. Verbraucher äußern sich in Online-Foren oder sozialen Netzwerken über Produkte und Services, die Verbreitung mobiler Endgeräte steigt rasant und ihr Einsatz wird immer vielfältiger. Medizinische Kleinstgeräte überwachen Vitalfunktionen von Patienten und melden verdächtige Veränderungen. Sensoren an Produktionsmaschinen, Turbinen, Fahrzeugen oder wissenschaftlichen Geräten erfassen den Zustand hunderter Parameter.“

Die Generierung unzähliger einzelner Daten und die Nutzung von Technologien, um diese zu erfassen, zu bündeln und auszuwerten, ist damit eine Möglichkeit, eine viel breitere Tatsachenbasis für Entscheidungen zu erhalten, als es die eigenen Informationsquellen eines Unternehmens bisher konnten.

Die Daten sind dazu statistisch aufbereitbar und viel aussagekräftiger, weil die Repräsentanz der Stichprobe naturgemäß höher ist, wenn sie einen größeren Anteil an der Grundgesamtheit hat.

Rechtlich sind diese Daten höchst interessant und von ebensolchem Nutzen. Je mehr ein Unternehmen über die Nutzung und den Nutzer eines Produktes erfährt, desto mehr können die vertragsrechtlichen, produktsicherheitsrechtlichen und produkthaftungsrechtlichen Themen spezifischer gelöst werden:

- Die Spezifikation des Produktes im vertragsrechtlichen Sinne kann angepasst werden, wenn bekannt wird, dass Nutzer andere oder abweichende Verwendungen als die ursprünglich geplanten vornehmen.
- Spezifikationen eines Produktes können frühzeitig angepasst werden, weil schon vor eigentlichen Reklamationen Probleme der Nutzer sichtbar zutage treten.
- Der vorhersehbare Fehlgebrauch eines Produktes kann deutlich zielsicherer erkannt und behandelt werden, wenn die gewonnenen Informationen ein signifikantes Nutzerverhalten verdeutlichen.
- Instruktionen können nutzerspezifisch auf Umgebungsvariablen reagieren, etwa durch

Anpassung der Instruktionssprache an den Aufenthaltsort des Nutzers.
- Fehlgebrauch eines Produktes kann durch die übermittelten Daten nachgewiesen und damit eine Haftung vermieden, gleichzeitig für die Zukunft diese Verwendung aber auch konstruktiv ausgeschlossen werden.
- Service- und andere Marktmaßnahmen bis hin zu einem Rückruf können viel individualisier durchgeführt werden.

Die Liste ist im Grunde beliebig fortsetzbar, weil jede bislang genutzte Erkenntnisquelle durch die noch in den Anfängen steckende Technologie und ihre Auswertung um ein Vielfaches effizienter genutzt werden kann.

Big Data und die Nutzung informationstechnischer Erkenntnisquellen, von produkteigener Sensorik bis hin zur Auswertung von Onlineforen oder Chatrooms, ist damit mittelfristig ein integraler Bestandteil der Quality Backward Chain.

10.6.3 Reaktionspflicht des Herstellers

Wird ein Fehler identifiziert, hat der Hersteller (oder aber der Importeur oder Quasi-Hersteller) umgehend zu reagieren und darf nicht abwarten, bis erhebliche Schadensfälle eingetreten sind. Die Reaktionspflichten erstrecken sich sowohl auf die Produktion als auch auf bereits im Markt befindliche Produkte.

Innerbetrieblich hat er eine Organisation vorzuhalten, die die von den Produkten ausgehenden Gefahren sammelt und identifiziert. Erkannte Fehler und Gefahren sind zu dokumentieren, zu archivieren und der firmeneigenen Qualitätssicherungsabteilung zur weiteren Verfolgung und ggf. zur Abstellung zu übermitteln. Erhält der Hersteller Kenntnis von der Fehlerhaftigkeit eines Produktes durch die Produktbeobachtung, darf er diese Produkte nicht weiter ausliefern. Die Produkte müssen entweder nachgebessert werden, oder es ist zumindest auf die erkannten Gefahren in der begleitenden Produktdokumentation hinzuweisen. Gleiches gilt, wenn das Produkt zwar nicht fehlerhaft ist, die Produktbeobachtung jedoch einen in der Praxis vermehrt vorkommenden Fehlgebrauch feststellt.

Hinsichtlich der bereits in den Verkehr gebrachten Produkte, deren Gefährlichkeit sich erst im Nachhinein herausstellt, muss der Hersteller Maßnahmen ergreifen, um Gefahren für die Benutzer des Produktes oder Innocent Bystander abzuwenden. Der Hersteller kommt dieser Pflicht dadurch nach, dass er Käufer, Händler und/oder sonstige Vertriebspersonen zumindest informiert und warnt. Bei Gefahren für Leib und Leben müssen die beteiligten Kreise durch breit angelegte Warnaktionen über Presse, Funk und Fernsehen mit mehrfachen Wiederholungen gewarnt werden.

Ob darüber hinaus auch eine Verpflichtung zum Rückruf des Produktes besteht, ist grundsätzlich nur in Fällen zu bejahen, in denen der Hersteller davon ausgehen muss, dass die von ihm ausgesprochene Warnung nicht ausreicht, um die Gefahr abzuwenden (Abbildung 10-19).

Im Unternehmen sind Systeme aufzubauen, die in einer solchen Situation zeitnah auf die drängendsten Fragen reagieren können (Abbildung 10-20).

ProdHaftG bzw. § 823 BGB

Maßgeblich für eine Haftung nach dem ProdHaftG ist, ob das Produkt zum Zeitpunkt des Inverkehrbringens die berechtigten Sicherheitserwartungen der Allgemeinheit erfüllt hat. Die Verantwortung aus dem ProdHaftG für das jeweilige Produkt des Herstellers endet somit im Zeitpunkt seines Inverkehrbringens.

Eine Pflicht zur Produktbeobachtung besteht damit nach dem ProdHaftG nur insoweit, als es da-

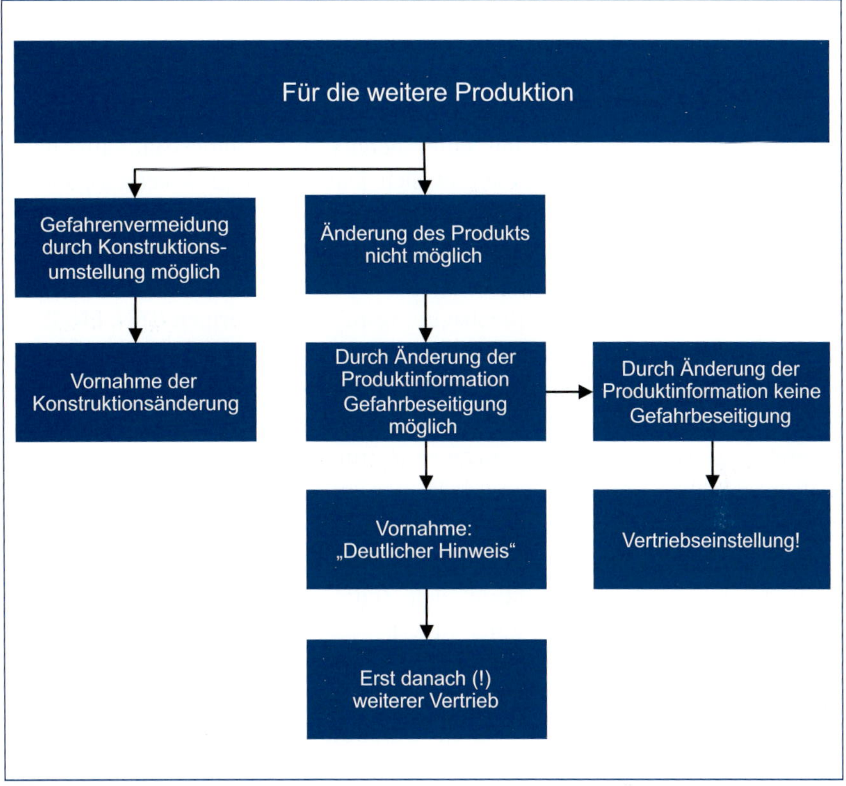

Abbildung 10-19 Der Prozess nach Bekanntwerden eines unsicheren Produkt

Abbildung 10-20 Krisensituation im Markt: Notwendige erste Schritte

10

rum geht, künftige, noch in den Verkehr zu bringende Produkte im Anschluss an beobachtete Sicherheitsdefizite der bereits vermarkteten Produkte zu verbessern.

Die Pflicht zur Beobachtung eines bereits in Verkehr gebrachten Produktes ergibt sich jedoch aus der allgemeinen deliktischen Verkehrssicherungspflicht. Der Hersteller kann nach den allgemeinen deliktischen Regeln gemäß § 823 BGB haften, wenn er seiner Produktbeobachtungspflicht nicht ausreichend nachgekommen ist.

Die Produkt- und Marktanalyse muss Informationen für alle vier Bereiche liefern, damit der Hersteller sämtlichen produktbezogenen Haftungsrisiken entgehen kann. Während Konstruktion, Fabrikation und Instruktion das Handeln des Herstellers vor Inverkehrgabe betreffen, spricht die nachträgliche Produktbeobachtung den Zeitraum nach Inverkehrgabe an (Abbildung 10-21).

Die aus der Produktbeobachtung gewonnenen Erkenntnisse fließen in den Konstruktions-, Fabrikations- und Instruktionsbereich (Abbildung 10-21). Hieran wird deutlich, wie eng die sicherheitsrelevanten Herstellerpflichten miteinander verzahnt sind. Nur solche Qualitätssicherungssysteme sind erfolgreich, die von einem umfassenden Grundansatz mit kontinuierlicher Produktverbesserung ausgehen und keine Organisationslücken aufweisen.

10.6.4 Anforderungen aus dem EU-Produktsicherheitsrecht

Im Produktsicherheitsgesetz werden Sicherheitsmindeststandards definiert, die neue Produkte bei ihrer Inverkehrgabe einhalten müssen, um überhaupt auf den europäischen Markt gebracht werden zu dürfen. Die Mindeststandards werden größtenteils näher geregelt durch harmonisierte technische Normen (DIN, EN, ISO). Entspricht ein Produkt diesen aktuellen, harmonisierten technischen Normen, wird deren Sicherheit vermutet. Entspricht ein Produkt dem Stand von Wissenschaft und Technik, ist es stets marktfähig.

In § 6 Abs. 3 wird zudem die Verpflichtung der Hersteller von Verbraucherprodukten festgelegt, jeweils im Rahmen ihrer Geschäftstätigkeit bei den auf dem Markt bereitgestellten Verbraucherprodukten

- Stichproben durchzuführen,
- Beschwerden zu prüfen und, falls erforderlich, ein Beschwerdebuch zu führen sowie
- die Händler über weitere das Verbraucherprodukt betreffende Maßnahmen zu unterrichten.

Welche Stichproben geboten sind, hängt vom Grad des Risikos ab, das mit den Produkten verbunden ist, und von den Möglichkeiten, das Risiko zu vermeiden.

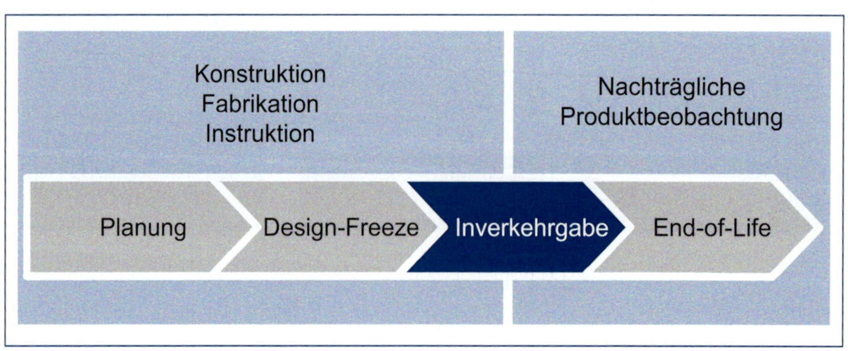

Abbildung 10-21 Produktbeobachtung im Lebenszyklus eines Produktes

Das Risiko lässt sich in drei Schritten ermitteln:

- Beschreiben mindestens eines Verletzungsszenarios, bei dem die inhärente Produktgefahr zu einer Schädigung des Verbrauchers führt, und Bestimmen des Schweregrades der Verletzung.
- Abschätzen der Wahrscheinlichkeit, mit der die inhärente Produktgefahr tatsächlich zu einer Verletzung des Verbrauchers führt.
- Kombination der Gefahr (als Schweregrad der Verletzung) mit der Wahrscheinlichkeit (angegeben als Bruchteil), um das Risiko zu ermitteln.

Eine Besonderheit des öffentlich-rechtlichen Produktsicherheitsrechts ist das RAPEX-Warnsystem. RAPEX ist ein von der EU-Kommission verwaltetes Produktsicherheits-Notfallsystem. Über RAPEX können zwischen den Mitgliedstaaten und der Kommission Informationen ausgetauscht werden über Maßnahmen (z. B. Rückrufe) und Aktionen gegen Non-Food-Artikel, die eine ernste Gefahr für die Gesundheit oder Sicherheit darstellen. An jedem Freitag veröffentlicht die Kommission eine wöchentliche Übersicht über gefährliche Produkte, die ihr von den einzelstaatlichen Behörden gemeldet wurden (RAPEX-Meldungen): *http://ec.europa.eu/consumers/safety/rapex/alerts/main/index.cfm?event=main.listNotifications*

10.6.5 Umfang und Grenzen der Beobachtungspflicht

Mit der wohl bedeutendsten produkthaftungsrechtlichen Entscheidung der letzten Jahre hat der BGH in seinem Urteil vom 16.12.2008 [BGH08] zur Gefahrabwendungspflicht des Herstellers von Produkten und damit den aufgeworfenen Fragen Stellung genommen. In der von vielen Seiten mit Spannung erwarteten Entscheidung ging es um die Frage, ob ein Hersteller im Falle von Sicherheitsmängeln seiner Produkte über eine konkrete Warnung hinaus zur Rücknahme der Produkte vom Markt verpflichtet ist. In Anbetracht der mit einem Rückruf oftmals verbundenen immensen Kosten, ist diese Frage für alle produzierenden Industrien – über die streitgegenständliche Branche der Medizinprodukte hinaus – von essenzieller Bedeutung.

Das Pflegebettenurteil des BGH nimmt insbesondere Stellung zum Umfang einer Marktmaßnahme im B2B-Bereich:

> *„In dem der Entscheidung zugrunde liegendem Fall nahm die Klägerin, eine gesetzliche Pflegekasse, die Beklagte als Herstellerin von Pflegebetten auf Ersatz von Nachrüstungskosten in Anspruch. Die Klägerin hatte seit 1995 von der Beklagten hergestellte Pflegebetten bei Sanitätshäusern gekauft und sie ihren versicherten Pflegebedürftigen zur Verfügung gestellt. Im Jahre 2000 informierten die zuständigen Landesbehörden die Klägerin über die von Pflegebetten ausgehenden Sicherheitsrisiken. Unter Bezugnahme darauf wandte sich die Beklagte ebenfalls an die Klägerin und bot einen Nachrüstsatz für 350 bis 400 DM je Bett an, der geeignet sei, die von den Behörden aufgezeigten Sicherheitsrisiken zu beseitigen. Als die Klägerin die Beklagte jedoch darauf hingewiesen hat, die Beklagte habe die Kosten der Nachrüstung zu tragen, hat die Beklagte nicht auf Schreiben der Klägerin reagiert. Die Klägerin veranlasste daraufhin die Nachrüstung der Betten und machte im Klageweg die Erstattung der dadurch entstandenen Kosten in Höhe von 259.229,78 Euro geltend.“*

Das Gericht hat zunächst festgestellt, dass die Sicherungspflichten des Herstellers nicht mit dem Inverkehrbringen des Produktes enden. Auch nach diesem Zeitpunkt ist der Hersteller verpflichtet,

„alles zu tun, was ihm nach den Umständen zumutbar ist, um Gefahren abzuwenden, die sein Produkt erzeugen kann.“

Aus der Sicherungspflicht des Herstellers können sich wiederum Reaktionspflichten ergeben, beispielsweise die Pflicht zu einer detaillierten Warnung vor etwaigen Produktgefahren oder gar die Pflicht, die betroffenen Produkte vom Markt zurückzurufen.

Wie der Pflichtenkreis des Herstellers konkret gestaltet ist, bestimmt sich nach den Umständen des Einzelfalls. Entscheidend kommt es darauf an, was erforderlich ist, um Gefahren, insbesondere für Leben, Körper und Gesundheit, der Benutzer und Dritter, effektiv abzuwehren.

Eben diese Voraussetzung der Erforderlichkeit ist das entscheidende Kriterium für die Frage, ob eine Warnung ausreichend ist oder aber ein Rückruf der Produkte durch den Hersteller erfolgen muss. In dem vom BGH entschiedenen Fall hat das Gericht eine Warnung durch den Hersteller als ausreichend angesehen, weil eine Nachrüstung der Produkte *„im Interesse der Effektivität der Gefahrenabwehr jedenfalls nicht erforderlich war“*.

Die Klägerin war über die bestehenden Gefahren und Möglichkeiten ihrer Beseitigung umfassend informiert worden, was das Gericht als ausreichend ansah. Gerade in Anbetracht der eigenen Verpflichtung und der Fähigkeit der Klägerin, die bestehenden Gefahren zu beseitigen, war ein Rückruf durch die Beklagte für die Gefahrenabwehr nicht erforderlich.

Die Argumentationsstruktur der Entscheidung lässt erkennen, dass die Rechtsprechung einen Rückruf in Fällen erkennbar gewordener Sicherheitsmängel der Produkte nicht immer als erforderlich ansieht. Betont wird vielmehr, dass stets eine Einzelfallentscheidung unter Zugrundelegung aller Umstände des Einzelfalles zu treffen ist.

In zeitlicher Hinsicht besteht zunächst kein fester Rahmen, nach dem die nachträgliche Produktbeobachtungspflicht endet.

Da sich die Gefährdungen aus einem Produkt auch erst nach Jahren oder Jahrzehnten zeigen können, muss der Hersteller dauerhaft das Produkt beobachten. Teilweise wird in der Rechtsprechung und Literatur vertreten, dass die Produktbeobachtungspflicht sich sukzessive abschwächt. Vereinzelt wird hierbei nach aktiver und passiver Produktbeobachtungspflicht differenziert, wobei sich die aktive Produktbeobachtungspflicht bereits mit Inverkehrgabe abzuschwächen beginnen und mit Ablauf der durchschnittlichen Lebensdauer des Produktes enden soll, die passive hingegen spätestens nach 30 Jahren, und dies auch nur für die Fälle, in denen kostenträchtige Maßnahmen, wie etwa der Rückruf des Produktes, erforderlich seien.

Um den jeweiligen Pflichten ohne jedes Risiko nachzukommen, darf sich der Hersteller jedoch nicht auf eine Abschwächung der Produktbeobachtungspflicht verlassen. Eine gesicherte Rechtsprechung liegt hierzu nicht vor, und es besteht naturgemäß die schwierige Frage, inwieweit eine solche Abschwächung erfolgen kann. Von einer Abnahme der Produktbeobachtungspflicht kann darüber hinaus schon deswegen nicht ausgegangen werden, da sich das Gefährdungspotenzial möglicherweise erst nach einem langen Zeitraum seit Inverkehrbringen zeigt. Stattdessen muss nur die dem deutschen Deliktrecht innewohnende Verjährungsfrist von 30 Jahren zugrunde gelegt werden.

Die Quality Chain ist damit, wie in Abbildung 10-22 dargestellt, zu komplettieren.

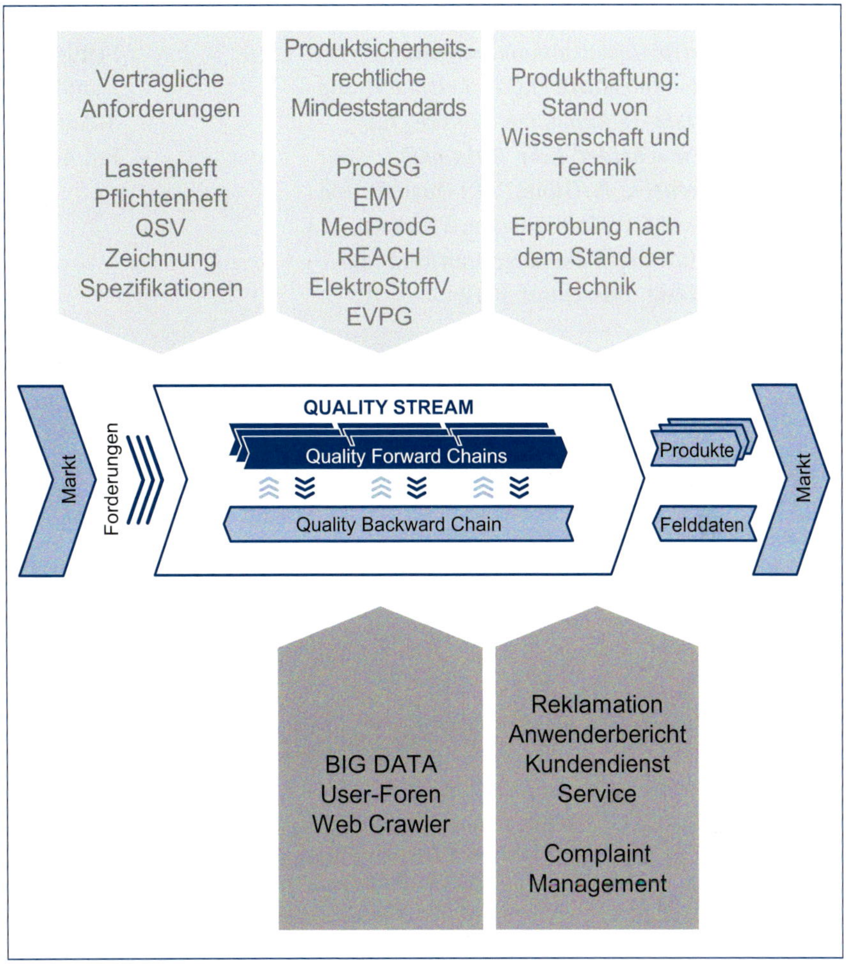

Abbildung 10-22 Legal Quality Forward Chain

Literatur

[BGH13] *BGH, Urteil vom 5. Februar 2013, VI ZR 1/12*

[BGH08] *BGH, Urteil vom 16.12.2008 – VI ZR 170/07*

[BGH93] *BGH, Urteil vom 07.12.1993 – VI ZR 74/93, „Gewindeschneidemittel"*

[BGH89] *BGH, Urteil vom 17.10.1989 – VI ZR 258/88, „Pferdeboxen"*

[BGH81] *BGH, Urteil vom 17.03.1981 – VI ZR 286/78, „Benomyl"*

[BGH86] *BGH, Urteil vom 09.12.1986 – VI ZR 65/86, „Honda"*

[DIN05] *Deutsches Institut für Normung (Hrsg.)*: DIN EN ISO 9000:2005: Qualitätsmanagementsysteme – Grundlagen und Begriffe. Ausgabe 2005-12. Beuth, Berlin 2005

[DIN69901] *DIN 69901-5 – Begriffe der Projektabwicklung*

[BITKOM14] *BITKOM (Hrsg.)*: Big-Data-Technologien – Wissen für Entscheider. Leit-

faden. BITKOM, Berlin 2014. [Quelle: *http://www.bitkom.org/files/documents/BITKOM_Leitfaden_Big-Data-Technologien-Wissen_fuer_Entscheider_Febr_2014.pdf*]

[REU12] *Reusch, P./Günes, M.:* Qualität und Recht. Anforderungen, Pflichten, Haftungsrisiken. Symposion Publishing, Düsseldorf 2012

[HESS10] *Gunther Hess. In:* Martinek, M./Semler, F.-J./Habermeier, S./Flohr, E.: Handbuch des Vertriebsrechts. 3. Auflage. C.H. Beck, München 2010. Rn. 46

C

TEIL D

Toolbox

11

Toolbox – Methoden des Qualitätsmanagements

Ein Kernanliegen des Qualitätsmanagements ist ein effektives, effizientes und pragmatisches, kurz gesagt, ein methodisches Arbeiten. Trotz zum Teil vorhandener Ähnlichkeiten dienen die Methoden des QM unterschiedlichen Zwecken und differenzieren sich im Detail. Generell trägt die Vielzahl verschiedener Methoden und Konzepte, richtig eingesetzt, entscheidend zum Erfolg eines Unternehmens bei.

Methoden dienen durch die Unterstützung eines systematischen zielorientierten Vorgehens der Reduzierung geistiger Rüstzeit. So erspart der Rückgriff auf eine Methode die „Neuerfindung des Rades“ und hilft bei der Standardisierung der verschiedenen Problemlösungsprozesse. Methoden sind aber auch in Bezug auf die Kommunikation und den Austausch von Informationen essenziell; so dient die durch eine Methode standardisierte Vorgehensweise der Reproduzierbarkeit von Ergebnissen. Gleiche Eingangsparameter sollen so bei gleichem Methodeneinsatz unter den gleichen Rahmenbedingungen zu gleichen, zumindest aber ähnlichen, Ergebnissen führen. Das bedeutet zwar nicht, dass jede Methode zu einer personenunabhängigen Reproduzierbarkeit von Ergebnissen führt – übrigens einer der Gründe, warum zahlreiche Methoden die Bildung eines entsprechenden Teams voraussetzen. Vielmehr ist es das Ziel, ein Ergebnis und seine Entstehung zu dokumentieren und nachvollziehbar zu machen.

Warum findet sich hier also eine Sammlung von Methoden und Werkzeugen in Form einer Toolbox? Das Ziel dieses Teils D ist zweigeteilt. Dem Neueinsteiger in das Qualitätsmanagement soll es einen Überblick über praxisrelevante und -erprobte Methoden geben, um schnell Ziele, Nutzen und Prinzip des jeweiligen systematischen Vorgehens erkennen zu können und so eine Orientierungshilfe in der Praxis zu haben. Zum Zweiten dient die komprimierte Darstellung als Anker für die jeweilige Verortung in den anderen Teilen dieses Buches und somit als Einstieg für eine vertiefende Beschäftigung mit den einzelnen Methoden. Durch die Einführung in das Einsatzgebiet und die Anwendung wird die Idee der Methode vermittelt und ein Gefühl dafür gegeben, in welchen Situationen der Einsatz welcher Methode den größten Erfolg verspricht.

Die vorliegende Toolbox erhebt keinen Anspruch auf Vollständigkeit in Umfang und Darstellung, sondern gibt vielmehr einen Überblick über gängige Methoden, welche die verschiedensten Aufgaben der drei Perspektiven entlang des Quality Streams unterstützen. In Abbildung 11.0-1 sind die Methoden dieser Toolbox den verschiedenen Abschnitten bzw. Elementen des Aachener Qualitätsmanagement Modells zugeordnet. Diese Einordnung ist hierbei als Orientierungshilfe über den Schwerpunkt des Einsatzes zu verstehen – es kann sich im spezifischen Fall lohnen, einen methodischen Ansatz auf ein gänzlich anderes Anwendungsfeld zu übertragen.

An der Schnittstelle Markt bzw. Kunde und Unternehmen finden Methoden zur Identifikation, Strukturierung und Übersetzung von Kundenforderungen in Spezifikationen Einsatz, z. B. Conjoint-Analyse, CTQ oder QFD. In den frühen Phasen der Produktentwicklung sind darüber hinaus Methoden zur Absicherung von Risiken, z. B. FMEA oder Design Review, zur Lösung von Problemen, z. B. TRIZ, bis hin zu umfassenden Planungsansätzen, wie APQP, hilfreich. Charakteristisch ist, dass in diesem Bereich vor allen Dingen die Prävention von Fehlern bzw. Abweichungen im Vordergrund steht, und die eingesetzten Methoden dementsprechend ausgerichtet sind. In den späteren Phasen der Produktentstehungs- oder Auftragsabwicklungsprozesse sind dann sowohl Methoden zur Bewertung und Verbesserung von Prozessen, z. B. Wertstrommethode, PSM, aber auch SVM, als auch präventive Methoden, z. B. 5S oder Poka Yoke, geeignet, die

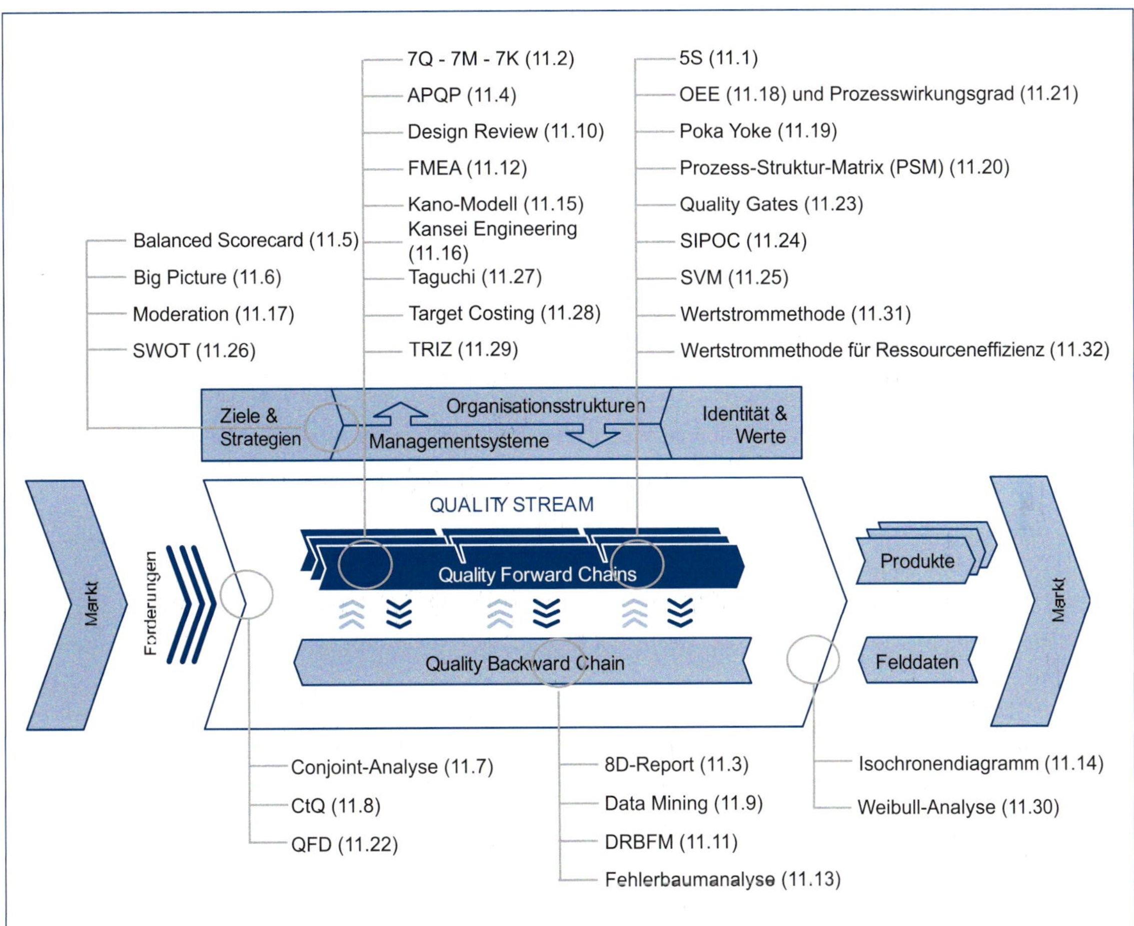

Abbildung 11.0-1 Einordnung ausgewählter Methoden in das Aachener Qualitätsmanagement Modell

Aufgaben des Qualitätsmanagements zu unterstützen. Um neuen Anforderungen, wie steigenden Energie- und Materialkosten, Rechnung zu tragen, wurde die Wertstrommethode für Energie- und Ressourceneffizienz (REEF) in den letzten Jahren in Aachen entwickelt und erprobt. Die zuvor genannten Methoden finden vor allen Dingen für Aufgaben des Qualitätsmanagements Anwendung, welche den Quality Forward Chains zugeordnet sind.

Innerhalb der Aufgaben, welche der Quality Backward Chain zugeordnet werden, finden sich Methoden zur Erhebung und Auswertung von Felddaten, z.B. Isochronendiagramm, sowie zur Fehlerabstellung, z.B. nach dem 8D-Report, wieder. Vermehrt finden hier auch Methoden des Data Mining Anwendung, da durch die zunehmende Sensorintegration in Produktionsprozessen und in organisatorischen Bereichen zahlreiche Daten zur Verfügung stehen. An den Schnittstellen von Quality Backward Chain und Quality Forward Chains helfen Methoden, wie z.B. DRBFM, unter Rückgriff auf Erfahrungsdaten bestehender Produktgenerationen, präventiv Fehler zu vermeiden.

Im Bereich der im Management angesiedelten Aufgaben, wie beispielsweise der Strategieentwicklung und der Ableitung von Zielen und Indikatoren zur Messung der Zielerreichung, unterstützen z.B. die Balanced Scorecard oder die SWOT-Analyse. Diese Methoden sind zwar keine klassischen, qualitätsorientierten Methoden, sondern grundlegende Managementwerkzeuge, aber als solche für die Führungsaufgaben des Qualitätsmanagements sehr gut geeignet. Im Bereich der Managementsysteme finden zur Ermittlung und Beschreibung von Prozessen ebenfalls Methoden Anwendung, welche zuvor schon in den Quality Streams verortet wurden, wie eine PSM oder die Wertstrommethode.

Damit die Toolbox ihre Funktion als praktisches und schnelles Nachschlagewerk für die einzelnen Methoden erfüllt, hier noch einige Hinweise zur Benutzung: Jede Methodendarstellung ist in die Abschnitte

- Ziel der Methode,
- Vorgehensweise und eingesetzte Werkzeuge,
- mögliche Schwierigkeiten und Probleme

eingeteilt. Diese Darstellung verfolgt das Ziel, dem Leser die Wahl freizustellen, die Methode als Ganzes kennenzulernen oder nur ausschnittsweise einzelne Aspekte nachzuschlagen.

11.1 5S-Methode

Die Methode der 5S (Seiri, Seiton, Seiso, Seiketsu, Shitsuke) dient als fundamentale Methode zur kontinuierlichen Verbesserung. Im Deutschen wird für 5S oftmals die Entsprechung 5A (Aussortieren unnötiger Dinge, Aufräumen und Ordnung sichtbar machen, Arbeitsplatz sauber halten, Anordnungen zur Regel machen, Alle Punkte einhalten und ständig verbessern) gewählt [IMAI10].

Anwendung findet die Methode bei der Gestaltung von Arbeitsplätzen bzw. -systemen, aber auch zur Optimierung von Prozessabläufen in der Produktion. Die 5S dienen somit nicht nur der Strukturierung und Standardisierung von Abläufen mit dem Ziel, Verschwendung zu vermeiden, sondern insbesondere auch dazu, die Philosophie des ständigen Hinterfragens der vorherrschenden Zustände, das Erkennen von Verschwendungen sowie die nachhaltige Umsetzung von Verbesserungen auf „Shop Floor"-Ebene zu implementieren. Darüber hinaus gibt es verschiedene Ansätze, die Methodik der 5S auch z.B. auf Büroarbeitsplätze anzuwenden (5S im Office).

Ziel der Methode

Ziel der 5S-Methode ist primär die Vermeidung von Verschwendung (Muda) durch Beseitigung aller Faktoren oder Elemente, die Tätigkeiten behindern oder komplizieren. Des Weiteren stehen eine schnelle visuelle Identifizierung von Problemen, die Schaffung von (unfall-)sicheren Arbeitsplätzen oder allgemein die Senkung von Betriebskosten und Erhöhung der Arbeitseffizienz im Fokus dieser Methodik. Die Abfolge der einzelnen Schritte der Methodik ist in Abbildung 11.1-1 dargestellt.

Vorgehensweise und eingesetzte Werkzeuge

Bei der Durchführung der 5S-Methode können drei Phasen unterschieden werden. In der 1. Phase werden die Schritte Seiri (Aussortieren), Seiton (Aufräumen) und Seiso (Reinigen) umgesetzt. Dies erfolgt kurzfristig in sich wiederholenden Zyklen. Die 2. Phase besteht aus Seiketsu (Erhalten des geordneten Zustands) und dient der Verstetigung des durch die Schritte 1 bis 3 erreichten Zustands. Die 3. Phase besteht aus Shitsuke (Disziplin) und häufig zusätzlich Shukan (Gewöhnung). Hier geht es darum, die Regeln und Standards zu verinner-

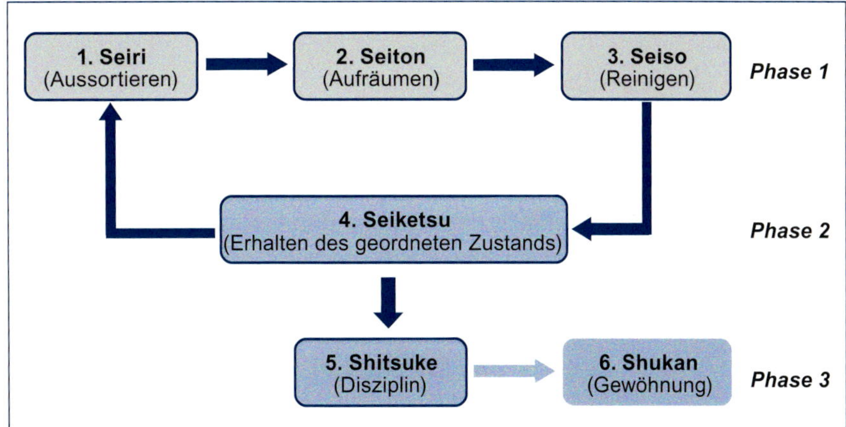

Abbildung 11.1-1
Die 5S-Methode

lichen und zu leben. **Die Phasen selbst werden – mit unterschiedlicher Dauer von Tagen bis zu Monaten (Phase 3) – zyklisch durchlaufen und führen so zu einer stetigen Verbesserung der Situation.** Im Folgenden werden die durchzuführenden Aktivitäten und Ziele eines jeden S verdeutlicht.

SEIRI – Separieren notwendiger und unnötiger Dinge

Ziele

- Zwischen notwendigen und unnötigen Dingen unterscheiden,
- das Unnötige beseitigen und
- Ursache von Problemen, Verschwendung oder Verschmutzung finden.

Aktivitäten

- Feste Kriterien zur Beseitigung unnötiger Dinge entwickeln und anwenden und
- Prioritäten setzen.

Beispiel: Häufig benutzte Gegenstände in Reichweite des Arbeitsplatzes vorhalten und selten oder nicht benutzte Arbeitsmittel einlagern.

SEITON – Standort festlegen

Ziele

- Zeit und Aufwand des Suchens minimieren,
- Produktivität erhöhen und
- ein aufgeräumtes Arbeitsumfeld schaffen.

Aktivitäten

- Alles das, was nach dem ersten Schritt geblieben ist, ordnen und
- jeden Gegenstand mit einem Namen, einer Adresse und einer Menge kennzeichnen.

Beispiel: Funktionale Anordnung von Materialien, Regalen, Werkzeugen oder Silhouetten zur Kennzeichnung von Stellplätzen beispielsweise in Lagerzonen.

SEISO – Sauberkeit

Ziele

- Ordentliches, funktionales, aufgabengerechtes und sicheres Arbeitsumfeld schaffen,
- Unzulänglichkeiten, die im Prozess unweigerlich zu Fehlern geführt hätten, im Vorfeld aufdecken und eliminieren,

11

- Abfall, Schmutz und fremde Dinge beseitigen sowie
- Säubern als eine Art Inspektion.

Aktivitäten

- Maschinen und Arbeitsplatz sauber halten und
- Ausrüstung und Werkzeuge regelmäßig überprüfen und warten.

Beispiel: Verunreinigungen direkt beseitigen, damit Bauteile nicht verschmutzt werden.

SEIKETSU – Standardisierung

Ziele

- Sauberes, ordentliches und gesundes Arbeitsumfeld schaffen,
- „Seiri", „Seiton" und „Seiso" täglich anwenden und weiterentwickeln und
- die Verstetigung der erreichten Verbesserungen durch die ersten „3S".

Aktivitäten

- Management-Standards zur Aufrechterhaltung der „5S" einführen,
- Arbeitskleidung und Sicherheitsausrüstung tragen, und
- Unternehmensleitung muss bestimmen, wie oft „Seiri", „Seiton" und „Seiso" stattfinden sollen und wer daran teilnimmt.

Beispiel: Einheitliche Farbcodierungen zur Kennzeichnung einsetzen und Prozessabläufe vereinheitlichen

SHITSUKE – Disziplin

Ziele

- „Das Richtige zu tun" als selbstverständlich ansehen,
- gute Gewohnheiten entwickeln und pflegen sowie
- „5S" durch die Festlegung von Standards zur Gewohnheit machen.

Aktivitäten

- Kommunikation und Feedback als alltägliche Routine ansehen,
- Anwendung der einzelnen Komponenten (Seiri, Seiton, Seiso, Seiketsu) messen und bewerten sowie
- individuelle Verantwortung übernehmen.

SHUKAN – Gewöhnung

Shukan – manchmal als das 6. S bezeichnet – sorgt dafür, dass der neue Standard angenommen wird und als fester Bestandteil langfristig in die Unternehmenskultur integriert wird.

Mögliche Schwierigkeiten und Probleme

Wichtig ist insbesondere die Erkenntnis, dass die „5S"-Methode keine zeitlich begrenzte, rein projektbezogene Methode darstellt, sondern vielmehr dann wirksam ist, wenn sie als eine Grundhaltung und Philosophie verstanden und gelebt wird.

11.2 7Q-7M-7K

Unter den 7Q-7M-7K wird eine Auswahl von insgesamt 21 bewährten Werkzeugen und Methoden des Qualitätsmanagements zusammengefasst. Dabei beziehen sich die 7Q-Methoden auf den Bereich der Qualitätssicherung. 7M-Methoden dienen der Entscheidungsfindung und unterstützen somit die Managementtätigkeiten. Durch die 7K-Methoden wird zusätzlich eine Auswahl an unterstützenden Kreativitätstechniken bereitgestellt.

11.2.1 Fehlersammelliste

Ziel der Methode

Die Fehlersammelliste dient der einfachen Erfassung beobachteter oder festgestellter Fehler und deren übersichtlicher Darstellung nach Art und Anzahl.

Vorgehensweise und eingesetzte Werkzeuge

Zunächst werden das zu untersuchende Problem und die daraus resultierenden möglichen Fehler bzw. Fehlerarten festgelegt. Es ist empfehlenswert, noch eine Kategorie *sonstige Fehler* hinzuzunehmen, die Fehler geringer Häufigkeit zusammenfasst. Dies ermöglicht eine vollständige Erfassung aufgetretener Fehler bei gleichzeitiger Begrenzung der Anzahl der Fehlerarten.

Ist die Liste aufgestellt, wird festgelegt, wer die Fehler zu welcher Zeit erfassen soll. Der Erfassungszeitraum kann von Minuten bis zu Jahren reichen.

Nach Abschluss aller Vorbereitungen wird ein Erfassungsbogen erstellt. Er muss Angaben darüber enthalten, wann, durch wen, wo und ggf. wie die Fehler aufgenommen wurden und dabei leicht verständlich und einfach zu benutzen sein. Die Gestaltung des Erfassungsbogens kann als Tabelle (Abbildung 11.2-1) oder als Fehlerblatt, mit schematischer Darstellung des zu untersuchenden Objektes, erfolgen. Gegebenenfalls ist der erstellte Bogen im Vorfeld auf seine Eignung hin zu überprüfen und zu verbessern.

Die auf den Erfassungsbögen notierten Ergebnisse, d.h. die Fehlerhäufigkeiten oder Fehlerorte, erlauben erste Rückschlüsse auf deren mögliche Ursachen [THED10].

Produkt: *Stift* Datum: *14.05.2014*
Produkt-Nr.: *02718-4* Prüfer: *Grote*

Nr.	Fehler	Los 1	Los 2	Summe
1	*Mechanik defekt*	///	//	5
2	*Spitze fehlt*	/	//	3
3	*Spitze zerkratzt*	𝍸	///	8
4	*Farbe falsch*	𝍸 /	𝍸 //	13
5	*Sonstiger Fehler*	////	𝍸	9

Abbildung 11.2-1 Beispiel einer Fehlersammelliste

Mögliche Schwierigkeiten und Probleme

Bei der Bestimmung der zu überwachenden Fehler ist sicherzustellen, dass der für die Fehlererfassung Beauftragte in der Lage ist, diese auch zu erkennen. Erfolgt die Sammlung der Daten über einen längeren Zeitraum, sollte gewährleistet sein, dass sie immer unter den gleichen Arbeitsbedingungen aufgenommen werden. Außerdem sollte die Menge der zu untersuchenden Objekte begrenzt sein, um die Übersichtlichkeit zu gewährleisten [THED10].

Bei der Anwendung von Fehlersammellisten wird weder die zeitliche Abfolge der Daten noch die Ursache der Entstehung mit erfasst, sodass diesbezüglich keine Aussagen und Schlussfolgerungen möglich sind.

Ergänzende Methoden

Zur Fehlererfassung eignen sich auch *Histogramme* und *Qualitätsregelkarten.*

Das *Pareto-Diagramm*, das auf der Basis von Fehlersammellisten erstellt wird, ist eine von verschiedenen Möglichkeiten, zur weiteren Auswertung der gewonnenen Daten [KAMI07].

11.2.2 Histogramm

Ziel der Methode

Ein Histogramm ist ein Säulendiagramm, mit dem sich große Mengen gesammelter Daten, die aus einer Tabelle heraus nur schwer zu deuten sind, als Häufigkeitsverteilung grafisch darstellen lassen. Indem zusätzlich auch ein Zielwert und Toleranzgrenzen eingezeichnet werden, erlaubt es diese Darstellung, schnell Aussagen über die Streuung von Prozessen zu treffen und Rückschlüsse auf die zugrunde liegende Verteilung der Daten zu ziehen.

Vorgehensweise und eingesetzte Werkzeuge

Als Grundlage für ein Histogramm dient eine Liste der ermittelten Einzeldaten, die auf einer durchgängigen Skala (z. B. Länge, Gewicht) beruhen sollten. Um eine Aussage über die Verteilung der Daten zu erhalten, sind mindestens 50 Einzeldaten erforderlich [THED10].

Aus den Einzeldaten wird anschließend die Spannweite R berechnet, indem der kleinste Wert X_{min} vom größten Wert X_{max} abgezogen wird. Dann wird die Anzahl der Klassen k mithilfe einer Näherungsformel festgelegt, indem die Wurzel aus der Anzahl aller Einzelwerte n gebildet und zu einer ganzen Zahl gerundet wird.

Die Klassenbreite h errechnet sich durch die Bildung des Quotienten aus der Spannweite R und der Anzahl der Klassen k. Das Ergebnis sollte auf dieselbe Nachkommastelle gerundet werden, wie die ermittelten Einzelwerte. Die untere Grenze der ersten Klasse bildet der kleinste Einzelwert oder ein geeigneter gerundeter Wert. Die Klassenbreite wird so oft addiert, bis alle Klassen gebildet wurden. Zu einer Klasse gehören alle Werte, die gleich oder größer als die untere Grenze und kleiner als die obere Grenze einer Klasse sind.

Das eigentliche Histogramm wird erstellt, indem auf der Abszisse die Merkmalswerte auf einer Skala, die vom kleinsten bis zum größten Wert reicht, in ihrer berechneten Klassenbreite, und auf der Ordinate die zugehörigen absoluten Klassenhäufigkeiten abgetragen werden. Anschließend werden über den einzelnen Klassen die Säulen so errichtet, dass deren Fläche proportional zur Anzahl der Daten einer Klasse ist (Abbildung 11.2-2).

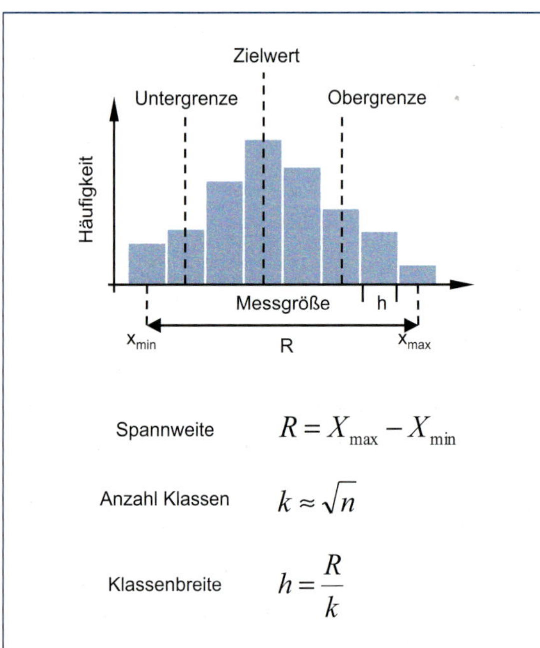

Abbildung 11.2-2 Beispiel eines Histogramms

Mögliche Schwierigkeiten und Probleme

Die Anzahl der Klassen k sollte mindestens fünf, höchstens aber 25 betragen, da zu wenige Klassen nur ein grobes, zu viele Klassen ein zu breites und unübersichtliches Verteilungsbild ergeben [KAMI07].

Ergänzende Methoden

Zur Daten- bzw. Fehlererfassung eignen sich auch *Qualitätsregelkarten* und die *Fehlersammelliste.*

D

11.2.3 Qualitätsregelkarte

Ziel der Methode

Eine Qualitätsregelkarte ist ein Werkzeug zur Beobachtung und Bewertung von Prozessen. In Qualitätsregelkarten werden statistische Lage- und Streuparameter, wie Mittelwert oder Standardabweichung, von Stichproben eingetragen. Der Verlauf der Parameter gibt präventiv Aufschluss über Abweichungen eines Prozesses von seinen Vorgaben und ermöglicht so rechtzeitige Eingriffe (Abbildung 11.2-3).

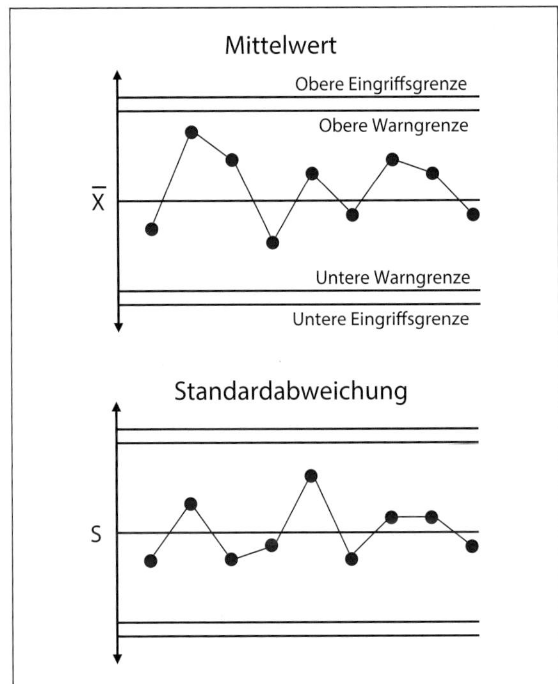

Abbildung 11.2-3 Beispiel einer Qualitätsregelkarte

Vorgehensweise und eingesetzte Werkzeuge

Beim Einsatz von Qualitätsregelkarten, ist grundsätzlich zwischen der Design- und der Führungsphase zu unterscheiden. In der Designphase erfolgt die Festlegung der in der Qualitätsregelkarte zu führenden Stichprobenfunktion sowie des Stichprobenzeitpunkts und -umfangs. Anschließend werden die Eingriffs- und Warngrenzen, ausgehend von der Prozessstabilität und der notwendigen Prozesssicherheit, berechnet. Während der Führungsphase einer Qualitätsregelkarte werden die vorgegebenen Stichprobenumfänge entnommen und die Stichprobenfunktion berechnet. Nach Eintragung der Werte in die Qualitätsregelkarte kann der Prüfentscheid vom Anwender unmittelbar abgelesen werden. Bei der Anwendung von Qualitätsregelkarten mit Eingriffs- und Warngrenzen tritt mit jedem eingetragenen Stichprobenbefund eines von drei möglichen Ereignisse ein:

- Der Stichprobenbefund liegt innerhalb der Warngrenzen → Kein unmittelbarer Eingriff notwendig.
- Der Stichprobenbefund liegt zwischen Warn- und Eingriffsgrenzen → Eine Abweichung vom idealen Prozessverhalten ist wahrscheinlich; der Prozess muss weiter untersucht und evtl. entsprechend korrigiert werden.
- Der Stichprobenbefund liegt außerhalb der Eingriffsgrenzen → Eine Abweichung vom idealen Prozessverhalten ist aufgetreten; der Prozcss muss unmittelbar unterbrochen, analysiert und korrigiert werden.

Neben diesen Kriterien sind bei der Anwendung von Qualitätsregelkarten auch Trendverhalten erkennbar. So weisen z.B. mehrere aufeinanderfolgende Stichprobenbefunde oberhalb des Mittelwertes (jedoch innerhalb der Warngrenzen) auf eine mögliche Verschiebung des Prozesses von seiner Ausgangslage hin.

Mögliche Schwierigkeiten und Probleme

Qualitätsregelkarten lassen sich i. d. R. nur für quantifizierbare Regelgrößen erstellen. Ist eine Regelgröße bislang nicht oder nur schwer messbar, kann dies einen erheblichen Aufwand bei der Entwicklung eines geeigneten Messablaufs bedeuten. Weiterhin bestehen Schwierigkeiten bei der statistischen Regelung von Kleinserien mit geringer Produktionsstückzahl.

Ergänzende Methoden

Zur laufenden Bewertung von Prozessen eignen sich auch Histogramme und Fehlersammellisten.

11.2.4 Pareto-Diagramm

Ziel der Methode

Das Pareto-Diagramm dient der grafischen Darstellung der Ursachen eines Problems. Diese werden, geordnet nach der Reihenfolge ihrer Bedeutung, in Form eines Säulendiagramms abgebildet. Die Darstellungsweise erlaubt die Identifizierung der Ursachen, die den größten Einfluss auf das Problem haben, und dient so als eine Entscheidungshilfe, in welcher Reihenfolge die Fehler abgestellt werden sollen.

Das Pareto-Diagramm basiert auf dem Pareto-Prinzip, welches besagt, dass ca. 80% der Auswirkungen aus ca. 20% der möglichen Ursachen und Einflussgrößen resultieren [KAMI07].

Vorgehensweise und eingesetzte Werkzeuge

Nach der Festlegung des zu untersuchenden Problems, sind im nächsten Schritt Kategorien für mögliche Fehlerarten bzw. Ursachen zu ermitteln. Diese können auf Basis von Erfahrungswerten oder mittels diverser Methoden, z.B. Brainstorming, gefunden werden. Es empfiehlt sich auch, die Kategorie *Sonstiges* aufzunehmen, um Fehler geringer Häufigkeit zusammenzufassen.

Außerdem ist festzulegen, welche Größe zur Messung der Bedeutung eines Fehlers herangezogen werden soll. Die Häufigkeit des Auftretens und die mit den Kosten bewertete Häufigkeit sind die gebräuchlichsten Größen. Gewichtungen nach anderen Kriterien, wie z.B. der Bedeutung für den Kunden, sind jedoch ebenso denkbar.

Die Aufnahme der Daten erfolgt durch Auswertung von vorhandenen Unterlagen oder durch direkte Beobachtung und deren Dokumentation in der hierfür sehr hilfreichen *Fehlersammelliste.*

Zur Erstellung des Pareto-Diagramms muss der prozentuale Anteil jeder Kategorie aus deren absoluter Häufigkeit ermittelt werden. Anschließend werden die Kategorien absteigend nach ihrer Bedeutung von links nach rechts auf der Abszisse abgetragen. Die Höhe der über jeder Kategorie einzuzeichnenden Rechtecke entspricht der Häufigkeit ihres Auftretens bzw. den angefallenen Kosten [THED10].

Zur weiteren Verdeutlichung kann eine Summenkurve ergänzt werden, bei der der Prozentanteil jeder einzelnen Kategorie von links nach rechts aufsummiert wird, bis bei der letzten Kategorie ein Wert von 100% erreicht ist (Abbildung 11.2-4).

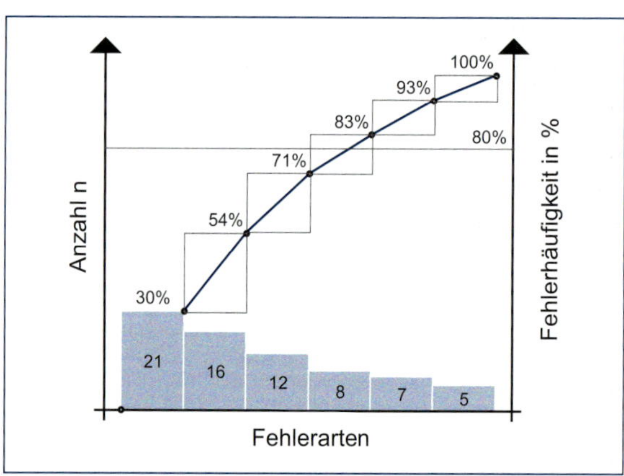

Abbildung 11.2-4 Beispiel eines Pareto-Diagramms mit Summenkurve

Mögliche Schwierigkeiten und Probleme

Im Einzelfall ist zu überprüfen, ob die Behandlung der häufigsten Ursachen nicht die Behandlung der teuersten vorzuziehen ist, um damit dem Unternehmensziel der Kostenreduktion zu entsprechen.

D

Ergänzende Methoden

Die Erfassung der Fehlerhäufigkeiten mittels *Fehlersammelliste* kann die Datengrundlage für die Erstellung eines Pareto-Diagramms bilden.

11.2.5 Korrelationsdiagramm

Ziel der Methode

Das Korrelationsdiagramm stellt die Beziehung zwischen zwei veränderlichen Faktoren grafisch dar, die paarweise aufgenommen wurden. Aus den Mustern, der in dem Diagramm als Punkte dargestellten Wertepaare, lassen sich Rückschlüsse auf den statistischen Zusammenhang zwischen den beiden Merkmalen ziehen.

Vorgehensweise und eingesetzte Werkzeuge

Zu Beginn ist festzulegen, welche beiden Merkmale, zwischen denen eine Beziehung in Form einer einseitigen oder wechselseitigen Abhängigkeit vermutet wird, auf einen möglichen Zusammenhang hin untersucht werden sollen. Für eine belastbare Aussage sind 50 bis 100, mindestens aber 30 Wertepaare (X/Y) für die beiden Merkmale notwendig, die unter den gleichen Bedingungen aufgenommen werden sollten [THED10].

Zur Erstellung des Korrelationsdiagramms werden die Wertepaare als Punkte in ein X-Y-Koordinatensystem eingetragen, sodass eine Punktwolke entsteht, deren Form weitere Rückschlüsse auf die vermutete Beziehung erlaubt.

Ist es möglich, eine Ausgleichsgerade durch die Punktwolke zu zeichnen, lässt sich bei einer steigenden Geraden auf eine positive, bei einer fallenden auf eine negative Korrelation schließen. Der Zusammenhang zwischen den beiden Merkmalen ist umso stärker, je näher die Punkte an der Ausgleichsgeraden liegen.

Verdeutlichen lässt sich dieser Sachverhalt durch die zusätzliche Bestimmung des Korrelationskoeffizienten nach Bravais und Pearson (auch Pearson-Korrelation genannt). Als dimensionsloses Maß für den Grad des linearen Zusammenhangs zwischen beiden Merkmalen, kann dieser Wert zwischen –1 und +1 annehmen. Ein vollständig positiver linearer Zusammenhang besteht bei einem Wert von +1, ein vollständig negativer bei –1. Keinerlei linearer Zusammenhang besteht, wenn der Korrelationskoeffizient den Wert 0 aufweist. Die nachstehende Formel stellt die Berechnungsvorschrift für den Korrelationskoeffizienten nach Pearson dar.

$$r = \frac{\sum_{i=1}^{n}(x_i - \bar{x})(y_i - \bar{y})}{\sqrt{\sum_{i=1}^{n}(x_i - \bar{x})^2} \cdot \sqrt{\sum_{i=1}^{n}(y_i - \bar{y})^2}} \qquad (11\text{-}1)$$

Es ist anzunehmen, dass bei einer schwachen Korrelation noch weitere Merkmale einen Einfluss auf den untersuchten Zusammenhang haben.

Abbildung 11.2-5 verdeutlicht schematisch die wichtigsten vorkommenden Muster von Korrelationen mit den zugehörigen Korrelationskoeffizienten nach Pearson [THED10].

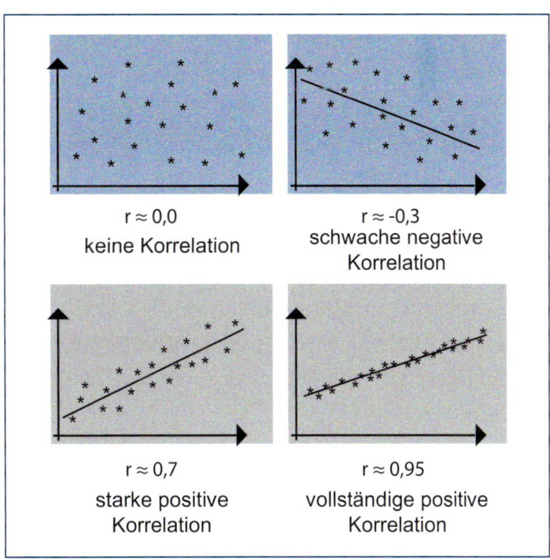

Abbildung 11.2-5 Beispiele von Korrelationsmustern

Mögliche Schwierigkeiten und Probleme

Das Korrelationsdiagramm ist besonders geeignet, um geradlinige (lineare) Zusammenhänge festzustellen. Nicht lineare Korrelationen sind oft schwer zu erkennen.

Bei der Interpretation eines Korrelationsdiagramms muss außerdem immer berücksichtigt werden, dass nur statistische, jedoch keine kausalen, Zusammenhänge abgeleitet werden können [KAMI07].

Ergänzende Methoden

Mithilfe eines Korrelationsdiagramms kann die Stärke der Beziehung zwischen zwei Merkmalen ermittelt werden. Eine vermutete Ursache-Wirkungs-Beziehung, die in einem *Ursache-Wirkungs-Diagramm* ermittelt wurde, kann so überprüft werden.

11.2.6 Ursache-Wirkungs-Diagramm

Ziel der Methode

Das Ursache-Wirkungs-Diagramm (nach dem Erfinder Kaoru Ishikawa oftmals auch Ishikawa-Diagramm genannt) ist eine einfache Technik zur Problemanalyse, bei der die möglichen und bekannten Einflüsse (Ursachen), die zu einem Problem (Wirkung) führen, in Haupt- und Nebenursachen zerlegt und in einer übersichtlichen, grafischen Darstellung strukturiert werden. Sowohl negative als auch positive Einflussgrößen können auf diese Weise identifiziert und mithilfe des Diagramms ihre Abhängigkeiten untereinander sowie zur Zielgröße abgebildet werden [KAMI07].

Vorgehensweise und eingesetzte Werkzeuge

Um ein einheitliches Verständnis des zu untersuchenden Problems zu erhalten, wird dieses anfangs detailliert beschrieben. Dabei sollten möglichst genaue Informationen über Inhalt, Ort, Zeit und Ausmaß des Problems erfasst werden. Eine Kurzbeschreibung wird anschließend auf der rechten Seite des Dokuments notiert.

Im zweiten Schritt werden Kategorien für mögliche Ursachen festgelegt, die an Pfeilen notiert, über einen Hauptpfeil auf das Problem zeigen. Für technische Probleme wird dabei häufig eine Einteilung gemäß der 4-M-Methode vorgenommen, die als grundsätzliche Ursachen die Felder „Mensch", „Maschine", „Methode" und „Material" vorsieht. Diese können bei Bedarf auch durch die Felder „Milieu" (Umfeld) und „Messung" ergänzt werden. Ein Zwang zur Anwendung der Methode besteht nicht. Außerdem gibt es keine festgelegte Anzahl oder Einteilung der Ursachenkategorien, sodass eine individuelle Lösung in jedem Einzelfall gefunden werden muss.

Nun werden möglichst viele denkbare Ursachen für das Problem gesammelt und einer Kategorie zugeordnet. Jede Ursache wird als Verzweigung in Form eines Pfeils in der entsprechenden Kategorie eingetragen (Abbildung 11.2-6). Das Hinterfragen von Einzelursachen bringt Nebenursachen hervor, die zu einer weiteren Verzweigung des Diagramms führen.

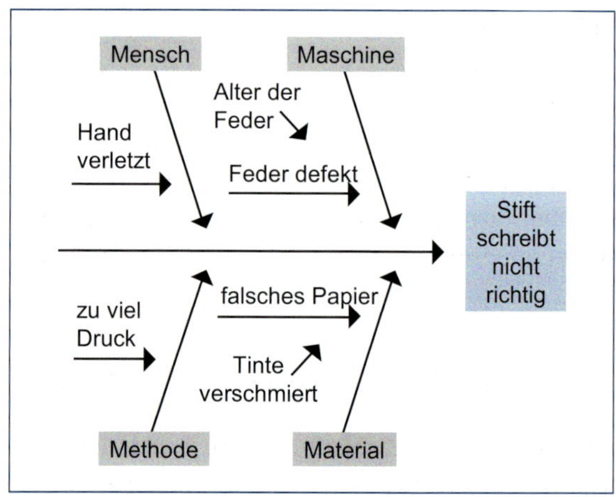

Abbildung 11.2-6 Beispiel eines Ursache-Wirkungs-Diagramms

D

Abschließend erfolgt eine Beurteilung und Gewichtung der Einzelursachen, um Lösungsvorschläge für das Problem zu entwickeln.

Mögliche Schwierigkeiten und Probleme

Der Verzweigungsgrad des Diagramms verdient besondere Beachtung. Nicht geeignet ist ein nicht verzweigtes Diagramm, in dem nur einige Einzelursachen notiert sind. Jedoch ist auch ein zu kompliziertes Diagramm, mit zu zahlreichen Verzweigungen und abschweifenden Nebenursachen, für eine Deutung ungeeignet. Das Diagramm kann dann eventuell vereinfacht werden, indem das Problem aufgeteilt wird [THED10]. Zudem eignet sich diese Methodik lediglich zur qualitativen Gewichtung und Beurteilung.

Ergänzende Methoden

Die Ursachen könne mithilfe eines *Brainstormings* gefunden werden.

11.2.7 Ablaufdiagramm

Ziel der Methode

Ablaufdiagramme dienen der grafischen Darstellung von Prozessen. Sie besitzen, durch die Verwendung einer Standardsymbolik, einen universell erklärenden Charakter, der z.B. in Schulungen eine einfache Einweisung neuer Mitarbeiter ermöglicht. Für die Zertifizierung von Qualitätsmanagementsystemen wird i.d.R. eine Dokumentation von Prozessen in Form von Ablaufdiagrammen gefordert.

Vorgehensweise und eingesetzte Werkzeuge

Zur Erstellung eines Ablaufdiagramms sind vorbereitende Maßnahmen notwendig, in denen die einzelnen Schritte eines Prozesses erfasst und aufbereitet werden. Hierzu eignen sich u.a. Interviews mit den beteiligten Personen, die den Prozess in seiner jetzigen Form bearbeiten. Bei der Durchführung dieser Interviews ist eine ausführliche Dokumentation wichtig, in der z.B. Abhängigkeiten zwischen einzelnen Prozessschritten und Informationskanäle erfasst werden.

Die visuelle Aufbereitung der gesammelten Informationen erfolgt mithilfe standardisierter Elemente, wie sie z.B. in der DIN 66001 aufgeführt sind. Mithilfe dieser Elemente lassen sich inhaltliche Beziehungen zwischen einzelnen Prozessschritten, ebenso wie notwendige Entscheidungen oder Schnittstellen zu anderen Prozessen, aufzeigen (Abbildung 11.2-7). Alternative Elemente zur Visualisierung in Ablaufdiagrammen finden sich u.a. in der *Business Process Modeling Notation* (BPMN) und der *Unified Modeling Language* (UML).

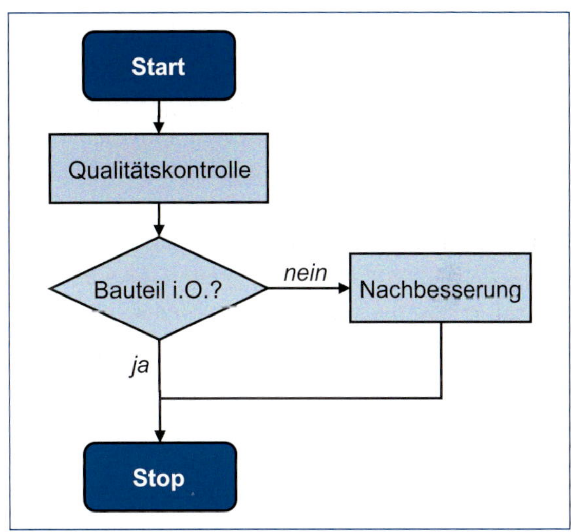

Abbildung 11.2-7 Beispiel eines Ablaufdiagramms

Mögliche Schwierigkeiten und Probleme

Hinter Ablaufdiagrammen können sehr komplexe Sachverhalte stehen, sodass sie bei ihrer Einführung in die Praxis intensiv begleitet werden müssen. Häufig werden Aufgabenbeschreibungen falsch verstanden oder die Kommunikation über Schnittstellen nicht ausreichend genutzt. Eine Abstimmung mit den betroffenen Personen und evtl. notwendige Korrekturen, sind wichtiger Bestandteil der Umsetzung von Ablaufdiagrammen.

Ergänzende Methoden

Ablaufdiagramme werden häufig im Zusammenhang mit Maßnahmen zur Prozessoptimierung und dem Aufbau von Qualitätshandbüchern erstellt. Die Visualisierung von Rollen und Hierarchiestufen innerhalb eines Ablaufdiagramms erfolgt in der Regel in Anlehnung an Unternehmensorganigramme.

11.2.8 Relationendiagramm

Ziel der Methode

Das Relationendiagramm dient der systematischen Untersuchung von verschiedenen, miteinander in Beziehung stehenden, Sichtweisen auf eine Problemstellung. Durch den vorgegebenen Ablauf bei der Erstellung des Relationendiagramms wird sichergestellt, dass die Abhängigkeiten der Sichtweisen klar erfasst und quantifizierbar gemacht werden.

Vorgehensweise und eingesetzte Werkzeuge

Die Erstellung eines Relationendiagramms beginnt mit der eindeutigen Formulierung der zu untersuchenden Problemstellung. Sobald ein gemeinsamer Konsens zur Problembeschreibung unter den Teilnehmern der Diskussion gefunden worden ist, wird diese in der Mitte einer Pinnwand angeheftet. Anschließend schreiben alle Teilnehmer ihre Sichtweisen auf das Problem auf Karten, die rings um das Problem an die Pinnwand geheftet und durchnummeriert werden (Abbildung 11.2-8). Doppelt genannte Sichtweisen werden in einer gemeinsamen Diskussion zusammengefasst.

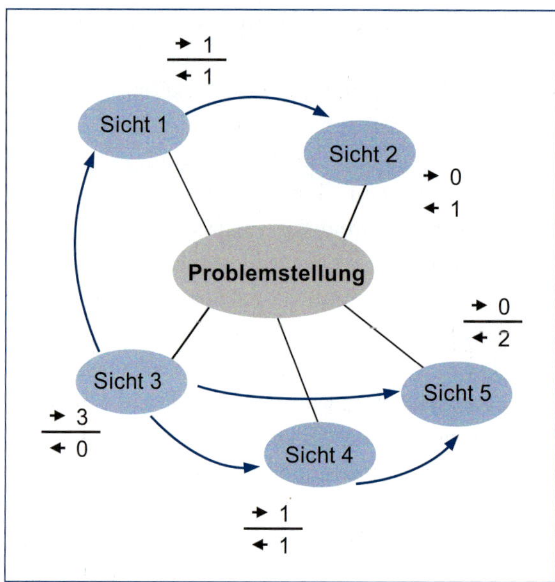

Abbildung 11.2-8 Beispiel eines Relationendiagramms

Im nächsten Schritt werden Abhängigkeiten zwischen der Problemstellung und den Sichtweisen aufgezeigt. Dazu wird in Reihenfolge der Nummerierung vorgegangen und für jede Sichtweise gemeinsam untersucht, wie sie die anderen Sichtweisen und/oder das Problem beeinflusst. Die Beeinflussung wird durch einen abgehenden Pfeil visualisiert. Stehen zwei Karten in gegenseitigem Einfluss zueinander, so muss die Gruppe sich gemeinsam auf den stärkeren der beiden einigen; es ist immer nur ein Pfeil in eine Richtung zwischen zwei Karten erlaubt. Im Anschluss werden für die jeweiligen Karten die Anzahl an abgehenden und ankommenden Pfeilen zusammengezählt und notiert. Eine hohe Anzahl an abgehenden Pfeilen bedeutet eine hohe Wirkung (Ursache) dieser Sichtweise im Kontext der Problemstellung. So bewertete Sichtweisen sollten in der Lösung des Problems als Ausgangspunkt genutzt werden. Sichtweisen mit vielen eingehenden Pfeilen bedeuten eine wichtige Auswirkung der Problemlösung und sollten beobachtet werden.

Mögliche Schwierigkeiten und Probleme

Die Erstellung eines Relationendiagramms erfordert eine sehr gute Moderation, um auch vermeintlich schwachen Positionen innerhalb der Diskussion ausreichend Raum zu geben. Andernfalls werden gerade innovative Sichtweisen häufig zu früh verworfen.

Ergänzende Methoden

Das Relationendiagramm ist besonders wirksam in Verbindung mit kreativen Methoden zur Identifikation der Sichtweisen auf das Problem, wie z. B. Brainstorming, Mind-Mapping oder alternativen Kreativitätstechniken.

11.2.9 Affinitätsdiagramm

Ziel der Methode

Das Affinitätsdiagramm wird zur Bearbeitung von Themen und Problemen verwendet, für die eine Vielzahl ungeordneter und schwer überschaubarer Informationen und Aussagen vorliegt. Das Affinitätsdiagramm hilft, diese Informationen zu verdichten, indem die einzelnen Fakten, Ideen, Daten etc. verglichen und in Gruppen eingeteilt werden, deren Elemente bezüglich ihrer Bedeutung in einem engen Zusammenhang stehen. Bislang unbekannte Ideen und Zusammenhänge innerhalb eines Themas können so aufgedeckt und neue Lösungsansätze erarbeitet werden [KAMI07].

Vorgehensweise und eingesetzte Werkzeuge

Zu Beginn wird das zu bearbeitende Thema in einem verständlichen Satz beschrieben.

Anschließend werden Gedanken, Ideen und Fakten in einer kreativen Phase zusammengetragen und auf Moderationskarten notiert. Dabei sind längere Aussagen zu bevorzugen und Schlagworte zu vermeiden.

Das gesamte Team bestimmt nun, welche Karten inhaltlich zusammenhängen und zu einer Gruppe zusammengestellt werden. Dies sollte intuitiv geschehen und ohne intensive Diskussion vonstatten gehen. Zu beachten ist hierbei, dass durchaus auch einzelne Karten wichtige Gruppen bilden können. Nachdem im ersten Schritt alle Karten verteilt sind, sollte deren Zuordnung nochmals kritisch geprüft und ggf. geändert werden. Sind Gruppen mit einer großen Anzahl an Karten entstanden, sollten diese eventuell nochmals geteilt werden.

Abschließend wird für jede Gruppe eine Überschrift in Form eines ganzen Satzes oder einer längeren Beschreibung erarbeitet, unter der die Inhalte aller Karten zusammengefasst werden können (Abbildung 11.2-9). Zusätzlich ist es auch möglich, die entstandenen Gruppen hinsichtlich ihrer Relevanz zu bewerten und damit weiter zu strukturieren [THED10].

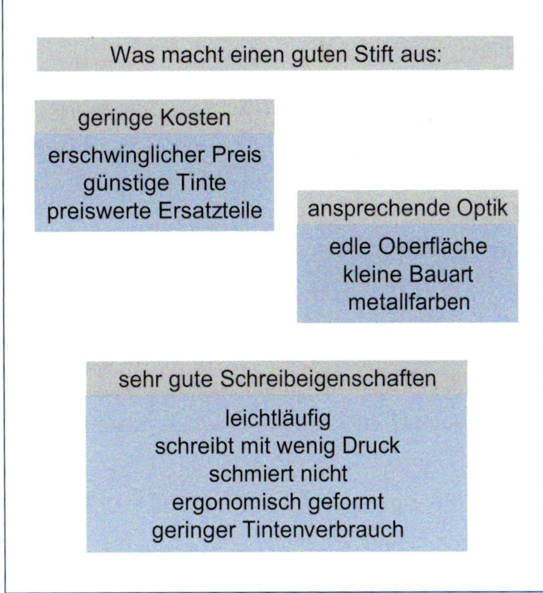

Abbildung 11.2-9 Beispiel eines Affinitätsdiagramms

Mögliche Schwierigkeiten und Probleme

Es muss genügend Zeit für das Finden geeigneter Gruppenüberschriften vorhanden sein. Oftmals ergeben sich gerade aus dieser Diskussion wertvolle Ideen und Sichtweisen, die weiter vertieft werden können [THED10].

Gruppenüberschriften in Form von Schlagwörtern eignen sich meist nur schlecht, da vorhandene Informationen so leicht verloren gehen.

Ergänzende Methoden

Das Sammeln der einzelnen Beiträge in der kreativen Phase kann nach den Regeln des *Brainstormings* erfolgen.

Die in einem Affinitätsdiagramm ermittelten Gruppenüberschriften können ggf. in einem *Relationendiagramm* weiterbearbeitet werden.

11.2.10 Portfolio

Ziel der Methode

Ein Portfolio ermöglicht den qualitativen Vergleich mehrerer Objekte, bezüglich zweier charakteristischer Merkmale, durch eine bildliche und überschaubare Darstellung in einem Achsenkreuz. Diese Darstellung ermöglicht z. B. ein Ableiten von angestrebten Zielen und Entwicklungsmöglichkeiten für ein Vorhaben aus der Ist-Situation heraus. Das Portfolio wird deshalb häufig für einen Unternehmens- oder Produktvergleich angewendet, um z. B. neue Ziele für eine Produktentwicklung abzuleiten.

Vorgehensweise und eingesetzte Werkzeuge

Zu Beginn werden die miteinander zu vergleichenden Objekte festgelegt. Dies sind typischerweise das zu betrachtende Produkt und mehrere Konkurrenzprodukte bzw. eigene Produkte, aber auch das eigene Unternehmen und mehrere Konkurrenzunternehmen. Ebenso können z. B. Personen oder Maßnahmen miteinander verglichen werden [THED10].

Anschließend werden zwei Kriterien definiert, nach denen die Objekte beurteilt werden sollen. Für diese Kriterien werden dann jeweils die Messgröße, die sich aus einer Vielzahl von Einzeldaten zusammensetzen kann, und deren Berechnungsweise eindeutig bestimmt. Die Wahl eines qualitativen Maßstabes ist aber ebenso zulässig [THED10].

Nach der Ermittlung oder Abschätzung der beiden Messgrößen für jedes Objekt, wird aus den beiden Kriterien ein Achsenkreuz gebildet, in das alle Objekte entsprechend der ermittelten Werte eingetragen werden. Dabei besteht die Möglichkeit, ein drittes Kriterium durch verschieden große Symbole im Portfolio zu berücksichtigen (Abbildung 11.2-10).

Das Achsenkreuz kann zur besseren Übersicht zusätzlich in Felder unterteilt werden, die einer Einordnung der Objekte in Kategorien dienen oder spezielle Handlungsweisen darstellen können.

Im fertigen Portfolio visualisiert die Lage der einzelnen Objekte zueinander die bestehende Situation. Festgelegte Ziele und angestrebte Positionen können zur Verdeutlichung ergänzend gekennzeichnet werden.

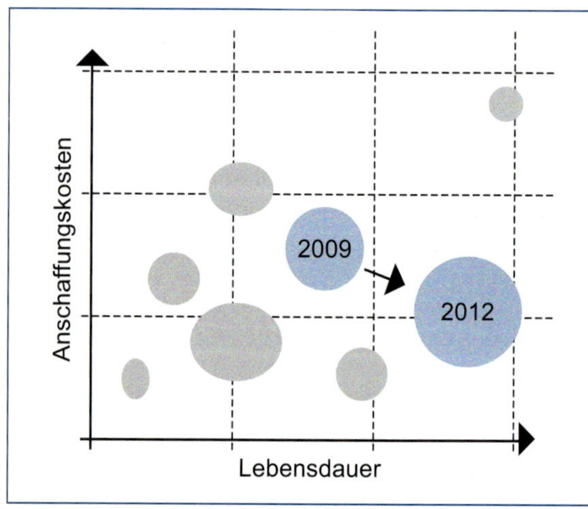

Abbildung 11.2-10 Beispiel eines Portfolios

D

Mögliche Schwierigkeiten und Probleme

Da viele Portfolios auf reinen Abschätzungen basieren, und auch die Skalierung der Achsen variabel ist, ist eine direkte Vergleichbarkeit untereinander nicht immer gegeben.

Ergänzende Methoden

Die in einem *Matrixdiagramm* erfassten Daten lassen sich mithilfe eines Portfolios weiter auswerten.

11.2.11 Matrixdiagramm

Ziel der Methode

Durch ein Matrixdiagramm lassen sich Wechselwirkungen zwischen verschiedenen Dimensionen einer Aufgabenstellung aufzeigen und bewerten. Diese Dimensionen können z.B. Sichtweisen, Ansätze, Auswirkungen oder Aufgaben sein. Durch die systematische Herangehensweise mittels eines Matrixdiagramms lassen sich insbesondere komplizierte Zusammenhänge besser verstehen und zielführende Lösungen ableiten.

Vorgehensweise und eingesetzte Werkzeuge

Der erste Schritt bei der Nutzung eines Matrixdiagramms ist die Auswahl der miteinander in Beziehung zu setzenden Dimensionen. Typischerweise werden Aufgaben und Verantwortlichkeiten, Fehlerursachen und -auswirkungen oder Teilprozesse eines Lösungsansatzes miteinander verglichen (Abbildung 11.2-11). Die einzelnen Dimensionen werden durch spezifische Merkmale konkretisiert, die z.B. durch Kreativitätstechniken ermittelt werden können. Jedes Merkmal wird auf den Achsen der Dimensionen vermerkt, somit ergibt sich eine Matrix, in der jedem Feld mindestens zwei Merkmale zwei verschiedener Dimensionen zuzuordnen sind. Anschließend gilt es zu untersuchen, wie sich, analog zu diesen Feldern, die Merkmale untereinander beeinflussen. Zur Charakterisierung der Beeinflussung können Zahlen oder Symbole genutzt werden. Die Auswertung eines Matrixdiagramms kann sowohl rein grafisch durch sich ergebende Muster als auch rechnerisch durch Addition der Spalten- und Zeilensummen erfolgen.

		Einflussgrößen			
		Getriebeöl 1	Getriebeöl 2	Getriebeöl 3	Getriebeöl 4
Zielgrößen	Geräusch	--	o	+	++
	Verschleiß	o	o	++	+
	Wirkungsgrad	+	++	-	++
	Kosten	++	+	o	-

Abbildung 11.2-11 Beispiel eines Matrixdiagramms

Mögliche Schwierigkeiten und Probleme

Matrixdiagramme können sehr schnell unübersichtlich werden, insbesondere bei vielen Merkmalen für die einzelnen Dimensionen. So ergeben sich bei zwei Dimensionen mit je acht Merkmalen bereits 64 Abhängigkeiten, die es zu untersuchen gilt. Es besteht die Gefahr, dass insbesondere später diskutierte Dimensionen nicht mehr korrekt eingeordnet werden.

Ergänzende Methoden

Matrixdiagramme ähneln in der Veranschaulichung von Abhängigkeiten in Matrizen dem Qualtiy Function Deployment (QFD). Zur Identifikation der Merkmale einzelner Dimensionen können Kreativitätstechniken, wie Brainstorming oder Mind-Mapping, genutzt werden.

11.2.12 Baumdiagramm

Ziel der Methode

Das Baumdiagramm dient der Veranschaulichung von Aufgaben oder Problemstellungen. Dazu werden einzelne Lösungsvorschläge in einer Baumstruktur bis auf mögliche Arbeitspakete und Maßnahmen heruntergebrochen. Die Nutzung der Methode fördert eine klare Strukturierung bei der Planung von Aufgaben und hilft dabei, Abhängigkeiten zwischen Lösungsalternativen aufzuzeigen. Sie ermöglicht so die effiziente Identifikation sinnvoller Lösungsansätze.

Vorgehensweise und eingesetzte Werkzeuge

Die Erstellung eines Baumdiagramms erfolgt i. d. R. an einer Pinnwand im Rahmen eines Workshops mit mehreren Mitarbeitern. Im ersten Schritt wird das zu untersuchende Thema in einer für alle Teilnehmer eindeutigen Beschreibung auf eine Karte geschrieben und auf die linke (horizontales Baumdiagramm) oder obere (vertikales Baumdiagramm) Seite der Pinnwand geheftet. Anschließend werden in direktem Zusammenhang stehende Herangehensweisen zur Lösung ermittelt; dies kann moderiert in der Gruppe (z. B. Brainstorming), einzeln oder als Ergebnis einer vorangegangenen Strukturierung (z. B. Relationendiagramm) erfolgen. Diese Herangehensweisen bilden die erste Ebene des Baumdiagramms und werden neben die Themenkarte gestellt. Die Herangehensweisen der ersten Ebene sollten von übergeordnetem Charakter und entsprechend nicht zu speziell formuliert sein, um weitere Ebenen zu ermöglichen.

Im nächsten Schritt wird für jeden Punkt der ersten Ebene gefragt, wie dieser erreicht werden kann. Die Antworten werden auf Karten notiert und erweitern den Baum um die nächste Ebene. Dieses Vorgehen kann beliebig weitergeführt werden, es gilt hierbei, im Sinne der Übersichtlichkeit, einen guten Kompromiss aus Detailtiefe und Abstraktion zu wählen. Die unterste Ebene sollte in jedem Fall konkrete Maßnahmen enthalten, die zur Umsetzung geeignet sind.

Der letzte Schritt bei der Erstellung eines Baumdiagramms ist eine Überprüfung auf Plausibilität und Vollständigkeit. Diese erfolgt mit dem gesamten Team, sodass als Ergebnis ein im Konsens gefundenes Diagramm entsteht. Die einzelnen Maßnahmen können anschließend bewertet und in dem Team als Aufgaben zur Umsetzung verteilt werden.

Mögliche Schwierigkeiten und Probleme

Die Erstellung eines Baumdiagramms erfordert Kompetenzen in verschiedenen Detailebenen. Es kann daher notwendig sein, für ein vollständiges Diagramm unterschiedliche Sitzungen einzuberufen oder Mitarbeiter sehr unterschiedlicher Ebenen in die Diagrammerstellung mit einzubeziehen.

Ergänzende Methoden

Das Baumdiagramm greift u. a. auf Kreativitätstechniken (z. B. Brainstorming und -writing) und Strukturierungsansätze (z. B. Relationendiagramm) zurück.

11.2.13 Netzplan

Ziel der Methode

Ein Netzplan dient der zeitlichen Planung von Projekten. Die Darstellung eines Projektes in einem Netzplan erlaubt die Abschätzung der Gesamtdauer sowie des Beginns und Abschlusses einzelner Phasen. Der Netzplan gibt zudem Aufschluss über zeitkritische Abhängigkeiten zwischen einzelnen

D

Projektmaßnahmen und ermöglicht so eine systematische Verteilung von Ressourcen (Abbildung 11.2-12).

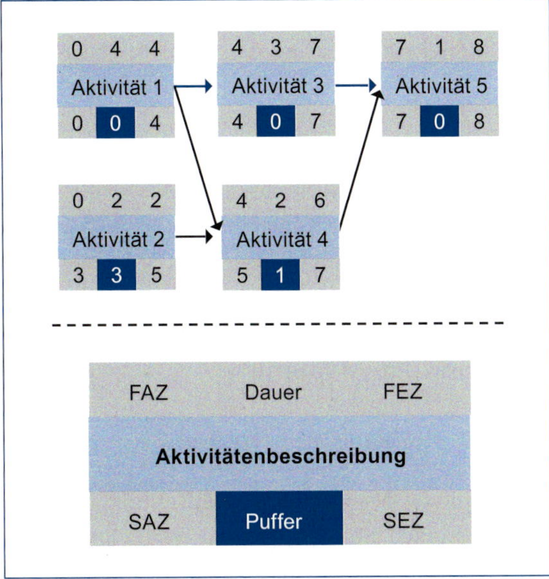

Abbildung 11.2-12 Beispiel eines Netzplans

Vorgehensweise und eingesetzte Werkzeuge

Für die Erstellung eines Netzplans ist es notwendig, alle zur Erreichung des Projektziels erforderlichen Vorgänge zu sammeln und auf Karten zu notieren. Anschließend gilt es, diese Projektschritte zu Gruppen zu sortieren, die inhaltlich aufeinander aufbauen. Zuerst werden alle Projektschritte linksbündig untereinander auf eine Pinnwand geheftet, die ohne weitere Voraussetzungen zu Beginn des Projektes geleistet werden können. Rechts, neben diesen Schritten, wird die zweite Gruppe angeheftet, für welche die Vorgänge der ersten Gruppe abgeschlossen sein müssen. Diese Schritte werden so lange wiederholt, bis alle Karten auf der Pinnwand platziert sind. Entsprechend der Gruppen ergeben sich so vertikale Gruppen von Karten, die Projektphasen zuzuordnen sind.

Im nächsten Schritt werden die Karten der verschiedenen Phasen durch Pfeile verbunden, die eine Abhängigkeitsbeziehung aufzeigen. Dabei werden die Karten zusätzlich von oben nach unten und von links nach rechts durchnummeriert.

Für jeden Vorgang wird die zur Bearbeitung notwendige Dauer ermittelt. Zur Identifikation des zeitkritischen Pfades werden, von links ausgehend, für jeden Vorgang frühestmöglicher Anfangs- und Endzeitpunkt (FAZ und FEZ) durch Addition vorangegangener Endzeitpunkte und Vorgangsdauern ermittelt. Sind mehrere Vorgänge Voraussetzung für einen nachfolgenden, so wird der spätere Endzeitpunkt als Eingangsgröße gewählt. Zusätzlich werden die spätestmöglichen Anfangs- und Endzeitpunkte (SAZ und SEZ) durch Subtraktion der Vorgangsdauern von dem spätesten Endzeitpunkt, ausgehend von rechts, ermittelt. Der zeitkritische Pfad ergibt sich dort, wo bei den Projektschritten FAZ = SAZ und FEZ = SEZ sind, d. h. wo der Puffer = 0 ist. Auf diesem Pfad wirken sich Änderungen an der Vorgangsdauer direkt auf die Gesamtzeit des Projektes aus. Alle anderen Projektschritte können innerhalb der frühest- und spätestmöglichen Zeitpunkte frei terminiert werden. Neben dieser Vorgangs-Knoten-Darstellung (MPM-Methode) existieren noch weitere Verfahren zur Netzplanerstellung, wie die Vorgangs-Pfeil-Darstellung (CPM-Methode) sowie Verfahren zur Berücksichtigung von Unsicherheiten bzgl. Vorgangsdauern (PERT-Methode).

Mögliche Schwierigkeiten und Probleme

Gerade bei komplexen Projekten kann die Erstellung eines Netzplans auf einer Pinnwand schnell unübersichtlich werden. Es gibt mittlerweile zahlreiche Computerprogramme, die durch Berechnung und grafische Darstellung die Erstellung stark vereinfachen.

Ergänzende Methoden

Der Netzplan ist ein Werkzeug des Projektmanagements und wird häufig durch einen Meilenstein- und Balkenplan sowie Methoden zur Ressourcenabschätzung ergänzt.

11.2.14 Problem-Entscheidungs-Plan

Ziel der Methode

Ein Problementscheidungsplan dient der präventiven Absicherung von Projekten. Die Identifikation und Analyse von Problemen in der Planungsphase ermöglicht in der oftmals zeit- und ressourcenkritischen Projektbearbeitung den Zugriff auf bereits fertig vorbereitete Lösungspläne.

Vorgehensweise und eingesetzte Werkzeuge

Zur Erstellung eines Problementscheidungsplans ist es erforderlich, das Projekt in einzelne Schritte strukturiert zu haben. Hierzu bietet sich z. B. das Baumdiagramm oder der Netzplan an. Zu den einzelnen Schritten des Projektes werden mögliche Problemstellungen identifiziert. Dies können z. B. fehlerhafte Informationen für den jeweiligen Prozessschritt oder Schwierigkeiten bei der Umsetzung sein. Die Identifikation der Problemstellungen kann mit gängigen Kreativitätstechniken erfolgen. Für jede Problemstellung werden anschließend Gegenmaßnahmen ermittelt. Finden sich zu einer Problemstellung mehr als eine Gegenmaßnahme, so muss die beste Lösung innerhalb des Projektteams festgelegt werden. Jeder Gegenmaßnahme werden Personen zugeordnet, die diese im Fall des Problemauftretens ausführen. Die gefundenen Problemstellungen, mit den Gegenmaßnahmen und den benannten Personen, müssen dokumentiert werden, damit sie bei der Bearbeitung des Projektes rechtzeitig zur Verfügung stehen.

Mögliche Schwierigkeiten und Probleme

Wie gut ein Problementscheidungsplan ist, hängt maßgeblich von der Güte der Projektstrukturierung ab. Unabhängig davon, können nicht alle möglichen Schwierigkeiten bei der späteren Umsetzung eines Projektes im Vorfeld antizipiert werden.

Ergänzende Methoden

Die Methode des Problementscheidungsplans ähnelt der Fehlermöglichkeits- und Einflussanalyse (FMEA).

11.2.15 Mind-Mapping

Ziel der Methode

Die Methode des Mind-Mapping ermöglicht Problemstellungen und komplexe Sachverhalte übersichtlich zu strukturieren, in dem Zusammenhänge und deren Wirkrichtungen visualisiert werden. Die Darstellung in Form einer Baumstruktur sowie die unterschiedlich detaillierten Abstraktionsebenen des Problems, ermöglichen ein sehr tiefes und grundlegendes Eindringen in einen Problembereich, ohne dabei den Überblick zu verlieren. Die Methode unterstützt gleichzeitig die systematisch-analytische sowie die intuitive Ideenfindung und kann sowohl von Einzelpersonen als auch in der Gruppe angewendet werden [BACK07].

Vorgehensweise und eingesetzte Werkzeuge

Für die Erstellung einer Mind-Map ist ein ausreichend großes Dokument hilfreich, um auch eine große Anzahl von Ideen aufnehmen zu können.

Die Problemstellung bzw. das Thema wird in möglichst knappen Worten in der Mitte des Dokuments fixiert und eingekreist. Von diesem Zentrum gehen die mit Blockbuchstaben beschrifteten

Hauptäste aus, die das Thema in einzelne Ideenbereiche aufgliedern. An den Hauptästen werden wiederum beliebig viele Zweige und Nebenzweige angefügt, die einzelne Ideen und Ideengruppen darstellen (Abbildung 11.2-13). Die einzelnen Äste und Zweige sollten dabei auf keinen Fall mit ganzen Sätzen, sondern mit entsprechenden Stichwörtern, Symbolen und kleinen Zeichnungen versehen werden. Das Weglassen erklärender Worte ermöglicht das Visualisieren von komplexen Zusammenhängen in kürzester Zeit. Außerdem reichen Stichwörter und Symbole häufig aus, um die nötigen Informationen, Gedankenbilder und Assoziationen für eine Idee zu dokumentieren. Um Zugehörigkeiten besser darzustellen und wichtige Aspekte deutlicher hervorzuheben, können verschiedene Farben bei der Gestaltung einer Mind-Map nützlich sein [SVAN10].

Nach der Fertigstellung der Mind-Map können durch Nummerierungen Prioritäten gesetzt und Bearbeitungsreihenfolgen festgelegt werden [SCHL99].

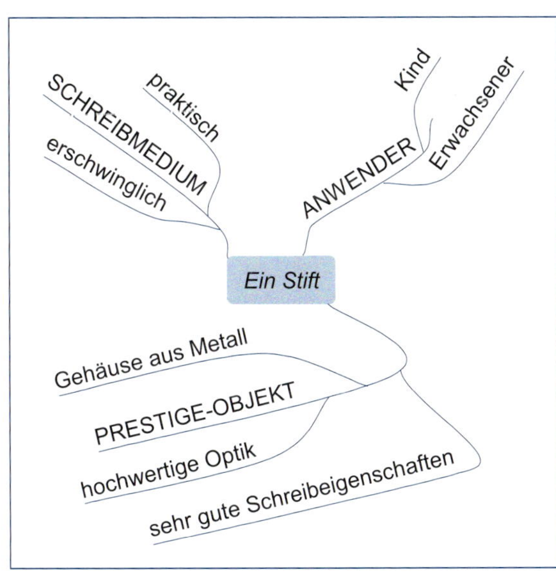

Abbildung 11.2-13 Beispiel einer Mind-Map

Mögliche Schwierigkeiten und Probleme

Auch wenn immer mehr Software zum Anfertigen von Mind-Maps erhältlich ist, ist deren Erstellung am Computer gerade für Anfänger nicht empfehlenswert, da ein Bildschirm eine höhere Distanz schafft, als ein Blatt Papier, und die Anregung des Gehirns durch die eigene Schrift, die Farben und persönliche Symbole und Bilder entfällt [BACK07].

Ergänzende Methoden

Das Mind-Mapping ähnelt einem strukturierten *Brainstorming.*

11.2.16 Brainstorming

Ziel der Methode

Als die am weitesten verbreitete Kreativitätstechnik, dient das Brainstorming dem Sammeln von Ideen, Argumenten und Lösungsvorschlägen zu einem beliebigen Thema. Das intuitive, schöpferische Denken und die freie Fantasie der Teilnehmer wird durch das Vermeiden negativer Kritik und durch das Aufgreifen und Weiterentwickeln der Ideen anderer Teilnehmer gefördert. Dies führt unter Einhaltung weiterer Spielregeln zu einer großen Anzahl von Lösungsvorschlägen [BACK07].

Vorgehensweise und eingesetzte Werkzeuge

Idealerweise umfasst die Brainstorming-Gruppe fünf bis sieben Teilnehmer und ist interdisziplinär bzw. aus einer Mischung von Fachleuten und Laien und möglichst auch gemischtgeschlechtlich besetzt.

Nach der Erläuterung des zu behandelnden Themas bzw. Problems entwickelt jedes Teammitglied so viele Ideen wie möglich. Diese können entweder auf Karten festgehalten oder mündlich vorgetragen und von einem Moderator bzw. Protokollanten notiert werden.

Dabei sind die folgenden Regeln zu beachten [SCHL04]:

- Jegliche verbale und nonverbale Kritik oder Wertung der geäußerten Ideen wird auf später verschoben, um den Ideenfluss nicht zu unterbrechen und die Teilnehmer zu frustrieren oder zu blockieren.
- Die Ideen anderer Teilnehmer können und sollen aufgegriffen und weiterentwickelt werden. Die Teilnehmer haben kein Urheberrecht auf ihre Ideen.
- Der Fantasie und den Assoziationen sollte freier Lauf gewährt werden, um neue und originelle Ideen zu erzielen.
- Es sollten möglichst viele Ideen in kurzer Zeit produziert werden, d.h. Quantität vor Qualität. Dadurch erhöht sich die Wahrscheinlichkeit, ausreichend gute Ideen zu finden, und langatmige Erklärungen und Monologe werden vermieden.

Der Moderator legt das Ende des Brainstormings fest, wenn sich auch nach Reizfragen keine weiteren Ideen mehr einstellen.

Mögliche Schwierigkeiten und Probleme

Hierarchische Unterschiede zwischen den Teilnehmern oder exponierte Fachautoritäten in der Gruppe können zu Hemmungen und Blockaden in einem Brainstorming führen [BACK07].

Ergänzende Methoden

Die Regeln des Brainstormings sowie das Brainstorming selbst kommen in vielen weiteren (Kreativitäts-)Methoden zum Einsatz (Brainwriting, *6-Hüte-Denken*, TRIZ, o. Ä.).

11.2.17 Morphologischer Kasten

Ziel der Methode

Die Methode unterstützt die Lösung eines Problems durch dessen Zerlegung in abgegrenzte Teilaspekte, die dann jeweils in ihren Ausprägungen variiert werden und durch gezielte Rekombination zu neuen Lösungswegen führen können, die möglicherweise sehr nah an einem Lösungsoptimum liegen. Außerdem werden so die Defizite bisheriger Lösungen schnell erkannt und dem Verharren auf einer vermeintlich guten Lösung entgegengewirkt [BACK07].

Vorgehensweise und eingesetzte Werkzeuge

Nach der Analyse und Definition des Problems bzw. der Fragestellung, werden die beeinflussenden Parameter bestimmt und in die erste Spalte des Morphologischen Kastens eingetragen. Dabei ist auf deren logische Unabhängigkeit, allgemeine Gültigkeit und Relevanz zu achten. Das heißt, die Parameter dürfen sich nicht gegenseitig bedingen, sie sollten auf sämtliche Lösungen und nicht nur eine Teilmenge zutreffen, und müssen für alle Lösungen relevant sein [SCHL04].

Anschließend werden die Ausprägungen der einzelnen Parameter rechts neben den Parametern eingetragen. Die Anzahl der Parameter und Ausprägungen sollte maximal zwischen fünf und zehn liegen, da die sonst hohe Anzahl an Lösungsmöglichkeiten nicht mehr handhabbar ist.

Durch die verschiedenen Kombinationen einzelner Ausprägungen ergeben sich zahlreiche Lösungen, die mit einer Linie verbunden werden (Abbildung 11.2-14). Abschließend können technisch oder wirtschaftlich uninteressante Lösungen ausgeschlossen werden.

Problem: *Design eines neuen Stiftes*

Parameter	Lösungsansätze		
Modell	*Füller*	*Tintenroller*	*Kugelschreiber*
Gehäuse	*Holz*	*Metall*	*Kunststoff*
Farbe	*weiß*	*schwarz*	*silber*
Bauart	*klein*	*mittel*	*groß*
Preis	*25 €*	*50 €*	*100 €*

Abbildung 11.2-14 Beispiel eines Morphologischen Kastens

Mögliche Schwierigkeiten und Probleme

Bei der Bestimmung der Ausprägungen, ist zu beachten, dass auch Ausprägungen, die für sich allein stehen, keine optimale Lösung darstellen, aber in der Kombination mit anderen Ausprägungen zu sehr guten Gesamtlösungen führen können. Daher ist ein vorschnelles Verwerfen, Kritisieren oder Bewerten der Ausprägungen zu vermeiden [BACK07].

Da der Schwierigkeitsgrad der Methode sowohl für die Gruppenanwendung als auch für die Einzelbearbeitung als relativ hoch eingestuft wird, sollte die Erstellung eines Morphologischen Kastens durch Fachleute oder mit der Unterstützung eines erfahrenen Moderators erfolgen [BACK07].

Ergänzende Methoden

Die für die Bestimmung der Parameter erforderliche Erhöhung des Problemverständnisses, kann durch die Anwendung der *Mind-Mapping*-Methode unterstützt werden.

11.2.18 Progressive Abstraktion

Ziel der Methode

Durch die mehrfache Anwendung der zentralen Frage: „Worum geht es tatsächlich?“, wird, ausgehend von einem Ursprungsproblem, schrittweise ein höheres Abstraktionsniveau eines Problems erreicht und somit eine systematische Problemerkennung durchgeführt. Die Entfernung vom Ursprungsproblem und die damit verbundene Veränderung der Perspektive ermöglicht das Finden neuer Lösungen [BACK07].

Vorgehensweise und eingesetzte Werkzeuge

Für die Durchführung der progressiven Abstraktion ist es ratsam, einen Moderator und einen Protokollanten hinzuzuziehen und die Gruppenstärke auf fünf bis sieben Personen zu beschränken.

Ausgehend von der Definition des Ursprungsproblems, werden in Form eines Kurz-Brainstormings erste Ursachen und zugehörige mögliche Lösungen identifiziert. Anschließend werden in einer kurzen Kritikphase, die bisher gefundenen Lösungen bewertet und die Teilnehmer für die tiefer liegenden Ursachen sensibilisiert. Nun wird mittels der Frage: „Worauf kommt es eigentlich an?“, eine abstrahierte Problemformulierung gefunden, die einen größeren Einflussbereich als die ursprüngliche betrachtet.

Durch ein weiteres Kurz-Brainstorming werden mögliche Lösungen für die abstrahierte Problemformulierung gesammelt. Erneut werden die gefundenen Lösungen kritisiert und die o. g. Frage gestellt, um auf ein höheres Abstraktionsniveau zu gelangen.

Diese Schritte werden so lange wiederholt, bis eine zufriedenstellende Durchdringung des Problems erreicht ist. Das Ende ist außerdem erreicht, wenn die Problemlösungen außerhalb des Einflussbereiches der Problemlösungsgruppe bzw. des Unternehmens liegen [SCHL04].

Mögliche Schwierigkeiten und Probleme

Eine große Herausforderung bei dieser Methode ist das richtige und gezielte Abstrahieren, das ggf. geschulte und erfahrene Teammitglieder erfordert, um sich nicht von der eigentlichen Problemstellung zu entfernen.

Außerdem kann es sinnvoll sein, die allgemeine Fragestellung: „Worauf kommt es eigentlich an?", durch speziellere, mit der Zielsetzung des Unternehmens gekoppelte Fragen zu ersetzen, um mit den Antworten bzw. den gefundenen Lösungen nicht über den Kompetenz- und Maßnahmenbereich der Problemlösungsgruppe oder des Unternehmens hinauszureichen [SCHL04].

Ergänzende Methoden

Zum Erkennen eines Problems eignen sich außerdem noch die Methoden *Mind-Mapping* und das *6-Hüte-Denken*.

11.2.19 6-Hüte-Denken

Ziel der Methode

Die Methode ermöglicht durch eine spielerische „Rollenübernahme" anderer Denk- und Wahrnehmungsperspektiven, ein komplexes Problem oder eine Fragestellung innerhalb einer Gruppendiskussion aus verschiedenen Blickwinkeln anzugehen, die dabei durch verschiedenfarbige Hüte repräsentiert werden (Abbildung 11.2-15) [BACK07].

Vorgehensweise und eingesetzte Werkzeuge

Zunächst werden den Teilnehmern die Methode und die Regeln des 6-Hüte-Denkens sowie die ge-

Die 6-Hüte-Farben	
Weißer Hut	Neutralität und Fakten
Gelber Hut	Optimismus und Bejahen
Schwarzer Hut	Bedenken und Zweifel
Roter Hut	Gefühle und Intuition
Grüner Hut	Kreativität und neue Ideen
Blauer Hut	Distanz und Kontrolle

Abbildung 11.2-15 Die Bedeutung der sechs Hut-Farben

forderten Eigenschaften der Denk- und Wahrnehmungsperspektive jeder Farbe erläutert. Anschließend wird das zu betrachtende Problem oder die Frage für alle sichtbar aufgeschrieben.

Ein Moderator gibt entsprechend der Art, in der die Gruppe denken soll, einen Hut (Armband oder Tischkärtchen) in der jeweiligen Farbe vor. Die durch den Hut bestimmte Perspektive wird nun von der gesamten Gruppe gleichzeitig eingenommen. Gegebenenfalls wird der Gruppe durch die Nennung von Beispielen das Einstellen auf die einzunehmende Perspektive erleichtert.

Anschließend führt die Gruppe aus der jeweiligen Perspektive heraus, ein ca. fünfminütiges Brainstorming durch. Die entwickelten Vorschläge und Ideen werden für jede Perspektive auf einem eigenen Flipchartblatt dokumentiert. Nach jedem Perspektivenwechsel werden die bisherigen Ergebnisse verdeckt, da sie die aktuelle Wahrnehmungsperspektive beeinflussen oder stören könnten.

Nachdem entsprechend der Hüte alle Perspektiven eingenommen wurden, werden die Ergebnisse nebeneinander aufgehängt und das entstandene Gesamtbild von der Gruppe diskutiert und reflektiert.

Nach einem vollständigen Durchlauf aller Perspektiven, können in einer zweiten Phase bestimmte Hüte noch einmal gezielt aufgesetzt werde [BONO06].

Alternativ zum beschriebenen Vorgehen kann auch jeder Teilnehmer in einer 6-Hüte-Diskussion einen Hut (eine Perspektive) übernehmen und aus dieser heraus diskutieren [BACK07].

Mögliche Schwierigkeiten und Probleme

Unterscheiden sich die Gruppenmitglieder stark hinsichtlich ihres Temperaments, können einzelne Perspektiven ggf. überbetont werden. Außerdem wird der Gewinn an Offenheit zum Teil durch theatralisches Verhalten erkauft, da die Rollen gerne übersteigert dargestellt werden [BACK07].

Ergänzende Methoden

Zum Finden von Lösungsalternativen werden auch die *Methode 635* und die *Reizwortanalyse* verwendet.

11.2.20 Reizwortanalyse

Ziel der Methode

Die Reizwortanalyse ist eine Methode, welche die Intuition fördert, indem sie die Anwender dazu anregt, sich mit problemfremden Dingen und Ereignissen des Umfelds aufmerksam auseinanderzusetzen, um so durch Strukturübertragungen, Analogiebildungen oder Abstraktionen neue Lösungsansätze zu entwickeln [BACK07].

Vorgehensweise und eingesetzte Werkzeuge

Nach einer umfassenden Definition des Problems erfolgt ein Kurz-Brainstorming, in dem alle spontanen Ideen für eine Problemlösung gesammelt werden.

Anschließend werden bis zu zehn problemfremde Reizwörter ausgesucht. Dies kann z.B. mithilfe eines kurzen Begriffs-Brainstormings, dem willkürlichen Aufschlagen eines Buches oder Lexikons und Auswählen des ersten Hauptwortes, sowie dem blinden Tippen auf eine zufällig aufgeschlagene Seite eines Versandhauskatalogs erfolgen [SCHL04].

Das erste identifizierte Reizwort wird analysiert, indem die darin gefundenen Funktionen, Eigenschaften, Prinzipien, Abläufe, Formen, Gestaltungen, Handhabungen, Merkmale und Ausprägungen aufgelistet werden. Diese werden als Reizwortelemente bezeichnet. (Beispiel: Ein „Eichhörnchen" klettert, ist schnell, lebt auf Bäumen, sammelt Vorräte etc.)

Im Anschluss werden Beziehungen zwischen den zuvor gefundenen Reizwortelementen und dem gestellten Problem hergestellt, um mögliche neue Lösungsansätze abzuleiten. Dieses Vorgehen wird für jedes Reizwort wiederholt. (Beispiel: „Welche Eigenschaften des Eichhörnchens lassen sich auf unser Vorhaben übertragen?")

Mögliche Schwierigkeiten und Probleme

Die Reizwortanalyse kann von Einzelpersonen und Gruppen gleichermaßen angewendet werden. Um sie jedoch wirkungsvoll einzusetzen, ist trotz ihrer Einfachheit eine gewisse Übung erforderlich.

Bei der Auswahl der Reizobjekte ist zu beachten, dass diese bei technischen bzw. körperlich-gestalthaften Problemen möglichst gegenständlicher Art sein sollten, da sich sinnhafte Elemente meist nicht mit technischen Dingen verbinden lassen. Für strategische, Kommunikations- und nicht technische Probleme hingegen, eignen sich als Reizobjekte Ereignisse aus dem Gesellschaftsleben der Gegenwart und Geschichte [SCHL04].

Ergänzende Methoden

Für das Finden von Lösungsalternativen eines erkannten Problems eignen sich ebenfalls die *635-Methode* sowie das *6-Hüte-Denken*.

11.2.21 Methode 635

Ziel der Methode

Die *Methode 635* ist eine schriftliche Ideenfindungsmethode, die dazu dient, Ideen anderer Teammitglieder aufzugreifen und weiterzuentwickeln, um so die Ideenqualität zu steigern. Bei dieser Brainwriting-Methode werden alle Gruppenmitglieder aktiviert, indem die vorzugsweise 6 Teilnehmer jeweils 3 Ideen in Zeitintervallen von je 5 Minuten aufschreiben, wodurch in kurzer Zeit eine große Menge an Lösungsvorschlägen generiert wird [BACK07, SCHL04].

Vorgehensweise und eingesetzte Werkzeuge

Nach der Vorstellung des Problems, wird es kurz gemeinsam diskutiert und eine exakte Problemformulierung festgehalten.

Die Teilnehmer tragen nun innerhalb von 5 Minuten jeweils 3 Ideen in die oberste Zeile eines Formulars ein (Abbildung 11.2-16). Anschließend werden die Formulare z.B. im Uhrzeigersinn weitergegeben, sodass nun jeder das Formular und damit die Ideen seines Nachbarn vor sich liegen hat. In der zweiten Zeile des Formulars kann nun jeder Teilnehmer in 5 weiteren Minuten wiederum 3 Ideen niederschreiben, die entweder eine Ergänzung oder Variation der Vorgängerideen darstellen, oder aber gänzlich neu sein können.

Die Formulare werden nun so lange in dieselbe Richtung weitergegeben, bis jeder Teilnehmer jedes Formular einmal beschrieben hat.

Vor einer Analyse der Vorschläge können die Formulare zur Ideenbewertung noch einmal herumgereicht werden, damit jeder Teilnehmer die für ihn erfolgversprechendsten Vorschläge ankreuzen kann. Danach werden die Lösungsvorschläge von den Teilnehmern erläutert und diskutiert.

Problem: *Innovationen für neuen Tintenroller*

Teilnehmer: *TN1, TN2, TN3, TN4, TN5, TN6*

	Ideen zur Lösung des Problems		
TN1	3 Minen in einem Stift	Laserpointer im Stift	Tintenlade-station
TN2	Stift mit LED-Licht	Stift mit Text-Speicher	Stift mit Löschfunktion
TN3	...	...	...
TN4	...	...	...
TN5	...	...	...
TN6	...	...	...

Abbildung 11.2-16 Beispiel eines Formulars der Methode 635

Mögliche Schwierigkeiten und Probleme

Für einen reibungslosen Ablauf der Methode sollten nicht nur störende Zwischengespräche vermieden, sondern auch auf eine deutliche Schrift und verständliche Formulierung geachtet werden.

Abweichend vom Idealfall von 108 produzierten Ideen, kann es bei nahe liegenden Ideen zu einer Reihe von Mehrfachnennungen kommen. Ebenso können Leerfelder auftreten, wenn Teilnehmern die verfügbare Zeit für die Generierung von drei Ideen nicht ausreichte. Deshalb sollten die Zeitintervalle in späteren Runden etwas verlängert werden, um die große Anzahl der Vorgängerideen lesen und gedanklich verarbeiten zu können [SCHL04].

D

Ergänzende Methoden

Ein Anknüpfen an die Ideen der anderen Teilnehmer und das Bilden von Analogien erfolgt ebenso beim *Brainstorming.*

11.3 8D-Methode

Ziel der Methode

8D bezeichnet eine Standardmethode zur systematischen Analyse und Behebung von Problemen, mit noch unbekannter bzw. nicht unmittelbar ersichtlicher Ursache. Entwickelt wurde die Methode in der Automobilbranche und hat sich dort vor allem im Bereich der Reklamationsabwicklung, etwa bei Nichtkonformitäten, Kundenbeschwerden oder häufig wiederkehrenden Problemen, etabliert. 8D steht hierbei für 8 Disziplinen, die für eine Problemlösung notwendig sind. 8D setzt vor allem auf einen fakten- und teamorientierten Lösungsprozess. So ist das Ziel der Methode, die Grundursache des auftretenden Problems zu ermitteln und abzustellen, statt lediglich die Auswirkungen zu überdecken. Hierzu gibt die 8D-Methode einen entsprechend der Richtlinien des VDA festgelegten, 8-schrittigen Algorithmus zur Problembewältigung sowie zur gleichzeitigen Dokumentation des Fortschritts im sogenannten 8D-Bericht vor. Im Verlauf des Problemlösungsprozesses wird mithilfe des 8D-Berichts zugleich ein Aktionsplan für den weiteren Verlauf aufgestellt.

Vorgehensweise und eingesetzte Werkzeuge

Das Vorgehen zur Problemlösung gemäß der 8D-Methode ist folgendermaßen definiert [VDA03] (Abbildung 11.3-1):

Zunächst wird im *1. Schritt* ein Team zur Lösung des Problems zusammengestellt. Hierbei ist

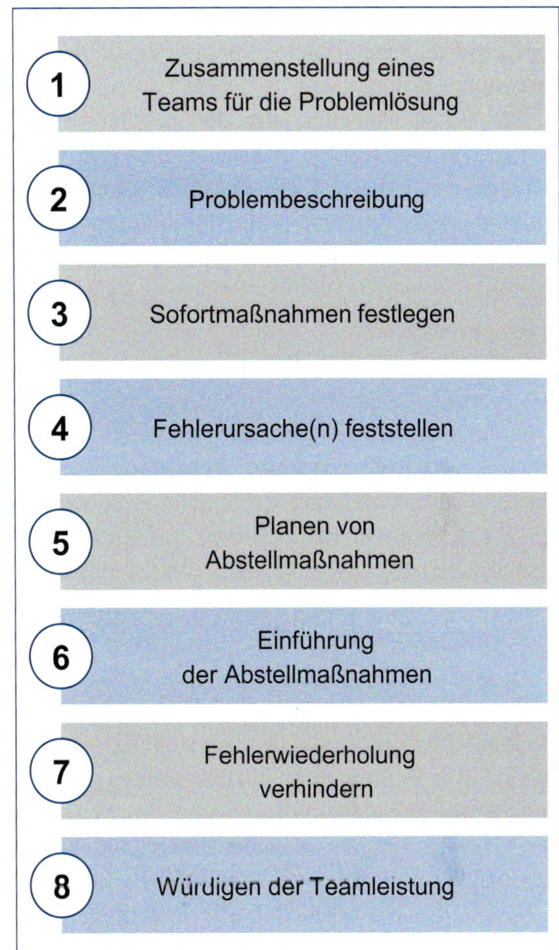

Abbildung 11.3-1 Die 8D-Methode

darauf zu achten, dass die Teammitglieder bzgl. der Problemstellung über ausreichende Prozess- und Produktkenntnisse verfügen sowie genügend Motivation und zeitliche Ressourcen für die Bearbeitung der Aufgabe mitbringen. Zudem ist die Ernennung eines offiziellen Paten (Champion) für das Team vorgesehen.

In *Schritt 2* erfolgt eine möglichst exakt definierte und hinreichend quantifizierte Beschreibung des beim Kunden vorliegenden Problems. Dies geschieht anhand statistischer Daten und entsprechender Analysen. Zudem soll hier auch das Ausmaß des Problems erfasst werden, etwa die Anzahl betroffener Produkte etc.

Zur Schadensbegrenzung sieht der darauf folgende *Schritt 3* das Veranlassen temporärer Maßnahmen vor, mit dem Ziel, die Auswirkungen des Problems vom Kunden fernzuhalten oder ggf. auch eine entsprechende Kundenbetreuung durchzuführen, etwa bei bereits erfolgter Auslieferung defekter Teile. Insbesondere ist hierbei auch die Wirkung der veranlassten Maßnahmen ständig zu überprüfen.

Nun können in *Schritt 4* die möglichen Fehlerursachen ermittelt werden. Durch Vergleiche mit der Problembeschreibung sowie anhand vorliegender Daten, können Rückschlüsse auf die Grundursache gezogen werden, z.B. mittels Ishikawa-Diagramm oder FMEA. Anhand von Tests und Experimenten gilt es, die Annahmen zu beweisen.

In *Schritt 5* werden mögliche Abstellmaßnahmen ausgewählt und auf ihre Wirksamkeit im Hinblick auf die vorliegende Problemstellung getestet. Die Schritte 4 und 5 werden dabei so lange durchlaufen, bis eine dauerhafte Lösung des Problems aus Sicht des Kunden sichergestellt ist, unter Vermeidung etwaiger unerwünschter Nebeneffekte.

Schritt 6 sieht schließlich die Erstellung eines Aktionsplans zur Einführung der ermittelten Abstellmaßnahmen vor. Flankierende Maßnahmen zur Absicherung der Wirksamkeit werden festgelegt, und wenn nötig, geeignete fortlaufende Kontrollen zur kontinuierlichen Überwachung der Abstellmaßnahmen bestimmt. Der Aktionsplan wird anschließend durchgeführt, seine Auswirkungen beim Kunden werden überprüft und ggf. weitergehende Maßnahmen festgelegt.

Wurde die Ursache des beim Kunden vorgelegenen Problems nachweislich abgestellt, werden im *7. Schritt* die Schwachstellen im vorhandenen System ermittelt, welche den Fehler ermöglicht haben, sowie Maßnahmen ergriffen, die das Wiederholen des Fehlers bzw. ähnlicher Fehler verhindern. Hierzu bedarf es einer Modifizierung der bestehenden Steuerungs- und Managementsysteme sowie der Anweisungen und Arbeitsabläufe, um dem erneuten Auftreten der Probleme effektiv entgegenzuwirken.

Im *8. Schritt* werden schließlich die Ergebnisse und Erfahrungen publiziert sowie die Leistung des Teams gewürdigt. Das Erlernte wird rekapituliert, um daraus Schlüsse zur Behandlung zukünftiger Problemstellungen zu ziehen.

Mögliche Schwierigkeiten und Probleme

Um die 8D-Methode effizient nutzen zu können, bedarf es eingängiger Schulungen des ausführenden Personals, sowohl in 8D selbst als auch in allen weiteren Tools, die zu Analyse- und Problemlösungszwecken im Rahmen des Prozesses benötigt werden. Dies kann sich mitunter äußerst zeitraubend und aufwendig gestalten. Deshalb ist im Vorfeld immer erst zu prüfen, ob die vorliegende Situation einer 8D-Problemlösung bedarf, oder nicht auf andere Methoden zurückgegriffen werden sollte.

Ergänzende Methoden

- Six Sigma
- Ishikawa-Diagramm
- FMEA

11.4 Advanced Product Quality Planning (APQP)

Ziel der Methode

In Kapitel 8.3 des Entwurfs der ISO 9001:2015 (ehemals Kapitel 7.1 der ISO 9001:2008) wird von Unternehmen bei der Entwicklung von Produkten

D

und Dienstleistungen die Einführung, Umsetzung und Aufrechterhaltung eines Entwicklungsprozesses gefordert. Diese Forderung soll durch Beachtung von Elementen der Entwicklungsplanung, Entwicklungseingaben, Entwicklungssteuerung, Entwicklungsergebnisse und Entwicklungsänderungen erfüllt werden [DIN15]. Als eine Möglichkeit, diese Absicherung der Produkt- und Dienstleistungsentwicklung zu erfüllen, wird in Ergänzung zur ISO 9001 in der ISO/TS 16949:2009 auf die Qualitätsvorausplanung verwiesen [ISO09]. Die Qualitätsvorausplanung ist auch unter dem Akronym APQP bekannt, welches für Advanced Product Quality Planning steht. APQP ist Teil der amerikanischen Richtlinie QS-9000 – Quality System Requirements (Qualitätsmanagement-System-Forderungen), die die Basis für die Erstellung eines Qualitätsmanagement-Handbuches darstellt. Die Methode APQP wurde gemeinsam durch Chrysler, Ford und General Motors entwickelt und ist in der QS 9000 im Referenzdokument APQP standardisiert. Sie bezeichnet eine von der amerikanischen Automobilindustrie geforderte Richtlinie zur Erarbeitung eines umfassenden Qualitätsplans. Dieser Qualitätsplan soll die Sicherstellung der Kundenzufriedenheit während der Entwicklung eines Produktes oder einer Dienstleistung unterstützen. In der deutschsprachigen Übersetzung des Referenzhandbuches APQP wird Advanced Product Quality Planning mit Produktqualitätsvorausplanung übersetzt, wobei sich der Begriff Qualitätsvorausplanung bislang überwiegend durchgesetzt hat. Durch den Verband der Automobilindustrie VDA, wird mit dem VDA-Band 4, „Sicherung der Qualität in der Prozesslandschaft“, Teil 3, eine vergleichbare Richtlinie zum APQP gestellt. Die Methode lässt sich prinzipiell auf jeden Industriebereich anwenden und ist darauf bedacht, sämtliche durchzuführenden Maßnahmen zu definieren und zu planen, um ein hochwertiges Produkt bzw. eine hochwertige Dienstleistung garantieren zu können.

Vorgehensweise und eingesetzte Werkzeuge

Durch das APQP wird ein 5-Phasen-Modell vorgegeben, bei dem die Ergebnisse der jeweiligen Phase als Input für die darauf folgende Phase dienen. Durch das strukturierte Vorgehen soll sichergestellt werden, dass sich in der Realisierung befindliche Produkte bereits in der Planungsphase gemäß Kundenforderungen abgesichert werden. Die fünf Phasen sind wie folgt definiert [CHRY99] (Abbildung 11.4-1):

In *Phase 1* erfolgt die Planung und Festlegung des Projekts, insbesondere die Festlegung des interdisziplinären Teams aus Konstruktion, Einkauf, Produktion, Logistik, Qualitätsmanagement und evtl. Lieferanten. Die Planung geschieht unter besonderer Beachtung der Bedürfnisse und Erwartungen des Kunden, welche u. a. mittels Marktanalysen ermittelt werden und sich über eine QFD-Analyse (siehe Kapitel 11.22) in entsprechenden Spezifikationen niederschlagen.

Phase 2 sieht die Entwicklung des Designs und die Berücksichtigung der Besonderheiten und Merkmale des Designs im Planungsprozess vor. Alle Produkt- und Prozessprüfungen der Designaspekte, vor allem der besonderen Merkmale, müssen festgelegt und geplant werden. Dieser Schritt schließt den Bau von Prototypen mit ein, durch die eine Verifikation des Produktdesigns sowie der Produktentwicklung durchgeführt werden kann. Zusätzlich kommen in dieser Phase insbesondere Risikoanalysetools zum Einsatz, wie die Produkt-FMEA (vgl. Toolbox, Kapitel 11.12) etc.

Anschließend werden in *Phase 3* das Prozessdesign sowie die Prozessentwicklung geplant und umgesetzt. Die in dieser Phase durchzuführenden Aufgaben hängen maßgeblich vom erfolgreichen Abschluss der Phasen 1 und 2 ab. Die Verifizierung erfolgt wiederum durch den Bau von Prototypen und die erfolgreiche Erstellung und Umsetzung des Control-Plans (Produktionslenkungsplan). Verwendung findet hier u. a. die Prozess-FMEA (vgl.

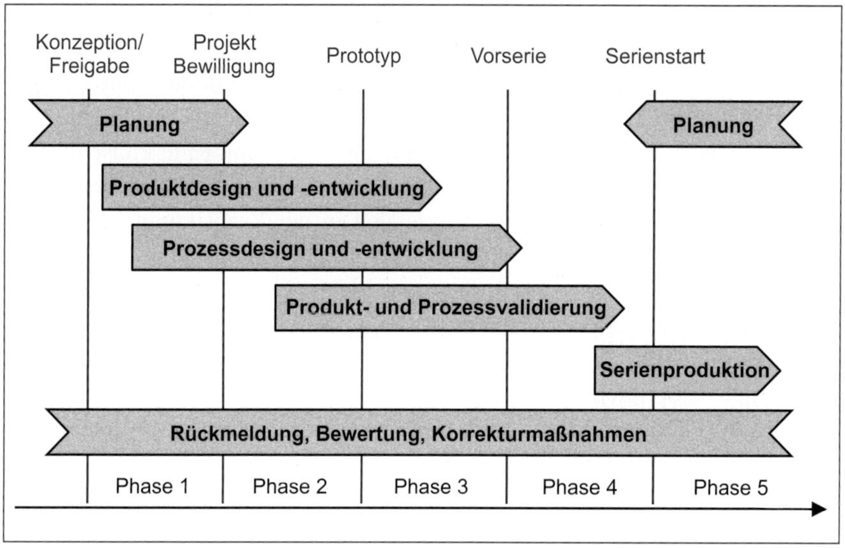

Abbildung 11.4-1
APQP-Prozess

Toolbox, Kapitel 11.12), um mögliche Risiken im Prozess vorab erkennen und bewerten zu können. In Phase 3 soll ein effektives Produktionssystem entwickelt werden, um die Anforderungen, Bedürfnisse und Erwartungen des Kunden zu erfüllen.

In *Phase 4* erfolgt die Planung der Produkt- und Prozessvalidierung anhand der Bewertung einer Versuchsproduktion (Probelauf). Während der Versuchsproduktion soll validiert werden, ob alle Vorgaben gemäß definiertem Control-Plan eingehalten werden. Wichtige anzuwendende Methoden sind die Untersuchung der vorläufigen Prozessfähigkeit und Messsystemanalysen.

Aufbauend auf Phase 4 sieht *Phase 5* eine Beurteilung des eingerichteten Prozesses auf Basis des Control-Plans vor. Hierbei ist wichtig, dass der Prozess auf alle systematischen und zufälligen Einflüsse untersucht wird und vom Kunden geforderte Leistungsmerkmale, wie die Lang- und Kurzzeitfähigkeit (P_{pk} und C_{pk}) des Prozesses, nachgewiesen werden. Die Rückmeldung der Versuchsergebnisse in die vorgelagerten Phasen sowie die Einleitung und Überwachung von Korrekturmaßnahmen sind weitere wichtige Inhalte dieser Phase.

Am Anfang und Ende jeder Phase stehen die für die Analysen bzw. Maßnahmen benötigten oder aus ihnen erwachsenen Informationen, welche in die jeweils folgenden Phasen mit einfließen. Diese sind jedoch nicht für deren Einleitung obligatorisch. Es wird vielmehr ein teilweise synchrones Ablaufen der einzelnen Phasen erwartet.

Mit APQP steht ein strukturiertes Vorgehen zur Verfügung, das den kontinuierlichen Informationsfluss zwischen Kunden und Lieferanten fördert, und den gesamten Produktentstehungsprozess und Tätigkeiten im Sinne der kontinuierlichen Verbesserung und Steigerung der Kundenzufriedenheit unterstützt.

Mögliche Schwierigkeiten und Probleme

APQP erfordert ein hohes Maß an Planungs- und Durchführungsdisziplin. Wenn die Qualitätsvorausplanung nicht optimal ausgeführt wird, können die Kosten gemäß der „empirischen Zehnerregel" (siehe Kapitel 1) für die Problemlösung stark ansteigen.

Weitere Probleme entstehen häufig aufgrund der komplexen APQP-Dokumentation, mangelnder Kommunikation zwischen den Abteilungen sowie bei der Verlinkung der einzelnen Prozesselemente.

Ergänzende Methoden

Als ergänzende Methode kann sich an dem VDA-Band 4 – Sicherung der Qualität in der Prozesslandschaft, 2. überarbeitete und erweiterte Auflage 2009, aktualisiert März 2010, orientiert werden. Sehr häufig wird in Ergänzung zum VDA-Band 4.3 auch der VDA-Band 6, Teil 1 – Prozessaudit, erwähnt.

Weitere Methoden können in der Quality Gates- und Meilenstein-Systematik gefunden werden, die ebenfalls ein strukturiertes Vorgehen voraussetzen.

11.5 Balanced Scorecard (BSC)

Ziel der Methode

Die Balanced Scorecard (BSC) fand erstmals in einem Artikel des Harvard Business Review im Jahr 1992 von Kaplan und Norton Erwähnung (Abbildung 11.5-1). Sie stellt ein Framework zur Leis-

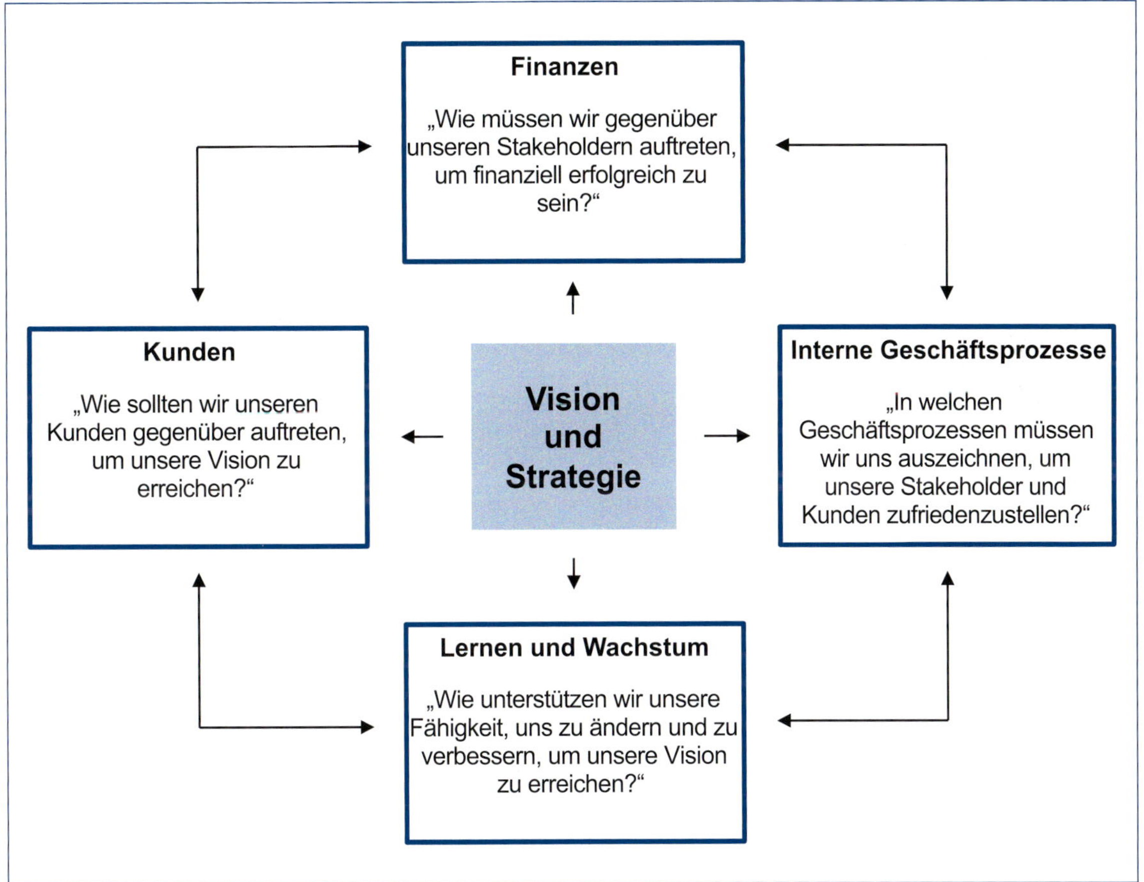

Abbildung 11.5-1 Balanced Scorecard, nach [KAPL96]

11

tungsmessung in Unternehmen dar, die eine rein finanzielle Unternehmensbetrachtung um die operativen Perspektiven „Kunde", „Prozesse" und „Lernen und Wachstum" ergänzt [KAPL92, KAPL96].

Sie ermöglicht einerseits das Operationalisieren, Kommunizieren und Darlegen einer Strategie und andererseits die Ausrichtung der operativen Ebenen an vorgegebenen Zielen. Defizite in der strategischen Orientierung des gesamten Unternehmens werden offenbart und nötige Handlungsbedarfe aufgezeigt, indem die Wirkungszusammenhänge zwischen den einzelnen Unternehmenszielen veranschaulicht werden.

So wird durch die Implementierung eines Kennzahlensystems in vier Perspektiven ein Brückenglied zwischen der Unternehmensstrategie und dem tatsächlichen Handeln geschaffen. Dabei lassen sich drei Charakteristika einer BSC verzeichnen:

- Ganzheitlicher Stakeholder-Ansatz,
- strukturierte Umsetzung der Unternehmensstrategie und
- Verknüpfung finanzieller und nicht finanzieller Kennzahlen.

Vorgehensweise und eingesetzte Werkzeuge

Die Betrachtung des Unternehmenserfolgs erfolgt aus der Perspektive der Stakeholder (Mitarbeiter, Gesellschafter, Kunden etc.), also jeglichen Personen, welche Interesse an der Entwicklung des Unternehmens besitzen. Die Realisierung der Vision und Strategie eines Unternehmens wird so mithilfe der vier Perspektiven einer BSC umsetzbar (Abbildung 11.5-2).

Ausgangspunkt ist die finanzielle Perspektive. Hier wird festgelegt, welche finanziellen Ziele erreicht werden müssen, um die Gesellschafter zufriedenzustellen und den Wert des Unternehmens zu steigern. Mithilfe der Kundenperspektive wird daraufhin definiert, welche Leistungen das Unternehmen gegenüber des Kunden erbringen muss, um die unternehmerischen Visionen und die finanziellen Ziele zu realisieren. Die nächste Perspektive fokussiert die internen Prozesse des Unternehmens. Mit ihrer Hilfe werden Prozesse verbessert, um auch hier Gesellschafter und Kunden zufriedenzustellen. Die letzte Perspektive des Lernens und der Entwicklung hilft potenzielle Veränderungen und Wachstum zu unterstützen, um durch Mitarbeiter Innovationspotenzial zu identifizieren und Strategien zu unterstützen. Des Weiteren werden durch die Balanced Scorecard Mitarbeiter in dem Maße unterstützt, dass ihre Tätigkeit einen messbaren Beitrag zur Umsetzung der Gesamtstrategie im Unternehmen leistet [KAPL92].

Die **vier notwendigen Schritte**, die eine Erarbeitung einer BSC ermöglichen, teilen sich wie folgt auf:

In einem **ersten Schritt** wird die formulierte Strategie mithilfe einer Strategy Map dargestellt und spezifiziert. Hierbei werden die z. B. durch ein Brainstorming ermittelten Ziele der Organisation in einer Auswahlmatrix bzw. einem Raster aus strategischen Themen und den vier zuvor erwähnten Perspektiven hinterlegt. Die identifizierten Ziele sollten eindeutig, redundanzfrei, durch eine Kennzahl quantifizierbar und in der unternehmerischen Praxis mit vertretbarem Aufwand zu bewerten sein.

Als **Zweites** erfolgt in der Strategy Map das Verbinden der verschiedenen Ziele mittels Ursache-Wirkungs-Ketten und die Kommunikation der verfolgten Strategie, um gesetzte Ziele zu erreichen.

Im **nächsten Schritt** sind die identifizierten Ziele der Strategy Map in die jeweiligen Perspektiven der BSC zu übertragen. Für jedes Ziel sind eine Kennzahl, Zielwerte der Kennzahl sowie Initiativen zur Zielerreichung festzuhalten, um diese im weiteren Vorgehen für unterschiedliche Struktureinheiten, z. B. Unterabteilungen, konkretisieren zu können.

Im **letzten Schritt** erfolgt die Ableitung von Aktionsprogrammen aus der BSC. Hierfür sind die-

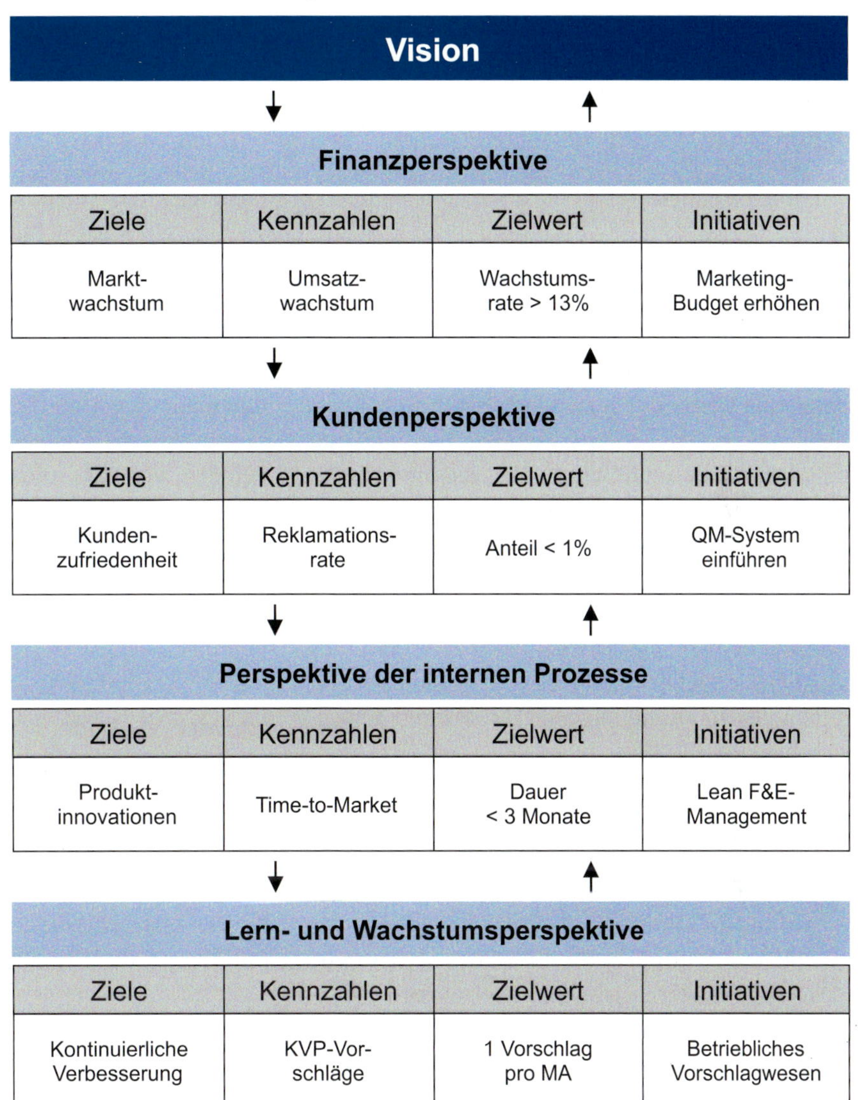

Abbildung 11.5-2 Ursache-Wirkungs-Ketten in der Balanced Scorecard

se Programme, streng an die hierarchische Struktur der Perspektiven zu binden. Das Herunterbrechen und Konkretisieren einer Balanced Scorecard für das Gesamtunternehmen auf Geschäftsbereiche oder Standorte, genauso wie die daraus resultierenden Zielvereinbarungen für Geschäftsprozesse oder Mitarbeiter, ist dabei genauso wichtig wie herausfordernd. Aus der übergreifenden Vision bzw. Strategie lassen sich leicht Bereichsstrategien mit eigenen Scorecards generieren, die stets ergänzende Teilziele, Kennzahlen und Maßnahmen aufweisen [KAPL96].

Die BSC repräsentiert damit ein Hilfsmittel in einem strategischen Managementprozess mit den Aspekten:

- Übersetzen der Vision in strategische Ziele,

- Verbinden der strategischen Ziele durch Ursache-Wirkungs-Ketten,
- Konkretisierung der strategischen Ziele durch messbare Kennzahlen und
- Ableitung von Aktionsprogrammen zur Erreichung der Ziele.

Mögliche Schwierigkeiten und Probleme

Es ist festzuhalten, dass die BSC die Strategie mithilfe von vier Perspektiven fokussiert. Sie stellt damit die Verbindung zwischen finanziellen und nicht finanziellen Steuerungsgrößen her und beinhaltet nur Ziele und Messgrößen, die die strategischen Veränderungen vorantreiben und Strategien in Aktionen umzusetzen. Für Unternehmen besteht die Schwierigkeit, die Unternehmensstrategie so aufzuteilen und auszudrücken, dass diese in das Konzept der BSC passt [HOQU14]. Zur Vermeidung von Schwierigkeiten und Problemen sind daher bei der Implementierung folgende Hinweise zu berücksichtigen [HORV98]:

- Die BSC wird Top-down von einem interdisziplinären Top-Managementteam entwickelt.
- Die anspruchsvollen, aber auch realistischen Ziele für das gesamte BSC-Programm, sind am Anfang zu klären.
- Eine BSC wird nicht als ein reines Steuerungssystem, sondern vielmehr als ein Kommunikations- und Lernsystem verstanden.
- Die BSC verschiedener Unternehmensebenen/-bereiche sind mit der BSC des gesamten Unternehmens zu verknüpfen.

Ergänzende Methoden

- SWOT-Analyse
- EVA-Methode

11.6 BigPicture des Aachener Qualitätsmanagement Modells

Das BigPicture ist eine Methode zur grafischen Darstellung eines betrachteten Unternehmensbereichs. Hierbei werden Bilder, Verknüpfungen, Stichworte und Diagramme in Anordnung des Aachener Qualitätsmanagement Modells zusammengeführt, um eine Transparenz der kausalen Zusammenhänge innerhalb des Unternehmens zu erwirken (Kausaltransparenz). Unter Kausaltransparenz in Unternehmen wird die Transparenz verstanden, die organisatorische Wirkzusammenhänge aufzeigt. Das BigPicture hat sich im Einsatz als Werkzeug zur Veranschaulichung ganzer Unternehmen, Organisationseinheiten oder organisatorischer Projekte bewährt [SCHM07].

Ziel der Methode

Ziel des BigPicture ist es, unternehmerische Zusammenhänge aufzuzeigen, Schwachstellen zu identifizieren, Redundanzen zu erkennen und kausale Übersetzungsfehler aufzudecken. Ferner dient es der Steigerung der intrinsischen Motivation der Mitarbeiter, da sich einzelne Vorgänge in den Gesamtzusammenhang einordnen lassen und der Beitrag jeder Unternehmenseinheit zur Gesamtzielerreichung erkennbar wird.

Vorgehensweise und eingesetzte Werkzeuge

Die Erstellung des BigPicture erfolgt in zwei Schritten:

1. Integration bestehender Bilder und Diagramme in das Gerüst des Aachener Qualitätsmanagement Modells,
2. Aufzeigen der Wirkzusammenhänge.

Im ersten Schritt gilt es, alle relevanten Dokumente und Informationen zu sammeln, die typischerweise im Unternehmen vorhanden und den meisten beteiligten Mitarbeitern bekannt sind. Diese umfassen sowohl Abbildungen und Texte als auch standardmäßig eingesetzte Werkzeuge sowie Elemente, welche zur Organisation des Betrachtungsbereichs eingesetzt werden. Diese werden selektiert, strukturiert und im Gerüst des Aachener Qualitätsmanagement Modells geeignet angeordnet. Der zweite Schritt dient dem Aufzeigen kausaler Wirkzusammenhänge. Hierbei werden die zuvor integrierten Elemente miteinander verknüpft und ihre Interdependenzen dargestellt.

Im Idealfall ist das BigPicture in unterschiedlichen Details lesbar, sodass das Wichtigste in Kürze erklärt wird, jedoch auch eine recht detaillierte Analyse stattfinden kann.

Abbildung 11.6-1 stellt ein anonymisiertes und stark abstrahiertes Beispiel eines BigPicture aus einer Industrieanwendung dar. Die Form der Abbildung ist höchst individuell und in einem kreativen Prozess zu erstellen.

Grundlage jeder erfolgreichen Identifikation von Handlungsfeldern zur Begegnung unternehmerischer Herausforderungen mithilfe des BigPicture bildet eine genaue Klärung der unternehmensspezifischen Strukturen. Die Durchführung von

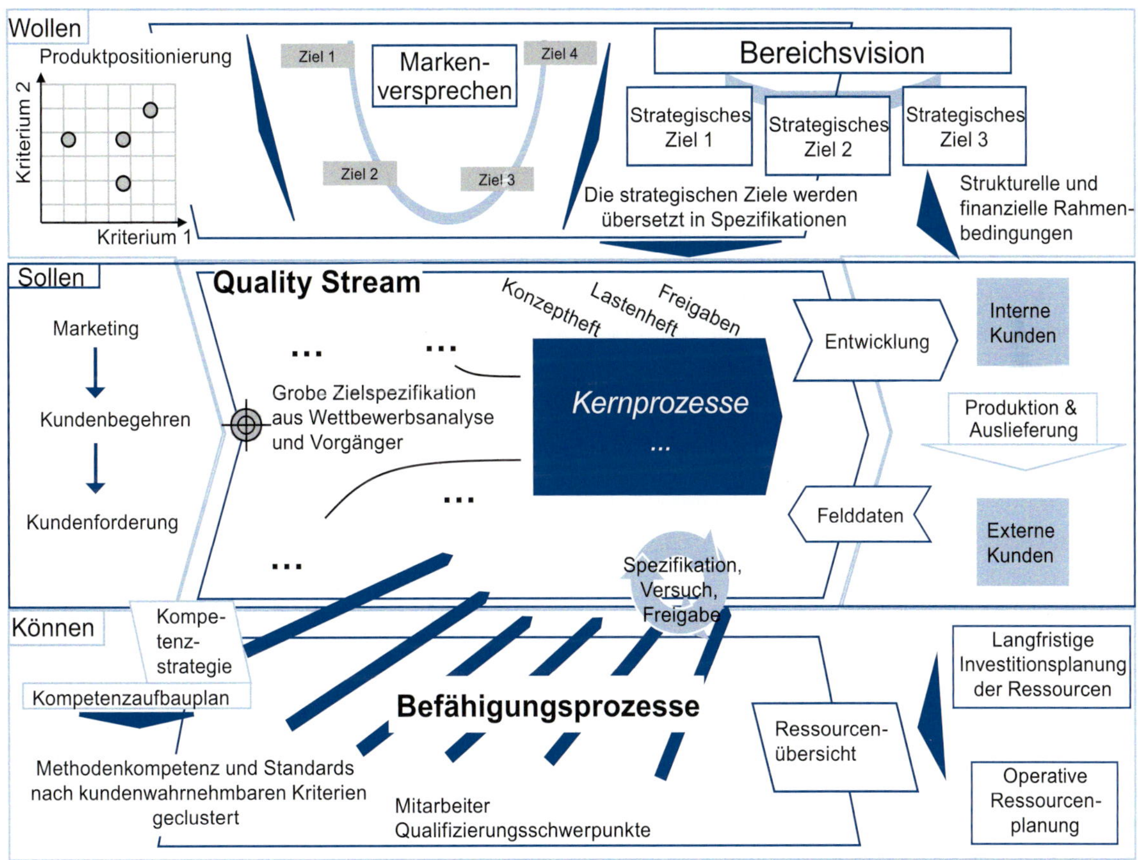

Abbildung 11.6-1 Beispiel für das BigPicture des Aachener Qualitätsmanagement Modells

Workshops mit den Prozessverantwortlichen stellt hierfür eine mögliche Herangehensweise zur Aufdeckung dieser Strukturen dar. Die Fragen, die sich Unternehmen stellen müssen, sind jedoch keineswegs statisch, sondern je nach Betrachtungsobjekt und -ziel situationsabhängig zu formulieren. Das bedeutet, dass die Fragestellungen stets die sieben Schüsselelemente Kunde, Kundenforderung, Kernprozess, Felddaten, Rückkopplung, Führung und Befähigung umfassen.

Nachfolgend werden sieben generische Kernfragen vorgestellt, die auf den ersten Blick trivial erscheinen, durch ihre Beantwortung jedoch häufig helfen, Unklarheiten aufzudecken:

1. Wer ist der Kunde, wie entwickelt er sich?
2. Was sind die Kundenforderungen?
3. Wie sind die Kernprozesse gestaltet; wie hoch ist der Wertschöpfungsanteil?
4. Welche Systematik steht hinter der Felddatenaufnahme?
5. Wie funktionieren die Rückkopplungsprozesse?
6. Wie wird die organisatorische Komplexität durch die Führung beherrscht?
7. Sind die Befähigungsprozesse optimal auf das „Wollen“ ausgerichtet?

Durch Beantwortung der genannten Fragen, erfolgt die Grundsteinlegung zur Erreichung einer unternehmerischen Qualität, indem grundlegendes und strukturelles Wissen entscheidungsrelevanter Faktoren aufgedeckt wird.

Mögliche Schwierigkeiten und Probleme

Als Voraussetzung für die Erstellung eines unternehmensspezifischen BigPicture ist ein Grundverständnis des Aachener Qualitätsmanagement Modells (siehe Kapitel 6) nötig. Schwierigkeiten und Probleme zeigen sich insbesondere bei der Beantwortung der zuvor erwähnten Kernfragen. Hierbei ist häufig ein uneinheitlicher Detaillierungsgrad der Antworten Grund für eine unklare Darstellung der Wirkzusammenhänge. Dies hat zur Folge, dass kausale Übersetzungsfehler nicht aufgedeckt werden können. Ein einheitlicher Detaillierungsgrad der Antworten ist daher zwingend erforderlich, um Wirkzusammenhänge effektiv und effizient zu erörtern.

Ergänzende Methoden

- Prozessaufnahme (PSM)
- SIPOC
- SWOT-Analyse
- Critical to Quality (CTQ)

11.7 Conjoint-Analyse

Die Conjoint-Analyse (erste Anwendung 1971) beschreibt eine multivariante Analysemethode, um eine Beziehung zwischen empirisch erhobenen Gesamtbeurteilungen von Objekten (Produkten) und den sie beschreibenden Objektmerkmalen (Produktmerkmalen) herzustellen [BACK11, BRUS09].

Ziel der Methode

Im Rahmen der Analyse wird der Kunde mit Beschreibungen eines Produktes mit jeweils unterschiedlichen Merkmalsausprägungen konfrontiert und aufgefordert, diese Produkte nach seiner Nutzenvorstellung zu bewerten. Basierend auf einer entstandenen Rangfolge, können dann die Bedeutung der einzelnen Produktmerkmale und deren Ausprägungen herausgestellt werden.

Vorgehensweise und eingesetzte Werkzeuge

Zur Betrachtung und Beurteilung der Produktmerkmale wird der Profil-Ansatz verwendet. Bei diesem werden dem Kunden Stimuli (z.B. unterschiedliche

D

Produktprototypen) vorgelegt, die jeweils aus einer Ausprägung sämtlicher Produktmerkmale bestehen. Kunden betrachten mit diesem Ansatz gleichzeitig realitätsnah mehrere Merkmale. Darüber hinaus erfolgt die Befragung nicht zwangsweise auf Papierform, sondern kann an realen Objekten geschehen (Abbildung 11.7-1).

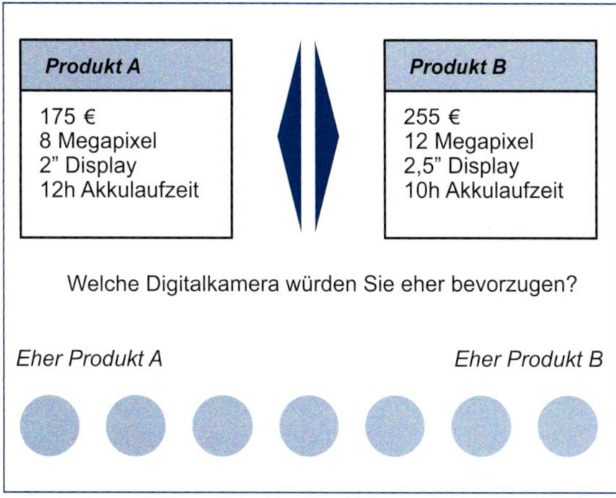

Abbildung 11.7-1 Exemplarische Bewertung bei der Conjoint-Analyse

Generell unterliegt die Conjoint-Analyse folgendem Schema:

1. Merkmale und Merkmalsausprägungen identifizieren

Bevor der Kunde befragt werden kann, muss eine sinnvolle Anzahl an Produktmerkmalen identifiziert und deren unterschiedliche Ausprägungsarten festgelegt werden.

Dabei müssen folgende Punkte sichergestellt sein:

- Die Produktmerkmale müssen relevant sein. Daher sollten Merkmale ausgewählt werden, von denen angenommen wird, dass sie für die Gesamtnutzenbewertung der Kunden von Bedeutung sind.
- Die Produktmerkmale müssen vom Hersteller beeinflusst werden können. Dies gewährleistet, dass die Ergebnisse der Conjoint-Analyse später auch umgesetzt werden können.
- Die Produktmerkmale müssen unabhängig sein. Der wahrgenommene Nutzen eines Merkmals darf nicht durch die Ausprägung eines anderen Merkmals beeinträchtigt werden.
- Die Produktmerkmale müssen in ihren angeführten Ausprägungen vom Hersteller realisierbar sein.

Generell sollten bei der Identifikation der Produktmerkmale neben Konstrukteuren und Entwicklern auch Kunden miteinbezogen werden, um sicherzustellen, dass nach Möglichkeit alle Produktmerkmale und Ausprägungen gefunden werden.

2. Präferenzmodell wählen

Bei der Wahl des Präferenzmodells müssen die Art der Bewertung der einzelnen Merkmalsausprägungen sowie die weiterführende Verknüpfungsform der Merkmalskennwerte bestimmt werden. Dies erfolgt auf Basis von Schätzungen und Erfahrungen der Unternehmen.

3. Präsentation und Bewertung der Stimuli

Die Stimuli können dem Befragten in unterschiedlicher Form präsentiert werden. Die am häufigsten gewählte Form ist die Um- bzw. Beschreibung der Merkmalsausprägungen in schriftlicher Form, z.B. auf Karteikarten. Es ist aber auch möglich, dem Befragten Skizzen oder sogar physische Modelle zu präsentieren. Damit steigt jedoch nicht nur der präparative Aufwand bei der Erstellung der Produktalternativen, sondern auch die Gefahr der Ablenkung durch periphere Eigenschaften (Darstellung, Design etc.). Bei der anschließenden Bewertung ist die Messskala der Urteilsdaten von erheblicher Bedeutung. Dabei können grundsätzlich theoretisch vier Skalen unterschieden werden: Nominal-, Ordinal-, Intervall- und Ratioskala. In der praktischen Anwendung findet man häufig eine Rangverteilung, bei der jeder Produktalternative ein Rang zugeordnet wird.

4. Schätzung der Teilnutzenwerte
Um die Gesamtnutzenwerte der Produktmerkmale zu erhalten, müssen die Teilnutzenwerte aus den Urteilsdaten über geeignete Schätzverfahren ermittelt werden. Dabei wird in der Regel zwischen metrischen und nicht metrischen Algorithmen unterschieden, die mitunter durch statistische Ansätze unterstützt werden. Aufgrund des entstehenden hohen Rechenaufwands werden diese Verfahren in der Regel EDV-gestützt durchgeführt.

5. Auswertung und Aggregation der Nutzenwerte
Die Ergebnisse werden vor der Aggregation einer Einzelbewertung unterzogen. Dabei können nicht nur Ausreißer ausgemacht, sondern auch bereits Kundensegmentierungen vorgenommen werden, um ein späteres zielgruppengerechtes Entwickeln zu unterstützen. Anschließend lassen sich die Teilnutzenwerte als Durchschnitt über die Probandengruppe aggregieren.

Die Conjoint-Analyse stellt ein probates Mittel zur Transparenzsteigerung hinsichtlich der Einflüsse subjektiver auf objektive Produktmerkmale dar. Dabei können vor allem Gewichtungen wahrgenommener Produkt- und Qualitätsmerkmale vorgenommen werden. Zu diesem Zweck wird die Conjoint-Analyse häufig in Kombination mit dem QFD (siehe Kapitel 11.22) bei der Gewichtung und Auswahl der Kundenforderungen im House of Quality verwendet.

Mögliche Schwierigkeiten und Probleme

Die Conjoint-Analyse erlaubt lediglich den Vergleich und die Bewertung bereits identifizierter Produktmerkmale. Die Übersetzung ungenauer bzw. unspezifischer Kundenaussagen in entsprechende technische Merkmale findet hierbei weniger Beachtung. Dies findet zumeist subjektiv (von Entwicklungs-/Vertriebsseite) und vergangenheitsorientiert statt.

Des Weiteren muss bei der Conjoint-Analyse berücksichtigt werden, dass die Produktinformationen und damit die Qualitätsmerkmale dem Kunden in den meisten Fällen (besonders um den Arbeitsaufwand zu begrenzen) in schriftlicher Form vorgelegt werden. Dabei kann es zu einem „Informationsüberfluss“ und somit zu einer frühzeitigen Frustration der Probanden kommen.

Ergänzende Methode

- Quality Function Deployment (QFD)

11.8 Critical to Quality (CtQ)

Als CtQ, Critical to Quality, werden diejenigen Merkmale eines Produktes, eines Prozesses oder auch eines Systems bezeichnet, die qualitätskritisch sind. Da es sich im engeren Sinn um Merkmale bzw. Anforderungen, die in diese Merkmale übersetzt werden, handelt, wäre an dieser Stelle eine passendere Bezeichnung mit Critical to Quality Characteristics oder Critical to Quality Requirements gegeben. Generell gibt es drei Arten von CtQ:

- Kundenkritische Merkmale,
- prozesskritische Merkmale und
- vorgaben- bzw. normativkritische Merkmale.

Kundenkritische Merkmale sind die Merkmale, die durch Kundenforderungen ausgesprochen werden, d.h. die dem Kunden wichtig sind. Prozesskritische Merkmale bezeichnen das, was für die Leistungserstellung wichtig ist, und vorgabekritische Merkmale sind Vorschriften und Standards, die zu beachten sind. CtQ wird u.a. im Kontext von Six Sigma in der Define-Phase eingesetzt, um im Rahmen des Voice of Customer (VoC), d.h. der Ermittlung der Kundenwünsche, die oftmals subjektiven Kundenforderungen in objektive Merkmale zu übersetzen. Damit ist es möglich, frühzeitig relevante Stellgrößen einer Verbesserung zu identifizieren. Der Einsatz von CtQ ist nicht an die Durchführung eines Six-Sigma-Projektes gebunden und kann auch hiervon unabhängig eingesetzt werden.

Ziel der Methode

Ziel der Critical to Quality-Methode (CtQ) ist es, aus unterschiedlichen Zielforderungen die qualitätskritischen Merkmale zu extrahieren, die einen wesentlichen Einfluss auf die Erfüllung dieser Forderungen darstellen. Der Erfolg dieser Methode hängt davon ab, ob die teilweise nicht eindeutigen oder sogar subjektiven Forderungen in objektive und messbare Anforderungen überführt werden konnten.

Vorgehensweise und eingesetzte Werkzeuge

Die CtQ-Methode bietet ein systematisches Vorgehen für die Dekomposition einzelner Qualitätsmerkmale aus den Forderungen interner oder externer Kunden an einen Prozess, ein Produkt oder ein System. Zur Analyse der produktbezogenen qualitätskritischen Anforderungen kann das sogenannte House of Quality eingesetzt werden. Zur weiteren Differenzierung oder teilweise auch Ergänzung werden u.a. CtQ-Trees eingesetzt. Ergänzende Ct's sind oftmals Critical to Cost (CtC) und Critical to Delivery (CtD). Mit der Ergänzung von CtD kommen Probleme mit u.a. Liefer- und Durchlaufzeiten in die Betrachtung hinzu. CtC geben einem Hinweise auf Mehrkosten und steigern bei Betrachtung die Kostensensibilität, denn erhöhte Kosten können oftmals ein Zeichen schlechter Qualität sein. Neben dem CtQ-Tree ist in der Praxis auch der Ausdruck CtQ-Flowdown bekannt, der ebenso wie der CtQ-Tree bei der Differenzierung und Ergänzung der CtQ unterstützt. Der CtQ-Flowdown hilft dabei, die Anforderungen auf unterschiedlichen Systemebenen zu identifizieren und zu analysieren. Im Folgenden wird der prozessbezogene CtQ-Flowdown dargestellt (Abbildung 11.8-1).

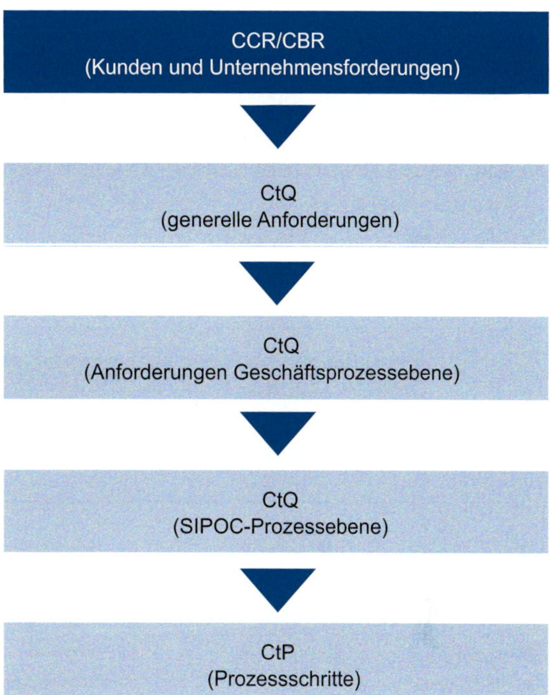

Abbildung 11.8-1 Schema des CtQ-Flowdowns

Hierzu werden die Zielgrößen bzw. Forderungen zunächst auf höchster Organisationsebene aufgenommen und schrittweise heruntergebrochen. Kunden- und strategische Sicht: Es werden alle relevanten externen Kundenforderungen (Critical Customer Requirements – CCR) aufgenommen. Dies kann, wie im Rahmen des QFD (vgl. Toolbox, Kapitel 11.22), z.B. durch offene Interviews, Fokusgruppenbefragungen oder Fragebögen erfolgen. Neben den Forderungen externer Kunden sind auch interne Kundenforderungen relevant

(CBR – Critical Business Requirements). Diese sind insbesondere dann relevant, wenn beispielsweise interne Geschäfts- oder Produktionsprozesse analysiert werden. Bezüglich der CBR sind sowohl die Prozessbeteiligten als auch die Forderungen aller Stakeholder des Projektes zu berücksichtigen.

- Im nächsten Schritt werden die aufgenommenen Forderungen auf den zu betrachtenden Prozess projiziert, d.h., es wird die Frage beantwortet, welche Parameter bzw. Merkmale im Hinblick auf die Zielforderungen relevant sind (CtQ). Wurde eine SIPOC-Analyse (vgl. Toolbox, Kapitel 11.24) des Prozesses durchgeführt, können die Informationen bezüglich der Kunden und ihrer Forderung aus dieser übernommen werden. Dies geht einher mit einer Konkretisierung oder ggf. auch einer Eingrenzung der Problemstellung.
- In weiteren Schritten kann die Zerlegung der Forderungen und Merkmale bis auf die gewünschte Granularität erfolgen. Üblicherweise wird dieses Vorgehen bis zur Ebene der Prozessschritte (CtP – Critical to Process) durchgeführt.

In allen Schritten können, abhängig von Umfang und Komplexität der Problemstellung, die Werkzeuge der 7M oder 7Q (vgl. Toolbox, Kapitel 11.2) genutzt werden. Der Schritt von Unternehmensforderungen hin zu der nächsten CtQ-Aggregati-

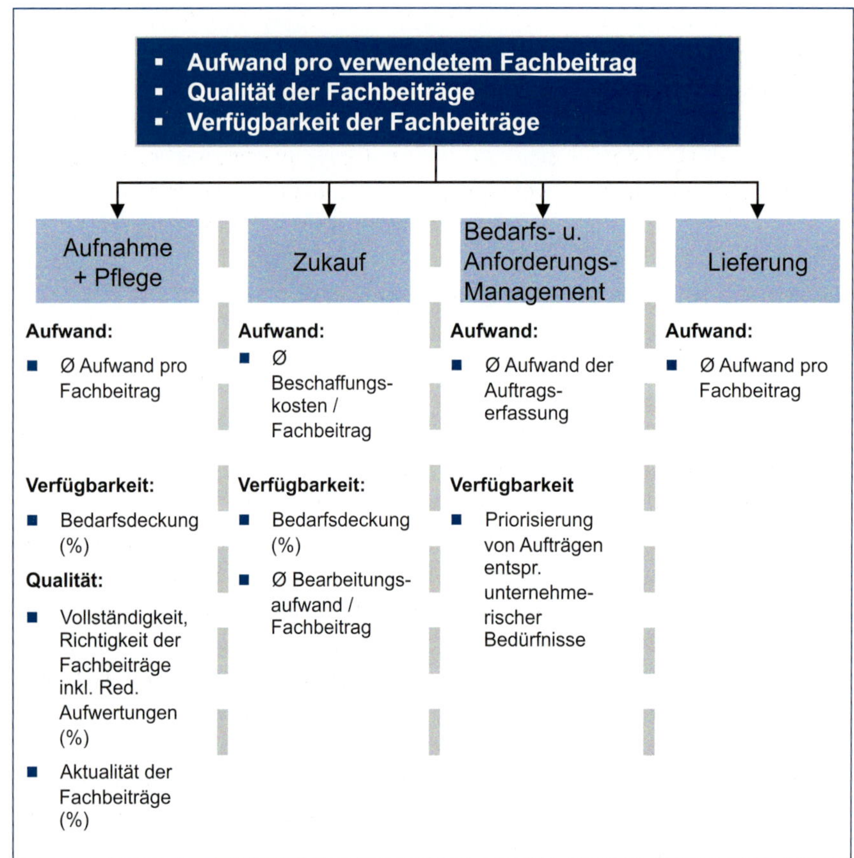

Abbildung 11.8-2
Schritt des CtQ-Flowdown für die Verwaltung eines Informationsdienstleisters

onsebene ist in Abbildung 11.8-2 exemplarisch für den Verwaltungsprozess eines Informationsdienstleisters illustriert. Eine Aufspaltung erfolgt in diesem Beispiel anhand der durchzuführenden Tätigkeiten, ohne einen direkten Bezug ihrer zeitlichen Verkettung.

Mögliche Probleme und Schwierigkeiten

Wesentlicher Erfolgsfaktor bei der Durchführung einer CtQ-Analyse ist eine umfassende Betrachtung des Prozesses, Produktes oder Systems. Hierzu sind die involvierten Fachgebiete einzubeziehen, um die Berücksichtigung aller Ursache-Wirkungs-Beziehungen sicherzustellen. Die Identifikation der kritischen Merkmale und die quantitative und objektive Darstellung dieser, stellt in der Praxisanwendung die größte Herausforderung dar. Hier ist zum einen, auf eine überschneidungsfreie Definition von Merkmalen zu achten und zum anderen, auf die Einhaltung einheitlicher Aggregationsebenen bei den jeweiligen Schritten der Dekomposition.

Verwandte Methoden

Kundenanforderungen und deren Analyse können im Rahmen von Six-Sigma-Projekten und durch Einsatz der Methode Quality Function Deployment (QFD) gezielt ermittelt, gemessen und analysiert werden. Der Einsatz von Data Mining kann die Ermittlung und Auswertung beschleunigen.

11.9 Data Mining

Unter dem Begriff Data Mining werden statistische und stochastische Methoden verstanden, die in Kombination miteinander zur Datenanalyse oder zur Prognose eingesetzt werden. Diese Verfahren gewinnen in der Produktionstechnik durch die zunehmend verfügbare Menge an Prozess-, Produkt- und Qualitätsdaten an Bedeutung und können ergänzend zu den statistischen Verfahren aus Six Sigma gesehen werden.

Ziel der Methode

Data Mining-Projekte finden bei der Analyse kausal schwer bestimmbarer Zusammenhänge Anwendung, z. B. in komplexen Produktionsprozessen mit vielen Prozessparametern und einem oder mehreren Ausgangsgrößen. Ziele der Projekte sind häufig die Verringerung von Ausschuss oder die Identifikation von Prozessparameterfenstern, um eine ausreichende Produktqualität sicherzustellen. Dazu wird nach zuvor unbekannten oder nicht quantifizierten Mustern (engl.: „patterns") in den Daten der Fertigungsprozesse geforscht. Erfolgreiche Anwendungsbeispiele in der Fertigungstechnik lassen sich u. a. in der Getriebefertigung [WAGE14], der Montage [DACU06], beim Warmwalzen [LIEB13], dem Plasmaspritzen [DOER07], der Waferfertigung [WEIS13] oder der Herstellung von Kurbelgehäusen [DOER09] finden.

Vorgehensweise und eingesetzte Werkzeuge

Zur Standardisierung und Unterstützung der Durchführung von Data Mining-Projekten existieren mehrere Prozesse, von denen der CRISP-DM am weitesten verbreitet ist [WIRT00] (Abbildung 11.9-1). CRISP-DM steht für „Cross Industrial Standard Process for Data Mining" und beschreibt eine strukturierte Vorgehensweise von der Analyse des Anwendungsumfelds, der Anwendung und Prüfung der Data Mining-Methoden und -Modelle bis zur Verankerung in den Unternehmensablauf. Die statistischen und stochastischen Methoden selbst sind in den Schritt der Modellierung eingebettet.

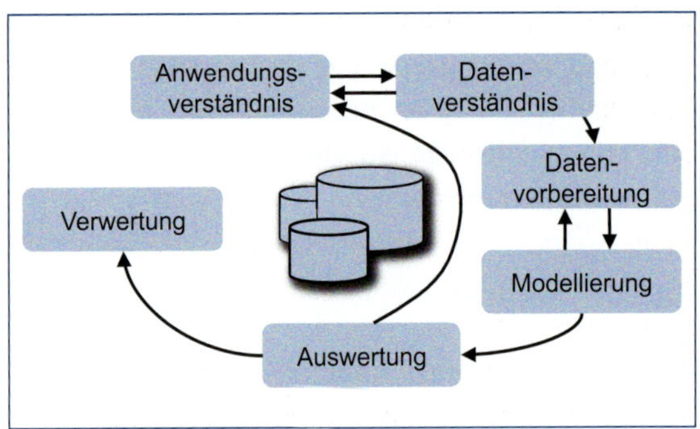

Abbildung 11.9-1 CRISP-DM (Cross Industry Standard Process for Data Mining)

- Cluster-Analysen erfassen zuvor unbekannte Strukturen und bilden daraus neue Cluster.
- Klassifikationsverfahren trennen die Daten anhand bestehender Strukturinformationen auf.
- Regressionsverfahren werden eingesetzt, um Beziehungen zwischen einer oder mehreren unabhängigen und abhängigen Variablen herzustellen.
- Zeitreihenprognosen werden dazu genutzt, sequenzielle Abläufe zu bestimmen, um Ereignisse oder Trends entlang der Zeit analysieren zu können.

Grundsätzlich werden in der Literatur fünf Klassen unterschieden, denen sich die Methoden des Data Mining zuordnen lassen (Abbildung 11.9-2).

- Korrelationen beschreiben die Stärke der Beziehung zwischen zwei oder mehreren Merkmalen. Wenn eine Korrelation vorliegt, muss nicht zwangsläufig eine kausale Beziehung vorliegen.

Eine allgemeingültige Aussage über die Güte einer jeweiligen Methode kann dabei nicht getroffen werden. In Abhängigkeit der zugrunde liegenden Daten kann ein einfaches lineares Verfahren durchaus einem nicht linearen überlegen sein. Dies macht die Methodenauswahl in jedem Data Mining-Projekt zu einer Herausforderung. Das Aus-

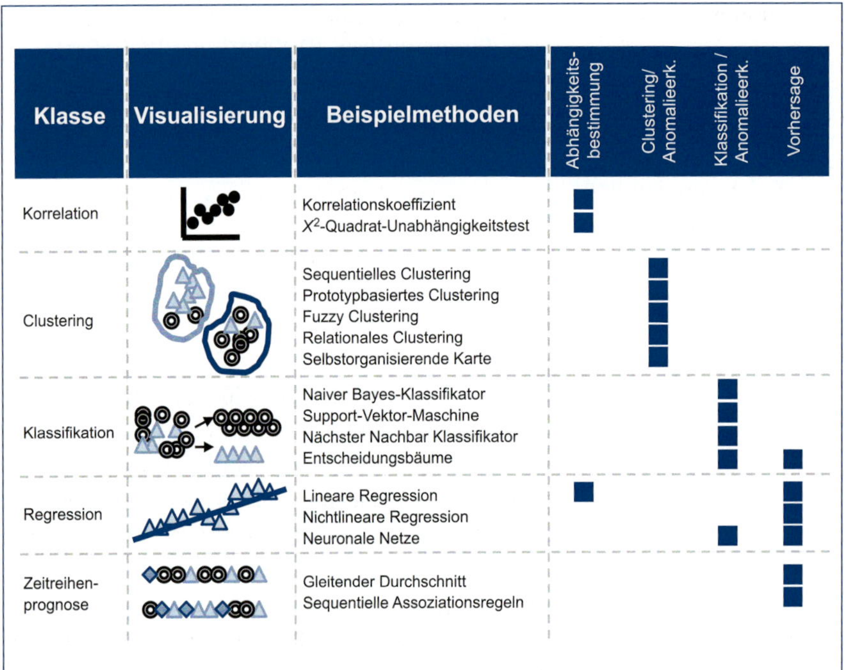

Klasse	Visualisierung	Beispielmethoden	Abhängigkeits-bestimmung	Clustering/ Anomalieerk.	Klassifikation / Anomalieerk.	Vorhersage
Korrelation		Korrelationskoeffizient	■			
		X^2-Quadrat-Unabhängigkeitstest	■			
Clustering		Sequentielles Clustering		■		
		Prototypbasiertes Clustering		■		
		Fuzzy Clustering		■		
		Relationales Clustering		■		
		Selbstorganisierende Karte		■		
Klassifikation		Naiver Bayes-Klassifikator			■	
		Support-Vektor-Maschine			■	
		Nächster Nachbar Klassifikator			■	
		Entscheidungsbäume			■	■
Regression		Lineare Regression	■			■
		Nichtlineare Regression				■
		Neuronale Netze			■	■
Zeitreihen-prognose		Gleitender Durchschnitt				■
		Sequentielle Assoziationsregeln				■

Abbildung 11.9-2 Data Mining-Klassen mit Beispielmethoden und deren Funktionen, nach [RUNK10, JACK02, WANG13]

wahlkriterium für eine geeignete Methode orientiert sich dabei an der Modellgüte, die z.B. durch Validierungsverfahren mittels Testdatensätzen bestimmt werden kann.

Mögliche Schwierigkeiten und Probleme

Ohne geeignete Software sind komplexe Data Mining-Projekte schwer durchführbar. Zum Einsatz kommen sowohl kommerzielle (z.B. R, SPSS Modeler, Matlab) aber auch frei zugängliche Softwaretools (z.B. Rapid Miner, KNime), die sich hinsichtlich Leistung oder Methodenumfang unterscheiden können. Neben der Verfügbarkeit der Algorithmen zum Data Mining stellen die Datenerfassung und -vorverarbeitung häufig zeitaufwendige Aufgaben dar. In der Produktionstechnik müssen in der Regel Prozess- und Produktdaten als Eingangsinformationen und Qualitätsdaten als Ausgangsinformationen zusammengeführt werden. Diese Informationen liegen häufig in unterschiedlichen Systemen. Die Verknüpfung dieser Daten sowie die anschließende Qualitätsprüfung der Datensätze und Vorverarbeitung (z.B. Transformation oder Normierung) bestimmen nicht selten einen Großteil des personellen Aufwands beim Data Mining. Weiterführende Informationen zu den mathematischen Methoden finden sich in [RUNK10, WITT01, SHAR13].

Verwandte Methode

- Six Sigma

11.10 Design Review

Ein Design Review ist eine formale und systematische Überprüfung eines Entwicklungsergebnisses zur Feststellung von Problembereichen und Unzulänglichkeiten. Darüber hinaus werden Korrekturmaßnahmen festgelegt und eingeleitet, um Fehler und Risiken in der Entwurfsphase systematisch zu minimieren [VDA04].

Die Ergebnisse der Überprüfung werden dokumentiert und die notwendigen Änderungen veranlasst.

Aufgabe der Design Reviews ist es,

- die Erfahrungen aller Beteiligten zu nutzen,
- die Kommunikation über Bereichs- und Abteilungsschnittstellen hinweg zu verbessern,
- Fehler bzw. Unzulänglichkeiten zu finden und
- eine nachvollziehbare Dokumentation der Ergebnisse zu gewährleisten.

Die Erfüllung dieser Aufgaben setzt eine sorgfältige Vorbereitung und Durchführung voraus. Ein Design Review bezieht sich dabei auf Komponenten und/oder Baugruppen sowie deren Zusammenbau, und befasst sich ausschließlich hiermit.

Ziel der Methode

Die Ziele eines Design Reviews stellen sich nach [BIRO91, HART87] wie folgt dar:

- Sicherstellen, dass das Produkt den gestellten Kunden- sowie Herstelleranforderungen genügt,
- Erhöhen der Produktqualität,
- Eingrenzen des Produktionsrisikos durch frühzeitiges Erkennen von Schwachstellen oder Fehlern,
- Reduzieren von Entwurfsänderungen,
- Verkürzen von Entwicklungszeiten.

Einhergehend mit diesen Zielsetzungen wird eine grundlegende Verbesserung der Kommunikation und des Informationsaustausches zwischen den Abteilungen angestrebt. Dies geschieht durch die in den Projektablauf integrierten, interdisziplinären Sitzungen, bei denen anhand der vorgeschrie-

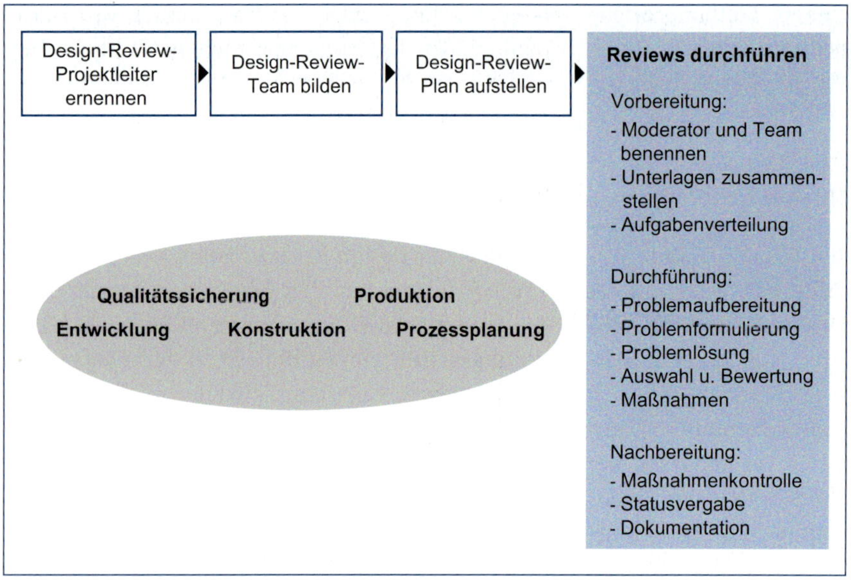

Abbildung 11.10-1
Vorgehensweise Design Review

benen Vorgehensweise (Abbildung 11.10-1) eine optimierte Informationsaufnahme, -verarbeitung und -weitergabe erfolgt [HART87].

Die Wirksamkeit des Design Reviews beruht wesentlich auf dem formalen Vorgehen und unterstützt durch Checklisten bereits zu einem Zeitpunkt, zu dem das Produkt noch nicht in allen seinen Merkmalen festgeschrieben ist. Fehler und Mängel, wie z.B. die unzureichende Erfüllung von Forderungen, können frühzeitig erkannt und entsprechende Verbesserungsmaßnahmen eingeleitet werden. Als weitere Vorteile ergeben sich die Vermeidung von Bearbeitungsschleifen, daraus resultierend Einsparungen von Entwicklungskapazitäten und insgesamt das Erzielen besserer Arbeitsergebnisse. Bei konsequenter Anwendung verringern sich zudem die Entwicklungskosten und die Fehlerbeseitigungs- bzw. Fehlerfolgekosten erheblich.

Vorgehensweise und eingesetzte Werkzeuge

Die Durchführung eines Design Reviews erfordert eine detaillierte Planung, die in einem Design Review-Plan verbindlich festgelegt wird. Dieser Plan enthält folgende Angaben:

- Projektleiter,
- Teammitglieder (den jeweiligen Phasen zugeordnet),
- Ablaufplan (mit verbindlichen Terminen),
- Untersuchungsobjekt/e und
- geplanter Aufwand.

Die Durchführung der Reviews obliegt dem Projektleiter. Die Teammitglieder werden je nach Aufgabenstellung festgelegt. Das Team setzt sich zusammen aus ausgewählten Mitarbeitern der Entwicklung/Konstruktion, Fertigung und Arbeitsvorbereitung, Betriebsmittelplanung, Vertrieb, Einkauf, Qualitätssicherung und ggf. dem Kundendienst. Immer beteiligt sind Mitarbeiter der Entwicklung/Konstruktion, Fertigung und Qualitätssicherung. Zu beachten ist, dass die ausgewählten Teilnehmer eine gewisse Distanz zum Projekt aufweisen und über eine breite Erfahrung verfügen. Sie fungieren als neutrale Sachverständige, die das jeweilige Untersuchungsobjekt anhand von Checklisten analysieren.

	Exemplarische Komponenten einer Checkliste	Bsp.: Kühlschmiermittelpumpe		
I.	**Allgemeines**	**Checkpunkte**	**Ja**	**Nein**
	1. Liegt eine Neuentwicklung, Weiterentwicklung oder eine Änderung bzw. Modifikation vor? 2. Liegen Erfahrungswerte für die Problemstellung vor? 3. Können vorhandene Elemente verwendet werden? 4. Wurden Methoden der Wertanalyse angewandt? ...			
II.	**Leistungsparameter**			
	1. Welche sind die maßgebenden Leistungsparameter? 2. Wie wurde ihre Einhaltung sichergestellt? 3. Wie können diese überprüft werden? ...	Wird max. Fördermenge erreicht? Werden Verunreinigungen ausreichend gefiltert?	x x	
III.	**Bauteile und Werkstoffe**			
	1. Sind „second sources" verfügbar? 2. Sind Verträglichkeitsaspekte berücksichtigt? ...			
IV.	**Zuverlässigkeit**	Ist der Dauerbetrieb gewährleistet?		x
V.	**Instandhaltbarkeit**	Ist die Pumpe austauschbar?		x
VI.	**Sicherheit**	Sind elektr. Kontakte spritzwassergeschützt?	x	
VII.	**Herstellbarkeit**			
VIII.	**Ergonomie**			
IX.	**Standardisierung**			
X.	**Prüfbarkeit**			
XI.	**Umwelteinflüsse**			

Abbildung 11.10-2 Ausschnitt einer exemplarischen Checkliste mit Beispiel

Die Teilnehmer legen die Checklisten projektbezogen fest. Mit ihnen wird am vorhandenen Untersuchungsobjekt nach der Beachtung aller Gesichtspunkte gefragt, die zur Erfüllung der Anforderungen notwendig sind. Als Grundlage zur Erstellung dieser Checklisten dienen Fragenkataloge [BIRO91]. Der nachfolgende Ausschnitt vermittelt einen Eindruck über den Aufbau eines solchen Katalogs (Abbildung 11.10-2).

Der Fragenkatalog ist entsprechend den jeweiligen Erfordernissen zu entwickeln, regelmäßig zu überprüfen und zu aktualisieren.

Eine Design Review-Checkliste soll das Ergebnis einer kritischen Auswertung von Fehlern und Mängeln von Vorläuferprodukten sein, insbesondere wenn sie erst beim praktischen Einsatz festgestellt wurden [STUM78]. In der rechten Spalte von Abbildung 11.10-2 ist am Beispiel einer Kühlschmiermittelpumpe einer Drehbank, der Aufbau einer Checkliste dargestellt.

Liegen die Checklisten vor, erhalten die Teammitglieder einige Wochen vor der eigentlichen Review-Sitzung zur Einarbeitung und vorläufigen Überprüfung eine möglichst vollständige Dokumentation des Untersuchungsobjekts. Dabei festgestellte Probleme werden vor der Sitzung mit dem Entwickler bzw. anderen Beteiligten geklärt. Bei der eigentlichen Sitzung wird das Untersuchungsobjekt anhand der Checklisten formal und vollständig überprüft. Wenn möglich, erfolgt die sofortige Festlegung notwendiger Lösungsaktivitäten, von Terminen und Verantwortlichkeiten. Das Ergebnis der Überprüfung wird durch das Team schriftlich dokumentiert.

Mögliche Schwierigkeiten und Probleme

Zur Sicherstellung der geforderten Produktqualität vor Serienbeginn sind Design Reviews allein nicht ausreichend. Die Anwendung weiterer Qualitätsmanagementmethoden, wie z.B. der FMEA (siehe Kapitel 11.12), der Statistischen Versuchsmethodik (siehe Kapitel 11.25) oder von Prototypentests sind je nach Sachlage sinnvolle Vorgehensweisen zum Erreichen bzw. Absichern der spezifizierten Forderungen.

Ergänzende Methoden

Eine besondere Ausprägung des Design Reviews ist DRBFM (Design Review Based on Failure Mode), siehe nachfolgendes Kapitel. Es handelt sich hierbei um eine Methode, welche Elemente des Design Reviews mit Elementen der FMEA verbindet, um frühzeitig bei der Entwicklung von Produktvarianten bzw. Applikationen potenzielle Fehler erkennen zu können.

Schlagworte:
Interdisziplinäres Team, Entwicklung, Konstruktion, Checkliste

11.11 Design Review Based on Failure Mode (DRBFM)

Das Design Review Based on Failure Mode (DRBFM) mit seiner Philosophie Mizenboushi ist eine weiterentwickelte Methode der Fehlermöglichkeits- und Einflussanalyse (FMEA).

Die Grundlage für die Philosophie Mizenboushi ist das Konzept GD^3, welches sich aus „Good Design“, „Good Discussion“ und „Good Dissection“ – Gutes Produktdesign, Gute Diskussion, Gute Analyse – zusammensetzt.

Good Design, als erstes Element, steht für den Einsatz einer möglichst großen Zahl bereits bewährter und robuster Komponenten und Prozesse. Diese Beschränkung nur auf die Änderung von unbedingt notwendigen Elementen, verringert die Komplexität bei der Fehlerprävention. Die beiden

Elemente *Good Discussion* und *Good Dissection* zielen auf eine systematische Analyse aller vorgenommenen Änderungen, ihrer Auswirkungen und die Ableitung geeigneter Maßnahmen ab. Umgesetzt wird GD³ mit der Methode DRBFM, die sämtliche Arbeitsschritte, beginnend bei der Änderungsanalyse, über die Aufnahme von möglichen Problemen, bis zur Maßnahmendokumentation, unterstützt [SCHM07].

Ziel der Methode

Das Design Review Based on Failure Mode (DRBFM) mit seiner Philosophie Mizenboushi fokussiert auf die Kerngedanken des Lean Development, nämlich „Verschwendung vermeiden" und „Werte steigern", und verbindet diese mit der Zielsetzung einer unternehmensweiten Qualitätsorientierung.

DRBFM wird im interdisziplinären Team durchgeführt. Sein Erfolg basiert auf einer kreativen Diskussion der Teammitglieder anhand eines re-

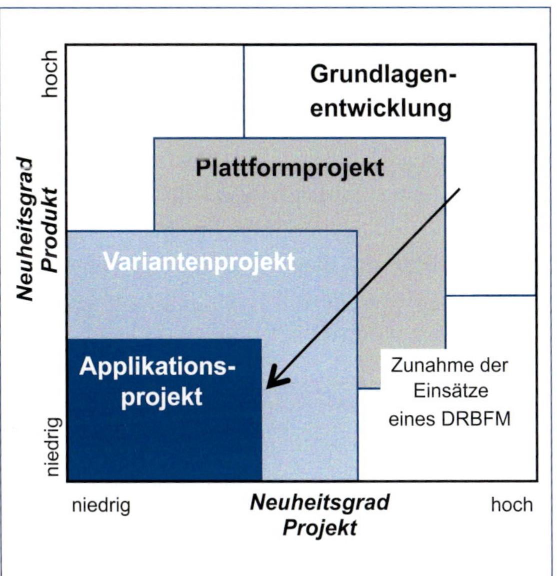

Abbildung 11.11-1 Einsatzgebiete von DRBFM [SCHO05]

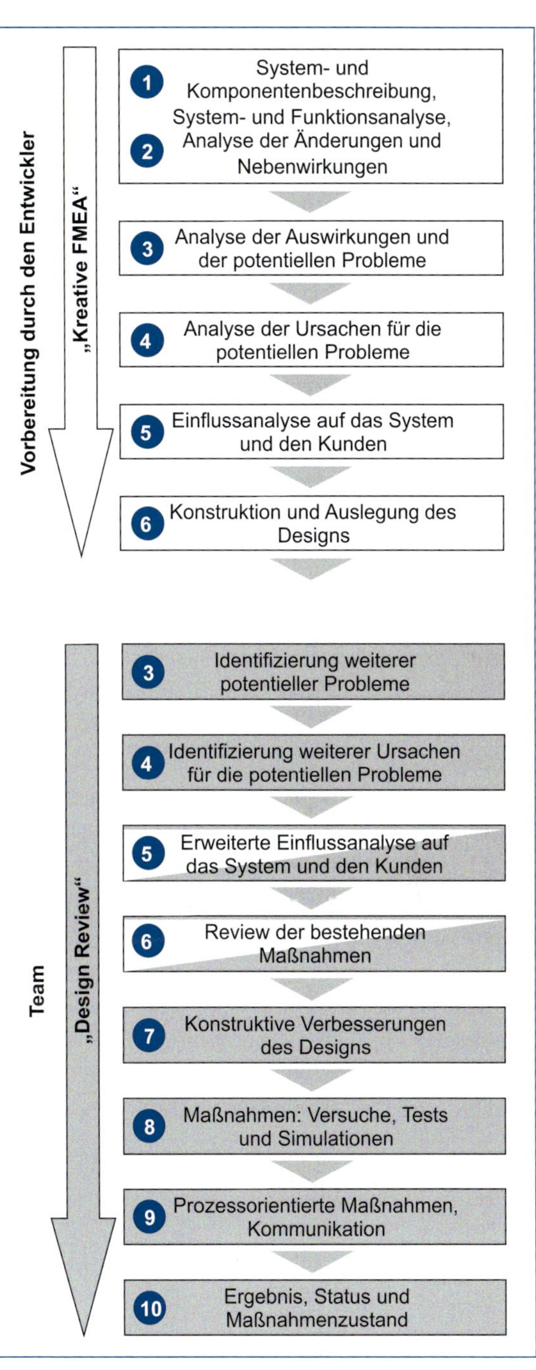

Abbildung 11.11-2 DRBFM – „Kreative FMEA" und „Design Review"

11

alen Produktes mit allen Daten und Fakten. Die Methode identifiziert systematisch potenzielle Risiken, die durch Änderungen an bereits existierenden Produkten hervorgerufen werden können, und versucht, diese durch entsprechende Maßnahmen präventiv zu einem frühen Zeitpunkt in der Produktentwicklung zu beheben. Das größte Potenzial liefert DRBFM somit bei Applikations- und Variantenprojekten (Abbildung 11.11-1) [NEUM07].

Vorgehensweise und eingesetzte Werkzeuge

Die Vorgehensweise bei der DRBFM gliedert sich in zwei Phasen (Abbildung 11.11-2):

- Die *Analysephase* („kreative FMEA"), in der die Änderungen und deren potenzielle Fehler sowie Fehlerursachen und Wechselwirkungen identifiziert werden, und
- die *Design Review-Phase*, in der der Entstehungsprozess des Designs nachvollzogen und auf weitere Fehlerpotenziale untersucht wird. In der Analysephase übersehene Qualitätsrisiken werden konstruktiv nachgebessert und Versuche zum Nachweis der Robustheit mitsamt den notwendigen Mustern geplant. Maßnahmen zur Verbesserung der Produktion werden ebenfalls erfasst und direkt mit dieser abgestimmt.

Basiswerkzeug für beide Phasen bildet das DRBFM-Arbeitsblatt, in dem die Ergebnisse der Diskussion und die getroffenen Maßnahmen detailliert dokumentiert werden (Abbildung 11.11-3).

Dazu können verschiedene bekannte Qualitätswerkzeuge (wie Systemanalyse, Funktionsanalyse und Maßnahmenstand aus QFD) angewendet werden oder bilden mit ihren Ergebnissen die Grundlagen und die Eingangsinformationen für das DRBFM. Weitere Werkzeuge zur systematischen Erarbeitung sind die Änderungs-Funktionsmatrix, das Änderungsvergleichsblatt und die Funktionsmatrix [NOGU03].

Für die weitere Vorgehensweise sollen die folgenden Fragen als Leitfaden für die Abarbeitung der einzelnen Spalten des Arbeitsblattes dienen [NEUM07, NEUM09]. Sie können, je nach Problemstellung, durch weitergehende Fragen ergänzt werden. Die Zahlen vor den Fragen beziehen sich dabei immer auf die in Abbildung 11.11-3 eingetragenen Nummern im Formblatt.

Für Phase 1 gilt:

1. Um welche Komponente bzw. funktionelle Einheit handelt es sich?
2. Welche Funktionen und Anforderungen muss diese Komponente erfüllen? Welche Änderungen bestehen im Vergleich zum Vorprodukt?
3. Welche Anforderungen, Funktionen und Merkmale werden von diesen Änderungen beeinflusst? Welche potenziellen Probleme hat dies zur Folge?
4. Wie äußert sich das potenzielle Problem? Was ist die grundlegende Ursache dafür? Warum?
5. Wie äußert sich das potenzielle Problem beim Kunden/Anwender? Welche Bedeutung ist dem Einfluss zuzuordnen?

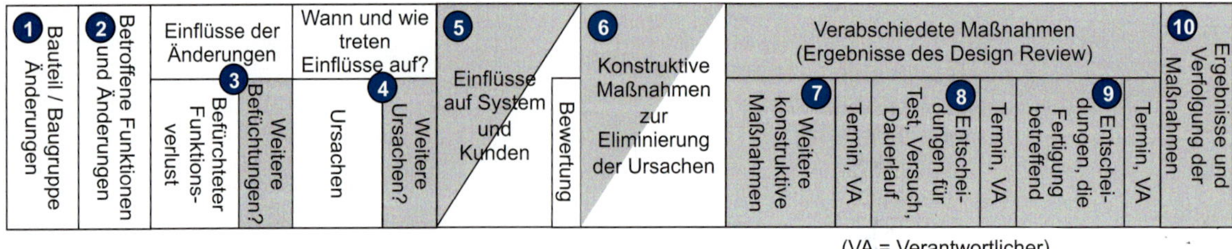

Abbildung 11.11-3 DRBFM-Arbeitsblatt

6. Welche Maßnahmen sind für die Entwicklung abzuleiten, um die beschriebene(n) grundlegende(n) Ursache(n) auszuräumen?

Die identifizierten Probleme werden beim DRBFM in drei Stufen bewertet:

- A: Gefahr für Leib und Leben (z.B. versagende Bremsen).
- B: Beeinträchtigung ist für den Kunden schwerwiegend, aber (noch) nicht lebensgefährlich.
- C: Unkritisch, aber wahrnehmbar und damit störend für den Kunden (z.B. lautes Abrollgeräusch der Reifen).

In Phase 2 werden die bisher erlangten Ergebnisse anhand folgender Gesichtspunkte nochmals kritisch hinterfragt (Schritt 3 bis 6) und anschließend Maßnahmen definiert und bewertet (Schritt 7 bis 10):

3. Sind weitere Beeinträchtigungen der Funktion durch die Änderung denkbar?
4. Lassen sich weitere Ursachen finden?
5. Können beim Kunden/Anwender weitere Probleme auftreten? Wie äußern sich diese? Wie sind sie zu bewerten?
6. Sind die ermittelten Maßnahmen zielführend? Müssen weitere Maßnahmen abgeleitet werden?
7. Muss die Konstruktion angepasst werden? Wenn ja, wie und weshalb?
8. Werden Erkenntnisse aus Versuch, Test oder Simulation benötigt?
9. Was muss mit der Fertigung abgestimmt werden?
10. Zusammenfassung der Ergebnisse aus den Design Review-Maßnahmen: Ist das Design robust genug für die Vor-/Serienfreigabe?

Mögliche Schwierigkeiten und Probleme

Bei der Integration von GD³ und DRBFM in Unternehmen ist darauf zu achten, dass eine Gesamtbetrachtung der Unternehmensprozesse notwendig ist. Nur so können Informations- und Kommunikationslücken sowie redundante Verfahren ausgemacht werden, die jeweils eine erfolgreiche Umsetzung verhindern können [KRIP06].

Der Erfolg von GD³ und DRBFM ist eng an diese Vorgehensweise geknüpft. Ähnlich wie beim Toyota-Produktions-System (TPS), wo durch Bestandsreduktion in der Fertigung Probleme nicht mehr kompensiert und damit überhaupt erst sichtbar werden und vorrangig behoben werden müssen (vgl. auch [OHNO05]), werden durch GD³ und DRBFM, Mängel in der Organisation (z.B. Kommunikation, Entscheidungsfindung oder Wissensmanagement) aufgezeigt und müssen zuerst beseitigt werden. Dies ist sicher nicht widerstandsfrei möglich, da sich Erfolge erst über eine lange Frist einstellen; nur auf diese Weise lässt sich jedoch Qualität wirklich nachhaltig verbessern [NEUM09].

Ergänzende Methoden

- FMEA
- QFD

11.12 Fehlermöglichkeits- und Einflussanalyse (FMEA)

Die FMEA, Failure Mode and Effects Analysis oder Fehlermöglichkeits- und Einflussanalyse ist eine Methode des Qualitätsmanagements zur vorbeugenden System- und Risikoanalyse bei der Untersuchung von Produkten und Prozessen. Durch die FMEA können Schwachstellen aufgedeckt, Maßnahmen eingeleitet und die Risiken bewertet werden. Die Anwendung erfolgt dabei grundsätzlich präventiv und in bereichsübergreifenden Teams, wobei eine Durchführung auch reaktiv aufgrund von auftretende Schwierigkeiten geschehen kann [DGQ12, VDA12]. Die seit November 2006 gültige DIN EN 60812 spricht von der „Fehlzustandsart- und -auswirkungsanalyse (FMEA)“ [DIN06]. Am häufigsten verwendet, wird aber weiterhin die Bezeichnung Fehlermöglichkeits- und Einflussanalyse (FMEA).

Ziel der Methode

Das Ziel der Durchführung einer FMEA ist es, potenzielle Produkt- oder Prozessfehler bei der Entwicklung eines Produktes bzw. bei (neuen) Fertigungsverfahren/Prozessen bereits während der Planung zu vermeiden [VDA12].

Die Durchführung einer FMEA ist aus verschiedenen Gründen sinnvoll. Zum einen hat die Durchführung einer FMEA einen direkten positiven Einfluss auf Fehler- und Anlaufkosten, Entwicklungszeit und Kundenreklamationen [KAMI08, KAMI13]. Zum anderen ist die FMEA nicht nur aus einer direkten wirtschaftlichen Betrachtung heraus relevant. Nach dem Produkthaftungsgesetz sind Unternehmen für Fehler ihrer Produkte haftbar, wenn sie nach dem Stand der Technik hätten erkannt werden müssen. Die FMEA wird als Entlastungsbeweis anerkannt und kann eine Rückrufaktion verhindern. Die Normen DIN EN ISO 9001, DIN EN ISO 9004 und DIN EN 60601-1-4 empfehlen die Anwendung der Methode, und der Kunde kann eine FMEA von seinen Lieferanten verlangen, um sich gegenüber Schadensersatzansprüchen oder Rückrufaktionen abzusichern [DGQ12]. Nach ISO/TS 16949:2009 wird die Durchführung einer FMEA sogar vorgeschrieben [DIN09].

Vorgehensweise und eingesetzte Werkzeuge

Bei der stetigen Weiterentwicklung der Methode wurden mit der Zeit verschiedene Bezeichnungen für Arten von FMEAs gewählt, die inzwischen nicht mehr aktuell sind [WERD12]. Derzeit lässt sich die FMEA in Produkt- und Prozess-FMEA einteilen. Beide Arten untersuchen Produkte und Systeme auf Fehler, deren Risiken und mögliche Gegenmaßnahmen. Während in der Produkt-FMEA die Funktionen überprüft werden, stehen in der Prozess-FMEA die Abläufe im Fokus [VDA12]. Andere gebräuchliche Bezeichnungen, wie Logistik-, Sicherheits- oder Missbrauchs-FMEA, sind von ihrer Art her jeweils eine Produkt- oder Prozess-FMEA und stellen keine eigenständige Form dar [WERD12].

- Produkt-FMEA und
- Prozess-FMEA.

Die *Produkt-FMEA* schließt sich an die Fertigstellung eines Produktentwurfs an. Aufgaben der Produkt-FMEA sind die Identifikation potenzieller Fehler (F) des Entwurfs, deren Ursachen (FU) und die daraus resultierenden Fehlerfolgen (FF). Diese werden hinsichtlich ihrer Schwere bewertet, und es werden geeignete Abstellmaßnahmen abgeleitet. Ziel ist es, einen aus konstruktiver Sicht einwandfreien Produktentwurf zu erhalten, der möglichst wenige Fehlermöglichkeiten aufweist und somit zu einem fehlerfreien Produkt führt.

Die *Prozess-FMEA* setzt die Analyse der Fehlermöglichkeiten aus Sicht der Fertigung fort. Hierzu wird die FMEA nach der Erstellung der Arbeitspläne zur Herstellung des Produktes durchgeführt. Das Vorgehen zur Identifikation von Fehlern, Fehlerursachen und Fehlerfolgen entspricht der Produkt-FMEA. Mit der Prozess-FMEA wird sichergestellt, dass die Produktmerkmale durch die Produktion erreicht werden können. Die Zielsetzung lautet hier, die Schwachstellen in den Fertigungsplänen aufzudecken, die möglicherweise zu Fehlern führen werden, sie zu bewerten und Abstellmaßnahmen zu generieren.

Bei der Erstellung einer FMEA sollte nach folgenden sechs Schritten vorgegangen werden:

1. Organisatorische Vorbereitung der FMEA

Vor Beginn einer FMEA muss bestimmt werden, für welche Teile, Komponenten oder Prozesse die FMEA durchgeführt wird. Hilfreich ist hier der Einsatz von Checklisten, mit denen die möglichen Objekte anhand von Kriterien gegeneinander bewertet werden. Abbildung 11.12-1 zeigt mögliche Kriterien und ein Beispiel für die Auswahl. Aufgrund der höheren Gesamtbewertung würde hier das Produkt 1 bei der FMEA betrachtet.

Darüber hinaus erfolgen in dieser Phase die Benennung des Teams und die Festlegung des Terminplans. Um eine FMEA sinnvoll durchführen zu können, bedarf es eines fähigen Moderators, der die Methodik der FMEA beherrscht, die FMEA-Sitzungen organisiert und leitet. Darüber hinaus sollte er auch bei Problemen zwischen den Teammitgliedern vermitteln können.

			Prod$_1$		Prod$_2$	
FMEA-Kriterien		G	B$_1$	E$_1$	B$_2$	E$_2$
Innovationsgrad	innovative Entwicklung	5	1	5	1	5
	neue Konstruktionsweise	7	5	35	2	14
	Verwendung neuer Werkstoffe	7	3	21	4	28
	neue Fertigungsverfahren	9	6	54	1	9
	andere Einsatzbedingungen	8	2	16	1	8
	keine ähnlichen Produkte vorhanden	7	7	49	1	7
Technologie	kritischer Prozess	9	9	81	7	63
	komplexes Produkt	5	9	45	2	10
Rechtliches Umfeld	gesetzliche Vorschriften betroffen	4	5	20	4	16
	Sicherheitsteil	8	2	16	5	40
	Gesamtbewertung:		342		200	

Legende:
Prod$_{1/2}$: Erstes/ zweites Produkt
G: Gewichtung der Kriterien
B$_{1/2}$: Bewertung des ersten/ zweiten Produktes
E$_{1/2}$: Ergebnis erstes/ zweites Produkt

Abbildung 11.12-1 Checkliste zur Auswahl eines FMEA-Objektes

2. Beschreibung des Analyseobjektes

Nach der Auswahl eines Objektes für die FMEA, muss – soweit nicht aus anderen Projekten bereits vorhanden – eine Systemstruktur des Objektes erstellt werden. In der sogenannten Strukturanalyse wird das Produkt in die einzelnen Bestandteile bzw. Strukturelemente gegliedert, und die Systemgrenzen werden festgelegt. Die erarbeitete Struktur ist Basis für die weiteren Schritte und dient als Kommunikationsgrundlage zur Abgrenzung von Verantwortungsbereichen [DGQ12, VDA12, KAMI13].

Aus den einzelnen Strukturelementen des Produkts wird ein Strukturbaum erstellt, der die strukturellen Zusammenhänge wiedergibt. Wichtig ist die Wahl einer korrekten Detaillierung des Projekts, um das Produkt angemessen abbilden und Fehlerursachen auffinden zu können. Nach VDA gibt es Kriterien, anhand derer die notwendige Betrachtungstiefe ermittelt werden kann. So kann die Detaillierung beendet werden, wenn Fehler in dieser Betrachtungstiefe ausreichend durch Maßnahmen abgesichert sind. Ist dies nicht der Fall, ist eine weitere Detaillierung erforderlich. Sind die Betrachtungsumfänge hinreichend bekannt, ist oft eine geringere Detaillierung ausreichend. Häufig ist die Merkmalsebene der letzte Detaillierungsgrad einer Produkt-FMEA. In der Prozess-FMEA werden auf der untersten Ebene die „4M" – Mensch, Maschine, Material und Mitwelt – betrachtet [VDA12].

Abbildung 11.12-2 zeigt ein Beispiel für eine Strukturanalyse anhand eines Fahrrades.

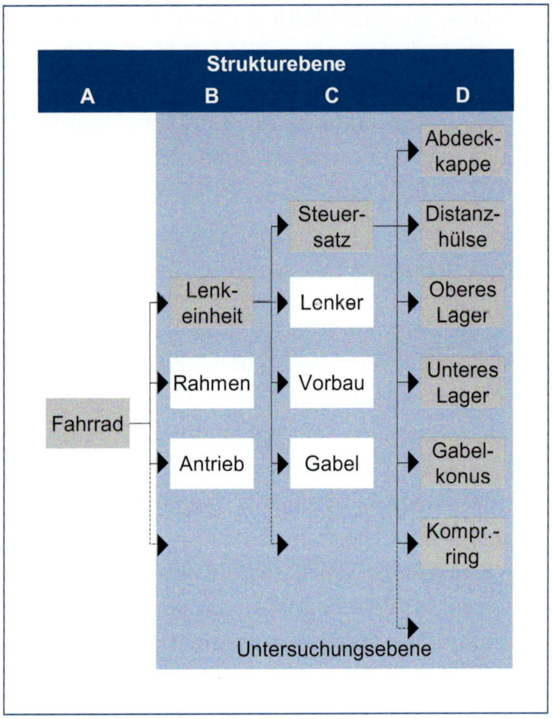

Abbildung 11.12-2 Systemstruktur

3. Beschreibung von Funktionen der Systemelemente

Im nächsten Schritt werden den Systemelementen Funktionen zugeordnet. Es wird also ermittelt, welche Komponente, welche Aufgaben erfüllt. Funktionen sollten bevorzugt als Kombination aus Substantiv und Verb benannt werden, um ein einheitliches Verständnis zu erzeugen. Mögliche Formulierungen einer Funktion sind beispielsweise „Spannung erzeugen", oder „Kraft übertragen" [WERD12].

4. Identifizierung potenzieller Fehlerzustände anhand eines Fehlernetzes

Im nächsten Schritt werden für jede Komponente mögliche Fehlfunktionen identifiziert, den bereits bestehenden Strukturen zugeordnet und untereinander nach Ursachen und Wirkung in einem Fehlernetz verknüpft. Die Beschreibung einer identifizierten Fehlfunktion muss eindeutig formuliert sein und darf nicht durch eine Bemerkung, wie „n. i. O." oder „defekt" abgehandelt werden [VDA12, KAMI13]. Bei der Identifizierung der Fehlfunktionen ist die Kreativität des Teams gefordert, um möglichst alle denkbaren Fehlfunktionen und damit Fehler zu ermitteln. Der Moderator muss dafür sorgen, dass zum einen den Mitarbeitern genug Freiraum gelassen wird, zum anderen aber die Kreativität nicht überreizt wird.

Bei der Zuordnung und Verknüpfung der Fehlfunktionen kann – abhängig vom betrachteten Strukturelement – eine Fehlfunktion somit als Fehler, Fehlerursache oder Fehlerfolge gewertet werden (Abbildung 11.12-3). Beispielsweise könnte auf der Strukturebene C der Fehler ein wackelnder Steuersatz sein. Die Ursache hierfür auf Ebene D kann ein falscher oder falsch montierter Gabelkonus sein. Die Fehlerfolge auf Ebene B wäre dann eine nicht feste Lenkeinheit.

5. Maßnahmenanalyse und Bewertung der Fehlerzustände

Im Rahmen der Maßnahmenanalyse werden den Fehlfunktionen bereits bestehende Maßnahmen zugewiesen und das Risiko der jeweiligen Fehlerursachen bewertet. Maßnahmen lassen sich hierbei in zwei Gruppen einteilen. Unterschieden werden

- Vermeidungsmaßnahmen, durch welche die Auftretenswahrscheinlichkeit eines Fehlers vermindert wird, und
- Entdeckungsmaßnahmen, welche die Wirksamkeit der Vermeidungsmaßnahme nachweisen.

Diese Maßnahmen müssen in jedem Fall eindeutig ausführlich beschrieben werden. Vermeidende Maßnahmen (z.B. konstruktive Änderungen) sind zu bevorzugen, da hier der Fehler bereits vor seiner Entstehung eliminiert wird. Entdeckende (z.B. zusätzliche Prüfungen) oder auswirkungsbegrenzende Maßnahmen (z.B. Erhöhung der Redundanz) dienen zur Erhöhung der Entdeckung einer Fehlerursache. Zur Durchführung wird jeweils ein Verantwortlicher festgelegt, der die Maßnahme betreut und den Bearbeitungsstand regelmäßig zurückmeldet [VDA12].

Zur Maßnahmenanalyse gehört auch die Risikobewertung. Mit jeder Fehlerursache ist ein Risiko verbunden, welches zu bewerten ist. Dies geschieht durch die Bedeutung oder Schwere der Fehlerfolge, die Auftretens- und die Entdeckungswahrscheinlichkeit (Abbildung 11.12-3). Für jeden dieser drei Faktoren wird eine Bewertung vergeben, die zwischen 1 und 10 liegt. Die Bedeutung (B) der Fehlerfolge orientiert sich immer an der obersten Ebene und an der schwerwiegendsten Fehlerfolge [TIET11]. Führt eine Fehlerursache zum Versagen eines sicherheitsrelevanten Teils und gleichzeitig zu Fremdgeräuschen, ist folglich das mögliche Versagen zu bewerten, da es eine schwerere Folge darstellt. Nach VDA ist die Wertung von „10" oder „9" bei sicherheitsrelevanten Fehlerfolgen oder Fehlern mit unbekannten Folgen zu vergeben. Die „1" bei geringen Beeinträchtigungen, die nur von Fachpersonal erkannt werden [VDA12].

Die Auftretenswahrscheinlichkeit (A) gibt die Wahrscheinlichkeit wieder, mit der der Fehler im Prozess nach Anwendung der Vermeidungsmaßnahme auftritt. Es handelt sich also um die Bewertung der Vermeidungsmaßnahme. Liegt eine hohe Auftretenswahrscheinlichkeit vor, oder fehlt eine Vermeidungsmaßnahme, wird eine „10" vergeben; die „1" bei unwahrscheinlichem Auftreten. Die Entdeckungswahrscheinlichkeit (E) beschreibt die Wirksamkeit der Entdeckungsmaßnahme. Ist ein Entdecken unmöglich, oder fehlt eine Entdeckungsmaßnahme, wird eine „10" vergeben, eine „1", wenn ein Fehler mit Sicherheit entdeckt wird. Die Wirksamkeit der Maßnahmen ist nach deren tatsächlicher Umsetzung neu zu bewerten [VDA12].

Die Ermittlung der Risikozahlen kann nicht anhand von festen Regeln erfolgen. Es ist jedoch wichtig, dass innerhalb eines Unternehmens die gleichen Bewertungsmaßstäbe genutzt werden, um die Vergleichbarkeit zu gewährleisten. Hier empfiehlt sich der Aufbau einer FMEA-Datenbank, in der Bewertungsvorgaben, z.B. für einzelne Produktgruppen, vorgegeben sind.

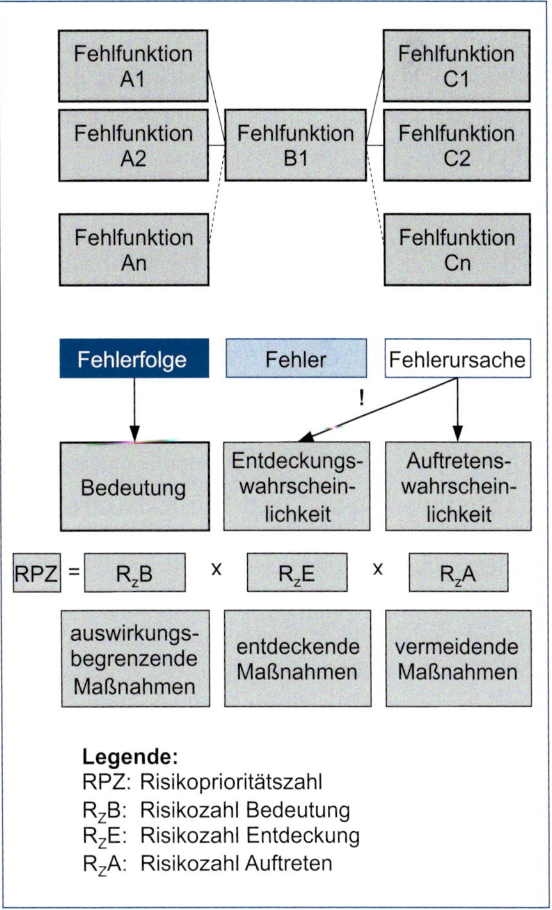

Abbildung 11.12-3 Durchführung einer FMEA

Die Multiplikation dieser Zahlen ergibt die Risikoprioritätszahl (RPZ), die als erster Ansatzpunkt für weitere Maßnahmen dienen kann. Von einem Einsatz der RPZ als alleiniges Entscheidungs- oder Priorisierungshilfsmittel ist nach Einschätzung von DGQ und VDA abzusehen [VDA12, DGQ12]. Es fehlen erforderliche Gewichtungen, um aussagekräftige Ergebnisse erzielen zu können. Eine sinnvollere Risikobewertung könnte durch den 3D-Ampelfaktor möglich sein. Hier wird auf Basis einer dreidimensionalen Risikomatrix ein Faktor ermittelt, der genauere Angaben ermöglichen soll. Durch die drei Bewertungsfaktoren wird ein Punkt im Raum erzeugt. Der Schattenwurf dieses Punktes auf die Ebenen AE/BE/BA führt anschließend zu einer Prioritätszahl. Besonders hervorzuheben ist die Anpassbarkeit der Kriterien an individuelle Unternehmen [WERD12].

Nach der Bewertung des verbleibenden Risikos ist der Stand entweder bereits zufriedenstellend oder weitere Verbesserungen müssen getroffen werden. In diesem Fall werden neue Maßnahmen vorgeschlagen, bewertet, zur Umsetzung gebracht und anschließend erneut bewertet [VDA12]. Für alle Maßnahmen werden Verantwortlichen und Endtermine bestimmt.

6. Terminverfolgung und Erfolgskontrolle

Der letzte und wichtigste Schritt einer FMEA ist die Überwachung der Maßnahmen, hinsichtlich Termineinhaltung und Wirksamkeit. Es muss sichergestellt werden, dass die geplanten Maßnahmen durchgeführt werden, da sonst die gesamte Durchführung der FMEA nutzlos ist. Nach der Durchführung der Maßnahme erfolgt eine erneute Risikoabschätzung, bei der neue Risikozahlen ermittelt werden. Anhand der neuen Abschätzung können weitere Maßnahmen initiiert werden.

Das Formblatt der FMEA unterstützt die beschriebene Vorgehensweise (Abbildung 11.12-4). Im Folgenden wird die Vorgehensweise mithilfe des Formblattes noch einmal dargestellt:

1. Stammdaten im Kopf des Formblatts eintragen.
2. Funktionen des betrachteten Teils beschreiben.
3. Potenzielle Fehler sowie
4. deren Folgen und
5. Ursachen angeben.
6. Zu jedem Tripel „Fehler, Fehlerfolge, Fehlerursache“ sowohl bereits vorgesehene Vermeidungsmaßnahmen als auch
7. Entdeckungsmaßnahmen (z.B. Prüfmaßnahmen) eintragen.
8. Das Risiko hinsichtlich Bedeutung,
9. Auftreten und
10. Entdeckung mit je einer Risikozahl von 1 bis 10 bewerten.
11. Abschließend erfolgt die Multiplikation der Risikozahlen zur Risikoprioritätszahl.

Nach Ermittlung der RPZ werden, wie beschrieben, Maßnahmen abgeleitet und umgesetzt. Nach erfolgter Umsetzung werden die Risikozahlen neu bestimmt und neue Maßnahmen abgeleitet.

Mögliche Schwierigkeiten und Probleme

Mit der Einführung der FMEA in ein Unternehmen sind zwei Problemschwerpunkte verbunden. Zunächst ist es notwendig, den Mitarbeitern die Sinnhaftigkeit der FMEA zu verdeutlichen und damit zur Anwendung der Methode zu motivieren. Darüber hinaus ist es notwendig, das Methodenwissen zu vermitteln.

Insgesamt sollte die Einführung der FMEA in ein Unternehmen sorgfältig geplant werden. Hierzu gehört vor allem die Aufstellung eines Schulungskonzeptes, durch welches die Mitarbeiter systematisch an die FMEA herangeführt werden. Dieses Schulungskonzept sowie das Konzept der Einfüh-

		Fehler-Möglichkeits und Einfluss-Analyse								FMEA-Nr.:
		☐ Produkt-FMEA				☐ Prozess-FMEA				Seite:
Typ: ❶					Sachnr.: ❶		Verantwortlich: ❶			Abteilung: ❶
System Nr.: ❷					Sachnr.:					
Nr.	FF	R_ZB	F	FU	VM	R_ZA	EM	R_ZE	RPZ	
	❹	❽	❸	❺	❻	❾	❼	❿	⓫	

Legende:
R_ZB = Risikozahl Bedeutung: 1 (keine Bedeutung) – 10 (sehr hohe Bedeutung)
R_ZE = Risikozahl Entdeckung: 1 (sehr wahrscheinlich) – 10 (unwahrscheinlich)
R_ZA = Risikozahl Entdeckung:1 (unwahrscheinlich) – 10 (sehr wahrscheinlich)
FF = Fehlerfolge
F = Fehler
FU = Fehlerursache
VM = Vermeidungsmaßnahme
EM = Entdeckungsmaßnahme
RPZ = Risikoprioritätszahl

Abbildung 11.12-4
FMEA-Formblatt

rung der Methode muss beiden Aspekten Rechnung tragen und sollte den Top-down- und den Bottom-up-Ansatz integrieren, um den Erfolg der FMEA zu gewährleisten.

Den Vorteilen des Einsatzes der FMEA steht, u. a. aufgrund ihres bereichsübergreifenden Charakters, ein erheblicher Aufwand bei ihrer Durchführung gegenüber. Nur die konsequente Verfolgung der Maßnahmenumsetzung und Erfolgskontrolle kann diesen Aufwand rechtfertigen.

Abschließend sei noch auf die Problematik der Vollständigkeit einer FMEA eingegangen. Hierzu ist festzuhalten, dass es nicht darauf ankommt, alle Fehler einer Planung festzuhalten, sondern im Sinne des Pareto-Prinzips die wesentlichen Fehler, die zu Qualitätsproblemen führen können, zu finden und zu beseitigen.

Ergänzende Methoden

- Design Review Based on Failure Mode (DRBFM)
- Fehlerbaumanalyse
- Störfallablaufanalyse

11.13 Fehlerbaumanalyse

Ziel der Methode

Die Fehlerbaumanalyse nach DIN 25424 [DIN25424] dient der systematischen Suche nach Ursachen für einen vorgegebenen Fehler. Das Ziel der Fehlerbaumanalyse ist es, eine abgesicherte Aussage über das Verhalten eines Systems, hinsichtlich des Auftretens eines Fehlers, zu machen, wobei insbesondere eine Abschätzung der Ausfallwahrscheinlichkeit angestrebt wird. Der Kern der Methode ist die Aufstellung des Fehlerbaums auf der Basis einer zuvor durchgeführten Systemanalyse. Hierzu werden, ausgehend von einem Fehler, jeweils alle möglichen Ausfallkombinationen eingetragen, die den Fehler verursachen können. Die Kombinationen sind dabei im Sinne einer booleschen Logik mithilfe von Konjunktion, Disjunktion bzw. Negation darstellbar. Der Prozess der Bestimmung von Ausfallkombinationen wird für alle relevanten Fehlerknoten des Baums iteriert und mit den Fehlern, für die keine weiteren Ursachen zu benennen sind, abgebrochen.

Vorgehensweise und eingesetzte Werkzeuge

Das Vorgehen einer Fehlerbaumanalyse gliedert sich in acht Schritte. Zunächst wird eine Systemanalyse durchgeführt, deren Zielsetzung die Erarbeitung einer genauen Kenntnis des betrachteten technischen Systems, beispielsweise eines Produktes oder eines Fertigungsprozesses, ist (Abbildung 11.13-1).

Des Weiteren ist das unerwünschte Ereignis festzulegen (z. B. Sicherheitsventil öffnet nicht), für das der Fehlerbaum entwickelt werden soll. Hierbei ist zwischen einer Untersuchung, hinsichtlich der Sicherheit des Systems (d. h. das unerwünschte Ereignis betrifft das Eintreten eines in der Systemanalyse ermittelten gefährlichen Ausfalls des Systems), und einer Untersuchung, hinsichtlich des Betriebs des Systems (d. h. das unerwünschte Ereignis betrifft den Ausfall der Systemfunktion), zu unterscheiden. Wichtig ist dabei, dass das unerwünschte Ereignis durch klar beschriebene Ausfallkriterien eindeutig definiert ist (Abbildung 11.13-2).

Des Weiteren ist festzulegen, welche Zuverlässigkeitskenngröße, beispielsweise Ausfallhäufigkeit oder Nichtverfügbarkeit, und welches Zeitintervall die Basis für die weitere Analyse bilden. Eine typische Festlegung ist hierbei etwa die Häufigkeit des Auftretens innerhalb eines Jahres.

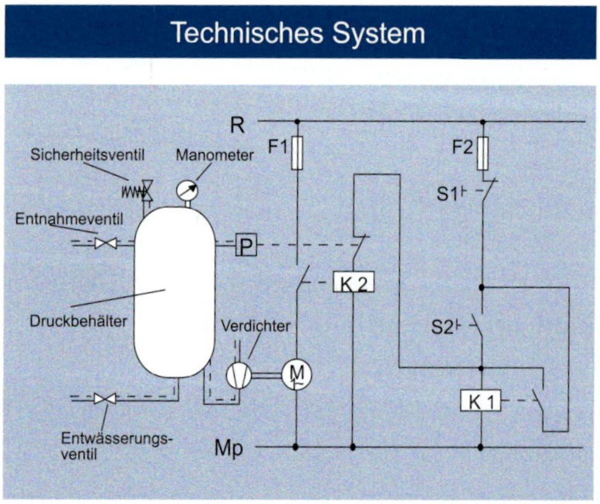

Technisches System

Beschreibung

Das Drucksystem wird durch Betätigen des Tasters S2 angefahren. Relais K1 arbeitet als Selbsthalterrelais. K2 schließt. Dadurch startet der Motor. Wird der maximale Druck erreicht, öffnet der Druckschalter P und K2 fällt ab. Dadurch stoppt der Motor.

Abbildung 11.13-1
Beispiel eines technischen Systems

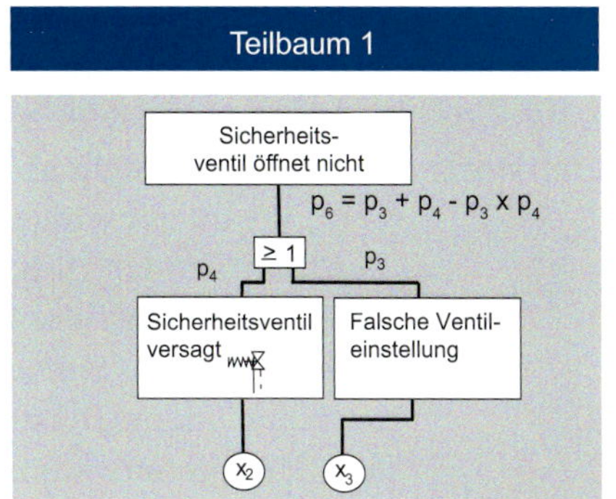

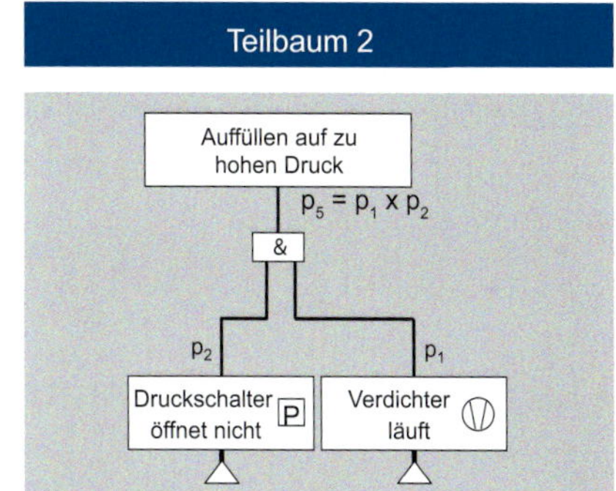

Abbildung 11.13-2
Erstellen von Teilbäumen

Im nächsten Schritt sind die Ausfallarten der Komponenten zu bestimmen, die für die weitere Aufstellung des Fehlerbaums zu betrachten sind. Zu empfehlen ist an dieser Stelle die Durchführung einer Ausfallart- und Effektanalyse, wie durch eine FMEA, um die Ereignisabläufe zu untersuchen, die sich aus dem Ausfall von Komponenten ergeben. Danach sind alle Vorbereitungen zur Aufstellung des Fehlerbaums durchgeführt, und die Erstellung kann erfolgen (Abbildung 11.13-3).

Zur Vorbereitung der Auswertung werden im nächsten Schritt alle Eingänge des Fehlerbaums mit der festgelegten Zuverlässigkeitskenngröße, bezogen auf das zuvor definierte Zeitintervall, belegt.

Die Auswertung des Baums bedient sich verschiedener Methoden, z.B. sogenannte Handrechenverfahren, wie die Bestimmung des kritischen Pfades, und zielt auf die abschließende Bewertung der gefundenen Ergebnisse.

Mögliche Schwierigkeiten und Probleme

Bei der Fehlerbaumanalyse muss beachtet werden, dass mit dieser Methode ein Zustand beschrieben wird. Es kann also kein dynamische Verhalten abgebildet werden.

Eine weitere Schwierigkeit der Fehlerbaumanalyse ergibt sich bei komplexen technischen Syste-

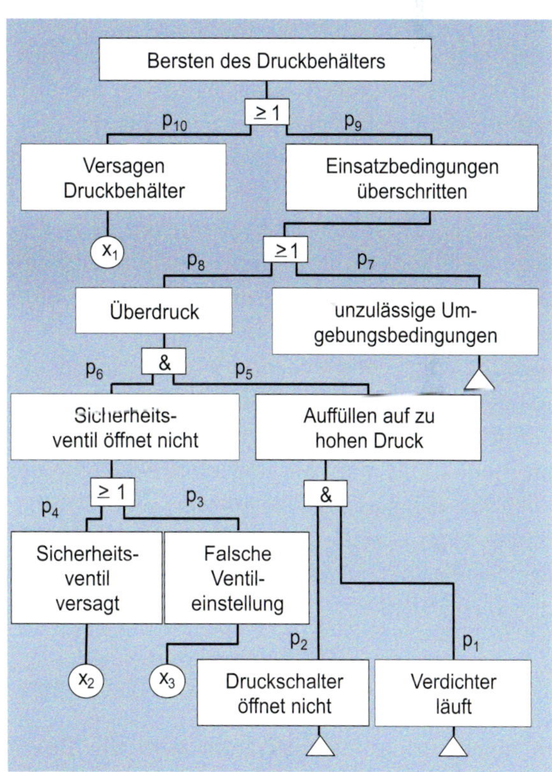

Abbildung 11.13-3 Exemplarischer Fehlerbaum
≥1 entspricht ODER-Verknüpfung
& entspricht UND-Verknüpfung
x_n entspricht Standardeingang
△ entspricht Übertragung Ein- und Ausgang

11

men. Hier ist der Aufwand der Modellierung sehr hoch, und der Fehlerbaum erreicht schnell eine unübersichtliche Größe. Dies hat zur Folge, dass die Auswertung sehr komplex wird und fast nur noch mit Software möglich ist.

11.14 Isochronendiagramm

Ziel der Methode

Das Isochronendiagramm ist eine Methode zur Analyse von Felddaten, die aus der Nutzungsphase durch den Kunden stammen. Es ermöglicht die anschauliche Darstellung der Produktqualität über einen bestimmten Produktions- und Nutzungszeitraum hinweg. Damit kann also das Ausfallverhalten von Produkten während der Nutzungsphase dargestellt werden. Dabei liegt der Fokus auf dem Vergleich der Beanstandungshäufigkeit von Produkten in Abhängigkeit ihres Fertigungszeitpunktes sowie ihres Alters. Ziel ist es, auf Grundlage eines Isochronendiagramms Mängel hinsichtlich des Produktverhaltens im Feld zu identifizieren, entsprechende Verbesserungsmaßnahmen abzuleiten und diese nachzuhalten. Dies können Konstruktionsänderungen, Änderungen an Produktions- und Montageeinrichtungen oder auch der Wechsel von Lieferanten sein. Darüber hinaus kann mithilfe eines Isochronendiagramms der Erfolg dieser Maßnahmen offengelegt und überwacht werden.

Vorgehensweise und eingesetzte Werkzeuge

In einem Isochronendiagramm wird die Beanstandungshäufigkeit von Produkten in Form sogenannter Kurven gleichen Alters – Isochronen – dargestellt. Dadurch, dass hier die Ausfälle nicht einzig anhand des Zeitpunkts ihres Auftretens festgehalten, sondern ausgefallene Produkte zusätzlich ihrem Fertigungszeitpunkt zugeordnet werden, ist ein Abbild der Qualitätsfähigkeit der Produktionsanlagen zum Zeitpunkt der Produktentstehung möglich. Der Erfolg von Maßnahmen, die zur Beseitigung von Qualitätsmängeln ergriffen wurden, lässt sich durch die Betrachtung des Verlaufs der einzelnen Isochronen einfach beurteilen. Eine chronologische Auflistung oder kumulierte Darstellung der Ausfälle in einem Histogramm kann dies nicht ohne Weiteres leisten.

Bei der Anwendung des Isochronendiagramms gilt es, in einem ersten Schritt die verfügbaren Ausfalldaten in Form einer bestimmten Ausfall-Statistik aufzubereiten. Anschließend können diese Daten in das eigentliche Isochronendiagramm überführt werden. Nachfolgend verdeutlicht zunächst ein Beispiel eine derartige Ausfall-Statistik in tabellarischer Form (Abbildung 11.14-1).

Die Zeilen der Tabelle beziehen sich jeweils auf eine Menge von gefertigten Einheiten, die innerhalb eines bestimmten Fertigungsintervalls hergestellt wurden. Über die Spalten ist dagegen der Betrachtungszeitraum in Bezug auf die Ausfälle der Produkte aufgetragen. Hieraus lässt sich die zeitliche Spanne zwischen Fertigungszeitpunkt und Ausfall eines Produktes erkennen. Im vorliegenden Beispiel wurden zur zeitlichen Einteilung sowohl des betrachteten Fertigungszeitraums als auch des Betrachtungszeitraums der Ausfälle die Zeiteinheit Jahresquartale gewählt.

Die einzelnen Prozentwerte in der Tabelle beschreiben die Anzahl aller seit dem Zeitpunkt ihrer Herstellung bis zum Ende des jeweiligen Betrachtungszeitraums ausgefallenen Einheiten, bezogen auf die Gesamtzahl der im jeweiligen Fertigungszeitraum hergestellten Einheiten. Um den zeitlichen Bezug zu den Fertigungsintervallen herzustellen, werden die Werte in den Zeilen kumuliert. Beispielsweise sind 0,29 % der 45.342 im 1. Quartal

D

Ausfall-Statistik

Fertigungszeitraum : 1/2013 - 1/2014
Stand: 2/2014

lfd. Nr	Ausfall / Fertigung: F.-Menge Stk	F.-Zeitraum Quartal	Ausfall-Stückzahlen seit Beginn des Fertigungsquartals bis zum Ende des Betrachtungsquartals: 1/2013 %	2/2013 %	3/2013 %	4/2013 %	1/2014 %
1	45.342	1/2013	0,07	0,15	0,22	0,29	0,36
2	38.854	2/2013		0,07	0,15	0,23	0,30
3	37.452	3/2013			0,14	0,29	0,43
4	42.863	4/2013				0,05	0,10
5	41.935	1/2014					0,03

Fertigungsquartale gleichen Alters hier: ≤ 3-Linie

Abbildung 11.14-1 Beispiel einer Ausfall-Statistik

2013 hergestellten Einheiten bis zum Ende des 4. Quartals 2013 ausgefallen. Am Ende des 3. Quartals 2013 lag der Anteil der Ausfälle erst bei 0,22 %, im 4. Quartal sind also weitere 0,07 % der betrachteten Einheiten ausgefallen.

Für die zeitliche Einteilung des Fertigungszeitraums gilt es zu beachten, dass innerhalb der einzelnen Intervalle die Fertigungsbedingungen nicht signifikant, z. B. durch den Wechsel einer Bearbeitungsmaschine, verändert werden dürfen. Andernfalls lässt sich das Isochronendiagramm im Nachgang nicht sinnvoll zur Bewertung von durchgeführten Verbesserungsmaßnahmen verwenden.

Wurden die Ausfalldaten in Form der oben dargestellten Ausfall-Statistik aufbereitet, so kann das eigentliche Isochronendiagramm erstellt werden. Dazu stehen dem Anwender alle notwendigen Daten in der zuvor erstellten Ausfall-Statistik zur Verfügung. In einem ersten Schritt trägt man auf der Abszisse des Diagramms den betrachteten Fertigungszeitraum auf. Der Ordinate werden die kumulierten, prozentualen Ausfallzahlen zugewiesen. Anschließend können die einzelnen, prozentualen Ausfallzahlen in das Diagramm eingetragen werden. Hier empfiehlt es sich, die Daten zeilenweise in das Diagramm zu übertragen: Die Einträge einer Zeile in der Ausfall-Statistik sind im Isochronendiagramm einem Zeitintervall zugewiesen und liegen somit auf einer senkrechten Linie übereinander. So findet sich beispielsweise die Ausfallrate für das Fertigungsquartal 1/13 bis zu einem Alter von drei Quartalen in Höhe von 0,22 % im Isochronendiagramm an erster Position der 3Q-Isochrone. Nach dem Eintragen aller Werte, werden diese zu Isochronen verbunden, d. h., die prozentualen Ausfallzahlen gleichen Alters werden in Form von Kurven (Isochronen) visualisiert. Die Werte einer Isochrone (Ausfallwerte einer Altersklasse) bilden in der Ausfall-Statistik eine Diagonale. Abbildung 11.14-2 zeigt die Ausfallzahlen für das betrachtete Produkt zum Zeitpunkt 1. Quartal 2014. Anhand des Verlaufs eines Isochronendiagramms lässt sich von Quartal zu Quartal die Qualität der gefertigten Einheiten verfolgen. So sind Qualitätsmängel direkt erkennbar und mit behandelnden Maßnahmen zu belegen.

Mögliche Schwierigkeiten und Probleme

Das Interpretieren der Ausfallstatistik fällt vielen Erstanwendern zunächst schwer. Ist dies aber ver-

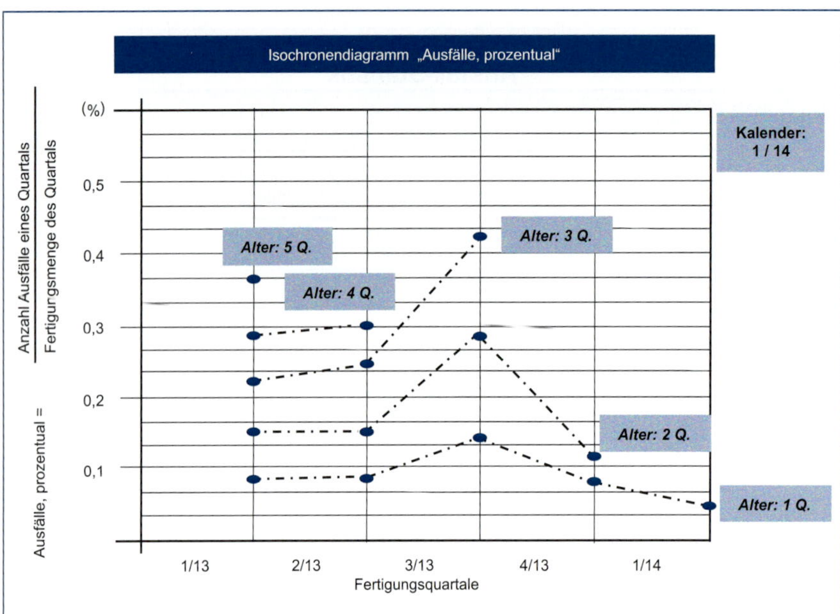

Abbildung 11.14-2 Isochronendiagramm

innerlicht, so ist das Verständnis für die Transformation der tabellarisch aufbereiteten Ausfallzahlen in das Isochronendiagramm höher. Wichtig für das Verständnis des Anwenders ist es an dieser Stelle, die Ausfall-Statistik richtig zu interpretieren und insbesondere darauf zu achten, dass es sich in den jeweiligen Zeilen um kumulierte Fehlerraten handelt. Auch die Zuweisung der Ausfallzahlen im Isochronendiagramm zu dem jeweiligen Zeitpunkt der Produktherstellung, ist zu beachten.

Ergänzende Methoden

Neben dem Isochronendiagramm stellt die Weibull-Analyse (vgl. Toolbox, Kapitel 11.30) eine leistungsstarke Methode zur Auswertung und Verarbeitung von Informationen über das Verhalten von Produkten in der Nutzungsphase dar.

11.15 Kano-Modell

Ziel der Methode

Das Kano-Modell zeigt den Zusammenhang zwischen der Kundenzufriedenheit und der Erfüllung von Kundenanforderungen. Sind die Einschätzungen des Wertes bekannt und die Kundenforderungen und -erwartungen erhoben, müssen sie gewichtet werden, um herauszufinden, bezüglich welcher Merkmale von Neuentwicklungen Schwerpunkte zu setzen sind. Nach Kano können die Forderungen, die ein Kunde an ein Produkt oder eine Dienstleistung stellt, in fünf Kategorien eingeteilt werden. Kano unterscheidet in dem nach ihm benannten Modell zwischen [KANO84]

- Basismerkmalen,
- Leistungsmerkmalen,
- Begeisterungsmerkmalen,
- indifferenten Merkmalen und
- Umkehrmerkmalen.

D

Vorgehensweise und eingesetzte Werkzeuge

Die *Basismerkmale* stellen für den Kunden Merkmale dar, welche bei Fehlen Unzufriedenheit hervorrufen, bei einer Erfüllung jedoch noch keine Kundenzufriedenheit bewirken, wie beispielsweise der Einbau eines Airbags in einem Automobil (Abbildung 11.15-1).

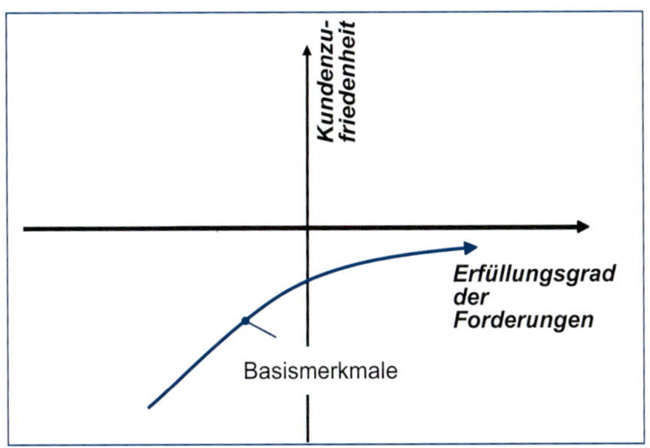

Abbildung 11.15-1 Basismerkmale im Kano-Modell

Im Gegensatz dazu, basieren die *Leistungsmerkmale* auf den individuellen Anforderungen an ein Produkt. Während für einen Kunden möglicherweise die Motorleistung das wichtigste Produktmerkmal darstellt, kann es für einen anderen Kunden das Design sein. Die entsprechenden Merkmale sind für den Käufer somit diejenigen, welche von ihm explizit genannt werden (Abbildung 11.15-2).

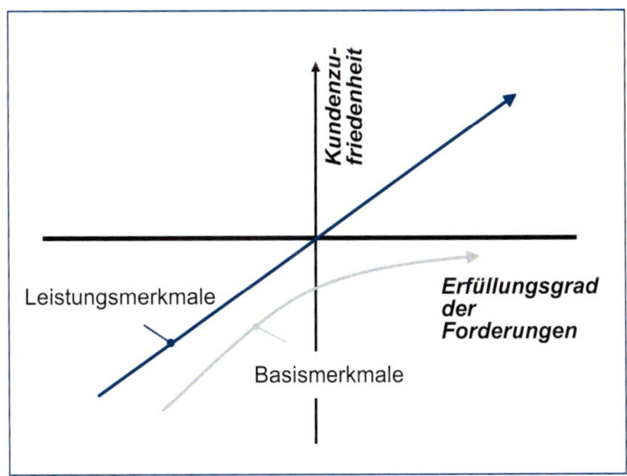

Abbildung 11.15-2 Leistungsmerkmale im Kano-Modell

Begeisterungsmerkmale sind die Merkmale, die den eigentlichen Hauptunterschied zwischen konkurrierenden Produkten beschreiben. Diese Merkmale werden vom Kunden nicht erwartet und nicht explizit gewünscht, lösen aber durch Vorhandensein Begeisterung beim Kunden aus. Eine kleine Leistungssteigerung bei einem Produkt kann hier bereits zu einem starken Anstieg der Begeisterung führen (Abbildung 11.15-3).

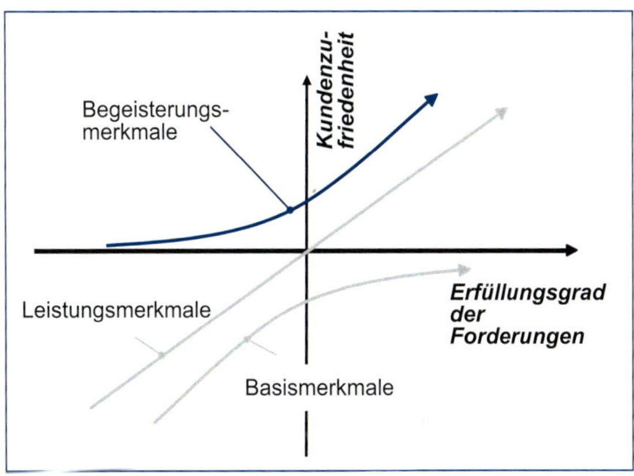

Abbildung 11.15-3 Begeisterungsmerkmale im Kano-Modell

Indifferente Merkmale stehen für den Kunden in keinem Zusammenhang mit der Zufriedenheit oder der Unzufriedenheit und üben daher keinen Einfluss auf das Produkt aus, wie beispielsweise die Farbe des eingefüllten Wischwassers eines Automobils (Abbildung 11.15-4).

Im Gegensatz dazu, gibt es einen Zusammenhang zwischen *Umkehrmerkmalen* und der Unzufriedenheit eines Kunden. Sie können zur Ablehnung eines Produktes beim Kunden führen. Die Abwesenheit solcher Merkmale führt hingegen nicht zwangsläufig zu einer Steigerung der

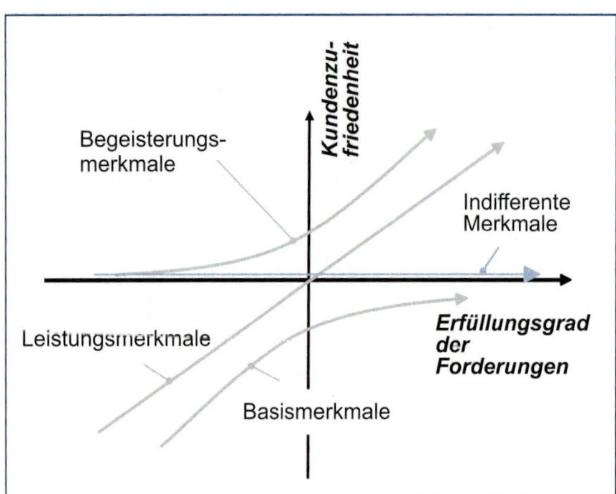

Abbildung 11.15-4 Indifferente Merkmale im Kano-Modell

Kundenzufriedenheit [KANO84]. Beim Pkw stellt der Becherhalter vor dem Knopf des Warnblinkers solch ein Umkehrmerkmal dar (Abbildung 11.15-5).

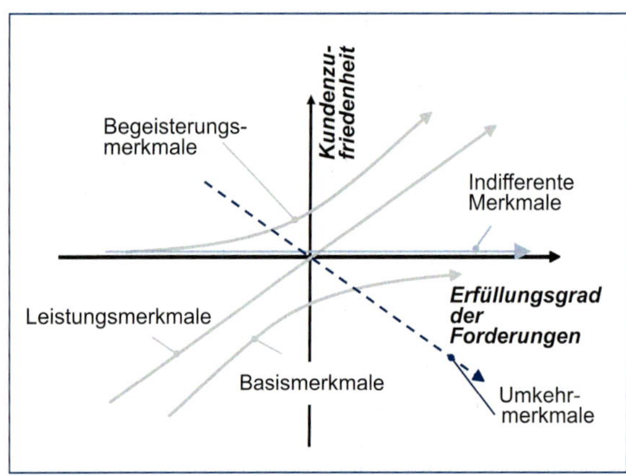

Abbildung 11.15-5 Umkehrmerkmale im Kano-Modell

Die Eigenschaften verändern sich über die *Zeit* gesehen. Ein Begeisterungsmerkmal wird im Laufe der Zeit zu einem Leistungs- und später zu einem Basismerkmal. Deutlich wird dieses Phänomen am Beispiel des Airbags: Kurz nach der Erfindung führte das Vorhandensein eines Airbags im Auto zur Begeisterung bei den Käufern. Nach einiger Zeit ist eine Innovation wie der Airbag jedoch zur Grundausstattung geworden. Ist er nicht vorhanden oder nur gegen Aufpreis zu erwerben, führt das zu einer Verstimmung des Kunden. Im Extremfall wird der Kunde das Nichtvorhandensein dieser Eigenschaft als Ausschlussgrund ansehen und das Auto nicht kaufen (Abbildung 11.15-6).

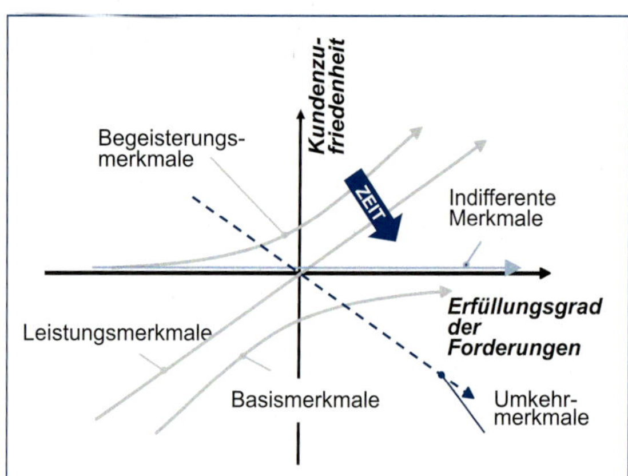

Abbildung 11.15-6 Das gesamte Kano-Modell, in Anl. an [KANO84])

Somit sollten die Basismerkmale, Leistungsmerkmale und Begeisterungsmerkmale realisiert werden und Umkehrmerkmale vermieden werden. Indifferente Merkmale hingegen können vernachlässigt werden. Sind die Kundenforderungen bekannt, werden für die weitere Produktentwicklung die Produkteigenschaften spezifisch und detailliert geplant.

Mögliche Schwierigkeiten und Probleme

Die Kategorisierung der Merkmale gemäß des Kano-Modells kann von Kundengruppe zu Kundengruppe, je nach deren spezifischen Präferenzen, variieren. Insbesondere für heterogene Kundengruppen lässt sich eine allgemeingültige Kategorisierung mithilfe des Kano-Modells somit nicht vornehmen. Aufgrund der Veränderbarkeit von Merkmalen im Zeitverlauf ist der Anwender zudem angehalten, die Kategorisierung regelmäßig zu wiederholen, um deren Aktualität sicherzustellen.

11.16 Kansei-Engineering

Kansei-Engineering beschreibt eine Methode, um Kundeneindrücke, -gefühle und -anforderungen an ein Produkt bereits in der Entwicklungsphase in Produktmerkmale zu überführen. Hierzu existieren verschiedene Erhebungs- und Interpretationsansätze, wie z. B. die Erhebung der Assoziationen, die ein Produkt beim Kunden auslöst, oder die Messung physiologischer Reaktionen bei der Interaktion mit dem Produkt [NAGA11a, NAGA11b].

Ziel der Methode

In Abhängigkeit von der Problemstellung lassen sich verschiedene Arten des Kansei-Engineering unterscheiden, u. a. die Kategorie-Klassifikation, das Kansei-Engineering-System, das Hybrid-Kansei-Engineering-System, das Kansei Engineering Modelling und das Virtual Kansei Engineering [NAGA95].

Im Rahmen der *Kategorie-Klassifikation* wird mittels einer Baumstruktur ein spezifisches Markt- und Produktsegment (z. B. Mittelklassewagen) durch Kundenbefragung in seine Bestandteile aufgefächert. Die abstrakten Kundenwünsche und -anforderungen werden dann im Rahmen eines Baumdiagrammes mit steigendem Detaillierungsgrad auf physische Produktmerkmale übertragen und spezifiziert [SCHÜ02, NAGA11a].

Das *Kansei-Engineering-System (KES)* ist ein datenbankgestütztes System, welches den Prozess der Übertragung von Konsumentenbedürfnissen in umsetzbare Designelemente ermöglicht. Hierbei werden Kundenemotionen durch statistische, datenbankgestützte Berechnungen in Produktmerkmale überführt [NAGA95, NAGA11a]. Das KES besteht im Wesentlichen aus vier Datenbanken [SCHÜ02]:

1. Kansei-Datenbank: Diese beinhaltet Kansei-Begriffe (meist Adjektive), die die Assoziationen zum Produkt beinhalten.
2. Bilder-Datenbank: Die Bilder dieser Datenbank sind mit den Kansei-Begriffen verknüpft.
3. „Knowledge-Datenbank“ zur Schaffung logischer Verknüpfungen.
4. Form- und Farben-Datenbank: Form und Farben sind ebenfalls mit den Kansei-Begriffen verknüpft.

Beim *Hybrid-Kansei-Enginieering-System* (Hybrid-Kansei) handelt es sich um ein computerbasiertes System, welches den Produktentwickler bei der Antizipation von Produktmerkmalen, die am wahrscheinlichsten zur Kundenzielgruppe passen, unterstützt. Es wird unterschieden in Forward-Kansei-Engineering-System und Backward Kansei-Engineering. Bei ersterem handelt es sich um die Betrachtungsseite des Konsumenten. Der Konsument beschreibt seine Eindrücke, die Kansei-Begriffe (Worte, zumeist Adjektive), und der Designer kann mit dieser Beschreibung das Produkt entwerfen. Beim Backward Kansei Engineering steht zuerst das Konzept des Designers. Anschließend werden die Entwürfe computerunterstützt nach Mustern mit einer Bilder-Datenbank abgeglichen. Diese bekannten Muster wiederum sind mit einer Datenbank von Kansei-Begriffen verknüpft. Hierdurch wird dem Designer ein Einblick gewährt, welche Emotionen, repräsentiert durch die Kansei-Begriffe, ein Entwurf, ein Prototyp oder ein Konzept beim Nutzer bzw. Konsumenten hervorruft. Der Designer kommt zu seiner letztlichen Entscheidung über das Produktdesign, indem er beide Kansei-Systeme mit einfließen lässt [SCHÜ02, NAGA95].

Beim *Kansei Engineering Modelling* werden zuerst Produkteigenschaften (z.B. Geräuschnuancen) durch Probandenstudien bewertet. Hierbei werden für vorgegebene, technisch variierende Produkte Probandenurteile erhoben und Präferenzlisten erzeugt. Diese Präferenzlisten werden analysiert und in Abstimmung mit den technischen Parametern der Referenzreize in ein mathematisches Modell eingepflegt. Dieses Modell findet Anwendung zur Abstimmung der Produkteigenschaften (Geräuschentwicklung) im anschließenden Entwicklungsprozess. Das Kansei-Engineering-Modelling ist damit eine Methode, um basierend auf einem spezifisch generierten mathematischen Modell, Produktmerkmale anhand der Produktbeschreibungen des Kunden zu planen und zu konfigurieren.

Das *Virtual Kansei Engineering* ergänzt das KES, indem es noch nicht existierende Produkte virtuell darstellt. Mittels Virtual-Reality-Techniken (z.B. Head Mounted Displays, Datenhandschuhen etc.) kann dass Produkt und seine Einsatzumwelt simuliert werden, und der Konsument erhält erste Eindrücke, bevor die Produktentwicklung sehr weit fortgeschritten ist [SCHÜ02].

Vorgehensweise und eingesetzte Werkzeuge

Eine Verallgemeinerung der verschiedenen Arten des Kansei-Engineering stellt Abbildung 11.16-1 dar [SCHÜ02]. Ausgehend von der Zielgruppe und dem Marktsegment sowie der zughörigen Produktstrategie, wird zunächst das *Betrachtungsobjekt* (Gesamtprodukt oder einzelne Produktkomponenten) festgelegt. Daran anschließend findet eine Sammlung und Ableitung von Kansei-Worten statt, zumeist Adjektiven, die zur Beschreibung des gewählten Betrachtungsobjektes am ehesten geeignet sind. Häufig können diese Begriffe aus Unternehmensbeschreibungen, Produktbroschüren oder Internetforen gewonnen werden. Mithilfe der ausgewählten Kansei-Worte werden semantische Differenziale erstellt, welche zur Beschreibung der emotionalen Empfindungen sowohl des Gesamtproduktes als auch der einzelnen Komponenten aus *Kundensicht* dienen [OSGO55]. Demgegenüber findet die Festlegung der wichtigsten technischen, funktionalen und ästhetischen Produkteigenschaften (z.B. Größe, Farbe, Funktion) und deren zugehörigen Ausprägungen statt. Im Rahmen der *Synthese* wird ein Abgleich zwischen der Produktbeschreibung aus Kundensicht und der technischen Produktbeschreibung vorgenommen, indem zur Abbildung des Zusammenhangs verschiedene mathematische, statistische Methoden (z.B. Faktorenanalyse, Regressionsanalyse) angewendet werden. In Abhängigkeit davon, welche Methode zur Synthese eingesetzt wird, lässt sich ein mathematisches oder nicht mathematisches Modell ableiten, welches die Kansei-Begriffe in einem funktionalen Zusammenhang zu den relevanten technischen Merkmalen repräsentiert. Im Sinne der Produktentwicklung bilden diese funktionalen Zusammenhänge die Grundlage zur Erstellung erster Prototypen, die, soweit es die organisatorischen Voraussetzungen ermöglichen, gegenüber den eingangs erhobenen Kundenforderungen (CTQ und deren Zielwerte sowie Spezifikationsgrenzen) *validiert* werden. Gemäß des erreichten Zielerreichungsgrades, und insoweit erforderlich, lassen sich durch dieses Vorgehen, Anpassungen an den entwickelten funktionalen Zusammenhängen einerseits, in Bezug auf die relevanten technischen Eigenschaften, sowie andererseits, hinsichtlich der zur Produktbeschreibung relevanten Kansei-Begriffe, gezielt vornehmen. Hierdurch wird das mathematische oder nicht mathematische *Modell* schrittweise optimiert, um Gestaltungsempfehlungen für die Produktentwicklung abzuleiten, die dazu beitragen, dass ein Produkt oder eine konkrete Produktkomponente bestimmte Gefühle bei der Zielkundengruppe hervorrufen [SCHÜ02, NAGA11b].

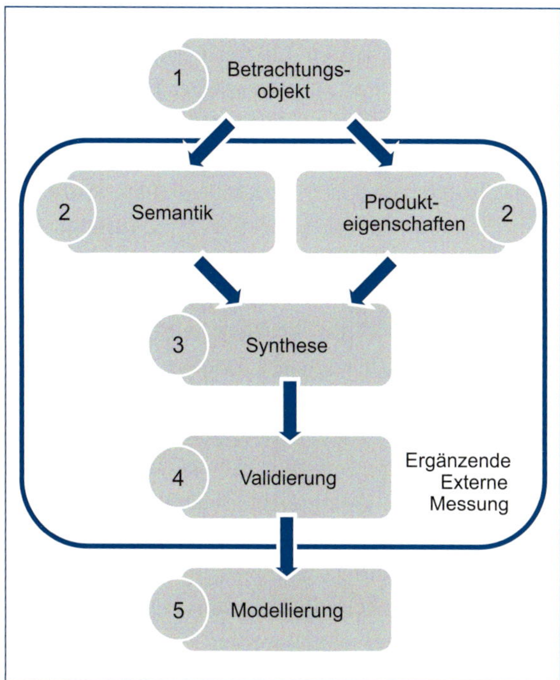

Abbildung 11.16-1 Vorgehensweise des Kansei-Engineering (in Anlehnung an [SCHÜ02])

Mögliche Schwierigkeiten und Probleme

Um die Potenziale des Kansei-Engineering zu heben, sind einige Rahmenbedingungen zu erfüllen und ausreichend Ressourcen sowie Kompetenzen für die schrittweise Durchführung bereitzustellen. Dies umfasst u.a. Kenntnisse in der Anwendung der einzelnen Methoden (insbesondere auch statistische Analyseverfahren) sowie den Zugang zu ausreichend Probanden, um im Rahmen von Kundenkliniken die Stimme der Zielkundengruppe repräsentativ abbilden zu können. In der unternehmerischen Praxis besteht zudem die generelle Herausforderung, die Methode des Kansei-Engineering in die spezifischen Abläufe der Produktentwicklung einzubinden, damit sie als integrativer Bestandteil der Produktentwicklung fungiert und diese systematisch mit Informationen über die Kundenwünsche und -erwartungen unterstützt. Ein durchgängig eingesetztes Kansei-Engineering erfordert daher einen gesteigerten unternehmerischen Aufwand, bietet demgegenüber jedoch aufgrund der spezifischen Ausrichtung auf die jeweilige Problemstellung auch das Potenzial, detaillierte Ergebnisse für die kundenorientierte Produktentwicklung abzuleiten.

11.17 Moderation

Neben dem direkten Austausch und Feedback sind moderierte Meetings dazu da, konkrete Themen und Probleme zu bearbeiten, sodass am Ende eine qualitativ hochwertige Lösung entsteht, die von allen Teilnehmern befürwortet bzw. mitgetragen wird.

Ziel der Methode

Sitzungen von einem Moderator leiten zu lassen, hat neben der dadurch erreichten Neutralität den weiteren Vorteil, strukturierter im Team zu diskutieren und dadurch Zeit zu sparen.

Vorgehensweise und eingesetzte Werkzeuge

Jede moderierte Sitzung lässt sich idealtypisch in vier Phasen aufteilen:

- Einstieg ins Team und Thema,
- Sammeln von Problemen und Lösungen,
- Prioritäten setzen und Entscheidungen treffen sowie
- Vereinbarung nächste Schritte und Ausstieg.

In der ersten Phase der Zusammenarbeit wird die Gelegenheit gegeben, sich bei Bedarf kennenzulernen, und die Erwartungen an das Arbeitsergebnis können formuliert werden. Gegebenenfalls müssen die Rollen der Anwesenden sowie ihre Aufgaben und Verantwortlichkeiten transparent gemacht werden.

Es schadet nie, das Ziel der einzelnen moderierten Sitzung (sowie des gesamten Prozesses) gemeinsam zu formulieren – oder es sich zumindest von den Anwesenden in seiner vorbereiteten Formulierung bestätigen zu lassen. Häufig werden zu Beginn Spielregeln im Team vereinbart (z.B. zur Handy- oder Notebooknutzung während der Sitzung, zur Protokollierung oder zur agendagesteuerten Teilnahme einzelner oder aller Teammitglieder).

Eine zweite Phase dient der genaueren Betrachtung des anstehenden Themas, z.B. von Problemanalysen. Sie können durch zirkuläre Fragen angeregt werden (z.B. „Wer würde woran merken, dass das Problem nicht (mehr) besteht?“ oder „Wer könnte was zur Lösung des Problems beisteuern?“).

Zum Sammeln von Ideen oder für einen Erfahrungsaustausch bietet sich die sogenannte Kartenabfrage an: Jeder Anwesende bekommt eine definierte Anzahl von Karten (Je nachdem, wie viel Ideen man sammeln will bzw. wie viel Zeit man hat, um die Ideen im Anschluss an das *Brainstorming* zu diskutieren und zur Entscheidung zu bringen). Pro Karte wird leserlich eine Idee fixiert, und ggf. werden ähnliche Ideen einzelner Teilnehmer beim Zusammensammeln aller Karten an einer Pinnwand gruppiert, das sogenannte *Clustern*. Gegebenenfalls werden für die sich bildenden Themenblöcke von allen gemeinsam Überschriften formuliert.

Diskussionen haben eine größere Chance ergebnisorientiert abzulaufen, wenn die bisher genannten Punkte in der Diskussionsvorbereitung berücksichtigt wurden. Darüber hinaus sind im Verlauf strukturierende Zusammenfassungen durch den Moderator oder Diskussionsleiter sowie dokumentierende *Visualisierungen* der Kernaussagen in Form von Stichworten hilfreich. Um die Diskussion nicht ausufern zu lassen, über Punkte, die in der Sitzung gar nicht geklärt werden können, kann eine laufende *Liste offener Punkte* (LOP, manchmal auch „Themenspeicher“ genannt) dienen. Während der gesamten Sitzung werden Vereinbarungen darin protokolliert (Wer? Macht was? Mit wem? Bis wann?). Vor dem Abschluss kann dieser Speicher dann noch einmal im Überblick betrachtet werden, um die konkreten nächsten Schritte zu bestätigen oder ggf. zu ergänzen.

Als Methode der *Entscheidungsfindung* in der dritten Phase der Sitzung, gibt es die sogenannte Punktabfrage (jeder Teilnehmer kann eine aufgrund der Themenvielfalt definierte Anzahl von Punkten vergeben).

Eine Möglichkeit diese Punktvergabe zu steuern, ist mit dem sogenannten Ampel-Feedback: Rote oder grüne Karten in der gehobenen Hand signalisieren Ablehnung oder Zustimmung, während gelbe Karten Enthaltungen widerspiegeln.

Jedes Meeting braucht ein offizielles (und auch emotionales) Ende. Empfohlen wird zum Abschluss jeder Sitzung, der vierten Phase, ein *kurzes Blitzlicht* zur Zufriedenheit mit dem Meeting durchzuführen (reihum sagt jeder Teilnehmer ein oder zwei Sätze). Sowohl inhaltlich als auch methodisch können hieraus Anregungen für weitere Zusammenkünfte abgeleitet werden.

Bei mehrtägigen Workshops, ist ein Feedback immer zum Abschluss des einzelnen Tages zu empfehlen. Meier macht dazu mit seinem sogenannten *Zwischenstopp* [MEIE08] einen konkreten Vorschlag: Auf einer Skala von 1 bis 10 positionieren sich die Teilnehmer. Die 10 bedeutet, dass der Workshop-Tag sehr nützlich war, um das mit dem Workshop anvisierte Ziel zu erreichen, und die 1 bedeutet das Gegenteil. Nach der Positionierung wird jeder Teilnehmer aufgefordert, auf einer Karte festzuhalten, was am nächsten Tag bearbeitet werden muss, damit der Workshop zieldienlich und für den Einzelnen nützlich ist. Entsprechend kann die Agenda für den Workshop überprüft und ggf. verändert werden.

Das *letzte Wort* sollte der Einladende haben (das muss nicht der Moderator sein): Er kann den Anwesenden für die Ergebnisse oder das Einhalten der vereinbarten Spielregeln danken.

Mögliche Schwierigkeiten und Probleme

Die Rolle des Moderators sollte bestenfalls nicht von einem Teammitglied übernommen werden, da die Neutralität in der Regel nicht gegeben ist. Kann kein neutraler Moderator eingesetzt werden, wird die Moderationsrolle rollierend im Team vergeben.

11.18 Overall Equipment Effectiveness (OEE) oder Gesamtanlageneffektivität (GAE)

Ziel der Methode

Die Overall Equipment Effectiveness (OEE) oder die Gesamtanlageneffektivität (GAE) dient als eine Kenngröße zur Bestimmung der Wertschöpfung einer Anlage. Der Vorteil dieser Methode im Vergleich zu anderen Effektivitätsberechnungen liegt in der Berücksichtigung der sogenannten „Six big Losses". Damit werden die sechs großen Verlustquellen bezeichnet, die es zu eliminieren gilt, um der Null-Fehler-Philosophie zu genügen. Diese sechs großen Verlustquellen sind:

- Anlagenausfall,
- Rüsten und Einrichten,
- Leerlauf und Kurzstillstände,
- verringerte Taktgeschwindigkeit,
- Ausschuss und Nacharbeit sowie
- Anlaufschwierigkeiten.

Die Gesamtanlageneffektivität ergibt sich aus dem Produkt der Größen Verfügbarkeit, Leistungseffizienz und Qualitätsrate und beschreibt, wie diese Faktoren die Wertschöpfung erhöhen können.

Vorgehensweise und eingesetzte Werkzeuge

Die von Nakajima definierte Gesamtanlageneffektivität [NAKA88, NAKA89] wurde im Laufe der Jahre stetig weiterentwickelt, da sie einen Nachteil besaß: Mit der ursprünglichen Berechnungsart konnte eine Steigerung der OEE erzielt werden, indem Rüstzeiten in die Zeit geplanter Stillstände verlegt werden. Dadurch steigt zwar die OEE, aber die Anlagenauslastung sinkt. Die OEE beschreibt demnach nur die Effektivität einer Anlage, während sie betrieben wird. In Anlehnung an Hartmann [HART95, HART01] wird hier aus diesem Grund ein Ansatz aufgezeigt, der die Anlagenauslastung berücksichtigt. Dazu wird die Kenngröße Total Effective Equipment Productivity (TEEP) verwendet, welche die Anlagenauslastung und Gesamtanlageneffektivität in einer Kennzahl kombiniert. Zudem wird die Net Equipment Effectiveness (NEE) eingeführt, die geplante Stillstandszeiten und Zeiten für Rüst- und Einrichtvorgänge ausschließt und damit ein Maß für die tatsächliche Qualitätsfähigkeit und Effektivität der Anlage darstellt.

Zur Berechnung der totalen effektiven Anlagenproduktivität (TEEP), der Netto-Anlageneffektivität (NEE) und der Gesamtanlageneffektivität (OEE/GAE) müssen folgende Kenngrößen bestimmt werden:

Laufzeit = Gesamtnutzungsdauer – geplante Stillstandszeit
Nutzungsgrad = Laufzeit / Gesamtnutzungsdauer

Dabei ist zu beachten, dass eine Gesamtnutzungsdauer von 24 Stunden pro Tag, 7 Tagen pro Woche und 365 Tagen pro Jahr zugrunde gelegt wird. Geplante Stillstandszeiten beinhalten u. a. geplante Pausen und Wartungsarbeiten.

Betriebszeit = Laufzeit – Rüstzeit
Geplante Verfügbarkeit = Betriebszeit / Laufzeit

Zur Rüstzeit werden sowohl Rüstvorgänge als auch Kalibrierungen und Konfigurationsänderungen der Anlage und Tests gezählt.

Nettobetriebszeit = Betriebszeit – ungeplante Stillstandszeit
Produktionsbereitschaft = Nettobetriebszeit / Betriebszeit

Unter ungeplante Stillstandszeiten fallen nicht eingeplante Ausfälle und Anlagenfehler.

Leistungseffizienz = (Soll-Taktzeit × Anzahl Teile) / Nettobetriebszeit
Qualitätsrate = (Gesamtanzahl Teile – defekte Teile) / Gesamtanzahl Teile

Unter defekten Teilen werden alle Teile verstanden, die entweder Nacharbeit bedürfen oder Ausschuss sind.

Verfügbarkeit = Geplante Verfügbarkeit × Produktionsbereitschaft

Aus diesen Kenngrößen lassen sich nun TEEP, NEE und OEE berechnen.

TEEP = Nutzungsgrad × Verfügbarkeit × Leistungseffizienz × Qualitätsrate

Sehr gute TEEP-Werte liegen in der Regel bei 80 bis 85 %. Durchschnittlich werden 50 % erreicht.

NEE = Produktionsbereitschaft × Leistungseffizienz × Qualitätsrate
OEE = Verfügbarkeit × Leistungseffizienz × Qualitätsrate

Der Wert für OEE liegt meist deutlich unter 100 %. Eine in der Praxis erzielte OEE von 85 % kann als überragend anerkannt werden. In Abbildung 11.18-1 sind die aufgeführten Kennzahlen zusammengefasst.

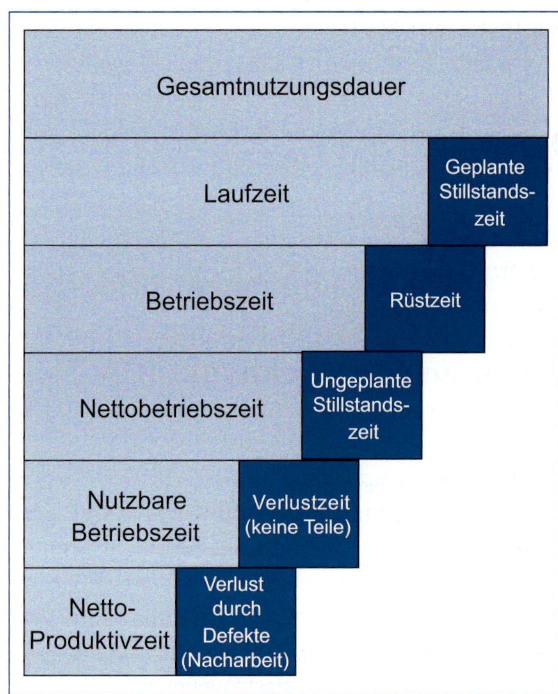

Abbildung 11.18-1 Darstellung des Betriebsverhaltens von Anlagen

Mögliche Schwierigkeiten und Probleme

Die Herausforderung bei der Berechnung der Kennzahlen TEEP, OEE und NEE liegt darin, sämtliche möglichen Produktionsunterbrechungen eindeutig in das Schema der sechs großen Verlustquellen ein-

D

zuordnen. Unter wirtschaftlichen Gesichtspunkten ist zu berücksichtigen, dass die Erhöhung dieser Kennwerte nicht als einziges Ziel gelten darf. Wenn TEEP und OEE erhöht werden, ohne die Marktbedürfnisse zu berücksichtigen, resultiert dies zwar in einer hohen Anlageneffektivität und Auslastung, es führt jedoch zu einer Überproduktion.

Ergänzende Methoden

- Technische Verfügbarkeit
- Prozesswirkungsgrad

11.19 Poka Yoke

Der Begriff Poka Yoke (Poka = unbeabsichtigter Fehler; Yoke = Vermeidung, Verminderung) bezeichnet ein japanisches Konzept zur Vermeidung unbeabsichtigter bzw. zufälliger Fehler, verursacht durch Menschen im Zuge ihrer Mitwirkung innerhalb eines Arbeitsprozesses. Poka Yoke wurde maßgeblich durch den japanischen Ingenieur Shigeo Shingo geprägt und gelangte zu großer Bekanntheit als ein Prinzip im Rahmen des Toyota-Produktionssystems, welches Mitte des letzten Jahrhunderts entwickelt wurde und seitdem viele Ableger gefunden hat. Das Konzept sieht technische Vorkehrungen bzw. Einrichtungen vor, den häufig auftretenden, jedoch vermeidbaren Fehlern, wie etwa dem Verwechseln, Vergessen oder Vertauschen von Bauteilen, dem Auslassen von Montageschritten, Falschablesen oder Falschinterpretieren von Fertigungsparametern etc., im Produktionsprozess vorzubeugen. Dazu werden die bereits identifizierten potenziellen Fehlerquellen mittels simpler, mechanischer oder physikalischer Kontrollmechanismen neutralisiert. Ein mögliches Beispiel wäre eine Steckverbindung, die so gestaltet wird, dass man sie nicht verkehrt herum verbinden kann. Die Bedingungen dieses „kritischen Produktionsschrittes" werden derart gestaltet, dass Fehlhandlungen im Prozessablauf praktisch ausgeschlossen sind.

Ziel der Methode

Das Ziel von Poka Yoke ist eine Prozessgestaltung, die Fehler gar nicht erst ermöglicht. Gelingt es nicht, eine Fehlerquelle im Vorfeld zu identifizieren, können Poka-Yoke-Methoden des Weiteren auch dazu verwendet werden, die entstandenen Fehler frühzeitig aufzudecken, mögliche Folgeschäden zu minimieren und so letztlich die für das Unternehmen entstandenen Kosten gering zu halten.

Vorgehensweise und Methode

Poka Yoke ist nach Shigeo Shingo in erster Linie als eine Methode bzw. als ein Mittel zum Aufdecken von Fehlern im Rahmen eines Kontrollsystems und nicht als das Kontrollsystem selbst zu verstehen [SHIN89].

Die Implementierung von Poka-Yoke-Methoden innerhalb einer Prozesskette erfolgt in vier Schritten.

In einem ersten Schritt erfolgt die Abgrenzung besonders fehlerkritischer sowie fehlerintoleranter Prozesse, etwa unter Zuhilfenahme entsprechender Analysetools (FMEA, Ishikawa-Diagramm etc.).

Ist dies geschehen, kann nun in einem zweiten Schritt die Analyse bereits bekannter oder auch weiterer möglicher Fehler bzw. Fehlerquellen innerhalb der kritischen Prozesse erfolgen, und Maßnahmen können entwickelt werden, um ein wiederholtes Auftreten der ermittelten Fehler zu verhindern.

Erst hier können, im Rahmen eines Kontrollsystems zur Fehlerquelleninspektion mit dem Ziel der Erkundung von zu Fehlern führenden Bedingungen sowie als Bestandteile der Maßnahmen zu ihrer

Vermeidung bzw. Regulierung, die eigentlichen Poka-Yoke-Methoden zum Einsatz gebracht werden.

Das zu entwickelnde Poka-Yoke-System besteht dabei jeweils aus zwei Teilsystemen, einem *Auslöse-* bzw. *Initialisierungsmechanismus* und einem *Regulierungsmechanismus* [ZOLL01, SHIN89].

Zunächst wird ein *Auslöse-* bzw. *Initialisierungsmechanismus* benötigt, welcher die Art bestimmt, wie ein Fehler im Fertigungsprozess erkannt wird. Dies kann z.B. anhand geometrischer Kenngrößen, wie etwa mittels entsprechender Sensoren (Kontaktmethode), dem Vergleich der Anzahl durchgeführter Teilschritte innerhalb eines Prozesses mit entsprechenden Standardwerten (Fixwertmethode) oder auch dem Abgleich der Prozessabfolge mit einer entsprechenden Standardablauf, erfolgen (Schrittfolgemethode).

Initialisiert wird schließlich ein entsprechender *Regulierungsmechanismus*. Hierbei wird in erster Linie zwischen solchen, die den Prozess anhalten, um Korrekturen zu ermöglichen (Abschaltmethode), und solchen, die ein Alarm- bzw. Warnsignal auslösen, welches auf die fehlerträchtige Situation hinweist (Alarmmethode), unterschieden.

Die Wahl und tatsächliche Auslegung eines entsprechenden Poka-Yoke-Systems ist dabei sehr stark von dem beabsichtigten Kontrollsystem sowie dem jeweils betrachteten Prozessschritt abhängig und sollte nicht zuletzt auf Basis einer ausgiebigen Kosten-Nutzen-Betrachtung erfolgen sowie dem Gewicht des Qualitätsproblems entsprechen. Als weitere Prinzipien zur Einführung von Poka Yoke gibt Shingo die Vermeidung übermäßiger Analysen zugunsten simpler und schnell implementierbarer Lösungen sowie das Ansetzen von Poka Yoke möglichst nah an der möglichen Fehlerquelle an [ZOLL01, SHIN96].

Bei der Entwicklung geeigneter Gestaltungsansätze zur Neutralisierung der identifizierten Fehlerquellen empfiehlt sich der Einsatz entsprechender Kreativitätstechniken (siehe Kapitel 11.32).

Mögliche Schwierigkeiten und Probleme

Poka Yoke kann nur auf bereits bekannte Probleme angewendet werden. Die Methode leistet keinen Beitrag zur Identifikation neuer Fehlerquellen.

Ergänzende Methoden

- Toyota-Produktionssystem
- FEMA
- Ishikawa-Diagramm

11.20 Prozess-Struktur-Matrix (PSM)

Die Prozess-Struktur-Matrix (PSM) wurde zur Abbildung aller möglichen Kunden-Lieferanten-Verhältnisse eines Prozesses entwickelt. Durchgängige Kunden-Lieferanten-Verhältnisse kennzeichnen die Abläufe innerhalb eines Geschäftsprozesses. Der Kunde stellt Leistungserwartungen an den Lieferanten. Damit realisiert der Lieferantenprozess aus der Sicht des Kunden einen Wertzuwachs. Die Effektivität des Prozesses wird bestimmt vom Grad der Übereinstimmung zwischen den Leistungserwartungen des Kundenprozesses und den realisierten Leistungen des Lieferantenprozesses. Die PSM ist somit ein wichtiges Hilfsmittel zur Analyse der internen Zusammenhänge eines Geschäftsprozesses. Verbunden mit einer geeigneten Interviewtechnik wird die PSM zu einem starken Werkzeug des Process Engineering.

Ziel der Methode

Das Ziel der PSM ist die prozessorientierte Absicherung von Geschäftsprozessen. Mit der PSM werden Kunden-Lieferanten-Verhältnisse im Prozess abgebildet. Durch die PSM werden Schnittstellenprobleme identifiziert und somit Verbesserungspotenziale im Prozess aufgedeckt.

Vorgehensweise und Methode

Die Absicherung von Geschäftsprozessen mit der PSM lässt sich in fünf Phasen gliedern (Abbildung 11.20-1).

1. Vorbereitungsphase

Zunächst werden die einzelnen Teilprozesse definiert, d.h., es wird eine Kette der einzelnen oder zusammenhängenden Tätigkeiten gebildet. Der hierbei erforderliche Detaillierungsgrad hängt von der gewünschten Tiefe ab, mit der der Prozess betrachtet werden soll. Prinzipiell ist hierbei ein Topdown-Vorgehen zu empfehlen, das die Bildung von „Unter-PSM" für jeden einzelnen Prozessschritt ermöglicht. Den aufgenommenen Teilprozessen werden dann die Verantwortlichen und die durchführenden Mitarbeiter, die sogenannten „Teilprozesseigner", zugeordnet.

2. Analysephase

In der Analysephase werden die Schnittstellen zwischen den Teilprozessen analysiert. Die Teilprozesseigner artikulieren ihre Forderungen an die ihnen vorgelagerten Teilprozesse gemäß der PSM in moderierten Interviews, sowohl aus der Lieferantensicht als auch aus der Kundensicht. Ziel ist es, möglichst detailliert die Forderungen des internen Kunden und den akuten Handlungsbedarf zu erfassen. Neben den Forderungen des Kunden werden in der Analysephase auch die Leistungen des Lieferanten erfasst. Sowohl die Forderungen

Abbildung 11.20-1 Phasen der Prozessabsicherung mit der PSM

wie auch die Leistungen werden mithilfe einer Bewertungssystematik entsprechend ihrer Bedeutung und ihrer Qualität eingeschätzt. Abbildung 11.20-2 zeigt den groben Aufbau einer PSM. Auf der Diagonalen der PSM werden die Teilprozesse des Gesamtprozesses aufgezeichnet. In den Feldern oberhalb der Diagonalen werden vorwärts gerichtete Forderungen eingesetzt, d.h., z.B. Informationen, die ein nachgelagerter Teilprozess an einen vorherigen Teilprozess stellt. In der dargestellten PSM, z.B. Forderungen des Teilprozesses 8 an Teilprozess 3. Unterhalb der Diagonalen sind rückwärtsgerichtete Forderungen aufgeführt, d.h., z.B. Informationen, die ein vorgelagerter Teilprozess von einem nachgelagerten Teilprozess fordert. In der dargestellten PSM, z.B. Forderungen von Teilprozess 3 an Teilprozess 7.

3. Abstimmungsphase

Die in der PSM aufgenommenen Forderungen und Leistungen werden in der Abstimmungsphase miteinander verglichen. Der bei unterschiedlichen Bewertungen der beiden Teilprozesseigner ermittelte Handlungsbedarf wird bewertet, priorisiert, und es werden Maßnahmen zur Kommunikations-/Leistungsverbesserung festgelegt. Diese Verbesserungsmaßnahmen, sei es die Einführung von präventiven Qualitätsmanagementmethoden oder „nur" der Einsatz einer Checkliste, werden von den Mitarbeitern in der Prozesskette selbstständig definiert. So entstehen gelebte und schnittstellenspezifische Methoden und Werkzeuge, mit denen die Erfüllung der Kundenforderungen und damit eine Effizienzsteigerung des Prozesses sichergestellt werden kann.

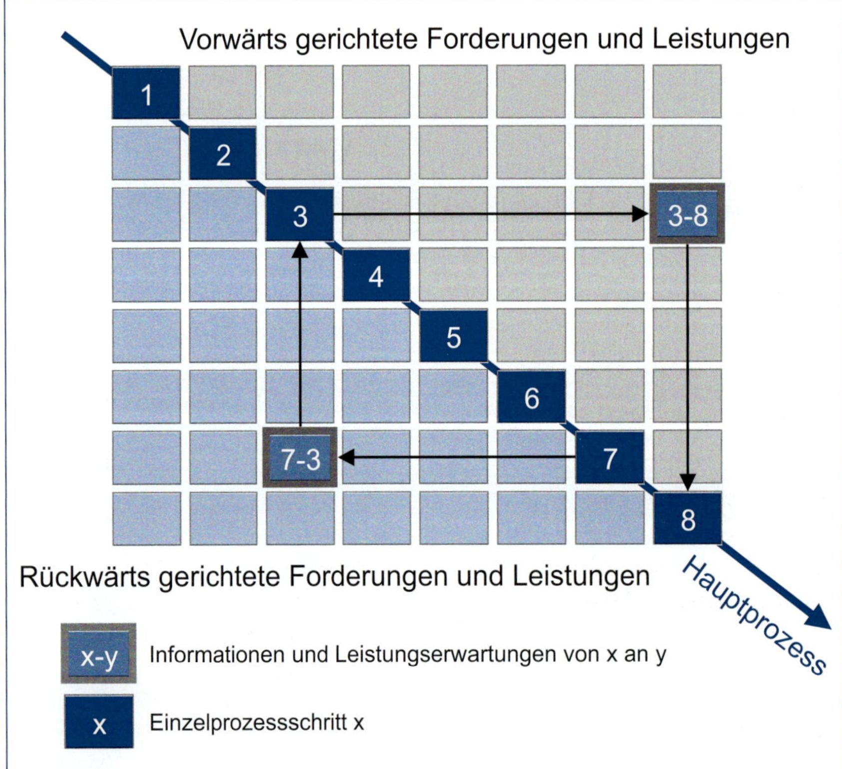

Abbildung 11.20-2
Aufbau der PSM

D

4. Realisierungsphase

In der Realisierungsphase werden die entwickelten spezifischen QM-Methoden und -werkzeuge in die Prozesskette implementiert und Vereinbarungen zu den Forderungen (Liefervereinbarungen) zwischen den Prozessbeteiligten getroffen. Weiterhin wird zwischen den Teilprozesseignern ein direktes Bewertungs- und Regelverfahren aufgestellt, das Abweichungen von der festgelegten Qualität frühzeitig erkennt und bei Überschreiten einer bestimmten Grenze Regelmechanismen zur Abweichungsbehebung anstößt. Prinzipiell kommen hier, je nach Bedeutung der Schnittstelle und Komplexität der Kunden-Lieferanten-Beziehungen, qualitative und quantitative Verfahren zum Einsatz.

5. Absicherungsphase

Die Absicherungsphase schließt den Regelkreis des prozessorientierten Qualitätsmanagements, denn in ihr erfolgt die Überprüfung der Wirksamkeit der Kunden-Lieferanten-Beziehungen. „Nur was gemessen werden kann, kann auch verbessert werden". Eine Detailregelung überprüft in Form eines Audits, ob durch das prozessorientierte Qualitätsmanagement und die geschlossenen Liefervereinbarungen eine Qualitätsverbesserung innerhalb der Prozesskette eingetreten ist. Das Audit prüft somit die Wirksamkeit der Liefervereinbarungen, indem die Qualität der gelieferten Leistung mit der in der Liefervereinbarung festgeschriebenen Qualität verglichen wird. Mithilfe der Globalregelung kann überprüft werden, ob der Gesamtprozess an sich noch wertschöpfend ist. Dies geschieht mithilfe von Reviews, die die Ausrichtung des Prozesses an den Management- und Unternehmensforderungen sowie an externen Kundenforderungen spiegeln.

Mögliche Schwierigkeiten und Probleme

Da die PSM sehr häufig in Form von Workshops aufgenommen wird, sind die Ergebnisse stark abhängig vom Moderator des Workshops. So sind für die erfolgreiche Aufstellung einer PSM u.a. die Erfahrung in Fragetechniken und das fachliche Know-how des Workshop-Moderators entscheidende Faktoren.

Ein weiterer Nachteil der PSM ist die Beschränkung auf die Abbildung von sequenziellen Prozessen. Parallel ablaufende Prozesse sind mit der PSM nicht abbildbar.

Ergänzende Methoden

- Flow Charts

11.21 Prozesswirkungsgrad

Ziel der Methode

Der Prozesswirkungsgrad lässt sich methodisch im Bereich der Optimierung von Prozessen der Produktionslogistik verorten. Es handelt sich um ein kennzahlenbasiertes Analysewerkzeug, das die Messung, Bewertung und Verbesserung der effizienzwertschöpfenden Prozesse erlaubt.

Zeitliche Veränderungen des Prozesswirkungsgrades geben Auskunft über die Effektivität ergriffener Verbesserungsmaßnahmen. Die Kostenwirksamkeit umgesetzter Maßnahmen kann beurteilt und in Vergleich zu den Prozesskosten vor und nach der Maßnahmenumsetzung gesetzt werden. Auf diese Weise wird die Qualität-Kosten-Problematik über die Kosten-Nutzen-Relation von Prozessen transparent dargestellt.

Vorgehensweise und eingesetzte Werkzeuge

Der Prozesswirkungsgrad berechnet den Quotienten aus werterhöhender und insgesamt für den Prozess aufgewendeter Leistung. Er bildet somit ein Verhältnis zwischen der erbrachten Nutzleistung, die der Kunde am Markt mit einem Kaufpreis belohnt, und der Summe aus Nutz-, Stütz-, Blind- und Fehlleistungen.

Das methodische Vorgehen für die Erhebung des Prozesswirkungsgrades gestaltet sich wie folgt:

In einem ersten Schritt empfiehlt es sich, den Gesamtprozess in Teilprozesse zu zerlegen (z. B. Montage und Logistiktätigkeiten), um die Möglichkeit der Auswertungsdetaillierung sicherzustellen. Um den Aufwand der Einzeltätigkeiten zu quantifizieren, wird diesen jeweils eine Leistung – z. B. in Form von Durchführungsdauer oder Durchführungskosten – zugeordnet.

Im zweiten Schritt erfolgt eine Einordnung der jeweiligen Leistung in die Leistungsarten Nutz-, Stütz-, Blind- und Fehlleistung. Zur Analyse der Leistungsfähigkeit und zur Identifikation von Verschwendungen dienen diese Informationen sowohl der Bestimmung des allgemeinen als auch der Bestimmung der spezifischen Prozesswirkungsgrade (Abbildung 11.21-1).

Im dritten Schritt steht die Analyse der erhobenen Prozesswirkungsgrade im Fokus: Die Wirkungsgrade streben diesbezüglich den theoretisch idealen Wert 1 an. Je kleiner der Wirkungsgrad, desto größer ist der Anteil der nicht an der Wertschöpfung beteiligten Leistungsarten im Verhältnis zur Gesamtleistung. Der allgemeine Prozesswirkungsgrad gibt nun Auskunft über die Gesamtqualität des Prozesses. Um an Ansatzpunkte für spezifische Verbesserungspotenziale zu gelangen, kann man sich der Auswertung der spezifischen Wirkungsgrade bedienen. Diese geben Aufschluss darüber, welche Leistungsarten besonderes ineffizient eingesetzt werden und an welchen Stellen besonderer Optimierungsbedarf besteht.

Gegenstand der oben aufgeführten Untersuchungen können dabei sowohl der Gesamtprozess als auch Teilprozesse (aus Einzelaktivitäten zusammengefasst) sein.

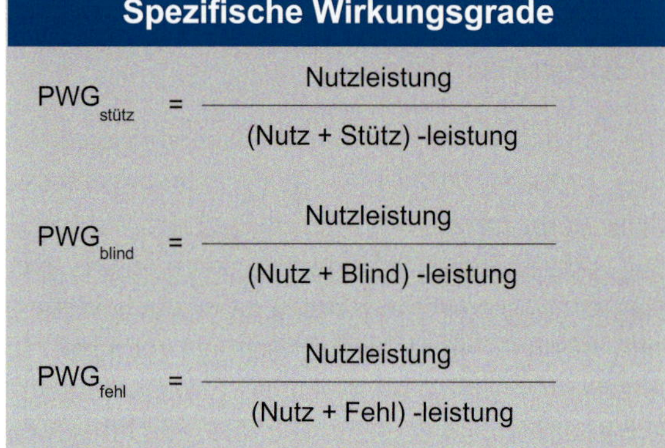

Abbildung 11.21-1 Prozesswirkungsgrad

Mögliche Schwierigkeiten und Probleme

Unterschiede zur Betrachtung der Gesamtanlageneffektivität ergeben sich insbesondere dadurch, dass beim Prozesswirkungsgrad auch Kosten betrachtet werden. Hierdurch wird der Wertverlust von Produkten durch Fehlleistungen berücksichtigt. Bei der Gesamtanlageneffektivität wird die reine Anlage betrachtet, während beim Prozesswirkungsgrad der Fokus auf dem Gesamtprozess liegt.

D

Hierdurch werden alle zuzurechnenden Tätigkeiten (z. B. Lagerung) in die Betrachtung einbezogen. Gerade durch diese Betrachtung nicht wertschöpfender Aktivitäten, ist der Prozesswirkungsgrad zumeist geringer als die Gesamtanlageneffektivität.

In der Industrie findet zudem der Lean Performance-Index (LPI) Verwendung, der als Produkt aus Prozesswirkungsgrad (PWG) und Gesamtanlageneffektivität (OEE) definiert ist. Die bestimmten LPI-Werte, gilt es jedoch kritisch zu betrachten, da Einflüsse, die sowohl im PWG als auch im OEE Betrachtung finden, bei seiner Bestimmung doppelt gewertet werden könnten.

Ergänzende Methoden

- Gesamtanlageneffektivität (OEE/GAE)

11.22 Quality Function Deployment (QFD)

Das Quality Function Deployment (QFD) wurde erstmals 1966 von Yoji Akao bei Bridgestone in Japan eingesetzt. Yoji Akao definierte QFD als ein abteilungsübergreifendes Rahmenwerk zur Sicherstellung von Qualität in jeder Phase des Produktentwicklungsprozesses. Das grundlegende Prinzip der QFD-Philosophie ist es dabei, den Forderungen des Kunden in allen Phasen der Produktentwicklung nachzugehen. Der Ingenieur bzw. Entwickler wird dabei als Mittler zwischen den eingehenden Kundenforderungen und dem technisch Machbaren verstanden.

Ziel der Methode

Übergeordnetes Ziel des QFD ist ein Produkt, welches die vom Kunden gewünschten Merkmale aufweist und sich durch höchste Gebrauchstauglichkeit auszeichnet. Zu diesem Zweck führt das QFD sukzessive heterogene Unternehmensbereiche, wie z. B. Marketing, Produktentwicklung und Fertigung, durch ein System aufeinander abgestimmter Planungs- und Kommunikationsschritte zusammen. Um die verlustfreie Berücksichtigung der Kundenforderungen bei einer möglichst kurzen Produktentwicklungszeit zu gewährleisten, werden die Fähigkeiten und Kenntnisse der einzelnen Unternehmensbereiche zielgerichtet koordiniert.

Vorgehensweise und eingesetzte Werkzeuge

Es existieren verschiedene Ausprägungen des QFD. Die hier illustrierte Vorgehensweise entspricht der des American Supplier Institute (ASI), die aufgrund ihrer eindeutigen Phasenorientierung im amerikanischen und europäischen Raum am meisten verbreitet ist. Das Vorgehen nach ASI sieht vier Phasen zur Produktentwicklung vor. Die vier Phasen sind jeweils über funktionale Abhängigkeiten definiert und miteinander verbunden [SAAT11].

Phase 1: Aus den Kundenforderungen werden entsprechende Produktmerkmale abgeleitet.

Phase 2: Aus den Produktmerkmalen werden ein Realisierungskonzept sowie die einzelnen Baugruppen, Unterbaugruppen und Bauteile des Produktes spezifiziert.

Phase 3: Aus den Spezifikationen der diversen Produktkomponenten werden Prozess- und Prüfablaufpläne abgeleitet.

Phase 4: Aus den Prozess- und Prüfplänen werden Parameter für die entsprechenden Fertigungs- und Prüfmittel definiert.

Jede Phase wird in einer eigenen Qualitätsmatrix dargestellt. Innerhalb der Matrizen werden jeweils das Phasen Ziel („WAS“) mit den zugehörigen Umsetzungsmöglichkeiten („WIE“) in Beziehung gesetzt. Die identifizierte Umsetzung bildet dabei automatisch die Zielvorgabe (spezifizierte „WAS“) für die anschließende Phase (Abbildung 11.22-1).

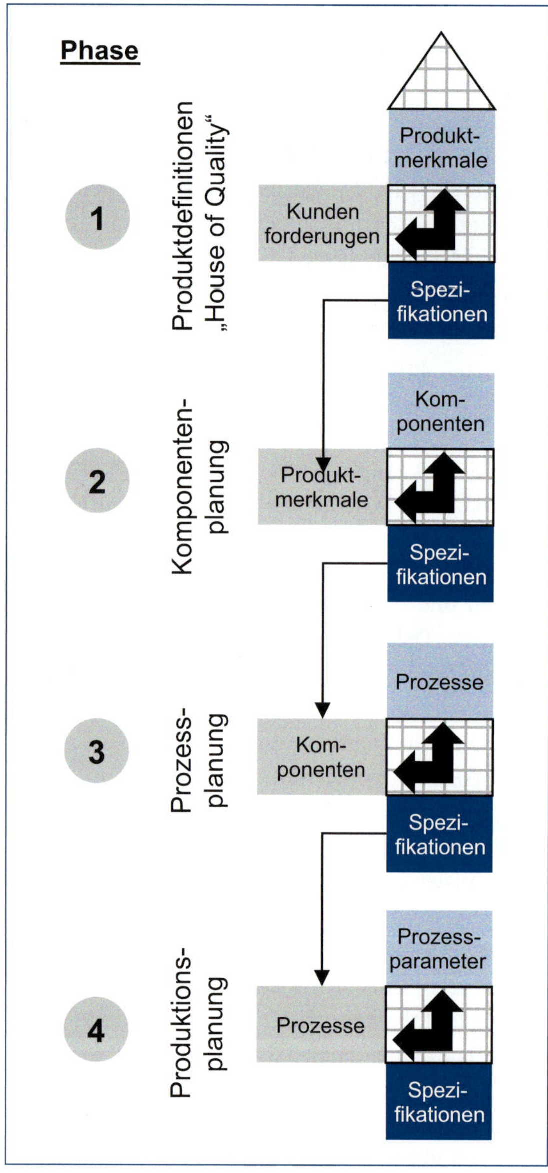

Abbildung 11.22-1 QFD-Vorgehen nach ASI [DGQ01]

Die Transformation der einzelnen Anforderungen in konkrete Zielvorgaben geschieht in jeder Phase mithilfe des House of Quality (HoQ). Das Vorgehen lässt sich dabei in aufeinanderfolgende Schritte unterteilen, die im Folgenden beispielhaft für Phase 1 erläutert werden sollen [CONR13] (Abbildung 11.22-2).

1. Kunden- und Marktforderungen werden erhoben, gruppiert und abschließend gewichtet. Die Gewichtung erfolgt aus Sicht des Kunden, zuerst absolut, dann relativ. Norm- und Gesetzesforderungen, die ebenfalls berücksichtigt werden müssen, erhalten immer den Höchstwert.
2. Über erneute Kundenbefragungen wird, bezogen auf die identifizierten Kundenforderungen (1), das eigene Produkt im Vergleich zum Wettbewerb aus Sicht des Kunden eingeordnet.
3. Wichtige Informationen aus dem eigenen Unternehmen, aber auch aus externen Quellen werden hinzugefügt. Dazu gehören z.B. Beschwerden, Servicedaten/-kosten und/oder Händlerinformationen.
4. Für die Kundenforderungen relevante Produktmerkmale werden ermittelt (4a). Dazu gehört die Identifikation gewünschter Zielwerte und die Festlegung der damit verbundenen Veränderungsrichtung (erhöhen oder senken) der Produktmerkmale (4b).
5. Im Kernelement des HoQ werden die Zusammenhänge zwischen den erhobenen Kundenforderungen und den identifizierten Produktmerkmalen bewertet (5a). Hierbei wird der Einfluss jedes Produktmerkmals auf jede Kundenforderung betrachtet und gewichtet. Die Gewichtung erfolgt in der Regel in den Abstufungen stark, mittel, schwach und nicht vorhanden. Anschließend werden die Korrelationswerte mit den Bedeutungen der Kundenforderung multipliziert, je Produktmerkmal addiert und abschließend die relative Bedeutung berechnet (5b).
6. Zur Bestimmung von Abhängigkeiten zwischen den einzelnen Produktmerkmalen werden die

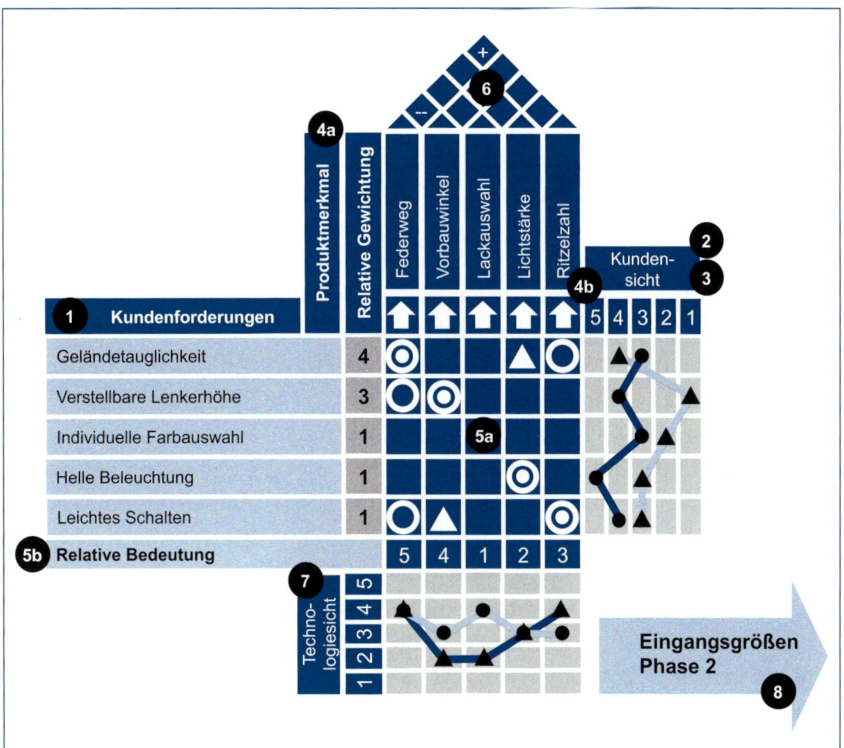

Abbildung 11.22-2 Das House of Quality [SAAT11]

positiven und negativen Zusammenhänge zwischen den Produktmerkmalen im „Dach" des HoQ in Stärke und Ausprägung festgehalten. Dabei wird in der Regel unterschieden zwischen stark positiv, positiv, negativ und stark negativ.

7. In Bezug auf die betrachteten Produktmerkmale wird ein strikt technischer Vergleich mit Wettbewerbsprodukten angestrebt, um eine objektive Bewertung der technologischen Position zu erhalten. Hierbei können auch Differenzen zwischen Kundenwahrnehmung (2) und tatsächlichem technischen Stand ausgemacht werden.
8. Basierend auf den Ergebnissen und Zahlenwerten aus dem erstellten HoQ werden die Elemente ausgewählt, die umgesetzt werden müssen.

Der Idee des Quality Function Deployments liegt die Vorstellung zugrunde, dass die o. g. Systematik zur Beschreibung von Abhängigkeiten zwischen allen Forderungen, beginnend beim Kunden und endend in der vierten Phase, mit den Forderungen an die Auslegung und Einrichtung der Fertigungs- und Prüfmittel, anwendbar ist.

Zur Unterstützung einzelner Phasen bzw. Schritte können zusätzliche Methoden genutzt werden. So kann in Phase 1 zur Identifikation der Kundenforderungen z.B. das Kano-Modell, Benchmarks oder die Trend- und Marktforschung herangezogen werden (siehe Kapitel 7.2). In den Phasen der Komponenten und Prozessplanung können zur Unterstützung SVM (siehe Toolbox, Kapitel 11.25) oder die FMEA (siehe Toolbox, Kapitel 11.12) genutzt werden. Für eine Übersicht ergänzender Methoden im Rahmen des QFD, siehe [SAAT11].

Mögliche Schwierigkeiten und Probleme

Für die Durchführung des QFD werden Formalismen vorgeschlagen, die jedoch fast immer an spezifische Organisationsformen gebunden sind. Die direkte Implementierung auf Basis o. g. Formalismen führt (fast immer) zum Scheitern der Methode. Akao weist darauf hin, dass QFD nicht streng nach Vorschrift gehandhabt werden darf, sondern jedes Unternehmen entsprechend den vorhandenen Gegebenheiten und Strukturen einen eigenen QFD-Prozess erarbeiten sollte.

Ferner führt unzureichende Methodenkenntnis zu Schwierigkeiten bei der Einführung. Durch die oft nicht triviale Verknüpfung einzelner Vorgehen setzen sich Fehler sukzessive fort und verstärken sich in ihren Auswirkungen. Darüber hinaus erfordert die Applikation des QFD einen Initialaufwand im Sinne der Schaffung einer adäquaten Infrastruktur und der Benennung von Verantwortlichkeiten. QFD ist demnach nicht auf den kurzfristigen, sondern auf den nachhaltigen Erfolg eines Unternehmens ausgelegt.

Eine weitere, aber essenzielle, Herausforderung besteht in der richtigen Aufnahme der Kundenforderungen, die den Ausgangpunkt für das Vorgehen und die Grundlage des Erfolgs bilden.

Ergänzende Methoden

Neben dem QFD-Vorgehen gemäß ASI existieren weitere Ansätze zur Handhabung des QFD-Konzepts in Unternehmen. Diese weichen in Aufbau und Umfang teils stark von dem hier vorgestellten ab [SAAT11, DGQ01]:

Vorgehen nach **Akao**
Der geistige Vater des QFD vertritt einen unternehmensweiten Ansatz, bei dem QFD das gesamte unternehmensinterne QM-System steuert. Die Applikation des QFD erstreckt sich nicht nur auf die Entwicklung von Produkten, sondern auch auf die Planung von Technologien, Kosten und Zuverlässigkeit. Die Qualitätstafeln nach Akao sind dabei ein Werkzeug zur Dokumentation von Kundenbedürfnissen und Entwicklungszielen. Dieser Ansatz beinhaltet eine Vielzahl flexibel kombinierbarer Matrizen. Ein detaillierter Leitfaden zur Herangehensweise und Implementierung existiert nicht [AKAO92].

QFD nach **Bob King**
Bob King, Schüler Akaos, definiert QFD ebenfalls als umfassendes QM-Konzept. Die Herangehensweise nach King ist jedoch pragmatischer im Sinne eines Baukastensystems. Kernelement ist die „Matrix der Matrizen", aus der dem spezifischen Anwendungsfall entsprechend Abschnitte ausgewählt werden. Alleinstellungsmerkmal des Ansatzes nach King ist vor allem die Berücksichtigung von Produkt- und Teilfehlermöglichkeiten [KING89].

Blitz-QFD nach **Zultner**
Die Blitz-QFD stellt ein vereinfachtes Vorgehen zur Absicherung des Entwicklungsprozesses mithilfe eines HoQ dar. Dabei wird die Analyse und Strukturierung von Kundenforderungen fokussiert. Die Blitz-QFD bietet sich entsprechend für den Einstieg in das abteilungsübergreifende QFD an und kann später analog den umfassenderen Ansätzen nach Akao, King oder ASI erweitert werden [SAAT11, DGQ01].

11.23 Quality Gates

Quality Gates sind eine Methodik zur Absicherung von Prozessketten. Grundgedanke ist hierbei, einen Prozess in verschiedene Abschnitte oder Phasen zu strukturieren, und zum Abschluss eines jeden Abschnitts Review-Punkte einzufügen, an denen mithilfe von zuvor definierten Ziel- oder Qualitätskriterien die Ergebnisse eines jeden Abschnitts gemessen werden. Eine Fortsetzung des Projektes bzw. ein Fortschreiten in der Prozesskette wird nur dann zugelassen, wenn die Ergebnisse an dem Messpunkt den definierten Anforderungen genügen. Hierfür wird für jedes Quality Gate zwischen den jeweiligen „Prozesskunden" und „Prozesslieferanten" eine Kunden-Lieferanten-Vereinbarung getroffen. In dieser wird das erwartete Ergebnis vereinbart und mit einer verbindlichen Messgröße sowie der gewünschten Zielausprägung verbunden (Abbildung 11.23-1). Hierin besteht auch der wesentliche Unterschied zu sogenannten Meilensteinen. Denn Meilensteine bezeichnen in der Regel einen Zieltermin für den Abschluss eines bestimmten Arbeitspaketes, ohne jedoch an diesen spezifische Messgrößen zu knüpfen und hiervon den weiteren Fortgang des Projektes abhängig zu machen. So

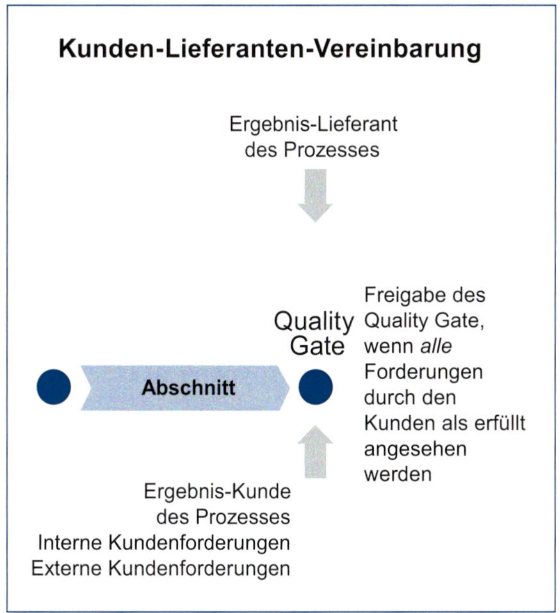

Abbildung 11.23-1 Quality Gates sind Zielvereinbarungen zwischen (Prozess-)Kunden und -Lieferanten

kann man feststellen, dass Meilensteine, trotz möglicher Nichterfüllung von Arbeitspaketen „überfahren werden können", während Quality Gates als „Tore" agieren, welche lediglich für anforderungsgerechte Ergebnisse durchlässig sind.

Ziel der Methode

Ziel der Methode ist es, die Qualität von Prozessen kontinuierlich zu messen, um Abweichungen frühzeitig zu erkennen, damit Gegenmaßnahmen wirksam eingeleitet werden können. Als Ergebnis werden so beispielsweise kostenintensive Verzögerungen, Nacharbeit und Fehler reduziert bzw. frühzeitig aufgedeckt und in der Folge die „Totzeit" von reaktiven Maßnahmen minimiert.

Grundsätzlich kann dieses Vorgehen sowohl für langlaufende Geschäftsprozesse mit Projektcharakter (d.h. meist auch mit einer geringen Wiederholungsfrequenz), wie beispielsweise (Produkt-) Entwicklungsprojekte, als auch für Produktionsprozesse eingesetzt werden.

Vorgehensweise und eingesetzte Werkzeuge

Im Folgenden wird die Systematik im Anwendungsfall eines Entwicklungsprozesses aufgezeigt (Abbildung 11.23-2).

Schritt 1: Festlegung der Projektorganisation

Ziel dieses Schrittes ist es, den Gesamtprozess bzw. das Projekt in seinem (groben) Ablauf zu definieren. Häufig werden hierfür generische Referenzprozesse herangezogen, die als Standard bzw. Blaupause für den spezifischen Projekt- bzw. Prozessablauf dienen (im Folgenden vereinfachend nur als „Projekt" bezeichnet).

Anhand des jeweiligen Referenzprozesses müssen alle Projektthemen, die im Projektverlauf dau-

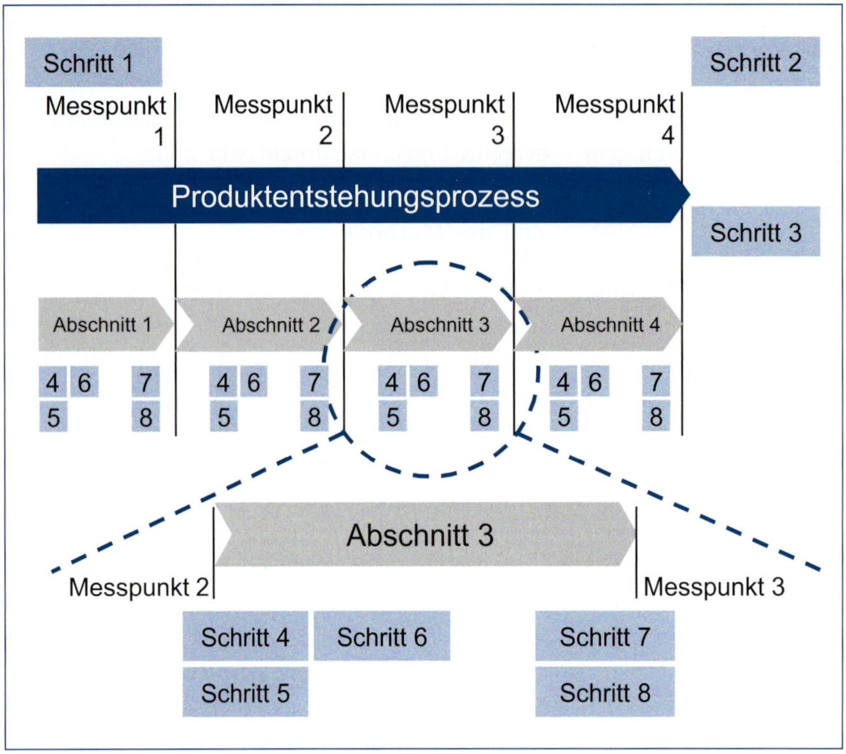

Abbildung 11.23-2
Überblick der Quality Gate-Systematik

erhaft, redundanzfrei und über Zielgrößen quantifizierbar sind, beschrieben werden. Die entwickelte Struktur muss die Projektaufgabe zu 100 % enthalten. Ergebnis dieses Schrittes ist die Festlegung der projektbezogenen Aufbau- und Ablauforganisation.

Schritt 2: Einteilung der Prozesskette in Abschnitte

Der Gesamtprozess wird dann in seine wesentlichen Abschnitte unterteilt. Diese Teilung wird anhand der Identifikation der „kritischen" (Zwischen-)Ergebnisse bzw. neuralgischen Punkte und Prozess-Schnittstellen durchgeführt. Für diese Analyse stellt die Prozess-Struktur-Matrix (PSM) (vgl. Toolbox, Kapitel 11.20), neben einer rein erfahrungsbasierten intuitiven Teilung, ein einfaches, aber mächtiges Hilfsmittel dar. Mit ihr können Schnittstellen identifiziert und Prozessabhängigkeiten analysiert werden.

Ist eine Teilung des Gesamtprozesses in Phasen vorgenommen, werden an diesen Abschnitten Messpunkte, sogenannte Quality Gates, in den Prozessablauf eingefügt.

Schritt 3: Zieldefinition vor Projektbeginn

Ausgehend von den übergeordneten Gesamtzielforderungen werden diese durch Dekomposition erst auf themenbezogene Ziele, dann auf abschnitts- und prozessbezogene Ziele heruntergebrochen (Abbildung 11.23-3). Dieses Vorgehen dient als Grundlage zur projektbegleitenden Vereinbarung der spezifischen Ziele zu jedem Quality Gate. Für jedes abschnittsbezogene Ziel wird eine Messgröße vereinbart. Mittels Messung der Zielerreichung von Prozessergebnissen wird so später im Quality Gate ein Reifegrad-Controlling durchgeführt bzw. die Zielerreichung gemessen.

Schritt 4: Projektbegleitende Zieldefinition

Zu Beginn jeder Phase wird auf Basis von Schritt 3 die spezifische Vereinbarung für das nächste Quality Gate zwischen „Kunde“ und „Lieferant“ getroffen.

Hierzu sind die konkreten Zielforderung des „Kunden“ zu ermitteln und eine Messgröße, einschließlich Messwert, zu definieren, anhand derer die (Nicht-)Erfüllung der Zielforderung eindeutig erkennbar ist. Diese inhaltliche Forderung, ist dann mit der Festlegung eines Zieltermins auch zeitlich zu determinieren. Bestehen konkurrierende Forderungen von verschiedenen Prozesskunden, ist hier eine Abstimmung und ggf. eine Priorisierung dieser Forderungen durchzuführen.

Die Zuordnung von Aufgaben, Kompetenzen und Verantwortlichkeiten sowie die Terminplanung und Planung des Ressourcenbedarfs als klassische Aufgaben des Projektmanagements, sind ebenfalls durchzuführen. Ergänzend sollte jedoch ggf., wenn dies für den Prozess und das Ergebnis relevant ist, die Festlegung einzusetzender Methoden oder Technologien vorgenommen werden, ebenso

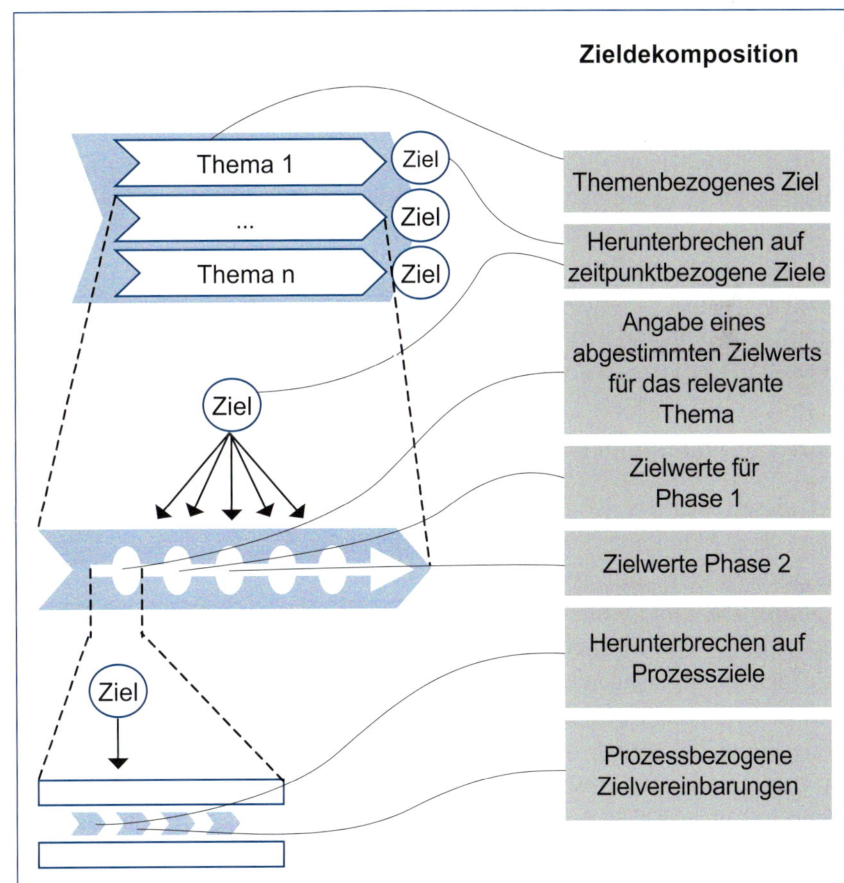

Abbildung 11.23-3 Erstellung eines auf Quality Gates bezogenes Zielsystems durch Dekomposition [SCHM05]

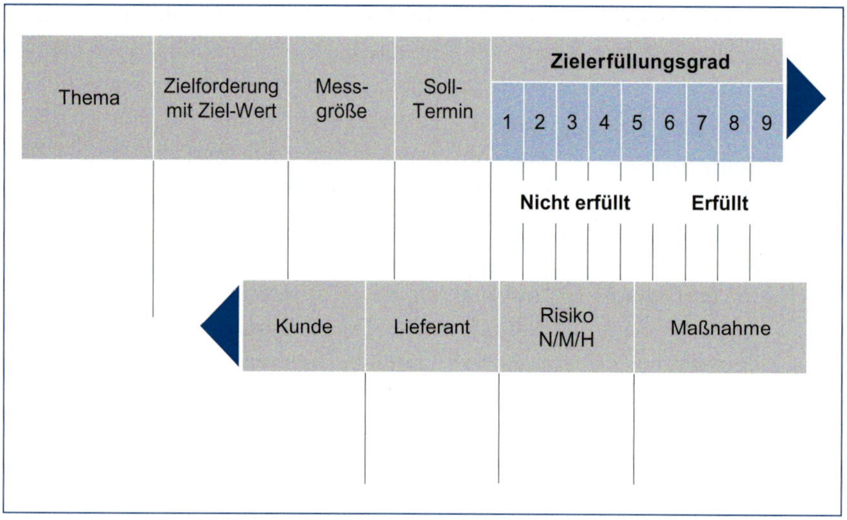

Thema | Zielforderung mit Ziel-Wert | Messgröße | Soll-Termin | Zielerfüllungsgrad
1 2 3 4 5 6 7 8 9
Nicht erfüllt | Erfüllt
Kunde | Lieferant | Risiko N/M/H | Maßnahme

Abbildung 11.23-4 Exemplarische Zielforderungsliste

wie die Vereinbarung der Art der Reifegrad- bzw. Fortschrittsbewertung, um spätere Konflikte über die Ergebnisse bzw. ihre Bewertung zu vermeiden.

Als Hilfsmittel für die Durchführung und Dokumentation dient hier eine sogenannte Zielforderungsliste, in der alle Zielforderungen, der Lieferant und Kunde, der Grad der Zielerreichung, die Messgröße sowie zusätzliche Bemerkungen oder definierte Maßnahmen dokumentiert werden (Abbildung 11.23-4).

Schritt 5: Planung der Zielabsicherung

Ziel dieses Schrittes ist es, die Befähigung der Teams bzw. Akteure im Projekt zur Zielerreichung zu gewährleisten. Die Ermittlung der kritischen Zielforderung wird mithilfe einer kombinierten Betrachtung der Zielunsicherheit und Zielbedeutung durchgeführt. Mit steigendem Zielrisiko (steigender Unsicherheit und Bedeutung) wird die geforderte Absicherung umfangreicher. Für eine solche Betrachtung eignet sich insbesondere ein Portfolio, wie es in Abbildung 11.23-5 abgebildet ist.

Unterschieden werden hierbei drei Abstufungen:

- Absicherung durch einfache Projektplanung,
- Planung der Zielabsicherung durch einen QM-Plan und
- Planung der Zielabsicherung durch einen QM-Plan mit Reaktionsplanung.

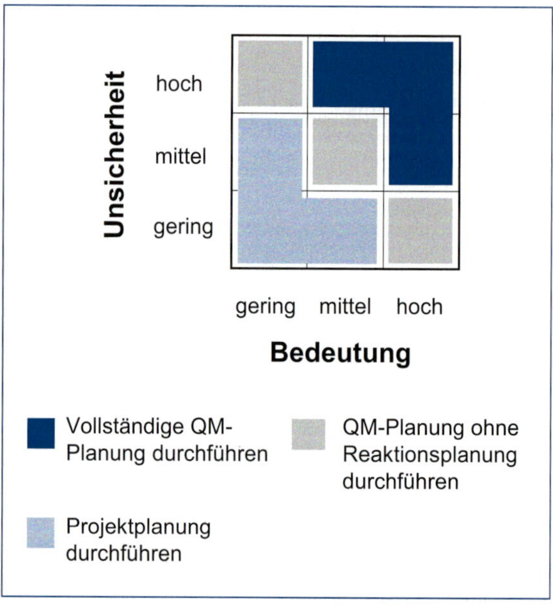

Abbildung 11.23-5 Portfolio zur Risikobewertung

Der QM-Plan klärt, wie das Erreichen der zum Quality Gate vereinbarten Forderungen systematisch abgesichert werden kann. Ein Werkzeug zur Erfassung und Priorisierung von Entwicklungsrisiken sowie zur Ableitung präventiver Maßnahmen ist beispielsweise die Fehlermöglichkeits- und Einflussanalyse (FMEA) (vgl. Toolbox, Kapitel 11.12) [PREF02], Design Review Based on Failure Mode (DRBFM) (vgl. Toolbox, Kapitel 11.11) oder ein klassisches Design Review (vgl. Toolbox, Kapitel 11.10).

Schritt 6: Synchronisierung des Fortschritts

Entlang des zeitlichen Ablaufs des jeweiligen Projektabschnitts erfolgen eine Messung des Projektfortschritts und die Überprüfung des praktizierten Weges zur Erfüllung der Zielvereinbarung in Form von einem oder mehreren Previews. Diese werden in der Regel in Form von Selbstbewertungen durchgeführt und die Ergebnisse dem Prozesskunden zur Verfügung gestellt bzw. dargelegt.

Dieses Vorgehen dient sowohl der Synchronisation von Fortschritten zwischen parallelen Aktivitäten als auch dem Aufzeigen von Defiziten bezüglich der Umsetzung der Zielvereinbarungen. Im Rahmen dieser Previews werden dann Vereinbarungen, resultierend aus der Lageeinschätzung, getroffen, dokumentiert und Maßnahmen verfolgt.

Schritt 7: Kontrolle der Zielerreichung

In Schritt 7 erfolgt die Kontrolle der Zielerreichung mittels Durchführung eines Quality Gate Reviews zu dem festgesetzten Punkt im Prozess und zum vereinbarten Termin. Der bzw. die Prozesskunden bewerten abschließend die Lieferantenleistungen eines Prozessabschnitts unter Zuhilfenahme der vereinbarten Bewertungsmethodik. Bewährt hat sich eine Bewertungssystematik mit Ampellogik (Abbildung 11.23-6).

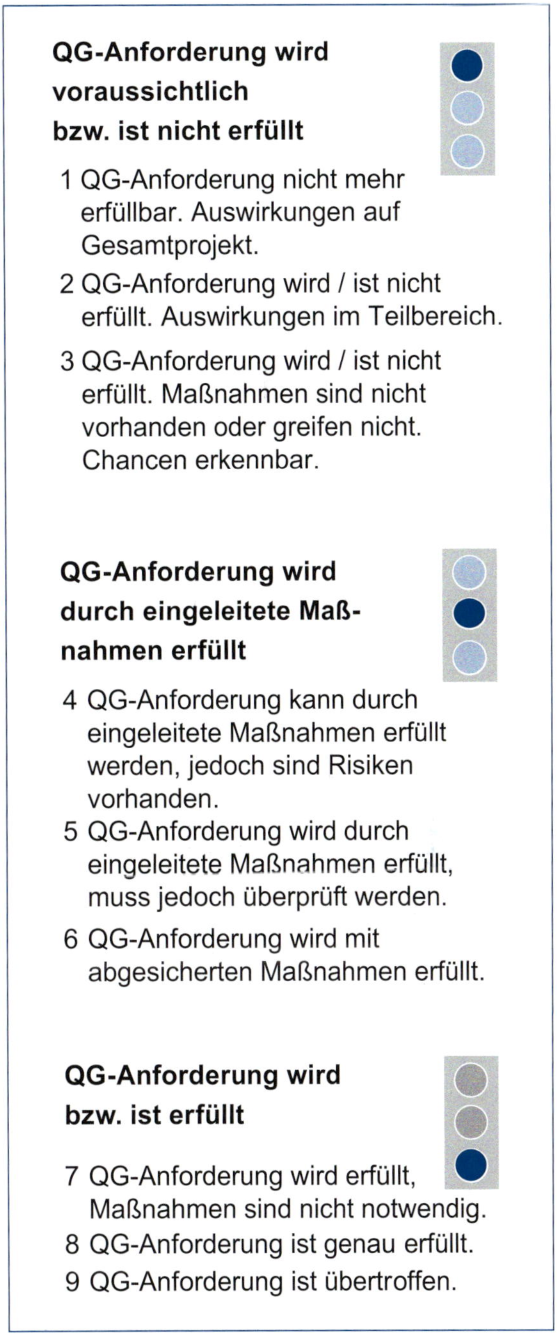

QG-Anforderung wird voraussichtlich bzw. ist nicht erfüllt

1 QG-Anforderung nicht mehr erfüllbar. Auswirkungen auf Gesamtprojekt.

2 QG-Anforderung wird / ist nicht erfüllt. Auswirkungen im Teilbereich.

3 QG-Anforderung wird / ist nicht erfüllt. Maßnahmen sind nicht vorhanden oder greifen nicht. Chancen erkennbar.

QG-Anforderung wird durch eingeleitete Maßnahmen erfüllt

4 QG-Anforderung kann durch eingeleitete Maßnahmen erfüllt werden, jedoch sind Risiken vorhanden.

5 QG-Anforderung wird durch eingeleitete Maßnahmen erfüllt, muss jedoch überprüft werden.

6 QG-Anforderung wird mit abgesicherten Maßnahmen erfüllt.

QG-Anforderung wird bzw. ist erfüllt

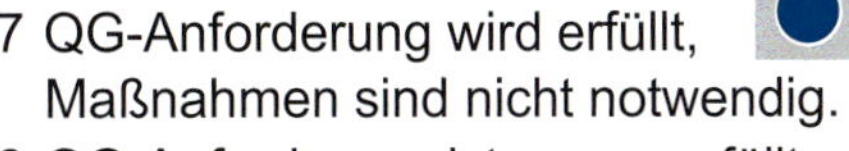

7 QG-Anforderung wird erfüllt, Maßnahmen sind nicht notwendig.

8 QG-Anforderung ist genau erfüllt.

9 QG-Anforderung ist übertroffen.

Abbildung 11.23-6 Exemplarische Bewertungslogik zur Reifegradbeurteilung im Quality Gate

Je nach Projektstruktur ist es ratsam, neben den Prozesskunden/Lieferanten und Projektleitung ggf. auch übergeordnete Instanzen, z. B. in Form eines Lenkungskreises, einzubinden, um im Rahmen eines Quality Gates auch bei eskalierenden Themen entscheidungsfähig zu sein und die Zielverfolgung durch die Projektleitung sicherzustellen.

Schritt 8: Aufbereitung der gewonnenen Erkenntnisse für eine zukünftige Nutzung

Dieser Schritt adressiert den Gedanken des „Lessons Learned"; so ist es wesentlich, Erfahrungen für Folgeprojekte nutzbar zu machen. Insbesondere Erfahrungen mit der Anwendung bzw. Eignung der verwendeten Messgrößen kann für spätere Projekte wertvolle Informationen liefern und eine kontinuierliche Verbesserung der Quality Gate-Systematik im Unternehmen ermöglichen.

Mögliche Probleme und Schwierigkeiten

Zentraler Erfolgsfaktor bei der Anwendung von Quality Gates ist neben einer konsistenten Zielforderungsstruktur, insbesondere die stringente Anwendung der Quality Gates. Denn werden Quality Gates aus „politischen" Gründen, trotz unzureichender Ergebnisse auf „Grün" gesetzt, also freigegeben, wird die Methode schnell unwirksam. Auch eine unkritische Selbstbewertung der Ergebnisse im Rahmen der Previews kann die Wirksamkeit von Quality Gates beeinträchtigen. Hier sind insbesondere die beteiligten Führungskräfte gefragt, durch Sanktionierung von solchem Verhalten und einer konsequenten Entscheidungspolitik den Rahmen für eine erfolgreiche Anwendung zu schaffen. Weitere Herausforderungen bei der Anwendung sind insbesondere die Wahl bzw. die Identifikation geeigneter Stellen im Projektverlauf, an denen die Quality Gates wirksam sind, sowie das Abwägen zwischen Absicherung und „Bürokratisierung" bei der Festlegung der Anzahl der Quality Gates.

11.24 Supplier Input Process Output Customer (SIPOC)

Ziel der Methode

SIPOC ist ein Werkzeug zur Analyse von Prozessen, deren Einfluss und Beteiligte. Das englische Akronym steht für Lieferant/Supplier, Eingabe/Input, Prozess/Process, Ausgabe/Output, Kunde/Customer und wird hauptsächlich im Rahmen der Define-Phase von Six-Sigma-Projekten angewendet. Diese Methode dient zum einen der Identifikation aller Kunden-Lieferanten-Beziehungen eines Prozesses und zum anderen der Bildung eines einheitlichen Prozess- und Problemverständnisses. Hiermit verbunden ist die Möglichkeit, die SIPOC-Methode für die Eingrenzung einer Problemstellung zu nutzen und gemeinsam mit dem Team die Start- und Endpunkte des betrachteten Prozesses festzulegen und damit den Betrachtungsrahmen auf das Wesentliche einzugrenzen.

Die SIPOC-Methode dient hier der komprimierten Darstellung der zu untersuchenden Prozesse und bildet die Grundlage für den sogenannten Projekt-Charter.

Vorgehensweise und eingesetzte Werkzeuge

Das schematische Vorgehen bzw. der Aufbau einer SIPOC-Analyse zeigt Abbildung 11.24-1.

Zur unterstützenden Darstellung und zum Verständnis des Prozesses kann die Definition quantitativer Messgrößen zur Beschreibung der Inputs und Outputs hilfreich sein. Da die SIPOC-Methodik

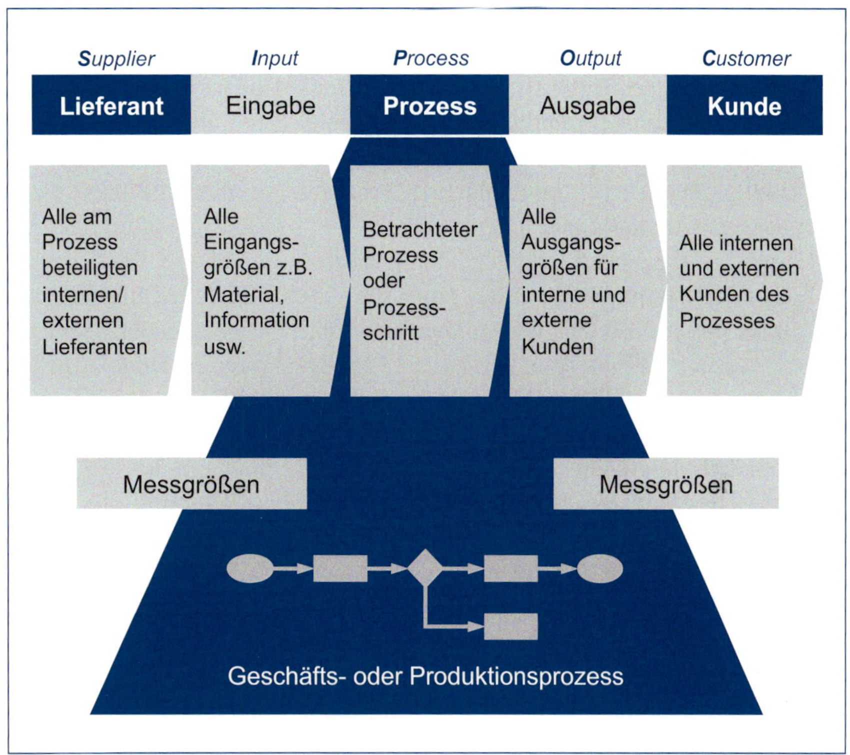

Abbildung 11.24-1 Schema der SIPOC-Analyse

hauptsächlich zur groben Darstellung bestimmter Prozesse oder Prozessausschnitte herangezogen wird, können nicht immer sinnvolle Messgrößen definiert werden. Hier empfiehlt es sich, auf die Wertstrommethodik (siehe Kapitel 11.31) zurückzugreifen.

Eine feste Abfolge der Schritte ist nicht vorgeschrieben, so wird in der Praxisanwendung, neben der oben genannten Abfolge, oftmals auch die Reihenfolge Process, Output, Customer, Input, Supplier gewählt. Ein Beginnen mit dem Schritt Prozess ist in jedem Fall ratsam, da dieser auch den Betrachtungsrahmen festlegt und damit alle anderen Betrachtungsbereiche determiniert.

- *Process:* Zunächst wird der Betrachtungsbereich des Gesamtprozesses umrissen, indem Ausgangs- und Endpunkt des zu betrachtenden Prozesses festgelegt werden. Steht der Betrachtungsrahmen fest, wird der Prozess in Teilschritte zerlegt. Bezüglich der Granularität der Zerlegung gibt es keine feste Regel, empfehlenswert ist als Faustregel die Grenze von zehn Teilschritten nicht zu überschreiten. Erscheint dies nicht möglich, sollte der Betrachtungsrahmen bzw. die gewählte Granularität hinterfragt werden.
- *Input:* Ist der Prozess aufgenommen, werden die notwendigen Eingaben des betrachteten Prozesses identifiziert. Dies können je nach Art des Prozesses beispielsweise Rohmaterialien, Halbzeuge, Hilfs- und Betriebsstoffe, aber auch Informationen oder Dokumente, sein.
- *Supplier:* Eng verknüpft mit den identifizierten Inputs ist die Frage: „Wer stellt den Input bereit?" Die Lieferanten können folglich anhand der zuvor identifizierten Input-Größen ermittelt werden.

- *Output:* Die Frage: „Welches Erzeugnis bzw. Ergebnis liefert der Prozess?“, führt zu der Identifikation des Outputs. Neben dem offensichtlichen (Haupt-)Produkt des Prozesses sollte hinterfragt werden, inwiefern vermeintliche „Abfallprodukte“ für nachfolgende Prozesse einen wesentlichen Input bereitstellen.
- *Customer:* Ausgehend von den identifizierten Ergebnissen/Produkten werden dann die Abnehmer dieser Produkte, die Kunden, ermittelt.

Die Anwendung der SIPOC-Methode ist am Beispiel eines Montageprozesses in Abbildung 11.24-2 schematisch dargestellt. Als Startpunkt wird die Zuweisung des Montageauftrags und als Endpunkt die Bereitstellung der geprüften Baugruppe zum Versand gewählt. Grob sind alle notwendigen, vorgelagerten Prozesse interner sowie auch externer Lieferanten und deren Schnittstelleninformationen zum betrachteten Prozess unter Input aufgeführt. Nachgelagert sind unter dem SIPOC-Schritt Output organisatorische und materielle Tätigkeiten und Informationen, die zum Abschluss des Prozesses notwendig sind, aufgelistet. Bei diesem Beispiel bildet der Endpunkt die Bereitstellung der montierten und freigegebenen Baugruppen und des dazugehörigen Auftrags. Damit sind die letzten Schritte in diesem Prozess die Bearbeitung des Auftrags im Controlling und in der Verpackungs- und Versandabteilung. Der Nutzen dieser Darstellung liegt darin, die wichtigsten und notwendigen Schritte eines Prozesses darzustellen. Damit können überflüssige oder fehlende Arbeitsschritte bereits im Grobablauf, und damit in kurzer Zeit und mit geringem Aufwand, identifiziert werden. Gleichzeitig können dadurch Ist-Abläufe an Soll-Abläufen gespiegelt werden und die Grundlage für Verbesserungsprozesse bilden.

Mögliche Schwierigkeiten und Probleme

Neben der Wahl einer passenden Betrachtungsebene, ist insbesondere die Einbindung aller beteiligten Akteure des zu betrachtenden Prozesses wich-

Supplier **Lieferant**	*Input* Eingabe	*Process* **Prozess**	*Output* Ausgabe	*Customer* **Kunde**
Fertigungssteuerung	Montageauftrag (MA)	Zuweisung Montageauftrag	Rückmeldung MA	Controlling
Kommissionierung	Arbeitsanweisung	Montagevorbereitung	Montierte Baugruppe	Verpackung und Versand
Teilelieferant	Montagezeichnungen	Montage	Freigabe Qualität	
Entwicklung		Durchführung Prüfplan (QS)		
		Bereitstellung der geprüften Baugruppe		

Abbildung 11.24-2 Beispiel der SIPOC-Analyse an einem Montageprozess

tig. Darüber hinaus sollten Messgrößen für alle In- und Output-Variablen identifiziert und vereinbart werden, da erst so eine transparente Beurteilung des Prozesses möglich wird.

Ergänzende Methoden

Eine der SIPOC-ähnliche Methode ist die Wertstromanalyse, die die Prozesse jedoch detaillierter darstellt und den einzelnen Schritten quantitative Informationen und Messwerte zuordnet. Die Wertstromanalyse ist die Basis für das Wertstromdesign zur Entwicklung eines z. B. hinsichtlich Durchlaufzeit und Lagergröße optimierten Prozesses (vgl. Toolbox, Kapitel 11.31).

11.25 Statistische Versuchsmethodik (SVM)

Ziel der Methode

Ein effizientes Werkzeug zur Durchführung von experimentellen Versuchen ist die *statistische Versuchsmethodik* (SVM), im angelsächsischen Sprachraum als *Design of Experiments* (DoE) bekannt. Sie ermöglicht es, den Versuchsablauf zielgerichtet zu planen, die Umfänge der Untersuchungen gering zu halten und funktionale Zusammenhänge in Modellen abzubilden. Im Vergleich zu nicht systematisch durchgeführten Versuchen erlaubt sie eine effiziente Identifizierung der signifikanten Einflussgrößen. Einsatz findet die statistische Versuchsmethodik u. a. bei der Einrichtung von Fertigungsprozessen oder der experimentellen Optimierung von Konstruktionsbauteilen, z. B innerhalb von Projekten im Rahmen von Six Sigma oder Design for Six Sigma (siehe Kapitel 4).

Arten der statistischen Versuchsmethodik

Zur Reduktion von Versuchsaufwänden bei gleichzeitiger Absicherung maximalen Erkenntnisgewinns existieren verschiedene Arten der SVM. Die drei wesentlichen Arten sind:

- die klassische SVM,
- die SVM nach Taguchi und
- die SVM nach Shainin.

Klassische statistische Versuchsmethodik

Die klassische Versuchsmethodik wurde erstmals von Fisher im Journal of the Ministry of Agriculture of Great Britain im Jahr 1926 vorgestellt. Darin kritisiert der Autor die zu der Zeit gängige Vorgehensweise, bei Experimenten bei jedem Versuch nur einen Einflussfaktor zu verändern, Experimente nicht korrekt zu randomisieren und nicht in sinnvolle Blöcke zu unterteilen. Zur Lösung schlägt er vor, alle Einflussfaktoren gleichzeitig zu variieren und alle möglichen Variationsmöglichkeiten (Kombinationen) in einem randomisierten Versuchsplan abzuarbeiten [FISH26]. Ein Plan, in dem alle möglichen Kombinationen der Einflussfaktoren untersucht werden, wird als vollfaktorieller Versuchsplan bezeichnet. Mithilfe eines solchen Plans werden neben den Effekten der Einflussfaktoren auch alle Wechselwirkungen zwischen Einflussfaktoren eindeutig quantifizierbar.

In vielen Fällen sind jedoch nicht alle Wechselwirkungen eines Experimentes relevant bzw., oft können Wechselwirkungen vor allem höherer Ordnung quantitativ vernachlässigt werden. In der klassischen SVM werden dann sogenannte teilfaktorielle bzw. vermengte Versuchspläne verwendet, in denen nur ein Teil aller möglichen Kombinationen von Faktoren experimentell untersucht wird. Dadurch kann der Versuchsaufwand gegenüber vollfaktoriellen Versuchen signifikant reduziert werden [YATE35].

Taguchi-Versuchsmethodik

Durch Taguchi wurde Anfang der 1960er-Jahre eine abgewandelte Form der klassischen SVM eingeführt. Ziel der Taguchi-Versuchsmethodik ist es, die Parameter zu quantifizieren, welche die Taguchi-Verlustfunktion beschreiben (siehe Kapitel 11.27). Die Taguchi-Methodik gibt für Experimente mit bis zu 31 zu untersuchenden Faktoren und bis zu fünf Stufen pro Faktor orthogonale Versuchspläne vor, die eine spezielle Form teilfaktorieller, stark vermengter Versuchspläne darstellen [TAGU87].

Shainin-Versuchsmethodik

Die dritte verbreitete Form der SVM ist die Methodik nach Shainin. Shainin setzt in der Methodik die eigentliche experimentelle Arbeit mit anderen Methoden aus dem Bereich des Qualitätsmanagements in Verbindung. Annahme ist dabei, dass die Anzahl möglicher Einflussfaktoren zunächst in der Regel zu groß für eine effektive experimentelle Untersuchung ist. Durch qualitative Methoden, wie dem *Paarweisen Vergleich* und quantitativen Analysen bestehender Daten, beispielsweise mittels *Multi-Vari-Analyse*, soll die Anzahl an Einflussfaktoren vor dem Experiment reduziert werden. Zur weiteren Reduktion der Faktoranzahl kommen Sonderformen von Experimenten zum Einsatz (Variablenvergleich oder Variablensuche). Diese sollen in Kombination mit dem Prozesswissen des Versuchsleiters eine Fokussierung auf maximal vier wesentliche Faktoren im Sinne einer Pareto-Analyse ermöglichen. Diese Faktoren werden schließlich vollfaktoriell untersucht und die Ergebnisse auf lineare Zusammenhänge hin untersucht. Über die Experimente hinaus, schließt die Shainin-Methodik die Ermittlung und Validierung der gewonnenen Zusammenhänge, die Ermittlung optimaler Faktoreinstellungen sowie die Überführung der optimalen Einstellungen in Qualitätsregelkarten ein [SHAI88].

Vergleich der vorgestellten statistischen Versuchsmethodiken

Alle vorgestellten Varianten der SVM ermöglichen unter bestimmten Voraussetzungen die Erzeugung von auswertbaren Ergebnissen durch Experimente. Insbesondere sind alle Varianten einem Experiment, bei dem alle Faktoren nacheinander verändert werden (One-factor-at-a-time bzw. *OFAT*) überlegen. Um die Auswahl einer geeigneten Methodik zu erleichtern, soll die Tabelle 11.25-1 eine Hilfestellung anhand verschiedener Kriterien geben (siehe auch [BHOT00]).

Vorgehensweise und eingesetzte Werkzeuge der klassischen SVM

Bevor die Versuchsmethodik eingesetzt werden kann, wird in der Regel ein interdisziplinäres Team zusammengestellt. In diesem Team sollten, neben den Versuchsdurchführenden, alle am untersuchten Prozess beteiligten Mitarbeiter vertreten sein. Nur durch das Einbinden direkt im Prozess involvierter Mitarbeiter kann Expertenwissen abgerufen werden, das häufig weit über die schriftlichen Unterlagen des Unternehmens hinausgeht. Zusätzlich können bei Bedarf externe Technologen, z.B. vom Hersteller der Produktionsanlagen oder von Hochschulinstituten, zusätzliches Fachwissen beisteuern. Wie Tabelle 11.25-1 zeigt, ist dieses Expertenwissen in der klassischen SVM unerlässlich, um eine sinnvolle Versuchsplanung, aber auch Auswertung, zu erhalten.

Der allgemeine Ablauf der klassischen statistischen Versuchsmethodik gliedert sich in vier Hauptschritte (Abbildung 11.25-1).

Tabelle 11.25-1 Vergleich verbreiteter Varianten der SVM

	Klassische Versuchsmethodik		Taguchi-Methode	Shainin-Methode
Kriterium	Vollfaktorielle Versuche	Teilfaktorielle Versuche		
Sinnvolle Anwendungsfelder	Reale Experimente mit Prozessen oder Produkten.	Reale Experimente mit Prozessen oder Produkten, Computersimulationen.	Reale Experimente mit Prozessen oder Produkten, Computersimulationen.	Reale Experimente mit Prozessen oder Produkten.
Versuchskosten	Hoch, infolge hoher Versuchsanzahl.	Mittel bis hoch, stark abhängig von angestrebter Aussagefähigkeit der Experimente. Durch Expertenwissen reduzierbar.	Gering, infolge stark reduzierter Versuchsaufwände.	Gering bis mittel, infolge sehr kleiner vollfaktorieller Versuche. Umfangreicher Methodeneinsatz, ggf. personalkostenintensiv.
Komplexität der Methodik	Mittel, Versuchsplanung simpel, Auswertung mittels Varianzanalyse und Regressionsanalyse, erfordert statistische Kenntnisse.	Mittel, Versuchsplanung simpel, Auswertung mittels Varianzanalyse und Regressionsanalyse, erfordert statistische Kenntnisse.	Hoch, Versuchspläne können aus Tabellen abgelesen werden. Schätzung von Faktoren zur Versuchsplanbestimmung erfordert jedoch Expertenwissen. Zusätzlich zur Varianzanalyse muss ein Signal-Rausch-Verhältnis berechnet werden.	Hoch, Methodik erfordert den sinnvollen Einsatz verschiedener Methoden vor der eigentlichen experimentellen Durchführung. Auswertemethoden sind verhältnismäßig simpel.
Notwendiges Expertenwissen	Mittel, Expertenwissen über mögliche Einflussfaktoren muss vorhanden sein.	Hoch, Expertenwissen über mögliche Einflussfaktoren und Wechselwirkungen muss vorhanden sein.	Sehr hoch, genaues Expertenwissen über Wechselwirkungen muss für sinnvolle Auswertungen vorhanden sein.	Gering, Methodik ist darauf ausgelegt, gezielt Expertenwissen zu generieren.
Potenzielle statistische Aussagefähigkeit	Hoch, alle möglichen Effekte der Einflussfaktoren und Wechselwirkungen können getrennt quantifiziert werden.	Mittel, Effekte der Einflussfaktoren und, je nach Vermengung, auch bestimmter Wechselwirkungen können getrennt quantifiziert werden.	Gering, starke Vermengung im Versuchsplan führt zu nicht klar trennbaren Effekten von Einflussfaktoren und Wechselwirkungen.	Mittel, klare Trennbarkeit von Effekten aus vollfaktoriellen Experimenten. Vereinfachte Experimente zur Faktorauswahl sind jedoch stark vermengt. Auswertemethode sind simpel und teilweise vereinfachend.

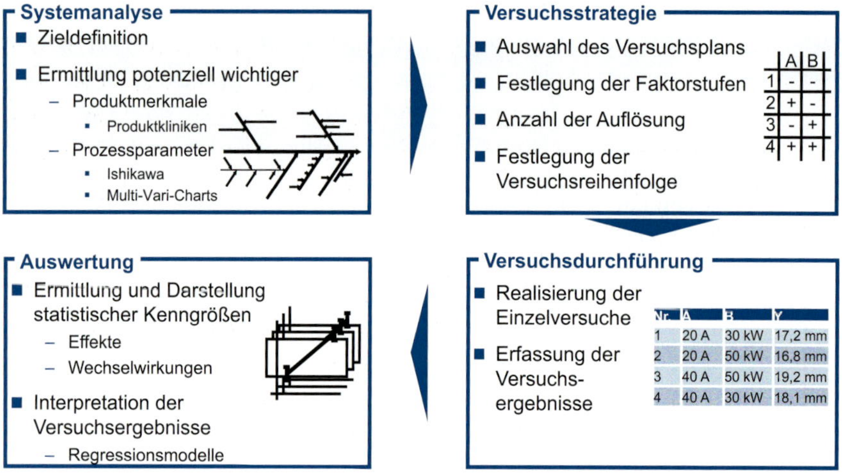

Systemanalyse
- Zieldefinition
- Ermittlung potenziell wichtiger
  - Produktmerkmale
    - Produktkliniken
  - Prozessparameter
    - Ishikawa
    - Multi-Vari-Charts

Versuchsstrategie
- Auswahl des Versuchsplans
- Festlegung der Faktorstufen
- Anzahl der Auflösung
- Festlegung der Versuchsreihenfolge

	A	B
1	-	-
2	+	-
3	-	+
4	+	+

Versuchsdurchführung
- Realisierung der Einzelversuche
- Erfassung der Versuchsergebnisse

Nr.	A	B	Y
1	20 A	30 kW	17,2 mm
2	20 A	50 kW	16,8 mm
3	40 A	50 kW	19,2 mm
4	40 A	30 kW	18,1 mm

Auswertung
- Ermittlung und Darstellung statistischer Kenngrößen
  - Effekte
  - Wechselwirkungen
- Interpretation der Versuchsergebnisse
  - Regressionsmodelle

Abbildung 11.25-1 Hauptschritte der Statistischen Versuchsmethodik (SVM)

Systemanalyse

Ziel der Systemanalyse ist die Konkretisierung aller Einflussfaktoren und Störgrößen auf das im Vorfeld klar zu definierende Prozessergebnis. Durch das Zusammentragen und die planungsgerechte Dokumentation des vorhandenen Expertenwissens, hinsichtlich bekannter Wirkzusammenhänge, wie z. B. relevanter Einflussgrößen, vorhandener Wechselwirkungen usw., kann der weitere Versuchsaufwand zum Teil erheblich reduziert werden. Darüber hinaus sind erfahrungsgemäß viele Problemstellungen bereits mithilfe einer fundierten Systemanalyse lösbar.

Versuchsstrategie

Gegenstand der zweiten Teilaufgabe ist die Erarbeitung und Festlegung einer geeigneten Versuchsstrategie. Hierzu wird zunächst, basierend auf den in der Systemanalyse gewonnenen Erkenntnissen sowie dem grundsätzlichen Untersuchungsziel, ein geeigneter Versuchsplan ausgewählt. Anschließend werden die Faktorstufen, d. h., die Einstellniveaus der im Rahmen des Versuchsplans zu variierenden Einflussgrößen, festgelegt und der Versuchsplan u. a. im Hinblick auf eine Minimierung des Versuchsaufwands mit den Einzelversuchen belegt. Den Abschluss der Phase Versuchsstrategie bildet die in Abhängigkeit der anzuwendenden statistischen Analyseverfahren zu treffende Festlegung der Anzahl der Versuchswiederholungen. Dabei ist vorab zu untersuchen, wie stabil der zu untersuchende Prozess abläuft (z. B. durch Berechnung von Prozessfähigkeitsindizes). Unterliegt er großen Schwankungen bei konstanten Einstellungen, können diese nur durch mehrfache Wiederholungen erfasst werden.

Den beiden planerisch/vorbereitend geprägten Phasen Systemanalyse und Versuchsstrategie, ist bei der statistischen Versuchsmethodik höchste Bedeutung beizumessen. Präzision und Informationsgehalt der mithilfe der folgenden Versuchsphasen erzielten Ergebnisse sowie die Effizienz der gesamten Untersuchung werden maßgeblich von einer ausreichenden Planung determiniert. Die Kompensation einer mangelhaften Planung ist auch durch aufwendigste Auswerteverfahren nahezu ausgeschlossen.

Versuchsdurchführung

Im Rahmen der Versuchsdurchführung werden die einzelnen Versuchspunkte entsprechend dem gewählten Versuchsplan realisiert. Dabei sind die Einstellungen der zu untersuchenden Prozessparameter, die Kennzeichnung der entsprechenden Proben sowie die Dokumentation der in der Systemanalyse ermittelten Störgrößen, sorgfältig vorzunehmen. Insbesondere ist es zur Vermeidung systematischer, nicht dokumentierter Einflüsse notwendig, die randomisierte Reihenfolge des Versuchsplans exakt einzuhalten.

Versuchsauswertung

Ziel der Versuchsauswertung ist es, mithilfe mathematisch-statistischer Analysen experimentell abgesicherte Erkenntnisse über die Effekte einzelner Faktoren und Wechselwirkungen auf die Zielgrößen zu erhalten. Die zur Analyse und Interpretation der Ergebnisse zweckmäßigen grafischen und statistischen Verfahren werden dabei primär von dem Versuchsplan, der Charakteristik der Einfluss- und Zielgrößen sowie der grundsätzlichen Zielsetzung der Untersuchung bestimmt. Die Werkzeuge zur Berechnung und Bewertung von Effekten erstrecken sich von einer einfachen Signifikanzprüfung mittels Varianzanalyse bis zur Aufstellung von nicht linearen Regressionsmodellen zur Modellierung von komplexen Kennlinienfeldern. Zur grafischen Aufbereitung der Versuchsergebnisse können neben herkömmlichen Verfahren, wie z.B. Balkendiagrammen oder Effekt- bzw. Wechselwirkungsdiagrammen, u.a. auch Screen-Plots, Box-Plots oder Scatter-Plots verwendet werden. Den Abschluss der Versuchsauswertung bildet die Festlegung der weiteren Vorgehensweise zur Vertiefung und Umsetzung der Ergebnisse.

Mögliche Schwierigkeiten und Probleme

Experimentelle Untersuchungen sind in vielen Fällen mit extrem hohen Aufwendungen an Zeit und Ressourcen verbunden. Entsprechend ergibt sich die Notwendigkeit, den Aufwand durch effiziente Planung auf das notwendige Maß zu reduzieren. In der Praxis wird die Planung häufig in nicht ausreichendem Maße durchgeführt, sodass es zu sehr umfangreichen Versuchsdurchführungen kommt. Daraus resultierend werden Versuche teilweise nicht vollständig durchgeführt, was zu unzureichenden Ergebnissen führt. Über die Auswahl einer geeigneten Versuchsmethodik können jedoch in vielen Fällen unnötig große Versuchsumfänge vermieden werden, wobei die bereits erwähnte Tabelle 11.25-1 eine Auswahlunterstützung bieten kann.

Eine weitere Schwierigkeit bei der statistischen Versuchsmethodik liegt in der korrekten Interpretation der Ergebnisse, insbesondere bei unvollständigen Versuchsplänen (z.B. teilfaktorielle Versuchspläne). Durch die Vermengung von Einflussfaktoren und Wechselwirkungen kann häufig keine Aussage über die tatsächliche Ursache für Prozessänderungen getroffen werden. Es ist deshalb wichtig, die Ergebnisse von Experten auf ihre Plausibilität hin überprüfen zu lassen.

11.26 SWOT-Analyse

Die Abkürzung SWOT stellt ein englischsprachiges Akronym dar: **S**trength (Stärken), **W**eaknesses (Schwächen), **O**pportunities (Chancen) und **T**hreats (Risiken). Häufige Einsatzbereiche der Analyse sind das Qualitätsmanagement (zur Identifizierung potenzieller Verbesserungsmöglichkeiten in Prozessen oder Produkten) und das strategische Management in Unternehmen (zur Analyse der Wettbewerbssituation).

Ziel der Methode

Das Ziel der SWOT-Analyse ist die Darstellung des Istzustands eines Unternehmens bzgl. innerbetrieblicher Stärken und Schwächen sowie externer

Chancen und Risiken, die das Handlungsfeld eines Unternehmens betreffen. Mit der SWOT-Analyse werden Produkte, Prozesse oder gesamte Unternehmen systematisch betrachtet, um bestehende Probleme zu identifizieren und zu lösen.

Vorgehensweise und eingesetzte Werkzeuge

Die SWOT-Analyse beinhaltet eine interne und eine externe Analyse des Unternehmens (Abbildung 11.26-1).

Die interne Analyse befasst sich mit den Stärken und Schwächen des Unternehmens. Dies sind die Fähigkeiten und Ressourcen, über die die Unternehmung verfügt bzw. die sie unter Kontrolle hat. Es gibt hier eine Vielzahl von Ausprägungsmöglichkeiten, die sich wesentlich aus den Gegebenheiten des Einzelfalles ergeben. Typischerweise können Stärken – oder Schwächen – in Gebieten wie

- Fähigkeiten der Mitarbeiter,
- Qualität interner Prozesse,
- finanzielle Ausstattung, Finanzierungsstruktur,
- Marktposition,
- Beziehungen zu Kunden- und Lieferantennetzwerken,
- F&E-Fähigkeiten, -ressourcen und -kapazitäten,
- Firmenkultur

u. v. m. liegen. Hilfreich für die Analyse ist eine vorherige Identifikation der entscheidenden Erfolgsfaktoren. In Relation zu diesen Faktoren können dann die Stärken und Schwächen geprüft werden. Zu beachten ist weiterhin, dass die identifizierten Stärken und Schwächen relativ sind.

Die externe Analyse identifiziert die Chancen und Risiken, die sich für das Unternehmen aus Trends und Veränderungen im Markt, in der technologischen, sozialen oder ökologischen Umwelt ergeben. Als externe Faktoren im Sinne der SWOT-Analyse sind all diejenigen anzusehen, auf die das Unternehmen selbst keinen direkten Einfluss hat.

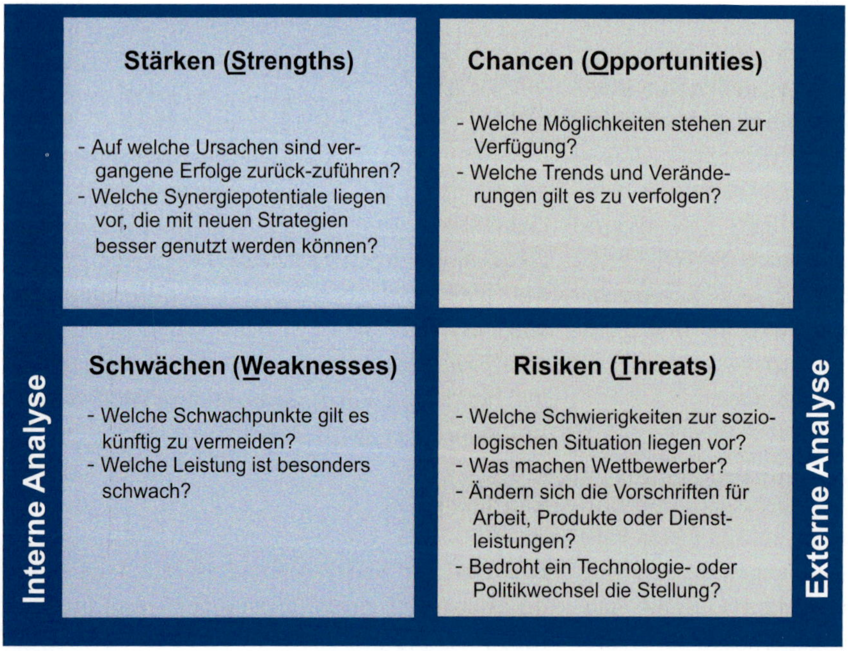

Stärken (Strengths)	Chancen (Opportunities)
- Auf welche Ursachen sind vergangene Erfolge zurück-zuführen? - Welche Synergiepotentiale liegen vor, die mit neuen Strategien besser genutzt werden können?	- Welche Möglichkeiten stehen zur Verfügung? - Welche Trends und Veränderungen gilt es zu verfolgen?
Schwächen (Weaknesses)	**Risiken (Threats)**
- Welche Schwachpunkte gilt es künftig zu vermeiden? - Welche Leistung ist besonders schwach?	- Welche Schwierigkeiten zur soziologischen Situation liegen vor? - Was machen Wettbewerber? - Ändern sich die Vorschriften für Arbeit, Produkte oder Dienstleistungen? - Bedroht ein Technologie- oder Politikwechsel die Stellung?

Interne Analyse | Externe Analyse

Abbildung 11.26-1 Darstellung und hilfreiche Fragestellungen zur SWOT-Analyse

Das Unternehmen beobachtet oder antizipiert diese Veränderungen und reagiert darauf mit Strategieanpassung. Wichtig ist hier die Identifikation der wesentlichen Triebkräfte für Veränderungen in der Unternehmensumwelt und ihre möglichen Auswirkungen auf die Organisation sowie deren Umgebung.

Nach der internen und externen Analyse wird versucht, den Nutzen aus Stärken und Chancen zu maximieren, und die Verluste aus Schwächen und Gefahren zu minimieren. Hierzu wird zuerst gezielt nach folgenden Kombinationen gesucht. Anschließend wird gefragt, welche Initiativen und Maßnahmen sich daraus ableiten lassen:

SO Stärke/Chancen-Kombination

Welche Stärken passen zu welchen Chancen? Wie können Stärken genutzt werden, sodass sich die Chancenrealisierung erhöht?

ST Stärke/Risiko-Kombination

Welchen Risiken können mit welchen Stärken begegnet werden? Wie können vorhandene Stärken eingesetzt werden, um den Eintritt bestimmter Gefahren abzuwenden?

WO Schwäche/Chancen-Kombination

Wo können aus Schwächen Chancen entstehen? Wie können Schwächen zu Stärken entwickelt werden?

WT Schwäche/Risiko-Kombination

Wo befinden sich Schwächen und kann ein Schutz vor Schaden erzeugt werden?

Folgende Fragestellungen können ebenfalls hilfreich sein, um beurteilen zu können, inwiefern und auf welche Weise das Unternehmen mit ihren gegebenen Ressourcen in der Lage ist, auf zu erwartende externe Veränderungen zu reagieren:

- Ist die gegenwärtige Strategie geeignet und ausreichend, um auf die zu erwartenden Veränderungen zu reagieren?
- Um Chancen zu nutzen oder Risiken zu minimieren – welche Stärken müssen ausgebaut werden und an welchen Schwächen muss gearbeitet werden?
- Passen die bisherigen Stärken und Kernkompetenzen zur zukünftigen Entwicklung?
- Können Stärken zu Schwächen werden, wenn sie nicht weiterentwickelt werden?
- Wie können im Hinblick auf die Chancen die Stärken eingesetzt werden?
- Wie kann, auf Basis spezifischer Kompetenzen, auf externe Veränderungen besser reagiert werden als der Wettbewerb?
- Was kann das Unternehmen besser als die Wettbewerber?
- Lassen sich daraus neue Kernkompetenzen/Geschäftsfelder/Serviceangebote ableiten?

Zu den vier Kategorien sind zudem weitere Fragestellungen möglich, die die Durchführung der SWOT-Analyse unterstützen (Abbildung 11.26-1).

Mögliche Schwierigkeiten und Probleme

Bei der Durchführung einer SWOT-Analyse ist stets darauf zu achten, dass im Vorfeld Ziele zum Analyseergebnis vorgegeben werden und so ein abstraktes Niveau der Analyse vermieden wird. Durch die Vorgabe eines Sollzustands der Analyse werden unterschiedliche Auffassungen der Beteiligten vermieden.

Eine weitere Schwierigkeit besteht darin, zwischen internen Stärken und externen Chancen zu unterscheiden. Zudem wird mit der SWOT-Analyse nur ein Istzustand abgebildet und noch keine Strategie vorgegeben.

11.27 Taguchi-Verlustfunktion

Ziel der Methode

In Wertschöpfungsprozessen stellt sich häufig die Frage, wie präzise eine Leistung erbracht werden muss, um den Gesamtnutzen unter Berücksichtigung des Aufwandes zu maximieren. Bei dieser Fragestellung ist entscheidend festzulegen, innerhalb welcher Systemgrenzen das Verhältnis von Nutzen zu Aufwand berechnet wird. So kann die Systemgrenze um einen einzelnen Mitarbeiter, eine Abteilung, ein Unternehmen oder eine Volkswirtschaft gezogen werden. Taguchi verfolgte mit der Einführung der Verlustfunktion das Ziel, gesellschaftliche Verluste, die durch die Produktion und den Absatz von Produkten entstehen, zu minimieren. Hierfür kann die Taguchi-Methode eingesetzt werden, um die zur Zielerreichung notwendigen optimalen Toleranzweiten der Produktion zu bestimmen.

Nach Taguchi ist „Qualität [...] der Verlust, der an die Gesellschaft weitergegeben wird, von dem Zeitpunkt, an dem ein Produkt ausgeliefert wird" [KACK89]. Da der Begriff „Qualität" als etwas Wünschenswertes mit „Verlust", also etwas Unerwünschtem, beschrieben wird, scheint diese Definition zunächst unzugänglich. Hier wird jedoch impliziert, dass ein Produkt umso begehrenswerter wird, je geringer die Verluste ausfallen, die dem Kunden beim Erwerb des Produktes entstehen. Verluste können z. B. Kundenunzufriedenheit, Abweichungen von der optimalen Leistung oder schädliche Nebenwirkungen sein [KACK89].

Im Gegensatz zur klassischen Qualitätsphilosophie, nach der ein Fehler und ein damit verbundener Verlust erst dann auftreten, wenn die untere Toleranzgrenze (UTG) unter- beziehungsweise die obere Toleranzgrenze (OTG) überschritten wird, führt nach Taguchi jede Abweichung vom Sollwert zu Verlusten (Abbildung 11.27-1). Dieser These folgend hat Taguchi in den 1980er-Jahren die Verlustfunktion erarbeitet.

Vorgehensweise und eingesetzte Werkzeuge

Berechnungsansatz

Taguchi legt fest, dass das imaginär ideale Produkt keinen gesamtwirtschaftlichen Verlust bewirkt, jede Abweichung von diesem Ideal jedoch schon. Dieser Verlust ist auf Transportkosten, Nacharbeitskosten, Schadensersatz oder auch Unzufriedenheit der Kunden und dessen Folgen zurückzuführen. Die Zielsetzung unter diesen Prämissen ist daher, den gesamtwirtschaftlichen Verlust der Gesellschaft durch eine geeignete Wahl von Toleranzweiten zu minimieren. Dabei schlägt Kackar vor, die Verlustfunktion dahingehend zu erweitern,

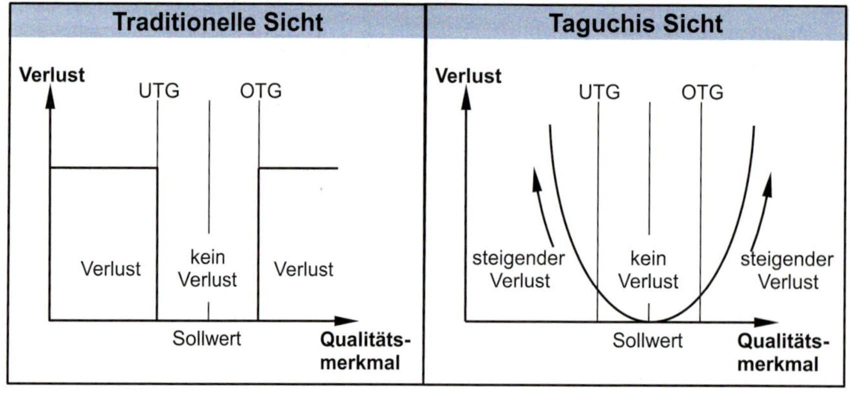

Abbildung 11.27-1 Traditionelle Sicht vs. Taguchi-Verlustfunktion nach [BELK11]

dass auch die Produktion weder kosten- noch verlustfrei stattfindet [KACK89].

Es wird davon ausgegangen, dass die optimale Charakteristik mit dem Zielwert erreicht wird, der tatsächliche Wert sei y. Eine Taylorreihenentwicklung der Verlustfunktion $L(y)$ in der Umgebung des Zielwertes resultiert in:

$$L(y) = L(m) + \frac{L'(m)}{1!}(y-m) + \frac{L''(m)}{2!}(y-m)^2 + \ldots + \frac{L^n(m)}{n!}(y-m)^n \quad (11.27\text{-}1)$$

Wenn y gleich m (keine Soll-Ist-Abweichung), ist der Verlust null. $L(m)$ befindet sich zudem an der Stelle des globalen Minimums (Abbildung 11.27-2). Somit gilt:

$$L(m) = 0 \quad (11.27\text{-}2)$$

$$L'(m) = 0 \quad (11.27\text{-}3)$$

Taguchi schlägt zudem vor, Terme höherer Ordnung zu vernachlässigen [TAGU85], sodass Gleichung (11.27-1) sich mit dieser Annahme von Gleichung (11.27-2) und Gleichung (11.27-3) vereinfachen lässt zu

$$L(y) = \frac{L''(m)}{2!}(y-m)^2 \quad (11.27\text{-}4)$$

Da $L''(m) = konst$, kann der Bruch durch eine Konstante ersetzt werden, sodass der Verlust, der der Gesellschaft bei der Auslieferung eines Produktes entsteht, durch

$$L(y) = k(y-m)^2 \quad (11.27\text{-}5)$$

beschrieben werden kann.

Der Abstand von Zielwert und OTG sowie von Zielwert und UTG wird als Δ definiert (Abbildung 11.27-2). Erreicht y den Wert m-Δ oder den Wert m+Δ, so entspricht der Verlust, der z.B. durch Kundenunzufriedenheit nach Erwerb des Produktes oder anfallende Reparaturkosten etc. entsteht, dem entstehenden Verlust, der durch die notwendige Entsorgung beim Ausschleusen des Produktes entstehen würde.

Es wird A_0 als qualitätsbezogener Verlust der Gesellschaft definiert, der genau dann auftritt, wenn UTG oder OTG erreicht werden. Nach vorheriger Überlegung kann dieser gleichsam als Entsorgungskosten des fehlerhaften Produktes interpretiert werden.

Zur Bestimmung der Konstante k wird die Abweichung für die UTG (für OTG analog möglich) in Gleichung (11.27-5) ein- und mit dem qualitätsbezogenen Verlust A_0 gleichgesetzt, sodass

$$L(m-\Delta) = A_0 \quad (11.27\text{-}6)$$

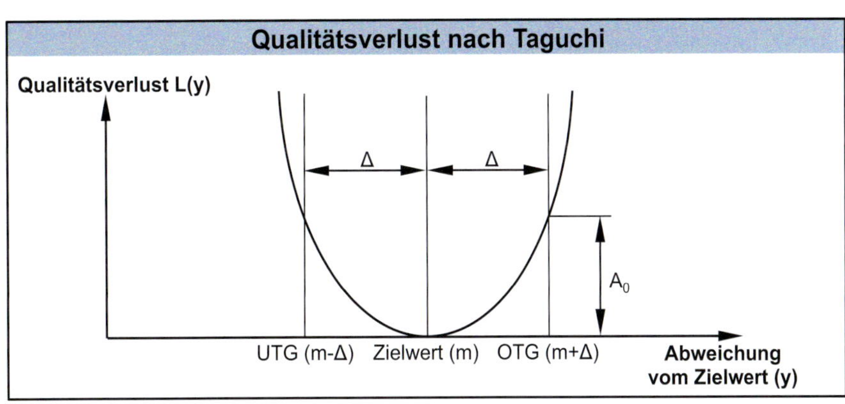

Abbildung 11.27-2 Verlustfunktion nach Taguchi [BELK11]

$$\Leftrightarrow k = \frac{A_0}{\Delta^2} \qquad (11.27\text{-}7)$$

Setzt man Gleichung (11.27-7) in Gleichung (11.27-5) ein, ergibt sich die Taguchi-Verlustfunktion zu

$$L(y) = \frac{A_0}{\Delta^2}(y-m)^2 \qquad (11.27\text{-}8)$$

Diese Gleichung gilt für den Fall, dass ein Nominalwert das Ideal darstellt und eine Abweichung sowohl in positiver als auch in negativer Richtung einen Verlust bedeutet. Ist ein möglichst kleiner Sollwert das Ziel (Abbildung 11.27-3 links), ist diese Funktion entsprechend anzupassen (m=0), sodass die Verlustfunktion sich vereinfacht zu

$$L(y) = \frac{A_0}{\Delta^2} y^2 \qquad (11.27\text{-}9)$$

Im umgekehrten Fall (Abbildung 11.27-3 rechts) gilt für Maximierungsziele [TAGU85]

$$L(y) = A_0 \Delta^2 \frac{1}{y^2} \qquad (11.27\text{-}10)$$

Fallbeispiel

Ein Beispiel zur Produktion von eingefassten Windschutzscheiben veranschaulicht die Anwendung der Taguchi-Verlustfunktion. Sowohl die Einfassung als auch die Windschutzscheibe sind geometrisch toleriert. Während der Nennwert des Maßes der Scheibe definiert ist, sind die Toleranzen noch zu bestimmen. Vereinfachend wird angenommen, dass die Einfassung immer identisch gefertigt würde.

Zwischen dem Außenmaß der Scheibe und dem Innenmaß der Einfassung ist ein Abstand vorgesehen, sodass die eingebaute Scheibe entsprechend abgedichtet werden kann. Für das Fallbeispiel wird angenommen, dass die Scheibe nie so groß oder so klein gefertigt wird, dass diese technisch nicht mehr in den Rahmen passt. Vielmehr entstehen in diesem Fall Undichtigkeiten oder Spaltmaße, welche dem Kunden negativ aufstoßen. Die Größe der einzusetzenden Scheibe wird hier mit m beschrieben. m_1 sei das untere Maß, bei dem ein durchschnittlicher Kunde sich beschwert und einen Austausch der fehlerhaften Scheibe verlangt, m_2 ist das entsprechende obere Maß. m ist der Mittelwert aus m_1 und m_2 und gleichzeitig der Sollwert, bei dem nach der Taguchi-Funktion kein Verlust entsteht.

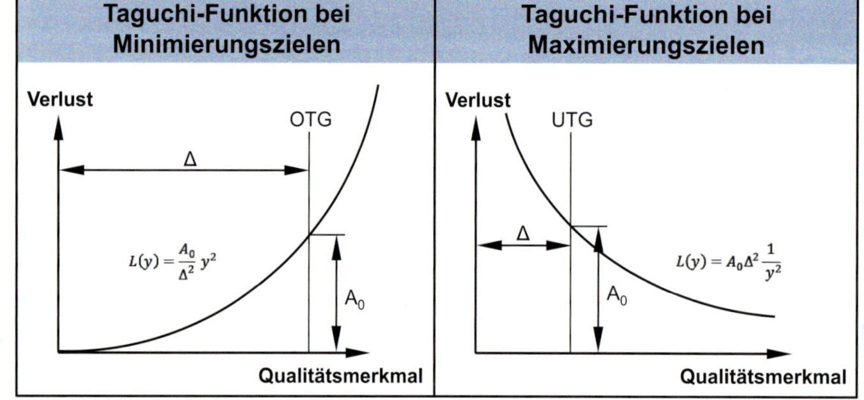

Abbildung 11.27-3 Verlustfunktion bei Maximierungs- und Minimierungszielen nach [BELK11]

D

Zudem gilt, dass

$$m - m_1 = m_2 - m = \Delta \quad (11.27\text{-}11)$$

Die Funktionsgrenze Δ betrage 6 mm, wobei erwartet wird, dass sich der durchschnittliche Kunde bei einer Abweichung zwischen Soll- und Ist-Größe der Scheibe von 6 mm beschweren und eine neue Scheibe fordern wird. Zudem wird davon ausgegangen, dass die Kosten der Nacharbeit im Falle einer Reklamation (Austauschen der Scheibe) 250 € betragen (A_0). Somit gilt nach Gleichung (11.27-7), dass

$$k = \frac{250\,€}{(6\,mm)^2} = 6{,}9444\frac{€}{mm^2} \quad (11.27\text{-}12)$$

Würde der Defekt der Scheibe vor dem Einbau entdeckt werden, so entstünden dem Hersteller durchschnittliche Kosten in Höhe von 30 € durch Nacharbeit der Scheibe oder durch deren Entsorgung und die Beschaffung einer neuen Scheibe.

Unter Zuhilfenahme der Gleichung (11.27-5) ergibt sich

$$30\,€ - 6{,}9444\frac{€}{mm^2}(y-m)^2 \quad (11.27\text{-}13)$$

$$\Leftrightarrow y - m = \pm 2{,}0785\,\text{mm} \quad (11.27\text{-}14)$$

Somit beträgt die optimale Fertigungstoleranz nach Taguchi in dem hier gewählten Beispiel ± 2,0785 mm.

Mögliche Schwierigkeiten und Probleme

Die Schwierigkeit bei der Anwendung der Verlustfunktion von Taguchi liegt darin, den gesellschaftlichen Verlust valide zu bestimmen. Es ist fraglich, welche Kosten tatsächlich entstehen, wenn eine Leistung oder ein Produkt die Toleranzgrenze überschreitet. Existiert jedoch eine gute finanzielle Datenbasis im Unternehmen, so ist es möglich, die Taguchi-Verlustfunktion nicht nur als eine Denkweise, sondern als ein Instrument zur Bestimmung eines wirtschaftlichen Präzisionsniveaus zu nutzen.

Ergänzende Methoden

- Pareto-Prinzip
- Target Costing

11.28 Target Costing

Das Target Costing wurde Mitte der 60er-Jahre des letzten Jahrhunderts von Toyota entwickelt. Es stellt ein Kostenmanagementkonzept dar, das auf den Anforderungen der Kunden an das Produkt und dem damit verbundenen Preis am Markt basiert [COEN09, HORV93].

Ziel der Methode

Das Ziel des Target Costings besteht darin, die zulässigen Kosten für ein Produkt abzuleiten, die die Herstellung dieses Produktes verursachen darf. Die zulässigen Kosten ergeben sich aus der Ermittlung eines Marktpreises, abzüglich einer geforderten Gewinnmarge. Ursprünglich als Instrument der Kostenkontrolle gedacht, hat sich Target Costing inzwischen als ganzheitlicher Managementansatz über den gesamten Bereich der Wertschöpfungskette entwickelt. Unterstützt wurde diese Entwicklung auch durch die umfassende Markt- und Mitarbeiterorientierung und Planungsunterstützung in den frühen Phasen der Produktentstehung.

Vorgehensweise und eingesetzte Werkzeuge

Das Target Costing stellt kein einzelnes Instrument dar, sondern es besteht aus einem umfassenden

Bündel von Methoden und Tools (aktuell ca. 60). Im Vorfeld muss der Anwender die für die Unternehmenssituation geeigneten Methoden und -kombinationen auswählen. Dabei ist neben der spezifischen Unternehmenssituation, beschrieben beispielsweise durch Budget, Know-how und Produktportfolio, auch die Konkurrenz- und Marktposition in die Auswahlentscheidung mit einzubeziehen.

Zur Vereinfachung des Auswahlprozesses existieren verschiedene Softwareanwendungen, die die spezifische Unternehmenssituation erfassen, bewerten und die treffendsten Methoden bzw. Methodenkombination für das Target Costing identifizieren.

Im Wesentlichen besteht das Target Costing aus einem dreigeteilten Prozess. Dabei werden die folgenden drei Phasen chronologisch durchlaufen:

- Zielkostenfestlegung,
- Zielkostenspaltung und
- Zielkostenrealisierung.

Der erste Arbeitsschritt, die Zielkostenfestlegung, befasst sich mit der eigentlichen Bestimmung der *Target Costs* (Zielkosten).

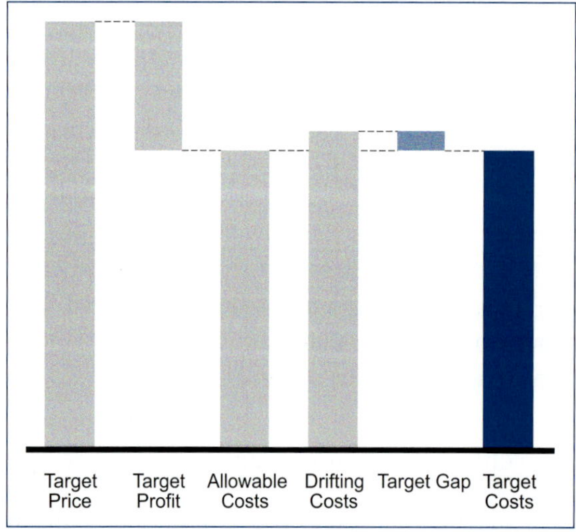

Abbildung 11.28-1 Ermittlung der Target Costs

Entscheidend bei der Ermittlung der Target Costs ist die Frage: „Was darf das Produkt kosten?“ Antwort gibt eine ausführliche Marktuntersuchung (z. B. mittels Conjoint-Analyse, Benchmarking etc.), welche die Anforderung des Kunden bezüglich des Preises (*Target Price*) ermittelt. Aus der Differenz von Target Price und angestrebtem Gewinn (*Target Profit*) des Unternehmens ergeben sich die „zulässigen“ Kosten (*Allowable Costs*). Diese berücksichtigen aber, da retrograd durch den Target Price ermittelt, nicht die technologie- und prozessbedingten Möglichkeiten des Unternehmens. Auf Basis bestehender Verfahren werden deshalb die „machbaren“ Kosten, die sogenannten Drifting Costs prognostiziert. Während die *Drifting Costs* also den Istzustand beschreiben, bezeichnen die Allowable Costs den Sollzustand (Abbildung 11.28-1).

Die Differenz (*Target Gap*) dieser beiden Größen zeigt den Kostenreduktionsbedarf auf. Aufgabe des Managements ist es somit, die Zielkosten als Zwischenschritt auf dem Weg von den Drifting Costs zu den Allowable Costs festzulegen.

In der Zielkostenspaltung werden im Anschluss die notwendigen Kostenreduktionen auf die Produktfunktionen oder -komponenten aufgeteilt (Abbildung 11.28-2).

Grundlegender Gedanke der Phase der Zielkostenspaltung ist es zum einen, Transparenz über das Kosten-Nutzen-Verhältnis von einzelnen Funktionen zu erhalten. Zum anderen soll der vorher bestimmte Target Gap für einzelne Produktfunktionen bzw. -komponenten bestimmt und so für konkrete Maßnahmen handhabbar gemacht werden.

Zur Aufspaltung der Zielkosten auf Produktkomponenten eignen sich prinzipiell zwei verschiedene Methoden.

Die Komponentenmethode ist ein einfaches und transparentes Verfahren, welches die Zielkosten direkt auf die verschiedenen Komponenten des Produktes verteilt. Als Orientierung für die Kostenstruktur dient hier ein Referenzprodukt.

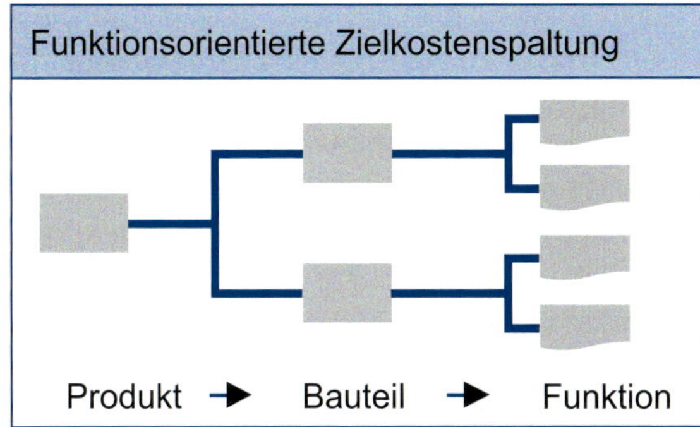

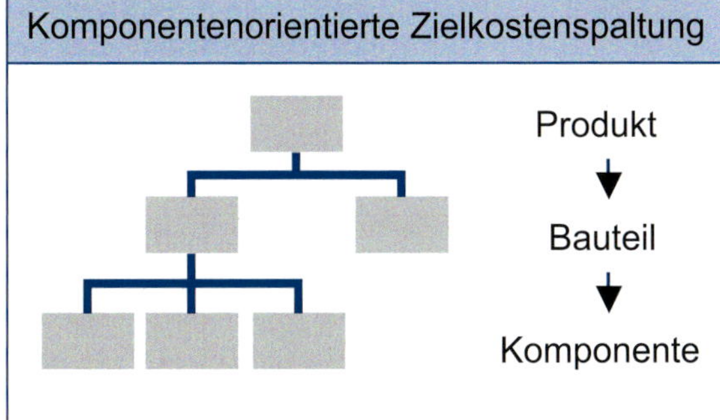

Abbildung 11.28-2 Methoden der Zielkostenspaltung

Die Funktionsbereichsmethode bietet die zweite Möglichkeit der Kostenspaltung. Hierbei erfolgt die Aufteilung der Kosten zunächst auf die Produktfunktionen und anschließend anteilig auf die sie realisierenden Komponenten. Bereits die Aufteilung der Kosten auf die Produktfunktionen im ersten Schritt basiert auf dem Nutzenanteil, den die Funktionen am Gesamtnutzen haben. Somit ist schon methodisch eine durchgängige Marktorientierung gewährleistet. Allerdings stößt vor allem bei sehr hoher Produktkomplexität die durchgehende Anwendbarkeit dieser differenzierten Vorgehensweise an ihre Grenzen

Grundlage der Zielkostenspaltung ist stets der Gedanke, dass die unstrukturierte Vorgabe von Gesamtzielkosten die Einleitung spezifischer Maßnahmen nicht zulässt, aber, im Gegensatz dazu, eine klare Zielkostenvorgabe eine kontinuierliche Motivation zur Kostenreduzierung bei allen Mitarbeitern fördert. Im Idealfall treffen sich so die vom Kunden gewünschten Produktwertrelationen mit den vom Anwender identifizierten Gewichtungen.

Die letzte Phase, die Zielkostenrealisierung, umfasst alle Maßnahmen, die zur Erreichung der angestrebten Zielkosten beitragen. Sind diese erreicht, so gilt es im Sinne einer kontinuierlichen Verbesserung, die Kosten zu halten bzw. weiter zu senken, um konkurrenzfähig zu bleiben.

Mögliche Schwierigkeiten und Probleme

Die Methodenauswahl bei der Planung des Target Costings stellt hohe Anforderungen an die Fach- und Entscheidungskompetenz des Anwenders. Nur die umfassende Kenntnis aller Methoden und Tools ermöglicht eine fundierte Bewertung aller Wechselwirkungen und Kompatibilitäten.

Bei der Durchführung des Target Costings entsteht u. U. eine größere Ziellücke zwischen Target Costs und „zulässigen“ Kosten, wenn bei Definition der Target Costs kein ausreichender Abstand zu den Allowable Costs eingeplant wird. Hierdurch steigt die Herausforderung, diese Lücke zu schließen. Die Innovationsintensität einer Produktentstehung wird somit durch die Festlegung der Target Costs positiv beeinflusst.

11.29 TRIZ

„TRIZ“ ist ein russisches Akronym und lässt sich mit „Theorie des erfinderischen Problemlösens“ übersetzen. Die TRIZ-Methode basiert auf den Erkenntnissen, die der russische Patentexperte Genrich Altschuller aus einer intensiven Patentanalyse gewonnen hat. Anfang der 1950er-Jahre begab sich Altschuller mit seinen Mitarbeitern auf die

Suche nach einer allgemeingültigen, systematischen Vorgehensweise für das Finden innovativer Ideen. Er ging dabei von der Annahme aus, dass der Weg zu Erfindungen bestimmten Gesetzmäßigkeiten folgt und Kreativität somit systematisch gefördert werden kann. Bei der vergleichenden Durchsicht von über einhunderttausend Patentschriften machte Altschuller einige aufschlussreiche Entdeckungen. Aufbauend auf diesen Erkenntnissen entwickelte er seine Theorie des erfinderischen Problemlösens.

Ziel der Methode

Ziel von TRIZ ist es, den Anwender bei der Suche nach kreativen Lösungen für technische Probleme systematisch durch den Einsatz unterschiedlicher Werkzeuge zu unterstützen.

Vorgehensweise und eingesetzte Werkzeuge

Ein wesentliches Kernelement der Arbeiten von Altschuller ist die Identifikation von 40 innovativen Grundprinzipien, die immer wieder zur Lösung technischer Problemstellungen mit sich widersprechenden Forderungen oder Zielen eingesetzt werden [HENT10]. Anders als die üblichen Lösungsverfahren, wie Trial and Error oder Brainstorming, nutzt TRIZ empirische Grundsätze der technologischen Evolution und hält viele Werkzeuge (Widerspruchsanalyse mit den genannten 40 Innovationsprinzipien, Trimming auf Idealität, Stoff-Feld-Analyse mit 76 Standardlösungen, vier Separationsprinzipien) für eine systematische Problemlösung bereit. TRIZ gelingt es dabei, das in mehreren hunderttausend analysierten Patenten vorhandene technische Wissen zu komprimieren, und es unkompliziert sowie unmittelbar anwendungsorientiert nutzbar zu machen.

Die TRIZ-Methode besteht im Wesentlichen aus drei Gruppen von Werkzeugen, wobei jede Gruppe für sich selbst oder auch ihr Verbund zu Inventionen und Innovationen führen kann. Die Werkzeuge aus der Gruppe „Systematik“ (hierzu zählen u. a. die Innovationscheckliste, die Objektmodellierung zur Problemformulierung sowie das Prinzip der Idealität) unterstützen den Problemlöser bei der genauen Analyse und Zerlegung der Problemsituation und geben ihm Werkzeuge zum situationsgerechten Umgang mit den gefundenen Detailproblemen an die Hand (Abbildung 11.29-1).

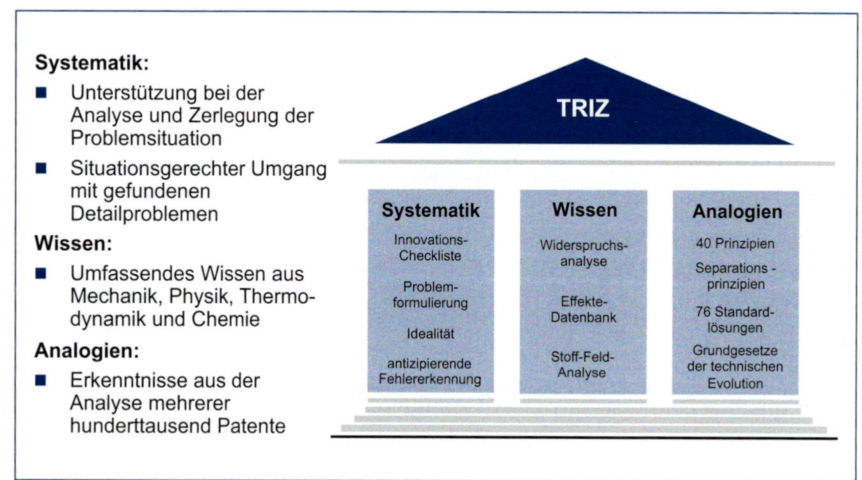

Abbildung 11.29-1
Die drei Säulen von TRIZ

D

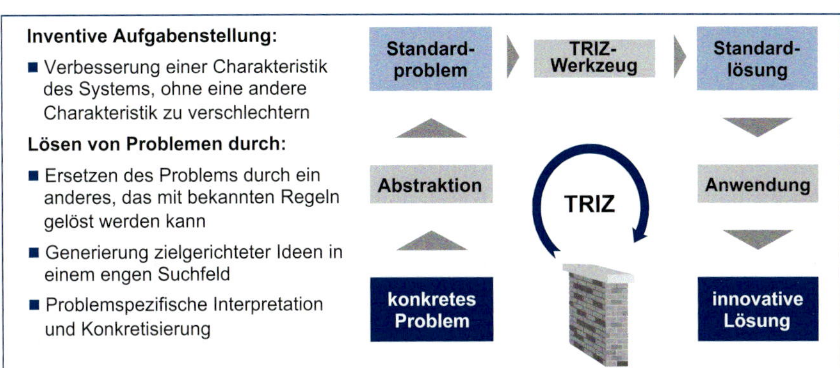

Abbildung 11.29-2
Lösungsfindung mit TRIZ

Die Werkzeuge der Gruppe „Wissen" (z.B. die Widerspruchsanalyse sowie die Stoff-Feld-Analyse) statten den Problemlöser mit einem möglichst umfassenden Wissen aus Mechanik, Physik, Thermodynamik und Chemie aus. Dadurch soll vermieden werden, dass beispielsweise ein Chemiker versucht, sein Problem ausschließlich auf chemischem Wege zu lösen, obwohl eine mechanische Lösungsvariante in diesem Fall sinnvoller wäre. Der „Analogie"-Teil fasst die aus der umfangreichen Patentanalyse gewonnen Erkenntnisse zum Problemlösungs- bzw. Innovationsprozess zusammen.

Bei der Optimierung technischer Systeme sieht sich das Projektteam oft mit einer Problemstellung konfrontiert, die durch eine Vielzahl sich teilweise widersprechender Forderungen und Ziele gekennzeichnet ist. So führt beispielsweise die Verbesserung der einen Systemeigenschaft zur Verschlechterung einer anderen. Zur Lösung eines derartigen Optimierungsproblems lassen sich die Werkzeuge der Theorie des erfinderischen Problemlösens einsetzen, mit denen systematisch innovative Lösungen erarbeitet werden können. Die Anwendung von TRIZ ermöglicht es, die durch Konflikte unterschiedlicher Forderungen und Ziele verursachte Notwendigkeit von Kompromissen zu eliminieren und Prozesse radikal zu verbessern. TRIZ begrüßt einen identifizierten Konflikt oder Widerspruch geradezu als Chance zur Verbesserung und führt so zu einem erfinderischen Optimierungsprozess.

Prinzipiell lässt sich mit TRIZ ein individuelles Problem in ein Standardproblem überführen, für das mittels allgemeiner Prinzipien eine Standardlösung gewonnen wird, die es abschließend anzuwenden gilt (Abbildung 11.29-2). TRIZ generiert dabei Lösungen in einem engen Suchfeld, das auf die ideale Lösung ausgerichtet ist.

Mögliche Schwierigkeiten und Probleme

Ein erfolgreicher Einsatz der Werkzeuge der Theorie des erfinderischen Problemlösens stellt für einen Anwender, der noch keinerlei Erfahrung im Umgang mit der Methode besitzt, eine Herausforderung dar. Aufgrund des z. T. hohen Maßes an Komplexität der Werkzeuge empfiehlt es sich, ggf. einen TRIZ-Experten für eine erstmalige Anwendung der Methode in das Projektteam einzubinden.

Ergänzende Methoden

Die Methode Axiomatic Design hat, dem Ansatz von TRIZ vergleichbar, das Ziel, dem Anwender die strukturierte Suche nach Lösungen für ein definiertes Problem zu ermöglichen.

11.30 Weibull-Analyse

Die Erfassung und zielgerichtete Auswertung von Informationen über das Verhalten von Produkten während der Nutzung durch den Kunden bietet Unternehmen die wertvolle Chance, wichtige Erkenntnisse über die tatsächlichen Eigenschaften ihrer Produkte zu gewinnen und ggf. Verbesserungsmaßnahmen abzuleiten. Dabei stellt die Weibull-Analyse eines der wichtigsten statistischen Auswerteverfahren solcher sogenannten Felddaten dar. Die Weibull-Analyse kann mit Informationen über die ersten Ausfälle einer Grundgesamtheit durchgeführt werden, die den meisten Herstellern im Rahmen von z. B. Reklamationen vorliegen. Dadurch wird anders als bei anderen statistischen Verfahren, keine repräsentative Stichprobe als Ausgangsbasis benötigt.

Ziel der Methode

Ziel der Weibull-Analyse ist zum einen die Untersuchung des Ausfallverhaltens eines Produktes während der Nutzungsphase hinsichtlich des vorliegenden Ausfallmechanismus. Zum anderen ermöglicht die Weibull-Analyse, in einem gewissen Umfang, auch eine Prognose über den weiteren Verlauf der Schadenshäufigkeit, z. B. über die zu erwartenden Ausfallraten der sich in der Nutzung befindenden Produkte [VDA04, PFEI01, DGQ86].

Vorgehensweise und eingesetzte Werkzeuge

Im Jahr 1939 fand Wallodi Weibull heraus, dass die meisten Verteilungsformen und deren Überlagerungen (sog. Mischverteilungen) mit einer universellen Verteilung hinreichend genau angenähert werden können [WEIB39]. Gnedenko entdeckte 1941 das gleiche Verteilungsgesetz [GNED41]. Es handelt sich bei dieser Verteilung um die sogenannte Weibull-Gnedenko-Exponentialverteilung, im Folgenden kurz Weibull-Verteilung genannt.

Die Weibull-Verteilungsfunktion stellt im Bereich der Felddatenanalyse die Grundlage dar, das Ausfallverhalten eines Produktes zu bestimmen und auszuwerten. Die Weibull-Verteilungsfunktion gibt die Summenausfallhäufigkeit *F(t)* eines Produktes wieder, d. h., sie ist die Integralfunktion der Dichtefunktion *f(t)* (auch als Ausfalldichte bezeichnet) zur Beschreibung der Produktlebensdauer. Die Dichtefunktion *f(t)* wiederum beschreibt die Häufigkeit der von den einzelnen Erzeugnissen eines betrachteten Kollektivs erreichten Lebensdauer [WEIB51].

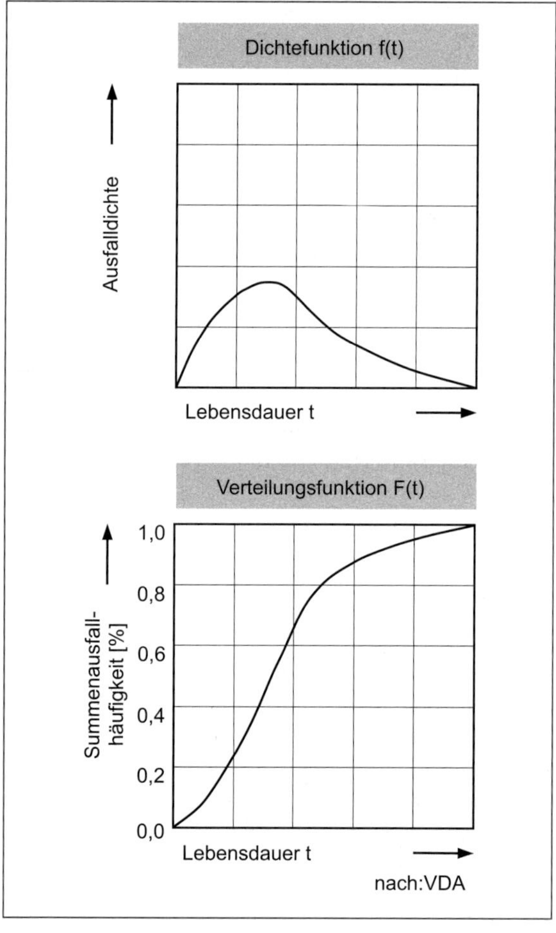

Abbildung 11.30-1 Ausfalldichte und Summenhäufigkeit

In Abbildung 11.30-1 sind exemplarisch die Ausfalldichte *f(t)* (oben) und die Verteilungsfunktion *F(t)* (unten) dargestellt. Üblicherweise wird für Auswertungen mithilfe der Weibull-Analyse die Verteilungsfunktion *F(t)* herangezogen. Mathematisch lässt sich die Weibull-Verteilungsfunktion wie folgt beschreiben:

$$F(t)=1-e^{-\left(\frac{t-t_0}{T-t_0}\right)^b} \qquad (11.30\text{-}1)$$

Dabei ist:

- t die Lebensdauervariable (z.B. Einsatzdauer, Fahrstrecke oder Lastwechsel); es gilt $t \geq 0$,
- T die charakteristische Lebensdauer (diejenige Lebensdauer, bis zu der 63,2 % der betrachteten Einheiten ausgefallen sind); es gilt $T \geq 0$,
- b der Formparameter (Maß für den Anstieg, der als Gerade dargestellten Verteilungsfunktion im transformierten Diagramm); es gilt $b \geq 0$; in der Praxis meist $\frac{1}{4} \leq b \leq 5$,
- t_0 die ausfallfreie Zeit, z.B. Aktivierungszeit für den Ausfallmechanismus.

Allgemein ist die ausfallfreie Zeit $t_0 = 0$. Der Parameter t_0 kann aber auch von null verschiedene Werte annehmen. Es gilt $t_0 > 0$, wenn der Ausfallmechanismus frühestens nach einer Zeit t_0 aktiviert wird (z.B. Reifenverschleiß, bei dem ein bestimmter Verschleiß bis zum ersten Ausfall notwendig ist). Es gilt $t_0 < 0$, wenn der Ausfallmechanismus bereits vor der Inbetriebnahme eines Erzeugnisses aktiviert wird (z.B. Beanspruchung beim Transport). Von null verschiedene Parameter t_0 werden bei der grafischen Darstellung lediglich durch eine Verschiebung der Lebensdauerachse (Abszisse) um den Betrag t_0 berücksichtigt. Durch Substitution geht die Weibull-Verteilung somit in die zweiparametrige Form über:

$$F(t)=1-e^{-\left(\frac{t^*}{T^*}\right)^b} \qquad (11.30\text{-}2)$$

In Abbildung 11.30-2 ist die Verteilungsfunktion der zweiparametrigen Form für verschiedene Werte des Formparameters *b* dargestellt und über der normierten Lebensdauer *t/T* aufgetragen. Die verschiedenen Kurvenverläufe *F(t/T;b)* der Verteilungsfunktion schneiden sich in einem Punkt, und zwar für $t/T = 1$. Die Verteilungsfunktion ist $F(t) = 63{,}2\,\%$, und in diesem Zusammenhang ist die charakteristische Lebensdauer *T* diejenige Lebensdauer, bis zu der 63,2 % der betrachteten Einheiten ausgefallen sind [VDA04].

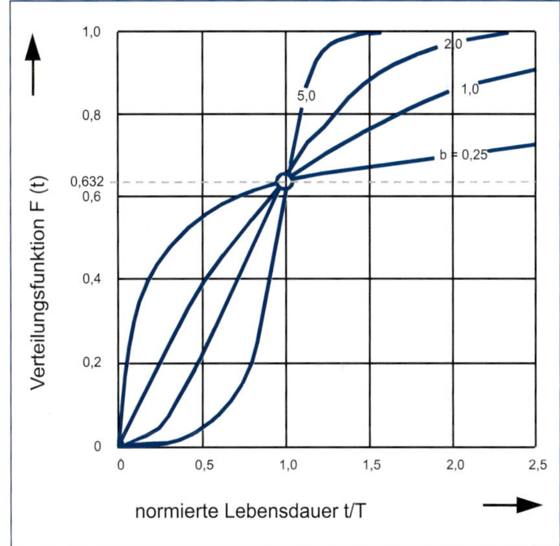

Abbildung 11.30-2 Zweiparametrige Weibull-Verteilungsfunktion

Im Weiteren kann mithilfe der Weibull-Analyse eine Einordnung des vorliegenden Ausfallmechanismus vorgenommen werden. Bei den drei wesentlichen Ausfallmechanismen handelt es sich um Frühausfälle, Zufallsausfälle und Verschleiß- bzw. Ermüdungsausfälle, die durch die so genannte Badewannenkurve visualisiert werden [VDA04, PFEI01].

Frühausfälle: Sie entstehen durch „Kinderkrankheiten" der Produkte. Sie treten zu Beginn

11

der Betriebsdauer verstärkt auf und klingen dann ab. Sie sind gekennzeichnet durch eine wesentlich höhere Anzahl an Ausfällen als im nachfolgenden Abschnitt der Betriebsdauer. Häufig sind Frühausfälle durch Produktionsfehler in der Fertigung oder Montage bedingt (z. B. fehlerhaft aufgetragene Klebeverbindung).

Zufallsausfälle: Sie können zu jedem Zeitpunkt der Betriebsdauer auftreten und sind auch in den Phasen der Früh- bzw. der Verschleiß- und Ermüdungsausfälle vorhanden. Diese Art der Ausfälle wird durch eine konkrete Ursache hervorgerufen, die aber zu einem zufälligen Zeitpunkt wirksam wird. Die Anzahl der Zufallsausfälle ist zeitlich nahezu konstant (z. B. Materialfehler, Fremdteile bei der Montage).

Verschleiß- und Ermüdungsausfälle: Sie treten gegen Ende der Betriebsdauer verstärkt auf und bewirken eine Zunahme der Ausfälle. Ihre Ursache liegt häufig in der fortschreitenden Alterung der Bauteile und kann somit zum einen von der Materialauswahl und zum anderen von der geometrischen Gestaltung abhängen. Beides wird in der Konstruktionsphase festgelegt (z. B. Materialermüdung).

Über die Einordnung der Ausfallmechanismen hinaus erlaubt die Weibull-Analyse in gewissem Umfang eine Prognose über die zu erwartenden Ausfallraten der sich in der Nutzung befindenden Produkte. Für die dazu notwendigen Berechnungsschritte sei auf weiterführende Literatur verwiesen [PFEI01].

Mögliche Schwierigkeiten und Probleme

Ein sinnvoller Einsatz der Weibull-Analyse setzt ein gewisses Verständnis der zugehörigen theoretischen Grundlagen im Bereich der Statistik auf Seiten des Anwenders voraus. Der zeitliche Aufwand zur Aneignung des notwendigen Fachwissens vor dem Einsatz der Methode sollte vom Anwender im Vorfeld berücksichtigt werden.

Ergänzende Methoden

Eine weitere Möglichkeit zur Aufbereitung und Bewertung von Ausfalldaten stellt das Isochronendiagramm (vgl. Toolbox, Kapitel 11.14) dar. In Abgrenzung zur Weibull-Analyse bietet ein Isochronendiagramm jedoch nicht die Möglichkeit, Prognosen über den weiteren Verlauf der Schadenshäufigkeit eines Produktes zu treffen.

11.31 Wertstrommethode

Ziel der Methode

Ein Wertstrom beschreibt alle Aktivitäten, die zur Produktentstehung notwendig sind – wertschöpfende sowie nicht wertschöpfende [ROTH04]. Bei der Wertstrommethode handelt es sich um eine Methode, die Wertströme transparent darstellt, wesentliche Zusammenhänge zwischen Informationsfluss und Materialfluss analysiert und den Status quo mit der Zielsetzung schlanker Produktionsprozesse verbessert. Sie dient dem Entwerfen von effizienten und kundenorientierten Wertströmen, die sich durch kurze Durchlaufzeiten auszeichnen [MATY07, DICK08].

Vorgehensweise und eingesetzte Werkzeuge

Mithilfe der Wertstrommethode wird der aktuelle Stand der Wertströme eines Unternehmens erfasst und anschließend neu gestaltet. Die Methode untergliedert sich in vier Phasen [GIEN07, ROTH04]:

- Vorbereitung,
- Wertstromanalyse (Istzustand),
- Wertstromdesign (Sollzustand) und
- Umsetzung (Abbildung 11.31-1).

Um die Komplexität des zu untersuchenden Systems so gering wie möglich zu halten, liegt der

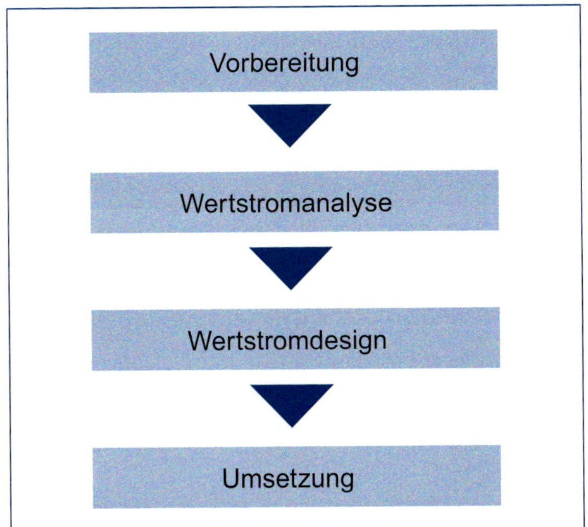

Abbildung 11.31-1 Die vier Phasen der Wertstrommethode

Fokus bei der Durchführung der Wertstromanalyse jeweils auf einer Produktfamilie.

In der ersten Phase wird die Produktfamilie ausgewählt, die Analyseebene definiert und der Wertstrommanager bestimmt, welcher die Hauptverantwortung für den Wertstrom und dessen Verbesserung trägt [ROTH04].

Zur Erfassung des Istzustands wird in der zweiten Phase die Wertstromanalyse eingesetzt. In einem Wertstromdiagramm wird, ausgehend vom Endkunden, der gesamte Material- und Informationsfluss bis zum Lieferanten in allen internen Bearbeitungs- und Produktionsschritten mit Symbolen dargestellt (Abbildung 11.31-2). Die Kundenanforderungen werden zu Beginn in einem Datenkasten erfasst. Ausgehend vom Endkunden wird der Wertstrom vom Warenausgang bis zum Wareneingang durchgängig aufgezeichnet. Jeder Prozessschritt wird vollständig durch einen Prozess- und einen Datenkasten beschrieben. Die relevanten Parameter eines jeden Prozessschrittes, wie die Anzahl der Mitarbeiter, der Ressourcen und der Produktvarianten, werden im Prozesskasten aufgenommen; Prozesszeiten, wie die Zyklus- (ZZ) und die Rüstzeit (RZ) werden im Datenkasten unterhalb des Prozesskastens gesammelt (Abbildung 11.31-3)

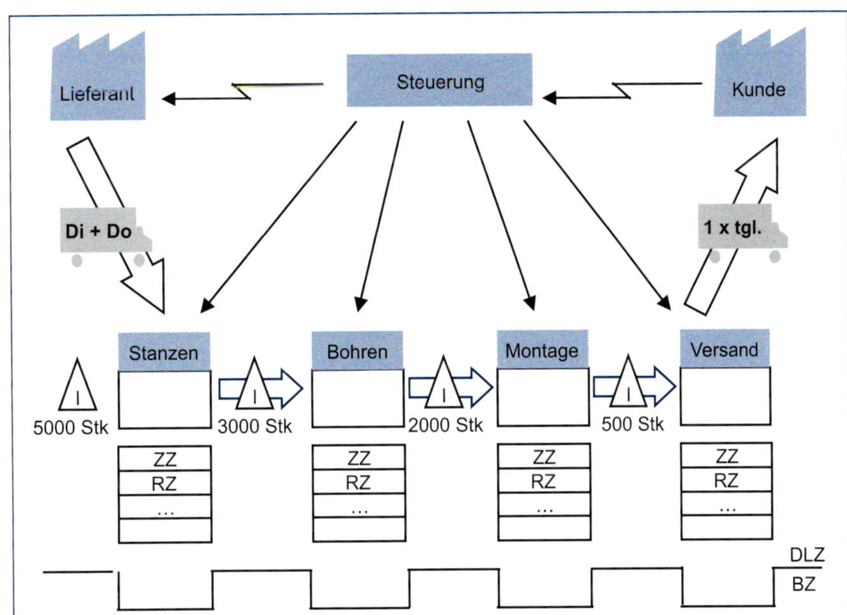

Abbildung 11.31-2 Das Wertstromdiagramm

[ERLA07]. Zur Visualisierung der Durchlaufzeit (DLZ) und der Bearbeitungszeit (BZ) des Gesamtprozesses, wird eine Zeitlinie gezeichnet (Abbildung 11.31-2). Diese beschreibt die Zeitspanne vom Erhalt des Rohmaterials bis zur Lieferung an den Kunden [BECK08]. Abbildung 11.31-4 gibt einen Überblick über die in einem Wertstromdiagramm eingesetzten Symbole.

Zykluszeit (ZZ)
Rüstzeit (RZ)
Losgröße
Maschinenzuverlässigkeit
Verfügbare Arbeitszeit
Ausschuss- und Nacharbeitsrate
OEE (Overall Equipment Effectiveness)
EPEI (Every Part Every Intervall)
...

Abbildung 11.31-3 Der Datenkasten

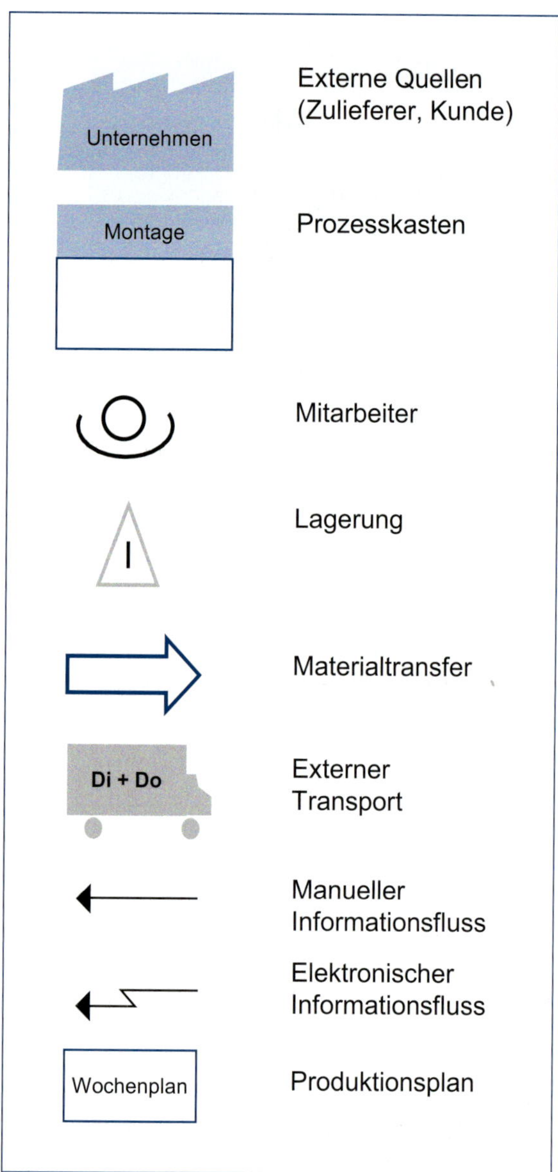

Abbildung 11.31-4 Übersicht verschiedener Symbole des Wertstromdiagramms

In der dritten Phase wird das Wertstromdesign zur Lösungsfindung angewendet, in dem ein Sollzustand für die gesamte Produktion definiert wird. Das Konzept wird auf die Eliminierung der Verschwendung in der gesamten Wertschöpfungskette und auf die Reduzierung der Durchlaufzeit bei höchster Qualität und niedrigsten Kosten ausgerichtet. Dabei gilt es, definierte Handlungsleitlinien systematisch und konsequent abzuarbeiten [MATY07, ROTH04] (Abbildung 11.31-5). Die resultierenden Veränderungen im Prozess werden in das Wertstromdiagramm übertragen.

Die vierte Phase beschreibt die Umsetzung des Sollzustands, welche schrittweise in einzelnen Abschnitten des Gesamtprozesses erfolgt. Zur Leistungsbeurteilung und Unterstützung der kontinuierlichen Verbesserung wird ein Maßnahmenkatalog erstellt. Die angestrebten Veränderungen und deren Umsetzung werden in einem Wertstromplan dokumentiert [GIEN07, ROTH04].

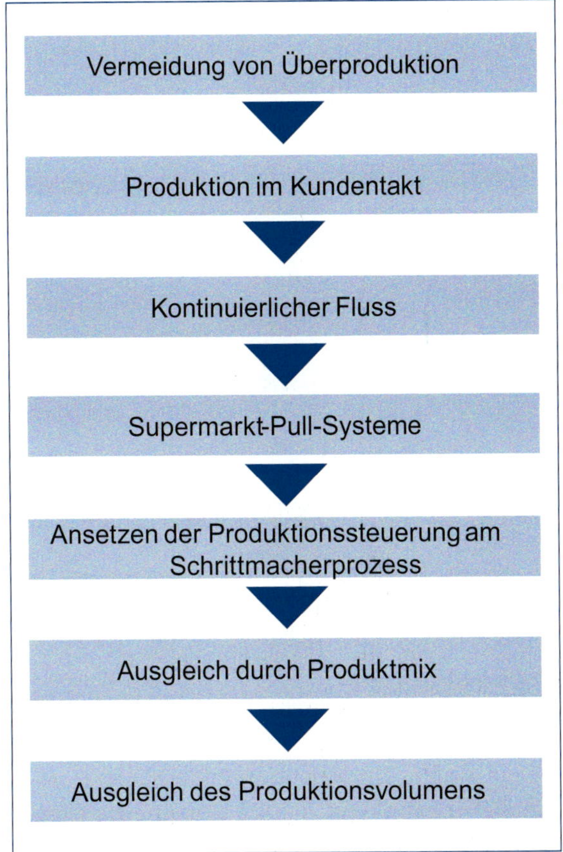

Abbildung 11.31-5 Die Handlungsleitlinien zur Umsetzung

Mögliche Schwierigkeiten und Probleme

Die für die Wertstromanalyse notwendige Datenaufbereitung ist aufwendig, weil die Anforderungen an Qualität und Konsistenz dieser Systemdaten hoch sind [DICK08].

Grenzen der Wertstrommethode bestehen in der Bewertung stark verzweigter Prozesse, da das Wertstromdiagramm schnell unübersichtlich wird, falls sehr viele Informationen betrachtet werden müssen [BECK08]. Mit der Beschränkung der Darstellung auf einem DIN-A0-Blatt lässt sich ein handhabbarer Optimierungsumfang abgrenzen.

Weil Unternehmen meist nach Abteilungen und Funktionen aufgebaut sind, ist oftmals niemand für den gesamten Wertstrom verantwortlich bzw. in Kenntnis über den vollständigen Material- und Informationsfluss einer Produktfamilie. Abhilfe wird durch die Bestimmung des Wertstrommanagers geschaffen.

Im Gegensatz zu konventionellen Instrumenten zur Darstellung der Informations- und Materialflüsse, begnügt sich die Wertstrommethode nicht mit der Visualisierung der Prozesse, sondern zeigt hingegen Abweichungen von den Prinzipien der schlanken Produktion auf. Die Methode ist am besten geeignet, wenn Materialflussprozesse im Vordergrund stehen [BECK08]. Komplizierte Informationsflüsse lassen sich jedoch nicht in ausreichendem Maße differenzieren.

Ergänzende Methoden

Alternative Darstellungsmethoden, mit denen Aktivitäten in Prozessen in einer zeitlichen oder logischen Reihenfolge mit vordefinierten Symbolen grafisch dargestellt und dokumentiert werden können, sind das Flussdiagramm und das Prozessablaufdiagramm. Falls Datenverarbeitungsanwendungen der wesentliche Analysefokus sind, eignen sich architekturintegrierte Informationssysteme (ARIS). Bei der Betrachtung der Informationsverarbeitungsprozesse kann auch das Prozessablaufdiagramm eine ausreichende Darstellung sein. Die Prozess-Struktur-Matrix (PSM) bietet Vorteile bei der Geschäftsprozessanalyse.

Schlagworte

Wertschöpfung, Istzustand, Sollzustand, Prozessoptimierung

11.32 Wertstrommethode für Energie- und Ressourceneffizienz (REEF)

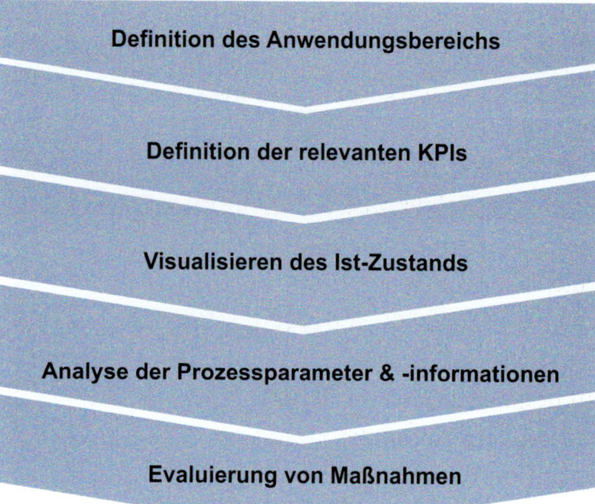

Abbildung 11.32-1 Die fünf Schritte der REEF-Methodik

Ziel der Methode

Die Wertstrommethode für Energie- und Ressourceneffizienz (REEF) stellt ein Vorgehen für die Analyse von Prozessketten dar und ermöglicht die Erkennung von Potenzialen zur Steigerung der Energie- und Ressourceneffizienz. Das Verfahren basiert auf dem klassischen Wertstromdesign [ERLA07, ROTH04]. Die erweiterte Wertstrommethode dient insbesondere der Visualisierung und letztlich der Optimierung von Ressourcen- und Informationsflüssen im Produktionsprozess. Das Ziel besteht darin, durch Energie- und Ressourcenverschwendung entstehende Kosten von Produktionsprozessen systematisch zu eliminieren.

Die Potenzialanalyse im zu betrachtenden Anwendungsbereich wird durch die abstrakte, bildliche Darstellung und den Einsatz von Key Performance Indicators (KPI) anstelle von Rohdaten und Ergebnissen erheblich vereinfacht. Wie im klassischen Wertstromdesign besteht der erste Schritt aus einer Analyse des Istzustands, um erste Ansatzpunkte und Optionen für Verbesserungsmöglichkeiten zu identifizieren. Diese Ansatzpunkte und Optionen werden später betrachtet, um den gewünschten Zustand, die Reduzierung des Ressourcenverbrauchs und die damit direkt einhergehende Senkung der Kosten, zu erreichen. Grundsätzlich besteht die REEF-Methode aus fünf Schritten (Abbildung 11.32-1).

Vorgehensweise und eingesetzte Werkzeuge

Das Verfahren beginnt im ersten Schritt mit der Definition des Anwendungsbereichs. Eine typische Grenze ist hierbei ein Produktfluss, ein Produktionsprozess oder eine Produktionslinie. In den meisten Anwendungsfällen wurde der Fokus vom Kunden auf ein bestimmtes Produkt gelegt, sodass die Systemgrenzen durch alle an der Produktion dieses Produktes beteiligten Prozessschritte bestimmt waren. Um den Anwendungsbereich vollständig zu definieren, müssen zudem Ziele formuliert werden. Hierzu werden die Problemstellung und das gewünschte Ergebnis des Kunden auf ein Hauptziel übertragen, welches durch sekundäre Ziele detailliert werden kann. Ziele sollten dabei nach [DORA81] S.M.A.R.T. (im Folgenden SMART geschrieben) sein:

- Spezifisch: Reduktion der Energiekosten in der Montagelinie A.
- Messbar: Reduktion der Energiekosten in der Montagelinie A um 10%.
- Akzeptiert: Herausfordernde, aber nicht demotivierende Ziele.
- Realistisch: Das Ziel sollte zum Problem passen und unabhängig von externen Faktoren sein.
- Terminiert: Reduzierung der Energiekosten in der Montagelinie A um 10% innerhalb der nächsten zwei Jahre.

D

Darüber hinaus sollte ein Projektplan mit Zeitplan, Meilensteinen und Arbeitspaketen ausgearbeitet und vom ausführenden Team gemeinsam verwendet werden.

Der zweite Schritt der Methodik umfasst die Definition der relevanten KPI. KPI sind notwendig, um den Istzustand und den gewünschten Zustand vergleichbar zu machen, und um die Komplexität der realen Prozesse zu verringern. Dies führt zu einer effizienteren Datensammlung, welche ausschließlich auf den definierten Anwendungsbereich bezogen ist und der Erreichung der gewünschten Ziele dient. Die Definition der KPI enthält die Evaluation der zuvor gesetzten Ziele hinsichtlich der zur Steuerung notwendigen Informationen. Die gesammelten Informationen geben dem Benutzer die Möglichkeit, auf das vom Kunden gewünschte Ziel bezogene Kennwerte zu berechnen. Schlussendlich aggregiert ein KPI eine Vielzahl von Informationen und ermöglicht so eine schnelle und einfache Charakterisierung eines Prozesses. Außerdem werden Prozesse so leichter vergleichbar. Die Definition von KPI sollte neben einem Namen auch die zur Berechnung verwendeten Daten und die Berechnungsmethode beinhalten.

Ein häufig verwendeter KPI, um den Energieverbrauch zu charakterisieren, ist der Gesamtenergieverbrauch:

$$\text{Gesamtenergieverbrauch [kWh]} = \text{Energieverbrauch [kW]} \cdot \text{Zeit [h]}$$

Der Gesamtenergieverbrauch, geteilt durch die in der gleichen Zeit produzierten Teile, entspricht der verbrauchten Energie pro Teil. Dies wird auch als „Spezifischer Energieverbrauch" bezeichnet [BUNS11].

$$\text{Spezifischer Energieverbrauch [kWh]} = \frac{\text{Gesamtenergieverbrauch [kWh]}}{\text{Produzierte Teile [m}^3\text{, kg oder Anzahl]}}$$

Der dritte Schritt behandelt das initiale Visualisieren des Istzustands. In der vorliegenden Methodik symbolisiert eine Linie von Prozessen die gesamte Produktion. Dafür folgt das Projektteam dem gesamten Wertstrom eines Produktes oder einer Produktfamilie (vgl. Definition des Anwendungsbereiches), identifiziert die relevanten Prozessschritte und sammelt alle Informationen, die für die spätere Prozessanalyse (Einflussfaktoren auf Ressourcen- und Energieverbrauch) verwendet werden können, wie z.B. involvierte Funktionsbereiche und Arbeitsplätze, grundlegende Prozessschritte oder auch Informations- und Materialflüsse. Nach einem Rundgang durch die Produktion trägt das Projektteam alle gesammelten Informationen zusammen und visualisiert sie mit der Wertstrommethode für Energie- und Ressourceneffizienz. Dazu wird zuerst jeder Prozessschritt als Kasten mit einer kurzen Beschreibung am oberen Ende des Kästchens abgebildet. Prozesskästen, welche einen Prozessschritt darstellen, werden entlang des Materialflusses angeordnet. Um die Übersichtlichkeit zu verbessern, können die Prozesskästen nach dem jeweiligen Prozess klassifiziert und durch Swim Lanes separiert werden. Mögliche Kategorien sind die Maschinen-, Reinigungs- oder Qualitätsprozesse oder die Unterstützung durch Hilfsprozesse, wie beispielsweise Vormontagen. Der Transport von einem Prozess zum nächsten wird durch Pfeile von einem Prozesskasten zum nachgelagerten Prozesskasten und vom letzten Prozesskasten zum Kunden dargestellt. Im nächsten Schritt werden die (noch leeren) Prozesskästen mit Daten zum Prozess gefüllt. In der Wertstrommethode für Energie- und Ressourceneffizienz beinhalten diese Informationen beispielsweise die Anzahl der Mitarbeiter, die Anzahl der Maschinen, zeitlich interessante Werte, wie die Prozesszeit, Rüstzeit, Wartezeit oder die Ausfallzeit. Darüber hinaus auch Werte wie der Energieverbrauch oder die verbrauchte Druckluft. Wenn es von Bedeutung ist, sollten außerdem

Werte, wie die Abwärme, verwendete Schmierstoffe oder der angefallene Abfall, mit in den Prozesskasten aufgenommen werden (Abbildung 11.32-2). Gerade Kälte-, Wärme- oder Druckluftströme bieten häufig ein hohes Optimierungspotenzial in einer Fertigungslinie oder darüber hinaus und sollten bei der Betrachtung berücksichtigt werden.

Die nachfolgende Analyse der Prozessparameter und -informationen als vierter Schritt der REEF-Methodik, erfordert das größte technische Know-how. Es empfiehlt sich daher, Experten für einzelne Technologien bzw. Anlagen hinzuzuziehen. Wichtig bei der Analyse ist der Fokus auf die wesentlichen Prozesse (z. B. durch stark auffallenden Verbrauch, einen hohen Gesamtumsatz o. Ä.). Weiterhin ist es erforderlich, Energie- und Ressourcendaten mit Produktions- und Prozessinformationen zu kombinieren, um die richtigen Schlüsse ziehen zu können. Am Ende dieses Schritts sind die internen und externen Einflüsse auf den Ressourcenverbrauch der betrachteten Aktivitäten bekannt und (ungefähr) quantifiziert. Beispielhaft könnten Erkenntnisse sein wie Unterschiede im Energieverbrauch gleicher Maschinen, hoher Stromverbrauch im Stand-by oder auch große nicht wertschöpfende Zeiten (Wartezeiten etc.) u. v. m. Zur Strukturierung von Informationen und Abhängigkeiten kann ebenfalls ein Ishikawa-Diagramm zum Einsatz kommen (Abbildung 11.32-3).

Der fünfte Schritt zielt auf die Evaluierung von Maßnahmen, die Einsparpotenziale in Bezug auf Ressourcen zeigen, ab. In diesem Zusammenhang müssen zuerst die definierten KPI der relevanten Aktivitäten berechnet werden. Diesbezüglich sollte das Projektteam zuerst die Aktivitäten mit auffälligen oder anormalen KPI bestimmen. Diese sogenannten Ressourcentreiber sind der Ausgangspunkt für die weitere Identifizierung von Einsparpotenzialen. Basierend auf den Messwerten, den berechneten KPI, den beim Rundgang erzielten Informationen und den Expertengesprächen können durch Vergleich des Istzustands mit Benchmark-, Referenz- oder Zielwerten Verbesserungspotenziale identifiziert werden. Während dieser Phase werden sehr häufig Maßnahmen entdeckt, welche direkt angewendet werden können und die Energie- und Ressourceneffizienz direkt steigern. Diese meist recht einfachen Maßnahmen enthalten beispiels-

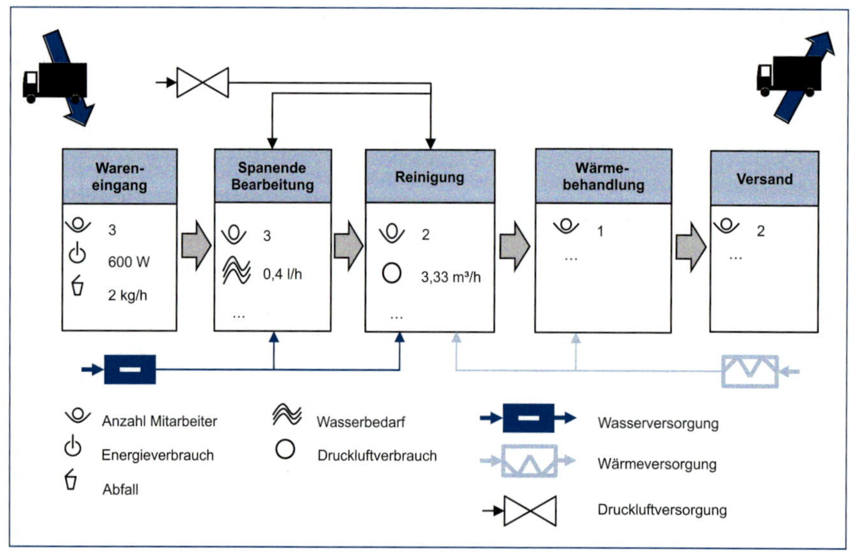

Abbildung 11.32-2
Ein einfaches Beispiel für den Istzustand

D

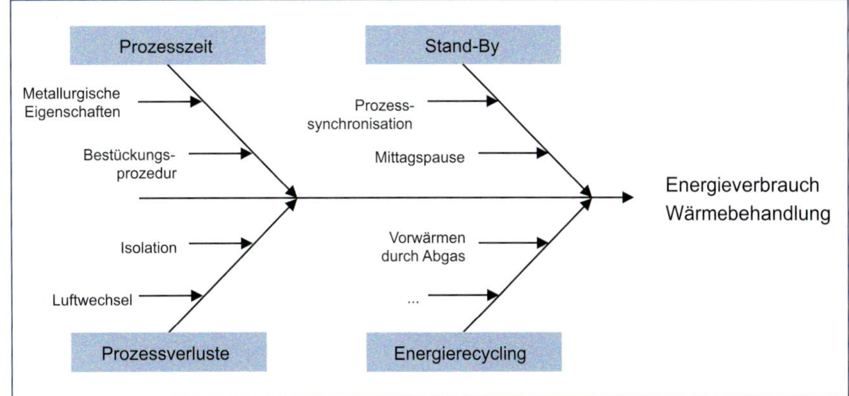

Abbildung 11.32-3 Ishikawa-Diagramm zur Strukturierung der Informationen

weise das Ausschalten von Maschinen und Licht in Leerlaufzeiten, das Anpassen der Auftragsreihenfolgen oder das Schließen von Fenstern zur Senkung der Heizkosten. Die Anwendung solcher „Quick Wins" ist unabhängig von ihrem Einsparpotenzial sehr wichtig, da sie die Motivation des Projektteams spürbar steigern und die Akzeptanz für Verbesserungsmaßnahmen vieler Mitarbeiter erhöhen. Aus diesem Grund sollten „Quick Wins" gesammelt und in der Übersicht an den entsprechenden Stellen durch sogenannte „Kaizen-Blitze" visualisiert werden.

Der letzte Schritt der REEF-Methode beinhaltet die Analyse von Energie- und Ressourceneinsparungen durch technologische und organisatorische Verbesserungsmaßnahmen. Die Verwendung von identifizierten Maßnahmen hängt von der Machbarkeit und den Investitionskosten für den Kauf und den Einbau von Technologien ab. Wenn es möglich ist, die durch die Maßnahme entstehenden Einsparungen zu schätzen oder zu berechnen, müssen sie mit den notwendigen Investitionskosten verglichen werden. Unter Berücksichtigung der gewünschten Amortisationszeit kann der Kapitalwert der Investition berechnet werden. Das Ergebnis zeigt dann die wirtschaftliche Machbarkeit: Ist der Wert positiv, sollte das Unternehmen über die Investition nachdenken, ist der Wert negativ, ist die Investition entweder nicht ausreichend, oder es muss eine längere Amortisationszeit berücksichtigt werden.

$$\text{Kapitalwert} = \text{-Investitionswert} + \sum_{i=1}^{T} \left(\frac{\text{Rückzahlung}}{1 + \text{Zinssatz}}\right)^{i}$$

T = Kalkulationszeit (typischerweise 2 bis 5 Jahre)

Mögliche Schwierigkeiten

In den meisten Fällen hilft die Wertstrommethode für Energie- und Ressourceneffizienz, eine große Anzahl von Verbesserungspotenzialen aufzudecken. Um die besten Ergebnisse bei der Entwicklung von Maßnahmen zu erreichen, ist es wichtig, sich auf die in Schritt fünf identifizierten Maßnahmen mit dem höchsten Verbesserungspotenzial zu konzentrieren und die Aktivität hiernach zu priorisieren. Durch die Bildung von einfachen Kennzahlen hilft die Methodik, schnell Potenziale zu identifizieren, Prozesse zu vergleichen und Maßnahmen abzuleiten. Durch die Visualisierung, Reduktion auf wenige KPI und Einbindung von Investitionsrechnungen kann die Wertstrommethode für Energie- und Ressourceneffizienz weiterhin die Kommunikation zur obersten Leitung eines Unternehmens vereinfachen.

Die Analyse von Prozessparametern und -informationen setzt ein solides Maß an technischem Verständnis für den betrachteten Bereich voraus. Diese und die Ableitung von Maßnahmen stellen daher die größte Herausforderung in der Umsetzung der Methodik dar. Da jeder Prozess individuelle Charakteristika aufweist, kann für diese Schritte kein allgemeingültiges Vorgehen dargelegt werden. Vielmehr bemisst sich an der erfolgreichen Umsetzung dieser Schritte zu einem großen Teil die Leistung des ausführenden Teams.

Schlagworte
Wertstrom, Energie, Ressourceneffizienz, REEF

Literatur

[AKAO92] *Akao, Y.:* QFD – Quality Function Deployment: Wie die Japaner Kundenwünsche in Qualität umsetzen. Moderne Industrie, Landsberg am Lech 1992

[ASI95] *American Supplier Institute (Hrsg.):* Quality Function Deployment for Products: 3-day Workshop, Vers. 5.4. American Supplier Institute, Dearborn 1995

[BACK07] *Backerra, H./Malorny, C./Schwarz, W.:* Kreativitätstechniken. Kreative Prozess anstoßen, Innovationen fördern. 3. Auflage. Carl Hanser Verlag, München 2007

[BACK11] *Backhaus, K.:* Multivariate Analysemethoden. Eine anwendungsorientierte Einführung. 13. Auflage. Springer, Berlin 2011

[BECK08] *Becker, T.:* Prozesse in Produktion und Supply Chain optimieren. 2. Auflage. Springer, Berlin 2008

[BELK11] *Belkin, V.:* Multikriterielles Controlling von Geschäftsprozessen. Dissertation. Universität Duisburg-Essen, 2011

[BHOT00] *Bhote, K./Bhote, A.:* World Class Quality Second Edition. Using Design of Experiments to Make It Happen. AMACOM, New York 2000

[BIRO91] *Birolini, A.:* Qualität und Zuverlässigkeit technischer Systeme. Theorie, Praxis, Management. 3. Auflage. Springer, Berlin 1991

[BONO06] *Bono, E. de:* De Bono's thinking course. Powerful tools to transform your thinking. 5. Auflage. BBC Active, Harlow 2006

[BRUE11] *Brückner, C.:* Qualitätsmanagement. Das Praxishandbuch für die Automobilindustrie. Carl Hanser Verlag, München 2011. S. 303

[BRUS09] *Brusch, M.:* Präsentation der Stimuli bei der Conjointanalyse. In: *Baier, D./Brusch, M.* (Hrsg.): Conjointanalyse. Methoden, Anwendungen, Praxisbeispiele. Springer, Berlin 2009

[BUNS11] *Bunse, K./Vodicka, M./Schönsleben, P./Brülhart, M./Ernst, F.:* Integrating energy efficiency performance in production management – gap analysis between industrial needs and scientific literature. In: Journal of Cleaner Production, Vol. 19, Nos. 6–7, 2011, S. 667–679

[CHRY99] *Chrysler Corporation/Ford Motor Company/General Motors Corporation:* Produkt-Qualitätsvorausplanung (APQP) und Control Plan – Referenzhandbuch. Deutsche Übersetzung: Bureau Veritas. Beuth, Berlin, Juli 1999

[COEN09] *Coenenberg, A. G./Fischer, T. M./Günther, T.:* Kostenrechnung und Kostenanalyse. 7. Auflage. Stuttgart, Schäffer-Poeschel, Stuttgart 2009

D

[CONR13] *Conrad, C.:* Grundlagen der Konstruktionslehre; 6. Auflage. Carl Hanser Verlag, München 2013

[DACU06] *da Cunha, C./Agard, B./Kusiak, A.:* Data Mining for Improvement of Product Quality. In: International Journal of Production Research 44, Issue 18–19, 2006. S. 4027–4041

[DGQ86] *N. N.:* Das Lebensdauernetz; Erläuterungen und Handhabung. DGQ-Schrift Nr. 18–19. 2. Auflage. Beuth, Berlin 1986

[DGQ01] *Deutsche Gesellschaft für Qualität (Hrsg.):* QFD – Quality Function Deployment. DGQ-Band 13–21. Beuth, Berlin 2001

[DGQ12] *Deutsche Gesellschaft für Qualität e.V. (DGQ):* FMEA – Fehlermöglichkeits- und Einflussanalyse. DGQ-Band 13–11. 5. Auflage. Beuth, Berlin 2012

[DICK08] *Dickmann P.:* Schlanker Materialfluss: mit Lean Production, Kanban und Innovationen. 2. Auflage. Springer, Berlin 2008.

[DIN06] *Deutsches Institut für Normung (Hrsg.):* DIN EN 60812:2006: Analysetechniken für die Funktionsfähigkeit von Systemen – Verfahren für die Fehlzustandsart- und -auswirkungsanalyse (FMEA). Beuth, Berlin 2006

[DIN09] *Deutsches Institut für Normung (Hrsg.):* DIN ISO/TS 16949:2009: Qualitätsmanagementsysteme – Besondere Anforderungen bei Anwendung von ISO 9001:2008 für die Serien- und Ersatzteil-Produktion in der Automobilindustrie. Beuth, Berlin, November 2009

[DIN15] *Deutsches Institut für Normung (Hrsg.):* DIN EN ISO 9001:2015: Qualitätsmanagementsysteme – Anforderungen. Normentwurf, Ausgabe 2014-08. Beuth, Berlin 2014

[DOER07] *Dören, J.:* Qualitätsmanagement und Neuronale Netze – ein Ansatz zur prädiktiven Regelung thermischer Spritzprozesse. Dissertation. RWTH Aachen, 2007

[DOER09] *Dörman Osuna, H. W.:* Ansatz für ein prozessintegriertes Qualitätsregelungssystem für nicht stabile Prozesse. Dissertation. Universitätsverlag Ilmenau, 2009

[DORA81] *Doran, G.:* There's a S.M.A.R.T. way to write management's goals and objectives. In: Management Review, Vol. 70, No. 11, 1981. S. 35–36

[ERLA07] *Erlach, K.:* Wertstromdesign. Der Weg zur schlanken Fabrik: 2. Auflage: Springer, Berlin 2010

[FISH26] *Fisher, R.:* The Arrangement of Field Experiments. In: Journal of the Ministry of Agriculture of Great Britain, Nr. 33, 1926. S. 503–513

[GELL02] *Gellert, M./Nowak, C.:* Teamarbeit – Teamentwicklung –Teamberatung. Meezen, 2002

[GIEN07] *Gienke, H./Kämpf, R.:* Handbuch Produktion. Innovatives Produktionsmanagement: Organisation, Konzepte, Controlling. Carl Hanser, München 2007

[GNED41] *Gnedenko, B. V.:* Grenztheorem für den Maximalwert einer Zufallsfolge. Doklady Akad. nauk. USSR 32, 1941

[HART87] *Hartz, O.:* Design Review, Characteristics and Models. Proceedings of the International Conference on Quality Control. JUSE, Tokyo 1987

[HART95] *Hartmann, E. H.:* Erfolgreiche Einführung von TPM in nichtjapanischen Unternehmen. Verlag Moderne Industrie, Landsberg 1995

[HART01] *Hartmann, E. H.:* TPM-Effiziente Instandhaltung und Maschinenmanagement. 2. Auflage. Verlag Moderne Industrie, Landsberg 2001

[HENT10] *Hentschel, C./Grundlach C./Nähler, H. T.:* Pocket Power, TRIZ – Innovation mit System. Carl Hanser Verlag, München 2010

[HOQU14] *Hoque, Z.:* 20 years of studies on the balanced scorecard: Trends, accomplishments, gaps and opportunities for future research. In: The British Accounting Review, Nr. 46, 2014. S. 33–59

[HORV93] *Horváth, P./Niemand, S./Wolbold, M.:* Target Costing, State of the Art. In: *Horváth, P.* (Hrsg.): Target costing. Marktorientierte Zielkosten in der deutschen Praxis. Schäffer-Poeschel, Stuttgart 1993

[HORV98] *Horvath, P./Kaufmann, L.:* Balanced Scorecard. Ein Werkzeug zur Umsetzung von Strategien. In: Harvard Business Manager, Nr. 5, 1998. S. 39–47

[IMAI10] *Imai, M.:* Kaizen: The Key to Japan's Competitive Success. 2. Auflage. McGraw-Hill, New York 2010

[ISO09] *Qualitäts Management Center im Verband der Automobilindustrie VDA QMC (Hrsg.):* ISO/TS 16949:2009: Qualitätsmanagementsysteme – Besondere Anforderungen bei Anwendung von ISO 9001:2008 für die Serien- und Ersatzteil-Produktion in der Automobilindustrie. Ausgabe 2009-06-15. Berlin, 2009

[JACK02] *Jackson, J.:* Data Mining: A conceptual overview. In: Communication of the Association for Information Systems, Vol. 8, 2002. S. 267–296

[KACK89] *Kackar, R.:* Taguchi's Quality Philosophy: Analysis and Commentary. An Introduction to and Interpretation of Taguchi's Ideas. In: Dehnad, K. (Hrsg.): Quality Control, Robust Design and the Taguchi Method. Wadsworth & Brooks/Cole Advanced Books & Software, Pacific Grove (CA) 1989. S. 3–21

[KAMI07] *Kamiske, G. F./Brauer, J. P.:* Qualitätsmanagement von A bis Z. Erläuterungen und moderne Begriffe des Qualitätsmanagements. 6. Auflage. Carl Hanser Verlag, München 2007

[KAMI08] *Kamiske, G. F. (Hrsg.):* Qualitätsmanagement. Digitale Fachbibliothek (USB-Stick). 1. Auflage. Symposion Publishing, Düsseldorf 2008

[KAMI13] *Kamiske, G. F. (Hrsg.):* Handbuch QM-Methoden. Die richtige Methode auswählen und erfolgreich umsetzen. 2. Auflage. Carl Hanser Verlag, München 2013

[KANO84] *Sauerwein, E.:* The Kano Model: How to delight your costumers. In: Preprints, Vol. 1, 1984

[KAPL92] *Kaplan, R./Norton, D.:* The Balanced Scorecard. Measures that Drive Performance. In: Harvard Business Review, Januar-Februar 1992. S. 71–79

[KAPL96] *Kaplan, R./Norton, D.:* The Balanced Scorecard. Translating Strategy into Action. Harvard Business School Press, Boston 1996. S. 8ff.

[KING89] *King, B.:* Better Designs in Half the Time. Goal/QPC, Methuen (MA) 1989

D

[KRIP06] *Krippner, D.:* Präventiv Fehler vermeiden. GD³/Design Review Based on Failure Mode. In: MQ – Management und Qualität; 2.Jg., Nr. 10, 2006. S.8–11

[LIEB13] *Lieber, D./Stolpe, M./Konrad, B./Deuse, J./Morik, K.:* Quality Prediction in Interlinked Manufacturing Processes based on Supervised & Unsupervised Machine Learning. In: Proceedings of the 46th Conference on Manufacturing Systems. Procedia CIRP, Volume 7, 2013. S.193–198

[MATY07] *Matyas, K.:* Wertstromdesign. In: Thomann, H.J. (Hrsg.): Der Qualitätsmanagement-Berater. 31.Aktualisierung, Kap. 09350. TÜV Media, 2007. S.1–13

[MEIE08] *Meier, D.:* Zwischenstopp. In: Röhrig, P.: Solution Tools. Bonn, 2008. S. 222–229

[NAGA95] *Nagamachi, M.:* Kansei Engineering: A new ergonomic consumer-oriented technology for product development. In: International Journal of Industrial Ergonomics 15, 1995. S. 3–11

[NAGA11a] *Nagamachi, M./Lokman, A. M.:* Innovations of Kansei Engineering, Taylor & Francis Group, Boca Raton 2011

[NAGA11b] *Nagamachi, M.:* Kansei/Affective Engineering. CRC Press, Boca Raton 2011

[NAKA88] *Nakajima, S.:* Introduction to TPM. Total productive maintenance. Productivity Press, Portland 1988

[NAKA89] *Nakajima, S.:* TPM Development Program. In: Nakajima, S. (Hrsg.): Implementing Total Productive Maintenance. Cambridge (MA), 1989

[NEUM07] *Neumärker, I./Schmitt, R./Krippner, D.:* Methodische Qualitätssicherung mit Design Review Based on Failure Mode (DRBFM). In: Pfeifer, T./Schmitt, R. (Hrsg.): Masing Handbuch Qualitätsmanagement. 5.Auflage. Carl Hanser Verlag, München 2007. S. 433–439

[NEUM09] *Neumärker, I./Schmitt, R./Krippner, D./Vorspel-Rüter, M.:* Lean Development – Präventive Fehlervermeidung in der Produktentwicklung mit DRBFM. In: Thomann, H.J. (Hrsg.): Der Qualitätsmanagement-Berater. TÜV-Media, Köln 2009. S. 1–32

[NOGU03] *Noguchi, H./Shimizu, H./Imagawa, T.:* Reliability Problem Prevention Method for Automotive Components. JUSE Presse, 2003

[OHNO05] *Ohno, T.:* Das Toyota-Produktionssystem. Campus, Frankfurt am Main 2005

[OSGO55] *Osgood, C./Suci; G.J.:* Factor Analysis of Meaning. In: Journal of Experimental Psychology. 50.Jg., 1955, Nr. 5. S. 325–338

[PFEI01] *Pfeifer, T.:* Praxisbuch Qualitätsmanagement. Aufgaben, Lösungswege, Ergebnisse. Carl Hanser Verlag, München 2001. S. 310ff.

[PREF02] *Prefi, T.:* Qualitätsorientierte Unternehmensführung. Habilitation. RWTH Aachen, 2002

[ROTH04] *Rother, M./Shook, J.:* Sehen lernen. Mit Wertstromdesign die Wertschöpfungskette erhöhen und Verschwendung beseitigen. Lean Management Institut, Aachen 2004

[RUNK10] *Runkler, T.A.:* Data Mining. Methoden und Algorithmen intelligenter Datenanalyse. Vieweg+Teubner, Wiesbaden 2010

[SAAT11] *Saatweber, J.:* Kundenorientierung durch Quality Function Deployment. Systematisches Entwickeln von Produkten und Dienstleistungen. 3., überarbeitete Auflage. Symposium Verlag, Düsseldorf 2011

[SCHL99] *Schlicksupp, H.:* Innovationen, Kreativität und Ideenfindung. 5. Auflage. Vogel, Würzburg 1999

[SCHL04] *Schlicksupp, H.:* Innovationen, Kreativität und Ideenfindung. 6. Auflage. Vogel, Würzburg 2004

[SCHM05] *Schmitt, R./Bernards, M.:* Qualitätsmanagement für langsam laufende Prozesse. In: Kamiske, G. F. (Hrsg.): Qualitätsmanagement. Methoden – Praxisbeispiele – Hintergründe. Symposium Publishing, 2005

[SCHM07] *Schmitt, R./Lenkewitz, C./Behrens, C.:* Das neue Aachener Qualitätsmanagementmodell unternehmerisch umgesetzt. In: MQ-Management und Qualität, Jg. 3, Heft 11, 2007

[SCHM14] *Schmitt, R./Hammers, C./Rauchenberger, J.:* Qualitätsmanagement bei der Entwicklung software-intensiver technischer Produkte. In: Pfeifer, T./ Schmitt, R. (Hrsg.): Masing Handbuch Qualitätsmanagement. Carl Hanser Verlag, München 2014. S. 894ff.

[SCHM07] *Schmitt, R./Krippner, D./Hense, K./ Schulz, T.:* Keine Angst vor Änderungen. Robustes Design für innovative Produkte. In: QZ – Qualität und Zuverlässigkeit, 52. Jg., Nr. 3, 2007. S. 24–26

[SCHO05] *Schorn, M.:* Wie Toyota von DRBFM profitiert – Entwicklung mit System. In: Management und Qualität (MQ), 12/2005 (2). S. 8–11

[SCHÜ02] *Schütte, S.:* Designing Feelings into Products. Integrating Kansei Engineering Methodology in Product Development. Dissertation. Linköpings Universitet, 2002

[SHAI88] *Shainin, D./Shainin, P.:* Better than Taguchi orthogonal tables. In: Quality and Reliability Engineering International, Jg. 4, 1988, Nr. 2. S. 143–149

[SHAR13] *Sharma, B./Kaur, D./Manju:* A Review on Data Mining: Its Challenges, Issues and Applications. In: International Journal of Current Engineering and Technology, Vol.3, No. 2, 2013. S. 695–700

[SHIN89] *Shigeo, S./Dillon, A. P.:* A Study of the Toyota Production System. Productivity Press, New York 1989

[SHIN96] *Shingo, S.:* Quick changeover for operators. Productivity Press, Portland 1996

[STUM78] *Stumpf, T.:* Qualitätssicherung in der Entwicklungsphase. Lehrgang der DGQ. Deutsche Gesellschaft für Qualität e. V., Frankfurt am Main: 1978

[SVAN10] *Svantesson, I.:* Mind Mapping und Gedächtnistraining, Gabal Verlag, Offenbach 2010

[TAGU85] *Taguchi, G.:* Quality Engineering in Japan. In: Communications in Statistics – Theory and Methods, 14. Jg., 1985, Nr. 11, S. 2785–2801

[TAGU87] *Taguchi, G./Konishi, S.:* Orthogonal Arrays and Linear Graphs: Tools for Quality Engineering. American Supplier Institute, 1987

[THED10] *Theden, P./Colsman, H.:* Qualitätstechniken. Werkzeuge zur Problemlösung und ständigen Verbesserung. 4. Auflage. Carl Hanser Verlag, München 2010

[TIET11] *Tietjen, T./Decker, A./Müller, D.:* FMEA-Praxis, das Komplettpaket für Training und Anwendung. 3., überarbeitete Auflage. Carl Hanser Verlag, München 2011

[VDA03] *Verband der Automobilindustrie:* Sicherung der Qualität in der Prozesslandschaft (VDA-Bd. 4). Frankfurt am Main, 2003 (2011 ergänzt) [*http://webshop.vda.de/QMC/product_info.php?products_id=185*]

[VDA04] *Verband der Automobilindustrie:* Sicherung der Qualität in der Prozesslandschaft (VDA-Band 4). 2., überarbeitete und erweiterte Auflage. Frankfurt am Main, 2011

[VDA04] *N. N.:* Zuverlässigkeitssicherung bei Automobilherstellern und Lieferanten – Zuverlässigkeitsmethoden und -hilfsmittel. 3. Auflage. Verband der Automobilindustrie e. V., Frankfurt am Main 2000 (2004 aktualisiert)

[VDA12] *Verband der Automobilindustrie (Hrsg.):* Sicherung der Qualität vor Serieneinsatz (VDA-Band 4). Verband der Automobilindustrie e. V., Frankfurt am Main 2012

[WAGE14] *Wagels, C.:* Auswahl und Leistungsbewertung von Technologien für die selbstoptimierende Produktion. Dissertation. Apprimus Verlag, Aachen 2014

[WANG13] *Wang, K.S.:* Towards zero-defect manufacturing (ZDM) – a data mining approach. In: Advanced Manufacturing, Vol. 1, Issue 1, Springer Verlag, 2013. S. 62–74

[WEIB39] *Weibull, W.:* A Statistical Theory of Strength of Material. In: Handlingar Ingeniørs Vetenskaps Akademien, Nr. 151; Stockholm, 1939

[WEIB51] *Weibull, W.:* A Statistical Distribution Function of Wide Applicability. In: Trans. ASME, Serie E, Journal of Applied Mechanics 18; 1951

[WEIS13] *Weiss, S.M./Dhurandhar, A./Baseman, R.:* Improving Quality Control by Early Prediction of Manufacturing Outcomes. In: Proceedings of the 19th ACM SIGKDD International Conference on Knowledge Discovery and Data Mining. ACM, 2013. S.1258–1266

[WERD12] *Werdich, M.:* FMEA – Einführung und Moderation. Durch systematische Entwicklung zur übersichtlichen Risikominimierung, 2. Auflage. Vieweg+Teubner, Wiesbaden 2012

[WIRT00] *Wirth, R./Hipp, J.:* CRISP-DM: Towards a Standard Process Model for Data Mining. In: Proceedings of the 4th International Conference on the Practical Applications of Knowledge Discovery and Data Mining, 2000. S. 29–39

[WITT01] *Witten, I./Frank, E.:* Data Mining. Praktische Werkzeuge und Techniken für das maschinelle Lernen. Hanser Verlag, München 2001

[YATE35] *Yates, F.:* Complex Experiments. In: Supplement to the Journal of the Royal Statistical Society, Jg. 2, Nr. 2, 1935. S. 181–247

[ZOLL01] *Zollondz, H.-D. (Hrsg.):* Lexikon Qualitätsmanagement. Handbuch des Modernen Managements auf Basis des Qualitätsmanagements. Oldenbourg Verlag, München 2001

Stichwortverzeichnis

C

D

E

F

G

H

I

J

K

L

M

N

O

Q

R

S